Original German language edition: Armin Grunwald/Melanie Simonidis-

Puschmann:

Handbuch Technikethik.

ISBN: 978-3-476-02443-5 Published by J.B. Metzler'sche Verlagsbuchhandlung

und Carl Ernst Poeschel Verlag GmbH Stuttgart, Germany, Copyright © 2013

The translation of this work was financed by the Goethe-Institut China
本书获得歌德学院(中国)全额翻译资助

HANDBUCH
TECHNIKETHIK

甲骨文

技术伦理学手册

Armin Grunwald
〔德〕阿明·格伦瓦尔德 主编

吴宁 译

社会科学文献出版社
SOCIAL SCIENCES ACADEMIC PRESS (CHINA)

HANDBUCH
TECHNIKETHIK

技术伦理学手册

Armin Grunwald

〔德〕阿明·格伦瓦尔德 主编

吴宁 译

社会科学文献出版社

SOCIAL SCIENCES ACADEMIC PRESS (CHINA)

目　　录

技术伦理学手册
目　录

技术伦理学手册

目　　录

目　录

第1章 引言和概览

科学和技术也许可以算是现代人类社会最强大的推动力量。随着科技的飞速进步，特别是第二次世界大战之后，在如何规划管理技术和与技术打交道方面出现了大量的新问题，这也导致各种关于技术伦理学问题的哲学出版物卷帙浩繁。与此同时，在其他科学领域以及在公众的讨论和技术实践中，面对技术问题应采取什么样的立场和态度，也同样越来越受到社会的普遍关注。在这种情况下，一本《技术伦理学手册》终于姗姗来迟。

如今，人们常把技术和伦理学放在一起加以讨论，这也不过是最近几十年之事。许多人类的行为领域，比如医学或者社会生活的规范秩序，自古以来就是伦理反思的主题，而"正确的行为"这个问题，则是在近期才与技术牵扯到一起的。汉斯·约纳斯①的《为什么技术是伦理学的课题：五个理由》一文，即属于这个领域最早的论文。此后，情况便发生了根本性的变化。如今只要一谈及新技术，人们就似乎如条件反射般，马上就会联系到它的伦理价值判断问题。

本篇引言有以下三重目的：首先是从历史的、紧扣主题的和理论的角度，把前面简短的叙述进一步深化。其次，阐明技术伦理学的本质特点，一方面使本手册的鲜明特色尽可能一目了然，另一方面不因过强的抽象和概念性因素，而削弱这一还十分年轻的学术领域的多样性、丰富性和差异性。最后，勾勒出本手册的结构和内容的概况。

技术伦理学的产生和发展

过去很长一段时间里，技术在哲学和伦理学中毫无作用可言。直到工业革命进程

---

① 汉斯·约纳斯（Hans Jonas），1903—1993，犹太裔德国哲学家，1933 年离开德国辗转于伦敦和巴黎，二战后移居美国，《责任命令》为其著名的代表作。本书所有脚注均为译者注，后文不再特别说明。

中，技术化所带来的大规模效应和这样那样的问题，使哲学不能再对之视而不见时，情况才起了变化。技术哲学开始阶段时的理论家，都赋予了技术在社会发展进程中的特殊地位：卡尔·马克思将其置于经济发展和劳动的框架之中，恩斯特·卡普①和阿诺尔德·盖伦②从人类学的角度对其进行论述。马丁·海德格尔③、赫伯特·马尔库塞④或者是京特·安德斯⑤等人则是从社会和文化批评的视角对技术问题进行解读，从而促进了对技术问题的哲学探讨。但是，所有这些最初的讨论都是抽象地看待"技术"，而非对单个技术进行考察辨析。因此，对技术做伦理学评判的视角，因为早期这种过于抽象化的、哲学层面的和过于"本质论的"探讨方式而流于隔靴搔痒，失之偏颇（Lenk，1973 年）。

美国研制原子弹的曼哈顿工程，被公认为是更广泛地探讨科学和技术行为的伦理学问题的开端（见第 3 章第 3 节）。此后，科学家的责任问题（奥托·哈恩⑥、维尔纳·海森堡⑦和卡尔·弗里德里希·冯·魏茨泽克⑧等人皆撰文加以阐述）也成了社会公众讨论的话题。阿西洛马会议⑨（1975 年）则是科学伦理学和刚刚起步的技术伦理学的又一个里程碑。在这次会议上，基因科学家表示要采取预防措施和承担自己

---

① 恩斯特·卡普（Ernst Kapp），1808—1896，德国哲学家和地理学家，1877 年出版《技术哲学纲要》一书，是现代技术哲学创始人之一。

② 阿诺尔德·盖伦（Arnold Gehlen），1904—1976，德国哲学家和人类学家，哲学人类学的主要代表人物。

③ 马丁·海德格尔（Martin Heidegger），1889—1976，德国哲学家，20 世纪存在主义哲学的创始人和主要代表人物。

④ 赫伯特·马尔库塞（Herbert Marcuse），1898—1979，德裔美籍哲学家和社会理论家，法兰克福学派成员。

⑤ 京特·安德斯（Günther Anders），1902—1992，奥地利哲学家和诗人，有专著《过时的人》，对技术持批判态度，反对使用原子能。

⑥ 奥托·哈恩（Otto Hahn），1879—1968，德国化学家和物理学家，1944 年获诺贝尔化学奖。

⑦ 维尔纳·海森堡（Werner Heisenberg），1901—1976，德国物理学家，量子力学的创始人之一，"哥本哈根学派"的代表人物，1932 年获诺贝尔物理学奖。

⑧ 卡尔·弗里德里希·冯·魏茨泽克（Carl Friedrich von Weizsäcker），1912—2007，德国物理学家和哲学家。

⑨ 1975 年在美国加利福尼亚州的阿西洛马会议中心召开的一次国际会议，会上科学家们讨论制定了转基因生物生产和使用的规范和原则。

的责任。全球基因技术方兴未艾，但同时公众的批评、对风险的担忧，以及要求国家管控的呼声日益高涨，此次会议就是在这样的背景下召开的（见第 5 章第 7 节）。

工程师职业工作的伦理学问题最初是由工程师们自己提出来的。弗里德里希·德绍尔①（1926 年）曾把技术的意义定义为"服务于他人"，且工程师有责任去完成这一服务工作。20 世纪 70 年代，围绕着工程师的行业道德，以及是否将其以伦理守则的形式确定下来，抑或是写进一本参照医生行业的"希波格拉底的誓言"② 那样的准则中去的问题，展开过各式各样的讨论（Lenk/Ropohl 等，1993 年，第 194 页；Hubig/Reidel，2004 年；见第 3 章第 7 节）。汉斯·约纳斯的《责任命令》一书，实现了从哲学角度讨论技术伦理学问题的突破（1979 年，见第 4 章第 B. 2 节）。

2

关于技术是否具有重要的道德含义，是否能因之成为伦理学反思的课题，这些问题在很长一段时间里始终未有定论。直到进入 20 世纪 90 年代，技术还一直算是个"中性价值"的事物。"技术仅具有工具的特性，至多是技术的使用才会有道德的问题。因此，技术的开发和生产，包括前期的科学研究，在道德上都是中性的；只是技术的*使用*，才提出了伦理学的问题。但是在现今的理论分析和案例研究中，人们已经认识到对技术做出决定的道德含义，并将其变成了反思的命题"（Radder，2009 年；Van de Poel，2009 年；参见第 4 章第 A. 11 节）。

自 20 世纪 80 年代以来，技术伦理学文献的数量在两个方面有大幅增加：一是探讨这个职业特点及其特殊挑战的、狭义的工程师伦理学；二是新技术及其后果的伦理学问题研究。其间，人们达成了科学伦理学和技术伦理学之间的部分共识：由于科学从根本上讲是现代技术的基础，因此，越来越难把科学和技术明确地区分开来。纳米技术（Allhoff 等，2007 年）和合成生物学即所谓技术科学的两个典型范例（见第 18

---

① 弗里德里希·德绍尔（Friedrich Dessauer），1881—1963，20 世纪上半叶德国最有影响的技术哲学家，著有《技术文化》、《技术哲学》和《关于技术的争论》等一系列关于技术思想的论著。

② 希波格拉底（Hippocrates），前 460—前 370，古希腊名医，医学的创始人。希波格拉底誓言指的是医生行医的道德准则。

章和第 23 章）。有鉴于此，科学伦理学和技术伦理学今天经常被人们相提并论，视为一宗（已见于 Hubig，1993 年）。

对科学技术的进步，其目的、结果和后果的伦理反思的需求呈不断上升之势。如今在科研的鼓励和推动工作中，伦理学的伴随研究常常就是科技研究项目的一个组成部分。各种伦理学的机构，如"欧洲伦理小组"（European Group on Ethics），为欧盟委员会这样的政治组织提供咨询服务（见第 6 章第 8 节）。联合国教育、科学及文化组织（United Nations Educational Scientific and Cultural Organization）设立了"世界科学知识和技术伦理委员会"（World Commission on the Ethics of Scientific Knowledge and Technology）。几乎在科学领域的各个方面，从大学或科学院这样的科学组织，到协会团体，直至科研赞助机构，都可以看到各种行为准则（Codes of Conduct）和伦理规范的数量在显著增加。当前，从社会学的角度来谈论技术的"伦理化"问题的学者也大有人在（Bogner，2009 年）。

技术伦理学产生的原因

科学和技术的进步（参见第 2 章第 4 节）扩展了人类行动的可能性。此前人类无法做到的事情，或者被认为是无法改变的大自然和人的命运，如今成了技术可以改变的对象，人类生存条件（conditio humana）的范围从而得以扩大，亦即在不同的选择性之间进行选择的可能性增加，人类对大自然和自身传统的依赖减少。随着可选性的增加，做决定的可能性和必要性也得到了提高。由于进步常常在诸如怎样做决定这样的争论中引发出众多的问题，而一直以来又没有公认的普遍性的东西（比如做决定的标准和方法）可以解决这些问题，所以，这种情况不可避免地导致了一系列的迷茫、争议和困惑。技术伦理学的产生即与这种必然伴随着技术进步的成果一同出现的无所适从（Höffe，1993 年；Lübbe，1997 年），特别是与由之而生的"规范标准的不明确性"（Grunwald，2008 年）紧密相关。

在此，不断加深对技术进步的双重性认识是一个很重要的领域性课题。最晚自 20 世纪 60 年代以后，出现了技术发展中非主观意愿的重大问题（参见第 2 章第 5

节）。比如，技术设施的事故（切尔诺贝利①，博帕尔②，福岛③），事故给自然环境带来的后果（空气和水源污染，臭氧层空洞，气候变化），技术造成的负面的社会影响和文化影响等，都属于这个范畴。这种情况不仅造成了当前人们对与技术和技术化相联系的、对未来积极乐观的憧憬部分消失，同时还导致了人们思考问题产生巨大的困难，即如何权衡期待中的正面成果和非主观意愿的负面后果的利弊（例如核电）。除此之外，其他的各种事例在本手册中皆有专门章节加以论述：如何对待技术所引起的风险以及对风险的承受力（Asveld/Roeser，2008 年；Hansson，2009 年），比如射线的危害或是核设施的事故风险，放射性核废料存放的安全问题，电磁波污染，互联网的数据保护，持久的能源供应问题，转基因生物的管理放开问题，转基因食品和对人的"技术改良"的讨论。有学者甚至还一如既往地对人类生存忧心忡忡（比如Jonas，1979 年）。

约自 2000 年以来，由于纳米技术和基因技术中出现的对未来的描画设想和观点，特别是由于技术发展而进入人们视线的"人的技术改良"（Grunwald，2007 年；参见第 5 章第 8 节）的可能性，爆发了一场关于"人的自然本性之未来"（Habermas，2001 年）的范围广泛的大讨论。其他学科领域，如合成生物学和普适计算学，也提出了关于人与技术以及自然三者关系的基本问题。这些讨论超越了狭义的关于某个具体技术的责任的伦理学课题，触及了人类学、自然哲学和技术哲学的问题，这些问题同时又是前面提到的由于技术进步而产生的价值取向问题的一种表现。

总体来说，哲学界普遍一致的观点认为，人类不断增长的行为能力，乃至技术对

---

①　1986 年 4 月 26 日，苏联乌克兰共和国切尔诺贝利核电站（位于基辅北部 110 公里）的 4 号机组发生严重泄漏和爆炸事故，大约 1650 平方公里的土地被辐射，辐射量相当于 400 颗美国投在日本的原子弹。

②　1984 年 12 月 3 日发生在印度博帕尔的甲基异氰酸酯（methyl isocyanate，简称 MIC）泄漏事故，共造成当地约 5000 人死亡，另有约 6 万余人需接受长期治疗。

③　福岛核电站是世界上最大的核电站，分两个场站共 10 台沸水堆型机组。2011 年 3 月 12 日，受西太平洋海底大地震影响，福岛第一核电站受损严重，大量放射性物质泄漏。

自然和社会，以及对人的身体和精神不断加深的干预和切入程度，导致了伦理反思的责任（参见第 2 章第 6 节）和必要性的同步提高。自 20 世纪 70 年代开始，技术伦理学的产生和快速成长即这一综合现象的体现。

什么是技术伦理学？

技术伦理学的任务范畴，是要解决伴随科学和技术进步而必然出现的种种规范和原则的不明确性问题。科技的进步改变了人类生存条件的限制，在这种情况下，应该创造出一个崭新的价值取向。技术伦理学的任务，就是依据理性论辩的原则，建立起技术评价和技术决策的一套规范基础，目的是借此为经过伦理思考和能够担负责任的决策提供帮助。

因此，本手册所理解的技术伦理学的焦点，在于"切合实际的"决策取向之中：如何从伦理学的角度评价技术的革新和未来设想，它们对当前决策的意义是什么，比如鼓励政策、技术的调控或实际应用。技术伦理学所探讨的，是技术决策中对可选方案的思考，它的聚焦点是相关的道德因素，并且包括对技术和科技进步的条件、目的、手段和后果的伦理反思。尤其是技术的争论（参见第 3 章第 6 节）和带有伦理内涵的标准的不明确性，形成了技术伦理学的切入点和问题的复杂性。在这一点上，技术伦理学应当而且也愿意为解决这些问题做出自己的贡献（Höffe，1993 年；Gethmann/Sander，1999 年；Grunwald，2008 年）。这里所说的争论和不明确性不仅是围绕着技术的制成品，技术的开发、生产、应用和处理而起的争论，其中还包括常常反映出道德观的，因而也是伦理反思可以切入的问题，甚至是关于未来构想、人类形象和社会模式的争议和论辩。

这种类型的技术伦理学显然属于*应用伦理学*（Nida-Rümelin，1996 年）的范畴，它所涉及的论题并非源于自身，而是来自外部实践，不论这种实践是公开的争论也好，还是科学家和工程师或是政界的担忧也罢。技术伦理学是典型的"以问题为导向的伦理学"（Grunwald，2008 年），它的反映对象是社会的需求。技术伦理学从这种需求中获取自己的讨论对象，用自己的观念对之加以重构，并将自己反思的结果回馈于实践，期待并自觉地承担起义务，为更好地在实践中解决问题做出贡献。为了能重建和分析规范标准的不明确性，技术伦理学必须获取关于"技术"这个主题和它的社会关联因素的特殊知识。这就需要一方面同技术科学各个领域的跨学科合作，另一方面与社会科学携手，从经验的角度对技术的产生、决策过程、传播和利用进行研 4 究。根据各种挑战的不同，技术伦理学可以是关于实验室范畴、企业运营管理、决定技术的外围条件的政治和法律过程的知识，也可以是关于受到技术影响的大众社会环境的知识。因此，尽管哲学专家们的经验起着至关重要的作用，技术伦理学必然是一种跨领域的对话，而非专家们的内心独白，这便是应用伦理学及其相关"领域"的本质特点（Nida-Rümelin，1996 年；Stoecker 等，2011 年）。

但是，技术伦理学并没有因为被归属于应用伦理学的范畴而销声匿迹。科技进步的一个特点，就是不断地创造出具体的成果，以及对于未来的设想和潜在的可能，而这些成果、设想和可能无法在与实践紧密关联的应用伦理学的范畴中得到思考。相反，技术的进步总是不断地引发"巨大的争议"。因"技术改良"可能性的出现引发的关于"人的自然本性之未来"的讨论（Habermas），因技术不断进步造成自然界发生重大改变所引发的关于"大自然末日"的争论，因合成生物学的进步和未来构想再度爆发的关于技术和生命之间关系的讨论，或因电子媒体（关于普适计算学参见第 5 章第 25 节，关于互联网参见第 5 章第 10 节）带来网络化的不断扩大所引起的关于个体消亡的讨论，就是这一现象的例证。这些讨论不以获得某个特殊实践领域具体的责任规范为目的取向，而是着眼于那些最根本的挑战，即人、技术和自然三者关系中的价值取向和自我定位，因此，它们超出了应用伦理学的框架范围和可能性。这里要关注的不是某个具体的技术，而是要进行一次反思，搞清楚迄今为止人们是从什么样的立场和角度来看待在新的科学和技术可能性的条件下，人在世界上的地位问题。这里所牵扯的与其说是狭义的应用伦理学，不如说是哲学人类学（参见第 4 章第 A.3 节）和理论技术哲学。面对这些问题，远在具体的伦理学思考之前，哲学反思的首要任务是一种对新问题或是对改头换面后又出现的旧问题的*阐释学*。

技术伦理学的对象

技术伦理学的对象所涉及的不是技术本身，而是在同技术打交道的过程中，以及在技术进步过程中产生的那些规范和原则的不明确性问题。因此，"技术伦理学"这个词就不是一个没有问题的缩略概念。这是因为，从严格的意义上说，它所牵涉的不是*技术的伦理学*，而是对与技术打交道，以及对技术的后果和掌控的一种伦理反思。这种反思一方面是在具体的行为范畴之中，另一方面亦是在当前和未来人类发展过程中，以及在自然和技术、人和技术的关系改变过程中，对于技术所扮演的角色的总体思考。技术本身不是技术伦理学的对象，而是一种媒介和从伦理学角度对某些人类行为范畴进行反思的动因。

只要法律和道德准则，甚至那些约定俗成的、非正式的行为规范（在文化上有据可循的道德框架之内），还允许人们能够对各种行为的可能性和各种决策做出自己的判断，而且没有引起各种争议或思想混乱，那么伦理反思的理由便不存在。但是，如果出现无法包括在标准框架里的内容，争论的各派各执一词，无方向可循，甚至仅仅是悬而未决，或者是无从定论的情况，那么就该另当别论。这时，*规范标准的不明确性就被摆到桌面上来了*。不过，我们也可以把它设想成一种未来才可能出现的不明确性，目的是未雨绸缪，确定我们的前进方向。*规范标准的不明确性就是技术伦理学的出发点*。

这里，技术伦理学很少又或许从未就技术而论技术，而是始终以具体环境下的技术为着眼点。无论新的假肢技术是否可以用来对人类进行"技术改良"，还是纳米微粒会对环境和健康造成危害，该如何以及根据什么标准来对此做出评价，这些都不是相关联的那个技术本身的事情，而是相关环境及"社会和技术综合关系"（Ropohl，1979 年）的一部分。在这些综合的关联环境中，我们才能从行为理论的角度，针对（1）使用技术达到的*目的*，（2）实现目的采用的*手段*和（3）*后果*（包括非主观意愿的*负面*结果），抽绎出技术的道德成分来（Grunwald，2012 年）。

5　　（1）*目的和用途*可以同一个具体的产品相关联，举例来说，它可以涉及驾驶汽车的体育比赛特点，或者是洗衣机的能源消耗，也可以涉及社会方面的含义，比如说创造就业岗位和提高社会福利。目的和用途是个人、团体或者社会状态的表现，同当前现状的需求分析，以及对未来发展的种种期待息息相关，同时，它们还是形形色色的道德体系与技术以及技术的发展相关联的表现。目的和用途导致了规范标准的不明确性和道德争议。人们期望能治愈阿尔茨海默病，或用新型的假肢帮助残疾人获得更多的行动自由，这一点在道德上没有丝毫异议。但若要在火星上建立一个载人的空间站，这个目的就可能会引起巨大的争议，更何况对人进行"技术改良"这样的目的了。

（2）技术发展中体现其道德重要性的*工具*和*手段*是一些特定的实验活动，比如动物实验（见第 4 章第 C. 3 节），对人、人的胚胎和干细胞的研究，或者是诸如转基因植物的农田实验那样的特定研究实验领域。在技术设施的选址问题上（选址也属于手段的一种）时常出现道德范畴内的问题，如在对当地居民有特殊文化和宗教意义的地区进行原料开采或是核废料永久存放。除此之外，本着对人类未来负责的精神，运用在技术上的自然资源，如土地、稀有金属或不可再生的能源载体（见第 5 章第 5 节）也具有道德意义。

（3）技术的开发、生产、运用和处理具有超出其目的之外的后果。比如，技术发展对社会和环境的风险影响即属于这类后果。风险是技术后果评估（Grunwald，2010 年；参见第 6 章第 4 节）和道德权衡（Durbin，1987 年；Unger，1993 年；Asveld/Roeser，2008 年；Hansson，2009 年）的常见课题：面对希望达到的良好结果，哪些风险是可以接受的；如何来进行风险/机会的权衡和风险比较评估；由于知识的不足，预防原则（von Schomberg，2005 年，关于风险评估参见第 4 章第 C. 7 节，关于预防原则参见第 6 章第 3 节）何时能发挥作用？如果想让伦理学不只是充当马后炮式的学说（Mittelstrauß，1989 年）的话，那么它就必须事先研究那些纯粹出于设想的，以及系统性预测的和非主观意愿的后果。由于技术的后果只能有限地被事先认识到（参见第 2 章第 5 节），所以，技术伦理学必须要在无明确标准可循的情况下对人们的判断和行为进行研究。

伦理哲学所研究的问题，总是不断地超出那些针对单项技术开发和使用所造成后果的具体思考范围。技术伦理学的对象还包括针对不断推进的技术化对人和社会、人的形象和人的环境、自然环境和"生存"之关系的跨学科问题。这里，社会学、文化哲学、人类学和历史哲学的论证模式与伦理学反思相互结合，目的是在人类生存条件提高的情况下确立人们行动的方向。

技术伦理学的谏言咨询作用

技术伦理学在何种程度上能给人指出行动的方向，取决于对伦理学更高层次的理解。技术伦理学所提出的方向必须在一场百家争鸣的论战中得到验证（Genthmann/Sander，1999 年），这样就能避免被认为仅仅是涉及技术伦理学问题的主观臆断，从而获得主客兼有和跨越主观的有效性。通常来说，这场论战与这样一个模式紧密相关，即相关的讨论团体已经就某些特定的内容协商一致，比如核心概念和论战规则等，在此基础上再展开讨论。要讨论的问题越具体，之前所达成的内容一致就必须越具有先决条件性，讨论者在参与讨论时必须认同这些共识。因此，有人将这些共识称为"论战前的约法三章"（Grunwald，2008 年，源自 Genthmann/Sander，1999 年）。

技术伦理学的讨论结果在其有效程度和影响范围上便与这一论战前期所达成的共识紧密相关。正因为如此，讨论的结果只能存在于*有条件的规范标准意见*中，亦即存在于有论据可检验的因果链中。这对于把技术伦理学的方向性建议运用到社会实践中具有相当重要的意义。举例来说，一种涉及食品中使用纳米微粒责任问题的有条件的规范标准意见是否会造成实际后果，需要视在相关管理领域该因果链的原因条件是否被认为有效而定。如果是，那么结论就是把意见付诸实施，技术伦理学的解决方案将被运用到实践中去。

6

对于是否接受这个原因条件，其决定权并非在于伦理学，而在于公众社会和为此专门设立并受之委托及合法的机构组织。"民主先于哲学"之说指的即这一情况（Rorty，1998 年）。技术伦理学无法回答在无规范原则可循的情况下应该做什么的问题。在科技进步中的未来决策和前进方向问题上，公众社会自始至终所需依靠的是他们自己。在这一点上，伦理学不能越俎代庖，而且在这类问题上，比如说在民主的决策过程当中，伦理学只能给出有条件的规范标准建议。在无规范标准的情况下，伦理学的意见和建议所能起到的作用，是从规范标准的角度为相关的争论和决策过程提供信息、导向和说明工作，而不是左右它们的结果。说明伦理道德的背景情况，而非先入为主地去做决定，这便是技术伦理学反思的结论。

这个结论的意义在于，我们可以有理由对技术伦理学期待什么，不应当期待什么。无论如何，技术伦理学不是一个手中握有审批权，可以给出一些不痛不痒解释的官方机构。技术伦理学反思的最终指向，不是那些关于人们在技术背景中如何合乎道义地正确行动的笼统意见。比方说，它不能裁决核能的使用是否负责这一问题，这个问题应当由社会通过公开辩论和政府决策来加以决定。技术伦理学可以并且应该为这些辩论和决策过程提供咨询，特别是对伦理道德背景做出说明，以及对杂乱无章的辩论理由加以透明化。对科技进步规划管理的各个方面进行咨询，乃是技术伦理学的一项核心工作——决定则由他人去做。

技术伦理学所从事的咨询工作包含各种各样的期待和要求，其中，使科学界、公众社会、政府部门以及经济界（见第4章第C.8节）对于所参与的伦理学问题保持敏感，也是这项工作的一部分。在时常被误认为是纯粹技术的问题中，发现伦理学上重要的和可能引起争议的因素，是每一个伦理反思及每一次经过伦理背景说明的、公开的和政治的辩论的必要前提条件。所以，尽管伦理学始终只能提出自己的建议，其对澄清错综复杂的伦理道德关系和争议，以及解决规范标准的不明确性仍具有重大的贡献。从这个角度说，技术伦理学就是关于技术及其社会应用的"实际对话"（Schwemmer，1986年）的澄清者、倡导者、促进者和信息员。因为这里牵涉到公众的集体诉求和愿望，我们不妨用政治哲学的概念来设想一下这种关系，比方说它是参照科学、公众和政治三者关系的一种实用主义模式（Habermas，1968年），或者是倾向于协商民主制的一种新的发展模式。

技术伦理学和实践

技术伦理学以何种方式与实践以及它所参与的对科技进步的探讨相关联，在很大程度上取决于相关规范标准不明确性的综合环境。技术伦理学参与其中或者可能参与其中的实践领域纷繁多样，这反映出了它的主题范围的宽度和广度。它从相伴随的具体的实验室研究，到科研经费投入；从作为政策顾问，到媒体专栏的辩论；从经济领域，到对可持续发展的探讨。下面所列出的带有各自不同问题、参与者背景和相关技术的综合环境情况，也许可以涵盖技术伦理学所涉及的绝大部分实践领域。

政治：在一个伦理道德多元化的社会里，国家制定的技术政策对所有人都具有约束力，因此，国家技术政策对技术的影响始终是一个有可能出现规范标准不明确性问题的大舞台。技术伦理学可以开展顾问咨询工作，比如在政治决策出台之前等环节，因为在这些决策中存在通过伦理学反思对所牵扯的标准问题进行解释和说明的可能性。这种情况适用于政府行为影响技术的所有领域，特别是科研的补贴和政策调控。

经济：在产品开发中，开发者要针对技术的未来消费人群进行一系列的预测和推断，在这些预测和推断中，已经融入了人类形象因素，以及设定好的技术目的和用途的未来方案，就如同技术伦理学所要关注的后果分析一样。因为标准的不明确性在这些领域中起着影响作用，所以这些领域也是技术伦理学的一个范畴。

科研：由于同技术的研究、开发、生产、使用和处理过程有密切的联系，工程师和科学家所肩负的责任非同寻常（Durbin，1987年）。他们的工作会产生规范标准的不确定性问题，比方说，作为雇员的工程师和当雇主的老板之间在对安全和环境问题判断上的看法相左，因此，对人的行为的道德基础的反思，也同样是技术伦理学的一项课题（案例见 Lenk/Ropohl，1993年；参见第3章第7节）。

使用者行为：技术设备和产品的使用者和消费者依据他们自身的先决条件，从两个方面共同就技术的发展和使用做出决定：一是购买和使用行为；二是（这点很少受到重视）他们在市场调查时所发表的意见。技术伦理学可以就某些使用形式的道德内涵进行阐述和说明。

公开讨论：关于技术发展的走向，公开的特别是通过新闻媒体进行的讨论也可以做出决定。通过这种方式，公众关于核能的讨论对政府的观点产生了影响，并决定性地导致了核电项目的取消。此外，公众对转基因生物的讨论也同样影响了欧盟的管控

态度，促使欧盟把预防原则用法律条文正式确立了下来。绝大多数通过媒体进行的公开讨论，也对政府制定针对技术有间接影响的框架政策起到了积极作用。

技术伦理学反思及其反思结果应当被纳入社会实践的相关领域，其方法可以是经过伦理学委员会建立法律准则（参见第6章第2节），培训科学家和工程师（参见第6章第9节），技术伦理学者介入公众的辩论，或者是通过他们参与跨学科的开发项目。

对技术伦理学的反对意见

尽管自2000年以来，批评的声音有明显的减弱，关于技术伦理学能否发挥作用，以及是否具有取得成果的前景仍有争议。通常情况下，来自社会科学角度的批评意见居多，并且涉及社会学和哲学之间关于这一领域的争论范畴（Grunwald，1999年）。持怀疑态度的批评者经常指出，全球技术化的革新速度常常导致伦理学在技术发展面前步履蹒跚并束手无策，就好像是把"脚踏车的制动装置安在了一架大飞机上一样"（Ulrich Beck）。而且，在一个功能不同和多元化的社会里，技术的发展不受规范标准的影响，它按照自身的规律不断演进和发展（Halfmann，1996年）。尤其是全球化的进程，完全阻止了伦理学对科技进步向前发展的可能影响。不仅如此，关于道德问题进行有理有据辩论的可能性也遭到了根本质疑。主观主义者认为，辩论的目的似乎应当是搞清楚各种不同的道德观点和利益，而非提出一些有理有据的要求（对这一点的评论见Gethmann/Sander，1999年）。

上述这些反对意见并非针对技术伦理学而来，而是对技术的发展和使用能被人为地从主观意愿上以某种方式加以控制和引导的全面质疑。专门针对技术伦理学的是以下三种不同意见（Grunwald，1999年）：

（1）正如同技术的后果预测一样，技术伦理学也不断引起来自不同方面的指责，或者至少是担忧。有的人认为技术伦理学吹毛求疵，把可能性极小的风险以及道德顾虑扩大化甚至无中生有，以至于危害到技术的进步和对技术进步的接受。还有的人认 8 为技术伦理学可能会将人们的道德担忧轻描淡写地一笔带过，甚至可能开出一张道德

13

规范上的"清白证明"来。

（2）人们常用"责任稀释"这个概念来对技术的伦理责任进行批评。在一个高度分工的社会里，责任的观念几乎没有用武之地，相反到处都充斥着一种"有组织的无责任感"（Ulrich Beck）。伦理责任只存在于旨在取得合法化或是对公众进行安抚的空洞辞藻中，这点在当今需经过复杂的工作流程而进行的技术开发中尤为突出。如果无人"承担责任"，那么伦理责任也就失去了它的对象。

（3）最后一点是，将技术后果缺乏可预测性作为论题，并且从中得出结论，认为一种前瞻性的伦理反思无法建立在经得起验证的知识之上（Bachmann，1993年），而被动地用一种含糊不清的认识论体系去同现有的科技知识打交道，从而有陷于空洞臆想的危险（Nordmann，2007年，以纳米技术为例）。

对于这些不同观点，首先应当从总体上加以认真对待，技术伦理学应当对之进行反思和做出反应（Grunwald，1999年），这点对于最后一个问题来说具有至关重要的意义。如果人们从这个问题中得出结论：只有在科学知识确定无疑，亦即技术的后果已经成为事实并且已经造成了实际问题的时候，才去进行伦理学思考的话，那么，其后果就是技术伦理学从根本上说在结构方面就慢人一拍，因此毫无作用可言。技术伦理学作为对已经产生的危害进行修补的"马后炮伦理学"（Mittelstraß，1998年）无法兑现人们对于技术发展方向的期待。

然而，我们是应当尽早地还是稍晚些，是前瞻性地还是等到经得起验证的后续知识出现之后再来使用技术伦理学，这些问题并不重要，重要的是将伦理学思考分门别类，因发展阶段、问题的提出以及所拥有后续知识的不同而有所区别。伦理学思考的概念和方法是不尽相同的，不管它是面对经验层面上可测量的技术后果也好，或者只是想象中的技术后果也罢，伦理学思考的服务对象首先是各种不同的目的和用途。举例来说，倘若关于纳米微粒在食品中使用的责任问题，是关于消费者保护、政府管控、强制标识、企业自我约束和个人责任（带有其各自的重要伦理学背景）思考中的一个具体问题的话，那么，这些关于合成生物学的思考就不仅服务于社会和道德上的相互沟通，而且也用于解释说明什么是问题的所在，道德的风险在哪里，我们的所做的评判如何受到挑战，而不是急于要去采取什么具体的行动措施。

因之，技术伦理学可以定义为一种*伴随发展过程而发展*的学说。如果说在其最初的发展阶段，我们或许只能就技术发展路线做抽象的思考，首要任务还是对什么是问题之所在做阐释工作的话，那么对其今后的发展之路，我们还是提出了不少有益的建议，比如说对可能出现的技术争议以及怎样避免争议扩大化的提示（见第 3 章第 6 节），或者对公正性问题以及参与讨论问题的建议（参见第 4 章第 B.9 节）。随着在此过程中相关技术的应用可能性不断地具体化，以及后续知识的不断改进，当初那些抽象的道德评论和价值取向不断地被新获得的知识所具体化就成了可能。正是通过这种及时的调查和思考，技术伦理学为社会的学习历程做出了自己的贡献。

关于本手册

《技术伦理学手册》是有关这一题材的第一部用德文编撰的手册。本手册所理解的技术伦理学的首要目的，是通过伦理学反思为*切切实实*的"正确"决定做出贡献，亦即如何规划管理和应用技术，如何面对技术所带来的后果。就如同*嵌入式工艺*一样，技术从一开始就被置于社会的大环境中来被人们所认识。在这个环境中，从产品设计、生产制造、投入使用，直到回收处理，人们都要做出各种不同的决定，而这些决定都具有道德层面的意义，因此需要直面伦理学对它们的思考，甚至主动要求这种思考。技术伦理学首先讲的是技术里"强制性的政治"因素（如本手册所理解的那样），诸如安全和环境标准，公民权利的保护，科研政策重点的确定，技术创新框架条件的设立等。有鉴于上述背景，本手册所依据的学术讨论前提可归纳总结如下。

·技术伦理学乃是伦理学及哲学的一个分支学科，它有别于"伦理学"一词当前所具有的使用含义，亦即该词当前常常只是用来表述心理状态、价值维护、优先权、圆桌会议、专门委员会，或者是其他一些跟技术相关的"软件"内容。

·道德和伦理的区别在于，道德可以被描述，并且指的是实际的价值维护、观念信仰、行为准则和次序，而伦理则是关于这些道德内容的反思理论，尤其是在发生冲突的情况之下。

9

·这一点与这样一个要求密切相关，即规范和标准，比如技术评价，不能简单地归结于主观信仰和认识的范畴，而是应具有可辩论性（Gethmann/Sander，1999 年）。

·技术伦理学不是一道纯粹学术式的练习题，原因是它同实践存在双重联系，即它的问题源于实践，答案又回归于实践。但是，作为其意见的认知背景和合理来源，技术伦理学的学术和专业背景仍然是有决定作用的。

·技术伦理学一方面是应用伦理学的一个分支领域，并且负有在自己的"领域"（Nida-Rümelin，1996 年；Stoecker 及其他学者，2011 年）中起到具体作用的责任。另一方面，它也面对着一系列远远超出其自身范围的问题，亦即科技进步的基本问题，它在其中并非要解决前进的方向性问题，而是要去做解释说明工作。

·技术伦理学自己回答不了技术进步的方向性问题，它仅能对公众社会的观点形成，以及政治或者经济的决策过程做顾问咨询。技术伦理学积极参与关于技术的社会和政治讨论，这是它起作用的条件，而非一种质量保证。

·技术伦理学通常在跨学科的对话中完成自己的使命，专业的伦理和哲学见解构成它的基础，这个基础需依靠跨学科的合作，不仅是在技术层面上，而且也涉及相关的社会科学。

结构和概览

《技术伦理学手册》接下来几章按照本引言的思路划分如下：

第2章介绍技术伦理学的几个核心基本概念，这里毫无疑问有技术本身的概念，还有技术后果的概念，作为补充性质的"风险"和"安全"概念，以及"进步"和"责任"概念。这些概念在后面许多文章里皆有涉及。

第3章探讨技术伦理学的几个历史阶段，目的是揭示技术伦理学产生的背景和动因。收录的文章包括早期对技术的质疑和批评，技术监督协会（TÜV）[①] 的产生，曼

[①] 德文全称为 Technischer Überwachungsverein，简称 TÜV，是德国一家正式注册的带有半官方性质的私营机构，专事按照国家颁布的法律法规对技术产品进行品质和安全等检验，也称作 TÜV 认证。

哈顿工程，石棉产品历史，技术进步乐观主义危机，技术争议和工程师伦理学的发展。

第 4 章专门讨论技术伦理学和它的基础，这些基础最初存在于技术哲学的传统当中，最早源自古希腊罗马哲学，再到马克思，最后到 20 世纪及当前对技术的解读。此外，该章还触及建立伦理学的最初论题，诸如人权、智慧伦理学、功利主义、可持续发展，以及如何搭建同技术的关系。最后，该章引入并讨论了技术伦理学的几个概括性的话题，如劳动和技术、废弃物与技术、自然和技术以及全球化问题。

第 5 章围绕具体的技术领域，一方面有技术伦理学的"经典"领域，如核能、纳米技术、基因技术和互联网，另一方面涉及技术伦理学中较少讨论的范畴，如食品加工、电脑游戏、农业技术和宇航技术。

第 6 章将技术伦理学和各种不同的实践领域联系在一起，包括技术政策和政治咨询，各种法律法规（如预防原则），实施方法（如公民参与），伦理学委员会，伦理守则，以及伦理学技术教育的方方面面。　10

关于本手册的使用

假如有人需要了解技术伦理学中相关部分的信息，那么本手册应该就是一部"一册在手"，随时备用的参考资料，之所以这样说，是因为书中各个作者的文章为本书提供了丰富的内容和广泛的题材。

一部手册并不是一本专题著作。它的作者们在前述的技术伦理学框架内，将各自的概念、构想、诊断和视角都带到了本手册之中。若要把诸如"风险"和"责任"这样的概念的使用方法严格地加以统一，既非可能，也非大家所愿，原因是这样做会付出损害考察视角的丰富性这样的代价。只要有可能，本手册的编者就加进了对各种不同的概念使用方法的提示。

手册的作者分别来自不同的学术领域和机构组织。在手册的一些内容中，尤其是在技术伦理学基础的展开部分，哲学当仁不让地占据了其中的主要地位。在别的部分，其他的学科——像历史学、法学、社会学、技术后果评估，还有自然科学和技术科学——也都有自己的话语权。如要论及学科的组成部分，那么关于技术领域的那一章最为丰富多彩。前面我们曾经谈到的作为跨学科对话的技术伦理学的归属问题，便以此种方式体现在本手册之中。

手册中的参照提示不仅从横向上把主题方面有关联的问题联系在一起，同时也对共同的抑或不同的看问题视角和各种挑战进行提示。当然，这首先涉及的是横向主题和具体技术领域的文章之间的关系。然而，文章和文章之间的许多其他主题和方法上的关系表明，除单个主题的差异性和独特性之外，贯穿全书的问题和主题之间形成了一种关联体，最终让我们名正言顺地来对"技术伦理学"这门学科进行探讨。

鸣谢

本手册的编辑出版要归功于许许多多参与者的共同努力。

首先要感谢梅茨勒出版社，特别是乌特·黑希特费舍尔女士关于编撰本手册的建议，以及她在整个成书过程中的专业陪伴和指导。梅兰妮·西蒙尼迪斯－波施曼女士在手册编撰期间，对所有稿件的进度状况始终了如指掌，虽然有时被大量的电子邮件搞得焦头烂额，但从未手忙脚乱，并且通过许多意见和建议积极参与到编辑和校阅的过程之中。

在此尤其要感谢的是为本手册贡献了专业稿件的各位作者。手册还未启动之前，有人曾劝我莫接手出版人的工作，说这是个吃力不讨好的差事，打交道的尽是些拖拖拉拉的作者和质量不尽如人意的稿件等，不一而足。然而，这一切全非事实。这次合作非常愉快，使我从中受益匪浅。大家从一开始就遵守事先约定好的时间表，也从未有过任何问题。

最后，我祝愿各位读者，首先能在手册中找到自己所要找的东西，同时还能得到更多的益处！

技术伦理学手册

第 1 章　引言和概览

参考文献

Allhoff, Fritz/Lin, Patrick/Moor, James/Weckert, John（Hg.）：*Nanoethics. The Ethical and Social Implications of Nanotechnology.* New Jersey 2007.

Asveld, Lotte/Roeser, Sabine（Hg.）：*The Ethics of Technological Risk.* London 2008.

Bechmann, Gotthard：Ethische Grenzen der Technik oder technische Grenzen der Ethik? In：*Geschichte und Gegenwart. Vierteljahreshefte für Zeitgeschichte，Gesellschaftsanalyse und politische Bildung* 12（1993），213 – 225.

Bogner, Alexander：Ethisierung und die Marginalisierung der Ethik. In：*Soziale Welt* 60/2（2009），119 – 137.

Dessauer, Friedrich：*Philosophie der Technik. Das Problem der Realisierung.* Bonn 1926.

Durbin, Paul T.（Hg.）：*Technology and Responsibility.* Dordrecht 1987.

Gethmann, Carl Friedrich/Sander, Torsten：Rechtfertigungsdiskurse. In：Armin Grunwald/Stephan Saupe（Hg.）：*Ethik in der Technikgestaltung. Praktische Relevanz und Legitimation.* Berlin u. a. 1999, 117 – 151.

Grunwald, Armin：Ethik in der Dynamik des technischen Fortschritts. Anachronismus oder Orientierungshilfe? In：Christian Streffer/Ludger Honnefelder（Hg.）：*Jahrbuch für Wissenschaft und Ethik 1999.* Berlin 1999, 41 – 59.

－：Orientierungsbedarf, Zukunftswissen und Naturalismus. Das Beispiel der » technischen Verbesserung« des Menschen. In：*Deutsche Zeitschrift für Philosophie* 55/6（2007），949 – 965.

－：*Auf dem Weg in eine nanotechnologische Zukunft. Philosophisch – ethische Fragen.* Freiburg 2008.

－：*Technikfolgenabschätzung. Eine Einführung.* Berlin[2]2010.

－：Was ist ein moralisches Problem der Technikethik? In：Michael Zichy/Jochen Ostheimer/Herwig Grimm（Hg.）：*Was ist ein moralisches Problem？ Zur Frage des Gegenstandes angewandter Ethik.* Freiburg 2012, 412 – 435.

Habermas，Jürgen：Technik und Wissenschaft als Ideologie. Frankfurt a. M. 1968.

－：*Die Zukunft der menschlichen Natur.* Frankfurt a. M. 2001.

Halfmann, Jost：*Die gesellschaftliche »Natur«von Technik.* Opladen 1996.

Hansson, Sven Ove：Risk and safety in technology. In：Antonie Meijers（Hg.）：*Philosophy of Technology and Engineering Sciences.* Volume 9. Amsterdam 2009, 1069 – 1102.

Höffe, Otfried：*Moral als Preis der Moderne.* Frankfurt a. M. 1993.

Hubig, Christoph：*Technik – und Wissenschaftsethik. Ein Leitfaden.* Berlin u. a. 1993.

－/Reidel, Johannes（Hg.）：*Ethische Ingenieurverantwortung. Handlungsspielräume und Perspektiven der Kodifizierung.* Berlin 2004.

Jonas, Hans：*Das Prinzip Verantwortung. Versuch einer Ethik für die technologische Zivilisation.* Frankfurt a. M. 1979.

11

－: Warum die Technik ein Gegenstand für die Ethik ist: fünf Gründe [1958]. In: Hans Lenk/Güter Ropohl (Hg.): *Technik und Ethik*. Stuttgart 1993, 21 – 34.

Lenk, Hans: Zu neueren Ansätzen der Technikphilosophie. In: Hans Lenk/Simon Moser (Hg.): *Techne Technik Technologie*. Pullach 1973, 198 – 231.

－/Ropohl, Günter (Hg.): *Technik und Ethik*. Stuttgart 1993. Lübbe, Hermann: *Modernisierung und Folgelasten*. Berlin u. a. 1997a.

Mitcham, Carl: *Thinking through Technology*: *The Path between Engineering and Philosophy*. Chicago 1994.

Mittelstraß, Jürgen: Auf dem Weg zu einer Reparaturethik? In: Jean – Paul Wils/Dietmar Mieth (Hg.): *Ethik ohne Chance?* Tübingen 1998.

Nida – Rümelin, Julian (Hg.): *Angewandte Ethik. Die Bereichsethiken und ihre theoretische Fundierung*. Stuttgart 1996.

Nordmann, Alfred: If and then: A critique of speculative nanoethics. In: *Nanoethics* 1 (2007), 31 – 46.

Radder, Hans: Why technologies are inherently normative. In: Antonie Meijers (Hg.): *Philosophy of Technology and Engineering Sciences*. Volume 9. Amsterdam 2009, 887 – 922.

Ropohl, Günter: *Eine Systemtheorie der Technik*. Frankfurt a. M. 1979.

Rorty, Richard: *Truth and Progress. Philosophical Papers*. Cambridge 1998.

Schomberg, Renévon: The precautionary principle and its normative challenges. In: Edwin Fisher/Jim Jones/René von Schomberg (Hg.): *The Precautionary Principle and Public Policy Decision Making*. Cheltenham, UK/Northampton, Mass. 2005, 141 – 165.

Schwemmer, Oswald: *Ethische Untersuchungen. Rückfragen zu einigen Grundbegriffen*. Frankfurt a. M. 1986.

Stoecker, Ralf/Neuhäuser, Christian/Raters, Marie – Luise (Hg.): *Handbuch Angewandte Ethik*. Stuttgart/Weimar 2011.

Unger, Stephen: *Controlling Technology. Ethics and the Responsible Engineer*. New York u. a. [2]1993.

Van de Poel, Ibo: Values in engineering design. In: Antonie Meijers (Hg.): *Philosophy of Technology and Engineering Sciences*. Volume 9. Amsterdam 2009, 973 – 1006.

阿明·格伦瓦尔德（Armin Grunwald）

第 2 章　基本概念

第 1 节　技术

关于概念

技术的概念可以追溯到亚里士多德对"自然的"和"人工的"这两个概念所做 13
的区分。自然之物本身载有自己产生和变化的内因，所以是"变化而来之物"，而技
艺（*techne*）① 指的是人在制造活动（*poiesis*）② 中，以人工的方式制作出来的东西
（关于古代技术哲学，参见第 4 章第 A.1 节）。这样，技术的概念就被放到了人类文
化的范畴之中（参见第 4 章第 A.5 节和第 C.4 节）。人们有时候把蜂巢和白蚁穴说成
这两个物种的技术结果，这不过是一种类比的说法罢了。

自 19 世纪中期以来，哲学中出现了各种不同的既相互补充，又相互排斥的技术
概念（Lenk，1973 年；Rapp，1978 年；Hubig，2006 年）。技术社会学和技术科学都
在使用它们各自的，甚至经常是相互冲突的技术概念，一种在哲学上和技术上都得到
普遍认可的技术概念并不存在。即便是技术伦理学也没有使用一种统一的技术概念，
而是采取一种功利主义的做法，也就是附和于各种现有的语言词汇。在现当代的概念
定义当中（技术伦理学也大致如此），人们通常认为技术不是同社会脱节，而是置身
于社会之中的。这样，"技术"就被理解为包括技术发展和制造（*poiesis*），使用和从
使用过程中移除（比如回收或填埋）在内的技术的制成品（Grunwald，1998 年，扩
展阅读参见 Ropohl，1979 年）。

---

① 古希腊语 techne 是古希腊的一个概念，在欧洲哲学里它所指的是艺术、科学和技术。
② 同样是古希腊语中的一个概念，即制造，哲学上指的是不同于人的日常劳作和思想活动的
一种带有目的性的活动。

在绝大多数的定义尝试中，我们都能看到一个核心的二元论：一方面把诸如机器、工具和基础设施等由人制造出来的产品称作"技术"；另一方面又把诸如外科手术、数学证明，或者是演奏音乐和玄想思辨这类有规则的方法看作"技术"。"工艺"一词则常常被用来指称那些被科学创作出来的，或者是特别综合复杂的技术，同时也用来统称不同门类的技术领域。英语词汇中作为集合概念的 technology 指的是跟工程师有关的技术以及科学的技术，它区别于表示有规则的、方法上的 techniques 一词。

作为反思概念的技术

技术即表示"制作而成"的这种本质特性，在技术概念与目的、手段的理性之间建立起了一种直接的联系。在传统的行为学解释中，技术——不论是有规则的方法，还是诸如工具和机器这样的人工制成品——都是为它们自身以外的目的服务的。从这个意义上讲，技术代表的是"手段的体系"（Hubig，2002 年，第 28 页及下几页）。假如为了达到目的，需要在多个技术中做选择的话，那么效果，亦即通过使用某个技术达到所预期目的的前景，以及效率，也就是说达到目的和使用手段（比如资金或是材料）之间的一种恰到好处的比例关系，就是理解技术手段的两个根本标准。成本和效益分析对技术的认识起着举足轻重的作用。此外，技术评价和技术后果评估将技术及其后果（参见第 6 章第 4 和第 6 节）放到了一个更广泛的社会和伦理的关联体系中，同时又将技术开发和使用中非主观愿的后果系统化地暴露在公众的视野之中。

从行为学的角度说，技术并没有化解在它的手段特征中，因为手段概念自身具有一种反思的成分，"就其自身来看，成品或结果都不是手段"（Hubig，2002 年，第 10 页及下页）。手段特征只有在反思的意义上，并作为目的和手段关系中的一个组成部分才好去理解，而对于这种关系有各种各样不同的解释，有时甚至是完全不同的解读。一种新技术的产生不仅是出于事先已经确定的目的，而且为着已经拥有的技术，人们也同样会想出各种新的目的，这就导致目的之间的相互转换。正如为了同一个目

14

的有不同的手段一样，同样的一个技术产品可以是实现各种不同目的的手段。因此，技术概念的行为学结构要比人们想象中简单的目的和手段关系丰富得多。从根本上讲，技术的开发和使用超出了人们原先认为的目的和手段关系，甚至还蕴含着一种令人意想不到的潜力。

有鉴于此，若要从本体论上把世界划分成技术的和非技术的两个部分是不可能的。取而代之的方法是，人们可以把某些事物当作技术或者是当作*其他*的事物来进行主题化探讨，并且在主题化探讨中再赋予相关事物以"技术的"属性（Grunwald/Julliard，2005 年）。通过对目的和手段关系的识别，确定产品或方法的"技术特征"。然后，这些被确认为技术的产品和方法就成了"为了某个目的"的技术。倘若是在另一种关系中，某件特定的产品就不一定被确认为技术，而是艺术品、个人的纪念品，或者是商品。正因为如此，技术概念不是关于单个技术的集合概念，而是一个*反思概念*(Janisch，2001 年，第 151 页及下页）。反思可以用不同方式进行：作为差别的界定来区分技术和非技术；作为功用的阐释来说明技术的作用（如人类学作用），确定技术在行为关联体系中和文化中的位置，以及阐明它与可再生性和规则性的关系。

差异的界定

通过差异的区分方法，我们可以对各种包含性的关系和排除性的关系进行定义：就某个技术概念来讲，什么应包含在其中，什么应排除在其外，两者之间的*特殊差异*（*differentiae specificae*）① 便能够得到确定，而且，不仅这些特殊差异反映了人们进行区分的观察角度，同时，人们特殊的认识和区分兴趣也构成了这些特殊差异的基础。

经典的*特殊差异*就是前面提到的，可以追溯到亚里士多德对技术（人工）和自然的区分。这种方法的思考对象，乃是技术制成品和自然的变化结果之间的区别。比

---

① 源自古希腊语"genus proximum at differentia specifica"，意为"相邻种类和特殊差别"。亚里士多德将其视作用来对事物进行定义的一个原则，即必须要通过对种类和特殊差异点的说明来进行定义。这个原则一直影响到 19 世纪的西方哲学。

方说，人们可以针对自然的变化结果（如自然资源）在技术制成品中的作用问题进行探讨。面对人类对大自然愈演愈烈的侵入行为及造成的严重后果——如人类活动给山川面貌留下的痕迹，以及饲养的或是改变基因的动植物等——京特·罗波尔①将这种区分方法进一步极端化，并把技术看成一种反自然的现象（Rophol，1991年）。

在人工制造出来的产品当中，人们常常把技术的工具特性和艺术的自身目的区分开来。一台洗衣机和一件恩斯特·巴拉赫②的青铜作品都是人工制成品，但是习惯上把它们区分为技术和艺术。艺术品虽然是人工制品，但其功用是审美欣赏，而非当作工具使用。尽管如此，作为反思主题的技术概念也体现在这个问题上，因为上述分类方法不能从本体论上生搬硬套到这两件物品上：青铜雕像完全可以当作技术型的器械使用，比如用来对付入室行窃的歹徒，同时，洗衣机也可以是现代艺术作品中的一个元素。

另一种在我们的生活中经常使用的差异区分，可以通过技术的和非技术的这两个形容词来更好地加以解释。这里所涉及的就是所谓的"技术的理性"问题，它常常（而非特别地）使人联想到它的可控性、可预测性、成本效益观念以及冷静的逻辑等因素，并且与情感、移情、冲动和惊喜相对立。于是乎，这里就往往会产生一个技术的"冰冷"世界和人道的温暖体贴的矛盾体，技术在医疗健康方面的使用就是一个很好的例子。由于现代医学时常被贬斥为技术加理性的"设备医学"，因此，人们呼吁要有更多的人性关爱和情感投入。

作用的定义

作用的定义所要回答的问题包括：技术承担的任务是什么，什么情况下技术是必不可少的，技术对历史和文化进程的特殊贡献是什么。这些问题围绕的不是单个技术产品和方法的作用，而是抽象意义上"技术的"作用。比如说从人类学角度，或者

15

---

① 京特·罗波尔（Günter Ropohl），1939年生于科隆，德国技术哲学家和工程师。

② 恩斯特·巴拉赫（Ernst Barlach），1870—1938，德国雕塑家和画家，以木雕和铜像作品见长。

是从社会学和经济学的层面抽象地给予技术某种作用，以及赋予它相关理论和学科的意义。

把技术解释成人类学的必要性乃是出自人是有缺陷的动物的这个前提（Gehlen，1962 年；Ortega y Gasset，1978 年；参见第 4 章第 A. 3 节）。根据这个观点，技术的作用是对人类进行完美化，并对人类天生不完善的"基本条件"进行弥补。技术是器官替补、器官延长和器官的超能化（Kapp，1978 年），它是身体功能的具体化和物体化。技术补充了人类不完善的行动能力，因而它是最广义上的对世界的征服。持此观点者不仅看到了技术扩展人类个体能力的功能，同时也看到了它在文化和社会方面的贡献。甚至像语言、文字以及国家的组织形式等，也被称作技术文化的功能组成部分（Kapp，1978 年）。

技术在*社会学*上主要被理解成*交际的媒介*（比如 Halfmann，1996 年，第 109～147 页）。根据这一观点，技术的作用在于减轻人们不断地对自己日常行为的意义进行思考的负担，习惯的形成和随后的交际活动减少了偶然性并开启了对接的可能性。*经济学*上，人们重点强调的是技术作为重要的社会生产力的作用（关于马克思主义的技术哲学参见第 4 章第 A. 2 节），这种生产力又被历史哲学所采纳，用来对人类发展的未来进行思考（比如 Bloch，1934 年）。

*历史哲学、文化哲学和社会哲学*把"技术"同人类的文明发展相联系。在早期的技术哲学里，如恩斯特·席默尔（1914 年）和弗里德里希·德绍尔（1926 年），充满着一种对技术可能性的乐观甚至狂热的态度：技术发展到极致不仅将成为人的"自我解救"，而且将成为神或世界精神（弗里德里希·德绍尔）的表现，以及物质自由的理念。何塞·奥尔特加·y. 加塞特①把技术看成"一种节省气力的努力"（1978 年，第 24 页）。与之相反，各种不同版本的文化悲观论担心即将出现或是已经出现的技术或是技术思维对人的统治地位。比如在京特·安德斯（1956 年）看来，

---

① 何塞·奥尔特加·y. 加塞特（José Ortega y Gasset），1883—1955，西班牙哲学家和社会学家。

现代人可怜而无助地跟在自己创造的技术产品后面亦步亦趋，面对它们，人已经落伍过时并无可救药。马丁·海德格尔（1953 年）把现代技术看成现代人存在环境的表现，在这个环境中，一切都成了"支撑物"。赫伯特·马尔库塞从批判理论（参见第 4 章第 A.6 节）出发，对经济和技术的体系进行了诊断，认为人被这些体系工具化和奴役，只有通过一种模棱两可的"伟大的抗拒"才能保护自己（1967 年）。

必须指出的是，上述这些观点和定义不仅有重大的前提和阐释背景，而且对于"技术"观念的理解基本于事无补。这是因为，如果要对技术的作用（不论主观意愿的，还是在历史发展过程中逐渐表现出来的）下定义，那么就必须先明确"技术"是什么。而这一点在迄今所有这类定义中皆未能明确说明。

技术作为媒介

在当前阶段，技术被人们理解为一种媒介（Gamm，2002 年；Hubig，2006 年），比如说它是"社会和自然的工具式的调解关系"（Krämer，1982 年，第 10 页，参见第 4 章第 A.8 节），或者是按照恩斯特·卡西尔①的学说（1985 年），技术被作为人的活动的形式（Gutmann，第 54 页及下页）来加以讨论。按照这一理论，技术是占有世界的媒介（如运用工具），同时也是人类活动的一种形式，尤其是在社会化再生产的范畴中，它涉及个体活动与社会关系的特定方面。这样，经典的目的理性论（在主体和客体相对立的框架中）就无法解释技术的新内容，技术不再是技术制成品和方法的总和，而是一种媒介，个体和社会的发展过程伴随着它的可能性，但也是在它的界限和限制内进行，同时又反作用于此媒介。

16

在这里，我们观察的出发点是，技术形成了一个系统的、涵盖人类全部生活环境并对其打上深深烙印的维度。人所遇见的不再是个别的技术制成品，而是在一个被技术预先基本设定的"第二自然"，抑或是"技术的结构体"中活动（Grunwald/

---

①　恩斯特·卡西尔（Ernst Cassirer），1847—1945，德国哲学家，发展出一套独特的文化哲学，《符号形式的哲学》是他在这方面的重要著作。

Julliard，2005 年）。结构体这个比喻表示的是一种纵横交织的互为牵连关系，其中既包含了社会的实际生活，又包括了物质的和社会的技术。这种相互关联的交织体在基础设施技术方面已经发展到了无法将其从社会生活中剥离出去的程度，剥离它将会影响到整个社会生活的正常进行。作为现代社会"神经系统"的互联网，就是这种交织体的现实示例。从某种意义上说，普适计算（参见第 5 章第 25 节）这样一个既充满技术，又让我们毫无觉察的世界，就是一个完全技术化的第二个自然界观念的现实表现。

技术规则性的反思

技术的制成品和方法，包括与之相关连的人的活动方式，在很大程度上都有规则性和可再生产性的特征。规则性是技术的一个核心标志。技术的规则影响着技术的开发和制造，并且是技术科学和手工艺知识不断传承的核心要素。规则也同样影响着技术的使用，比如借助使用指南或者是基于具体产品的使用经验等。这些规则或多或少地都取决于它们的关联条件。技术使用规则的普遍适用性程度的高低能够说明相关目的和手段关系的稳定与否，以及对周围环境的依存度。技术规则和技术的使用规则分别在各自的有效范围内产生效力。同理，我们可以把技术概念理解为对其有效范围的影响程度的反思概念，与此同时，"技术的理想"在这里具有其最大的不变性（Grunwald/Julliard，2005 年）。在这个意义上，对技术的和非技术的物体所做的类别区分，不仅让我们认识到了历史上独一无二的单件物体（非技术性的物体），与可进行任意次数和严格化再生产的物体之间的差别，同时还提出了这个连续过程中一个正在被人们所考察探讨的特殊行为体系的地位问题。

技术概念的这个定义，让我们能够将目光越过"工程师技术"，从而投向文化和社会中"技术的"作用和矛盾体。毫无疑问，活动的可重复性（比如在方法上）和状态的可重复生产是技术制成品在生产、使用和处理上的一个要素。然而，规则却建立在社会的关联体系中。各种组织机构是受到规则调节管理的行动关联体，从中产生可靠性和期待的确定性。正因为对技术在行动和决策上的反思涉及规则的问题，所以，这种反思就把可靠性、可预见性和期待的确定性当作协调性行动的基础来进行讨论（Claessens，1993 年）。行动的规则，不论它们是与工程师技术相关也好，还是以规则主导的机构组织形式出现也罢，将人们从必须在任何情况下不断地对行动的可能性、必要性和理智性进行重新思考的负担中解脱了出来。

然而，规则性是一个矛盾体。一方面，对各种文化优点的保障需要规则，另一方面，规则会成为对自由和个性的一种威胁。规则性的东西和受规则制约的事物必须同（历史上的）独一无二的事物，以及在所确立的规则之外进行活动的可能性保持平衡。对技术的反抗不仅是反抗技术的产品，同时反映出了人类社会的一个基本特征，即安全和自由之间、自发性和规则性之间，以及作为开启行动选项的规划和作为关闭行动选项的"错误规划"之间的种种矛盾现象。

技术、技术科学和自然科学

17　　现代技术滥觞于手工活动的早期阶段。技术的发展自 19 世纪以来很快被科学化，尤其是在那些新开设的、拥有自己的培养课程以及后来可攻读博士学位的应用技术高等院校里。科学化使得知识的系统汇集、知识传授的根本改善和对新技术可能性更加有效的研究成了可能。

很多时候有这样一种论点，认为技术就是实用的自然科学，技术的实现所遵守的即是自然科学的认识过程。这个论点不仅包含认识和实干的时间顺序，而且也包含了一个逻辑顺序。然而，这个论点是不成立的（Banse 及其他学者，2006 年）。尽管自然科学的知识对于技术科学来说是重要的和必不可少的，但是，反之亦然（参见第 4 章第 A.5 节）。自然科学并非对自然的一种沉思玄想，它也有实验的、介入的和改变的行动，这个行动没有技术是不可想象的。位于日内瓦近郊核子研究中心的大型强子对撞机（Large Hadron Collider）那样的基本粒子物理学的大型技术设施就是一个很好的例子。这一点在现代生物学和医学中也一目了然。因此，在技术和自然科学之间不存在片面的关系，而是总体上的一种你中有我、我中有你的关系（Banse 及其他学者，2006 年）。

近年来的讨论中经常有人指出，把自然科学和技术科学区分开来显然是大有问题的。自然科学进步越来越依赖复杂技术的存在，比如针对浩繁数据量的调查、处理、分析和储存提出的越来越高的要求等。反之，技术科学也越来越依赖于同自然科学及自然科学领域的进步的紧密合作，特别是在所谓新的和新兴的科学和技术（new and emerging science and technology）领域。根据布鲁诺·拉图尔①的建议，人们常常把相关的研究领域（如纳米技术和合成生物学）称为技术科学（technosciences）。

参考文献

Anders, Günther: *Die Antiquiertheit des Menschen. Band I: Über die Seele im Zeitalter der zweiten industriellen Revolution*. Müchen 1956.

Banse, Gerhard/Grunwald, Armin/König, Wolfgang/Ropohl, Günter（Hg.）: *Erkennen und Gestalten. Eine Theorie der Technikwissenschaften*. Berlin 2006.

Bloch, Ernst: *Das Prinzip Hoffnung*. Frankfurt a. M. 1934. Cassirer, Ernst: Form und Technik. In: Ders.: *Symbol, Technik, Sprache*. Hamburg 1985, 39 – 90.

Claessens, Dieter: *Das Konkrete und das Abstrakte: soziologische Skizzen zur Anthropologie*. Frankfurt a. M. 1993.

Dessauer, Friedrich: *Philosophie der Technik. Das Problem der Realisierung*. Bonn 1926.

Gamm, Gerhard: Technik als Medium. Grundlinien einer Philosophie der Technik. In: Ders.: *Nicht Nichts*. Frankfurt a. M. 2002, 275 – 307.

Gehlen, Arnold: *Der Mensch. Seine Natur und seine Stellung in der Welt*. Frankfurt a. M. / Bonn [7]1962.

Grunwald, Armin: Technisches Handeln und seine Resultate. Prolegomena zu einer kulturalistischen Technikphilosophie. In: Dirk Hartmann/Peter Janich（Hg.）: *Die kulturalistische Wende*. Frankfurt a. M. 1998, 177 – 223.

 –/Julliard, Yannick: Technik als Reflexionsbegriff – Überlegungen zur semantischen Struktur des Redens über Technik. In: *Philosophia naturalis Jg*. 42（2005）, 127 – 157.

Gutmann, Mathias: Technik – Gestaltung oder Selbst – Bildung des Menschen? Systematische Perspektiven einer medialen Anthropologie. In: Armin Grunwald（Hg.）:

---

① 布鲁诺·拉图尔（Bruno Latour），1947 年出生，法国哲学家和社会学家。

Technikgestaltung zwischen Wunsch und Wirklichkeit. Berlin u. a. 2003, 39 – 69.

Halfmann, Jost: *Die gesellschaftliche Natur der Technik*. Opladen 1996.

Heidegger, Martin: *Die Technik und die Kehre* [1953]. Neudruck, Stuttgart 2002.

Hubig, Christoph: *Mittel. Bibliothek dialektischer Grundbegriffe*. Bd. 1. Bielefeld 2002.

– : *Die Kunst des Mölichen. Grundlinien einer Philosophie der Technik*, *Bd. 1*: *Philosophie der Technik als Reflexion der Medialität*. Bielefeld 2006.

Janich, Peter: *Logische Propädeutik*. Weilerswist 2001.

Kapp, Ernst: *Grundlinien einer Philosophie der Technik. Zur Entstehung der Cultur aus neuen Gesichtspunkten* [Braunschweig 1877]. Neudruck Düsseldorf 1978.

Krämer, Sibylle: *Technik, Gesellschaft und Natur. Versuch über ihren Zusammenhang*. Frankfurt a. M./New York 1982.

Lenk, Hans: Zu neueren Ansätzen der Technikphilosophie. In: Hans Lenk/Simon Moser (Hg.): *Techne Technik Technologie*. Pullach 1973, 198 – 231.

Marcuse, Herbert: *Der eindimensionale Mensch*. Neuwied/Berlin 1967.

Rapp, Friedrich: *Analytische Technikphilosophie*. Freiburg/München 1978.

Ropohl, Günter: *Eine Systemtheorie der Technik. Zur Grundlegung der Allgemeinen Technologie*. Frankfurt a. M. 1979.

– : *Technologische Aufklärung. Beiträge zur Technikphilosophie*. Frankfurt a. M. 1991.

Ortega y Gasset, José: *Betrachtungen über die Technik*. Stuttgart 1978.

Zschimmer, Ernst: *Philosophie der Technik. Vom Sinn der Technik und Kritik des Unsinns über die Technik*. Jena 1914.

阿明·格伦瓦尔德（Armin Grunwald）

第 2 节 风险

概念的沿革

18 　　风险的概念在现代社会中无处不在。风险和具有风险的行为是日常生活中很自然的组成部分。但是，我们只要审视一下这个概念的沿革就会发现，事情并不总是如此。"风险"以及"有风险的"这个用来指称一类行为或行为方式的修饰词语，乃是一个近代以来出现的现象，它在传统社会中要么不存在，要么非常少见。随着表述某类行动的风险概念的出现，前现代的思维模式就被取而代之了。

　　根据考证，风险作为与其他各种不安全感相区别的一个概念出现在中世纪的末期，亦即 14 世纪早期的意大利商业城市和城市国家里（参阅 Bonß，1995 年，第 49 页）。这个时期的风险概念与同时代的远途贸易，特别是海上贸易紧密相关。海上贸易在当时是一项比现在危险得多的活动。因此，把贸易货物的损失称为风险的意义就在于，它从一个理性的参与者的立场出发，把经济活动的不可预测性不再当作要去承受的命运事件，而是看作（或多或少）可以计算的不确定性。用风险的概念来把原则上可计划的数值归类为风险值，需要一种特定的对自然和自身的认识，"这种认识对于中世纪结束前的时代来说多少是非典型的，甚至是陌生的"（Bonß，1995 年，第 51 页）。自从风险概念在意大利航海贸易中得到考证以后，风险和理性的行动规划之间就有了一种紧密的联系，这种联系——从某种程度上作为近代理性认识的先驱——逐渐取代了人们把行为的成功视作命运或是其他不可预计的影响因素的解释模式。

概念的词义

时下，人们无处不在谈论风险，但对风险概念的含义到底是什么不甚了了。首先，风险经常被广义地用来表示做决定时的情形。此时，一个可能的行动事先或许会导致至少两种不同的结果，但也许只有其中一个结果事后可能会实际发生。再者，当事者与此情形相关的决定和行动，不仅对于其中至少一个结果的实现举足轻重，而且对于结果的类型或程度也必然有至关重要的影响。这样一种风险状况的潜在结果，亦即可能出现的后果，可以在数量上（作用或损失）以及在质量上（作用的程度或损失的大小）被定性定量。这些可能出现的结果中的任何一个——至少在原则上或者只是有可能——可以分别被赋予一个正数的出现概率。此处的要点是，各种结果的单一出现概率都小于 1，而所有可能的结果的概率总和必须是 1。于是，对这样一种带有风险的决策情形可做如下定义：在可选择的决定中，基于出现概率至少有一个决定同一个以上的结果相关联。这样一来，所有不确定的决策情形都归到了这个广义的风险概念之下，亦即所有的决定都处在危险之中。

风险概念也有明显狭义的使用情况，其中这种狭义化可以分为两种方式。一是风险被理解成一种不安全的特例，这是因为这种"带有风险的"决策情况有一个特点，即可能出现的后果的所有概率都可以被列举出来。不过，这样一种划分不安全和风险的做法隐藏着一个概率论的难题，其原因在于，如果是以主观主义的和人格主义的概率观为基础的话，这种划分毫无意义。

如果风险概念仅仅只涉及那些被评估为有害的风险决策的后果，那么就会出现第二种狭义的风险概念。通常情况下，风险和机遇概念的对峙也随之出现。这时，风险决策所表示的不确定性，仅限于那些可能出现的、被评估为不利的后果。反之，被评估为有利的那些决策可能出现的危险后果，就被归属在了机遇的概念之中。以"基因技术的机遇和风险"为题的探讨，或许就是这种概念运用的实例。

倘若决策时需对后果和概率的准确值进行说明，那么这种决策情形就是一种在数量上完全可以描述的决策。反对将决策的风险概念狭义化到这样一种特殊案例的人士认为，如果盲目使用这个方法，将会把风险概念完全排挤到实际生活之外。由此而衍生的风险理论将只具有十分有限的实用价值，并且不得不否定我们大部分的日常语汇。反之，如果我们把风险概念理解成一种普遍适用的表述词，用来指称在"纯风险"和"完全没把握"这两种极端情况之间进行不确定抉择时的连续过程，那么，保险计算公式（风险＝损失的价值×出现的概率）表示的就是"纯风险"的极端情况。

如公式所示，只有当风险被看作不安全后果的极端情况，而此极端情况在数量上又可以被描述的时候，风险的概念才可以被限制为可能出现的不利后果。然而，鉴于行为评估的理性因素，倘若这个决定与某种有利情况毫无关系的话，把它说成带有风险的决定似乎毫无意义。如果我们认为，风险的根源是在当事者的决策那里，那么这个与行动者的关联关系就决定了：一个理性的风险决策就是对利弊进行权衡所得到的结果，这当中，至少有一个需做评估的后果是具有不安全因素的。理性的行动者在哪里涉险，哪里就总是存在机遇的——至少从做决策时的行动者的角度来看是这样的。因为有机遇，人们才理性地去涉险（参见第 4 章第 C. 7 节）。

广义的风险概念既考虑到了风险当事人的关联关系，同时也兼顾了风险行为广泛的现实生活背景。风险当事人的关联性所表达的含义是，风险只有与具体当事人的决定和行动相关联时才会存在。某些潜在的后果只有在两种情况下才能被认定为风险，即风险是由当事人的行为造成的，以及对风险的了解使人有可能去影响它变成现实的概率，或者通过相应的行动去影响它后果的轻重程度。正因为如此，风险始终与决定和行动相关联。但是，这一点不能被理解成一个人所遇到的风险只能同这个人相关联，否则的话就要把它说成是一种危险（不同观点可参见 Luhmann，1991 年，第 117 页）。然而，风险当事人关联关系需要排除的是，将某些自然灾害的出现当成风险来看的做法，"风险来自做决定时的情况，而非来自（孤立地来考虑的）不确定和偶然事件出现的可能性。从可能出现自然灾害当中还不能得出风险的结论，只有在自然灾害可能对决策过程产生影响时，……风险才起作用"（Philipp，1967 年，第 6 页）。举例来说，单纯地谈论地震的风险是没有意义的。相反，如果要在一个众所周知的地震活跃带去搞建设，或者明知那里的情况，而放弃对自己，亦即对个人的或集体的以及政治的实践活动进行调整，那么，这样的决定就必须被称作冒险的决定。

　　由于并不是所有可能从风险中产生的潜在后果都只牵连到可被看作此风险肇始者的个人或集体，而且会牵涉到风险肇始者以及不相关的第三方，因此，有必要就标准风险理论范围的界定做进一步区分：风险可区分为个人的和被转嫁的风险。前者指的是个人自己所冒的风险，不产生任何外部的牵连关系。如果我们假设个人作为其自主权的表达者，从根本上说有自己去冒风险的自由，那么，只有下述的风险情况才应当成为伦理反思的内容，即在这些风险中，带有外部关联关系的风险决定和行为的潜在的或必然的代价，不完全发生在做决定的人那里。因而，规范标准意义上所指的相关风险具有与外部相关联的特点：单个个人或集体应当承担风险，但是，其身份可以不是风险的肇始者或协同肇始者。

　　除了已经提到的沃尔夫冈·伯恩斯[1]和尼克拉斯·鲁曼[2]的社会学论文之外，鉴于乌尔里希·贝克[3]（1986 年）的观点具有广泛的接受程度，这里必须提到他的风

20

---

[1]　沃尔夫冈·伯恩斯（Wolfgang Bonß），1952 年出生，德国社会学家。

[2]　尼克拉斯·鲁曼（Niklas Luhmann），1927—1998，德国社会学家和社会理论家。

[3]　乌尔里希·贝克（Ulrich Beck），1944—2015，德国社会学家。

险社会概念。但必须指出的是，贝克没有就此概念做过令人信服的阐述，而且其论文的专业术语也模糊不清且晦涩难懂。他对风险的理解因为一种在当代社会学中广为流行的对理性的批判态度，与本文所述观点格格不入。

危险和剩余风险

　　长期以来，风险和危险概念的明确划分在浩如烟海的风险研究文献里一直处于无足轻重的地位（参阅 Luhmann，1991 年，第 31 页）。尽管如此，我们也不应当——像鲁曼那样——主观主义地过分强调把与决定相关的风险和与决定无关的危险相区别的做法。这是因为"在一个被一分为二的行为空间里，做决定的人所冒的风险，……并非就变成了（此决定的）相关联人群的危险"（Luhmann，1991 年，第 117 页）。如果是这样的话，就意味着将其他的个人行为都归入一种行为之中，作为伦理判断基础的责任将无从谈起。即便是在一个共同的行为空间里，风险可以被归结为（任意的）一个当事者所做的决定，同时，相应的责任也归咎于他身上，在这种情况下，风险仍然只是风险而已。除此以外的其他解释将意味着风险和危险的区别实际上的自我取消，而且对于风险伦理学来说，这也是其巨大的分析价值的损失。在伦理学意义上，危险是与风险相对的概念。从伦理学角度来看，危险本身无足轻重，然而，了解危险却可能会引起一种带有风险的决策情况。之前我们曾提到的地震，以及知道地震发生的可能性的例子，便是对这个问题的很好印证。

　　另一个在关于风险的标准化讨论中经常出现的概念是"剩余风险"概念。根据《关于和平利用核能及危险保护法》（"Gesetzes über die friedliche Verwendung der Kernenergie und den Schutz gegen ihre Gefahren"，核能法）第七条，联邦宪法法院于 1978 年 8 月 8 日在被称作"卡尔卡 1 号"① 的关于"快速增殖反应堆"型核电站的审批许可决议中，详尽地就与一般风险权衡相区别的剩余风险问题做过表态。有别于

---

① 卡尔卡（Kalkar）是位于德国北威州西北部莱茵河畔的小镇，人口约 13670。1970 年该镇开始建造"快速增殖反应堆"型核电站，核电站于 1985 年完工，但因安全和政治原因一直未投入使用，直至 1991 年核电站被关闭。

当前社会学家视风险概念的作用在于将非安全性转化为安全性的观点，联邦宪法法院首先认为，剩余风险的存在不能同对剩余损害的容忍混为一谈。尽管法律在"未来损失的可能性无法非常明确地予以排除"［联邦宪法法院第 49、89（137）条决议］的情况下也会批准核电站的建设，但是，风险判断中所残存的不确定性的分量之所以不可避免，是因为它本身就存在于人类获取经验知识的自然本性中。有鉴于此，要求立法者制定出同批准和运行技术设施有关的、绝对有把握排除任何损害潜在可能的法律法规，是一种对人类认知能力的误判。这样的要求无异于禁止国家批准和使用技术："在判断事物的过程中，必须依靠实用理性来建立社会秩序……超出实用理性界限的不确定性，其根源在人的认知能力的局限中；不确定性是不可避免的，因而，应该由所有公民来共同承担相应的社会责任。"［联邦宪法法院第 49、89（143）条决议］

因此，我们可以把一种与特定的实践活动相联系的风险分量称为剩余风险。假如不完全放弃该实践活动，那么，依靠合适的和范围上可行的预防措施不可能再减少这个风险分量。然而，恰恰是让人们想尽一切可行及合适的预防措施以减少风险的提示要求清楚地向我们表明，剩余风险的存在并非可与对剩余风险的容忍画等号（关于技术法参见第 6 章第 2 节，关于预防原则参见第 6 章第 3 节）。

客观风险和主观风险

在相关的文章和论著中，人们常常论及客观风险和主观风险的问题。根据卡普兰 21 和加里克的具有广泛影响的观点建议，客观风险涉及概率，也就是事件发生的客观可能性。其他的所有情况皆是具有主观风险性质的案例（参阅 Kaplan/Garrick，1993年）。卡普兰和加里克二人甚至宣称，与客观风险相关的频繁性中存在一个明确的经验性基础，因此它能从科学上被人们所认识。而主观风险则不同，所以它被理解成一种软性概念。这种流传甚广的一边是客观性另一边是主观性的二分法，也反映在了风险理论中。然而，大多数经济学家和决策理论家却认为，如果人的行为是理性的，在这个理想情况下，不管怎样都能够设定出相对严格的条件，从而对人的主观概率推测必须满足的理性条件进行规定。例如，在相互排斥的情况中，就不会出现主观概率的总数超出 100% 的问题。主观概率必须符合概率计算的原则，这些原则以公理的形式见于 1933 年出版的安德雷·N. 柯尔莫哥洛夫①所著《概率计算基础》一书中（参阅 Kolmogorov，1933 年）。有学者甚至进一步宣称，两个理性思维的人，他们手里有同样的风险评估信息，那么他们一定会得出同样的主观概率判断，否则的话，至少其中一人的思考是非理性的。

但是，以概率的判归为基础的两分法，即一方面分为主观风险的软性概念，另一方面为经由频度定义的、客观风险的硬性概念，是个不无问题的分类法。这是因为，客观概率并非经由所测量到的频度来进行定义的，频度仅仅是说明存在哪些客观概率的一个指标。即便是相对频度的确定，也是以不同案例中的同一事件类型为前提的。不过，在对相应事件类型进行定义的时候，人们遇到了概率论中所熟知的参照等级问题。所谓对客观概率进行直接和经验的观察，到头来只是一种人为的虚构而已。

因此，在不明确的情况和纯粹的风险情况之间采用一个连续一贯的概念显得更有意义。前者的情况指的是，对于可能性的了解模棱两可，以至于主观的概率判断几近成了随意拍脑袋的做法；后者的情况指的是，概率的判断有根有据，以至于可以被认同为客观概率的实际存在。事实上，的确存在一个十分有趣的决策理论模式，该模式由瑞典人彼得·盖尔登福斯②创立，它把主观概率定义为一种对客观概率的评估——这里姑且不论这些客观概率究竟是如何成立的问题（参阅 Gärdenfors，1979 年）。

风险的现实性和风险认知

同主观风险和客观风险的划分紧密相关的一个问题是，风险的现实性与风险认知

---

① 安德雷·N. 柯尔莫哥洛夫（Andrej Nikolaevich Kolmogorov），1903—1978，苏联数学家，主要研究概率论、拓扑学、湍流、经典力学和计算复杂性理论，对概率论公理化所做出过杰出贡献。

② 彼得·盖尔登福斯（Peter Gärdenfors），1949 年出生，瑞典哲学家和隆德大学认知学教授。

之间的关系如何，主观的风险意识在特定的风险现实背景下有什么样的表现方式。这里首先可以明确判定的一点是，上述的提问中已经包含了一个简单的方法，可以用来找出人们对风险进行判断的方式。如果一个人能够回答自己是如何看待某个特定事件出现的可能性的问题，同时还能说明自己是如何看待可能出现的损失的严重程度，那么，这里似乎就有了主观风险认知的一个清晰的度量。然而，从经验的角度看，我们却发现，与另一种测量主观风险认知的方法相比较，这种测量风险判断的方法导致了差异十分明显的结果。根据另一种方法，我们并不考虑某人在判断风险时说了些什么，而是考虑他在特定的无把握决策情况下是如何行动的。这个方法在（主要是英文的）决策理论文献中被称作*表露出的偏向*（revealed preference），亦即某人在他的决策行为中所表露出的偏向性。如果此人面前有许多机会，可以在不同结果的可能性中进行选择，并且每次必须做出一个决定的话，那么在偏向性彼此连贯的情况下，可以认为主观的概率功能以及主观的后果评价对他起着作用和影响。

此方法在使用时（该方法很难实行，并且只在特定的简约情况下才能运用）表明，针对可能性和后果评价而言，提问式判断和以行为偏向性方式表现出来的判断之间存在巨大的差异。这样就产生了一个双重矛盾：一是在风险的现实性（只要风险的现实性借助相对的频繁度或通过更为复杂的概率论方法能够得到确定）和风险认知之间的矛盾，二是在表达出的风险评价和表现出的风险认知之间的矛盾。颇有意味的是，经验事实证明，至少是在长期同所熟知的风险打交道的时候，揭示出的风险认知要比表达出的风险评价更符合风险的现实性。

22

参考文献

Beck，Ulrich：*Risikogesellschaft. Auf dem Weg in eine andere Moderne*. Frankfurt a. M. 1986.
Bonß，Wolfgang：*Vom Risiko. Unsicherheit und Ungewißheit in der Moderne*. Hamburg 1995.
Gädenfors，Peter：Forecasts，Decisions and Uncertain Probabilities. In：*Erkenntnis* 14 (1979)，159–181.

Gesetz über die friedliche Verwendung der Kernenergie und den Schutz gegen ihre Gefahren (AtomG).

Hájek, Alan: Interpretations of probability. In: Edward N. Zalta (Hg.): *The Stanford Encyclopedia of Philosophy*. Stanford 2012, http://plato. stanford. edu/archives/sum2012/entries/ probability – interpret/ (20. 04. 2013).

Kaplan, Stanley/B. John Garrick: Die quantitative Bestimmung von Risiko. In: Gerhard Banse (Hg.): *Risiko und Gesellschaft*. Opladen 1993, 91 – 124.

Kolmogorov, Andrej N.: *Grundbegriffe der Wahrscheinlichkeitsrechnung*. Berlin 1933.

Luhmann, Niklas: *Soziologie des Risikos*. Berlin 1991.

Philipp, Fritz: *Risiko und Risikopolitik*. Stuttgart 1967.

Ramsey, Frank P.: Truth and probablity. In: Richard B. Braithwaite (Hg.): *F. P. Ramsey: Foundations of Mathematics and other Logical Essays*. London 1931, 156 – 198.

朱利安·尼达 – 吕墨林、约翰·舒伦伯格
（Julian Nida-Rühmelin und Johann Schulenburg）

第 3 节　安全

早在古希腊时代，"安全"一词就用来表达一种确定性、可靠性和不受威胁的状态。假如说它最初涉及的还主要是个人的处境（即拉丁语 *amini securitas*，意指"心灵平静"），那么很快它就成了一个政治性的观念，而且还出现在了经济和财政的领域当中。从此以后，"安全"便被广泛应用，因所属关系不同而一词多义，并且成了人类思想和行动的一个核心关联点。

安全——社会、科学和技术的核心关联点

人类的历史可以被写成一部努力消除危险和将危险最小化，同时增加安全和将安全最大化的历史。人的生命——整个人类和个人的生命——从一开始就与危险相关联。人这个物种受到的威胁不仅来自自己的同类（如争斗、战争、犯罪和剥削），同时也来自大自然（如干旱、洪涝和传染病）以及越来越多地来自技术的范畴（如事故、海难和环境破坏等）。因此，安全是社会、科学和技术中的一个核心概念，它在

过去和现在导致了各种各样的安全期待、安全满足和安全保证。这个概念被打上了各种不同的观点认识、沟通战略和文化层面的烙印。就个人来说，安全的概念越来越多地体现在对安全的需求上，而在社会方面则反映在不断加强的安全政策上。在现实生活的各个方面，安全的期待和安全的建立随处可见，比如保险、法律法规、警示、保护设施、审批程序和军队等，不一而足。

我们不妨这样说，对安全的追求至少是西方把安全当作人的"原始需求"（参阅 Bachmann 等，1991 年）、"人权"（参阅 Robbers 等，1987 年，第 27 页及下页）和 23 "高度分化的社会价值观念"（参阅 Kaufmann，1970 年）的一个传统。那么，大力避免、消除以及全部或者部分补救文明所带来的风险和不安全因素（从未来事件的不可衡量和不可预计性方面理解），将其分散到"大规模的支持群体"或"宽阔而可靠的肩膀"之上，就是与此传统相关联的结果。虽然用这种方式并没有消除现实生活中的不安全因素，但采取预防措施，在损害事件出现的时候，损失本身（常常只是经济损失）能得到限制并被承受。这样一个"有保险的社会"（参阅 Ewald，1989 年，1993 年）的本质特点是，在出现损失或面对不可预见的事件的情况下，大家彼此团结、相互支持。安全不是一个固定不变的数值，完全的（100%的）安全是达不到的。正因为如此，"安全"可能很快就被证明为一种"于事无补的理想"（Strasser，1986 年），如果我们对现有的安全水平没有进行足够的反思，而且没有足够考虑到可能存在的危险的话。

因其无所不在的特性，安全乃是科学研究的一个核心课题。安全是一种承诺，现代高技术化的社会无一不在努力尝试，也包括运用技术手段来兑现这个承诺。然而，"安全"是一个有不同含义的概念［参阅 Kaufmann，1973 年，第 67 页及下页；此处加进了（d）］：

（a）呵护式的"安全"；

（b）自身安全式的"安全"；

（c）系统安全式的（为了任意目的可以制造的、可以预计的）"安全"；

（d）人机互动的可靠性。

倘若下面要讨论的问题将（有限地）以技术安全为内容的话，那么其所涉及的范畴可以归属到（c）和（d）中去。

技术安全

技术行为和技术产品的安全使"受保护物体"最大限度地免遭（可能的）危害，或者是主动面对"受保护物体"（可能）遭受的危害，这两点在以行为为主导的技术生产价值观中具有突出的地位。技术知识和技术行为所追求的目标，是能够使用的技术制品、坚固耐用的建筑物（参见第 5 章第 6 节）、充满智慧的装备和高效的工艺方法。实用技术系统的可用性、可靠性和安全性，以及无危险地使用这些特性，对于技术行为来说在过去和现在一直都是十分重要的目标理想。下述的摩西故事第五经中的思想（22/8）无疑是最古老的"事故防范规定"之一："如果你盖一间新房子，那么你要在房顶上做一圈护栏，以防有人从上面跌落时，你家里要负流血的责任。"①

在技术发展的历史上，不乏失败的技术产品、倒塌的建筑物、不能工作的设备，以及没有效率的工艺方法的案例，简言之，各种不同程度和后果的失败、故障、失灵和损坏比比皆是。切尔诺贝利、博帕尔、塞维索②和福岛就是当代造成灾难性后果的几个实例。人们试图用各种不同的方式寻求技术的安全性、可控性以及关于危害预期和后果作用的知识，因为当以技术为原因的事故发生时，"人们首先了解到的是，自己失去了对被认为是已经掌握了的相关技术的控制"（Vester，1988 年，第 746 页）。此前未知的或是未能考虑到的技术系统及其因素的特点和行为方式，运转与否和运行安全的外围条件，对（极端情况下）技术系统和负载能力一系列未经检查或无法验

---

① 引自《旧约圣经》摩西五经《申命记》第 22 章第 8 节。摩西是公元前 13 世纪时犹太人的民族领袖，相传是《希伯来圣经》中五经（《创世纪》、《出埃及记》、《利未记》、《民数记》、《申命记》）的作者。

② 塞维索（Seveso）是意大利伦巴第大区蒙萨和布里安萨省的一个城镇，人口约 2 万。1976 年，当地一家化工厂的三氯酚反应罐因冷却水不足，外侧的蒸汽涡轮将反应罐的温度升至 300 摄氏度，导致反应失控，大量戴奥辛及其他有害物质泄漏。附近土地受到严重污染，之后又有大量动物死亡，居民健康也受到严重影响，史称塞维索事件。

证的推测，以及人和机器的不匹配性等——这一切在事故中顷刻间统统浮出了水面。由于技术总是包含着它的不安全性，所以，人们通过各种不同的科学原则以及用各种不同的方法，对失败、损害及其过程的原因、作用和概率，以及如何避免和降低其可能性进行探讨和研究。

自 19 世纪中期以来，与技术系统安全性的不断改善相关联，在技术知识领域出现了一种新的科学研究——尤其是在严重的失败和技术灾难的背景下，它把这类失败和灾难看成人为造成的威胁事件。这个新学科过去（和现在）一直把对形成危险原因的识别，开发和实现减少或（更准确地说）排除危险的措施和方法视为己任。19 世纪的矿井瓦斯大爆炸和铁路运输的重大事故，将大规模的技术事故摆到了当时的人们面前。然而，19 世纪技术安全的真正"教训"是随着蒸汽锅炉的制造和运行而经常发生的后果惨重的爆炸事件。继法国之后，普鲁士于 1831 年颁布了一项蒸汽锅炉法。此法参照法国的样板，其核心已经包含了对技术安全进行专项立法的所有重要内容（Sonnenberg，1985 年，第 9 页）。此后不久，针对高炉、化工厂、发电设备、机动车辆和升降机的法规也相继出台，技术监督协会（关于 TÜV 的产生参见第 3 章第 2 节）、材料检验机构、具有约束力的规范和标准纷纷设立。所有这一切措施和行动的目的不仅是"通过对技术属性和人的行为的规定，避免来自物体的危险和所要造成的损失"（Lukes，1982 年，第 11 页），而且还要针对随着工业化生产而来的不安全和危险，建立起一整套规则系统。

从与技术相关联的意义上说，安全即表示人的身体和生命未处于危险之中。如果危险意味着某种情况，而且"在这种情况下，倘若事件不受阻碍地发生，一种状况或是一种行为将以充足的可能性导致对……安全……保护物体的损害"（Drews 及其他学者，1986 年，第 220 页），那么，我们就能清楚地看到两个重要的安全定义内容：其一，安全既与某些未来的事情相关联，又涉及当前的情况与排除未来的危害之间的关系；其二，安全包含着对未来仅仅是可能出现的事件的排除，这个事件的发生既非肯定也非不可能。安全的目标是对未来可能发生，但不是必须强制发生的危险加以防护。提高安全性、排除不安全性和风险是始终如一的目标。这不仅意味着真实地

24

消除和减少危险，而且还促成安全观念的转变，甚至是形成"重新定义和转移不确定性"意义上的对安全的虚幻认识（Bonß，1997 年，第 23 页）。

从这个意义上说，"制造"安全就是抛弃那些不可操作的关联体系（比如偶然性和歧义性），将其转化为可操作的、条理化的和系统的形态，从而——用沃尔夫冈·伯恩斯的话来说——"从浩瀚无边的可能性中遴选出特定的、对行动有重要意义的可能性，摒弃其他不重要的可能性"（Bonß，1997 年，第 24 页）。这样一些行动，诸如对可能发生事件或是未来一连串状况的揭示，事件发生频度的调查，公众期望值的导出，对付出和实用价值的权衡，或者是"赢利"和"亏损"（不单单是金钱意义上）的计算，都是为了有的放矢地发挥自己的影响以及卓有成效地处理好不确定性因素的问题。通过这种方式，并非首先要把多义性改变为单义性，也非把偶然性变为必然性——尽管不排除这种情况，而是要把它们当作明确的和确定无疑的情况来认识和加以对待。通过这种方式，首先是为了达到增强方法和手段的目的，然而，这种理想化和简约化（当然，简约化总归是一种对可能是重要的关联体系等的一种"抛弃"）也允许使用特殊的手段和方法，并使理性地获取不完整信息的情况成为可能（参见第 4 章第 C.7 节）。

这里，最后需要指出的一点是，"制造"安全本身是一个矛盾体：一方面，它限制了未来技术潜在可能的广泛性和丰富性（这意味着对自由度和选择性的实际限制）；另一方面，恰恰是安全的建立和安全的保证才是稳定人的行为和建立规划可能性的决定性基础（关于安全和监控技术参见第 5 章第 22 节）。"摄像监控"就是这个矛盾体的一个很好的示例：一方面，通过对特定（公共的和私人的）场合和设施的摄像监控（威慑作用，提高刑事案件的破案率，提高"安全感"），可以增加安全性；另一方面，它又可能限制或是伤害了私人的空间，给人造成恐惧（对监控国家的恐惧），以及造成公众行为的适应性变化（老百姓觉得总有人在"盯着自己"）。

技术活动和安全/不安全

25　　技术活动的含义是指人和技术之间的各种关系，它从新技术的设计开始，再到符合其功能的生产制造，直到正确的操作和使用。这期间，既要顾及认知的问题，又要考虑到标准的问题。认知的问题产生于下述情况：不能从事后的分析中直接得出未来产品的结论，对于可能出现的后果的记录以及对于可能采取的行动策略的决定，始终是在不安全（亦即出于主观的未知原因）或者是在不确定（亦即出于客观存在的未知原因）的情况下进行的，于是乎就导致了一个跟技术相关的活动或决定的事实前提和实际后果无法被全面定义的后果。其结果是，由于无法消除不确定性因素，技术客体事先无法预见的、与当前已知和未知现状相随的、无法事先考虑到的事件和表现形式总是不断出现或发生。又因为人们常常无法准确估计这种不确定性的程度，所以，在技术设计时就已经给它加进了一个（常常是按照经验通过技术活动调查得出的）安全冗余。必须这样做的目的，是把技术产品制作得符合安全要求，防止"完全无法预见的载荷，以及出于力学计算的需要采用简单估算而造成的不精确的影响"（Liebmann 等，1920 年，第 332 页）。同样的情况也适用于材料强度和材料表现的安全因子或安全系数，以及适用于对危险材料进行加载，在得到其极限值时的安全冗余。

安全冗余中不仅包含技术活动的层面，也包含人和技术的各种关系。这些关系涉及新技术的设计、符合其功能的生产制造以及正确的操作和使用。这里的关键点是作为生产者（从精神的解放直到技术的实现），技术、工艺产品的消费者及使用者的人。与此相关联的各种涉及人和技术制品的危险和风险，不仅有人的主观认知错误和实际的使用错误，对规章制度的无视，个人墨守成规，依赖现成答案及被习惯所驱的倾向，而且还有各种不同的个人和社会层面的阻碍，诸如缺乏自我控制，身体的和心理的透支，面子、权力和经济的利益，将决定权交给局外人或是门外汉等。

标准化问题的出现及技术伦理学的挑战，首先出自这样一个事实，即当前的技术，尤其是未来的技术，都源于人们的目标、决定和行动。这些目标、决定和行动自觉或不自觉地反映了价值和价值观、希望、期待、要求、"外围条件"等情况。由于在技术产生及其纳入（社会）文化、（社会）经济以及（社会）政治的许多阶段中，多种方案、不同的实现途径以及对于未来情况的不同设想常常不仅是可能的，而且是非常可能的（和现实的）事情（关于技术作为社会的构建参见第 4 章第 A.10 节），因此在做决定时，必须要把眼光放在进一步可实现及必须加以实现的事情上。这样，技术开发人员、运营商、使用者以及其他相关人员的不同视角、利益和价值取向就变得十分重要，他们不仅把不同要求的对立性揭示出来，而且还把顾及各种选择方案、发展途径和价值取向的必要性也摆在了大家面前。这中间还包括对产品进行权衡思考的伦理学问题的解决（特别是尺度、标准和时间分量）。

在选择一个适合的行动策略时，我们应该考虑到，对安全解决方案的不同目标和要求也许经常是相互对立的（目标的冲突）。一个更高的安全水准可能会对相应解决方案的经济性（费用）、操作舒适性或是接受程度造成不利的影响。举例来说，要打开一扇有多把锁和钥匙的门，相比打开只有一把锁的门要复杂得多；尽管一个六位或者八位的密码加大了安全性，但它要比现在的四位数更难记。同类情况也见于信息技术行业中，（个人）获取信息的自主权的保障与（国家）防范和打击刑事犯罪之间存在冲突（关于信息技术参见第 5 章第 9 节，关于安全和监控技术参见第 5 章第 22 节）。在这里，核心的问题是：什么样的安全才算是足够安全？

鉴于危险发生的概率（涉及原因）和可能导致的损失程度（关于后果），通过技术上的组织措施，并通过采用科学的方法（诸如通过创建一套体系，减小或避免事故的"扩大化"，遏制错误带来的后果），以及通过建立在广泛的知识面、深刻的见解和价值取向基础上的对人的素质培养，从预防的角度说，降低、限制和界定引起危险的不确定性是能够做到的。

美国组织社会学家查尔斯·佩罗①曾经指出，人和技术交互作用中的结构体系（能够）对失败案例的可能性（概率）起到推波助澜的作用。他认为，这种可能性存在于人和技术体系相互作用和相互结合的特殊形式中，并（以观念中的典型方式）把*相互作用*（不仅在技术的部分系统之间，也在这些系统和人之间）区分为直线的和

①　查尔斯·佩罗（Charles Perrow），美国耶鲁大学退休社会学教授，重点研究大型组织对社会的影响问题。

复杂的两种类型：直线的相互作用"出现在预期的和已知的运行过程中，或者是能被操作手清楚地看见，尽管它并没有按计划发生"；复杂的相互作用则不同，它"或是被计划好的，但不为操作手所了解，抑或是非计划好也非所期待的，操作人员既不能看见它，也不能直接洞悉了解它"（Perrow，1989 年，第 115 页）。在谈到相互结合时，佩罗（同样是以观念中的典型方式，原因跟相互作用一样，有多种多样的过渡现象）把它区分为紧密的和松散的两种类型，紧密结合"是一种技术概念，它表示在两个相互连接的零件之间没有缝隙、缓冲区或弹性。一个零件的所有动作都直接影响另一个零件的动作。松散的结合使……系统的特定零件按照自身的逻辑，或是自身的利益进行运转……成为可能，而相互之间并不发生冲突"（Perrow，1989 年，第 131 页）。

佩罗的观点指出了技术上可制造的安全的局限性，这种安全只存在于下述条件中，即人和技术系统中的附加部件不能提高安全性，而是——针对自身而言——通过附加部件制造了一个新的安全问题：原本欲借助更多的技术来提高安全的打算，却导向了一个没有出路的螺旋体。这里我们还必须把使用者和技术系统的相互作用，以及技术生产的（法律的、社会的和文化的）"外围环境"因素考虑进来。"寻找一个没有错误的风险最小化战略"（Wildavsky，1984 年），最后变成了一场虚无缥缈的梦。技术安全不仅具有技术的成分，而且也具有非技术的成分，只有通过吸收包括技术伦理学在内的社会和人文科学，才能得以实现。

展望

在研究技术制品和技术活动安全问题的学科中，一种被称作从安全的幻想向不安全的管理过渡的范例转换已逐渐显出端倪。一种不同于以往的，且特别是建立在对人和技术系统的多义性认识基础上的研究和行为指导模式，逐渐得到人们的认可。这里，相关的重点提示词是加强对安全和建立在安全之上的危险防御规定的环境依赖关系的思考，关注概率和可能性因子，同时兼顾时间分量，以及针对研究课题（表现形式为"未完全被定义的"问题）的复杂性和不完整性，进一步提出解决方案并建立结构模式。

　　对安全的研究首先依靠的是技术科学、心理学和劳动学的知识和认识。当前，在安全研究已取得的成果基础上，一种更广泛的安全观念正在形成，而且比以往更多地将文化因素纳入思考的范围。这样，技术安全的提高就是可期待的（也是可能实现的）目标，反之，潜在的危险也将得到降低。过去，（传统的）安全研究要求曾经是——现在也还部分是——消除不安全和不确定性。这点已经得到了较大程度的实现，技术的解决方案越来越安全，越来越可靠，越来越无危险。然而被以往的研究所忽视的是，许多观点都建立在假设的模式和有限的数据基础之上，技术世界中的事件所遵循的不单单是数学计算和模拟，人和技术系统的未来表现只能有条件地被预测，有惊无险的事故、故障、失灵，甚至灾难就是这样一种结果。这里还要提到一些来自个别学科学者的观点（仅以心理学和劳动学为例），他们对安全范例的可兑现性表示质疑，不仅要求别人，而且自己也（尽管是初步地）拿出了处理技术风险和"制造"（技术）安全的新思路和新方案。

　　此处简略述及的视角转换可以被看作一种"不确定性的范例"在逐步形成自己的特点，有意识地和有计划地处理、对待技术的不安全性和不确定性（鉴于对其根本的不可避免性的认识），对于这种视角转换来说具有典型的意义。弄懂技术的危险和与技术的危险打交道的结果是显而易见之事，只不过到现在为止，人们还未就技术危险的各个层面，包括技术伦理学层面展开过系统的研究探讨工作。

参考文献

　　Bachmann，Christian：*Sicherheit. Ein Urbedürfnis als Herausforderung für die Technik.* Basel/Boston/Berlin 1991.

　　Bonß Wolfgang：Die gesellschaftliche Konstruktion von Sicherheit. In：Ekkehart Lippert/Andreas Prüfert/Günther Wachtler（Hg.）：*Sicherheit in der unsicheren Gesellschaft.* Opladen 1997，21 – 41.

Drews, Bill/Wacke, Gerhard/Vogel, Klaus: *Gefahrenabwehr II. Allgemeines Polizeirecht (Ordnungsrecht) des Bundes und der Länder.* Köln [9]1986.

Ewald, Francois: Die Versicherungs – Gesellschaft. In: *Kritische Justiz* 4 (1989), 385 – 402.

– : *Der Vorsorgestaat.* Frankfurt a. M. 1993.

Kaufmann, Franz – Xaver: *Sicherheit als soziologisches und sozialpolitisches Problem. Untersuchungen zu einer Wertidee hochdifferenzierter Gesellschaften.* Stuttgart [2]1973.

Liebmann, Heinrich/Lossow, Paul von/Steidle, Hans (Hg.): *Technischer Wortschatz.* Stuttgart/Berlin 1920.

Lukes, Rudolf: 150 Jahre Recht der technischen Sicherheit in Deutschland. Geschichtliche Entwicklung und Rechtsetzungsmethoden. In: Gerhard Hosemann (Hg.): *Risiko – Schnittstelle zwischen Recht und Technik.* Berlin/New York 1982, 11 – 43.

Perrow, Charles: *Normale Katastrophen. Die unvermeidbaren Risiken der Großtechnik.* Frankfurt a. M. /New York 1989.

Robbers, Gerhard: *Sicherheit als Menschenrecht. Aspekte der Geschichte, Begrüdung und Wirkung einer Grundrechtsfunktion.* Baden – Baden 1987.

Sonnenberg, Gerhard Siegfried: Historisches zur Sicherheitstechnik. In: Olaf H. Peters/Arno Meyna (Hg.): *Handbuch der Sicherheitstechnik. Bd. 1.* München/Wien 1985, 1 – 23.

Strasser, Johano: Sicherheit als destruktives Ideal. In: *Psychologie heute* (Mai 1986), 28 – 36.

VDI: *Richtlinie 3780» Technikbewertung – Begriffe und Grundlagen «.* Düsseldorf (VDI) März 1991.

Vester, Heinz – Günter (1988): Die wiederkehrende Ver – gänglichkeit von Katastrophen. In: *Universitas* 7 (1988), 745 – 756.

Wildavsky, Aaron: Die Suche nach einer fehlerlosen Risikominimierungsstrategie. In: Siegfried Lange (Hg.): *Ermittlung und Bewertung industrieller Risiken.* Berlin u. a. 1984, 244 – 234.

格哈德·班泽（Gerhard Banse）

第 4 节　进步

　　绝大多数的争议皆因进步的概念而起，倘若涉及这样一个问题：在经历了 20 世纪的极权主义和技术事故之后，技术知识和能力的发展，政治、经济和社会结构的变化还能够被看作进步吗（Adorno，1964 年；Kuhn/Widemann，1964 年）？当今社会，由谁来对什么是进步或什么不是进步下定义呢？

进步一词的主导概念是质和量的增长，亦即广延量在数量上的增加，而广延量是可以增加的，并且是递增的。这就需要有做比较的可能作为前提。相关形容词在体育记录式的语言中比比皆是：更快、更高、更深、更准确、更广泛。一种发展进步可以理解成结构的增加，可实现功能的更加丰富多样，效益和效率的提高，有时也可以被称为自由度的增长。质的进步表示的是可能性和潜力的提高；在进行比较时，可以用更好、更先进、更适合、更强大、更强烈这样的词语来表达。人们对发展进步的期待是从量到质的转变，所以说是一种更高的水准和复杂性的增加。

进步概念在这里有一个双重含义，即概念和它的含义在历史的进程中总是不断发生变化，消失或者重新产生。一般的进步概念似乎可以用把它设想成朝着一种状态的运动和变化来进行定义，这种状态总是借助一个目标或是一个标准来加以确定。作为历史性的思维对象，进步只有在时间的维度里才能存在，同时，我们也必须有权说，什么不是进步。如果不明确什么是退步，进步的概念就始终是空洞的。许多在 20 世纪被认为是进步的东西，在 21 世纪里却被认为是退步或者不是进步。

概念的沿革

进步作为一种属性，直到今天仍然被看成一种朝着某个方向的、符合规律的发展进程，这个方向即历史应该前进的方向，或者说尽管有弯路，它是历史已经经历过或是将要经历的方向（关于概念沿革参见 Ritter，1972 年；Rapp，1992 年，第 73 页及下几页；Pollard，1968 年）。

那么，进步在这个意义上是否就步入了一个正确的方向，古希腊的柏拉图就已经对此表示过怀疑，因为他把每一个群体的和社会的变化，都看成对黄金时代原始状态的偏离。换句话说，因为每一个进步都是一种变化，所以它必定要走向社会堕落（《理想国》，第八卷，第 545 页及下几页）。西塞罗的观点略显积极，他在论及亚里士多德式的希望时说，哲学不久将彻底走向终结（《图斯库勒论辩》，第三篇，第 28

和第 69 节）。塞内卡也曾期望，将有更多未知的学问留给后代人去探索（《天问》，第七篇，第 25 节和第 30 节）。

古希腊人近乎循环论的历史观没能产生一种包含特定发展方向的进步观念，直到基督教神学时才成就了救世史意义上创世和轮回转世之间的一种直线型的思维。奥古斯丁认为，循序渐进的教育能让人类成为神（《上帝之城》第十二章第 14 节，MPl41，第 362 页），这就在昨天和明天之间设置了一个距离，并且给时间画了一张路线图。这里，进步还是叙述性的，它描述历史，然而，历史还没有同人的成就和努力联系在一起。

直到中世纪时，才有人为现代的进步观念打下了基础。罗杰·培根想做的事情，是要消除人们对机器的恐惧心理——机器不是魔法，之所以成为机器是因为其自然的原理。他引用塞内卡的观点，认为将来会出现当下人们所不了解的知识，后辈人将会对古人的无知感到惊讶（R. Bacon，1897 年，第一卷，第 6 页、第 13 页及下几页）。在投影研究和未来设想中，他预言了人生命的延长（R. Bacon，1909 年，第九卷，第 1 页及下几页），飞行器、自己行走的车辆和船只以及潜水艇的出现（R. Bacon，1859 年，第 523 页及下几页）。托马斯·阿奎纳认为，随着时间的推移，人的知识会不断增加，因为一门科学的创立者的知识和认识必定是有缺陷的（见《神学大全》，Ⅱ/Ⅱ，q. 1，ad7）。 29

发现和发明的时代促使人们进行推测，让人们认为人的理性创造力是可以毫无限制地被提高的。进步作为从人的自然本性中自生出来的，使人朝着更好、更高和更完善方向发展的一种趋势，成了当时那个自我觉悟时代的标志，现代精神即孕育于这个发展趋势之中。伊曼努尔·康德（1934 年，第 611 页）就把"……人类不断进步的趋势看成……一个道德和实践的理性观念"。

启蒙运动也相信人和社会自身的道德发展过程——进步的概念经过戈特弗里德·威廉·莱布尼茨的乐观主义，到了格奥尔格·威廉·弗里德里希·黑格尔时变得愈加浓烈，直到它成了世界万物之道。甚至毛泽东也直接接受了这个思想："世界是在进步的，前途是光明的，这个历史的总趋势任何人也改变不了。"（毛泽东，第四

卷，1991）

今天，进步的概念在科学和技术之中可谓俯拾皆是、屡见不鲜。维尔纳·迪特里希① （1974 年） 发现，知识的不断积累和革命带来了知识的建立和改进，这个社会过程的结果，就是人们对于认知不断进步所做的隐含的假设。至少理论科学和经验科学属于这种情况 （Kuhn，1979 年），技术似乎也不例外 （参见第 4 章第 A.5 节）。卡尔·波普尔② （1992 年） 则是通过提出方法论的问题方式，来不断地对科学活动的理性论进行批判，而不是去论述一部引起知识增长的外在世界史。从技术制品里，人们可以看出可相互对比的结构，特别是当技术以技术科学的形式成为其属性的主体——进步的时候 （Büchel，1981 年）。

以时间为主线的科学理论，亦即对科学的理论发展动态的研究成果表明，不存在一种所谓直线式的知识积累，而是不断地发生着一次次革命，抛开这些革命，直接意义上的进步便无从谈起。这一历史观点在沃尔夫冈·施特格穆勒③那里得到了准确表达 （1973 年）：一个理论要比另一个理论更加进步，前提是那个不那么进步的或是旧的理论能够作为新理论的特殊示例被引申出来。在物理学中，牛顿力学就是一个实例——借助这个例子可以说明，如果我们在狭义相对论中让光的传播速度趋于无穷大，那么我们就得到了牛顿力学的理论。量子理论的创始人之一尼尔斯·玻尔④ （1985 年，第 507 页） 把它叫作物理学中的对应原理。在技术的发展过程中，我们也可以找到这种对应关系，也就是说，旧技术的东西完全可以在新技术中得到应用和"运行"。这便是这种发展模式能够通过技术的趋同性得到补充的前提条件 （Kornwachs，2012 年，C 篇）。

---

① 维尔纳·迪特里希 （Werner Diedrich），汉堡大学哲学教授，本文参考文献所列书目作者。

② 卡尔·波普尔 （Karl Popper），1902—1994，出生于奥地利的哲学家，后迁居英国伦敦，著有《科学发现的逻辑》和《猜想与反驳：科学知识的增长》等著作。

③ 沃尔夫冈·施特格穆勒 （Wolfgang Stegmüller），1923—1991，出生于奥地利的德国哲学家，对认知论、科学论和分析哲学有重大贡献。

④ 尼尔斯·玻尔 （Niels Bohr），1885—1962，丹麦物理学家。他通过引入量子化条件，提出了玻尔模型来解释氢原子光谱，提出对应原理、互补原理和哥本哈根诠释来解释量子力学，对 20 世纪物理学的发展影响深远。1922 年获得诺贝尔物理学奖。

从历史的角度看，不管如何定义，科学有目共睹的进步对普遍的进步概念来说起着一种主导观念的作用。这个普遍进步概念的特征就是对历史过程的累进式解读：不断增长的对自然的认知，取代了传统的、和宗教捆绑在一起的且绝大多数是书面记载的知识权威，并代之以实践经验的知识。人们向大自然提出问题，尽管——如同弗朗西斯·培根一样（1966 年，第 182 页及下几页）——这都是些实验室条件下的问题，目的就是要让大自然交出它的秘密。对自然的驾驭带来了众所周知的人类生存环境的改善，从卫生条件到人的寿命，最后到一定程度的文明的舒适性和安全性。进步应当被作为历史中的一种趋势来观察认识，这一点毋庸置疑。

进步的制度界限

如果一个要达到目标的努力随着接近这个目标而变得越来越大的话，那么就会出现数理逻辑的曲线。在质量控制上，我们都非常了解这种效应：为了达到 95% 的准确率，我们大约只需付出为达到 99% 的准确率所必须付出的努力的一半。由于努力并不能随意增加，因此不言而喻，所追求的准确率也不能随意被接近。30

尼克拉斯·雷舍尔①（1982 年）对这种经济视角下的进步概念进行过分析研究。如果说我们能用所谓突破的数量，也就是重大的发现、革命性的理论和惊人的发明等来衡量科学进步的话，我们就会发现，这个数量是按每个时间单位不断减少的。为了得到科技上真正的新发现——恰恰因为科学中的进步——为此所要付出的代价就变得越来越大：不仅是在技术设备上，也在功能和人员数量上。一个现实的例子就是时下"世界最大设备"——安装在日内瓦的大型强子对撞机(Large Hadron Collider)。科学家们要用它来证明基本粒子的存在，并用基本粒子来完善对所谓物质基本理论的认识。换句话说，相对论级别的科学发现变得越来越少，而为之付出的代价越来越大。倘若我们借用数理逻辑曲线图来做比喻，那么结论就是，因为无法任意提高代价，所

---

① 尼克拉斯·雷舍尔（Nicholas Rescher），1928 年出生于德国哈根市，德裔美国哲学家，主要研究理论哲学、道德哲学和社会哲学。

以由科研成果和所需代价得到的商就越小——科学进步的速度就越来越慢。

科学进步速度的减慢导致了技术进步速度的放缓。根据尼克拉斯·雷舍尔的分析，其原因在于，经验科学要依赖于实验室技术，理论科学要依赖于计算机运算能力。进步所需的技术装备由于花费日益巨大变得越来越昂贵，对之的需求及其改进开发也日益减少。换句话说，技术能为科学提供多大的可能性，科学也只能有多大的发展。如果我们从广义的角度来理解雷舍尔的论点，即走在前面的科学知识是紧随其后的技术发展的基础，那么，科学进步速度的减缓，其结果也是技术发展速度的减缓。然而，过去和现在都存在这样一些技术的发展情况，它们不直接依赖于自己之前的科学知识而向前推进，而且并不守株待兔式地等待着技术可能性的理论基础。不过，即使是这样的技术发展，其试验和模拟的成本支出也在不断增加。由于相比测试和实验仪器设备，提高计算能力的成本支出增速较慢，所以，人们越来越多地把重心转到模拟和可视化测试技术上来。

这样，科学和技术就各自分成了不同的领域，这些领域中的某些领域逐渐过时淘汰，其他的领域方兴未艾，直至达到自己的饱和程度或是某种无法让人接受的糟糕程度。这时我们可以说，一个领域在某种程度上已经寿终正寝，那里已没有任何进步可以让人们所期待。此外，我们也可以在一个科技领域中看到遵循数理逻辑曲线的发展情况。问题是，这种情况是否代表着整个科技进步的发展趋势，这一点至今仍没有答案。

对进步概念的批评

最晚自凡尔登战役①以来，技术进步——特别是军事技术进步——不能同社会学和社会的进步混为一谈，这一点人们有目共睹。很久以前，卡尔·马克思也曾试图找到二者合适的共同点，尽管他甚至没有明确提到过进步这一概念（参见第 4 章第 A. 2

---

①　凡尔登（Verdun）是法国东北部洛林大区默兹省的最大城市，1916 年发生在这里的凡尔登战役是第一次世界大战中破坏性最大、时间最长的一次战役，德法两国共投入 100 多个师的兵力，双方死亡人数超过 25 万，50 多万人受伤，史称"凡尔登绞肉机"。

节）。在他眼里，历史并非总是朝着自己更好状态的发展过程，而是阶级斗争的交替更迭（Marx/Engels，1981 年，马恩著作第四卷，第 462 页），其动力来自社会和生产方式的矛盾（Marx/Engels，1973 年，马恩著作第三卷，第 30 页）。这样一幅无阶级社会的图景隐含了一种要达到的终极状态，只有经过艰难曲折的道路才可以实现。

　　19 世纪理想主义和浪漫主义哲学所关心的经典问题是，进步观念是否有条件限制，即进步是否只能通过一个理念的不断发展才能实现。根据此理论，与历史进步的观念经常联系在一起的各种成就，诸如启蒙、民主、机会均等和福利增加，其基础就是不断发展中的理性、平等、正义和合理需求的思想。如果我们想对自然科学知识、技术、生产方式，抑或是今天的健康、能源、交通和通信领域的进步与否进行确认，那么我们就需要标准和观念。这些标准和观念必须能够说明，我们是否在向自然本 31 质、技术完美、最小的工作压力和阻力以及需求的广泛满足逐步靠近。同时，道德自由、理性辩论、公益的组织形式，直到自我决策和人权方面的进步，都必须从一个主导观念——通常的启蒙、理性和自主观念——出发去被理解。

　　于是乎，"作为观念进步的进步观念"这个文字游戏就完全成了进步思维的一个主导动机。有鉴于此，任何针对什么是进步的怀疑，同时也就是对这个主导观念地位和内容的怀疑。其结果是，对进步的批评变成了对观念的批评，以及对无条件接受的价值观基础的批评（见下文）。到这里已经很清楚，建立在如此基础上的进步乐观态度不可能产生对进步过程负责任的思想。这个自十八九世纪以来作为欧洲人世界观中固定组成部分的进步观，到了 20 世纪分解成了一系列互不相容的进步学说。

　　一个建立在救世观之上和以形而上的宗教含义为基础的发展观，一个把人从大自然和其他外部力量的束缚中解放出来的世俗技术进步思想，二者针锋相对、分庭抗礼。技术、经济和社会进程全面加快，造成人类在精神上失去了前进的方向。一个到 20 世纪 80 年代一直未中断的发展观引入了更好的、有信息技术支持的信仰体系，以应对大众方向的迷失。大家相信，每一个问题都有一个自然科学和技术的解决方案。但是在 20 世纪 80 年代，一种有些忧心忡忡的科技政策开始用技术后果评估的方式（尽管在机构部门上存在争议），来设计进步方向所需的早期预警系统。

对进步的当代阐释

当前，进步概念主要从标准化的角度被用来评判科技的发展和阶段。用科学论的表达方式来说，在现代综合社会条件下，它是一个标准和视角的概念，用来说明一种变化是否已经发生，且是否符合评判人的利益。如果不是，那么这就意味着倒退。

当前，对进步进行评价一方面会引来赞许，另一方面会招致抨击（参见第 3 章第 5 节）。将敌视进步的指责同敌视技术的指责捆绑在一起，这样做无形中就是不假思索地把进步概念同实际发生的技术发展联系在一起。有人还进一步指责某项技术发展成果（如核电站、火电站或二氧化碳收集和储存）的评论者，他们认为后者并非出于理性的思考来批判某项技术，而是出于其他并非实事求是的理由。抨击者列出的理由是，评论人不具备了解某项技术造福人类潜力的资格，由于意识形态的（生态的、世界观的、宗教的）背景而有偏见和保留，他们不愿意生活在被技术的不断进步打上烙印的社会里，等等。其中不乏经济界和文化界名人也涉嫌对体制进行批评。此外，不时还有人指桑骂槐地说，那些评论家都是对当今有压力和竞争社会持怀疑态度的人，他们未必不是觊觎国家的财政支持，或者是对某种寄生虫式的生活方式情有独钟。

虽然从上述现象可以看出科技倡导者们的免疫策略，但从标准的意义上说，这些指责以及科技进步评论家发表的理由却是不可多得的。这里所围绕的争论焦点和问题是，进步究竟是不是一种进步，那些被称为进步的变革与所有那些标准和视角意义上的当事人的利益是否真的一致，并且同进步这个宣判词名实相符。

同时，进步批评也总是表现为文化批评，它不取决于自己是否与某个特定的技术 32 批评相关联（关于文化和技术参见第 4 章第 C.4 节）。并非每个技术批评都是进步批评，它也可以涉及技术功能的改进，但并不对相关技术本身提出质疑。然而，以某些重大发展成果为对象的技术批评，一般来说就是进步和文化的批评。

在确定技术是进步还是倒退的属性时，人们所使用的那些基本的和相互对立的价值在技术评估中（德国工程师协会，1991 年；关于德国工程师协会技术评估参照标准，见第 6 章第 6 节）起着和其在政治辩论中一模一样的作用。从方法论的角度看，技术评估方法中提到的那些价值，诸如健康、个人发展大、安全、使用方便、经济性好等，必须转化为具体的标准和指示单位以对其作用做出评判。大多数情况下，在标准的遣词用语中人们已经能够清楚地看出评判者的利益倾向。实践表明，上述价值乃处在有争议的关系之中，因此，相应的标准代表着不同利益的冲突。价值和标准层面的优先方案建议，要么来自一种物质的价值伦理观，要么发端于一套原则体系，这其中的原则之一是普遍的道德责任（参见第 2 章第 6 节）要优先于个别责任（Werhane，1985 年，第 72 页及下页；Lenk，1991 年，第 64 页及下几页）。这就意味着，一个从事技术开发的人或是一个团队用来衡量一项技术成果的标准，不仅应该是这项成果是否服务于技术进步（主导观念意义上），而且还应该是技术成果的功用，滥用的可能性，后果和附带后果能否由它的制造者、运营者、使用者以及全社会来承担责任。这样做的目的是参与者和受牵连者在现在和今后都能够负责任地对待这个问题。

参考文献

Adorno，Theodor. W.：Fortschritt. In：Helmut Kuhn/Franz Wiedmann（Hg.）：*Die Philosophie und die Frage nach dem Fortschritt*. Verhandlungen des siebten Deutschen Kongresses für Philosophie. Münster 1964，30 – 48.

Augustinus，A.：*De civitate Dei（Vom Gottesstaat）*. Hg. von Carl J. Perl. Paderborn 1999 [De civ. Dei].

Bacon，Francis：*Über die Würde und Fortgang der Wissenschaft（De dignitate et augmentis scientiarum）*. Übers. von Johann Hermann Pfingsten，Nachdruck. Darmstadt 1966.

Bacon，Roger：Epistola de secretis operibus，artis et naturae et de nullitate magiae. In：Fr. Rogeri Bacon：*Opera quaeda hactenus inedita*. Hg. von John S. Brewer. Bd. I. London 1859，523 ff.

 – ：*Opus Maius*. Hg. von John H. Bridges. 3 Bde. Oxford 1897 – 1900.

 – ：Lib.（ep.）de retardatione accidentium senectus. In：*Opera hactenus inedita*. Hg. von Robert Steele. Oxford 1909.

Bohr，Niels：*Atomphysik und menschliche Erkenntnis*. Aufsätze und Vorträge aus den Jahren

1930 – 1961. Braunschweig 1985.

Büchel, Wolfgang: *Die Macht des Fortschritts. Plädoyer für Technik und Wissenschaft.* München 1981.

Cicero, Marcus Tullius: *Gespräche in Tusculum (Tusculanae disputationes, liber tertius).* Übers. von Ernst A. Kirfel. Stuttgart 1997 [Tusc. disp.].

Diederich, Werner: Einleitung. In: *Theorien der Wissenschaftsgeschichte – Beiträge zur diachronische Wissenschaftstheorie.* Hg. von Werner Diedrich. Frankfurt a. M. 1974, 7 – 51.

Kant, Immanuel: Handschriftlicher Nachlaß. In: *Kants Gesammelte Schriften.* Hg. von der Preußischen Akademie der Wissenschaften. Bd. XIX. Berlin 1934.

Kornwachs, Klaus: *Strukturen technologischen Wissens. Analytische Studien zur einer Wissenschaftstheorie der Technik.* Berlin 2012.

Kuhn, Helmut/Wiedman, Franz (Hg.): *Die Philosophie und die Frage nach dem Fortschritt.* Verhandlungen des siebten Deutschen Kongresses für Philosophie, Münster 1962. München 1964.

Kuhn, Thomas S. : *Die Struktur wissenschaftlicher Revolutionen.* Frankfurt a. M. [4]1979.

Lenk, Hans: *Technikverantwortung. Güterabwägung – Risikobewertung – Verhaltenskodizes.* Frankfurt a. M. /New York 1991.

Marx, Karl/Engels, Friedrich: Manifest der kommunistischen Partei. In: Dies. : *Werke* (MEW). Bd. 4. Berlin 1981.

Marx, Karl/Engels, Friedrich: Die Deutsche Ideologie. In: Dies. : Werke (MEW). Bd. 3. Berlin 1983.

Platon: Der Staat (Politeia) In: *Werke in acht Bänden.* Hg. von Gunther Eigler, übersetzt von Friedrich Schleiermacher. Darmstadt 1990, Bd. 8, 639 ff.

Pollard, Sidney: *The Idea of Progress.* London 1968.

Popper, Karl: *Die offene Gesellschaft und ihre Feinde.* 2 Bde. Tübingen 1992.

Rapp, Friedrich: *Fortschritt. Entwicklung und Sinngehalt einer philosophischen Idee.* Darmstadt 1992.

Rescher, Nicholas: *Wissenschaftlicher Fortschritt.* Berlin/New York 1982.

Ritter, Joachim: Fortschritt. In: Joachim Ritter/Karlfried Gründer (Hg.): *Historisches Wörterbuch der Philosophie.* Basel 1972, Bd, 2 (D – F), Sp. 1032 – 1059.

Schischkoff, Georgi: *Philosophisches Wörterbuch.* Stuttgart 1974.

Seneca, Lucius Annaeus: *Naturwissenschaftliche Untersuchungen (Naturales quaestiones).* Hg. und übers. von M. F. A. Brok. Darmstadt 1995 [Nat. quaest.].

33　Stegmüller, Wolfgang: *Theorie und Erfahrung. Probleme und Resultate der Wissenschaftstheorie und der Analytischen Philosophie,* Bd. II, 2. Halbbd. : Theorienstrukturen und Theoriendynamik. Berlin/Heidelberg/New York 1973.

Thomas von Aquin: *Summa der Theologie.* Stuttgart 1957 [s. theol.].

Verein Deutscher Ingenieure (VDI 1991): Technikbewertung – Begriffe und Grundlagen.

VDI – Richtlinie 3780，VDI，Hauptgruppe »Der Ingenieur in Beruf und Gesellschaft «，Ausschuß Grundlagen der Technikbewertung. Düsseldorf/Berlin 1991.

Werhane，Patricia：Person，Rights and Cooperation. Engelwood Cliffs 1985.

《毛泽东选集》第四卷，北京：人民出版社，1991，第 1163 页。

克劳斯·科恩瓦克思（Klaus Kornwachs）

第 5 节　技术后果

对技术后果问题的研究，不能仅仅理解成诸如切尔诺贝利和福岛核事故之后，人们所面临的一个现代社会的中心议题。工业化国家的现代生活已经被可称为技术后果的福利、几乎无限制的出行自由、全球化效应、很高的医疗水准等现实打上了深深的印记。简言之，我们的社会有一种普遍的要求，即技术的正面后果最终会压倒负面后果。然而这究竟意味着什么，这个问题在多元化的社会里常常导致社会利益视角与单个利益团体和个人之间的观点冲突（关于技术争议参见第 3 章第 6 节）。因此，这个问题也引起了人们关于技术后果应当从正面还是从反面去看的争论。于是，全社会的视角观点直至付诸行动就成了问题的中心点，终极目的是做出全社会都能接受的、关于技术开发和使用的决定。

有鉴于此，有必要将技术后果的概念与技术活动和关于技术的决策结合起来进行考察（参见第 2 章第 1 节）。一般来说，被叫作技术活动后果的是这样一些情况，即技术活动能被当作后果的原因来确认（Danto，1979 年；Abel，1983；Janich，2000 年）。这样，一个技术活动的后果就被确定下来，而且这个定性是通过对技术的作用和影响的阐述来加以论证说明的。一旦这种论证得到承认，那么就可以认为把后果归结为活动的做法获得了成功。由于有意识地放弃一种行为也必须被当作一种行为来看待（比方说，不在某地建造核废料永久存放基地），因此，通过对技术活动的考察就可以发现，它与决策活动之间存在直接关系。在现代社会里，技术活动和技术上的不活动都是必须加以论证说明的课题。

　　至此，我们只是回顾性地谈到了将技术后果归咎于技术活动的问题，但是在后果

34　的评估中，倘若为了当前的决策需要寻找一个论辩基础的话，*前瞻性的*阐述也是十分

必要的。必须对技术可能造成的后果加以分析，在此过程中，原则上必须把对未来的

预测纳入分析。这样就得出了与技术相关联的、具有不同技术后果层面的未来图景。

虽然对未来的描述原则上必须被视为不确定的（Japp，1997 年；Bachmann/Stehr，

2000 年；Weingart，2006 年），但是，涉及未来知识的适用性要求也是可以进行探讨

的。这样，我们既可以着眼于基础性的（当前的）预测，从而对技术将要造成的未

来情况（包括关于技术后果的阐述在内）进行分析，同时又可以依照可靠度和可信

度的标准对其进行评价，从对这些技术未来状况的对比分析中，找出当前技术问题的

决策方向。

技术后果的区分

　　将经过分析归纳的技术后果理解为技术活动和决策的结果，就引出了第一种需要

加以区别的情况。在个体行为的范围内，技术行为和决策的后果被归结为个体、个人

或一个当事者的责任。如果在技术活动中出现了有害情况，那么法律所要做的是找出

当事人，通过没有漏洞的举证将损失归咎于此当事人，并将其绳之以法。以一条河流

的污染为例，需要查清污染发生在哪里（下水道出口），哪些当事人通过管道系统与

此下水道连接，最终调查出谁是污染的肇事者。这种经典的顺藤摸瓜找出肇事者的方

式很少涉及原则性的问题。

　　但是，技术的后果并非必然要归咎于个人的行为，比方说在我们讨论社会公众出

行方式的后果、由人类所造成的气候变化的后果，以及一般意义上科技进步的后果

时。这里，我们无法找出单一的个体当事人，尽管我们理论上可以认为，这里所涉及

的是个人单独行为的聚合现象。如果不考虑体系的动因，仅靠这样一个聚合现象是无

法全面解释上述的那些效应的。其结果是，由于相关的效应链条无法得到毫无漏洞的

解释，所以在个人层面上就不会有行为后果归属的判定。有鉴于此，必须将个人的和

体系的技术后果区分开来。这方面，体系层面的后果归属基本上是可以得到判定的，

比方说，引起气候变化的温室气体排放后果，就可以归结为这种气体主要排放者的责任。就因果链的长度来说，这种将后果归结为技术行为的做法会遇到其他的限制。举例说，讨论中的直接后果和间接后果，首要后果和次要后果，甚至是第三级后果即反映了这种情况。随着因果链的加长，其他的事件会造成同一后果的可能性常常也在增加，举证能力因而降低，直到有必要将后果进行区别和划分时为止。

在技术后果的讨论中，还有其他更进一步的区分也十分重要，这些区分来自观察技术行为的不同视角，并且与做区分的人员代表的不同角色以及不尽相同的区分意图相关联：

·主观意愿后果 vs 非主观意愿后果：这种区分以技术行为的意图为依据，其人员代表为开发新技术的工程师、技术的使用者和受益者。通常，他们能够对自己的技术行为所要达到的意图，亦即目标做出解释。如果行为的结果是事先有意安排的，那么，这就是已经实现了的目标，通常包括狭义上成功的技术行为和能够运行的技术在内。其他类型的结果都是非主观意愿安排的后果。

·所希望的后果 vs 非所希望的后果：这里说的区分意图乃是在对技术后果是否出自人们所希望的评判之中，而这种评判又体现为一系列的标准规范。技术行为的"受牵连者"在他们表达意见时采用这种区分方法，并将其与对受益和损失、机会和风险的说明联系在一起，进而从这些因素的考察中得出希望与否的结论。举例来说，修建一条近道对附近的住户来说是非其所愿的，而使用这条近道上下班的人每天节省了时间，这种"获利"是他们所愿的。

·可预见的后果 vs 非可预见的后果：此种分类以技术后果的可识别程度为目标，它瞄准的是可能性的一个核心条件，即从科学的角度对技术后果加以记录。有的时候，此种分类也被表述为可期待与非可期待的比照，从观察者的视角来说，它对于观察范围的界定十分重要，而从技术后果的权衡考量的角度（参见第 6 章第 4 节）来看，它是一个方法上的挑战。这是因为完全可能出现这样的情况，即事后人们才发现，事先那些被提到过的后果（亦即可预见的后果），事实上并没有出现。

·主要后果 vs 次要后果：这里，由技术后果的意义和重要性来为个人和团体决

35

定某个领域中的后果责任问题。决策者引用这一分类法，并将已经被视为主要后果的技术行为的结果作为他们决策的参照指南。他们这样做的同时，就已经把次要后果视为可接受的后果，而其他的决策者对此可能采取的是完全另一种态度。所以，按照主要后果和次要后果来进行评判是同参与者看问题的角度相关联的。

在对技术后果的社会大讨论中，上述概念对照的运用并不总是一目了然的，有时甚至彼此同义，有时界限又含糊不清。由不同参与者所表达的区分目的和意图既非泾渭分明，也不能够明确地用以相互对照。考虑到讨论过程中参与者的不同角色，我们可以发现这些区分方法相互渗透的情况。从工程师的角度来说，意愿中的后果肯定是他所希望的，与此同时，即使是因为最微小的瑕疵，这种所希望的也可能会是最不所希望的。但是，在技术行为受益者中间，没有人认为所有这一切后果统统应当视为所希望的或者是非所希望的。这种出自受益者视角的矛盾，也会出现在关于个人和社会后果的讨论中。就像在德国，按照民众关于能源类型转换的对话结果，大家希望有一个非集中化的能源供应体系，但这并不等于说，这种对与此相关的更大电网密度（必须建造高压输电线路）的认可能够被所有人接受。"别在我家后院搞"（Not in my backyard）就是这种差异性的明显例证（关于技术争议参见第 3 章第 6 节）。

所以说，对后果的区分本身也需要加以区分，尤其是要同观察者的立场联系起来：从什么样的立场出发，后果就有什么样的归属。因之，主要后果和次要后果的区分不是本体论层面的划分，而是归类的结果。行为者和决策者眼中的主要后果，可能对其他人来讲是次要后果，甚至相反。我们要始终注意这些区分中不同的意图和目的，以及这些目的赖以产生的社会关系。这是技术后果考量的核心任务之一（参见第 6 章第 4 节；Renn，1993 年；Gloede，2007 年；Grundwald，2010 年）。

在后果概念的使用中，需将观察者的视角和参与者的视角区分开来。观察者可以从经验的角度对实施后的行动和决策进行研究和阐释，这些观察工作包括了与行动有关的事后所采用的视角，就如同这种视角在实际的影响研究和刑事案件的过程重建中所运用的那样。反之，在参与者的视角中，参与者行动尚未变为现实的后果在这里是一个关键点，原因是它们起着行动的方向指南和辅助决策的作用。预先推定的结果左右着行动和决策的方向，比如说在土地使用的规划过程当中（Grunwald，1999年）。那么，刚才说到的观察者（对环城快线所希望和非所希望的后果进行思考）在这里所扮演的角色就是对规划过程进行观察，以及必要时参与到规划确定过程中，并对之明确表明自己的态度。

把后果分为长期的和短期的、*必然出现*的和*偶然出现*的区分法，与之前所述及的分法迥然不同，因而在决策的关联体系中具有特别重要的意义。这里，*必然出现*所指 36 的后果，能从一台使用中的机器的设计方案中推导出来，理由是这台机器的使用*必然*导致这样的后果。偶然出现的后果则不然，这里要视行为发生的具体情况而定。由于在技术行为期间这些后果尚处于遥远的未来，且不能肯定被预见，而仅仅是前瞻性地被估计到，因此，人们只能在不确定的情况下对技术行为的偶然后果发表看法。这一点，在非主观意愿的技术后果的数量不可知和可能无限大的情况下，尤为如此。基于可操作性的考虑，我们必须依据重要性的原则来对我们的决定进行限制，而这种限制本身又是带有风险的——非主观意愿的后果*事前*被认为无足轻重，而*事后*表明是非常重要的后果。这个问题对于要采取预防性措施的技术行为来说具有特殊的意义（Harremoës 及其他学者，2002年；参见第6章第3节）。

最后，技术后果也可以根据内容进行分类，这种内容视角的分类法是不同于上述方法的第三种层面上的分类法。人们把技术给人和动物、环境、经济开发区、人口的一小部分以及现有的政治格局所带来的后果，归结到各种不同的并且在有关决策的辩论中所涉及的类别中去。这些不同的类别将技术发展的未来在医学、生态、经济、文化、政治等方面的内容置于一个特殊的关联体中，并通过它给全部的技术后果在更高层次上赋予进行讨论的意义。倘若对技术未来尽可能全面的描述要求我们考虑到所有的相关内容，那么，内容的多样性对于技术后果研究来说就是一个方法上的特殊挑战，这个挑战能够在普遍意义上通过技术未来可比性的建立得到体现。

技术后果研究和决策过程

对技术未来进行比较以及对与之相关联的争议进行分析，逐渐成了愿意为决策提供方向性意见的技术后果研究科学的中心课题。在特定的社会环境中人们应该做些什么——技术行为的伦理学反思用这个问题加入了技术后果的研究行列（Genthmann/Sander，1999年；Decker，2004年）。通过对技术后果的关注，后果伦理学研究（或曰结果伦理学）成了伦理学反思的中心点，与此同时，它得到了其他伦理学分支的支持，并且也同其他伦理学分支进行论争。

对技术未来和对以此为基础的行动态度的比较性分析，乃是技术后果研究的一种简化方法。借此，研究人员能对各种供选择的可能性做出大体评价。举例来说，我们能够进行相同条件下的远期推论，其原因就在于，我们可以有理有据地推测出，在经过研究考察的供选方案中，某些评判标准对于比较的结果不会带来或者只会带来可以忽略不计的影响。由于一个行动可以被实施或者被放弃，所以至少这两种未来情况是可以进行比较的。在许多案例中，放弃行动并不是与不寻求技术解决方案有关，而是同继续采用现有的技术方案有关。一项新技术、一个技术创新与现有的技术相互竞争，由于竞争的出现，旧技术得到了改进，以便在竞争中继续生存。约瑟夫·熊彼特①这段文字讲述的正是这种竞争："使资本发动机投入和保持运行的这个基本动力，来自新的消费商品，新的生产和运输方式，新的市场……"同时他又指出，技术创新"创造性地打破了"现有的东西，"（这一过程）不断地从内部对经济结构进行革命，不断地破坏旧结构，不断地创造新结构"（Schumpeter，1994年，第82页及下页）。

开发具有竞争力的技术创新产品，可以看成工业国家科技政策（参见第6章第1节）的核心目标。在德国的联邦教育和科研部，技术后果研究归在创新和技术研究（BMBF，2001年）名下，在即将出台的欧洲科研框架项目规划里，"负责任的科技创新"是最核心的概念之一（von Schomberg，2012年）。在这两个文件里，对技术后果的评估构成了科研、开发和创新决策准备工作的一个重要组成部分。由于技术决策关

---

① 约瑟夫·熊彼特（Joseph Schumpeter），1883—1950，出生在奥地利的政治经济学家，1939年加入美国籍，主张自由主义资本经济，和凯恩斯的经济理论相对立。

系到的是未来的使用情况，因此，无法对技术后果进行实际的经验分析。情景建模、模拟和开发构成了技术未来的认知基础，同时也使研究人员能够在已设定的推论基点之下，分别从事量的和质的分析研究。尽管如此，这些推论的实用性不能同物理学中超主观的、理论阐述的有效性相提并论。

于是，技术后果研究的一个基本的和长远的研究领域在此得以确立：对技术后果未来知识的适用标准进行说明。技术后果的不同观察视角让参与争议的各方露出了庐山真面目（见上文）。争议方对于技术的后果各执一词，不仅从根本上（比如在是否完全是人的因素引起了气候变化的问题上）动摇了各自的适用性要求，而且——假如技术后果的存在不受质疑的话——也在具体的程度问题上（在多大程度上影响了气候变化），动摇了各自的适用性要求。由于针对未来的论述和观点通常无法得以证实，这就为主观臆测和以利益为主导的观点解释打开了方便之门。

因为这种"无法知道"的存在，所以为了决策准备，有必要把对"无法知道"的评判也纳入后果的讨论（Böschen/Wehling，2004 年）。这里，我们可以把人们对纳米微粒对人和环境毒理学影响知识的缺乏及不确定的认识作为示例来看。在这个示例中，预防原则（参见第 6 章第 3 节）已被纳入决策制定过程（Decker，2009 年）。虽然"无法知道"，却又必须为行动做出决定，那么这种情况所带来的后果是，行动的成效和与之相关的次要后果肯定出现不了。行动是实验性质的行动，成了*在干中学*（*learning by doing*）的一个实验（Krohn，2007 年）。事实上，高风险的大型技术设备只有在现场实际使用中进行"测试"，这种"试验和差错"既是不可避免的又是不能令人满意的，就像福岛核电站事故所表明的那样。其他像垃圾填埋场这类不那么引人注目的技术也不例外（Herbold 及其他学者，1991 年）。在为某个特定的未来场景做决策准备时，技术后果研究所必须承担的角色，就是对当前的种种行为进行描述，这些行为从实际的实验中得出必要的"初始参数"。决定做出后，研究人员要对实验进行观察，留意技术行为主观意愿的和非主观意愿的后果，目的是在实践中进行学习。

这样，建立在技术后果研究基础上的、将新技术使用的风险和机遇进行对比研究的决策过程，与对现代化进行反思的理论和谐共存。虽然反思现代化要对技术后果分门别类和设置界限，但这是"暂时的、在道德和法律上更加多极化的，具有取消内部界限的特点，从而为'不仅－而且'的逻辑推论敞开了大门"（Beck/Lau，2005 年，第 131 页）。在"不仅－而且"的逻辑推论中，对技术现代化成果的评价与对非主观意愿后果的考察同时进行（Böschen 及其他学者，2006 年；Bachmann，2007 年）。因此，在理想的情况下，技术后果研究就成了技术和社会现代化的一个伴随过程，它不仅在决策之前非常透明，有根有据地将各种行动的选择方案放到桌面上来讨论，而且以此为背景，分析所做出的决定的后果，从中再得出行动的其他选择性。

参考文献

Abel, Bodo：*Grundlagen der Erklärung menschlichen Handelns.* Tübingen 1983.

Bechmann, Gotthard/Decker, Michael/Fiedeler, Ulrich/Krings, Bettina-Johanna：Technology assessment in a complex world. In：*International Journal of Foresight and Innovation Policy* 3/1（2007），6－27.

Bechmann, Gotthard/Stehr. Nico：Risikokommunikation und die Risiken der Kommunikation wissenschaftlichen Wissens - zum gesellschaftlichen Umgang mit Nichtwissen. In：*GAIA 9/2*（2000），113－121.

Beck, Ulrich：*Risikogesellschaft. Auf dem Weg in eine andere Moderne.* Frankfurt a. M. 1986.

－/Lau, Christoph：Theorie und Empirie reflexiver Modernisierung. In：*Soziale Welt* 56（2005），107－135.

BMBF（Bundesministerium für Bildung und Forschung BMBF, Hg.）：*Innovations-und Technikanalyse. Zukunftschancen erkennen und realisieren.* Bonn 2001.

Böschen, Stefan/Kratzer, Nick/May, Stefan（Hg.）：*Nebenfolgen Analysen zur Konstruktion und Transformation moderner Gesellschaften.* Weilerswist 2006.

Böschen, Stefan/Wehling, Peter：*Wissenschaft zwischen Folgenverantwortung und Nichtwissen. Aktuelle Perspektiven der Wissenschaftsforschung.* Wiesbaden 2004.

Danto, Arthur C.：*Analytische Handlungsphilosophie.* Königstein 1979.

Decker, Michael：The role of ethics in interdisciplinary technology assessment. In：*Poiesis & Praxis, International Journal of Ethics of Science and TA* 2, 2/3（2004），139－156.

－：Nanopartikel und Risiko - ein Fall für das Vorsorgeprinzip? Betrachtungen aus der

38

Perspektive der Technikfolgenabschätzung. In: Arno Scherzberg/Joachim H. Wendorff (Hg.): *Nanotechnologie-Grundlagen*, *Anwendungen*, *Risiken*, *Regulierung*. Berlin 2009, 113 – 137.

Gethmann, Carl Friedrich/Sander, Thorsten: Rechtfertigungsdiskurse. In: Armin Grunwald/Stephan Saupe (Hg.): *Ethik in der Technikgestaltung. Praktische Relevanzund Legitimation*. Heidelberg 1999, 117 – 151.

Gloede, Fritz: Unfolgsame Folgen. Begründungen und Implikationen der Fokussierung auf Nebenfolgen bei TA. In: *Technikfolgenabschätzung-Theorie und Praxis 1/16* (2007), 45 – 54.

Grunwald, Armin: Die rationale Gestaltung der technischen Zukunft. In: Ders. (Hg.): *Rationale Technikfolgenbeurteilung. Konzepte und methodische Grundlagen*. Heidelberg 1999, 29 – 54.

– : Technikfolgenabschätzung-*Eine Einführung*. 2. Auflage, Berlin 2010.

Harremoës, Poul/Gee, David/MacGarvin, Malcolm/Stirling, Andy/Keys, Jane/Wynne, Brian/Guedes Vaz, Sofia: *The Precautionary Principle in the 20th Century: Late Lessons from early Warnings*. London 2002.

Herbold, Ralf/Krohn, Wolfgang/Weyer, Johannes: Technikentwicklung als soziales Experiment. In: *Forum Wissenschaft 4/91* (1991), 26 – 32.

Janich, Peter: *Logisch-pragmatische Propädeutik. Ein Grundkurs im philosophischen Reflektieren*. Weilerswist 2000.

Japp, Klaus P.: Die Beobachtung von Nichtwissen. In: *Soziale Systeme 3/2* (1997), 289 – 312.

Krohn, Wolfgang: Realexperimente-Die Modernisierung der › offenen Gesellschaft‹ durch experimentelle Forschung. In: *Erwägen Wissen Ethik 18/3* (2007), 343 – 356.

Renn, Ortwin: Technik und gesellschaftliche Akzeptanz: Herausforderungen der Technikfolgenabschätzung. In: *GAIA 2/2* (1993), 67 – 83.

Schumpeter, Joseph: *Capitalism*, *Socialism and Democracy*. [o. O.] 1994.

Von Schomberg, Reré: Prospects for technology assessment in a framework of responsible reserach and innovation. In: Marc Dusseldorp/Richard Beecroft (Hg.): *Technikfolgen abschätzen lehren. Bildungspotentiale transdisziplinärer Methoden*. Wiesbaden 2012, 39 – 61.

Weingart, Peter: Erst denken, dann handeln? Wissenschaftliche Politikberatung aus der Perspektive der Wissens (chafts) soziologie. In: Svenja Falk/Dieter Rehfeld/Andrea Römmele/Martin Thunert (Hg.): *Handbuch Politikberatung*. Wiesbaden 2006.

米夏埃尔·德克尔 （Michael Decker）

第 6 节 责任

在技术伦理学中，责任概念起着举足轻重的核心作用。责任是一种基础概念，一如义务和罪责概念，所以在许多场合中都可以使用。同样，其运用的可能性不仅十分多样化，其概念的含义也可以有几种普遍性的解释。恰恰是在技术伦理学和科学伦理学领域从事研究的本手册撰稿人，过去曾就概念的解释和不同使用方法的差别进行过深入探讨（如 Grunwald，1999 年；Hubig/Reidel，2003 年；Lenk/Maring，1991 年；Ott，1997 年，第 252 ~ 255 页；Ropohl，1994 年）。

因果责任

责任首先可以区分为*标准方面的*责任和所谓*因果责任*两种。因果责任仅仅只表示因和果的关系，并随时可以用原因的概念来进行替代。根据这样的理解，"露营篝火要对森林大火负责"这句话的含义不外乎是"露营篝火*引起了*森林大火"。两种说法都为一个需要解释的事件（森林大火）说明了它的必要原因条件（露营篝火）。这里，二者都是经验性的事实认定，而非价值判断或标准规范的表达：在现有外部条件下，露营篝火是不是造成森林大火的必要因果条件，原则上可以通过不受标准取向影响的实验来进行验证。

然而，正是在技术伦理学的诸多关联事物中，我们要指出的是，原因的归属经常被用在现实生活的综合关系中，在这些关系里，原因的归属有一种实际的意义（参阅 Putnam，1982 年）。我们在注意到篝火是森林大火的"这个"原因时，我们是从众多的因果必然条件里选出了一个因果条件。强调这个因果条件，是因为我们在考察特定的实际生活因素时，认为有必要对它进行强调（为了避免将来发生森林火灾，这个条件尤其易于控制），同时把其他的因果条件（比如空气中的氧气）作为单纯的背景条件来看待。至于以这种方式来强调一个特定的因果条件，并把它称作某个事件的"这个"原因的做法合适与否，通常不仅要取决于统计（正常情况）数据，而且还要取决于标准的（如道德的、法律的、常规的）规定（Feinberg，1977 年）。缘此，下面的假设似乎可以用来说明此问题。

如果我们把 E 当成一个事件，当出现特定背景条件 H 时，E 可能而且的确引起了事件 E^*，那么我们将 E 认定为 E^* 的"这个"原因的概率，将受到如下因素的积

39

极影响：分量（1）：我们从统计的角度期待，E 的确引起了 E*（比如因为从统计上说 H 是会出现的）；分量（2）：我们既从统计的角度（a）又从标准的角度（b）期待，E 不会发生。据此推理，如果（根据1）从统计上有可能出现电池温度 T 引起着火的话，以及假使（根据 2a）T 的发生在统计上是不可能的，并且/或者（根据 2b）T 的发生违反了有效的规定，亦即 T 在标准上被认定为"过热"，那么，我们把电池的温度 T 当作汽车着火的"这个"原因的概率会更大些。现在我们来做个对比试验。假定其情形为：重新调整相关标准，让 T 回到正常范围，而所选择的电池*排列*（电池排列也属于着火的必要因果条件）违反了电池安装的规范标准。在这个案例中，我们将不把电池温度 T，而是把电池安装称作着火的"原因"，虽然两个示例的所有非标准情形相同，但我们认为，采取不同原因归结方式的做法是合适和恰当的。

因此，关于原因归属的讨论有时仅是一个表象，而真正所讨论的是关于*标准规范的*问题。倘若大家在争论，放射性蒸汽泄漏的"这个"原因到底是因为不合格的高压阀，还是因为设备的设计错误，或者是因为设备缺乏保养维护，那么，争论各方在这点上的看法应该是一致的，即*所有*这些情况都是泄漏事故的必要因果条件，尽管他们对此案例中采用的是哪些相关技术标准，哪些法律条文，抑或哪些技术伦理学原则（涉及设备的必要设计参数、零部件安装的可靠性及规定要求的检查和维护）的意见和看法不尽相同。

标准的责任：前瞻性和回溯性

我们始终认为，因果责任归属本身并没有标准层面的含义，这是因为它只是说明了必要的因果条件而已。然而，运用这些归属法所做出的决定（这些方法揭示了各种必要的因果条件），却能表达除了统计数据之外的标准规范要求。在其他一组应用方式中，责任归属*直接*表达了标准规范的要求（以下论述包含了对本篇作者2014年所发表论文的摘录）。责任在那里表示的是一种基本的标准规范关系，其基础不仅可能存在于道德和法律规范之中，而且也可能存在于常规的或因角色而异的规范要求之中。假如"因果责任"始终是回顾性的话，那么标准责任关系则具有前瞻性和回溯性的双重意义（Zimmermann 及其他学者，2001 年）。

在前瞻性意义方面，凡是人们对自己或是对其他有行为能力的实体提出标准要求的地方，都可以将责任归结到那里。正因为他们采取这样的做法，所以他们就把满足相关要求的前瞻性责任（有时只是含糊地）归属给了有关当事人。

在回溯性意义方面，凡是如下情况，都属于责任归咎的范围：行为者给自己或是针对别人的主张和态度，决定自己或别人是采取行动还是放弃行动，或者以某种方式把行动和不行动的结果和附带后果归结到自己身上，最后使得这些结果和后果成了一种"有的放矢"的评价——诸如赞扬、批评、谴责、有针对性的制裁，或是一种有针对性的情感，如愤怒（参阅 Strawson，1962 年）——的对象。这里所说的"有的放矢"的评论指的是，评论者将自己的批评和对被批评者所提出的要求结合在一起。他所提出的要求是，被批评者自己应当接受批评里所说的标准要求并以之为准绳，而且他之前就应当这么去做。

显而易见，前瞻性和回溯性的责任归属的含义是完全不同的。一种责任归属代表的是哪一种实际情况，从具体的上下文关系中大多可以明确看出（或许是前瞻性的示例："电站运营商负责遵守排放标准"；或许是回溯性的示例："电站运营商对*超出*排放标准负责"）。但是，前瞻性和回溯性的责任又是紧密相关的：假定说，电站运营商*前瞻性地*负责遵守排放标准。这个假定是后续假定的一个*表面*原因，即电站运营商*回溯性地*对排放可能超标的情况负责。*正因为*我们出于标准的考虑，期待电站运营商有一个特定的行为或态度，所以，他们要为对标准期望（*表面原因*）的偏离承担责任。因此，回溯性责任在这里也起着标准意义上的作用。作为一个标准的属性归类，它不能降格为一种单纯的因果关系（观点不同于 Jonas，1979 年，第 177 页及下几页）。我们之前之所以只提到*表面*原因，而没提到充足原因的理由是，我们必须考虑到特殊（谅解性的）情况存在的可能性。这些特殊情况能够免除作为个例的当事人行为的回溯性责任，而在正常情况下，他（原则上及通常）要为自己的行为前瞻性地负责任。因为我们根本不可能把前瞻性的责任描述得非常精确，以至于事先就能把所有可能出现的免责情况都排除掉，所以，责任总是*可以被免除掉的*（经典论述参阅 Hart，1949 年）。

责任作为关系概念

我们可以把*因果*责任理解成一种双重关系（X 对 Y 负责），而所有标准意义上的（前瞻性和回溯性的）责任关系至少是三重性质的：*谁*（责任主体）*对什么*（责任客体）及*对谁*（责任评判机构）负责任? 除此之外，我们还可以问，标准责任关系为什么存在，亦即相关的标准责任关系的依据在哪里。围绕着上述每一个问题，都在进行着广泛的探讨和争论。

关于责任主体，首先可以提出的问题是，主体必须具有什么样的特质才可能成为一个责任人。答案的基本要点从之前的阐述中已经能够得出：为了能从标准的角度（前瞻性地）期待一个主体具有某种特定的行为，抑或期待他去实现某种特定的状态，或者是为了能将这两种情况作为目标明确的评判对象（回溯性地）归结到这个主体身上，那么，这个主体就必须具备（或曾经具备）凭借自己的力量引起和放弃这些期待和责任归咎的能力（可选行动的原则；有关批判参阅 Frankfurt，1969 年；批评的批评参阅 Fischer/Ravizza，1998 年，第 29 页及下几页）。此外，他还必须有（曾经有）能力理解标准的期待要求和针对性批评，针对要求和批评的适用性和合理性进行评估，并酌情将其作为自己行动的基础（参阅 Fischer/Ravizza "原因 – 应答"方案，1998 年）。

责任资质和能力标准的必要性和准确解释是个有争议的问题，并且许多这里所牵扯到的争议都具有技术伦理学的意义。比如说集体行为者的问题，这个问题尤其出现在常常以社会分工来进行调解的技术行为的关联关系中。这里讨论的焦点在于，责任是否以及在何种意义上能够或是应该不仅仅归咎于个人，而且也归咎于机构组织或者是集体（此处的概况参阅 French/Wettstein，2006 年）。此外，近年来越来越多地出现的一个问题是，像 "自主" 机器人这样的智能技术产品，是否也要被当作道德责任的主体来看待（参阅 Floridi/Sanders 等，2004 年；关于智能机器人参见第 5 章第 21

节）。

　　技术伦理学中，道德责任客体领域的扩展也同样受到高度的关注。尤其是第二次世界大战之后，很多学者（如卡尔－奥托·阿佩尔①、汉斯·约纳斯、格奥尔格·皮

41 希特②和瓦尔特·舒尔茨③）就曾指出，随着人的行为被技术化，出现了人的行为能力的扩展，因此要求道德责任领域也应随之加大。在这场讨论中，责任观念广泛替代义务观念而成了标准的主导概念。这点尤其可以用后面的情况来进行解释，即前瞻性的责任被理解成了道德责任性的一种开放的、以结果为导向的（参阅马克斯·韦伯的"责任伦理学"和"观念伦理学"的对比，马克斯·韦伯，1988 年）以及可以灵活填补内容的道德责任形式。因此在他们看来，个人因为参与到分工不同的技术行为项目中，由此而造成了具体的（所期待的）技术后果，对这些后果所采取的责任态度是一个令人信服的替代可能性，用以取代那种僵化的、貌似合法的以及让人联想起（"仅仅是"）尽义务概念的标准取向。有学者进一步认为，必须运用一种根本上是崭新的责任类型及一种"新的伦理学"，来应对"技术文明"（Jonas，1979 年）的危机（参见第 4 章第 B. 2 节）。但是，这一观点在讨论中并没有站住脚。就连宣扬要对工程师和科学家们的道德责任进行所谓"英雄式的"扩展的言论，也越来越多地被人们针对这个问题的思考所取代，即哪些专门的责任应当有效而公平地归属于哪些技术行动人员；为了能够承担技术责任，如何改革或者是否首先必须建立组织机构（关于工程师伦理学参见第 3 章第 7 节）。对设立（关于技术后果评估参见第 6 章第 4 节）高效的和民主管理的技术评估机构的讨论，抑或对如何能切实保护和支持所谓*敲警钟者*（*whistle-blower*）的讨论，就是这些问题思考的实例（关于工程师具体"责任争论"的示例参见 Ropohl，2011 年）。

　　责任的*评判部门*取决于责任的类型：法律责任的情况由各级法院负责，合同的责

---

① 卡尔－奥托·阿佩尔（Karl-Otto Apel），1922 年出生，德国哲学家和对话伦理学的代表人物。

② 格奥尔格·皮希特（Georg Picht），1913—1982，德国哲学家、神学家和教育家。

③ 瓦尔特·舒尔茨（Walter Schulz），1912—2000，德国哲学家。

任由合同的签约方负责，等等。*道德责任*的评判部门在关于标准伦理学的理论里有各种不同的模式，并且一部分是用道德照管责任的*客体*（Jonas，1992 年，第 131 页），一部分是用*自主主体*（Kant，1968 年），还有一部分是用（或多或少是高度理想化的）*道德群体*以及*讨论群体*（Apel，1988 年）来区分其类别的。

至于回溯性责任的理论依据，亚里士多德很早就提出了基本的归属标准，这些标准直到今天仍然在根本上对法学和伦理学产生着影响（参阅 Aristoteles，2001 年，第三卷）：我们只能针对行为当事人有能力控制和他实际控制的那些自觉自愿的事情来追究回溯性责任。由自身错误所引起的缺乏自我管控，应该遭到谴责；同样，如果从标准角度说，对基本伦理规范的了解是能够做到的话，那么对这些规范的茫然无知也应受到谴责。在逐渐非传统化和分工明确的现代社会里，由于行为（后果）关联体系的复杂性、相互依存和变化的提高和增多，法律上实证主义化及原则上可改变的前瞻性和回溯性责任的数量也在不断增加。缘此，这些责任的归属原则必须考虑技术行为可能带来的长远后果，必须把处理风险和不确定性的标准规范涵盖进来。从法律的层面看，我们必须对诸如责任担保方面的过失标准、危险担保的规定（关于技术法参见第 6 章第 2 节）以及预防原则（参见第 6 章第 3 节）进行思考。

前不久，技术伦理学和环境伦理学中关于责任问题讨论的一个重要部分，实际上就是关于此类规定的合理性和道德合法性的争论。针对未知技术后果而进行的技术伦理学责任问题讨论的第一阶段，也主要是以宣扬扩大责任范围为主调的。当时人们认为，应该一方面通过改进风险研究，另一方面也通过预防性的风险防范决策战略，来应对关于具有潜在危害的行动后果的不确定性（"宁要安全不要道歉"①）。在所有可用的行动方案都与未知危险相关联的情况下，后一种策略的帮助作用自然被证明是十分有限的。再则，我们无从知道，前瞻性责任的风险防范战略在何种程度上能被转换成一种针对高度未知后果损失的、对回溯性责任的相应扩展。

鉴于责任问题的不断分化区别和实证化，一个普遍被提出的问题是，全社会及全

① 原文为英文 "better safe than sorry"。

球范围内对累积性的和长期的技术后果的责任，如何才能被有效和公平地组织和处理。鉴于现代社会协调需求的提高，采用"无组织的责任性"（即每个人都为"所有事情"负责）来对抗乌尔里希·贝克所指出的"有组织的责任性"，并不见得会收到良好的成效。在这样的背景下，汉斯·伦克[1]、马蒂亚斯·马林[2]和卡尔－奥托·阿佩尔等学者在已经经过法律层面讨论或普遍认定的角色责任之外，给社会民众添加了一种特殊的"后续责任"（Lenk/Maring，2003 年，第 67 页及下几页）以及"共同责任"（Apel，1988 年），这种共同责任要求全社会有义务为建立和改进适合的责任体系而努力。

但是，什么是适合的责任体系呢？尽管前文所论及的责任能力的最低标准，以及亚里士多德提出的责任归结的基本原则设定了问题的有效答案必须在其中产生的外围条件，但是，如何来填补存在于这些外围条件中的空隙，则只能依靠实质的道德假设来加以确定。这是因为，就如同我们尤其在涉及约纳斯（1979 年）观点的（技术）伦理学讨论中认识到的那样，从责任观念本身无法引申出具体的责任归属所依据的标准规范原则。（Ott，1997 年，第 252 页及下几页；此处观点不同于 Grunwald，1999 年）

同理，道德责任的特别归结方式取决于其所代表的标准和伦理学的理论（参阅本手册第 4 章 B 部分中不同的理论观点）。举例来说，如果一个特定目标的实现——比如减少二氧化碳的排放——看似一条道德戒律的话，那么，功利主义的伦理学家们将会在一个相对概率中，发现他们把实现此目标的前瞻性责任归属于某个特定行为者的关键理由。借助这个相对概率，此责任归属将导致的结果是，真正实现了相关的目标，并避免了不受欢迎的附带后果的出现。反之，主张公平公正的伦理学的代表则强调，不能以牺牲公允性来到达责任分销效果的最大化，责任负担的分配也必须考虑公允性。道德责任概念不是标准伦理学的一个新的、充满标准内容的原则（相关文章

---

[1]　汉斯·伦克（Hans Lenk），1935 年出生于柏林，德国卡尔斯鲁厄大学哲学系教授。

[2]　马蒂亚斯·马林（Matthias Maring），德国卡尔斯鲁厄大学哲学系教授。

参见 Bayertz，1995 年），也不是一个独立的新伦理学分支。谁若是用汉斯·约纳斯和马克斯·韦伯的观点来谈论责任伦理学，那么他所触及的永远是道德责任伦理学的某一个特定的阐释（韦伯自己也强调这点；参阅 1988 年，第 55 页）。责任伦理学本身表述的仅仅是一个普遍的标准关系，这种关系只有依靠实质性的标准和伦理学的假设才能被加以界定，并足以明确显示，谁因为什么以及面对何人和为什么承担责任。

参考文献

Apel，Karl-Otto：*Diskurs und Verantwortung：Das Problem des Übergangs zur postkonventionellen Moral.* Frankfurt a. M. 1988.

Aristoteles：*Die Nikomachische Ethik：griechisch/deutsch.* Düsseldorf 2001.

Bayertz，Kurt：*Verantwortung：Prinzip oder Problem?* Darmstadt 1995.

Feinberg，Joel：Handlung und Verantwortung. In：Georg Meggle （Hg.）：*Analytische Handlungstheorie. Band 1：Handlungsbeschreibungen.* Frankfurt a. M. 1977，186 – 224.

Fischer，John M./Ravizza Mark：*Responsibility and Control：A Theory of Moral Responsibility.* Cambridge，Mass. 1998.

Floridi，Luciano/Sanders，Jeff W.：On the morality of artificial agents. In：*Minds and Machines* 14 （2004），349 – 379.

Frankfurt，Harry G.：Alternate possibilities and moral responsibility. In：*The Journal of Philosophy* 66 （1969），829 – 839.

French，Peter A./Wettstein，Howard K. （Hg.）：*Shared Intentions and Collective Responsibility.* Boston 2006.

Grunwald，Armin：Verantwortungsbegriff und Verantwortungsethik. In：Ders.：*Rationale Technikfolgenbeurteilung. Konzeption und methodische Grundlagen.* Berlin/Heidelberg/New York 1999，175 – 194.

Hart，Herbert L.：The ascription of responsibility and rights. In：*Proceedings of the Aristotelian Society* 44 （1949），171 – 194.

Hubig，Christoph/Reidel，Johannes：*Ethische Ingenieurverantwortung：Handlungsspielräume und Perspektiven der Kodifizierung.* Berlin 2003.

Jonas，Hans：*Das Prinzip Verantwortung：Versuch einer Ethik für die technologische Zivilisation.* Frankfurt a. M. 1979.

43

— : *Philosophische Untersuchungen und metaphysische Vermutungen.* Frankfurt a. M. 1992.

Kant, Immanuel: Grundlegung zur Metaphysik der Sitten. In: Werke: *Akademie Textausgabe.* Berlin 1968, IV, 385 – 464.

Lenk, Hans/Maring, Matthias: *Technikverantwortung.* Frankfurt a. M. /New York: 1991.

Lenk, Hans/Maring, Matthias: *Natur-Umwelt-Ethik.* Münster 2003.

Ott, Konrad: *Ipso facto: Zur ethischen Begründung normativer Implikate wissenschaftlicher Praxis.* Frankfurt a. M. 1997.

Putnam, Hilary: Why there isn't a ready-made world. In: *Synthese* 51 (1982), 141 – 167.

Ropohl, Günter: Das Risiko im Prinzip Verantwortung. In: *Ethik und Sozialwissenschaften* 5 (1994), 109 – 120.

— : Verantwortungskonflikte in der Ingenieurarbeit. In: Maring, Matthias (Hg.): *Fallstudien zur Ethik in Wissenschaft, Wirtschaft, Technik und Gesellschaft.* Karlsruhe 2011, 133 – 149.

Strawson, Peter F.: Freedom and resentment. In: *Proceedings of the British Academy* 48 (1962), 187 – 211.

Weber, Max: Politik als Beruf. In: *Gesammelte Politische Schriften.* Tübingen 1988, 505 – 560.

Werner, Micha H.: Primordiale Mitverantwortung: Zur transzendentalpragmatischen Begründung der Diskursethik als Verantwortungsethik. In: Karl-Otto Apel/Holger Burckhart (Hg.): *Prinzip Mitverantwortung: Grundlage für Ethik und Pädagogik.* Würzburg 2001, 97 – 122.

— : Verantwortung. In: Konrad Ott/Barbara Muraca (Hg.): *Handbuch Umweltethik.* Stuttgart/Weimar 2014 (im Erscheinen).

Zimmerman, Michael J: Responsibility. In: Lawrence C. Becker/Charlotte B. Becker (Hg.): *Encyclopedia of Ethics.* New York 2001, Bd. 2, 1486 – 1492.

米夏·H. 维尔纳 （Micha H. Werner）

第3章 背景

第1节 早期的技术怀疑和技术批判

在 19 世纪 30 年代以前的德国，技术和工业还没有渗透到人们生活的各个角落，最多也只是在个别领域运用。因此，当时还没有开始对机器行业的批判，反倒是理性批判充斥着社会生活的各个层面。这种现象当时被看作是针对旧生活自然传统结构的一种矛盾对立。特别是自 1800 年以后，德国浪漫主义的反资本主义批判与反普鲁士改革的贵族批判相结合，认为集权主义、启蒙运动和革命风暴是"否定实际存在的法权"的共同根源。这种否定是要取代旧法权、旧劳动关系、旧组织形式和行会的"人为的工厂制度"的外在条件（Sieferle，1984 年，第 52 页及下页）。浪漫主义者以及像尤斯图斯·默泽尔①这样的传统主义先驱，其批判并不是出于反启蒙运动的视角，矛头也非主要针对技术和工业，而更多的是以德国社会和经济的理性结构变化为抨击对象的。

工业和现代化批判

在针对工业资本主义影响新的外部条件的批判中，无产阶级受苦受难，同时具有潦倒和反抗的形象，在世界观中还只扮演着一种潜在力量的角色。1830 年之后，自从英国的论战进入德国，以及亲眼所见英国工厂情况的旅行家令人震惊的游记公开发表之后，工业批判在德国就此登上了历史舞台。

批判的矛头具有多重内容：针对城市的变化、风景的破坏、丑陋的工厂、杂乱无章的城市发展，以及对充斥着毫无美感的产品的商品世界所进行的审美批判；针对守

---

① 尤斯图斯·默泽尔（Justus Möser），1720—1794，德国法学家、政治家和历史学家。

纪律和被剥夺了自主权的劳动者的地位下降和非人道化的人类学批判；针对以工厂主和工人之间新型的"生意"关系，旧的社会关系被破坏和社会大众阶层的贫困化为中心的社会批判；来自生产者的针对过于廉价，品质低劣，用近乎非人道的方式匿名、分工和"非手工"生产出来的商品的经济批判；针对有工资收入而失去社会根基的工业工人"堕落"的道德批判。技术化最初的负面环境后果引发了人们的生态环境批判。技术化和工业化首先在美国闯进了所谓的荒野自然（出现在花园里的机器），导致了人们保护自然的批判，这种批判在 1900 年之前，以不同的方式和文化上更为保守的面目在德国出现（参见第 4 章第 C. 2 节）。

上述的批判类型可以进一步具体化。除了行为的目标和动机外，我们还可以对批判的实施者和行为的主体，行为的类型和方式，以及作为争论焦点的技术和工业领域进行区分。人们对技术和工业的敌视态度的表现形式非常广泛，从出于文学或新闻学的角度进行批判，到造成财产破坏和人员伤亡的暴力冲突，以及从怀疑否定，到地区性内战式的冲突事件。

对技术批判的考察，必须注意其目的性问题。一种批判究竟是对技术化的自然发展过程的敌视，还是针对变化中的生产关系的社会后果？人们敌视的是技术，还是工业化过程中与机器化相联系的，技术是其中一部分，或者被认为是其中一部分的各种现代化进程？这些现代化进程以什么样的行动方式表现出来？批判家们用什么样的形象和比喻来认识和描述技术和工业？

46   在技术的转变初见端倪的时期，人们总是不断地引用约翰·沃尔夫冈·冯·歌德于 1829 年发表的《威廉·迈斯特》第二稿中的一句格言，作为典型的面对机器行业最初的敏感反应："占据了上风的机器业折磨着我，使我感到恐惧，它就像暴风雨一样席卷而来，慢慢地，慢慢地；但是，它的方向已定，朝这边过来并击中目标。……人们想着它，议论它，但无论是想着还是议论都无可奈何。"（摘自《工业时代文学》，1987 年，第 95 页）

此后不久，在德国形成了一个由知识分子组成的辩论势力，他们依照英国人的看法和论战方式，不加自己的观点来预测已被预言和即将出现的新情况。在这个时期，机器已进入其劳动生活的那些被牵连和影响的人的声音还鲜有所闻。浪漫派对开始阶段的机器化批判，是一种社会维护和对启蒙运动持怀疑态度的批判，是对 18 世纪下半叶社会变革的反应（Sieferle，1984 年）。在他们眼里，"自然事物"不是理想的和现代化的社会、管理和商品生产，而是传承下来的、建立在手工业和农业基础上的等级制度关系。因此，他们的怀疑态度也是针对国家对"创业"的扶持，以及生产和分配关系的现代化。更为矛盾的是他们对机械产品这种形式的技术的态度，如玩具钟和自动机器：这里，对技术玩具魔力的痴迷和对理性的、假人道的、"没有灵魂的、遭天谴的自动机器"的否认形同水火，互为矛盾，E. T. A. 霍夫曼的短篇小说《瞌睡大仙》（1816 年）即是如此。

19 世纪中期，市面上出现了大量的社会批判文章及论著。讨论的中心议题不是技术，而是作为"社会问题"的生产资料的技术化和工业化，即技术化和工业化引起的工人阶级的贫困化和道德蜕化。弗里德里希·恩格斯的《英国工人阶级的状况》（1845 年）成了当时著名的论著。但是，像查尔斯·狄更斯的《艰难时世》（1854年，故事被安排在虚构的工业城市焦煤镇里）这样的社会小说，瞄准的是早期工业化的社会后果，而非以机器化和工业体系为批判对象的。机器和工厂机制的采用究竟是创造还是毁掉了人们的工作，也已经有人在讨论这个问题。早在 1817 年，大卫·李嘉图就支持过"游离理论"，卡尔·马克思也赞同这一客观的看法。

英国的暴力抗议

然而与此同时，出现了具体情况所引发的一些抗议行动，但工业和技术化的原则问题并不是这些行动的诉求焦点。在形形色色的抗议活动中，卢德运动分子被当作敌视现代化和暴力捣毁机器的原型。卢德运动的名称来自一个虚构的名叫内德·卢德的"将军"或"君王"。1811 年和 1817 年，英国的许多地方，如约克郡和兰开郡发生了纺织工人（特别是织布工和织袜工）的"集体行动"。他们不仅捣毁了机器、纱线和成品，而且破坏了房屋，攻击了工厂主。在采取军警暴力镇压和严厉惩治手段后，一部分捣毁机器的参与者被处以绞刑，另一部分被流放，抗议行动得以平息。

在近代文学作品里，这些抗议活动被解析为目光短浅和对现代化的敌视行为。但自艾瑞克·霍布斯鲍姆①起，捣毁机器被看成"用行动促谈判"（collective bargaining by riot），而非与生俱来的对工业和技术的敌视行为（Hobsbawm，1952 年）。捣毁机器曾经是增加谈判实力的有效手段，具有诸如强迫声援等的策略上的优势，即不参与暴力破坏者虽然没有参与"集体行动"，却被阻止去工厂上班。

通过捣毁工厂主的设备来进行谈判，此论点的依据是，被毁坏的既有机器也有原材料和制成品，而且砸毁机器的行为早在正式的工业化生产之前就已经存在。由于这些暴力的社会抗议活动也被置于欧洲大陆上准革命性质的抗议运动范畴中，所以，它们就更具有了社会起义和暴动的性质，机器作为昂贵的投资财产正好成了值得被破坏的攻击目标。在德国 1848 年 3 月革命②之前，也同样发生过针对机器的"过激行动"，当时社会普遍存在的不满情绪由此可见一斑（Wirtz，1985 年）。

按照爱德华·汤普森的观点，英国北部的"捣毁机器分子"所反抗的不仅仅是像失去收入和工作这样的经济利益损失，以及技能退化。他们中的大部分都是熟练工人，跟造反的织布工和织袜工一样，都是悠久的手工业传统的传承者（Thompson，1987 年，第 607 页）——是为了失去手工业者荣誉的"象征资本"，以及为了失去自己的使用价值和与之相关的社会地位而进行斗争（Griessinger，1985 年）。机器的使用将劳动者的技能变成了机械运动，从而让工人们引以为豪和安身立命的手工技能变得多余。因此，对技术的敌视转化成了为工资、技能和劳动荣誉的抗争。同时，如同霍布斯鲍姆指出的那样，工人们的反抗也针对发生了改变的资本主义金融和组织形式，他把捣毁机器看成对资本家手中机器的有意识的反抗（Hobsbawn，1964 年，第 11 页）。当时，这对转嫁跨国竞争压力的抗议也起着很大作用。欧洲大陆禁运解除后，在英国获得裁员利润并造成货价下跌的英

---

① 艾瑞克·霍布斯鲍姆（Eric Hobsbawm），1917—2012，有马克思主义倾向的英国历史学家和社会学家。

② 德国 1848 年 3 月革命，又称"三月革命"（Märzrevolution），是当时席卷欧洲许多国家的 1848 年革命的一部分。

国产品开始运到欧洲大陆。1848 年 3 月革命中，德国的手工业者则对这些英国货产生过冲击。

暴力事件的范例：西里西亚纺织工人起义

　　1844 年的纺织工人起义不是孤立事件，比如 18 世纪晚期，奥格斯堡就曾经发生过多次暴力事件。但是，这次事件受到了深度关注和文化加工，并且在 1848 年革命前夕造成了深刻的政治影响。此次事件并不是一次敌视技术的"捣毁机器"运动，而是将矛头对准个别包买商人（工人们的原料供应和布料出货都要依靠这些商人）的住宅和仓库的暴力事件（Hodenberg，1997 年）。作为与状况恶化、不公正地"压低工资"以及新的机制的斗争，这场纺织工人起义是一次典型的前工业时代的冲突。1844 年的这次事件引起了文化上的广泛反响。这一年，海因里希·海涅创作了《纺织工人之歌》，同年，费迪南德·弗莱里格拉特①也写下了诗歌《来自西里西亚山区》（1844 年）。之后，还有恩斯特·德隆克②的《纺织工的女人》（1846 年）和格奥尔格·维尔特③的《他们坐在长凳上》（1846 年）。格哈特·豪普特曼的戏剧《纺织工》（1892 年）以及随后凯特·柯勒惠支④的版画组画开启了表现主义的社会批判和技术批判时代。

对环境破坏的抗议

　　伴随着污染环境的手工业和制造业的广泛发展，以及化学品向河流湖泊的排放，空气中颗粒和浓烟的弥漫，气味的影响和植物的破坏，批评和抗议也逐渐形成态势。这些批评和抗议，既不是生产力发展的封建障碍，也不能归结为"出于迷信对技术

---

① 费迪南德·弗莱里格拉特（Ferdinand Freiligrath），1810—1876，德国抒情诗人。
② 恩斯特·德隆克（Ernst Dronke），1822—1891，德国作家，马克思的追随者。
③ 格奥尔格·维尔特（Georg Weerth），1822—1856，德国作家和新闻记者。
④ 凯特·柯勒惠支（Käthe Kollwitz），1867—1945，德国表现主义女版画家和雕塑家，20 世纪德国最重要的画家之一。

的敌对态度，而仅仅是反对将工业生产的代价转嫁给第三者的做法"（Sieferle，1984年，第63页）。19世纪上半叶，由工业造成的环境污染还没有超过传统手工业，如制革业和印染业对环境所造成的污染。像威廉·拉贝[1]的短篇小说《普菲斯特的磨坊》中那种对糖厂引起的水质污染的抨击，始终是风毛麟角的文学作品批判，而绘画艺术家表现的主题则是滚滚的浓烟、肮脏不堪的垃圾和被污染的自然景致。但是，艺术作品中的这些表述并不总是带有批判的目的，阿尔贝·罗比达[2]的一些铜版画即是如此（《电的生命》，1890年）；黑烟作为"工业的壮举"也可以像菲利普·詹姆斯·德·卢戴尔伯格[3]的风景画《夜色中的克尔布鲁克代尔》（1801年；Klingender，1976年）一样，有浪漫的效果。此外，我们必须对工厂以外民众的批评和环境的污染加以区分。前者，厂外民众视其生活品质受到了影响；后者，污染被受牵连的工人在工厂和住宅中亲身感觉到，并且以让人震惊的无产者的生活环境和作为部分技能退化的形式成了社会批判文学的主题。

对铁路的质疑

48　　在19世纪，技术和工业批判都毫无例外地发生在一些具有象征意义的特殊领域和行业内。不过有些行业，比如饮水供应或是照明技术的进步，因为向社会承诺给予"文明的馈赠"而非重大的负面后果，所以始终免遭诟病。此外，还有一些所谓"看不见的"行业也一直是例外。这些行业中，要么是市民批判家对之一窍不通，要么相关的工人——比如高炉工人——没有采取过工业行动。相反，那些看得见的和明显事故频频的技术行业被拉出来作为象征，受到猛烈的和长期的批判。铁路即是其中一例，其间，人们先是针对一种无所适从，之后又对技术化的新旅行方式所引起的现代化感受进行讨论，最后甚至包括行驶速度的民主化带来的消灭阶级的作用，以及铁路

---

[1]　威廉·拉贝（Wilhelm Raabe），1831—1910，德国作家，以写作社会批判小说见长。

[2]　阿尔贝·罗比达（Albert Robida），1848—1926，法国作家、插画家、铜版画家和讽刺画家。

[3]　菲利普·詹姆斯·德·卢戴尔伯格（Philip James de Loutherbourg），1740—1812，法国血统的英国画家，古典风景画大师。

网建设的政治效应（Schivelbusch，1977 年）。除此之外，还有铁路建设的社会条件，以及对旅行者来说非常现实的事故问题也在讨论之列。俄罗斯诗人尼古拉·涅克拉索夫①就曾把铁路当作他的技术批判对象。他 1864 年发表的诗作《铁路》（"Zeleznia doroga"），即以修建圣彼得堡至莫斯科铁路线（1851 年通车）时的伤亡劳工为题材。技术事故在文学作品中屡屡成为技术批判的关注点。台奥多尔·冯塔纳②把苏格兰的一座铁路大桥和一列客车的坠毁进行文学加工，创作了叙事诗《泰河大桥》（1880年）。诗中出现了莎士比亚《麦克白》剧中的女巫，其作为行动的主体，"出自人手的雕虫小技"被她们统统捣毁。当时人们认为，事故本身是对人类通过技术可以征服自然的否定。人们对铁路技术的怀疑还集中表现在对旅行方式的看法上。早期阶段，人们抱怨的是沿着固定的铁路线"飞"得太快，不如坐马车来得不紧不慢和赏心悦目，或者如浪漫派所说的"怡然自得"，而随着汽车在 1900 年前后的出现，被动地乘坐运输工具以及被强迫参与到一个庞大的、非人性的和不舒服的技术系统中又成了人们的批判目标。

闯进"花园里的机器"

1850 年前后，技术批判以一种特殊的面目在美国出现：从保守主义立场出发，针对文明和工业闯进原始状态的大自然进行批判（参见第 3 章第 C.2 节）。面对技术文明的影响，原生态的大自然尽管还是人们休闲散步的所在，但是已经岌岌可危。在亨利·大卫·梭罗的散文作品《瓦尔登湖》（1854 年）里，作家将反文明思潮的潜在影响和对自给自足以及造物理想的赞美放在一起思考。从此以后，《瓦尔登湖》成了反城市化和反工业化思想、追求和谐自然生活的开山之作，一直影响到嬉皮士文化和时下的*自力更生*（self reliance）运动。根据利奥·马克斯③的观点，*花园里的机器*（技术闯进了理想的、美国式的自然环境）这个比喻，在 19 世纪许多美国文学作品中被

---

① 尼古拉·涅克拉索夫（Nikolai Nekrasov），1821—1878，俄罗斯诗人。

② 台奥多尔·冯塔纳（Theodor Fontane），1819—1898，德国诗人和批判现实主义作家。

③ 利奥·马克斯（Leo Marx），1919 年出生，美国麻省理工学院科学和技术系教授。

凝练成了田园风光和破坏性工业生产的关系。美国边远地区原生态的自然牧歌景象和美国追求工业强国的理想之间的矛盾就体现在这个关系之中（Marx，1964年，第26页）。

表达方式、媒体、造型和比喻

以往，技术批判的立场和态度采用一系列明确的和植根于文化中的比喻、造型来论述其对象领域，而这些比喻、造型并不总是一成不变的。因此，技术可以以拟人化的和充满暴力的形象出现，比如和人类作对并打败人类的巨人。反之，机器又可以被征服，用来为人类从事艰苦繁重的劳动。此后——与19世纪中期对政治革命的恐惧相关——它又起来对人类进行反抗，就像埃曼努埃尔·盖贝尔①的诗歌《蒸汽的神话》所描写的一样（1856年）。奴役化和客体化的比喻的矛盾体一直贯穿整个工业发展史。一方面，它摇身一变成了象征工业进程的巨人，之后又变为起来反抗人类的机器人；另一方面，后来的流水线生产方式被描述成"编织人的非人道传送带"（埃贡·埃尔温·基施②：《美国天堂》）。查理·卓别林的《摩登时代》（1936年）是继新闻和文学批判之后的电影加工版。

就连人神平等的象征意义也互为矛盾。一方面，人可以作为和上帝一样的创造者，表现得傲慢自大、目空一切；另一方面，工业和技术的行为也形如上帝，并且统治着人类，如同格奥尔格·维尔特在其《工业》（1845年）一诗中所描写的那样：

> ……工业乃是当今时代女神！
>
> 貌似木讷，却目光凶恶，心狠手辣：
>
> 她阴沉着脸坐在黑森森的宝座上，
>
> 用鞭子抽打着，驱使着那些

49

---

① 埃曼努埃尔·盖贝尔（Emanuel Geibel），1815—1884，德国抒情诗人。

② 埃贡·埃尔温·基施（Egon Erwin Kisch），1885—1948，出生在捷克的德语作家和记者。

技术伦理学手册

额头上深深印着残酷的不祥印记的人们，

来到她冰冷的庙堂，去干苦不堪言的劳役！

（摘自《工业时代文学》，1987 年，第 100 页）

在 1850 年前后，黑色浪漫主义为技术和工业提供了一整套的造型储备，其中以菲利普·詹姆斯·卢戴尔伯格的油画《夜色中的克尔布鲁克代尔》（1801 年）为典型代表。阴沉灰暗的风景和建筑，黑夜地狱般的场面，人物的妖魔鬼怪化——这些艺术手法都成了表现工业发展的工具："高炉喷吐着黑烟，炉中红彤彤的铁水，火光冲天，好像从纺纱厂滚滚而来的又厚又浓的黑烟被几根火柱支撑着。这是工业的华盖，不分白天黑夜漂浮在本地上空，告诉人们，物质时代精神的天神在何处安营扎寨。"（恩斯特·阿道夫·维尔科姆：《铁、金和精神》，1843 年，摘自《工业时代文学》，1987 年，第 102 页）但从总体上说，文学家们在作品中对于原因和后果显然是有所区别的，"面对工业的发展，大部分作家并非一概持否定态度，而只是对早期资本主义的弊端进行批判"。（《工业时代文学》，1987 年，第 95 页）

传统的形成和对卢德运动和捣毁机器的接受

历史上的*捣毁机器分子*从来不乏自己的继承人和新的阐释者。传统上，卢德运动分子一直被现代化的拥护者视为狭隘的"进步的敌人"，然而他们受到下列文明批判思潮英雄般的追捧。"德国表现主义严重的敌视技术甚至捣毁机器式的立场"，将卢德运动的各种趋势写进了诗歌并搬上了舞台。卡尔·奥滕[①]在 1917 年时写过这样的话："打倒技术，打倒机器！……诅咒你，这个光辉得可笑的机器时代——诅咒一切工厂，一切机器！"（《工业时代文学》，1987 年，第 121 页）对"大机器"引起的改变社会的作用进行批判的文学作品，还有《大都会》（1926 年）这样的电影，或者是像格奥尔格·凯泽《煤气》（1918 年）和《煤气 2》（1920 年）这样的话剧。恩斯特

---

① 卡尔·奥滕（Karl Otten），1889—1963，德国作家。

·托勒尔的戏剧《捣毁机器的人》（1922 年）的故事就发生在 1815 年前后的卢德运动期间。由于工厂主尤尔要投资购进新的蒸汽机，工人们面临被解雇的危险：

> 乔治：诅咒蒸汽暴君！
>
> 爱德华：让他不得好死！
>
> 威廉：我们束手无策！
>
> 呼喊声（沉闷的）：束手无策——
>
> 约翰·韦伯尔：有办法了！我们向机器宣战。［...］把机器砸了！
>
> 向蒸汽暴君宣战！
>
> （《工业时代文学》第一册，第 143 页）

直到今天，人们对历史上捣毁机器的参与者的纪念始终绵延不断，其目的不仅是传统的建立，也是为当前的技术怀疑提供回溯性的历史依据（Pynchon，1984 年）。

参考文献

Adas, Michael：*Machines as the Measure of Men. Science, Technology, and Ideologies of Western Dominance.* Ithaca, NY u. a. 1990.

Fox, Nicholas：*Against the Machine. The Hidden Luddite Tradition in Literature, Art and Individual Lives.* Washington D. C. 2004.

Griessinger, Andreas：*Das symbolische Kapital der Ehre.* München 1985.

Hobsbawm, Eric：The Machine Breakers. In：*Past and Present* 1（1952），57–70.

– ：The Machine Breakers. In：Ders.：*Labouring Men.* London 1964.

Hodenberg, Christina von：*Aufstand der Weber. Die Revolte von 1844 und ihr Aufstieg zum Mythos.* Bonn 1997.

Jones, Steven：*Against Technology. From the Luddites to Neo-Luddism.* London 2006.

Klems, Wolfgang：*Die unbewältigte Moderne. Geschichte und Kontinuität der Technikkritik.* Frankfurt a. M. 1988.

Klingender, Francis D. ：*Kunst und Industrielle Revolution.* Frankfurt a. M. 1976.

Literatur im Industriezeitalter. Ausstellungskatalog Bd. 1. Marbach a. N. 1987.   50

Marx, Leo: *The Machine in the Garden. Technology and the Pastoral Ideal in America.* Oxford 1964.

Noble, David F. : *Maschinenstürmer oder die komplizierten Beziehungen der Menschen zu ihren Maschinen.* Berlin 1986.

Pynchon, Thomas: Is it o. k. to be a luddite? In: *New York Times Book Review* (28. Oktober 1984), 40 – 41.

Sale, Kirkpatrick: *Rebels Against the Future: The Luddites and their War on the Industrial Revolution. Lessons for the Computer Age.* Cambridge, Mass. 1995.

Schivelbusch, Wolfgang: *Geschichte der Eisenbahnreise. Zur Industrialisierung von Raum und Zeit im 19. Jahrhundert.* München 1977.

Sieferle, Rolf Peter: *Fortschrittsfeinde? Opposition gegen Technik und Industrie von der Romantik bis zur Gegenwart.* München 1984.

Spehr, Michael: *Maschinensturm. Protest und Widerstand gegen technische Neuerungen am Anfang der Industrialisierung.* Münster 2000.

Thompson, Edward P. : Die *Entstehung der englischen Arbeiterklasse.* Frankfurt a. M. 1987.

Wirtz, Rainer: *Widersetzlichkeiten, Excesse, Crawalle, Tumulte und Skcandale. Soziale Bewegungen und gewalthafter Protest in Baden 1815 – 1848.* Berlin 1985.

库尔特·默泽尔 （Kurt Möser）

第2节 技术监督协会 （TÜV） 的产生

起源

在 19 世纪所创建的和工业时代新技术危险打交道的各种机构组织中，德国的技术监督协会 （TÜV）[1] 作为在国际上独树一帜的创新组织，一直长盛不衰，硕果累累。它的历史可以追溯到 19 世纪中期为防止锅炉爆炸而成立的蒸汽锅炉监督协会。在对德意志帝国生产的锅炉设备进行了几十年的检验工作之后，它的业务范围不断扩大，逐渐发展成为一个负责技术安全 （参见第 2 章第 3 节） 的核心机构。如今，技术

---

[1] TÜV 是德国一家正式注册，专事按照国家颁布的法律法规对技术产品进行品质和安全等检验的带有半官方性质的私营机构，也称作 TÜV 认证。

85

监督协会是一家业务遍布全球的服务性企业，作为中立的鉴定机构，它的名声和资质已远远超出了技术问题的范畴。

起初，技术监督协会是在企业自助的组织形式上成立的。随着蒸汽锅炉的普及，特别是锅炉压力的提高，其潜在危险性已经超出了当时人们所有的经验认识。如果锅炉发生爆炸，工人非死即伤。被炸坏的厂房碎片往往飞出数百米开外。人员和财产的损失，使企业主承受着巨大的风险。19 世纪时，蒸汽机是各类企业最重要的动力来源，没有它，整个企业就面临着停产的危险。

技术监督协会的模式最早来自英国。1855 年，"蒸汽锅炉爆炸防护协会"在曼彻斯特成立，它为其会员提供定期的锅炉设备检查。英国的这种协会是在同保险公司的竞争中发展起来的。保险公司为企业提供锅炉爆炸后果的经济担保，起初也附带提供设备检查，这后来成了保险可选条款的一部分。英国企业更加认可保险公司，1880 年时，大约有 3.8 万台蒸汽锅炉由保险公司检查，而技术监督协会所管辖的锅炉只有 3500 台。1880 年前后，英国全国一共有大约 10 万台蒸汽锅炉。

德国第一家技术监督协会成立于 1866 年，名称叫"巴登地区蒸汽锅炉监督协会"。起因是曼海姆市中心的"迈尔霍夫大啤酒厂"的锅炉发生令人震惊的爆炸事件，爆炸引起了巨大破坏并造成了人员伤亡。初始阶段，五花八门的协会形式应有尽有，这点从各种协会的章程中即可看出。例如，章程除了规定定期的检查之外（此后成了协会的主要工作），协会职责中还写进了锅炉运行的经济性和保险款项事宜。尽管有巴登地区商会的大力支持，但最初业主们对之并不感兴趣。直到 1868 年巴登政府的一纸政令要求业主加入协会，会员的数量才开始逐渐增加，并在同年聘用了第一个协会正式的工程师。1869 年，随着类似的协会在汉堡和马格德堡相继成立，协会才得以迅猛发展。到了 1914 年，德意志帝国全境共成立了 36 个技术监督协会。

强盛国家中的协作关系

作为带有某种警察控制性质的企业主社团，蒸汽锅炉监督协会在一个具有强大和自信的行政体系的国家里是一个异类。在普鲁士，蒸汽锅炉自 1831 年起就必须经过特殊的审批手续，1848 年起需进行超过运行压力一倍半的压力测试，1856 年起需通过城建官员的定期检查。在工业化程度较弱的巴登地区，没有类似的检查制度。正因为如此，才产生了第一个技术监督协会的真空地带。此外，德国南部的政治气候较为自由，这从商会的参与介入也可见一斑。即便是在以后的阶段，普鲁士在将某些职能交给协会来管理的问题上，也落在南德地区的先行者后面。所以，技术监督协会是德国历史宽松自由时期的一份遗产。到了 19 世纪 70 年代末期，俾斯麦转向保守政治时，这个时期也宣告结束。

起始阶段，政府官员和协会工程师各司其职、互不干涉，凡是协会管辖的锅炉，一律免受政府部门的检查。不过，管理的范围明显还是侧重在政府这一边。1884 年，普鲁士只有 21% 的锅炉业主是监督协会的成员。到了 1900 年，这种双轨制不复存在，大部分政府部门退出了直接的管理，把业务移交给协会。于是，蒸汽锅炉监督协会就成了协作处理问题的一个样板，行政管理部门放权，职能被交给了非政府的当事人行使。最终，监督协会也为政府部门省去了建立自己的管理机制的相关费用和问题。这一分工协作的初步尝试，避免了企业主想方设法要把政府的干预尽可能从自己的企业中清除出去的矛盾，而且也为针对政府官员只具备一般文化知识的能力问题（他们的资质受到异军突起的机械工程师的质疑）提供了一个两全其美的解决办法。现在回过头来看，业主们当时的批评的确不无道理，在 1872 年，整个普鲁士只有两个受过专门技术训练的锅炉审查官员。

工程师的职业素养后来被证明是一种强大的推动力量。这里牵涉到的不单单是一个重要的就业市场问题——1932 年全德国共有 530 名工程师任职于技术监督协会，而且也牵涉到工程师为了全社会的利益来解决问题的自我形象问题。在一次关于蒸汽锅炉检验的讨论中，一位德国工程师协会的领军人物纲领性地宣称："工程师协会越来越把自己看成我们祖国技术利益的代表。"（引自 Lundgreen，1981 年，第 78 页）于是，工程师的职业利益和行业世界观在针对以服从为原则的官僚政府的批评中，相互联系在一起。从法律的角度看，官僚政府的职责是对公众秩序和公共安全负责，但是在面对技术挑战时，它似乎常常感到力不从心。

52 在技术安全问题上，公众的整体利益究竟是由法律的秩序概念，还是由工程师的技术能力来加以保障，这个基本问题一直没有明确的答案。然而事实上，技术人员的经验和知识很快占据了压倒性优势，这一点在技术标准方面体现得尤为明显。蒸汽锅炉的安全完全决定于可靠的技术标准，而标准的制定，首先是由机械制造工程师来推进的，政府在这里退居到了一个模糊的法律概念——在技术现状上，这个概念的具体内容就是科学的争论所得到的结果。

会员数量、员工人数和资质能力的不断增长，很容易让人忽略一个事实，即监督协会的作用在19世纪的数十年间是一直存在争议的。1894年，普鲁士的工商贸易部就曾经试图把锅炉检验的职能交给专门负责劳工保护的工商督察部门来行使，并就此取消监督协会的业务基础。但是，我们不应当对政府和社团解决问题资质的这种竞争仅做负面解释。政府部门（严格查处违规和失误）的严格监管，是一种对不断改进管理工作的重要促动：哪怕是很小的丑闻事件也会动摇协作体制的根基。1897年先是巴伐利亚州和符腾堡州，之后1900年普鲁士又颁布政令，将所有对锅炉的监管权移交监督协会，即便这样也没能完全缓解两者的紧张关系。1902年，黑森公国决定对蒸汽锅炉实行政府管理，致使法兰克福蒸汽锅炉监督协会失去了近一半的协会会员。

总体来说，监管工作的成效是有目共睹的。从1879年到1899年，德国锅炉爆炸事故从18起下降到14起，受伤人数从78人下降到35人，而这期间的锅炉数量增加了2倍还多。1900年前后，德国1万台锅炉平均只有1起爆炸事故，英国是2.5起，法国是6.5起，美国甚至是12起。但是，这时除了自己的核心业务，协会的业务扩展还十分迟缓。在煤炭燃烧产生的大量黑烟和烟尘微粒的治理方面，协会还明显没有充分发挥自己的能力。对供暖能效的研究也很薄弱，直到第一次世界大战后，由于煤炭供应紧张，这个问题便一下暴露了出来。

最后，我们注意到的一点是，协会在它最初数十年的工作中，非常专注于纯技术方面的问题。虽然大家都知道，合格的和有责任心的操作人员对于锅炉的安全运行是不可或缺的，但是协会工程师对这些问题的关注非常欠缺。锅炉工的培训课数量在最初时十分有限。人在与技术挑战打交道的过程中需要培训和提高，协会工作在这方面具有巨大的潜力可挖——这个认识贯穿20世纪技术监督协会的整个历史。

新任务

自19世纪90年代后，监督协会的职责范畴发生了变化，增加了技术安全方面的新任务。除了传统的对蒸汽锅炉的监管之外，逐步增加了升降机、乙炔罐、矿水机、油气罐、电气设备以及压力容器的技术检验。这一新变化在协会内部并非没有争议。不久以后，职责范围的扩大也反映到了协会员工专业化的提高问题上。

新领域中具有长远影响的首先是机动车辆的审核和验收。个别协会于1904年后开始从事这项业务，1909年颁布的帝国法律规定全国范围内机动车必须审核和验收。在大规模摩托化的进程中，机动车辆成了技术监督最大的业务领域。同时，1951年规定的定期年检，使监督协会在老百姓中妇孺皆知，但被老旧车的车主恨之入骨。值得玩味的是，监督协会的驾照考试几乎无人问津，尽管1914年之前协会就有了这项业务。

但是，当第一次世界大战后，专门负责高压锅炉的检验机构——大型发电厂业主联合会（VGB）① 出现时，蒸汽锅炉监督协会的主营业务遭到了竞争对手的挑战。成 53 立这样一个机构的原因是1920年3月9日发生在杜塞尔多夫市莱斯霍尔茨区热电厂的一场灾难，事故造成27名工人死亡，20人受重伤。由于事件疑团重重，批评之声一股脑儿集中到了莱茵地区蒸汽锅炉监督协会的头上。出事的锅炉爆炸时是在得到许可的工作压力下运行的，运行过程中没有违规操作，设备投入运行才四年时间。

灾难的原因主要是材料问题，不恰当的设计又让问题雪上加霜。然而，这个现象的背后却隐藏着一个技术的变革：直到第一次世界大战前，工厂普遍使用自己的蒸汽锅炉发电，但现在逐渐转变为大型发电厂输送电力，它们的锅炉所承受的压力更大。

---

① 德语原文：Vereinigung der Großkraftwerksbetreiber，简称VGB。

在莱斯霍尔茨区爆炸的那台锅炉的工作压力是 14 个大气压，到了 20 世纪 20 年代末，人们已经敢把锅炉做到承受大约 100 个大气压。一位汽轮机技术的先驱在回顾这段历史时评论道："我们几乎可以把这种情况说成一个被安全系数减轻了的无知。"当时，人们在新型高压锅炉方面并没有真正的经验，充其量是一种"建立在直觉上的经验"而已（引自 Radkau，2008 年，第 311 页）。

大型发电厂业主联合会的产生，深刻反映了技术监督协会的业务资质界限所在。协会成功的秘密，除了无条件的中立立场和认真的工作态度之外，还在于定期进行的检查和积累起来的经验。不过，凡是科研和开发还处在摸索阶段的地方，这些经验的帮助作用十分有限。第二次世界大战之后，这个问题在核技术领域表现得尤为明显。技术监督协会曾以开放的态度致力于原子时代新的技术要求，但是在这个领域没能取得在其他领域那种熟识的一言九鼎的地位。如今，已由联合会更名为电力技术公司（VGB Power Tech）的竞争对手在 33 个国家有 466 个会员企业，拥有总装机容量 52 万兆瓦的发电能力。

一所德国式的机构

纳粹政权对技术监督协会的影响，表现在一系列政府发布的旨在统一、集中化和削弱自主管理的公告上。两个全国性的协会组织——由于历史原因产生了普鲁士和德国两个不同的协会组织——被合并成了一个技术监督协会的帝国总会，而且被置于技术监督帝国总部的领导之下。1938 年监督区划又被重新划定，私人鉴定师被纳入各个协会的编制，对国有设备的特殊规定被取消，这样，所有工厂的强制监管设备都由各监督协会负责检查。只有帝国铁路和帝国邮政是例外。在这样的情况下，蒸汽锅炉监督协会正式更名为技术监督协会。

第二次世界大战后，帝国总部不复存在，协会又回归到原来的体系结构。结构修复的力度之大，从如下调整中可见一斑：各协会的管辖范围并不以联邦州划界；下萨克森州存在两个协会，北威州甚至有三个协会；即将实行的国有化被叫停；只有汉堡和黑森两个州由政府负责掌管技术监督事宜。黑森州由此得以继续 1902 年大公国时期所开始的历程，并分别在达姆施塔特、法兰克福和卡塞尔设立了三所技术监督机构。这一决策直到 20 世纪 90 年代才被重新修订。

在战后德国，技术监督协会的发展主要以大规模的扩展为特征。1952 年，为技术监督协会工作的人员还不到 2000 人，1970 年时已增加到 6781 人，其中 4123 人是技术人员。这场跃进的原因是自 20 世纪 50 年代开始的势头迅猛的大规模摩托化和经济腾飞，经济的飞速发展也必然使需要检查的设备数量不断增多。不仅如此，在传统的职能范围之外，监督协会加大了寻找新业务领域的力度，其中有些协会（如莱茵地区技术监督协会）尤有闯劲。1978 年，这些协会销售额的 9% 是行业规定的检验和监管业务，41% 是机动车业务，而 50% 是其他类型的业务。把注册登记的协会形式转变为股份公司和有限责任公司，就是这种业务转型的法律体现。此外，技术监督协会的业务也开始走向国际市场。目前，莱茵地区技术监督协会一半以上的员工在国外工作。

其他类型业务的开展和业务的国际化导致更多竞争，这种竞争性最终转换成一种复杂的合作和合并的关系。1943 年德国境内的 18 家技术监督协会，留在联邦德国的有 11 家；到 1949 年，东德境内的协会全部解散，人员和留下的资源都并入了国有的劳动保护部门。两德统一以后至目前仅存 6 家企业，其中南德技术监督协会、北德技术监督协会和莱茵地区技术监督协会是三家国际型的大型企业。萨尔州、图林根州的技术监督协会和黑森州 TÜV 技术监督有限责任公司基本属于地方性机构。

谁来监督万能专家？

1977 年，《明镜》杂志曾经用"无懈可击的垄断"作为一篇对技术监督协会进行报道的标题。文章描绘的是一幅怕见人的庞大机构的形象，它具有卡特尔式的结构，行事低调，基本上是自己控制自己。虽然无所不在，但又难以捕捉："即便是圈内人也很难对这个德国最有实力和最富有的协会卡特尔的指责和工作下定义。"（《明镜》第 26 期［1977 年］，第 42 页）

的确，技术监督协会在战后的扩展过程中，不仅变得越来越大，而且越来越不透

54

明。随着服务领域的不断扩大，传统的给技术设备进行彻底和定期检查的职责特点，与咨询、培训和鉴定工作融合在一起，形成了一个错综复杂的交织体，隐含着角色冲突的危险。19 世纪时还可以感觉到的、不信任和对手式的政府管理，这时已消失得无影无踪，而被一种依赖关系所替代。行之有效的监督机制无从可言，我们仅从员工的人数上就可看出这种失衡的关系：2010 年，按照欧盟法规设立的德国资格审查部门，其员工数量不足 150 人，除了对技术监督协会企业进行监督外，其还管理着大约4500 个其他的认证单位。在作为商业企业经营的协会组织的重压下，曾经的自主管理传统有名无实。1975 年，北德技术监督协会召开年度大会，3500 个会员中仅有 29个会员参加大会。

技术监督协会的工作中最棘手和最富争议的部分是对核能技术的监督（参见第 5章第 11 节）。在这里，检查人员不仅从单个元件到整个系统都要逐一进行审查，同时要以史无前例的确定性防止具有潜在灾难后果的事故发生。此外，他们还要面对来自政府和企业的巨大压力，这种压力自 20 世纪 70 年代以来，因为剑拔弩张的公开辩论而越来越大。回顾历史，对阵的双方发生了一个有趣的角色转换：当年作为技术监督协会主要竞争对手的国家政府，如今在有关核能的争论中如救命稻草似地抱住专家们不放手。

时至今日我们已经看得很清楚，公众社会的疑虑并不是 20 世纪 70 年代昙花一现的现象。公众社会对技术专家的信任已经打了折扣，也质疑协会专业化的自我监管。全社会新的统一认识似乎还未见端倪。19 世纪的工程师们依靠锅炉爆炸事故的减少巩固了自己的社会形象，现在的工程师们则正受到要求 100% 安全的挑战，而这种要求从严格意义上讲是无法实现的，只能是一种文字概念而已（参见第 2 章第 3 节）。

通过技术的经验认识来消除政治化之路，看来似乎是走到了其可能性的尽头。关于原子能问题的争论，更多地表现为一个普遍的系列性问题的变种，它深刻影响了20 世纪和 21 世纪人们面对和处理技术危险的方式。因此，技术监督协会的历史为带有技术烙印的工业社会的窘境提供了一个直观的示例。这个社会迫切需要独立工作的专家，然而，他们的中立性越来越缺乏应有的监督。

55

参考文献

Feld，Ina vom：*Staatsentlastung im Technikrecht. Dampfkesselgesetzgebung und-überwachung in Preußen 1831 – 1914*（Recht in der Industriellen Revolution 5）．Frankfurt a. M. 2007.

Hoffmann，Werner E.：*Die Organisation der Technischen Überwachung in der Bundesrepublik Deutschland*（Ämter und Organisationen der Bundesrepublik Deutschland 59）．Düsseldorf 1980.

－：*Unabhängig und neutral-die TÜV und ihr Verband Vd-TÜV.* Wiesbaden 1986.

Lundgreen，Peter：Die Vertretung technischer Expertise »im Interesse der gesamten Industrie Deutschlands« durch den VDI 1956 bis 1890. In：Karl-Heinz Ludwig（Hg.）：*Technik，Ingenieure und Gesellschaft. Geschichte des Vereins Deutscher Ingenieure 1856 – 1981.* Düsseldorf 1981，67 – 132.

Radkau，Joachim：*Technik in Deutschland. Vom 18. Jahrhundert bis heute.* Frankfurt a. M. / New York 2008.

Sonnenberg，Gerhard Siegfried：*Hundert Jahre Sicherheit. Beiträge zur technischen und administrativen Entwicklung des Dampfkesselwesens in Deutschland 1810 bis 1910.* Düsseldorf 1968.

Uekötter，Frank：Der unvermeidliche Korporatismus. Zum Verhältnis von Staat und Industrie in der Dampfkesselülerwachung. In：Jürgen Büschenfeld/Heike Franz/Frank-Michael Kuhlemann（Hg.）：*Wissenschaftsgeschichte heute. Festschrift für Peter Lundgreen.* Bielefeld 2001，178 – 191.

Vec，Milos：*Recht und Normierung in der Industriellen Revolution. Neue Strukturen der Normsetzung in Völkerrecht，staatlicher Gesetzgebung und gesellschaftlicher Selbstnormierung.* Frankfurt a. M. 2006.

Weber，Wolfhard：*Technik und Sicherheit in der deutschen Industriegesellschaft 1850 bis 1930. Festschrift zum 100jährigen Bestehen des VdTÜV am 14. Juni 1984.* Wuppertal 1986.

Welz，Heinz：*Die Tüv Rheinland Geschichte.* Köln 1991.

Wiesenack，Günter：*Wesen und Geschichte der Technischen Überwachungs-Vereine.* Köln 1971.

弗兰克·于克奥特（Frank Uekötter）

第 3 节　原子弹的研发和使用

"我们所完成的是历史上有组织的科学活动所取得的最伟大的成就。"同原子弹的研发相关的这句话，见于美国总统哈里·杜鲁门在第一颗原子弹在广岛投下后不久，于 1945 年 8 月 6 日发表的声明（Cantelon 及其他学者，1991 年第 66 页）。但是，与迄今为止史无前例且计划周密的科研技术成果形成对照的是研发和使用原子弹所造成的政治后果和伦理学问题。原子弹开启了关于科学责任讨论的大门。这场首次大规模的讨论时至今日仍在继续，而且如同凸透镜一样聚焦在当代技术伦理学讨论的焦点上。

核裂变和链式反应的概念

核裂变于 1938 年在德国被发现并非出于偶然（Wohlfahrt，1979 年），其漫长的历史一直可以追溯到此前数年和数十年国际上对原子核结构进行的潜心研究工作。针对原子核内部释放出巨大能量可能带来的后果，参与研究工作的那些德高望重的科学家，如欧内斯特·卢瑟福、瓦尔特·能斯特或弗雷德里克·约里奥－居里，很早就发出过警告。随着詹姆斯·查德威克对中子的发现（1932 年），科学家们知道他们将打开一扇怎样的大门。他们中的一位——利奥·西拉德①回忆道："1933 年 10 月，我突然有个想法，如果能找到一个元素，它在吸收了一个中子之后能发射出两个中子，那么就可以实现链式反应。起先我想到的是铍，后来又想到其他元素，最后想到了铀。但是出于这样那样的原因，我没有去做这个决定性的实验。"（Jungk，1964 年，第 53 页）1934 年和 1935 年，西拉德在英国海军部申请了一个有关链式反应的专利，希望能就这项技术进行保密并对其可能的使用加以控制。同时，他建议他的同事自愿不发表在这个时期迅速研究出的新结果。

1939 年年初，在发现用中子轰击引起铀核裂变之后几个月，做实验工作的不同科学家发现，在轰击铀时，的确有更多的中子被释放而不是被捕获，并且数量巨大的中子足以引起链式反应。西格弗里德·弗吕格②在《自然科学》杂志的七月刊上对其结果进行了描述：迄今为止未知的巨大能量释放是可能的，在使用快速中子时，能量

---

① 利奥·西拉德（Leo Szilard），1898—1964，出生于匈牙利的美国核物理学家，1958 年获爱因斯坦奖，1959 年获原子能和平利用奖。

② 西格弗里德·弗吕格（Siegfried Flügge），1912—1997，德国物理学家。

的释放是爆炸性的，使用慢速中子，可以考虑"铀装置中"一种受控的能量释放。1939 年 4 月 29 日，《纽约时报》报道了美国物理学会的一次大会，会上宣布，通过工业方法对铀进行浓缩，能制造出"核爆炸"，爆炸将摧毁一座像纽约这样的城市。

从德国、意大利和奥地利被驱赶和逃亡的原子科学家们尤其担心，德国可能会是世界上第一个制造出原子弹的国家。西拉德鼓动阿尔伯特·爱因斯坦给美国总统富兰克林·D. 罗斯福写信（日期为 1939 年 8 月 2 日），信中提请他对这一危险引起注意，并继续观察和积极支持美国科学研究的发展，以及关注政府和科学家之间经常性的联络。

随着第二次世界大战爆发，核能运用的研究主要针对军事目的进行。德国入侵波兰后，纳粹军械局将留在德国的最重要的原子科学家统统集中到一个所谓"铀学会"的秘密行动计划中。在美国，罗斯福总统开始只成立了一个铀咨询委员会，后来又将其归属到国防研究委员会的领导下。起先，美国在几所大学里（芝加哥大学、哥伦比亚大学和伯克利大学）设立了比较大的科学家小组，对制造核弹的可能途径以及必要的裂变材料生产的可能性进行研究。直到珍珠港事件后，也就是美国介入第二次世界大战时，美国政府做出决定，启动一项目标明确和资金充足的原子弹研制计划。

曼哈顿工程

为了实现这一目标，从 1942 年 8 月起（直到 1946 年年底），美国政府在极其保密的情况下开始了这一迄今为止规模最大并由国家资助的科技项目。该项目在莱斯利·理查德·格罗夫斯将军的领导下，以代号"曼哈顿工程区"（曼哈顿工程）在美国陆军中进行。美国核研究的精英（大批诺贝尔奖获得者的参与即说明了问题），加之同样优秀的欧洲大陆流亡科学家和英国科学家，在罗伯特·奥本海默和集中化的军事机构的科学领导下一起工作。1942 年起，几项超出当时已知规模的大型技术工程必须加以建设。为了实现工业方式提取裂变材料，美国的大型工业企业（如通用电气、西屋电气、联合碳化物公司和杜邦）也参与到工程中来。建于橡树岭（田纳西州）的用于提取浓缩铀的大型且高能耗的扩散设备，以及建于汉福德区（华盛顿州）

的用于生产第一批钚的核反应堆，是这些大型工程的代表。1943 年春，研制原子弹的国家实验室在洛斯阿拉莫斯（新墨西哥州）建成。总共有 12 万人参与到曼哈顿计划中。到 1945 年年底，美国共投入了将近 20 亿美元（大约相当于现在的 260 亿美元）的经费，这在当时对一个科研和开发项目来说是一个无法想象的巨大数字。

工程的进展使具有迄今未知破坏力的新型原子弹的研制工作离成功越来越近，同时，人们也期待着战争能很快结束。在这个时候，参与研制工作的一些科学家的顾忌和担心也越来越重。1944 年 7 月，尼尔斯·玻尔写了一份备忘录，并和罗斯福就其内容进行讨论。备忘录的核心观点是这样一句富有远见卓识的话："如果不尽快缔结一份协议，来保证对使用这种新型放射元素的控制，那么，目前每一个十分巨大的有益之处，都将被一种始终对普遍安全构成的威胁所消解。"1945 年 3 月底，利奥·西拉德再次请求爱因斯坦安排一次和罗斯福的会面，希望跟他讲清原子武器的存在会给美国和世界未来带来的可怕前景。会面因为罗斯福于 4 月 12 日去世而未能进行，西拉德仅与新任命的国务卿詹姆斯·弗朗西斯·伯恩斯见了一面，谈话未获任何结果。

许多科学家越来越担心，日本可能被选来作为美国使用原子弹的新目标。德国没有能力研制出自己的原子武器，1944 年秋以后了解情况的人都知道这点。1945 年 7 月 16 日，在阿尔莫戈多（新墨西哥州）的沙漠里第一次成功试验了一颗钚原子弹。在此之前的 6 月中旬，7 位知名的芝加哥科学家（其中有拉宾诺维奇[①]、西博格和西拉德）由詹姆斯·弗兰克[②]牵头，向美国陆军部部长亨利·刘易斯·史汀生面呈了一份文件。这份以《弗兰克报告》闻名的文件，阐述了科学家自身的责任：

> 过去，……科学家可以拒绝承担人类使用自己无私发明的直接责任。但

[①] 尤金·拉宾诺维奇（Eugene Rabinowitch），1901—1973，出生在俄罗斯的美国生物物理学家。

[②] 詹姆斯·弗兰克（James Franck），1882—1964，德国物理学家，1925 年诺贝尔物理学奖获得者。1933 年纳粹上台时，弗兰克离开德国前往美国继续教学研究。他参加了曼哈顿计划，并且是著名的关于原子弹军事应用问题《弗兰克报告》的主持人之一。

是，我们现在被迫采取一种主动的态度，因为我们在核能领域所取得的成就，有比以往的发明大得多的危险。我们所有了解当前核物理学状况的人，都始终生活在一种幻景中，我们的眼前出现的是一种可怕的破坏景象，我们自己的国家遭到破坏，一种像珍珠港一样的灾难，这种灾难会以千百倍的程度在我们国家每一个大城市重复发生。……如果不能达成一个有效的国际协议，那么就在今天早上，就在我们第一次展示我们拥有核武器之后，一场普遍的军备竞赛就要开始。用不了几年，核子炸弹就不可能是只为我们国家所用的"秘密武器"了。

《弗兰克报告》特别建议，"在沙漠里或是在一个荒无人烟的海岛上给联合国的代表们展示这种新式武器"，切不可不事先警告而用于日本的目标。

一个以陆军部部长史汀生为首的临时委员会——科学小组（奥本海默、费米①、康普顿②和劳伦斯③）一段时间也参加了该委员会的会议——于1945年5月31日和6月1日就已经讨论决定，对日本不做任何事先警告就使用原子弹。首次核试验之后，紧接着第二天7月17日，由西拉德牵头的68位芝加哥科学家向总统面呈了一份请愿书，说明至少事先应给日本做出明确条件的投降的机会，否则对日本使用原子弹在道义上是站不住脚的。然而，请愿书如石沉大海，未被理会。

事实上，参与研制计划的科学家们的观点并不都是一致的。这点不仅从1945年6月16日科学小组的建议中可以看出，而且也见于阿瑟·霍利·康普顿6月12日在芝加哥冶金学实验室的科技人员范围内进行的民意调查（Smith，1958年）。许多人对核弹的直接军事应用深感不安，他们显然觉得，应该先进行一次技术上的或者是军

---

① 恩里科·费米（Enrico Fermi），1901—1954，出生于意大利的美国物理学家，1938年获诺贝尔物理学奖。他因为对原子核物理学的重大贡献而被称为"原子之父"。
② 阿瑟·霍利·康普顿（Arthur Holly Compton），1892—1962，美国物理学家，1927年诺贝尔物理学奖获得者。
③ 欧内斯特·劳伦斯（Ernest Lawrence），1901—1958，美国物理学家，1939年诺贝尔物理学奖获得者。他于1930年设计和制造了第一台高能粒子加速器并参与了曼哈顿计划。

事上的演示。然而即便如此，也无法完全弄清，搞军事演示是否就能解决对广岛实际使用这种核弹计划的道义问题。通过名正言顺的使用核弹，让日本人早点投降，这个希望同样有很大的影响。

波兰出生的核物理学家约瑟夫·罗特布拉特走的是另一条不同寻常的道路。第二次世界大战即将爆发之际，他从华沙来到英国利物浦的詹姆斯·查德威克手下工作。他一方面具有人道主义理想和科学必须用来为人类服务的信念，另一方面又担心，德国科学家可能会为纳粹政权研制原子弹。在这样一个矛盾当中，他的担忧促使他和英国的同事们一道更深入地研究制造原子弹的可能性，并最终来到洛斯阿拉莫斯参加曼哈顿计划。1944 年 3 月，曼哈顿计划的负责人格罗夫斯将军在查德威克家里谈话时说的一句话让他大为吃惊：研制原子弹的真实目的是要控制苏联人。罗特布拉特感到受了欺骗，因为他一直认为，研制原子弹的目的是为了阻止纳粹的势头。"1944 年年底，事情已经清楚，德国人放弃了他们的原子弹计划，我留在洛斯阿拉莫斯的目的也就结束了，我请求允许退出计划并返回英国。"（Rotblat，1985 年）1944 年圣诞节，他离开了曼哈顿计划，踏上了返回英国的旅途。

借用史学家杰拉德·德·格鲁特①的观点，我们可以把曼哈顿工程前后关系中的这枚"炸弹"的意义做如下归纳：开始时这枚"炸弹"并不是一件武器，而是被当成对纳粹的一种威慑（科学家们尤其这么认为）。到了 1944 年年底，没什么人再认同这样的看法。这枚"炸弹"成了实际可以投入使用的武器，它的破坏力被当作了一种政治筹码。同时，这项规模庞大的工程巨大的科技挑战性，一件崭新的并且尚未得到成功证明的事物的魅力——这一切的诱惑力越来越明显地在产生作用（*发现的诱惑*）。最后，这枚"炸弹"终于成了一件寻找其用武之地的武器。这时，新的道德挑战便出现在了人们的面前。

原子弹的世界政治含义起初只有少数几个参与的科学家能够了解，但是，没有人曾经公开表达过（至少是面对政府）伦理学和道德方面的想法，而更多是强调技术

---

① 杰拉德·德·格鲁特（Gerard de Groot），1922—2011，荷兰历史学家和法学家。

进步和刻板的政府部门之间不断加大的差距。后来，他们也谈到过技术知识和道德责任进展失衡的情况。罗特布拉特事后反思自问，为什么在参与研制原子弹的科学家中，好像只有他一个人离开了曼哈顿计划，而当时形势已经明朗，曾经对很多人来说是主要动机的"德国因素"已经不复存在（Rotblat，1985 年）。他分析认为，大多数人心里根本没有道德顾忌，而且也很乐意把决定他们工作成果的使用权交到其他人手里。只有少部分人具有"社会的意识"和强烈的科学好奇心。他们想看到，理论的东西在实际中是否能行得通，之后再去讨论炸弹的使用问题。同时，他们也希望战争早点结束，避免牺牲众多美国士兵的生命。等到和平时期，再一起争取不使用这种炸弹也为时不晚。可以肯定的是，除了顶尖的科学家之外，十几万参加曼哈顿计划的工作人员中的大多数人的确不知道，他们到底在做一件什么样的工作，正像美国总统在他发表的广岛声明中所点明的一样。

广岛和长崎

在原子弹于 1945 年 8 月 6 日和 9 日投到日本的两座城市，并明显给受害者带来可怕的后果之后，许多科学家才感受到强烈的道德顾虑问题（The Committee，1981 年）。就在格罗夫斯将军 1945 年 10 月给洛斯阿拉莫斯基地颁发"陆军嘉奖令"，而广岛和长崎的受害者正在痛苦中时，奥本海默走上讲台说道："如果原子弹被引入世界大战的武器库，或者是被引入准备战争的国家的武器库，那么，洛斯阿拉莫斯和广岛的名字诅咒人类的日子就要到了。"（Goodchild，1985 年，第 172 页）奥本海默还有一句众所周知的名言："物理学家们已经认识到了他们的罪孽。"（Goodchild，1985 年，第 174 页）

与此同时，一些科学家也得出了实实在在的结论。领衔的芝加哥学者中的一位——拉宾诺维奇鼓励他的同事们设法取消对研制工作的保密，让公众了解原子弹和它的后果，对战后科学家的角色和核子研究的未来进行思考。在曼哈顿工程转入新的组织形式之前，芝加哥学者于 1945 年 9 月 14 日起草了一份纲领性文件。文件以原子能为起因并明确针对其连带意义，要求科学家探索和弄清科学的作用和责任，公开

表达自己的意见和影响政治决策过程；公众必须完全了解一项新的科研发展对科学、

59 技术和政治的连带意义（Smith，1958年）。经历过曼哈顿工程的科学家们都组织了起来——"芝加哥原子能科学家"学会成立。旋即在1945年12月，至今仍在出版的刊物《原子能科学家会刊》创刊。与其他城市类似的团体一道，大家共同成立了首个较大规模的"关切的科学家"组织——美国科学家联盟。

根据历史文献，下令投掷两颗原子弹的美国总统杜鲁门并没有道德顾忌的困扰。"原子弹的使用结束了战争并且拯救了生命"成了官方的说辞。但是，自1945年以来一直不乏重要的声音反对这样的看法，并提出了与之相反的论据和观点。

科学的责任

可以肯定，当时德国人的研制计划是曼哈顿工程的起因，但不是原子弹最后研制和试验阶段的决定性因素。德国人研制原子弹的工作本身很分散，由纳粹政府的不同机构部门领导，而且部分工作走的是不同的技术路线，由于缺乏关键的经费支持，所以没能形成一个有成功希望的大项目工程。罗伯特·容克①认为，围绕着维尔纳·海森堡和卡尔·弗里德里希·冯·魏茨泽克的一群科学家的道德感和阻止项目的策略计划起了决定作用，但这个观点似乎未能得到更新的历史研究的证实（Walker，1990/2005年）。尼尔斯·玻尔档案馆于2002年公开的玻尔书信提供的材料让人进一步怀疑，传说中玻尔和海森堡于1941年在被占领的哥本哈根会面——如同人们从海森堡的著述中可能得出的结论一样（Heisenberg，1973年，第211页及下页）——的确是为了促使国际上的科学家们团结起来，反对研制原子弹。不管怎样，迈克尔·弗莱恩②影射这次会面的戏剧《哥本哈根》是关于科学家责任的一个新的成功的教育作品（Frayn，2001年）。

科学家们在第二次世界大战和冷战初期通过亲身经历所得到的间接结果是1957

---

① 罗伯特·容克（Robert Jungk），1913—1994，奥地利作家、记者和未来学研究家。
② 迈克尔·弗莱恩（Michael Frayn），1933年出生在伦敦，英国当代著名剧作家和小说家。

技术伦理学手册

年的"哥廷根宣言"①。在这份宣言中，卡尔·弗里德里希·冯·魏茨泽克领衔的西德核子研究学者坚决拒绝联邦德国的原子弹计划。同年，魏茨泽克的文章《原子时代科学家的责任》发表，这标志着科学伦理学和技术伦理学进一步探讨的开始。魏茨泽克在文章里要求树立一种科技界的伦理学，其要义在于规划中的技术研制工作应该由人来掌握。人应当与各种不同的新型机器装备保持距离，这种距离尤其必须在"冷静和深思熟虑地放弃某些技术的潜在可能性的能力中"来予以证明（Weizsäcker，1957 年，第 10 页）。关于科学家个人的责任问题，魏茨泽克说了一段至今都很经典的话："每个自然科学家要学会做实验时的认真态度，他所从事的科学才不会变得夸夸其谈。我以为，只要我们在检验我们的发明对人类生活的作用时，感觉到的那种认真态度不像做实验时那样自然而然，那么我们就还没有成熟到能生活在技术的时代。"（Weizsäcker，1957 年，第 15 页；责任部分参见第 2 章第 6 节）

总而言之，我们可以概括地说，由研制原子弹推动的这场讨论已经勾画了新的技术伦理学讨论的几个根本性的原则问题：

谁应该来负责任？是使用者自己还是技术的开发者？开发者的责任始于何时？责任总是在特殊的（新的）技术和非技术的危险或后果显现出来的时候吗？真的是在这个时候吗？科学家和工程师的责任与协助处理技术*使用*时（由于新规定和政治管理）发生的社会和政治后果有关系吗？抑或，这种责任也与科学和技术的发展本身有联系？伦理学讨论也包括对经济的和非经济的目的和利益进行澄清吗？科研结果保密和科学伦理相矛盾吗？承担责任纯粹是个人的事情，抑或也有科学（和政治?）制度化的责任（制度需要相应的组织形式）？承担责任的含义是什么？是提供纯粹的科学和独立的信息，还是对政治决策施加影响（包括科研优先权的决策），或者甚至是对科技发展趋势和潜力的早期分析？假如科学家们要对伦理学的挑战做出反应，那他

60

---

① 1957 年 4 月 12 日，18 位联邦德国的著名原子能研究科学家共同签署了一份声明，反对当时联邦政府总理康拉德·阿登纳和国防部部长弗朗茨·约瑟夫·施特劳斯提出的用原子弹武装联邦国防军的主张。因许多签名的科学家都曾在哥廷根大学工作的背景，所以该声明也被称作"哥廷根宣言"，这 18 位签署者也被称为"哥廷根 18 君子"。

们怎样才能够协同一致，并且以合乎发现科学真理的理想方式采取行动？或者说，他们是政治利益踢来踢去的皮球？

如果说，京特·安德斯于 20 世纪 60 年代——恰好由于原子弹威胁和军备竞赛——把"跳出学术圈子走进政治"作为唯一的结论向科学家们提出建议（Anders，1972 年，第 165 页），那么我们今天必须要问，当年约瑟夫·罗特布拉特、利奥·西拉德和"哥廷根 18 君子"在研制原子弹时的个别做法，是否今天也会引起研究者们以历史为榜样，去采取其他可能的负责任的行动呢？比方说，我们决定有意识地不参加道义上（和政治上）被认为不可取的研究和开发工程，号召其他人同样不与参加，或者致力于科学内部的关于研究结果和可能后果早期预测的讨论，同时致力于将关于研发状态及其前景的透明信息告诉公众和政界人士等，诸如此类不一而足。这一切有可能会在科学内部和社会层面上对技术发展中的负责任行动问题的探讨起到促进作用。

参考文献

Alperovitz, Gar: *Hiroshima. Die Entscheidung für den Abwurf der Bombe*. Hamburg 1995（engl. 1995）.

Anders, Günther: *Endzeit und Zeitenende. Gedanken über die atomare Situation*. München 1972.

Bernstein, Barton: The Atomic Bombings Reconsidered. In: *Foreign Affairs* 74/1（1995），135 – 152.

Cantelon, Philip/Hewlett, Richard/Williams, Robert（Hg.）: *The American Atom. A Documentary History of Nuclear Policies from the Discovery of Fission to the Present* [1984]. Philadelphia, PA [2] 1991.

DeGroot, Gerard: *The Bomb. A History of Hell on Earth* [2004]. London 2005.

Frayn, Michael: *Kopenhagen. Stück in zwei Akten. Mit einem Anhang « Zwölf wissenschaftshistorische Lesarten zu Kopenhagen»*. Göttingen 2001.

Goodchild, Peter: *J. Robert Oppenheimer. Shatterer of Worlds*. New York 1985.

Heisenberg, Werner: *Der Teil und das Ganze*. München 1973.

Jungk, Robert: *Heller als tausend Sonnen. Das Schicksal der Atomforscher* [1963]. Reinbek 1964.

Lanouette, William: *Genius in the Shadows. A Biography of Leo Szilard – The Man Behind the Bomb*. New York 1992.

Nathan, Otto/Norden, Heinz (Hg.): *Albert Einstein. Über den Frieden – Weltordnung oder Weltuntergang?* Köln 2004 (engl. 1975).

Rhodes, Richard: *The Making of the Atomic Bomb*. New York 1986.

Rotblat, Joseph: Leaving the bomb project. In: *Bulletin of the Atomic Scientists* (August 1985), 16 – 19.

Smith, Alice Kimball: Behind the Decision to Use the Atomic Bombs: Chicago 1944 – 1945. In: *The Bulletin of the Atomic Scientists* (Oktober 1958), 288 – 312.

The Committee for the Compilation of Materials on Damage Caused by the Atomic Bombs in Hiroshima and Nagasaki (Hg.): *Hiroshima and Nagasaki. The Physical, Medical, and Social Effects of the Atomic Bombings*. New York 1981 (jap. 1979).

Walker, Mark: *Die Uranmaschine. Mythos und Wirklichkeit der deutschen Atombombe*. Berlin 1990 (engl. 1989).

– : *Eine Waffenschmiede? Kernwaffen – und Reaktorforschung am Kaiser – Wilhelm – Institut für Physik*. Forschungsprogramm « Geschichte der Kaiser – Wilhelm – Gesellschaft im Nationalsozialismus», Ergebnisse 26. Berlin 2005.

Weizsäcker, Carl Friedrich von: *Die Verantwortung der Wissenschaft im Atomzeitalter*. Göttingen 1957.

Wohlfahrt, Horst (Hg.): *40 Jahre Kernspaltung. Eine Einführung in die Originalliteratur*. Darmstadt 1979.

沃尔夫冈·利贝尔特 (Wolfgang Liebert)

第 4 节 石棉

石棉纤维是天然矿物纤维，它是镁和富含铁的矿石采用水热法工艺制出的产品。 61 从矿物学的角度看，石棉是不同种类的、天然的和纤维状的硅酸盐矿物产品的总称。从经济学的角度看，石棉是一种矿物材料，也是有经济利用价值的工业原料。由于它不同的和特殊的材料特性，同时相对易于加工生产，石棉比其他工业原料曾有过更快的应用和更广的使用范围。起初，它被无所顾忌地用作多用途材料，起到了促进技术进步的作用。在经历了将近100年的工业应用后，大量采用石棉的势头被遏制。至少是在西方工业国家，石棉如今已被禁止使用，而且要花费大量人力物力进行处理，但它在新兴国家和发展中国家仍在被继续使用（Höper，2008 年，第 285 页及下几页）。石棉材料的应用，对于过去几十年中所发生的朝着第二次现代化时期①的转变具有代表性意义。在第二次现代化时期，"社会的框架条件、目标设定以及相应转变的科学概念框架，以一种既非人们所愿也非人们所预见的方式发生了变化"（Beck/Bonß，2001 年，第 13 页）。在这样一个大背景下，乌尔里希·贝克针对下列现实情况，即第一次现代化时期所有已确定的事物都不再有效，新材料、新产品和新工艺的影响不再肯定能够被预见，他提出了"风险社会"的概念（Beck，1986 年）。或者换一个角度说，今天在我们的生活中还广泛使用的石棉制品（如用在房屋和生产设备中），就是在它设计和生产时未运用预防原则的可见物证（Harremoës 及其他学者，2001 年；关于风险参见第 2 章第 2 节，关于预防原则参见第 6 章第 6 节）。

工业应用的发展

　　天然的矿物纤维过去和现在都很少被直接应用，它只有在经过加工处理之后才可以用做工业用途。因此，只有对相关材料特性有所了解，才能保证它合理的应用以及有针对性的加工提炼。为此，对材料未来用途及产品的指标要求（诸如防火保护层、高压密封衬垫、纸张、石棉混凝土、隔层材料等），要与不同种类石棉矿石的物理和化学特性（如弹性、纤维长度和可纺性、电阻抗、耐酸耐碱度、耐热性能和高温熔点）进行匹配。

62

　　尽管到 1996 年，许多国家都已有自己禁止使用石棉的规定（Höper，2008 年，第 199 页及下几页），这一年石棉原矿石的开采量仍然超过 200 万吨，达到了 20 世纪 70 年代和 80 年代高峰时期开采吨位的一半。图 1 列出的全球石棉矿石产量，清楚地显

---

① 第二次现代化时期的德文原文为 Zweite Moderne。这是德国社会学家乌尔里希·贝克（Ulrich Beck）在他关于全球化过程中世界发生了经济、社会和政治的巨大变化的理论中使用的一个概念，时间的划界为 20 世纪 90 年代初期开始至今，此前至 18 世纪的启蒙运动为第一次现代化时期（Erste Moderne）。本节作者在文后"参考文献"中列出了乌尔里希·贝克的有关著作。

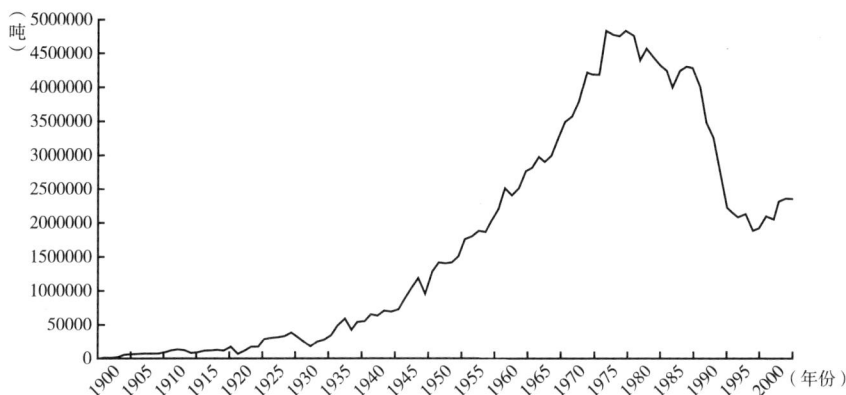

图1　1900～2004年全球石棉产量情况

单个数据来源：Virta，2003年，第25页及下几页，2008年，8月6日。

示了1900～2004年石棉原矿石惊人的产量情况。

1808年，意大利首次使用机器生产出了纺织类的石棉产品，如石棉丝线、石棉织物和石棉纸（Vogel，1991年，第142页）。1855年，作为技术上可用原料的石棉于巴黎世博会上在更多公众面前亮相。随后几年中，工业加工矿物纤维很快在整个欧洲和北美洲落地开花。19世纪末，石棉制品进入了所有的生活领域。它不仅在生产技术中有用武之地，而且作为辅助材料也进入了千家万户。典型的实例就是石棉纤维做成的煤油灯芯和蜡烛芯线、熨斗把手和锅炉炉衬的密封材料。世纪之交开发的工业化生产石棉混凝土，以及随后开始的石棉建筑材料的大量生产，给石棉矿带来了空前的销售量。

从历史的经验中我们可以看出，建立中的工业社会准备坚定不移地开采和加工新型的和可用的生产原料，不计任何可能出现的后果和危害。比之当前，19世纪末的工业社会更是义无反顾地甘冒风险，攫取一切先进和有用的原材料。这种立场和态度无疑在很大程度上导致学者们在研究这一发生在近现代的石棉史时，都有所保留地加以对待和记载。

石棉使人们一而再再而三地突破了当时的物理和化学界限。技术的革新和效能的提高，为相关的机器设备、产品和工艺开拓了新的和进一步的应用可能性。这一切没有石棉是根本无法做到的，或是说不会这么早做到。到 20 世纪 80 年代，石棉被应用在 3500 多种不同的工业产品当中（Alleman，1997 年，第 90 页；Eick，1975 年，第 456 页）。基于如此普遍的应用，石棉在它的鼎盛时期不仅是发展进步的动力源，而且也是经济繁荣的发动机。这个相互关联的情况可以通过所谓向前和向后的离合效应得到验证（Höper，2008 年，第 68 页）。同样，我们也能找到石棉应用的增长和生产型行业及城市建筑业的发展之间的对应关系（Ratanen，2003，第 1 页）。可以肯定地说，在过去 150 年的工业发展史上，石棉可以被称作 19 世纪和 20 世纪重要的工业原料之一。

健康风险和认识的进步

在德国，与石棉有关的（虽然不是明确针对，但也包括在内）预防措施可以一直追溯到 1869 年的工商业管理条例和当中的劳动保护规定（Gewerbeordnung，1869 年，第 245 页；Alleman，1997 年，第 97 页）。19 世纪末以后，因石棉尘埃造成危害的零星案例已为世人所知。只是一段时间内，这种危害还没有到被公众普遍了解，并引起社会反响的程度。20 世纪 30 年代，因石棉引起的各种病症被作为职业病为人们所认识，但这种情况仍只局限于专业的范围内。20 世纪 30 年代中期之后，欧洲大部分国家如潮水般地出台了大量的法律条文、管理条例、技术标准和规范，旨在对石棉加工企业排放的有害身体健康的石棉尘埃进行管理，但也未能限制住矿物纤维继续迅猛地推广。石棉因为它卓越的特性在社会上得到积极评价，并且被工矿企业所青睐，然而它对健康危害的最初征兆被企业一股脑地抛到了九霄云外（Harremoës 及其他学者，2001 年，第 53 页）。公众的这种狂热态度是人们将早已发现的石棉对健康的明显危害不当回事的主要原因。

但是，对在微小飞尘环境中从事加工生产的工人吸入石棉尘埃所造成后果的病理学现象，医学不能长期熟视无睹。石棉纤维危害会引起人的肺和胸膜这两个器官的恶性病变。少数病例还显示，石棉纤维危害也会影响到腹膜、心包和喉头（Kraus/Raithel，1998 年）。吸入极其细微的、经肺部进入的石棉纤维尘埃，可能导致三种无法医治的、绝大部分会导致死亡的病症：石棉沉着病（石棉引起的尘肺），肺癌和与石棉沉着病相关联的喉头癌，以及胸膜、腹膜和心包的间皮瘤（肿瘤扩散）（Drechsel-Schlund，2002 年，第 10 页及下几页；Catrina，1985 年，第 60 页及下几页）。

起初，人们对石棉的危险性普遍存在争议。指责与反指责，论证这个材料危险性的理由和反驳的理由皆有之。许多医学人士和从事石棉加工的行业对这个问题的深刻探讨起了很大作用。刚开始时，出于有限的科学诊断手段的原因，以及到后来因为这种材料的优越性，健康问题一直没有引起人们的关心和重视。冷静下来思考问题的初步尝试总是受阻于对石棉项目投资被终止的担忧，以及对这个简单和快捷的解决方案被取消的顾虑。尽管医学和科学的认识已经确凿无疑，但还是缺少必要的敏感性去做有分量的后果预测，更何况需要和公众去做有效的沟通。总体来说，从狂热到冷静的艰难转变，我们可以从阶段性的管理体制的发展中窥见其来龙去脉（Höper，2008 年，第 149 页及下几页）。

在西方国家，不断增长的医学认识导致了对矿物纤维狂热的终结。直到 1965 年，国际上才由医学家欧文·赛里科夫①通过媒体让广大民众了解到石棉的危害。在纽约举行的由病理学家、肿瘤学家、生理学家、流行病学家，以及劳动医学家和环境医学家首次共同参加的国际多学科大会上，赛里科夫宣读了他的论文《石棉的生物学影响》（Selikoff，1965 年）。引起媒体对石棉问题首次反响的决定性因素，是赛里科夫将健康问题同"大型康采恩"和"癌症"这样的标题联系在一起。借此，他首次让大家初步知道，伴随无节制和以经济利益为根本的石棉使用而来的健康风险有多么大。基于这一认识，石棉工业再也无法否认与矿物纤维相联系的这些风险。而且，石棉在推广阶段所取得的战略意义和全球性意义，再也无法掩盖这样一个事实，即人们对历经数十年形成的对石棉的友好态度必须进行一次彻底的检讨。

正如其曾经如日中天一样，石棉的身价这时似乎一落千丈。然而，要停止使用石棉，并不像一些国家政府做出一个当机立断的重大决定那样简单。很多国家政府是在

---

① 欧文·赛里科夫（Irving Selikoff），1915—1992，美国医学家。

不同的时间里，开始从科学的新认识中得出结论的。随着时间的推移，各国逐步推出了越来越严格的对待石棉和含有石棉产品的保护措施。这期间，如何规定最大值这个困扰人的根本问题也凸显了出来（Höper，2008 年，第 281 页及下几页；关于合成化学参见第 5 章第 24 节）。所以，到现在为止，世界上也不存在可以对石棉有问题和没问题的浓度含量做出区分的客观的界限值和最大值。依据对石棉危害的宣传程度——这同各国政府、行业机构和协会组织因时而异的认知决心，各国不同的法律和价值体系及其不同的民主化程度有关，工作环境中所允许的最大石棉尘埃含量的极限值（国际上差别很大）一直在不断地向下调整，因此，就出现了一种不同极限值并存的混乱局面。工业国家在其可供使用的预防和保护措施完全穷尽的情况下，最终只有全面禁止石棉，先是在各国国内禁止，接着是在欧洲全面禁止。

取代和体制的惰性

64　　原材料的取代过程在德国可谓举步维艰。在宣布禁用后的准备过程中，只有混凝土工业之外的小型石棉加工行业在它们的缺口领域中表现出了很高的创新能力和灵活性。它们很快适应了变化后的大环境，琢磨出了和法律修改时间相同步的替代应用材料。传统石棉加工业的反应则大为不同，它们表现出了一种相当程度的因循守旧和体系的惰性。即便是有组织的德国石棉混凝土工业，也能看出它在采用一种拖延时间的策略。这是因为，它提交给联邦政府的材料替代承诺明显可以比实际情况更早地加以施行。寻找替代材料的科研工作进展，要比向联邦政府提交的报告更快。企业员工方面对材料替代的兴趣十分不统一。工会主张尽快禁止使用石棉；当地工人代表和负责石棉混凝土工业的化学工业工会代表考虑到就业岗位可能受到影响，力主有节制的解决方案，尽管恰恰是由他们所直接代表的工人的健康明显受到了危害。

　　倘若石棉纤维对健康的风险能更早地为人们所重视，而且寻找替代材料的行为能及时开始的话，这种来自多方面的拖延策略就能够得到避免。归根结底，这种多方不作为可以被看作还停留在第一次现代化时期的经营思想，以及相关行业里一种不合格的和自我陶醉的企业领导风格（Harremoës 及其他学者，2001 年）。这时应当拿出企业家的行动来而不是采取阻挠策略，因为对所有相关的受牵连方来说，明显的事实是人们的认知情况已经发生了变化，旧的经营策略和生活基础已经不复存在。这种错误态度造成的更为严重的后果是，企业在很长一段时间内继续推销石棉制品，从而给民众的身体健康造成了危害，并且是有意识地违反了伦理道德的根本原则。这样的批评指责不是空穴来风，而是能够站得住脚的，因为对所有从事石棉业的人来说，大环境改变的信号早在数年前就已经清晰可见了。

一种能够涵盖石棉全部材料特性的新型替代材料（迄今）未能开发出来。正如石棉的用途非常广泛一样，其替代材料所应具有的特性也必须是多种多样的。无论是过去或是现在，替代材料的一个共同标志始终是，它在生产、加工和应用时对健康的危害要远远低于含有石棉的材料。然而值得注意的是，在作为绝热材料替代品开发出来的人工矿物纤维以及锑材料（摩擦片的替代材料）中，尽管研究人员已经非常细心周到，但风险预防预测还是未能达标。经过几年的工业应用和科学认识的提高，原先认为的对环境无害的特点被证明并不存在。因此，联邦德国在欧盟单方面立法，禁止能侵入肺部的人造矿物纤维的应用。至此我们可以说，人们从过去几十年同石棉既爱又恨和摇摆不定的接触当中获得了经验和教训。不过，还没有出现针对锑材料的反应。但是，借助这两个案例，我们可以看出替代材料面临的窘境。在开始投入工业应用时，科学家们还没有将它们的特性和作用研究得十分透彻，以至于能对其后果影响做出结论性的风险预测（关于风险判断参见第4章第C.7节）。有鉴于此，采用和比对不断更新的科学认识，对新材料、新产品和新工艺进行持续和细致的风险预测就显得十分必要。

发达的工业国家已经完全认识到了石棉所具有的危害性，探索替代品的过程也基本结束。事实证明，一个国家的经济没有石棉也照样发展，并且，依靠其所拥有的（不同于19世纪而主要是进入20世纪后的）技术知识和技术能力能够推动经济和社会的不断进步，实现增长。发展中国家和新兴国家虽然长期以来了解石棉所带来的危害，但它们认为完全替换它并不可取。这些国家处在摒弃简单、万能的原材料和尽可能实现快速工业化的两难境地中。撇开对健康的影响不谈，石棉材料毕竟是一种对当地经济发展不可低估的推进剂。

技术伦理学的位置

石棉材料曾经是现代工业社会一个不可或缺的组成部分，没有它，工业社会就不会成为现在这样的现代工业社会。这里，典型的实例就是石棉带来的蒸汽机效能的提高，由此开启了一系列新的、以往无法实现的技术和工业的成就。基于这样的认识，所有那些肺部吸入了石棉纤维的受害者——他们中的一部分人已经作古，一部分人还将深受其害——都受到社会的全面关注并得到人们的尊敬了吗？回答是"没有"。一则，人的生命和健康不能算在技术和经济发展毋庸争辩的进步头上；二则，由于科学知识的缺乏和很长的潜伏期，也因为初期的科学认识没有得到很好的宣传，石棉应用的决策者和受害者对石棉加工和使用的危险一无所知。最后是受害者付出了他们的代价，才使存在于许许多多使用石棉的工作环境和住宅中对健康的危害大大降低。他们用自己身体的代价间接地保护了他人的生命和健康。

今天，若是有人谈及石棉概念，那他必须懂得，他所提到的这种纤维是一种能够造成严重损害，因而必须不遗余力地被加以替代的纤维产品。与此同时，他也应当知道：石棉毫无疑问是"一种先驱型的产品，一种样品和示范案例"（Catrina，1985年，第235页），没有它，工业发展就是另外一种进程。这个在纳米微粒的讨论中被当作负面教材的示范案例代表性地敦促人们，在每一个创新产品的案例中去寻找一条负责任和均衡的风险预测之路（参见第2章第2节和第4章第C.7节）。这种风险预测不应在创新产品投入工业应用之后就停顿下来，而应当作为持续的、批判性的和前瞻性的行动，并兼顾取舍两难的窘迫情况，伴随新型材料和其衍生产品的全部过程。科学的基础研究需要具备哪些能力，以及这些能力必须去做哪些适应性的调整才足以完成这一目标，这点必须经过实践的检验。

尽管石棉纤维在被吸入之后明显会有导致潜在癌变死亡的后果，但石棉之路并不仅仅是歧途，而且最终是一条已经被纠正了的、在世界部分地区仍需纠正的发展之路。当然，其间人们对纠正的必要性的认识为时已晚。对于赞同和反对石棉的讨论过程中产生的不同意见，由于不信任而受到损害的争论氛围，特别是可信度的损失，石棉加工企业要承担主要责任。因为回顾历史，石棉纤维的历史曾经给过所有的当事者充足的理由，去采取预防原则而不是对技术无条件的盲从（参见第 6 章第 3 节；Harremoës 及其他学者，2001 年，第 59 页及下几页）。（1）虽然在 19 世纪石棉的危害还不能明确得到证明，但医生和政府面前已经有了最早的经验教训，提醒人们在和石棉接触中要加以小心。（2）尽管有了相当明确的案例观察，人们没有对病案进行系统的调查记录，甚至是在 20 世纪 30 年代和 60 年代医学的认识越来越深的时候也没有这么做。（3）出于经济利益上的考虑，病案数据的调查受到了阻挠。（4）私营企业——石棉案例中指的是保险公司——明确拒绝承担石棉使用的经济风险。（5）环境中石棉纤维混合含量的减少之所以已经被当成了一种安全的状态，只是因为它比先前的含量减少了而已。（6）预防措施长期被忽视或者遭到否决，理由是既然不能证明危害，那就是证明了无害。除此之外，特殊的技术伦理学挑战在"石棉"案例中也起了一定的作用。由于石棉病症的潜伏期长达 40 年，所以石棉环境和患病之间的关系以及危险程度无法直接显现出来。因此，以德国为例，肺癌和间皮瘤新发病例（石棉沉着病不算在内）在 21 世纪的第一个十年中才达到高峰期，也就是全世界石棉原料年产量高峰的 40 年之后（参见图 2）。

66

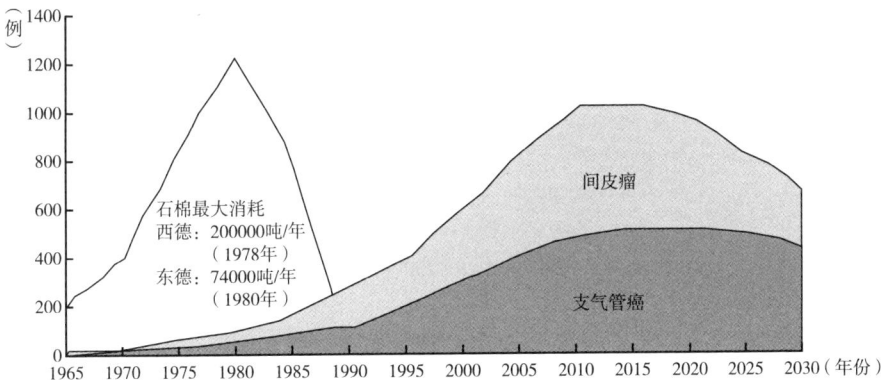

图 2 肺癌和间皮瘤新发病例预测

资料来源：Kralji，2005 年。

全球范围内有多少石棉造成的死亡病例已经被统计和将要被统计，这是一个无从予以确定的情况。原因是一方面缺少相应的记录，另一方面石棉接触的方式也无法追溯——究竟是在劳动当中呢，还是在居家环境抑或是在其他环境中。尽管如此，所有的推测都认为死亡人数应有数十万之多（Harremoës 及其他学者，2001 年，第 51 页；Huré，2004 年，第 1 页）。

过去几十年中关于石棉问题的争论表明，人们迫切要求正确对待这种原材料，直至将其彻底回收处理。一场实事求是的、按照科学原则进行的工业史讨论，将在 21 世纪里给这个 19 世纪和 20 世纪曾经风靡一时的工业原料以一个恰当定位，从而摒弃感情色彩的干扰，最终在积极和消极两个意义上使石棉纤维获得其在工业化历史中，以及第一次和第二次现代化时期中应有的地位。

参考文献

Alleman，James E./Mossman，Brooke T.：Asbest：Aufstieg und Fall eines Wunderwerkstoffes. In：*Spektrum der Wissenschaft*（November 1997），86 – 92.

Beck，Ulrich：*Risikogesellschaft. Auf dem Weg in eine andere Moderne.* Frankfurt a. M. 1986.

–/Bonß Wolfgang（Hg.）：*Die Modernisierung der Moderne.* Frankfurt a. M. 2001.

Catrina，Werner：*Der Eternit – Report. Stephan Schmidheinys schweres Erbe.* Zürich/Schwäbisch Hall 1985.

Drechsel – Schlund，Claudia/Butz，Martin/Haupt，Bärbel/Drexel，Gerhard/Plinske，Werner/Francks，Heinrich – Peter：*Asbestverursachte Berufskrankheiten in Deutschland – Entstehung und Prognose.* Hg. vom Hauptverband der gewerblichen Berufsgenossenschaften（HVBG）. Sankt Augustin 2002.

Eick，H.：Asbestzement. Herstellung und Eigenschaften. In：*Sonderdruck aus Tiefbau*（Juli 1975），456 – 462.

Gewerbeordnung vom 21. Juni 1869. RGBl 1869.

Harremoës，Poul/Gee，David/MacGarvin，Malcolm/Stirling，Andy/Keys，Jane/Wynne，Brian/Guedes Vaz，Sofia：*Late Lessons from Early Warnings：the Precautionary Principle 1896 – 2000.* European Enviroment Agency. Kopenhagen 2001.

Höper，Wolfgang：Asbest in der Moderne. In：Günter Bayerl（Hg.）：*Cottbuser Studien zu Geschichte von Technik，Arbeit und Umwelt.* Münster/New York/München/Berlin 2008.

Huré Philippe：*Erkrankungen der Atemwege stehen in Verbindung zu Produkten wie Asbest：Reichen die präventiven Maßnahmen aus?* Bericht anlässlich der 28. Generalversammlung der ISSA

（International Social Security Association）. Peking 2004.

Kralj, Nenad：*Vorlesung Arbeitsmedizin.* Universität Wuppertal, Sommersemester 2005.

Kraus, Thomas/Raithel, Hans J.：*Frühdiagnostik asbestverursachter Erkrankungen.* Hg. Vom Hauptverband der gewerblichen Berufsgenossenschaften（HVBG）. Sankt Augustin 1998.

Rantanen, Jorma：Inzidenz und Verwendung von Asbest sowie technische Prävention. In： 67 *Asbestos. European Conference.* 2003.

Selikoff, Irving：*Biological Effects of Asbestos.* New York 1965.

Virta, Robert L.：*Worldwide Asbestos Supply and Consumption Trends from 1900 to 2000.* U. S. Department of the Interior. U. S. Geological Survey 2003.

– ：*2005 Mineral Yearbook.* U. S. Department of the Interior. U. S. Geological Survey 2006.

Vogel, Sabine：Geschichte des Asbestes. In：Monika Bönisch/Udo Gößwald/Brigitte Jacob （Hg.）： *Z. B. Asbest. Ein Stein des Anstoßes. Kulturelle und soziale Dimensionen eines Umweltproblems.* Berlin 1991, 134 – 150.

沃尔夫冈·E. 赫费尔（Wolfgang E. Höfer）

第5节 进步乐观主义的危机

危机的前提和产生

自 20 世纪 60 年代以来，进步乐观主义的危机是社会科技、社会经济和社会文化转变过程的一个复杂组成部分。经过这场转变以及在转变的结果中，现代西方工业社会被重新定位，后工业社会和反思的第二次现代化时期的结构开始形成（Beck，1996年，第 19～112 页）。回顾社会历史的发展过程，下列的危机条件似乎有非常重要的意义：

（1）在 20 世纪 50 年代以来大工业生产效率提高的背景下，核能、电子信息/控制论和生物遗传学领域大规模科学技术研究和工业研究所取得的认识和创新，不仅可以利用而且明显加快了社会变革的势头。

（2）在两个超级大国核军备竞赛的背景下，第二次世界大战期间不断增多的、第二次世界大战后在美国开始建立并制度化的、军事－工业－政府三位一体的协作行动获得了全球意义。

（3）在市场的动力和经济增长及防御性军备的强大内在动力面前，政府的管控措施转入了守势。由此，在整个西欧国家的选民中产生了对政治的厌倦，在政治学中引发了一场关于民主和市场经济秩序的可控性，以及关于民主程序和民主机构组织逐渐失去法律依据的讨论。

（4）20世纪70年代末以后，由于取消了战后的一致协议和国家介入的*政策方案*，西欧发达国家的政治家们借此远离了自1880年以来就已实行的欧洲社会福利国家模式，以及社会分享的主导观念，从而为实行严格的非国家化方案创造了条件。

68 （5）由于事故的发生和事故风险，也由于越来越多的看得见的对生活环境以及后期对自然环境的长期影响（比如臭氧层空洞和气候变化等），大规模工业化生产新的后果问题殃及越来越多的人，最终导致了一场关于"风险社会"（Beck，1986年）和技术后果（Grundwald，2010年，第119～139页；参见第2章第5节）的讨论。

（6）作为二战之后重建家园的代表和他们子女之间的一场尖锐的代沟冲突的一部分，老式的反物质主义文化批评（Kerbs/Reulecke，1998年，第10～18页）在20世纪60年代同经济无限增长论的批评都汇集到了《富裕社会》①（Galbraith，1958年/1963年）一书当中。

因此，自20世纪60年代以来的这次进步乐观主义的危机，只有从多元素和社会结构的角度，并且在不求完备地、多层面地弄清新当事人和新问题的努力中，才能得到中肯的解读。倘若对于这样的问题仍然存在争议，即这种解读不是一种对现代工业社会和其政治文化的成功或无望的新发明的描述，那么这种解读就尤为必要。

早期的危机

第一次世界大战——在英语国家中也被称作"伟大战争"——不仅终结了漫长的19世纪和西方市民阶级对进步无限信仰（参见第2章第4节）的时代，而且还是

---

① 《富裕社会》（*Affluent Society*）由美国进步主义学者和哈佛大学经济学教授约翰·加尔布雷斯（John Kenneth Galbraith，1908—2006）著，出版于1958年。

技术伦理学手册

为了一场消耗和毁灭的战争，能够对现代工业社会实行科学－技术－政府三方总动员和全面统治的典型先例。没有这个先例，1941～1945 年，纳粹政府对欧洲犹太人大规模工业化灭绝的反文明行径就无法理解，尽管这种行径还远远不能从中得到完全的解释（Diner，1999 年，第 9～19 页）。20 世纪所有现代的意识形态独裁政权，都特别表现出注重技术进步的趋向。从集权主义研究理论角度对独裁政权的批判（其中也引述了汉娜·阿伦特①的观点），始终是对进步乐观主义危机以及在"人的怀旧"（京特·安德斯语）时代中重建人道主义研究的一种贡献。第一次世界大战和纳粹统治的历史经验，在 20 世纪 60 年代以来关于进步乐观主义危机的论战中得到了充分探讨。

概念阐释和方案

危机的概念是描述 1750 年以后政治和工业现代化时期的中心历史范畴之一（Koselleck，1959 年；Ulrich，1994 年，第 398～400 页）。其中的主要部分是政治进程的波澜壮阔和社会变革持续性的变化压力。直到 1914 年还和进步目的论交织在一起的历史编纂学，同时还将强调进步的 20 世纪现代独裁政权说成正当合法的历史编纂学，很久以前就在方法学上遭到了人们的反思和批判（Rüsen，1983 年；Goertz，1995 年），尽管在对进步乐观主义危机强烈批判的论文中（比如迄今的环境历史研究），我们也能发现一种"消极的目的论倾向"（Rradkau，2000 年，第 11～51 页）。社会学的（Schäfer，2000 年，第 194～196 页）和政治学的（Jänicke，1973 年，第 14～50 页）危机概念在德语历史研究文献中的运用非常有限。

在德国的技术史编撰学中，这个主题在方法论上通过对京特·罗波尔（1979 年）的三维技术概念的广泛接受得以体现，内容上则体现在关于工业社会的性质、能源转换和工程师的作用的论争中（Gleitsmann 和其他学者，2009 年，第 39～68 页）。工程

---

① 汉娜·阿伦特（Hanna Arendt），1906—1975，出生在德国的犹太裔美国政治理论家，以研究集权主义著称于西方学术界。

115

师这个职业团体在自 20 世纪 60 年代起围绕技术意义的社会大讨论中，不仅在历史学中，而且甚至是在相对很晚的时候，经历了一次不同于其他相关职业团体的相当彻底的重新评价。他们由曾经的希望承载者和受尊敬的增长、福利、和平及面向未来的保证人，变成了效用程度崇拜主义的简单执行者，毫不顾忌自己行为的社会、政治和经济的并发后果。这从娱乐媒体的宣传中就能特别清楚地见到端倪：20 世纪 60 年代的《007》电影中，技术看起来还是毫无限制的正面形象，在 20 世纪 70 年代像《星球大战》这样颇受观众欢迎的大型科幻片中，技术就已经代表了咄咄逼人的、有消灭人类倾向的知识和权力的结盟。

对于这一观察问题视角的根本转换，那些此前对技术不发表意见，或是不发表批评意见的当事者起了一定的作用。在受到教会组织结构世俗化进程的影响，但还未像今天这种程度受其主宰的西方工业社会中，发生在 20 世纪 60 年代的将两大信仰阵营教徒们的责任拿来讨论的过程，具有不可估量的意义（Gleitmann 和其他学者，2009年，第 63~65 页）。总部设在日内瓦以基督教徒为主的世界基督教会联合会①和第二次梵蒂冈大公会议②，明确提醒工业国家在环境问题上的责任和与之相联系的所谓第三世界国家问题（关于可持续性参见第 4 章第 B.10 节）。在随后的几年中，这些批评性的质询走进了教区生活，并影响了几代基督教徒，从此他们开始公开地和带有政治倾向性地发表自己的意见。教会和温和的左翼党派在他们对物质主义、浪费现象、消费社会、军备竞赛和南北贫富不均的批评中发现了共同之处。同时，战后西欧发展历史上典型集中制的基督教民主党也在关于保守派价值的讨论中，学会了批评进步乐观主义的立场，并重新赋予它以新的活力。

自 20 世纪 60 年代以后，东西方文学也为进步乐观主义危机主体的确立做出过重

---

① 世界基督教会联合会（World Council of Churches），亦称"世界基督教协进会"，1948 年在荷兰阿姆斯特丹成立，总部设在瑞士日内瓦，在纽约和伦敦也设有办事处。

② 第二次梵蒂冈大公会议（Second Vatican Council）为天主教全体主教大会，1962 年 10 月 11 日至 1965 年 12 月 8 日在梵蒂冈召开。此次大会是罗马天主教历史上规模最大、参加人数最多、发表文件最多和涉及内容最广泛的一次会议。它做出许多重大的改变决定，从而掀起了罗马天主教在当代世界的革新运动。

要贡献（Gleitsmann 及其他学者，2009 年，第 60 ~ 63 页）。授予约翰·斯坦贝克[①]（美国，1962 年）、海因里希·伯尔[②]（联邦德国，1972 年）和索尔·贝娄[③]（美国，1976 年）的诺贝尔文学奖即为佐证。尤其是在联邦德国的战后文学中，比如君特·格拉斯[④]、京特·库内尔特[⑤]和克里斯多夫·海因[⑥]等，描写时代背景下人与科技进步关系的破裂是一个重要的主题。

　　与美国的情况不同，自 20 世纪 50 年代起在西欧形成的各种反对大规模技术工程，特别是反对核电项目的群众抗议活动，具有不同寻常的意义（Gleitmann，2011 年，第 17 ~ 26 页）。直到 20 世纪 70 年代末，抗议活动通过底层的公开抗议行动，成功地打破了由政府、工业界和精英政客对核能狂热一统天下式的讨论方式（参见第 5 章第 11 节）。因此，尤其是在联邦德国，普通民众对核电工程和大规模技术项目的抗议和反抗，属于用选择性方式决定政治问题的基本经验之一。1956 年拒绝在卡尔斯鲁厄市近郊建设联邦核电站项目，20 世纪 70 年代在威尔和布洛克多夫两地的反核电站运动，直到抗议在格尔雷本规划核废料存放基地的游行示威，这一系列的行动体现了一种超出旧有党派界限，甚至是不同年龄代界限的，人民大众重获公众社会话语权的过程，这个过程随着 1980 年绿党的成立改变了政治和政党的格局。

　　1957 年英国温斯乔、1979 年美国三里岛和 1986 年苏联切尔诺贝利核电站事故所起到的作用是，使核能争论的现实性和重要性焦点化尖锐化，揭露了坚持原子能技术派已经标准化的虚伪言辞（千篇一律地强调不会出现统计概率上的严重事故，强调

---

① 约翰·斯坦贝克（John Steinbeck），1902—1968，美国最有影响的作家之一，创造了"斯坦贝克式的英雄"形象。其代表作品有小说《人鼠之间》、《愤怒的葡萄》等。
② 海因里希·伯尔（Heinrich Böll），1917—1985，联邦德国小说作家，主要作品有《小丑之见》、《火车正点》等。
③ 索尔·贝娄（Saul Bellow），1915—2005，美国作家，主要作品有《奥吉·马奇历险记》等。
④ 君特·格拉斯（Günther Grass），1927—2015，当代德国文学最重要的代表之一，主要作品有《铁皮鼓》等，获得 1999 年诺贝尔文学奖。
⑤ 京特·库内尔特（Günther Kunert），1929 年出生，德国作家。
⑥ 克里斯多夫·海因（Christoph Hein），1944 年出生，德国作家、翻译家和散文家。

德国核电站的绝对安全），使人们越发看清了具有挑战性的党派言论（有别于关心大众福祉的全局观）的真面目（参见第 5 章第 11 节）。与此同时，1973 年和 1979 年的石油危机让人们认识到，对于因其结构性对能源的依赖而容易受伤的工业国家来说，能源问题依旧具有双重矛盾性。当年汽车限行的星期日和空空如也的高速路曾经告诉过我们，出行摩托化和能源是不能分开的。对于像联邦德国这样一个倚重汽车出口和个人自由出行的国家来说，进步乐观主义的危机——作为对高度路径依赖的主导技术和关键产品的质疑——是一个根本性的问题，它不仅涉及工业体系的组织结构，而且还涉及福利的分配和定义问题。

70　即使是常规的工业事故，如 1986 年意大利塞维索的化工厂泄漏，1984 年印度博帕尔的化学品泄漏，以及 1976 年法国布列塔尼半岛海岸 "Amoco Cadiz" 号油轮溢油事件①和 1989 年美国阿拉斯加海岸的 "Exon Valdez" 油轮灾难②，也对把针对全球化工业体系风险的越发具有批判性的基本态度推广到社会当中，以及超越环保运动本身模糊不清的界线起到了支持作用。工业界的应答，除了一种新型的外观设计和传统的院外游说（对生产和项目基地选址的强调）之外，还在于继续不断的技术创新，这股新的创新浪潮在汽车工业中得到了充分体现。

假如我们从俯视的角度试图描述 20 世纪 60 年代以来的进步乐观主义危机的话，那么，我们也许会说这是一段挫折重重的历史。20 世纪 50 年代和 60 年代的预言——取之不尽用之不竭且清洁的能源，大多数人（倘若不是所有人）可以享受的福利，消费者主观和客观所希望的科技产品，所有这一切不仅都没有以承诺的方式出现，而且还造成了没有想到的和一部分很难预料的后果影响。

---

① 1976 年 3 月 16 日，"Amoco Cadiz" 号油轮由于操作失灵，在距离法国布列塔尼半岛 3 英里处触礁搁浅，100 多万桶原油泄漏入海，污染了布列塔尼约 200 英里的海岸线。

② 1989 年 3 月 24 日，"Exon Valdez" 号油轮为躲避冰山而偏离航道，不幸撞上了阿拉斯加威廉王子湾的一处暗礁，约 1000 万加仑原油溢出，污染了阿拉斯加约 1100 海里的非连续海岸线。

技术伦理学手册

代表人物和基本问题

对于下列作者和著作的选择标准不像百科全书那样面面俱到，而是以某一特定研究阶段早期的论述和其未曾中断、特别具有大众效应的接受情况为标准。

新闻记者罗伯特·容克（1913—1994）自 20 世纪 50 年代起就在他发表的著述中（很早即由各大众普及出版社发行高印数的小手册版），提醒人们注意原子能工业的潜在危险，及其能将原子能军事用途和和平利用区别开来的幻想。他大声疾呼的文风不仅开创了欧洲和平运动先河，而且使原子能和环境问题之间的关系成了敏感话题。

哲学家和社会学家赫伯特·马尔库塞（1898—1979）在他 1964 年发表于美国、1967 年刊行于联邦德国并引起高度重视的分析文章《一维的人》（Marcuse，1967 年）中，研究和批判了实证论和路径依赖思维的后果，以及先进的工业社会中受制于大环境背景的技术官僚体制（参见第 4 章第 A.6 节）。马尔库塞阐述了一门为进步服务的科学是如何受到风险和全球性问题（如核威胁）的干扰，进而失去了自己的独立性和责任意识的。马氏的文章不仅在 1968 年德国大学生造反运动中一跃而成了影响一代人的标准性论著，而且还激发了乌尔里希·贝克于 20 世纪 80 年代开始的对社会管理参与者进行分析的语言批评尝试。

由德内拉·梅多斯（1941—2001）和丹尼斯·梅多斯（1942 年生）撰写，并于 1972 年发表的罗马俱乐部[①]关于增长极限的研究报告，除了某些有争议的前提之外，是关于进步乐观主义危机最有影响力的文献之一。这份报告在全球发行量达数千万册，其观点也广为人们所接受。报告的主题涉及化石资源的有限性，不受控制的环境破坏，人口过剩和营养不良的关系等。它对西方国家的社会政策、政策形成和个人行

---

① 罗马俱乐部（Club of Rome）成立于 1968 年 4 月，总部设在意大利罗马。该俱乐部是一个关于未来学研究的国际民间学术团体，同时也是一个研究全球问题的智囊组织。俱乐部的宗旨是研究未来科技革命对人类发展的影响，阐明人类面临的主要困难以引起政策制定者和舆论的注意。1972 年发表的《增长的极限》是该俱乐部第一份研究报告，在全世界引起了一场持续至今的大辩论。

为产生了深远影响。

1973 年，美国社会学家丹尼尔·贝尔（1919—2011）在美国发表了关于后工业社会的研究著作（Bell，1975 年）。贝尔探讨了关于工业生产型社会向后工业的信息、科学、传播和服务型社会过渡的问题，并认为这是工业现代化的一个新阶段。这个新阶段"……随着新的轴向结构和原则的出现具有同样的重要意义：随着商品生产社会向信息和科学社会的过渡；在科学领域本身，则随着面向抽象化的转变，随着理论取代经验，系统的理论知识取代'试验和失败'的方法，系统的理论知识引导创新，并决定政策的形成"（Bell，1975 年，第 374 页）。贝尔将知识和传播置于方案架构的中心地位，也看出了传统工业社会危机积极的一面，并且早在互联网普及之前很多年就指出了媒体联网的必要性。

哲学家汉斯·约纳斯（1903—1993）发表于 1979 年的主要著作《责任命令》，也是对进步乐观主义危机的一种建设性的和技术伦理学的反应。约纳斯的责任伦理学的初步尝试——将伦理学扩展成一种"博爱"——使得从社会、政治和科学角度针对进步乐观主义所进行的批判，有益于对技术后果积极主动的研究工作，因此具有持久的效果和影响（参见第 4 章第 B.2 节）。

71　　1986 年，德国社会学家乌尔里希·贝克（1944 年生）发表了他冠名《风险社会》的研究论著（Beck，1986 年）。这部从出版之日起就被认为是奠基之作的分析研究著作证明，后工业社会是用怎样一种方式卓有成效并且有利可图地为少数人将风险（比如核电固有的风险）合理化。其中，贝克发现了工业现代化时期的一个新阶段："在先进的现代化阶段，社会化的财富生产和社会化的风险生产同时进行。与之相对应，那些源自科技风险的生产、定义和分配的问题和冲突，又叠加到了匮乏社会的分配问题和冲突之中。"（Beck，1986 年，第 25 页；参见第 2 章第 2 节）他认为，现代化时期将进行自我反思："问题的关键不再是或不仅仅是将大自然变得可以利用，抑或是将人类从各种传统的桎梏中解救出来，而是围绕着技术和经济发展本身的后果问题。现代化过程将进行一次'反思'，将自身视为反思的对象和问题。"（Beck，1986 年，第 26 页）

同技术伦理学的关系

从经验的角度讲，借助 20 世纪 60 年代以来出现的一种文献类型，即可看出进步乐观主义危机同技术伦理学的关系。此类文献乃是以即将到来的千年之交为着眼点，展开对进步问题的各个方面进行研究的文集和会议文献。从所涉及的学科和所要认识的问题来看，这些论文集的结构前后非常一致。将控制论、信息学和信息技术、生物学、社会学、工程学和心理学的视角结合在一起的考察焦点，是 1962 年全德哲学学会在明斯特大会上所关注的由进步问题所引起的伦理学挑战（Meyer，1969 年）。面对进步乐观主义的危机，人们在此范畴内对答案的寻求超出了意识形态批判的范围，从而导致了把西方工业社会未来规划的主要问题都结合在一起考察的最初尝试，与此同时，看问题的视野则完全是全球性的。这里重点研讨的课题有：风险责任、重新确定对技术进程的民主参与（参见第 4 章第 C.5 节）、资源意识和气候意识、单方面经济增长的批判、改善第三世界处境的责任、人口增长的意识以及环保意识。

研究工作未解答的问题

从历史阶段的上下文关系出发，对自 20 世纪 60 年代以来的进步乐观主义危机展开历史的、社会学的和不带偏见的分析，这项工作还需要有人来做。罗尔夫 - 彼得·西菲尔勒[①]以能源史来划分历史阶段的文章已经在这方面打下了重要的基础（Sieferle，1987 年，第 147～158 页）。特别是英语国家进行的关于*世界史*的科学争论将结出怎样的历史编纂学之果，还需拭目以待。世界史研究领域的一位先驱人物是德国历史学家伊马努尔·盖斯[②]（2006 年）。尤其值得期望的是重新关注这一主题原始材料的研究，这些材料涵盖全部相关的文献资料，包括技术出版物和"准政治团体"非公开发行的内部文献资料，直到专家顾问、电台和电视台的有声图像、工程学和技

---

① 罗尔夫 - 彼得·西菲尔勒（Rolf-Peter Sieferle），1949 年出生，德国历史学家。

② 伊马努尔·盖斯（Imanuel Geiss），1931—2012，德国历史学家。

术科学教科书、工程技术人员和自然科学家的报告和自传层面的资料，最后还有广告资料。跨学科和在此基础上对相关问题和相关结构进行的比较研究，或许也能表现出进一步的使用价值。这种比较研究不仅被用于技术和自然科学的预测学，而且也被用于社会科学，虽然迄今为止尚未对之进行过方法论的探讨。同样有意义的是撰写一部对技术后果评估（参见第6章第4节）开放的、有助于社会体系构建的历史，而且这部历史不会消失在一场回溯性技术评估（RTA）[1] 之中。

参考文献

Beck, Ulrich: *Risikogesellschaft. Auf dem Weg in eine andere Moderne*. München 1986.

– : Das Zeitalter der Nebenfolgen und die Politisierung der Moderne. In: Ders. /Anthony Giddens/Scott Lash (Hg.): *Reflexive Modernisierung. Eine Kontroverse*. Frankfurt a. M. 1996, 19 – 112.

Bell, Daniel: *Die nachindustrielle Gesellschaft*. Frankfurt a. M. /New York 1975.

Diner, Dan: *Das Jahrhundert verstehen. Eine universalhistorische Deutung*. München 1999.

Galbraith, John Kenneth: *Gesellschaft im Überfluß*. München/Zürich 1963 (amerik. New York 1958).

Geiss, Immanuel: *Geschichte im Überblick: Daten und Zusammenhänge der Weltgeschichte*. Reinbek 2006.

Gleitsmann, Rolf – Jürgen: Der Vision atomtechnischer Verheißungen gefolgt: Von der Euphorie zu ersten Protesten – die zivile Nutzung der Kernkraft in Deutschland seit den 1950er Jahren. In: *Journal of New Frontiers in Spatial Concepts* 3 (2011), 17 – 26.

–/Kunze, Rolf – Ulrich/Oetzel, Günther: *Technikgeschichte*. Konstanz 2009.

Goertz, Hans – Jürgen: *Umgang mit Geschichte. Eine Einführung in die Geschichtstheorie*. Reinbek 1995.

Grunwald, Armin: *Technikfolgenabschätzung – eine Einführung*. Berlin [2]2010.

Jänicke, Martin: Die Analyse des politischen Systems aus der Krisenperspektive. In: Ders. (Hg.): *Politische Systemkrisen*. Köln 1973, 14 – 50.

---

① 关于“回溯性技术评估”（Retrospective Technology Assessment，简称RTA），可参见第2章第6节中“标准的责任”一段文字阐述。

Jonas，Hans：*Das Prinzip Verantwortung. Versuch einer Ethik für die technologische Zivilisation.* Frankfurt a. M. 1979.

Jungk，Robert：*Der Atom – Staat. Vom Fortschritt in die Unmenschlichkeit.* Reinbek 1979.

Kerbs，Diethart/Reulecke，Jürgen：Einleitung. In：Dies. （Hg.）：*Handbuch der deutschen Reformbewegungen, 1880 – 1933.* Wuppertal 1998, 10 – 18.

Koselleck，Reinhart：*Kritik und Krise. Eine Studie zur Pathogenese der bürgerlichen Welt.* Freiburg/München 1959.

Marcuse，Herbert：*Der eindimensionale Mensch. Studien zur Ideologie der fortgeschrittenen Industriegesellschaft.* Frankfurt a. M. 1967.

Meadows，Donella/Meadows，Dennis L.：*Die Grenzen des Wachstums. Bericht des Club of Rome zur Lage der Menschheit.* Aus dem Amerikanischen von Hans – Dieter Heck. Stuttgart 1972.

Meyer，Rudolf W.：*Das Problem des Fortschritts – heute.* Darmstadt 1969.

Radkau，Joachim：*Natur und Macht. Eine Weltgeschichte der Umwelt.* München 2000.

Ropohl，Günter：*Eine Systemtheorie der Technik. Zur Grundlegung der Allgemeinen Technologie.* München/Wien 1979.

Rüsen，Jörn：*Historische Vernunft. Grundzüge einer Historik I：Die Grundlagen der Geschichtswissenschaft.* Göttingen 1983.

Schäfers，Bernhard：Krise. In：Ders. （Hg.）：*Grundbegriffe der Soziologie.* Opladen [6]2000, 194 – 196.

Sieferle，Rolf – Peter：Industrielle Revolution und die Umwälzung des Energiesystems. In：Theo Pirker/Hans Peter Müller/Rainer Winkelmann （Hg.）：*Technik und Industrielle Revolution. Vom Ende eines sozialwissenschaftlichen Paradigmas.* Opladen 1987, 147 – 158.

Ulrich，Volker：Krise. In：Manfred Asendorf/Achatz von Müller/Volker Ulrich：*Geschichte. Lexikon der geschichtlichen Grundbegriffe.* Reinbek 1994, 398 – 400.

罗尔夫 – 乌尔里希·库恩策 （Rolf-Ulrich Kunze）

第6节 技术争议

核电站、火电站、绿色基因技术、纳米技术和垃圾焚烧厂——这些技术有一个共同之处，即它们都具有争议性，并使社会陷入了争端和冲突之中。争议的焦点常常有如下三种（Beck/Grande，2004 年）：

（1）可能造成的负面影响和风险有多高？哪些有效的措施可以降低这些风险？（认识论的争议）

（2）这些技术有什么分配效应？谁是获益者谁是风险承担者？有无第三者受到牵连（比如左邻右舍，如果一处工厂设施向周围排放有毒废气的话）？获益者能够为风险承担者进行补偿吗？技术可以投保吗？（分配的争议）

（3）获益和风险的比例是否合理？技术是否能够认可？怎样的安全才算是足够安全？谁有权来做这个决定？怎样才能找到一个对集体有约束力的决定（标准的争议）

在一个多元化的社会里，这些问题不是只有一个答案，而是有许多答案，而且所有答案都强调自己的正确性和真理性。这些问题往往无法在一个社会里都得到解决。气候变化和重大核事故都不会只对一个国家产生影响。因此，技术争议不可能只通过技术的权量来解决，而是既要求跨学科的和标准方面令人信服的解决方案，又要求国与国之间的协调合作。

为了应对这一复杂和多层次的挑战，我们需要一个全面的技术后果评估新尝试（技术后果评估，参见第6章第4节）。这项工作无疑具有很高的难度：一方面需要所有必要的科学知识基础和社会各方的诉求参与其中，另一方面又要求这项工作同时具有可实践性、政治可行性和社会可接受性。由各方参与的技术后果评估（参见第6章第5节）是一项建设性的同技术争议打交道的探索工作。在此之前，我们有必要就争议和争议的类型做一次概念的澄清。

社会争议

73　　社会争议是社会上下文关系范畴中各种诉求和期待的对立关系体。在这个关系体中，至少有两个当事人（人、党派、组织、松散团体等）参与其中，并且当事人的行为受到相互对立关系直接或间接的影响（Dahrendorf，1961年，第125页）。争议有如下三种因素：争议的对象（比如太阳能板的有效功率），与争议的对象相关联的不同期待（比如太阳能板对电能供应所做贡献的多少），以及采取任何一种方式对不同期待做出反应的行动压力（比如更仔细地检查太阳能板，用其他能源技术取代它，或者授信于能源专家）。争议的出现是因为，一方的利益和另一方的利益相冲突，而且，当一方得到机会满足自己的利益的时候，另一方感到自己受到了不公平的待遇（Giesen，1993 年，第 92 页）。

这里，争议有个人争议和团体争议之分。个人争议发生在个人之间，团体争议发生在组织或是群体之间。带有社会性质的技术争议，基本上属于团体争议范畴。

团体争议多数是因为资源分配问题，或者是因为控制人的行为的、对集体有约束力的规定所引发（Pfeffer/Salancik，1978 年，第 92 页及下几页）。民主社会的一个特点就是，如果出现分配问题，此时依照团体的明文规定，寻找折中方案按照一种让人感觉是公平的，或者是协商解决问题的程序来进行。如果出现对集体有约束力的规定的情况，某些特定的个人和少数派的权益是不允许被侵犯的。除此之外，在对不同行动方案进行讨论之后，一个经过授权的专门委员会按照投票程序（比如多数原则）的规定做出决定。上述两种情况中，争议都是按照事先确定的游戏规则以及在实质性的法律范围内进行的。这样，就能取得方向的明确性、符合规范性和法律面前的平等性。在国家暴力垄断的配合下，争议就失去了那种随意的、偶然的或者是威胁到生命的冲突特性。

近一段时间以来，对集体约束性的规定的认可度，以及协商达成的分配问题的折中方案，不断受到来自人们对其合法性表示质疑的压力（Fuchs，2008 年；Gabriel/Völkl，2004 年）。这点尤其涉及那些所谓的外部技术产品，亦即非本人所专用（比如一台面包切片机），而是用于公共服务，但对于在其周围生活的人们隐藏着风险的那些技术设施、生产流程和产品（Renn/Zwick，1999 年，第 42 页）。比如发电站、水坝、化工厂、机场，或者是诸如斯图加特火车站改造工程那样的铁路项目。这里，我们能观察到受牵连的老百姓对集体确立的决策程序（比如审批程序和规划立项程序），越来越多地采取拒绝接受的态度。仅以这样一个事实——决策是通过民主方式做出的，已经不足以促使受牵连的群众采取接受认可的态度。除此之外，老百姓还要求了解形成决议的理由和项目争议的合理性。他们不愿意再承受生活环境中的负担，尤其是当受益者和风险承担者意见不合的时候（比如垃圾焚烧厂项目）。为了争议的解决，政策制定者需要依靠新的流程，将受牵连民众的价值观和利益重新整合到政策中去。通过意见调查和个人接触方式进行的常规整合已经不敷使用，甚至常常出现误导。在这种情况下，鉴于合法性的不足，采用协商的元素来补充争议进行的合法形式，就显得十分必要和有意义了（Corrigan/Joyce，1997 年）。

技术争议的实例

如前所述，技术争议牵涉到三个层面的问题：关于技术使用后果的知识，获益和风险分配可预期的结果，以及技术的可接受性。可接受性再往下细分即为接受认可，74 亦即现实中看得见的当事人对于相关技术的态度，以及运用伦理学标准评价一项技术的正当性和合理性。

这一点，我们可以借助核废料永久存放（参见第 5 章第 4 节）的例子来加以说明（Streffer 和其他学者，2010 年）。首先，围绕核废料永久存放的长期后果问题正在进行一场论战。风险有多高？放射性微粒进入水源的可能性有多大？此外，专家们围绕这些核废料存放的最佳条件，以及地下深度存放的围岩选择问题也在进行一场辩论。其次，有人认为，核废料永久存放地点周围居民能够承受放射性射线失控溢出的风险，而原子能发电已经让全社会从中受益。除此之外，我们的后代会受到风险的影响，尽管他们将不再能感受核能发电所带来的好处。他们是在为自己的长辈们承受以往的负担。最后，要提出的是接受和可接受性的问题：一方面，几乎在所有规划中的核废料存放地都出现了当地声势浩大的抗议行动，而且直到今天，在绝大多数联邦州里都导致了对规划设施的围堵情况。另一方面，围绕着核废料存放地的伦理学正当合理性问题也有一场论战。我们可以把什么作为历史上的负担留给我们的后代呢？我们自己的所作所为该承担多大的责任？这些问题都还没有明确的答案，全社会正在为此而努力。

技术争议的结构

技术争议可以被归结为各种不同的类型，专业文献中通常有以下几种不同的分类（Bonacker，2002 年）：

·知识争议以及认识论上的争议（说明理由和愿望期待）

·解释争议以及反思争议（这意味着什么?）

·行动期待争议以及国际争议（承诺，意图）

·感情联想和评价（感情争议）

·利益冲突（分配争议）

·价值差异（评估争议）

·道德评估（标准争议）

在针对社会上存在不同意见的技术争议中，认识论争议、分配争议和标准争议尤其突出。不过，其他类型的争议也时有出现。以核废料永久存放为例，可能会出现解释争议（过去200万~300万年中盐矿体的结构就其未来的变化而言一直保持稳定，这句话的含义是什么），国际争议（核能工业都做了哪些承诺，之后却未遵守），感情争议（没有解决废料存放的问题，怎么能把一种能源投入使用），或者是评估争议（怎么可以就这样把废料存放站修在我家门口）。当出现老百姓原则上赞成某种技术成就，但又不愿意容忍把它修建在自己家附近的时候，评估争议的情况很常见（"圣弗洛里安策略"①，或者英语里的 NIMBY：not in my backyard②）。

争议进行的新元素

我们应该如何对待技术争议？要减轻甚至解决争议，社会和政界该做哪些工作？

一方面，在两个极端的对立面之间采用新的可选方案，有助于打开看似只局限于是和否两种答案争议的局面（Susskind 和其他学者，2000 年；Bonacker，2002 年，第 24 页）。只有赢家和输家的争议，处理起来的难度要大得多，这中间会有一系列的临时解决

---

① 德文原文为 St. -Florian-Prinzip。弗洛里安为基督教圣人，也是欧洲民间传说中专司火灾和干旱的守护神。弗洛里安策略专指有些人不思解决潜在的危害，而是将其转嫁给其他人的行为和做法。

② 中文意为"别在我家院子里"，意思同上注。

方案。阿尔伯特·赫希曼①（1994 年）将这两种争议称作可分型的和不可分型的争议。政府所必须掌握的一个重要策略是，通过创建新的可选方案尽可能广泛地将看似不可分型的争议转化成可分型的争议。一旦潜在的输家获得了他们的权益至少部分得以实现的印象，那么政治决策被接受的可能性就可以增大（Ury 及其他学者，1991 年）。

　　另一方面，是要比以往更多地将争议双方纳入制定政策的过程（US National Research Council，2008 年，第 43 页及下几页）。尽管如此，参与程序不应当与宪法规定的民主决策机构进行竞争，而是通过参与和调解的方式更加丰富决策的过程（Renn，2003 年；参见第 6 章第 5 节）。恰恰是政治的职业化使得对争议解决方案的了解和领会变得越来越困难，而这一点对民众的接受来说是十分必要的。与此同时，人们在某些生活领域（如环境和教育）对"万金油"式的政治家越来越不信任。于是，老百姓以自发的行动来反对在他们看来毫无必要和有害的环境改变，或者对决策的合理性和公正性（特别是在基础设施规划方面）提出质疑。老百姓这种对决策合法性的怀疑，不能简单地用圣弗洛里安习气来做解释（Troja，2001 年）。在这个表象的背后，是老百姓正当有理的忧虑，即在权衡政治行动的各种可选方案时，地方的或当地的直接诉求遭到了挤压和排斥（Gabriel/Brettschneider，1988 年）。正因为如此，将争议各方代表吸纳到决策准备的过程中，有必要也很有意义。在这里，他们可以及时地表达自己的想法和诉求，了解对方阐述的理由，并对之进行充分讨论。迄今决策过程中常见的听证会举行的时间节点过晚，不足以让大家及时提出自己在可选的和变通的方案方面真正的好建议。因为其死板的结构（前面主席台，下面反对者），听证会常常带有程式化的争议形式特点。在这种氛围中，双方不可能有社会意义上的相互学习过程（Hadden，1989 年，第 124 页）。反之，更加行之有效的是市民论坛、市民委员会、协商会议或其他一些参与程序形式。在这样的氛围中，争议各方不是针锋相对，而是携手打造一个共同的解决方案（参见第 6 章第 5 节）。大家不仅一起遴选出一个可以接受的政策方案，同时也（正好）在一起进行辩论和协商解决问题的过程，

---

① 阿尔伯特·赫希曼（Albert Hirschmann），1915—2012，美国社会学家和经济学家。

正是从社会角度相互学习的一个重要组成部分（Papadopoulus/Philippe，2007 年）。这种社会意义上的相互学习和及早吸纳市民参与制定政策基础工作的过程，今天在德国以及德国以外的许多地方被采用和处于实际检验中。

透明度问题

政策的接受与否，归根结底取决于决策过程本身的透明与否。社会学研究表明，如果人们相信自己陈述的理由得到了公平的对待，而且决策过程是诚实和公正的，那么，他们愿意共同承担那些哪怕是不受欢迎的决定（Kuklinski/Oppermann，2010年）。为此，在出现较大争议的情况下，不仅有必要把政治协商的结果公之于众，而且也有必要将陈述的理由、反对的理由以及权衡判断的结论拿出来公开交流。在一个把政治新闻缩减到所剩无几（只言片语）的媒体环境中，这样的任务是无法完成的。因此，需要寻找和试验新的交流沟通手段（Stirling，2008 年）。比如可以利用互联网来作为交换观点理由的政治论坛，可以进一步扩大政治家和民众直接对话的场所，推进政治机构向市民开放，以及保持经济界、学术界和政界经常性的人员交流。如果政策制定者和民众之间的距离越来越大，那么民主的争议过程就不可能获得长久的成功。民众参与政治任务，更积极地关心社会福祉，以及政治和其他生活领域公开和行之有效的经验交流，对于缩小距离大有裨益。

参考文献

Beck，Ulrich/Grande，Edgar：*Das kosmopolitische Europa. Gesellschaft und Politik in der zweiten Moderne*. Frankfurt a. M. 2004.

Bonacker，Thomas：*Sozialwissenschaftliche Konflikttheorien – Eine Einführung*. Opladen 2002.

Corrigan，Karen P. /Joyce，Patrick W.：Five arguments for deliberative democracy. In：*Political Studies* 48/5（1997），947 – 969.

Dahrendorf，Rolf：*Gesellschaft und Freiheit*. München 1961.

Fuchs，Dieter：Politikverdrossenheit. In：Martin Greiffenhagen/Sylvia Greiffenhagen

(*Hg.*) : *Handwörterbuch der politischen Kultur der Bundesrepublik Deutschland.* Wiesbaden ²2002, 338 – 343.

76   Gabriel, Oscar/Brettschneider, Frank : Politische Partizipation. In : Otfried Jarren/Ulrich Sarcinelli/Ulrich Saxer (Hg.) : *Politische Kommunikation in der demokratischen Gesellschaft.* Opladen 1998, 285 – 291.

Gabriel, Oscar/Völkl, Kerstin : Politische und soziale Partizipation. In : Oscar Gabriel/ Everhard Holtmann (Hg.) : *Handbuch Politisches System der Bundesrepublik Deutschland.* München/ Wien 2004, 523 – 573.

Giesen, Bernhard : Die Konflikttheorie. In : Günter Endruweit (Hg.) : *Moderne Theorien der Soziologie.* Stuttgart 1993, 87 – 134.

Hadden, Susan : *A Citizen's Right to Know : Risk Communication and Public Policy.* Boulder 1989.

Hirschmann, Albert O. : Social conflicts as pillars of democratic market society. In : *Political Theory* 22/2 (Mai 1994), 203 – 218.

Kuklinski, Oliver/Oppermann, Bettina : Partizipation und räumliche Planung. In : Dietmar Scholich/Peter Müller (Hg.) : *Planungen für den Raum zwischen Integration und Fragmentierung.* Frankfurt a. M. 2010, 165 – 171.

Papadopoulos, Yannis/Warin, Philippe : Are innovative, participatory and deliberative procedures in policy making democratic and effective? In : *European Journal of Political Research* 46/ 4 (2007), 445 – 472.

Pfeffer, Jeffrey/Salancik, Gerald R. : *The External Control of Organizations. A Resource Dependency Perspective.* New York 1978.

Renn, Ortwin : Die Zunahme von partizipativen Verfahren als Ausdruck eines veränderten Staats – und Gesellschaftsverhältnisses. In : Johann – Dietrich Wörner (Hg.) : *Das Beispiel Frankfurter Flughafen. Mediation und Dialog als institutionelle Chance.* Dettelbach 2003, 226 – 240.

– /Zwick, Michael : *Risiko – und Technikakzeptanz.* Heidelberg/Berlin 1999.

Stirling, Andrew : « Opening up» and « closing down» : power, articipation, and pluralism in the social appraisal of technology. In : *Science, Technology and Human Values* 33/2 (2008), 262 – 294.

Streffer, Christian/Gethmann, Carl – Friederich/Kamp, Georg/Kröger, Wolfgang/ Rehbinder, Ekahardt/Renn, Ortwin/Röhling, Karl – Josef : *Radioactive Waste. Technical and Normative Aspects of its Disposal.* Berlin/Heidelberg 2011.

Susskind, Lawrance/Levy, Paul F. /Thomas – Larmer, Jennifer : *Negotiating Environmental Agreements.* Washington, D. C. 2000.

Troja, Markus : *Umweltkonfliktmanagement und Demokratie. Zur Legitimation kooperativer Konfliktregelungsverfahren in der Umweltpolitik.* Köln 2001.

Ury, William L. /Brett, Jeanne M. /Goldberg, Stephen B. : *Konfliktmanagement. Wirksame Strategien für den sachgerechten Interessenausgleich.* Frankfurt a. M. /New York 1991.

US–National Research Council of the National Academies：*Public Participation in Environmental Assessment and Decision Making*. Washington，D. C. 2008.

奥特温·雷恩（Ortwin Renn）

第7节　伦理学的工程师责任

世界上既没有工程师（这个职业），也没有伦理学（这个概念）。因此，既不存在工程师伦理学，也不存在伦理学工程师责任的概念。从本质上说，工程师伦理学的责任所指的是工程师的行业责任（参阅 Harris/Pritchard/Rabins，2009 年；Unger，1982 年；Firmage，1980 年）。它强调的是，伦理学反思的聚焦点乃是一个特殊的职业群体，因此，它只是提出了一个必要但又不充分的研究伦理学问题的视角。这些伦理学问题都与技术——特别是与技术的创新和应用——密切相关。伦理学工程师责任的概念，只不过是人们为了能够对技术进行以标准和价值为导向的反思，以及广义上对技术进行理性控制所做的各种努力的一个组成部分。

工程师（职业）

尽管"工程师"的职业称呼在德语国家中直到 17 世纪初期才出现，但不论是女工程师也好，男工程师也罢，自古至今——不论是在古希腊、文艺复兴时期，还是工业化初期——都不乏其人。设计过无数兵器的设计家阿基米德，以及城堡建筑师和水利工程师列奥纳多·达·芬奇，就是他们当中的代表人物（Scholl，1978 年，第 15 页及下几页）。他们的工作起初都集中在技术知识积累非常深厚的领域：建筑、军事和农业技术。直到 18 世纪时，他们主要还都是单独的个体而不是一个（有组织的）职业群体。最初带有行业色彩的群体，随着 1716 年道路和桥梁建筑工程师团体在法国的出现才崭露头角。大约 18 世纪末，从英国和荷兰的矿工和水利技术师的职业中发展出了工程师的行业（Scholl，1978 年，第 15 页及下页）。决定性的突破出现在工业革命当中。其时，技术知识的不断增长和技术在（国民）经济上的重要性不断提 77

高，导致了一个新的职业阶层的诞生。随着整个 19 世纪大规模工业化生产的开始，对受过类似自然科学的职业学校教育的工程师的需求越来越大。与此同时，工程师行业的普及和发展也和大企业的出现和企业管理官僚化同步进行。尽管如此，相对于其他已经站稳脚跟的职业群体来说，工程师行业的社会认可度和影响还很小（Lanz，1979 年，第 87 页及下几页）。直到第二次世界大战以后，随着技术化进程的加快，对受过自然科学教育的工程师的需求量也越来越大。其结果是，工程师的培养途径越来越分门别类，管控越来越严（关于工程师职业史详见 Kaiser/König，2006 年；Lundgreen/Grelon，1994 年；等等）。

工程师在他们的职业生涯中首先所从事的是技术研究工作，因此，他们对于技术的开发和应用（的可能性）有特别的影响作用。属于工程师的经典工作有：设计、建造、运行监控、设备维护、单台机器以及高科技基础设施的改造和拆卸等。除此之外，项目开发、项目执行和软硬件复杂系统的集成也越来越重要，商业运营方面的工作，如市场营销和产品销售，也在不断增加。这时，他们要么常常是随项目一起，要么是在跨部门和国际团队中任职。

如同其他职业一样，上述工作需要具备特定的知识和技能，这些必须经过官方认可的培养体系方可获得。根据德国工程师协会提出的一项全德统一的法律条文建议，只有"在德国国立的或是国家承认的高校或职业学院学习技术或自然科学专业至少三年的理论课程的毕业生，才允许拥有单独的或与……连用的'工程师'头衔"（Bundesingenieurkammer，2004 年）。

根据 2012 年 9 月德国工程师协会公布的一项统计（依据联邦统计局的数据），2011 年德国共有 1042000 名在职工程师。其中性别分配的巨大差异十分引人瞩目，绝大多数从业者均为男性（87%）。此外，绝大多数工程师都是职员身份（80%）。近年来，工程师职业明显的多样化不仅反映在不同的专业方向上（矿山、机器制造、电气、建筑和测量、工艺技术、能源技术、交通技术、环境技术等），而且也在不同的工作领域中（研发、规划和项目开发、设计、制造、质检、维修、销售、客服、管理、经营等）得到体现。

系统因素"人"

自从人类发明和制作了最简单的工具以来，就一直存在技术的矛盾性问题（比如 Ropohl，1991 年）。随着从机器到高科技设备的技术产品越来越复杂，这个问题也变得越来越大。20 世纪后一直流传着一个认为科技进步里不直接包含人文社会的进步的论点。因此，第二次世界大战之后，在普通的战争技术，特别是原子武器（参见第 3 章第 3 节）的影响下，爆发了一场关于（工程师）科学家职业伦理学责任的大辩论。这场辩论的特别表现方式，就是采纳了类似伦理学法典那样的自愿的自我约束义务（参阅 Lenk/Ropohl，1993 年，第 311 页及下几页；参见第 6 章第 7 节）。

"人的行为本质的变化"（Jonas，1984 年，第 13 页），亦即我们的行为可能性的不断扩大，导致了科技进步新的作用和影响。之所以说其新，是因为这些作用和影响以一种至今"未知的彻底性"、"技术手段更高的效率"和一种"加快了的速度"（Höffe，1993 年，第 114 页及下页），在越来越无法认清的程度上提高了行为的效力，并导致了对基本生活环境持续和大范围的危害。无可辩驳的是，如今人类已成了"具有地球意义的主动的系统元素"（WBGU，1996 年，第 111 页）。未来本身已经成了问题，我们知道，我们的未来在更加可塑的同时，也变得更加危险了。之所以更加可塑，是因为我们人类通过我们的科技改变了世界，但同时比之以往任何时候都成了"（我们）自己未来的制造者"（Picht，1967 年，第 7 页）。这场科技对世界的改变，超过了以往的个人和历史经验。之所以更加危险，是因为不断增加的可塑性恰恰随着不安全和未知的行为后果一同出现（参阅 Beck，1986 年）。然而这些后果，被委婉地冠以不可避免的、无须大惊小怪的"附带后果"的标签。之所以委婉，是因为"附带后果"的出现不是作为偶然失误的结果，而是科技成功的结果。近代以来长时间被低估的（部分是未发现的）科技和工业化福利生产的"附带后果"，并不是一个存在于人类社会之外的自然环境的问题，而是标志着一种涉及现代社会结构基础的危机（参见第 2 章第 5 节）。人类社会对自身的危害不仅表现在所谓高科技的应用方面，即安全操作的技术问题变成了接受与否的社会问题，以及变成了人为灾难的可接受性上

78

的伦理学问题，而且还表现在日常大规模（消费）行为平淡无奇的后果方面。正是
由于大规模生产和与之相关的大规模消费现象，产生了许许多多全球性和大量无协调
性的（环境）问题，比如每天使用发胶喷雾罐和冰箱所释放出的氯氟碳化合物减少
了同温层的臭氧层厚度。

由此可见，技术行为远远超出了个人的工程师伦理责任范畴（Ropohl，1996 年，
第四章）。其一，技术行为是一种中间行为，亦即一件产品的制造自然而然地同时包
含某种使用行为在其中，因此，责任不仅要和产品的开发，也要和它的使用（甚至
是滥用）相联系。其二，产品的开发通常都不是个人的单独行为，而是一种（在全
球化的世界里其部分组织过程很复杂的）合作的结果。所以，技术行为大多数都是
合作行为。其三，技术行为多数都被纳入合作行为。这样，技术伦理学关于工程师是
否能够对产品开发负责的问题，就变成了企业伦理学的问题，即企业领导能否有正当
理由并指派其下属工程师去开发产品，并将之推向市场（参见第 4 章第 C.8 节）。其
四，技术行为通常是集体行为，即它处在技术体系的关联体中。因此，它累积性
（或许空间和时间距离很大）的行动后果产生于集体行动的总和，个人在此已无法纵
观全局，而且这些后果甚至可能同参与者的意图相矛盾。至此，我们的简短阐述已经
清楚表明，对技术做综合评价已远远超出了个人的工程师伦理学责任概念的范畴。

特殊的工程师责任

基于对现代生活条件的这些认识，工程师伦理责任委员会于 1997 年受德国工程
师协会职业政策委员会的委托，确定了工程师责任的性质和特点。在总结报告中
（VDI Report 31；参阅 Hubig/Reidel，2003 年）以及在报告的基础上，德国工程师协
会（VDI）于 2002 年年初通过了《工程师职业伦理守则》，委员会就责任问题做了两
种区分：第一类为内在责任，亦即遵守和维护职业标准的任务和所起作用的责任；第
二类是外在责任，其标准由政治、法律和社会机构正式或非正式地加以确定（关于
责任参见第 2 章第 6 节）。承担外在责任的特点表现在：第一，基于其实际知识，工
程师要协助立法机关及时发现问题及情况；第二，在技术后果评估中提出行动的可选

79

方案；第三和第四，以批评的精神检查国家政策规定的适用性和内容，指出可能存在的以及可预见的政策规定的漏洞。

除此之外，委员会将责任进一步细分为四个不同的类型，它们分别与不同的责任层面相关：（1）技术（产品内在的）责任涉及产品质量，以及在"现有技术水平"下是否考虑了所有相关的产品要求。（2）方法责任涉及的是使用产品的责任，除了出于合乎规范使用的目的而对"使用者义务"加以规定外，对产品操作和处理的风险进行说明也属于产品使用的责任。这里包含出于预防意义目的对预期的使用环境进行认真的考虑在内，以避免"明显的使用错误"。（3）战略责任涉及的是参与制定技术产品的功效特性，指出错误的开发工作，提出减少延后使用错误和"实情使然"错误的可选方案，以及共同考虑故意错误使用的可能性。除了这些相关的责任类型以外，技术行为——如同所有行为一样——服从于（4）普遍道德责任的评判标准。这里，普遍道德责任不只局限于特殊的任务和作用责任，而是涉及所有同技术有接触的人。

与此相关联，在责任归属判定时，回溯性责任和前瞻性责任的区分很重要（参见第2章第6节）。在回溯性责任中，当事人对他行为的结果和行为的直接后果负责。此后，才由审判机关通过对其行为进行回溯性归属的方式追究其责任（按照肇事者原则）。但是，责任并不仅限于（法律的）报告义务的范围。在前瞻性责任中，由当事人为人员、物品和状况负责。首先要承担的不是对（负面）后果的责任，而是对（正面）状况的责任。这样做乃是出自这样的观点认识，即必须把责任的概念扩大到为直接的后果承担责任以外，而且要用这样一个尺度——我们行为的后果不光是牵涉到或者累及我们自己，而且也牵涉到和累及我们的后代——来加以衡量。因此，恰恰因为今天的行为具有潜在的高度影响力，所以要三思而后行（根据预防原则）。

在越来越普遍认识到基于持续发展的主导思想有必要把责任转换到环境和社会中去的情况下（参见第4章第B.10节），上述文字的含义即在于，检验技术创新的标准必须要看它是否能够有助于这种责任转换。只有在多元化社会的科技文化环境中，这个综合技术评估（参阅 VDI – Richtlinie 3780，此问题参见第 6 章第 6 节）意义上的"检验"才能够恰当地以一种形成集体意志的参与和讨论方式来完成。从这点出发人们要求工程师，要具备讨论问题的能力并获取相应的沟通对话的资格，以求建立起一个普遍的问题意识，让广大民众了解所拥有的各种行动的可能性，以咨询师的身份将自己的实际经验带到政策制定中去，并且参与相关的国家标准的制定和出台。

工程师伦理责任的制度化和*报警举动*

然而，承担这些特殊的工程师责任需要创造必要的条件。正是这一点，亦即由个人来承担责任（当然我们无法保证个人是否真的承担了责任）乃是责任制度化的目标。责任的制度化从根本上说有三个作用：其一，它服务于一个总体的行动方向，并指明工程师行为应遵循哪些规范、价值和标准。其二，它一方面通过预防道德争议的产生和激化，另一方面通过避免正当道德行为带给个人造成的不利处境，起到一种预防保护作用。其三，归根到底，制度化作用的关键是实现方向和保护作用（VDI Report 31，第 64 页及下几页）。制度化的形式，亦即组织和安排的措施是多种多样的，从伦理准则（不仅是职业层面，而且是企业和行业层面），到推举一个伦理代表（在企业或协会组织中），直到伦理学委员会的设立皆而有之（详见 Maring，2001 年，353 页及下几页；参阅 Hubig/Reidel，2003 年，221 页及下几页；参见第 6 章第 8 节）。

机构制度是否采取这样的组织安排措施，倘若是的话，又如何执行，我们可以借助一个所谓*鸣哨*(whistle-blowing) 的比喻形象地加以阐述。*鸣哨者*(*whistle-blower*) 的概念源自美国，狭义上指的是一个人吹哨子的行为，如同裁判或警察一样，用刺耳的哨声让周围的人注意一件事情。此处则是广义的用法，它是指一个人对错误的行为和弊端不是忍气吞声，而是引起人们对之加以关注，从而避免负面事件的发生。从劳动法的角度来看，可以区分出两种吹哨类型。其一，某企业要求它的员工向企业报告其他员工的错误行为。这里，*鸣哨*条款作为《员工行为守则》的一部分越来越多地见于企业建立合规体系的过程中。与体系相关联的通常是一条鸣哨举报电话热线，由企业内部一名专职人员值守，或者是由外部的一个专业和独立的承包商代管（Fahrig，2011 年）。这种鸣哨举报形式在过去几年里变得越发重要，并且作为对诸如安然经济丑闻①的反应，其主要部分在美国一直可以追溯到 2002 年颁布的萨班斯·奥克斯利法案②。根据该法案，如果公司的领导层——该美国联邦法案针对所有受美国证券交易法规定制约的企业——不采取相关措施而且不系统跟踪处理相关举报线索的话，他们必须受到严厉的处罚（Rohde-Liebenau，2005 年，第 6 页）。

其二，尤其是在工程师伦理责任范畴中，当鸣哨举报行动和技术灾难（参见 Lenk，2011 年）相关联时，它所指的是一种从雇员身上主动发出的，通常是针对雇主的错误行为的鸣哨举报行动。这中间存在一种面向公众的报告义务和雇员对雇主的忠诚义务之间的矛盾。如果上司的反应不是像鸣哨举报者所期待或是希望的那样，那么就可能出现他认为有必要越级报告的情况。这种内部的鸣哨举报涉及组织内部的非法和违规的行为，但是要用正常渠道以外的途径公之于众。在极端的案例中，也会出现举报者觉得自己是被迫要向组织以外的政府部门、司法机关、利益团体和/或新闻媒体以及社会公众进行举报的情况（即所谓外部的鸣哨举报，参见 DeGeorge，1993 年）。遗憾的是，许多选择这条路的鸣哨举报者不得不经常承受严重的不利（职业生涯）后果，所以，这种形式的鸣哨举报存在很大的心理障碍。

由于鸣哨举报的"原因常常存在于现有知识和发现问题的时间先后不一致，对事实的评估差异，个人不可逾越的心理障碍敏感度不同，以及个人不可忽略的责任敏感度不同之中"（Leisinger，2003 年，第 6 页），所以在一个组织之中，应该把鸣哨举

---

① 安然经济丑闻（Enron scandal）：安然是美国最大的一家能源交易商，并在纽约证交所上市。2001 年，一家短期投资机构的老板吉姆·切欧斯公开对安然的盈利模式表示怀疑。在美国证券交易委员会介入调查后，安然承认了自己做假账虚报的行为。当年 8 月起，安然的股票一路暴跌，至 12 月正式向破产法院申请破产保护。

② 萨班斯·奥克斯利法案（Sarbanes Oxley Act）：起源于安然公司倒闭后引起的美国股市剧烈动荡，投资人纷纷抽逃资金的教训。为防止和保证上市公司财务丑闻不再发生，由美国参议员萨班斯和奥克斯利联合提出了一项法案，该法案即以他们的名字命名。

报——两种形式同样——主动地当作内部风险交流沟通来处理对待。通过给予某种（法律）保护和某种相应的企业文化，或许能够产生一种新的企业文化以替代沉默不语的文化。这种新文化将不会变成一种"乱鸣哨子"的文化，而是作为一种——不仅是大家共同利益意义上的，而且也是保护企业声誉意义上的——长期的重要预防措施能发挥出自己的作用，并且也能长期地支持有责任感的行动。

参考文献

Beck, Ulrich: *Risikogesellschaft. Auf dem Weg in eine andere Moderne.* Frankfurt a. M. 1986.

Bundesingenieurkammer 2004, http://www. bingk. de/html/ 917. htm（20. 10. 2012）.

DeGeorge, Richard: Whistle – blowing. In: Georges Enderle/ Karl Homann/Martin Honecker/Walter Kerber/Horst Steinmann（Hg.）: *Lexikon der Wirtschaftsethik.* Freiburg 1993, 1275 – 1278.

Fahrig, Stephan: Die Zulässigkeit von whistleblowing aus arbeits – und datenschutzrechtlicher Sicht. In: *Neue Zeitschrift für Arbeitsrecht* 28/1（2011）, 1 – 5.

Firmage, David A.: *Modern Engineering Practice. Ethical, Professional, and Legal Aspects.* London/New York 1980.

Harris, Charles E. /Pritchard, Michael S. /Rabins, Michael J.: *Engenieering Ethics. Conepts and Cases.* Belmont, CA [4]2009.

Höffe, Otfried: *Moral als Preis der Moderne.* Frankfurt a. M. 1993.

Hubig, Christoph/Reidel, Johannes（Hg.）: *Ethische Ingenieurverantwortung. Handlungsspielräume und Perspektiven der Kodifizierung.* Berlin 2003.

Jonas, Hans: *Das Prinzip Verantwortung: Versuch einer Ethik für die technische Zivilisation.* Frankfurt a. M. 1984.

Kaiser, Walter/König, Wolfgang（Hg.）: *Geschichte des Ingenieurs. Ein Beruf in sechs Jahrtausenden.* München/Wien 2006.

Laatz, Wilfried: *Ingenieure in der Bundesrepublik Deutschland. Gesellschaftliche Lage und politisches Bewusstsein.* Studienreihe des Soziologischen Forschungsinstituts Göttingen/Frankfurt a. M. 1979.

Leisinger, Klaus: *Whistleblowing und Corporate Reputation Management.* München/Mering 2003.

Lenk, Hans: Einige Technik – Katastrophen im Lichte der Ingenieurethik. In: Mathias

81

Maring（Hg.）: *Fallstudien zur Ethik in Wissenschaft, Wirtschaft, Technik und Gesellschaft.* Karlsruher Institut für Technologie, Karlsruhe 2011, 149 – 155.

– /Ropohl, Günter（Hg.）: *Technik und Ethik.* Stuttgart [2]1993.

Lundgreen, Peter/Grelon, André: *Ingenieure in Deutschland 1770 – 1990.* Frankfurt a. M./ New York 1994.

Maring, Matthias: *Kollektive und korporative Verantwortung: Begriffs – und Fallstudien aus Wirtschaft, Technik und Alltag.* Münster 2001.

Picht, Georg: *Prognose, Utopie, Planung.* Stuttgart 1967.

Rohde – Liebenau, Björn: *Whistleblowing – Beitrag der Mitarbeiter zur Risikokommunikation.* Edition der Hans Böckler Stiftung 159. Düsseldorf 2005.

Ropohl, Günter: Ob man die Ambivalenzen des technischen Fortschritts mit einer neuen Ethik meistern kann? In: Hans Lenk/Matthias Maring （Hg.）: *Technikverantwortung. Güterabwägung Risikobewertung – Verhaltenskodizes.* Frankfurt a. M. 1991, 47 – 78.

– : *Ethik und Technikbewertung.* Frankfurt a. M. 1996.

Scholl, Lars U. : *Ingenieure in der Frühindustrialisierung.* Göttingen 1978.

Unger, Stephan: *Controlling Technology: Ethics and the Responsible Engineer.* New York 1982.

Verein Deutscher Ingenieure [VDI] （Hg.）: *Ethische Ingenieurverantwortung.* Report 31. Düsseldorf 2000.

Verein Deutscher Ingenieure [VDI]（Hg.）: *Technikbewertung. Begriffe und Grundlagen.* VDI – Richtlinie 3780. Düsseldorf 2000.

Wissenschaftlicher Beirat der Bundesregierung globale Umweltveränderungen [WBGU] （Hg.）: *Welt im Wandel. Herausforderung für die deutsche Wissenschaft.* Berlin 1996.

约翰内斯·赖德尔（Johannes Reidel）

第4章 技术伦理学基础

A. 技术哲学

第1节 古希腊的技术哲学

把"技术"（τεχνη，techne）纳入人的能力

与形而上学和伦理学这些重大论题相比较，技术作为哲学的命题范畴在西方哲学的论述中常常看似只是轻描淡写地一带而过。其原因早已见于古希腊哲学之中，而且从表面上看，与被称作"理论"（δεωρια，theoria）的对真实知识的精神探索相比，技术本身是与某种程度受轻视的"大老粗的"（βαναυσοι，banausoi）手工业有关的。柏拉图在《政治家篇》中就曾经说过，没有一个有理性的人会为了织物的构造而去研究织物的构造（285d）。因此，与具体技术相关联的技术哲学在古希腊似乎是没有继续思考价值的。但柏拉图接着又说，解释织物的构造完全可以当作解释困难的理论问题的模式来用。正是这样一个方法论的模式，形成了许许多多的实际例子，它们导致了对技术的细致区分和认识，这个认识最后将人的手工和智慧的能力都归纳到"技术"（τεχνη，techne）的概念之中。

亚里士多德在他的《尼各马可伦理学》① 开篇就人类的活动形式做了三种基本分类："每个艺术（τεχνη，techne）和每个理论（μεθδος，methodos）看来都在追求某种财富，每个行动（πραξις，praxis）和每个决定亦如此。"（1094al，55）引人注目的是，亚里士多德把与决定相关联的行动和技术能力做了泾渭分明的区分。一是在狭

---

① 亚里士多德的《尼各马可伦理学》（*Ethika Nikomachea*），相传由其子尼各马可编辑，约成书于公元前335年至公元前323年间。

义的实践行为上，目的存在于行为本身之中，亦即行为就是目的本身；二是技术能力的目的是要制作出一件产品（εργον，ergon），并以之为其他目的所用（1139b1 – 3，183）。"据此，与理性相联系的行动的行为也有别于和理性相联系的手工制作（ποιηδιζ，poiesis）行为。"（1140a3 – 6，185）从二分法的角度看，道德的行为和产品的手工制作不能混为一谈。根据京特·比恩①的观点，*实践、制作和理论*的三分法对亚里士多德哲学来说是根本的思想，并且对后世具有极为重要的意义。它为亚里士多德关于科学、人的行为能力、理性形式和生活方式的区分构建了框架，并且被定为全面和总结性的前提条件（1989 年，第 1281 页）。借此，伦理学和技术哲学的问题就能全部归结到不同的领域之中。

与实践相关联的理性能力，亦即与社会关系中的道德行为相关联的理性能力是人的智慧（φρονησιζ，phronesis），它为正确的决定提供保障，并且担负选择合法的行动目标的职责。与之相对，和制作相关联的理性能力，亦即和正确地制作出艺术产品相关联的理性能力，乃是被称为技术（τεχνη，techne）的理性的制造能力。与此同时，这两种能力还与抬高和降低其作用的评价有关。其一，技术理性应当和道德理想一样处在同等的智慧层面；其二，因其产品特性，技术理性总是服务于外在目的的，因此处于服从道德行为善良目的的附属地位。跨越两者的差别，将是技术伦理学所要面对的任务（参见第 4 章第 A.5 节）。

手工制作在哲学命题中极少得到专著（如亚里士多德的《诗学》）的青睐。根据 84 格奥尔格·皮希特的观点，亚里士多德对此议题只有片言只语的论述，乃是一个非常大的憾事。由于这个根本性的缺憾，直到今天仍然缺少对按照理性规定该生产些什么产品进行指导的标准（Picht，1969 年，第 429 页）。尽管没有这样一部起弥补作用的技术理论，但是，在古希腊的哲学著作中还是有许多关于技术概念的精确和富有启发的定义，足以能够为所谓"现代技术"提供重要的理论基础。

---

① 京特·比恩（Günter Bien），德国斯图加特大学哲学教授，知名的古希腊哲学研究学者。

文明史中的技术：文明的使者普罗米修斯

显而易见，技术是人类文明史的主要组成部分。但我们要问的问题是，人类为什么要拥有技术。柏拉图在《普罗泰戈拉篇》① 中引用过普罗米修斯神话②，这个神话从普罗米修斯盗取上帝技术的角度，为我们提供了一个文明产生的理论。普罗米修斯神话共有四个版本，最古老的两个版本出自赫西俄德③之手，另外两个分别是悲剧诗人埃斯库罗斯④笔下的悲剧版本《被缚的普罗米修斯》，以及柏拉图借普罗泰戈拉之口讲述的版本。四个版本的主要区别在于，普罗米修斯将火种盗取到人间后受到天神宙斯的不同惩罚。在赫西俄德的诗里，不仅普罗米修斯被天神用铁链锁住加以惩罚，而且人类也受到潘多拉⑤魔盒放出来的所有人间灾祸的惩罚，但是，在悲剧中却没有惩罚人类这个情节。反之，普罗米修斯用技术的救世之法换取了人类之前所遭受的病痛和苦难。于是，这里就发生了一个需要重新评价的逆转：技术的发展不再是问题，而是解决方案。借此，此前获取天神的技术就得到了合理化，因为拥有技术乃是人类的权利（Schneider，1989 年，第 84 ~ 97 页）。

在柏拉图的版本里，天神的惩罚没有任何意义。神话传说中，埃庇米修斯⑥首先

---

① 普罗泰戈拉（Protagoras），约前 490—前 420，古希腊哲学家，诡辩学派的成员之一。

② 普罗米修斯（Prometheus）是希腊神话中的一个人物，其名字含有"先知先觉"的意思。相传他是泰坦巨神伊阿佩托斯和海洋女神克吕墨涅的儿子，因替人类盗取天火而受到天神宙斯的惩罚。他被绑在高加索山上，宙斯每天放老鹰啄食他的肝脏。

③ 赫西俄德（Hesiod），古希腊诗人，生卒年不详，约生活在前 8 世纪，有长诗《工作与时日》和《神谱》传世。

④ 埃斯库罗斯（Aischylos），前 525—前 456，古希腊悲剧诗人，与索福克勒斯和欧里庇得斯并称古希腊三大悲剧诗人。

⑤ 潘多拉（Pandora）是希腊神话中的火神赫菲斯托斯用泥土做成的第一个女人，也是作为对人类的惩罚，送给人类的第一个女人，众神赠予她很多具有诱人魅力的礼物，但其中最危险的礼物是一个漂亮的魔盒。一旦这个魔盒被开启，各种精通混沌法力的邪灵将从里面跑出来危害世界。

⑥ 埃庇米修斯（Epimetheus）是希腊神话里泰坦巨人伊阿佩托斯的儿子，普罗米修斯的兄弟，其名字有"后知后觉"的意思。在传说里他与普罗米修斯一起用泥土创造人类，然而古代这两个神常用做人类的象征（埃庇米修斯代表人类的愚昧，而普罗米修斯则代表人类的聪明）。

将大自然的礼物分配给世间所有的生灵，从而形成了一个自然的均衡状态。一部分生灵强壮而有武器，另一部分生灵柔弱但敏捷。其次，除了不同的秉性状态外，动物们还得到了御寒的皮毛。再次，动物们得到了各自赖以维生的食物，这当中为了平衡，食草类动物的敌人的生殖能力十分低下（320d–321b）。然而，埃庇米修斯在分配时没有让人类得到一件大自然的礼物。于是，普罗米修斯看到的"是一群赤身裸体、光着双脚、一丝不挂和手无寸铁的人类"（321c，62）。为了拯救他们，普罗米修斯"除了火之外抢来了赫菲斯托斯①充满艺术的智慧和雅典娜②"（321d，62）。作为被神造就的这样一个"一无所有的生灵"，人类需要技术的手段来弥补自己的缺陷。这样，人类就以这种方式得到了生存必需的*技术智慧*（$εντχνοζ$ $σοφια$，entechnos sophia）（321d），并从此脱离对神的依靠，进行发明创造的工作。他们用房屋、衣服和鞋子武装起来保护自己，并且还发明了各种食物（322a）。

然而，分散居住的生活方式使人类在同动物的竞争中始终处于劣势地位。宙斯用"廉耻"和"公平"来帮助而非惩罚人类，这才为人类带来了"政治的技术"（$πολιτικη$ $τεχνη$，politike techne），并借此消除了前述的一无所有的状态（322c）。但是。此处在知识的分配方式上存在明显的差异。根据专业领域不同，总是少数几个专家具有相关的技术知识，而与此同时，每个人都必须参与到公平和审慎的社会标准当中（322d–323a）。因此，在《普罗泰戈拉篇》中才出现了关于德行的教育问题。反之对于技术来说，这个问题则能够得到明确的回答。从这一点我们也可以看出，为什么伦理学必须另辟蹊径。

文明进步之所以成为必要，是基于人的身体有明显缺陷的原因。技术的制成品乃是保障在生存的搏斗中得以幸存的必要条件。这一论述的角度到今天为止仍然非常有代表性，并见于哲学家盖伦等人的人类学著作中（1961年，48页；参见第4章第A.3节）。不过，它是以人类在身体结构方面的变化微不足道为前提的，而这点并不

---

① 赫菲斯托斯（Hephaistos）是希腊神话中的火神、砌石之神、雕刻艺术之神和手艺高超的铁匠之神，奥林匹斯十二主神之一，被认为是工匠的始祖。
② 雅典娜（Athena）是希腊神话中的智慧、知识和战争女神，雅典的守护神。

为古生物学所认同。除此之外，普罗米修斯的神话故事依靠天神的介入来对技术的最初起源进行解释，这样，我们人类的技术能力被设计成了一种犹如神力相助（machina ex deus①）的奇迹。同样不能令人满意的是借助突变事件所做的另一种解释，它纯粹偶然地给我们人类加了一个大脑袋来当作技术的源泉。

一个几乎同样的论证理由也见于柏拉图的《政治家篇》。在这篇对话中，对话者把由匮乏（χρεια，chreia）造成的困境列为文明发展的促进剂的一则示例。而且，又是普罗米修斯再次将人类从这一困境中解救了出来（274c）。正因为这些对技术来源的论证很难成立，所以在古希腊时代就已经可以用安提西尼②的犬儒主义哲学对匮乏的假说表示怀疑。我们也可以把希腊语的匮乏概念（χρειαν）翻译成需求，这样，我们就可以通过练就自己的清心寡欲，来消除技术上要解决的匮乏问题。在第欧根尼③的极端文明批判中，技术恰恰不是生存之必需，而是一种惩罚，或者说就是根本的祸害，因为它只为无谓地追逐欲望（ηδονη，hedone）服务（Dion von Prusa，第六篇，第 27~29 页）④。这里暂且不去对敌视技术的禁欲主义进行评论，事实已清楚地表明，如果我们仅仅是用必然性或所谓"不得已而为之"来论证技术的合法身份，那么我们将会得到什么样的结果：理性地说，我们将会遭到拒绝，因为我们根本还未谈及目的的问题。

技术（τεχνη，techne）的概念：工匠和发明家

技术一词的最早文字记载见于荷马史诗《伊利亚特》。诗中，铁匠之神赫菲斯托斯被

----

① "Machina ex deus" 或写为 "deus ex machina"，为拉丁语，最初译自希腊语，意为"机械装置之神"。这是古代希腊戏剧惯用的编排手法，即当剧情发展到错综复杂无法解释时，会出现拥有绝对力量的"机械装置之神"，强行为情节和故事画上句号。

② 安提西尼（Antisthenes），前 445—前 365，古希腊哲学家，苏格拉底的弟子，犬儒学派的奠基人，据传曾亲眼见到苏格拉底饮鸩而死。

③ 第欧根尼（Diogenes），古希腊哲学家，犬儒学派的代表人物，约生活在公元前 4 世纪，生卒年月不详，但古代文献中记载有大量关于他的奇闻逸事。

④ 迪翁·克瑞索斯托莫斯（Dion Chrysostomos，德文又写作 Dion von Prusa），约 40—约 120，希腊演说家和哲学家，受斯多葛学派影响，有演说词 80 篇。

加以"技冠天下"（κλυτοτεχνης，klytotechnes）的形容词粉墨登场。他双脚畸形，所以走路时必须骑着毛驴，或由他的随从或是由自己用黄金做成的少女搀扶，以及拄着拐杖出行。尤其令人感到蹊跷的是，一个高贵而长生不老的天神身上常常带有经典的残疾缺陷。由于生来跛足，赫菲斯托斯才亲身感受到了辅助工具的必要性。也正是因为必须克服自身的缺陷，他才成了天才的工匠。反之，一个完美的神是不需要寻找理由去进行技术发明的。于是，他这个行动不便的神借助"自制的铁链"捉住了诸神中行动最敏捷的神——负心汉阿瑞斯①（《奥德赛》，第8卷，第297、329~330页）。这个故事给了普罗泰戈拉一个提示，在对付野兽时，应该怎样用纯技术的手段来实现力量的平衡。

在这个天神"工匠"的背景下，荷马开创出了一个成形的技术概念。对斧头的实际和有效应用的描写即为此概念的第一个见证（《伊利亚特》，第3卷，第62页），从中我们可以看出技术概念的两个根本的组成成分："手工的灵巧，但也要有如何使用这种灵巧的知识。"（Löbl，1997年，第10页）因此，技术一词所指的不是工具，而是技术能力。如果我们联系专司纺织行业的雅典娜来看，技术和知识在智慧（σοφια，Sophia）概念的帮助下相互紧密地联系在一起了（《伊利亚特》，第15卷，第412页）。史诗中，鉴于安提洛科斯②的战马跑得很慢，有人给他出主意说，要用理智（μητιζ，metis）来巧妙地（并非完全合乎规则）超越别人的马车。同理，伐木人讲究的也不是力气和蛮干（βια，bia），而同样是理智（《伊利亚特》，第23卷，第315页及下页）。这层意思在马车竞赛中，是用动词τεηνησομαι（technesomai，《伊利亚特》，第415页）来表达的，翻译过来的意思是"用知识和能力去做工，并把活儿做成功"（Löbl，1997年，第16页）。人们在特定情况下优化地运用自己的技术知识，就能在工作中实现自己的技术行为（εργον τελεει，ergon teleei，《奥德赛》，第6卷，第234页）。至此，技术作为以成功为目标的能力和系统性的知识，其主要含义已经用一个很高的理论要求进行了定义。

---

① 阿瑞斯（Ares），希腊神话中天神宙斯和赫拉的儿子，形象英武，性格强暴好斗，掌管战争和瘟疫，是力量和权力的象征。

② 安提洛科斯（Antilochos），古希腊神话人物之一，曾参加特洛伊战争，以足智多谋著称。

但是，古希腊技术概念的两重性也是其本身就带有的。在《伊利亚特》中，对赫拉①的欺骗被称作"制造灾祸的技术"（κακοτεχνοζ，katotechnos，《伊利亚特》第15卷，第14页）。技术可以被居心不良者为邪恶的目的所滥用，比如谋杀即是一例（《奥德赛》，第4卷，第529页）。这里，我们所处的位置乃是一片道德目的的误区。有别于此，普罗透斯②通过变形巧妙逃脱被抓捕的技术，被解释成计谋（δολιη τεχνη，dolie techne）的特殊技术形式（《奥德赛》，第4卷，第455页）。这种出于迷惑目的巧妙地利用海岸峭壁的做法，在所有道德评判之前早就存在于技术本身之中。足智多谋的行动在众神的使者赫尔墨斯③身上表现得尤其突出。他刚刚降生就偷走了阿波罗④的一群牛，并用树皮给牛做鞋子，再用编织的杂草反方向绑在牛蹄上，借此擦掉他偷牛留在地上的痕迹。

86

作为能说会道的演说家，赫尔墨斯诙谐幽默，头脑清醒，想象丰富。这就为技术进步打下了基础，不过，光是从神手里接过那些单一的技巧，技术进步还并没有开始。赫尔墨斯不接受别人开发的技术，而是自己动手创造发明，比如他用乌龟壳和已经"弄到手的"牛肠制作了七弦的里拉琴。当乌龟还活着的时候，他已经做好了这件乐器。他弹着琴，成功地引开了阿波罗寻找牛群的注意力。故事到这儿，技术的次要含义让人感觉有些不那么入流，好像是一种"狡猾的欺骗"，但从其发明创造的原动力来说，技术乃是"成功的发明创造"。

技术的标准：规范行为中的优秀和正确

在《赫尔墨斯颂歌》里，发明家赫尔墨斯给阿波罗教了一堂里拉琴的技术课，并且按三部分内容的前后顺序进行：第一步是把琴弦上紧到能发出声音的程度；第二

---

① 赫拉（Hera），古希腊神话中的天后，奥林匹斯众神中地位和权力最高的女神。她是众神之主宙斯的合法妻子，掌管婚姻、生育和家庭。

② 普罗透斯（Proteus），古希腊神话中一个早期海神，荷马所称的"海洋老人"之一。

③ 赫尔墨斯（Hermes），古希腊神话奥林匹斯十二主神之一，神界和人界的使者，主掌畜牧、辩论、诗歌、体育、商业等，也是狡猾的小偷和骗子之神。

④ 阿波罗（Apollo），古希腊神话奥林匹斯十二主神之一，太阳神，主宰光明和真理。

步是逐弦进行调音；第三步是演奏者要具备用拨动弦片弹奏旋律的能力（Löbl，1997年，第41页及下页）。撇开乐器不谈，这三个步骤推而广之的意思就是，*技术行为可以分为三个部分，即制作行为、准备行为和应用行为*。基于这种通常的划分方法，在*制作和应用*之间可以插入安装作为中间环节（Erlach，2000年，第34页）。

除了正确地掌握技术之外，还应当补充用智慧来加以说明的优秀的艺术表演作为第四部分内容。一种建立在对乐器的移情能力基础上的相应才华为优秀的艺术表演提供保障，对乐器的移情能力又导致了声音的表现力（Löbl，1997年，第44页及下页）。这样，优美的艺术就从技术的范畴中走了出来，并且，关于技术上"正确"的知识就与艺术上"优秀"的知识区别开来。

此后，柏拉图在《伊安篇》①的对话中将这种区分推向了顶点。他不承认吟诵诗人伊安有任何技艺，因为这位诵诗比赛大奖得主只会吟唱荷马史诗，而不会吟唱所有的诗歌（532c）。伊安借助一种"神力"（θεια δυναμις，theia dynamis）能出色地掌握和理解《荷马史诗》，这种神力对他的作用就像是一块能吸住一个铁环的磁石，而这个铁环又将其他的铁环牢牢地吸住。所以，"缪斯起初是自己造就了一批崇拜者，又有一批其他的崇拜者来追随这些崇拜者，因为真正的古代传说诗人都不是通过艺术来表达，而是作为崇拜者和着迷者……当他们身上充满着和谐和节奏的时候"（533e－534a，103）。柏拉图借用英雄安提洛克斯的例子进一步否认了诗歌是技艺的说法，并且认为，荷马不可能像驾车手那么专业地去评价诗中讲述的马车比赛的技术（538ab）。诚然，他说的没有错，但是诗歌不是一本做驾车技术权威评判的教科书。相反，正像亚里士多德在《诗学》中所阐述的那样，诗歌是对"行动和生活实际"（πραξεων και βιου，praxeon kai bion）的"模仿"描述。所以，成功的诗歌是对标准的和优秀的行动典型的描述技术。

---

① 《伊安篇》（*Ion*）是柏拉图较早的一篇对话录，写于约公元前390年。它通过苏格拉底与诵诗人伊安的对话，探讨了诗人文艺才能产生的原因，即诗人是凭借专门的技艺还是凭借灵感来创作的。柏拉图通过与伊安的辩论得出诗人是凭借灵感来创作的结论，并描述了灵感产生时的状态，对后世产生了深远的影响。

将技术当作技术行为看待具有重要的伦理学意义。如同柏拉图在对话《高尔吉亚篇》中所强调的那样，对于一个技术来说，重要的是能够解释它为什么要做某件事。虽然医药和烹饪都是为了人的身体健康快乐，但是后者只是讨口舌的一时之快，所以成了非技术的（ατεχνωζ，αλογωζ）和非理性的（atechnos，alogos）雕虫小技（501a－c）。技术乃是以做善事（αγαϑον，agathon）为目的的，而非以舒适（ηδυ，hedy）以求欲望的满足（500d）。在对话《政治家篇》中，柏拉图探讨是否有必要用测量的方法来对每个技术进行评价。这时，仅对人的身高、臂长和速度进行测量是不够的，技术的必要特征是增加针对适中度（μετρον，metron）的多与少的测量。放弃针对适中度的测量将毁掉所有的技术（284a，284e）。我们不仅应从伦理学上来理解这一点，也尤其应当从技术标准的角度来理解它。恰恰在现代社会，技术的标准是保证身体和生命所不可缺少的条件。

技术作为知识的形式及发生的原因：技术学和工程师

87　　在对话《政治家篇》中，柏拉图很具体地研究了所有与纺织打交道的手工技能。首先他把梳毛和纺线区分为基本的分离和连接步骤（282b），在今天的工厂里我们仍能看到与之对应的零部件制造和总装工序。然后，人们要区分的是所需产品制造的手工活动——这里是织布，它是原因（αιτια，aita），以及制造织布所需工具的手工活动——卷线杆和织布机。这两种工具叫作共同原因（συναιτιοζ，synaitios）——今天它反映在生产投资和消费商品的区别当中。最后，柏拉图根据手工活动的主要功能，将它们分类为原料开采、工具制造、器皿、车辆、保护材料、音盒装置和食品生产（287e－289b）。总之，柏拉图的分析揭示了技术的系统性质（Schneider，1989年，第172页）。

在《形而上学》的开篇，亚里士多德根据其"所有人天生都追求知识"（I.980a21，17）的观点研究了各种不同的知识形式。他认为，经验（εμπειρια，empeiria）的能力产生自对一种事物的许多印象，因为这种经验能力，人们才有可能去认识新的个别事物（980b30）。技术又进一步认识到了与之相关的普遍事物，因此它还包含了关于普遍事物原因（αιτια，aita）的知识（981a28）。这种系统的关于原因的知识构成了技术作为*技术学*的科学特性。

"所制作产品的原因的知识"使指导型的工匠（αρχιτεκτον，architekton）——我们今天称之为*工程师*——有别于普通的工匠（χειροτεχνης，cheirotechnes）。后者"如同一些无生命的物体，他们尽管能制造出东西，但是不知道是什么东西……只是出于习惯罢了"（981a30 – b4）。但是，由于一个技术活动的成果建立在为相关的个别事物选择正确方法的基础上，所以，有经验者要优于无经验的知道者（981a12 – 24）。于是，从对普遍事物了解的方式中就产生了与科学（επιστημη，episteme）的区别。科学所涉及的是必然事物不变的存在，并且是一种归纳或演绎角度上的"证明式的行为"（《尼各马可伦理学》6.1139b20 – 35）。相反，技术所涉及的是可能的事物，亦即一切可能有其他形态的（1140a1）、可塑造的东西。

这样，除了自然和偶然（τυχη，tyche）之外，技术在三段论方面被证明是变化的原因：在发生方面，一件原料（υλη，hyle）通过*发生*原因变成了一件物体（树或床），这件物体要么是自然产生的要么是人为制造出来的（《形而上学》VII.1032a13 –20）。按照亚里士多德的看法，自然造就和人为生产（《物理学》II.199a10）的构造问题在这点上是相互重合的。然而，两者的区别存在于变化的起源之中。前者，变化作为运动的原则存在于自然事物本身之中（I.192b14）："假如一张床被埋在泥土里，并且腐烂的过程有能力让腐烂的床中长出一棵树苗的话，那么，后来出现的就不是一张床，而是一棵树。"（193a12，23）后者，运动的原理则存在于被制造的物体之外，其方式是制造者心灵中的形态（ειδος，eidos）（《形而上学》VII.1032a32）。结论性的思维发生在真正的制造行动之前，而且是从行动目的直到可以实现的"措施"（1032b6 – 22）多阶段地进行，然后在制造过程中，通过技术再将设计方案从心灵转移到生产材料上面。比如，一个工匠用铜做成一个球的形状，但是，做出来的东西既非铜矿石，也非球体本身（1032a28 – b12）。与柏拉图的观点不同，"显而易见，人们不需要建造一个形状来当作某种原始形态"（1034a1，182）。形状就是不同单个物体的、由技术工匠制造出来的共同特征。因此，技术工匠就是本体论上唯一的发生本源，并且为其创造的物体担负全责。

《工具论》① 中的手和工具：作为技能者的人

　　亚里士多德在他的《论生物的产生》里，针对给材料赋予形式（μορφη，*morphe*）的运动（κινησζ，kinesis）进行了更为细致的研究。他认为，心灵——形状（ειδοζ，eidos）存在于其中——以一种与制作产品相应的方式将肢体和手运动起来。手运动工具，工具再将运动传达到材料（Schneider，1989 年，第 189 页）。其中，肢体和工具同样用器官（οργανον，organon）概念来加以称呼，两者平等地出现在一个技术功能链之中。

88

　　正如亚里士多德在《论动物的部分》中所阐述的那样，手在运动中起着一种特殊的作用，因为手是自然所给予的最有用的工具：

　　　　有人说，人的身体构造不良，是所有生物中最糟糕的一个。他们说，人光着脚，一丝不挂，而且也没有战斗的武器。这种说法是无稽之谈。因为其他的生物只有一种自卫的手段，它们没有可能去更换另一件武器……人则不然，他能够有许多自卫手段……因为他能拿住和握紧所有的东西。（686a23 – 687b5，108）

　　人因为手——这是反驳缺陷理论的转折点——而有了技术上最有用的器官。并不是存在的困境导致了人的技术品质，而是技术就是人的品质。因此，人在技术装备上毫无疑问就是一个技能者（τεχνιτηζ，technites）。

　　最后，亚里士多德的结论是，"但是，手看来不是唯一的工具，而是许多工具。

---

① 《工具论》是亚里士多德的后人（即逍遥学派）对他的六篇关于逻辑的著作的统称，这六篇分别是《范畴篇》、《解释篇》、《前分析篇》、《后分析篇》、《论辩篇》和《辩谬篇》。

说它是一件能替代许多工具的工具"（686a21，108），是当手在使用工具以及根据情况如同可拆卸的肢体一样更换工具的时候。不过，只有在作为整体的一个部分的时候，手才真正是手，而不是锤子这个意义上的工具。"因为手并非在任何意义上都是人的一部分，而是当它能完成一件工作的时候才是人的一部分，亦即一只有灵魂的手。没有灵魂的手不是人的一部分。"（《形而上学》Ⅶ. 1036b30，190）所以，手是活动的，也就是说手在受灵魂驱动和形状（ειδος，eidos）控制的时候，它和灵魂一起是一台机器而不是一件工具。没有灵魂，手连工具都不是。工程师们现在的梦想是，到我们自己具有赫菲斯托斯黄金般的自动机从而不再需要自己干活时，让作为抓握器官的手和作为驱动器官的灵魂成为多余。但是，当我们热衷于自动机而把控制的观念抛诸脑后的时候，这样的"有灵魂的工具"就将成为梦魇。

参考文献

Aristoteles：*Metaphysik*. übers. von Franz Schwarz. Stuttgart 1970.

– ：*Poetik*. Übers. von Manfred Fuhrmann. Stuttgart 1982.

– ：*Die Nikomachische Ethik*. Übers. von Olof Gigon. München [6]1986.

– ：*Physikvorlesung – Werke in deutscher Übersetzung Bd.* Ⅱ. Übers. von Hans Wagner. Berlin [5]1989.

– ：*Über die Teile der Lebewesen – Werke in deutscher Üersetzung Bd. 17/I*. Übers. von Wolfgang Kullmann. Berlin 2007.

Bien，Günther：Praxis，praktisch. I. Antike. In：Joachim Ritter／Karlfried Gründer／Gottfried Gabriel（Hg.）：*Historisches Wörterbuch der Philosophie Bd. 7*. Basel 1989，1277 – 1287.

Erlach，Klaus：*Das Technotop. Die technologische Konstruktion der Wirklichkeit*. Münster 2000.

Gehlen，Arnold：*Anthropologische Forschung*. Hamburg 1961.

Löbl，Rudolf：*Texnh – Techne. Untersuchung zur Bedeutung dieses Wortes in der Zeit von Homer bis Aristoteles Bd. 1. Würzburg 1997*.

Picht，Georg：Die Kunst des Denkens. In：Ders.：*Wahrheit. Vernunft. Verantwortung.* Stuttgart 1969，427 – 434.

Platon：Ion. Übers. von Friedrich Schleiermacher. Sämtliche Werke 1. Hamburg 1987，

97 – 110.

　　 – : *Protagoras.* Übers. von Friedrich Schleiermacher. Säntliche Werke 1. Hamburg 1987,
49 – 96.

　　Schneider, Helmuth: *Das griechische Technikverständnis. Von den Epen Homers bis zu den Anfängen der technologischen Fachliteratur.* Darmstadt 1989.

克劳斯·埃尔拉赫（Klaus Erlach）

第 2 节　马克思主义技术哲学

89　　卡尔·马克思和弗里德里希·恩格斯以及他们的大多数后继者的理论研究兴趣，是社会结构及其历史发展；其实践活动的兴趣，则是从政治上推翻资本主义。在这样的背景之下，马克思和恩格斯从《经济学哲学手稿》（1844 年）开始，直到《资本论》（1867 年）以及其他论著，都高度重视"技术"现象。但是，他们的研究课题里并没有一门独立的技术哲学，更何况是技术伦理学。这一点，可以从他们二人很少论及技术或是技术学，而更多的是论述工具、机器、生产力和资本这一情况中可见端倪。同时，从他们对有关词语的选择中我们也可看到，马克思和恩格斯所关心的主要是技术的社会功能和历史作用，也就是说，他们不是对技术本身，而是将其作为一个社会历史现象来进行分析的。由于这种分析最终被纳入人的本质实现的哲学人类学，所以它也具有伦理学层面的意义（参阅 Wendling，2009 年）。

　　马克思的理论构建可以分成三个层面，在这三个层面中，他分别以不同的方式对技术进行了分析：

　　·在哲学人类学层面（参阅第 4 章第 A. 3 节）技术是作为*劳动手段*

　　·在历史学层面是作为*生产力*

　　·在经济学层面是作为*资本*（参阅 Bayertz，2012 年）

　　随着理论的发展，马克思对问题的研究更多地转向了对经济的批判，牵涉异化和人类本质的哲学人类学的问题则退到了次要的地位。取而代之的是对劳动进行研究的视角：在哲学人类学的范畴中，劳动对马克思来说首先是客体化过程和人类本质历史性的产生。反之，在政治经济学批判中，劳动首先被看成人类生产和再生产的物质和历史社会组织形式（参阅 Heller，2012 年）。

技术作为劳动资料

按照马克思的观点，人首先是个有血有肉的生物，并依赖于同周围的自然进行物质"新陈代谢"活动。马克思在《经济学哲学手稿》中借助他的哲学架构（他的哲学思想取自德国唯心主义哲学传统，特别是格奥尔格·威廉·弗里德里希·黑格尔的唯心主义和路德维希·费尔巴哈的人类学观点），对人的这一特点进行了广泛的讨论。但是到了 19 世纪中期，马克思逐渐转向了以自然科学为基础的思想体系，他把人类的劳动和生活活动理解成了一种能量，以及一种从根本上说与物理现象完全等同的东西（参阅 Rabinbach，1990 年）。然而，即便是在这样一种还原论的思想中，马克思仍然不放弃人类学的差异：人与动物的区别在于，人不仅生产直接的食物，而且也生产工具和劳动资料。劳动资料的使用和创造，虽然就其萌芽状态来说已为某几种动物所固有，但是这毕竟是人类劳动过程独有的特征，所以富兰克林给人下的定义是"a toolmaking animal"，制造工具的动物。[1]（MEW 23，第 194 页）工具的制造使得人类将三种要素结合在一起的典型的劳动过程成为可能：有目的的活动或者是劳动本身，劳动对象，以及劳动资料（关于劳动和技术参见第 4 章第 C. 6 节）。

对于马克思的经济学批判来说，劳动的意义并不存在于食物生产的必要性之中，而是存在于人在劳动中从某种程度上生产着他们自己之中。在劳动过程中，人使用自己的"本质力量"并将其客体化，而且以不同的产品形式（包括工具在内）将其物质化。因此，这些产品和工具是人内在潜力的"外化"，是转移到外部来的人的自然本性的一部分。这个存在于人的本性中的、通过外化来实现自己的必然性，包含着一种不成功的客体化的可能性。马克思将其定义为异化，并将其解释为人的自我实现的

---

[1]　中文译文引自《马克思恩格斯全集》第二十三卷，北京：人民出版社，1972，第 204 页。

90 一个必然的中间阶段。技术对人来说是一个不可缺少的工具和自我实现的媒介，从这个角度来说，它在马克思的思想体系中获得了第一种基本的积极意义。

综上所述，我们可以把马克思的观点归纳总结如下：（a）哲学人类学视角的工具是人的自然本性的外化层面；（b）通过这种方法，人的自然本性也存在于自己的肉体之外。因为这种客体化发生在分工的和由社会组织构建的相互影响的过程中，所以，马克思又将其看成非生物学的，即社会的自然本性。缘此，作为劳动资料的技术便处在一种双重的对立关系中：一方面是外化和异化，另一方面是人类学意义上人的本性的发展。

技术作为生产力

在劳动过程中，人们不仅与外部自然界发生关系，而且也同其他人发生关系。劳动过程是一个双重意义上的社会过程。一方面，每个人在他们出生的时候就接触到前人所生产制造的东西，尤其是工具产品。在他们使用这些制造产品的时候，他们就与他们的先辈发生着一种间接的、以技术为媒介的关系。这种关系构成了历史的物质基础，它是马克思主义历史观的核心要素。这个历史观由马克思和恩格斯在他们生前未发表的著作《德意志意识形态》中建立（关于这点参阅 Quante，2009 年）。另一方面，人们在劳动过程中也自然而然地与他们同时代人发生着一种协作的联系。马克思将这种联系称作生产关系。这种关系的具体结构在很大程度上取决于生产力，各种各样的技术成就也是这种生产力的一部分。在马克思看来，社会协作的组成结构，亦即社会的结构也由技术的水平共同决定："手工磨产生的是以封建主为首的社会，蒸汽磨产生的是以工业资本家为首的社会。"①（MEW 4，第 130 页）

由于生产力总是在不断地发展和增加，而生产关系则相对静止稳定，因此产生了它们之间的相互矛盾。

社会的物质生产力发展到一定阶段，便同它们一直在其中运动的现存生产关系

---

① 中文译文引自《马克思恩格斯全集》第四卷，北京：人民出版社，1958，第 144 页。

或财产关系（这只是生产关系的法律用语）发生矛盾。于是这些关系便由生产力的发展形式变成生产力的桎梏。那时社会革命的时代就到来了。[①]（MEW 13，第9页）

技术作为生产力的表现形式，本身具有一种充满活力、改变社会和革命性的因素。这种潜在能力在马克思的哲学人类学和与之相关的历史观中，是人类自我实现必不可少的动力。因此，技术在马克思那里以及马克思主义学说中获得了第二种*根本性的*积极意义。

鉴于在马克思的分析中，(a) 社会结构和 (b) 它的革命性的变化决定于生产力发展的情况，于是，马克思主义时常被说成一种技术决定论（参见第4章第A.9节）。这种说法只有在生产力完全简化为技术时才是正确的。但是，马克思并不是这个意思：对他来说，主要的生产力始终是行动的人（MEW 42，第325页；MEW 4，第181页），生产力始终是他自己时常所用的劳动生产力这一表达方式的简称（MEW 23，第391页；MEW 54，第631页）。因此，并不存在一种技术的自我决定作用；技术只有在被人利用和运用的情况下，才可能成为生产力。

技术作为资本

自19世纪中期以后，马克思不再视自己为人类学者和历史学者，而首先是政治经济学的批判者。所以，他的技术分析的核心是技术同资本主义社会的关系。资本主义社会的巨大能量和当时以生产力发展为代表的令人震撼的进步，构成了他理论分析的出发点。在1848年发表的《共产党宣言》中，马克思对资本主义的这种革命性的特点就已经大加赞赏： 91

> 资产阶级如果不使生产工具经常发生变革，从而不使生产关系，亦即不使全部社会关系经常发生变革，就不能生存下去。相反，过去一切工业阶级赖以生存的首要条件，却是原封不动地保持旧的生产方式。生产中经常不断的变革，一切社会关

---

① 中文译文引自《马克思恩格斯全集》第三十一卷，北京：人民出版社，1998，第412页。

系的接连不断的震荡，恒久的不安定和变动，——这就是资产阶级时代不同于过去各个时代的地方。一切陈旧生锈的关系以及与之相适应的素被尊崇的见解和观点，都垮了；而一切新产生的关系，也都等不到固定下来就变为陈旧了。一切等级制的和停滞的东西都消散了，一切神圣的东西都被亵渎了，于是人们最后也就只好用冷静的眼光来看待自己的生活处境和自己的相互关系了。① （MEW 4，第 465 页）

对马克思来说，出于上述两种原因的这种社会发展应当被给予积极的评价。在这个发展过程中，一方面尽管人的"本质力量"被异化和扭曲，但它也在不断向前进步。从整个社会来看，资本主义使人的本性（经济意义上的，但又不局限于此）变得更为丰富(参见"技术作为劳动资料"一节)。另一方面，马克思又认为，由资本主义释放出的生产力的这股能量长此以往将摧毁这种生产关系的结构框架（参见"技术作为生产力"一节)，并将为一个新的社会开辟出一条道路。在这个新社会中，人身体的和社会的本质能得到合理的实现。

在这样一个构想中，不能把资本主义看成一个生产力的中性媒介。在资本主义条件下，技术产品更多的是一种特殊的社会形态：它变成了资本。其变化的条件是，当甲方将此产品提供给乙方，乙方借助此产品为甲方进行劳动（尤其是剩余劳动）时。这里，技术产品起着一个特定的作用：它在甲和乙之间建立起了一个社会关系（准确地说是生产关系)。于是，资本对于马克思来说"不是一种物，而是一种以物为媒介的人和人之间的社会关系"② （MEW 23，第 793 页）。

因此，当马克思把技术作为资本来进行分析时，他所关心的不是技术的技术性，亦即技术中已经物质化了的目的和手段关系，而是关心它作为媒介，用特定的方式使不同的人彼此之间发生关系的社会层面的意义。由于技术作为资本的这一特殊形态，为马克思运用他的异化理论在《经济学哲学手稿》中对技术展开分析提供了批判基

---

① 中文译文引自《马克思恩格斯全集》第四卷，北京：人民出版社，1958，第 469 页。
② 中文译文引自《马克思恩格斯全集》第二十三卷，北京：人民出版社，1972，第 834 页。

础，因此，这一点具有特殊的重要性：劳动者不再是技术的主人，而技术（以资本的形态）成了劳动者的主人（这点可参阅第4章第A.6节）。在《政治经济学批判大纲》中，马克思继续对这一现象进行了分析，并且在《资本论》中对"工人在技术上服从劳动资料的划一运动"① 进行了阐述（MEW 23，第446页）。

在看了大量同时代资料（英国工厂巡视员的报告）的基础上，马克思在《资本论》中论述了在资本主义条件下使用技术的后果（这点可比较同时代文献关于经济中技术使用的有关内容）。其中有：

（1）妇女和儿童在生产中的使用。由于技术的进步减少了在劳动者方面使用强劳力的必要性，所以妇女和儿童的使用才有可能。

（2）延长每日劳动时间，以便让越来越昂贵的机器满负荷运转。

（3）提高劳动强度的趋势。当发生反对延长劳动时间的社会运动，法律上对正常工作日进行限制的时候，就会出现提高劳动强度的趋势。

马克思的这一批判，不是单纯的伦理角度的批判，而是一种经济和政治的批判。资本主义条件下技术使用的影响问题不局限于劳动阶层（参阅第4章第C.6节），它还影响到人类社会的其他领域。马克思指出，工厂劳作的蔓延对于家庭和性别关系的结构不会没有影响。老式欧洲家庭的经济基础将会消失，最后家庭本身也将消亡。

缘此，马克思的理论就为技术使用后果的道德责任归属开辟了一条道路。技术在马克思那里不是一个独立的力量。他明确反对这样的观点，即造成工人失业的是机器本身。"一个毫无疑问的事实是：机器本身对于把工人从生活资料中'游离'出来是没有责任的。"② （MEW 23，第464页）人们应该谨慎地对技术和在具体社会条件下有具体当事人使用技术加以区分："现代运用机器一事是我们的现代经济制度的关系之一，但是利用机器的方式和机器本身完全是两回事。"③ （1846年12月28日致亚伦可夫的信；MEW 27，第456页）

92

---

① 中文译文引自《马克思恩格斯全集》第二十三卷，北京：人民出版社，1972，第464页。
② 中文译文引自《马克思恩格斯全集》第二十三卷，北京：人民出版社，1972，第483页。
③ 中文译文引自《马克思恩格斯选集》第四卷，北京：人民出版社，1995，第535页。

　　然而，马克思并没有去走这条追究技术使用的道德责任之路。他所感兴趣的不是*具体的当事者*，而是技术使用的*具体条件*，亦即由资本主义社会设定的技术使用的那些条件。虽然这些条件不是自然产生的，而是人类活动的产品，但是一经设立，它们就构成了我们个人今后行为的框架。马克思经济学理论的聚焦点正是这种行为：服从资本主义经济规律的个人行为。这一点对马克思来说非常重要，他在《资本论》第一版序言的一段著名的话中强调：

　　　　我决不用玫瑰色描绘资本家和地主的面貌。不过这里涉及到的人，只是经济范畴的人格化，是一定的阶级关系和利益的承担者。我的观点是：社会经济形态的发展是一种自然历史过程。不管个人在主观上怎样超脱各种关系，他在社会意义上总是这些关系的产物。同其他任何观点比起来，我的观点是更不能要个人对这些关系负责的。[1]（MEW 23，第 16 页）

　　当马克思对"机器"和它"在资本主义条件下的使用"严加区分时，他不是要把道德责任归结到某个个人身上，而是要从理论上揭穿技术和资本是同一样东西的假象。马克思是想告诉人们，对资本主义条件下技术使用的批判不是对技术的批判，而且，超越资本主义并不是要返回人类文明的前技术阶段。相反，虽然资产阶级彻底推翻了欧洲旧的社会制度，成了所有阶级中最革命的一个，而且在他们的庇护下技术得到了之前不可想象的继续发展，但是，在资本主义条件下技术的使用在当时就遇到了它的极限。因此，对马克思来说战胜资本主义同时就是技术的解放："在共产主义社会，机器的作用范围将和在资产阶级社会完全不同。"[2]（MEW 23，第 414 页）在一个废除了生产资料私有制和共产主义制度的社会里，人可以"合理地调节他们和自然之间的物质变换，把它置于他们的共同控制之下，而不让它作为盲目的力量来统治

---

[1]　中文译文引自《马克思恩格斯全集》第二十三卷，北京：人民出版社，1972，第 12 页。
[2]　中文译文引自《马克思恩格斯全集》第二十三卷，北京：人民出版社，1972，第 431 页。

自己；靠消耗最小的力量，在最无愧于和最适合于他们的人类本性的条件下来进行这种物质变换"①（MEW 25，第 828 页）。

马克思主义的接受

在马克思的思想体系中，技术既作为客体化和提高人类力量的工具（亦即作为人的自我实现不可缺少的媒介），又作为社会历史发展的动力（亦即作为战胜资本主义路途上的必然因素），有其内在的积极意义。与此同时，马克思是一位眼光犀利和思想敏锐的观察家，他看到了在资本主义条件下技术进步所带来的非人道方面和后果。这里，技术处在了两个相互矛盾的位置上。（a）作为提高生产力和减少劳动负担的手段，技术服务于对自然的掌握；作为人的客体化和自我实现的媒介，技术则是人与其自然本性媾和的一部分——马克思将其理解为人和自然同时实现的一场运动。（b）如同人作为自然之物的生命表现一样，劳动和技术可以在还原论的意义上理解为纯粹的*自然现象*；同时由于人的社会特性，劳动和技术又显现出一种不可还原的*社会和历史的意义*。

这一复杂的关系结构所导致的结果是，在对马克思的技术理论的接受中形成了不同的传统路线，它们各自强调这个理论的不同方面，同时也忽略了其他方面。其中一条路线特别延续了马克思理论中对技术的积极评价，尤其是马克思对技术提高生产力和减少劳动负担的强调。在 19 世纪德国社会民主运动中，技术就已经以特别的进步因素的面目出现（参见第 2 章第 4 节）。这种对技术的阐释，在苏联试图追赶他们落后于西方的经济和技术状况时，得到了进一步发展。列宁著名的"共产主义就是苏维埃政权加全国的电气化"的口号（《列宁全集》第 31 卷，第 414、513 页），就是实际条件下所赋予技术意义的一个形象化的实例。

更多的是从哲学视角出发，恩斯特·布洛赫②也寄希望于技术作为人的进步和自我实现的手段的意义。但是，他不单是援引已经手段化的对自然本性的理解，而且也

---

① 中文译文引自《马克思恩格斯全集》第二十五卷，北京：人民出版社，1974，第 926 页。
② 恩斯特·布洛赫（Ernst Bloch），1889—1977，德国马克思主义哲学家，主要著作有《希望的原则》。

吸收了马克思从黑格尔哲学融合到自己哲学人类学中的、实现人和自然相互合一思想的成分。在这样一个交互关系中，布洛赫推演出一种新的技术类型。他的理论所说的是一种"技术的马克思主义"，这个主义意味着"幼稚地把剥削者和动物驯服者的立场运用到自然之中去的做法"（Bloch，1959 年，第 813 页）。

与这些乐观的技术评价不同，像瓦尔特·本杰明、特奥多尔·W. 阿多诺或是赫伯特·马尔库塞这样的学者延续了马克思理论中社会和技术批评的一面（参见第4章第 A. 6 节）。他们将马克思哲学人类学中反对把自然理解为手段的部分（主要是他的异化思想），与马克思针对资本主义条件下技术的影响所做的批判结合在一起。尤其是在法西斯主义和斯大林统治时期现实社会主义越来越蜕变为独裁主义的影响下，这股思潮用文化衰落以及政治和社会缺乏选择性的悲观论调，代替了马克思主义乐观的进步思想："得益于科学和技术成就的支持和生产力不断增长的说服力，当前的现状是对所有超验思维的嘲弄。"（Marcuse，1967 年，第 36 页）

在 20 世纪 90 年代，特别是在愈演愈烈的经济危机的背景下，围绕着这样一个问题爆发了一场论战，即马克思的理论和马克思主义的技术哲学是否属于普罗米修斯式的思维传统（关于自然和技术参见第4章第 C. 2 节），这个传统服从于技术对自然的掠夺和统治的命令（参阅 Burkett，1999 年；Foster，2000 年；Hughes，2000 年）。除此之外，也有一些其他的声音，它们想要搞出一个"绿色的"马克思来为生态伦理学和建立在敬畏自然基础上的人类学服务。鉴于这些错综复杂的探讨马克思技术理论思想的学说架构，我们可以清楚地看到，每一个参与论战的派别都能引经据典地找到一些观点（和大量的文献段落）来证明他们自己的阐释方法。马克思在这一问题上并没有给出明确的答案，而是将他的思想置于多层次的矛盾体中——这个评价或许是最能反映出实际情况的一种认识。

参考文献

Bayertz, Kurt: Technik bei Marx. In: Michael Quante/Erzsébet Rózsa（Hg.）:

Anthropologie und Technik. München 2012，57 – 70.

Bloch，Ernst：*Das Prinzip Hoffnung*. Frankfurt a. M. 1959.

Burkett，Paul：*Marx and Nature*. New York 1999.

Foster，John B.：*Marx's Ecology*. New York 2000.

Heller，Ágnes：Marx und die Frage der Technik. In：Michael Quante/Erzsebet Rózsa
（Hg.）：*Anthropologie und Technik*. München 2012，45 – 56.

Hughes，Jonathan：*Ecology and Historical Materialism*. Cambridge，Mass. 2000.

Lenin，Wladimir I.：*Werke*. 40 Bde. Berlin 1955 – 1989.

Marcuse，Herbert：*Der eindimensionale Mensch*. Neuwied 1967.

Marx，Karl：*Ökonomisch – philosophische Manuskripte*. Hg. und komm. von Michael Quante.
Frankfurt a. M. 2009. – /Engels，Friedrich：*Werke*（MEW）. Berlin 1956 ff.

Quante，Michael：Geschichtsbegriff und Geschichtsphilosophie in der *Deutschen Ideologie*. In：
Harald Bluhm（Hg.）：*Karl Marx/Friedrich Engels – Die deutsche Ideologie*. Berlin 2009，83 – 99.

Rabinbach，Anson：*The Human Motor*. ［o. O.］ 1990.

Wendling，Amy E.：*Karl Marx on Technology and Alienation*. New York 2009.

Winkelmann，Rainer（Hg.）：*Karl Marx. Exzerpte über Arbeitsteilung，Maschinerie und
Industrie*. Frankfurt a. M 1982.

库尔特·拜耳茨、米夏埃尔·柯万特（Kurt Bayertz，Michael Quante）

第 3 节　哲学人类学

对于"哲学人类学"这个标题可以有多种多样的理解方法。它首先表示的是一　94
种将主要几个学者的著作结合在一起的哲学思考的传统形式。除了马克斯·舍勒、赫
尔穆特·普莱斯纳和阿诺尔德·盖伦之外（他们的理论研究尽管不尽相同，但主体
上都具有对人的特性进行诊断的特点），还可以举出一系列其他的哲学、社会学、艺
术史，甚至是生物学和生物理论方面的学者名字来，比如阿道尔夫·波特曼、康拉
德·洛伦茨、艾里希·罗特哈克尔和弗里德里克·雅克布斯·波滕戴克等，不一而
足。但是，这种传统的罗列方法不仅不能反映体系之间的差异，而且也不足以对主题
和方法确定上的基本区别给予应有的评价。无论怎样，伯恩哈德·格鲁豪森①的理论

---

① 伯恩哈德·格鲁豪森（Bernhard Groethuysen），1880—1946，德裔法国哲学家和历史学家。

研究工作多少是一种尝试,是不急于把哲学人类学的思考理解成一种从正面去进行科学论证的努力。说到底,如果我们将视野扩大到其他学者所做的那些理论研究工作,即他们尽管也同样以"人的"身体构造和人生使命为研究目的,但采用的是系统哲学的形式以及部分明确放弃或是抵制哲学人类学的思考方法(比如 Heidegger,2010年),那么,上面的小标题就是一个空洞无物的说法了。

从系统上来看,有必要区别出两种不同的研究方式,借此我们可以进行方法论上的划分:一方面是哲学人类学,它是广义哲学里的元素和成分;另一方面,是我们尝试将哲学人类学作为一个整体的正宗哲学来理解(参见 Weingarten,2005年)。前者,哲学人类学的主要研究目的是将人作为哲学思考的对象,同时重建把这一对象本身主题化的形式。这样,它就不是被系统哲学所替代的思维形式,而是在概念上始终与之紧密相连。

后者,哲学人类学可以被理解成哲学研究的一个替代形式,因此,它常常直接或间接地与其他的形式相冲突。但是,即便是"哲学人类学"这个名词也必须被理解成一个种类名词,它在方法和结果上包含了各种不同的哲学研究工作。最后,起着连接各个方面作用的始终是作为哲学思考中心课题的与人的关系。

动物与人的比较

对哲学人类学来说,其方法论的核心是对动物与人的比较做出解释。舍勒[①]认为,人们从这个比较中得出了人的特殊地位的结论。而这个结论被人们一致理解为一种生物学意义上的特殊地位(参阅 Gutmann,2004年,第1卷)。这个特殊地位存在于人作为有缺陷动物的特征当中:"假如我们没有比生物学的价值更高的价值的话,那么,我们就不得不把(具有文明或者尽管具有文明的)人说成是'有病的动物',而且即使他的思想也不折不扣地表现为他的病症的一种形式。"(Scheler,1954年,第299页)人的特殊性必须被理解为生物学的特殊性——舍勒(1947年,第37页)和盖伦(1986年,24页及下几页,31页及下几页)都持这样一种观点。他们指出,

---

① 马克斯·舍勒(Max Scheler),1874—1925,德国哲学家和哲学人类学的主要代表人物。

人的直觉的蜕化,是因为人缺乏与他"周围环境"的联系。在普莱斯纳①那里,人的特殊性被理解为离心定位,有别于动物的向心定位(Plessner,1975 年,第 246 页及下几页)。舍勒认为,人的缺陷形态构成了一个真实的、进化生物学意义上的悖论的基础,因为从生物学的角度看,人是根本没有生命力的(Scheler,1947 年,第 57 页)。

有鉴于此,学者们得出结论:用进化生物学来解释人的现象是张冠李戴,所以应给予人以精神动物(理性动物意义上)的地位。事实上,在对动物和人的关系进行特性定位时,从渐进主义角度构建的转变学说不可能具有任何意义——这个论点甚至把舍勒、盖伦和普莱斯纳在许多问题上分歧如此之大的理论观点也结合在了一起。除此之外,这一结论还常常与"跳变"的可能性和意义的讨论相关联。在当代生物学中,这场讨论有十分重要的意义(如 Plessner,1975 年,第 351 页及下几页;Gutmann,2004 年,第 2 卷/2006 年)。有学者认为,如果对人做生物学的特性定位, 95 以及把生物学对人的描述所存在的不足之处都同时当作研究人的方法的话,那我们将要面临一个方法论上的矛盾(Gutmann,2004 年)。

自然特性的定位

尽管理论方法的共同点容易找到,但要从中得出一个统一的*理论结构*并非易事。不同于自然和精神之间泾渭分明的界限(舍勒的研究受其左右),普莱斯纳坚持将"人"纳入自然的基本学说(这里并不排斥"跳跃性的"变化之说,参阅 Plessner,1975 年,第 351 页及下几页)。这样,哲学人类学就在一个广泛的学说范畴中得到了一个重要角色。这个学说范畴最终涉及所有的知识类型,从"生命存在哲学",到"作为阐释学的哲学人类学",直至"人文科学的基础",不一而足(Plessner,1975 年,第 30 页及下页)。这里,"人的本质形式"(Plessner,1975 年,第 29 页)也同样处于核心的地位,当然,所涉及的对象不仅是"人",而且是所有的生命形态。

---

① 赫尔穆特·普莱斯纳(Helmuth Plessner),1892—1985,德国哲学家,和马克斯·舍勒以及阿诺尔德·盖伦一起同为哲学人类学的主要代表人物。

　　构成普莱斯纳所希望的阐述生命现象（参见第 4 章第 A.4 节）概念基础的是"界限"这个核心范畴，其定义在诸多重要方面与格奥尔格·威廉·弗里德里希·黑格尔的观点相一致。二者概念上的区别仅在于：双重性的模式在本质上同物质性逻辑语法中的物质定义有关，亦即它所涉及的是特性和物质的关系（Plessner，1975 年，第 80 页及下几页）。这个逻辑语法甚至从属于普莱斯纳学说中处于核心地位的"整体"定义，对于生命体来说，这个定义不仅具有典型的意义，而且被用来建立界限的定义（Plessner，1975 年，第 100 页及下页）。

　　根据这个定义，下一步所应思考的对象就是生命体，其"生命存在"可以通过界限范畴加以说明。至于"范畴"该如何理解，没有明确的定义。但是普莱斯纳认为，无论怎样，下一步的思考不仅应该是非经验的，而且应该同时有助于建立生物科学的基础，也就是所谓的"哲学生物学"（参阅 Plessner，1975 年，第 66 页）。

　　根据这一观点，界限的典型意义是它的双重性：它既是区分性的（这个特点使它等同于一个非生命体的简单轮廓），同时又是结合性的。对于生命体来说，界限保留在它的本质特性的概念定义中（Plessner，1975 年，第 102 页）。与黑格尔范围更广的界限概念相比，普氏的观点乃是对概念手段的一种限制（参阅 Hegel，1986 年）。那么，这个理论策略定论所导致的后果是，普莱斯纳无法对自己概念手段的理论自圆其说："界限"必须在范畴上连同生命体的其他定义一道来理解，因而它必须处在任何经验的东西前面，必须受保护不受经验的修正，而且正因为它*也*必须以物体的形式出现，所以必须在经验的环境中以物体的形式得到证明。这种"范畴的双重性"导致了普莱斯纳概念结构体系上的累赘臃肿，使其概念结构在超验哲学的重建思考、现象学的现象分析和整体心理学的记录之间徘徊不定。

　　普莱斯纳从生命体与特征相关的（指示性的）各种标志出发，同时在内容上兼顾到下属的"作为生命体范畴结构性的本质标志"，展示了界限定义的各种形式（Plessner，1975 年，第 114 页）。他在阐述这些"情态"时，所遵循的是在经验和生物学上众所周知的那些定义（发展、可受刺激、繁殖），然而，关于它们的主题讨论采用的却是狭义的新亚里士多德学说的形式。这是因为生命证明自己是"典型的"

事先设计好的（Plessner，1975 年，第 137 页），发展是在可自我调节性"和谐均衡"的天意中进行的（Plessner，1975 年，第 160 页及下页）。在这种情况下，生命的进化就具有了反达尔文的特点（Plessner，1975 年，第 146 页）。这个以经验结果及生物学的结构前定为基础的纲领，其结论就是界限实现的三个阶段的理论。作为定位，这三个阶段可分别归属于植物、动物和人这三个经典的生命类型（关于此论点的批评可参阅 Weingarten，2005 年；Gutmann/Weingarten，2005 年）。

对于人来说，他的定位是天生的离心定位。鉴于动物的向心定位，普莱斯纳的这个比喻又重新回到了最初关于环境和世界的区分问题上。在盖伦那里被理解成直觉退化的人的构造，在这里得到了一个不仅仅是以先天不足模式为基础的解释。此外，"人类学的三个基本原则"（自然的人为性原则，间接的直接性原则和空想的立场原则）在这里也起着重要作用，它们着重强调反思距离和自我认识的成分，而这只有在"超越自我存在"当中才能加以确定。根据这样的理解，人是*积极意义上的*生物。由于他在界限构成问题上的离心定位，他只有通过三种形态，即世界—外部和内部世界—共同世界，才能最终走向一种整体意义上的和谐世界（Plessner，1975 年，第 302 页及下几页）。 ₉₆

天生的文明动物：实用主义的视角

如同普莱斯纳一样，盖伦在对"人"进行定义时，虽然停留在物体范畴的逻辑语法里，但通过对人所具有特性的突出强调而为我们提供了其他的概念手段。他认为，人作为行动的动物是"*天生的文明动物*"（Gehlen，1986 年，第 32 页；Weingarten，2001 年）。然而无论怎样，人们现在可以通过这个动物的活动来阐述它同周围环境的特殊关系，而这个关系已不再首先是一种环境关系，而是一种世界意义上的关系。有鉴于此，人所特有的"非专有性"（Gehlen，1986 年，第 32 页）就能得到应有的考虑。这个所谓"非专有性"把人变成了同环境适应理论的狭隘界限格格不入的、生物学意义上的动物。盖伦用这样一种实用主义的方法，成功地对人作为有缺陷动物的特殊地位做出了解释。此外，他还认为，人由于命中注定是*行为的*动物，所以他也还"未被锁定"。借助这个论点，"向世界开放"的概念便获得了另一种基本含义，有可能作为积极的人性特征的这种开放，如今却证明是一所大自然将人囚禁其中的不折不扣的监狱。其结果可以通过对两种与人的经典定义相关的体系的阐述得到揭示，即人作为创造性的人（homo faber）和具有理性的生物（zoon logon echon）。

语言说到底也不外乎是对人的行为体系的区别，它可以被理解成减轻负担作用的、与有效的行动相关的信号系统。它和行为体系一样，在本质上都具有工具的性质。虽然"沟通和快速的表现、'暗示'或符号作用，自我感觉到的和感官反射的自我活动，以及最终同世界进行接触的强度的降低和负担的消除"（Gehlen，1986年，第47页）在语言中特别简明扼要，但它们并不局限于语言之中。语言紧随在"前语言的行为"之后而发生，但并不失去它作为消除负担系统的特殊性。正因为如此，它又明显限制了从辨析角度上同普莱斯纳，以及从概念角度上同乔治·赫伯特·米德的接近关系。在盖伦眼里，人的两个优秀特征的产生，归根到底要感谢有缺陷的动物在生物学上的困境。

技术作为自然的转化

对于如何化解上述由动物和人比较中所产生的矛盾，其出路不能在对这种比较的方法论的批判以及对比较的反驳中，而应该在作为人的特点起源的、对人类行为形式的强调中去寻找（这是舍勒、盖伦和普莱斯纳三人的共同点）。这里，学者们的核心推断是，技术是从自然转化到人的目的的媒介。其特点是，将生物学上有缺陷的人保持在"自然"之中。然而，如何来评价"第二自然"，他们的意见却大相径庭。因此，盖伦在他有缺陷的人的学说之后，针对从自然转变到文明的消除身上的负担作用进行反复论述。这里，消除负担一词同时从贬义的角度提示，技术的无条件性将会自行出现。人无外乎就是一个技术的动物，倘若抛弃技术，他失去的将不仅是对自身负担的消除，而且是自身存在的基础：

> 人为了具备生存能力，其构造是以改造和征服自然为目的的，因此，也是以有可能去体验自然为目的的。因为他没有专门的技能，所以免除了要对周围环境自然而然的适应。他将自然改变为服务于自己的生活之物，这个总概念叫作文

明，文明世界就是人的世界。[...] 所以，文明即"第二自然"，或者说：它是　97
人的、自己加工了的和他可以单独生活在其中的自然。"非自然的"文明是这个
世界上唯一的、本身是"非自然的"，亦即有别于动物而创造出来的人的作用和
影响。（Gehlen，1986 年，第 38 页）

与盖伦的观点不同，普莱斯纳的三个"人类学基本原则"描绘出的是完全另外
一幅图画，虽然在他所阐述的由技术引起的自然转化中，我们也能看到人发展和进化
到一个文明动物的核心动因。就这点来说，在"自然的人为性原则"和盖伦的"文
明动物的自然性"理论之间存在系统的相似之处。但是，普氏的"间接的直接性"
原则和"空想的立场"原则，远远超出了盖伦从补偿角度进行思考的和在超越方面
主要从异化论角度所提出的理论体系（Plessner，1975 年，309 页及下几页）。

批判评价

哲学人类学曾经与当代哲学的其他形式有过激烈交锋，其中批评的意见占据着上
风。比如马克斯·霍克海默①就说过这样一句话，它同时反映了人们对哲学人类学诉
求的一种普遍看法：

现代哲学人类学起源于市民阶级时代的唯心主义哲学一开始就试图满足的同
样一个需求：在中世纪的秩序倒台后，特别是在作为绝对权威的传统崩溃后，人
们需要树立新的无条件原则，从中可以得出人的行为名正言顺的理由。
（Horkheimer，1988 年，第 252 页）

所有哲学人类学的论著作者都在寻觅关于"这个"放之四海而皆准的知识的说

---

① 马克斯·霍克海默（Max Horkheimer），1895—1973，德国哲学家，法兰克福学派创始人之
一。

法是否正确，这个问题已不言自明，无须赘述。对此，哲学人类学理论核心部分中经验知识的大量出现，已足以说明问题。然而不仅如此，从阐释哲学、现象哲学和新康德主义哲学那里又涌现出了新的批判观点，其中至少有部分观点也同样是针对知识的类型问题，即我们应当从什么角度来认识"人"的使命（参阅 Heidegger，2010 年；König，1967 年/1994 年）。虽然恩斯特·卡西尔在他的著作《人论》中遵循的是同一个逻辑语法（此处直接承续了雅各布·约翰·冯·于克斯屈尔①的观点），正如同以物质范畴为导向的研究给哲学人类学所带来的情况一样（正像舍勒所提到的那样，这几乎同样导致了对自然范畴和文化范畴极端的界限划分，Cassirer，1972 年/1993 年，参见 Gutmann，2004 年），但是，在卡西尔的《符号形式的哲学》之后，还出现了哲学人类学思想完全不同的流派，亦即以区别媒介关系为导向的理论探索（参阅 Gutmann，2004a）。这里，技术成了一个独立的形式定义，它不仅系统地涵盖了手段、工具和媒介，而且还说明了其对构建对立关系的重要意义。同语言一样，技术是一种独特形式的中间媒介，这是因为，它不仅通过手段、工具和媒介建立起同对象的关系，而且是在一种双重的媒介关系中建立起的这种关系（参阅 Gutmann，2004a）。从媒介理论看，"人"的概念表现出双重含义：一是作为物质世界的对象；二是作为人，亦即作为发展逻辑的对象。在这样一种阐述的逻辑语法中，这个对象的外化发展及外化形式的发展才是它自身的使命。这时，这个整体必须从标准的而非描述的角度，以及必须从重建的而非创建的角度来加以理解。历史即可被看成这样一种整体，可以——非历史性地——作为发展的形式予以重建，而且可以按照这样的格言予以重建："人是什么，他只有通过历史才能知道。"（引自 König，1967年，第 219 页及下几页，那里有进一步的讨论）在这样的阐述形式中，技术将起到一个因素的作用，而不是被宣称具有哲学人类学意义上的一种特殊地位。

技术伦理学的连带问题

　　倘若说哲学人类学（以这里重建的形式）成了伦理学思考的出发点，那么——如

---

① 雅各布·约翰·冯·于克斯屈尔（Jakob Johann von Uexküll），1864—1944，生于爱沙尼亚的德裔家庭，生物学家和哲学家，20 世纪最重要的动物学家之一。

同我们在盖伦的观点那里所看到的那样——就会产生一种对作为人类繁衍必要形式纯技术的东西的辩护。在这种情况下，我们才有可能针对技术的个别特点，而不是针对技术的结构进行批判思考。倘若不是如此，那么，以于克斯屈尔理论为导向的、功能主义形式的环境和生物描述，就可能迫使人们对整体的介入主义行为方式予以原则性的反驳（参阅 Habermas 等，2001 年）。反之，哲学人类学领域的思考和观点的介入，或许能为理解人作为技术的动物提供重要的提示，并且不把人仅仅局限在此定义之中。

98

当前的视角

当前对哲学人类学的进一步研究（也在技术理论的上下文中），不仅对普莱斯纳的双重性学说情有独钟，而且还试图建立一种取消社会学、哲学和生命科学界限的对人进行总体考察的视角。缘此，从广义的角度去理解"双重性"的问题似乎更为恰当（参阅 Fischer，2008 年；Fischer/Jonas，2003 年；Krüger/Lindemann，2006 年；Krüger，2001 年）。

参考文献

Cassirer, Ernst: *An Essay on Man* ［1944］. New Haven/London 1972.

– : Die» Tragödie der Kultur« ［1942］. In: Ders. : *Zur Logik der Kulturwissenschaften: fünf Studien.* Darmstadt 1993, 103 – 127.

Fischer, Joachim: *Philosophische Anthropologie.* Freiburg 2008.

–/Joas, Hans（Hg.）: *Kunst, Macht und Institution.* Frankfurt a. M. 2003.

Gehlen, Arnold: *Der Mensch. Seine Natur und seine Stellung in der Welt* ［1940］. Wiesbaden 1986.

Groethuysen, Bernhard: *Philosophische Anthropologie.* München 1928.

Gutmann, Mathias: *Erfahren von Erfahrungen. Dialektische Studien zur Grundlegung einer philosophischen Anthropologie.* 2 Bde. Bielefeld 2004a.

– : Uexküll and contemporary biology: Some methodological reconsiderations. In: *Sign Systems Studies* 32, 1/2（2004）, 169 – 186 ［2004b］.

– : Hugo Dingler und das Problem der Deszendenztheorie. In: Peter Janich（Hg.）: *Wissenschaft und Leben.* Bielefeld 2006, 113 – 122.

– /Weingarten, Michael: Der Typusbegriff in philosophischer Anthropologie und Biologie – Nivellierungen im Verhältnis von Philosophie und Wissenschaft. In: Gerhard Gamm/Mathias Gutmann/Alexandra Manzei (Hg.): *Zwischen Anthropologie und Gesellschaftstheorie – Zur Renaissance Helmuth Plessners im Kontext der modernen Lebenswissenschaften.* Bielefeld 2005, 183 – 194.

Habermas, Jürgen: *Die Zukunft der menschlichen Natur.* Frankfurt a. M. 2001.

Hegel, Georg Wilhelm Friedrich: *Wissenschaft der Logik I.* Frankfurt a. M. 1986.

Heidegger, Martin: *Die Grundbegriffe der Metaphysik.* Frankfurt a. M. 2010.

Horkheimer, Max: Bemerkungen zur Philosophischen Anthropologie [1935]. In: *Gesammelte Schriften.* Bd. 3. Frankfurt a. M. 1988, 249 – 276.

König, Josef: *Georg Misch als Philosoph.* Nachrichten der Akademie der Wissenschaften in Göttingen, philologisch – historische Klasse Nr. 7. Göttingen 1967.

– : Probleme des Begriffs der Entwicklung. In: Ders.: *Kleine Schriften.* Freiburg/München 1994, 222 – 244.

Krüger, Hans – Peter: *Zwischen Lachen und Weinen.* I + II. Berlin 2001.

– /Lindemann, Gesa (Hg.): *Philosophische Anthropologie im 21. Jahrhundert.* Berlin 2006.

Plessner, Helmuth: *Die Stufen des Organischen und der Mensch* [1928]. Berlin 1975.

Scheler, Max: *Die Stellung des Menschen im Kosmos.* München 1947.

– : Der Formalismus in der Ethik und die materiale Wertethik. In: *Gesammelte Werke.* Bd. II. Bonn 1954.

Weingarten, Michael: Versuch über das Missverständnis, der Mensch sei von Natur aus ein Kulturwesen. In: *Jahrbuch für Geschichte und Theorie der Biologie* 8 (2001), 137 – 171.

– : Philosophische Anthropologie als systematische Philosophie – Anspruch und Grenzen eines gegenwärtigen Denkens. In: Gerhard Gamm/Mathias Gutmann/Alexandra Manzei (Hg.): *Zwischen Anthropologie und Gesellschaftstheorie – Zur Renaissance Helmuth Plessners im Kontext der modernen Lebenswissenschaften.* Bielfeld 2005, 15 – 32.

马蒂亚斯·古特曼 (Mathias Gutmann)

第4节 生命哲学

99　　假借当前生物哲学和生物伦理学学术流派之东风，生命哲学补充了对技术哲学中生命现象的探讨。生命哲学的观点认识见于"生命和技术"（参见第4章第 C. 1 节）、"文化和技术"（参见第4章第 C. 4 节）和"哲学人类学"（参见第4章第 A. 3 节）等章节之中。

生命哲学

生命哲学是一个学术流派，它的起源受到阿图尔·叔本华、弗里德里希·尼采和威廉·狄尔泰的重大影响。20 世纪中期之后，这股学术潮流不仅在亨利·柏格森、马克斯·舍勒、格奥尔格·齐美尔、赫尔穆特·普莱斯纳、奥尔特加·y. 加塞特等人的学说中达到了巅峰，而且也曾受到来自马克思主义者格奥尔格·卢卡奇最为猛烈的批判（Albert，1995 年）。这股潮流的源头可以追溯到 1800 年前后生物学建立之前，人们关于感觉论和活力论的争议。生命哲学反对把生命归结为一个抽象的概念，它的产生既是作为一种反抗自然科学对生命的机械论和决定论立场的潮流，也是作为一种反抗以康德的认识论为代表的学院哲学对生命的唯理智论观点的潮流。但是，它并不排斥自然科学知识。因此，生命哲学将自己理解为一种宏观战略的努力，试图总体性地观察社会和生命，在一个技术化的世界中赋予人的生命以目标和意义。

人们对于直接掌握和了解生命的向往推进了因*内在原则*而产生的伦理直觉主义：由于人有生命、理智和感觉，所以他能认识和感觉其他有生命之物。这种由柏格森等人所代表的形而上学的思辨，不仅经过一段有明显基督教特征的接受历史（从泰亚尔·德·夏尔丹①和阿尔伯特·史怀泽②）保留了下来，而且还见于阿尔弗雷德·诺尔斯·怀特海③的过程哲学和柏格森的阐释者吉尔·德勒兹④等后现代思想家的学说中。由于生命是直接的事物，所以技术从这个角度常常被理解为间接的事物，它被赋予的特征（如通过上帝等）可以通过形而上学得到解释（参阅 Karafyllis，2011 年）。二者的背后皆隐藏着生命和技术创世的起源问题。柏格森将人作为有创造力的工匠

---

① 泰亚尔·德·夏尔丹（Teihard de Chardin），1881—1955，中文名叫德日进，是法国耶稣会士，神学家和自然科学家。

② 阿尔伯特·史怀泽（Albert Schweitzer），1875—1965，德裔法国医生，著名学者，被誉为 20 世纪人道精神划时代的伟人。

③ 阿尔弗雷德·诺尔斯·怀特海（Alfred North Whitehead），1861—1947，英国数学家和哲学家。

④ 吉尔·德勒兹（Gilles Deleuze），1925—1995，法国后现代主义哲学家。

(homo faber) 的学说是他在《论道德和宗教的两个起源》（Jena，1933 年）一书中探讨宗教哲学问题的一部分，借此，技术便获得了一种形而上学的开端。

早在 1907 年，柏格森就发表了他广为接受的著作《创造进化论》（1912 年出版德文版），文中包含了他对如下自然科学观点的批判："只有在有机体事先被等同于一部机器的情况下，有机物质才能得到科学的研究。"（Bergson，1912 年，第 99 页）他要借此来反对所谓的技术形态主义，因为有机体的概念来自机器（源自希腊语的 organon：工具）的比喻，通过这个比喻，人们就能够从观念上把目的加诸生物体之中，并从目的论上对它们的存在进行解释。柏格森以此对康德的《判断力批判》（1790 年），特别是对"目的论判断力的批判"的一部分进行了反思和批判。在康德看来，我们只能把生物解释成由技术形成的有机体，亦即这些生物"似乎"都是有目的被创造之物。康德提出的这个反对以一元论看待生命的论断，触及当前技术伦理学方面的一场关于恰当的语言词汇问题的争论。因为除了使用技术的专业术语之外，生物科学家们没有其他的选择可以同康德就生物体（亦即有机体）的问题进行讨论。对于其中剩下的那些无法解释的生命现象，康德曾经用一句著名的话评论道："绝不可能出现一个青草的牛顿。"[①]（KdU，§75，Kant，1974 年，第 352 页）

康德对生命进行辩证思考的号召和要求，经过黑格尔的发扬光大，至今仍对技术伦理学的研究具有重要意义。其原因在于，生物学上的技术形态学的比喻和模式（如将细胞比作"工厂"）将一部分非技术的成分隐藏了起来。在这种情况下，伦理学越来越难做到用人的行为可能性和自由的决定来解释生命体有目的的活动和放弃活动的行为。技术形态学要求人们既要经常地从日常用语的角度去理解生命体，同时也要经常从生物学及技术的角度去理解生命体，也就是说通过语言来让其他非技术的部分变得可以为人们所理解。

康德的结论是，一个需要对生命进行解释的人必须不断地使自己意识到他做解释的

———————————

[①] "青草的牛顿"是康德在《判断力批判》中使用过的一个比喻。他想借此说明，牛顿在物理学上所取得的成就，生命科学将永远无法企及。康德的这一看法在很长一段时间内被人们认为是物理学和生物学的一个重大区别。

那些条件。柏格森对康德的结论做了一番折中：有机体不是机器。按照柏格森的观点，生命科学应该另辟蹊径，即它必须研究记录有机物，无须事先将其当成一部机器（Albert，1995年，第95页）。这就是说要回归到生命体的物理和化学的基础上去。柏格森认为，生命体是通过所谓的生命能量（élan vital）从物质中产生并且继续生长的，它不是一个决定论的过程。人也同样充满着这种与外部世界进行互动的生命能量。从认识论的角度看，这就使一种直觉论成了可能，借助它并通过对相关生命长度的反思，生命体与世界进行对话和沟通。柏格森不强调生命的终极性（目的论思想），而是强调生命的媒介性和暂时性，由暂时性产生了创造性和技术。柏格森并不把自己看成活力论者，但通过他的生命能量学说支持生命的流出理论，这种理论在关于生命的自然形成的争论中又重新得到了体现。

自从尼采提出"危险地生活吧！"（一个与机器时代由技术的可控性产生的安全感针锋相对的口号）的口号之后，生命哲学也对生命和危险的关系进行过讨论。由于生物处在不断变化之中，所以它永远不可能像机器那样受到控制。这就为生命科学中的风险探讨提供了另外一层不同于技术科学的含义（关于这点参见第5章第7节和第5章第23节）。同时它还触及这样一个问题，即是否应该从决定论的角度去理解技术，并且把它看成人自由的对立面（关于技术决定论参见第4章第A.9节）。何塞·奥尔特加·y.加塞特和格奥尔格·齐美尔把冒险和危险视作人的一生的基本结构，其本身就一直包含着对技术的追求。因此，尼采所号召的那种危险的生活乃是多余的吆喝。更应该提倡的是，在忍受生活的矛盾对立的同时要有所行动，这就为又一个当前的哲学流派——生活艺术哲学做好了铺垫。按照奥尔特加的名言"要生平传记不要生物科学"的含义，生活艺术家就是他自己生活的安排者，为此他（她）需要各种各样的技术。

从方法论来说，生命哲学采用的是现象学、历史哲学和阐释学的工作方式，并且特别专注于第一人称和第三人称角度中人生的叙事性和历史性。同英国及法国的感觉主义、新康德主义以及早期的达尔文接受（赫伯特·斯宾塞[①]）有紧密联系的这股潮

[①]　赫伯特·斯宾塞（Herbert Spencer），1820—1903，英国哲学家和社会学家，他首次将进化论引入人类社会的发展过程。

流，对社会学这一学科的发展产生过深刻影响。在一些生命哲学的代表人物那里，世界以及其中的文化（奥斯瓦尔德·施本格勒①）被理解成具有生物有机体的结构并且为生存而进行的搏斗。这个曾经引起对生命哲学猛烈批判的，并将其推至纳粹的杀戮和疆土意识形态边缘的观点，如今仍见于环境伦理学的一些生物和生态中心论的学说里。他们不承认人的精神、主观和行动可能性的特殊地位，因而在某种程度上助长了反民主的思想。在他们眼中，技术是生命和有机体和谐的干扰因素。由恩斯特·荣格尔②等所代表的另一个颇具争议的生命哲学派别又复活了尼采的"权力意志"，在为技术世界叫好的同时，设计出了一个天生残缺不全的人。这个残缺的人能够通过对自己在技术上的自我完善，尤其是通过武器的装备（关于军事技术参见第 5 章第 15 节），钻研并进入技术的世界。自然所形成的世界对生命是充满敌意的。如今，在同人类增强（参见第 5 章第 8 节）讨论有诸多联系的超人主义运动中，我们又可以重新看到这条传统路线的部分影子。

其他流派的生命哲学，比如赫尔穆特·普莱斯纳，明确地反对动物界之外的有机体观点。对植物和生物来说，永远只可能有一个环境*世界*。在普莱斯纳看来，技术是人类开发世界的手段，人类通过它得到了一个能够在其中存在的世界。尽管生命哲学的鼎盛阶段和文化悲观主义，以及对进步乐观主义的批判几乎发生在同一时间，但许多生命哲学学者对技术是持开放态度的。正因为如此，奥尔特加·y. 加塞特于 1939 年在他的《技术论》一书中，将技术的目的和一门成功的生物学联系起来时说：

101
　　　自然的变革或者技术就像是每一次的转换和变化，它如同一次有开始和结尾的两头运动。开始的时限是自然，就像它现在这样。要改变它的话，人们就得设定另外一个时限，以便它去适应这个时限。结束的时限就是人的人生计划。我们该如何来称呼他原本的目的呢？显然是：健康，幸福。（Ortega y Gasset，1939 年，第 478 页）

---

① 奥斯瓦尔德·施本格勒（Oswald Spengler），1880—1936，德国历史哲学家和文化历史学家，他认为，任何一个文化形态都像生物有机体一样，都要经过青年期、壮年期直至衰老灭亡。
② 恩斯特·荣格尔（Ernst Jünger），1895—1998，德国作家、军官和昆虫学者。

这样一种对生活艺术的论证方式，即在整个人生阶段里，把幸福确立为当前技术潜力应该优先考虑的事物，在诸如遗传诊断学中具有十分重要的意义（参见第5章第7节）。人们是否应该对自己包括老年疾病在内的人生进行仔细规划，抑或人们是否应该（允许）甘冒风险，到不安全里去生活？对于诊断技术来说，一种伦理学意义上的不想知道的权利越来越受到重视。

生物哲学

生物哲学是一门年轻的学术流派，它以生命哲学的观点为基础（比如汉斯·约纳斯等），但是越来越多地采取实验室里的实验制造行为和战后时代生物技术的方法。它自认为是理论生物学意义上的科学哲学，因此十分关注生物有机体和更高级的生命聚集单位，如物种、种群和生态体系等。生物哲学大多以伊曼努尔·康德对有机体技术形态的认识，以及亚里士多德对生命体目的论学说为出发点，其核心议题是客体的构造（如模型有机体）和观察的角色作用（参阅 Köchy，2008 年）。对技术伦理学来说，生物哲学的意义首先在于，它不仅为技术的影响作用揭示了生物学的可能空间，而且还揭示了可为和可解释的界限（比如自然的目的）。生物哲学发展了在生物伦理学和技术伦理学中应用的重要和有指导意义的概念区别，如有机/无机、生物/非生物、有机体/生物体、人工制品/生物制品等。

这里，生物哲学的观察角色作用可能涉及一个形而上学的观点。从这个观点出发，人的精神的进化和发展看起来能够进行历时角度的观察（进化认识论）。与此相关联，自20世纪70年代之后，所谓的进化伦理学应运而生：从表面看，似乎人类的道德发展就像技术化进程一样（双进化式）被纳入了进化过程。与此同时，个人的意志自由（关于神经学技术参见第5章第19节）和行为自由未得到足够的考察，包括技术的能力资格在内。

生物伦理学

生物伦理学在明确的伦理学观点之下，结合了生命哲学和生物哲学的论据链。它以对人的生命的开始和结束的新认识为起点，发展于 20 世纪中期，因此与医学伦理学以及动物伦理学（比如异种移植物等问题，参见第 4 章第 C. 3 节）有密切的联系。与生物制品的技术伦理学相比（关于生命和技术参见第 4 章第 C. 1 节），生物伦理学的核心范畴在于澄清生物的道德地位，并对非技术化形式的前人类的生命阶段（借助关于物种、持续性、同一性和潜在性的论点）和源自神学领域的自然性问题进行阐述。生物伦理学从生命哲学中继承了某些类型的内在原则、活力论以及伦理直觉主义（也可称作同情伦理学）。这种伦理直觉主义不仅有可能要求给予特定生命形态以自我价值，而且还可能要求给予它们生长繁衍及生命完成的权利，并最终可能导致对生命的绝对保护。

传统的生物伦理学观点还反映在专家们对合成生物学（参见第 5 章第 23 节）的态度上：在瑞士联邦非人类领域生物技术伦理学委员会（EKAH）的纲领里，就出现过关于细菌伦理学的问题。委员会的多数会员采取的是生物中心论立场，认为细菌有它们的自身价值，"因为它们是生物"；但是，这个价值必须在质量评估中处于低等级的地位（EKAH，2010 年，第 15～18 页）。少数会员则持病理中心论的观点，他们不认可对细菌的同情。于是，生物伦理学通过生物技术就把所谓的人类形态问题转移到了技术伦理学之中：这时，我们对生物的解释就不是通过技术的概念（技术形态），而是通过人的生命、人的共同生活和相互认可（比如尊严和利益）的概念（人类形态）。

生物伦理学的另一个核心领域就是一体性，亦可理解为身体的完整性。这对人们关于器官捐献、器官买卖直至尚无规范管理的劳务买卖（Body Shopping）的伦理评价十分重要。如同对技术伦理学一样，对生物伦理学地位的探讨和评价也同样是丰富多彩的，并且从伦理学的传统中汲取丰富的养料（参阅 Düwell，2008 年）。

参考文献

Albert，Karl：*Lebensphilosophie*. Freiburg 1995.

Bergson，Henri：*Schöpferisches Werden.* Jena 1912（frz. 1907）.

Düwell，Marcus：*Bioethik. Methoden*，*Theorien und Bereiche.* Stuttgart/Weimar 2008.

Eidgenössische Ethikkommission für die Biotechnologie im Ausserhumanbereich（EKAH）：Synthetische Biologie – Ethische Überlegungen（Medienmitteilung vom 10. 05. 2010）. In：http：//www. ekah. ch/fileadmin/ekah – da teien/dokumentation/publikationen/d – Synthetische _ Bio _ Broschuere. pdf（19. 05. 2012）.

Jonas，Hans：*Das Prinzip Leben.* Frankfurt a. M. 1997.

Kant，Immanuel：*Kritik der Urteilskraft*［1790］. Werkausgabe. Bd. X. Hg. von Wilhelm Weischedel. Frankfurt a. M. 1974［KdU］.

Karafyllis，Nicole C.：Das technische Dasein. In：Erich Hörl（Hg.）：*Die technologische Bedingung.* Berlin 2011，229 – 266.

Köchy，Kristian：*Biophilosophie zur Einführung.* Hamburg 2008.

Ortega y Gasset，José：Betrachtungen über die Technik. In：Ders.：*Signale unserer Zeit*，Stuttgart/Salzburg［o. J.］，445 – 511（span. 1939）.

妮可·C. 卡拉菲里斯（Nicole C. Karafyllis）

第 5 节　文化主义技术哲学

　　方法论文化主义是一个始于德国马尔堡，并且继承和发展了埃尔朗根和康斯坦茨学派的方法构成主义的学术思潮。它与后者皆赞同语言学和语用学转向（linguistic and pragmatic turn）运动的观点，亦即认同哲学语言批判的纲领以及知识来自实际行为的论辩纲领。同时，它还为这场运动补充了一个文化学转向（cultural turn）的概念，即采用重建的方式注重人及其生活环境的历史性（Hartmann/Janich，1998 年）。这种对现有的历史文化采取哲学批判式吸取、接受的思潮，不仅涉及诸如语言、科学和规章制度这样的传统主题，而且还特别把技术当成人类典型的文化成就的重点实例。这样，文化主义技术哲学的主要内容就显而易见：技术作为行动的人的文化成就应当在历史的条件下，用经过语言批判澄清后的概念加以描述（重建）。

技术和技术哲学

　　"技术"一词（参见第 2 章第 1 节）就像此处同样相关的"自然"、"文化"和

177

"人"这些词语一样，代表着一个反思概念（"人"这个词的意思不是指进化生物学上的分类，而是指一个有责任感的行动和认知的文化人）。也就是说，这些名词的作用不是借助示例和反示例来对自然的或是文化的对象进行称呼。"技术"更多地代表针对事物过程的技术内容的一种概念（同理，其他名词代表的是针对自然、文化和人的概念）。

由此可见，在哲学这样一个反思学科中，技术如同自然哲学、语言哲学或是文化哲学一样，是个独立的哲学分支。尽管技术缺乏科学理论所具有的那种名气，也没有促进自然哲学发展那样的与自然的近距离关系，甚至技术哲学还常常被当成哲学中无足轻重的科目，但是，这一切或许是古希腊时代遗留下来的一个误会。那时，工匠（banausos）如同奴隶和妇女一样，没有市民（polites）所享有的那些权利。市民很少从事体力劳动，而是从事政治和理论（theoria）形式的认知（episteme），所以，阿基米德那样的技术知识不算是一门科学。

作为文化现象的技术在它的最初阶段就提出了一系列的概念问题，这些问题同它们自己丰富的历史和不同的价值判断息息相关。有鉴于此，我们在这里要用语言手段和从哲学批判的角度，对技术同文化和自然、科学和历史以及伦理和政治进行论述和反思。

技术的两大内容

虽然技术在古希腊哲学家中的评价十分有限（参见第 4 章第 A.1 节），但是对于技术最古老和最重要的区分可见于亚里士多德的哲学里。一方面，亚里士多德在关于"自然"（物理）的讲座里，从定义上明确对自然和技术做了区分：前者在自己身上已包含了产生和变化的原因，后者是通过人的行动而被人为地创造出来的东西（Aristoteles, 1995a）。另一方面，亚里士多德在《尼可马各伦理学》中，就（道德上中性的）*制造*（poiesis）和应作为伦理学评价的，并且关系到其他人的*行为*（praxis）做了区分。

亚里士多德在这里所做的区分不应被误解为把世界划分为相互对立的事物等级。

亚里士多德的自然/技术以及技术/实践的划分，仅仅表示的是事物不同的方面，而这两个方面是完全可能在同一件事物上出现的。正如人工的大理石雕像带有大理石天然的特征一样，由技术制造出来的银盘可能"实际上"同时是一个不义的被盗之物。古代的哲学家们常常喜欢借用一件工具合乎其目的的例子，来对人的伦理道德进行阐释。

缘此，技术的两个哲学意义上基本的内容就已摆在了我们面前："技术的"这个定语乃是由人以特定目的制造出来的物体的特征，这些物体不仅有自然内容方面的，而且还有道德（"实际"）内容方面的区别。它们有可能会很好地完成自己的使命（拉丁语称其为功能），也有可能会很糟糕地完成自己的使命。由于这两种可能性尤其取决于其制造者的本领，所以技术不仅被运用在人工的产品上，而且也用于生产本身（并得到相应的评价）。

技术和人的行为

古希腊人对技术的区分再度见于文化主义技术哲学的行为论和语言哲学的划分之中。人不仅表现出他自己天生的和自然的行为方式，比如他的身体方面（诸如重量、胖瘦或体温）、生命方面（如新陈代谢、衰老或生殖）和动物性方面（如感受刺激性、灵活性或目标性）的后果，而且他还是一个群体性的学习和文明动物：亚里士多德的名句"人生出了人"不是生物学上的通俗词语，而是为具有语言和理性的生物（zoon logon echon）做一项提示，即只有在人的群体中（zoon politikon），才能实现通向人的学习和文明之路。

倘若我们今天把行为理解成由人归属给人的功劳或失误（有别于单纯的自然行为）的话，那么，那些专属于人类［作为生产（poiesis）及实践(praxis)］的技术文明成就便具有了理论和伦理学的特点（参见第4章第A.1节）。

其实，动力学意义上的人的运动就已经分成了自然行为（如呼吸、消化、生长、反应等）和常常需要花力气学会的、文明所特有的运动行为（如行走、跳舞、游泳、绘画、写字、弹奏乐器等）。文明运动叫作制作（poiesis），如果它的目的是制造永久

性的、在后续的行为中可作为工具使用的产品的话，从木匠和厨师的工作，直到日常
104　的生活过程，如穿衣或整理物品等，都可视为文明运动。

德语中的外来词"文化"（来自拉丁语的 colere，cultum）在现代德语日常用语
中只有果树培植或是细菌培植的原意，其主要的词义指的是人为的、有计划的对已存
在事物的干涉，这个已存在的事物则主要是自然事物。简言之，文明史起源于技术
史，技术通过土地耕作、牲畜养殖和手工制作使自然逐步文明化。文化首先就是人按
照自己的需求和目的对自然所进行的技术改造。

自然和文化之间的技术

至此，在我们对技术做了文化主义的定义（定义用词有双重语义，常常既表示
过程又表示结果），以及把技术理解成对活动和活动的物质产品的掌握之后，我们要
提醒人们不要将技术做自然化的理解。动物也能够制造不依赖于它们而继续存在的物
体，如鸟巢和蜘蛛网、蜂房和蚁穴、地洞和水獭窝等，即由单个动物或者只能由一群
动物制造出的产品。动物学家和行为学家很乐意强调这些动物产品的合目的性，并声
称动物能够制造和使用工具。他们在将合目的性作为动物行为的特征时，没有认清目
的和手段概念对语言交流，以及对人用自己特有的对等条件进行相互合作实践的依赖
关系。因此他们没有发现，自己把作为自然现象的动物产品混淆成了人的合目的性，
并将其当成了动物的特性。

在人创造文化的行为中，必须对参与行为和集体行为加以区别。前者只有在其他
人的参与下才能够进行并取得成功（如比赛或是交谈），后者只有在集体当中并依靠
他人才能达到目标（如成立协会）。个人行为在这里指的是那些个人所能完成的并取
得成果的行为。技术特有的行为可以同属于上述三种类型。

然而，动物的产品是非技术性的。倘若生物学中的人具有一种用以议论自己的语
言，那么，他们是在用一种不恰当的和比喻式的，亦即转义的话语将动物人类化或是
人格化。因此，自然主义不仅错误地把制造和使用工具这种人所具备的技术活动当成
动物的特性，而且也误判了动物在自然状态中以及在文化环境中的学习过程（如训

练过的警犬，实验用的新喀里多尼亚乌鸦等）。它从自然主义的立场出发，把这些都解释成了动物界具有文明的依据。

人类的文明行为首先建立在语言的交流和合作上，而这种交流和合作只能被理解为参与行为和/或集体行为。行为和作为行为一部分的言语代表着人与人之间彼此对之负责任的那种关系。这种实践关系处在诸如"同样的权利，同样的义务"这样的对等条件之下，这种对等关系既不在人与动物之间，也不在人与自然之间，在动物之间更不可能实现。其原因在于，这种关系与一种要求含义和用途的语言紧密相关，因此也与人对自己同伴行为的相互解读相关，而通常只有在假定语言具有目的和意义的情况下，这种解读才会成功。

技术和科学

与理论（文字翻译的意思是，通过观看所获得的）知识不同，技术知识与行为的完成以及与注重行为的成功和结果相关联。这是一种 knowing how（知道怎么），有别于 knowing that（知道这是）。

如上所述，科学的历史——根据对科学的定义不同——只有几千年甚至只有几百年的时间，而人类征服生活历程的技术形态从一开始就属于人的文化本性，所以它经常被称作人的"第二自然"。倘若说技术手段是为了满足人的第一需求和第二需求，如饮食、穿衣和居住，以及工具、武器和装饰，那么在科学的最初历史时期，新形式的知识就逐渐脱离了它的直接用途，通过理论的语言形式而获得了它独立的地位。最突 105 出的一个例子（除了天文学和音乐理论之外）就是古希腊时代早期阶段的几何学：正如从图画和陶罐艺术中发展出圆形和球形的空间形式，从棱角分明的边饰花纹中发展出尖角和平行线的形式一样，它以同样的方法产生了用语言可以描绘的艺术图案，从而显示和证明了学者对人类手工制品的解释和推断。撇开柏拉图和亚里士多德所下的不同定义不谈，几何学的基础就在技术之中，准确地说就在手工制作之中。几何学在天文学上用来表示太阳、月亮和星体的运用实践，要归功于人们通过手工在一个石制空心半球（skaphe，圆盘）中，借助一根居中的指针（gnomon）对天空中的半球的复制模仿。

有鉴于此，技术既无须被解释成主流生物人类学意义上的对有缺陷动物的一种补偿（Gehlen，1971 年），也不必像技术哲学开始时期那样（Kapp，1877 年），把技术产品当作人的器官的替代或延长。如果说技术产品在何处超出了满足人的主要和次要需求的范围，那么，它们在那里就是这样一种科学的架构和媒介——它必须从认知上对自然进行界定，以及必须从技术上对之加以掌控。技术的这个作用一直延续到当今最现代化的实验室研究中：用手工及技术的方法制造出实验物品，目的是借之获得测量、观察和实验结果，以及从中得出一种作为技术上能够复制的、自然科学所特有的经验形式（Dingler，1928 年）。

技术和理性

在 19 世纪经验自然科学举世瞩目的成就和 20 世纪物理学所带来的对经典物理学世界观的经验主义重新评价的影响下，技术虽然对生活和文化的各个方面的影响不断增大，但它对理性的促进作用完全脱离了人们的视野。但凡自然科学在其自身学说及其相关哲学思考被限制在逻辑和数学的句法结构，以及局限于对其结果的经验控制的时候（逻辑经验主义和批判理性主义），其成果的技术条件便消失于人们的视界之外。换句话说，技术发明、技术设计和技术制造工作一方面为自然科学提供研究课题，但另一方面其自身又必须服从某些常见的规律，诸如技术制造过程中部分活动合目的的顺序等，而这一情况未能得到足够的重视。

如同在日常生活中一样，如果有人想吃煮鸡蛋，那他就应当先煮蛋，然后再剥蛋壳。同理，每个技术研究和生产的过程都是同步骤的顺序紧密相关的，产品的目的决定着步骤的顺序。如果要制作一个彩色木雕，那么就必须先雕刻再上色。这既非自然法则也非道德规定，而是针对某个特定产品的*制造活动链条*目的取向（Zweckrichtung）的一种顺序。不仅每件产品的技术生产工序，而且每个科研过程在原则上并且始终包含着步骤的顺序链，只有在遭到失败惩罚的情况下，这个顺序链才可以进行更换。对于朝向结果的语言描述过渡来说（或者叫规定，比如功能标准），这个步骤顺序具有决定性的意义。换言之，科学研究的技术特点要让科研服从一种方法秩序的原则

（Janich，2001 年）。

比之于语言的文化功绩，技术的文化作用对人的理性有深远的影响：我们不仅规范我们自己的生产秩序，同样也在方法上这样来规范我们自己的实践（比如语言）活动的秩序：请求先于感谢，加法先于乘法——如同先（用技术）烤面包，然后再食用一样的道理。

在当前的学术讨论中，人们远远低估了技术对于理性文化这一贡献的意义（参见第 4 章第 C. 4 节）。这是因为，从方法上对*制造过程链*以及总体上所有行为链的秩序规范——同样适用于*运动学*的原则是跳跃一条壕沟必须首先助跑，然后再跳，而不是相反——反映了该原则对于目的和手段关系的一种特殊的开放性。在当前科学界教条式地提倡的各类关系中，亦即在逻辑和因果的顺序中，这个开放性乃是一种缺失：为了达到同一个目的，不仅可以有不同的手段，而且，同一个手段可以为达到不同的目的服务。人们在对技术做伦理学评价时应当始终对这点加以考虑。

缘此，文化主义技术哲学表明它自己也可以用来替代作为以系统理论为导向的"技术"的技术哲学（Ropohl，1999 年）。这样一种技术哲学不仅在描述性意义上有别于人的行为的理性标准和方法上的势在必行，而且也把技术及其历史的伦理学和政治学因素与之区分开来。当产品的设计者和制作者因免除了责任而变得轻飘浮夸时，这种形式的技术 – 哲学就失去了创造型和实用型的技术行为者的实践视角，因而也同时失去了技术作为文化的创造者的人的条件（conditio humana）。

在实践理性方面，技术表明自己是一个能够对有争议的自然及文化关系进行定义的重要角色。凡是在涉及人的身体及精神问题的地方，比如从人工智能研究到脑神经科学，以及凡是在人的精神文化能力坚定地反对任何从逻辑 – 决定论或从因果关系角度，把人的能力简化为从自然科学 – 技术上可以掌控的物质的承载系统的地方，对同一对象进行不同描述的合目的关系就能提供解决问题的办法。

对一台计算机所进行的物理和技术描述，不足以从逻辑和因果角度反映出用它所获得的计算结果的有效与否，因为，倘若这台计算机由于故障提供了错误的结果，那么这些描述仍然是有效的。同理，人只有一个大脑用来认知和误判，因此，就不能用技术的模式把人的认识定义为大脑的因果或是正常工作状态的结果。也就是说，在认知文化以及对认识和误判的区别面前，自然规律是中立的。这一点只有技术能够教给我们，因为它是把同一个产品的自然和人为因素联系在一起的特殊手段。

技术和进步

技术与文明相比较还具有一个很少受到重视的作用：但凡是针对人类文明史中是否存在进步有争议的地方，我们会毫不犹豫地回答有技术进步，并且非常专业地根据效率、增长、不同功能、生产和使用费用的减少、体积减小、产品和生产的持续性等标准一一列举出这些进步。根据行为学对技术概念的解释，我们能够看到技术作为文化形态的历史意义，而这种文化形态又表现为文化的技术形态，因此，进步和"文化高峰"之说才能成立（Janich，2003 年）。

不言而喻，产品制作作为其他行为的中介是有计划的和以产品目的（其功用）为目标的行为。计划作为通过行为的行动准备，虽然不能不联系已计划好的行动来进行理论探讨，但可以无须完成已计划好的行动来对之进行理论探讨。人们把这种情况叫作设计（比如设计一台机器）。于是，在设计领域里就有了上面所确定的方法顺序。举例来说，必须先发明轮子，才能设计出一辆带有相互作用的轮子的机器。历史上，先有了轮子的使用，然后才有了将其改为滑轮的情况，亦即将其作为手段为一个新的目的而用（由车辆运输重物改为牵引力量的转换）。一旦人们掌握了滑轮的使用，就能设计出波轮（两个不同直径的滑轮紧靠在一起）或是滑轮组。由滑轮进行牵引力的传输又被齿轮的发明和应用所取代。随着齿轮的出现，人们就设计出了涡轮传动装置等。这就是说，技术产品设计的方法顺序代表了产品功能逐步改进和区分的过程，这个过程可以看作技术设备走向发展高峰的进步，并且采用的是以一种相互关联及不可颠倒的设计顺序，即后者分别以前者为前提条件。从假设的角度来讲，这样的一种发展过程可以出现在技术天才一个人的设计工作中（或者说他的头脑中），而无须受到过去历史上技术开发产品的局限。

然而，需要依赖实际经验条件的技术开发工作则不同。比方说，电流通过金属导线接地原理，只有在拥有金属导线的情况下才能被发现。历史上，当金属丝被人们应用于各种机械用途（固定、捆扎、装饰等）的时候，它的导电性能（来自希腊语的 elektron，指琥珀在与兽皮摩擦时产生带电现象）就已经为人所知。这里，我们也能看到一种不可颠倒的步骤顺序，只不过，这个顺序还没有从单纯的理性及设计角度被定义，而是带有历史意义上的限定和经验的内涵。尽管如此，我们在这里（比方说在运用导电性能来设计电动机时）也能看到技术手段的一个更高层次的发展和进步（参见第 2 章第 4 节）。

如果我们把文明一词的最初词义看成理性地改变自然，那么，个别的、相互关联的和文明的发展也证明自己是一种进步。然而，由此所达到的文明高度并不能解释成有益于全部的文明，亦即所有文明成就的总和，而仅仅是有益于每个单独的及相互关联的发展路线顺序。我们可以列举交换、金钱、货币、信贷、利息、银行、股票、交易所这一先后出现的历史和方法的顺序作为实例，来说明一种朝着前所未有文明高度前进的、与工具和机器不相关的、存在于人类实践中的进步（Janich，2003 年）。这个实例表明：进步在这里不表示一种道德价值判断，而是表示文明史的一个理论内容（参见第 2 章第 4 节）。

这样，我们就可以用对（最广义的）技术创新的探讨来取代对范例更换和科学革命的探讨（Thomas S. Kuhn），从而在超主观的有效范围的前提下，克服历史上实际存在的、把认知和组织结构的进步局限在社会（communities）的做法。技术和文化的进步应当依据发展本身来进行定义。这样，文化至少可以部分定义为具有发展方向的、能够客体化的现象。技术的历史特点在这里为文化的历史特点提供了一个模式。

技术和伦理学

鉴于其与人的行为内在的联系，我们不难发现技术所负有的责任义务。同样，如同人的实践行为（亦即人与人的关系行为）一样，我们也应当在伦理学的范畴下去理解人的技术行为的目标制订、手段选择、结果、后果和附带影响。

然而正是这样一个方法及文化主义的视角给我们揭示出了一个原因，即一个面向未来的技术后果评估工作，为什么在预测文化朝着伦理或政治及法律目标发展时，也会碰到自己的界限：由于技术进步常常至少是与手段转化目的相关联的（如轮子从车轮转变为滑轮），并且表现出上述目的和手段的开放性，所以就不可能出现放之四海而皆准的对后果和附带影响的预测（Grundwald，2000 年）。其原因就在于，人类的想象力对于新的目标定位和手段选择始终是开放性的。无人能够完全预测到用现有的手段能够达到什么样的新目标，或者用新的手段能够达到什么样的旧目标，这就是技术人员对自己的行为后果应负有的责任所遇到的界限。

参考文献

Aristoteles：*Physik. Vorlesungen über die Natur.* Dt. von Hans Günther Zekl. Hamburg 1995a.

– ：*Nikomachische Ethik.* Dt. von Eugen Rolfes，bearbeitet von Günter Bien. Hamburg 1995b.

Dingler，Hugo：*Das Experiment. Sein Wesen und seine Geschichte.* München 1928.

Gehlen，Arnold：Philosophische Anthropologie. In：*Meyers Enzyklopädisches Lexikon*，Bd. 2. Mannheim 1971，312 – 317.

Grunwald，Armin：*Technik für die Gesellschaft von morgen，Möglichkeiten und Grenzen gesellschaftlicher Technikgestaltung.* Frankfurt a. M. 2000.

Hartmann，Dirk/Janich，Peter（Hg.）：*Die kulturalistische Wende. Zur Orientierung des philosophischen Selbstverständnisses.* Frankfurt a. M. 1998.

Janich，Peter：*Logisch – pragmatische Propädeutik.* Weilerswist 2001.

– ：*Technik und Kulturhöhe.* In：Armin Grunwald（Hg.）：*Technikgestaltung zwischen Wunsch und Wirklichkeit.* Berlin/Heidelberg 2003，91 – 104.

Kapp，Ernst：*Grundlinien einer Philosophie der Technik*［1877］. Düsseldorf 1978.

Ropohl，Günter：*Allgemeine Technologie. Eine Systemtheorie der Technik.* München/Wien 1999.

彼得·雅尼希（Peter Janich）

第6节　技术批判理论

批判理论首先是社会理论，技术批判理论也似乎必须遵循这一格言。这里有它作 108 为对社会技术化过程进行伦理评价的特点和优势。为了弄清什么是这一优势的构成因素，我们首先要提出的问题是，技术伦理学今天所面对的是哪些社会和科学问题，相对于其他的理论观点，技术批判理论对这些问题是否能有更切合实际的回答。在此基础上，我们在第二步时就能举出批判理论的基本前提，这些前提看来对于解释前述的提问很有裨益。第三步和第四步要对批判理论的核心立场和观点进行阐述，以澄清它们如何对科学、技术和社会现象进行探讨的问题。有了这样的基础，我们再来回答面对后现代批判的难题，技术批判理论具有什么样的地位和价值的问题。

科学和社会的问题状况是技术伦理学的出发点

今天，人类的生活环境受到技术和科学的深刻影响。社会和技术不单单是处在一种互为影响的关系中，它们的影响已经完全深入人类自身状态以及周围环境的每一个角落。不论是生物和医学技术对我们自我认识的冲击也好（如器官移植对人类生命的延长），还是信息技术所成就的那些新的关系形式、工作形式和战争形式也罢，这些形式似乎既不受时间和空间的限制，也不以人的亲历现场为条件。经过科学论证和方案设计的技术成了在各种社会关系形态中——从人的自身和环境状态到人的关系和交往形式，直到社会的生产和再生产方式——起中间桥梁作用的媒介（参见第4章第A.8节）。

与此同时，技术同样表明是一种对人的限制以及人的发展可能性的条件。所以，技术伦理学面临的任务是，"按照理性论证的标准尺度，重建技术评价和技术决定的标准背景，以求通过此法做出经过伦理学反思和能够付起责任的决定"（参见第1章）。但是，在当今全球化和多元化的社会中，人们尚未弄清什么才能作为理性和批判普遍有效的参照点。倘若在前工业社会中，社会行为的标准基础还是以形而上学的方式定位的话，那么，现代社会在世俗化过程中就产生了一个问题，即必须从社会和历史出发，以入世的观点对什么是理性和富有意义的事物给予说明。自 19 世纪初以来，所有的学说和主张都试图用人的理性能力和主观精神因素来对道德和权利进行论证说明。然而自从人类经历了两次世界大战和对犹太人的大屠杀之后，这种做法证明是自相矛盾的（参阅 Habermas，1985 年）。直到今天，这个矛盾现象对任何一个技术伦理学来说都是根本性的，它是每一个技术伦理学基本和首要的问题：

一方面，对人具有基本理性能力的假设，使得自由思想以及启蒙、解放和社会进步的观念成为可能。直到今天，人道主义和人权观念，特别是我们全部的法律体系还是建立在人具有基本理性能力和能对自己的行为承担责任的认识之上。进而言之，每一个要把世界改变成无暴力社会的思想都必然要以人的基本理性能力为起点，寄希望于人的理性认识而非迫于外力驱使。

另一方面，以主体为中心的现代理性又表现出一种压制和独断特性——只要在它看来是精神范畴的另类事物（如自身的天性、社会环境、异族人群等），都一律剥夺其理性能力及行为能力、自治权和受保护的资格。理性的这种向单纯合理性突变的另一副面孔造成了非常可怕的后果，19 世纪工业化开始后对自然的大肆掠夺、纳粹的种族狂热、在医学的无痛苦死亡计划中以及对犹太人的大屠杀中采用的工业手段"消灭无价值生命"等就是实例。

批判理论的几个基本前提

109 　　由此产生了技术伦理学一系列的棘手问题，要破解这些问题，或许批判理论对我们会有所助益。之所以这样说，并非因为技术是批判理论的特殊论题。事实上，狭义的技术问题在 20 世纪 60 年代中后期才开始进入批判理论的视野（参阅 Böhme/Manzei，2003 年）。批判理论把自己定位为一种社会理论，它不仅以社会现实为对象，而且始终对理性社会状态的建立感兴趣。科学是社会现实的一个组成部分，而且作为参与者，它必须对自己在社会中的角色作用进行反思和定位。那种认为如同社会学的传统方法一样，可以轻松地描述社会现实的观点，与批判理论科学的自我认识格格不入。同样，只是把自己当成哲学的社会学分支，而不介入社会的探讨争论——这样的伦理学实践也与批判理论大相径庭。

其次，各种不同形式的批判理论都对批判的标准参照点所面临的困难进行过研究。在所有观点学说中，我们都可以见到试图探讨理性和理性批判之间复杂关系的辩证法的思想脉络。有别于黑格尔的哲学理论，辩证法在这里没有明确被理解成一种扬弃的模式，而是把（认知）主体和客体放在"一个运动的和具体的关联体系中"（Demirovic，1999 年，第 625 页）进行思考。这种关系虽然相互渗透，但从未完全等同或是融合在一个更高的形态之中。*对解释的依赖性和时间性*不仅是真理的核心因素，而且是辩证法观点重要的定义基础（参阅 Demirovic，1999 年，第 623 页及下几页）。由于技术评价不再能以普遍适用的标准为基础，所以，这种辩证法的观点使得批判理论对于技术评价的标准建立问题尤具吸引力。

此外，鉴于前面提到的实际问题，我们还可以举出其他一些如今对技术伦理学来说十分有意义的批判理论的基本前提。比方说我们刚刚谈到的（自然、社会和精神）科学的自我认识：由于它始终处于社会的关系之中，所以就产生了这样一个基本的要求，即科学（家）应当对自己的社会角色和地位进行反思。与之相关，学者们普遍认为，科学、技术和社会之间有内在的联系，其相互之间具体的关系状态必须从历史的角度加以确定，这样就能建立起不同的批判反思的出发点。这里，特别重要的是批判理论向理论和经验关联关系研究所提出的方法和方法论方面的高要求。后现代的社会批判因为社会现实的技术化而面临诸多棘手问题，在这种情况下，这场反思个人和社会、（认知）主体和客体、理论和经验之间相互关系的运动是大有裨益的。

"……充满对理性现实状态的兴趣……"：初创时期的批判理论

在 20 世纪 20~30 年代批判理论初创时期，人们是否从标准角度去涉及精神理性和启蒙原则对所谓早期批判理论来说并不重要。作为理性构建社会关系指导原则的是卡尔·马克思和弗里德里希·恩格斯的社会理论（参阅 Wiggershaus，1987 年；第 4 章第 A.2 节）。批判理论的创立者之一马克斯·霍克海默在他具有奠基性的《传统理论和批判理论》（1937 年/2011 年）一文中，细致地勾画了这一理论的特点："人的自我认识不是数学式的自然科学，而是充满对理性现实状态的兴趣、现存社会的批判理论。"（Horkheimer，2011年，第215页）社会不同于自然，它是一个有合理结构和自我组织的科学认知对象，所以原则上存在按照理性标准构建社会的可能性（参阅Böhme，2003年，第13页及下几页）。

110　　然而，把批判理论作为社会科学以区别于自然科学，这种解释法仍旧停留在这样一个观点认识之上，即同样作为认知对象的社会和自然有本质的区别，两种对象分别适用于不同的科学方法。虽然霍克海默完全清楚社会再生产和科学知识生产之间的交互关系，如他文中所述："关于事实的假设关系……并非发生在学者的头脑中，而是发生在工业中。"（Horkheimer，2011年，第213页）但是，从今天的角度来看，他对自然科学认知客体的认识还停留在还原论的事实观念上："自然科学中的实验意义在于，用一种和理论所述的相关情况特别恰当的方法对事实进行确认。*事实材料和素材由外界提供*。"（同上，斜体强调由本文作者所加）

上述观点尽管从批判的角度注意到了科学的社会结构和制度结构，但是，它还是忽略了这样一层关系，即自然科学不仅要发现作为单纯事实的自然客体，还必须把它们当成具有社会结构的自然对象加以理解和研究。归根结底，自然科学过去用以研究其对象的涵摄逻辑法，似乎是一种对自然进行研究的恰当理论和方法。与这种对"自然科学论证方法的信任"（Böhme，2003年，第15页）相对应的，还有一种强烈的进步乐观主义的技术概念。这一概念来自马克思主义社会理论中生产力发展所起到的积极作用。批判理论所接受的乃是现实中存在的技术，"因为它需要技术来作为自己理性社会状态设想方案的外部条件和提前"（同上）。从这个意义上说，技术并不是早期批判理论天然的研究对象，它随着赫伯特·马尔库塞（1964年/1972年）及其弟子（参阅Feenberg，1999年）的论著方才进入他们的视线。

介于现代和后现代之间：批判理论作为非认同的哲学

随着批判理论第二部重要的奠基之作——马克斯·霍克海默和特奥多尔·W. 阿多诺的《启蒙辩证法》的问世，责任和社会的对立才被系统化地转移到一个相互关联的地位上来。受到屠杀犹太人和两次世界大战的影响，这两位早期批判理论的主要代表试图将现代理性转变为野蛮残忍的原因，归结为具有启蒙和进步原则的主观理性本身内在的控制自然的理念。他们认为，自古以来启蒙"所追求的目标，是消除人的畏惧，将人树立为世界的主人"（Horkheimer/Adorno，1989年，第9页）。同时，他们将西方理性中的自主主体的起源描述成一个矛盾冲突的过程（参阅 Habermas，1985年，第132页及下几页）。

如同自主主体将内在和外在自然当作其自身的另类加以压制，并使之服从于自我保存目的一样，主观理性也将所有那些似乎对认知客体无足轻重的特征同客体分离开来。这里所理解的客体是所有那些不受有意识的主观性（对象化为个人和/或社会）控制的事物，比如其他主体、内在和外在自然或者物质世界。当理性主体根据自己的理性标准对非其自身之物进行辨认、分类和归位时，所有与概念不符的东西都被从对象中剥离。从这个意义上说，统治就已经存在于概念的定义之中，日常的实际知识和科学的阐释也同样如此。举例来说，如果我们把理性理解为精神原则，那么身体就是非理性的；如果我们将现代西方社会理解为进步和启蒙的代名词，那么，自然环境就表现为达到目的的手段，其他的文化和社会看来就是落后的和有待发展的文化和社会。

因此，需要有一个批判原则来提醒主体理性注意自己所一贯排斥的那些事物。霍克海默和阿多诺用"牢记主体中的自然"（Horkheimer/Adorno，1989年）这个辩证法的思想方法——之后阿多诺又在他的主要著作《否定的辩证法》（1966年/1994年）里将其扩展成"非认同的哲学"——阐述了这样一个批判原则。非认同哲学要求人们用每一个概念和每一次辨认来对自己排斥和自己非认同的事物进行反思，然而又不肯定地进行指称这个非认同的事物是什么，否则这又将是一种认同。随着这个反思原则的提出，一种批判策略就形成了，它坚决拒绝指称什么是什么（正确的）。该策略在主观理性面前竖起了一面镜子，这面镜子将思维不断进行反射：当镜子面前是自主主体（亦即理性自身）时，那么主体就会去寻找统治、非理性和"第二自然"。

借助这个反思原则，霍克海默和阿多诺阐述了一种始终保持其内在性的批判原

111

则：人们必须在社会的主观性方面去寻找理性和统治。凡是统治披上善和真的外衣的地方，比如健康的义务或是将人的生存降低到生物学程度的义务，我们就可以用这个原则问道：这对谁有好处呢（Qui bono）？什么人在哪些知识、哪些被排斥的事物、哪一道技术命令方面有某种利益？非认同辩证法的另一个有益之处在于，人们可以把这个批评原则运用到*所有*的真相之中。如今不仅原则上有可能对资产阶级的权利和资本主义的社会化进行批判，而且，那些定位在现代主义批判传统中的社会理论也受到挑战，必须对它们排斥的事物和它们独霸式的潜在力进行反思。

对于上面所描述的、用标准来对社会行为进行论证的困境来说，非认同哲学显然大有用武之地。虽然它并未走出这个困境，但理论上它是在与问题同等的高度与之进行较量：从政治学和伦理学的角度说，非认同哲学使人们获得了一种可能性，即针对纯粹工具性的理性的内在界限，以及它在科学和技术中表现的内在界限进行启蒙。鉴于21世纪伊始技术批判所面临的各种难题，非认同哲学的这一贡献或许显得有些微不足道。然而，我们在随后考察了最近50年现实历史和理论历史的发展之后就会发现，一方面，虽然已不再完全可能有一种跟主观理性（具有自由、启蒙和社会进步的原则）相关联的肯定关系，但是另一方面，这种肯定关系比任何时候都显得更加有必要。

必然的社会化和后现代批判的困境

当初霍克海默对（自然）科学脱离社会进行批判时（Horkheimer，2011年），他没有料到科学和技术今天是以怎样的一种方式被社会化了。如今，经济、军事和其他非科学领域对研究和开发产生着深刻的影响（关于军事技术参见第5章第15节）。大型的技术设施，如能源供应或是医学和工业联合企业，在实验和应用中也同样离不开社会的基础设施。鉴于"科学和技术这种肯定的社会化情况"（Schmid-Noerr，2001年，第58页及下几页），参与和自主的标准要求（早期批判理论中的核心议题）在今天看来至少已经不再够用。自我批判"早已成为了社会再生产的模式"（Gamm，2003年，第28页），但是社会现状并没有得到实质性的改善。

因此，技术伦理学如今面临着科学和技术社会化的挑战，而社会化又进一步增加了寻找具有普遍约束性的批判关联点的难度。一种批判理论的原则认为，社会理论不能进行抽象的议论，而必须用社会的现实情况来衡量自己的真理含量。根据这条原则，人们似乎能够开发出一个从社会当前现状出发的批判的标准参照点。任何直接引用一种没有对第二次世界大战之后的理论和实际历史发展进行反思的统治批判和权力批判，都将可能是保守的和对社会视而不见的批判。尽管许多时下的批判理论的观点学说还在排斥对技术不同的理论探讨，但仍然存在技术批判理论可以与之相衔接的不同理论流派。

举例来说，阿多诺和霍克海默的学生——新批判理论的创始人于尔根·哈贝马斯在回答标准的论证问题时所采取的方式是不论有多少困难，仍然坚持现代理性中的社会自我论证思想。他没有将批判的标准化原因定位在主观意识，而是定位在语言和理想化的话语行为的跨主体性中。他说，"交流原则上是以理解沟通为目的的，所以，它本身具有一种理性因素，这个因素可以作为普遍的标准上的参照点"（参阅 Habermas，1981 年/1987 年）。尽管他的探讨理论也曾受到猛烈的批评——指责他从理想化的话语行为出发，言之无物，有悖事实，因而脱离现实（参阅 Gamm，2003 年，第 30 页），但是，他的理论对于政治学中的民主论思潮，同时也对于民主评价技术的（参与）方法产生了深远影响（参阅 Grunwald，2010 年）。

除此之外，我们可以列举后结构主义理论来作为另外一个示例。自 20 世纪 70 年代以来，以雅克·德里达①、米歇尔·福柯②、吉奥乔·阿甘本③等人为代表的学者形成了一个新的理论流派，他们颠覆了西方理论传统的思维结构，将注意力转移到处

112

---

① 雅克·德里达（Jacques Derrida），1930—2004，法国哲学家，西方解构主义哲学的代表人物。他的思想在 20 世纪 60 年代以后掀起了巨大波澜，他也成为欧美知识界最有争议性的人物。德里达的理论动摇了整个传统人文科学的基础，也是整个后现代思潮最重要的理论源泉之一。

② 米歇尔·福柯（Michel Foucault），1926—1984，法国哲学家、社会思想家和"思想系统的历史学家"。他对文学评论及其理论、哲学（尤其在法语国家中）、批评理论、历史学、科学史（尤其医学史）、批评教育学和知识社会学有很大的影响。

③ 吉奥乔·阿甘本（Giorgio Agamben），1942 年生于意大利罗马，哲学家和著作家，意大利维罗纳大学美学教授，并在巴黎国际哲学学院教授哲学。

于现代权力核心的对生命体的征服上。这里，我们可以举出一系列相关论文（比如用于批判性的探讨生物技术），这些论文将解构主义理论同对早期批判理论的引述联系在一起（参阅 Manzai，2003 年；Weber，2003 年）。它们的兴趣点在于，始终如一地从反实证主义的角度提出自己的观点和理论，但并不采取理性和启蒙以外的其他标准立场。

作为后现代回答论证问题的最后一个示例，应该提到来自达姆施塔特的哲学家格哈德·加姆①的理论研究。加姆认为，一个批判理论一旦以普遍理性的名义和经典的论调来提出自己的观点，那么，这个批判理论最终不可能再是一种批判理论。他写道：

> 批判不再具有外部的支撑力，既非在历史中，也非在认知、古代或身体上同世界关系的最后的理由中 [...] 如果要是极端地同任何一个跟我们的判断和行动自由相关联的外部 [...] 关系一刀两断的话，那么，[...] 批判的形式也随之而改变。这个只依靠自己的批判形式，唯有在其实践当中才能够找到方向。简言之，批判就以极端的方式被转变为付诸实践的行动和作为批判的要素的实践过程上来。（Gamm，2003 年，第 30 页）

实践行为的主体性（在持续进行批判的意义上）在这里应当具有伊曼努尔·康德主体哲学中的"自发性"那样的地位，应当使对一种专断的普遍真理"说不"成为可能，从而允许有一个新的开端。

正像加姆在这里如此坚决地认为后现代时期的批判理论不可能获得成功一样，他自己却同样也是如此这般地深受这种批判理论论辩方式的左右而不能解脱。这就形同一种辩证法，它（被认为是一个不断的过程）把单一性和普遍性想象为是相互联系的，并不因为要顾及前者而放弃后者。同时，这又形同一种强大的主体性，它以专断

---

① 格哈德·加姆（Gerhard Gamm），德国哲学学者，达姆施塔特工业大学哲学教授。

式普遍性的对立原则的形象出现在人们面前。特别是此对立原则长期的批判实践，始终是现代意义上理性的自我批判。如果不是这样，我们就无法解释一种内容上毫无特色的批判学说是靠什么最后得以名正言顺地存在下来。因此，虽然有违他的初衷，但是我们可以把加姆归入这样一个理论观点的系列中，即提出这些理论观点的学者们，都试图将批判理论的基本路线变成一个*技术和自然批判理论*的肥沃土壤。（此处概览参阅 Böhme/Manzei，2003 年）。

借用后现代社会批判的这些示例，我们可以再次清楚地看到，一个在社会理论方面根基深厚的技术伦理学当前所面临的是哪些问题和挑战。今天，批判理论的标准论证问题既不能在理论上，也不能在政治上落后于《启蒙辩证法》① 的社会诊断。倘若一种普遍的标准尺度没有形成独断的地位，那么它就不能（再）称自己是有用的标准尺度，而与此同时，如果个人和社会行为没有普遍有效的标准规范，就无法被合法化。*科学和技术必然的社会化*要求每一个值得认真对待的技术伦理学要对自己的标准关联关系进行认真细致的思考。这里，批判理论的基本前提虽然不保证提供解决问题的办法，但是，它的辩证的关联方式却使对技术、科学和社会三者具体的历史共生现象的分析成为可能，从这个分析中，技术伦理学的标准论证可以找到它的出发点。

参考文献

Adorno，Theodor W：*Negative Dialektik* ［1966］. Frankfurt a. M. [8] 1994.

Böhme，Gernot：... vom Interesse an vernünftigen Zuständen durchherrscht... In：Ders. / Alexandra Manzei（Hg.）：*Kritische Theorie der Technik und der Natur*. München 2003，13 – 25.

–/Manzei，Alexandra（Hg.）：*Kritische Theorie der Technik und der Natur*. München 2003.

Demirovic，Alex：*Der nonkonformistische Intellektuelle. Die Entwicklung der Kritischen Theorie zur Frankfurter Schule*. Frankfurt a. M. 1999.

113

---

① 《启蒙辩证法》（*Dialektik der Aufklärung*），霍克海默和阿多诺于 1940 年合著的一部片段性的哲学论证文集，是法兰克福学派重要的代表作之一。

Feenberg, Andrew: *Questioning Technology*. London 1999.

Gamm, Gerhard: Kritische Theorie nach ihrem Ende. In: Gernot Böhme / Alexandra Manzei (Hg.): *Kritische Theorie der Technik und der Natur*. München 2003, 25 – 36.

Grunwald, Armin: *Technikfolgenabschätzung – Eine Ein-führung*. Berlin ²2010.

Habermas, Jürgen: *Der philosophische Diskurs der Moderne. Zwölf Vorlesungen*. Frankfurt a. M. 1985.

– : *Theorie des kommunikativen Handelns* [1981]. Bd. 1 und 2, Frankfurt a. M. ⁴ 1987.

Horkheimer, Max: Traditionelle und kritische Theorie [1937]. In: Ders.: *Traditionelle und kritische Theorie*. Frankfurt a. M. 2011, 205 – 260.

– / Adorno, Theodor W: *Dialektik der Aufklärung: Philosophische Fragmente* [1969]. Frankfurt a. M. 1989 (engl. 1944).

Manzei, Alexandra: *Körper – Technik – Grenzen. Kritische Anthropologie am Beispiel der Transplantationsmedizin*. Münster / Hamburg / London 2003.

Marcuse, Herbert: *Der eindimensionale Mensch* [1964]. Neuwied / Berlin ⁵1972.

Schmid – Noerr, Gunzelin: Zur sozialphilosophischen Kritik der Technik heute. In: *Zeitschrift für kritische Theorie* 12 (2001), 51 – 68.

Weber, Jutta: *Umkämpfte Bedeutung. Naturkonzepte im Zeitalter der Technoscience*. Frankfurt a. M. 2003.

Wiggershaus, Rolf: *Die Frankfurter Schule. Geschichte, theoretische Entwicklung, politische Bedeutung*. München / Wien ²1987.

亚历姗德拉·曼采依 （Alexandra Manzei）

第 7 节　女权主义技术哲学

特点和研究的课题

女权主义技术哲学的对象是性别关系同技术研究和开发的交织现象问题。"技术"在这里原则上被理解为文化项目和文化产品。它们产生于社会文化过程中地位不同，以及政治和经济利益不尽相同的人。"性别"在这里所代表的是一个并非不言自明的范畴，而如何对这个范畴进行解释，人们正在结合技术的发展不断地进行新的探索。因此，女权运动技术哲学研究的技术过程，能够有助于人们赋予性别以明确性，确定性别的常规性和差别，并且在一个等级体系中给它以合理的地位。女权主义技术哲学首先要提出的问题是技术的发展用什么样的方式与传统的性别等级制度相关联，这个等级制度借助性别上已定义的身份和身体，将人明确和不平等地归属到社会的结构体系之中。

其次，它提出的第二个问题是技术发展可以通过什么样的途径为探寻性别程式化形象和意义的根源，以及为克服性别的等级制度做出贡献。

最后，女权主义技术哲学不仅要追问技术发展对不同性别的人来说有什么样的物质和论战后果，而且还要追问技术的研发与单个群体和全部群体的特殊需求和愿望有什么样的关系。它研究一个性别上已定义的文化价值体系如何产生对特殊技术发展的特殊需求和愿望，技术研究通过什么手段来应对这些需求和愿望，什么人以何种方式从中获得利益。当然，女权主义技术哲学还要问，是否可能通过技术的研发来促进性别平等社会的发展。在这样一个社会中，不仅技术资源的获取不依人的性别而定，而且技术能力的评价以及关于技术研究控制的决定也不以人的性别而定。通过对全球范围内沿袭至今的不平等现象的考察，我们就能发现在女权主义技术哲学中，人们正在运用以民主价值为导向的网络女权主义文化梦想，同排斥和接纳、掠夺资源、利润和特权对峙较量，并对之进行探讨。 114

处于学院派哲学边缘地带的女权主义技术哲学乃是一种跨学科的领域，它一方面同经验性的（也同样是跨学科的）女权主义科学和技术研究无明显界限之分，另一方面，它把哲学中不同的分支，如政治哲学、认识论、哲学史和（特别是）伦理学结合在一起。人们似乎应注意的问题是，迄今为止在女权主义技术哲学中，只有为数很少的理论研究超出一些较为普遍的观点，并试图系统地将关于女权主义伦理学的讨论与女权主义技术哲学联系起来。这里存在的研究缺口亟须加以填补。

历史沿革

女权主义技术哲学的产生应当和20世纪70年代的国际妇女运动结合起来理解。这场同样发生在高等院校内部和外部的运动导致了一次根本性的科学和技术批判。

生殖技术在这里是女权主义技术哲学的一个建设性的和有争议的领域。舒拉米斯·费尔史东①曾经把新的生殖技术宣扬为妇女从生殖的专制统治中解放出来的良机（Firestone，1970年）。反之，吉娜·柯瑞亚②将这些技术看成男人对女人统治的升级（Gene Corea，1985年）。在这样一个矛盾对立的领域中，爆发了一场国际的女权主义技术论战。这场论战内容广泛，不仅有打上性别平等烙印的社会乌托邦幻想，而且也有关于生殖技术研究和开发全面的历史和经验研究（Saetnan和其他学者，2000年）。争论的中心首先是关于性别和自主权，以及性别和人的自然本性的关系问题，这些问题要求通过女权主义伦理学的理论观点获得一个价值取向（Hofmann，1999年）。争论中有学者探讨，为什么在体外受精领域医疗技术对女性身体的治疗很快就变成了研发的中心课题，尽管这本来是治疗男性不育症的一项技术（Oudshoorn，1994年）。同样有学者研究，为什么在避孕工具方面医疗技术几乎是以同样的方式专注对女性身体的治疗而非男性身体（Oudshoorn，2005年）。通过这两个案例，耐丽·奥兹霍恩③成功地向人们揭示出，问题的关键不在于事情本身，也不在于身体不同的生物学构造，而在于历史上所形成的男人和女人作为科研对象可支配性的区别中，以及在于和社会结构有关的、把痛苦敏感性和可靠性归属到男人和女人身上的不同实践方式中。

在参照了各种具体的实际研究成果的同时，女权主义技术哲学的代表提出了广泛的分析研究论文。特别是苏珊娜·莱托④在她的生物哲学批判中反对"哲学与经验知识相脱节"（Lettow，2011年，第290页），以及对相关概念只做些比喻性论述的做法。她在抵制将哲学和自然科学及技术科学分为两种文化类型的同时，倡导从哲学角度对技术科学研究当前的发展成果进行探索。她认为，这项工作非常必要，一方面是

---

① 舒拉米斯·费尔史东（Shulamith Firestone），1945—2012，出生于加拿大的女作家和女权运动者。她是美国极端女权主义的创始人，早期国际妇女运动最著名和最有影响力的代表人物之一。

② 吉娜·柯瑞亚（Gena Corea），美国记者和女权运动倡导者，著有《母亲机器》一书（1985年）。

③ 耐丽·奥兹霍恩（Nelly Oudshoorn），荷兰特温特大学健康保健技术教授。

④ 苏珊娜·莱托（Susanne Lettow），德国法兰克福大学哲学教授。

鉴于对权力和统治的批判，特别是出于结合着同依然存在的性别等级关系的原因；另一方面，应该通过这种方式打开解决问题的视角和可能性，从而展望一个"有期望价值的未来"（Lettow，2011 年，第 294 页）。

　　作为女权主义技术哲学的先驱人物，伊丽莎白·利斯特[1]在她的《从论证到制造》（2007 年）中阐述了在资本主义发展过程中自然科学和技术的作用。她把技术同经济利益、个人野心和政治企图的复杂关系与普遍宣扬的真理特性一对一地进行比较。她认为，在从论证到制造的路途当中，19 世纪实验室中新材料的合成化学（参见第 5 章第 24 节）和 20 世纪基因技术"制造"生物体的分子生物学是具有决定性意义的重大步骤。她用科学研究为战争和（新）殖民征服目的服务的实例，来证明她作为科学外表潜在特征的暴力学说。利斯特抨击作为现代自然科学基础的自我关系和世界关系的客体化，倡导把宇宙当成生命的联合体的新观念。为此目标，必须重新绘制关于自我、认识、自然，尤其是关于雄性和雌性的图画。

女权主义技术研究的主题

　　这场论战进一步关注的焦点是女性被排斥在技术之外，人与机器的关系，还有技术的"人性化"和"性别化"问题（Berghahn，1984 年；Saupe，2002 年）。技术是男人的文化这个广为流行的观点被揭露为是个巨大的文化神话，它一步步将妇女从技术研发的决策过程中排挤出去，并将女性对科技进步的贡献边缘化（Wajcman，1991年）。朱迪·瓦克曼[2]把技术理解为社会构建的观点（参见第 4 章第 A. 10 节）开启了对女权主义技术哲学研究领域进行根本性拓展的序幕。不久前发表的研究论文《包含的技术——信息社会中的性别》指出，直到今天，人人都以同样的方式被纳入信息社会，人人都以同样的方式从中受益等，并未变成一种现实（Sørensen/Faulkner/Rommes，2012 年）。在当前的技术设计过程中，重要的一环是要检查一种所谓的

115

---

① 伊丽莎白·利斯特（Elisabeth List），奥地利格拉茨大学哲学教授。

② 朱迪·瓦克曼（Judy Wajcman），1950 年生于澳大利亚，伦敦政治经济学院教授，社会学系主任，著有《女权主义的技术理论》等作品。

"我的痕迹方法"（I-Methodology）是否多多少少无意识地影响到了设计过程，换句话说就是，设计者是否把他们自己的愿望、需求、爱好和经验当成了所有未来用户的替代品。在机器人技术中，人们发现产品中社会性和情感性的"实现"只是表面上采用了女权主义的理性批判（参见第 5 章第 21 节）。因此，发明人的设计工作一方面被掩盖，另一方面得到了提高，但是，并没有对消除性别成见和等级体系做出贡献。

核心问题和理论初探

对女权主义技术伦理学具有方向性意义的是《机器人宣言》一文（Haraway，1985 年，德文版出版于 1995 年）。其主导思想是，为了实现民主的未来有必要克服现代的性别两分法。而且，正因为科技的发展塑造不同性别的人的现实，所以妇女必须参与科技的发展过程。作者认为，首先所有的人——不管是什么性别——都早已是*机器人*，亦即*受控的生物体*。换句话说，没有人能够摆脱现代文明的技术产品缠绕在自己的生命和自己的身体上面的那张网络。其二，男性在科学和技术中的统治地位不是逻辑的或者物质的必然性，而是可以改变的。甚至从历史和政治的角度来说，迫切需要将女权主义看问题的视角融合到科技的发展过程中，而不是要退回到理想化和边缘化女性位置上去。其三，机器人在自然化的性别对立中放弃明确的定位，或许可以成为女权主义政治一个有趣的领衔人物。也就是说，机器人的形象可以用来为消除自然/技术、男性/女性、动物/人类、主体/客体的两分法服务。这样，不仅把男人和科技从结构上联系起来的做法受到了质疑，而且多样化打造技术的可能性也获得了思想的空间。

人 – 机接口以及人 – 机关系的动态过程是露西·萨奇曼①的研究文章《人 – 机的重新设定》（2007 年）的中心议题。她承袭唐娜·哈拉维②的观点，把人 – 机接口看

① 露西·萨奇曼（Lucy Suchman），英国兰开斯特大学科学和技术人类学教授。

② 唐娜·哈拉维（Donna Haraway），1944 年生于美国，美国自然科学史学者和生物学家。

116

作物质及符号的网络。网络虽然由人制造，但是人也被牵连在其中，甚至可能被客体化。如同朱迪斯·巴特勒[1]和凯伦·巴拉德[2]一样，露西·萨奇曼把人－机接口描述成各种标准被反复物质化的一个动态的过程，在这个过程中，意义可能会发生偏移。她和巴特勒同样认为，身体的性别差异将有争议的性别标准快速物质化。她和巴拉德共同建议，把一件物体或一个客体理解成物质的有争议的标准形态的物质化结果（参阅 Suchman，2007 年，第 272 页）。也就是说，开发出来的技术客体虽然必须在一个文化的关联环境中去理解和认可，但是这些客体还始终带有超出对已认可的标准进行重复的可能性。对机器设备的理解概念，就不是一个静止不动的、在开发过程中已经结束了的客体。特别是计算机辅助的各种发明，应当被理解成在使用中还要继续完善的媒介或基础（Suchman，2007 年，第 278 页）。同理，在这样一种人－机关系中，对人的理解概念也不是一个一成不变的、在发展过程中已经结束了的主体。一个人不是一个自主和理性意义上的行动者，而是一个发展的、始终变化的人生历程。这个有文化和物质经验、关系和可能性的人生历程，随着每一次新的经历，都以唯一的和特殊的方式服从于变化的法则（Suchman，2007 年，第 281 页）。因此，性别化的主题和客体在它们相互影响和作用中，可能会经历新的实践和实践的解释，并且改变自己、别人和文化环境，尤其是改变性别的意义。这些可能性会通过具体的、或多或少实验性的实践，不仅在使用及操作过程中，而且在机器设备的开发设计中将自己物质化，而且不仅是在使用者和操作者方面，同时也在机器设备方面。

在具有颠覆性和创造性的网络女权主义文化中，实验性的实践活动在新的信息和通信技术的设计打造和使用方面，似乎早已变成了事实（Weber，2001 年；Reiche/Kuni，2004 年）。当前的女权主义技术哲学正以消除身份范畴的理论和实际策略为主题进行探讨。瑞典技术哲学研究学者卡塔琳娜·兰德斯多姆在她的《新主体的奇怪空间》一文中认为，新的信息和通信技术增加了一成不变的身份识别方法的难度，

---

[1] 朱迪斯·巴特勒（Judith Butler），1956 年出生，美国后结构主义和女权主义研究学者。
[2] 凯伦·巴拉德（Karen Barad），1956 年出生，美国女权主义理论和物理哲学研究学者。

开启了新的创建主体身份的可能性。在聊天室、通讯录、在线论坛和互联网博客中验证身份的困难，为在真实性之外创建面向未来的主体带来了可能（"我用自己想要的角色的身份登录"）。兰德斯多姆从妇女解放政治角度出发，对这些新的科技现象进行论述。她把各种不同的和不可预料的获取主体地位可能性的机会，和承认社会上不受重视人群的机会（经由身份问题上加以论证的解放策略）进行对比考察："'网络主体'不具有物理的主体，并且不会取代它。但是，它需要增加质问和说明的地方，为推动主体的生产采取建设性的行动。"（Landström，2007 年，第 12 页）从长远的观点来看，这种对主体生产地点的增加将以某种方式改变权力的关系，而依靠这种方式就不可能建立起可以从社会政治现实中抽象出来的各种身份，用以对行为的可能性进行论证或者限制，如抽象的性别二元论等。这样一种理论策略在何种程度上可以有助于为具有多种（也许是变换的）身份的技术人员创造出空间（他们将一个自然化了的和现代的性别二分法的二元性予以超验化），有待于日后的检验。为了能够成为技术上有创造力的主体，无须要求男性，我们可以借助改变或是消除性别、文化、社会和性的身份从理论上来解释技术主体的多样性。此外，我们还必须弄清具有这种多样性身份的技术主体，是否后来也生产出了对巩固和检验身份定位没有什么助益的技术客体。

　　如果身份定位失去了对接触技术、社会和政治的管理作用，将会发生什么呢？安妮·巴尔萨摩[①]在她的《文化设计：工作中的科技空想》一书中对这个问题进行了探讨。她研究了技术和艺术设计实践、文化再生产和科技想象力的关系，分析了关于妇女和科技想象力的神话，并且揭示了交互式的女权主义多媒体以及其他交互式媒体技术的产生过程。巴尔萨摩开创了一个*阐释学逆向工程方法*，借此，她触及了技术创新过程中的一个常用方法，即为了研究制造过程而对一件技术产品进行拆解。她通过对文化意义的分析，扩展了众所周知的*逆向工程方法*，目的是提出对技术互动过程的新解释。通过这种方法可以扩大技术发展和应用的行动范围和想象空间。也就是说，人

117

---

① 安妮·巴尔萨摩（Anne Balsamo），1959 年出生，美国作家和媒体研究学者。

们应该有意识地将技术的想象力用作开发技术创新的目的，从而不分性别、年龄、受教育程度和文化背景，尽可能地为许多人和社会群体带来益处，而不是主张男性的唯我独尊。

当前女权主义技术哲学的一个流派是物质女权主义（Alaimo/Hekman，2008 年）。这里说的物质主义不是马克思主义或经验主义意义上的物质主义，人的身体和非人类大自然的物质性（在女权结构主义理论的基础上）乃是认识产生的积极因素。也就是说，我们的研究工作要考虑到，作为研究对象的（有机或无机）实体在（实验的）研究设备的影响下会发生变化。此外，科技研究过程的结果也绝非事先可以预料并且是有多义性的（Barad，2007 年）。从雄性中心论的角度看待两种性别，以及从人类中心的角度看待一个可以从其环境中脱离出来的人的认识主体，都是陈旧过时的做法。相反，科技研究和发展的责任问题以一种新的方式成了人们争论的中心议题。作为伦理学主体来讨论的不是科技创新的后果，而是整个研究工作——从问题的提出，到把有机和无机的物质和实体纳入实验过程，直到数据的搜集和解读：谁的尊严受到保护或是危害？有千丝万缕联系的世界里哪些交互影响和作用被人们所考虑到或是受到激发？过程、材料和现象可以各自为政、互不相干的观点，很长一段时间里在技术科学研究中起着主导的作用，现在一个复杂和无法完全掌握的合理性问题已取而代之。在这个合理性中，处在人的主观意愿和机器设备的可控性之外的各种过程正受到人们的重视和研究。

生物体和机器具有有机和无机的过程和现象，它们的定位和关联性从未被自然科学或技术科学所完全掌握。基于这样的认识，荷兰女哲学学者罗希·布莱多蒂①提出了一种所有过程中的生物体换位和平等的伦理学学说。这里所说的过程，不是那种建立在被指派的和在总体世界中可确定的地位之上的过程，而是定位和关联性不断转换和变化的过程（Braidotti，2006 年）。在这个后现代和后殖民时代的女权主义技术伦

---

① 罗希·布莱多蒂（Rosi Braidotti），1954 年生于意大利，比较哲学和女权理论研究学者，任教于荷兰乌德勒支大学。

理学方案中，对人的行为具有主导意义的是为大多数生命体谋求一个有生存价值的未来的愿望，而不是为少数生命体谋求短期利润最大化的愿望。

参考文献

Alaimo，Stacy/Hekman，Susan（Hg.）：*Material Feminisms*. Bloomington/Indianapolis 2008.

Balsamo，Anne：*Designing Culture：The Technological Imagination at Work*. Durham/London 2011.

Barad，Karen：Posthumanist performativity：toward an understanding of how matter comes to matter. In：*Signs：Journal of Women in Culture and Society* 28（2003），801 – 831.

– ：*Meeting the Universe Halfway. Quantum Physics and the Entanglement of Matter and Meaning*. Durham/London 2007.

Berghahn，Sabine et al.（Hg.）：*Wider die Natur? Frauen in Naturwissenschaft und Technik*. Berlin 1984.

Braidotti，Rosi：*Transpositions. On Nomadic Ethics*. Cambridge 2006.

Butler，Judith：*Bodies that Matter：On the Discoursive Limits of »Sex«*. New York 1993.

Corea，Gena：*The Mother Machine*. New York 1985.

Firestone，Shulamith：*Dalectic of Sex*. New York 1970.

Haraway，Donna：Ein Manifest für Cyborgs. Feminismus im Streit mit den Technowissenschaften. In：Dies. ：*Die Neuerfindung der Natur. Primaten，Cyborgs und Frauen*. Frankfurt a. M. 1995，33 – 72（engl. 1985）.

Hofmann，Heidi：*Die feministischen Diskurse über Reproduktionstechnologien. Positionen und Kontroversen in der BRD und den USA*. Frankfurt a. M. 1999.

Landström，Catharina：Queering space for new subjects. In：*Kritikos. An International and Interdisciplinary Journal of Postmodern Cultural Sound，Text and Image* 4（November – December 2007），http：//intertheory. org/cland strom. htm（20. 09. 2012）.

Lettow，Susanne：*Biophilosophien. Wissenschaft，Technologie und Geschlecht im philosophischen Diskurs der Gegenwart*. Frankfurt a. M. 2011.

List，Elisabeth：*Vom Darstellen zum Herstellen. Eine Kulturgeschichte der Naturwissenschaften*. Weilerswist 2007.

Oudshoorn，Nelly：*Beyond the Natural Body：An Archeology of Sex Hormones*. London/New York 1994.

– ：*The Male Pill. A Biography of a Technology in the Making*. Durham/London 2005.

118

Reiche，Claudia/Kuni，Verena（Hg.）：*Cyberfeminism. Next Protocols.* Brooklyn，NY 2004.

Saetnan，Ann Rudinow/Oudshoorn，Nelly/Kirejczyk，Marta（Hg.）：*Bodies of Technology. Women's Involvement with Reproductive Medicine.* Columbus，OH 2000.

Saupe，Angelika：*Verlebendigung der Technik. Perspektiven im feministischen Technikdiskurs.* Bielefeld 2002.

Sønsen，Knut H. /Faulkner，Wendy/Rommes，Els：*Technologies of Inclusion. Gender in the Information Society.* Trondheim 2012.

Suchman，Lucy A. ：*Human – Machine Reconfigurations. Plans and Situated Actions.* Cambridge/New York [2]2007.

Wajcmann，Judy：*Feminism Confronts Technology.* Cambridge 1991.

Weber，Jutta：Ironie，Erotik und Techno – Politik：Cyberfeminismus als Virus in der neuen Weltunordnung? In：*Die Philosophin. Forum für feministische Theorie und Philosophie* 12/24（2001），81 – 97.

– ：Situiertheit，Verkörperung，Emotion：Unscharfe Begriffe als technowissenschaftliche Innovationsressource. In：Waltraud Ernst（Hg.）：*Geschlecht und Innovation. Gender Mainstreaming im Techno – Wissenschaftsbetrieb.* Berlin/Münster 2010，49 – 62.

瓦尔特劳德·恩斯特（Waltraud Ernst）

第8节 作为媒介的技术

问题视角

在近年来的技术哲学讨论中，参与的各方都建议把技术理解为一种媒介（比如 Gamm，2000 年；Hubig，2006 年；Krämer，2000 年；Ramming，2008 年）。对技术做这样的理解并非出于分类的意图，也不是要达到（进一步）区分类型的目的，而是要采用一种特定方式去理解技术的一些核心特征，这一特定方式超越了那些运用不同方法把"广义的"技术概念定义为"手段的代名词"的学术观点（Weber，1976 年，第 32 页）。下列的几个层面和问题应该得到我们的关注和重视：（1）自然的媒介（外在和内在自然的状态）在什么样的程度上被技术加工变形并转化为技术的媒介？（2）技术是如何取得中介的地位，从而来调解我们同大千世界的理论和实际的关系，并最后成为二者之间的"使者"的？（3）我们是在怎样的一种程度上（除了依靠使用工具行为获得具体效应之外）"制造了新的世界"？通过这些问题，我们可以弄清技术在塑造（转换、限制、扩展和制造）我们的想象空间和行动空间时所扮演的角色。

在这个过程当中，我们一方面接触到了快速发展中的媒介理论和媒介哲学的成果，并且以之为出发点，将这些学术成果扩展并应用到信息和交际媒介上。另一方面，摆在我们这一意图面前的是"媒体"概念无法让人视而不见的"丰富含义"（Hoffmann，2002 年，第 20 页）以及它可用于"几乎每一种现象"（Baecker，1999年，第 174 页）的应用特点。

其他各种不同的学术观点亦来自技术哲学和（社会科学的）技术理论。在技术理论中，技术被理解为基础设施和"可供使用之物"（Böhme，2008 年），"媒介的安装"（Halfmann，1996 年），"形成习惯的资源"（Schulz-Scharffer，2000 年），"代理机构"（Rammert，2007 年）和"内在结构"（Grunwald/Julliard，2005 年）。有鉴于此，被从不同角度理解的技术的媒介特征存在于广义上的特殊*促成作用*之中——这或许就是上述这些理解方式的共同之处。这点对尼克拉斯·鲁曼的系统论媒介概念来说也不例外，他说："不论是什么情况，每个想对媒介进行描述的观察者，都必须使用情态论的措辞。"（Luhmann，1995 年，第 168 页）

从一种媒介哲学的视角中，我们得出了针对普通应用伦理学和特殊技术伦理学的地位定义和形式分析的倡议和结果：这是因为，出于技术伦理学意图（经济伦理学或媒介伦理学，即狭义的信息伦理学亦同样）对行为选项的评估，其特点并不是在于把相关的选项（即规则、禁令、允许和建议）简单统合到一个普遍的道德标准之中。那样的话，就只有技术（经济或媒体学）的专业知识也许能够起到普通伦理学的规范作用。依靠这种专业知识，人们可以通过如下的方式捕捉选项的各种特征，即这些特征在怎样的程度上归属普遍标准的关系范畴。举例来说，我（不管是在何种情况下）是否可以借助一件技术产品去杀人（做生意欺诈或在新闻媒体上撒谎），这些都不是专门的技术伦理学（或经济伦理学和媒体伦理学）的问题。这样的问题（包括例外在内）乃是普通伦理学的管辖范畴（我不可以杀人、欺诈和撒谎）。应用型伦理学的特点是在对*可能性范围*予以标准化之中，技术行为（以及经济交流行为等）即可能发生在这些可能性范围之中。技术创造、推动、规避了哪些风险（可能的危害）和机遇，（相关的劳资关系、金融市场规定等提供了哪些经济活动的选项，哪些通信传播系统和渠道等造成了哪些消息的权威性及合法性，以及造成了哪些沟通交流的失误），这些都属于技术伦理学（以及经济伦理学或媒体伦理学，关于媒体问题参见第 5 章第 13 节）的特殊问题。

因此，技术伦理学问题的主要组成部分是来自对特定技术和工艺的媒介理论研究，其中也恰恰来自现代的、明确表现为媒介的*使能技术*（纳米、生物、信息、智能）。对技术的开发者来说，技术伦理学必须提出的问题是：是否允许/禁止/要求/奉劝他们，去开启、推动、阻止或关闭采用道义上会有问题的技术媒介的可能性？或者，从使用者的角度来提问：在他实现技术的用途的特定选项时，他怎样来肯定、改变、滥用、破坏或调整这些作为媒介的技术？

代名词和媒介

技术作为"手段的代名词"汇集了在类别上不尽相同的各种手段，如（1）能力和技能；（2）采用特定工艺程序（流程类型）确定的，对事物、状态和方式本身进行制造和改变的方法；（3）工艺模式（也叫"工艺技巧"）的知识；（4）工作的具体行动和过程（作为*指令*），（5）作为时空实体在工作过程中使用的产品；（6）这种工作的结果作为已实现的目标（有别于自然形成的/"生长出来的"目标），而这些目标本身又可以作为手段被加以使用（Hubig，2006 年，第 28 页）。当然，只有当其内容因素处在一个"统一的兴趣点"和一个"统一的解释"之下时，我们才（只有这时才）能把它说成是代名词（Husserl，Hua Ⅲ，第 23 页和第 74 页）。马克斯·韦伯认为这个兴趣点存在于手段的使用中，而"手段的使用是有意识和有计划的……"（1976 年，第 32 页），这就导致了一个范围十分广泛的关于技术的概念，从而可以被用于"所有的和每一个行为"之上（Husserl，Hua Ⅻ，第 23 页和第 74 页）。在经典的技术哲学方面，过去和现在都有人做过界定的努力，试图在定义上把技术作为

"实用技术"区别开来，并且在专有词语上做出相应的限定。然而，手段使用的"计划性"给我们提示了无条件属于技术范畴的、精确代表和精确计算的知识技术（其本身也要依靠通过技术制造出来的物质载体）和社会管理术，这些社会管理术是实现复杂的实用技术必不可少的，同时，其本身不仅需要代表其规则的特定知识技术，而且也需要作为组织实现形式的特定实用技术。

除了实现具体的目标外，人类技术的一个"共同的兴趣"就在于通过可重复性、可计划性和可预见性来"确保"（Heidegger，1962年，第18页和第27页）目标的实现。对这个确保承担保证的是由自新石器时代革命以来的技术工具和装备，它们取代了猎人和采集者的偶然技术。通过系统化地改造（盖房、有围栏和灌溉系统的耕种和畜牧、交通基础设施、通信、防卫等），猎人和采集者的自然媒介变成了技术的和人造的媒介。这种对自然媒介的改造，使合目的的媒介使用的可能性有了保证。然而，一种只注意技术的工具特性的简单化的观点，却对某些以哲学人类学为导向的技术哲学产生了很大影响，并使之变成了一种简单化了的技术形态哲学：人显现为一种技术的问题，解决这个问题必须要利用技术，或者进化本身就表现为解决问题的过程，在这个过程中，技术的位置得以确定。这里，人一方面显现为一种有缺陷的或是无所不有的生物，另一方面又显现为进化的顶峰或灾难。那么，人究竟是一副怎样的面目，这要取决于他的技术手段在一个大范围的、技术上模式化的问题关联体里如何定位（Hubig，2006年，第3章）。这一系列的人类学的观点和看法（参见第4章第A.3节）得益于将实际问题作为技术问题模式化的广阔空间。

如果我们回过头来看媒介概念的话，除了各种专用的限制词外（尚未对其进行不同的探讨），我们最后只看到了一个比喻的内核，即把实际情况变为可能的媒介化（或主体变为自己的作用和记忆对象，以及在主体与主体之间）。这个内核所具有的特性来自一种原本的和绝对的比喻，这个比喻既不能简单地用概念来翻译，也不具备单纯的启发式作用，而是表达了我们思维的一个基本的和形成特定解释方略的导向。这样一种比喻仿佛是在号召人们去发掘它所关注的事物。这就是广义上形成理论和实践关系可能性的东西，我们无法直接想象出这层关系究竟是什么，但我们正在用其他的（推导出的）比喻来对它进行发掘，比如用"空间"的比喻等。与之相对应，有学者曾经试图用哲学模态理论的手段对"技术的媒介性"进行进一步的研究探讨（Hubig，2006年，第5章）。

倘若我们把技术看作媒介的总称（在之前提及的不同层面上）的话，那么，我们就触及了这样的一个行为方面，我们可以把它称为工具式的行为，或用工程师的术语称它为控制：通过适合的输入而得到产出的结果。此外，作为技术行为的人的特殊行动所追求达到的目的是通过手段使用时对其进行保护，使其免遭我们外在和内在自然的危险，保证手段和目的之间的关系。这一目的已经包括在了更为广义的、在技术装备范畴中得以实现的管控概念当中："完美的管控使成功的控制成为*可能*。"（Ashly，1974年，第290页，斜体为本文作者所加）基础性的管控是保护/控制，接入干扰常数的高级控制（这时，故障模式——智能技术——允许预防性地或主动地对不希望出现的效果进行补偿），最后是狭义的管控（DIN19226）。在狭义的管控中，通过反馈将故障所引起的误差本身当作纠错的控制脉冲。唯有如此，可预期性和可计划性才能得以实现。这样的一种设计方案正好形成了我们在干涉主义的现代自然科学中视之为实验的东西，它解释了为什么这样一种技术化的自然科学使以自然科学为基础的技术变成了可能，以及反之亦然，也就是说双方互为媒介。

手段和目的

对于手段和目的不能想当然地下定义，而只能从相互关联的角度进行定义。只有根据其可归属性，以及实现可能目标的服务性，才能衡量外在的物体和事件是否为手段（Mittel）。只有根据一种假设的可实现性（否则仅仅是一厢情愿的想法），才能衡量预期要达到的目标是否为目的（Zwecke）。服务性和可实现性是支配谓项，不能降格为明确的属性谓项。由于它们处在经常的更新变化中，所以我们对它们的了解始终是不全面的，但对于行为规划来说仍然是必不可少的。这样的手段和目的的概念认识，可以用黑格尔的话称它们为"内在的手段"和"内在的目的"。通过抵触、拘束和惊奇，我们获得了对于作为想象的内在手段概念和外在手段之间区别（目的概念也是如此） 121

的认识。抵触、拘束和惊奇出现在使用工具的行为当中，并且又被重新加以概念化。黑格尔在他的《逻辑学》的目的论一章中，通过把手段概念定义为三段论法中的手段概念的方式，揭示了这一概念的逻辑推理过程（Hegel，1971 年，第 391～406 页）：

·主体（S）想通过手段（M）来实现目的（Z）（M 和 Z 是内在的，"主观的"和想象的）。

·S 确认一个外在的物体或一个外在的工艺方法 M' 作为手段（M）（"将它引入"主体自己和目的之间——这个公式后来也被马克思采用）。

·S 通过 M' 实现了外在的（"客观的"）目的 Z'。

·S 用设证推理的方法从 Z 和 Z' 之间的区别中得出了 M' 的媒介的特性。"媒介"被黑格尔理解为"是具有特性的"（Hegel，1957 年，第 91 页）。

约翰·杜威① （1980 年，第 137 页及下几页）也将手段区分为外在手段和内在手段。但是，他把内在手段理解为一种手段和目的特性之间的固有/内在的关系，所以他把内在手段也称为媒介。这个概念在使用上的区分很不充分，因为把手段的特性转化到目的上面也是一个外部的（因果的）过程。作为*想象中的*过程来说，它是内在的媒介形式，而作为已实现的过程来说，它是外部的媒介形式。因此，我们似乎应当将其称作内在的和外在的手段，以及内在的和外在的媒介更为恰当。

由于（内在和外在的）手段和（内在和外在的）目的之间的复杂关系，以及由于技术实践过程的结果所引起的概念持续变化的必然性，把技术当作服务于特定目的特定*手段*系统来讨论是低估了其复杂性的做法。因此，我们必须把技术当作服务性和可实现性的系统，以及使成功地使用工具行为变为可能的实践活动来理解。这样的服务性和可实现性在技术伦理学中还是一个有待论证的课题，亦即会将其作为技术伦理学的一个本身的和特殊的问题进行研究（比如关于基因技术用于人类的讨论，参见第 5 章第 7 节）。换句话说，手段被赋予了一种潜力，这个潜力在实践过程中作为

---

① 约翰·杜威（John Dewey），1859—1952，美国哲学家和教育家，美国实用主义哲学的重要代表人物之一。

非期待的潜力被概念化，并且在伦理学的意义上被反思讨论。一个技术的实际装备代表了一种潜在作用，当这个实际装备被确认为具有行为的重要性和被融合到具体的行为关联体中时，它的潜在作用才变为实际作用（Hubig，2006 年，第 173 页及下页）。我们可以通过技术媒介的阶段论来对这一过程进行阐述和论证。

技术作为媒介——媒介性的等级

由于我们只有借助于知识技术、实用技术和社会管理术的行为过程中所获得的经验才能对可能性进行发现和思考，所以，我们所理解的"可能的"东西都处在持续不断的变化之中。因此，可能性的范围以及所有的特殊媒介性就不能变成一种结论性的理论观点的对象。倘若我们在阐述技术的媒介性时是以技术的行为过程为导向的话，那么，技术就表现为三个层面上的媒介特性，这三个层面本身又分别具有一个内在的（想象中的）媒介和一个外在的（实际接触中感受到的）媒介的维度：

（1）在普通概念层面上，我们建立起一个实现潜在目标的可能性范围的模型。构成这个可能性范围的结构基础是我们区分各种可支配的原因的认识能力。除此之外，这个可能性范围还具有一个"外在的"维度，即一种必须将之设置为前提的（技术的）可能性，它不仅将那些可支配的因素——"分散存在的原因"（柏拉图：《蒂迈欧篇》51c）区分开来，而且还作为使用这些原因的前提。柏拉图将这些作为因素的"原因"的范围称作地方（Chora）。这个地方指的是可行性和可支配性的想象中的（"内在的"）和现实的（"外在的"）范围，它的结构决定了它的"轨迹"——或者用人们在媒介讨论中爱用的但含混的一个词语来说——这个结构决定了实现可能目标的"痕迹"。它是一个潜在的可能性层面，换成"可能的"这个形容词在日常用语中的表达方式就是："……是可能的。"

（2）这种认识论的选项区分和实际的选项划分造就了实现可能目标的实际空间，亦即技术装备，其任务就是要成功地实现前述的目标。这里，我们就进到了实际的可能性或所谓媒介运用的层面上（Krämer，2000 年，第 90 页）。作为内在的媒介，这个范围存在于一系列的功能用途设想/期待之中（对设计者、开发者和使用者而言）；

122

作为外在的媒介，这些功能用途设想又落实在原料、能源和信息的输送、转换和储存的技术系统的基础设施之中。这个层面的实际可能性"可能的"表语用法为："X能够……"

（3）这时，使用工具行为就存在于把实际范围中可支配的（可能的）手段和目的关系转变为现实的过程中。在此过程中，人们体会到了想象中的和已经实现的目的之间的差别。通过这种差别，作为媒介的技术以非期待中的（积极和消极的）效果的形式留下了"……的痕迹"。于是，实际实现过程的作用和界限（用"可能的"这个词来代表"能有效果"的意思，并且采用谓语句进行表达，意即制造出、改变、阻止等）变得一目了然，并且通过设证推理，使人们能够对想象中的功能用途同实现了的功能用途〔媒介（2）〕之间的关系，以及〔鉴于技术上处理各种原因〔媒介（1）〕的可能性〕对各种从认识论角度所做的区别之间的关系进行修正。这样，我们就可以逐步地对把技术作为潜在和实际的可能性的概念设想予以改进，并且也相应地对技术装备进行优化，以及部分地或全部对其进行改造或替代。一个成功的或不成功的、常态化的技术行为（作为一个媒介的松散关联因素的"固定结合"），以及在一个媒介之中"形式"的建立〔这里我们再回过来谈一下在尼克拉斯·鲁曼的书中（1998年，第198页及下几页/第522页）被弗里茨·海德①所承认的主要差别〕导致了人们对相关技术媒介结构具有更加广泛的认识。这个媒介始终是动态的，其原因就在于，它的概念化必须不断重新同"也具有特性的"（黑格尔语）媒介相比照，而黑格尔的这一观点揭示了媒介的相应表现形式。

举例来说：一台轨道交通车辆使人们能够到达特定的旅行目的地，但在规定以外的其他时间里，并且在使用技术系统所提供的手段情况下，它又使人们不可能达到另外的目的地。这样的技术系统是相关交通运输的一种媒介。它的内在媒介性（1）是通过我们相关技术知识的现有水平（建筑技术和驱动技术等）所决定的，它的外在

---

①　弗里茨·海德（Fritz Heider），1896—1988，美国社会心理学家，社会心理学归因理论的创始人，著有《人际关系心理学》一书。

媒介性（1）受制于众多的因素，比如驱动系统的功效程度，交通工具所要行驶的最大坡度等。它的内在媒介性（2）由时刻表所给定，其外在媒介性（3）则取决于实际的铁路网和车辆的状态。另外，还需对这两个层面进行补充的是，这个运输系统的运营商和使用者的机构和组织方面的情况，即社会管理术的维度。由于运营商和使用者之间的紧密关系，这个系统中的（有可能是相互对立的）目的得到了实现，而这些目的又决定了其他主体对目的追求的可能性。这种情况所导致的关于价值的争议，需要技术伦理学来对其进行反思。

对手段和媒介所进行的总体区分，不应当被理解为外延式的区分方式，而应当被理解为内涵式的、取决于认识和实际立场的区分方式：一个房子是一个手段（比如用来遮风避雨）*和*一个居住的媒介（可能性范围）。一封电子邮件是一个用来传达吊唁的手段，同时也是一个不可以在特定程度上进行个人悼念感情交流的媒介。

自新石器时代的革命以来，技术的目的就在于摆脱对自然媒介的依赖，所以它从一开始就以系统技术的面貌出现人们面前。正因为如此，它试图保障实现目的的控制过程顺利进行，亦即通过控制过程实现使用工具行为的目标，而这些控制过程则要对表现为外部干扰常数（自然手段）的"媒介特性"进行补偿。此前我们提到过的三种控制类型（牵制和/或更高级的控制，接入干扰作用和/或反馈），皆见于所有的技术系统之中。与鲁曼的观点不同，技术不能*仅仅*被看成一种以系统的"偶然性管理"为目的的固定关系，其原因在于，这样一种固定关系只涉及作为实现目的的充足条件的手段特性，而我们更应该把技术系统都看作媒介，亦即将其理解为（其自身形成的）松散关系，这种松散关系使合乎目的的手段使用成为*可能*。

参考文献

Ashby，William Ross：*Einführung in die Kybernetik*. Frankfurt a. M. 1974.　　123
Baecker，Dirk：Kommunikation im Medium der Information. In：Rudolf Maresch/Niels

Werber（Hg）：*Kommunikation，Medien，Macht.* Frankfurt a. M. 1999，174 – 191.

Böhme，Gernot：*Invasive Technisierung.* Zug 2008.

Dewey，John：*Kunst als Erfahrung.* Frankfurt a. M. 1980.

Gamm，Gerhard：*Nicht Nichts.* Frankfurt a. M. 2000.

Grunwald，Armin/Julliard，Yannik：Technik als Reflexionsbegriff – Überlegungen zur semantischen Struktur des Redens über Technik. In：*Philosophia naturalis* 42（2005），127 – 157.

Halfmann，Jost：*Die gesellschaftliche »Natur« der Technik.* Opladen 1996.

Hegel，Georg Wilhelm Friedrich：*Phänomenologie des Geistes*［1807］. Hg. von Johannes Hoffmeister. Hamburg 1957.

– ：*Wissenschaft der Logik II*［1812］. Hg. von Georg Lasson. Hamburg 1971.

Heidegger，Martin：*Die Technik und die Kehre.* Pfullingen 1962.

Hoffmann，Stefan：*Geschichte des Medienbegriffs.* Hamburg 2002.

Hubig，Christoph：*Die Kunst des Möglichen I. Philosophie der Technik als Reflexion der Medialität.* Bielefeld 2006.

Husserl，Edmund：*Philosophie der Arithmetik.* Gesammelte Werke XII. Hg. von Lothar Eley. Den Haag 1970［Hua XII］.

Krämer，Sybille：Das Medium als Spur und als Apparat. In：Dies.（Hg.）：*Medium，Computer，Realität，Wirklichkeitsvorstellungen und neue Medien.* Frankfurt a. M. 2000，73 – 94.

– ：Medien，Boten，Spuren，in：Stefan Münker/Alexander Roesler（Hg.）. *Was ist ein Medium?* Frankfurt a. M. 2008，65 – 90.

Luhmann，Niklas：*Die Kunst der Gesellschaft.* Frankfurt a. M. 1995.

– ：*Die Gesellschaft der Gesellschaft.* Frankfurt a. M. 1998.

Rammert，Werner：*Technik – Handeln – Wissen.* Wiesbaden 2007.

Ramming，Ulrike：Der Ausdruck » Medium « an der Schnittstelle von Medien – ，Wissenschafts – und Technikphilosophie. In：Stefan Münker/Alexander Roesler（Hg.）：*Was ist ein Medium?* Frankfurt a. M. 2008，249 – 271.

Schulz – Schäffer，Ingo：*Sozialtheorie der Technik.* Frankfurt a. M. 2000.

Weber，Max：*Wirtschaft und Gesellschaft*［1921］. Tübingen 1976.

克里斯多夫·胡比格（Christoph Hubig）

第 9 节 技术决定论

从哲学的角度看，技术可以从四个不同的角度进行考察：在个人或集体层面上，以及从*自然主义*或*理想主义*的视角。技术伦理学的出发点是个人层面；技术社会学所研讨的是集体的技术使用问题；从社会和政治角度对技术使用的伦理问题的讨论，在这两个层面之间架起连接的桥梁。与二者的区别相对立的是决定论或人的自由的哲学问题。在*自然主义*和*理想主义*的技术阐释中，对这个问题有不同的回答方式；除此之外，在社会学中时常出现技术决定论的观点，认为技术决定了社会的发展进程。

互补视角：自然主义 vs 理想主义

从生物学上说，我们属于人这个物种，此物种通过进化而成，并且只是细微地同高等动物有所区别。从精神科学和文化科学的观点上说，人具有意识和理智，发明了文字并建立了诸如法治国家这样的社会组织机构。因此，人和技术可以用两种互补的方式进行考察——*依附*于自然的束缚和*摆脱*了自然的束缚。人具有符号方面的能力，如语言、技术和宗教。自古以来，宗教的目的就是为了革除这样一个认识，即我们完全听命于大自然的摆布而且终不免一死；技术的作用则是通过利用自然的过程，达到进一步对自然进行掌控的目的。人类的技术就是有计划地进行改造后的自然，人就是有计划地重塑自己的自然环境和自身自然本性的一种动物（关于哲学人类学参见第 4 章第 A.3 节）。

伊曼努尔·康德（1786 年）在他的名言"两个世界的公民"中揭示了人的双重自然本性：人既属于自然的世界*同时*又属于自由的世界。作为自然存在，人和其他生物一样都服从于同样的自然法则；作为自由存在，人具有理性和道德自我决定的能力。康德认为，产生伦理问题的特别原因在于，自然本性的驱动和道德认识发生了冲突。在这种情况下，我们身上的理性应该要阻止我们身上的自然本性。技术伦理学所探讨的课题是哪些技术的使用是符合理性的，反之，理性能够和应该在怎样的程度上去阻止自然的和自然本性的对技术的使用。这时，关于"自然"、"理性"以及"自由"的确切含义，需要区别技术和康德所指的道德个体的情况再分别做出定义。这里，"自然"存在于一个准自然法则的技术发展过程中，而"自由"则存在于对我们生活环境的技术改造中。自然的和关乎理性的技术阐述是一种互补的关系。

从*自然主义*角度看，技术的用途在于保障人这个物种的生存基础。在此过程中，

124

技术进步表现为一种准生物学的过程。这个过程自然而然地发生，并且伴随着各种非计划的行为后果——从简单的工具使用事故，到在全球化的世界中，尤其是因为集体的能源消耗所引起的高度复杂、很难预见其后果影响的气候变化（Falkenburg，2008年）。由此，人类文明中的技术发展表现为"第二自然"。

从*理想主义*角度看，技术乃是在一个以受理性控制的活动为基础的文化发展过程中形成的。它的人类学根源是游戏冲动、好奇、实验和建造欲望，同时再加之以因历史情况不同而变化各异的改造生存条件的要求。这里，理想主义的技术阐释所强调的是技术的计划特性，以及把人从大自然的束缚中解放出来的目标。

这两个方面紧密相关，不可分割。"准生物学的"或"自然而然的"这两个属性词语的含义不是字面上的自然法则，技术的成功与否所遵循的是物理学和化学等的法则，而生存环境的技术化则是一个社会和经济的过程。在此过程中，技术的活动是在集体层面上进行的。这两种规律相互渗透，相互影响。只要技术化进程还未被人们所完全理解和掌握，那么它就是一个类似于生物学的发展和优胜劣汰的过程，而组成社会集体的单个个体只能有限地对之进行规划或控制。理解具有独立作用的技术后果的钥匙是技术、经济和自然三者之间的相互关系，其中，没有任何规划，任何技术创新也不会成功（Rapp，1978 年）。

在与技术打交道的过程中所产生的道德、法律和政治问题，一般说来首先是自然而然的、集体使用技术的一个直接或间接的后果。这些问题可以从理想主义角度，亦即从实践理性的视角被进行诊断。鉴于集体过程的复杂性（关键在于对其进行规划和控制），个人的道德约束在这里基本上无能为力。因此，技术伦理学的目标乃是研究技术和经济所赖以发展的政治和法律框架条件。

从自然主义视角看技术

片面的技术自然主义或技术决定论通常见于生物人类学、进化生物学、社会生物学和社会学代表人物的理论和学说中，此外，还常见于自然科学家和技术科学家的观点以及工业领域中。其思想来源有两个方面：生物学和社会分工体系中技术生产的生物学类比情况。在个体层面上，人被看作为了生存而使用工具的生物。在集体层面上，人这个物种的进化被按照重大技术革命，特别是按照近代工业革命的标准来进行衡量。

生物人类学：阿诺尔德·盖伦的技术哲学（参见第 4 章第 A.3 节）的基础是（老式的）进化生物学和行为生物学。根据这两种学说，人同动物相比较是一种"有缺陷的生物"——我们缺少直觉，离开了文明便无法长久生存。从积极的意义上说，人的智慧是对缺乏直觉的一种替代，因而同时也是人的自由的载体。生物学家阿道尔夫·波特曼①更进一步认为，人的特征必须要以他的能力和需求的可塑性来进行定义。因此，人的自然本性在于其本性的可塑性之中，也就是说，人部分地摆脱了自然的束缚。从盖伦和波特曼的不同观点中我们可以看到，自然主义和理想主义的技术阐释是怎样的一种互补关系。人类通过运用到技术中的智慧弥补了自己的直觉缺陷，或者说实现了其自然本性的可塑性。工具的使用让人类能够使自己适应自然，同时也让自然适应自己。正如盖伦引用恩斯特·卡普的观点所指出的那样，技术对单个人来说乃是器官的延长和器官的替代。技术不仅减少了人的直接生存烦恼，而且还减少了千篇一律的、可自动化的行为动作。

*进化生物学和社会生物学*将生物学的技术认识扩展到人的物种进化论之上。人们从进化生物学角度来解释人类技术发展的飞跃，比如从狩猎和采集文明向农耕文化的过渡，或者是工业化的革命等。从这个观点来说，技术就是采用其他手段的进化延续。农田耕作、工业生产的分工或者是当今的医学技术，的确在遗传进化意义上改变了我们的人种，同时，它们还影响到了人口结构、生殖繁衍和自然的优胜劣汰。遗传技术到达了一个质量上的新阶段，其时，进化在遗传技术实验室里继续进行着它的演进过程。人类在自然中所从事的生产劳作和技术使用也影响到了生物群体的构成。为了考察研究技术的长期后果，遗传生物学的技术理论是必不可少的。这里，我们必须

①　阿道尔夫·波特曼（Adolf Portmann），1897—1982，瑞士生物学家、人类学家和自然哲学家。

要考察研究技术对地球生态体系所造成的后果和影响。

社会学：从社会学角度来看，我们必须注意到技术的两个方面。第一，技术的制造和使用是以集体和分工的方式进行的，亦即在家庭这样的社会组织，石器时代的氏族，古代的城邦国家或是现代的工业企业之中。第二，技术创新对推动社会发展起到了决定性的作用，技术的历史始终就是文化和经济的历史。后面这一观点曾经被卡尔·马克思着重强调，他认为技术是主要生产力（参见第4章第A.2节）。马克思的这一"决定论"的历史观和上述观点一道，在工业社会学中（关于技术作为社会的构建，参见第4章第A.10节）建立起了一种技术决定论。根据此理论，技术按照自身的规律发展前进，对社会的发展起着决定作用，并且不受人的干涉和影响（Grunwald，1999年，第187页，其中提示参见Ropohl，1982年）。但是，正如在马克思那里一样，这从来不是一种严格（拉普拉斯式的）[1] 意义上的决定论。生物进化、技术发展以及社会和经济学规律等，都不是决定论意义上的、可被预言的以及被随机控制的过程。因此，只要还有人持有技术决定论的观点，那么"自然主义的"这一概念——微弱意义上的"可按照自然法则的样板来进行解释"——就更加符合实际情况。

阿诺尔德·盖伦从生物学主义的立场来解释工业产生中的分工现象。根据他的观点，在工业生产的自动化过程中，技术是按下列方式来进行的：通过自动化，技术又重新回到了自己生物人类学的基础之上。在技术的常规循环过程中，人又重新认识了自己的生物学节奏。这种节奏以反馈机制为基础，似乎是在自我控制下运行，以至不再需要大脑来进行操作。在盖伦的眼中，自动化的技术过程相当于人的驱使本性，它的操作由建立在减轻负担基础上的无意识的反应来进行。无意识被使用的以及我们在广泛程度上摆脱其控制的技术是一种自然化的技术，它被描述为一种准自然的过程。当事者能够怎样控制自己无意识的技术行为，盖伦却未对此加以讨论（关于普适计算参见第5章第25节）。

---

[1] 拉普拉斯（Pierre-Simon Laplace），1749—1827，法国分析学家、概率论学家和物理学家，决定论的支持者，著有《概率分析理论》一书。

从理想主义视角看技术

理想主义对技术的认识把人在设计和使用技术时的理性活动作为中心课题。理想主义观点认为，技术的产生是有计划化和受理念引导的。技术的理念可以有三种不同的性质特点：作为把人的想法落实到具体的形态中的"符号形式"（Cassirer，1930年/1995年），作为"工具式的理性"（Horkheimer，1967年），以及作为以"创造新事物"为目的的自然改造计划（Mittelstraß，1992年）。

作为符号形式的技术：按照恩斯特·卡西尔的学说观点（关于哲学人类学参见 　126 第4章第A.3节），技术工具体现了人的符号学能力，技术是一种符号形式，就像语言、宗教、科学、道德或艺术一样。他认为，所有的符号形式和技术一样都具有工具的性质：它们不是现实世界的翻版，而是首先给它赋予了具体的形态。与其他符号形式不同，技术理念被具体化为具体的目的。它代表着一个物体在一个具体的行为环境中的特殊作用方式和这件物体所具有的效用，未能达到预定目的的技术是不成功的和失效的技术。因之，技术理念就是代表着某种物体的具体效用的符号形式。这里，它直接与经济性的思想发生联系——这点完全不同于作为符号形式的语言、科学和艺术，或者也完全不同于康德哲学中作为自我目的的人的道德理念。

工具理性：在技术（作为经济的目的合理性的特殊形式）中，起着重要作用的是工具理性（Horkheimer，1967年）。技术设计和使用的更高一级目的，乃是技术之外的理念。但是，这些理念从根本上说并不是来自技术本身，而是来自广义的实践理性（比如根据康德学说）。从人类学的角度来看，技术所起的作用是减轻人类直接的生存负担，并且将人的新的力量释放出来，比如为了文化活动的目的等。但是，作为目的合理性的形式，技术所具有的特点在于，运用具体的工具来提高我们的行为效率，以及使我们的工作变得更加简单易行，等等。

重新构建现实世界：技术的理念是按照人的计划对自然事物和自然过程进行改造的设计要求和规范。尽管以效用为最终目的，它们却是人自由意志的表达，体现的是创造性的思想。所以，技术具有"造物主"的特点，并且以创造出崭新的事物为目

标。人类的技术超出了大自然所能提供的潜在性的工具。除此之外，技术工具的使用还具有游戏的特点，这个特点并没有因事先设定的概念、计划和使用方法而化为乌有。因此，认为技术在于替代和延长人的自然器官的自然主义观点是一种一孔之见。随着近代科学和工业革命所取得的成果，人类对现实世界的重新构建达到了一个新的高度。人类的科技生存环境越来越多地由人类所制造的产品，而非由自然的环境状态所构成。于尔格·米特斯特拉斯①（1992年）称其为"列奥纳多的世界"，亦即由人类所形成的一个人造世界，这个人造世界正逐步地将以往人们所理解的"自然"排挤出去。

观念和现实——技术以自然的方式进行回击

不成功或者我们对其后果影响不能再判断驾驭的技术，其观念和实现过程之间存在巨大的鸿沟。一旦对技术失去控制，技术的自然层面和非自然层面之间的关系就发生了改变：技术的使用就如断了线的风筝，失去了理性的控制，技术从而变成了犹如自然生长的事物。对于这种现象，哲学做出的反应是消极的技术幻想（Anders，1956年/1980年）、把技术说成命运（Heidegger，1962年）以及对责任原则的呼唤（Jonas，1979；参见第4章第 B. 2 节）。

技术是命运：马丁·海德格尔将基于近代自然科学的技术独立化视为命运的结果，从而走向了一种非生物学的技术决定论。他从理想主义的视角来给技术下定义，试图寻找到一个给我们开启同技术之间"自由关系"的"本质定义"。为此，他分析了体现在技术里面的目的合理性，并得出了对技术的一个反生物学论的解释。根据他的解释定义，技术的生产不同于生物学的演化：有机体的生长是发自其本身的一个过程，而技术则是对物体和效果的创造，这种创造不同于自然的存在，完全是由外部所决定的。特别是在近代的技术发展中，这种由外部决定的现象充分发挥了自己的作用。借助实验的方法，自然在隐藏的资源开发和资源最大限度有效利用的双重意义

---

① 于尔格·米特斯特拉斯（Jürg Mittelstraß），德国哲学家，1936年生于德国杜塞尔多夫市。

上，既受到了"挑战"，又被迫"束手就擒"。海德格尔在这里明确指出了技术、自

然科学和经济之间的复杂关系。 127

海德格尔在他的结论里把近代技术称为"框架"，亦即设计和使用技术制成品的
总和。在这个总量之中，人类处处所遇到的只有他们自己制造的产品，而不再是他们
自己本人。他进一步认为技术的全球化不可避免，并把技术看成人类的生存形式和集
体命运。此外，他还把自我异化的危险强调为这种集体命运的个人后果。与此同时，
他明确指出，来自外部的道德要求不可能阻止技术发展的脚步，从人类学的角度说，
技术的发展和人类的命运相互交织，无法分离。借此，他突出强调了集体使用技术的
这个根本的矛盾现象，其后果威胁到了人类的生存。这个威胁既牵涉到作为自然动物
的人，也牵涉到作为理性动物的人，不（仅仅）是物种的继续存在已经岌岌可危，
而且人类的自由也危如累卵。

加快了的自主化：如今，人类集体技术行为后果的自主化进程十分迅猛（关于
技术后果参见第 2 章第 5 节）。但是，仔细从历史角度去审视就会发现，自主化的形
成正如近代开始以来任何一个单独的科学和技术革命一样，是一个逐步发生的和渐进
的过程。在从中世纪中期和文艺复兴时期的等级制度、小农和手工业生产社会向近代
工业化生产的过渡中，技术进步的速度虽然在不断加快，但从绝大多数步骤本身来
看，它们几乎没有带来根本性的新事物。那么我们要问，究竟发生了哪些变化呢？在
近代的技术当中，工业化生产和自然科学的方法是携手并进的。在此期间，效率是人
们的主导思想。与此相对应，技术进步和经济发展随着每一次工业革命而飞速前进。
生产力、作用程度和产量的提高——或者也包括采用技术手段的经济生产的加速——
成了经济学的原则，以及科技发展的发动机。

众所周知，所有这一切带来了工业国家中人的寿命延长、生活质量和普遍福利的
提高，但是也导致了人在由技术产品构成的生活环境中越来越丧失自己的目标
（Anders，1956 年/1980 年），以及对自然的生活基础的趋向性的破坏。在此过程中，
技术的失败和有效运行的技术的潜在后果（Jonas，1979 年）表现出了它们对于社会
生活的重要性。倘若简单的工具不能起到它应当起到的作用的话，那么，这仅仅影响

到工匠本人和他的产品，比如发生一次事故或是损坏一个工件。与之不同的是，现代技术是以庞大的数量被生产出来和被人们所消费的。一个微不足道的原因就能导致连锁反应和引起重大的影响，比如从一座化工厂的爆炸，到由电脑操控的国际股市的崩盘，直到全球气候的变化等，不一而足。

后果影响

以局部介入实际生活为目标的技术理念，在科技的现实领域中的非局部性影响是非常巨大的。但凡技术行为的后果无法一览无余的地方，技术就以自然的方式进行回击。不过，这种回击不是采用自然法则的方式，而是通过一种必然的过程，在此过程中，"第一"自然和"第二"自然以无法预料的形式共同起着作用。

从根本上说，成功的技术和失败的技术、事故、灾难或环境损害一样，都服从于同样的自然法则。在成功的技术中，人们掌握了自然法则，而在不成功的技术中显然未能如愿。对于导致严重的事故并带来环境污染的技术失败，人们有某种理由将之说成自然灾害，尽管这是人为的灾害。但是，这种失控技术所造成的貌似符合自然规律的后果（参见第 2 章第 5 节）并没有免除从事技术生产和使用的人和机构减少风险和精心对待敏感技术的责任和义务。阻止技术决定论的唯一途径在于对技术使用的伦理学反思、细致有别的技术后果评估以及政府部门的调控。

参考文献

128　　　Anders，Günther：*Die Antiquiertheit des Menschen. Band I：Über die Seele im Zeitalter der zweiten industriellen Revolution.* München 1956.

－：*Die Antiquiertheit des Menschen. Band II：Über die Zerstörung des Lebens im Zeitalter der dritten industriellen Revolution.* München 1980.

Cassirer，Ernst：Form und Technik［1930］. In：*Symbol，Technik，Sprache. Aufsätze aus den Jahren 1927 - 1933.* Hamburg 1995，39 - 91.

Falkenburg，Brigitte：Wem dient die Technik？Eine wissenschaftstheoretische Analyse der

Ambivalenzen technischen Fortschritts［2002］. In：*Die Technik – eine Dienerin der gesellschaftlichen Entwicklung?* Hg. von der J. J. Becher – Stiftung Speyer. Baden – Baden 2004, 45 – 177.

– ： Kollektiver Technikgebrauch und Klimawandel. In： Hans Poser （ Hg. ）： *Herausforderung Technik.* Frankfurt a. M. 2008, 217 – 239.

Gehlen, Arnold： *Die Seele im technischen Zeitalter. Sozialpsychologische Probleme in der industriellen Gesellschaft.* Hamburg 1957.

Grunwald, Armin： Technikphilosophie. In： Stefan Bröchler／Georg Simonis／Karsten Sudermann (Hg.)： *Handbuch Technikfolgenabschätzung.* Bd. 1. Berlin 1999, 183 – 191.

Heidegger, Martin： *Die Technik und die Kehre.* Tübingen 1962.

Horkheimer, Max： *Zur Kritik der instrumentellen Vernunft.* Frankfurt a. M. 1967.

Jonas, Hans： *Das Prinzip Verantwortung. Versuch einer Ethik für die technologische Zivilisation.* Frankfurt a. M. 1979.

Kant, Immanuel： *Grundlegung zur Metaphysik der Sitten.* Riga ^{2}1786.

Mittelstraß, Jürgen： *Leonardo – Welt. Über Wissenschaft, Forschung und Verantwortung.* Frankfurt a. M. 1992.

Portmann, Adolf： *Zoologie und das neue Bild des Menschen.* Hamburg 1956.

Rapp, Friedrich： *Analytische Technikphilosophie.* Freiburg 1978.

Ropohl, Günther： Kritik des technologischen Determinismus. In： Friedrich Rapp／Paul T. Durbin (Hg.)： *Technikphilosophie in der Diskussion.* Braunschweig 1982, 3 – 18.

布里吉特·法尔肯堡（Brigitte Falkenburg）

第 10 节　技术作为社会的构建

从技术决定论到社会构成主义

20 世纪 80 年代初期是社会科学视角技术研究的一个标志性的转折点。倘若说迄今为止确曾有过独立的技术研究的话，那么，它首先带有工业社会学的印记，并以技术的后果为研究专注点。有鉴于这样一个有人将之极端地称为技术决定论（参见第 4 章第 A. 9 节）的基本特点，德国社会学学会主席在 1986 年召开的社会学大会开幕词中，曾经宣告过它的"终结"。正是在这样的技术研究中，技术被视作工业和一般社会变革的推动力量。基于这一观点，技术发展具有几乎不受外界影响的内在惯性和自

223

身规律的特点，它们迫使社会经济结构和社会行为方式被动地适应这一情况（Lutz，1987 年，第 35 页）。"因果关系的起点在于技术之中并导向社会关系；反方向的运动是不存在的。"（Grundwald，2007 年，第 68 页）

技术进步和大型技术系统越来越难以预见的复杂性，在公众社会以及在社会科学研究中越来越多地引起了人们对技术的质疑。与此同时人们还进一步发现，同样的技术在不同的系统之内会具有不同的组织和社会效应。所有这一切都促使人们"把技术对象理解为社会现象，并把技术发展看成社会过程"（Lutz，1987 年，第 44 页）。正因为如此，技术研究开始将技术的产生和制造，以及社会生活各个领域的技术化过程当作自己的研究课题。人们从进化论、新制度主义、文化主义和/或历史的角度，同时也借助理性选择论和博弈论的方法，开始对这些现象进行分析研究（参阅Halfmann 和其他学者，1995 年）。

在技术社会学的"理论基石"中，特别是在 20 世纪八九十年代，主要研究技129 术产生（技术起源问题）的社会构成主义异军突起。这当中，相对论和构成主义学说占主导地位的科学研究起了很大的推波助澜作用。研究成果表明，貌似"客观的"自然科学事实的东西，实际上皆有这样一种社会意义上的结构特征，即它不仅是装有实验仪器的研究实验室出来的结果，而且还是社会协商过程的结果。若是处在其他的社会和物质情况之下，出现的将可能是另外一番结果。特雷弗·平奇[1]和韦博·比克[2]在1984 年发表的一篇文章中，主张为了技术研究的目的，将上述理论研究进一步深入开展下去。他们以自行车的发展为例（Pinch/Bijker，1984 年），生动形象地阐述了自己的技术的社会构建（Social Construction of Technology，SCOT）学说的发展潜力。在其后的一篇论文中，比克再次引用了这个示例，并增加了两个其他的研究案例：第一种合成材料——醛酚树脂的产生，以及荧光灯占领市场的过程（Bijker，1995 年）。在这两个研究案例中，作者开发并

---

① 特雷弗·平奇（Trevor Pinch），1952 年出生，英国社会学家。
② 韦博·比克（Wiebe Bijker），1951 年出生，荷兰马斯特里赫特大学社会学和技术学教授。

使用了一种概念和描述性的模式。他认为，借助这种模式能够揭示出每一项技术的社会根源。

核心的分析概念

这个描述性的模式由两个核心的、给 SCOT 理论打上深刻印记的分析概念构成。但是，这并不等于它们早已形成概念并被加以论述。特别是在 20 世纪 80 年代发表的关于技术的社会构建的分析论文中，这两个概念的运用鲜有所见，虽然二者已经被总结在 SCOT 理论之中（参阅 Bijker 和其他学者，1987 年）。二者的共同点是对技术决定论的背弃，而且明确阐明，技术本身并不行使社会的构建力量。此外，通过这两个概念我们还认识到，鉴于开发和生产过程各种分支和反馈环节，直线型的技术发展观念——从研究到样品样机的开发、技术的生产和市场的引入——是不切实际的。

在 SCOT 理论中，特别予以强调的分析概念有三种类型：

第一类是所谓*相关的社会群体*，他们对于一件技术产品应该达到什么样的目的，具有什么样的外观，有不同的设想和要求。比克（1995 年）以自行车为例的分析指出，一部分社会群体视自行车为一种能够证明自己勇气和阳刚之气的物体（*好汉单车*）；而另一部分群体则更注重使用的简便和安全，或许也可能是骑行的速度；还有一部分群体关注的是男人和女人对设计所提出的不同要求，甚至他们笼统地认为女人骑自行车（不管是什么样的设计构造）是有伤风化的事情。就连自行车厂家也不例外，他们也有自己的想法和观念。醛酚树脂的发明曾经有过与此颇为相似的情形。在这项发明的过程当中，尽管发明人列奥·亨德里克·贝克兰[①]有杰出的地位和影响，但是各种相关社会群体的不同想法和要求起过很重要的作用。潜在的消费者、化学家和工程师，甚至还有工业设计家和类似人造材料厂商等各种不同的群体，纷纷就醛酚

[①]　列奥·亨德里克·贝克兰（Leo Hendrik Baekeland），美籍比利时人，化学家，发明家，醛酚树脂（即塑料）的发明者。

树脂的特性、应用可能性和生产工艺表达自己的愿望和想法，从而促进了这一人造材料的社会构建的形成。荧光灯的案例归根结底要阐明的问题是，这个材料技术击败了为数众多的市场上已有的照明材料而获得了成功。这里，所谓相关的社会群体是那些已广泛形成卡特尔组织和结成网络的照明材料生产商和销售商，甚至包括发电厂商以及后来除了家用和商用电灯的照明工程师和厂商以外的普通社会公众。在荧光灯的社会构建形成过程中，经济利益和上述社会群体的市场实力起到了重要的作用。与此同时，他们关于照明的作用和质量以及各类荧光灯的功效的意见和想法（这些都是谈判桌上争论的话题）都融汇到了社会构建的过程之中。如同自行车一样，针对荧光灯也有过一场关于该项技术使用安全的探讨和论战。

第二类重要概念涉及所谓*阐释的灵活性*问题。不同的社会群体对于形成中的技术的看法分歧如此之大，看问题的角度如此不尽相同，以至于从 SCOT 理论角度来看，几乎不可能说存在一个为各方所认同的技术。一辆自行车首先是许许多多辆自行车，正像它同各种各样的（并非仅仅是技术的）想法和意义相关联一样。醛酚树脂和荧光灯也同此理。不仅一项技术的外观或构造的阐释是灵活的，技术的运行或失灵，以及一件"制成的"产品表现为成功还是失败的问题，也取决于因群体而异的功能要求和诠释。就连核子飞弹这样高度复杂的技术系统的操控精确性问题也不例外。按照SCOT 理论的观点，如果有人认为，精确性乃是技术变化自然而然的和不可避免的结果，这样的看法是站不住脚的。对某件产品是否精确运行的评价不是一个客观的问题，而是一个依赖于诠释而定的问题。因此，就连精确性这个概念的"发明"，归根结底也是社会过程的结果（MacKenzie，1990 年，第 3 页及下页）。

第三类概念被称为*终结和固定*，其含义和所指让社会群体之间进行的讨论和协商中所涉及的，以及其他选择过程中出现的不同观念和诠释最终产生了一个结果，这个结果至少在一段时间内被相关的社会群体所接受。争论就此结束，一件技术产品的特定概念固定了下来，或者换句话说，它的诠释灵活性被决定性地降至最低程度。在技术起源研究中，这个过程被称作技术的稳定和固化（参阅 Knie，1991 年）。在自行车的示例中，由多个群体所认同的、带有充气轮胎的安全自行车的概念固定了下来。醛酚树脂最后普遍被人们理解为一种合成材料，这种材料在加热状态下具有可塑性，冷却之后变硬，酒精和甘油不能再使之软化。经过发电厂和实力强大的照明材料生产厂家之间的激烈争论之后，荧光灯形成了一种至今还在使用的、充有荧光粉的高亮度灯管的固定概念。

伦理学角度的问题

以 SCOT 理论为基点的研究工作虽然告诉我们，关于技术产品的设计和未来用途，相关的社会群体可能会有完全不同的想法和要求，但是，正如兰登·温纳①所指出的那样，研究人员通常并没有开发出可用来对技术产品进行评估的道德或政治准则。显而易见，对于技术和人类的福祉之间的关系，他们并不持有任何理论或实践的态度和立场（Winner，1993 年，第 371 页及下页）。我们可以把这一针对研究人员的批评观点理解成一种要求，希望他们把技术伦理学的观点纳入研究工作。但是，在社会构成主义中尚未出现过至少是如此明确的研究方式。

然而，以诠释灵活性概念为代表的 SCOT 理论在这里完全能够说明，哪些标准的伦理学的观点以何种方式在技术发展和社会及技术的变化过程中能够发挥它们的作用。这一点通过互联网的诞生和发展（参见第 5 章第 10 节）的例子可以得到很形象的说明，虽然当前还只有为数很少的理论研究（比如对互联网发明的研究）明确地以社会构成主义为研究的基本导向（Abbate，1999 年）。我们可以把互联网和它的前身阿帕网（ARPANET）的发展历程理解成一种"技术的冲突"史，亦即关于发展过程中所出现的机会和问题，以及如何对待这些机会和问题的争论史。这期间，争论的焦点不（仅）涉及那些已认识到的风险，或者是否应该把一个网络的新功能看成毫无益处或是价值连城这样的问题，而且（也）涉及基于"善恶的基本区别"（Bogner，2011 年，第 29 页）的那些道德戒律。因此，技术争论是具有伦理学意义的，它们已经被"伦理化"（Bogner，2011 年，第 27 页及下几页）。在互联网这个案

①　兰登·温纳（Langdon Winner），1944 年出生，美国现代著名政治理论家和技术哲学家。

例中，根据 SCOT 理论并就相关的社会群体来说，人们的注意力所关注的不是公民论坛、国民议会或者伦理委员会，而是信息工程师、电脑专家和其他的网络开发人员、用户和用户群体，以及内部*网络管理*负责系统构建、标准化或者派发地址的集体参与者。其中特别有意味的是，技术争论的各派——无论这场争论是如何结局——都在明确地，或往往是含蓄地对伦理学的名词和概念加以引述。

回顾互联网的历史，我们可以发现，虽然它的前身阿帕网是由美国国防部出钱资助的项目，但是，它却不是一个供所有参与者使用的、体现着诸如生存能力（通过空间的分散化）等军事价值观的一个特殊网络。参与开发的信息工程师和电脑专家想要有一个能够体现协作精神、分散的权威和开放合作交流等价值观的网络。与不断增加的用户数量一样，开发人员首先把这个网络看成一个交流和传播的媒介，虽然这并不是项目出资人的初衷（Abbate，1999 年，第 5 页及下页）。20 世纪 70 年代出现了一些带有半运营半咨询功能的自我管理和协调委员会，其中规模较大的几个至今依然存在。委员会制定出了互联网基本协议，技术上不同的网络可以分散的方式同这些协议进行连接，同时，美国国家科学基金会在 20 世纪 80 年代宣布，所有大学计算机在与互联网进行联网时必须遵守这些协议。"建立联系的能力——网际互联是互联网最为明显的价值"，不仅在技术上如此，从社会角度讲亦然（Arbeitsgruppe，2002 年，第 40 页；Abbate，1999 年，第 111 页）。网络基本协议供人们免费使用。在互联网先驱的实践活动中，同时也在所谓网络社区的后几代人的思想认识中，助人为乐、携手合作和开放公开等价值观通过这些技术手段得到了充分体现。

直到 20 世纪 80 年代末，形成了一种具有正式使用规则和非正式规则（特别是网络交际）的所谓的"网络文化"（Helmers 及其他学者，1998 年）。这些规则的目的是要保证网络的顺畅运行，以及"负责任的和相互支持的对有限资源的使用"，从而无须国家或是其他有等级差别的干涉（Werle，2001 年，第 462 页）。规则基本上排除商业使用目的。随着万维网（World Wide Web）的引入，以及 20 世纪 90 年代中期美国国家科学基金会退出对互联网的资金支持，情况发生了变化。但是，在私有化的网络中（根据路径的不同）仍然保留了使用和构建网络的传统原则，特别是分散化、

开放的构架和用户的主动参与等原则（Abbate，1999 年，第 217 页）。与此同时，正
如我们通过围绕版权和数据保护的争论所看到的那样，对于出自经济目的利用互联网
成风的现象，人们仍然持有很大的保留意见（关于信息行业参见第 5 章第 9 节；关于
互联网参见第 5 章第 10 节）。

尽管有上面提及的这些变化发生，但是许多技术特征仍然具有积极的意义，其原
因就在于这些特征在用户的认识中代表了一个"良好"社会的价值观。互联网被看
作一个良好的社会和技术系统（参阅 Werle，2001 年）。在围绕网络的继续发展和使
用的技术争论中，将技术构架的因素和其所具有的正面价值进行排比对应，其结论便
可一目了然（有时也十分隐含）。本文的图表即用于显示这种对应关系，其中所列的
各项内容涉及网络的一些特点（受益于社会和技术系统开放的目的结构），而非关及
结构的类比。

互联网的技术构建和其所对应的积极的社会价值

技术构建元素	对应价值
分散的、透明的网络结构	自由进入，自负其责
最小化的集中协调	自我调节，民主，言论自由
局部网络的技术自主性	自主权，不同性
资源开放及公共域名，软件	开放，协作，参与
多样化的技术选择性	创新，创造，个性

资料来源：参阅 Werle，2001 年，第 464 页；2002 年，第 248 页。

关于技术的争论（参见第 3 章第 6 节）越来越多地在公众社会群体和政治团体之
间，同时也在这些政党的内部（在国家和国际层面上）进行。从 SCOT 理论的概念来
看，这些群体和政党形成了今天的相关社会群体。大部分的技术论战基本上都围绕着
国家的（政治的）调控或者是自我调整的问题（参阅 Feick/Werle，2010 年）。之所以
发生争论，其原因就在于人们给同样的技术特征同时赋予了正面的和反面的性质和结
果。有鉴于此，技术被当成了反民主的监视技术（参见第 5 章第 22 节），信息和知识
产权保护面临的危险，网络犯罪的温床，对自由信息流通、个人自主权和融入的威胁。

许多关于进一步构建互联网的争论给人一种非常具有技术和专业性的感觉。正像我们从目前关于网络的中立问题的争论中所看到的那样（Feick/Werle，2010 年，第 530 页及下页），事实上，不同的伦理价值阐释也同样在论战中相互碰撞，进而常常使一致意见的取得变得遥不可及。与 SCOT 理论中终结和固定的概念不同（此概念说明最终可以到达巩固某个特定技术方案的目的），如果我们期待伦理化的技术争论通常能够得到一致性的解决，那只是一种幻想（Bogner，2011 年，第 31 页及下几页）。尽管如此，SCOT 理论及其分析概念具有至少是描述性的潜在能力，能够对技术争论的伦理化过程进行描述，并且系统地将其作为技术的社会构建过程中的重要元素加以关注。

参考文献

Abbate，Janet：*Inventing the Internet*. Cambridge，Mass./London 1999.

Arbeitsgruppe globale Netze und lokale Werte：*Globale Netze und Lokale Werte. Eine vergleichende Studie zu Deutschland und den Vereinigten Staaten*. Baden – Baden 2002.

Bijker，Wiebe E.：*Of Bicycles，Bakelites，and Bulbs. Toward a Theory of Sociotechnical Change*. Cambridge，Mass./London 1995.

–/Hughes，Thomas P./Pinch，Trevor J.（Hg.）：*The Social Construction of Technological Systems. New Directions in the Sociology and History of Technology*. Cambridge，Mass./London 1987.

Bogner，Alexander：*Die Ethisierung von Technikkonflikten. Studien zum Geltungswandel des Dissenses*. Weilerswist 2011.

Dolata，Ulrich/Werle，Raymund（Hg.）：*Gesellschaft und die Macht der Technik. Sozioökonomischer und institutioneller Wandel durch Technisierung*. Frankfurt a. M. 2007.

Feick，Jürgen/Werle，Raymund：Regulation of cyberspace. In：Martin Cave/Robert Baldwin/Martin Lodge（Hg.）：*The Oxford Handbook of Regulation*. Oxford 2010，523 – 547.

Grunwald，Armin：Technikdeterminismus oder Sozialdeterminismus：Zeitbezüge und Kausalverhältnisse aus der Sicht des »Technology Assessment«. In：Ulrich Dolata/Raymund Werle（Hg.）：*Gesellschaft und die Macht der Technik. Sozioökonomischer und institutioneller Wandel durch Technisierung*. Frankfurt a. M. 2007，63 – 82.

Halfmann，Jost/Bechmann，Gotthard/Rammert，Werner（Hg.）：*Technik und Gesellschaft*

133

Jahrbuch 8: *Theoriebausteine der Techniksoziologie*. Frankfurt a. M. 1995.

Helmers, Sabine/Hoffmann, Ute/Hofmann, Jeanette: *Internet... The Final Frontier*: *Eine Ethnographie. Schlussbericht des Projekts »Interaktionsraum Internet. Netzkultur und Netzwerkorganisation«*. Wissenschaftszentrum Berlin für Sozialforschung FS Ⅱ 98 – 112. Berlin 1998.

Knie, Andreas: *Diesel-Karriere einer Technik. Genese und Formierungsprozesse im Motorenbau*. Berlin 1991.

Lutz, Burkart: Das Ende des Technikdeterminismus und die Folgen – soziologische Technikforschung vor neuen Aufgaben und neuen Problemen. In: Ders. (Hg.): *Technik und Sozialer Wandel. Verhandlungen des 23. Deutschen Soziologentages in Hamburg 1986*. Frankfurt a. M. 1987, 34 – 52.

MacKenzie, Donald: *Inventing Accuracy. A Historical Sociology of Nuclear Missile Guidance*. Cambridge, Mass./London 1990.

Pinch, Trevor J./Bijker, Wiebe E.: The social construction of facts and artifacts: Or how the sociology of science and the sociology of technology might benefit from each other. In: *Social Studies of Science* 14 (1984), 399 – 441.

Rosen, Paul: The social construction of mountain bikes: Technology and postmodernity in the cycle industry. In: *Social Studies of Science* 23 (1993), 479 – 513.

Schot, Johann/Rip, Arie: The past and future of constructive technology assessment. In: *Technological Forecasting and Social Change* 54 (1997), 251 – 268.

Werle, Raymund: An institutional approach to technology. In: *Science Studies* 11 (1998), 3 – 18.

– : Das »Gute« im Internet und die Civil Society als globale Informationsgesellschaft. In: Jutta Allmendinger (Hg.): *Gute Gesellschaft? Verhandlungen des 30. Kongresses der Deutschen Gesellschaft für Soziologie in Köln 2000*. Opladen 2001, 454 – 474.

– : Internet and culture: The dynamics of interdependence. In: Gerhard Banse/Armin Grunwald/Michael Rader (Hg.): *Innovations for an e – Society*. Berlin 2002, 243 – 259.

– : Pfadabhängigkeit. In: Arthur Benz/Susanne Lütz/Uwe Schimank/Georg Simonis (Hg.): *Handbuch Governance. Theoretische Grundlagen und empirische Anwendungsfelder*. Wiesbaden 2007, 119 – 131.

Winner, Langdon: Upon opening the black box and finding it empty: Social constructivism and the philosophy of technology. In: *Science, Technology, & Human Values* 18 (1993), 362 – 378.

雷蒙德·威尔勒 (Raymund Werle)

第 11 节 技术的价值特性

技术和价值紧密关联。技术危及某些价值的事情时有发生，比如健康和安全，就像2011年福岛核电站泄漏的情况一样。但是，技术也可以为价值提供支持，比如人的康泰、民主或隐私的保护等。本文遵循道德哲学对不同类型价值的几种常见的区分方法，首先对工具价值和终极价值，以及内在价值和外在价值进行区分。然后，对技术的价值中立性论点进行探讨和评价。最后再结合技术，对几种最重要的内在和外在价值展开简短的讨论。

价值范畴

内在价值和工具价值是常见的两种分类。内在价值是自我价值，因其自身而具有价值。工具价值则不同，其基础乃是建于协助实现其他价值之上。初看起来，似乎工具价值和内在价值的差别一目了然，但其实不无问题。首先是因为内在价值的概念不甚明确，模棱两可。内在价值概念的解释通常涉及一个客体或是一种状态，这两者本身都具有价值。于是，内在价值就成了一种无中生有的价值。但是，内在价值也可以涉及这样一些事物，它们因其内在的自然本质，亦即可描述特性而具有价值。为了避免这种多义性，我们最好借助两种互为独立的方法来对客体的价值进行分类。第一种方法是要弄清这些价值是不是关联的价值。非关联的价值在下文中被称为"内在价值"，这是因为这些价值只建立在内在的特性之上。那么从定义的角度说，所有其他的价值都为"外在价值"。第二种方法则是要澄清，有疑问的客体价值是不是那种因其本身而具有价值的自我价值。自我价值在下文中被称作"终极价值"，所有其他价值则都被归纳在"工具价值"这个概念之下。

134

技术的中立性论点

时常有人认为所有技术的价值都是中性的。支持这个论点的主要理由是，技术只是实现某种目的一个中性手段，并且可以被用来做有利和不利的事情。因此，相关的价值在使用中产生，而不是在技术本身。这也就是说，技术的负面影响是使用者造成的，而不是技术产品或设计制造者本身造成的。正像美国步枪协会（National Rifle Association）所说的那样："武器并不杀人，杀人的是人自己。"

对于人们认可技术中性价值的一种可能的解释在于：人们把这个问题解读成了技

术产品仅仅具有外在价值。在这样一种解读的范围内，认为技术是价值中性的事物的观点明显是错误的。这是因为，技术产品都具有一种物理的或是物质的组成部分，因而也都是物理学上的物体，而且即便是在不单单是物理学上的物体的情况下，它们也是如此。物理学的物体作为达到目的的手段，其价值（至少是部分）的基础乃是建立在自身的内在特性之上的。举例来说，一块石头根据它的内在物理特性可以用来敲开一个核桃。一片树叶就其敲开核桃的用途来说，其价值要小得多，甚至根本不具备工具的价值。由于不能明确解释清楚，一个物理学意义上的物体的工具价值只取决于它的外在特性，所以，这种情况也相应地发生在技术身上。因而，一件技术产品的工具价值并不仅仅等于一个外在价值。

关于技术的价值中性的问题，也可以做这样的解释，即技术产品的价值始终有一部分要取决于相关产品的外在特性。为了验证这一推论的说服力，我们必须首先对技术及技术产品进行定义。这是因为，技术和技术产品从根本上说，是构成我们所认为的技术产品的内在和外在特性的决定因素。一个有说服力的最低限度的技术定义必须涉及功能概念和/或可比较的概念，如目标、目的和意图等。技术有其功用这个事实也同时说明，技术具有工具价值，即它可以被应用于一个特定的目的（参见第 2 章第 1 节）。

于是，技术在最低限度的定义范畴中至少具备了一种工具价值。然而，这并不意味着这种工具价值对技术产品来说是内在的，亦即它只取决于技术产品的内在特性。一般来说情况并非如此：比方说用一把特定的锤子钉一块木板，锤子的特殊工具价值也要取决于使用者的身体能力，而就锤子而言，这个能力是外在的。即便工具价值是一件技术产品的一个固有特性，对于这件技术产品来说，这个工具价值并非必然就是其内在价值。

伊博·范·德·普尔[1]和彼得·克罗斯[2]（论著即将出版）提出的观点认为，技术产品不仅能体现工具价值，而且也能代表一种终极价值。为此，他们举出海防堤坝作为示例。海防堤坝的技术作用在于保护陆地免遭潮水淹没。从工具的角度看，这即

---

① 伊博·范·德·普尔（Ibo van de Poel），荷兰代尔夫特理工大学伦理学和技术哲学教授。

② 彼得·克罗斯（Peter Kroes），荷兰代尔夫特理工大学技术哲学教授。

代表了一种道德上的终极价值，比如说陆地居民的安全。这里问题的要点不在于海防堤坝可以用于安全的目的，而在于安全是它的*作用*的一个方面（参见第2章第3节）。其理由是，海防堤坝乃是为安全*而设计*的堤坝。这点与刀具的功能不尽相同。一把刀的作用在于它的切割用途。举例来说，从工具角度看，切面包可以代表一种终极价值，如健康、生存或者是人的幸福等。但是，实现这些终极价值却不是刀的作用的一个方面，而且通常的刀具设计，也不是为了实现这些终极价值。在刀具的例子中，产品的作用和由作用所产生的终极价值，二者的区别泾渭分明，而在海防堤坝的示例中则并非如此。海防堤坝的工具作用（保护内陆不受淹没）与其为此目的而设计的终极价值（与淹没相关联的安全问题）紧密相连、不可分割。总之，一座海防堤坝的技术作用可以表述为：它为免受潮水淹没提供保护。

技术的内在和外在价值

在各种不同的文本和文献中，价值总是与技术一道被谈论。比如说，德国工程师协会在其编号3780的准则里（参见第6章第6节）提到了以下八个价值范畴：可运行、经济性、福祉、安全、健康、环境、个性发展和社会性（VDI，1991年）。同时，工程师伦理守则也规定了相应的价值（Pritchard，2009年）。这些价值在技术的设计中常常起着重要的作用（Van de Poel，2009年）。

下文，我们要对内在价值和外在价值进行区分。内在价值是被工程师视作实际的工程师职业的内在价值，它们与普遍的社会目标和价值观无关，或者说至少看似如此。通常，内在价值不取决于它的上下左右关系，亦即在不同的应用环境中它们都具有重要性。外在价值是与技术对其他领域的影响相关联的价值。一般情况下，它们涉及人的、社会的、经济的和政治的普遍目标。

内在价值

在技术的整个关联体系中，技术热情、功效和效率属于最重要的内在价值。

*技术热情：*技术热情的概念涉及的是开发新技术可能性和接受新技术挑战的愿

望。这是一种激发许许多多工程师积极性的价值，并且是那种被塞缪尔·佛洛曼①（1976 年/1994 年）称作"工程师职业的存在快乐"的东西。在激发工作热情对工程师来说是一件有积极意义的好事的同时，技术热情的内在危险却存在于可能伴随着出现的负面的技术现象中，以及存在于对与此相关的社会利益的忽略之中。因而从道德的立场来看，技术热情是一种内在价值，虽然在工程师的眼里它是终极价值。

*功效和效率：*一般来说，工程师都以追求良好的功效和效率为目的。功效指的是一件产品完成它的功能的程度。效率则可以理解成产品完成它的功能的程度和为达到这个效果所需耗费时间之间的关系。现代词义上的效率通常被解释为输入率/输出率（Alexander，2009 年）。然而，从道德意义上来说，功效和效率并不是在任何情况下都值得追求的东西。其原因在于，必须要给功效和效率设定一个外在的目标，以便对之进行衡量。这个目标可以设定成尽可能减少用作能源生产的不可再生天然资源的消耗。然而，这个目标也可以包括一场战争甚至是种族灭绝在内。

与技术相关的还有一系列其他的内在价值，如可靠性、坚固性、易维护性、兼容性、质量和合理性等。这些价值都是所谓的内在价值，亦即它们受到工程师们的高度重视，不论他们开发的是什么样的技术，也不论技术用于什么样的特殊目的。当工程师们可能将这些价值评定为终极价值时（如同技术热情、功效和效率在他们的眼里是终极价值一样），从道德的角度来说，它们就是所谓的工具价值（合理性可能是例外）。在技术领域已经开发出了一系列工艺方法，目的就是按照前述的内在价值来从事开发工作。这种开发工作一般被称作"为 xx 而进行设计"（Holt/Barnes，2010 年）。 136

外在价值

*安全和健康：*安全和健康无疑属于技术中最重要的外在价值。安全（参见第 2 章第 3 节）时常被定义为没有风险和没有危险（参见第 2 章第 2 节）。然而，风险的减

---

① 塞缪尔·佛洛曼（Samuel Florman），1925 年出生，美国工程师和作家，技术和文化关系研究学者，著有《工程师职业的存在快乐》等著作。

少并不是在所有情况下都有可能或只是一厢情愿。因此,我们只能这样来理解安全,即它所牵涉的是一种情况,在这种情况下,风险已经被减少到根据简单的判断就已成为可能并为我们所希望的程度。健康被世界卫生组织(World Health Organisation,WHO)定义为"一种身体的、精神的和社会的完全怡然状态,而且不单是没有疾病和缺陷"(World Health Organisation,2006年)。这个定义指的是人的健康更广义上的价值。在技术领域里,通常所强调的是避免对人的健康的负面影响。从道德角度来看,健康和安全常常被认为是终极的价值。虽然健康和安全都是外在价值,亦即二者所涉及的是实际工程师职业之外的技术影响,但是它们被内化到了实际工程师职业当中,比如通过技术守则和技术标准的引入等。

人的康泰:在工程师伦理守则(参见第6章第7节)以及其他技术文本和工艺规范中,我们能够找到各种关于外在价值的提示,比如人的福利、幸福、生活质量、个性发展、好生活、健康和富裕等。在这样一个关联体系中,人的康泰(human well-being)的概念是对所有这些关系所涉及的那个价值的一个十分切合的标称。这里,人的康泰不仅表示此时此地某人的感觉良好,而且还表示,一个人的生活对这个人来说是什么样的状态。在道德哲学中,人的康泰一般被当作终极价值看待。在这种情况下,人们制订出了各种不同的工艺方法,目的是要把人的康泰融入新技术的设计当中,这里包括*移情设计*(Koskinen 及其他学者,2003年)、*质量功能展开*(QFD;Akao,1990年)、*能力设计*(Oosterlaken,2009年)和*康泰设计*(Van de Poel),等等。

可持续性:虽然生态价值一段时间以来已经在技术领域中获得了重视,但是大约自2000年以后,这些价值在广义的可持续性价值(参见第4章第B.10节)的范围内得到了更充分的融入。布伦特兰委员会①针对什么是可持续发展做出了最重要的定

---

① 布伦特兰委员会(Brundlandt Commission)是联合国于1983年正式成立的世界环境与发展委员会(World Commission on Environment and Devolopment,WCED),主席是挪威人格罗·哈莱姆·布伦特兰(Gro Harlem Brundlandt)。1987年,布伦特兰在联合国大会上发表了《我们的共同未来》(*Our Commen Future*)的报告,报告又称"布伦特兰报告",正式定义了可持续发展。

义："可持续发展是一种发展模式，既能满足我们当前的需求，同时又不危及子孙后代的需求的满足。"（WCED，1987年）作为价值概念，可持续性以多种方式越来越多地走进了实际的工程师行业。首先，由于有法律法规以及技术守则和标准的支持，可持续性在技术中发挥了它的作用，其中包括诸如针对能源效率或是设备的要求，以及保温隔热的规定等。甚至可以被称为*可持续性设计*（Design for Sustainability）的概念也越来越多地被人们所接受。

其他外在价值：此外，其他的外在价值在技术领域中也发挥着重要作用，比如公正、民主和包容等。然而，除了这些较为普遍的价值之外，人们还可以对因为领域不同而含义各异的外在价值进行定义，建筑中的美学就是典型的示例。巴蒂亚·弗里德曼[①]及其他学者统计出了12种信息和通信技术领域中特别重要的价值（参见第5章第9节和第10节）——人的福利、所有权和财产、隐私权的保护、不受歧视的保护、通用性、信任、自我决定、启蒙后的同意、责任、身份、均衡和生态可持续性。此外，人们已经为这些价值开发出了相应的工艺方法，通过这些方法，价值可以被纳入新技术的设计。*包容性设计*（Clarkson，2003年）和*价值敏感设计*（Friedman及其他学者，2006年）即属此列。

总结性结论

本文已经阐明，技术对于价值来说并非中性的。根据定义，技术产品具有一种工 137
具价值，即便这种工具价值对产品来说不完全是内在的，情况也是如此。在若干情况下，技术产品甚至还具有终极价值。此外，本文还介绍了技术中的两类价值——内在价值和外在价值。

内在价值，比如技术热情和效率等，常常被工程师看作终极价值。但是，一般情况下这些价值在道德意义上都是工具价值。它们是实现一种终极价值的手段，而通常情况下，这个终极价值对技术实践来说应该被评定为外在价值。但是，这并不意味着

---

① 巴蒂亚·弗里德曼（Batya Friedman），美国华盛顿大学信息学教授。

内在价值在道德上是不可取的，而是相反，内在价值在道德上的适当地位要归功于更广泛的终极价值（为其所用）。

本文论述的外在价值多数都是终极价值。至少在两个方面，外在价值对技术实践来说似乎是十分重要的。首先，它们可以用来说明和论证，为什么某些内在价值（比如效率）在特定的工程师项目中处在首要的地位。其次，内在价值在工程师职业实践中可能会有一种更直接的重要性。比如说，它们可以通过技术守则和标准，或是通过特殊的工程师实践尝试而被内在化。

参考文献

Akao, Yoji (Hg.): *Quality Function Deployment. Integrating Customer Requirements into Product Design*. Cambridge, Mass. 1990.

Alexander, Jennifer K.: The concept of efficiency: a historical analysis. In: Anthonie Meijers (Hg.): *Handbook of the Philosophy of Science. Vol. 9: Philosophy of Technology and Engineering Sciences*. Oxford 2009, 1007 – 1030.

Bhamra, Tracy/Lofthouse, Vicky: *Design for Sustainability: A Practical Approach*. Aldershot 2007.

Clarkson, John: *Inclusive Design: Design for the Whole Population*. London/New York 2003.

Florman, Samuel C.: *The Existential Pleasures of Engineering* [1976]. New York 1994.

Friedman, Batya/Kahn, Peter H./Borning, Alan: Value sensitive design and information systems. In: Ping Zhang/Dennis Galletta (Hgs.): *Human – Computer Interaction in Management Information Systems: Foundations*. Armonk, NY 2006, 348 – 372.

Holt, Raymond/Barnes, Catherine: Towards an integrated approach to »Design for X«: an agenda for decisionbased DFX research. In: *Research in Engineering Design* 21/2 (2010), 123 – 136.

Hunter, Thomas A.: Designing to codes and standards. In: George E. Dieter (Hg.): *ASM Handbook. Vol. 20: Materials Selection and Design*. Boca Raton 1997, 66 – 71.

Koskinen, Ilpo/Battarbee, Katja/Mattelmäki, Tuuli (Hg.): *Emphatic Design. User Experience in Product Design*. Helsinki 2003.

Oosterlaken, Ilse: Design for development: a capability approach. In: *Design Issues* 25/4 (2009), 91 – 102.

Pritchard, Michael S.: Professional standards in engineering practicde. In : Anthonie

Meijers（Hg.）：*Philosophy of Technology and Engineering Sciences*. Amsterdam u. a. 2009，953 – 971.

　　Van de Poel，Ibo：Values in engineering design. In Anthonie Meijers（Hg.）：*Handbook of the Philosophy of Science*. *Vol. 9*：*Philosophy of Technology and Engineering Sciences*. Oxford 2009，973 – 1006.

　　Van de Poel，Ibo：Can we design for well-being? In Philip Brey/Adam Briggle/Edward Spence（Hg.）：*The Good Life in a Technological Age*. 2012，295 – 306.

　　 – /Kroes，Peter：Can technology embody values? In：Peter Kroes/Peter – Paul Verbeek（Hg.）：*The Moral Status of Technical Artefacts*. Dordrecht（im Ersch.）.

　　Verein Deutscher Ingenieure［VDI］（Hg.）：*Technikbewertung. Begriffe und Grundlagen.* VDI – Richtlinie 3780. Düsseldorf 1991.

　　WCED：*Our Common Future. Report of the World Commission on Environment and Development.* Oxford 1987.

　　World Health Organization：Constitution of the World Health Organization – Basic Documents，Supplement. 2006

伊博·范·德·普尔（Ibo van de Poel）

B. 伦理学论证的视角和出发点

第 1 节　人权

定义、历史背景、重要性

　　人权是个人要求自由和自由的前提条件的权利。与其他具有普遍约束性的规定相 138 比（各种法律；关于本节全文，参阅 Ekardt，2011 年；关于更具有传统倾向的学说，参见 Alexy，1986 年），人权和相关公权力（国家、邦联、国际法条约体系）的组织法规定以及公权力的其他内容上的义务（比如福利国家）一道，处在一个更高级别的层面上。除此之外，人权原则还导致了所谓权衡法则的出现。这些规定勾画出了诸如使用特定技术时的义务和回旋余地的框架，而在这方面，自由的宪法并没有就良好生活的问题做任何规定（此为广泛接受的理论探讨——其中未包含权衡理论——见 Habermas，1992 年；Rawls，1971 年；Ekardt 将之具体化并予以修正，2011 年）。

人权概念的历史起源错综复杂并存在一定的争议。尽管有不同的见解（Ekardt，2001年），但无论怎样，其历史一直可追溯到启蒙运动之前，比如说——虽然在实际的影响方面存在矛盾——世俗化时代之前的加尔文主义思想（关于一般性论述，参阅 Pollmann/Lohmann，2011年）。

特别是鉴于其同可持续发展观点（参见第4章第 B. 10 节）的紧密联系，人权具有技术伦理学的重要意义。此外，正如我们后面要做的概述一样，人权可以对预防原则提供其理论基础。

人权的标准论证

假如人权的内容必然取决于标准论证的话，那么，标准论证就应引起我们的重视。由于涉及社会问题的解决，人权表示的是对政治的一种标准要求，正因为如此，它似乎受到政治参与者的左右。于是，这里就出现了一个问题：政治是否对人权负有义务？

就自然观察本身而言（比如出于理解"人的自然本性"的目的），这种标准的论证是不存在的。这是因为，从经验观察本身并不能逻辑地得出结论说，这个观察从标准的意义上看是应当受到欢迎还是应当受到批判的。同时，通过一种经济的成本和效益分析方法来对人权（或是其他什么概念）进行定义，亦即通过一种量化轧平的方式来对特定的与人打交道模式的优劣进行界定（按照人的纯事实的优点进行衡量），这种尝试也是大有问题的。其原因在于，除了诸如量化过程中的其他问题外，成本效益分析方法又回到了一种经验主义伦理学的非认知论的基础上来。这种非认知论理想当然地从根本上把标准看成主观的、非科学的或是不证自明的东西。但是，鉴于其涉及行动行为的重重矛盾，这种严格的非认知论基础也许是站不住脚的，虽然在标准范畴里或许存在大量的回旋余地。

然而，即便是流行的关于人权论证的讨论（关于各种论点参阅 Rawls，1971年；Habermas，1992年；Unnerstall，1999年等）也并非没有问题。首先，针对大多数伦理学立场观点的反对意见是可想而知的（比如自然存在和道德要求错误、公理设定、循环论证等)。其次,一种想要政治承担某种义务的伦理学遇到了这样一个矛盾,即每一个政体的宪法都要求最终确定政治允许做什么,可能情况下必须做什么,自己的责任义务和回旋余地在哪里。法律是更加具体化和制裁保障的伦理学。但是,伦理学能够酌情对法律的普遍基本原则进行论证,反之,法律则无法做到这点(关于此问题和后述的问题参阅 Alexy,1991 年/1995 年;Ekardt,2001 年;Habermas,1992 年;部分参阅 Rawls,1971 年)。然而除此之外,伦理学无法轻而易举地构建一种可以与之匹敌的标准。在实践当中,只有在进行一场法学上的人权讨论,并且伦理学被主要用来作为其基本原则的理论基础的情况下,对人权的伦理学论证(同时也包括内容的定义)才能获得成功。

139

人权理论的法学和伦理学基础

倘若人们认为自由的民主体制的基本原则是伦理性的,并且或许也是普遍可以论证的,那么,公正社会就有了人权的、法律的和伦理的基础及内容定义。

人的尊严原则的含义是对个人自主权的必要尊重,亦即一种自主原则;无党派原则是针对特殊立场的独立性。根据有争议的观点(一方面是 Böckenförde,2003 年;另一方面是 Ekardt,2011 年),这两种原则都不是基本权利,而且也不具备就一件具体的伦理和法律案件做任何评判的资格,所以,在技术问题上亦然。反之,二者更多的是个别的自由权利和自由前提条件权利、权衡法则、分权民主等的辩护性和阐释主导性的基础。因此,人们也没有提出这样的一个常见问题,即人的尊严本身是否需要进行权衡,等等。常为人们引用的所谓人的尊严的公式——"人作为人的价值"以及"禁止把人作为单纯的客体",都没有切中尊严思想的实质。尽管有一系列这样那样的理由,人的尊严和人权也同样适用于无法参与讨论的(极端)严重智障人士。

从伦理学角度来说,人们就人权所发表的各种言论都是关于公正和社会层面的言论。超越创造公平社会秩序义务之外的个人伦理义务,因不能予以充分具体化以及缺乏推行的能力,所以是根本难以想象之事。正因为如此,人权始终置身于公权力之外,虽然它的起源乃是植根于个人之间的人际关系之中。所有本节所论述的内容,依照本国的法律都适用于自由民主制度之中，并且依照欧洲法和国际法也都适用于欧盟和国际组织机构之中。伦理学上也同样如此。此外，根据广义的一般法律规定的国际法概念，这一原则和所有其他原则在法律上也都适用于没有签署人权协议，以及没有颁布相应宪法的国家和国际职权机构。

扩展的自由概念

为了确定技术选择方案的具体规范标准，（以之为基础从法学上或者同时从伦理学上）对人权进行部分重新阐释，亦即排除主要带有经济倾向的自由概念是十分必要的。这种流行释义上的自由概念，似乎主要是给那些经济和社会中的技术使用者赋予了各种人权（就业自由、所有权自由、普遍的行动自由，等等）。

从伦理学和（超出部分的和字面上的标准化范畴的）法律解释的角度来看（作为防范技术后果的标准支撑点，诸如对原子能或是纯技术性的，因而不很成功的气候政策这样的危险技术的防范），在人权的自由概念中产生了一种对于基本的自由前提条件的权利，如生命、健康、最低限度的食品、水、安全、气候稳定、基础教育、没有战争和内战，等等（在后果影响上部分如此处所列，部分也见 OHCHR，2009 年）。从根本上说，这个权利是这样一个事实，即（超出自由的传统之外的）自由若没有上述那些基本条件是不可能存在的，而且，这些基本条件必须强制性地在自由概念中一同被加以思考。与之相比，从伦理和法律的角度来说，对其他有利于自由的条件的保护，比如生物多样性的保护，就不具备人权的资格。但是，由于其与自由的关系，必须得到人们同样的认可。在法律上，这一点反映在规定的解释框架内，如环保国家的目标等（如基本法第 20a 条）。这里，将自由区分为消极的和积极的自由做法是不能令人信服的。在伦理和法律方面，同样不能令人信服的是这样一种观念，即人权只对那些单个的、经过挑选的、被误认为是特别有价值的自由活动提供保护。

自由（包括其基本前提条件）在法律和伦理上有一系列理由值得同样受到跨时间的及全球范围内跨国界的保护，因而，它形成了一个实质的可持续发展概念，亦即一条长久的和全球范围内可持续的生存环境的命令（参见第 4 章第 B. 10 节）。这里，

140

所有的论证理由都与这样一个原则相关，即空间上和时间上相距遥远的人都是人权的载体。通常所见的反对跨时间和全球范围内跨国界的基本权利保护（如未来及个体悖论或是对子孙后代尚未知道的优先权的提示等）的论点，归根结底都是没有说服力的（Unnerstall，1999 年）。反之，一个带有集体主义印记的"保存人类的命令"（Jonas，1979 年），亦即对集体自杀的禁令，人们似乎很难论证它的合理性。

在正确理解自由宪法的前提下，以及在本国和跨国层面上出于各种各样的理由，因可持续发展而扩大了的人权范围，为人们提供了"抵制"和"保护"的保证（二者本身就是不可割裂的）。这里，人权是抵制公权力的权利，同时也是要求公权力进行保护的权利。否则，人权对于可持续性来说便毫无意义可言，这是因为，气候变化和资源短缺等问题首先是由私有者，而非由国家直接引起的（关于下文部分参阅 Ekardt，2011 年；较为传统的论点参阅 Böckenförde，1991 年/2003 年；Alexy，1986 年）。这样的观点并不会因为某些普遍的反对意见，即反对认可强有力的基本保护权利（如民主、权利平衡、缺乏个人关联性、抵制权利的优先地位等），而变得空洞无物和无的放矢。因此，经典的作为/不作为的区分，以及伦理学中的道义论和结果主义将悄悄地失去它们的对象。

只有通过所有这些人权解释的步骤，针对气候变化、资源消失等的基本权利保护，具体的可持续性标准规范，以及技术可选性的标准框架才成为可能。具体细节问题当然只有从权衡理论和机构理论中才能得出。

权衡、机构、事实调查原则

伦理和法律的决定不仅是在例外的情况下，而且最终总是作为一种权衡考量才能得以被重建，或者用正确的表达方式来说就是——这种重建是在不同的自由类型、基本的自由前提条件、进一步有利于自由的条件以及所有从中派生的原则之间进行的（关于本节内容的详细论述参阅 Alexy，1986 年/1991 年；更多涉及下文内容参见 Ekardt，2011 年）。尽管是在有技术的选项可供选择的情况下，这种做法特别容易潜在地导致诸如人权方面的可持续性保证与企业及消费者对眼前利益和消费的基本权利之间的对立冲突。于是，每个可持续性的决定都被打上了同样的标准不确定性，以及不单单是与事实相关的不安全性的烙印（正如流行的风险理论给人的影响一样）。我们只能在权衡理论的框架中，才能理解每个论证观点（比如肇事者原则或是效率原则等）的重要性。

除了权衡原则（以及或多或少具体的内容说明）外，自由的保证也能推导出这样的观点说明，即哪些公权力必须在公民中进行自由平衡，以及必须推进或减缓技术的发展。一方面，这是一个关于立法、行政和司法之间的（有利于自由的）权力平衡问题；另一方面，这是一个关于（以最佳的冲突解决方案和促进自由为目的的）多层面体系中（国际机构组织、欧盟、国会、联邦州等）的主管法律层面的问题。从理论角度看，负有义务的是相关的公权力，而且它具有最佳的适合资质（用管辖制度框架的法律形式语言来说）。在技术使用与否这个问题上，单个公民有义务具体做什么事情——从伦理、法律、国家和国际的角度来说——这一点要依靠公权力具体的权衡结果来决定。权衡的回旋余地首先涉及立法，这时，权衡的部分在多数情况下（在对标准的解释中，或是在明确开启的衡量及权衡余地中）被转交到行政或是司法部门。由于其他相关国家机构先前所做的规定，行政和司法部门所能利用的回旋余地越来越小。

然而，许多诸如原子能和碳排放这样的技术可选方案的主要受害者并不是当今议会和政府的选民，而是其他国家未来的子孙后代和人民。所以，现实政策中可持续性的缺乏不能一概地用"这是经过民主决定的"来做辩解，那样的话，可持续性就与民主处于一种紧张的状态。然而，基于讨论和学习过程的必要性，可持续性和民主之间同时有一种紧密的关系。尽管如此，在可持续性和均衡对待技术方面，针对分权民主现状的机构改革是很有限的。必须更多地建立起已被证明行之有效的国际组织，这一点是根本。此外，由于人权在时空方面的扩展，设立未来利益的代管机构也势在必行。

原本的权衡原则（"恰当性审查"在这里是一个失败的法律概念）导致了进一步的、（或多或少）具体的关于如何同技术打交道的标准要求。这里，权衡原则能够从

141

自由原则以及从理论和实际的区别中派生出来。基本的权衡原则涉及每个决定的可靠的标准材料。一般来说，自由的界限只存在于自由之中，以及存在于他人的基本自由前提条件和其他有利于自由的条件中（生物多样性的保护、文化的促进、提供幼儿园入园名额等），而不是存在于任何形式的公共福利等其他事物中。公共福利作为一种概念在自由和民主的条件下，除了上面提到的法律利益外，不再有任何有意义的内容。良好生活的问题无法用普遍的标准尺度来进行衡量，因而也无从加以规范管理。有鉴于此，对技术选择方案使用与否的伦理和法律论证，并不告诉我们在自由方面受到限制的人们有更大的"内心幸福"，而仅仅是为我们提示对他人的自由和自由前提条件的保护。

从自由中派生出的另一个权衡原则是所谓行为后果责任原则（参见第2章第6节），亦即我们必须为自由选择的行为后果承担法律和伦理责任。这些后果，比如气候变化问题，可以通过公权力"人为地"予以内部化，比如通过缴纳能源税等。"责任"在这里不是单纯地代表管辖权、义务、自愿的善举等，而是代表一种肇事者原则。其他的权衡原则，乃是适合性和必要性等原则。这些原则要求人们为了提升其他人的自由，只能在必要的程度内剥夺某些人的部分自由。另外一条权衡原则的内容是对于其他人来说是根本性的利益诉求，通常必须享有先于他们的优先权。还有一条权衡原则的要求是，要正确记录个案中的利益诉求的具体受害情况。

可以衍生出来的还有一种包括人权预防（有别于法律传统）概念在内的事实调查原则，即从人权意义上对因时间遥远或因果关系不确定的、不仅来自技术使用（如原子能）而且也来自放弃使用可选技术的（如能源效率和可再生能源）危险情况的保护。"如今这种尚不完善的预防形式，或许已经能够'更加安全地'对危险进行预防"——这样一种流行观念在当前普遍存在的权衡问题面前自然是站不住脚的。但是，正是由于人们和技术相关的认识的不断增加，不仅应用于评估新认识的根本原则是可能的，而且一种以之为基础的对公权力决策的改革也是可能的。

从内容角度来看，被破坏的权衡原则或程序原则，比如参与权、起诉权或者事实调查原则（关于后者参见下文），导致了一种在重视现有被破坏原则的情况下，重新进行决策的义务。以迄今为止的气候政策为例：被破坏的原则涉及常常被政治美化了的、作为气候政策基础的事实根据，同时还涉及缺少一种以自由前提条件的充足保护为目标的方向引导。这种对自由前提的保护，不仅是为了继续维护自由民主和它的自由保证，而且至少在某种程度上（同时也在全球和跨时间的范围内）必须得到平等的保障。虽然物质的分配标准（即社会公平分配理论）在前述的背景之下通常很难被推导出来，但是，倘若像气候稳定和能源获得这样的人类财富，为了自由制度的利益必须强制性地加以维护，同时，假如每个人在最低限度的温室气体排放情况下能够生存下去的话，那么，平均分配就是显而易见之事。迄今为止，无论是国内政治还是国际政治，都违反了这一可推导出的权衡规定——大量减少温室气体排放和平均分配。因此，我们可以从标准命令的角度来更坚定地推行能源效率和可再生能源技术（参见第 5 章第 5 节），因为我们特别认为，上述的举措（倘若力度足够的话）能够实现一种对自由更有保护作用的利益均衡，比在减排量的要求上踏步不前，这种保护的作用更加巨大。

人权、全球化和后民族的共生关系

一种以人权要求（也针对技术）为标志的全球政治，必须能够与一种全球的和取消了国界的世界经济相抗衡（关于此段内容参阅 Ekardt，2011 年）。若干国家在气候和资源可持续性政策方面的领头羊作用，比如欧盟和其他国家的联合行动，从世界贸易法来说是可行的。不过，这方面复杂的争议（比如基因技术）总是不断地出现。

从理论和人权的角度来看，当前全球范围内制度化（不足）的现状仅仅是有条件地与一种普遍的、全球范围内的、超越时间的和自由的民主论证基础相适应。我们需要更多的全球机构，它们（a）能正常工作，（b）能做出少数服从多数的决定，（c）具备有效的执行机制和（d）更加成形的参与机制，以及从中期目标来说，在人权范围内用谨慎和分权的方式将国际性决策过程议会化。除此之外，从长期的目标来说，与国家和全球范围内的民主化同步中值得讨论的是对国际法、欧盟法和国别法与地位改变［有利于更高层次的法律法规以及有利于逐步克服民族国家是"（国际法）协议的主人"的思想］之间关系的一次重新解释。一旦所有这些问题得到解决，通往将气候和资源保护法纳入世界贸易组织（WTO）的道路障碍（如同一个微缩版的"全球化的欧盟"）就被清除了。

参考文献

Alexy，Robert：*Theorie der Grundrechte*. Frankfurt a. M. 1986.

– ：*Theorie der juristischen Argumentation*. Frankfurt a. M. [2]1991.

– ：*Recht，Vernunft，Diskurs*. Frankfurt a. M. 1995.

Böckenförde，Ernst – Wolfgang：*Staat，Verfassung，Demokratie*. Frankfurt a. M. 1991.

– ：Menschenwürde als normatives Prinzip. In：*Juristenzeitung* 58（2003），809 ff.

Ekardt，Felix：*Steuerungsdefizite im Umweltrecht：Ursachen unter besonderer Berücksichtigung des Naturschutzrechts und der Grundrechte. Zugleich zur Relevanz religiösen Säkularisats im öffentlichen Recht*. Sinzheim 2001.

– ：*Theorie der Nachhaltigkeit：Rechtliche，ethische und politische Zugänge – am Beispiel von Klimawandel，Ressourcenknappheit und Welthandel*. Baden – Baden 2011.

Habermas，Jürgen：*Faktizität und Geltung*. Frankfurt a. M. 1992.

Jonas，Hans：*Das Prinzip Verantwortung*. Frankfurt a. M. 1979.

OHCHR：*Human Rights and Climate Change*. UN Doc. A/HRC/10/61 vom 15. 01. 2009.

Pollmann，Arnd/Lohmann，Georg（Hg.）：*Menschenrechte. Ein interdisziplinäres Handbuch*. Stuttgart/Weimar 2011.

Rawls，John：*A Theory of Justice*. Cambridge，Mass. 1971.

Unnerstall，Herwig：*Rechte zukünftiger Generationen*. Würzburg 1999.

Weber，Max：*Gesammelte Aufsätze zur Wissenschaftslehre*. Tübingen[6]1984.

菲利克斯·艾卡尔德（Felix Ekardt）

第2节 责任原则

汉斯·约纳斯的责任和未来伦理学

143　　自20世纪80年代以来，哲学家汉斯·约纳斯以他的晚期著作《责任原则——未来文明伦理学试论》（1979年/1984年）对公众和哲学的讨论产生了深刻影响（Böhler，1994年；Schmidt，2007年）。这部著作可以看作一本"哲学畅销书"（Hubig，1995年，第13页），它为人们对面向未来的责任伦理学、科学伦理学和技术伦理学的认可做出了举足轻重的贡献，并且把责任概念当作伦理学的中心课题（参见第2章第6节）。这里，与其把约纳斯称为自然伦理学家、科学伦理学家或是技术伦理学家，不如把他称作责任伦理学家和未来伦理学家（Jonas，1984年，第39页及下几页）更恰当。约氏的研究工作并没有着意去开发一个新的伦理学领域，而是以更新和补充普通伦理学为目标，以应对科技文明给人们带来的威胁局面。他的"危难时刻伦理学"在其坚定的反对人类中心论的基础方面，表现出一种与生物中心论的近距离关系，亦即一种对"敬畏生命"的贴近（Schweitzer，1919年，参见第4章第A.4节）。

　　约纳斯将当前的问题现状（社会和生态危机、核武器的过度杀伤力、生物医学技术的手术等）重新构建为当前文化形而上学和自然哲学方面的一个深度问题。他要求对形而上学进行一次反思和修正，将伦理学、人类学和自然哲学相结合，并且提出了具有保守倾向的、需从方法论上去理解的保存和谨慎原则（恐慌启发法、负面预测优先权和新的绝对命令），以对抗恩斯特·布洛赫①的《希望原则》（1959年）及任何虚幻和乌托邦的进步信仰（参见第2章第4节和第3章第5节）。

　　借此，约纳斯不仅在20世纪80年代迎合了盛行一时的、技术悲观论的、回溯自然的公众情绪，而且更重要的是他在对现代主义的社会批判中找到了自己的发展基

---

① 恩斯特·布洛赫（Ernst Bloch），1885—1977，德国哲学家，新马克思主义学派代表人物。

础。这场社会批判从后现代时期（或第二次现代时期）一直跨越到风险社会时期，并且把培根式的进步概念视为最后的终结。

诊断的出发点

约纳斯的诊断是一种人类历史断代的诊断，而由于人类太多的成就，培根式的进步理想变成了威胁。人类作为生物物种的存在和未来子孙后代的人道社会存在一样，两者都岌岌可危、前途未卜。正如格奥尔格·皮希特、瓦尔特·舒尔茨和弗里德里希·冯·魏茨泽克一样，约纳斯的诊断也是用反乌托邦和反布洛赫的惊世骇俗论点开篇的："对现代技术的希冀已变成了一种威胁"，"存在"已不复存在（Jonas，1984年，第7页）。大自然——人的肉体的自然、生物的变化和生长、外在的资源以及现象和美学的自然，完全成了技术的所用之物。约纳斯探讨了科技的发展历程，它起自*前*现代时期的技术（那时还是工具和手段），直至今天的现代化高科技（它无处不在并潜移默化地支配和危害着自然）。亚里士多德式的自然和技术的对立已经过时（参见第4章第A.1节和第A.5节），*工匠*（Homo faber）战胜了*智者*（home sapiens）。在约纳斯眼中，自然和国家（polis）之间的界线起着主导的比喻作用：自由的大自然遭到无处不在的城市的排挤，亦即"被人造的空间所吞噬"（Jonas，1984年，第33页）。如今，"危险……更多的是在于〔技术〕的成功之中，而非在于失败之中（比如事故和灾难）"，因此，技术就有了一种"内在的多义性"和无法消除的矛盾性（Jonas，1987年，第43页）。由于"征服自然"取得了成果，所以就产生了一种技术行为的自我势能和消极的辩证法，从而造成了累积性的影响和演变式的风险。所有这一切都是"新型的，不同于以往的，依其类型和规模大小而定"（Jonas，1984年，第7页）。

背景分析

约纳斯把"我们借助高科技而踏入的集体实践的新大陆"称作伦理学的"无人区"和"伦理学的真空地带"（Jonas，1984年，第7、57页）。传统的伦理学亟须被补充，因为：（1）迄今为止所有以技能形式同自然打交道的过程"在伦理学上都是

144 中立的";（2）人与人之间的行为在伦理学上是十分重要的，"所有传统的伦理学都是人类中心论的"（Jonas，1984 年，第 22 页）；（3）作为自身行为的前提条件，人可以被认为是恒定不变的；（4）时间和空间意义上的全球性的事物始终未受重视，传统的伦理学没有跳出"行为的狭隘圈子"（Jonas，1984 年，第 23 页）。因此，伦理学亟须被补充（而非被替代）的情况适用于所有伦理学理论。

在约纳斯眼里，伦理学的萎靡不振反映了当前社会形而上学基础的不足。基础性的危机迫使我们，"要扩大此前提到的变向思维，要超越关于行为的学说，亦即伦理学，将之推进到关于存在的学说，亦即形而上学中去……"（Jonas，1984 年，第 30 页）这里，形而上学指的是对行为有指导意义的和理性的自然观、人文观和科学观，而非模棱两可的定义或僵化的教条体系（Jonas，1984 年，第 94 页）。问题不在于是否有一个形而上学，而是可以和应该有一个什么样的形而上学——约纳斯以此来与流行的对后形而上学时代的诊断方法进行抗争。约纳斯的目的，是要以理性的方式建立一个与问题局面相适应的形而上学，简言之，要重新塑造形而上学。

任何一个方法论，尤其是科学的方法论，都是以形而上学为基础的，并且具有伦理学的重要意义：假如当前的自然科学知识"对世界的形态具有决定权的话，那么，这个形态就是一部中性价值的机械装置……那样的话，我们的确不需要证明，我们为什么要为即将到来的下一个一千年操心"（Jonas，1993 年，第 44 页）。约纳斯反对自然的价值中性化，主张一种介入理论并以此积极倡导，要对介入过程中所表现出来的形而上学假设进行探究（介入伦理学）。通过介入的理论观点，伦理学的地位就被前置于发掘和认识之中，从而有别于被各种学科伦理学所认可的所谓现存事物的问题压力。而这样的地位前移，"我们在后面的情况下（才能实现），即当我们面对*我们该干什么*这样一个似乎总是紧随出现的、看似唯一急迫的问题时，我们同时还要考虑：我们必须怎样思考？"的时候。上述观点并非始出自约纳斯，而是出自他学术上的老师马丁·海德格尔（2007 年，第 40 页）。

理论论证

约纳斯以本体论为基础的伦理学的争论性论证工作包括四个步骤。

首先，他在1973年出版的自然哲学的主要著作《有机体和自由》（1966年英文版）中，创立了一种目的论的自然观念。他在书中引用亚里士多德的学说，抨击勒内·笛卡尔，反对伊曼努尔·康德，并对弗里德里希·威廉·约瑟夫·谢林的观点情有独钟。他按照亚里士多德的学说，把生命界解释为阶梯式的系统，精神从一开始就事先隐藏在有机体中，并在人的身上得到了最充分的体现（参阅Jonas，1997年，第15页）。从人类进化的过程中（从人这个自然动物出发，自然在人身上留下了关于自己的证明），约纳斯发现了"存在中的目的的内在性"（Jonas，1984年，第150页）。不过，这是一种微弱意义上的内在性：有机体具有一种生存下去的目的。约纳斯越过康德的伦理学，而且和谢林一样对机械论者进行批判，认为他们对自然的观察方式，*似乎是以没有内在目的为前提的*。

其次，约纳斯提出了一个"目的本为善的论点"，即"在自然具有目的或目标的同时……它也具有价值"（Jonas，1984年，第153页）。目的本身——与其物质内容无关——代表的就是一种价值，而不是要对"目的的好坏本身"进行评判（Jonas，1984年，第153页）：目的的物质内容可能是好的或坏的；目的本身必须被视为好的——不仅在客观意义上，也在主观意义上。

再次，约纳斯（把善本身当作要求的观点）将内在的要求与善结合在一起，亦即将善从潜在状态引入现实。他说："善或价值这个东西，如果它是出自其本身，而源于欲望、需求或选择的恩惠，那么根据其概念，它就是对其现实性的要求所包含的可能性的那个事物……"（Jonas，1984年，第153页）。这个事物本身就包含一个道德的要求。

最后，这个道德要求可以被人们拒绝。对于这个问题来说十分重要的*第四个前提*，其情形有别于前三种前提，它超出了有人用来指责约纳斯的所谓自然主义的范畴。它可以被称作"自由论点"或是"责任能力论点"，其中的自由概念是一个专有名词，指的是在自然界中进行的自我保存行为，从人以降一直到有机体的初级形态皆有之。"人的自由（应当……）被诠释为大自然目的性工作的最高结果。"（Jonas，1984年，第157页）约纳斯论述道，通过人所具有的特殊类型的自由，亦即承担责任的可能性，人

145

实际上正肩负着这样的可能性。人必须"将对（存在者）的认可纳入自己的意愿，并且将对非存在的否认交付给自己的能力"（Jonas，1984 年，第 157 页）。意愿应当继续展开为针对存在所尽的义务。总而论之，目的性具有一种"变为现实的要求"，人必须把这个要求的意愿作为义务承接过来，亦即作为存在的道德要求。

存在和道德要求

约纳斯的本体论－形而上学的论证显然违反了哲学伦理学中已根深蒂固的休谟－摩尔定论，根据这个定论根本就没有从存在到道德要求的过渡，以及从现实到价值的过渡（自然主义和描述主义的错误结论）。约纳斯认为这并不是一个错误结论，相反，他在这个定论中发现了传统伦理学在哲学反思方面的不足。其原因在于，传统伦理学拘泥于一种"本体论的教条"，这个教条又导致了一种循环论证（Jonas，1984 年，第 235 页）。因为根据本体论的推论，"（这个最终从自然科学借用的概念）已经就是存在的真实和全部的概念"（Jonas，1984 年，第 92 页）。这样，休谟－摩尔定论及其存在－道德要求的二分法的前提就是一个存在概念，在这个概念中，存在"是用相应的中性化方法（作为'无价值'）来设计的"（Jonas，1984 年，第 92 页）。在这种情况下，道德要求的非衍生性就成了一个"同义反复的结果"，它是循环论证的，而且并不是一个论据（Jonas，1984 年，第 92 页）。

因此，不仅约纳斯的伦理学基础是形而上学的，而且，伦理学普遍都充满带有形而上学特征的人类学、行为学和物理－物质角度的推断（Jonas，1984 年，第 93 页）。上述循环论证的提示——相对于约纳斯的批评者来说——开启了同样的出发点条件。约纳斯能够进一步论证并列举了一条证据证明，在存在和道德要求之间的确存在相互连接的桥梁。他选择了一个典型的情况来作为范例——婴儿，"责任的原始对象"（Jonas，1984 年，第 234 页及下页）。借助父母对孩子关心照料的关系，他形象化地阐述了他的伦理学的核心思想：关心照料结构系统。无助的婴儿的存在，对他的周围世界提出了一个道德要求，即对他进行关心照料（存在的道德要求）。约纳斯非常明白，人们对于婴儿的要求是可以逃避的。所以在这种情况下，介入是具有决定意义的，亦即人们是把婴儿看作一堆细胞组织呢，还是看作一个有生命的生物体，并且在介入中给予他尊严、尊重和敬畏（介入伦理学）（Taylor，1986年；Schweitzer，1988年；Sitter-Liver，2005年）。

实际操作

约纳斯认为，有两个方法上的因素对于伦理学的成功实践是必不可少的。首先是"非交互性"（Jonas，1984年，第84页）。非交互性表示的是责任可能性条件的形式核心，其中责任是伦理学的主要概念。责任只有在非对称的实力关系情况下才会出现：今天的人拥有强于未来人的实力等，而非反之。正如我们在公平、契约和商讨理论的实践活动中所见到的那样，交互性则不然。它以自由和平等的商讨参与者之间的一种关系对称性为前提：一个人所肩负的义务是另一个人的权利的对应面。这里假定的条件是，每一个人作为自主主体，原则上都具有在关于言语行为的商谈空间中代表自己的能力。这一点在未来的人类、动物、痴呆症患者或胎儿那里会是一种什么样的情况似乎无法确定。约纳斯认为，对我们（未来伦理学）的目的而言，交互性的观点……在这里"失去了作用"。"这是因为，要求止于提出要求的那个事物——亦即它首先必须是*存在*的事物。"（Jonas，1984年，第84页）这里所显现出的与"同时和直接存在的事物"的联系是不够的，伦理学必须把未来的事物，即"尚未存在的事物"包括在内（Jonas，1984年，第47、48页）。这是一个*为了什么*的责任（关心照料结构系统），而不是一个与法庭有关的*面对什么*的责任（关于责任参见第2章第6节）。

其次，"谨慎性"构成了约纳斯伦理学的方法论核心。只要谨慎与未来事物联系，那么它就部分存在于上述的非交互性层面之中："谨慎（是）责任的命令，因为人的存在和本质决不允许被全部投入行为的博弈。"（Jonas，1984年，第338、381页）在方法论上，约纳斯要求一种反乌托邦式的（反布洛赫式的）"恐慌启发法"，它"先进行负面预测然后进行正面预测"，并且"预言"未来的灾难以及承认未来客观上的不确定性——将潜在的事物看作客观的事物（Jonas，1984年，第63页及下页，第70页及下页，第7页）。这里所表现出的保守主义是"存在的责任"的核心元素。从保护的角度出发要能够保证，人在生物学和社会文化意义上在未来不会消亡。约纳斯指出了技术和自然

146

科学发展的累积影响，这种影响造成了我们不能完全接近未来。通过这种方式，约纳斯论证了谨慎原则的必要性。我们必须在做出技术决定时，对"无知"及"我们知识的昏聩"加以注意（Jonas，1984 年，第 55、71 页），因此，要"更多地倾听报忧的预测……而不是报喜的预测"（Jonas，1984 年，第 70 页）。放弃行为有时是十分必要的。

关于上述方法论的这两个方面的内容，约纳斯将其合并到了一个"新的命令"当中，"要让你的行为的影响和地球上真正的人的生命的万世长存和谐一致，或者从消极面来说，'要让你的行为的影响不对人的生命的未来可能性造成破坏'"（Jonas，1984 年，第 36 页）。这里涉及两个重要思想：人作为物种的生存延续和社会文化环境中的人道生活。就形式而言，约纳斯遵循的是康德的道义论伦理学思想（普遍化，参见第 4 章第 B.5 节）。他与康德在伦理学思想上的不同点是其中与未来生命可能性相关的物质内涵。尽管约纳斯的道德命令不具备康德内在逻辑的严谨程度，但对于生命本身来说是具备一定的合理性的（Jonas，1984 年，第 36 页）。

倘若我们把这个新的道德命令称作"人类中心论的"学说，可能就像把它典型化为"综合性的"一样，会有违约纳斯的初衷。约纳斯想通过把自然哲学、人类学和伦理学的相互结合来避免做这样的盖棺定论。从人类学意义上看，人是被拟人化描述的和整体一元论所理解的大自然的一个参与性的组成部分。

批评和影响的历史

责任原则的影响历史是双重性质的。对约纳斯理论观点的评价，主要是肯定他把和未来相关的技术伦理学纳入了哲学和公众社会的日常话题，而并不是评价他如何为之。

约纳斯所引起的多种批评声音，来自互补性的批评意见，它们尤其涉及伦理学、自然哲学和人类学的紧密关系问题。实践论的哲学家和社会学家在约纳斯的学说中辨析出了一种自然主义，以及与之相关联的自然主义的错误结论（见上）。科学哲学家对他拟人化的自然观予以抨击；自然科学家将他视为文化主义的客观批评家和科学的敌人；功利主义者发现他是一个无结果的意识和义务伦理学家；康德论者视其为一个目的论及远离道德的结果论者；德行伦理学家视其为一个准则伦理学的新康德主义者；论辩伦理学家视其为专横霸道的沟通和商讨的仇视者；纯伦理学家视之为满口仁义道德的宗教哲学家或神学家；社会理论家认为他的学说是一个简单化的个人伦理学，并且缺少社会哲学和社会理论的反思；技术后果评估学者指责他的理论在具体的决策情况下的不可操作性；理性主义者洞悉他的思想是一个反启蒙的宗教立场和一个体系庞大的、亚里士多德目的论的形而上学。

总而言之，人们针对约纳斯伦理学的四个核心内容均提出了异议：

（1）诊断——异议批评约纳斯对问题现象的观察和诊断以及随后提出的断代论观点；

（2）原因分析—— 异议虽然同意约纳斯看问题的动机，但是不认为这对伦理学有挑战，对形而上学的挑战更是无从谈起；

*（3）理论论证*的异议指责约纳斯的结论错误、不准确的推论以及一种充满自然主义和形而上学色彩的伦理学的论证弱点；

（4）最后，*操作性*—— 异议抨击约纳斯的理论徒有空谈，毫无意义。

除了约纳斯的"责任"核心概念的普遍运用外，得到正面接受评价的还有（1）他的早期定向论点，即把伦理学的位置提前至问题的认识和发掘之中，目的是使*伦理学上重要的"知识走进自然"*成为可能，并且将其运用于问题本身所产生的地方（Altner 和其他学者，2000 年；Liebert/Schmidt，2010 年）。这点也同样适用于（2）他着眼于未来的论点，即面对未来的形而上学的实际情况对伦理学加以深化。"人们需要一个刚好合适的形而上学"，这个需求来自这样一种必然性，即人们必须增强谨慎原则，以及给予未来发生的事物（在"经过解释说明的灾祸预言"范围内）一个本体论及实际的地位（Dupuy，2005 年，第 81、86 页）。此外，（3）约纳斯的以自然为导向的观点也得到了人们的接受和认同。这里，他不仅使自然成了伦理学的对象，更重要的是"自然的概念"成了反思和取向的中心概念，有了这个概念我们就可以对自然和技术关系（参见第 4 章第 C.2 节）中的时代差异，以及自然生成的和人工制成的事物之间的时代差异进行诊断，比如一种"自我生成型的技术"（生物技术、

147

合成生物学）的产生等（Habermas，2002 年；Kastenhofer/Schmidt，2011 年）。

约纳斯学说的影响历史不局限于学术界的范围内。基于作为公众学者的角色，他曾经对政治性的规划方案产生过影响，如布伦特兰报告（1987 年）等（Hauff，1987 年；参见第 4 章第 B. 10 节）。他的"永久戒律"概念以及他的道德命令在经过改头换面后，一模一样的内容又在报告中重新出现（布伦特兰报告，1987 年，第 XV、337 页）。此外，*责任原则*的方法论核心元素不仅进入法律的专业词汇（非交互性进入了胚胎保护法以及德国和瑞士的动物保护法），而且还进入了技术后果评估（参见第 6 章第 4 节和第 3 节；第 4 章第 C. 7 节），尤其是前瞻性的技术后果评估（Liebert/Schmidt，2010 年）。约纳斯从科学政策出发对"新科学"（与相互依赖性巨大的复杂性相关联）加以制度化的要求，亦即对一种"一体化的环境科学"（Jonas，1987 年，第 11 页）制度化的要求，已经得到了广泛的实践。

结论

人们可以将责任原则理解为社会历史的一个里程碑。这个里程碑从 20 世纪 80 年代经过诊断的社会经济、核能和生物医学技术的生存危机的角度，记录了社会的自然观、技术观和自我认识，并且将其视为对哲学、伦理学和公众社会的挑战。

约纳斯的历史功绩在于，他为自然伦理学和技术伦理学的产生和建立做出了举足轻重的贡献，尽管，或者说正因为他没有把这两者当成其他的学科伦理学，而是将其理解为一种*普通的*补充式的伦理学，一种责任伦理学和未来伦理学。他所关心的是伦理实践，而非伦理学概念及其纯哲学的论证方法。约纳斯本人也承认这一点："我知道，这不是证据，所以不强求任何人苟同附和。"（Jonas，1988 年，第 40 页）然而对约纳斯来说，分析伦理学或超验实用主义伦理学的那种形式上的理性不仅是陌生的，同时也是不充分的。这种理性类型与当前的问题现状处在一种极为密切的关系之中：他与别人一道，对这种现状的形成起到了推波助澜的作用。

在约纳斯眼里，社会经济、核能和生物医学技术的问题现状不是表面现象，也不是人们仅靠对规定的修改就能解决的问题，而是一个有当前文化形而上学基础的深层次问题。植根于此的自然观、人文观和科学观形成了对科技发展的前期影响。约纳斯所关注的就是这样的早期阶段。一旦发展的进程大步向前，那么约纳斯对伦理学的补充就成了无的放矢的学说。因此，约纳斯所拒绝的是一种姗姗来迟的技术伦理学及技术后果评估，但不是预测未来的*前瞻性的技术后果评估*（参阅 Liebert/Schmidt，2010年；Grundwald，2010 年）。

参考文献

Altner, Günter/Böhme, Gernot/Ott, Heiner（Hg.）：*Natur erkennen und anerkennen. Über ethikrelevante Wissenszugänge zur Natur.* Zug/Schweiz 2000.

Bloch, Ernst：*Das Prinzip Hoffnung*［1959］. Frankfurt a. M. 1985.

Böhler, Dieter（Hg.）：*Ethik für die Zukunft. Im Diskurs mit Hans Jonas.* München 1994.

Dupuy, Jean – Pierre: Aufgeklärte Unheilsprophezeiungen. In：Gerhard Gamm/Andreas Hetzel（Hg.）：*Die Unbestimmtheitssignatur der Technik.* Bielefeld 2005, 81 – 102.

Grunwald, Armin：*Technikfolgenabschätzung. Eine Einführung*［2002］. Berlin 2010.

Habermas, Jürgen：*Die Zukunft der menschlichen Natur. Auf dem Weg zu einer liberalen Eugenik?* Frankfurt a. M. 2002.

Hartung, Gerald/Köchy, Kristian/Schmidt, Jan C. /Hofmeister, Georg（Hg.）：*Von der Naturphilosophie zur Naturethik. Zur Aktualität von Hans Jonas.* Freiburg 2013.

Hauff, Volker（Hg.）：*Unsere gemeinsame Zukunft. Der Brundtland – Bericht der WCED.* Greven 1987.

Heidegger, Martin：*Die Technik und die Kehre*［1962］. Stuttgart 2007.

Hubig, Christoph：*Technik – und Wissenschaftsethik. Ein Leitfaden.* Berlin 1995.

Jonas, Hans：*Das Prinzip Verantwortung. Versuch einer Ethik für die technologische Zivilisation*［1979］. Frankfurt a. M. 1984.

– ：*Technik, Medizin und Ethik. Praxis des Prinzips Verantwortung*［1985］. Frankfurt a. M. 1987.

– ：*Materie, Geist und Schöpfung.* Frankfurt a. M. 1988.

– ：*Dem bösen Ende näher.* Frankfurt a. M. 1993.

– ：Das *Prinzip Leben.* Frankfurt a. M. 1997（engl. 1966；dt. Orig. *Organismen und Freiheit. Ansätze zu einer philosophischen Biologie*, 1973）.

Kastenhofer, Karen/Schmidt, Jan C.：On Intervention, construction and creation：Power and knowledge in technoscience and late – modern technology. In：Torben B. Zülsdorfer et al.

148

(Hg.)：*Quantum Engagements*：*Social Reflections of Nanoscience and Emerging Technologies*. Heidelberg 2011，177 – 194.

Liebert，Wolfgang/Schmidt，Jan C. ：Towards a Prospective Technology Assessment. In：*Poiesis & Praxis* 7/1 – 2（2010），99 – 116.

Schmidt，Jan. C. ：Die Aktualität der Ethik von Hans Jonas. Eine Kritik der Kritik des Prinzips Verantwortung. In：*Deutsche Zeitschrift für Philosophie* 55/4（2007），545 – 569.

Schweitzer，Albert：*Die Ehrfurcht vor dem Leben*［1919/1966］. München 1988.

Sitter – Liver，Beatrix：Ehrfurcht und Würde in der Natur. In：Günter Altner et al. （Hg.)：*Leben inmitten von Leben*. Stuttgart 2005，139 – 162.

Taylor，Paul W. ：*Respect for Nature. A Theory of Environmental Ethics*. Princeton 1986.

扬·C. 施密特（Jan C. Schmidt）

第 3 节　智慧伦理学/暂行的道德准则

智慧伦理学

从一般意义上说，智慧是个人或体制行为者能胸有成竹和审时度势地行动的一种特质。尤其是当一个行为者在局势纷乱不明之时能够做到这一点，或者甚至能够暂时搁置自己的行动目标（假如为了整体生活的成功实现而必须这样做的话），那么，他就可被称为睿智之人。作为一种智性的利己主义原则，智慧概念时下常被用来与伦理学中的道德相区别。而此处所指的特质乃是一种（心智的）本领/能力，一旦这种本领或能力成为一种人生态度，那么它就可被称作（心智的）"德性"。

智慧在古代和中世纪的伦理学中被看作主要的德性，因为一个人只有依靠他的智慧，才能将他所认知的善行付诸实践。这里，我们不能把一个（生活的）智者的实际知识同把理论知识通过所谓技术的手段应用于实践的需要混为一谈，而是正如亚里士多德所明确指出的那样，它代表的是一种特殊类型的知识：一种不折不扣的、依情况和行为者而异的、关于主意和办法的知识，或者用时下的表述方法来说，它可以被称为一种"方向性的知识"（Mittelstraß，1992 年）。这个知识不仅包括真实的和有根有据的、道德的、法律的和伦理的、*标准化程度很高*的信念在内［其中有一个（绝对）命令和戒律意义上的"道德要求"出现］，而且还包括牵涉到福祉及分享良好生活的真实的、合理的、标准化程度较低的信念在内（参见第4章第B.8节）。当然，"道德要求"在这里只是与一种假设的要求一同出现的，正像对于智慧的建议和康德学说意义上的"实用主义命令"来说，这种假设的要求所具有的典型意义一样（见下）。

如同道德伦理学一样，智慧伦理学的出发点也不在标准建立的方法中，而是在一种对个人的自我取向能力的调查当中。*物质的道德伦理学在内容上与特定价值体系中得到认可的道德操守相关联，因而它能够提出一个只是部分的、与相应的价值体系有关联的适用要求*，例如在新亚里士多德论，以及在阿拉斯戴尔·麦金泰尔①的社群主义中（参阅 MacIntyre，1989 年），等等。智慧伦理学与这种道德伦理学的区别在于它试图重新构建成功实践的*形式条件*，亦即亚里士多德在对*实践智慧*(phrónêsis) 的分析中首次所提到的、负责幸福和成功实践的（eupraxia）智性道德条件。为了避免盲目性，虽然亚里士多德式的智慧——*实践智慧*(phrónêsis) 需要普遍的价值榜样（它们作为标准性的框架概念——通过习惯性——存在于相应的文化和历史环境中），但它本身并没有固定在特定的价值内容上。智慧者更多的是让自己同这些价值处在这样一种关系之中，即他不断思考权衡，在情况各不相同的价值冲突中，如何能使成功行为的目的本身得到充分（和长期）的保证。因此，智慧伦理学也可以被称为一种"形式的道德伦理学及价值伦理学"，它恰恰是在价值多元论的条件下，能够在标准化程度很高的准则伦理学之外，形成一个重要的和以行为者为中心的替代学说。

基于它的形式特点，或更准确地说基于它的内容开放性，智慧伦理学也没有局限在生活中的个人伦理学范围内。智慧行为的基本概念，如在保存和发展行为能力视角下的审时度势（可能也会导致自我限制），强调的是行为的实践特征：实践即行动，其目的就是成功完成了的行为（Ebert，1976 年）。这一点把实践与一种对行为的评价

———————————————————

① 阿拉斯戴尔·麦金泰尔（Alasdair MacIntyre），1929 年出生于苏格兰，美国鹿特丹大学哲学系荣誉教授。麦金泰尔是当代西方最重要的伦理学家之一，伦理学和政治学中社群主义的代表人物。

相对照，而这种评价只以产品和状态中特定价值的是否实现（创造）为标准取向，因此，它也恰恰是在社会政治的框架中提供了行为资格及决策过程的重要观察点，并且在相应的政治制度中"完善"自己。在此，政治制度必须从总体上为（进一步的）行为提供保障（Aristoteles NE 1118b 14ff.；Hubig 2007b）。

智慧作为与命令知识相关的导向知识

如今，智慧伦理学的任务不仅在于为*允许*和*规定*的范畴划定界限，更重要的是在于划定对行为者的自我取向更为重要（更广义）的*建议*范畴。当然，这项工作必须逐项重新来做，就像比赛时的排兵布阵一样（比如国际象棋和足球等）。虽然人们在这里可以借助积累在经验宝库中的各种范例（在智慧伦理学方面是在智慧伦理学传统的准则里，比如从塞涅卡到米歇尔·德·蒙田，再从勒内·笛卡尔到阿尔贝·加缪等人的学说，体育比赛方面则是在布局手册里），但是，这些范例既无约束性，也无定义性的特征，同时具有无法减少的多义性，因而必须针对其相关性首先在一种决策环境中加以运用。这一点正是智慧之所在。

因此，正如人们在日常用语中所准确表达的那样，建议乃是"眼前的规定"。这个临时性的特点使建议与其他类型的假设命令，亦即技术命令有所不同。不同于有效的技术命令，建议始终要予以修正。但是，一旦它被确定用于某个特定的情形，它对于行为者来说就具有导向的作用：协商的结果是一种关于应该去实现哪些目的的知识，亦即*导向知识*。相反，就行为者行为的适用性而言，技术命令是以行为者遵循某些特定的目的为前提的。所以，它们不具有导向的功能，其作用——相对于知识的状况而言——是依据不同情况而定的（亦即不仅仅是暂时性的）。换句话说：技术命令不包含导向知识，而包含一种*命令知识*，亦即关于实现目的的有效手段的知识。因此，倘若将实用命令和技术命令混为一谈，比方说混淆了建议和配方的用途，那么人们就必然误解了智慧伦理学反思的特性。从根本上说，智慧伦理学反思的特性，在于能够努力对*可能的*目标的意义加以权衡考量，同时这种权衡考量又是在对良好生活的想象（想象也需要不断重新修正）中进行的（Luckner，2005 年，第 39 页及下几页；

Hubig，2007a，第 3 章第 3 节）。

    除此之外，实用命令和技术命令的关系不仅是一种不同类型的假设命令的关系，而且是一种不同道德*层面*的关系：技术命令在行为中的应用本身可能会再度成为一次睿智权衡的对象，而商议和商议的结果——表现为建议和推荐——却不能应用到技术中去。有鉴于此，虽然可以有智慧伦理学和智慧伦理学的技术哲学——具体来说是作为与命令知识相关的导向知识——但不会有"伦理学的技术"。从（更高级的）命令知识高于导向建议的意义上说，技术伦理学的导向知识不可能自身就有技术的特点，倘若它可能会有行为导向的力量的话。 150

    在一个以行为者为中心的伦理学中（比如智慧伦理学），问题的关键不是要为某个人（即使是为自我本身）找到一个"合适的"导向，而是要促使行为者能够自己为自己找到行动的方向（Hubig，1997 年，第 19 页及下几页）。作为自我导向的导向的自我反思性是导向知识本身的一个标志性特点，因此，导向知识不可能简单地从书本中或是技术伦理学的宣言中衍生出来。

关于智慧和道德的关系

    倘若对伦理学的导向和导向知识的论题应当重新加以阐述的话，那么，智慧就不应该被理解为居于道德之下的从属地位。一方面，正如没有道德的智慧必定是*盲目的智慧*一样；另一方面，鉴于行为主体的自我导向，没有智慧和没有实用及综合维度的道德最终也是*空洞无物*的。一种与脱离现实的道德使用说明和绝对命令相对立的、必须把建议的特点揭示出来的智慧伦理学可以告诉我们，智慧是商议能力的代名词。这种商议能力能够在特定的情况下，将各种完全不同的标准要求置于一种相互关系中，从而将一种情况下的行为建议推导出来。

    因此，特别是在道德哲学中所进行的关于标准论证的讨论，必须补充技术行为者自我取向的内容，这里所指的是那些特定的、因技术行为才成为问题并被加以讨论的内容。在科研过程中，许多地方我们都要问这样的问题：在采用某项技术时，要达到的目的是什么，或者哪些能力损失以及我们自我意识中的哪些变化可能会与之相关联。

许多来自技术伦理学和科学伦理学范畴的问题，诸如某些基因技术手术是否被允许，或是在能源制备时对生物圈的损害是否被禁止等，这些问题基本上都不是导向的问题，因为鉴于相应对象领域中的替代方案，这些问题都不为如何处置行为选项提供建议。这样说并不意味着某些技术（如基因技术、核技术和医学技术等）的操作实施是否被禁止、被允许甚至被要求的问题，其重要性对于技术伦理学来说要低于人们普遍认为的情况。这里要说的只是这些问题对于"行为导向"来说都是次要的，因为它们充其量——假设人们对此能达成共识的话——只能被划入一个被许可的框架内。在这个框架之中，始终可能出现的情况是人们不知道自己到底应该做什么，也就是说他失去了导向。道德标准在适用性的要求方面占据优势地位，在行为者的自我导向方面却不然。反之情形也一样：一个象棋运动的新手单单了解象棋的规则，还不足以知道何谓棋下得好。同理，一个知道自己在技术伦理学问题上可以做什么不可以做什么的人，就与命令知识的关系而言，并没有因此而具备了固定的行为导向。但是对于技术规划塑造和技术评价来说，针对实际的必要性、可能性、门槛限制和许可权的思索考虑自然起不到足够的导向作用，这是因为技术评价在这样一个框架内才刚刚起步——就像是象棋比赛一样，尽管布局建议的前提是比赛规则的适用性，但是建议本身是睿智的积累。

因而，技术规划塑造和技术评价的核心问题是对建议进行定义。技术伦理学范畴中的导向问题不应该是这样一些问题："我们允许克隆人的遗传基因吗？""是否为了子孙后代我们要去关心一下未遭破坏的自然环境？""我们是否要对几乎充斥所有生活领域的'电脑统治'加以限制？"其原因在于这些都是一种问题类型的示例，在这个问题类型里，伦理学从根本上被限制在了伦理哲学之中。技术伦理学范畴的导向问题应该这样来提："我们为什么想要克隆人的遗传基因？""究竟什么是我们为子孙后代保全一个未受破坏的自然环境的原因？""在这样那样的生活领域中我们需要电脑吗？"（此处参阅"技术评价的主导问题"，见 Hubig，1995 年，第 9 章）。

与命令知识相关联的标准——单是由于导向问题的变化——无法简单地用一种命

151

令知识来进行表达。因而，"自我取向"的含义也只能相应的在于：对实践和实际的，亦即在具体的行为情况下加以建议的行为规定进行解释。这种形式的行为导向以智慧学说和智慧伦理学的形式重新反映出来。正如安德烈亚斯·卢克纳①所指出的那样，一种价值多元论条件下的智慧伦理学只能被勾画成一种实用论题，被用以帮助（集体和个人的）行为者能够在技术范畴中自我辨别方向。这样一种实用论题——完全在传统的智慧学说意义上——所提供的将不是诸如促进个人和公众福祉的使用说明，而是一系列看问题的观点立场。依据这些观点立场，以自我导向为目的，一个特定情况的实际行为可能性就可得到透彻地查证（Luckner，2005 年，第 122～140 页）。智慧伦理学并不创造或建立什么许可和禁令，而是提出看问题的观点，从而认清什么是好的（睿智的和随机应变的）劝告和建议——这里所针对的问题是鉴于特定技术的使能作用，如何对优先权问题进行确定。

当前，技术行为面临着各种各样的情况，针对这些情况又没有可以直接借用的经验。所以，这或许就是技术伦理学的任务所在，即在无经验的条件下创建自我导向的前提条件。如果技术伦理学者关心技术范畴中行为主体的理性自我导向问题的话，那么，他们似乎更像是土地测量员，而不像是俯身在已印制好的地图上进行研究的地理学家。人们要求技术伦理学要有一种开放性，而这种开放性在道德哲学传统体系的视野中却并不存在，技术伦理学需要一种智慧伦理学的维度。

关于暂行的道德准则②

智慧伦理学并不创造或建立许可、禁令或强制性的要求，而是——作为德性伦理学的一种特定形式——提供对待问题的观点和视角，即行为怎样能够被确定是实用的、有利的和随机应变的。因此，智慧伦理学是一种"使能的伦理学"，因为它所思考的问题是，什么可以通过技术来引起我们生活环境的根本改变或为之所固定化，同

---

① 安德烈亚斯·卢克纳（Andreas Luckner），本文合作撰稿人之一。

② 斜体为本文作者所加，标题引自法国哲学家笛卡尔《方法论》一书。

时，它还对这些情况是否符合人们的愿望进行质疑。这一点是智慧伦理学根本的技术批判因素。即便出于体系的原因不可能有普遍的和无条件的智慧原则，并且只能临时——亦即依个人和情况而定——提出这些智慧原则，但下述的可能性总是存在的，即在"暂行的道德准则"的意义上并从维护和扩展实践活动（一言以蔽之，即对生活的有利性）的角度出发，对行为的策略进行斟酌和权衡。

鉴于有科学基础的伦理学论证的不确定性，由勒内·笛卡尔所勾勒的暂行道德准则的目的在于，"拥有另外一座（临时的）房子……继续过尽可能幸福的小日子"（Descartes，1637年/1960年，第23页）。这是一种"临时抱佛脚式的道德观"（Fischer，1996年），它提供了若干准则，依此做决定的人可以找到自己的方向。这里，"暂行"这个主导概念一方面具有"小心/前瞻"以及"临时/可修正"的含义，另一方面还有"必不可少的储备和努力的收获"的意义。所以，笛卡尔借此提出了以下三个基本原则作为自我取向的建议：

（1）遵循传统的和得到人们认可的道德，只要这些道德是"规范的"及对实践活动有促进作用的，亦即切莫选择极端的观点，在出现失误时它们很难得到纠正（Descartes，1637年/1960年，第25页）；

（2）情况不明时，遵循概率最大的那个看法，并将选择既定路线的决定坚持到底（如同森林中的迷路者一样）（Descartes，1637年/1960年，第26页）；

152　　（3）最后，要考虑自己行为能力的界限，见好就收（Descartes，1637年/1960年，第27页）。

再下一步的建议是要形成一个实用的判断力，借此，我们应当以经验为基础，随机应变地去遵循这些互为矛盾的原则（极端情况下可遵循顺应时势论、决断论和宿命论）。

借此方法，上述原则就成了互为补充和互为修正的原则（如果单是跳开具体情况去理解的话，那它们就成了极端论的矛盾，此处参见Luckner，1996年，第68~77页；Luckner，2005年，第150~165页）。

在这些原则之下，手段和目的的选择还应当被加以有效化，以保证继续幸福生活的条件不受破坏。与把帐篷作为临时房子的情况相似，我们在这里能重新找到一项

"好帐篷"的标准：稳定、灵活、牢固/耐用、可修理和有利改进（Hubig，2007a，第135页及下页）。因此，有人提出建议，要把以一组原则为导向的做法当作"调节性的理念"。在此原则下，人们可以根据问题和情况的不同，对从价值多元化及争议角度所评价的（技术）行为选项进行补充性地对比权衡和优先选择。毫无疑问，此建议尚需进一步具体化。

具体化的第一步或许在于，除了涉及其实际价值的（成功和失败/机会和风险）、有争议地被评价的选项之外，应当提出保持选项价值和遗赠价值的要求：选项价值应当作为未来可能的行为选项的价值，对其优先选择与否的问题，应当保留答案；遗赠价值应当作为保留和发展行为者（作为道德责任人）的同一性条件的价值（Pommerehne，1987年；Cicchetti/Wilde，1992年；Birnbacher，1993年；Peacock/Rizzo，1994年；此处参见Hubig，2007a，第141~145页）。

但是，即便是这些表示基于实际价值争议的优先化原则的建议，如果没有流程的参与也不足以解决问题。因此，出于智慧伦理学的目的以及为了在价值讨论中的权衡考虑，人们应该提出符合暂行道德准则主导观念（此观念可以被视为面向未来和可持续行为的主导观念的早期先行者）的原则来作为忠告建议：这些对不同意见进行管理的原则（Hubig，2007a，第6章）所依照的是亚里士多德的观点，即对于（物质的）善与生活方式不同的各个方面来说，"善"并不是一个最高概念（Aristoteles，NE 1096a，第24页及下几页），而是应该从形式上提供成功条件的保证。因此，不同意见不应当（或只在紧急情况下）由强制性的一致意见所替代，而是应该就不同意见的合理性和可行性提出更高层次的和选项性的统一意见建议：允许有个人承担责任的决定，只要负担和风险没有被推诿给其他人；允许有糟糕的优先权划分，倘若这里资源分配情况较为良好，负担能够得到平衡措施的补偿，受牵连者有可能摆脱对负担的承载；推迟消除不同意见的时间，只要面对不确定性和不安全性不存在决策压力（暂停）；针对"问题的根本"开辟新的探索空间，如果所有可能的解决方案都存在争议；不允许有把所有不同意见都统统封杀的所谓"霸王选项"。只有在对不同意见管理的所有其他方略失败的情况下，才可以对那些带有限制和约束作用的折中意见加以考虑。下述若干实例，如核废料可修复的最终处理方式（能源转换伦理委员会；关于核废料的永久存放参见第5章第4节），排除社会压力的、严格私有化的对PID/PFD的使用（国家伦理委员会），危急情况下在有缺陷土地上使用绿色基因技术（参见第5章第7节）等，即涉及上述这些需加以权衡思考的问题。

在智慧伦理学的传统中，上述建议所具有的共同点是：一方面坚持拒绝物质的和教条的价值取向，另一方面追求一种成功生活的形式观念；除此之外，用一系列忠告建议对酌情区分的必要性进行提示，这些忠告建议为个人的行为导向提供框架，而个人独特的行为导向不把错误导向的后果负担转嫁到别人身上。这里，我们不仅能看清一种智慧伦理/暂行准则与公平商议的对接关系（参见第4章第B.9节），而且还能看清同过于道义论意义上的自主伦理学（Krämer，1992年）的一致关系。就人的生活规划设计而言，这种自主伦理学乃是确立人的完整性的最高权威——诚然只是在如下的意义上，即这种自由权必须看成一种不可分割和不可预留的自由权。其原因在于，若非如此，那么自由权便需要教条的标准规范，在此标准规范之下，需要说明第三方为什么不能享有这种自由权。这时，自由作为绝对的最高机关，就陷入了不能自圆其说的矛盾之中。

153

参考文献

Aristoteles：*Nikomachische Ethik.* Hg. von Olaf Gigon. München 1994 ［NE］.

Birnbacher，Dieter：Ethische Dimensionen der Bewertung technischer Risiken. In：Herbert Schnädelbach/Geert Keil（Hg.）：*Philosophie der Gegenwart – Gegenwart der Philosophie.* Hamburg 1993.

Cicchetti，Charles J./Wilde，Louis L.：Uniqueness，irreversibility，and the theory of nonuse values. In：*American Agricultural Economies Association*（1993），1121 – 1134.

Descartes，René：*Von der Methode des richtigen Vernunftgebrauchs und der wissenschaftlichen Forschung.* Übers. von Lüder Gäbe，Hamburg 1960（frz. *Discours de la méthode*，1637）.

Ebert，Theodor：Praxis und Poiesis. Zu einer handlungstheoretischen Unterscheidung des Aristoteles. In：*Zeitschrift für philosophische Forschung* 30/31（1976），12 – 30.

Fischer, Peter: Moral für unterwegs. Descartes, Nietzsche und die Asketik der modernen Wissenschaft. In: Christoph Hubig/Hans Poser (Hg.): *Cognitio humana – Dynamik des Wissens und der Werte* (XⅧ. Deutscher Kongreß für Philosophie, Workshop – Beiträge). Bd. 2. Leipzig 1996, 84 – 91.

Hubig, Christoph: *Technik – und Wissenschaftsethik. Ein Leitfaden.* Berlin/Heidelberg/New York ²1995.

– : *Technologische Kultur.* Leipzig 1997.

– : *Die Kunst des Möglichen* Ⅱ. *Grundlagen einer dialektischen Philosophie der Technik.* Bielefeld 2007a.

– : Die Politik vervollkommnet die Ethik? Begründungsund Realisierungsprobleme einer Ethik institutionellen Handelns. In: Ludger Heidbrink/Alfred Hirsch (Hg.): *Staat ohne Verantwortung?* Frankfurt a. M. 2007b, 375 – 390.

Krämer, Hans: *Integrative Ethik.* Frankfurt a. M. 1992.

Luckner, Andreas: Elemente provisorischer Moral. In: Christoph Hubig/Hans Poser (Hg.): *Cognitio humana – Dynamik des Wissens und der Werte*, Bd. 1. Leipzig 1996, 68 – 77.

– : Orientierungswissen und Technikethik. In: *Dialektik* 2 (2000), 57 – 78.

– : *Klugheit.* Berlin/New York 2005.

MacIntyre, Alasdair: *Der Verlust der Tugend.* Frankfurt a. M. 1989 (engl. 1981).

Mittelstraß, Jürgen: *Leonardo – Welt. Über Wissenschaft, Forschung und Verantwortung.* Frankfurt a. M. 1992.

Peacock, Alan T. /Ilde Rizzo: *Cultural Economics and Cultural Politics.* Dordrecht 1994.

Pommerehne, Werner W. : Präferenzen für öffentliche Güter. Ansätze zu ihrer Erfassung. Tübingen 1987.

Trapp, Rainer: *Klugheitsdilemmata und die Umweltproblematik.* Paderborn 1998.

VDI: *Richtlinie Technikbewertung* (VDI 3780). Düsseldorf 1991.

VDI: *Aktualität der Technikbewertung. Erträge und Perspektiven der Richtlinie 3780.* VDI Report 29. Düsseldorf 1999.

克里斯多夫·胡比格、安德烈亚斯·卢克纳

(Christoph Hubig und Andreas Luckner)

第 4 节 功利主义

对于功利主义学说的创立者们来说，功利（utility）——像许多人所误以为的那样——并不涉及个人的利益，而是涉及集体的利益，以及涉及所有受到某种行为积极牵连或消极牵连的人的利益。功利主义的最终目的，是在公正无私基础上确定的"最多数人的最大幸福"。功利主义之父杰里米·边沁认为，个人由于他们的心理必然性只将他们自己的利益最大化。功利主义早就与这种由边沁所代表的心理利己主义分道扬镳。边沁学说的继承人约翰·斯图亚特·穆勒很早就认为，人类与生俱来的动机虽然都是自私的，但是，培养和教育的过程却能够将利他主义的动机叠加到利己主义的动机之上。

功利主义：核心因素和现代变体

功利主义伦理学可以理解为一种*效率伦理学*，它对个别行为、行为方式、个人和社会的行为准则、组织机构、动机、德行概念和理想等所有的单一道德成分采用这样一种标准来进行评价，即它们在多大的程度上适合促进有意识能力的生物的主观幸福。对它们来说，道德的准则不是自我目的，而是对行为进行控制的、仅仅通过自己的功能而证明有存在理由的社会公约。在某种意义上，功利主义伦理学可以被看作对目的和手段理性的技术和经济模式的一种普遍化。

这样，功利主义伦理学从一开始就表现出了同经济以及同技术的紧密关系。技术行为是典型的以特定的非技术目的为导向的手段行为（参见第2章第1节和第4章第A.11节）。技术的优化也总是带有效用最大化的特征。然而，技术的效用是*相对的*，并且始终保持目的的开放性（技术与目的关联时才产生效用），与此相反，效用在功利主义的范畴中包含目的的类型和价值的类型在内，人们根据目的和价值来评判手段的效率：所有相关人群总体的主观幸福是否得到了提升。

当前，功利主义给人留下的印象是没有始终与其他伦理学观点划清界限的一组伦理学的概念，这些概念一部分通过共同的核心因素，另一部分则由变体的族系相似关系相互联系在一起。其中核心因素有：

（1）*结果论*。人的行为（包括不作为）的道德评判完全决定于针对（可能的）行为后果的评判。缘此，功利主义的行为评判分为两个部分，即由价值论的和标准性的（建立准则要求的）部分组成。在价值论部分中，人们是按照幸福的尺度来对

（可能的）行为后果进行评判，看它们是所希望得到的还是要尽量避免的。在居于次要地位的标准部分中，人们对行为进行评判所依据的标准是，鉴于行为（可能的）后果的程度，来判定它们到底是必要性的，还是被允许的或是被禁止的。为了避免道德上的过高要求，通常对后果程度的重大改善才是应当遵守的，而对后果程度的重大恶化则是被禁止的。在个别案例中，问题的关键点在于，有哪些行为替代方案可供人们使用。并不是每个带有重大不良后果的行为，在任何情况下从道德的角度说都是要加以禁止的。举例来说，假如所有可供使用的替代方案（包括不作为在内）都可能带来更为糟糕的后果，那么这时就不必这样做。这里，行为后果评判的关键，既非实际发生的后果也非由相关行为人所预报的或意愿的后果，而是*可预见的*后果，就像在行为发生时，一个对情况了如指掌而且理性思维的观察者眼中所见的情况一样。

（2）*价值一元论*。在功利主义价值论中，只有一个（主要的）价值尺度，所有的利益和危害参数都在这个尺度上显示它们的特定数值（当然在实践中始终只是大体上的特定值）。这样，功利主义中——至少在理论上——就不存在价值的不可测量性。原则上说，所有在既定情况中的可能行为的后果都是可以进行相互比较的。除此之外，理论层面上也免除了价值争议以及一种真正的物质权衡的必要性。因为所有物质及其相关的效用值都必须经过权衡考虑，所以，只有同类的效用量（正面的和负面的）才可以进行相互比照。在功利主义中，无法解决的"悲剧性的"争议和僵局是不会有的，除非出现了两个或更多的行为替代方案中（包括不作为在内）的任何一个都造成重大不良后果的情况。

（3）*普遍主义*。"各家自扫门前雪，哪管他人瓦上霜"（Mill，2006 年，第 184页）——在这句边沁式的名言中，功利主义的价值学说不偏不倚并且不带有任何同情和忠诚度色彩，对受到行为积极或消极牵连的所有有感觉能力的生命体（包括有感觉能力的动物在内）进行了概括总结。由于这样一种主观上的关于利益和损害的"算计"要求，利益和损害必须跨越个体的界限进行相互比较，功利主义者在面对与此相关的批评者的批评意见时指出，在大量的分配决策进行过程中，人们实际上已经在做这样一种驾轻就熟的效用比较工作。不过，他们也不得不承认，正像对行为后果及其可能性的估测一样，这种比较方式不可能做到十分准确和万无一失。但是，他们同时也公开表示，对于大多数在实践中发生的道德决策问题来说，这项比较工作并非必要的。

在以往几十年中，仅仅因为近似而相互有关联的功利主义的变体大量增加。数量增加的主要动因在于，人们力图使功利主义的行为评价结果接近普遍流行的合理性直觉。下面所列举的是几个最主要的学说变体。

(1) *双层次功利主义*。这种最早为约翰·斯图亚特·穆勒（2006 年）所看好的、由理查德·M. 黑尔（1992 年）创立的变体将功利主义分为理论的或观念的层面，以及具体的或实践的层面。某些抽象的原则适用于前者，而在后者那里，抽象的原则必须被翻译成社会道德准则，才能起到指导日常行为的作用。比之高度复杂的、需要直接运用"最大数量的最大幸福"这一观念原则的后果评估（参见第 6 章第 4 节），这些社会道德准则必须具有更高的直观性、更好的传授性和内在化性。从双层次功利主义角度出发，对于常规案例来说，许多由道德常识所做的区分就可以自圆其说。比方说在正常情况下，*损害要比未实施之善举所造成的损失大得多*；*主动行为——因为有更多机会——要比完全无所作为所造成的危害多得多*；对于社会的和谐生活来说，*故意地加以损害要比仅仅是忍受损失具有更严重的危险*。在双层次功利主义的范畴中，边沁的经典功利主义典型的*最大化命令*与日常道德的合理性之间的冲突也能得到缓解。当一条社会道德准则具有重要意义时，即根据此条准则，人们必须在两个或多个严重的危害之中选择那个最轻的危害时，那么，在对具有良好结果的行为进行决策时，选择那些具有最佳结果的行为就没有什么意义了。

(2) *优先论*。优先论的要义，是要给消除重大的负面价值（痛苦，未满足基本需求）和实现重大的正面价值（幸福，获得超出满足基本需求之外的优先权）赋予优先权。将更多的负担施加到已经遭受损失的人群头上，仅是为了让已经受到优待的人群获得更为富足的生活，这样的做法似乎是不可取的。所以，詹姆斯·格里芬①

———————————

① 詹姆斯·格里芬（James Griffin），1929—2008，美国民主党政治家。

（1979 年）倡导一种境遇更好的和境遇更差的人群之间的负担平衡，这种平衡的作用，只是用来减少一些人的负面损失，以及实现一个特定的正面受益的界线水平。个人只有遇到如下情况才能被置于更糟的境遇中，即由此能使其他处于受益界线水平之下的人能够获得更好的境遇。相反的情况则是不允许的，即为了使一部分已经处于较高受益水平的人获得更好的境遇，而将另一部分人群置于更加不利的境地。比之这些优先论的*绝对性*的选择情况，*相对性*的选择情况与各种普遍的直觉能够更好地相互结合在一起。举例来说，克里斯多夫·卢默尔所提出的一种观念认为，受益的权重随着已经达到的受益水平的高度而逐步减少。低水平上的境遇改善，比如抵抗饥饿、传染病和战争等，要比在较高水平上的境遇改善在受益权衡时具有更为重要的意义。然而，这时并不排除这样的可能性，即在特定情况下，本已处在较差境地人群的处境再度下跌，这种做法在功利主义上是被允许的，抑或甚至是必需的，比如对基本处于受益界线水平之下的人群施以惩罚，为了达到提高处在受益水平界线之上人群安全的目的。

（3）*优先权功利主义*。优先权功利主义对功利主义目标参数——"福祉"的定义方法，不是通过主观的体验焦度，诸如幸福或满意等，而只是用（优先权功利主义，参阅 Harsanyi 等，1982 年）或是附加性地（幸福－愿望－伦理学，参阅 Wessels，2011 年）以人的愿望和利益的实现，以及其他有愿望和利益能力的生物的愿望和利益的实现为尺度。道德的目标不再是建立起某种主观上的状态，而是建立起特定的世界秩序。由于对世界秩序的愿望和利益要求可能会超出个人的体验范畴，所以，优先权的满足不再必然地和愿望者的主观经历同时发生。在极端情况下，愿望的满足甚至超出了每个任意主体的体验可能性，就如同对生物圈免遭破坏的愿望超出了人类终结时间一样。

功利主义和技术

目的－手段－理性的基本结构不是把功利主义伦理学和技术思维联系在一起的唯一标志。二者之间其他的共同点，还有对*自然原则*的否定和始终如一的*反保守主义*。

缺乏对上帝所造之物和自然生长之物的敬畏，是功利主义和技术皆而有之的典型特点。从功利主义的视角来看，自然的状态（如我们人类眼前所看到的那样）和标准的适用（如个人所面临的那样）都没有因为它们的事实性而在某种程度上具有了权威性。眼前的现状只有通过以后果为导向的思维考量才能获得其存在的理由。只有在这样的条件下，我们才能而且必须超越自然所设定的现状，即通过技术介入能够改善现状，或者通过技术介入能够极大地使现状得到改善。

早在功利主义的始祖弗朗西斯·培根那里，我们就能看到这种功利主义和技术结盟的经典案例。培根在他的《自然解释》一书中给技术赋予了一个不可小觑的任务，即收回上帝将人类驱逐出天堂的成命：知识应当"与实际和有益的应用将结合"，目的是要"重新恢复人在创世之初就有的尊贵和权力，并将其大部分重新交还给他自己"（Bacon，1984年，第35、43页）。正像亚当通过给上帝创造之物命名而取得对自然的统治一样，人也应该通过直接面对世间万物和用技术改造之的方法来取得对自然的权威（参见第4章第C.2节）。科学和技术不再仅仅起到道义的作用，而恰恰是要承担起拯救历史的任务。功利主义的鼻祖杰里米·边沁从该学说中首先推导出的是进行政治和法律改革的必要性，而另一个功利主义者约翰·斯图亚特·穆勒则反对将自然升级到权威地位的趋势，若如此，人类对权威的质疑将会受到惩罚。在《自然》一文中，穆勒用极度黑暗的色调描绘了自然对人的冷漠，并得出结论，"从整体来看，自然的破坏力不会用于良好的目的，而是要刺激有理性的人类起而反抗之"（Mill，1984年，第33页）。在穆勒之前，其思想中有许多功利主义成分的卡尔·马克思就已经看到，"自然界的真正复活"（Marx，1985年，第538页）不在于人回归到自然状态，而在于建立在机器大规模代替艰苦的手工劳动基础上的人道的社会之中。对于马克思来说，没有"生产力的解放"，比如通过不断的技术化等途径，"自然界的实现了的人道主义"是难以想象的。

尽管对技术抱有乐观主义的态度，但是在穆勒那里（同样也在马克思的合作者弗里德里希·恩格斯那里）就已经表现出对自然不节制的技术掠夺的顾虑。在18～19世纪的政治经济学家中，穆勒具有独特的重要地位，这是因为他并不把至少是在工业化国家出现的生产力的停滞不前诠释为社会灾难的危机信号和前兆，而是诠释为人与自然更冷静地以及与文明打交道的机会。只有在落后的国家中，发展经济才是必要的：

> 假如地球不得不损失掉她的温馨可爱的一大部分，这个部分的温馨可爱来自将要使她失去财富和人口的无限增多的那些事物，只是为了能养活更多的人口，却不是为了能养活更好的或是更幸福的人口，那么，我从心里希望，为了子孙后代的利益，人们在受到必然驱使之前，就应当满足于一种稳定的状态。（Mill，1869 年，第 62 页及下页）

穆勒首先将功利主义典型的、以科技进步模式为基础的进步范例（参见第 2 章第 4 节）与所希望的人类在教育、道德和社会交往方式方面的进步联系在一起，而不是将其同不可避免对自然造成破坏的人口增长和不断扩大的技术对自然的控制挂钩。因为世界人口的持续增长已经凸显食品供应紧张、世界范围内的对自然资源的过度开发，以及对生态和气候承受能力的过度使用——在当前这样一个背景之下，追随穆勒早就倡导的"绿色"功利主义的人数明显增多。比如，戴尔·贾米森[①]就代表着一种功利主义的观点，反对与功利主义格格不入的、在高科技肉类生产中使用进化程度较高的动物的做法（关于动物和技术参见第 4 章第 C.3 节；参阅 Singer 等，1996 年）。贾米森编制了一本"环境道德"目录，彻底颠覆了培根的"普罗米修斯工程"的道德目录。在贾米森的这本目录中所列举的道德条目有：谦卑（面对自然）、中庸（消费上）、重视（我们行为远期的影响和副作用）和合作（涉及保存和保障生存基础的集体努力，参见 Jamieson，2007 年，第 181 页及下页）。

未来责任

穆勒对增长的质疑源于对未受到技术侵害的自然之爱（关于自然和技术参见第 4

---

① 戴尔·贾米森（Dale Jamieson），1947 年生于美国，纽约大学环境科学、哲学和法学教授。

157 章第 C.2 节），同时也源于功利主义特有的对子孙后代的未雨绸缪式的关心。他从政时曾经要求，由国家出面把英国那些较为贫瘠的土地收归国有并且不予开垦，目的不仅是要将这些土地留给自然爱好者，而且还留作给未来子孙所用的储备（参阅 Harris，1958 年，第70页）。以"人类持久的利益"（Mill，1965 年，第 223 页）为导向，预先关心人的基本需求，同时也关心子孙后代可期待的文明需求取向，这些思想贯穿在穆勒的所有著作中，特别是他要求摆脱国家和社会管束的对个人自由思想的论述中：只有在自由中，人的创造力和创新力才能蓬勃发展，而人们所希望的社会进步在根本上即取决于此。

功利主义以自己严格生硬的说教（至少在理论上）要求人们为了未来的利益做出眼前的放弃。有鉴于此，它在未来伦理学中落下了一个颇遭怀疑的名声。这种严格的要求，部分是最大化原则的结果，部分则是来自从价值普遍主义中衍生出来的，着眼未来利益而对纯粹时间优先权和低估未来利益、损失的否定。由于在后果评估时所有受牵连者的地位都是平等的，那么在长远决策时，受眼前行为直接或间接牵连的后辈子孙的地位也是平等的。同时，由于所有受牵连者的地位都是平等的，这样，要将未来进行"打折处理"（除非出于不安全的原因）的倾向就失去了土壤。从评价的角度来说，发生利益或损失的时间节点——鉴于当事者可能发生的需求或敏感性的改变——充其量只有间接的区别意义（参阅 Sidgwick，1907 年，第 381 页）。所以，功利主义在保留原则（"可持续性"，参见第4章第 B.10 节）之外，还要求当前时代对未来的子孙后代给予预先关心，而且即使在下述情况下也应如此，即假设我们的后辈因为一项无须预先关心的技术进步而处在一个更好的环境之中。如果当前的预先关心工作以及对技术使用的放弃影响到了未来的利益增长，并且，利益的增长超越了当前所做出的放弃行动，在这种情况下，上述的原则至少也同样是适用的（Ramsey，1928 年；参阅 Birnbacher，1988 年，第 106 页及下几页）。然而，由此所引起的负担分配上的不公正情况在实践当中是通过如下方式得以减轻的，即对较早的后代的预先关心义务不能超越可承受的特定界限，如果这些义务对他们来说是可接受的，而且具有被遵守的可能的话。理论上的*最佳情形*并不自然而然地等于我们在道德上负有去加以实现的责任。举例来说，我们不能对如今已经面临足够温饱问题的最贫困国家提出要求，为了数量上更大的未来人口再额外地去节衣缩食。

技术风险的评估

功利主义对待风险的中立态度被很多批评者所诟病。这种态度常常表现在这样一种情况之下，即当对技术风险进行评判时，功利主义便带有一种从利益和损失数值及出现概率出发的、将期望值和产品数量最大化的策略。不过，这一结论却得到从事风险问题研究的功利主义伦理学者的认可，他们认为它只适用于某些特定的行为，比如那些经常重复的行为等。对于具有相对少见、不可能或是鉴于其频率程度不安全且有严重不利后果（比如高风险技术）的行为来说，功利主义伦理学本身并不提供明确的决策标准（关于风险参见第2章第2节；关于风险评估参见第4章第C.7节）。功利主义者除了机遇和风险外，必须加以考虑的另一个重要因素是风险技术所带来的被感觉到的不安全性，哪怕这些风险还没有变为现实。当被感觉到的不安全性经历一个被社会放大（social amplification，参阅 Renn，1991年）的过程，并且从工程师和科学家的角度看似乎反应过度或是歇斯底里时，这一点也同样适用。由于功利主义重点关注的是主观的数值，所以，它也必须同时兼顾这样一个心理上的事实，即未来危害的前景——不论确定与否还是仅仅是有可能——要比未来的利益所引起的美好期待更加引起人们的恐慌（参阅 Birnbacher，2010年，第186页）。因此，功利主义在关键的地方也要考虑"潜在灾难"数量上的风险征兆，并且在实践当中面对技术后果评估（参见第6章第4节）时采取一种类似风险抵制的立场，正像这种立场对"人的健康理智"来说具有标志性的意义一样。 158

参考文献

Bacon，Francis：*Valerius Terminus. Von der Interpretation der Natur*［1603］．Engl – dt.

Würzburg 1984.

Bentham, Jeremy: An introduction to the principles of morals and legislation [1789]. New York 1948 [Kap. 1 – 5 dt. in: Otfried Höffe (Hg.): *Einführung in die utilitaristische Ethik*. Tübingen [2]1992, 55 – 83].

Birnbacher, Dieter: *Verantwortung für zukünftige Generationen*. Stuttgart 1988.

– : Emotions within the boundaries of pure reason: Emotionality and rationality in the acceptance of technological risks. In: Sabine Roeser (Hg.): *Emotions and Risky Technologies*. Dordrecht 2010, 177 – 194.

Griffin, James: Is unhappiness morally more important than happiness? In: *Philosophical Quarterly* 29 (1979), 4755.

Hare, Richard M.: *Moralisches Denken: seine Ebenen, seine Methoden, sein Witz*. Frankfurt a. M. 1992 (engl. 1981).

Harris, Abram L.: *Economics and Social Reform*. New York 1958.

Harsanyi, John C.: Morality and the theory of rational behaviour. In: Amartya Sen/ Bernard Williams, (Hg.): *Utilitarianism and Beyond*. Cambridge/Paris 1982, 39 – 62.

Jamieson, Dale: When utilitarians should be virtue theorists. In: *Utilitas* 19 (2007), 160 – 183.

Lumer, Christoph: Utilex – Verteilungsgerechtigkeit auf Empathiebasis. In: Peter Koller/ Klaus Puhl (Hg.): *Current Issues in Political Philosophy: Justice in Society and World Order* (Akten des 19. Internationalen Wittgenstein – Symposiums, 11. – 18. 08. 1996). Wien 1997, 99 – 110.

Marx, Karl: Ökonomisch – philosophische Manuskripte aus dem Jahr 1844. In: *Marx – Engels Werke*, Bd. 40. Berlin 1985, 465 – 588.

Mill, John Stuart: Grundsätze der politischen Ökonomie. In: Ders.: *Gesammelte Werke*, Bd. 7. Leipzig 1869.

– : *The Principles of Political Economy with Some of Their Applications to Social Philosophy* (Books I – II). Toronto/London 1965.

– : Natur. In: Ders.: *Drei Essays über Religion*. Stuttgart 1984, 9 – 62 (engl. 1874).

– : *Utilitarianism/Der Utilitarismus*. Stuttgart 2006 (engl. 1861).

Ramsey, Frank P.: A mathematical theory of saving. In: *Economic Journal* 38 (1928), 543 – 559.

Renn, Ortwin: Risk communication and the social amplification of risk. In: Roger E. Kasperson/Pieter Jan M. Stallen (Hg.): *Communicating Risk to the Public*. Dordrecht 1991, 287 – 324.

Sidgwick, Henry: *The Methods of Ethics*. London [7]1907.

Singer, Peter: *Animal Liberation. Die Befreiung der Tiere*. Reinbek 1996 (engl. 1975).

Wessels, Ulla: *Das Gute. Wohlfahrt, hedonisches Glück und die Erfüllung von Wünschen*. Frankfurt a. M. 2011.

迪特·比恩巴赫 (Dieter Birnbacher)

第5节　道义论伦理学

定义的多重性

如果说杰里米·边沁在他的同名著作中完全是从词源学意义上（源自希腊语 to deon：恰当得体，义务）将由他自己定义的*道义论*概念理解为"关于责任义务的学说"，并且将其与"关于道德的科学"等量齐观的话（Bentham，1834 年），那么，"道义论的"这个形容词如今只起到用来对标准伦理学普通概念的一个特殊分支进行分类的作用。这样，标准伦理学"道义论"学说从原则上来讲就与"目的论"学说（首见于 Muirhead，1932 年）和/或"结果论"学说（Alexander/Moore 等，2008 年）相并立而共存。

与此同时，我们还可以在当代的文献著作中看到各种不同的定义解释和并立共存现象。比如，杰拉德·高斯①（2001a 和 2001b）列举出了不下十种伦理学理论的分类使用方式作为"道义论的"伦理学学说，即：

学说一：正确的东西不把制造善举最大化；

学说二：为公平的权衡思维提供一席之地；

学说三：包含有决定命令和禁令的道德理论；

学说四：如同普理查德②的理论一样，任务和义务不依赖于善举的概念而成立；

学说五：如同高蒂尔③的契约论一样，正确的东西的概念不应以实质上内涵丰富的善举概念来加以定义；

---

① 杰拉德·高斯（Gerald Gaus），1952 年生于美国，现任教于美国亚利桑那大学哲学系。
② 哈罗德·普理查德（Harold Prichard），1871—1947，英国哲学家，以研究伦理直觉著称。
③ 大卫·高蒂尔（David Gauthier），1932 年生于加拿大，现任加拿大圣玛丽大学哲学教授。

学说六：我们的价值和善举构思以能够站得住脚的道德原则为前提；

学说七：我们有理由不仅应促进价值，同时还应尊重价值；

学说八：建立在尊重人的概念之上，或者赋予这个概念以核心意义；

学说九：赋予道德准则以核心的地位；

学说十：以命令为导向的伦理学理论。（Gaus，2001b，第189页及下页，所有译文，包括下文中的译文，均出自本文作者）

159　　　虽然上述定义中有许多（部分也存在争议的）横向联系，但是毫无疑问，没有重叠的问题存在。举例来说，尤其为功利主义代表人物所乐于运用的学说三，只有很小一部分同依照学说一可以被称为道义论的伦理学理论相一致，而且这种情况只见于很少量的伦理学理论当中。进一步来说：正如高斯令人信服的阐述的那样，没有一个伦理学理论在前述的十个定义中的*任何*一个当中可以被称作是道义论的。事实上，即便是所谓经典范例性的理论学说的归类问题（如将康德伦理学归结为道义论，或是将行为功利主义归结为目的论等）也并非没有争议的；比方说，芭芭拉·赫尔曼①对伊曼努尔·康德学说的阐释，或者威尔·吉姆利卡②关于功利主义的论述即可作为例证。鉴于上述诠释的多重性，只有明确地针对各种定义可能性中的一种时，将某个学说确定为"道义论"才有意义。

弗兰克纳和罗尔斯：标准定义

　　在本文范围内，我们集中考察由威廉·弗兰克纳③（1963年/1973年）提出的具有广泛影响和"近乎经典的"（Gaus，2001a，第28页）定义方案。他的道义论概念是纯粹消极的概念：道义论伦理学都是非目的论的伦理学。只有在伦理学把道德上正确的东西定义成将一种前道德的内容予以最大化的事物时，这种伦理学才是道义论

---

① 芭芭拉·赫尔曼（Barbara Herman），1945年生于美国，哈佛大学哲学系教授。
② 威尔·吉姆利卡（Will Kymlicka），1962年出生，加拿大政治学家和哲学家。
③ 威廉·弗兰克纳（William Frankena），1908—1994，美国分析哲学和道德哲学家。

的。前道德内容指的是一种不依赖于道德标准而能被定义为道义内容的东西。比方说，在经典的和以享乐主义为基础的功利主义中，作为核心内容的"主观快感"就是这样一种前道德内容的较能说明问题的示例。相反，只要我们对这一概念的理解与忠诚、正直或无私这样的道德原则联系在一起的话，我们就无法将诸如"友谊"这样的东西看成前道德内容（Gaus，2001a，第38页及下页）。缘此，属于道义论伦理学这个范畴的，是所有那些不把道德上正确的事物定义为将前道德内容最大化的事物的学说。根据这样一条定义区分路线，目的论伦理学只是将带来最大幸福（作为前道德内容）的行为看成道德的律令，而道义论伦理学则不把幸福量的增加视作（唯一的）标准，并且还要顾及其他各种观点，诸如基本权利等。

弗兰克纳在正面的表述中发现，在道义论伦理学范畴中，除了"它们的结果在前道德意义上的好或坏以外，还有其他的一些使一个行为或准则成为正确或义务的想法和考虑"，比方说"行为本身的某些特点"，比如这样一个事实，即"行为兑现了诺言，它是公正的，或是由上帝或国家所规定的"（Frankena，1973年，第15页）。这个观点在今天流行的道义论 vs 结果论的概念对立中起着很重要的作用。通常情况下，这种概念对立把结果论伦理学视作只通过行为结果来对道德上正确的事物进行定义的伦理学，反之，把非结果论伦理学视作并不仅仅或者甚至不由行为结果来对正确的事物进行定义的伦理学。在这种情况下，道义论伦理学看似对行为结果很不敏感。这里，道义论伦理学也只是在消极的意义上做了定义。因此，在当前的争鸣中产生了许多误解，认为道义论伦理学一方面被看成不把正确的事物理解成前道德善举的功能的伦理学，另一方面又被看成不根据行为后果来对正确事物进行定义的伦理学。

弗兰克纳的定义后来一跃而成为标准定义，其中可能有这样的一个原因，即1945年后影响最大的伦理学家约翰·罗尔斯[①]曾明确表态同意弗兰克纳的观点。他完

[①] 约翰·罗尔斯（John Rawls），1921—2002，美国政治哲学家和伦理学家，哈佛大学教授，著有《正义论》、《政治自由主义》、《万民法》等名著，是20世纪西方最著名的政治哲学家之一。

全按照弗兰克纳的思想将道义论伦理学诠释为这样一种伦理学，即"它要么不依赖于正确的事物对好事进行定义，要么不把正确的事物当成将好事最大化的事物"（Rawls，1971 年，第 30 页）。

160　　根据这个标准定义，所有*标准性的*伦理学——所有对关于道德上正确事物的问题做出回答的伦理学——要么可以被界定为道义论的，要么就是目的论的。相对而言，其中目的论概念的定义较为狭窄，而道义论的定义则更为宽泛。属于道义论伦理学范畴的有诸如康德义务伦理学，形形色色的契约论学说，道德权力伦理学以及各种各样的宗教学说。但是，与弗兰克纳本人的归纳不同，准则功利主义也应当被归于道义论的理论范畴。

只要完美主义的伦理学和德行伦理学具有归于正确事物的理论概念，那么，它们也同样应该属于道义论伦理学的范畴。这是因为，它们所规定要追求的那个道义内容，不是典型的*前道德内容*，而往往包含了关于公正和道义的概念在内。但是，至少有一些德行伦理学或许不能算作此处所理解的那种*标准性的*伦理学，其原因在于，他们根本没有要求对道德上正确的事物进行定义，而是要为良好生活谏言和提供建议。对道义论伦理学和目的论伦理学所做的区分也不适用于这样的德行伦理学。所以，他们应当归属于第三类伦理学的范畴，不是因为它们代表了标准伦理学的第三个不同类型，而更主要是因为它们根本就不应该被理解为这里所指的那种标准式的伦理学。

标准定义的不明确之处？

针对某些定义的建议，我们通常可以有一系列不同的赞同/反对意见及理由可以列举。不同作者的术语偏爱一般来说都与他们自己道德哲学和行为论的认识和概念有关。比方说，由 C. D. 布罗德①（1979 年，第 206 页）所代表的观点，将道义论学说和包含绝对的、在任何情况下都必须遵守的律令和禁令的理论学说等量齐观〔相当

---

① C. D. 布罗德（Charlie Dunbar Broad），1887—1971，英国哲学家。

于高斯的定义建议（学说三），这一很少有人持有的、由查尔斯·弗里德①于 1978 年加以捍卫的观点如今在大多数情况下被称为"绝对论"]。他的这种做法特别是在功利主义倾向的作者中很有市场，他们坚定地反对道义论的立场和观点（比如 Birnbacher，2003 年；Davis，1991 年）。这一把道义论伦理学当作绝对论的一种形式的诠释法，对人们针对流行的道义论伦理学的认识产生了深刻的影响。有鉴于此，康德的伦理学常常被理解为绝对论意义上的道义论。其中，人们常常挑出康德的一个观点作为例证，即撒谎一律都应被视为错误的行为，哪怕这会导致另一个人的生活陷入困境。然而，我们应当在何种程度上把康德的这一观点看成绝对命令必要地或是有说服力地运用，却是个有待探讨的问题。不过，完全抛开如何诠释康德的问题不谈，人们经常是从这个意义上对道义论伦理学进行解释的，因而，这些道义论伦理学似乎对应用伦理学来说无足轻重。那么，假如对技术发展潜在的或是可能的后果不加考虑，我们又该如何对新技术的发展进行评价呢？

抛开个人的立场观点，人们对于一个恰如其分的定义是可以期待它应具有清晰、易懂和明确等这些特点的。那么，由标准定义所做的那些区分都十分明确吗？根据高斯的观点，对理性行为理论的广泛接受可能会引起一些麻烦：正如亚里士多德（2001年）早已提出的那样，*所有的理性行为原则上难道不都是以实现一桩好事为目标的吗*？倘若确实如此的话，针对行为所做出的"做正确的事"和"做好的事"的特点区分还能有根据吗？那么，道德的正确性不是也始终应当被看作一桩好事的实现过程吗？关于这一点，我们当然可以举出两条不同的意见予以比照说明。其一，我们可以认为，以准则为导向的行为类型实际上是"目的论的"或"工具的"和以目的为导向的行为类型的*替代品*（高斯本人也是这样认为，参阅 2001b，第 183 页及下几页；参阅 Prichard，1912 年；Habermas，1981 年）。即便这一反对意见不成立，并且，以准则为导向的行为可能被证明是一种工具式的目的实现的特殊形式的话（意思是说，制造合乎准则行为这件事本身，就应被视为相关行为的"目的"），由弗兰克纳所引

---

① 查尔斯·弗里德（Charles Fried），1935 年出生，美国法学家，著有《契约即允诺》一书。

入的对"道德的"和"前道德的"内容的区分——作为目的论和道义论伦理学的区别标准而言——将能够继续成立。

161 不过，高斯认为，上述区分法是值得怀疑的：难道我们就不能把公平和平等也看成"前道德的"内容吗？（Gaus，2001a，第30页）即便真是如此，那么这对于标准定义的明确性来说在如下的情况下也还是个问题，即如果无法就某个内容是否属于前道德的内容问题做出定论的话。但是，一旦人们把对公平和平等这样的内容理解为内容的*原因*进行分析研究，就能对它们进行相应的属性归类，这一点看来似乎不言自明。那么，平等仅仅因为在某种意义上有可用的价值就被视为一种道德内容了吗？抑或，因为每个人都有被一视同仁的要求，于是平等就被理解成道德内容了吗？

总而言之，我们应当牢记，如果人们局限于标准的定义（比如为了澄清某个单项内容是前道德性质的问题等）的话，那么，将一种伦理学理论归属于道义论伦理学或目的论伦理学范畴就需要更为复杂烦琐的论证理由。此外，我们还应牢记，标准定义到底是否允许我们去做泾渭分明的区分，这种根本性的疑虑看来并不是非有不可的。

"道义论准则"的含义何在？

还有一个论点值得我们重点强调，原因是它在实用伦理学的讨论中并不是件毋庸置疑之事：标准定义以及所有由高斯所提出的定义建议都假设，能够被称为"道义论"者，皆为标准–伦理性的学说。然而，现时在日常用语以及实用伦理学的讨论中，道德*准则*、*原则*抑或是道德*论证理由*也都被称为了"道义论"。于是，人们在进行诸如技术评价时，就将论证理由区分为实用型的和绝对型（道义论的）的两类。举例来说，我们可以从实用的角度对人的克隆问题提出异议，理由是克隆体会有健康风险，而绝对性原则对此提出的反对理由则是，人在此已经从根本上被工具化。如果说，前者还是为开发克隆技术的暧昧态度提供理由的话，那么，后者就是在为坚决的禁令进行理由的申述。但是，从标准定义的角度来说，这种情况只可能具有衍生出来的意义，即人们是在一个道义论学说的范畴中对相关的理由或原则进行开发和辩护。然而，实际情况是否如此，常常从作为论证理由或原则中并不能窥出端倪。

倘若我们将高斯所列举的学说三和学说十作为我们的观察基础的话，那么情况将完全不同。这是因为高斯的定义是在直接触及经过相关学说论证的原则、标准或规则的特征的情况下，抓住了道义论学说的本质特点。根据学说三，道德标准在这样的情况下可以被称为"道义论"，即当人们从绝对论的角度来看*随时随地*、完全不依赖于个案中所期待的后果而必须遵守这些标准的时候。根据学说十，所有经过标准性的伦理学加以论证过的规则、原则或标准，基本上都可以被称为道义论。这里所说的所有，指的是那些不仅具有推荐或建议性质的规则、原则和标准，还带有一种通常现代伦理学典型的、*绝对性的*道义要求。值得注意的是，这两种使人们能够把*规则*明确地，而非推导式地定性为道义论的应用类型，其相互之间的区别是十分明显的：如今几乎无人对学说三意义上的道义论规则予以捍卫，而学说十意义上的道义论规则对标准式伦理学所有现代的理论学说而言是具有代表意义的。

技术伦理学中关于区分道义论和目的论的意义

根据标准定义，道义论理论可以用两种方式与目的论模式相区别：其一，不把正确的东西理解成将道义内容的最大化；其二，即便是在对道德标准加以援引的情况下，也把必须最大化的道义内容定义成道义内容。除此之外，在技术行为和伦理行为之间做出根本区分的，是道义论伦理学的第一种类型。如果说在技术－工具行为的理想情况下，衡量行为正确性的标准仅仅是所选择的行为手段合适与否（看是否有效地达到了规定目的）的话，那么在不追求最大化的道义论伦理学范畴中，检验行为道德正确性的标准至少部分是没有效率权衡特点的立场和考量的。这点或许会在下述的情况中带来问题，即在技术的设计决策中，某些伦理学的成分（如风险分配的公正性等）应当与其他的成分—道被融合到一个优化方案的目标矩阵中。这个不以效益观点作为内容考量的问题，当然也同样出现在其他"讲求效益最大化的"伦理学中，假如这些伦理学学说认可一种关于无法计算道义内容或价值的、*多元论的*观念的话（参阅关于所

162

谓"价值八大支柱"的讨论，VDI，1991年，第12页；参见第6章第6节）。

以技术效益为基础的行为导向和道义论伦理学的行为导向之间的摩擦点，今后还将在标准定义的道义论伦理学中继续出现。这是因为这些道义论伦理学——用弗兰克纳（1973年，第15页）的话来说——将一个行为的道德性质决定于"行为的特性本身"，并且阉割了伦理学从*社会管理术角度*对优化方案进行辩护的可能性。如果说，禁止我撒谎这个事实的理由，不是在于我有义务为建设一个谎言尽可能少的世界去做贡献的话，那么，这个事实的含义就在于，我不能通过阻止其他两个人说谎，来弥补我自己说谎的过失。但是，我是否因为促使别人造成了一种有问题的情况，从而引起了一种（所愿的或非所愿的）情况，抑或是我自己直接造成了这样一种情况——所有这些在*目的论伦理学*和在行为功利主义中基本上都无关紧要。只要我自己的行为能够影响到别人潜在的行为的话，那么，他们的这些行为就应只作为一次优化权衡中的手段来加以考虑。

从可以在标准定义上视作道义论的伦理学学说（亦即符合高斯在学说八中所提出的道义论建议）的一个重要分支的角度来看，上述的做法恰恰是一种道德上有问题的*工具化手段*，换句话说是对其他人*自主权*的一种损害。从康德（1968年）所代表的尊重他人自主权的原则中产生的、反对将人工具化的立场观点，同时说明了在同样的理论体系中普遍存在的、对主体间利益侵犯（常见于经典功利主义中）的反对态度（参见第4章第B.4节），而且还说明了公平思想的核心价值（参见第4章第B.9节）。在高斯所提出的学说二中，这个核心价值起着举足轻重的作用：如果我们不允许仅仅出于某个目标最大化的目的，而将他人视为潜在的行为支持手段的话，那么，我们*似乎*也没有理由为了一部分人的利益而牺牲掉另一部分人的利益，正像这种情况在个体间的利益侵犯中从结构的角度上所要求的那样。

因此，以自主权和公正性为导向的道义论伦理学从根本上与成本效益分析、技术和风险评估相矛盾，原因就在于，这些分析和评估（正如斯塔尔[①]的经典学说主张一

[①] 昌西·斯塔尔（Chauncey Starr），1912—2007，美国著名电气工程师和核能专家。

样）要求一种个体间的利益侵犯（以及一种风险或负担侵犯）（参阅 Teuber 等，1990 年；参见第 4 章第 C. 7 节）。另外，以自主权和公正性为导向的道义论伦理学也对慎重的技术评估方法给予希望（参见第 6 章第 5 节），在理想的情况下，它能使受到技术创新牵连的人就选择哪种技术做出自己独立的决定（Skorupinski/Ott，2002 年）。

参考文献

Alexander, Larry/Moore, Michael: Deontological Ethics. In: Edward N. Zalta (Hg.): *The Stanford Encyclopedia of Philosophy*. 2008. http: // plato. stanford. edu/archives/fall 2008/entries/ethics – deontological/ (21. 04. 2013).

Aristoteles: *Die Nikomachische Ethik. Griechisch/deutsch.* Übers. von Olof Gigon, neu hg. von Rainer Nickel. Düsseldorf 2001.

Bentham, Jeremy: *Deontology: or the Science of Morality: in which the Harmony and Co – incidence of Duty and Selfinterest, Virtue and Felicity, Prudence and Benevolence, are Explained and Exemplified.* London 1834.

Birnbacher, Dieter: *Analytische Einführung in die Ethik.* Berlin/New York 2003.

Broad, C. D.: *Five Types of Ethical Theory* [1930]. London 1979.

Davis, Nancy A.: Contemporary deontology. In: Peter Singer (Hg.): *A Companion to Ethics.* Oxford/Cambridge, Mass. 1991, 205 – 217.

Frankena, William K.: *Ethics* [1963]. Englewood Cliffs/New Jersey ²1973.

Fried, Charles: *Right and Wrong.* Harvard u. a. 1978.

Gaus, Gerald F.: What is deontology? Part one: Orthodox views. In: *The Journal of Value Inquiry* 35 (2001a), 27 – 42.

– : What is deontology? Part two: Reasons to act. In: *The Journal of Value Inquiry* 35 (2001b), 179 – 193.

Habermas, Jürgen: *Theorie des kommunikativen Handelns.* 2 Bde. Frankfurt a. M. 1981.

Herman, Barbara: *The Practice of Moral Judgment.* Cambridge, Mass. 1993.

Kant, Immanuel: Grundlegung zur Metaphysik der Sitten [1785]. In: *Werke: Akademie Textausgabe.* Berlin 1968, 385 – 464.

Kymlicka, Will: *Liberalism, Community, and Culture.* Oxford 1989.

Muirhead, John H.: *Rule and End in Morals.* Oxford 1932. Prichard, Harold A.: Does moral philosophy rest on a mistake [1912]? In: *Mind* 21 (2012), 21 – 37.

163

Rawls, John: *A Theory of Justice*. Cambridge, Mass. 1971. Skorupinski, Barbara/Ott, Konrad: Technology assessment and ethics. In: *Poiesis & Praxis*: *International Journal of Technology Assessment and Ethics of Science* 1 (2002), 95 – 122.

Starr, Chauncey: Social benefit versus technological risk. In: *Science* 165 (1969), 1232 – 1238.

Teuber, Andreas: Justifying risk. In: *Dædalus* 119 (1990), 235 – 254.

VDI (Verein Deutscher Ingenieure) (Hg.): *Technikbewertung*, *Begriffe und Grundlagen*. VDI – Richtlinie 3780. Düsseldorf 1991.

米夏·H. 维尔纳、马尔库斯·杜威尔

（Micha H. Werner and Marcus Düwell）

第6节 论辩伦理学

特点

广义的交流 – 对话式的伦理学理论的反思对象是，如果人们认真严肃地参与道德论争（论辩说明），那么会给伦理学带来什么样的结果。论争将道德的基本原则落实到行为性的实用假设中，亦即语言的实用学当中。这些假设必须要由所有的论争参与者共同来做，否则，这种讨论性的言语实践就不能成立。所以，不是作为文字系统的语言，而是探讨性的言语交流中的语言运用成了对道德进行论证的基础。在此过程当中，道德观概念得以同其他实际存在的各种道德类型相区别。缘此，论证的过程就在于对论辩术（作为理性言语的学说）和伦理学（作为正确行为的学说）之间内部关系，亦即对语言使用和道德观之间的关系进行证明。从方法论的角度来看，论证过程是通过所谓先验的（也作"反思的"、"反驳的"）论证理由来进行的。先验的论证理由早已见诸托马斯·阿奎纳的《反异教大全》（SthIq2a1ob3）一书中："否认有真理者，即承认有真理。"（Quia qui negat veritatem esse, concedit veritatem esse.）倘若我们想要有意义地对某件事情进行争论和反驳的话，但凡我们必须承认和同意的事物，从实用语言学的角度说都可以算作论证成立。这样的反驳和论证是在参与者主体间所共有的语言实践中进行的，并且让质疑者注意到自己在必要时也会使用同样的语言交流方式，比方说，在他们一旦想要试图在别人面前为自己的质疑进行申辩，或是将其作为理性的学说加以阐述的时候。这里，对交流行为的理解和认识乃是前提，它有别于一种策略性的语言观点（Habermas，1991 年）。

早期代表人物

　　早期具有沟通交流特点的伦理学一直可以追溯到古希腊罗马时代。带有理由说明性质（logon didonai，论证）的苏格拉底式的对话模式（其中也包括提出理由和接受理由），为伦理学上内容丰富的论辩提供了承上启下的关联点。倘若对话的三重道德（真知灼见、坦率公正和善意友好）皆备的话，那么在苏格拉底眼里，不同发言者之间的共识就可以作为实际的正确性的一个标准（《高尔吉亚篇》，第 487 页）。对论辩和诡辩加以区别乃是这一观点的前提。

　　对话式伦理学的一个重要尝试见于威廉·冯·洪堡①的著述之中（1829 年/1979年）。在他眼里，对于世界上不同语言现象的了解，以及对自然语言"内在形式"的认识（他因此被载入现代语言哲学的史册），并不排除一种对话式的伦理学，相反使它成了一种必不可少的东西。在他看来，以沟通交流为导向的对陌生语言世界的认识，既具有普遍性又具有中断性。所谓普遍性，乃是基于人的普遍的语言能力而言；所谓中断性，乃是鉴于各种语言在语音、语义和语法方面的特殊性。洪堡认为，人类语言的普遍性不是存在于深层的语法结构之中，而只是存在于语言使用的共性之中。除了语言的普遍目的之外，亦即听懂所说的话（Humboldt，第三卷，第 418 页及下页），语言使用具有内在标准性的原因存在于最初的我和你的二元关系中。这种二元关系除了在友谊和爱情里之外，也在"生动的言语交流"（洪堡语）中变成现实，并且反映在各种语言的人称代词（我、你、他/她）的系统当中（Humboldt，第三卷，第 366 页）。

164

---

　　① 威廉·冯·洪堡（Wilhelm von Humboldt），1767—1835，德国著名教育家、语言学家和外交家，比较语言学的创始人之一。

洪堡认为，人们在进行生动的言语交流时，在人称代词系统"我"和"你"的使用中，实际包含着言者和听者互换对等角色的对话人之间相互认可的伦理学原则。这种相互间的认可不局限于对话者本人的状况和规则，而是超越其之外，进入了共享知识和行为的范畴。因此，在人称代词（对话时不可避免）的使用当中，相关的"你"就被认可为眼下的和个人的对话伙伴，他同时是一个庞大的交流群体的一员，而这个群体又从不同的语言种类出发与共同的"知识领域"（洪堡语）发生联系。在对我和你关系的思考中，洪堡开创了一个经由马丁·布伯①的"对话学"（Buber，1923年/1962年）直到目前对话伦理学的传统。除了洪堡之外，值得一提的还有弗里德里希·施莱尔马赫②。他在自己的《论辩学》一书中提出了一种纯理论思维领域的对话艺术学说（Schleiermacher，1839年/1976年）。

论辩伦理学的种类

不同的论辩伦理学理论若不是把自己理解为普遍实用的理论（哈贝马斯），便是将自己看成先验实用的学说（Apel，1988年）。除此之外，还有早期受到爱尔兰根构建主义学派影响的学说（Kambartel，1974年），受到美国实用主义影响的理论（Bernstein，1983年；McCarthy，1993年），以及各种黑格尔阐释学的流派（Benhabib，1989～1990年；流派概览参阅Gottschalk-Mazouz，2000年）。从其理论核心上来说，论辩伦理学是一门过程式的学科，原因就在于，它将一种实用的探讨争论的概念解释为一种结果开放性的程序的概念。但是，论辩伦理学在其朝向一种理论网络的发展道路上，越来越多地受到内容上的原则和标准的定义。然则，这些原则和标准的有效性及认可度始终是在可以争鸣的条件下进行重新讨论的。论辩伦理学是一种*具有普遍意义的*学说。对所有懂得参与论证实践的意义的人们来说，它的最高原则应当是明确而睿智的。从元伦理学上看，它又是*认知论的*，并且以从观念上对信服和说

---

① 马丁·布伯（Martin Buber），1787—1965，出生于奥地利的以色列犹太哲学家，研究领域为宗教有神论以及人际关系和团体。

② 弗里德里希·施莱尔马赫（Friedrich Schleiermacher），1768—1834，德国神学家和哲学家。

服进行区别为前提（Habermas，1998 年；Lafont，2001 年）。作为讨论的参与者，我们提出这样的假设：我们都用理由来使自己信服某件事情，而不是仅仅想要说服自己去做一件什么事情。因此，论辩伦理学和情感主义是格格不入的，在情感主义那里，道德交流归根结底是一种动听的说服活动。与文化价值观和良好生活的构想设计相区别的道德标准具有无条件的作用意义，这一观点决定了论辩伦理学的道义论性质。

所有经过严格和最终论证的严肃交流对话的前提，都适用于论辩伦理学的先验实用论学说。没有一个怀疑者能够做到毫无行为上的自相矛盾来否定这些前提，这是因为他在否定适用要求或是提出怀疑看法时，就已经必须使用这些前提。这一论点被沃尔夫冈·库尔曼①（1985 年）在细节上做了进一步发展。卡尔－奥托·阿佩尔和库尔曼的观点认为，在严格反思中能够被认清的理性对话的前提下，从道德上要求每一个人有责任去维护实际的语言群体，以及推动一个理想的语言群体。因此，阿佩尔的论辩伦理学提出了两种相应的行为原则（Apel，1976 年，第二卷，第 416 页）。反思只有在不涉及易有谬误的理论的条件下，它才是"严格的"（Kuhlmann，1985 年）。

165

阿佩尔用论证部分"B"对他的理论进行了扩展，这部分所围绕的问题是，当其他当事者的目的理性或策略行为（比如在经济和政治领域中）使得对话伦理学的应用条件不具备时，人们在这样的条件下该采取什么样的行为。阿佩尔在"B"部分中引入了一个目的论及策略性的补充原则"E"，这项原则要求人们共同努力，以排除影响论辩伦理学应用的障碍。"E"虽然允许策略性的行为方式，但导致了一种纠缠不休的诡辩，因而在对话伦理学中是有争议的。对阿佩尔和库尔曼来说，关于有意义对话可能性条件的抽象思考要先于认识论的易误原则，而于尔根·哈贝马斯则将他的全部理论无保留地置于这一原则之下。举例来说，假如整个言语行为理论被推翻的话，那么，交流和传播行为理论以及论辩伦理学也都将陷入危险之中。有鉴于此，论辩伦理学的普遍实用学说应避免同易谬主义发生任何冲突。

---

① 沃尔夫冈·库尔曼（Wolfgang Kuhlmann），1939 年生于德国基尔市，德国哲学家和论辩伦理学代表人物。

于尔根·哈贝马斯的普遍实用学说

在于尔根·哈贝马斯所提出的论辩伦理学的变体学说中（1983年/1991年），他通过对交流的和论辩的行为进行区分的方式，将一种两级的交流和论辩行为理论设立为前提（Habermas，1981年）。论辩是以论证的手段来对日常交流行为的继续反思。在从交流行为向论辩行为的过渡中，参与者的视角被保留了下来。这一点将论辩伦理学同所有从观察者视角对历史的和当前的论辩伦理学进行分析研究的理论学说区别开来（比如米歇尔·福柯的论辩理论等）。

与交流行为理论相比，论辩伦理学是一种特殊理论，它所研究的是实用性探讨对话不可避免的前提条件。道德－实用的论辩乃是关于命令施行要求的论辩。简而言之，就是在这样的论辩中，人们借助充分的理由来对规则、机构和原则进行确定，从而能够确立合法而有序的人际关系的社会环境。在此基础上，"我该做什么"的问题，就转换成了"我们大家以及我们每个个人（首先）应该遵守哪些规则"的问题。对人们所公认的行为标准的关注，包含了规范标准的和正确的行为较之有价值的和善良的行为具有更为优先的地位。当然，这种重点的关注不能脱离人们良好生活的问题（参见第4章第B.8节）而完全被抽象化。所以在哈贝马斯眼里（1986年），人类学视角下的道德准则是以保护个人的完整性不受损害为目的的。受损害的概念的前提是这样一种假设，即对人来说，什么看起来是一般意义上不好的事情（比如被人打掉牙齿等）。与此同时，我们还必须能够从道德的立场出发，经常对什么是正确的和什么是好的问题之间的界限进行重新探讨，原因就在于社会上有一系列非普遍性的界限模糊案例，它们无法让我们确切回答，它们到底是道德的问题还是幸福主义的问题（素食主义、色情和堕胎）。

论辩伦理学的一个核心观点认为，认真地参与到实际的论辩讨论中就是对一系列论辩规则的认同。从这些论辩规则中（参与者可以不同意，但往往不无行为上的自相矛盾），以及从牵涉到需要论证的其他前提条件中（Ott，2008年，第129页），人们应当推导出一种具有道德效力的论辩原则（"D"）和一个普遍性的基本原则

（"U"）来。如果有人虽然参加论辩实践，但同时不想承认有助于论辩的规则，这时就出现了所谓行为自相矛盾的问题。在这个抽象实用主义的意义上来讲，论证实践的参与者可以不同意这些根本的论证规则，但往往又不无自相矛盾。哈贝马斯论辩伦理 166 学的原则如下：

> "D" = "有效适用的行为标准正是那些有可能被所有潜在受牵连者（作为理性论辩的参与者）所同意的标准"（Habermas，1992 年）
>
> "U" = "那些为了满足每一个个人的利益而普遍需遵守的有争议标准所产生的行为后果和副作用，必须要能够被所有人自愿接受（并要对先于已知的可选规定的结果的影响加以接受）"（Habermas，1983 年）

在理想的对话交流条件下，亦即在论辩探讨中，将行为方式归结为义务性"指令"（"被允许"、"被要求"、"被禁止"和"拥有权利"）的有效性，被"D"与所有潜在标准接受者（关联者）的可赞同性的概念联系在一起。所有应当遵守规则的人，都与一个行为标准摆脱不了关系（标准的接受者）。

哈氏理论核心的基本要素（"D"和"U"）与带有交流行为理论(1981 年)的概念特点的模式紧密相关。这一模式的组成成分（至少）是两个有语言和行为能力的主体。他们在完成交流行为的过程中发现，在面对一个需要规则的争论主题时，他们的意见不尽相同。每一个这样的意见相左情形，都提供了一个在论辩层面上对之进行讨论的机会，亦即对潜在的规则就其是否具有优先权进行检验。形形色色的标准规定并不是被重新发明，而是被重新评估及修正。发言者在论辩过程中，从涉及文化和生存环境的道义和公正观念的积淀中（直觉、信念）汲取所需，他们必须在论辩层面上以前述的规则系列以及"D"和"U"为准绳，并且必须遵守由道德和法律来合法调节的互动行为的形式规范。论辩伦理学的理论核心由基本原则、前述的模式和实践型论辩的概念所构成。实践型论辩的概念中包含了一系列的相关要素，诸如实事求是的发言、当事人广泛参与、自愿地恪守充分理由的原则、在讨论期间放弃社会优势地位，以及达成统一的论证共识等。因此，实践性论辩是形成集体判断和意志的方法程序，其论证的对象是人们对结果合理性的一种推测。

应用领域

论辩伦理学从上述形式的内核朝着一系列典型应用扩展，导致了（1）一种逐步的和在理性探讨角度上可控的标准内容的收获，以及（2）对关于把论辩和参与的方法程序加以制度化的可能性的论辩观念的修正。

论辩伦理学的典型应用牵涉到普遍有效的道德标准（Habermas，1991 年，第 171～175 页，其观点同 Gert，1983 年）以及人权和公民权（Habermas，第 3 章）。从论辩理论的角度来看，作为后辈子孙成年责任义务的教育学基本原则，同样可以轻而易举地得到论证成立（Brumlik，1992 年，第 167 页）。即便是对特定实践领域（科学、医学、经济、教育等）基本标准的论证，也可以被看成论辩伦理学的一种典型应用（Ott，1997 年）。虽然哈贝马斯（1986 年）本人代表的是一种人类中心论的道德观，但是，新的研究结果表明，论辩伦理学根本没有被定论在涵盖问题的人类中心论的解决方案上，亦即对实体数量的确定问题上，而相对于实体而言，直接的道德义务是存在的（Werner，2003 年；Ott，2010 年）。*道德代理人*（moral agents）以及各种各样的人都是那些能够将自己的行为以道德原因为导向的生物体（所以需将他们置于自由的观念下进行考察），与此同时，*道德病人*（moral patients）则是被保护者，他们的福祉部分或全部依赖于由各种各样的人在论辩对话中所论证并建立的行为准则。

论辩伦理学在"U"部分中，不仅吸收了规则结果论的动机，而且通过道德标准还吸收了道义论伦理学的核心思想，以及法律和民主理论中的人权和公民权的理性法传统，包括通过对实践标准的论证，将亚里士多德的*良好行为*（eupraxia）的思想也纳入其中。如果有人认为论辩伦理学只是用于相互交谈情况的一种伦理学，这是一种误解。实际的商讨辩论是在遵守关于行为标准的论辩规则的情况下进行的，这些行为标准除了商讨论辩之外，还对社会的互动进行调节。论辩伦理学者允许就实际问题用自己有根有据的观点主张参与发言，因此，他们的行为不是仅限于解释论辩规则和对原

167

则进行论证。如果他们这样做，那就是替代角色错位。谁若是就实践性的论辩提出了自己实质性的观点，那他就不是以伦理学者的面目，而是以一个道德上的个人或是国家公民的身份在讲话。这样，论辩伦理学就在实际问题上褪去了专业伦理学者知识权威的外衣。

论辩的方法

在应用伦理学的诸多领域内，论辩概念需要进行分门别类的细节修订。阿黛拉·柯迪娜①（1998 年）认为，论辩概念就像是音乐中的基本曲调，必须在不同的上下文中切合实际地加以变化。这里，论辩和参与方法的具体方案可以起到帮助的作用（Skorupinski/Ott，2000 年；参见第 6 章第 5 节）。论辩思想和论辩方案之间关系的理想化要素，可以通过*概述*的概念加以表达，而现实化要素则可以通过*详述*的概念加以表述。在主题上特定的论辩方法中，不仅被认可的理由的种类要修正变化，而且共识关系和可能的分歧形式（比如少数派的否决权等）之间的关系也要修正变化。当论辩方法牵涉到集体的目标或是个别的项目（诸如垃圾焚烧厂的建设，或是国家公园的设立）的时候，这一点尤其适用。虽然每个单一的论证理由的共识关系都被保留下来，但是，各种被认可的理由的差异性，与价值观、风险评估、阐述压力以及与当事者所赋予不同的赞成和反对理由的意义的关联关系，从根本上并不排除一种作为所有潜在论辩方法结果的、*严格定义*的意见共识。所谓严格，乃是指*所有*参与者在*同样的理由*基础上，达到*同样*认识的一种共识。对于许多应用案例来说，这种共识观的要求过高。因此，在论辩方法中不仅产生了理由的认可和权重以及论证和协商（Saretzki，1996 年）之间开放式的关系，而且也在努力达成共识和形成妥协的必要性之间产生了开放式的关系。从政治学的角度来看，论辩和参与方法的地点（参见第 6章第 5 节）乃是政治体系的内部和外部的边缘地带，以及所谓在政治体系和社会公众之间进行调解的"闸门"系统（关于闸门模式参阅 Habermas，1992 年，第 428 页及

① 阿黛拉·柯迪娜（Adela Cortina），1947 年出生，西班牙女哲学家。

下几页）。因此，参与的方法乃是对民主法治国家中已形成的方法程序富有意义的立法前的补充形式。

通过论辩伦理学典型的及其他潜在的有意识的应用（比如关于持续发展理论等，参阅 Ott/Döring，2004 年；参见第4章 B.10），以及通过关于不同方案的参与思想的修改，一个牢固的论辩伦理学的理论网络逐渐形成。这张网络当然不再仅仅借助抽象的论据来编织，而是代表了一种不同的理由申辩结构。试图仅仅依靠抽象的论据来建立一个论辩伦理学的理论网络，非但根本不是一种理想，而且还是一条歧路。

上述理论网络的扩展导致了边缘领域的产生。在这当中，甚至论辩伦理学的代表人物在这样一个问题上的意见也不能统一，即某些特定的标准化或方法程序是否还属于理论的范畴：德尔菲（DELPHI）民意调查法或是中介法是一种参与吗？建筑法规范、住房管理须知或是使用管理费必须用论辩的方式加以说明吗？幸福论的界限在哪里？私人生活不受论证的过分要求干扰的保护范围从哪里开始？行为者允许合法和有策略地行动的范围的起点在何处（经济问题）？对于论辩伦理学理论来说，这样一些界限不明的案例并不是严重的问题，因为理论的界限能够从内部以论辩的方法加以确定。论辩伦理学最需要弥补者，乃是一个切实的论证理论。

参考文献

Apel, Karl – Otto: *Transformation der Philosophie*. Frankfurt a. M. 1976.

– : *Diskurs und Verantwortung*. Frankfurt a. M. 1988.

– : *Auseinandersetzungen in Erprobung des transzendentalpragmatischen Ansatzes*. Frankfurt a. M. 1998.

–/Kettner, Matthias（Hg.）: *Zur Anwendung der Diskursethik in Politik, Recht und Wissenschaft*. Frankfurt a. M. 1992.

Benhabib, Sheyla: In the shadow of Aristotle and Hegel. In: *The Philosophical Forum* XXV 1 – 2（Winter 1989 – 90）, 1 – 30.

Bernstein, Richard: *Beyond Objectivism and Relativism*. Oxford 1983.

Brumlik, Micha: *Advokatorische Ethik*. Bielefeld 1992.

168

Buber, Martin: Ich und Du [1923]. In: Ders.: *Werke*, Bd. 1. München/Heidelberg 1962, 9–76.

Cortina, Adela: Der Status der Anwendungsethik. In: *Archiv für Rechts – und Sozialphilosophie* 84/3 (1998), 392–404.

Dorschel, Andreas et al. (Hg.): *Transzendentalpragmatik*. Frankfurt a. M. 1993.

Gert, Bernard: *Die moralischen Regeln*. Frankfurt a. M. 1983.

Gottschalk – Mazouz, Niels: *Diskursethik*. Berlin 2000.

– (Hg.): *Perspektiven der Diskursethik*. Würzburg 2005. Habermas, Jürgen: *Theorie des kommunikativen Handelns*. Frankfurt a. M. 1981.

– : *Moralbewußtsein und kommunikatives Handeln*. Frankfurt a. M. 1983.

– : Treffen Hegels Einwände gegen Kant auch auf die Diskursethik zu? In: Wolfgang Kuhlmann (Hg.): *Moralität und Sittlichkeit*. Frankfurt a. M. 1986, 16–37.

– : *Erläuterungen zur Diskursethik*. Frankfurt a. M. 1991.

– : *Faktizität und Geltung*. Frankfurt a. M. 1992.

– : Richtigkeit versus Wahrheit. In: *Deutsche Zeitschrift für Philosophie* 46/2 (1998), 179–208.

Humboldt, Wilhelm von: Ueber die Verschiedenheiten des menschlichen Sprachbaues [1829]. In: Ders.: *Schriften zur Sprachphilosophie Werke*. Hg. von Andreas Flitner und Klaus Giel, Bd. Ⅲ. Darmstadt 1979, 144–367.

Kambartel, Friedrich: Wie ist praktische Philosophie konstruktiv möglich? In: Friedrich Kambartel (Hg.): *Praktische Philosophie und konstruktive Wissenschaftstheorie*. Frankfurt a. M. 1974, 9–33.

Kuhlmann, Wolfgang: *Reflexive Letztbegründung*. Freiburg 1985.

Lafont, Cristina: How cognitivistic is discourse ethics? In: Marcel Niquet/Francisco J. Herrero/Michael Hanke (Hg.): *Diskursethik – Grundlegungen und Anwendungen*. Würzburg 2001, 135–144.

McCarthy, Thomas: *Ideale und Illusionen*. Frankfurt a. M. 1993.

Niquet, Marcel/Herrero, Francisco J./Hanke, Michael (Hg.): *Diskursethik – Grundlegungen und Anwendungen*. Würzburg 2001.

Ott, Konrad: *Ipso Facto. Zur ethischen Begründung normativer Implikate wissenschaftlicher Praxis*. Frankfurt a. M. 1997.

– : Über den Theoriekern und einige intendierte Anwendungen der Diskursethik. In: *Zeitschrift für Philosophische Forschung* 52/2 (1998), 268–291.

– : Ethik und Diskurs. In: *Kolleg Praktische Philosophie*. Bd. 2. Stuttgart 2008, 111–152.

– : *Umweltethik zur Einführung*. Hamburg 2010.

– /Döring, Ralf: *Theorie und Praxis starker Nachhaltigkeit*. Marburg 2004.

Platon: *Gorgias. Sämtliche Werke*. Hg. von Walter F. Otto/Ernesto Grassi, Bd. 1. Hamburg 1957, 197–284.

Rehg, William: Discourse and the moral point of view. In: *Inquiry* 34 (1991), 27 – 48.

Saretzki, Thomas: Wie unterscheiden sich Argumentieren und Verhandeln? In: Volker von Prittwitz (Hg.): *Verhandeln und Argumentieren*. Opladen 1996, 19 – 40.

Schleiermacher, Daniel Friedrich: *Dialektik* [1839]. Darmstadt 1976.

Schönrich, Gerhard: *Bei Gelegenheit Diskurs*. Frankfurt a. M. 1994.

Skorupinski, Barbara／Ott, Konrad: *Technikfolgenabschätzung und Ethik*. Zürich 2000.

Wellmer, Albrecht: *Ethik und Dialog*. Frankfurt a. M. 1986.

Werner, Micha H.: *Diskursethik als Maximenethik*. Würzburg 2003.

康拉德·奥特（Konrad Ott）

第7节　观念的平衡

公正性和多元性

169　　技术的研究和开发越来越多地在各种不同的行为者相互合作的网络中进行。因情况不同，这些行为者对于什么是良好的生活（参见第4章第B.8节），以及技术在我们的社会中起什么样的作用问题会有不同的观点。在政治学意义上，人们会认为这些不同的观点代表了不同的道德参照系统，它们不能被简单地归结为某种单一的跨领域的世界观。道德参照系统通常所代表的是一种宗教的、哲学的或是其他标准化了的道德学说，它涉及各种主题并涵盖各种价值内容。因此，政治学中一个十分重要的挑战就是建立起公正的原则，以构建和组织多元化的社会。这里的问题在于，只要人们从某个特定的道德参照系统出发（比如道义论伦理学、功利主义或德行理论），试图树立为所有人都接受的公正观念，这是一件十分困难之事。

　　一种居高临下的理论学说是不可能存在的，各种不同且包罗万象的理论皆有其合法性(尽管带有局限性）——这个认识乃是民主制度的基石，并且可以被称为多元论的理念。因此，一些政治哲学学者针对公正性问题，引入了所谓以方法为主导的学说，以避免提倡一种公正观而打压其他的学说。许多研究规则公正性的理论学者放下手中对实质性公正观的研究工作（不可避免地有认同这个或那个学说的倾向性），而去寻找不同的形式方案，目的是弄清哪些方法能够取得公平的结果。最普通意义上的规则公正性（比如公平）的基本理念所指的是，由每个具有广泛代表性的学说的信奉者所支持的那些方法的结果，即被人们所理解的规则公平性。这个观点最后常常归结成了一种方法，它使那些受到某项决策直接牵连的人们能够一起参与到决策的制定过程中去。

在过去的几十年中，公正方法的观念也转而被应用到了其他的领域。特别是在应用伦理学领域，各种不同的道德参照体系之间的角逐竞争现象是一个十分迫切的问题。比方说，如何将不同的具有权利要求资格的人的利益整合到一项工程中去，由技术产生的风险如何合理地进行分配，等等。与此同时，社会学的观点和认识也必须融合到伦理学的分析研究中去。关于紧缺资源或是技术风险的公平分配问题，就是应用伦理学如今面临的典型问题，这些问题单是依靠传统的伦理学理论很难加以回答。有鉴于此，在自20世纪80年代以来的应用伦理学的争论中，我们越来越多地见到哲学和社会科学相互交叉的现象。此后，应用伦理学的研究者越来越多地利用各种社会学的观点和认识，反之亦然。这种现象特别是在英美国家的传统中导致了一种更像是描述性的方法学，在这个学说中，公正性的社会意义得到了重建，而它对一种严格的概念分析、理论构建和批判评估并不采取故步自封、抱残守缺的态度。

以方法为主导的理论学说在应用伦理学的不同领域引起了人们的高度关注，观念平衡（Rawls，1971年/1999年）和共识重叠理念（Rawls，1993年/2001年）就是其中的理论之一。对于应用伦理学来说，这里涉及的"罗尔斯理论"在两个层面上特别具有吸引力。其一，正如之前所述，这个基本理论致力于研究多元论的理念；其二，它允许将经验的数据纳入理论，目的是要就道德行为得到一个具有标准意义的结论。

罗尔斯的政治理论

约翰·罗尔斯创立了一种观念平衡的方法，意在解释和维护他的公正理论。他心里十分清楚，人们所遵循的各种具有广泛性的理论观点不尽相同。他的学说的核心思想是，人们拥有代表这些不同的理论学说的权利。倘若我们社会所运行的秩序是以众 170

多可能理论中的一种为基础的话，那么这对其他理论来说是有失公允的。因此，他的目标是要创立一种对各种不同的道德背景兼收并蓄的学说，并同时给予其信奉者在特定问题上达成道德共识的机会的理论。换言之，他努力试图创立一种所有人都能认同的、具有对所有人都是同样条件的公正标准。为达此目的，需要有一个"中立的"立场，这个立场既不能受到我们当前社会的现实外表的影响，又不能带有个人所持观点态度的色彩。因此，罗尔斯引入了一个所谓原初立场（original position）的概念。在这个原初立场中，所有公民的代表共同就所有人都能接受的公正原则进行磋商和决策。这些代表不知道自己所代表的人是谁，是男性还是女性，持有什么样的伦理背景，是否聪明、富有创造精神还是身体有残疾，等等。于是，就有了一个作为公平的公正概念，并且确定了自由和平等公民之间社会合作的公平条件。罗尔斯相信，作为公平的公正性自然而然地就会被归结为一种原则，它将对处境最糟的人的生存境况予以改善，因为原初立场中的代表并不知道他们所代表的人是何许人也。

罗尔斯将之称为"纯粹的方法公正性"，这是因为公平的标准只可用于方法本身，而不可用于内容之上。此外，罗尔斯还提出了一个辩护原则，旨在能够评估假设的契约环境是否明确地表达出了实际的个体公民关于政治公正性的深思熟虑的想法和意见。鉴于他对于自己特殊境况的了解，包括他的信仰体系，个体公民必须要能够接受在原初立场中所达成的共识。不同的全面理论的信奉者必须做到能够在面对自己的情况下，对政治公正性要求的可接受性拿出合理的理由。罗尔斯提出观念平衡概念的目的，就是为了提示人们对这种个人的辩护方式予以关注。

在这种情况下，如果一个特殊的公正性观点能够与其他道德信念、判断以及道德背景理论协调一致的话，那么它对人们来说就是可接受的。这里的前提是所有人都想要取得一个公正性的概念，它能使确定的解决方案成为可能，因而是一种全面的公正概念，而非偶然观念的大杂烩，倘若人们要追求不同层面的各种观念之间的关联性的话。当人们着手搜集初始的道德判断，然后以可信度为标准对其进行筛选的时候，人们就开始了这项工作。所谓筛选指的是将那些在高度情绪化状态下所形成的观念，或是没有足够自信加以坚持的观念剔除在一边，只有那些让人们觉得较有把握的、在一定条件下形成的、广泛排除谬误的判断才能被采纳进来。我们将这些判断称为深思熟虑的道德判断。

下文中，我们将列举各种不同类型的道德原则，它们在不同程度上与深思熟虑的道德判断相对应。通过在不同层面上反复进行考察，并且对相互不符合的观念和原则（类型）进行分析，我们最后就能达到一种观念平衡。这里，如果各种类型的观念相互关联并相互支持，我们就说它是一种平衡；如果我们要在不同的观念之间来回游走，而且所有这些观念在新情况或新考察方式的视角下能够被相应调整的话，那么我们就说它是一种观念平衡。行文至此，我们所论及的一直是一种*狭义的*平衡。最初，罗尔斯曾提出一种能够通过只对自己先前的观点认识的反思所产生的观念平衡。

但是，罗尔斯的弟子诺尔曼·丹尼尔斯①（1996 年）撰文写道，由于不肯放弃自己的道德参照体系，任何狭义的观念平衡都是难以接受的，并且不适宜作为理由说明的基础。由于专注于特定的案例和道德原则，这样所取得的观念平衡的基础，乃是已经成形的（道德）背景理论。因此，狭义的观念平衡具有典型的功利主义或康德主义的特点，而非一种描述性的和申述性的方法。为了给方法赋予进行理由说明的可信度，丹尼尔斯建议在道德和非道德观念范围广泛的类型之间寻找关联性，并且将背景理论也纳入反思的过程。

倘若我们不是简单地满足原则和判断的最佳适合形式，而是将哲学的理由论证也加以考虑，目的是强调可选的原则类型或竞争性的道德理论的相对优势和不足，并在相关背景理论的范畴中对之进行分析加工的话，那么，我们就能够获得一种*范围广泛的观念平衡*。这些理由可以作为几类相关背景理论的结论来加以构建。如果在所有三个层次之间（亦即包括背景理论在内）建立起相关性，并且不只是在深思熟虑的判断和道德原则之间进行的话，那么，观念平衡就能够算作这样一种*范围广泛的观念平衡*。这种范围广泛的观念理论被罗尔斯采纳到他后期的著述当中，其原因就在于，此

171

---

① 诺尔曼·丹尼尔斯（Norman Daniels），1942 年生于美国，哈佛大学政治学和伦理学教授。

理论能够允许人们将其他学者提出的道德观点一同进行思考研究，并给予它们影响自己的观念认识以及作为理由说明基础的可能性。

最初的作为公平的公正性思想乃是建立在一种井然有序的和谐社会之上的，这个社会在其基本道德信仰和良好生活的观念方面具有相对均衡的结构体系。罗尔斯在他的后期著作《政治自由主义》中，承认民主社会中始终存在各自为政和不可调和的道德参照系统的多元并存现象，并且提出了共识重叠的概念。尽管有互为矛盾的道德价值和理想，只要他们面对社会的基本结构都肩负起这些道德价值和理想的话，人们还是能够共同生活的。作为公平的公正性的完整理念很可能不会是涵盖范围广泛的观念平衡的一部分，但是在多元化的社会中，不同的包罗万象理论的信奉者在对政治上的公正概念的认可问题上，仍然能够重叠共存。没有必要让所有人对所有事物都表示赞同，但是要有政治领域内关于公平原则的统一认识。这些原则不仅决定了公民之间进行合作的公平条件，而且还决定了可视为公正合理的社会基本组织机构的必备条件。

随着观念的平衡向重叠共识的转移，权重也同样从原初立场朝着对公共和非公共理性进行区别的方向位移。罗尔斯想激发我们用"公共理性"进行思考，也就是说，我们只采用所有人不论其道德参照体系都能坚持的那些论据。罗尔斯认为，如果所有人都坚持公共理性，那么达成共识就是可能的。于是，这种重叠的共识就有了一种完整性，其原因就在于，它（几乎）能涵盖牵涉建设性的重要组成部分和基本的公正性的所有问题。

技术中的应用范例

罗尔斯的理论曾被用于一个实际的研发项目（Doorn，2012 年）的伦理学调研当中。这个项目（Research & Development，下文简称 R&D）涉及用来监护住院病人的一款软件的试用产品的开发，并且以随时随地的（无处不在的）数据处理为基础（参见第 5 章第 25 节）。项目的根本目的是要改善这款应用软件的终端用户的生活质量。

此处所述的 R&D 项目由一个项目联合体来实施，该联合体由中小企业、几所不同的大学、两所独立的研究所和一个科研中心组成。项目进行过程中，终端用户

（其中也有健康方面的专家）被要求就所要开发的监护应用软件表述他们的愿望和需求。经过一段时间的试运行之后，开发人员和使用者一道进行了测试调查，目的是对产品功能和技术要求进行细化。之后，不仅从技术要求上而且从项目目的上对试运行进行评估。 172

公众社会对技术的接受与否是项目成功的根本要素。因此，伦理学调查的首要关注点是那些实现社会对技术接受的各种必不可少的条件。基于对参与该项目不同部门代表的采访，开发人员列出了一个"道德问题"清单，清单中包含了如下几个要点：确定系统使用的安全要求，建立用户友好、可靠性和功能性之间的平衡等。为了实现公众社会对技术的接受，必须触及这些问题。然而，在关于如何具体实现这些目标的问题上，出现了严重的意见分歧。其原因在于，研究人员对责任问题看法不一，并且对如何按所希望的那样对责任进行分配，分别制定了不同的标准。有些研究人员认为，应当按照作用性来分配责任，另一部分人则有其他观点，并且突出强调了终端用户的地位和权利等。在参考了关于责任问题（参见第2章第6节）的专业文献和对采访结果进行分析的基础上，责任的分配被看成了如下一个问题，即它产生自一种"责任的多元性"，也就是说，产生自一种不同的人关于责任的承担持有不同观点的情况，这些观点不能被简单缩减为一个跨界的看待问题的方法。

这个问题在一次研讨会上进行了深入讨论，目的是探讨责任分配的不同原则，对道德问题进行分析，并且努力达成不包含唯一的看问题视角的一种共识。下文中使用了"道德任务"的概念，用来指称针对一个特殊道德问题的责任。

研讨会按照概念平衡理论的原则举办，旨在激发与会者对道德问题的不同层次（深思熟虑的判断、道德原则和道德背景理论）进行思考。在一个行之有效的道德和心理学调查问卷的基础上，人们对与会者的道德背景理论进行了评估。道德原则被作为所谓的责任分配"基本原则"进行了实际操作。这些道德原则被与会者用不断重复的、借以支持自己观念信仰的理由加以描述。最后，为了探讨"道德责任"问题，人们完全按照罗尔斯深思熟虑的判断的原理，进行了一次实际的责任分配实验。研讨会的与会者被要求将道德任务分配到不同的项目活动中。这种分配练习做了两次，中间穿插进行了一次讨论，旨在评估参与者在研讨会期间是否接近形成了一个共同的意见。随后，与会者被要求，对最终的责任分配是否"公平"的问题进行回答。

按照罗尔斯参照系统方式进行的对责任分配结果的分析表明，人们在绝大多数问题上达成共识是可能的。与会者开始时就大多数问题持不同的看法，随着研讨会的进行，他们在不同的问题上似乎慢慢形成了一种共识。虽然要取得完全一致和重合的责任分配共识实在有些困难，但是，这个实例却说明与会者的意见分歧是能够缩小的。所有参会人员都或多或少地把责任分配的最后结果当作一种共识，并且以他们自身范围广泛的观念平衡为借鉴，将其评价为公平的结果。大家一致认为，所有项目成员都感觉对这个作为整体的项目负有义务，包括项目的道德内容部分。除此之外，大家还就哪些方面属于项目内容，哪些不属于项目内容的问题形成了一致看法。许多开始时173 觉得会超出项目范围的事情，最后被大家接受为项目必不可少的内容。

此次观念平衡理论尝试的成功秘诀在于它要求参与者都来就公正的分工和他人陈述理由的合法性进行思考。尽管还留下了一些不同意见，研讨会的效应在于更有的放矢地进行工作，此前没有被发现认识的特定伦理学问题也能成为工作的一部分。这说明人们能够就责任分配问题达成一致，虽然还欠缺跨界的看待问题的方法。

结论性述评和遗留的问题

如果我们把从上述示例中所得出的观点和认识应用到一个更普遍的层面上的话，那么我们似乎会发现，大多数的责任归属问题不能用简单的非黑即白的方法（此人负有责任吗，是或否？）来表述，这种情况可能出现在绝大多数应用伦理学的决策当中。这里所涉及的并不是封闭的、用二重回答（同意或不同意，继续或停止）就能解决的问题。同意常常是个定性的问题，人们在何种程度上能够认清问题具有什么样的结构？如何理想地去解决这个问题？哪些解决方式是重要的？与伦理学文献中那些假设的示例不同（讨论的要点常常被展示为非是即否的决定），决策的制定过程在实际生活中要复杂得多。这里所涉及的不是孤立的决定，而是形成一种伦理学的使用指南：我们怎样解决问题？什么属于项目的范畴，什么不属于？在实用伦理学的文献中，这种借助于不同方法所达成的一致没有受到足够的重视。对上述实例的探讨告诉我们，共识和意见一致有各种不同的层面，从抽象的动议（旨在使所有人都认同一个共同的视角），到特殊问题非常具体的意见统一等，不一而足。针对适用于观念平衡理论的那类问题，我们需要更多来自实践的观点和认识。不仅如此，对于因此而能够取得的那类结果和共识，我们也同样需要。本文的应用实例说明，在责任分配中关于项目规模和范畴的统一认识，是实实在在和能够实现的意见统一的很好范例。

参考文献

Daniels, Norman: *Justice and Justification: Reflective Equilibrium in Theory and Practice.* Cambridge 1996.

Doorn, Neelke: Exploring responsibility rationales in Research and Development (R&D). In: *Science, Technology & Human Values* 37/3 (2012), 180 – 209.

Rawls, John: *Political Liberalism.* New York 1993.

－: *A Theory of Justice* [1971]. Cambridge, Mass. 1999.

－: *Justice as Fairness: A Restatement.* Cambridge, Mass. 2001.

尼尔珂·多恩（Neelke Doorn）

第 8 节 良好生活

良好生活的问题不仅在个人伦理学，而且也在政治哲学中起着十分重要的作用。 174 虽然对技术伦理学的争鸣来说，这些问题有潜移默化的影响，但是，迄今为止对这些问题几乎没有讨论出什么明确的结果。在我们对良好生活这个主题的重要性有充分认识之前，我们必须先弄清良好生活的具体内容是什么，人们当前正在讨论哪些对良好生活进行定义的一般性的理论学说（参阅 Steinfath，2011 年）。倘若要对这些学说见解进行分门别类，那么，主流的观点是将其分为享乐主义、愿望理论和客观主义这三个类型（参阅 Parfit，1984 年，第 493 ~ 502 页）。

关于良好生活讨论的方方面面

关于良好生活的讨论呈现一种让人眼花缭乱的局面。讨论的内容可以涉及个人也可以涉及集体，但我们这里所谈的——通常情况下——是个人的良好生活主题。较为困难的是另一个矛盾现象：受古希腊幸福论伦理学的影响，许多人把良好生活理解为一种幸福生活。然而，一种生活换个角度来说也可以被看成是良好的。大多数情况下，人们思考的出发点是它的道德层面。一个游手好闲者也可以有他自己的良好生活，却不是道德上的良好生活。在有些探讨中，幸福的概念被无限扩大，为的是尽可能地避免诸如道德和幸福之间的矛盾和冲突。我们在相近概念的使用中也可以看到同样的情况，比如"健康"和"福祉"（well-being 或 welfare）等。因此，在实践中用对"幸福"或是对"健康"的讨论来界定对"良好生活"的讨论，然后从较为狭义的角度来理解"幸福"和"健康"，或者把良好生活看成一种无懈可击的理想式生活，这种方法或许更有助益。前者对于那些把幸福和健康视为唯一值得追求的财富的人来说尤其具有吸引力；后者则对于以内在价值的多元性为出发点的人士来说更具重要意义。这两种区分法现在又与另一种方法相关联：谁若是把良好生活看成一个人所过的好日子，那么，他就为良好生活问题设置了界限，即这些问题的唯一主题是关于什么对他来说是良好的问题（而非必然地针对他人），其中"为谁而良好"这句话的准确含义是存有争议的（Sumner，1996 年，第 2 章；Kraut，2007 年，第 66 页及下几页）。不过，也有哲学家认为，关于某种事物"对某人来说是良好"的议论根本上就是有问题的，因为在他们看来，某事物对我们来说是良好的问题在我们的实际思维中没有独立的作用，而且还有赖于什么才是美好的这样的问题（Moore，1993 年，第 150 页；参阅 Scanlon 等，1998 年，第 3 章）。笔者更倾向于第一种观点，即良好生活指的是当事人过的那种好日子，同时笔者也认为，可以针对以这样的方式所理解的良好生活是不是道德上的良好生活提出有意义的问题。但是，笔者的不同看法是，一种良好生活虽然不一定必须是一种幸福的生活，但不可以是一种不幸福的生活。

享乐主义学说

良好生活和幸福生活之间的密切关系首先给我们展现的是五花八门的享乐主义立场，正如古希腊哲学（伊壁鸠鲁①）以及后来由经典的功利主义者（杰里米·边沁、约翰·斯图亚特·穆勒、亨利·西季威克②）所代表的那样。

享乐主义者通常是这样来回答关于良好生活的问题，即他们将良好生活同充满乐趣或怡情悦意的生活等量齐观，这是一种价值论的而非心理学的论点。心理学的享乐主义声称，人的所有行为最终都是为了他们自己的快感和欢乐，这一观点既不能从日常心理学角度，也不能在利他主义行为方式的生物和社会功能背景前让人信服。然而，价值论的享乐主义作为一种关于什么是非手段意义上的美好事物的论调，并不取决于心理学的享乐主义。即便我们是去追求快感和欢乐以外的东西，满足快感和欢乐也仍然可能是唯一具有内在价值的东西。

这样的观点能得到多少支持，要特别取决于对"快感"和"欢乐"更准确的认　175
识和理解。在许多享乐主义者眼中，二者被用来指一些明确的意识现象，这些现象通过一种特殊的、只是出于内在视角而能体验的方式被感觉到。美好的东西本身应当是快感感受的感觉层面，这种感觉层面完全可以来自不同的原因，如美食、听音乐、激动的交谈或是使用先进技术。在这种情况下，生活品质的测量标准就是它的快感结果，亦即粗略地衡量生活中包含了多少、持久性如何和强烈感有多少的快感，以及这些感受在何种程度上超过了不愉快的感受。

但是，尽管一种没有快乐和痛苦深重的生活对当事人来说难以成为一个美好的，

---

① 伊壁鸠鲁（Epicurus），前341—前270，古希腊哲学家，伊壁鸠鲁学派的创始人，享乐主义的重要代表人物，其学说的主要宗旨就是要达到不受干扰的宁静状态。

② 亨利·西季威克（Henry Sidgwick），1838—1900，英国哲学家，被认为是英语国家中最早的一位"现代"道德哲学家。

而且肯定不是一个幸福的生活，那么，那种只把明确的、享乐主义意义上的意识体验认为是内在美好事物的享乐主义却面临着重大的反对意见。有批评家甚至怀疑，明确的快感到底是否存在。真的存在享受美食、音乐快乐、激动交谈、新电脑游戏试用等所共有的东西吗？还有批评家认为，我们很少觉得愉快的感受有什么特别重要之处。我们可能会为我们认为重要的事情去承受巨大的痛苦，而且过后并不为之感到后悔。恰恰是那些我们高度认同的事物，常常与千辛万苦的努力，以及气馁、失望密切相关。只要人们认为有益，甚至还有以苦为乐的生活方式和态度。

这里，最激烈的反对意见认为，一个坚定的享乐主义者必须要能够接受错觉和人为操纵的行为，只要它们能带来足够的快感。为了形象地阐明这个问题，罗伯特·诺齐克①设计了一个机器的概念实验。这台机器通过产生完美的幻觉，能够为我们提供最满意的体验（Nizick，1974年，第42页及下几页）。许多人出于重视现实情况的原因，不愿意附和这种机器的做法。对他们来说，良好生活不可能完全建立在错觉之上，而且，良好生活与一个单纯物体被动的感官刺激无法被调和在一起（关于类似的反对技术幻觉的看法，如普适计算学，参见第5章第25节等）。如果有人认为，良好生活不会是一种道德上有问题的生活的话，那么他还将进一步要求，一个性虐待狂通过其行为所获得的快感不是将其生活变得更好，而是更糟。

在对形形色色完全以明确的快感为基础的享乐主义进行批评的同时，我们还可以看到用来与之相抗衡的其他享乐主义的观念形式。比如，弗雷德·费尔德曼②就提倡一种"思想上的"享乐主义，以区别于一种所谓"感官的享乐主义"（Feldmann，2004年，第4章）。他把快感和欢乐理解成"经过教化的"人生态度，对其中的某些事物我们可以做出正面的评判。根据这个论点，对于良好生活来说，快感的多寡不是决定性的，重要的是我们是否从生活中以及从我们所从事的工作中感到喜悦。这样，对我们所遇见事物的喜悦以及对自己生活的满足，似乎确实同快感的数量和强度完全

---

① 罗伯特·诺齐克（Robert Nozick），1938—2002，美国哲学家，对政治哲学、决策论和知识论都有重要贡献。
② 弗雷德·费尔德曼（Fred Feldman），1941年出生，美国道德哲学家。

脱离了关系，但对我们的幸福来说的确是非常重要的。因此，一种幸福的概念不能放弃享乐主义学说的支持成分。如果我们认为，一种至少还不差的幸福生活对一个人本身来说是不可或缺的，那么，一种具有说服力的良好生活的概念就必须包含享乐主义的成分。

然而，"思想上的"享乐主义也招致了重要的反对意见。将经过教化的愿望和价值判断的快乐同感官上的快乐加以区分，看来不是一件容易做到的事情。"满足于自己的生活"这句话，除了表示一种人们希望拥有和以之为美好的生活之外，还必须包含更多的含义。但是，如果所补充的东西又是一种感官形式上的快乐的话，那么，"思想上的"享乐主义在其实质上就与"感官"享乐主义如出一辙了。更为重要的是，"思想上的"享乐主义很容易成为反对意见的靶子，就如同诺齐克体验机器的概念实验所得到的结果一样。到最后，我们对于事物和活动的快乐，以及我们对自身生活的满足也可能建立在了问题重重的虚幻和假象之上。

愿望理论

良好生活的愿望理论可以作为针对享乐主义的弱点所做出的反应来加以重建和认识。福利经济的出现，使之在新近的讨论中获得了一个重要的推动的因素。福利经济观点认为，从经验的角度来说，优先权比之快乐的感觉来说更具有可检验的特性。由约翰·罗尔斯（1971年，第7章）、理查德·勃兰特[①]（1979年）和詹姆斯·格里芬（1986年）等学者所代表的愿望理论认为，如果一个人得到了他所希望和想要得到的东西，那么这样的生活对他来说就是良好的。

这一解决问题的方式别开生面，原因在于它比之享乐主义更多地强调了我们生活积极的一面。我们人在生活的同时，都在追求各自不同的愿望和目标，是否能够实现我们自己的目标，对于我们的幸福是至关重要的事情。由于人们具有完全不同的愿望

176

---

① 理查德·勃兰特（Richard Brandt），1910—1997，美国哲学家，研究领域为道德哲学中的功利主义传统。

和目标，所以，愿望理论能够很好地对良好生活的多种可能性进行解释。同时，它根本无须否认，实际可能存在所有人都共同关心的非常普遍的目标。尤其是，愿望理论有助于揭示一种生活"对某人来说是良好的"所包含的意义。它坚信直觉的作用，亦即比之植物需要浇水，机器需要加油来说，人的良好生活的含义是不同的。在"为何人而良好"这个概念当中，似乎已经显示出了同人的价值评判角度的关系。人必须要能够认同自己的生活，这一点显然需要借助他们的意志结构来加以阐述（参阅 Frankfurt，1988 年）。

时至今日，虽然愿望理论有众多学说门派，但是没有一个门派能够作为良好生活的全面理论让人信服。有一种学说观点把成功的生活理解成人们实现了的愿望的数量和重要性所起的作用，这种观点显然是一种误导。我们的许多愿望往往转瞬即逝，以至于不能够对我们生活的质量产生影响，而另外的愿望又是如此不切实际，以至于它们的实现变成了我们的梦魇。除此之外，愿望满足的单纯相加忽视了生活过程形式的重要性，而对于过程形式来说，一个人的愿望如何相互关联，实现或受挫的先后顺序怎样，都可能有着举足轻重的作用。

有鉴于此，有些愿望理论学家对涉及个别状况的局部愿望不以为然，而是专注于涉及自我人生更大范畴或是人总体上想如何生活这样的全球性愿望（参阅 Parfit，1984 年，第 497 页）。还有一些学者则提出信息方面的要求，目的是避免愿望被误导，以及愿望的实现对当事人带来损害（恰好是在新技术领域能见到这样的实例，从速度越来越快的汽车到让人上瘾的电脑游戏等不一而足，参见第 5 章第 3 节等）。如果愿望持有者对愿望实现的情况有足够的了解，那么，这些愿望不仅是具有持久性的，同时也应当是掌握信息的和有理性的。除非是那些过于理想化的信息要求才会脱离人的实际愿望，以至于人们在因为知识的扩大而有了完全别样的愿望的情况下，甚至无法知道所过的生活是否还是*自己的那种生活*。另外一些信息和理性标准所引用的评价标准，已经不再是与人本身相关的标准。因此，许多研究学者想要将带有神经病症的愿望排除在外，希望看到在价值判断上有根有据且恰如其分的愿望（Fenner，2007 年，第 63 页及下几页）。还有一些学者把理性的愿望视为"有意义的生活规划"

的组成部分（Seel，1995年，第93页），或者推荐人们优先采用这些愿望，原因在于"它们的实现能保证达到更为丰富的人生"（Seel，1995年，第92页）。但是这样一来，客观的人生规划和享乐主义理论学说都超出了愿望理论的界限。

通过实现开明的愿望的途径来对良好生活进行定义的方法陷入了一种尴尬的境地。它要么采用的是诸如可持续性、正常性或情感满足这样一些对愿望诉求来说始终是外在的标准，要么实际上完全听任个人自己决定该如何去对待那些关于自己的愿望对象的附加信息。在这种情况下，人们就无法保证在充分知情的情况下的愿望实现对他自己是否有裨益。除此之外，愿望理论是否真的研究关心人的愿望，抑或研究关心的是其他的意志现象，如优先权、意图、目标或目的等，这个问题对上述的尴尬处境来说也无关紧要了。

客观主义学说

客观主义的观念和主张作为享乐主义学说和愿望理论的供选方案而榜上有名。粗略地讲，客观主义的观点认为，对主体的观念态度来说存在事先的标准尺度，根据这些尺度能衡量一种生活对某人来说是好还是不好。

不少论文作者都以罗列财富的表单为自己的工作内容，认为没有这些财富就不会有良好的生活。阿玛蒂亚·森①和玛莎·努斯鲍姆②的研究成果《能力进路》获得了广泛的反响。这本书反对功利主义的福利概念，强调功能（functions）和能力（capabilities）对每个人幸福的重要性。功能就是一个人所实现的工作和状态，能力一方面指的是人的（内在）天赋，另一方面指的是行使功能的（外在）自由和可能性。基本的功能有诸如健康和最低的教育等，相应的能力可以用内在素质和外在实现选择权的形式归属到这些基本的作用中去。努斯鲍姆设计了一个列表，里面列出了各种能力，比如形式实践理性的能力、维护友好关系的能力、参与自然的能力以及游戏

177

---

① 阿玛蒂亚·森（Amartya Sen），1933年出生于印度，美国哈佛大学经济学教授，以对福利经济学的贡献获得了1998年诺贝尔经济学奖。

② 玛莎·努斯鲍姆（Martha Nussbaum），1947年生于美国，芝加哥大学法学和伦理学教授。

的机会等（Nussbaum，2011 年，第 2 章）。但是，客观主义理论在这个层面上充其量是列出了良好生活的必要条件，对愿望理论和享乐主义构不成竞争态势。只要客观主义没有对财富选择的原因做出解答，那么它也只能被看成各种不同的尝试之举，即列举出典型的实现我们目标的前提条件（罗尔斯即以此法勾画他的"基本财富"），或是找出满意感的广泛根源。

　　为了追求建立一种独立的理论基础，许多客观主义理论的代表们都以目的论和完美主义的思想为参照取向，这些思想秉承亚里士多德的衣钵，把良好生活和典型的、反映出人的"本质"或"本性"能力的发展捆绑在一起。正如动植物在合乎其物种特殊的生存方式要求的情况下"茁壮成长"一样，对人来说也有一种典型的生存方式，这种典型方式的实现，对于人是否能过上良好的生活起着决定性的作用（参阅 Kraut，2007 年，第 3 章；Foot，2001 年）。这一基本思路可以因研究者不同而不尽相同。有学者不去专注于种类特征的发展，而将个人潜质的实现和区分当作良好生活的核心，正如我们在自我实现理论中所见到的那样（如参阅 Gewirth，1998 年）。抑或也有学者将某个人实现自我人生的活动置于特殊的文化生活方式的背景下，亦即借助社会意义上不同的标准尺度来进行评价，而不是将其置于人类普遍的生活方式的背景下（参阅 MacIntyre，1981 年）。

　　显而易见，对自身生活和他人生活的评价也包含了关于人类本性和个人本性，亦即社会要求的设想。对自己孩子的精神发展人为地进行限制，以为这样他们就有了更加快乐的生活，或是更少地遭受愿望受挫的痛苦，哪怕他们关于快乐和愿望实现的判断是正确的，这样的家长也被别人宣判为是在误导自己的孩子。虽然如此，我们不禁还是要问，客观主义理论是否有能力把握"良好生活的对象是谁"的特殊含义，这个含义似乎承载着关于"某人的良好生活"的讨论。从隐含的意义上看，客观主义理论有以人的身体健康作为模式的特点。某人可以感觉自己身体健康，而实际并不健康；他感觉自己浑身不舒服，其实什么病都没有。但是，一个在很大的广度和非同寻常的高度上实现了人的典型能力，却又觉得自己不幸福的人，他所过的不是一种良好的生活（举例来说，许多人才华横溢，但他们仍感到自己的生活十分空虚）。而一个感到满足的人，却可以过着一种美好的生活，尽管他的能力有可能十分有限。如果说他把自己的潜质统统都发挥出来，或者说他本来就具有更强的能力，那么他必定能过上更好的生活，这种说法是值得怀疑的（举例来说，有一种人只在十分有限的活动范围内活动，却在自己的周围环境中感到如鱼得水）。这里，从所有的表象来看，主观的评价本身对自身生活的好坏与否是有决定意义的。在动植物那里，对一个生物是否符合物种典型的要求评判，以及对什么在它眼里是好的事物的评价，可能不会出现什么问题。但是，在具有自己的主观立场、愿望和感情、目标和价值的人那里，二者可能截然相反（参阅Sumner，1996 年，第 79 页）。

关于良好生活的综合理论或许是最有希望的理论，它们把三种基本学说的成分、因素都结合在一起。这样，我们就有可能把一种生活称为是良好的，倘若一个过这样生活的人用一种感情上得到满足的方式，实现了他所关心的目的、理想和关系，并且他所认为重要的东西也是珍贵和有意义的（参阅 Raz，1986 年第 12 章；Steinfath，2001，第 7 章）。然而，只要那些"珍贵"和"意义的"事物的本源未得到实践证明，那么前述的这种定义就是不完善的。

道德、政治、技术

在一系列的理论探讨中，各种良好生活理论百花齐放。在道德哲学里，*福利主义* 178 的各种主张和门派十分流行。根据福利主义的观点，道德准则和义务应当自始至终以促进个人幸福为宗旨（Summer，1996 年，第 7 章）。这种*福利主义*论调最著名的代表就是经典的功利主义。在功利主义者眼里，人们行动的道德正确性的唯一检验标准是它能否将所有受之牵连的人的幸福最大化（参见第 4 章第 B.4 节）。一种为促进人（也可以是动物）的良好生活服务的道德不一定非功利主义不可。这样，我们就能在对权益所有者良好生活的公平保障中找到强大的个人权益的意义（这些个人权益不允许个人界限之外的功利主义的利益聚合）。一种较弱的立场不可能让我们为提高和保障他人的幸福和良好生活去承担义务，而仅仅是让我们有义务以如下的方式去重视他们，即他们能够有机会以自我决定的方式过上一种良好的生活（参阅 Raz，2004 年）。

这里所代表的道德哲学的理论观点与政治哲学中的立场观点相对应。从自由主义的视角来看，国家应当对各种不同的良好生活概念主张持中立态度（参阅 Rawls，1993 年，Ⅴ. § 5；参见第 4 章第 B. 7 节）。对个人的尊重可能也包括通过如下方式去提高良好生活的机遇的任务在内，即有的放矢地提供被认为是有价值的生活可能性的条件，比如通过对一种丰富多彩的文化的促进，或是对形态各异的大自然的保护等。

具体到技术来说，初看起来它似乎只是关系到良好生活的一种工具性的功能而已。在有利的情况下，它能保障人们渡过难关和减轻生活负担，在不利的情况下，它会对身体和生命造成危险。不过，我们在总体的技术或是在特定的技术中也能够找到探寻世界和实现人生的一种特殊方式。从积极肯定的角度来说，技术可以被视为一种塑造力量，它给予人生以意义和价值，因此也是良好生活的一个组成部分。反之，从技术批评的角度来看，技术扩张式的对大千世界和人的生活本身的改造代表着一种失去了目标的生活，其原因就在于，技术改造是一种统治欲的表达，或者是导致了外在和内在自然的异化。如今，我们可以在自然伦理学（参见第 4 章第 C. 2 节）和关于像基因技术那样的前卫技术中（参见第 5 章第 7 节），见到激进的技术批评的主题和动机。我们或许可以在关于如何评价由技术所支撑的、对人类进行"提升"的措施的争论当中找到技术怀疑论观点和良好生活观念最明显的相互关联点。

参考文献

Brandt, Richard: *A Theory of the Good and the Right*. Oxford 1979.

Feldman, Fred: *Pleasure and the Good Life*. Oxford 2004.

Fenner, Dagmar: *Das gute Leben*. Berlin 2007.

Foot, Philippa: *Natural Goodness*. Oxford 2001.

Frankfurt，Harry：*The Importance of What We Care About*. Cambridge 1988.

Gewirth，Alan：*Self – Fulfillment*. Princeton 1998.

Griffin，James：*Well – Being*. Oxford 1986.

Kraut，Richard：*What Is Good and Why. The Ethics of Well – Being*. Cambridge，Mass. 2007.

MacIntyre，Alasdair：*After Virtue*. London 1981.

Moore，George Edward：*Principia Ethica*. Cambridge 1993.

Nozick，Robert：*Anarchy*，*State*，*and Utopia*. Oxford 1974.

Nussbaum，Martha：*Creating Capabilities. The Human Development Approach*. Cambridge，Mass. 2011.

Parfit，Derek：*Reasons and Persons*. Oxford 1984.

Rawls，John：*A Theory of Justice*. Cambridge，Mass. 1971.

－：*Political Liberalism*. New York 1993.

Raz，Joseph：*The Morality of Freedom*. Oxford 1986.

－：The role of well – being. In：*Philosophical Perspectives* 18（2004），269 – 284.

Scanlon，Thomas：*What We Owe to Each Other*. Cambridge，Mass. 1998.

Seel，Martin：*Versuch über die Form des Glücks*. Frankfurt a. M. 1995.

Steinfath，Holmer：*Orientierung am Guten*. Frankfurt a. M. 2001.

－：Theorien des guten Lebens in der neueren（vorwiegend）analytischen Philosophie. In：Dieter Thomä／Christoph Henning／Olivia Mitscherlich – Schönherr（Hg.）：*Glück. Ein interdisziplinäres Handbuch*. Stuttgart／Weimar 2011，296 – 302.

Sumner，Wayne：*Welfare*，*Happiness*，*and Ethics*. Oxford 1996.

霍尔默·施泰因法特（Holmer Steinfath）

第 9 节　正义

早在古希腊时期，人们就把关于正义的问题首先理解成品行端正的生活和行为问题（Platon，1973a，第 508 页，1973b，第 327a 页及下几页；Aristoteles，1980 年，第 1129a1 及下几页）。但是在当前，人们更多的是将政治和社会的正义作为探讨的主题（Rawls，1979 年；Höffe，1987 年；Miller，2008 年）。这些由历史原因所形成的个别的探讨重点，不应当掩盖作为普通伦理学一部分的正义的基本特性。

道德、技术、法律、宗教、政治和医学是首要的标准秩序，它们实际存在并且直接赋予我们行动的义务。但是，伦理学却是带有理想主义性质的次要的标准和价值秩

179

序，因此，它无须实际存在。它的任务是对各种重要的责任义务进行论证和批判（von der Pfordten，2010 年，第 1 页及下几页；参见图 1）。

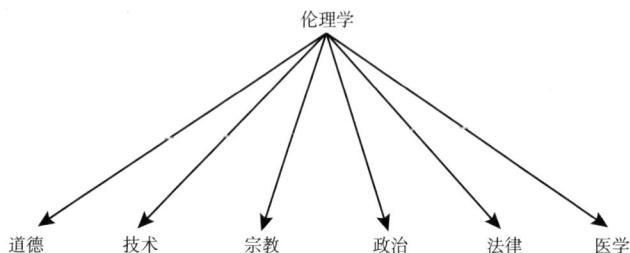

图 1

伦理学借助用来对重要的标准秩序进行衡量的"正义"概念，来完成它的这种论证和批判作用。这里，正义的必然关联点是其他人以及其他应当加以考虑的实体，正像柏拉图（1973a，507a，第 10 页）、亚里士多德（1980 年，1129b，第 25 页及下几页）和托马斯·阿奎纳（1953 年，qu.57，1；58，2）等古典哲学家所强调过的那样。一个人只能对于另一个人表现出正义，而不是对于一件事或是一种情况。假如一个人遇到了雪崩，他尽管能够表现得机智、勇敢和无所畏惧，却不能表现出正义。然而在面对其他人时，正义必须始终针对某件具体的事物，也就是说，它以不同的性格、行为、状态或机构组织为指向，因此具有双重关系。

正义的基本关系及广义的正义

正义的基本关系至少存在于两个在伦理学上应当考虑的个体 A 和个体 B 之间。（除了人和人的群体之间，这种关系是否还涉及动物、非人类的生物，甚至是其他的实体，如山岳、河流或是经济制度等，这是一个经济伦理学的问题，在此不加赘述。）

在这个基本关系的实例中，我们可以说这是一种"普遍的相处型的正义"，一种"广义的正义"，或者从经典哲学意义上说，这是普遍的正义（iustitia universalis）或广义的正义（iustitia generalis）（Aristoteles，1980 年，1130b，第 6 页及下几页；Thomas von Aquin，1953 年，qu. 56，第 6、7 页）。假如 A 对 B 造成损害的话，那么，这就是一个普遍的相处型正义和非正义的示例。

普遍的相处型正义以及广义的正义和整体的伦理学如何区别呢？相对于整体的伦理学来说，正义的局限在于它排除了如下的三个"问题"（von der Pfordten，2007 年，第 169 页）：第一，正义不包括那些不在道德和法律上涉及其他人以及不导致绝对义务的关于良好生活的纯粹问题。这样一种良好生活问题的例子可以是人们是否愿意听贝多芬，或者是甲壳虫乐队的音乐。第二，正义问题鉴于其同其他人的必然关系不涉及不利于自己本人的任何义务。第三，正义问题不包含超义务的（所谓额外的）行为。

对技术正义的伦理要求会导致什么样的结果呢？从根本上来说，伦理和正义要求技术师和工程师，而且也要求政治家、使用者和其余的决策者对其他的受牵连人士承担责任（参见第 2 章第 6 节）。这里，技术不能被看成没有价值的东西（参见第 4 章第 A.11 节）。技术不仅开启了积极的可能性，而且带来了消极的可能性，因此，它要受到初步的、尽管还不是结论性的评价。对他人的责任具体化为一种*普遍的危害禁令*和*一条通过技术进行帮助的律令*。然而，对危害以及帮助的概率和风险的评估常常是有必要的（Nida-Rümelin 2005 年，第 866 页；参见第 2 章第 2 节）。

180

狭义的正义

除了普遍正义之外，人们可以对如下形式的狭义正义进行区分：

交换性正义。所谓交换性正义指的是，个体 A 和个体 B 之间简单的相处型正义关系通过"平等原则"联系在一起，最后出现了一种第二级的关系。

这里所提出的不是孤立行为的正义问题，而是*两个行为关系的正义问题*，亦即相互交换的问题。比如说，A 向 B 购买一辆汽车，那么从普遍正义的角度看，交车和交钱这个简单的行为就必须明确地从积极的方面进行评价。但是，在交换性正义范围中我们就要问道，这笔交易是不是公平的交易，也就是说，购买价格和实物价值是否处在一种公平的，亦即平等的相互关系中。如果购买价过高，那么 B 就是"坑害了"
A，也就是说在交换中不公平，因此也是不公正地对待了他。

　　三人或更多人之间的正义。上述关系中如果加进了第三个实体，那么就出现了两
种选择情况，第三个实体 C 要么是另外一个人，要么是一个由个人组成的群体（参
见图 2）。

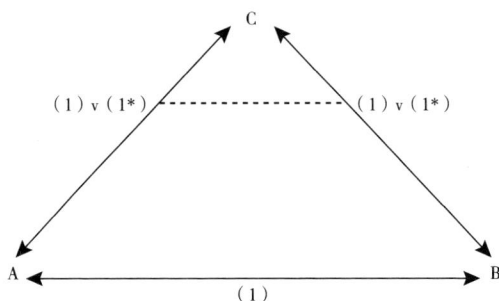

图 2

　　假如 C 是另一个单独的个人，那么又有两种不同的情况。比方说，C 是一个
经济活动的普通参与者。如果她总是在 A 商店，而从来不在 B 商店购买技术商品
的话，那么尽管她对待 A 和 B 是不平等的，但是按照我们的观点她并非不公正的
（1）。反之，假如她是 A 和 B 两个孩子的母亲，而且只送给 A 一台电脑而没有送
给 B 的话，那么，她对待 A 和 B 就是不平等的，并且按照我们的观点也是不公正
的（1*）。

181　　这个区别是怎样得出的呢？在第二个示例中，C 是 A 和 B 的母亲，那么在 A、B
和 C 之间就存在一个由个人组成的群体，其中 C 对她的孩子来说负有很大的责任。
而在第一个示例中，C 和商店的老板不处在一个群体之内，因此，就不存在 C 对于商
店 B 的责任理由。

　　这一区别说明了上述两个示例中不同的正义要求——在个人的群体中，人们期
待个别成员都能超出个别交易关系的单纯交易性正义的范围而受到公正及平等地
对待。除此之外，还存在第二级的正义关系，即要求群体对每个个别成员皆一视

同仁。

*个人群体中的正义。*倘若第三个实体不是单个人，而是一个群体，那么会产生两种结果。其一，关联体和简单却是三极的相处型正义的关系都是不平等的。其二，必然会产生这个群体平等对待其成员的问题，亦即作为人际平等的正义问题。一个群体要对其所有成员负责，其情形基本上与母亲对她的孩子负责毫无二致。

除此之外，在个人 A 和群体、个人 B 和群体之间不再进行单纯的交易活动。此时，我们可以对两种不同的正义类型进行区分。其一是 A 和 B 为群体做贡献（2）的*贡献型正义*；其二是群体 A 和 B 以特定的方式方法相互对待，比如进行财富分配（3）的*社会正义*（参见图 3）。

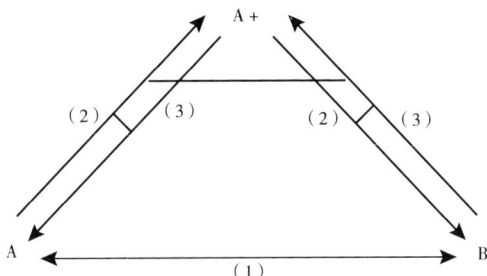

图3

*贡献型正义。*贡献型正义早已被柏拉图和托马斯·阿奎纳（Platon，1073b，433a；Thomas von Aquin，1953 年，qu. 58，6，9 ad 3）分析阐述过，并且体现在如今的纳税公正问题当中。那么，技术的区别对于征税来说也有重要意义吗？比如，对汽油、柴油和电动发动机的汽车分别征收不同的税是否公平？如果对诸如核能这样的技术额外地征收燃料税，并且对其他的能源技术，如光伏技术和风电技术，通过税务的方法或是补贴来给予优惠，这种做法的道理何在呢（参见第 5 章第 5 节）？原因不在于技术本身，而在于特定的政治目的和对这项技术的评估。

*社会正义。*社会正义的问题乃是群体面对个别成员的行为问题。社会正义——经

典称谓为分配正义（iustitia distributiva）——很早就由柏拉图提出，之后又由亚里士多德进一步加以描述（Platon，1973b，433e12；Aristoteles，1980，1130b，第 33 页及下几页；Thomas von Aquin，1953 年，qu. 61，第 1 页及下几页）。不过，iustitia distributiva 这一称谓，或者是它的对应翻译"分配正义"，都显得过于狭隘。这是因为，这一关系不仅牵涉到财富的分配，而且牵涉到每一个行为，比方说对群体之前的人权的承认，以及加入群体的可能性等。有鉴于此，采用"社会正义"一词来表达更为恰当。医疗技术的平均保障问题，或者采用"数码分配"各种不同的互联网使用的保障问题，都是当前社会正义讨论的实际案例（参见第 5 章第 10 节）。

*贡献型正义和社会正义的关系。*在贡献型正义和社会正义的关系中，不仅在个人内心层面上，而且也在人际关系层面上，都同样产生正义性的问题。在个人内心层面上，每一个个人都面临着交换性正义的问题，亦即他对群体的贡献和群体行为及付出是否处在*一种恰当的关系中*的问题。这个第二级的正义问题在诸如养老保险和失业保险方面变得十分重要。相关的工作贡献必须要得到公正的回报。就与技术的关系而言，这里所提出的是优待、危害和产生不利影响的问题。经济能力强的消费者可能会从中受益，而雇员和周围的住户则遭到危害和受到不利影响。在这种情况下，无论如何必须将涉及受害人生活和健康的重大风险排除在外，对私人财产和自由的危害和限制，至少必须得到准许和补偿。

在人际关系层面上所产生的问题是，群体各种成员之间的贡献和优惠是否得到了公正及平等的分配，每个人是否都做出了公平和基本上平等的贡献，他在分配时是否得到了基本的平等照顾，也就是说，他是否得到了一份公平的、基本平等的或至少是等值的福利。这些都是第二级的正义问题。

*纠正型的正义。*群体社会正义的一个特殊案例就是纠正型的正义。它涉及群体面对其所有单个成员的关系时的纠正措施。纠正型正义的原则涉及民法的大部分内容，比方说，在国家要求禁止通过技术对其他人造成危害的时候，或者是在国家不允许单个公民之间的不公平契约关系的情况下等（参见图 4）。

上述实例提出了一个关于这样的纠正行为的范围问题。难道国家应该致力于在购

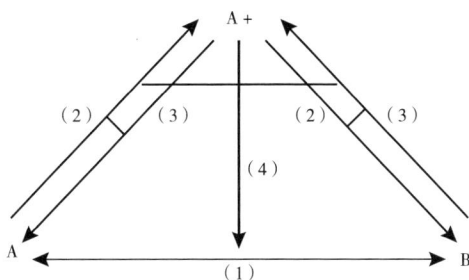

图 4

买价和购买物品之间规定一个价值等量关系吗？在自由社会中，根本上行之有效的是契约自由原则。每一个有行为能力的人都对自己的经济行为自负其责。只有在特殊契约关系的情况下，即在某个人性命攸关的情况下，才可以不受此原则的约束。纠正型正义的实例尤其见于房屋租赁法和劳工法中，如天价房租、房租涨价和最低工资标准等。

技术中的正义问题

将上述的观点和思考应用到技术之中，能够对下面的情形起到很好的揭示作用： 民众对于新式医疗技术设备服务的享受机会可能会出现不同的情况。这时，政治群体应当对市场式的自由交换进行干涉吗？这样的干涉可能会出现在两个层面上：其一，如同对不公平的交换关系进行纠正时一样，它出现在纠正型正义干涉程度较低的层面上；其二，正如医疗卫生行业的分配一样，它出现在狭义的社会正义，亦即干涉程度很高的分配正义层面上。在什么条件下人们可以从私有的交换正义转换到国家的纠正型正义之上，或者反向而为之？要回答这个问题并不那么容易。然而，恰当的做法似乎是在自由社会中，以市场式的自由交换原则为出发点，而此原则以有行为能力的、有能力来维护自己利益的个人为前提。只有在重大的关系和利益的情况下，比如涉及生活和健康时，社会的声援和支持才首先要求采取纠正措施，其次再要求对优待和不利影响进行一般的分配。具体到医疗技术设备的情况，对于从自由的交换关系过渡到国家的纠正措施以及国家的分配具有决定意义的，乃是生活和健康的必要性（参见第5章第14节）。这里，尚未澄清的问题是，如果因为基因技术的诊断和治疗而出现了把人从遗传学上区分为雇员或投保人的危险，那么国家的纠正措施和分配是否还具有合法性（参见第5章第7节）。

关于社会福利的分配，人们提出了一系列的原则建议，如平等原则、最大化原则、差异原则、帕累托原则或者是充足原则等（von der Pfordten，2000a，第165页及下几页）。与其不根据具体情况去选择一个普遍的和统一的分配原则，倒不如根据实际情况去选择一个相应的分配原则更为恰当。由国家进行分配的实例有：用于生活保障的社会救济和失业金，事故和突发病情的紧急救助，以及由法定医疗保险机构承担的普通医疗保险等。

在医疗技术方面，人们必须要期待群体来承担费用，倘若是涉及真正的、可以同实际运用的治疗方法相比较的、用于恢复健康的治疗手段的话。其他情况只能被看成纯粹的技术辅助手段，其重要性与配眼镜或补牙相当。相反，如果是涉及提高个人能力或是美容的技术，那就没有理由去进行分配以及由国家来承担费用。这是因为，这一类型的其他手段，如健身房的训练、提高个人能力的饮料或是抗衰老的治疗等，皆不由群体来承担费用。

但是，假如这些技术能提高个人能力，从而导致了生活机会的完全不平等；再者，如果有那么一种技术辅助手段，它能将一个员工的工作能力提高一倍，以至于这名员工通过这种手段在劳务市场上比其他员工都具有优势，这样的情况该怎么办（关于人类增强问题参见第5章第8节）？在这种情况下，如同免费的学校教育一样，公众的普遍支持可以要求国家对这一辅助手段进行资助和分配。

除了福利分配外，国家所承担的任务还有提供给民众免遭生活和健康危险的普遍保障，以阻止普遍的生活风险的明显增加。对技术来说，这就意味着不允许自由出售危险产品（比如武器），必须对带有风险的生产过程进行监控（参阅作为实例的合成化学，见第5章第24节）。

多个群体

关于正义的问题不仅出现在一个群体里面，而且也出现在多个群体之间。群体可以用各种不同的方式进行互动。它们可以*平行地*相互并立，并且基本上*平起平坐地*行动，就像两家企业合作那样。在上述简要介绍的四种群体内部的正义关系的基础上，还有第五种正义关系，即普遍的相处型正义以及地位次之的群体间的交换型正义（参见图5）。

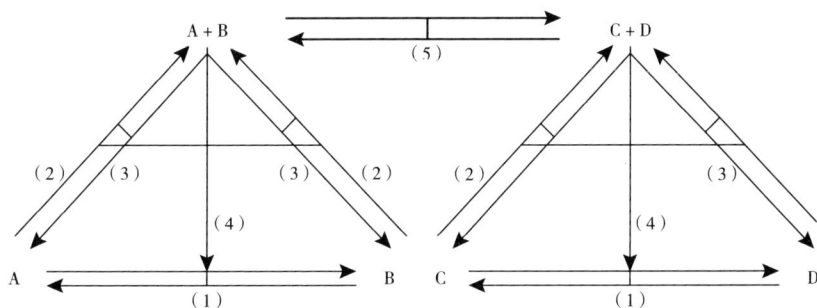

图5

群体不仅可以处于平起平坐的地位中，也可以有地位高低之分（参见图6）。 184 假如一个群体包含了两个或者更多其他的群体，那么，有人就参照被包含群体的关系，将此群体称为"二级群体"。这种二级群体的实例见于德意志联邦共和国和它的联邦州，或是大众汽车集团和它的子公司奥迪、斯柯达、西雅特等关系之中。在这些关系中所产生的正义问题，从结构上来说都和简单群体中的贡献型正义（6）、社会正义（7）和纠正型正义（8）相似。关于群体间的贡献型正义问题，我们可以 185 列举奥迪、斯柯达等企业对母公司的贡献为例。如果母公司对子公司的投入不同，就会涉及社会正义问题。倘若由母公司来决定子公司之间的关系，纠正型正义最终也会变得重要起来。在各个单独的正义关系之间，也存在可比较的次级的正义或平等要求，也就是说，在某个群体贡献型和社会正义之间，多个群体贡献型正义之

间，多个群体社会正义之间，以及涉及简单的相处型正义及交换型正义的二级正义
要求需要被纠正。

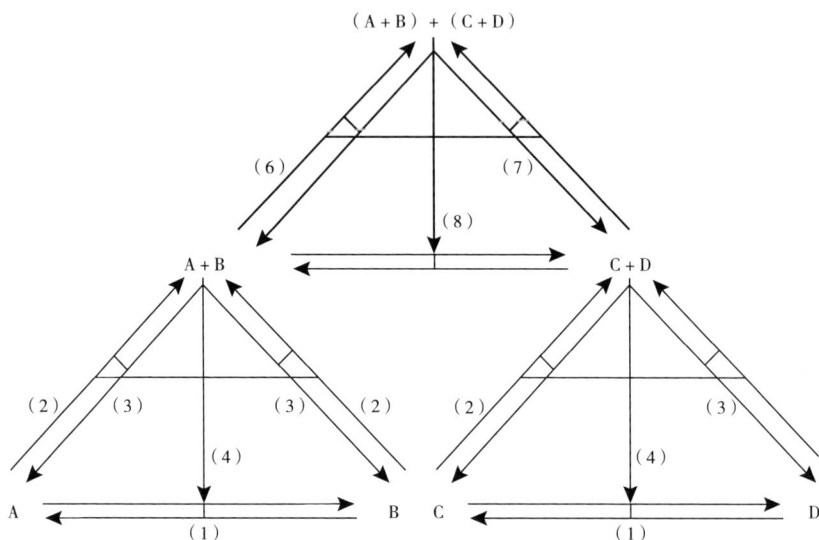

图6

倘若有一个二级群体存在，那么它不仅能够对一级群体进行干涉，而且可以直接
与单个个人发生关联（参见图7）。

所以，公民A可以直接为二级群体做贡献（贡献型正义）（9），比如自愿在国防
军服兵役。而群体也可以给予公民A直接的福利（社会正义）（10），比如A可以获
得联邦教育补贴法规定的助学金。

在这一案例中，正像A和一级的群体一样，A和二级的群体之间存在同样的正义
要求，亦即个人的贡献和分配平等的正义要求，还有A的贡献和公民B、C等的贡献一
样的、人际平等的正义要求，以及同样给予A和B、C等的人际的分配平等正义要求。

但是，有别于一级群体的纠正措施，二级群体的纠正措施不仅可以涉及公民A
和其他公民B和C等的正义关系，而且也可以涉及A以及群体所有的正义关系
（11），比如当联邦政府在各联邦州和个别企业之间针对核能的法律程序进行规范调

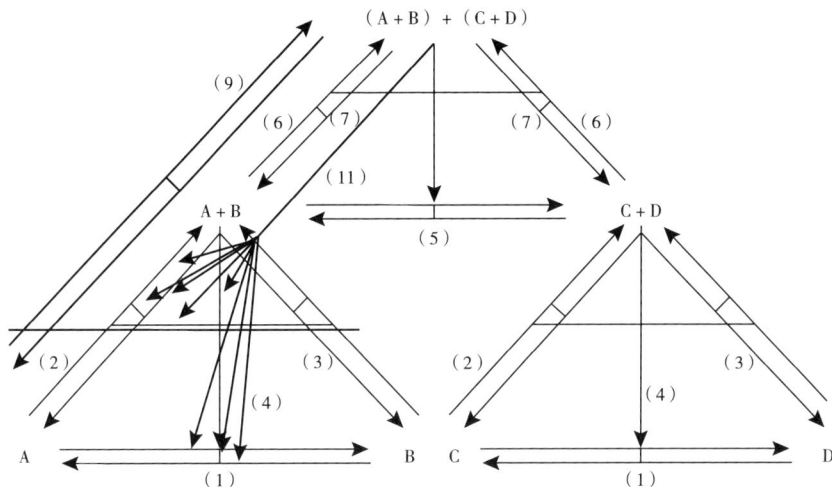

图 7

节的时候。

通常来说，带有相应的间接和直接正义关系的三级或更高级数的群体也是可能存
在的，并且完全可能是一种现实，正像国际层面上的所谓政治的多层次体系一样。个 186
人可以从不同的国家和国际群体那里获得技术补贴，或者对这些技术进行开发。

在遇到这样的多层次体系时，人们要问的问题是，我们什么时候应该从国家间的
相处型和交换型正义的简单模式，过渡到更高级别的一体化模式，直至一个世界性的
组织机构。这个问题在为数众多的政治领域，比如氟利昂的使用、二氧化碳气体的排
放或者生态多样化的维护方面皆有提出。在核技术方面，有诸如国际原子能机构
（IAEA）这样的机构，它在联合国层面上对核能的利用进行监督。向更高级别的决策
或机构过渡只有在这样的情况下才是有根有据的，即当一项技术超出了界限并对人的
身体和生命造成重大危害的时候。

国际正义的问题（参阅 Pogge，2001 年）也同样见于许多技术领域之中。这里，
新技术的开发和市场推销主要是由富裕国家来进行的，这就进一步加深了贫富之间的差
别。在贫困国家设置生产工厂，或把垃圾运往那里，从而转嫁了自己的技术风险。为了减
少全球性的不公正现象，有必要设立国际公约甚至是国际机构。世界贸易组织范围内的公

约的形成是完全可能的，因为技术的贸易归根到底只是国际贸易的一个特殊案例。

总而言之，为了不轻易丧失技术的重大机遇，同时也为了规避技术的风险，伦理学的正义标准应当像技术本身那样，必须做到细致入微、形式多样和适应性强。

参考文献

Aristoteles: *Nikomachische Ethik* [1969]. Hg. von Franz Dirlmeier. Stuttgart 1980.

Baillie, Caroline/Catalano, George (Hg.): *Engineering and Society. Working Towards Social Justice.* San Rafael, Calif. 2009.

Hillerbrand, Rafaela: *Technik, Ökologie und Ethik. Ein normativ – ethischer Grundlagendiskurs über den Umgang mit Wissenschaft, Technik und Umwelt.* Paderborn 2006.

Höffe, Otfried: *Politische Gerechtigkeit. Grundlegung einer kritischen Philosophie von Recht und Staat.* Frankfurt a. M. 1987.

Miller, David: *Grundsätze sozialer Gerechtigkeit.* Frankfurt a. M. 2008 (engl. 1999).

Nida – Rümelin, Julian: Ethik des Risikos. In: Ders. (Hg.): *Angewandte Ethik.* Stuttgart ^{2}2005, 862 – 885.

Platon: *Gorgias* [1973a]. Darmstadt ^{3}1990.

– : *Politeia* [1973b]. Darmstadt ^{3}1990.

Pogge, Thomas (Hg.): *Global Justice. Malden* 2001.

Rawls, John: *Eine Theorie der Gerechtigkeit.* Frankfurt a. M. 1979 (engl. 1971).

Thomas von Aquin: *Summa Theologica* [1266]. *Deutsche Thomas – Ausgabe*, Bd. 18, Ⅱ – Ⅱ, qu. 57 – 79. Heidelberg 1953.

Vallero, Daniel/Vesilind, P. Aarne: *Socially Responsible Engineering. Justice in Risk Management.* Hoboken, New Jersey 2007.

van den Hoven, Jeroen/Weckert, John: *Information Technology and Moral Philosophy.* Cambridge u. a. 2008.

von der Pfordten, Dietmar: On the structure of general justice and its application to global justice. In: Stefan Heuser/Hans G. Ulrichs (Hg.): *Political Practices and International Order.* Zürich 2007, 168 – 183.

– : *Normative Ethik.* Berlin 2010a.

– : *Rechtsethik.* München ^{2}2010b.

Wenz, Peter S. : *Environmental Justice.* Albany 1988.

迪特马尔·冯·德·普福尔登（Dietmar von der Pfordten）

第 10 节 可持续性

可持续性及可持续性发展：定义试论

一段时间以来，"可持续性"是国际上政治论争的一个主要概念，但是对它的认 187
识和理解往往大相径庭。根据本文所持的观点，"可持续性"在定义上指称的是政
治/伦理/法律方面对跨期和全球正义的要求，亦即对长期和全球可持续下去的生活和
经济方式的要求。因而，可持续性对技术的选择性来说也是一种潜在的有决定意义的
评价体系。因此，它的实际所指乃是对跨期和全球范围内*跨界的*正义性的要求（不
可与普遍的正义性混淆，亦即所有国家和社会中的共同生活的各项原则）。这里，正
义被定义为人类共同生活秩序的正确性，作为物质分配问题范畴的社会分配公正只是
其中的一个组成部分而已。

作为替代解释，许多学者将可持续性理解为世上一切有追求价值事物的一种主题
词，于是，可持续性概念就与正义概念相提并论，甚至在广度上还超出了正义概念。
此外，可持续性还特别代表的是对生态、经济和社会诉求的必要平衡概念（Bizer,
2000 年；Heins, 1998 年；Ritt, 2002 年）。然而，从多重原因的角度来说，这样一种
"三支柱"式的可持续性模式是一种误解和偏颇（关于后续观点参见 Ott/Döring,
2008 年；Ekardt, 2011 年；不同观点参见 Grunwald/Kopfmüller, 2012 年）。

其一，"三支柱"模式转移了人们对于作为核心思想的样板变化的视线，即更多
的子孙后代正义和更多的全球性正义。这是因为，"三支柱"的观点把可持续性问题
降格到了传达一种老生常谈式的讯息的边缘，即政治决策应当尽可能同人们各种不同
的需求保持一致，尤其是在跨期和全球的相互关系问题被边缘化，甚至完全消失的情
况下。

其二，在相关的重要领域中，将生态、经济和社会三者分离和孤立几乎是不可能
的事。比方说，假如更好的空气质量只是一个生态目标的话，那么它为什么不可以也
同样成为社会或经济的目标？抑或健康是社会目标还是生态目标？由于它节省了医疗

开支，那么它也是一个经济目标？再者，"社会"这个多样化和模糊的概念究竟有什么样的含义（Weber，1984 年，第 165 页）？倘若说这些情况已经代表了与人类相关联的所有问题，那么可持续性就被彻底简单化了。

其三，我们可以在这样一种假设的意义上来理解"三支柱"模式，即对人的生活基础的保护很大程度上取决于经济的增长。但是，这是一个不折不扣的错误想法（见下）。

其四，可持续性与人类子孙后代的关系，以及与全球范围的关联关系的含义是，它首先涉及的是人之所以为人的基本前提，而不是通常经济和社会政策的任何局部领域。

作为可持续性国际问题论争的核心基础，所有这些立场、观点皆见于 1992 年里约宣言①的众多章节之中（Appel，2005 年），比如基本原则五中就对此有明确记载。除此之外，里约宣言的基本原则七（工业和发展中国家共同分担的责任）就明显涉及"环境"的问题。同时，消除非可持续性生产和消费结构（基本原则八）也似乎与"三支柱"模式并不相关。尤其明确的是基本原则十二，它将经济发展和可持续性分别表述，从而表明了它们不属于同一论题的特征。

如今，（同样也）根据里约宣言的精神，对于可持续发展具有根本重要意义的是十分具体的一体化原则：*可持续性涉及一体化的消除跨期和全球范围内的问题状况*。这句话的背后有这样一个符合实际的观点认识作为基础，即用加法式的手段处理特定的复杂问题往往无法解决这些问题。举例来说，如果将贫困问题和气候问题完全割裂开来，鼓励贫困国家效仿西方国家资源消耗型的发展之路，或者反之，将发展中国家的巨大贫困视为"有利于减少资源的消耗"而搁置不问，其结果（从内容上讲）都是灾难性的。

---

① 《里约环境与发展宣言》（*Rio Declaration*），1992 年 6 月 3 日至 14 日，联合国环境和发展会议在巴西里约热内卢召开，会议重申了 1972 年 6 月 16 日在瑞典斯德哥尔摩通过的《联合国人类环境会议宣言》并以之为基础签署了《气候变化框架公约》。

对可持续性的不同层面的探讨

对可持续性问题进行不同专业领域的大跨度探讨（Rogall，2009 年；　188
Schneidewind，2009 年；Ekardt，2011 年），其重点在于：（a）可持续性一词的明确概念和相应的定义；（b）从内容上进行描述分析，迄今为止人类社会具有怎样的可持续性，以及哪些发展情况和趋势可以在此程度上加以描述；由于社会科学对此只能进行部分的说明，所以这一课题首先成了自然科学研究的任务；（c）阐述下面一个问题，即哪些外在的障碍和动机情况是造成成功转化为可持续性或是失败的结果的根本原因，如何来评价人类的学习能力，其中在涉及生物学的因素时，也要同时运用自然科学的研究成果；（d）关于标准的问题，即为什么可持续性具有追求的价值，其中所包含的详细内容是什么；（e）从标准的角度出发并考虑其他相互对立的诉求，何种程度的可持续性是必要的，同时还包括由哪些机构组织来澄清这些问题，决策的空间有哪些；（f）不同的管理或控制手段，这些手段能够有效地把在标准层面 d 和 e 上（技术伦理学上可以引用的）调查得出的目标加以实施，其中包括基本的措施在内，比如学习过程、更多的可持续性教育、更多的企业家自主调节权，以及关于障碍、潜在的参与者和战略等问题。此外，还有一个非社会科学方面的问题就是，存在哪些技术的可能性（通过管制也许会对技术的使用造成影响）。

可持续性的内容和可持续性的指标

从内容上讲，可持续性是一个标准化的目标。关于其具体含义，人们常常有这样一种看法，即可持续性所指的是我们应当在重视再生率的情况下使用可再生资源，节约使用非可再生资源，重视自然资源的适应界限，避免对气候及臭氧层的损害。除此之外，物质保障意义上的对所有人的基本生存保障，包括养老保障、教育、享受清洁的饮水和医疗保健，以及没有战争和战乱等，这些都是分量很重的要务。更进一步的细节内容，包括技术伦理学的内容，最终都决定于标准化意义上的对可持续性的详细论证。这一点也同样适用于下述有争议的问题，即在怎样的程度上可以让自然资源和经济财富取得平衡（"强有力的可持续性 vs 无力的可持续性"，参阅 Ott/Döring 等，2008 年；Rogall，2009 年；Vogt，2009 年）。没有基础伦理学的支撑，对单一技术的考察研究无异于隔靴搔痒。

有争议性的问题是，可持续性是否可以用单个的数字指标来进行表示。借助这些数字，我们是否就可以对单个的技术成果进行评价。许多国家和企业都在朝着这样的指标方向努力，并试图寻求针对可持续性的可测量性，目的是用简化的方式通过一些从众多重要的因素中遴选出的、可以量化的切入点（所谓的可持续性指标）让可持续性能够一目了然，比方说，二氧化碳的排放、土地的消耗、人均能源消耗、可再生能源在发电量中的比重或者是某些河流的水质等。同时，人们还在谋求制订出一种真正的可测量标准，用来对所有事物进行相互间的量化计算（持不同意见者见 Ekardt，2011 年；部分不同意见者见 Rogall 等，2009 年）。

关于可测量性，需要加以澄清的问题是，（1）人们所遴选出的指标经常是或许有问题的、不属于可持续性范畴的（因为执着于流行的增长取向）甚至是于事无补的指标。这是因为，假如说一家企业计划在未来生产出耗油量为 5 升的汽车来替代 8 升的汽车，这里面并没有反映出经济方式和生活方式持久的和全球性的可实践性。不仅如此，指标和可测量学说中存在的问题还有，（2）那些具有假象的单一准确的数字可能会给人们造成一种精确的错觉，而这种精确是根本不存在的，尽管它具有政治和媒体方面的巨大吸引力。（3）然而，只要这些指标系统从标准的角度来说（伦理学和法学的）所得出的"正确的"可持续性是错误的结论，不论其是源自自然科学的方式也好还是经济学的方法也罢，最终这些指标体系都被证明是一无所用的（下文会做论述）。

189

可持续性的标准性论证

如果说可持续性的内容要取决于标准方面的论证，那么，后者就是我们所要关注的一个议题。可持续性首先指的是一种政治目标，这是因为它涉及社会问题的解决课题，同时，它看似又给人造成一种处在政治家的随意摆布之中的印象。于是，这里就出现了这样一个问题：政治是否对可持续性负有责任和义务。

从对自然的观察本身来说，如针对气候变化或是资源的有限性等，这样一种标准意义上的论证并不成立。这是因为，从经验观察本身并不会逻辑性地得出结论，即这个观察在标准方面是值得欢迎的或是该受批判的。同理，那些从经验主义人类学中逻辑性地将标准化结论推导出来的想法和观点也是不能令人信服的。不仅如此，如果我们用人们纯粹实际的优先抉择来衡量的话，那么，那种借助经济学上的成本效益分析来对可持续性进行定义，亦即通过对某种与可持续性打交道方式的优劣进行定量平衡的途径来下定义的做法也是有问题的。这是因为除了诸如量化等其他问题外，成本效益分析最后还是要回归到经验主义伦理学非认知论的基础上来，而经验主义伦理学从根本上明确地将标准性的问题看成是主观的、非科学的或是假设性的。

即便是通常对可持续性论证问题的伦理学争议（由 Unnerstall 等编纂成文集，1999 年），也存在这样那样的问题。首先，可以从根本上针对大多数的伦理学观点提出反驳意见（比如伦理学中自然主义错误、肯定的假设、循环论证等）。其次，任何想要让政治承担义务的伦理学都有这样的问题，即相关的政治基本单位将提出要求，对政治可以做什么和什么情况下必须做什么，它的义务是什么，哪里有它的活动余地，做出结论性的规定。这里，法律就是具体和有约束力形式的道德伦理（作为关于标准意义上正确的社会状态的学科来理解）。当然，伦理学有可能从广义上对法律的基本原则进行论证，或者从标准层面证明其无效，这一点法律本身却无法做到（关于此问题和下文参阅 Alexy，1991 年/1995 年；Ekardt，2011 年；Habermas，1992 年；有限度地见于 Rawls，1971 年）。若超出这一点的范围，伦理学便不能简简单单地建立起一套具有竞争力的标准。

因此在实践中，只有当人们借助于自由和民主宪法的基本原则找出可持续性的义务以及相关活动余地的框架的时候，伦理学的论证以及对可持续性内容的定义才能获得成功。根据本文的观点，在这样的背景下，实质性的可持续性标准产生的首要基础，在于依靠人权的自由保障以及自由的前提保障（包括权衡原则在内）所引申出的结论之中（关于人权参见第 4 章第 B.1 节）。

增长意识和技术选择矛盾的关系

在气候、能源和资源三大领域内，倘若要避免灾难性气候变化的损失的话，如数百万人的死亡、争夺不断减少的自然资源的战争和内战、难民潮、巨大的自然灾害、原油和天然气价格暴涨、重大的经济损失等，化石燃料的使用（至 2050 年在电力/热能/燃油/材料使用方面从根本上耗尽）及土地利用方面的彻底转变乃是当务之急（Stern，2009 年）。正如前面所简述的那样，问题并不停留在这种简单的因果表述上，而是存在于人权基础上的伦理和法律要求。倘若我们想扭转前述的局面，那么在全球范围内，自然科学家针对普遍流行的观念已经提出建议，要减少 80%（而不是 50%）的温室气体排放量（IPCC，2007 年）。从人均排放和所谓减排量来看（迄今为止完全由于偶然的有利情况，如将生产转移到新兴国家、金融危机和 1990 年东德工业的崩溃等），德国和欧盟并非"一马当先"的（Edenhofer 及其他学者，2011 年；Ekardt，2011 年；不符合实际的论述见于 Oberthür，2008 年和 Lindenthal，2009 年）。毫无疑问，可持续发展不能仅限于气候和能源问题（参见第 5 章第 5 节），其他的自然资源，如水和磷等，都是生存所必需的物质，而且也同样遭到人类的过度使用。

由于在资源效率和可再生资源方面存在有决定意义的技术选项，所以，此前的描述初看似乎是对许多这类选项的一种标准化意义上的证明。但是，人们不可过高估计这种证明的作用。其原因在于，前述的各类问题情况将可持续发展同当前主导一切的增长意识放在了一种对立的关系当中（关于下文部分见 Paech，2005 年；Ekardt，2011 年；Rogall，2009 年）。在一个物理学意义上有限的世界中，永恒的增长是个值得怀疑的观念，因此，即便是可再生资源也只是杯水车薪。太阳能汽车和太阳能电池板所拥有的资源基础，也会在不久的将来面临短缺的危险。能源本身是没有用途的，它只有在同产品联系时才发挥作用，而产品却是由有限的资源构成的。此外，正如迫在眉睫的反弹效应一样（亦即减少排放的行为——比如开车——被下述的情况所抵消，即此行为虽然有更高的能源效率，但汽车变得越来越大，越来越多，使用的次数越来越频繁，参见第 5 章第 17 节），从长远来看（有别于中期，鉴于能源效率和可再

生能源的革新潜力，以及根据发展中国家克服贫困的必要行动），气候变化方面的巨
大挑战可能迫使人们去走一条远离增长的道路，而恰恰不是迫使人们去从事*单纯的*
"技术优化"工作。当诸如土地利用、温室气体排放以及肉类消费只是非常有限地能
从技术上加以优化时，这一点的作用尤为显著。同样的情况也适用于生物质原料利用
时"罐子和盘子"之间的矛盾，这个矛盾只有首先在能源消费和肉类消费得到完全
控制时，才能得到缓解。

纯粹理想式的"质量增长"恐怕也同样解决不了这些问题。根据已有的经验，
这样一种理想式的增长本身就有一部分是带有物质印记的。而且，那种一如既往的
（因此最后也是指数曲线般的）增长，或者变得越来越好的社会关照福利、音乐知
识、享受自然、健康、享受艺术等的观念，似乎很难实现。此外，对于福利的分配来
说，增长率不能说明任何问题：一部分人可能越来越富，而最需要增长的人甚至越来
越穷。不仅如此，增长概念还掩盖了许多其他的社会现象：私人的社会工作，如私人
照看孩子以及时下被认为是没有替代可能的增长之路所带来的经济损失等。与此同
时，关于增长是否确凿无误地增加了人们的幸福，同样也缺少经验上的证明。偏离增
长的理念会引起带有后果性的问题，却是不争的事实。

尽管如此，重要的是我们的眼睛不要单单（如 IPCC，2007 年；Stern，2009 年）
盯着新技术的解决方案，而是（恰恰是在工业国家中）同样要注重知足常乐（满足）
的可能性，以及注重通过针对某些生活习惯的改变来厉行节约的可能性。同样，加强
对增长时代所带来的后果问题的思考和研究也是十分有益的。其他一些想要避免这些
后果的技术可能性，如碳排放、原子能、气候工程（参见第 5 章第 2 节）或许从一开
始就出于这样那样的原因不宜推荐使用，这些原因中的一部分与可持续性发展思想及
其关注长期的行为后果有关。

以寄希望于纯技术解决方案为特点的转变和管理

总体来看，向可持续性的实际转变比之标准和伦理学的论证似乎是一个更大的问
题（关于本段落参阅 Ekardt，2011 年）。其中，在政治家、企业家和公民/消费者那

里（常常像魔圈一样相互关联），缺乏知识似乎往往还是一个比较小的问题。在他们那里，同样重要的却是共识、情感（舒适、缺乏时空上长远取向、排斥、缺乏复杂因果关系的思考，等等）、私利、传统价值、路线依赖、核心可持续性问题（如气候变化）等这样一些要素。所有这些要素都表现在"个人身上"，并且体现为全社会（最终在不同的负担分配方面也是全球性的）的一种"结构性的东西"。这些情况或许可以说明，为什么技术的选项虽然有局限性，并在总体上主宰着可持续性的讨论，但看起来明显是较容易推行的。

191

不仅伦理和法律的思索，而且（在思路足够开阔情况下）自私的、经济政策和和平政策的以及涉及幸福的思考（虽然在自由民主制度中不能在幸福问题上对这些思考进行规定，参见第4章第B.1节）可能会在动机的角度上，使一种包括满足在内的真正的可持续性转变成为可能。但是，这些思考和认识需要一种互动，即用具体详细的政治和法律的规定来面对百姓大众。在公众方面，这些要素需要一个学习和学习能力的过程，这个过程的推动毫无疑问会遇到各种各样的障碍，同时，也有专家学者提出的针对可持续生活方式提高幸福感的明确的阐述说明（Paech，2005年）。虽然企业自愿承担的责任（Corporate Social Responsibility，CSR）和消费者的积极参与可能会对必要的政治和法律规定起到支持作用，却不能取而代之。其原因不仅在于知识的问题，而且还在于需要针对什么是企业和消费者所"应负的责任"这样的问题进行足够和具体的定义工作。然而，其中最主要的原因还是在于本节开始时所描述的、迄今为止所有可持续性的努力皆纠缠于其中的那些问题上。

从政治层面来说，迄今为止我们能看到一系列国际、欧洲和其他地区各个国家令人瞩目的可持续性方案、一揽子规划和目标宣言等文献和措施。可是，这些文献和措施（也）像在德国这样的国家中一样，与迄今为止所取得的微不足道的成绩处于一种不相称的矛盾关系中（Ekardt，2011年；Grunwald/Kopfmüller，2012年）。

迄今为止的制度、信息、补贴和项目招投标法方面的可持续性管理，乃是一种八仙过海各显神通的局面。特别是这种管理方式试图推进和扶持诸如可再生能源和能源效率这样的可选技术（虽然常常力度还不够大）。总体上说，现今的可持续性管控受制于各种矛盾现象。其中，一些现象产生于增长的极限和满足观念的转变。从结构的角度看，它们无法通过管理法、信息法、自我调节和在个别企业或个别产品上的实验和尝试获得解决。这里，相关的重点课题是，反弹效应、资源相关的/行业的/空间的生产转移效应、目标和执行不力、示范性问题和累积性问题等。其中，尤其是生产转移效应不受技术解决方案的约束，部分反弹效应也是如此，倘若各国经济实现不了大幅度的、史无前例的效率提高的话。

结构上对问题最好的回答是一种关于认证市场，或是以税费为基础的价格的数量控制模式（广义的概念理解）。只有这种模式不仅能应对先前所提到的问题，而且能恰当地顾及群众、企业家和政治家的动机状况，并通过价格信号及真正和绝对的界限设定来提高效率、可再生资源利用率和满意度。鉴于可持续性问题的全球性，迫在眉睫的生产基地转移效应，以及围绕最低标准的竞争危险，探讨和找到一个全球性的（数量控制的）解决方案乃是当务之急。

从多重意义上讲，倘若人们将征收上来的税费在全球范围内，同时部分也在各国范围内用于社会平衡措施的话，资源和/或气候方面的数量控制即便是从社会分配观点来看也是十分有益之事（Ekardt，2011 年；Ekardt 及其他学者，2010 年）。这样，我们不仅可以应对气候变化和资源消失的长期社会灾难性影响，而且也可以应对发展中国家为消除贫困而进行的斗争。一种可持续的数量控制有可能既无竞争的弊端，同时也无全球范围的规定，倘若这项举措可以通过（世界贸易法的趋势所允许的）进出口货币边界补偿机制（"生态关税"）得到补充的话，即能够单独在欧盟内部开展起来。此处无法深究的一个核心问题是，即使是这样一种数量控制模式，为了其他的资源目的和/或通过其他的手段方式，它也需要哪些内容和方法方面的补充。

参考文献

Alexy, Robert: *Theorie der juristischen Argumentation*. Frankfurt a. M. [2]1991.

- : *Recht*, *Vernunft*, *Diskurs*. Frankfurt a. M. 1995.

Appel, Ivo: *Staatliche Zukunfts - und Entwicklungsvorsorge*. Tübingen 2005.

Bizer, Kilian: Die soziale Dimension der Nachhaltigkeit.

In: *Zeitschrift für angewandte Umweltforschung* Jg. 13 (2000), 472 ff.

Edenhofer, Ottmar et al. : *Growth in Emission Transfers via International Trade from 1990 to 2008*. Proceedings of the National Academy of Sciences [doi: 10. 1073/pnas. 1006388108] 2011.

Ekardt, Felix: *Theorie der Nachhaltigkeit: Rechtliche, ethische und politische Zugänge - am Beispiel von Klimawandel, Ressourcenknappheit und Welthandel*. Baden - Baden 2011.

-/Heitmann, Christian/Hennig, Bettina: *Soziale Gerechtigkeit in der Klimapolitik*. Düsseldorf 2010.

Glaser, Andreas: Nachhaltigkeit und Sozialstaat. In: Wolfgang Kahl (Hg.): *Nachhaltigkeit als Verbundbegriff*. Tübingen 2008, 620 ff.

Grunwald, Armin/Kopfmüller, Jürgen: *Nachhaltigkeit. Eine Einführung*. Frankfurt a. M. [2]2012.

Habermas, Jürgen: *Faktizität und Geltung*. Frankfurt a. M. 1992.

Heins, Bernd: *Soziale Nachhaltigkeit*. Berlin 1998.

IPCC: *Climate Change 2007. Mitigation of Climate Change*. In: www. ipcc. ch.

Lindenthal, Alexandra: *Leadership im Klimaschutz. Die Rolle der EU in der internationalen Klimapolitik*. Frankfurt a. M. 2009.

Oberthür, Sebastian: Die Vorreiterrolle der EU in der internationalen Klimapolitik - Erfolge und Herausforderungen. In: Johannes Varwick (Hg.): *Globale Umweltpolitik*. Schwalbach 2008, 49 ff.

Ott, Konrad/Döring, Ralf: *Theorie und Praxis starker Nachhaltigkeit* [2004]. Marburg 2008.

Paech, Niko: *Nachhaltiges Wirtschaften jenseits von Innovationsorientierung und Wachstum. Eine unternehmensbezogene Transformationstheorie*. Marburg 2005.

Rawls, John: *A Theory of Justice*. Cambridge, Mass. 1971.

Ritt, Thomas: *Soziale Nachhaltigkeit. Von der Umweltpolitik zur Nachhaltigkeit*. Wien 2002.

Rogall, Holger: *Nachhaltige Ökonomie. Ökonomische Theorie und Praxis einer nachhaltigen Entwicklung*. Marburg 2009.

Schneidewind, Uwe: *Nachhaltige Wissenschaft. Plädoyer füreinen Klimawandel im deutschen Wissenschafts - und Hochschulsystem*. Marburg 2009.

Stern, Nicholas: *A Blueprint for a Safer Planet. How to Manage Climate Change and Create a New Era of Progress and Prosperity*. London 2009.

Vogt, Markus: *Prinzip Nachhaltigkeit. Ein Entwurf aus theologisch - ethischer Perspektive*. München 2009.

Unnerstall, Herwig: *Rechte zukünftiger Generationen*. Würzburg 1999.

Weber，Max：*Gesammelte Aufsätze zur Wissenschaftslehre*. Tübingen ^{6}1984.

菲利克斯·艾卡尔德（Felix Ekardt）

C. 关联论题

第1节 生命和技术

行为领域描述

由于生命一词同每一个生物体都有潜在的关系，所以，从伦理学角度探讨技术对 193
生命体的改变问题就面临着特殊的挑战。因此，技术影响究竟涉及*什么样*的生命以及
*谁的*生命——将这两个问题加以澄清具有十分重要的意义。特奥多尔·W. 阿多诺曾
经说过："生命并没有活着。"这句名言值得铭记。从伦理学和道德哲学的角度来看，
包括实体在内的生命不仅被当作生物科学、*生命科学*（Life Scienes）以及作为生命哲
学（参见第4章第A.4节）来探讨，而且还被当作一种直接的理念来加以讨论。除
此之外，从经验角度来说，生命所涵盖的是起自细菌和菌类到植物和动物，直至人
（作为物种、个人，社会化的个人和主体）的千姿百态的生物、生命形态和生命方
式，以及作为它们整体和单个部分的技术可变性（DNA、细胞组织、器官）。

不仅如此，这当中还包含对具体的生命状况和生命决策的道德哲学研究，比如关
于繁殖、衰老、凋谢和死亡的课题等。与此同时，生活的格调也有伦理学上的意义，
如在能源、机动性和饮食范畴中，等等。对伦理学来说，对生命的提示意味着这样一
个挑战，即它处在一种对生命问题进行理解的*阐释学的*传统（精神和文化科学）和
一种解释及实际改变生命的功能性传统（生物科学和技术科学）的双重关系当中。
在功能性传统中（参阅 Krohs/Kroes，2009 年），有机体的自我目的功能十分重要，
通过这些功能，有机体的生命具有了持久性，比如新陈代谢、再生和遗传等。如同每
项技术一样，与人的目的相关联的生物技术的改变，集中体现在这些功能上面。

从狭义技术伦理学意义上来说，行为范畴所涉及的问题是如何以恰当的方式与实验室紧密相关的生物技术，以及综合技术（纳米、生物、信息、认知技术的综合）打交道。从广义技术伦理学来说，这里所指的是我们在世界上已经看到或是经过知识传授的那些生物、生命形式和生命实践，以及那些（生物）技术乌托邦式的幻想，这些幻想为了求得一种良好生活（Aristoteles；参见第4章第B.8节）或是对生活质量的改善，设计出了"另类的""新式的""更好的"一种人类或星球。从这个广义的角度来看，伦理学的任务还在于，将维护民主永不改变的长期条件纳入对生物技术创新的评价（参见第4章第C.5节）。

从各种技术的情况来看，主要是基因技术（作为生物技术的一种，参见第5章第7节）、农业技术（它包含基因技术的方法，参见第5章第1节）和医学技术（参见第5章第14节）在对行为范畴起着主宰作用。鉴于此，这种情况还与环保技术、信息技术、军事技术、机器人技术以及纳米技术、食品技术（参见第5章第12节）和制药技术紧密相关。此外，还有为数众多的实验室内部和外部的培植技术及其诊断方法等。对技术伦理学来说很重要的一点，就是对原材料的来源和存放的关注。在生物技术中，这些材料不仅是原料，而且还是生物物质，亦即生物体、生物体的部分和衍生物。要想用这些原料和物质进行工作，必须要有标准化的存放条件和大规模的数据储存。正因为如此，世界上有为数众多的细胞组织、血液、精子和基因库。它们作为机构性的组织在数据保护、生物专利和控制生物体及其部分的买卖方面，有伦理道德上的重要意义。

因此，技术伦理学要做的工作就是搞清楚由生物技术引发的、具体的或已知的问题和行为选择，系统性地将它们分门别类，并且就它们的影响范围进行对比考量。这期间，不仅要对制造/改变、保持和存放的方法和实践（比如消耗性的胚胎研究等）进行评价，而且也要从它们的社会关联性上对潜在的产品及结果（如转基因的动植物）进行评价。决疑法是人们经常采用的方法，人们不仅可以借助此法通过相关的生物体或是生物界（植物、动物、人）来形成单个案例（Kasus），而且——这点对技术伦理学有特殊意义——通过某种技术能够获取这种方法，然后，在更广泛的科学

194

关联关系中，亦即作为技术或是技术系统，从伦理学上对其再加以考察和评价。

借助生命科学范畴中的纳米生物技术或是合成生物学（参见第5章第23节）等学科，就能找出技术改变的一部分学科实例。针对这些示例，人们必须从标准规范的层面和伦理学的视角要求树立一种责任的意识（责任伦理学，参见第6章第3节），并且甚至是在特定的情况下，要求遵守预防原则（放弃行为）。当出现不可逆转的附带后果，以及无法认识和了解不可控环境下的某种生物技术改变的情况时，人们必须这么做。这时，伦理学家的任务在于，揭示引起人们推脱责任的那种自然主义的错误结论，亦即认为"大自然"的表现和生物技术的所作所为如出一辙（比如克隆、突变等），人们终究不能追究大自然的任何责任（参见第2章第6节；第4章第C.2节）。

比之产品的生产制造来说，始作俑者原则在生物技术应用范围中更难起到价值判断的作用，这是因为，人们只能在生物学的可能性范畴中从事技术行为。这当中，生物体所表现出的那些可能性是偶然的，或者是通过技术的诱发而产生的，而且还"带有恰到好处的差异变化，根据情况的不同，生物体的自我续存需要此类差异变化"（Kant，KdU §65，1974年，第322页）。因此，任何一种技术上的改变也都可以从最终产品的角度（自然状态问题），而不是从制造方法的角度（符合自然问题）被视作是自然的。这一情况即生物专利法中的那些难点的根源，即人们无法准确地区分什么是发明，什么是发现。

除了责任问题外，人们也对技术所触及的价值维度问题进行定义（参见第4章第A.11节）。生物技术创新可能产生的可选价值（比如优化的水果种类），被人们同根深蒂固的传统价值进行比较考量（比如反映地区种植文化多样化的水果种类）。最后，人们关于技术可变性所提出的问题是，这样的做法是否有普遍的意义，从理智的角度看是否值得赞同（参见第4章第B.3节）。这里，问题的实质涉及的是某些可能性的续存条件的理由（Hubig，2007年），这些条件关系到一种成功生活的现今和未来的行为能力，还包括技术意义上的行为能力。对于生物技术系统的塑造来说，这不仅意味着需要澄清的、针对其可控性和可调整性的安全问题（biosafety），而且也意味着相关机构的责任义务问题，即他们有责任将生物技术改变后的痕迹昭示于众，并且由个人的行为来决定其取舍问题（Karafyllis，2006年）。

正是在这样的情况下，对改变基因的食品进行标识的强制规定衍生了出来。于是，欧盟民众就可以自己来决定他们自己的饮食方式（生活方式）。过去数年中，强制标识的规定带来了生产方法的明显改变：如果说起初的强制标识规定（新型食品管理条例，1997年）还只是要求，在产品中必须对改变基因的生物体进行明确标识，那么，所谓生产过程标识（欧盟管理条例1830/2003）的管控重点就在于在生产过程中是否使用了基因技术，尽管在最终产品中并不能找到转基因生物体或它的DNA。也就是说，与对技术的痕迹进行标识的道义强制规定相关联，人们一方面可以引用（原料痕迹的）*标识控制*规定，另一方面也可以采用作为生产过程可追溯性保证的对转基因痕迹进行公布的推导式做法（from farm to fork①）。这种情况涉及由转基因大豆所生产的食用油等案例。从实践的角度来看，在国际农产品贸易中，一环不漏地对转基因痕迹进行重建，伴随行政上大量的人力投入和高额费用。这种情况也见于其他技术伦理学意义上重要的领域，如纺织品的标识等（提示词：童工、倾销性的工资、可持续发展）。

那么，对技术伦理学来说就产生了一个新的、得到政治支持的评价选择，这一选择赋予了基因生产过程更高的重要性。此外，它还在2014年12月13日生效的欧盟第1169/2011号管理条例中（食品信息管理条例）中得以实施：人工合成的所谓"粘合肉"②必须加以标识，同时，还出台了对来源进行标识的更严格的管理办法。人们可以把这些措施看成道德的历史化倾向，这是因为，作为论辩伦理学形式（参见第4章B.6）的技术伦理学澄清了在一个多元化的社会中，哪些针对生物体、生命形式和生活实际的改变（或不改变）从长远来看是值得欢迎的。于尔根·哈贝马斯对前移植诊断学的探讨即属于此范畴，在这当中，他把论辩伦理学和智慧伦理学的思

195

---

① 从农场到餐叉。

② 原文为"Klebe-Fleisch"，意即由切成小块的猪肉和鸡肉等混合压制成的肉。

想同人类学的观念结合在一起（参见第 5 章第 7 节）。哈贝马斯将前移植诊断学（PID）是否应该受欢迎的问题分成了个人伦理和种类伦理两个视角，其中后者的含义为：

> 考虑到人的自然本性，从人类学上来说，基因技术的发展使得深层次上的主观和客观、自然生长物和人工制成物之间的范畴性区别变得模糊不清。因此，伴随着人的胚胎生命的工具化，种类伦理学上的自我认识就受到了危险，这种自我认识决定着我们是否能继续把自己理解为道德判断和道德行动的人的问题。（Habermas，2001 年，第 121 页）

所以，他提出了双重意义上对可能性的保留条件的要求：第一种可能性是人们把自己理解成无目的产生的、因而是自由的生物；第二种可能性是人们能够将生命中自然和技术的关系体验为一种多样性的差异。这里，第二个要求指的是作为复数词的"生命"，换句话说，就是存在于人这个连续的种类中的单个生命的总汇。对于这样一个种类伦理学的内部区别，汉娜·阿伦特曾经用英文的一个带有连接符号的词 man-kind 比之 mankind（人类）进行过准确的表达。

不过，从技术伦理学角度看需要注意的是，诸如克隆和 PID 这样的细胞和分子生物学技术在其可能性方面并不局限于生物学领域，如细菌、植物和动物（包括人），而是超越了基因、蛋白质和细胞等的结构特征范围得到广泛应用。这些应用的领域并非必然要同生物界有这样那样的关系。比之以生物学的系统论，而非以生物学的方法论为准绳的传统生物学学科，如细菌学、植物学、动物学和人类生物学等，生命科学这样一个更为年轻的名词更符合上述的这一特点。但是对伦理学来说，关注生物学领域是重要的，因为跨学科的认识是以这些学科的知识为前提的。具体到 PID 的问题，对于选择哪些应该加以培育和生长的生物，在植物学及园艺学的实践中早已是众人皆知的问题了。相反，由哈贝马斯所提出的关于种类伦理学的重大要求，是有了 PID 之后才出现的。此伦理学专注于对人的存在、自由和特征的认识，却无法对生物技术发展的内在动势给予中肯的评价。解决这个问题的一种可选方案就是此前所提到的对于生物技术方法的关注，以及专注于回答下面这样一个问题——这些方法可以或是应当被应用到哪些重要的社会领域。这种以技术为着眼点的方法可以让我们在生物技术发展的早期阶段就进行伦理学评价，而不是在技术可能会明确地应用到人身上的时候才做出反应。

从上述实例中我们可以看出，"生命和技术"行为范畴中的技术概念必须从广泛的角度加以理解，并且既不能以设计好的机器和工具（手段）的模式，也不能以工程师从使用目的出发的规划和设计行为为导向。生物体及其构成部分在生物技术中更多的是一种生产的媒介（参见第 4 章第 A.8 节）和手段，其中，它们的生长和变化的潜在性是生产的必然原因条件和持续条件。因此，产生的实物就被叫作*生物制成品*（Karafyllis，2006 年），以同传统的手工制成品相区别（参见下文）。

在生物制成品的行为范畴中，技术伦理学同生物伦理学和医学伦理学有很多交叉和相同的情况。然而，技术伦理学和技术哲学的优势在于，它们可以将来自工程科学领域的模式和问题运用到生命科学领域，并对之加以批判性的讨论。这样，科研的实际情况就得到了兼顾和考虑，这是因为，*生命科学通过其概念和模式越来越多地向工程科学靠拢*（engineering paradigm，工程范例），并且力图建立起可控和可调整的体系。这里，系统生物学和合成生物学（参见第 5 章第 23 节）即可作为实例。技术伦理学的任务是要揭示生命科学向工程科学靠拢的界限（概念的、认识论的、实验的和道德的界限）。它与科学伦理学携手合作，同时也兼顾生物医学对品种、性别、等级和种群的研究，并且在回答某种事物是否及以怎样的形态有生存价值（安乐死）的问题前，对这些研究工作进行评价。此外，生物技术还提出了亚里士多德的技匠概念问题，此概念不仅指的是手工匠，同时还指农民、园艺匠、厨师、医生、政客等，亦即那些广泛和实际地对生活进行设计和塑造的人士（参见第 4 章第 A.1 节）。现在需要重新对（希腊文中）代表技术和艺术的 techne 一词的词义进行思考了。这是因为作为*转基因技艺*（Transgenic Art）的生产转基因生物体的生物技艺（BioArt），前不久才刚刚进入了关于生物制成品的伦理学讨论（Zylinska，

2009 年）。

　　伦理学的评价过程常常与哲学人类学（参见第 4 章第 A. 3 节）和人的概念（比如鉴于超人运动的各种半机械人类型，或是部分的神经学技术等，参见第 5 章第 19 节）紧密相连。在复制技术中，其同女权主义伦理学（参见第 4 章第 A. 7 节）的关系也显而易见。除此之外，还有在物种的受保护程度问题上（参阅 Gruber，2006 年）同伦理学、法哲学和法律的联系，同国内和国际的知识产权（生物专利、生物剽窃）的联系，以及涉及市场放开问题讨论和公平分配理由时，同伦理学和政治哲学的联系（比如器官捐献／器官买卖等；参见第 4 章第 B. 7 节和第 B. 9 节）。

概念、模式和视角

　　关于是否和以何种方式对生物体进行改变的讨论，又回到了人们希望有什么样的自然和技术关系的问题上（参见第 4 章第 C. 2 节）。其中，"生物体"一词乃是对灵魂的形而上学概念的一种提示，这一概念从本质上将植物、动物和人作为现世和来世的生命形态联系在一起。这个观点在关于生物制成品的跨文化大讨论过程中具有重要意义（关于全球化和跨文化问题参见第 4 章第 C. 9 节）。我们通常把细菌称为"有机体"，而不是"生命体"。即便我们不引用灵魂的形而上学概念，"生命体"一词今天已经为我们开启了一种连续性的视角，使我们首先可以从时间的角度去看待生命的变化和生长（Schark，2005 年），生物伦理学中叙述性的伦理学概念与之紧密相关（Düwell，2008 年，第 46 ~ 54 页）。然而，"有机体"则是用来指称典型化的，首先从空间及功能的角度被加以解释的物种代表的一个生物学模式概念。"动植物界"（Biota）一词所代表的是一条折中路线，它所指的是生物的而不是非生物的起源（比如各种晶体），但避免对本质问题给予实在论的提示。该词也包括了人们在进行观察时，不存在的或不再存在的那些实体。

　　公元前 4 世纪随着亚里士多德理论的出现，一个具有广泛影响的区分方式应运而生：zoé 一词代表具有身体及物理形态的生命（zóon：生命体），bios 一词代表的是人自身的生命，它是政治群体的组成部分，技术行为即属于这个群体。因此，关于良好生活的方式方法的讨论（参见第 4 章第 B.8 节）早就与生活经历和民主密不可分。之后，从中发展出了两种看待生命的视角：第三人称视角（生命作为客体）和第一人称视角（生命作为主体）。这个在哲学史上反映在灵与肉问题上并一直延续到神经科学中的两分法，总是连续不断地导致了批判克服和综合统一的策略方法。这里，应当提到的是中世纪时关于 vita（表示"生命"的含义）的争论，启蒙运动早期的活力论思潮和它在新活力论中的延续，以及生命哲学（参见第 4 章第 A.4 节），甚至埃尔温·薛定谔[①]受到物理主义和热力学启发的问题——《生命是什么》（1944 年）也值得一提。

总体而言，人们将第三人称视角归属为生物科学及自然科学的范畴，把第一人称视角归属为精神科学及人文科学范畴。医学起着一种中间桥梁的作用，这点反映在医学方法的规范典籍之中。在伦理学争论中，角度和概念的选择有十分重大的意义（Maienschein，2005 年）。因此，一个经常被人们提出来的批判观点，就是通过现代生物技术和它的讨论所进行的对生命的客体化和物质化，这些讨论把个人的自由生命简化成了第三人称的视角。因此，由米歇尔·福柯自 20 世纪 70 年代以来引证的"生物的主宰力量"即与此相关，它是对同样见于批判理论（参见第 4 章第 A.6 节）中的群体和消费社会的一种批判。这里，似乎还应该将主体自愿（或是被动）应用于自己身上的心理技术也纳入"生命和技术"的行为范畴。

与科学伦理学相关联，在技术伦理学的评价中融汇了标准规范意义上的各种理由和论据，它们在假设性的描述层面上以及在实验性的层面上产生自不同的概念、模式和视角。这一点还包括针对新的形象化代表的评价，比如说，一个处于 8 个细胞阶段（8 - Zell - Stadium）的人类胚胎是否已经可以算作"人"。这里，具有挑战性的问题是，生命体不是一成不变的客体，而是能够生长和依靠自身力量不断地进行变化（潜力）。这里所谓的潜力论据具有特别重要的伦理学意义，因为人们必须将变化成

[①] 埃尔温·薛定谔（Erwin Schrödinger），1887—1961，奥地利物理学家，量子力学奠基人之一，发明了分子生物学，著有《生命是什么》一书。

某种事物的自然潜力，与变化成某种特定事物的生物技术上的可能性（关于技术决定论参见第 4 章第 A.9 节），以及与不再能发生变化的可能性来进行对照，并加以探索思考（比如体外受精中的非植入胚胎）。

　　技术伦理学的一个核心认识，就是各种生物技术不外乎都是所谓的等级转换技术系统（Hubig，2007 年，第 41 页及下几页）。迄今为止，人们只是有限地用传统的方式（即工程技术的方式）对这些技术系统进行控制和管理。因此，技术伦理学已经远远地超出了工程师伦理学（参见第 3 章第 7 节）的范围。人们采用生物技术制造出的不是已经有范围限制的手工制成品，而是生长之中的*生物制成品*。生物制成品自己会生长，但是又不全靠自己。一方面，生物制成品处在一种对动植物进行培养和驯化的农业文化传统中，这个传统同偶然性技术的概念密切相关，原因是人们必须对梦寐以求的结果寄予希望。这种情况被欧洲的专利法称为"本质上是生物学的培植方法"，由此方法通过杂交和淘汰所产生的产品不属于专利保护的范围。另一方面，生物制成品在概念上通过分子基因、基因技术和信息技术的进步（实验建模），标志了一种新型的、系统性的和高度侵入型的技术形式。对于生命体来说，这种技术形式不再是一种外在的东西，同时也不再能被人们看出是某种技术型的东西。于是，技术伦理学就面临一个问题（目的论和终极性问题，Brenner，2007 年，第 109 页及下几页），即生命体的目的既不能以一种自然的原生形式加以确定（因为生命体非由人类造就而成并且不断变化的），又不能以一种技术化了的形式露出庐山真面目（媒介问题）。因此毫无疑问，生物制成品既不能为伦理学评价提供标准，又不能必然地对恰如其分的目的手段关系进行评价以显示出技术改变的尺度。因此，关于技术改变的知识和对这个知识的分享，就有了尤为重要的道德意义（专家们的窘境；关于技术争议参见第 3 章第 6 节）。

参考文献

Arendt，Hannah：*The Human Condition* ［1958］．Chicago [2]1998（dt.1960）．

Brenner, Andreas: *Leben. Eine philosophische Untersuchung.* Bern 2007.

Düwell, Marcus: *Bioethik. Methoden, Theorien und Bereiche.* Stuttgart/Weimar 2008.

Gruber, Malte – Christian: *Rechtsschutz für nichtmenschliches Leben.* Baden – Baden 2006.

Habermas, Jürgen: *Die Zukunft der menschlichen Natur. Auf dem Weg zu einer liberalen Eugenik?* Frankfurt a. M. 2001.

Hubig, Christoph: *Die Kunst des Möglichen II. Ethik der Technik als provisorische Moral.* Bielefeld 2007.

Kant, Immanuel: *Kritik der Urteilskraft* 〔1790〕. Werkausgabe Bd. X. Hg. von Wilhelm Weischedel. Frankfurt a. M. 1974 〔KdU〕.

Karafyllis, Nicole C.: Biofakte – Grundlagen, Probleme, Perspektiven. In: *Erwägen Wissen Ethik* 17/4（2006）, 547 – 558.

Krohs, Ulrich/Kroes, Peter（Hg.）: *Functions in Biological and Artificial Worlds. Comparative Philosophical Perspectives.* Cambridge, Mass./London 2009.

Maienschein, Jane: *Whose View of Life? Embryos, Cloning and Stem Cells.* Cambridge, Mass. 2005.

Schark, Marianne: *Lebewesen versus Dinge. Eine metaphysische Studie.* Berlin u. a. 2005.

Zylinska, Joanna. *Bioethics in the Age of New Media.* Cambridge, Mass. 2009.

妮可・C. 卡拉菲里斯（Nicole C. Karafyllis）

第2节 自然和技术

人类纪及其思想史根源

198 　　保尔・克鲁岑①（2002 年）从地球发展史的角度考察研究了人类对大气层、水源圈、冰冻圈，尤其是生态圈，亦即我们这个星球自然界的侵入程度。当今的人类不仅影响到了我们星球地质生态的整体状态，而且也影响到了其他物种的进化过程。鉴于这种情况，克鲁岑创造出了"人类纪"这个新词。至于"人类纪"是否真的是一个地球上的世纪，或者只是全新纪的一个阶段，这里姑且不论。从伦理学的角度说更为重要的是，"人类纪"一词对我们人类来说不能算是个中性的名词（如"二叠纪"

---

① 保尔・克鲁岑（Paul Crutzen），1933 年生于荷兰阿姆斯特丹，荷兰大气化学家，因对大气化学，特别是奥氧层的形成和分解的研究工作，与其他两位科学家共同获得 1995 年诺贝尔化学奖。

或"寒武纪"），因为它所牵涉的不是一个自然现象，而是可做评判的人类实践活动。此外，它还给我们传达了一个信息，即我们整个人类"从客观上"已经在扮演一个什么样的角色。如果人们认为，我们人类必须将自己看作有行动能力、决定能力、责任能力和道德能力的生物，亦即自由的人的话，那么，人类纪将是这样一幅基本景象：一个在数量上戏剧般地增长，并且在技术上高度武装起来的人类，对其自身（作为一种可预见且不可逆转及全球化的文明）未来的继续发展负有不可推卸的高度责任，*同时*也对许许多多其他的物种及栖息环境负有高度责任。这一道德的重要性被汉斯·约纳斯（1979 年）所洞见和认识（参见第 4 章第 B.2 节）。至于人类之外生机勃勃的自然界，除了所有方法上的问题之外，我们要做的紧迫工作是评估濒临灭绝的物种数量，避免夸大的宣传，即把人类纪看成物种大规模灭绝的一个阶段，这个阶段在其*规模上*可与地球历史上五大超级物种灭绝时期相提并论，但在其*原因上*所反映的是人类的实践活动（如狩猎、砍伐、土地使用变化、城市化、新生态界的引入、有害物质的侵害、富营养化等）。因而，人类并非生活"在"人类纪之中，而是正处在对这个世纪不折不扣的实践过程当中。

　　当然，我们以往并没有通过一项集体的决议将人类纪设立为一个借助于适合的、特别是技术的手段所要达到的目标。人类纪的产生源自一系列作用因素所构成的基本情况，而这些基本情况则是在欧洲的现代化早期和"西方的理性化"过程中逐渐形成的。这个理性化过程的特征就是现代自然科学（物理学、化学、生物学）、技术发展和工业化商品生产（导致了所有消费品的大规模消费）越来越紧密的联系。这种由科学、技术和生产构成的紧密联系得到过弗朗西斯·培根的极力维护和捍卫，其理由是有了这三者，倘若说尚不能加以彻底消除的话，前现代化时期绝大部分人类无可争议地所遭受的人世间的困境、忧愁、失败和艰难困苦就能得到缓解。他认为，物质生活条件的改善理应会带来道德生活条件的改善，因为，如果匮乏和困境得以减少的话，那么，宽宏大量、心系他人和助人为乐就会蔚然成风。早在文艺复兴时期，西方的理性化进程就已经开始起步。狭义上的近代可以被称作"培根工程"（Schäfer，1993 年），它在欧洲的核心国家中，并且也在 16～20 世纪的殖民地国家中，导致了对大自然规模越来越大的利用和过度改造。

倘若对人类纪的诊断是正确的话，那么从严格的意义上说，将"自然"和"技术"拆分对立的做法便*不再符合时代潮流*。如果哲学想要将它的时代归结为概念的话（黑格尔语），那么它就不再应当将自然和技术做这样概念上的理解，即它们的外延是各自为政、互不相干的。相反，哲学必须以下述这种方式来构建它们的概念，即让自然和技术的关联在概念上能够得到把握，并且能从技术伦理学、生态伦理学和环境伦理学的角度进行评价。这其中，概念的层面不应当对价值论层面或是道义论层面有先入为主式的评判。下文中将要论及的土地利用技术，阐述了自然和技术之间的关系，关于它的评价对于人类纪的构建营造来说具有核心的意义。

关于自然和技术的关系

199　　从根本上讲，作为人工制成品的技术，其本身是某种原材料性的东西，这当中，所谓的人造材料也具有天然原料的基本成分。技术形成于天然原材料，人们当前对于稀土生产的担心说明，这种情况也同样存在于突飞猛进的信息和通信技术之中。当人工制成品要被"处理"时，它的原材料方面的特点就比在使用的时候更加明显和突出（比如"电子垃圾"等）。如果说科学中包含的是关于自然的知识的话，那么融进技术当中的就是自然的原材料。人工制成品与诸如舒适和惬意这样的文化价值相关联，并且左右着人们的消费和生活方式。人类掌握自然的成果导致了人为的生活方式（城市、办公室、互联网、手机、健身房、方便食品等），绝大多数人的技术知识已经远离了那些直接与自然打交道的技术。

作为本文开始的前提概念——自然概念，是所有哲学的基本概念，其历史不是本文所要讨论的对象（参见第4章第 A.1 节）。下面的文字评论不是要加入哲学史或科学史关于自然概念的争论，而是要参与到普遍为大众感兴趣的环境和自然保护的探讨中去。在环境保护领域里，人们喜欢挂在嘴上的一个公式是，人是"自然的一部分"。此外，自然还常常被与"原始的"蛮荒状态画上等号。这是两种互为矛盾的定义。把人看成"自然的一部分"的说法，不能从字面上去理解，而应当被看成人们追求道义上能负得起责任的人与自然关系的一种质朴的表达方式。人工制成品并不是自然的物品。

倘若有人把大自然等同于一种蛮荒状态，而且做出诊断说，我们的星球上已经没有"真正的"原始自然了，那么，或许他们这种把"自然的终结"（McKibben，1989年）加以戏剧化的描述是为了制造一种自然保护的信息罢了。毫无疑问，人们（恰恰是作为自然保护者来说）的确应当从直觉的角度出发，不要急于将一块施用大量化学品，其中长有转基因玉米的低洼干涸湿地称为"大自然"，哪怕是农民在睡觉，这块地里的玉米还在自己生长。与用技术方法制造的人工制成品不同（比如一张桌子），在这个示例中，实用作物的继续生长已经不足以将种植玉米归属于自然的范畴。同理，此类情况也适用于大量饲养的犬类。犬被作为宠物来饲养，尽管有其自然的"新陈代谢"，但更多的还是类同于人工制成品。因此，即便是在自然保护当中，也不能把自然和技术做泾渭分明的划分。许许多多以往种植的树林如今都被置于自然保护之下，原本属于建筑技术的林荫道，如今也成了自然保护的对象。

由于诸如此类的"生物制成品"（参见第4章第C.1节）在概念上对于我们解决问题未能有所帮助，所以，我们似乎就应该将"自然"看作一个循序渐进的概念，并以之为出发点。这样的做法符合人类纪的实际情况，而且可以很好地同认识论的现实主义相结合。这一概念既可以作为*自然阶梯*的模型，又可以作为在原生态的各种典型情况和人工制成品之间有等级之分的连续体的模型。与毫无人类影响可言的*绝对原始状态*不同，相对的原始状态是那些存在人类影响，但自然的力量没有左右一切的地方。在我们的星球上，始终还有大面积的相对原始的地区。与在历史上从没有或是很少受到过人类影响的真正原始状态不同，*非真正的*原生态地区指的是人类自愿或是非自愿地从中消失隐退的地方。当前，切尔诺贝利周边地区正在慢慢变成一个以技术文明所遗弃的废墟为中心的、并非真正的原始区域。在德国，当年的军事演习场地可能正在演变成除了武器弹药的残骸外，有野狼出没的相对和非真正的原始地区。"大自然的终结"的观点论调，只有在"自然"一词的所指为绝对原始状态时才是正确的。即便如此，在中欧地区可行的、对相对和非真正原始状态的保护，也是有意义和值得期待的。

随着原始状态的消失，人类借助技术设备对自然过度改造的程度在不断加深。因此，我们在土地利用的系统中（牧场、森林、耕地和养鱼）可以看到多种多样的自然和技术的关系，如排水沟、抽水站、圈起来的育林区、有围栏的牧场、牲畜饮水槽、水塘、小径和马路等。人们在这个连续不断的过程中朝着人造产品的方向越行越远，因此，生物制品（观赏植物、实验小鼠等）一词的使用就更加有意义。借助连续过程一词，人们也可以对重新自然化的概念进行探讨。此概念并非指一种早期状态的重建，而是指从过度改造地区向着接近自然状态的转变。

对于涉及自然和技术关系的问题来说，极端的情况（一方面是原始状态，另一方面是电子媒介的潜在力）在这里没有多大现实意义，而更重要的是所谓的中间区域，这里面，自然和技术以人的劳动为媒介相互发生联系。对于人类纪的规划发展来说，土地利用技术（参见第5章第1节）有决定性的意义。缘此，下一段文字将用来探讨"土地利用的培根主义"问题。

土地利用的培根主义

大卫·布莱克伯恩①认为，在18世纪和20世纪培根主义上升期间，对欧洲环境地貌的重大改变首先负有责任的，是大江大河的取直疏浚和运河化、沼泽地的排水工程（"优化改善"）、洪泛区的围堰、人为种植品种单一的混龄树林、田亩归并和现代农业、山区水库建设、铁路线和将农村地区与中心城市更好连接的加固道路。这种"土地利用的培根主义"试图通过技术上对自然的征服以及对自然力量的利用，来改善物质的生存环境。然而，自19世纪中期以来，这个文化上的一意孤行招致了一系列的为保存接近自然的风景和相关自然景观的文化反抗潮流。20世纪伊始，德国形成了几股早期的生态运动，其成员也对大型技术对自然的侵入进行过抗议。

在欧洲以外的地方，19世纪时人们所见的培根主义式的土地利用是一番文化上

---

① 大卫·布莱克伯恩（David Blackbourn），1949年出生，英国历史学家。

毫无顾忌的景象。在北美洲，人们的这种基本态度见于东海岸大规模的森林砍伐、奴隶制基础上的种植业、草原的过度农田化、野牛群的杀戮、肉类的工业化生产建设（以芝加哥的数座屠宰场为中心）、道路交通的开发等。西格弗里德·吉迪恩①（1941年）对美国农业机械化进行了详细的重新构建，尽管有20世纪20年代的农业危机（土地侵蚀、尘暴干旱），但这一进程在20世纪一直持续不断。在短短的数十年间，美国中西部的自然景观就被工业化的土地利用弄得面目全非。随着食品的标准化和由超市带来的附加值利用，农业被逐步工业化。与此同时，随着土地利用的活动，在美国也出现了关于原生态的自然保护理念，并且在19世纪时促成了国家公园的建立（约瑟米蒂和黄石国家公园）。在美国，自然和技术的关系脱离了文化景观相互关联的上下文，转而走向了工业化的农业和原生态保护二者之间抽象和毫无关联的对立局面。

在未来远景方面，欧洲也同样设计过征服自然的宏大蓝图，比如竭泽地中海工程（赫尔曼·索格尔②的"Atlantropa"工程）。培根主义在作为"世界建筑师"（索格尔语，引自 van Laak，1999年，第236页）的"伟大"工程师的构想中达到了顶峰，它所敢于尝试的工程也达到了洲际大陆的规模。借助马克思主义/列宁主义，培根主义也输出到了亚洲大陆。1950年，"改造自然的伟大斯大林计划"出台，其规定的任务是扩大农业生产（如推行至哈萨克斯坦），扩大发电站和运河建设，以及将东西伯利亚的河流南引（van Laak，1999年，第174页）。在兴修喀喇昆仑运河的背后，隐藏的是用水利建设手段来让戈壁沙漠变成果园粮仓的目标。一千多公里长的、用来浇灌和种植棉花的阿姆河河水，被人为地从阿拉尔湖中调取，从而导致了阿拉尔湖地区生态环境的崩溃（参见第5章第6节）。

培根主义式的土地利用也在毛泽东时代的中国大行其道，特别是在所谓的"大

---

① 西格弗里德·吉迪恩（Siegfried Giedion），1888—1968，生于捷克布拉格的瑞士历史学家。
② 赫尔曼·索格尔（Hermann Sörgel），1885—1952，德国建筑学家和地缘政治学家，1928年提出"Atlantropa"（大西洋－欧罗巴）设想，即在直布罗陀海峡修建一条巨型人工大坝的计划。

跃进"年代，最终以一场严重的饥荒收场（1958～1962年，全面情况见 Jiseng，2012

201 年）。由于棉花、饲料（大豆）和生物质（棕榈油）的种植，人类纪现阶段中的培根主义土地利用扩展到了改变较少的南半球地区。于是，勒内·笛卡尔关于把人作为"自然的主人和拥有者"（《方法论》，第六部分）的名言就这样"占领了全世界"，并且是在生产力不断提高的预兆之下，而人口的增长和需求行为的增加，又为生产力的不断提高提供了存在的理由。有鉴于愈演愈烈的土地利用跨越制度的共性，在相关制度的语言中是否有"效率"、"生产的决战"和"计划的超额完成"这些表达，就显得不那么重要了。总之，培根主义的土地利用所向披靡，大获全胜。

由于农业耕种面积的扩大遇到了极限，所以培根主义式的土地利用开始在强度上大做文章。最晚是自20世纪50年代的"绿色革命"以来，自然和技术之间的调和关系便在培育技术的研究中进行。许许多多的地方性变种、名贵的纯种（如羊和鸡）和多样化品种（如水稻），都被少数几个高产的品种和种类所取代。植物培养中的基因技术（参见第5章第7节）就成了为实现农业目的，通往以技术手段让植物变异的必经之路。针对"绿色"基因技术的争论批评，或许就是出于人们所感受到的对这种模式的极度不满的原因。

自然和技术的和解之路

对土地利用的培根主义的批判历史同该主义的发展历史一样长久。从歌德对即将到来的"机器业"的提醒，路德维希·克拉格斯①关于"人和自然"振聋发聩的演讲（1913年），到关于土地伦理学的设想方案（Leopold，1947年），直至蕾切尔·卡逊②针对"寂静的春天"的警告，这当中都表达了一种对剥夺自然特性和自我价值的土地过度利用活动的深切担忧。马丁·海德格尔洞若观火，觉察出了培根主义形成人的思维定式的力量。对他来说（1978年，第12～18页），技术类的事物是大自然的

---

① 路德维希·克拉格斯（Ludwig Klages），1872—1956，德国生命哲学家和心理学家。

② 蕾切尔·卡逊（Rachel Carson），1907—1964，美国海洋生物学家，她的作品《寂静的春天》唤起了美国乃至全世界的环境保护事业的意识。

一种"展露的方式"。不从制作，而从展露的意义来说，技术是"把东西放置出来"。海德格尔把"展露的方式"称作"被放置出来"。"被放置出来"所起的作用就在于，所有内在的东西统统要根据其可用性被展露和制造出来。他认为，这种情况在土地的利用当中表现得尤为明显："如今，农田耕作也陷入了一种……将自然加以耕耘的旋涡之中。旋涡在挑战的意义上耕耘着自然。农田耕作今天已成了机械化的饮食工业。"（1978年，第14页）不过，对培根主义式土地利用的风险和消极面的批判，直到20世纪70年代才形成一定的声势和规模。

当前，培根主义早已不再是不可撼动的学说。人们可将诸如技术伦理学、技术后果评估（参见第6章第4节）、环境伦理学、建筑伦理学和农业伦理学领域中的概念和论证尽量诠释为对培根主义进行纠正以及"温和化"的尝试和努力。举例来说，人们在技术伦理学中勾画了若干种不同的可容忍性维度（Hastedt，1991年；Grunwald，2010年）。其中，鉴于环境伦理学的价值范畴（Ott，2010年），人们可以对环境及自然的可承受性加以区分。因此，通常人们也可以从环境伦理学和可持续性理论（参见第4章第B. 10节）的视角来考察自然和技术之间的关系。

就探索问题的角度来说，其方法跨越技术和自然关系的多个阶段。首先，人们应当对环境科学和环境技术（保持空气洁净、垃圾利用、水处理设施等）的成效，以及对过度改变景观地貌的恢复自然工作（矿山开采过后的后果面貌）给予积极评价。环境技术的成功历史可以诠释为培根主义明智的自我纠正过程，其开明的代表们愿意将生产的外在效果减少到一种可容忍的程度，以保证再生产方面的整个体系免遭危险。有鉴于此，开明的培根主义开发出了诸如*中途技术*的方案，借此可以将消极的环境影响归结为迄今为止技术发展的不完善原因所致。这就导致了对快速推广"绿色"技术（SRU，2002年）的要求，以及国家对"重大"环保技术创新的政策性补贴（SRU，2008年）。

在第二个阶段中，人们可以着手研究许多经济学家根据所谓环境库兹涅茨曲线（EKC）对技术和经济发展的过程所寄予的希望。根据此曲线原理，人类社会始于"贫穷和干净"，然后经过一个财富增加的"肮脏"阶段，其目的是为了最终消除出 202

现的环境灾害和自然损失，并且在发展的最后阶段实现丰富的社会财富与得到提升的大自然的和解。鉴于这个过程模式并不表述经济的发展规律，所以，人们应当从标准规范的角度来对它加以解释：*技术的发展应当把从历史的角度证明环境库兹涅茨曲线作为自己的目标*。因此，人类纪中技术伦理学的道义命令可以表述如下：*人们的行为方式必须让原则、目标和手段的选择始终能够同时被阐释为对实现环境库兹涅茨曲线所做的贡献*。为了对未来子孙后代负责，强有力的可持续性发展理论（Ott/Döring，2008 年）要求人们全面地保护大自然的资源（参见第 4 章第 B. 10 节）。从技术和自然的调和关系看，所谓文明化的自然资源具有特殊的意义（牧场、葡萄园、鱼塘等）。技术的发展应当与对文明化自然财富进行投资的思想和谐共存。

"联盟技术""循环经济""持续文化"等许多诸如此类的设计方案，都与技术和自然调和关系上特定的基本直觉如出一辙，它们都"尊重"这一调和关系的大自然方面。于是，全新的、活生生的大自然问题就自然而然地进入了人们的视线，"重新返回""重新联系""重新自然化""活生生的基金""生态系统服务"等概念占据了越来越重要的地位。大自然在这里看起来不仅是万物之基础，甚至还是一个"行动者"。仿生学中出现了一种新型的技术和自然之间的调和关系，大自然被敬重为技术教育大师。培根主义巨无霸式的乌托邦思想，将被技术和自然共生和共同进化的调和关系的丰富想象所取代。人们可以从自然伦理学方面，来对接纳认可一种新文化（该任务似可用"重新自然化"予以重点强调）的必要性加以论证说明（参阅 Ott，2009 年）。认真思考"作为人类纪文化任务的重新自然化"思想，明确允许这方面的创新和想象，应该成为技术哲学的核心所在。

参考文献

Blackbourn，David：*Die Eroberung der Natur.* München 2007.

Crutzen，Paul J.：Geology of mankind. In：*Nature* 415（2002），23.

Descartes，René：*Discours de la Méthode – Von der Methode des richtigen Vernunftgebrauchs und der wissenschaftlichen Forschung.* Hamburg 1960.

Giedion，Sigfried：*Die Herrschaft der Mechanisierung – Ein Beitrag zur anonymen Geschichte.* Sonderausgabe. Frankfurt a. M. 1987.

Grunwald，Armin：*Technikfolgenabschätzung – Eine Einführung.* Berlin [2]2010.

Hastedt，Heiner：*Aufkläung und Technik.* Frankfurt a. M. 1991.

Heidegger，Martin：*Die Technik und die Kehre.* Pfullingen [4]1978.

Jisheng，Yang：*Grabstein – Mùbei – Die große chinesische Hungerkatastrophe 1958 – 1962.* Frankfurt a. M. 2012.

Jonas，Hans：*Das Prinzip Verantwortung.* Frankfurt a. M. 1979.

Klages，Ludwig：Mensch und Erde. In：Ders.：*Mensch und Erde*［1913］. Jena 1929，9 – 41.

Leopold，Aldo：*Am Anfang war die Erde（A Sand Country Almanach）.* München 1992.

McKibben，Bill：*Das Ende der Natur.* München 1989.

Ott，Konrad：Zur ethischen Dimension von Renaturierungsökologie und Ökosystemrenaturierung. In：Stefan Zerbe/Gerhard Wiegleb（Hg）：*Renaturierung von Ökosystemen in Mitteleuropa.* Heidelberg 2009，423 – 439.

– ：*Umweltethik zur Einführung.* Hamburg 2010.

– /Döring，Ralf：*Theorie und Praxis starker Nachhaltigkeit.* Marburg [2]2008.

Sachverständigenrat für Umweltfragen（SRU）：*Für eine neue Vorreiterrolle. Umweltgutachten 2002.* Stuttgart 2002.

– ：*Umweltschutz im Zeichen des Klimawandels. Umweltgutachten 2008.* Berlin 2008.

Schäfer，Lothar：*Das Bacon – Projekt.* Frankfurt a. M. 1993.

van Laak，Dirk：*Weiße Elefanten – Anspruch und Scheitern technischer Großprojekte im 20. Jahrhundert.* Stuttgart 1999.

康拉德·奥特（Konrad Ott）

第3节 动物和技术

动物和技术：一个被技术哲学忽略的课题

技术哲学不仅研究技术的哲学意义，而且也研究人、自然和技术的关系。时至今日，对环境主题的探讨——作为对技术效应的反思（环境污染和气候变化）和从规范标准层面对利用自然资源的反思——在技术哲学中也具有很重要的地位（关于自 203

然和技术参见第4章第 C.2 节）。然而，除了关于基因技术讨论中的若干示例之外，动物在相关的学说概念里全无踪影，不仅被排斥在知名的技术哲学手册之外（参阅 Olsen 及其他学者，2009 年；Kaplan，2004 年），而且也完全被排斥在重要的专业期刊之外。例如，在《哲学和技术》杂志中，迄今为止只出现过一篇有关动物及动物和人关系的文章（Thompson，2012 年）。在技术哲学和技术伦理学中，动物被看作自然的资源，其生命和对其的利用与生机勃勃的大自然的其他部分一样，被以同样的方式方法加以讨论（比如在关于土地利用及其对气候的效应讨论中），或者它们完全不受人们的重视，正像动物实验这个课题所反映的情况一样。

在下文中，"动物"一词只用来称谓人类以外的动物。这一区分在这里仅仅是出于实用的原因，亦即为了简明扼要。语言上的类别划分包含着若干标准方面的前提：明确地对"人"和"动物"进行称谓不仅有助于人类中心说的视角（即不把人称为生物学上的动物），而且作为一种标签也有助于对生物体进行等级的划分（参阅 Nibert，2002 年）。动物是有感情能力的生物，它们有复杂的社会和情感生活，并且追求各自的利益。有关动物伦理学和不断扩大的人类和*动物研究*（参阅 Buschka 和其他学者，2012 年）领域的各种讨论，就是这一课题的复杂性和部分的矛盾性，以及至少是我们当今社会中人与动物之间关系意义重大的明证。技术哲学，尤其是技术伦理学对动物话题避而不谈，不仅是一个事实方面的缺陷，而且也是一个标准方面的缺陷，因为如此一来，将动物仅仅当成可为我所用的自然资源的观点就会得到进一步强化，并且间接地被合理化。

对此，本文旨在说明在技术哲学和技术伦理学中，用分析的方法特别关注动物问题如今已经刻不容缓。

科学和技术中的动物利用

人是设计和想象各种技术的生物——在技术哲学的论证中，人们几乎总是如是说。但是，动物不仅能够使用某些特定的工具，并把它们的知识传授给后代或是其他同类（参阅 Benz-Schwarzburg，2012 年），而且，从一开始它们就参与到了科学和技术的开发当中。随着朝向定居社会的转变和农业的发展，人类开始使用动物所有的力气，并且通过饲养来改变它们的生物学天性（参阅 Nibert，2002 年）。随着科学的发展，尤其是随着实验手段的不断进步（Claude Bernhard），动物也用来作为疾病的模型和实验材料。自 20 世纪初以来，随着农业的工业化进程（参见第 5 章第 1 节），科技的发展开始以农业生产手段的合理化为己任，因此就出现了再生生物学的新领域，它通过体外受精的开发来实现在所谓实用动物中对可遗传特征的完全掌控（参阅 Clarke，1998 年）。

如今，几乎所有领域的科技创新都要通过动物实验来检验其对人和环境的无害性。这一方法也发生在有争议的关联情况中，如抗衰老研究、武器实验等，特别是针对后者的新技术双重利用的可能性研究（参见第 4 章第 C.11 节）。除此之外，生物 204 学、医学直至基因技术和纳米科技中的开发进展，使诸如娱乐、宠物饲养（克隆的宠物）和体育（克隆的赛马）等领域中的动物利用成为可能（参阅 Ferrari 及其他学者，2010 年）。

如果我们对基因技术（参见第 5 章第 7 节）和克隆技术在农业中的应用进行一番考察，就会发现当今科研中所具有的目标连续性（与 20 世纪比较而言）。举例来说，动物的克隆是一种对生物学特征的可再生性更高阶段的控制：由于克隆动物成本太高且效益太低，因而不适合于农业中的广泛应用，所以，克隆仅用于所谓饲养型的动物，亦即作为在再生产中有价值的生物学特性的保留型动物。倘若说，如今几乎所有实用动物都是通过体外受精和优选精子生产的，那么，我们就会清楚地看到不同技术背后的目标连续性（参阅 Ferrari 及其他学者，2010 年）。如此，通过基因技术修改了动物的生物学特征，以达到提高生产质量和效益的目的（Wheeler，2007 年）。借助纳米技术，人们正在研究改进转基因或是动物克隆技术，并开发用于持续监视和酌情修正实用动物健康状态的生物传感器（Ferrari 及其他学者，2010 年）。

作为技术远景的表达，这些研究计划不仅具有认识论的意义——大多数转基因的实用动物在农业中尚未得到应用——而且也具有重大的经济意义。今天，人们已经在着手进行这些动物的专利申报，以及将其进行市场引进的程序。比方说，已申报专利

的 "Enviropigs ©"① (Golovan 及其他学者，2008 年) 和 "AquAdvantage Salmon ©"②，后者要比传统的三文鱼生长得更快，并且正由美国政府的 FDA③ 针对其对人类食用和海洋生态系统的无害性进行检验 (van Eenennaam/Muir，2011 年)。

不久以前，人们曾经就动物增强 (animal enhancement) 是否有意义的问题，以及它同人类方面有怎样的相似和区别的问题 (Human Enhancement，参见第 5 章第 8 节)，展开过一场辩论 (Ferrari 及其他学者，2010 年)。与此同时，人们还就非增强 (Disenhancement) 问题，亦即，如果在某些特定的不利条件下饲养动物，那么，它们所具有的重要能力的降低可能对这些动物来说是有利的问题进行过一场辩论 (参阅 Ferrari，2012 年)。技术哲学，尤其是技术伦理学迄今为止对这些新情况视而不见，是让人感到十分惊讶之事。

动物实验

鉴于动物实验对科技发展所起的核心作用，以及实验所使用的大量动物和不断出现的公开论战，动物实验没有在技术伦理学中得到相应的探讨，这让人感到十分意外。如今，动物实验的动机——保护人类健康和环境，不仅只局限于医学领域，还应当为市场上的每一个新产品提供保障，而且是在全球范围内：世界上没有任何一个国家为了批准产品和药品可以放弃动物实验。在全球范围内，用于动物实验的动物数量在不断上升：2011 年德国为 1.9% (共 290 万，BMELV，2012 年)，英国为 2% 左右 (Home Office，2012 年)。其中，统计数字并没有将所有用于实验的动物都包括进来，并且各国对数据的采集存在很大的差异 (Ferrari，2008 年)。动物为了饲养被繁殖出来，目的是为所谓的"动物模特"提供保证。然而，其带来的结果是，特别是在快

---

① "环保猪"(Enviropig) 是一种双基因转殖猪，同时带有植酸酶及纤维素分解酶，它细胞中的遗传基因 DNA 来自其他植物、动物或细菌。"环保猪"长大后口腔与肠道中会分泌植酸，可以有效切断植酸与磷的结合，如此，可减少猪粪便里的磷含量并减少污染环境的机会。

② "AquAdvantage Salmon"是由 AquaBounty Technologies 公司开发的转基因大西洋三文鱼品种，其生长周期为 16～18 个月，远远短于 3 年的通常水平。

③ 美国食品及药品监督管理局 (Food and Drug Administration) 的简称。

速繁衍的动物种类中（如啮齿动物）产生了为数众多的"多余"动物，出于成本的原因，这些动物出生后又被杀死。除此之外，随着基因技术的发展，用于饲养的动物数量增长巨大，这里暂且不谈那些不适合于实验的、"转错基因"的动物的生产问题（Ferrari，2008年）。

正如这一用词所提示的那样，"实验动物"被有意识地进行饲养，目的是用它们作为"模特"或是研究某些现象的替代之物。人们借助不同的方法改变动物的生物学特征，这期间，动物会患上各种自身不会得的疾病，如酒精中毒、不同的（犹如人类的）心理障碍或是唐氏综合征。此外，动物还被改变基因，为的是让它们通过体液"制造出"用于人类的医药原料（*基因制药*，参阅Ferrari，2008年），或者使它们或是它们的器官对需要做移植手术的病人有用。异种移植就是一个明显的例子，对此曾于20世纪90年代有过一次伦理学的争论，至今仍没有结果。但是，这方面的研究工作仍然在继续进行。当前的动物实验研究是一个高度专业化的行业，"动物模特"在这个行业的大型实验室中被开发出来，并且在全世界范围内进行销售（及运输）。

对于动物实验研究的批评由来已久，其源头一直可以追溯到古希腊时期。尽管动物实验的做法在全球不断推广，但并没有失去批评之声。正像公众的争鸣和各种理论探讨所表明的那样：针对成本效益的模式在何种程度上能够站得住脚的问题，以及替代方法在当今的科研政策中起到什么样的作用的问题，人们正在广泛地进行讨论（Ferrari，2013年）。因此，动物实验是技术伦理学的一个重要的组成部分。

动物和技术之间的互动关系

动物实验并不是能够揭示动物和技术关系的唯一领域。在对电脑和使用者互动关系的研究中，我们也能发现人们对动物作为技术过程的特殊主体的情况重视不够，虽然很久以来，动物就能够同电脑技术进行互动。最晚自20世纪70年代以来，随着追踪和遥测传感器的开发，以及20世纪90年代随着自动挤奶机的应用，人们便可以在所谓保护研究及奶牛场中看到这样的互动关系。动物自己同这些技术发生互动，而且表现出让人始料不及的能力和异乎寻常的行为。比方说，奶牛会自己主动走进挤奶机，人们还可以观察到大象的各种复杂动作等。此外，遥测技术不仅被开发用来监视所谓家畜，而且被用来监视野生动物，不过它也有可能成为动物特殊行为的干扰因素。有鉴于此，人们在不久前提出要求，要明确关注电脑技术和动物之间的相互关系（Mancini，2011 年）。

动物也具备未经预料而使用某些技术的能力，北美洲几家动物园里的大猩猩使用平板电脑与人交流的案例即可作为例证。这些使用着本来是给自闭症儿童开发的平板电脑程序的大猩猩，具有将此电脑识别为技术客体并加以使用的能力（Lee，2011年）。除此案例之外，人们还专门为动物制造出电脑游戏，不仅是为了改善它们的笼养条件（比如作为动物园中猫科动物的消遣游戏），而且也是为了作为提高人们对动物的社会认知能力认可度的手段，正如荷兰几所大学中进行的"和猪做游戏"（Playing with Pigs）项目所展示的情况一样。

此外，在蓬勃发展的神经科学研究领域（参见第 5 章第 19 节），动物也在同电脑进行互动。科学家们借助不同的电脑游戏和信息手段对动物的认知能力进行测试。在人机对接和假肢的研究中，人们将动物进行截肢，然后训练它们使用人造假肢。为了检验和测试不同的交际形式，研究人员将电极植入动物的大脑中进行实验（Ferrari，2010年）。上述领域中，迄今为止几乎未有过任何技术哲学及技术伦理学方面的研究工作。

环境讨论中动物利用的关联意义

虽然动物利用与当前时代著名的技术争论息息相关，但是在许多情况下，动物都被人们系统地排斥在讨论之外。比方说在关于气候变化的争论中，尽管人们掌握了大量的科学数据，可是农业中动物生产的效应问题在伦理学的观察中几乎未有任何提及（参阅 Ott，2012 年）。当今全球范围动物类食品的生产，占据了很大一部分的环境污染和温室气体的排放（关于农业技术参见第 5 章第 1 节）：在巴西，每生产 1 公斤牛肉就要产生 335 公斤的温室气体二氧化碳（CO_2），相当于 1 台欧洲产的普通小汽车行驶 1600 公里所排放的温室气体（Schmidiger/Stehfest，2012 年）。鉴于庞大的土地

206

使用比例、巨大的用水量和低水平的能源转换，动物生产被证明是一种极其低效的生产方式。全球粮食收成的 40% 以及全球大豆产量的 90% 都用来喂养所谓的可食用动物，但是，人类的全部热量摄入只有 13% 是从动物产品获取的（Schlatzer，2010 年）。不仅于此，动物生产因其有害物质的记录（硝酸盐、重金属、药物成分、病菌），严重降低了水源的质量（Schlatzer，2010 年）。由于世界人口的增长，也由于人均动物产品消费的提高，如果我们不采取应对措施的话，那么，肉类生产在 2050 年将增加到 4.65 亿吨，牛奶的产量将达到 10.43 亿吨（Steinfeld 及其他学者，2006 年）。尽管有这些经验性的数据，如今动物食品的生产在大部分国家均未受到重视，而且也未受到质疑。

动物被拒之技术伦理学考察门外

本文作者认为，将对动物的特别关注拒之技术哲学反思的门外不仅是一个学科上的失误，而且其本身也要进行一番认真细致的伦理学分析。在我们的社会中，动物实验的合理化，甚至借用法律的形式对之加以规定，并不能从伦理学上使人们免于对其的争论。随着对动物利用的不断强化（技术发展使大规模的动物饲养成为可能），以及随着转变工艺技术的发展（比如基因技术在许多领域——从家畜饲养到体育和食品——已经被广泛采用，Ferrari，2010 年），当前人与动物获得了一种新型的微妙关系。技术哲学中动物课题的缺失，对于人们如今将动物主要当成资源和商品以及生财之道起到了推波助澜的作用。

举例来说，引人注目的是在当前时代关于科学技术的讨论中，衍生出了一种关于机器人道德地位的争论，其间，人们并没有把这类反思同涉猎广泛的动物伦理学文献联系在一起（参阅 Coeckelbergh，2010 年）。目前，学术界正进行着一场关于动物的社会认知能力和它们的道德地位（参阅 Francione 等，2008 年；Benz-Schwarzburg，2012 年），以及将特定形式的利他主义和公正行为归属于某些动物的可能性三者之间关系的讨论（参阅 Bekoff，2008 年）。在技术哲学中，人们迄今为止似乎更倾向于将机器人这类人造物品（而非动物）认作"道德生物"，而在其他场合中，却又就是否和在何种程度上可以将非人类的动物也看成道德和正义群体的一部分（比如通过*地球居民*这个范畴等）的问题争执不下、意见不一（Donaldson/Kymlicka，2012 年）。

除此之外，由于新的科学技术成就通过制造杂交生物和杂种嫁接使跨越物种的特殊界限成了可能，因此，目前正开展着一场关于人和动物新本体论的必要性的后现代及后人道主义的反思运动。人们正在对把动物看成"另类"的说法进行解构，这股思潮在后现代社会愈演愈烈，其时，对生命形式的技术影响以及对生命的转换演变成了一种生财之道（参阅 Cooper，2008 年）。

在各种针对可持续性讨论的分析中，技术伦理学讨论针对动物的特殊关注也同样起着十分重要的作用（参见第 4 章第 B. 10 节）。在如今的探讨争论中，发展出了一种涉及如何对待"自然资源"的责任伦理学，其目的是给今天和未来（人类的）后

207 代的生命提供保障。因此，关于非人类生命体固有价值的问题就失去了它的重要性。某些标准性的概念，如痛苦中心主义（其核心是不依赖于物种属性的承受痛苦能力）和其他对人类中心主义的批判（批判强调人类之间和面对动物的统治和暴力关系的相互联系，Nibert，2002 年；参阅 Buschka 及其他学者，2012 年），都不是可持续性讨论的主题。在这场讨论中，尤其是在食品生产领域，被突出强调的是对"可持续性的"动物性食品生产的幻想，而与此同时，动物利用的某些特定问题（比如牛奶生产中，小牛和亲牛分离所造成的痛苦等）却未能受到重视。

展望

鉴于其他学科领域中已经有过关于人和动物之间关系的多方位的探讨，以及鉴于在科技发展中动物的广泛利用，一场关于技术和动物的特殊的技术哲学和技术伦理学的讨论在今天是不可或缺的。

参考文献

Bekoff, Marc/Pierce, Jessica：*Wild Justice：The Moral Lives of Animals.* Chicago 2008.

Benz – Schwarzburg, Judith: *Sozio – kognitive Fähigkeiten bei Tieren und ihre Relevanz für Tierethik und Tierschutz.* Erlangen 2012.

BMELV: Versuchstierzahlen 2011, http: //www. bmelv. de/SharedDocs/Downloads/ Landwirtschaft/Tier/Tierschutz/2011 – TierversuchszahlenGesamt. pdf? _ blob = publication File (04. 03. 2013).

Buschka, Sonia/Gutjahr, Julia/Sebastian, Marcel: Gesellschaft und Tiere – Grundlagen und Perspektiven der Human – Animal Studies. In: *Politik und Zeitgeschichte* 8/9 (2012), http: // www. bpb. de/apuz/75812/gesellschaftund – tiere – grundlagen – und – perspektiven – der – humananimal – studies? p = all#footnodeid_ 39 – 39 (20. 03. 2013).

Clarke, Adele E. : *Disciplining Reproduction: Modernity, American Life Sciences and » the Problems of Sex«.* Berkeley 1998.

Coeckelbergh, Mark: Robot rights? Towards a social – relational justification of moral consideration. In: *Ethics and Information Technology* 12/3 (2010), 209 – 221.

Cooper, Melinda: *Life as Surplus: Biotechnology and Capitalism in the Neoliberal Era.* Washington 2008.

Donaldson, Sue/Kymlicka, Will: *Zoopolis. A Political Theory of Animal Rights.* Oxford 2012.

Ferrari, Arianna: *Genmaus & Co. Gentechnisch veränderte Tiere in der Biomedizin.* Erlangen 2008.

– : Animal disenhancement for animal welfare: The apparent philosophical conundrums and the real exploitation of animals. A response to Thompson and Palmer. In: *Nanoethics* 6/1 (2012), 65 – 76.

–/Coenen, Christopher/Grunwald, Armin/Sauter, Arnold: *Animal Enhancement. Neue technische Möglichkeiten und ethische Fragen.* Bern 2010, http: //www. ekah. admin. ch/de/ dokumentation/publikationen/beitraege – zurethik – und – biotechnologie/animal – enhancement – neuetechnische – moeglichkeiten – und – ethische – fragen/index. html (20. 03. 2013).

– : Für eine sozial gerechte Forschung: Die Kritik an Tierversuchen zwischen Wissenschaftstheorie, Ethik und Politik. In: Pedro de la Fuente (Hg.): *Gerechtigkeit auch für Tiere.* Erlangen 2013 (im Druck).

Francione, Gary: *Animals as Persons. Essays on the Abolition of Animal Exploitation.* New York 2008.

Golovan, Serguei/Hakimov, Hatam A. /Verschoor, Chris P. /Walters, Sandra/Gadish, Moshe/Elsik, Christine/Schenkel, Flavio/Chiu, David K. Y. /Forsberg, Cecil W. : Analysis of Sus scrofa liver proteome and identification of proteins differentially expressed between genders, and conventional and genetically enhanced lines. In: *Comparative Biochemistry and Physiology Part D Genomics and Proteomics* 3/3 (2008), 234 – 242.

Home Office: Statistics of scientific procedures on living animals 2011, London 2012, https: //www. gov. uk/govern ment/publications/statistics – of – scientific – procedureson – living – animals – great – britain – 2011 (04. 04. 2013).

Kaplan, David M. （Hg.）: *Readings in the Philosophy of Technology*. Lanham 2004.

Lee, Dave: Orangutans › could video chat‹ between zoos via iPads, BBC News Technology 2011, http: //www. bbc. co. uk/news/technology – 16354093 （20. 03. 2013）.

Mancini, Clara: Animal – Computer Interaction （ACI）: a manifesto. In: *Interactions* 18/4 （2011）, 69 – 73.

Nellemann, Christian/MacDevette, Monika/Manders, Ton/Eickhout, Bas/Svihus, Birger/Prins, Anne G. /Kaltenborn, Bjørn P. : The environmental food crisis – The environment's role in averting future food crises. A UNEP rapid response assessment. United Nations Environment Programme, GRIDArendal 2009, http: //www. grida. no/publications/rr/food – crisis/ （20. 03. 2013）.

Nibert, David: *Animal Rights. Human Rights. Entanglements of Oppression and Liberation*. Lanham 2002.

– : The fire next time: the coming cost of capitalism, animal oppression and environmental ruin. In: *Journal of Human Rights and the Environment* 3/1 （2012）, 141 – 158.

Olsen, Jan Kyrre Berg/Pedersen, Stig Andur/Hendricks, Vincent F. : *Companion to the Philosophy of Technology*. Blackwell 2009.

Ott, Konrad: Domains of climate ethics. In: *Jahrbuch für Wissenschaft und Ethik* 16 （2012）, 143 – 162.

Schlatzer, Martin: *Tierproduktion und Klimawandel. Ein wissenschaftlicher Diskurs zum Einfluss der Ernährung auf Umwelt und Klima*. Münster 2010.

Schmindiger Kurt/Stehfest Elke: Including CO_2 implications of land occupation in LCAs-method and example for livestock products. In: *The International Journal of Life Cycle Assessment* 17/8 （2012）, 962 – 972.

Steinfeld, Henning/Gerber, Pierre/Wassenaar, Tom/Castel, Vincent/Rosales, Mauricio/de Haan, Cees: Livestock's Long Shadow: *Environmental Issues and Options*. Rome 2006, ftp: //ftp. fao. org/docrep/fao/010/a0701e/a0701e00. pdf （20. 03. 2013）.

Thompson, Paul: » There's an app for that«: Technical standardsand commodification by technological means. In: Philosophy and Technology 25/1 （2012）, 87 – 103.

Van Eenennaam, Alison/Muir, William. M. : Transgenic salmon: a final leap to the grocery shelf? In: *Nature Biotechnology* 29 （2011）, 706 – 710.

Wheeler, Matthew. B. : Agricultural applications for transgenic livestock. In: *Trends in Biotechnology* 25/5 （2007）, 204 – 210.

208

阿丽亚娜·法拉利 （Arianna Ferrari）

第4节　文化和技术

当查尔斯·珀西·斯诺①（1959年）在他的那场著名的学术讲演中，试图将精神科学–文学文化和自然科学–技术文化进行区分的时候，他的关注点是20世纪上半叶西欧大学和研究机构的学术景象：物理学家不读莎士比亚的作品，亚瑟·斯坦利·爱丁顿②或是欧内斯特·卢瑟福③不是知识分子的类型。斯诺希望两种文化能够相互作用，为此，他使用了一个相对来说十分狭隘的文化概念，这一概念在现今的文化理论和社会学中可以用"子系统"和"密码"概念加以描述（Fischer，2006年，第13章，第16页及下几页）。因而，斯诺的两种文化区分的概念就成了不同科学领域和探讨范畴之间相互争论的一个符号。"两种文化"各自的子系统又进一步开发出不同的奖励和招募的相互关系，这就不足为奇了（Kornwachs，2009，第113～148页）。

文化和技术的关系是错综复杂的，尤其是当人们从广义的角度来看待技术的时候（Ropohl，1999年；VDI，1991年；参见第2章第1节），亦即当包含了作为文化成果的技术形式和后果的时候。谁若是生产、出售、经营、利用或是处理技术，简言之，谁与技术打交道的话，那么他所追求的利益可能会与其他的利益或是其他人的利益发生冲突。而且，他是在一个文化的关联体中做这样一件事，此关联体在多方面带有价值观、现行的不同标准以及直觉的道德信仰的烙印。每一个行为，即便是以技术为媒介的行为（亦即技术可能性的使用），或者是技术行为本身（制造、阻止、放弃或处理技术的可能性），其动机及后果都可能受到一次道德的评判。这一评判取决于相关价值体系和评判者所参照的道德准则，这些道德准则绝非抽象的，而是存在于一个相关的受价值观制约的文化关联体中。因此，某项技术的认可问题、技术批评问题、风

---

① 查尔斯·珀西·斯诺（Charles Percy Snow），1905—1980，英国科学家和小说家，他最重要的观点是"两种文化"概念，见于1959年出版的《两种文化和科学变革》一书中。
② 亚瑟·斯坦利·爱丁顿（Arthur Stanley Eddington），1882—1944，英国物理学家和数学家。
③ 欧内斯特·卢瑟福（Ernest Rutherford），1871—1937，新西兰物理学家，原子核物理学之父。

险认识和交流问题，甚至是争鸣探讨中的考量问题（生态 vs 经济，部分利益 vs 全体
利益，等等）都不单单是社会性的，而且也是文化性的。缘此，对于技术、技术后果
和技术行为动机的评判，也应该被理解成受到文化左右的行为（Ott，1996 年；
Kornwachs，2003 年）。

单一文化和多数文化

"文化"是什么——这是一个在文化科学中仍然悬而未决的问题，甚至文化科学
本身都是一个尚未澄清的概念。关于这个问题的一本学术论文集（Kittsteiner，2004
年）给出了 13 种答案，即便如此，这也是一个被理想化了的微不足道的数字。人们
在书中首先探讨的是多数意义上的文化科学，因为这里所涉及的不是"一个可以具
有约束力地加以定义的、统一的新学科，而涉及的是一个聚合到一起的、开放的学科
关联体，其目的是要对新的文化现象进行研究，而这是采用老式的学科界限很难做到
的"（Kittsteiner，2004 年，第 8 页及下页）。

技术哲学家克里斯多夫·胡比格和汉斯·波泽尔也提出了类似的意见（2007 年，
第 16 页），他们的建议为：

> 作为各种结构总称的"文化"，应该从传统的"模式"来加以理解，这一模
> 式对各种可能的行为——（作为思想和计划的内在行为，作为实践或放弃行动
> 的外在行为）——进行发现，并且同时以特定的方式进行阐述和诠释，最终人
> 们能够在认可和利用、拒绝和抵制、质疑和修正、无视和忽略以及规避的意义
> 上，以之为自己行为的导向。

由此观之，这里有必要将由恩斯特·卡西尔（1985 年）所倡导的文化概念作为
探讨问题的基础。按照卡式的理解，文化乃是人类实践的总称和表达，它描述和包含
了所有人类能够完成和构筑的事物（参见第 4 章第 A.5 节）。这样，它就在某种意义
上将物质的文化概念和形式的文化概念合二为一。在此背景下，我们很快就能懂得技

术和自然科学都是人类行为的结果，同时还是文化继续发展的前提：

> 文化作为跟自然相对应的概念，包含了所有人类所创造的事物——各种成就也好，价值取向也罢，它们超越出了人的"单纯的"自然本性。其中，不仅有人所创造的物质产品，从工具到技术直至艺术，而且也有藏之于后的精神财富和内容，从语言到科学直到社会结构的各种形式、价值观、意义归属和宗教。所有这些创造物都有时间和空间的特性——这点不仅可以从文化史中，也可以从子文化的各种小类型中（家庭文化、企业文化等），直至跨民族的空间中看出端倪，倘若我们以西方、伊斯兰或是亚洲文化各自的特点为例的话。在这个意义上，技术、工艺和工程科学无疑是文化的组成部分。（1985年，第13页）

这一最终可以追溯到亚里士多德的《政治学》（1981年）的文化概念与传统的、十分局限的、市民知识分子的文化观念有明显的区别，他们把文化仅仅理解成可以消费的发达文明，以及一种排除了任何利益因素的教育机制。

冲突

当涉及相互对立冲突的价值观（亦即对表达价值判断和不同概念的语义学解释，如自由、幸福、个性发展、安全等），以及涉及价值判断之间的不同优先关系时，上述的这种文化和技术定义即有了伦理学的重要意义。这一点我们还从不同的法律原则中可见一斑：英国和美国的法律更多的是一种判例法，而欧洲大陆的法律则更多的是一种原则法。通俗地说就是：在美国，凡是未经法律明确禁止的事情，就是允许做的事情；在德国，凡是未经明确允许以及未经原则申明的事情，都是被禁止的事情。因此，人们可以在某些文化中看到一种似乎是实用主义的倾向，即在发生冲突的情况下，将价值选择的优先权改变为有利于合乎利益的解决方案。反之，在欧洲的相关情况下，尽可能不改变价值判断的顺序，乃是道德立场坚定的表现。所以，人们在欧洲越来越经常地看到总是源自价值冲突的、愈演愈烈的标准冲突。

无独有偶，这种情况也同样适用于技术评价（参见第 6 章第 4 节和第 6 节），以
及关于科技的全社会争论，特别是适用于重大科技事项的争论。在德国，关于核能和
平利用的争论火药味尤浓。争论的情况表明，赞同者和反对者都几乎使用同样的价值
体系来说明他们的理由，其中，双方的差异只在于价值的孰先孰后，以及用不同的价
值观来进行价值观念的语义学解释罢了（Rucht，2001 年）。

后果

如果我们认真看待作为文化成果的技术的话（Dietz 及其他学者，1996 年；Kaiser
及其他学者，1993 年），那么，我们就可以从两个方向上观察到技术发展和文化的交
互关系——一方面是预期中及具体的技术规划所带来的文化后果，另一方面是相关的
文化对技术规划所造成的影响。这两个方向都是文化科学、以社会科学和文化科学为
导向的技术研究、技术后果研究以及带有文化主义印记的技术哲学的研究课题
（Banse/Grunwald，2010 年；参见第 4 章第 A.5 节）。这里，本文只能对伦理学问题做
一个要约和简短的定位。

倘若我们将技术规划中的文化因素排列在一个粗线条的网格里（诸如行为类型、
情感类型、机构和观念等），那么，我们就能够从互相关联的角度，对狭义的技术制
品的作用、相关技术的组织外壳以及置入其他技术系统和工艺的情况进行分析和思
考。我们可以通过如下的方式从网格的横向行列中读出这一导向模式（一个 4×3 的
矩阵）：哪些文化因素类型对于产品和组织外壳的具体规划塑造有影响，它们是怎样
被置于相关的子系统中的。从网格的纵列来看，我们可以问道，哪些具体的产品特
性、哪些组织形式，以及哪些与其他技术和子系统的交互关系会在行为类型、情感类
型、机构和观念方面对文化事物产生影响。

对伦理学来说，具有重要性的是矩阵中的这样一些区域，即在这些区域中，一方
面是文化上特定的及决定文化含义的观念，另一方面是技术的组织构建交互作用和影
响，这是因为，关于价值及其优先权的冲突——常常隐含和隐蔽地——是在这里发生
的。归根结底，技术后果评估（参见第 6 章第 4 节）最终还是要同技术的文化后果打

交道。这些后果同样也是道德评估的课题，而道德的评估最后都可能归结为对制造这些后果的技术可否接受的一个评判。

　　这里有待指出的是，在德国的大专院校中，绝大部分的文化科学课程都以一种片面的文化概念为基础，借此反映出了教学课程中存在的传统的高度文明模式。正因为如此，作为具有重大影响的文化领域，技术、自然科学以及经济行为甚至都未能够进入人们的视野。所以，上面提到的那些问题在教学过程中均未涉及，而只是集中在拥有相应的经费来组织这类跨学科研究工作的几所大型研究所中。因而，我们必须呼吁，不仅所谓四大专业（数学、信息、自然科学和技术科学）应该补充文化、精神和社会科学的内容（参见 VDI，1990 年；参见第 6 章第 9 节），而且，这些学科也应该扩大内容，纳入四大学科。

技术文化—文化技术

　　首先需要说明的是，标题的这两个概念不能不加区分、混为一谈，但是，此处将二者排比并列，不仅是一种文字游戏，而且也是一种寻找二者之间关系的自身要求。

　　关于"技术文化"（这里主要还是作为一种形式上的文化概念理解），人们可以把它理解成一种如何同技术打交道，如何利用和使用技术，或者也是如何滥用技术的方式方法（Bammé，2000 年）。只有当人们在使用技术时，知道如何恰到好处地运用规律和游戏，那时才会呈现一种同技术打交道的文化。这当中，不仅包括人们要将可为与否同有所作为进行对比考量，把接受和可接受性区别对待，还包括将理论和实践谨慎细心地加以区分。如果人们能够成功地将组织机构外壳和技术产品二者和谐对接（以避免众所周知的*过度技术化*），以及能够做到提升设计风格和技术功能的优雅和美观的话，那么，此举就已经是对各种价值观念的顾及和考量。因此，在技术的生产、运用和处理时，人们应当以这种方式将技术和对技术的规划构筑去适应环境的状况和当前的社会框架条件。正如我们不能违反物理学原理来从事设计一样，我们应当克服想要让社会结构体系去适应即将启用的技术成果的诱惑和冲动。恰恰是这一点，最后被证明是一种徒劳之举，因为社会结构体系有一种巨大的守旧之力，并且，操之

211

过急的更新换代通常都将招致抵触和抗议。

此外，属于技术文化范畴者，还有诸如技术崇拜、技术诠释、技术的自我认识，以及技术哲学、技术后果评估及技术评价等学科（参见第 6 章第 6 节）。在这种情况下，既作为描述性又作为标准性概念的技术文化，提示人们要深思熟虑地对待技术，对我们是否拥有了我们所需要的技术，以及我们是否需要我们所拥有的技术这个问题经常不断地进行思考。虽然这个慎重对待技术的要求在创新循环过程不断缩减的情况下，或许会被斥责为拖后腿或是科技创新的障碍，但是，这种批评是站不住脚的：若想技术的进程不失控，那么，每一个加速的进程都将以控制可能性的不断增加为前提。开快车和操控汽车犹如南辕北辙，不可混为一谈。

从另一个角度看，没有技术或是缺乏理性地同技术打交道，文化（物质意义上的）甚至是高度的文明都是不能长久的。诚然，即便是文化的制造在某种程度上也是技术性的，因为，被生产的技术产品，亦即文化，总是要求对组织进行制度化、建立起规则和规划行为过程。建立在规则上的行为本身还不足以制造出文化，因为文化的生产始终是一个必然要求反思和争论的行为。这点从托马斯·霍布斯所说的国家契约（1966 年）到素质培养，从与奢华（盈余）打交道的方式到对技术的构筑，从国民教育到争论的组织，莫不如此，并且远不会停留在语言、艺术和哲学上面。技术是艺术的含义在于，我们通过技术行为制造出了文化，而这一过程最终也是这些要求的结果。这个观点也是多重意义上技术哲学的一个阐述和说明（比如 Kapp 等，1978 年；Heidegger，1962 年；Picht，1969 年/1987 年）。

参考文献

Aristoteles：Politik. Übers. und mit erklärenden Anmerkungen versehen von Eugen Rolfes，mit einer Einleitung von Günther Bien. Hamburg 1981.

Bammé，Arno：Technologische Zivilisation. In：Ralph Grossmann（Hg.）：*Technologische Zivilisation und Kolonisierung von Natur.* iff texte，Bd. 3. Wien 2000，40 – 44（vgl. auch http：//

www. iff. ac. at/oe/ifftexte/band3ab. htm，10. 04. 2013）．

Banse，Gerhard/Grunwald，Armin （Hg.）：*Technik und Kultur – Bedingungs – und Beeinflussungsverhältnisse.* Karlsruhe 2010.

Cassirer，Ernst：Form und Technik. In：Ernst Cassirer：*Symbol*，*Technik*，*Sprache.* Hamburg 1985，39 – 91.

Dietz，Burkhard/Fessner，Michael/Maier，Helmut：Der» Kulturwert der Technik « als Argument der Technischen Intelligenz für sozialen Aufstieg und Anerkennung. In：Dies. （Hg.）：*Technische Intelligenz und Kulturfaktor Technik.* Münster u. a. 1996，1 – 32.

Fischer，Klaus：Wahrheit，Konsens und Macht. Systemische Codes und das prekäre Verhältnis zwischen Wissenschaft und Politik in der Demokratie. In：Klaus Fischer/Heinrich Parthey（Hg.）：*Gesellschaftliche Integrität der Forschung. Wissenschaftsforschung Jahrbuch 2005.* Berlin 2006，9 – 58.

Heidegger，Martin：Die Frage nach der Technik. In：Ders. ：*Die Technik und die Kehre.* Pfullingen 1962.

Hobbes，Thomas：*Leviathan*，*oder Stoff*，*Form und Gewalt eines bürgerlichen und kirchlichen Staates.* Hg. und eingeleitet von Iring Fetscher. Neuwied/Berlin 1966，75 – 76，66 – 71.

Hubig，Christoph/Poser，Hans （Hg.）：*Technik und Interkulturalität.* VDI Report Nr. 36，Düsseldorf 2007.

Kaiser，Gert/Matejovski，Dirk/Fedrowitz，Jutta （Hg.）：*Kultur und Technik im 21. Jahrhundert.* Frankfurt a. M. 1993.

Kapp，Ernst：*Grundlinien einer Philosophie der Technik.* Braunschweig 1877. Nachdruck，hg. von Hans – Martin Sass. Düsseldorf 1978.

Kittsteiner，Heinz Dieter （Hg.）：*Was sind Kulturwissenschaften? 13 Antworten.* München 2004.

Kornwachs，Klaus：Technik als Kulturgut? In：*Forum der Forschung der BTU Cottbus 8* （2003），Heft 16，13 – 27.

– ：*Zuviel des Guten. Von Boni und falschen Belohnungssystemen.* Frankfurt a. M. 2009.

Ott，Konrad：Technik und Ethik. In：Julian Nida – Rümelin （Hg.）：*Angewandte Ethik-ein Handbuch.* Stuttgart 1996，650 – 717.

Picht，Georg：Die Kunst des Denkens. In：Ders. ：*Wahrheit. Vernunft. Verantwortung.* Stuttgart 1969，427 – 434.

– ：*Kunst und Mythos.* Stuttgart 1987.

Ropohl，Günter：*Allgemeine Technologie. Eine Systemtheorie der Technik.* München/Wien 1999.

Rucht，Dieter：*Protest in der Bundesrepublik. Strukturen und Entwicklungen.* Frankfurt a. M. 2001.

Snow，Charles Percy：*The Two Cultures* ［1959］．Cambridge 2001.

VDI Verein der Deutscher Ingenieure：*Empfehlungen zur Integration fachübergreifender*

Studieninhalte in das Ingenieurstudium. Düsseldorf 1990.

　　－：*Technikbewertung. Begriffe und Grundlagen.* VDI Richtlinie 3780. Dürseldorf 1991.

克劳斯·科恩瓦克思（Klaus Kornwachs）

第5节　民主和技术

212　　　人们常常以强调技术对民主的某些威胁的方式，来研究民主和技术之间的关联关系。这些研究学者认为，技术给民主造成了更多的麻烦，而非反之。根据20世纪80年代以来对问题的探索研究（Schaeffer，1990年），在越来越技术化的社会中，如果民主法治国家在与非民主国家的竞争中不想处于被动和不利地位的话，除了因为它们自身持久发展所面临的各种的挑战外，它们还要克服尤其是来自技术发展的惯性和错综复杂的、由大型技术变革所引起的短期和长期影响所造成的种种危机（比如"能源转换"等，参见第5章第5节）。具有危机性质的宏观问题的产生和戏剧性发展，比如，当今在世界范围内迫使许多民主和非民主国家政体做出反应，其成功与失败反映出这些国家的相对能力或是无能为力的人口问题等（"人口过剩"和"过度老龄化"），若是不利用长期的医疗技术和食品技术的因素，根本无法得到解释。这正如同世界范围内的"生态危机"和"气候灾难"一样，抛开始于欧洲200年前的工业和技术革命，也是无法加以解释的。当前的"世界金融危机"已经同国家债务和货币稳定问题如此盘根错节，以至于严重限制了民主在特殊程度上所依赖的政治行动空间，亦即保持民众对体制的信任。这场危机表面上看似经济的危机，但是，如果我们不考虑数字化的高科技对世界经济的社会作用机制的深刻影响，这场危机是无法得到解释的。

通过技术使政治权力现代化

　　俗话说，一叶障目，不见泰山。由于受到各种民主威胁论的左右（此观点不无道理），人们忽视了井然有序地同政治权利打交道，抑或所有现代的政府行为在很大程度上都是建立在执政的有效技术手段之上，并且需要科学技术的大力支持这一现实。技术的创新成果——政治管理术中行为潜力方面日新月异的架构可能性（Hubig，2006 年）——使得政府机器和国家管理部门不得不与时俱进，就如同各种文化中的所有其他实践领域一样，随着时间的推移，它们给自身的技术文化实践活动赋予了一种推动性的、不折不扣的"偶像式的"作用。这一确定关系突出地体现在所有受到欧洲启蒙运动构建或是过度构建的文化当中。有鉴于此，政府的体制从技术上来讲也同样始终需要改进。国会议员们众所周知的*信息滞后*问题，就需要借助最新的信息技术来帮助他们加以解决（Lange，2008 年）；对于普通民众来说，需要通过电子管理（E – Governance）来使民主法治国家的行政管理更加方便、更加安全、更加开放和更加透明（联邦内政部，2006 年）。

有鉴于能够决定未来的技术发展方向，民众对于民主管理体系的控制力和对于民主讨论的实际效率的深度怀疑——比如早在 20 世纪 80 年代，鉴于诸如载人航天、装备技术 SDI、生产过程自动化和电脑化、基因技术、核能等高新技术、人们针对德国国会议员的知识储备所表现出的理由充分的怀疑等，所有这一切始终也是普通民众针对民主是否与时俱进、是否能适应事物的复杂性和技术发展本身趋势的怀疑。假如在民主法治国家的民众当中，普遍产生了人们失去"对技术进步的民主控制"的印象，那么，人群当中早已广泛存在的对技术进步的矛盾态度就可能转化为针对民主的矛盾态度。倘若我们将之同另一个对民主来说同样重要的成分，即民主在效率上高效而目 213 标明确的、对促进大众福祉有益的解决问题的能力进行对比的话，这时，作为民主重要组成部分的公众参与——由基本法所保证的所有公民参与及能够参与政治意志的形成和决策过程——似乎就是民主的弱点，而非民主的强项。

技术对民主的扭曲变形

一种在标准化的民主理论中常见的区分方法，即一种特殊民主、集体、政治自治的、"以输入输出为导向"的合法性的区分法。亚伯拉罕·林肯那句经典的，虽然也如广告词般的把现代民主阐释为"通过人民，为人民的政治"（民治、民权、民享）

的定义，明确指出了民主合法性的两个要点。然而，输出的合法性（民治）并不必然地依赖于民主选举出来的、有责任义务的、要解决问题的行为人。凡是技术带来问题的地方，技术的经验可以表现为解决问题的有效方法。如果将政治权威和责任笼统地转移到技术专家和技术精英上来，也会导致决策制度和政治权力的基础模式转向技术官僚主义。那样的话，政治权力的合法性就要受制于科技意义上的科学知识和技术专家，而非经过"民权"和形成看法及意志的程序。而在民主法治国家中，这个程序正体现着一种言论和意志的形成过程（Habermas，1992 年）。早在 20 世纪 60 年代末，于尔根·哈贝马斯（1968 年）就已经把颇具诱惑性的将民主管理降格为技术官僚主义管理的做法（缩略词"社会管理术"）——随之而来的是，政治决策共识由交流行为和相对不受舆论影响进行问题讨论的公众社会，转变为战略上的目的理性行为和系统普遍化的控制媒介，如金钱和行政式的决策权力——解析成一种意识形态和对民主的危险。

虽然"技术官僚主义"一词（Lenk，1973 年；Stie，2012 年）所指的仅仅是技术对民主种种扭曲变形的一种，所代表的是技术制品直接使民主变形的含义，但是，其他当前的对变形的分析研究，如财阀统治（富人的政治统治，此用语在 20 世纪中期颇受民主抵触者的青睐，如今由于市场开放而失去了实质性的说服力）和"媒体统治"[政治统治转移到"第四种"未经民主合法化的、旧的和新的大众媒体的权力之上（Meyer，2009 年）]，同样间接和含蓄地揭示了技术因素所带来的问题。这是因为，倘若没有相关媒体技术的发展和普及（Luhmann，1996 年），是无法从政治上有效地操纵大众人群的注意力的，同样，也无法通过资本主义企业有组织的金钱势力来划分民主选战、党派和政府决策的区域（Leys，2003 年）。

倘若我们出于对技术和民主之间协同作用和相互对立的分析需要，想要得到一个有深度的概念框架的话，那我们就必须拿出对管理体系的要求来，以使此体系成为一个特殊意义上的民主体系。

民主管理的要素

从历史的角度看，在迄今为止所有的民主管理体系中，都表现出某些共同的期待和要求：各类形式的民主政府都应该（1）努力克服行使政治统治时肆意妄为和浮夸作秀的成分，（2）以及要克服将政治权力用来假公济私的趋向。（3）此二者均应该依靠建立适合的组织机构来加以实现，通过它们，"执政者的利益和被执政者的利益达到统一"（Dewey，1997 年，第 88 页）。同时，这一点还要求我们，（4）确保为官者在所有代表性的职位中都代表着老百姓眼中的那些全民福祉的利益，并且，（5）这些利益优先于为官者在他们非政治的角色中所追求的那些利益（"个人利益"）。

倘若我们坚持认为，集体自我决定的民主形式有一种理性的内涵的话，那么，我 214
们就必须能用理性理论的概念表述这些期待和要求。民主管理活动本身的理性含义在
何处呢？一个建立在协商民主制的实用主义理论家观点（Bohman/Rehg，1997 年；
Kettner，2004 年）之上的建议认为，我们应当将下面的情况看成民主制度的特殊成
就，即这些民主制度共同将所有具有政治权力的机构做出的重大决定，以及将赋予这
些机构以政治权力的那些决定，同一种特殊形式的合法性（"民主的有效性"）联系
在一起。从体制的角度来看，民主的有效性被设计为质疑和解释的实践活动，即在这
些实践活动中，特别是政治权力的占有和使用能够受到质疑以及必须说明缘由，并且
始终是以一种特殊类型的说明中和评价理由来进行，亦即带有现实政治意义的那些理
由。鉴于其至少是意向中的利益特点（一个公共社会所有的公民都有这样的利益，
或是至少应当能够设想有这样的利益），倘若我们把这些理由称作"公共事务理由"，
那么我们可以说，一个特定的有民主宪法的公共社会越开放给它的公民进行质疑，那
么它就"越具有协商性"，不论人们旨在说明特定政治行为所提出的、似乎是良好的
公共事务理由是否真的值得这么称呼并且足够优良。这时，那些当前身居权位的官
员自然绝不会为了说明他们的所作所为而陷于尴尬境地。那些没有参与权力的民
众——除了以权力设置上常常低效率的形式对这些理由进行公开质疑外——就只有
一种可能性，用不再重新退回到公共事务理由的程序来表达他们的不满，并且引发
权力的更替。迄今为止，还没有一个人出于对自己能力不足的认识的理由而主动放
弃过他的政治地位。因此，民主，包括"协商式的"民主，绝对不会消失在讨论和
争议之中，而总是包含着决策元素（特别是选举和投票）和适合的投票规则（尤其

是多数决原则）。

对政策的民主有效性来说，与之直接相关的核心部分乃是关于拥有和行使政治权力的解释报告实践，这些实践活动必须用原则上始终如一的可质疑的公共事务理由来加以解释。不仅如此，这些实践活动还必须同一种对相关公共机构的每一个成员都很重要的、至少在形式上是理由充分的投票元素（即政治选举）联系在一起。

通常情况下，各种民主理论有十分具体的（和不同的）对问题的解释和回答，这点必须被当成政治民主的"本质"来看待。通过自由的、公平的、匿名的选举来遴选政府官员、"短任期和定期选举"（Dewey，1997 年，第 87 页）、政治党派、保护少数、人权、宪法和宪法诉讼管理、私有财产、契约自由等——所有这一切无疑都是人类文化成果，是意义重大的服务性和机构性的举措，但同时也是需要经过检验的、因具体情况而异的解决方案，它们可以被修订并且可以酌情进行整体改进。这就是约翰·杜威理论的逻辑结论，他认识到了民主与历史相关的特点，时至今日，没有什么力量可以剥夺民主一丝一毫对于人类十分重要和熟知的价值。

倘若我们现在把对科学和技术发展的强劲势头的典型描述（如同我们所熟识的那样）考虑到上述框架之中，那么，积极*和*消极的对技术的巨大依赖性便一目了然。

针对社会管理术的民主共同责任

一旦民主的公共机构超过了一定规模，以及信息处理超过了一定复杂程度，这时，民主的交流和传播基础设施就完全对技术产生了依赖。从技术乐观主义角度来看，这种依赖性也带来了对一个更好的民主的希望——倘若说有足够数量的、全部是最先进的数字网络技术为以宪法为基础的政治权力运行提供服务的话。这种技术最为当前的表现版本见于经过技术优化的协商式公众社会的设想之中，此设想乃是民主在当前和未来所需要的一种设想，它在积极意义上的纲领模式叫*流动式民主*（liquid democracy），德国海盗党正在内部对之做政治上的扩大宣传（Bieber/Leggewie，2012 年）。

众所周知，在应当给予负面评价的民主对于技术的依赖性中，最为我们所知的议题就是（1）技术决定论（参见第 4 章第 A.9 节），（2）民主国家对于经济全球化不

215

断下降的控制能力，以及（3）由于被风险技术所强加的控制和监视技术所引起的对公民自由的剥夺（Grunwald，2010 年；第 37～40 页；参见第 5 章第 22 节）。如今，我们还可以把（4）有组织的恐怖主义破坏性地使用的技术算作第 3 点：这里，看似十分安全的技术突然变成了具有风险的技术，比如可以遭到破坏的核电站控制设备等。

科学技术的发展"不以人的意志为转移"，无须停下来等待社会政治的脚步。如今，具有广阔使用前景的创新科技正按照自身的规律不断发展，这一点在数字信息和通信领域可以得到更好的印证（Irrgang，2007 年）。一旦这个领域的创新产品达到了一个足够大的应用能力，马上引起了快速的文化上的适应过程。全球化进程为技术决定论的假象起到了推波助澜的作用，因为全球范围内的合作（合作自身也依赖于全球化的数字信息和通信技术）、包括科研技术开发的组织工作在内的工作流程，对于单个国家结构的民主政府来说，已经逐渐失去了管控的可能性。

参照民主管理的要素，上述问题综合结症的表现方式为：为了减少政治权力行使中的恣意妄为和浮夸作秀，不仅作用范围（权力）而且符合常识逻辑的对象范围（知识）必须始终与相关的问题现状相契合。如果前者处于后者的水平之下，那么就会在有报告能力的民主责任中产生盲点和断层。此前我们所勾勒的协商及讨论式的民主概念，显然在描述权力形式的困难时过于轻描淡写，这些权力形式不是要去反对或是瓦解那些特别的政治权力形式，而是要绕行以避之。今天，我们所见到的各种权力形式，不仅在技术方面受到经济发展的放大和全球化，而且作为政治权力也几乎无法认清它们的面目并且无法加以规范管理。

另一个问题的综合结症涉及对这样一个问题的评价，即如果民主的控制能力是一种良好的机制，那么，为什么它必须是一个良好的机制呢？老百姓怎样才能认识和评价"他们的"福祉利益呢？倘若似乎源自普遍认可的人文成就、曾经达到过的福利水准和作为一切事物基础的技术的"为形势之所驱"（Kettner，2002 年）阉割了其他可能性的思考空间的话，我们应当如何应对？进而言之，倘若由于具有吸引力的民主社会中不断增多的文化多样性，每次共识形成所依靠的、共同分享的价值和标准基础越来越小的话，其情形正如同人们的世界观越来越多元化一样，那时我们又当如何应对？"技术使决策成为可能，而且也逼迫人们做出决策，这些决策支配着一个不确定的未来。我们不能指望，人们为了声援别人或仅仅是为了共同的价值取向会获得胜利。"（Luhmann，1997 年，第 535 页）

一个非同寻常的、将"对集体行动负共同责任"（Apel，2000 年）的宏观伦理学视角带进讨论的、对于科技创新的民主言论和意志形成过程有重要意义的看问题的观点，是下面这个批判性问题，即"我们的社会手段是否恰到好处地用在了涉及我们唯一一个地球的急迫的社会、生态和经济问题目的上了"（Albrecht，2006 年，第 231 页）。运用这一问题所要求的尺度，我们不难发现如今被置于世界政治视角之内的输出合理性问题，这一问题对于所有民主管理体制来说，其重要性始终不变。当出现下述情况时，民主的神经便被击中，即如果我们给关于从政治角度来掌控科技发展的、过于"一揽子"的问题增加一个标准性的看问题的观点的话，亦即从社会的角度说，技术对于民主受欢迎与否的问题，必须在参照以民主的方式所获得的对如下问题的回答中得到证实，即我们究竟想要生活在什么样的社会环境之中。"我们已经有了我们想要的技术了吗？我们所拥有的技术是我们想要的吗？"（Steinmüller，2004 年）。如果回顾一下过去 30 年关于技术风险的讨论（Renn，2007 年），并且审视一下"知识社会"中沟通交流性的政治体制的困难，我们就能得出答案，那些多多少少进行得轰轰烈烈的风险争论，已经把在标准和民主理论观点下进行的、具有优先地位的关于好的和坏的社会未来的、民主共识能力标准的争论掩盖和排斥了。

我们可以用迅速走红的生物技术的短暂历史作为典型示例，从中可以解读出三种民主对于社会管理术的掌控所面临的挑战，其重要性可以从关于社会进步标准的、民主理论角度上首要的问题中加以推而广之：在科技进步的最前沿，首先出现的是这样的挑战，它们在涉及民众中的健康和生命机会的分配时，同政治上的公正问题的激化相关联（参见第 4 章第 B.9 节）；其次出现的是与有利于当前占统治地位的各种权势的、政治对未来做出的贴现承诺相关联的挑战；最后出现的是看似几无可能理智地进行补偿的责任扩大化，并且，凡是在可能观察到只是长期的和流行病学上影响到大规

216

模人群的、大范围技术创新不受欢迎的后果的地方，就会出现这种扩大化现象（参见第2章第6节）。

当然，人们并没有定下规矩说，理论上重要的东西在实践中也必定是可行的。论辩伦理学的规则——在各类潜在的讨论人中间将参与原则最大化——在这里只是杯水车薪。因此，人们必须将那些在轰轰烈烈的风险讨论中过滤出的一般性的批评意见——诸如在技术路线的开发中，技术产品整体"生命周期考察"的意义，"可逆性和坚固性"的意义，"自反性"和"灾难性技术风险的避免"等（Grunwald，2003年）——当作一种民主商议的收获来看待。

在制度化技术后果评估的概念下（参见第6章第4节），人们做了十分重要的理论构建和实际流程努力，目的是找到政治上以及最终是民主上对社会管理术进行"构筑"的机会（Decker及其他学者，2012年），或者至少是弄清其难度的原因所在（Saretzki，2003年）。由于大部分民众群体所遇见的科学（不仅是军事上重要的，因而也是秘密的科学）是一种所谓"不识庐山真面目的公众群体"（Albrecht，2006年，第232页），因而，对它的去神秘化属于以民主方式进行技术构建的核心工作。

对"技术民主"（Callon及其他学者，2009年；Sclove，1995年）这个课题感兴趣的社会问题研究学者，提出了许许多多有关商讨和为目的服务的交流探讨活动的形式建议，针对这些建议，本文只能做些浅尝辄止的介绍。

参考文献

Albrecht, Stephan: *Freiheit, Kontrolle und Verantwortlichkeit in der Gesellschaft. Moderne Biotechnologie als Lehrstück*. Hamburg 2006.

Apel, Karl – Otto: First things First: Der primordiale Begriff der Mit – Verantwortung. Ein Beitrag zur Begründung einer planetaren Makroethik. In: Matthias Kettner (Hg.): *Angewandte Ethik als Politikum*. Frankfurt a. M. 2000, 21 – 50.

Bieber, Christoph/Leggewie, Claus (Hg.): *Unter Piraten. Erkundungen in einer neuen politischen Arena.* Bielefeld 2012.

Bohman, James/Rehg, William (Hg.): *Deliberative Democracy.* Cambridge 1997.

Bundesministerium des Innern (2006): *Abschlussbericht E – Government 2. 0. Das Programm des Bundes.* Berlin 2006.

Callon, Michel/Lascoumes, Pierre/Barthe, Yannick: Acting *In An Uncertain World. An Essay on Technical Democracy.* Cambridge, Mass. 2009.

Decker, Michael/Grunwald, Armin/Knapp, Martin: *Der Systemblick auf Innovation. Technikfolgenabschätzung in der Technikgestaltung.* Berlin 2012.

Dewey, John: *Die Öffentlichkeit und ihre Probleme.* Bodenheim 1997.

Grunwald, Armin: Zukunftstechnologien und Demokratie. Zur Rolle der Technikfolgenabschätzung für demokratische Technikgestaltung. In: Kirsten Mensch/Jan C. Schmidt (Hg.): *Technik und Demokratie. Zwischen Expertokratie, Parlament und Bürgerbeteiligung.* Opladen 2003, 197 – 212.

– : *Technikfolgenabschätzung. Eine Einführung.* Berlin [2]2010.

Habermas, Jürgen: *Technik und Wissenschaft als» Ideologie «.* Frankfurt a. M. 1968.

– : *Faktizität und Geltung.* Frankfurt a. M. 1992.

Hubig, Christoph: *Die Kunst des Möglichen I. Technikphilosophie als Reflexion der Medialität.* Bielefeld 2006.

Irrgang, Berhard: *Technik als Macht. Versuche über politische Technologie.* Hamburg 2007.

Kettner, Matthias: Sachzwang. Über eine kritische Kategorie der Wirtschaftsethik. In: Peter Koslowski (Hg.): *Wirtschaftsethik-Wo ist die Philosophie?* Heidelberg 2002, 117 – 144.

– : Digital Divide und deliberative Demokratie. Eine diskursethische Bemerkung zur Technikabhängigkeit. In: Thomas Hausmanninger et al. (Hg.): *Vernetzt-Gespalten.* München 2004, 149 – 160.

Lange, Hans – Jürgen: *Bonn am Draht. Politische Herrschaft in der technisierten Demokratie.* Marburg 1988.

Lenk, Hans (Hg.): *Technokratie als Ideologie. Sozialphilosophische Beiträge zu einem politischen Dilemma.* Stuttgart 1973.

Leys, Colin: *Market – driven Politics. Neoliberal Politics and the Public Interest.* London 2003.

Luhmann, Niklas: *Die Realität der Massenmedien.* Opladen [2]1996.

– : *Die Gesellschaft der Gesellschaft.* Erster Teilbd. Frankfurt a. M. 1997.

Martinsen, Renate: *Demokratie und Diskurs. Organisierte Kommunikationsprozesse in der Wissensgesellschaft.* Baden – Baden 2006.

Meyer, Thomas: *Mediokratie. Die Kolonisierung der Politik durch das Mediensystem.* Frankfurt a. M. 2009.

Renn, Ortwin: Risiko. *Über den gesellschaftlichen Umgang mit Unsicherheit.* München 2007.

Saretzki, Thomas: Gesellschaftliche Partizipation an Technisierungsprozessen. Möglichkeiten

und Grenzen einer Techniksteuerung von unten. In：Kirsten Mensch/Jan C. Schmidt（Hg.）：
Technik und Demokratie. Zwischen Expertokratie，Parlament und Bürgerbeteiligung. Opladen 2003，43 –
65.

Schaeffer, Roland（Hg.）：*Ist die technisch – wissenschaftliche Zukunft demokratisch beherrschbar?*
Bonn 1990.

Sclove, Richard E.：*Democracy and Technology.* New York 1995.

Steinmüller, Karlheinz：Haben wir die Technik, die wir wollen? Wollen wir die Technik,
die wir haben? In：Klaus Kornwachs（Hg.）：*Technik-System-Verantwortung.* Münster 2004，103 –
106.

Stie, Anne Elizabeth：*Democratic Decision – Making in the EU：Technocracy in Disguise?* London
2012.

马蒂亚斯·克特纳尔（Matthias Kettner）

第6节 劳动和技术

对作为人类学及哲学思考对象的劳动本质的探寻过程，犹如一根红线贯穿人类精神发展史，并且作为人类的行动只有在其文化史的演变过程中才能得到理解（Conze，2004年）。一个开放且现代意义的对劳动的定义，见于布洛克豪斯①的词源学中，在那里，劳动被定义为一种有意识的、为了满足需求而从事的行为以及人的生命实现过程的一个组成部分。这个定义在此两种行为形式相关联的意义上，反映出了一个彼此影响的应力场，它在劳动的社会化过程中决定了劳动的本质，并且触发了各种争议性的评价和判断。

随着工业化的推进，在此思考框架内的技术的使用和评价越来越普遍化。在下文中，我们将完全依照哲学和工业社会学视角的传统，把劳动和技术之间的关系视为社会生产关系的表现和形式。这里，技术的功能性的使用不脱离劳动人群的劳动环境和生活环境，同时，它还被评估为现代社会的根本性因素。这里，正是这两个思考对象

---

① 布洛克豪斯（Friedrich Anorld Brockhaus），1772—1823，德国出版商，《布洛克豪斯百科全书》的创办人。

不可避免地导致了各种伦理学问题的提出。二者深刻影响到了现代劳动概念的法律框架，即社会平等普遍有效的基本原则以及技术和经济效率的贯彻推行（Dülmen，2000 年）。

劳动作为系统和理性的行动

技术和劳动根本性和概念性的相结合，乃是随着与政治权力和经济上升相关联的各种社会力量而出现的，这些力量在 17 世纪和 18 世纪的欧洲得到了迅速的发展。人在世事中角色的转换，创造了工匠（homo faber）的原型，他借助不断发展自己所创造的技术克服了劳动的艰辛和重负，并且创造出了一个新世界（比如弗朗西斯·培根的《新亚特兰蒂斯岛》）。与此同时，劳动被人们理解成构筑世界和改造世界的生产型力量。

曾几何时，劳动被人们看成福利的经济源泉，并且从行业和作坊式的关系中分离出来。在早期工业化社会的政治、技术和社会发展史中，逐渐形成了现代的劳动概念。劳动概念的态度和评价发生了根本的改变，劳动被越来越多地赋予了一种商品的性质。这一新变化具有代表性的实例就是托马斯·霍布斯和约翰·洛克的著作，他们将人的劳动置于政治的（国家的）秩序概念当中。这种秩序作为处在无所拘束的自然状态（战争）中的人的对立面被设计出来，并且成了商品生产（工业）和交换（贸易）的核心前提条件（Geisen，2011 年，第 53 页）。在这个历史阶段中具有典型意义的是，"具体的人同劳动相分离，这种分离构成了市民阶级社会发展动力的基础。个人和社会的责任在此被限制在了对财产的保留和保护之上，仅此而已"（Geisen，2011 年，第 54 页）。在这样一个经济背景之下，这个现代劳动概念的动机在后来的历史发展进程中被证明是高度有效的，由此而产生了特殊的文化和社会特征，这些特征至今仍然是伦理学动机问题的背景构成。

17 世纪和 18 世纪的技术成就以及精神文化潮流，奠定了一种劳动文化的基础，这个文化因强有力的生产技术化和机械化，以及继推行按劳付酬制度之后的大规模的征用劳动力而出现。在法律基础上实行的资本和劳动的分离以及生产资本的积累，导

218

致了经济的飞速发展、快速增加的分工、社会结构的改变、有城市劳动方式的城市化进程以及经济和社会的根本性的新秩序。

关于工厂和手工业企业中系统和理性的劳动过程产生的媒体报道和文学描述给人留下深刻影响，并且揭示了一种新的、工业时代典型的劳动组织工作体系。机器的节拍以及伴随电气化而来的夜班工作，打破了白天和黑夜、休息和活动、工作日和节假日的工作节奏。在技术成就的基础上，劳动时间不断增加，同时宗教和文化节日被取消，轮班和周日工作制开始实行。除此之外，越来越多的人（男人、女人和儿童）都参与到这种分工组织的劳动中。从1850年至1950年，在所有的工业社会中都出现了劳动的工业资本发展进程，并且借助按劳付酬关系的模式得到了明确定义（Schmidt，2010，第132页）。自20世纪20年代之后，这种形式的劳动组织体系在企业经营模式方面得到了进一步补充和扩展，美国工程师弗雷德里克·温斯洛·泰勒将其称为劳动过程的过程控制（scientific management），并加以应用（泰勒主义）。

自18世纪中期以来，典型的针对作为人的行为劳动所做的思考，是将社会问题纳入到理论反思。一方面少数阶层的财富累积，另一方面劳动阶层不断的贫困化问题，很早就被自由主义和保守主义的代表当作近代劳动的课题，尽管他们的出发点不尽相同。

哲学家和国民经济学家卡尔·马克思与弗里德里希·恩格斯一道，独树一帜地研究了他们时代的劳动和（乌托邦式的）人的自由之间的关系，并且从观念上为其打下了深刻的烙印。除了对于人作为行为主体的广泛深入的思考之外，马克思毕生所感兴趣的问题是，如何能够通过劳动对人生和世界进行规划构建。在著名的《资本论》导言中，他将劳动描述为一个包罗万象的概念。这个概念一方面包含了人对于自然过程的属性，另一方面也强调了人在进化过程的特殊能力，并且将形态各异的劳动定义为人的自我实现的基本形式（Voss，2010，第32页及下几页）。因此，马克思批评道，在按劳付酬的劳动模式中，这一劳动概念不可能得到实现。他从人类学的劳动观念出发，完全积极地将机器评价为劳动资料和生产力。然而，他将人从身体和心理上被捆绑在工业生产的过程中以及人和机器的关系，称作对人的巨大负担。鉴于生产过219

程中实际的分工形式，工人被逼迫服从于机器和（整个社会也服从于）资本的强势命令。工人和他的劳动力被物质化并被嵌入机器的节拍，在马克思眼里，这种情形有三种意义上影响深远的后果（Geisen，2011 年，第 183 页及下几页；关于马克思主义技术哲学，参见第 4 章第 A.2 节）。

除了所描述的社会对立和冲突范畴外（比如劳动和资本、体力劳动和脑力劳动、统治关系等），马克思始终坚持劳动对人的本质所起的决定作用。这里，他完全处于黑格尔的德国唯心主义的传统中。这个传统的观点是，人是"一个在用行动与所赋予他的世界进行抗争的、辩证而复杂过程中自我形成的生物，并且是一个在此过程中由于释放了自己的潜能，因而得以自我发展和实实在在地使自己外化的生物"（Voß，2010 年，第 32 页）。

在马克思关于生产力发展论著的基础上，形成了工业社会学的一系列的中心议题。这里，这一学科很早就与社会哲学分道扬镳，并且在内容上专门以资本主义企业中劳动的种种"病理学"作为研究对象（Voß，2010 年，第 31 页）。虽然人们把技术的发展过程放在社会和历史的框架中进行过考察，但是这种框架考察的聚焦点乃是针对企业中的劳动组织问题，因而在内容上有所局限，这种局限重点注意的是技术化过程中节省劳力、提高效率和流程控制的课题（Pfeiffer，2010 年，第 231 页）。企业之外的劳动形式完全未被纳入考察的范围。

（谋生）劳动的人道主义化

在初始阶段时，（谋生）劳动的结构转变被工业社会学与工业社会的强劲发展势头紧密地联系在一起。随着经济结构的转型（由主要领域转向工业和服务业），其问题的提出也发生了很大改变和区分（Rammert，1982 年）。倘若我们浏览一下从社会文化角度对劳动过程中技术的评价，就不难发现，关于社会学的研究报告直到 20 世纪 60 年代总体上均充满着技术进步乐观主义的期待之情（参见第 2 章第 4 节）。如果从人类解放过程悠久的思想史传统来考察，技术的使用首先被评价为对繁重的体力劳动的减轻。这里，人们是从一种和技术有关的进化过程来研究不断进步的技术过程

（自动化过程），这一过程逐步地为劳动者减轻体力劳动的负担。与此同时，一种观念认识也随之产生，即企业形式的组织和劳动结构的技术合理化对传统的统治形式提出了质疑，劳动者也不再受到任意统治形式的摆布。除了直到今天仍然有现实意义的主题——通过技术化过程减轻重体力劳动负担之外，人们在论辩中也讨论了这样的问题，即伴随自动化进程而来的对工人技能的要求是提高了还是下降了。这个问题一直是人们科研工作的一个核心课题（Hack，1994年）。

对技术在劳动过程中的使用持进步乐观主义态度的代表是著名的经验派研究报告——《技术和工业劳动》。此报告由海因里希·波皮茨[①]和他的同事在20世纪50年代后期完成。报告调查了德国鲁尔区钢铁工业中的工作岗位情况，分析得出了与技术有关的两种不同的合作形式。依据当年针对技术过程技术决定论的解读方式（参见第4章第A.9节），此报告得出一个批判性的结论：作为技术规定和要求的直接后果，劳动过程中的团队合作在不断减少，劳动的技术条件在不断增加（Popitz及其他学者，1957年）。继之以后，又出现过其他不同的研究报告，都揭露了自动化过程明显的负面后果。低级的和重体力的劳动并没有消失，工业劳动的技能要求似乎并不令人乐观（Pfeiffer，2010年）。

此后数十年中，由于不同生产领域中为数众多的经验性的研究报告的刊载发表，技术决定论的观点和学说（关于技术作为社会的构建，参见第4章第A.10节）逐渐退出历史舞台。这些报告指出，因行业而异，技术实现的发展途径也是不尽相同的。比如，在不同行业内不同机械化程度基础上进行的、对工作种类的精心分类向我们表明，技术变化带来了多样化的劳动形式，但是，这种多样化的劳动形式不应当听任技术变化的左右（Kern/Schumann，1970年）。在工业社会学探讨中出现的对技术决定论的抛弃，出人意料地推动了人们对于劳动和技术的可构建性的要求。这一要求连同人们更广泛的对劳动予以人道化的社会政治要求一道，共同提出了制定科学的以及利益政治和科研政策战略的要求。到了20世纪70年代和80年代，这些战略涵盖了规

220

---

① 海因里希·波皮茨（Heinrich Popitz），1925—2002，德国社会学家。

模庞大的国家资助计划，还包含了诸如社会契约上的技术构建和组织构建，直至劳动过程中积极参与型的技术构建的尝试等课题（Pfeiffer，2010 年）。

与上述情况相伴随的乃是 1945 年之后首次出现的数次大规模失业浪潮，以及服务性行业的迅速发展。其中，服务性行业在社会学大讨论中（还）被看成生产中合理化和以技术为主的劳动的对立面（Krings，2007 年），以及一种有不可规范性特征的劳动类型。以技术创新为基础，出现了一些以互动、经验能力和移情为特征的、不受形式控制的劳动领域（Offe，1983 年）。与此同时，人们越来越清楚地认识到，谋生劳动作为核心的、社会承认的劳动范畴排斥大部分社会意义上重要的劳动。所以在艰难的劳资谈判中，社会对劳动者生儿育女的认可（比如照管孩子）被女权主义理论家当作劳动的整体引入话题，并且也被逐渐糅合到工业社会学的大讨论中（Aulenbacher 及其他学者，2007 年）。

（谋生）劳动的信息化

随着 20 世纪 80 年代信息和通信技术的全面崛起和发展（关于信息和通信，参见第 5 章第 9 节）以及其对劳动结构的后果影响，关于社会学讨论中的三位一体论题——技术、劳动和组织体系被彻底颠覆。随着新科技的到来，社会组织和技术前所未有的相互纠缠交织在一起（Pfeiffer，2010 年，第 249 页）。伴随着以信息技术为基础的谋生劳动的迅速推广，出现了被描述为贴近生产的服务性工作的和包含着信息、规划和预测方法，还有行政和管理在内的诸多功能的劳动领域（Baukrowitz 及其他学者，2006 年）。由于以知识为基础的工作迅猛增长，这些新的劳动领域一方面说明了社会分工的连续性，另一方面也说明了社会发展对于知识密集型和专业程度很高的职业的需求。这类工作岗位的增加对全球化生产链投资活动的扩大，以及制度化框架条件的扩大，自 20 世纪 90 年代起导致了全球化企业数量的明显增加。这些企业的作用和影响越来越大，不仅在对（全球性的）价值提升链的构筑方面，而且也在国际化的劳动分工，即新的世界秩序方面（Hardt/Negri，2000 年）。

如今从这些新型的劳动分工中，人们发现了知识密集型工作的特殊功能，以数十年前泰勒式的分工观之，这些工作几乎是不可能有的：呼叫中心、各种行政工作、设计、研发等，都以成本为由被转移到了其他国家。资本和金融的流动影响了工作流程，并开始从组织层面上将之碎片化和灵活化。由于高度灵活化的劳动时间和劳动合同，朝着项目式工作的转型以及重在效率的工作概念的引入，劳动者的主体潜力——人力资源，其越来越多地为了企业的目的而被榨尽。在企业内部，劳动者被要求有越来越多的灵活性。这种情况不仅影响到了企业内部，而且也影响到了企业外部，劳动者的生活时间越来越多地被纳入企业的结构。这一情况在关于社会学中有过深入的讨论（Kratzer，2003 年），诸如美国社会学家理查德·桑内特①的研究报告《人格的腐蚀》。在此书中，桑内特描写了灵活性的人的原型，并且提醒人们切勿将这种新的社会发展情况（又重新）放回到对资本主义进行批判的上下文中（Sennett，1998 年）。

但是，工业社会学的探讨也强调这些影响深远的过程的"经济驱使性"和资本主义价值利用逻辑的连续性。随着信息和通信技术的应用，以及鉴于制度框架条件及劳动者履历同劳动组织的紧密关联，这种价值利用逻辑被上升到了一个新的层面（Pfeiffer，2010 年，第 249 页）。因此，对劳动者来说，他必须更多地表现出对于工作环境和自己的一种企业家式的、适应快速变化的工作机会的态度，而这一点正导致了"劳动力企业家"概念的形成（Voß/Pongratz，1998 年）。这样一种对整个人的完全掌控，以及对创造性、创新精神、配合程度、与他人互动的要求，除了最大限度地提高劳动节奏外，还导致了（谋生）劳动的"解构"，其在科学争论中的病理学和矛盾性告诉我们，作为工匠（homo faber）系统和合理行动的现代劳动概念，与 19 世纪的定位和意识形态已经大相径庭（Honneth，2002 年）。

不仅由于在制度化的劳动组织之外"生产性"和"非生产性"劳动区别的消除，而且也由于对劳动领域和职业的划分和专业化，劳动在一个新的概念层面上得到了一个新的地位。正像哲学家汉娜·阿伦特所指出的那样，随着一个有待表述的新的社会批判要求的提出，劳动被越来越多地重新置于生活的条件限制和每个人"积极生活"

221

---

① 理查德·桑内特（Richard Sennett），1943 年出生，美国社会学家，纽约大学教授。

（"Vita Activa"）的上下文中进行考察。这里，我们所要完成的一个主要任务是，重新对现代劳动的两个基本原则——将劳动同具体的人相分离，以及保留公众和社会在维护和保障私有财产方面的责任——进行探索和研究。

21世纪的劳动和技术

在前述技术发展的背景下，借助对其学科中"技术遗忘"问题的温和批评，工业社会学家萨宾娜·法伊弗[①]着重强调了技术在劳动过程中作为论题内容的性质，劳动环境中人和技术不断变化的互动，以及技术带来的新的行为要求。她认为，恰恰是像信息和通信、机器人（参见第5章第21节）或是医疗技术（参见第5章第14节）这样的新兴科技，代表着目前职业观念巨大的变化，这些变化把减轻劳动压力（哪些新的压力）、上岗资格要求（对工作有哪些价值的提升和/或降低）和人类劳动的长久替代（哪些选择具有生活的物质保障）的问题又重新提到了议事日程上来。虽然不单单是在人们假设技术将会把统治物化之前，这些问题不再（能够）得到研究和回答，但是，这些科技发展成就具有一种具体的和研究素材方面的特征，并且在劳动范畴中表现出它们的所有后果和影响（Pfeiffer，2010年，第253页）。

在发达工业国家中，技术应用在对劳动的整体评价的框架内，已经进入了一个（又）将劳动的本质的根本问题旧话重提的阶段。加速的势头、灵活化的过程及生产和金融市场的分离导致了劳动力市场的高度不安全现象，这种不安全现象又将社会问题（地方性、全球性）再次摆到了公众的面前。

奥斯卡·内格特[②]（2001年）将他对于当前劳动结构体系的批评诊断回过头来与哲学的思考对象捆绑在一起，这些思考对象（又）将人对于寻找主体的要求同人的劳动行为相联系。他依照伊曼努尔·康德的哲学思想，主张在人的判断力基础上，打断人在主观上同自然科学和技术进步的密切关联。他提出的理由是，在历史的发展

222

---

① 萨宾娜·法伊弗（Sabine Pfeiffer），1966年出生，德国女社会学家。
② 奥斯卡·内格特（Oskar Negt），1931年出生，德国社会哲学家。

过程中，*能够*和*应当*的地位是完全相同的，文明的过程陷入了受制于技术的旋涡，必须对之重新加以思考（Negt，2001年，第666页）。倘若说文明想要揭开技术及其影响力的神秘外衣的话，那么，实际上仅仅指出技术的理性和手段的意义在今天来说是已是杯水车薪之举。相反，我们在工业社会中需要对时间、技术和劳动有一个新的理解和认识。这里，人的工作形式不再仅仅是以技术为媒介，而是在很大程度上影响空间和时间管理的结构。在这样一种对峙关系的框架中，存在进一步的伦理和社会问题，这些问题又都围绕着劳动过程范畴中人的需求和实现人生这样的核心议题。这里，作为工作行为的劳动应当是所有人的权利，它不仅是物质生活保障的基础，也是对主体实现人生的一种帮助，对劳动本质的寻求或许还将不会失去它乌托邦式的意义。

参考文献

Arendt, Hannah：*Vita activa. Oder vom tätigen Leben*［1968］. München 2007.

Aulenbacher, Brigitte/Funder, Maria/Jacobsen, Heike/Völker, Susanne（Hg.）：*Arbeit und Geschlecht im Umbruch der modernen Gesellschaft. Forschung im Dialog.* Wiesbaden 2007.

Baukrowitz, Andrea/Berker, Thomas/Boes, Andreas/Pfeiffer, Sabine/Schmiede, Rudi/Will, Mascha（Hg.）：*Informatisierung der Arbeit-Gesellschaft im Umbruch.* Berlin 2006.

Conze, Werner：Arbeit［1972］. In：Otto Brunner/Werner Conze/Reinhart Koselleck（Hg.）：*Geschichtliche Grundbegriffe.* Bd. 1. Stuttgart 2004, 154 – 215.

Dülmen, Richard van：› Arbeit ‹ in der frühneuzeitlichen Gesellschaft：Vorläufige Bemerkungen. In：Jürgen Kocka/Jürgen Offe（Hg.）：*Geschichte und Zukunft der Arbeit.* Frankfurt a. M./New York 2000, 80 – 87.

Geisen, Thomas：*Arbeit in der Moderne. Ein dialogue imaginaire zwischen Karl Marx und Hannah Arendt.* Wiesbaden 2011.

Hack, Lothar：Industriesoziologie. In：Harald Kerber/Arnold Schmieder（Hg.）：*Spezielle Soziologien. Problemfelder, Forschungsbereiche, Anwendungsorientierungen.* Hamburg 1994, 40 – 74.

Hardt, Michael/Negri, Antonio：*Empire.* Cambridge, Mass. 2000.

Honneth, Axel（Hg.）：*Befreiung aus der Mündigkeit. Paradoxien des gegenwärtigen Kapitalismus.* Frankfurt a. M./New York 2002.

Jochum, Georg: Zur historischen Entwicklung des Verständnisses von Arbeit. In: Fritz Böhle/G. Günter Voß/Günther Wachtler (Hg.): *Handbuch Arbeitssoziologie*. Wiesbaden 2010, 81 – 125.

Kern, Horst/Schumann, Michael: *Industriearbeit und Arbeiterbewusstsein (Teil 1)*. Frankfurt a. M. 1970.

Kratzer, Nick: *Arbeitskraft in Entgrenzung. Grenzenlose Anforderungen, erweiterte Spielräume, begrenzte Ressourcen*. Berlin 2003.

Krings, Bettina – Johanna: Die Krise der Arbeitsgesellschaft. Einführung in den Schwerpunkt. In: *Technikfolgenabschätzung Theorie und Praxis* 16/2 (2007), 4 – 12.

Moldaschl, Manfred/Voß, G. Günter (Hg.): *Subjektivierung von Arbeit*. München 2002.

Negt, Oskar: *Arbeit und menschliche Würde*. Göttingen 2001.

Offe, Claus: Arbeit als gesellschaftliche Schlüsselkategorie? In: Joachim Matthes (Hg.): *Krise der Arbeitsgesellschaft. Verhandlungen des 21. Deutschen Soziologentags in Bamberg 1982*. Frankfurt a. M./New York 1983, 38 – 65.

Pfeiffer, Sabine: Technisierung von Arbeit. In: Fritz Böhle/G. Günter Voß/Günther Wachtler (Hg.): *Handbuch Arbeitssoziologie*. Wiesbaden 2010, 231 – 262.

Popitz, Heinrich/Bahrdt, Hans Paul/Jüres, Ernst A./Kesting, Hanno: *Technik und Industriearbeit. Soziologische Untersuchungen in der Hüttenindustrie*. Tübingen 1957.

Rammert, Werner: Technisierung der Arbeit als gesellschaftlich – historisches Projekt. In: Wolfgang Littek/Werner Rammert/Günther Wachtler (Hg.): *Einführung in die Arbeits – und Industriesoziologie*. Frankfurt a. M./New York 1982, 62 – 75.

Schmidt, Gert: Arbeit und Gesellschaft. In: Fritz Böhle/G. Günter Voß/Günther Wachtler (Hg.): *Handbuch Arbeitssoziologie*. Wiesbaden 2010, 127 – 147.

Sennett, Richard: *The Corrosion of Character*. New York 1998.

Voss, G. Günter: Was ist Arbeit? Zum Problem eines allgemeinen Arbeitsbegriffs. In: Fritz Böhle/G. Günter Voß/Günther Wachtler (Hg.): *Handbuch Arbeitssoziologie*. Wiesbaden 2010, 23 – 80.

–/Pongraß, Hans: Der Arbeitskraftunternehmer-Eine neue Grundform der »Ware Arbeit«? In: *Kölner Zeitschrift für Soziologie und Sozialpsychologie* 50/1 (1998), 131 – 158.

贝提娜－约翰娜·柯林格斯 (Bettina-Johanna Krings)

第7节 风险评估/风险伦理学

223 在关于风险的研究中 (参见第2章第2节),我们大体可以区分出三个不同阶段:风险识别 (Risk Characterisation)、风险分析 (Risk Analysis) 和风险评估 (Risk

Assessment）。风险识别的第一阶段所关注的问题是："什么是风险？""哪些情况可以看成是具有风险性的？"风险分析的第二阶段以两个问题为标准，这两个问题（至少内在地）对风险情况的概率和损害部分各有侧重：第一个问题是"风险有多高？"（偏重可能性）第二个问题是"风险有多大？"（偏重潜在的损害）风险评估的第三个阶段讲的是标准层面的问题：此前被识别和分析的风险是否能够成立，以及是否可以被人们所接受。前者关于风险能否成立的问题（同样是内在地）更多的是以风险评估的实用层面（比如在经济的上下文中）为目标，后者关于风险可接受与否的问题强调的则是风险评估的伦理学意义。然而，二者——（经济上）能成立与否和（伦理学上）可接受与否——都具有一个共同的标准背景：*从理性的角度看，我们应该去冒风险还是不冒风险*；针对可能的风险，我们应该审视一番，哪些理由可以让我们去冒这个风险，哪些理由则阻止我们去冒这个风险。总之，风险评估讲的是我们的权衡思考，它涉及哪些风险实践的标准可以被认为是理性的，其中包括，相应的风险实践与伦理学考量处在怎样的关系之中。

风险理论的描述和标准

风险研究的三个阶段可以因理论思考的对象不同而有所不同：风险识别和风险分析乃是以描述性的问题为对象的（"案例是什么？"），而风险评估阶段则是定位在标准层面上的（"哪些决定和行动是正确的？"）。标准层面的风险研究以描述层面上针对风险现实的充足的不同判断为前提。由于这一点在风险研究中并非十分必要且很少遇到，所以，在描述层面上出现了主观视角和客观视角的两种情况，亦即（主观的）风险认知和（客观的）风险现实。这两种情况的区分说明，人们不应当过于严格地来对描述性和标准性层面的区别进行解释。因为，描述性问题的研究已经包含了标准性的内容在内：主张风险现实可以确定和衡量的学者认为，以此种方式识别和分析的风险应当不仅在数量上，而且在质量上得到主体间的认可。

主观主义者对此表示否认。他们的观点是，"至少从构成主义来看，我们不能认为，人们可以从大量预先设定的（客观）不确定性中把风险挑选出来。风险充其量在这样的情况下是主体间的现象，即当它们作为社会构建在特定的社会前提下被作为风险制造出来的时候"（Bonß，1995 年，第 48 页及下页）。如果这种风险理论构成主义被极端化，就意味着只有那些或者说所有那些被认知为风险的事物，才算得上是风险。事实上，这样一种论点在这里无法同对客观风险现实的判断协调一致。

风险理论主观主义者和客观主义者之间的这些冲突，促进了标准重要性的提高，倘若我们就从冲突中推导出与风险打交道的不同标准来说的话。这里，有代表性的客观风险现实的研究者们通常所坚持的都是尽可能理性地对待事实情况的立场，而风险理论的主观主义代表所强调的更多的则是承认文化方面的问题和对主观风险接受的重视。

风险实践范例

224   很长时间以来，风险伦理学中存在一种范例争论（参阅 Nida-Rümelin 及其他学者，2012 年，第 3 章）。争论的一方是结果论的风险实践范例，它通常借助经济学的决策形成方法来表达关于风险实践的标准立场；争论的另一方是后现代及主观主义的风险实践范例，它作为对前者极端范例形式的反应，用主观的风险接受方式来识别风险，并且要求对所有主观的风险认知一视同仁。然而这样一来，从人际意义上可论证的风险评估规范标准就被排除在外了。

面对这样一对不能令人满意的范例矛盾，在有关标准的风险理论中出现了另一种或许可以被称为参与性的风险实践范例的学术观点：鉴于至少从公众风险实践上说，人们做出有集体约束性的决策的必要性，此范例要求人们（最好是所有和风险实践相关的人）实际参与到相应的决策过程中去（参见第 6 章第 5 节）。

但是，从伦理学的角度来看，在此三种风险实践的范例中，没有一种是能够让人心悦诚服的。下列的几种范例都不足以作为风险评估的唯一基础：

（1）结果论的范例不能令人信服，因为它既满足不了法制民主国家自主论的道德准则，又满足不了已经确立的公正观念。将实用合理性降格为结果论合理性的做法有悖于生活环境建立的道义体系（参见第 4 章第 B.5 节），并且会导致相关风险实践合法性的缺失。

（2）然而，后现代及主观主义的范例也同样不能令人信服，这是因为相关的风险理论观点通常提供不了正确对待风险的替代理论，而主要是对已经确立的风险排除方法进行解构。所以，这些观点进一步甚至完全失去了标准的意义，而且也无法满足政治决策者及其给整个社会出谋划策的需求。

（3）最后，参与性的范例也不能令人信服，其原因在于，它试图用建立一种既成事实的*接受*的要求，来回答风险实践的*可接受性*问题。在当前风险实践的条件下，这种方式既不是现实的（在所有足够重要的风险实践决策情况下的共识），而且从基本的伦理学和民主理论的思考认识来看也不是没有问题的。这些思考认识一方面涉及民主体制中个人权利的地位，另一方面涉及集体决策对于民主体制来说具有哪些意义的问题。然而，特别是人们的注意力从可接受性问题向要求和确定事实上的接受问题的偏移，使人们在很大程度上忽略了当前风险实践在标准化方面的根本问题。

合理性理论和（风险）伦理学

当结果论伦理学的代表们——伦理结果论最著名的版本就是功利主义（参见第 4 章第 B.4 节）——宣称自己是在理性基础上进行论证的时候，相应的结果论风险评估的批判者们似乎通常准备接受他们对合理性概念的一家之言。一方面，这种情况表现在诸如后现代和主观主义范例的许多社会学代表人物的合理性批判态度中；另一方面，当合理性和伦理道德相互对峙的时候，它又是相关风险实践标准化的措辞尝试不能令人信服的更深层次的原因。诸如"虽然 X 是不合理的，但是人们应当去做 X"这样的言论，乃是同实践理性的同一性相矛盾的。就原则而论，伦理道德不能与合理性相矛盾。然而，恰恰这一点却是人们所常见的、对风险伦理学中的结果论观点进行批判的论证手法，这种做法不仅后现代和主观主义范例的代表们有之，而且参与论观点的论文作者亦有之。　225

归根结底，合理性理论（如同伦理学一样）可以仅作为一种标准化理论来理解。但是，只有一种标准化意义上的道义要求存在，因此，恰当的伦理学理论的规范必须同恰当的合理性理论规范相一致。某种恰当的伦理学理论是道义论的（而不是结果论的，参见第4章第B.5节），同理，某种恰当的合理性理论是关联论的（同样不是结果论的）。关联论的合理性理论可以同多种多样的实践原因相结合，而结果论的合理性理论则不能。换言之，有别于纯粹的道德取向理论，实践合理性的关联理论同生活环境实践的（道义论的）论证体系相吻合。

现行的风险评估标准

最流行的风险决策手段是成本效益分析法（cost-benefit），此法的前提通常是效益及损失度的货币价值分析（参阅 Sunstein，2002 年）。除去借助在成本效益分析基础上做出的决策所表现出的、严格的结果论合理性观点外，这里所述的成本效益法乃是有问题的，其原因就在于，人们认为存在一种效益和损失程度的人际可比性，而在经验范围内，这种可比性或许只见诸罕见的例外案例中。除了下面的事实外，即没有什么理由让我们认为金钱的效益作用在人际关系上是恒定不变的，不同于对效益和损失程度进行货币价值评估的事实还有：对特定损失类型的货币化（比如预见到的死亡情况）*在伦理学上*乃是值得怀疑的，原因就在于，货币化开启了在风险实践决策当中用经济利益来直接计算人的生命的可能性。这个伦理学的反驳意见不会出于如下的原因而失去它的意义，即在我们的行为范畴中，各式各样的以及在不同上下文中迥异的、恰好是针对人的生命的货币价值分析，皆以隐含的方式（也就是说作为个人和集体实践的附加后果）表现出来。这是因为，这一情况仅仅反映了一个事实，即避免任何对身体和生命的风险不是个人和集体实践的理性尺度标准。

另一个经常在风险情况下与决策联系在一起的标准是所谓*最大最小标准*："在现有的决策情况下，与所有其他可选行为的潜在损失相比，人们应当选择其最大潜在损失最小的那个行为！"正如同成本效益分析法一样，这个决策标准也同样是彻头彻尾的结果论的标准。由于没有考虑到对行为来说十分重要的可能性，所以这里注重的只是去避免*最坏的情况*；排除潜在的灾难才是人们所要追求的目的。既非灾难发生的可能性，也非与此策略相关的成本问题（由于排除了特

定的行为选择而造成的利益损失）在最大最小标准框架中被作为决策的重要条件
得到了人们的考虑。于是，明确运用这一决策标准的案例就受到了极大限制。除
此之外，人们在最大最小标准中有意识地将决策选择时对（安全的或潜在的）利
益问题进行逐一考虑并摒弃在外，只有潜在的损失被作为重要的决策条件被加以
重视。

　　鉴于只是以成本效益分析为基础的风险评估的问题，以及在有风险的行为领域中
作为普遍决策标准的最大最小标准的缺乏适用性问题，人们做过多种尝试，试图对最
大最小标准进行扩展和改进。1951 年由莱昂尼德·赫维奇①提出的一个标准，试图在
这方面将最大最小标准的特点同其自身的反面——最大最大标准——联系在一起
（参阅 Hurwicz，1951 年）。赫维奇学术主张的基本问题是，在许多情况下，如果我们
对决策时可以取得的积极事物也加以考虑的话，这种做法是否更为理性。在他看来，
如果我们只顾及那些潜在的负面结果，这种偏颇是没有道理的。因此，他所提出的标
准化建议是（当然也同样是说说而已的）：找出尽可能好的和尽可能坏的后果，并对
之进行加权评估。这时所运用的参数被称作乐观主义和悲观主义指数：一方面，纯粹
的悲观主义者只看重最坏的结果；另一方面，纯粹的乐观主义者只认准最好的结果。
不过，我们在这里必须注意到，赫维奇的标准完全忽略了决策过程中的可能性信息，
因而更多地造成的是反直觉的结果。再者，特别是对于乐观主义和悲观主义指数的诠
释变得困难重重（参阅 Nida-Rümelin/Schmidt，2000 年，第 79 页）。

226

恰如其分的风险评估标准的特点

　　上文所提到的几个标准中，最终没有一个可以让人信服。这其中我们需要注意的
是，只有成本效益分析才是风险评估的真正的标准，而其他三种标准皆是作为不确定
性条件下的决策标准而被设计的。所有这些标准都没有摆脱结果论的窠臼：唯有涉及

---

　　① 莱昂尼德·赫维奇（Leonid Hurwicz），1917—2008，出生于俄罗斯，后入美国籍，曾任美国
　　　明尼苏达大学经济学名誉教授。

未来世界状况的个别行为选项的潜在后果，才是决策过程的标准。因而，上述这些标准都要面临以风险伦理学中的结果论考量为目标的批判实践，这种结果论的考量与对个人权利的保障和与基本的公正观念是格格不入的。尽管如此，迪特尔·毕恩巴赫[1]（1991 年）或是凯斯·桑斯坦[2]（2002 年）都主张倡导一种纯粹或者根本上是结果论的风险伦理学理论。

　　我们可以通过对四个缺陷的考察，来看一看学术界对风险伦理学中的结果论考量的批判（参阅 Nida-Rümelin，2005 年）：第一个缺陷是我们必须认清，结果论的风险评估对决策人和被决定所牵连的人群不加区分。而事实上，人们是为自己去冒风险，还是将这些风险加在其他人身上，这两者之间有根本的区别。与之紧密相关的第二个缺陷是这样一个事实，即风险评估的结果论标准本身无法做到为基本的个人权利提供保障。原则上需要予以重视的法权思想（关于人权参见第 4 章第 B.1 节）同后果优化的首要地位是格格不入的。第三个缺陷是自主权问题（此处所用的不是康德所说的自主概念），人们为自己的生存负责，其他人不能替代他们的这个责任（这点无论怎样都适用于成年人和有完全责任能力的人）。与这一自主观相对应的是禁止采用家长制的要求，即便我们可以肯定某项措施会给某个人带来更多的好处而非坏处，可是，只要此人明确拒绝，我们就不能去实行这一措施。然而，风险评估的结果论标准却无法将这一自主条件纳入自己的系统。第四个缺陷是对公平和公正标准的无视（参见第 4 章第 B.9 节），由于人们只专注于考察潜在的损失和利益（这是风险评估结果论标准的主要特征），所以风险的分配问题完全遭到了忽略。

　　以上所描述的结果论风险评估的四种缺陷反映了现实中论证实践的道义体系，说明人们需要考虑找到一个切合实际的伦理学理论，而一个令人信服的风险评估标准不但应当融合伦理学理论的道义成分，而且应当认清每一种风险理论观点必然的结果论特征。因之，结果论的风险优化和结果论的道义限制必须在一个恰到好处的标准中相

---

[1]　迪特尔·毕恩巴赫（Dieter Birnbacher），1946 年出生，德国杜塞尔多夫大学哲学教授。

[2]　凯斯·桑斯坦（Cass Sunstein），1954 年出生，美国哈佛大学法学教授。

互联系在一起。这里需要注意的是，法律形式上的结果论风险优化的道义界限既不能理解成是绝对的，也不能理解成是不加任何区别的。与个人权利（即是否赞同结果论的风险优化问题）的不同地位相适应，这些权利似可以用集中围绕个人的方式来加以思考，并具有上升到中心地位的约束作用（参阅 Nida-Rümelin，2005 年）。

从积极的角度观之，一个令人信服的风险评估标准应当具有如下特点（参阅 Schulenburg，2012 年）：第一，它应当不是抽象综合型的，也就是说，它应当坚持针对 227 每一个受牵连者的、具体风险实践的论证能力要求。第二，它应当不是以个人的福利为宗旨和*非福利性的*，换言之，在恰如其分的风险评估标准范围内，所有相关人士特定风险实践的个人好处和利益，既不是接受此风险实践的充足条件，也不是接受此风险实践的必要条件（参阅 Lenman，2008 年）。第三，此标准应当首先在不考虑具体的或然性分配的情况下，来进行风险行为的标准化评估。因为或然性分配（除了所谓*微不足道风险*的极限案例之外，也就是说，一个行为或是行为方式可能出现的有害后果的概率如此之小，以至于可以把它的发生作为一般意义上的直接后果排除在外）对于某些有风险的行为或行为方式可接受与否的问题来说是无足轻重的。只有当这个可接受与否的问题得到正面回答的时候，涉及相关风险实践活动的必要框架条件（极限值、预防措施、报警和报告的强制要求等），也就是说，涉及关于以*什么样的方式*问题的或然性才是非常重要的。第四，恰如其分的风险评估标准不应当从严格的道义论伦理学意义上来对此前结果论风险评估的道义论限制进行解释，换句话说，它应当认可并允许这样的可能性存在，即某些在正常情况下应被视为不可放弃的道义论原则，在罕见且往往是棘手的个案中，相比于结果论的考量，可能会失去它们的信服力。

尤其是最后提到的风险评估切合标准的特点，再次让我们注意到风险实践对伦理学理论来说的特殊挑战：怎样才能把我们现实生活实践的道义论*和*结果论的行为理由结合到一种互为关联的和伦理学上可行的关系当中？诚然，我们有足够的理由假设，一种契约论的风险伦理学能提供各方面的资源，用以满足这里所提到的针对一个恰如其分的风险评估标准的要求（参阅 Nida-Rümelin，2005 年，第 883 页及下几页；Nida-Rümelin 及其他学者，2012 年，第 10 ~ 12 章）。

在这样一个风险评估的标准框架内，哪些具体带有风险的行为最终是可以被人们接受的——这个问题无法由伦理学理论本身最终解释清楚。因此，社会现实实践中的那些已经被人们所承认的、同意和反对各种不同（风险）实践活动的理由具有十分重要的意义。从这个意义上说，如同总体上的伦理学一样，任何风险伦理学都必须回到针对我们生活环境具体的论证实践的根源上来。然而，普通意义上的伦理学和特殊意义上的风险伦理学所能够并且应当做的事情，在于明确地阐明论证实践的根本基础，并且让此论证实践为了风险评估，亦即标准化地针对一个具体的风险实践进行评估的目标做出贡献。

参考文献

Birnbacher, Dieter: Ethische Dimensionen bei der Bewertung technischer Risiken. In: Hans Lenk/Matthias Maring（Hg.）: *Technikverantwortung. Güterabwägung-Risikobewertung - Verhaltenskodizes.* Frankfurt a. M. 1991, 136 – 147.

Bonß, Wolfgang: *Vom Risiko. Unsicherheit und Ungewißheit in der Moderne.* Hamburg 1995.

Hansson, Sven O.: Ethical criteria of risk acceptance. In: *Erkenntnis* 59（2003）, 291 – 309.

– : Philosophical problems in cost-benefit analysis. In: *Economics and Philosophy* 23（2007）, 163 – 183.

Hurwicz, Leonid: Optimality criteria for decision making under ignorance. In: *Cowles Commission Discussion Paper Statistics* 370（1951）.

Lenman, James: Contractualism and risk imposition. In: *Politics, Philosophy and Economics* 7（2008）, 99 – 122.

Nida-Rümelin, Julian: Ethik des Risikos. In: Ders.（Hg.）: *Angewandte Ethik. Die Bereichsethiken und ihre theoretische Fundierung. Ein Handbuch.* Stuttgart ²2005, 862 – 885.

–/Schmidt, Thomas: *Rationalitähstheorie in der praktischen Philosophie. Eine Einführung.* Berlin 2000.

–/Schulenburg, Johann/Rath, Benjamin: *Risikoethik.* Berlin 2012.

Schulenburg, Johann: *Praktische Rationalität und Risiko. Zum Verhältnis von Rationalitätstheorie, deontologischer Ethik und politischer Risikopraxis.* Univ. Diss. München, 2012.

Shrader-Frechette, Kristin: *Risk and Rationality. Philosophical Foundations of Populist Reforms.*

Berkeley 1991.

Sunstein, Cass R.: *Risk and Reason. Safety*, *Law*, *and the Environment*. Cambridge, Mass. 2002.

Thomson, Judith J.: Imposing risks. In: Mary Gibson (Hg.): *To Breathe Freely. Risk*, *Consent*, *and Air*. Totowa 1985, 124 – 140.

约翰·舒伦伯格、朱利安·尼达 – 吕墨林
(Johann Schulenburg und Julian Nida-Rümelin)

第8节 经济和技术

技术伦理学和经济伦理学都在探讨研究的一个经典案例，那就是"挑战者"号 228 航天飞机的事故问题（参阅 Lenk/Maring，1998 年，第 7 页及下页）：1986 年 1 月 28 日，"挑战者"号航天飞机在卡纳维纳尔角发射升空后空中爆炸，7 名宇航员丧生。事故的直接原因是一个助推火箭上出现裂纹的橡皮密封圈，燃料从此处漏出并被点燃，从而引起了航天飞机爆炸。较长一段时间以来，制造商（Morton Thiokol 公司）的工程师就将密封圈看成一个薄弱的环节。尤其是在零度以下时，密封圈的正常工作和弹性就会出现问题，理想的发射起飞温度是 10℃。起飞前头天晚上，火箭制造商的工程师就不同意发射，因为第二天，亦即发射当天的气象预报是低温。

在与美国国家航空航天局（NASA）的电话会议中，工程师们再次提请注意低温的问题。然而，NASA 和其项目负责人拉里·莫洛伊却坚持要求发射。莫洛伊认为，不会因为温度问题而限制发射。说完后，电话会议结束。工程师们关于准许发射的顾虑被呈报给了 Morton Thiokol 公司工程部副总监罗伯特·伦德工程师。伦德同意下属的顾虑，并将之汇报给了他的上级和副总裁杰里·梅森。在公司内部会议上，梅森对伦德说了一句决定性的和结束讨论的话："摘下你的工程师帽子，戴上你的经理帽子吧！"伦德表示屈服，并同意发射。他把这个情况通知了 NASA 的项目负责人。这位负责人又将 Morton Thiokol 公司同意发射的事情向他的上司做了汇报，但是没有提工程师有顾虑之事。于是，"挑战者"号就走上了它的不归路。工程师到现在为止还是

销售人员"听话的骆驼"吗（Eugen Kogon，1975 年；Kohlstock，1998 年）？"挑战者"号事故今天是技术伦理学和经济伦理学的案例吗？

技术伦理学和经济伦理学

经济和技术并不是不受任何影响和仅仅服从于某些"势在必行的情况"的自我体系，抑或甚至是自主的子系统，它们由人所创造和推动，因而必须由参与者、相关人群、组织和企业以人道和尽可能保护自然的方式对其承担责任。生产、消费和具有市场经济体系的交换过程，以及技术和经济的总体发展，都是具有为数众多的参与者和一系列相互交织维度的现象过程。这些相互交织的维度包括技术、经济、社会、政治等领域，它们只能用分析的方式加以区别和分离。唯有集成和跨领域的视角才是针对这些现象过程恰如其分的视角，同时也才是切合实际的经验化的理论。因此举例来说，企业是一个集体行为的场所，不论是从行为理论还是从伦理学都不能将之简化为经理们的个人行为。这样的理解和认识方式在分析和研究经济和技术的可控性和责任时，也同样是十分必要的。

京特·罗波尔（1996 年，第 245 页）针对作为技术伦理学和经济伦理学基础的技术和经济的关系做过如下的定论，"技术在'经济体系'中起着突出的作用"，"它……同时也贯穿所有其他的社会领域"。技术既不能归属于一个单一的社会子系统，也不形成一个自身的子系统。技术是一个"跨领域的现象"，这一点"尤其指的是技术的使用，而技术的创造则要区别对待"（1996 年，第 245 页）。技术发展决定性的方向变化首先出现在工业企业中。

对任何（应用）伦理学来说（技术伦理学和经济伦理学亦不例外），其核心问题乃是关于能够做什么和应该做什么之间关系的理论*和*实践问题。于是，规范标准意义上的技术伦理学和经济伦理学的中心议题就是关于从社会角度看有意义的技术和经济
229　行为的目的和价值的问题。换句话说，最为重要的问题乃是关于通过道德的论据予以论证的行为选择问题。这些行为是人们应当要做的行为，并且事先要从大量技术和经济上可能的行为中，以及根据相应的标准将其遴选出来。归根结底，世界上没有一种

专门的或是独立的理论学科——技术伦理学和经济伦理学，它无法通过专门的、独特的和基本的学科领域和标准予以准确地阐明特点。尤其是不存在技术或经济上的特殊道义，尽管在技术和经济之中存在特殊的道德问题和现象。伦理问题和道德因素及道德评价必须同技术和经济中特殊和典型的问题相关联。然而在实践当中，产生了某种特殊类型的技术伦理学，以及（个人主义的）工程师伦理学（参见第 3 章第 7 节）和经济及企业伦理学：比如在美国、奥地利、瑞士和德国等国家，都设置有教席、研究所和专门的课程。广而论之，在两个单独的伦理学中，我们都见到有个人主义的、门类主义的、非还原论的和系统论的理论观点。这些理论观点尤其导向了不同的责任对象。

技术伦理学和经济伦理学的建立往往并未兼顾其他诸多学科的情况。于是，在同相关专业学科（工程学和经济学）相关联的情况下，产生了这两个分支学科伦理学。一方面，经济伦理学的问题在技术伦理学中完全能有一席之地，而另一方面，技术伦理学的问题在经济伦理学中（几乎）无足轻重。此外，学术界还存在同哲学相关联的技术伦理学和经济伦理学的看法和观点（关于技术伦理学和经济伦理学不同的理论观点，参阅 Grunwald，2006 年；Hubig，2011 年；Lenk/Maring，2010 年；Neuhäuser，2011 年；Ulrich，2006 年；等等）。

企业伦理学

对于标准化意义上的企业伦理学来说，关于有意义的企业行为的目的和价值的问题也同样是个核心的议题。一个（倘若不是*唯一*的话）技术和企业伦理学方面的争论案例，就在于与重视道德原则（人的尊严、身体和精神的影响、环境的可承受性、安全等）相比较，利润的获得更为优先。

常常带有技术和经济伦理学因素的企业伦理学自身特有的问题有：

· *企业究竟应该生产和销售哪些产品和服务？*

· *这些产品和服务应该以及允许有哪些（合法的）特点？是否必须排除非法使用？*

· *应该怎样和在哪些地方提供服务？*

· *这些产品和服务有哪些后果和附带后果？针对何人？*

·产品和服务以什么样的价格销售？

与技术和经济伦理学相关和最重要的行为单位——企业，乃是社会经济和社会管理术的行为体系（Ropohl，2009 年），工程师和经理在企业中的行为同时也是社会行为。"只要生产实物的经济企业最终也从事技术行为，那么，技术行为、经济行为和社会行为就融合成为一种事实上不可分割的综合体。从根本上讲，这三种类型的行为……不外乎是三种抽象的概念，它们只是强调具体行为的这个或那个方面而已"，京特·罗波尔（1991 年，第 108 页）不无道理地这样写道。虽然在个别案例中某些特定的行为目的和因素占据主要地位（1991 年，第 108 页），但它们最终都还是一个整体。经济因素在企业中常常具有优先地位，但是，"技术行为对于企业的生存，以及对于资本的积累来说是必要的条件，只有经济行为才能满足这一充足条件"（1991 年，第118 页）。从分析的角度看，技术的和经济的因素，以及技术伦理学和经济伦理学的层面都可以加以区分。同样，技术和经济伦理学重要的阶段和特点也可以进行区分。比方说，一件产品的生产环节或是发明阶段更多的是受到技术的影响，而市场推广和财务运作则与之不同，这时，经济的因素是决定性的，但同时又对技术具有依赖性。

230　　虽然因具体工作不同，工程师、经理和经济师在企业里的责任（参见第 2 章第 6节）有所不同，但是，这只涉及他们的内部角色责任（源于两种不同角色情况，即作为专家和身居要职者），而并未涉及他们对于稳定的劳动岗位和环境的不受影响的那些内部及外部责任。（技术和经济的责任源自不同的特殊技能和权限并且和专业知识和岗位形式有关，由职位而定的责任则源自相关的地位和职务，属于后者的情况有与地位相联系的权利等。）此外，绝大多数的工程师和技术人员都在私营企业中从事职员的工作，抑或作为企业家有自己开设的公司，就这点来说，他们与经济的行为者毫无二致。

技术和经济行为的标准和价值

不同的标准和价值在技术和经济中有不同的优先地位：一方面，在技术中是以功能作用和可行性为首要宗旨的；另一方面，在企业中占据主导地位的是成本意识、经营效益、利润、销售额、市场占有率、符合市场需求等要素。与技术紧密相关的则是诸如德国工程师协会（VDI）第3780号指南（以下简称 VDI 指南，《技术评价——概念和基础》，2002年；参见第6章第6节）。该指南列出了如下的技术行为价值：功能作用（包括可用性、可行性、有效性、完美性和技术效益）、经济性、福利、安全、健康、环境质量、个性发展和社会质量等。这些未必都能被称作纯粹的技术价值，也就是说，经济的和道德的价值在这里*也*（可以）起很重要的作用。如果我们把纯粹企业经营的视角加以扩大，并且也将社会政治的、道德的或者是国民经济的和经济政策的目的也一同考虑，比方说生态及社会市场经济的理想等（它包含多维度的、一体化的可持续性概念），那么，我们就能发现明显的同 VDI 指南的相同之处。此外，两个价值体系中都存在手段关系和竞争关系。

社会的等级层面

倘若我们选择一个普通（非局部论）的系统理论学说来考察一番，就会发现其中有三个紧密关联的技术和经济伦理学的问题领域（参阅 Fenner，2010年，第351页及下几页；Grunwald，1999年，第228页及下几页；Maring，2001年，第327页及下几页；Neuhäuser，2011年；Ropohl，2009年，第107页及下几页等）：（1）个人的微观层面，（2）集体的中级层面，（3）（竞争）体系及（世界）社会的宏观层面。

*微观层面*所提出的是个人行为和个人责任的问题。然而，这些问题不仅包含在中级层面中，如企业、集体、市场、分工等，而且也包含在宏观层面当中，如国家、全社会、道德、法律等。所有这些层面的因素以不同的方式相互作用和影响。这里，具有典型意义的是责任冲突和角色冲突，以及劳动关系范围内相应的分配问题。甚至是良心冲突时的报警行为，即公开地向社会公众进行揭露和举报，在这里都属于同一范畴。同时，法律方面的规范管理（在德国）迫在眉睫、势在必行（参阅 Lenk/Maring，2010年，第199页及下页）。除此之外，关于消费者责任的问题也出现在微观层面上（如食品方面，参见第5章第12节）。

中级层面由于其集体行为的重要性，因而是一个特别重要的技术、经济和企业伦理学领域。关于企业（内部和外部）责任的问题在这里尤为关键：公司在哪些方面对何人负责？公司能否自己"行动"，如是，在何种意义上行动？企业和公司也能在*道义上*承担责任吗？其他中级层面的重点问题还有可持续性（参见第4章第B.10节）和技术评价问题（参见第6章第4节和第6节），对这两个问题应当跨层面进行研究。

属于*宏观层面*的是资产和经济制度伦理、技术和经济相关的法律法规、税收和社会福利政策等。缘此，税收政策决定和工业政策措施会影响到科研扶持、技术和产品开发、消费者行为等，比如环保税、可再生能源法及其修正案等，或从更广义上说，对技术和行为进行控制的资金支持、放松管制和私有化及其后果等（参见第6章第1节）。

231

同样需要进行跨层面研究的是集体和企业行为中的责任问题（参阅 Maring，2001年）。这些问题产生于体制的关联形态、个别行为非主观意愿的行为后果、所谓的外在效应、协作和长期效果、生态损失、公共资产的损害等。伦理学和两个局部领域伦理学中的完全个人主义的概念，对这些问题根本束手无策。举例来说，某些技术和产品的大量使用（比如汽车）才产生了问题后果，而这是一个十分错综复杂的（分配）责任问题。假如说汽车生产商强调所有消费者的消费自主权，并将单独的责任推给消费者，那么他们以此就能从自己的责任中"解脱出来"了吗？

制度化—实用化

只要*实施问题*被人们所忽略（道德实用性），伦理学的探讨始终是"以偏概全的"和天真的。内部的鼓励和外部的控制以及惩罚机制越有效，标准和规则就越能得到良好的遵守。另一个贴近实际的技术和经济伦理学的任务是要设计和拿出社会性的惩罚机制，从而保障（帮助）规则得到遵守。制度化的形式也可以归在将道义伦理实用化的范畴内。在这个问题上，技术和经济伦理学有广泛的共同点。

举例来说，相关的共同点在于：环境和社会数据表、行为和伦理准则（参见第6章第7节）、所谓企业伦理、企业文化、技术和企业示范、伦理审查、伦理课程和案例研究、德国国会技术后果评估办公室、评估师协会等。制度化过程包含在社会机构和制度之中（法律、政体和经济），并受到它们的深刻影响。社会机构和制度需要不断加以补充，制度化可以部分地弥补这个缺口。比如，技术伦理学的"有效作用"就表现在"对总则和不确定的法律概念的解释中"，以及表现在广义上的"无法可依情况下的价值导向中"（Hubig，2011 年，第 174 页）。

由于大部分工程师和经济师都是作为非独立开业的员工在工厂企业中任职，所以，对他们来说不仅企业内部的规章制度是重要的，而且职业守则和职业规定，以及行业准则（如化学工业指南）*和*国际组织的规章典籍（比如 WHO——世界卫生组织，ILO——联合国劳工组织，ICC——国际商会等）也是重要的。

结论

技术和经济伦理学的问题和困难是紧密相连的。涉及价值和责任冲突的结构性相似点尤其体现在工厂企业之中。经济和经营考量乃是工厂和企业的优先目标，往往主宰着其他所有的价值取向。这里，仅向个别员工和单一伦理道德进行呼吁是完全不够的，伦理道德总是需要通过法律和政策加以补充。同时，单纯和精确的领域划分，以及此问题属于技术伦理学，彼问题属于经济伦理学的观点认识，也是于事无补的。着眼现实和着眼问题以及拿出解决方案，显得越发紧迫和重要。因此，技术和经济伦理学为什么不应该合二为一，结合成一个跨领域的共同体呢？这方面初步的尝试已经在美国有所开展：有关*商业和工程技术伦理学*的案例研究课程，针对工程师的商业伦理学课程等已经开设起来（关于适合将技术伦理学和经济伦理学内容合二为一的那些案例研究，参阅 Maring，2011 年）。

如果说人不是用来为道德服务的，而是"道德服务于人"的话（Frankena，1972 年，第 141 页），那么，技术伦理学和经济伦理学就应当在实践中证明自己（关于技术伦理学的类似观点，参见 Grunwald，2006 年，第 286 页及下页）。格伦瓦尔德最早提出技术伦理学"在建立社会框架条件方面"要"结合实际"的要求，并且指出，技术伦理学"不仅要而且要最低限度地同具体建立技术产品和系统"相关联。在实践中证明自己，即伦理观念的有效作用，可以借助两个例子来加以说明：美国联邦量刑指南（U. S. Federal Sentencing Guidelines for Organisation）规定，如果相关企业的员工

232

接受过道德培训的话就可以从轻量刑。另外，根据 2002 年出台的美国萨班斯 – 奥克斯利法案，上市公司必须遵守道德准则，这一点也适用于美国企业在德国设立的子公司，但是迄今为止还不适用于德国的公司和企业。

参考文献

Aßländer, Michael S. (Hg.): *Handbuch Wirtschaftsethik.* Stuttgart/Weimar 2011.

Fenner, Dagmar: *Einführung in die angewandte Ethik.* Tübingen 2010.

Frankena, William K.: *Analytische Ethik.* München 1972 (engl. 1963).

Grunwald, Armin: Ethische Grenzen der Technik? Reflexionen zum Verhältnis von Ethik und Praxis. In: Armin Grunwald/Stephan Saupe (Hg.): *Ethik in der Technikgestaltung.* Berlin/Heidelberg 1999, 221 – 252.

 – : Technikethik. In: Marcus Düwell/Christoph Hübenthal/ Micha H. Werner (Hg.): *Handbuch Ethik.* Stuttgart/Weimar [3]2011, 283 – 287.

Hubig, Christoph: Technikethik. In: Ralf Stoecker/Christian Neuhäuser/Marie – Luise Raters (Hg.): *Handbuch Angewandte Ethik.* Stuttgart/Weimar 2011, 170 – 175.

Kohlstock, Peter: Ingenieure als › Kamele ‹ der Kaufleute – oder Mitbestimmung durch integrative Ausbildung? In: Hans Lenk/Matthias Maring (Hg.): *Technikethik und Wirtschaftsethik.* Opladen 1998, 153 – 169.

Lenk, Hans: *Verantwortung und Gewissen des Forschers.* Innsbruck 2006.

Lenk, Hans/Maring, Matthias: Einleitung: Technikethik und Wirtschaftsethik. In: Dies. (Hg.): *Technikethik und Wirtschaftsethik.* Opladen 1998, 7 – 19.

Lenk, Hans/Maring, Matthias (Hg.): *Technikethik und Wirtschaftsethik.* Opladen 1998.

Lenk, Hans/Maring, Matthias: Finanzkrise – Wirtschaftskrise – die Möglichkeiten wirtschaftsethischer Überlegungen. In: *Jahrbuch für Recht und Ethik* 18 (2010), 185 – 204.

Maring, Matthias: *Kollektive und korporative Verantwortung.* Münster 2001.

 – (Hg.): *Fallstudien zur Ethik in Wissenschaft, Wirtschaft, Technik und Gesellschaft.* Karlsruhe 2011.

Neuhäuser, Christian: Wirtschaftsethik. In: Ralf Stoecker/Ders. /Marie – Luise Raters (Hg.): *Handbuch Angewandte Ethik.* Stuttgart/Weimar 2011, 160 – 165. Ropohl, Günter: *Technologische Aufklärung.* Frankfurt a. M. 1991.

 – : *Ethik und Technikbewertung.* Frankfurt a. M. 1996.

 – : *Allgemeine Technologie. Eine Systemtheorie der Technik.* Karlsruhe [3]2009.

Ulrich, Peter: Wirtschaftsethik. In: Marcus Düwell/Christoph Hübenthal/Micha H.

Werner（Hg.）：*Handbuch Ethik.* Stuttgart/Weimar ³2011，297 – 302.

马蒂亚斯·马林（Matthias Maring）

第 9 节　全球化和跨文化特性

研究领域

　　从根本上看，我们应当将在全球化条件下技术哲学和技术伦理学面临的挑战解读　233
为跨文化的挑战。因此，倘若技术伦理学不想停留在其早期的雏形之中的话，那么，
我们在对语言和观念认识的复杂性加以考虑的同时，必须用世界的眼光对之加以构建。

　　跨文化问题既不是西方世界的，也不是与经济发展捆绑在一起的论题。从历史的
角度看，只有那些更为集中地对若干技术和伦理学本身的哲学问题进行研究的起因，
才是受到历史条件限制的。这些所谓本身的若干哲学问题习惯性地不为人们所重视，
并且还特别涉及跨语言行为过程中伦理学和技术的概念形成过程。与此同时，这些跨
语言行为过程的前后语义学层面也未用特定的自然语言和专业语言加以解释，并且能
够与之融为一体。有鉴于这些未得到解决的观念建立和传达问题，深受西方影响的哲
学所面临的任务是要对其内在的、有碍于理解别人和自己的文化偏见进行识别和消
除，并且要为一个文化开放的、"全球化的"技术伦理学做出贡献。除此之外，人们
还要求对非起源于西方的哲学加以认识和了解，阐述其对技术伦理学的贡献。这一切
不应是对主宰性的国际论战的被动反应，而应该是参与和锦上添花的一种表现。

　　人们往往十分肤浅地用"伟大的小说"一词来谈论特点突出的文化差异和这些文
化的代表，如基督教、儒教和佛教等。然而，特别是对伦理学来说，由于逻辑的缺陷
（起源并不包含观点言论的有效性）和明显的内在差异性，以及鉴于所谓超出文化界限的
基本推测和领域的相似性，这种方式的接触和了解不适合于用来构建一种恰到好处的框
架，从而用描述的方式来接近技术伦理学动机原因的不同文化和跨文化的特定情况，并且
将之评价为对促进新认识所做的诸多贡献（Nie，2011 年，第 46 页及下几页）。

　　另一个广为流行的误解是将政治和文化层面的问题混为一谈。如同宗教或传统本身不能代表不同的伦理学文化一样，社会和政治团体的普通言论所代表的毫无疑问是文化意义上的内容。对此，我们通过联合国关于是否允许对人进行克隆的争论的例子可见一斑。在这场争论中，"文化理由"首先是从手段的或政治的角度，之后才是本着尊重不同文化的伦理立场的精神被作为论据来举证的。另外，从起源学角度将某些价值观和某些文化挂钩的做法无疑是值得商榷的，因为从历时的角度看，文化不仅能够支持而且能够将不同的、相互扬弃的价值观优先化。这里关键的问题不是涉及当前人们所认可的技术伦理学界限的实质内容，而是涉及同此实质内容相关联的论据理由、问题提出和具体的应用条件（Roetz，2005 年）。

纲领的缺失

　　由本文所建议的研究纲领旨在对文化和跨文化特性进行评价，其中最重要的内容层面在于：跨文化哲学的方法和理论，伦理学认识的结构和基础，（传统角度的）技术和跨文化探讨（阐释学）的概念和实践，在"伦理和技术"的产生和内涵方面起作用或获得意义（特别是社会文化的意义）的经验成分，以及这些因素在全球化的互动和调整过程中相互关系的动态情况的观念和认识。此外，还有涉及特定问题的、可加以区别的"文化地域"之间的概念和实践互动。这当中，单独的技术领域，如医疗技术、生物技术和农业技术等，也同样必须进行单独考察，正像我们从一种包含其在内的管理系统的调整视角出发，对之进行高屋建瓴式地考察一样。

234　　此外，我们还必须根据其语言和组织机构的关联性，从元层面上对这一结构进行反思。

　　为抛砖引玉计，我们认为，既从概念上（探索性地）也从实践上（论辩性地）可以提出一种哲学及哲学伦理学的、纲领性的跨文化概念来进行思考。这样，我们就可以在探索的基础层面上把狭隘的文化关联主义和强烈积极的世界主义排除在外。与此同时，我们还要探索能够把和技术相关的伦理学的准则和概念加以标准化的途径，但并不将对某些正面版本的认可与放之四海而皆准的要求结合起来。

通过这种探索问题的方式，我们既非要为某个特定的文化立场做决定，也非强加于人般地认为这样的立场需要进行特殊的和地区性的属性归纳。正相反，这样的文化理解和认识所采用的手段，是一个动态的和构建主义的文化概念。此概念的立场是，不同的文化定位不仅可以被识别，而且可以置于一种建设性的相互关系中。

由于这里所触及的是一种开放式的、探讨和探索性的哲学工作过程，所以，我们所得到的乃是可加以区分的伦理和技术文化的、比较学和系统的研究方法。通过这些方法，一方面可以说明文化对理论和技术的影响的实际情况，另一方面可以更好地理解文化形式与技术和伦理概念含义之间的相互依存关系（Döring，2004 年）。这项工作所面临的方法论挑战在于，在进行紧扣文化主题的（常规的、语言的、机构的）阐述中，始终以哲学的方式与其他学科领域保持距离（也就是说不越俎代庖地涉及社会学领域），同时避免任何将伦理学本体论化的倾向。

换言之，以中国作为特殊的关注对象：汉学家和科技史专家李约瑟带有强烈假设意味的"李约瑟难题"，即尽管古代中国对人类科技发展做出了很多重要贡献，但为什么西方式的科学和工业革命没有在近代的中国发生，而且最终其落后于西方（Needham，1954 年及后续版本）——这个难题如今被不带前提条件的、小地域范围的、有经验基础的、历史批判的和带有精炼伦理学公理的研究工作所取代。

方法的具体化

下文的论述将以中国为例，用以说明跨文化技术伦理学的诠释需求，同时勾勒出若干有典型意义的特征，为进一步的科学研究提供切入点（Döring，2009 年）。

技术伦理学纲领性的关注要点将实践的两个核心子结构结合成一个上下文关联体，在这个关联体中，规范标准和实践经验通过彼此相反的视角相互引证补充：技术由自己实际的应用条件所定义，作为文化的特殊领域服从于意图和诠释，并且，作为社会实践同机构、价值和标准相关联。此三种相互交织的层面均包含了各自的文化变异潜力，依据所处环境不同，这些变异潜力以形态各异的方式，作为阶段性固定的文化范例被集中表达出来（参见第 4 章第 C.4 节）。

如果我们从全球化历史成因的角度来看问题，那么就很容易理解地域限制的形成过程。在东亚，越来越多地朝着国际竞争水平发展的技术建设、技术创新和文化互渗过程正在发生。自19世纪中期以来，各种争论就一直伴随着这些过程，争论反映了对"西方的"科学、技术和社会模式进行探讨的各种形态。这种全球范围内的、对东亚和中国的技术和伦理精神框架条件的发展的影响阶段，其意义是非常深远的（Osterhammel，1985年；Unschuld，2011年；Dikötter，1995年）。

当前，包括生物伦理学和医学伦理学在内的基础性的技术伦理学研究还处在起步阶段。此外，同属于这一领域的还有文化的自我认识、教育、参与决策过程、自然和生物基础的意义和地位，以及同社会事务的生态化打交道等一系列根本的问题（Sleeboom-Faulkner，2010年）。

聚焦中国

235 对于中国的实践哲学的主流学派来说，技术问题占有中心的地位。哲学的历史可以按照如下的章节来进行整理归类，即处世技术、治国技术、自然征服和自然利用、修身养性、经济技术和概念设计等。文明的历史则是人类的一连串行为和举动，如对自然力的征服和利用（水利）、神秘力量的工具化和理性化、养生术和医术的发展、军事技术、农业技术、航海技术，等等。中国的技术实践兴趣建立起了一种学习、实验和根据伦理和成功标准进行评估的文化。这一技术文化目的是要为在微观层面、中级层面和宏观层面上对世界的理解和有目的改造打下尽可能恰如其分的策略基础。实践的思想很早就从对非人的和超人的力量的希冀中解放了出来，人以他自己根本的、虽然也是有限的自我责任置身于现实世界之中。同样，中国很早就出现了对于滥用权力和无节制使用技术的批判言论。破坏自然、生态灾难、战争和社会腐败、非人道和文化侵害等，被作为非正道地对待技术的后果（在道家眼里作为手段合理化错误行为的明证）而为人所不齿（Roetz，1984年；Bodde，1991年）。

在此背景下，一种与之相反意义上的对和谐的憧憬要求就不难理解了。特别是根据第一个皇帝秦始皇（前259—前210）统治时期带有法家烙印的专制统治的经验，

"天"以及"自然"就成了标准化的纠错法庭，它通过实践的主导思想（特别是仁和义）来指导人的行为，并且将之引上"正路"（道）。自戈特弗里德·威廉·莱布尼茨，尤其是约翰·戈特弗里德·赫尔德以来，在中国和欧洲的早期交流阶段，从人们对中国精神史的和谐化、综合化和道德化片面的赞许声中，发展出了为数不少的专门针对"亚洲的"宇宙和谐论的诠释学派（Roetz，1984年），其情形同20世纪下半叶所创造的中医神话有异曲同工之妙（Unschuld，1980年）：这两种倾向首先都投射出了各自的时代精神，并且从经验的和文化的角度都无法被理解成中国文化的真实反映。

今天，在亚洲文化对伦理学的贡献的国际讨论中，我们能够听到关于"亚洲的儒家文化"精髓（Huang，2010年）的立场观点。这些立场观点在文化上有何种地位，它们在科技的进程中能起到何种作用等——这些问题已经有了经典的解答（Eich/Hoffmann，2006年；Steineck/Döring，2009年）。余锦波①认为，儒家的"和谐"观念乃是一个极其空洞无物的社会管理术的代名词（Yu，2010年）。

从这个意义上说，就对技术的态度而言，20世纪现代新儒教所欠缺的不是自我满足，而是手段和工具：倘若儒家文化能够接受民主和科学的基本模式，那么人类将大受其益。这个基本观点（Zhang及其他学者，1958年）将给儒家文化的务实和包容方面注入新的活力。

控制和管理

以管理为出发点的与技术打交道的核心议题是控制和构建。按照国家理性和现代化规划的尺度对发展进行构筑，以伦理学概念（中文里伦理学的字面意思为关于社会关系模式的学说）对制度的和物质的调节过程进行控制（Döring，2009年）。缘此，诸如风险和损失最小化、社会义务和经济繁荣就获得了争论的中心地位，样板型实践的模式取代了抽象的法律标准的作用。

---

① 余锦波（Yu Kam Por），香港理工大学通识教育中心主任。

上述的观念和实践活动使中国有机会获得多样性的国家实验策略，同时也使新科技的伦理学框架条件成为可能。与欧洲的辅助机构思想不同，中国人所注重的不是将有资格的能人选派到一个体系的最低和有用的层面上去，而是注重完全不同体系成分236 之间的竞争。这样做的结果就是，人们在当地对内容和流程的执行情况迥然不同。许多事物，比如医疗卫生保障等，皆听凭市场的左右，甚至在能源获取方面，也正朝着资源的混合方向过渡（Oberheitmann/Sternfeld，2009 年）。这样，一种更多的是从分工和建立在制度基础上的对治国术的理解便初现端倪。不过，技术介入的分寸仍然被保留，这对民众来说（从当权者的角度看）是有益和正确之事。

有鉴于此，中国现今的领导人完全可以运用传统的治国术的动机。除了重要的道家哲学流派外——其敌视技术的基本态度表现在无为（不介入无意识的自然发展过程）的实践中（Girardot 及其他学者，2001 年）——中国哲学很大一部分都在探讨社会管理术和自然技术，细微的不同之处在于对统治对象的奴役、镇压和控制（无论是民众、自然或文化）的模式方面，以及通过不同的人类学和社会道德视角对之加以着意的渲染。这些人类学和社会道德视角之间的区别，在于人身自由的假设、男女关系的礼数、对自然之物的价值和标准的诠释（及其形而上学的保证和合法化），以及对将事物优化和最大化的技术实践的限制条件方面。

古代经典著作《中庸》的一个章节在这里特别值得关注（《中庸》，第 22 篇）。在这段文字中，行为者同道德和物质"自然"的理想型关系被理解成一种三位一体的模式：通过自我修养而具有能力和资格的"高尚之人"（君子）成了天地间变化和强大过程的一个部分。这一观点，如今被中国的生物伦理学者引用在关于是否允许人为介入大自然的讨论当中。根据他们的说法，只要行为者到达了最高的道德境界，对自然的介入从根本上说便是不成问题的（Lee，1999 年）。

然而，仍然需要回答的问题是，我们在这里是否要根据思想境界来为技术行为开出一张"仁者"（君子）的通用许可证，人的角色作用是否就是一个伙伴或是一个交战方的角色作用（Elvin，2004 年，第 11 页）。此外，儒家哲学典型的对行为者道德层面的普遍和客观标准兴味索然，也同样是未解决的问题（Döring，2012 年）。对于所谓君子完全允许对人进行克隆或是培养胚胎干细胞的说法，我们可以不必加以理会。在儒家的经典中，几乎找不到直接的反驳论据。作为"自然的共同创造者"，"君子"允许和应该以"消除自然的缺陷和不足"的方法来对宇宙进行改造。这里所说的缺陷和不足，不仅指的是环境方面的问题，同时也指的是"增强人类"的问题。在这样的上下文中，罗哲海①教授提到了一个针对马克斯·韦伯的流行观点。韦伯假设，中国缺少改造世界的精神基础，原因是他们没有关于上帝的超验想象（Weber，1972年，第395页）。超验上帝的缺乏最后变成了一种策略性的优点：人类自己替代了创世主的地位，尽管这种替代是有条件的。早在古代时，这个"人类中心论的转折"（Roetz，1984年，第333页）就已经发生，特别是在荀子（前298—前220）那里。不同于孟子（前370—前290），荀子所持的是人性本恶的观点。人的本性可以通过人为的行动（为之）变得可以利用，最后"人所完成之物"（成）是"自然生之也"（生）（《荀子》，第17篇）。同时，罗哲海还进一步指出，从儒家的观点来看，如今技术行为的重要特征，如追逐利润或是自由的手段合理性等，皆可能不过是自然状态的畸形物而已，自然状态必须要从文化上加以转换变化，并在道德上增强其体魄（Roetz，1984年，第333页）。

展望

除了其普遍性和问题的现实性外，从中国传统文化的自我认识中发展而来的、最为坚定和有系统纲领的思想即是现代新儒学。它同时在文化上具有兼收并蓄的特点，这是因为，它不仅历经了自7世纪，特别是12世纪以来对佛教哲学的同化（尤其是对精神的"出淤泥而不染"和"四大皆空"思想的采用），而且也历经了自19世纪到20世纪之交以来同西方哲学的严重冲突。它认识到，"西方的科学精神超出了实用主义的动机"向中国发出挑战，"要把人生的道德自我实现扩展到政治、认识论和科技的领域中去"，并对哲学思考提出要求，"将修身

237

---

① 罗哲海（Heiner Roetz），1950年生于德国，汉学家，德国波鸿鲁厄大学汉学和哲学教授。

养性同改造自然的外在活动相结合，从而使人生内容更为丰富"（Zhang 及其他学者，1958 年）。

通过社会学方式从经验角度扩大这种学派思潮的视野，对其基本观点加以适当的修正，批判性地发展其概念框架，同时与其他哲学传统的代表携手并进，共同创建一个明确的交流基础，这将对于中国的技术伦理学，同时也对于国际的技术伦理学都是一个真正的创新和推动。中国的技术伦理学会从前人的理论实践中获取养分，尤其是从作为生物伦理学、医学伦理学、经济伦理学和技术伦理学基础的跨文化伦理学的缺失中汲取经验教训。这个任务是一项包罗万象的艰巨工作。

作为人类的一项任务，创造一个扎实的技术伦理学对新科技应用的贡献的框架环境——这个挑战要求人们进行一次视角的转换：在文献中出现的那些不仅有争议，而且有大量前提条件的和根本性的问题，比如，中国究竟是否创造过诸如真正的哲学和科学思维这样的问题，是将人们的目光投向过去，并且是注重起源问题的做法。开创一个在思想上和认识上更好地同自然、环境和人的本性打交道的方式，这项共同的工作已经开始。通过人道主义的视角可持续地克服各种问题，这个角度的转换也在进行之中。对这项事业可能性的系统地论证工作，乃是今后一系列步骤中走向以跨文化形式对技术全球化问题给出令人满意的回答的坚定不移的一步。

参考文献

Bodde，Derk：*Chinese Thought，Society，and Science. The Intellectual and Social Background of Science and Technology in Pre – modern China.* Honolulu 1991.

Dikötter，Frank：*Sex，Culture and Modernity in China.* London 1995.

Döring，Ole：*Chinas Bioethik verstehen.* Hamburg 2004.

－：Pragmatischer Humanismus？Ethische Implikationen chinesischer Menschenbilder im Gesundheitswesen. In：Lena Henningsen/Heiner Roetz（Hg.）：*Menschenbilder in China.* Wiesbaden 2009，199 – 231.

－：Dignity：a philosophical perspective on the bioethical debate and a case example of

China：In Jan C. Joerden/ Eric Hilgendorf/Felix Thiele（Hg.）：*Menschenwürde in der Medizin：Quo vadis.* Baden – Baden 2012, 241 – 260.

Eich, Thomas/Hoffmann, Thomas Sören（Hg.）：*Kulturübergreifende Bioethik. Zwischen globaler Herausforderung und regionaler Perspektive：*Freiburg/München 2006.

Elvin, Mark：*The Retreat of the Elephants：An Environmental History of China.* New York 2004.

Girardot, Norman/James Miller/Liu Xiaogan（Hg.）：*Daoism and Ecology. Ways within a Cosmic Landshape.* Cambridge, Mass. 2001.

Honnefelder, Ludger/Lanzerath, Dirk（Hg.）：*Klonen in biomedizinischer Forschung und Reproduktion.* Bonn 2003.

Huang Chun – chieh：*Humanism in East Asian and Confucian Context.* Bielefeld 2010.

Lee, Shui – chuen：A confucian perspective on human genetics. In：Ole Döring（Hg.）：*Chinese Scientists and Responsibility.* Hamburg 1999, 187 – 198.

Needham, Joseph：*Science and Civilization in China Series.* 25 Bde. Cambridge 1954 – 2008.

Nie Jingbao：*Medical Ethics in China.* London 2011.

Oberheitmann, Andreas/Sternfeld, Eva：Climate change in China：The development of China's climate policy and its integration into a new international post – Kyoto climate regime. In：*Journal of Current Chinese Affairs* 38/3（2009）, 135 – 164.

Osterhammel, Jürgen：*China und die Weltgesellschaft.* Hamburg 1985.

Roetz, Heiner：*Mensch und Natur im alten China.* Frankfurt a. M. 1984.

– ：*Confucian Ethics of the Axial Age.* Albany 1993.

–（Hg.）：*Cross – Cultural Issues in Bioethics：The Example of Human Cloning.* Amsterdam/New York 2005, 51 – 75.

Sleeboom – Faulkner, Margaret：*Frameworks of Choice：Predictive & Genetic Testing in Asia.* Amsterdam 2010.

Steineck, Christian/Döring, Ole（Hg）：*Kultur und Bioethik. Eigentum am eigenen Körper.* Baden – Baden [2]2009.

Unschuld, Paul：*Medizin in China. Eine Ideengeschichte.* München 1980.

– ：*Chinas Trauma – Chinas Stärke.* Berlin 2011.

Weber, Max：*Gesammelte Aufsätze zur Religionssoziologie I.* Tübingen 1972.

Yu Kam Por：The confucian conception of harmony. In：Julia Tao/Anthony B. L. Cheung/Martin Painter/Chenyang Li（Hg.）：*Governance for Harmony in Asia and Beyond.* Abingdon/New York 2010, 15 – 36.

Zhang Junmai/Xie Yuwei/Xu Fuguan/Mou Zongsan/Tang Junyi：Manifesto on the reappraisal of chinese culture. In：T'ang Chun – i：*Essays on Chinese Philosophy and Culture.* Taipei 1958.

欧莱·德林（Ole Döring）

第10节 废弃物和技术

238 　　在法律的定义中，废弃物指的是"所有那些被其所有者丢弃，或是想要丢弃以及必须丢弃的材料和物体"（《循环利用经济法》第3条）。概念的形成历史告诉我们，"废弃物"[①] 一词曾经主要用来表示一个精神方面的、同宗教或政治思想相关联的事件，而作为次要含义的"废弃物"，则是代表生产或开矿的剩余物。直到19世纪末以后，"废弃物"一词的物质含义才上升到首要的地位。除了生产的废弃物之外，现在消费的剩余物连同"垃圾"的概念一道，都归结到了"废弃物"的含义当中（Kuchenbuch，1988年）。

　　近年来，废弃物作为和技术关联的问题越来越多地和围绕生态危机的讨论出现在公众的视野中。其间，废弃物一方面被视作其主要的特征之一"环境污染"，另一方面，又以有害垃圾、特殊垃圾和核废料的形式，作为留给未来子孙的危险遗产被加以讨论。在此同时，人们在精神科学和社会科学中思考垃圾的社会建构，重建其具体表象的历史变迁，揭示其对于当前错误发展的诊断价值（Packard，1964年；Georgescu-Roegen，1971年；Thompson，1981年；Douglas，1988年；Baier，1991年；Faßler，1991年；Bardmann，1994年；Windmüller，2004年；Grübler，2004年）。人类与废弃物打交道的实践表明，垃圾问题乃是人类社会一个长期和根本的挑战，这点只需举出若干实例就能得到证明：起初，罗马有七座山丘，但是到了帝王时代，罗马城出现了第八座山丘——泰斯塔西奥山。这是一座由双耳陶罐碎片堆成的垃圾山。根据流传下来的史籍记载，中世纪时，城市生活受到人们丢弃在马路上的各种各样垃圾的严重影响。1858年的时候，被污水和垃圾充斥的泰晤士河变成了一个几乎无法流淌的烂泥塘，整座伦敦城被笼罩在"恶臭的空气"中。从1995年到2011年，为了防

---

　　① 德文中"废弃物"（单数为Abfall，复数为Abfälle）是个多义词，有下降、脱离、废料等含义。文中先用的是单数，表"脱离"意，随后用的是复数，表"废弃物"意。为避免误解，译文只选用"废弃物"一词，其确切含义，文章作者自有阐述。

止示威者冲击，德国放射性废料的运输车队（参见第5章第4节）由上万名警察进行护送，光是最后一次运输动用警察的费用就达3000多万欧元（Mumford，1963年；Dirlmeier，1981年；Hilger，1984年；Glick，1988年；Hösel，1990年）。因此，技术伦理学范畴中的"废弃物和技术"的主题，不是应该作为针对垃圾行业的反思，而是应该作为哲学的行为和文化理论来加以展开和探索。

技术行为和废弃物

技术行为是人类生活和生存的基础。通过技术（创制）行为，人按照某个意图或计划同一件材料打交道，目的是将其变成一件产品，而这件产品比之未有人为介入的原初状态的材料更加符合他的需求。在一个技术行为的成果中，除了注入由人来掌握的技术能力（人的能力）外，也同样融入了非由人所能制造出的材料的适用性和可用性（大千世界物质的产生和变化内涵）。从对产品感兴趣的制造者的视角来看，一个技术行为可以用图1的模式来进行说明。

图1

技术行为按照自身的逻辑，亦即就行为者而言，以一条直接的途径从计划走向产品，而且在时间层面上有明确的界限。从旁观者的角度来看，这个认识是不全面的。不言自明的、以完成和成功行为为导向的做法，误导人们忽略了其他方面的情况。首先，每一个技术行为事实上总是同时将一种原有的状态分割为产品和废弃物；其次，每件产品在使用过一段或长或短时间后，自己也变成了垃圾。因此，更加完整的技术 239 行为路线图应该如图2所示。

图2

只要人们执着于这样的观念，即认为产品只是它的计划的体现，而且天经地义永远不变，那么，这就是一种对技术行为的误解。相反，一个全面的对技术行为的观察告诉我们，垃圾废弃物的产生乃是我们用技术影响世界的一个无法规避的恒定常数，并且，从这个观点认识中我们即可得出判断，忽视这个常数必定会导致问题的产生。

废弃物的象征意义结构

任何社会中，除了中性事物外，都存在被社会认为是有价值的事物，还有被认为是无价值的（以及带有负面价值的）事物。就细节来说，哪些事物属于什么样的情况，不能从其"物质的"或"客观的"特征分辨出来，而是被人们象征性地构建出来。在这个过程中，事物被加之以意义和可用性，而此二者又在一个特定的文化上下文中"起作用"（Thompson，1981年）。我们所了解的污秽物和废弃物属于被负面评价的事物范畴。将某样东西看作无价值之物，要取决于某一特定范畴的标准化概念，比如，为了能够确定某处的污秽物，我们必须要有此范畴的规范秩序概念。无价值之物，偏离价值之物只可能存在于特定的思想观念之中，即某事"本来"应该是什么样子。因此，"污秽物从根本上说就是无序"（Douglas，1988年，第12页）。污秽物不是绝对的事物，而是某种"搞错了地方的东西"，一件"系统地整理和分类的副产品"（Douglas，1988年，第52页）。这种对象征意义上的秩序系统的附属性，以及在生活环境中人们从社会现实的角度将污秽物构建为不良和无价值事物的情况，都是与废弃物的特点相同的。不同之处在于，污秽物是一种不依赖于技术行为而闯入了整洁秩序当中的东西，代表的仅仅是一种地点错位而已，可以通过清扫的行为加以抵消。废弃物则不同，它是我们"创制"和生产行为的一件"产品"，是在我们创造某种想要得到的状态的意图中被造出来的东西。

第二个不同之处是根本性的：污秽物有各自专门的场所，在这些场所，它马上就不再是污秽物，这是由于它似乎与所处环境无法再分离。废弃物则没有自己专属的场所，可以马上在那里不再成为垃圾。不过，它总归有一天也会返回中性状态，不再被看作物体，在"分解、变异和腐烂的过程中"失去自己的特征（Douglas，1988年，第208页）。总有一天它也一样作为不同的物体烟消云散，也就是说，停止作为垃圾的存在。对于某些物质来说（有机物），这个过程会进行得相对快些，其他物质（塑料或核废料）则要经过不可预见的漫长时间回归到无差别状态。因而，污秽物首先是一个无价值物质的空间范畴，废弃物则首先是个时间范畴。仅仅用空间的方式对待废弃物，比如，在语言上我们常常通过前缀来表示处理的意思（拿*出去*、扔掉、埋*掉*等①），不是对待废弃物的正确方式，人们时常将其归属于污秽物范畴的做法（"环境污染"）乃是一种误会。

　　然而，普遍和不可避免的腐烂和分解的趋势不仅有一种效应，即对我们来说变得失去价值的文明产品及其副产品将随着时间而"消失"，而且这个趋势还把所有的事物囊括在内。一方面，废弃物的"有害时间"（在这段时间内，废弃物任凭自己的 240
"分解"势能，直到成为中性物体）决定了作为时间范畴的废弃物；另一方面，物体都有一个"有用时间"，亦即它们的生产制造和变为废弃垃圾之间的这段时间。一件特殊的产品代表的是*什么*，它的用途怎样，这些都是依据文化而定的问题。但是，产品在任何情况下都将失去它的利用价值，*这件事*不能归咎于这样或那样的使用方式的特性，也不能简单化为象征性的因素。因此，我们要再对过程图做一次精确化，要同时能显示出人为介入和控制可能性的存在（参见图3）。

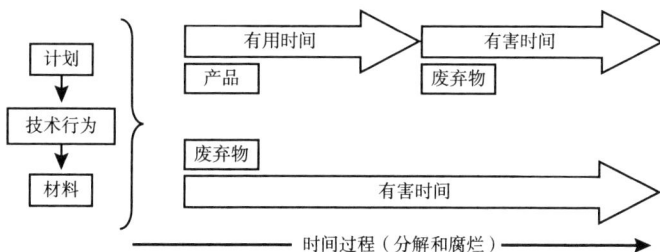

图3

---

① 德语中的可分动词的前缀位于动词前部，作者文中所举的例子为：*raus*-bringen，*weg*-schmeißen，*de*-ponieren，中文无这一语法现象，故译文只用后缀法译出。

不同的工艺和材料选择，决定着产品和废弃物之间的数量关系（从生产的角度），以及产品和废弃物的质量问题。这一方面决定着废弃物的时间长度和危害时间的状态，另一方面决定着产品的质量及其使用时间（连同其使用状况一起）。产品使用结束后，开始变为废弃物，从而又产生了相应的危害时间。通过有用和危害时间参数的调整，我们能够确定，废弃物是否会变成危害社会的问题，或者事实上只起到无足轻重的作用。举例来说，具有不同的使用和危害时间关系的三个代表性产品：高档的木质家具、核燃料棒和很大程度上受时尚更替影响的消费品。

废弃物危机的原因

考虑到人的情况，如果说废弃物是人的实际存在，因而也是从技术上必须加以完成的存在的一个结构常数，那么，关于良好生活的问题（参见第4章第B.8节）总体上也必须包括如何对待这一常数。这里所涉及的不仅仅是如何正确地同废弃物打交道的问题，从更广泛的意义上说，也涉及（其一）如何对待与人的技术行为不可分割的"废弃物倾向"问题，以及（其二）如何对待有价值和无价值事物的存在和衰变的时间维度问题。这期间，人们可能会不同程度地低估废弃物问题对于成功地规划管理人类社会的意义。

创制理念的统治地位和对废弃物的缄口不言：初看起来，废弃物危机像是一个外在的、"客观的"问题。但是对于一个社会来说，只有当社会把废弃物看作与其制度共生、酌情而定、原则上可避免以及不是同根同源的现象时，废弃物对社会来说才显得是客观的。因之，对于文化来说，人在建立秩序和劳动生产中自己所制造出的废弃物是一个倾向性地被掩盖了的范畴（Thompson，1981年，第24页）。这一点毫无疑问也植根在精神和思想史中：自古以来，我们传统的核心思考对象是一种基于计划之上的产品。在其众多的基本概念、明确的理论和隐含的思维模式中，欧洲的文化史和精神史都有一个技术演化的特点。随着计划和产品关系被理想化，技术行为的自身逻辑就变成了认识世界的重要象征，并且成了社会发展的典范（Mumford，1978年；Dijksterhuis，2002年；Grübler，2004年）。

这种创制型活动的典范作用最早在希腊哲学中就能找到（参见第 4 章第 A.1 节），并且在欧洲的近现代时期达到了顶峰。在此过程中，人们专注于自己的制作能力和项目的实现，忽视了生产条件和负面效应。在现代工业时期，这一格物之道更是走向了极端，最后陷入自我矛盾。其后果之一就是，如今工业国家制造出了越来越多的和带有危害性的废弃物，它以（生态）危机的形式愈发对人类社会的成果提出质疑（技术后果评估产生的原因之一，参见第 5 章第 4 节，同时也是可持续性理念产生的原因之一，参见第 4 章第 B.10 节）。但同时，社会的价值架构还一如既往地同对废弃物的掩盖、压制和排斥一同进行，最后要让废弃物"被消灭、被拒绝和被忽视"（Thompson，1981 年，第 135 页）。这种不愿意看到"人和废弃物生产之间的遗传关系"的做法（Bock/Boge，1990 年，第 16 页及下几页），一直可以追溯到大众媒体的语言使用当中。直到今天，我们的社会还患有"废弃物思考中的自我指称缺失症"（Bardmann，1994 年，第 162 页及下几页）：以制度为条件的生产中和之后的废弃物产生的可避免性未受到人们的重视，或是被认为技术上是"可以得到解决的"。

废弃物的形成过程：自 18 世纪以来，首先从英国开始，欧洲国家演变成了消费社会（Stihler，1998 年）。过去，人在社会中所处的地位曾经非常固定地受制于家庭、阶层和行业的从属关系。这种地位现在越来越多地取决于是否拥有某些商品，以及根据流行的时尚取决于这些商品的更换情况。这就造成了一种过度购买新物品的文化模式。伴随着私人的消费倾向，作为市民阶级主导观念的新事物、新社会和发展进步，演变成了一个"新狂热"的情结，为个人生活感受目的服务的新潮、拥有、购物和进步等统统都包含其中。购物是为了时髦，时髦意味着参与进步，不购物就意味着过气和落伍。直到今天，这股风气都一直是西方社会消费的主要动机。与以往时代和其他文化相比，其后果就在于我们的产品社会处在了一种快速的变化之中，而且这种变化在不断地加快。对当前社会产生深刻影响的消费主义制度所依赖的是"构筑"数量巨大的废弃物，从而创造出新的需求。物品的使用时间越来越短，原因就在于人们所希望的似乎是一种由文化作用所造成的短暂状态，因此，我们生产的大部分产品很快又变成了废弃物。

消费主义的基础是价值贬值的社会策略。有人将之称作"心理的垃圾化",意思是说,"一件质量和功能尚且良好的产品……被当成过时物品和旧货,因为出于时尚或是其他变化的原因,它显得不再具有获取的价值了"(Packard,1964 年,第 73 页)。这就导致了使用方式的两极化:*使用*一件物品的方式是,要使这件物品继续可用;消费一件物品的方式是,要将其变得不能重复使用,而且通常必须更而换之。缘此,消费的结果就是一种新的需求,而使用的结果则不然。这个区别是根本性的,虽然用旧的过程等也存在用旧的问题。被人们用来提高购买物品数量的现有物品价值贬值的社会策略,存在于为了消费目的而对使用现有物品的歧视之中。为此,用旧的物品被宣示为已经消费掉的物品(老旧、过时等),比如我们在产品的广告和市场营销策略中,或是在生活方式的宣传定位中所见到的这一现象。于是,除了威胁到所有文明社会产品的分解和衰变外,在我们生产的产品中又多出了一个象征意义上的"破坏"作用。

消费主义以一种非积极合作的方式来对待废弃物问题体制上的不可避免性以及分解和衰变的时间趋势。生产和消费不是以尽可能长时间地保持有价值物品为目的,而是追求快速的报废,亦即垃圾化。人们永远追求新生事物的意志不仅导致了现有物品数量的增长,而且也导致了在相关时间段内所存在的那些物体的老化和被淘汰。一批物品变成了废弃物,新的生产循环又引起了新的废弃物,如此循环往复。

展望

为了解决废弃物问题,人们正在就改变技术过程的几种战略性的思路进行讨论(Faulstich 及其他学者,2010 年)。其中包括:更高效的原材料和能源生产工艺,使用易于生物分解的原材料,尽可能重复利用(循环利用)所有废弃物,物品和部件的重复使用(多次使用和押金体制),物品的共同合用(租赁体制),设备的可修复性(标准化和模块化),所有其他废弃物有控制的处理(净化、过滤、焚烧),以及无法再处理的危险废弃物的安全存放。逐步并坚决地实行这些战略,能够有助于把社会化的生产和消费引导到一个可持续性的方向。不过,就细节而言,人们不应过高估计技术解决垃圾问题的可能性。这是因为，垃圾的利用、处理和消除本身又是技术行为，与物流和运输的消耗相关联，不可能完全彻底地得到实现。比如说，尽管"循环利用"是个适合的"调整型思路"，但是，若要实现完全封闭的循环利用则是一种幻想（Wollny，1992 年，第 9 ~ 31 页；Looß，1995 年，第 7 章及后几章），回收利用事实上就是一种*下降性循环*（Hoffmann/Rombach，1993 年）。鉴于所有这些战略的实际局限，其"最大的影响潜力不在于科技的解决方案中，而是在于对消费模式的结构性改变中"（Faulstich 和其他学者，2010 年，第 31 页）。处于优先地位的始终必须是避免废弃物的产生，我们必须牢记，一个生产过程的放弃是毫不含糊地避免废弃物产生的唯一可能。

所以，我们应当把废弃物看作技术行为结构性的自我威胁，并且在规划我们的社会时系统性地对这一认识加以考虑。我们需要"对我们的意识和我们自身的废弃物相分离的做法进行一次澄清和批判"（Schönberg，1993 年，第 151 页）。这里，中心的工作不仅是要在时间维度上兼顾技术行为的所有结果，而且还要对物质使用的文化条件进行反思。一旦我们对某一事物进行价值评判，并且每当我们从技术上去实现价值，生产出物质并使用它们时，这时就出现了废弃物——废弃物是我们自己制造出的产物。作为"环境污染"的生态危机可以被理解成一种文明的极限经验，这个文明本身是按照创制事物的模式来塑造自己的形象的：这就是我们生存环境的"垃圾化"，亦即用我们不遗余力地制造出的废弃物来充斥我们的世界。哲学分析能够将废弃物问题及废弃物危机还原成其文化体系中自相矛盾的行为结构的一个问题，并且将此问题纳入技术伦理学，但并不针对各种生活方式提出道德的要求。

参考文献

Baier，Horst：*Schmutz. Über Abfälle in der Zivilisation Europas.* Konstanz 1991.

Bardmann，Theodor M.：*Wenn aus Arbeit Abfall wird.* Frankfurt a. M. 1994.

Bock, Herbert/Boge, Zafirov: *Der sprachliche Umgang mit Müll und Abfall.* Regensburg 1990.

Brüggemeier, Franz-Josef/Rommelspacher, Thomas (Hg.): *Besiegte Natur.* München 1987.

Dijksterhuis, Eduard J.: *Die Mechanisierung des Weltbildes.* Berlin 2002.

Dirlmeier, Ulf: Die kommunalpolitischen Zuständigkeiten und Leistungen süddeutscher Städte im Spätmittelalter. In: Jürgen Sydow (Hg.): *Städtische Versorgung und Entsorgung im Wandel der Geschichte.* Sigmaringen 1981, 113 – 163.

Douglas, Mary: *Reinheit und Gefährdung.* Frankfurt a. M. 1988.

Faßler, Manfred: *Abfall, Moderne, Gegenwart.* Gießen 1991.

Faulstich, Martin et al.: Abfallwirtschaft-Neue Perspektiven des Ressourcenschutzes. In: Martin Kranert/Andreas Sihler (Hg.): *Neue Perspektiven der Kreislaufwirtschaft-Anforderungen an die Praxis.* Essen 2010, 30 – 44.

Georgescu-Roegen, Nicholas: *The Entropy Law and the Economic Process.* Cambridge/London 1971.

Glick, Thomas F.: Naturwissenschaft, Technik und städtische Umwelt: Der › große Gestank‹ von 1858. In: Ralf Peter Sieferle (Hg.): *Fortschritte in der Naturzerstörung.* Frankfurt a. M. 1988, 95 – 117.

Grassmuck, Volker/Unverzagt, Christian: Das *Müll-System.* Frankfurt a. M. 1991.

Grübler, Gerd: *Müll, Natur und Zeit. Wege einer philosophischen Ökologie.* Berlin 2004.

Hilger, Marie-Elisabeth: Umweltprobleme als Alltagserfahrung in der frühneuzeitlichen Stadt. In: *Die alte Stadt* 11 (1984), 112 – 138.

Hoffmann, Frank/Rombach, Theo: *Die Recyclinglüge. Stuttgart* 1993.

Hösel Gottfried: *Unser Abfall aller Zeiten. Eine Kulturgeschichte der Städtereinigung.* München 1990.

Kuchenbuch, Ludolf: Abfall. Eine Stichwortgeschichte. In: Hans-Georg Soeffner (Hg.): *Kultur und Alltag.* Göttingen 1988, 155 – 170.

Looß, Anneliese: *Abfallvermeidung.* Berlin 1995.

Mumford, Lewis: *Die Stadt.* Köln/Berlin 1963.

– : *Mythos der Maschine.* Frankfurt a. M. 1978.

Packard, Vance: *Die große Verschwendung.* Düsseldorf/ Wien 1964.

Schenkel, Werner (Hg.): *Recht auf Abfall?* Berlin 1993.

– : Entstehung, Entsorgung und Wiederverwertung von Müll –ein globales Problem. In: Werner Nachtigall/ Charlotte Schönbeck (Hg.): *Technik und Natur (Technik und Kultur,* Bd. VI). Düseldorf 1994, 483 – 520.

Schönberg, Michael M.: Aspekte einer Ethik zum Umgang mit dem Müll. In: Werner Schenkel (Hg.): *Recht auf Abfall?* Berlin 1993, 147 – 153.

Stihler, Ariane: *Die Entstehung des modernen Konsums.* Berlin 1998.

243

Thompson, Michael：*Die Theorie des Abfalls.* Stuttgart 1981.

Windmüller, Sonja：*Die Kehrseite der Dinge. Müll, Abfall, Wegwerfen als kulturwissenschaftliches Problem.* Münster 2004.

Wollny, Volrad：*Abschied vom Müll.* Göttingen 1992.

格尔德·格吕布勒（Gerd Grübler）

第11节　双重利用研究和技术

双重利用及矛盾性

近些年来，人们在公众媒体中总能读到关于双重利用问题的文章和报道。其主题很多都涉及适合制造大规模杀伤武器的原子能、化学、生物或者是能够制造导弹的技术或部件的出口控制措施。就生物技术来说，人们担心科学的进步（其基本的或跟应用有关的知识应当运用到新开发的医疗方法或是制药产品上去）同样也会——不论无意也好有目的也罢——导致新型的、其作用得到改进的并可用于武器的生物毒素。双重利用的说法始终针对的是那些原本用于民用目的，但也可以用于军事目的的科研工作和技术（NRC, 2003年，第14页）。军事方面有重要意义的技术可能会落到"错误的人的手中"，所以，尤其要通过严格的出口控制来尽可能地避免这些技术"被滥用"。

然而，这种滥用的思维模式已经形如杯水车薪，双重利用的问题早已更加多样化，并且可以归纳总结为三种类型（Liebert, 2011年）。

（1）原本主要是军事用途的科研和技术领域（参见第5章第15节）在其进一步的开发过程中也可以用于民用目的（副产品及衍生品）。这样，往往产生了军用和民用两种相互矛盾的科研和技术领域。民用和军用的知识、材料和技术相互并存，且都可以供人们使用，"滥用"的概念因而就显得不那么切中要害，一个明显的例子就是核子技术（参见第3章第3节），它产生于军事用途主导下的第二次世界大战，并且在冷战期间得到进一步发展。类似的情况也见于航空、航天和导弹技术方面（参见第5章第20节）。所以，尽管这些技术在后来的发展中明显纯粹出于民用目的，但是其大门始终是为军民两用敞开的，因而，这点并不能让人感到奇怪。更有甚者，人们可以在公开的民用目的幌子下，同时进行军事目的的工作。这一军民两用的矛盾体将长期存在，至少是只要科学和技术的基础始终不被质疑，也不会有人试图对它加以改变，以使民用和军用领域的区分（可能始终是不全面的）最终成为可能。

（2）反之，从主要是民用目的的科学和技术领域中，也能够产生可用于军事的知识和应用技术。有别于20世纪很长一段时期的情况，今天被认为特别具有创新的研究领域已很少受到军事利益的支配。尽管如此，还是存在潜在的用于军事目的的两用风险，比如，人们正在讨论的现代生物技术研究（参见第5章第23节）就是例证。在纳米技术研究领域，除了民用目的外，军事的利益也大量存在。相同的情况也见于信息和通信技术领域的第二个发展阶段（微型化的高效计算机系统和相应软件，关于技术安全参见第5章第22节），比如受益于民用技术发展的无人化战场或是未来的网络战等。只要人们还没有对可能的发展途径、矛盾体、应用潜力和目的进行研究，以及对之进行评估和使之进入公众的意识，那么，这种双重利用的风险就会继续存在，并给今后发展的规划带来潜在的后果。

（3）科研和技术开发中军民两用的灰色地带也可以有意识地予以计划，以期达到双重的使用目的。这里，科研推进机构所追求的常常是由民用科研开发转为军用科研开发的副产品：

·*附加产品*(add-on)，在民用研究和技术基础上的、带有特殊军事附加要求的整体军事开发。

·*再设计*(re-design) 和*加固*(ruggedizing)，在模块化结构的武器系统中使用和继续开发民用部件（这点尤其适合于"普通的"技术类型，如微电子、信息技术，新材料）。

·*商用现货*(Cots)，对可获得的商业和民用高科技部件进行修改，使之用于复杂的武器系统中。

技术伦理学手册

第 4 章　技术伦理学基础

·融合（congvergence），谋求民用和军用科研和开发的共生效应（研发）。

军事和民间投资商、机构和研究人员之间的接触、协商和协调直至共同规划乃是此类两用战略走向成功的前提，希望不单单存在于副产品之中，也同样存在于衍生品之中。在冷战结束阶段（其间，在领先的工业国家中，人们可以看到军事科研的统治地位），这两个方面的实际意义曾经遭到过质疑（Albrecht，1989 年）。

正如上文已提到的那样，科研和技术的矛盾可能会有更为根本的意义，并且不一定局限在此处首先要关注的军事和民用的对立面上。矛盾性的概念似乎是恰当的，足以用来聚焦科研和技术领域中（二者同更深层次的科学和技术事实相联系）针对开发和使用趋势评价方面的对立和区别。这里，可能会涉及还处于发生阶段的科学事实，以至于某些事物看似还是可以变化的，并且，人们能够应对那些已经显露出的矛盾性问题，倘若说事物的"两方面"都及时地予以考察的话（Liefert，2006 年）。与之相反，有学者提醒人们注意，不要相信通过区分允许使用和控制，以及不允许使用和控制非所愿的使用可能性的努力，能够消除掉矛盾性。社会学家齐格蒙特·鲍曼①提出过矛盾性螺旋的概念，此螺旋可以无止境地进行下去，因为任何形式的区分和控制都会导致一个新的需要应对的矛盾性问题，而并不会出现一个真正稳定的解决办法（Bauman，1995 年）。这个区分尝试及重新出现的矛盾性，可以通过原子能技术的实例来得到很好的说明（Liebert，1999 年）。

245

科研的双重利用方式

即便在某种程度上似乎不可避免地产生了民用研究为军事目的服务的情况，或者是非主观地产生了矛盾性的军民两用研究和技术领域的现象，我们需要特别注意的问题仍然是，近几年和几十年中，名正言顺地在科研规划和资金投入方面实施双重利用的各种努力有增无减。这里，出现了利用科学最终为军事目的和目标服务的国家行

---

① 齐格蒙特·鲍曼（Zygmunt Bauman），1925 年出生于波兰，英国利兹大学和波兰华沙大学社会学教授，著有《现代性和矛盾性》等著作。

技术伦理学手册

第 4 章　技术伦理学基础

为，而参与其中的科学家和提供资金的公众社会却对这些军事目的和目标始终一无所知。

有明确的迹象表明，最晚自 20 世纪 80 年代以来，联邦德国在国家的科研规划和资金支持中实施过双重利用的方案（Liebert 及其他学者，1994 年）。此事发生之时，正当正式宣布为国防科研的科研工作在国家科研预算中所占比例远远小于其他北约国家的时候。在政治决策人物的各种表态当中（直到联邦可研报告的行文当中）时常能够看出，人们对于*附加产品*情有独钟：基础广泛的科学和技术是由民间机构投入资金予以支持的，所谓军事的"深度开发"在此基础上进一步往前推进，并且由国防部拨款支持。人们普遍认为，用于军事和民事目的的基本技术通常在很大程度上是同样的东西。举例来说，在 1989 年发布的联邦政府《信息技术未来规划方案》中，政府力图实现的目标是，"在民用产品开发中及早地考虑军事要求，以及用附加产品项目的形式增加这种双重利用技术的内容，以满足军用的需要"。显而易见，为此目的在民事和军事部门之间有过协商交流，旨在科技领域中使这样一种开发势头的双重利用成为可能。

回过头来看，在对军用品创新进行资金扶持的同时，双重利用战略看起来是一种要比通过*衍生品*所实现的经济上重要的技术创新更省钱的替代方案。联邦德国相对较少的政府军事科研经费，更凸显了这种替代方案的重要性。在当今各级政府机构、主管部门和参与企业的政策定位中，都提到从*商用现货*到*附加产品*及*融合*的全部双重利用领域。这种情况恰好也见于新设立不久的安全技术研究中（同美国的国土安全措施有部分关联），据此，人们既要明确规划又要制造出能同国防研究联系在一起的，同时也能和民用研究联系在一起的共生产品。

在美国，直到冷战末期才出现了科研规划向双重利用战略方向的思维转变（Gansler，1988 年）。面对当时国家科研和开发推动政策中军事目的所占的绝对主导地位，人们所提出的反对理由的方向，主要是指出自身军备发展"走向死路"的危险（不仅是在军备竞赛中将东欧对手推向死路），以及面对西欧和亚洲更为能干的竞争对手，自己要承担本国经济竞争能力的风险。在对衍生品所寄予的希望消失之后，对民用科技创新的鼓励就获得了更高的优先地位，其前提是在双重利用的方案中，对军品的扶持和对具有全球意义的军事技术主导地位的鼓励同时继续保持不变，但可以减少其成本支出（Alic 及其他学者，1992 年）。

与此同时，欧洲的鼓励政策手段也在悄悄地发生变化。在双重利用的主题下，设立了诸如欧洲科研协调机构（EURECA）、欧洲信息技术战略研究计划（ESPRIT）和欧洲长期防御合作（EUCLID）等项目。这些项目大多数的重点在于，有的放矢地由各国的国防部门推进附加产品的计划。这样，存在于各国的军事研究和欧盟纯粹的民用研究推进政策之间的传统界限还能够暂时（至少在形式上）得以保存。随着谋求共同的外交和安全政策的开展，欧盟逐步地告别了这一传统界限，从而使得欧洲重要的军事研究推进战略成为可能（Molas-Gallart，2002 年）。

欧洲的安全研究计划在这里起着一个很重要的作用。该计划首次设立于第七个框架研究规划中，并且值得注意的是见诸"安全和空间"这一章中。这里，欧盟委员会采纳了"名人小组"的建议，该小组由国防系统的关键代表人物担纲，并且极力倡导双重利用战略。其主要论点在于，民用、安全和国防应用产品越来越多地以同样的技术为基础，对民用和国防研究的界限划分是对成本效益方案的一种妨碍，现在问题的关键是要充分利用国防、安全和民用研究的共生产品（Research for a Secure Europe，2004 年）。2004 年设立的欧洲防务机构也同样加强了双重利用的合作工作，并且想要提高人们对于以民用技术开发为防务目的服务的作用的意识。

直到 2000 年以后，特别是英国政府在大力推进科研计划和工业政策中的双重利用方面做了很多努力。其目标是"国防和民用领域的交叉受益"（British MoD，2002 年），企业和大学科研通过国防多样化机构和国防技术中心被结合在一起，政府的支持力度十分庞大，根据独立机构的估计，其中包括每年给英国大学（几乎所有顶尖的大学都在内）的财政拨款超过了 2 亿英镑（Langley，2005 年）。关于拨款数额和用途的细节消息非常有限，参与科研的大学以"商业敏感性"为由，对之三缄其口。

双重利用不仅在发达工业国家具有很大的作用，近几十年，科研规划和技术开发中的双重利用概念还出现在一系列其他国家中，而且恰恰是在核子、导弹和航天项目领域中。少数国家追赶式的技术发展对于双重性的技术正寄予厚望，一方面，这些技术可以具有民用目的的理由，另一方面，它们又为制造大规模杀伤性武器的潜在危险建立了基础，其结果可能导致大规模杀伤性武器的广泛传播（扩散）。

伦理学提出的问题

　　科研和技术开发方面的双重利用构想具有特殊意义。这里，有意识制造更多的民用和军事的灰色地带在政治上和伦理上是存在问题的。科研中不再可能对和平和军事目的加以区分，一方面，这给政治增加了今后以其他目的为导向的控制可能性的困难，另一方面，这使参与科研人员本身陷入了矛盾冲突之中。就科技进步的方向而言，有鉴于政府财政资助和民主控制可能性的破坏，有意识地抹杀二者的界线似乎是不可取之举。难道说，（至少是部分地）将军事上重要的科研工作"暗度陈仓"一定算是"不道德"行为吗？采用军事和民用共生体来取得更多的成本效益——这个公开化的目标足以作为在灰色地带中进行控制的理由吗？双重利用构想到底是否能够实现政治上的支持者和参与企业主观想达到的经济优势、节省成本和可双重利用的技术创新——有鉴于这个尚未澄清的问题，上述情况变得更加疑问重重。尽管由于不透明度不断增加很难形成有科学根据的说法，但至少还是有质疑此课题的研究报告（Altmann 等，2000 年）。与此同时，就民用和军用目的而言，人们在某些领域已经能够看出，应当由有目的的技术开发所满足的具体需求和技术指标，二者之间完全能够泾渭分明。由此似乎可以得出结论，为了再次从灰色地带摆脱出来，不仅双重利用是能够做到的，而且相反的路径也是可行的。为此，我们必须从实际案例出发，有意识地将军用和民用的技术要求、相关的目标和开发必要性纳入我们看问题的视野。从伦理、科学和政治的角度来看，我们似乎应当将区分军事和民用目的的研究工作的潜在可能性具体化，同时（根据不同的政治目的）酌情也将转变和控制的潜在可能性加以具体化。

　　一种极端的（和平主义的）立场观点可能也会对有意识地把军用和民用目的纠缠在一起而造成的珍贵资源的浪费进行抨击，并反其道而行之，从整个社会和人类的

247

福祉出发，对纯粹的科研和技术开发的目的进行宣传。从此视角看问题的人士认为，将老百姓的纳税钱花在双重利用研发上的错误做法必须予以终止。

如果我们对科学做一次总体的考察并（不无歉意地）假设，科学总的来说以及不可避免地充斥着矛盾性和双重利用的现象，那么，它的创造力从总体上来说就是值得质疑的。有意识而为之的双重利用通过一种特殊的方式改变了科技进步的方向，并且影响到了数量上累积起来的科技潜力。即使我们接受前者的说法，但是后者必定让人觉得是有问题的。军民两用灰色地带的扩展意味着将原本与军事技术创新无关的人员和机构也卷入了军事相关的研究。那么，研究的推广可以将科学工作者有意识地推入良心的冲突吗？

科研人员对他们所从事工作的目的一无所知，他们被纳入达到目的的环节，而在许多情况下他们是不能苟同这些目的的。于是，便产生了同个人所想要从事的工作之间的矛盾，而这些矛盾冲突并没有被明确表现出来。这与有意识地赞同或反对参加有军事目的的研究项目有明显的区别。这样一来，新的伦理道德困境和与科学理想的矛盾就在所难免了。

无论如何，人们通过"滥用"的帽子（滥用应当避免）来将关于军民两用目的研究的争论予以简单化处理的尝试，都是一种隔靴搔痒的企图。卡尔·弗里德里希·冯·魏茨泽克曾经针锋相对地说过："人们都在议论科学的滥用。但是，今天所发生的使用，都是在现存社会关系下理所当然的使用。"（Weizsäcker，1983年，第565页）仅仅对"落在错误的人手中"的技术潜力加以质疑，从伦理学的立场来看，这一相关的倾向同样也是站不住脚的。难道说，我们可以合法地对双重利用（比如在新兴国家中）进行抨击，因而要求这些国家放弃技术，但是同时自己又在使用同样的技术（有可能也是军事技术），并且将自己家中的双重利用吹嘘为科技创新的概念之路吗？

在不断增长的矛盾性和科研中双重利用构想的时代，有一件事是无法回避的：研究人员自身特殊的努力必不可少。个人所从事的工作为了何种目的，处在一种什么样的科学和应用的上下文中？若是以科学内在的传统或是以出于对科学的好奇为挡箭牌，已不能自圆其说。研究人员所面对的是一种深层次的、同时又是伦理学和科学的任务。他们必须对其研究工作的发展趋势和使用可能性有清醒认识，并且要找到（或发现）途径，旨在酌情避免有问题的未来前景和实际应用，这条路绝非简单易行的。借助现代生物技术双重利用的案例可以清楚地说明，如果研究人员对现有的特殊情况有很好的认识和了解，那么一般来说，形成自己的伦理判断是完全可能的。这一判断会导致对研究工作的评估，并且也会在特定研究目的的控制方面，为其指明多种选择途径（Nixdorf/Bender，2002 年）。

但是，这种有意识的（也是个人的）思考和决定所需要的前提条件，是关于相关研究项目和机构的目的及资金来源的广泛透明度，以及关于研究项目结果普遍可获取的（至少是粗线条的）情况说明。更进一步说，关于相关研究领域及军事技术和军事战略开发的总体了解也是十分必要的。这点对于研究者个人来说可能有些勉为其难。因此，与问题相适应的技术后果评估的各种制度形式也是十分必要的（参见第 6 章第 4 节）。这些制度形式要能够形成透明度，并且能为研究人员本身、政界和整个社会提供帮助。同时，人们从中还可以引申出伦理学的行动指南，为研究工作指明方向。

无论怎样，科研和技术开发的双重利用方式与这样的努力是格格不入的，因为此方式意欲从对界限的抹杀中受益，因而必定害怕关于研究目的和结果的公开透明。所以，近期以来，许多地方又重新呼吁制定针对非国防行业的大学和研究机构的民用条款（IALANA/INES，2012 年；Nielebock 及其他学者，2012 年）。这样做的目的，是要将科研限制在和平的目的和民用目标上。特别是当设立长期的、用来公开对有问题的案例进行讨论的论坛的时候，这样做有助于科研人员觉悟的形成。新一代的科研人员以及在校的大学生都在考虑之列，从大学课堂的教学开始，就对双重利用问题给予敏感化，乃是十分必要之举。

参考文献

Albrecht, Ulrich: *Die Nutzung und der Nutzen militärischer FuE – Ergebnisse für zivile*

Anwendungen. Köln 1989.

Alic, John/Branscomb, Lewis/Brooks, Harvey/Carter, Ashton/ Epstein, Gerald: *Beyond Spinoff* – *Military and Commercial Technologies in a Changing World.* Boston 1992.

Altmann, Jürgen (Hg.) : *Dual – use in der Hochtechnologie.* Baden – Baden 2000.

Bauman, Zygmunt: *Ambivalenz und Moderne.* Frankfurt a. M. 1995 (engl. 1992) .

British Ministry of Defense (MoD) : Defense Industrial Policy. The Ministry of Defense Policy Papers, No. 5, Oct. 2002.

Gansler, Jacques: The need – and opportunity – for greater integration of defense and civil technologies in the United States. In: Philip Gummett/Judith Reppy (Hg.) : *The Relation between Defense and Civil Technologies.* NATO Advanced Science Institutes Series. Dordrecht 1988, 138 – 158.

Institute of Medicine and National Research Council: *An International Perspective on advanced Technologies and Strategies for Managing Dual – use risks.* Report of a workshop. Washington D. C. 2005.

International Association of Lawyers Against Nuclear Arms (IALANA) /International Network of Engineers and Scientists for Global Responsibility (INES) : Commit universities to peace: Yes to civil clauses! Sept. 2012. In: http: //www. inesglobal. com/download. php? f = f58fbdcfc1a7c7ae82d6be51737245ea (02. 03. 2013) .

Langley, *Chris*: *Soldiers in the Laboratory. Military Involvement in Science and Technology* – *and some Alternatives.* Scientists for Global Responsibility (SGR) . Folkstone UK 2005.

Liebert, Wolfgang: Wertfreiheit und Ambivalenz – Janusköpfige Wissenschaft. In: *Scheidewege* 29 (1999) , 126 – 149.

– : Navigieren in der Grauzone. Kontrolle oder Gestaltung von Forschung und Technik? In: Stephan Albrecht/Reiner Braun/Thomas Held (Hg.) : *Einstein weiterdenken: Wissenschaft* – *Verantwortung* – Frieden. Frankfurt a. M. 2006, 143 – 160.

– : *Military and Dual – use Research* – *Responsibility in Question.* 59th Pugwash Conference on Science and World Affairs » European Contributions to Nuclear Disarmament and Conflict Resolution«. Berlin, 1 – 4 July 2011.

– /Rilling, Rainer/Scheffran, Jürgen (Hg.) : *Die Janusköfigkeit von Forschung und Technik* – *Zum Problem der zivilmilitärischen Ambivalenz.* Marburg 1994.

Molas – Gallart, Jordi: Coping with dual – use – a challenge for European research policy. In: *Journal of Common Market Studies* 40 (2002) , 155 – 165.

National Research Council (NRC) . Committee on Research Standards and Practices to Prevent the Destructive Application of Biotechnology: *Biotechnology Research in an Age of Terrorism. Confronting the Dual – use dilemma.* Washington D. C. 2003.

Nielebock, Thomas/Meisch, Simon/Harms, Volker (Hg.) : *Zivilklausel für Forschung, Lehre und Studium.* Baden – Baden 2012.

Nixdorff, Kathryn/Bender, Wolfgang: Ethics of university research, biotechnology and potential military spin off. In：*Minerva* 40 （2002），15 – 35.

Research for a Secure Europe. Report of the Group of Personalities in the field of Security Research. European Communities, March 2004.

Weizsäcker, Carl Friedrich von：Wissenschaft und Menschheitskrise. In：Ders. ：*Der bedrohte Friede.* Politische Aufsätze 1945 – 1981. München 1983, 559 – 568.

沃尔夫冈·利贝尔特 （Wolfgang Liebert）

第5章 技术类型和领域

第1节 农业技术

现代农业技术的要素

现代农业技术是自约1850年以来工业化的一个组成部分，并且可以用机械化、249化学化、电气化、电子化和遗传学化（参见第5章第7节）等这些特征来加以称谓。有用植物的种植以及家畜饲养的典型特点，是技术工具、人造物质原料、机械和种植管理只有同自然要素（如土地、水、果实种类和果实产量以及气候等）相结合的时候，才能发挥其特殊的有效作用。自从有了农业的文献资料以后，关于技术使用的三种基本原因便载入了文献：提高收成和效益，减轻繁重的体力劳动，保持和改善土地的肥沃程度。

作为19世纪上半叶工业革命的能源技术起点，化石能源的供应和使用彻底改变了农业。由拖拉机（1945年后在工业国家中迅速推广）替代拉车的牲口，化学方法生产的肥料（自1860年起，Fischer，1985年）替代了动物肥料，通过哈伯–博世合成法所实现的合成氮肥，以及同样也在非工业国家使用的含矿物质的肥料及合成杀虫剂（1945年以后，"绿色革命"），极大地提高了人类对自然的循环过程以及植物种植和动物饲养过程的干预能力。除此之外，私人的和公众的科学研究对农业的影响也在大幅度增加：分析化学，合成化学和制药化学，有用动植物的饲养研究，机械制造和信息技术。在经济合作和发展组织（Organization for Economic Co-operation and Development, OECD）国家中，这种农业经营和动物饲养的工业化得到了各国和欧盟机构各种政治、经济和社会措施的调控和扶持。

现代化的农业技术可以比照教科书分为三大领域：拖拉机和运输技术，植物生产技术和方法，动物饲养技术和方法（Eichhorn，1999 年）。所有三个领域都提出了关于社会、社会经济、生态和全球化的关联关系问题。其中，处于核心地位的问题：全球范围内公正保障所有人的食物供应，作为人的自主权表现的食物自主权，以及人的自然生存基础的保护。对本文作者来说，结合普遍的人权宣言（参见第 4 章第 B.1节）来看，高度的可持续性作为总体的标准化概念，乃是我们考察和探讨问题的基本原则。

世界农业和粮食供应的窘境

在过去的 70 年中，在农业技术方面形成了全球化农业经济的不均衡现象。一方面出现的是以大面积单一种植（一定面积，一种有用植物，少量的直至完全没有产量）和大规模牲畜饲养（参见第 4 章第 C.3 节）为特征的、大量使用能源和化学的（含有矿物质的肥料、杀虫剂、机械、人工灌溉）、专业化（植物种植和动物饲养分开）的农业实践。另一方面，是外部原材料经营投入极少的、混合种植和牲畜饲养的小规模农业实践（Weltagrarbericht，2009 年；2012 年）。在全球 5.36 亿个农户中，96% 的经营面积小于 10 公顷。这些小农户只经营着 21% 的农业面积，但是供养着非工业国家中 57% 的人口和 52% 的世界人口（FAO，2008 年）。除了至今仍然存在的历史和社会的（农业工人、租赁者、产业所有者）以及经济的（大面积土地占有、土地买卖）农业经济分化外，由于技术和企业结构的变化，又产生了新的分化现象。这些分化现象首先涉及农民企业中能源、材料和饲料的部分或全部的分割。专业化、大量生产和高强度使用导致了矛盾现象的出现。一方面，在 OECD 国家中出现了大宗农业产品（粮食、肉类）的过剩；另一方面，在非工业国家和所谓的新兴国家中，大约 10 亿人口长期以来缺乏食物供应，而另外的 10 亿人却因为错误的饮食而超重或患有肥胖症。

在饥饿和食品匮乏的中心地区，特别是南亚、撒哈拉以南的非洲地区和拉丁美洲，农户企业不能生产出足够的食品以供应人口之需。这里，重要的原因是贫瘠的土地、缺乏咨询和资金及社会支持、缺乏有保障的土地使用权、过少的生产资料（如

250

肥料）和大量的收获后的损失。贫困、缺乏资料和饥饿涉及三分之二的农村地区，特别是那里的妇女和儿童。农村地区匮乏的生活环境的结果（抑或更多的是一种原因），就是年轻劳动力（特别是男子）向城市地区的迁徙，这就造成了青壮年女性的劳动压力不断增加，而她们原本就承担着大部分的农业劳动。在过去的几十年中，农村的人口流失也发生在 OECD 国家中。然而，在许多非工业国家中，一如既往地有一半以上的人口是在从事农业生产，撒哈拉以南的非洲地区的数据是三分之二（Weltagrarbericht，2012 年，第 22 页）。数十年以来，由许多 OECD 国家根据所谓发展扶持和发展合作框架所提供的资金援助，直到今天也未能带来根本性的情况改善。必须进口基本食品的国家数量甚至还比以前有增无减。过去几十年中，提供农业资金援助的国家和机构呈不断下降的趋势，只是在近几年中才有所回升（BMZ，2011年）。这当中，给 OECD 国家的农业补贴大约是每年 2500 亿欧元，比给其他国家的数目高出数倍。在世界范围内，如今我们面临着一个巨大的不均衡现象：一方面是过剩，另一方面是极度缺乏。

到 2050 年/2100 年的预测、远景和形势

根据联合国的预测，到 2100 年世界的人口数量将会达到 100 亿。其中，特别是撒哈拉以南非洲地区的人口增长迅速（25 亿），中亚和南亚则稳定增长（4 亿）。考虑到上述的粮食缺口，解决 100 亿人的吃饭问题绝不会是件轻而易举之事。

联合国粮农组织和其他联合国组织预测，到 2030 年，人口的增长和饮食习惯的改变（更大比例的肉类，如牛肉和猪肉）将导致大约 50% 的粮食需求增长，到 2050 年将达到大约 80%。虽然需谨慎看待这些数字，但从中也可以看出，肉类生产的增加会进一步加剧动物饲料和人类食物之间的竞争。当前，全球范围内大约有 40% 的粮食收成用来作为动物饲料。除了居民区、交通道路和饲料种植的土地消耗之外，用于提取燃料目的的有用植物种植（包括粮食植物，如小麦、玉米和大豆）也呈强劲增长势头。尽管在科学上人们的看法一致，这种生物质的大量使用没有效率，并且无助于减少温室气体排放。但是，政治的框架政策制定（比如欧盟和美国）和经济的

利益还是一如既往、无所改变，甚至规模还有所扩大（Albrecht/Schorling，2010年）。从长远来看，用于生产粮食的肥沃土地的可使用面积，不仅贫瘠化，而且也受到其他竞争目的的限制。

为了有足够的粮食养活100亿人口，需要对粮食食品的生产进行改进，这个问题在科学上和政治上不存在争议。但是，对于"如何"进行改进却有截然不同的战略建议和观点：以如今现有的大量使用能源和化学品的农业为基础，粮食生产战略的方向应当是在世界范围内的优良产地提高粮食产量。这种经营方式所造成的巨大环境损害（生物多样性大量损失的原因之一），应当通过新型的农业技术——比如精准农业（precision farming）——来加以避免，也就是说，在农田耕作方面使用以卫星为依托的远程调查技术。新的技术创新成果，比如转基因的有益植物等，被视作世界范围内粮食保障和竞争能力的重要因素（DLG，1999年）。

与上述建议形成鲜明对比的是农业生态战略，其核心在于将农业文化纳入产地的生态系统，以及共生体的智能化利用。由此产生为数众多的、因产地而定的经营和运作方式。其中的核心要点：尽可能避免使用生产资料以外的能源和原料，利用和建立循环经济，尤其是牲畜饲养（包括养鱼）和农作物种植（包括树木和森林）的结合，尊重当地和传统知识的价值，以及当地对于保障粮食生产的所有要素的自主决定权（van der Ploeg，2009年；Weltagrarbericht，2009年，2012年；关于粮食生产自主权，参阅La Via Campesina，2006年；Bello，2010年）。

根据国际有机农业运动联合会（IFOAM，2012年）的规定所实行的生态土地利用方法，不仅基本上也同样充分利用生态农业的关联作用，而且还将其同动物伦理学和社会学的原则以及一种认证和控制体制结合起来。特别是最后一个要素在世界上的某些地区构成了一个很高的行业门槛。其原因在于，这里牵涉到物质的和制度的投入和建设问题，而在网络联系很差的农村地区的小企业很难承受得起这些费用。对于所有的战略建议来说，特别的难点是如下这个问题，即人们应当挖掘哪些潜在可能性来对粮食的供应进行改良。从数字的统计来看，当今世界上平均每人收获的粮食为4600千卡（kcal）。这个数字是劳动者一天所需摄取量的2倍。就全球情况而言，这些卡路里中的 13% 在粮食收获之后损失掉了，26% 用作了动物饲料，17% 在商业渠道中和消费者那里也损失掉了，这样最终只有 2000 卡路里是真正被吃掉的。重要的是，从这组全球的平均数字中，我们必须看到存在的巨大地区差异。一方面，非工业化国家中的农民企业那里大约会出现 40% 的收获后损失；另一方面，在诸如英国这样的国家，损失大约只有 15%。但是，英国 40% 的食品在最终消费者那里变成了垃圾，而这种情况在非工业国家中根本未见诸统计（Godfray 及其他学者，2010 年）。

伦理和道德争议

全世界有七分之一的人口不得不忍饥挨饿且生活在一贫如洗的状态中，而在其他地方，大量的食品却在被人为地糟蹋和浪费——这个事实不仅具有长久的道德意义，而且也是政治上的一个棘手的问题（EDK/德国主教大会，2003 年）。半个多世纪以来，饥饿一直是一个悬而未决的问题。因此，围绕着饥饿的原因和解决途径，就形成了旷日持久的争论。这些争论不仅针对农业技术，而且涉及整个农业文化，在全球化资本和商品潮流的时代，还涉及整个社会生产和消费结构。

处在人们认识社会知识中心地位的，常常是关于大自然的不同想象。这些想象经常被划分为相互对立的"人类中心论"和"自然中心论"两极范畴。有鉴于现代化农业技术的伦理道德内涵，有必要将我们的视野扩展到生态体系和局部及全球的相互关系方面去。世界上许多地方的宗教和神话都将地球视作一个整体，它由不可思议的神的力量所创造和安排，并被赋予意义（比如圣经里的创世纪，安第斯土著人的大地之母帕查玛玛，印度达摩的世界秩序等）。人类的群体生活因为这个整体的世界而成为可能，并在此整体世界中续存。因此，我们人为了自己的需求可以利用大地的财富和奉献，但是不能破坏它们。知识作为只有人才拥有的能力和天赋，就像古罗马神话里的两面神杰纳斯①一样，既可以用来为地球的福祉服务，也可以为一己之私去为

---

① 杰纳斯（Janus，汉译"杰纳斯"或"雅努斯"）在罗马神话中是天门神，早晨打开天门，让阳光普照人间，晚上又把天门关上，使黑暗降临大地。他的头部前后各有一副面孔，同时看着两个不同方向，一副看着过去，一副看着未来，因此也称两面神。

否定的力量服务（Weltagrarbericht，2009年，第213页及下几页）。人的角色是"职责的执行者角色，这个职责能被他自己所认识，但不是由他所创造的"（Jonas，1994年，第401页）。

252　　由环境、气候、土壤、能源、农业和自然保护研究及生物多样化研究组成的自然科学学科已经从多种角度揭示（虽然始终还存在很大的知识缺口），地球是一个相互联系的完整系统。在这个系统中，多种多样的生态系统为人类的生存制造出不可或缺的、技术上无法替代的福利和产品（Schellnhuber及其他学者，2010年）。在此基础上，1945年以后出现了一个和宗教及超验学说无关的，与生物化土地耕种的知识和规范要求（Howard，2006a，b；Priebe，1990年）有密切联系的土地伦理学（Leopold，1992年）。但是，假如大自然及周围环境被构想成可以利用的自然资源的话（参见第4章第C.2节），那么，有机体和生态体系就变成了不同的因素，土地经营（农业）就像其他门类一样成了一个经济分支。在这个分支里，金钱上的成功乃是首要的，其他的效益皆被排除在外。在这样的世界观中，没有作为人在其中生活的生命联合体的整体存在，而只有零碎部分（因子）存在，它们在生产中为了利润被组合在一起，然后被拿到市场去销售。与之相对应，动物、植物、肥沃的土地和生态系统也被视为为了获得金钱可以讨价还价及技术处理的零碎物质（Eichhorn，1999年）。本文因篇幅所限不得已对上述的基本观点一笔带过，目的是简单描画关于现代化农业技术所进行的伦理学和政治争论的领域范围所在。其中，关于诸如转基因植物和动物的最新技术可行性的讨论（Ferrari及其他学者，2010年；参见第4章第C.3节），乃是建立在以往的技术改变基础之上，比如专业化，不符合物种生活习惯的大规模牲畜饲养，化学品和药物的使用，土地板结和侵蚀等，并且同这些技术相关联。

争论首先涉及伦理学的两个根本问题：尊重生命体的问题（关于生命哲学，参见第4章第A.4节）和公正的（农业）社会制度问题。当前，人类的组织机构在农业技术和农业工业化方面的行为可能性不断增加（这点被解读为"技术干预深度"），在增加的程度中，出现了两个根本性的变化。其中的一个变化涉及农业人员和生态体系之间关系的异化，特别是因食物链、利用链和生产链所引起的生态体系的循环过程和流程。它从土地耕作开始，然后到有毒植物化学品的使用（"植物保护"），最后到作物收割和后续加工。

家畜方面也是同样的情况。为了供应大宗市场而从事的动物饲养，绝大部分只集中在全球范围内少数几家企业中，同时，动物的填饲式饲养法也主要在专业化的企业中进行。企业经营的效率要求主宰着各种流程，其结果是，动物的生活环境从饲料到饲养条件直至屠宰过程都不符合种类的生活要求，直接虐待动物的情况也时有所闻。然而，异化现象并非只涉及工作流程的参与者，而且同样涉及商业和消费者，在他们眼里，动物只是表现为有光鲜亮丽包装的、无生命的商品罢了。

从技术和企业组织的角度来讲，关于常见植物和动物（从地下的到野生的直至家畜）生命知识的不同看法已经越来越极端化，以至于有关出于何种目的（动物伦理学）而要对破坏生命的行为进行辩护和对其负责的问题，有可能显得十分滑稽可笑。前文提到过的各种过程类型在全球范围内（并非是遍及全球，但是在五大洲）都有发生。农业食品领域里新型的垂直结构的世界级公司，引起了关于公正的（农业）社会化秩序这个道德哲学的核心问题的提出（参见第4章第B.9节）。"农业的责任在于生命范畴和养活人类……生命是人类一直所需要的，而且还将永远需要。但是，虽然具有这样一个不变的且不可改变的天职，农业参与到了生产和经营的巨大变革之中。"（EKD，1966年，第9页）当这样一个立场认识被写进相关文件的时候，那时在人们对工业和科技进步的期待中才刚刚出现最早的裂痕（参见第3章第5节）。今天，世界的局势已经发生了巨大的变化。人类许多生活基础的有限性已经更加明显地摆在了人们面前，特别是肥沃土地的问题。换算成世界人口的平均数字，直到2100年，每人所拥有的肥沃土地将持续减少，从现在大约7000平方米下降到4500平方米左右。但是，在这个问题上已经有人拿出了技术的解决办法，比如将植物的种植迁移到高层楼房上去，楼房顶上用营养液和灯光进行种植（所谓的空中农场）。伴随着工业化一起出现的环境破坏不仅加快和常态化了土地肥沃程 253

度的下降，而且也加快和常态化了城市发展、能源开发和食品生产之间就肥沃土地利用问题的竞争。这种状况所带来的窘迫的道德后果是城市化、交通道路和用于能源利用的植物种植破坏，并减少了优良和肥沃的土地，威胁到了食品保障最为重要的基础。

在发展中国家和一些 OECD 国家，今天还有相当一部分人口生活在农村或是依靠农业维持生活。农业文化和农业结构的历史并不是单由技术的可能性所书写的。在世界上绝大多数国家里，都还有家庭农业经济，他们存在于商业化和工业化的农业之前和之后，或是与之并存（van der Ploeg，2009 年）。只有在人类社会的一种社会化秩序得以保存和获得新的发展，并且工业化和城市化生活的虚幻前提得以纠正的情况下，包含在"普通人权宣言"（参见第4章第 B.1 节）之中的对食物的权利才能够被物质化。构筑一个满足可持续性发展（参见第4章第 B.10 节）基本要求的社会任务，若是没有广泛的自然生活基础范围中的一个根本新秩序的话，是不可能完成的。这一点也描述了以可持续性发展为导向的农业技术所面临的巨大挑战，"我们的任务不是通过技术来控制自然，而是*使技术适应自然的法则*"（Priebe，1990 年，第 98 页）。

参考文献

Albrecht，Stephan/Schorling，Markus：Arbiträre Politik & Technology Governance. Das Problem der Pflanzentreibstoffe. In：Georg Aichholzer/Alfons Bora/Stephan Bröchler/Michael Decker/Michael Latzer（Hg.）：*Technology Governance. Der Beitrag der Technikfolgenabschätzung.* Berlin 2010，279 – 290.

Bello，Walden：*Politik des Hungers.* Berlin 2010（engl. 2009）.

Bundesministerium für wirtschaftliche Zusammenarbeit und Entwicklung（BMZ）：*Entwicklung ländlicher Räume und ihr Beitrag zur Ernährungssicherung. Konzept*（BMZ Strategiepapiere 1/2011）. Bonn 2011.

Deutsche Landwirtschaftsgesellschaft（DLG）（Hg.）：*Landwirtschaft 2010. Welche Wege führen in die Zukunft?* Frankfurt a. M. 1999.

Eichhorn, Horst (Hg.): *Landtechnik.* Stuttgart [7] 1999.

Evangelische Kirche in Deutschland (EKD): *Neuordnung der Landwirtschaft. Eine evangelische Denkschrift mit Erläuterungen.* Hg. von Eberhard Müller. Hamburg 1966.

Evangelische Kirche in Deutschland und Deutsche Bischofskonferenz (Hg.): *Neuorientierung für eine nachhaltige Landwirtschaft. Ein Diskussionsbeitrag zur Lageder Landwirtschaft.* Hannover/Bonn 2003.

FAO (Food and Agriculture Organization of the United Nations): *World Census of Agriculture.* Rom 2008.

Ferrari, Ariana/Coenen, Chrisopher/Grunwald, Armin/Sauter, Arnold: *Animal Enhancement. Neue technische Möglichkeiten und ethische Fragen.* Bern 2010.

Fischer, Wolfram: Wirtschaft und Gesellschaft Europas 1850 – 1914. In: Ders. (Hg.): *Handbuch der Europäischen Wirtschafts-und Sozialgeschichte.* Bd. 5. Stuttgart 1985, 10 – 207, insbes. 137 – 147.

Godfray, H. Charles J. et al.: Food Security: The Challenge of Feeding 9 Billion People. In: *Science* 327 (2010), 812 – 818.

Howard, Sir Albert: *Farming & Gardening for Health or Disease* [1945]. Bristol 2006a.

– : *The Soil and Health. A Study of Organic Agriculture* [1947]. With a new introduction by Wendell Berry. Kentucky 2006b.

International Federation of Organic Agricultural Movements (IFOAM): *Prinzipien des ÖkoLandbaus.* Bonn. In: http://www.ifoam.org/sites/default/files/poa_ folder_ german.pdf (01. 07. 2013).

Jonas, Hans: *Das Prinzip Leben.* Frankfurt a. M./Leipzig 1994.

La Via Campesina: *Rice and Food Sovereignty in Asia Pacific.* Contributions and Final Declaration of the Asia Pacific People Conference on Rice and Food Sovereignty, 14. – 18. Mai 2006. Jakarta 2006.

Leopold, Aldo: *Am Anfang war die Erde. Sand County Almanac* [1949]. München 1992.

Priebe, Hermann: *Die subventionierte Naturzerstörung. Plädoyer für eine neue Agrarkultur.* München 1990.

Reichert, Tobias/Lanje, Kerstin/Paasch, Armin: *Wer ernährt die Welt? Die europäische Agrarpolitik und Hunger in Entwicklungsländern.* Hg. vom Bischöflichen Hilfswerk Misereor. Aachen 2011.

Schellnhuber, Hans Joachim/Molina, Mario/Stern, Nicholas/Huber Veronika/Kadner, Susanne (Hg.): *Global Sustainability. A Nobel Cause.* Cambridge 2010.

Van der Ploeg, Jan Douwe: *The New Peasantries. Struggles for Autonomy and Sustainability in an Era of Empire and Globalization.* London 2009.

Von der Goltz, Theodor: *Geschichte der deutschen Landwirtschaft.* 2 Bde. Stuttgart 1902/1903 (autor. Nachdr. Kettwig 2000).

Wallerstein, Immanuel: *Capitalist Agriculture and the Origins of the European World-Economy in* the Sixteenth Century. The Modern World-System I [1974]. Berkeley 2011.

Weltagrarbericht：Synthesebericht. Hg. von Stephan Albrecht und Albert Engel. Hamburg 2009.

— ：Regionalbericht Afrika südlich der Sahara. Hg. von Stephan Albrecht. Hamburg 2012.

斯特凡·阿尔布莱希特（Stephan Albrecht）

第2节　气候技术

254　　"气候技术"一词被用来指称人类对气候系统的大规模技术干涉，其目的是平衡由人类所造成的气候变化。除了缓解（Mitigation）和适应（Adaptation）措施之外，气候工程学处理方法还构成了一个第三类范畴，即对人类所造成的气候变化做出的可能反应（Keith，2000年）。

从技术上说，气候工程学处理方法可分为两种类型。所谓的太阳辐射管理法（Solar Radiation Management，SRM）包含了直接控制地球辐射量的各种方法，其中有将硫黄以硫酸盐气溶剂的形式释放到高层大气层的方法，在太空安装太阳伞的方法，用技术影响海洋云层形成的方法，等等。所有这些方法要么将"地球罩起来"，要么"使地球明亮起来"，其结果是使地球的温度下降，抵消全球变暖。

与SRM法不同，二氧化碳消除法（Carbon Dioxide Removal，CDR）不是直接干涉太阳对地球的辐射量，而是对全球的二氧化碳的循环进行干涉。CDR方法试图去除大气中的二氧化碳，从而终结由人类造成的温室气体效应。针对这个方法，人们有完全不同的技术实施建议：采用将二氧化碳从周围空气中分离的机械装置（Air Capture），大规模植树造林，可能的话与木炭生产一同进行（Bio Char），在缺乏养分的海洋区域大面积播撒铁（Ocean Fertilization），或者将海洋的不同水层进行更多的混合（Enhanced Upwelling）。

不仅在SRM方法和CDR方法之间，而且也在此范畴之内的特殊气候工程学处理方法之间，针对其效率、不安全性、衍生后果、成本和分配作用等，存在不同的实质性区别。因此，归根结底，应当视具体情况来对气候技术的方法进行评价。本文中，作者仅能够就那些跨范围的、基本上符合个别方法的难点和问题予以分析和阐述。

气候技术的概念历史很短，亦即 2009 年以后才刚崭露头角，其用意是将上面提到的方法同其他对大自然大规模技术干预及被称为"地球工程"的方法相区别（参见第 5 章第 6 节）。这里，地球工程的含义，是指那些 20 世纪多次进行的（不成功的）、大规模系统化对天气的影响尝试（参阅 Fleming，2010 年）。在以往数十年中，没有从科学上针对人类大规模对气候系统的干预进行过讨论。这一情况在 2006 年发生了迅速的改变。其时，保尔·克鲁岑在一篇影响广泛的文章中呼吁对 SRM 方法进行研究（Crutzen，2006 年）。此后，出现了一批涉猎广泛的科学文献，当中包括了伦理学、法学、经济学、政治学和自然科学的观点和见解。其中，英国皇家学会的"地球气候工程"报告成了气候技术探讨方面重要的里程碑和参照点（Royal Society，2009 年）。

在关于气候技术的争论中，不仅是技术的使用，而且对这些技术的研究都是颇有争议的。使用和研究的问题在这里紧紧地联系在一起：谁若是认为这项技术在未来是可以使用的，甚至认为是一项使命，那么他同样也赞同对相关的方法进行研究。反之，谁若是反对这项技术的使用，认为道德上是行不通的，那么，方法的研究也失去了自己一个重要的理由。下文将针对争论中涉及这两个核心问题的重要观点予以简要的介绍（参阅 Betz/Cacean 等，2011 年）。

赞同使用气候工程学处理方法的理由

在关于气候工程学处理方法未来是否应该使用或至少应该做好使用准备的问题上，人们从三个不同的视角提出了各自的理由：*两害相权取其轻*（Lesser Evil）的理由，效果和可行性的考量，雄心勃勃的气候保护目标。

*两害相权取其轻*在论证对气候技术的需求时所提出的理由是，在紧急的气候

情况下，这项技术的使用可能是两种危害当中后果较轻的那个，亦即不得已而为之的手段（Schneider，1996 年；Gardiner，2010 年；Betz，2012 年）。对于这种紧急情况，我们今天就应当未雨绸缪，准备好相应的技术方案。至于产生气候紧急情况的原因，人们的看法是：一方面，气候的敏感性的确可能已非常之高，换句话说，二氧化碳浓度的些许提高就可能导致全球范围温度上升几度；另一方面，出现根本无法采取有效的全球气候保护措施的情况。当几十年后气候紧急情况发生时，人类就将面临选择，要么坐视灾难性的气候变化继续发生，要么借助气候工程学处理方法（难免风险更大）来应对人类所造成的气候变化。*两害相权取其轻*的理由所要说明的是，在一个假设的情况下，气候技术的使用是两种危害当中较小的那种。

效果和可行性考量（在预防考量基础上）要明显比*两害相权取其轻*理由走得更远。这种理由的观点是无论在什么情况下（不仅在紧急气候情况下），气候工程学处理方法都要优于单纯的避免和适应措施。这里，对气候系统大规模的技术干预不是被看作*缓解*和适应措施的补充，而是真正的替代。其理由是，首先，使用气候工程学处理方法能够扭转危险的气候变化局面，因而绝大部分人类并不需要改变他们辛苦得来的生活方式。其次，因为有了这样的技术，全球范围内在保护气候上的认识统一就没有必要了：即便是少数几个决心坚定的国家就可以用气候技术扭转灾难性的气候后果。最后，从经济上来看，这一技术也要优于可选的缓解和适应措施，因为它的成本效益更大更高。特别是这里提到的经济效益因素，在相关的学术文献中遭到详细的批判（参阅 Ott，2010a，2010b）。其中有专家学者指出，相关推测完全忽视了此项技术在全球范围使用的间接效应和宏观经济的后果，无法反映出实际的成本问题。

提出赞同气候技术使用的第三种论证理由的学派认为，假如没有气候技术，雄心勃勃的气候保护目标根本无法实现（比如 Greene 及其他学者，2010 年）。通常来说，这种理由不仅见诸把温度上升控制在 2 摄氏度以下目标的说法，而且也建立在较低的二氧化碳浓度的目标之上（大气层中二氧化碳含量大约为 350ppm）。不管怎么说，这样的理由论证必要要做如下两项工作：其一，持有这种观点的人必须证明，人们应当实实在在地去实现这一雄心勃勃的气候目标；其二，他们必须阐明，这一气候目标没有气候技术是根本无法实现的。

反对使用气候工程学处理方法的理由

与赞同使用气候技术及做好技术准备工作的理由针锋相对的是一系列反对派的意见，特别是风险伦理学、正义论、地缘政治、自然伦理学和文明批判的理由。

反对风险论的意见认为，气候技术存在不安全因素，因而在道义上是错误的。举例来说，按照可逆性观点的要求，风险技术的主观和非主观后果必须是可逆性的——而气候技术恰恰不具备这一特点（Jamieson，1996年）。第二种反对意见强调，我们今天关于在大规模技术介入气候系统的效应和附带后果方面的知识缺口不会越来越小，亦即无法通过科研加以消除（Bunzl，2009年；Sardemann 及其他学者，2010年）。第三种反对意见瞄准的是所谓的*终止问题*：他们认为气候技术一旦投入使用，就没有退出的选择，因为强行的终止会带来灾难性的后果，比如，十年间气温陡然上升若干度（Robock，2008年），等等。在整个风险伦理学的论据当中，预防原则（参见第6章第3节）起着核心的作用（Elliott，2010年）。

正义论的理由涉及气候技术使用的代内和跨代的效应分配问题（参阅 Bunzl，2008年）。效应分配产生于不同的原因：比如，*太阳辐射管理法*只能部分抵消人类造成的气候后果（大洋的酸性化无法消除），除此之外，还会出现明显的区域气温和雨量模型的变化。有鉴于此，气候技术的受益者和受损失者不会相安无事。根据不同的正义价值论，这些后果或多或少地可以被评判为是不公正的（参见第4章第 B.9节）。256

地缘政治一方面提醒人们注意双重利用的问题（参见第4章第 C.11节），因为气候技术始终有可能被用作军事目的。另一方面他们又提醒人们注意，对气候大规模技术调节的能力会引起新冲突的潜在可能性，甚至引发军事上的对立和争端。

自然伦理学的反对意见抨击道，气候技术的使用导致了自然状态和原始状态前所未有的损失。

最后，技术和文明批判论没有表达对气候技术的基本好感，认为它是一种值得怀疑的世界观的表现（参阅 ETC Group，2010 年）。例如他们反驳道，此类技术建立在过分的自恃过高基础上，因而必遭报应（狂妄自大论点）；抑或，气候技术乃是骗人的江湖郎中的雕虫小技，根本不能对症下药。

科研的衍生后果

在气候技术的争论中，使用和研究的问题相辅相成。因为，假如使用遭到否决，那么气候技术的研究就少了一个重要的论据。不过，即使与技术的使用无关，也存在直接赞同和反对技术研究的道义思考。以衍生后果为对象的对气候技术研究地批判就是其中之一（参阅 Robock 等，2008 年；Ott，2010a）。

作为整个气候技术争论最著名的论据之一，所谓的*道德风险*（Moral Hazard）问题提出一种预测：相关技术的研究就已经可能导致对缓解措施的明显不利影响（参阅 Corner/Pidgeon 等，2010 年），而这一点是不能让人接受的。有学者列举出不同的（心理学的和社会经济学的）机制，因为这些机制，气候技术的研究有可能阻碍了其他的气候保护措施。随着气候技术研究的展开，出现了一种可能改变社会参与者（理性的）风险认识的新方法，其结果就是，气候后果被认为不那么糟糕（因为可以得到纠正）；研究工作可能引起一场不切实际的错误宣传；为研究工作所准备的资源不再提供给其他的气候保护措施所用；对气候技术研究的资金支持可能会形成否定缓解措施的各种利益群体。

除了*道德风险*异议外，还有其他反对气候技术研究的意见，并且其技术研究（可能）导致的负面衍生后果被一一列举出来了。自由发展观的论点提醒人们，一旦相关研究被启动，那么在政治上就不可能再停下来，因而不可避免地将导致技术的开发和最后投入使用。另一种论点认为，倘若技术的研究达到了可以投入使用的程度，那么片面的使用会造成危险。此外，还有观点认为，气候技术研究应当借助于大规模的、贴近实际使用的野外实验。这是因为，只有通过野外实验才能够准确检验其有效性和附带后果（Robock 及其他学者，2010 年）。最后，有学者以制药行业为类比对象并提出意见，气候技术研究和最终开发出的应用方法可能都被大公司从商业上所控制和垄断。

其他赞同和反对气候技术研究的理由

在气候技术争论中，除了关于衍生后果的反对意见外，我们至少还听到两种基本的反对理由（Ott，2010a）。*风险转嫁*（Risk Transfer）观点认为，由于对气候系统大规模技术干涉的研究和规划，人们便以非正当的方式将风险转嫁给了后代。因为，每一代人都应该尽可能地自己解决他们自己所制造的问题。这里，*风险转嫁*观点所依据的基础，乃是跨代公正性的原则（参见第 4 章第 B.10 节），而*非知情赞同*（No Informed Consent）论点所代表的一种民主论的思想。其观点在于，只有在所有受牵连的人群都知情和同意的情况下，气候技术研究才是正当的，这样一个全球性的合法化手续当前是无法实现的。

气候技术在未来（可能）的投入使用，绝非被列举的研究该技术的唯一原因。人们还借助基本的科研伦理学思考，来论证气候技术研究的必要性（参阅 Gardiner，2010 年）：研究本身还并非意味着一定要加以应用；科研的自由原则不允许人们禁止气候技术的研究。其他的赞同观点从工具和手段的角度论证了相关技术的必要性：正如核心的科研论证理由所阐明的那样，科研服务于特定的目的，气候技术研究的目的并不仅仅就是要将该技术准备投入使用。反之，技术研究应当瞄准的目标是揭示迄今为止被低估了的风险，从而避免操之过急地投入使用。无独有偶，同样的论点还在于，气候技术研究的目的是要加强避免后果出现的措施，同时为该项技术并不构成一个*缓解*（Mitigation）措施的有效和吸引人的替代方案提供证明。

管理问题

赞同和反对气候技术使用的研究的道德论据，以各自的标准化和描述性的前提为前提条件。其中，预测（针对后果、措施的效率、分配效应等）属于典型的描述性前提范畴。有些预测具有社会和经济的性质：它们做出社会的或是经济的预测。这些预测是否真的发生，完全决定于社会和经济的框架条件，尤其决定于组织机构和法律方面的框架条件。换句话说：组织机构和国家法的体系能够决定某些论据的前提是正确的还是错误的。因而，道德的争论会有助于（全球管理意义上的）管理措施的制定，这些措施至少可以消除一些针对气候技术的批评的锋芒。

相关的研究计划

　　许多跨学科的项目都在对气候技术措施进行研究，其中，并非技术的开发，而是技术风险的研究以及对社会学和伦理学层面的考虑，通常都处在首要的地位。这里，典型的例子为：地球工程计划综合评估（Integrated Assessment of Geoengineering Proposals），2010 ~ 2014 年（英国）；欧洲气候技术跨学科评估（European Trans-disciplinary Assessment of Climate Engineering），2012 ~ 2014 年（欧盟）；德国科学基金会气候技术重点计划：风险、挑战、机遇（DFG Schwerpunktprogramm Climate Engineering：Risks，Challenges，Opportunities），2012 ~ 2018 年（德国）。

参考文献

Betz，Gregor：The case for climate engineering research：An analysis of the »arm the future« argument．In：*Climatic Change* 111/2（2012），473 – 485．

　－ /Cacean，Sebastian：*Ethical Aspects of Climate Engineering*．Karlsruhe 2012．http：// dx. doi. org/10. 5445/KSP/1000028245（22. 04. 2013）．

Bunzl，Martin：An ethical assessment of geoengineering．In：*Bulletin of the Atomic Scientists* 64/2（2008），18．

　－ ：Researching geoengineering：should not or could not？In：*Environmental Research Letters* 4（2009），045104．

Corner, Adam/Pidgeon, Nick: Geoengineering the climate: The social and ethical implications. In: *Environment* 52/1 (2010), 24 – 37.

Crutzen, Paul: Albedo enhancement by stratospheric sulfur injections: A contribution to resolve a policy dilemma? In: *Climatic Change* 77/3 – 4 (2006), 211 – 220.

Elliott, Kevin C.: Geoengineering and the precautionary principle. In: *International Journal of Applied Philosophy* 24/2 (2010), 237 – 253.

ETC Group: *Geopiracy: The Case Against Geoengineering*. Stockholm 2010.

Fleming, James Rodger: *Fixing the Sky: Checkered History of Weather and Climate Control*. New York 2010.

Gardiner, Stephen M.: Is »Arming the future« with geoen-gineering really the lesser evil? Some doubts about the ethics of intentionally manipulating the climate system. In: Stephen M. Gardiner/Dale Jamieson/Simon Caney (Hg.): *Climate Ethics: Essential Readings*. Oxford 2010, 284 – 312.

Greene, Chuck/Monger, Bruce/Huntley, Mark: Geoengi -neering: The inescapable truth of getting to 350. In: *Solutions* 1/5 (2010), 57 – 66.

Jamieson, Dale: Ethics and intentional climate change. In: *Climatic Change* 33/3 (1996), 323 – 336.

Keith, David W.: Geoengineering the climate: History and prospect. In: *Annual Review of Energy and the Environment* 25 (2000), 245 – 284.

Ott, Konrad: Argumente für und wider »Climate Engineering«. Versuch einer Kartierung. In: *Technikfolgenabschätzung-Theorie und Praxis* 19/2 (2010a), 32 – 43.

– : Die letzte Versuchung: Geo-Engineering als Ausweg aus der Klimapolitik? In: *Internationale Politik* 66/1 (2010b), 58 – 65.

Robock, Alan: 20 reasons why geoengineering may be a bad idea. In: *Bulletin of the Atomic Scientists* 64/2 (2008), 14 – 18.

– /Bunzl, Martin/Kravitz, Ben/Stenchikov, Georgiy L.: A test for geoengineering? In: *Science* 327/5965 (2010), 530 – 531.

Royal Society: *Geoengineering the Climate: Science, Governance and Uncertainty*. London 2009.

Sardemann, Gerhard/Grunwald, Armin: Einführung in den Schwerpunkt. In: *Technikfolgenabschätzung-Theorie und Praxis* 19/2 (2010), 4 – 7.

Schneider, Stephen: Geoengineering: Could or should we do it? In: *Climatic Change* 33/3 (1996), 291 – 302.

格雷戈尔·贝茨（Gregor Betz）

第 3 节 电脑游戏

电脑游戏是游戏的一种，亦即所有的行为均以已有的规则为基础。此外，电脑游戏有明确定义的目标，目标的实现决定了游戏的胜负。与电影和书籍这类媒体不同（参见第 5 章第 13 节），电脑游戏取决于玩家的行为表现。由于游戏不存在于日常的现实中，所以，这种行为发生在一个*魔幻的环境*（magic circle）之中：遵守规则的目的是要体验游戏——全身心地沉浸到游戏当中，将自己置之度外——虽然规则是随心所欲制定的，游戏初看起来也没什么后果影响。此外，游戏还常常讲述着这样那样的故事（Juul，2005 年）。

多数游戏都用显示器和扬声器将视觉和听觉元素表现出来，玩家必须对之进行诠释，然后再用一个特殊的工具——键盘、控制器等——输入一个指令。软件在电脑硬件的帮助下对这些反应进行计算，所以，主机游戏也属于这个定义范围。

最初的电脑游戏是由技术人员在业余时间设计制作的产品，他们是当时少数能够接触到计算机的一些人。最早的游戏有海金博赛姆①的"双人网球"（1958 年），还有罗素②/格雷茨/魏太宁的"太空大战！"（1962 年）。在电脑游戏刚起步的几十年里，只有少数几个人既设计硬件又同时设计软件（Pias，2000 年）。在 1970 年到 1985 年经济大起大落的阶段，游戏产业逐渐分为街机游戏、家用机游戏和个人电脑游戏。1985 年以后，游戏产业得到了持续的发展。随着电子游戏的广泛传播，局域网聚会（LAN Partys）和（现在至少在德国是准职业性的）电子竞技（eSports）开始流传开来，互联网更是让持续在线的虚幻世界成为可能。

2000 年以后，只需很少时间投入的*休闲游戏*（Casual Games）吸引了迄今为止被忽略的客户群体。随着 2006 年 Nintendo Wii 和 2010 年用在 Xbox 360 上的 Microsoft

---

① 海金博赛姆（William Higinbotham），1910—1994，曾供职于美国布鲁克海文国家实验室，于 1958 年设计出了世界上第一款视频游戏。

② 罗素（Steve Russell），1937 年生于美国，1962 年就读于麻省理工学院时和几个同学一起设计出了双人射击游戏"太空大战！"

Kinect 推向市场，注重身体运动的游戏诞生了。智能手机和平板电脑都带有各种游戏，并且进一步推进了始终在线联网以及和其他人打游戏的趋势。此外，所谓的*移动游戏*（Mobile Gaming）使对 GPS 的利用成为可能，从而把游戏同利用玩家现时的所在地点联系在一起。通过视觉的附加信息来扩大物理的现实，即所谓的*增强现实*（Augmented Reality，参见第5章第25节），还将在未来开启更多的游戏可能性。在电脑只属于少数人的特权国家里，人们首先是用手机以及在游戏室里玩游戏。

259

传播

根据科万特①和其他学者的一份研究报告（2011年），德国有 30% 的男性公民称自己是经常玩游戏的人，而女性只有不到 20%。按照年龄划分，玩游戏的人数从 10 岁到 17 岁人群的 67.1% 下降到 65 岁以上人群的 9.7%。我们可以预测，今后几年中玩游戏的人数将有增无减。在韩国和日本，电脑游戏如今已经成了日常生活中很平常的一部分。

上述的研究报告证实女性对无须很长时间入门的休闲游戏情有独钟，而男士们则喜欢以投入精力为条件的游戏，特别是战略决策、赛车和分角色的游戏。由于电脑游戏算是"男孩们的玩具"，所以对女性来说就没有多少自由尽兴游戏的空间，这就妨碍了无性别游戏的传播（Yee，2008年）。

时下，"孤独玩家"的传说已经绝迹。游戏室、局域网聚会、聚会电子游戏和在线游戏已经显示出或正在显示出社会互动对玩家的意义。不过，在公众的讨论中，视频关系在很大程度上还是"非现实的"，虽然这种关系有非常现实的后果。

自 2008 年以来，德国的电脑游戏开发工程师联合会成了德国文化委员会的成员，因此，电脑游戏成了一种文化财富（Zimmermann/Geißler，2008年）。除了大型的游戏制造商和分销商外，近年来出现了一种独立运作的圈子，个人和小型团体在里面共

---

① 科万特（Thorsten Quandt），本文参考文献中所列作者，德国明斯特大学传媒和通信技术教授。

同制作有不同内容和游戏功能的游戏软件（Anthropy，2012 年）。此外，在游戏行业中还存在一个十分活跃的艺术圈子（它们之间有部分交叉情况）。

游戏作为经济的资源

电脑游戏行业在过去的近 20 年中持续增长。2011 年全球的销售额为 560 亿美元，其中光是德国就有 19.9 亿欧元，依靠可下载的附加内容或是订购费运作的商业模式占到大约 20% 的比例，并继续见涨。电脑游戏大多数都由游戏工作室开发，然后再由大型的分销商销售和做市场推广。

电脑游戏随着特定的生产技术的进步而发展，所以，现代的战略决策游戏的发明是与不断进步的数据库系统相关联的。如今，电脑游戏也将日常工作中的要求转化成了游戏式的要求（Pias，2000 年；Nohr，2008 年）。在经济领域已经出现了通过打分来赋予劳动过程的行为以游戏性质的初步尝试，这种过程被称作*游戏化*（Gamification）。

在其他领域里，以长期升级视觉化人物为目的的角色游戏，发展成了带有相应的人物和物品的行为，其结果就是近来广为流行的*打金*（Gold farming）。换种说法就是，有些人是通过投入大量时间"打造"可视化的人物并将之卖掉来挣钱养活自己。但是，鉴于这里对挣钱的依赖性，这种行为不是真正意义上的游戏。

通过游戏学习知识

游戏历来就被用作教学的工具。如今，电脑游戏至少传授给人们如何使用电脑的知识。关于*建立在游戏基础上的知识学习*（Game-Based Learning）的研究所探讨的乃是借助电脑游戏传授特定知识内容的可能性（有关梗概参阅 Breuer，2010 年）。由于电脑的普及，在青少年中使用电脑游戏进行教学是个很好的吸引他们对某个主题感兴趣的入门手段。

260　　　游戏是建立在那些可视为对持续的知识学习有促进作用的原则上的。因此，游戏者可以自己决定，如何去利用游戏所提供的各种内容。为了取胜，他们必须积极主动和建设性地与媒体的内容打交道。除此之外，游戏是娱乐性的，所以很长一段时间大家对它的看法有分歧。如果所要传授的知识不是停留在宣讲的层面上，而是游戏行为的一部分的话，那么，知识传达的效果明显更好些（Gee，2007 年）。

不少动作游戏首先训练的是手和眼的协调以及反应速度，而其他的游戏所传达的是企业有效经营的基础知识，还有一类游戏是要提高人们的创造力或自我检查能力。假如和其他人一起玩游戏的话，那么通过互动常常可以传达社会的交际能力。交际能力的提高很重要的一点是依情况而定的融入。在有资质的老师的陪伴下，不同的主流游戏也可以运用于课堂教学之中。而教育游戏（Educational Games）和严肃游戏（Serious Games）则是专为传授知识开发的游戏（Ritterfeld 及其他学者，2009 年）。有争议的是将电脑游戏用于军事训练。

除此之外，游戏为人们创造了各种体验的场所，这些场所最终使游戏以外的世界观的取向成了可能。当然，媒体内容不仅复制世界，而且还构建一个超出其外的世界（参见第 5 章第 13 节）。游戏中所使用的符号需要从上下文中获得它们的意义，因此就要求人们传授一种游戏的阅读能力，这种能力可以使游戏者懂得社会和历史的关联关系。游戏可以有的放矢地传播伦理学的经验，其方法就是让他们面对道德的困境，或是普遍地促使他们进行自我反思（Zagal，2012 年）。

上瘾

判断玩电脑游戏是否成瘾，人们常常用单个玩家过度沉溺于电脑游戏作为例证。有 11.2% 从 14 岁到 17 岁的青少年属于电脑玩得特别多的人，也就是说每天超过 3 小时（Quandt 及其他学者，2011 年）。但是，玩电脑的次数和时间长短并不是判断是否成瘾的标准。一旦玩电脑带来了问题和后果，比如忽视了游戏外的社会关系，耽误了工作和学习任务等，这才是真正的游戏成瘾（有关概论参阅 Fritz 及其他学者，2011 年）。

"电脑游戏成瘾"是不是专门的上瘾形式，或者是否表现为一种作为其他病理学状态表现的附带成瘾形式，这个问题始终没有明确答案。特别是如何将其同"上网成瘾"区别开来（这个问题也存在争议），成了一个实际的难题。美国精神病学会于2007 年决定，将"视觉游戏嗜好"收录到其《精神障碍诊断和统计手册》（DSM）当中，其原因在于诊断结果无法明确。

"行为癖好－电脑游戏上瘾"的诊断标准常常以毒品嗜好和赌博嗜好的标准为依据，也就是说，这类检查是按照"DSM"或世界卫生组织的"国际疾病分类法"颁布的标准目录进行的。在此基础之上，再对嗜好有关的想法、行为方式和后果进行检查。

根据所用的方法不同，认为存在上瘾现象的研究学者发现，在被检查的人员当中有 1% ~ 8.5% 的人具有病例游戏成瘾症状，其中牵涉到的男性人数要多于女性。有危险的人数估计在 13% ~ 15%（Kuss/Griffiths，2012 年）。不过，许多调查所显示的下行数值都相对较小。研究人员主要都以青少年为对象，因而其代表性有欠准确。

教育程度不是形成癖好的因素。特别重要的因素通常是缺少对接触媒体的限制，尤其是长时间沉溺于电脑游戏。电脑游戏成瘾似乎和怕上学、不能集中精力有关。同时研究人员还发现，嗜玩游戏的人具有特殊的认知能力和很强的组织才能。但是，他们在电脑上体验的这些社会能力没有被转化到游戏之外去。研究人员还发现，有病理症状的这些电脑玩家缺乏对自己人生前景的希望，他们沉溺游戏的动机是有可能逃避问题以及体验权力和控制感。对大部分有瘾的人来说，游戏是成功经验的重要源泉，不仅通过游戏内的奖励体系，而且通过游戏同伴的认可。玩游戏变成了媒体式的解决问题的策略，可以排遣萎靡不振和失望情绪，并且可以用来改善心情（Fritz 及其他学者，2011 年，第 205 页及下几页）。

在分析个别游戏促使玩家上瘾的特点时，人们常常把眼光盯在奖励系统上面，比如快速获胜的可能性，跟完成任务联系在一起的虚拟人格的增加，不断获得高分和取得"成果"，以及把成绩报告*游戏社区*（Gaming Community）的可能性。游戏化即是以此过程为发展的基础，特别是在线游戏很适合于形成依赖性。所以，很多人都是在固定的群体里玩游戏（"帮派""团伙""团队"），成员们谁也离不开谁。这种社会的责任形成了一定的压力，同时也造就了花样繁多的各种友谊（Fritz 及其他学者，2011年，第229页及下几页）。在永恒世界的在线游戏里，这个永恒世界即使没有玩家个人的介入也照样继续发展下去。于是，便产生了玩家对错过重要过程的担心。但是，电脑游戏玩家对自己虚拟人格的认同，对嗜好成瘾的形成充其量只有微乎其微的影响。

游戏成瘾的治疗方案在自助小组及各种心理治疗诊所里都有提供，玩家平均都接受一年至一年半的治疗咨询。困难的是治疗费用不能在医疗保险公司报销，因为"电脑游戏成瘾"不被算作一种单独的疾病。

暴力

有些电脑游戏，特别是射击游戏在公众的探讨中被称作"杀人游戏"，并被认为对青少年有害。迄今为止，危害青少年这个罪名在每种媒体开始传播的初期阶段都发生过。"杀人游戏"这个概念因其含义问题在学术界普遍都不予承认，取而代之的是"有暴力内容的电脑游戏"。

电脑游戏中的"暴力"所指的是身体暴力行为的表演，并且可以通过游戏行为参与其中。在人们所批评的游戏中，针对其他人物虚幻的使用身体暴力会得到奖励，部分游戏中这是唯一的获胜选项。这些行为通过讲述的故事情节被合理化，因为游戏中的人物常常与"别的人物"发生冲突，暴力是唯一能够解决问题的手段。有些游戏当中，暴力行为以特殊的方式被美化，比如通过慢镜头模式或不断变换的镜头角度等。因而，对暴力的低估或颂扬成了人们批评的重点问题。

与其他的媒体不同，有暴力内容的游戏中的暴力出现在一个纯粹象征性的、简单标示出获胜和失败的层面。有人说，这类游戏不会有什么后果问题（这点通常玩家心里也明白），并认为其魅力就在于过一把自己无法做到的行为的瘾（Jahn-Sudmann/Schröder，2010 年）。

人们很难能从象征性的暴力和暴力的行为方式之间得出直接和明确的因果联系。因此，心理学研究得到的都是不同的结果。流行的做法是通过不同的研究模式设计

（常常是在实验室条件下），来测量暴力游戏玩家好斗的影响程度，虽然最终也无法得出暴力行为的结论。

某些荟萃分析的结果表明，暴力游戏在短时间内对人的好斗情绪、认知和行为方式有轻微至中等程度的影响。还有一些分析认为，若是一个人不断地接触暴力游戏，那么，他较高的好斗状态被作为一个稳定的部分渗透到他的性格中去，在经常玩暴力游戏的人中尤为如此（Anderson 及其他学者，2010 年），其他的荟萃分析中未见到有此类的研究结果（Ferguson 及其他学者，2010 年）。好斗行为的增加是否的确源于电脑游戏中的象征式暴力，对这个问题始终存在争议。因此，有些研究报告对游戏的特征不以为然，尽管时间压力、失败的沮丧或是逼真的场面对于情绪的刺激可能有更为决定性的作用。

在德意志联邦共和国，对暴力进行演示属于青少年媒体保护的案例范畴，基本法第 6 条第 2 款第 1 节以及《青少年援助法》第 1 条第 1 款都有保护的规定。2003 年又出台了新的法律框架规定，对不断变化的媒体市场情况做出反应：《联邦青少年保护法》（2008 年修订后更为严格）以及针对各联邦州广播和电视媒体中青少年保护及对人的尊严保护的《国家条约》。《联邦青少年保护法》对如何处理媒体内容做出了规定，比如规定的年龄限制标识等。年龄限制标识首先由制造商设立的娱乐软件检控（USK）机构对其负责，机构的成员有联邦州、教会、工厂的代表和媒体教育研究人员。如果 USK 拒绝对游戏进行标识，那么就由联邦检查机构决定媒体是否对青少年有害。该机构有权将某个游戏列入违禁名单，亦即禁止向未成年人销售和做广告。列入违禁名单的标准是"刻意和详尽表现凶杀和屠杀场面"，因而此类游戏起到了使世风"野蛮化"的作用（《联邦青少年保护法》第 18 条第 1 款）。

除此之外，欧洲范围内适用的标准见于泛欧洲游戏信息系统（Pan Europe Game Information，PEGI）。不过，某些标准的欧洲版的规定相互之间差别很大，这就给标识的理解带来了困难。年龄限制标识的效果并不如人愿。除了有下载盗版游戏的可能性外，很多人都通过自己相关的熟人获得想要的游戏，甚至常常也借助自己父母的帮

262

助。

此外，由于社会歧视有愈演愈烈的趋势，游戏也引起了人们的注意，许多游戏都带有性别歧视和种族歧视的内容。游戏中到处都充斥着年纪轻轻身强力壮的白人男子，而少数民族的人被代之以典型化的形象。再者，许多在线游戏中来自网络另一端的歧视性言论也是家常便饭，而且鲜有相关的针对措施。作为策略，有些女性玩家在虚幻的环境中女扮男装，目的是避开经常出现的性骚扰（Yee，2008 年）。关于社会因果关系的意识形态言论也被转换成各种电脑语言加以传播（Bogost，2007 年）。

对于受批判内容的责任（参见第 2 章第 6 节）常常被推卸给游戏制作商，而这些制作商又以市场的需求和已有的年龄限制标识为托词逃避责任。再则，人们也希望家长来关心他们孩子同媒体的交往问题。一般来说，更多地向孩子传授同媒体打交道的能力似乎是非常必要的。

在关于游戏暴力的争论中，道德哲学的探讨是不可或缺的。特别是从道义的角度来看，杀死由电脑控制的人物角色是有争议的。这里，有可能在进行着错误的实践，妨碍了有道德情操的自我的形成。从另一角度来说，有暴力内容的游戏有时也提供了自我反思的机会（Coeckelberg，2007 年；Sicart，2009 年）。有学者从目的论出发进行论证（参见第 4 章第 B.5 节），电脑控制的人物形象不是不该杀的道德实体，因而该行为并非存在问题。功利主义论点（参见第 4 章第 B.4 节）以或然性为依据，认为暴力游戏可能会助长暴力的行为（Waddington，2007 年）。由于无法对这种关联关系进行证明，于是就提出了可被利用的论点来自圆其说，一个证据确凿的立场迄今为止无法实现。时下，一方面由于可能助长暴力的风险，人们必须进一步对电脑游戏进行限制，而另一方面，公众对诸如足球这类好斗和伤害身体的行为却予以鼓励，若要做到两全其美，实在勉为其难（Schulzke，2010 年）。

另一个层面上的问题是与其他的游戏玩家交往的问题。除了通常人与人之间都认可的交往前提之外，玩家和电脑虚拟人物之间的联系也是很重要的。有些玩家同他们的电脑人物之间建立了很深的联系。同时，针对游戏人物的性暴力等现象也会直接对玩家产生影响，因而应当予以制裁（Johansson，2009 年）。

参考文献

Anderson, Craig A. / Shibuya, Akiko / Ihori, Nobuko / Swing, Edward L. / Bushman, Brad J. / Sakamoto, Akira / Rothstein, Hannah R. / Saleem, Muniba: Violent video game effects on aggression, empathy, and prosocial behavior in Eastern and Western countries. A metaanalytic review. In: *Psychological Bulletin* 136/2 (2010), 151 – 173.

Anthropy, Anna: *Rise Of The Videogame Zinesters. How Freaks, Normals, Amateurs, Dreamers, Dropouts, Queers, Housewives and People Like You are Taking Back an Art Form.* New York 2012.

Bogost, Ian: *Persuasive Games. The Expressive Power of Videogames.* Cambridge, Mass. / London 2007.

Breuer, Johannes: *Spielend lernen? Eine Bestandsaufnahme zum (Digital) Game-Based Learning.* Düsseldorf 2010.

Coeckelbergh, Mark: Violent computer games, empathy, and cosmopolitanism. In: *Ethics and Information Technology* 9 (2007), 219 – 231.

Ferguson, Christopher J. / Olson, Cheryl K. / Kutner, Lawrence A. / Warner, Dorothy E.: Violent video games, catharsis seeking, bullying, and delinquency: A multivariate analysis of effects. In: *Crime & Delinquency* 20/10 (2010), 1 – 20.

Fritz, Jürgen / Lampert, Claudia / Schmidt, Jan-Hinrik / Witting, Tanja (Hg.): *Kompetenzen und exzessive Nutzung bei Computerspielern: Gefordert, gefördert, gefährdet.* Düsseldorf 2011.

Gee, James Paul: *What Video Games Have to Teach us About Learning and Literacy.* New York / Hampshire [2] 2007.

Jahn-Sudmann, Andreas / Schröder, Arne: Überschreitungen im digitalen Spiel. Zur Faszination der ludischen Gewalt. In: Peter Riedel (Hg.): › *Killerspiele* ‹ – *Beiträge zur Ästhetik virtueller Gewalt. AugenBlick. Marburger Hefte zur Medienwissenschaft* 46 (2010), 18 – 35.

Johansson, Marcus: Why unreal punishments in response to unreal crimes might actually be a really good thing. In: *Ethics and Information Technology* 11 (2009), 71 – 79.

Juul, Jesper: *Half-Real. Video Games between Real Rules and Fictional Worlds.* Cambridge, Mass. / London 2005.

Kuss, Daria J. / Griffiths, Mark D.: Online gaming addiction in children and adolescents: A review of empirical research. In: *Journal of Behavioral Addictions* 1/1 (2012), 1 – 20.

Nohr, Rolf F.: *Die Natürlichkeit des Spielens. Vom Verschwinden des Gemachten im Computerspiel.* Münster 2008.

Pias, Claus: *Computer Spiel Welten* (2000). In: http://e-pub.uni-weimar.de/opus4/

frontdoor/index/index/docId/35（22.04.2013）.

Quandt, Thorsten/Festl, Ruth/Scharkow, Michael: Digitales Spielen – Medienunterhaltung im Mainstream. GameStat 2011: Repräsentativbefragung zum Compu-ter- und Konsolenspielen in Deutschland. In: *Media Perspektiven* 9（2011）, 414 – 422.

Ritterfeld, Ute/Cody, Michael J./Vorderer, Peter（Hg.）: *Serious Games: Mechanisms and Effects.* New York/London 2009.

Schulzke, Marcus: Defending the morality of violent video games. In: *Ethics and Information Technology* 12/2（2010）, 127 – 138.

Sicart, Miguel: The *Ethics of Computer Games.* Cambridge, Mass./London 2009.

Waddington, David I.: Locating the wrongness in ultra-vio-lent video games. In: *Ethics And Information Technology* 9（2007）, 121 – 128.

Yee, Nick: Maps of digital desires. Exploring the topogra-phy of gender and play in online games. In: Yasmin B. Kafai/Carrie Heeter/Jill Denner/Jennifer Y. Sun（Hg.）: *Beyond Barbie® & Mortal Kombat. New Perspectives on Gender and Gaming.* Cambridge, Mass./London 2008, 83 – 96.

Zagal, José: Encouraging Ethical Reflection with Video-games. In: Ders.（Hg.）: *The Videogame Ethics Reader.* San Diego, CA 2012, 67 – 82.

Zimmermann, Olaf/Geißler, Theo（Hg.）: *Streitfall Compu-terspiele. Computerspiele zwischen kultureller Bildung*, *Kunstfreiheit und Jugendschutz.* Berlin ² 2008.

西蒙·雷德尔（Simon Ledder）

第4节 高放射性垃圾的永久存放

在过去数十年中，那种认为技术是中性价值的观点也因为核技术的争论而失去了广泛的支持。核技术的争论既包括原子能发电问题（参见第5章第11节），也包括核废料的处理问题。这场论战不仅火药味浓，而且覆盖面广，除了能源经济、党派政治和选址问题外，伦理学也成了一个专门的主题。众多的立场、论点和一系列的单独议题都明确涉及伦理学的问题。核技术时代的人类造成了核废料，他们有责任为未来的子孙后代把后果降低到最低程度。这个一代人的责任问题成了论战中最著名的议题。不仅在诸如生活垃圾或工业垃圾方面，而且也在高放射性这种特殊形式的垃圾方面，今天我们所造成的问题垃圾的长期责任课题显得愈发重要。我们所做的社会管理方式上的决策，如核废料的临时存放或各种形式的永久存放等，造成了对环境的种种压力，因此，针对这些压力的思考要求我们做好关于规则和标准广泛而深入的宣传工作。

伦理学和核废料的双重复杂性

涉及核废料处理的技术后果评估（参见第 6 章第 4 节）把全社会关于建设一座高放射性核垃圾安全的永久存放场所的争论提到了一个核心地位。在这里，评估所指的问题有双重挑战的含义：一方面是在寻找填埋地点时（比如核垃圾可转移或不可转移）作为技术方案上的挑战；另一方面，鉴于复杂和不同程度的社会批评意见，作为把选址纳入相关社会决策流程和具体建设永久存放场所的挑战。一些国家（如芬兰和瑞典）迄今为止得以毫无冲突顺利解决的事情，在另一些国家（如德国和瑞士）却导致了大规模的内部冲突。当前，带有较大程度老百姓参政议政尝试的现代化政府管理正力图降低冲突的激烈程度，并达成全国上下的"一致共识"。具体到本案例中，作为伦理学核心问题的对良好生活问题的回答（参见第 4 章第 B. 8 节），看来不仅距离问题的澄清相去甚远，而且带有深刻的冲突和意见相左的烙印。正因为矛盾的激化，我们可以借助"高放射性核垃圾"的实例，来揭示一下重要的伦理学问题。

高放射性核垃圾和低放射性及中等放射性核垃圾的典型区别在于它所产生的放射性危害的高剂量程度（Bracke，2012 年，第 145 页及下页）。低放射性和中等放射性核废料也产生在医学、工业和科研过程中，而高放射性核废料很大一部分是在核反应堆发电时产生的。首先，这里涉及的是核燃料棒，它们在使用过后应当直接永久存放在反应堆中。其次，这里还涉及在处理使用完的燃料棒时所产生的材料和化学溶剂。根据不同的垃圾种类，核垃圾有几万年至 100 万年的安全问题（Bracke，2012 年，第 145 页及下页；BFE，2012 年）。由于这些物质的放射和趋化特性，必须将其与人和环境隔离开来。正是因为针对主要以技术为导向的解决方案，以及排斥达成共识的必要程序的不断批评，伦理学和标准化的立场观点、责任问题和风险评估就始终成了争议的重点。

围绕着恰当的和伦理学上站得住脚的论据理由展开的论证冲突一波未平一波又

起，其原因在于，有人试图"终结"这场高度政治化和针锋相对的关于存放问题的大讨论。众多参与者，比如政府部门或是利益相关者，所表现出的意图"大事化小，小事化了"的线性思维昭然若揭（参阅 Boetsch，2003 年，第 3 页；Birnbacher 及其他学者，2006 年），遭到了许多伦理学者的回击：伦理学在这个问题上同样不能创造出规范化的标准来，这些标准——如同对风险设备安全数字化的分析一样——会导致以做出道德上正确决定为目的的自我控制机制的启动。伦理学在这里不是书报检察机关和指路牌（参阅 Streffer 及其他学者，2011 年，第 236 页），而且本身也不会为针锋相对的专业探讨带来更高的合理性。

由于核废料的安全处理是万年大计，所以永久存放问题给决策者提出了极不寻常的要求。针对在这样长的时间段里所产生的伦理学问题的研究，其情况极其复杂迥异。目前，有一系列短小的论文和篇幅较长的著述章节被发表，但相互之间的关联性十分薄弱。同时，一些篇幅不长的论文里所提出的论据常常经不起细致地推敲，因而不能算作科学和伦理学方面有见地的论点。在这样的背景下，把史特雷福尔及其他学者（包括哲学家卡尔·弗里德里希·盖特曼）已有的观点同罗伯特·史贝尔曼的观点进行对比，从而找出伦理学争论的挑战，不无裨益。

问题解决方案——采用标准化的伦理学思路

在史特雷福尔等学者眼里，为长久时间段承担责任是处理高放射性核垃圾的中心问题。他们引经据典，引述伊曼努尔·康德的学说和启蒙主义的思想（Streffer 及其他学者，2011 年，第 237 页及下页），认为人们应当不依照社会和政治上的反响来提出哲学和伦理学的理论观点（Streffer 及其他学者，2011 年，第 234 页）。同时，人们应当相应地对行为的后果、相关联的理性、成本和风险分配以及与之有实际关联的衍生后果进行探讨。意见的分歧（特别是在德国，它是核废料永久存放问题争论的原因）应当在伦理学的思考中及在所提出的声索要求(Claims)的背景下加以重建。人们应当用康德式的绝对命令来检查声索要求（参见第 4 章第 B.5 节），亦即用这样的方法来对个人的良好意愿进行审查，看它是否能够起一个普遍法则的标准作用（Streffer 及其他学者，

2011 年，第 238 页）。

　　于是，这里所涉及的是一种特殊类型的、在论证意义上所提出的*声索要求*，而非一种道德意义上的行为类型（Streffer 及其他学者，2011 年，第 237 页）。从这个意义上说，*声索要求*必须证明自己具有普遍性，而且能够使履行"义务"成为可能，这些义务因对垃圾的直接责任而产生，而这些垃圾又因为当前的核电应用，以及当前可能只在德国即将淘汰的核电应用所产生。在对其中重要的*声索要求*的检查时，人们提到了"三个误解"："直接的行为必要性"，"公平"的理由和"肇事者买单！"原则（Streffer 及其他学者，2011 年，第 234~246 页）。

　　史特雷福尔等学者从根本上反驳了"直接的行为必要性"之说，因为直接的行为必要性只在紧急情况下才会有，而在处理高放射性垃圾时不存在这种紧急情况。这一点与下面的一个判断相关联，即对问题情况进行彻底检查的时间和对选择性方案进行比较的时间是完全具备的。"公平"被理解为危害和利益之间的交易行为，因而不具有标准内涵，并且是被形式化和缺乏上下文关系的东西。补偿策略应当相应中立地针对医疗和预防策略予以考虑，而由肇事者原则上承担费用的问题则应同承担所有责任的义务区分开来。"作为恰当地履行长时间义务的重要因素，与其必须构筑国与国之间和一代人与另一代人之间的界限，不如必须完成技能和资源的准备工作。"（Streffer 及其他学者，2011 年，第 245 页）时间和空间的界限看来仅是历史的偶然性，而非必然性。一代人与另一代人之间和国与国之间分工的必要性似乎是显而易见的。

　　在这些研究学者眼里，为长久的时间段承担责任不是代内公正性的主题（Streffer 及其他学者，2011 年，第 247~253 页）。有别于马克斯·韦伯和汉斯·约纳斯的观点（参见第 4 章第 B. 2 节），后者被认为是对责任概念的过度理解。相反，我们更应当制定出一种为长久时间段而计的责任义务，并且酌情将这种长期的责任义务与关系到几代人的问题联系起来（Streffer 及其他学者，2011 年，第 250 页及下页）。然后，再就普遍和无限制的有效性与不同程度的约束力（随着空间、社会和实践的距离而减小）之间的区别做出令人信服的决定（Streffer 及其他学者，2011 年，第 254 页）。为此，相应的道德分工模式已经存在，诸如与职业相关的资格能力、代表团和代表处以及理论预测（作为把关形式）等，不一而足（Streffer 及其他学者，2011 年，第 255 页）。这个情况在应对长期的责任义务时也起到一定的作用，而且必须兼顾，当我们面对未来的下一代人以及面对广义的未来时，我们的知识水平应当被理解成一条持续下降的曲线（Streffer 及其他学者，2011 年，第 255 页）。

罗伯特·史贝尔曼的反对意见

罗伯特·史贝尔曼看问题的立场不仅在其所形成的背景方面，而且在研究的深度方面，都不同于史特雷福尔等学者的立场和观点（前者实质上是一个学术报告的改写版，后者是一群学者的专著），但是他们两人之间也有一个共同点：不同的隔代人之间不同的相互接触程度的可能性。虽然在史贝尔曼的文章中见到的那些直接论及核废料处理的段落有些散文式的倾向，但是，这些段落不仅在概念上而且在关键问题上（亦即对人的认识和人的判断力方面），都显示出一种涉及科学家、专家和老百姓的特殊的不同。

在史贝尔曼看来，那种认为可以在各种不同的伦理道德观点之间进行选择的假设 266 是站不住脚的，而且导致了错误的判断，即伦理学是仁者见仁、智者见智的事情。为了开展一个符合道德标准的项目，更需要一种"全民的道德风尚"（Spaemann，2003 年，第 7 页）。"全民道德风尚对目的性加以限制，限制我们追求自己的目的。倘若在目的理性观点之下进行选择或设计的话——即便目的叫作和平，也会出现腐败现象。"（Spaemann，2003 年，第 7 页）不过，他们在引述康德的时候（史贝尔曼等），不是将义务，而是将"尊重"和"人的尊严"置于核心地位："他们（人）是目的本身，有权要求的不是价值高低，而是尊重。"（Spaemann，2003 年，第 29 页）因此，在核废料处理中，未来人的"生活利益"必须以特殊的方式加以考虑。

史贝尔曼在此处的论辩中借用了类比法，此法初看时颇让人惊讶，却表明了他的基本立场：鉴于在福利国家中也存在的医疗资源普遍不足的现象，人们不禁常常要问什么才是人允许做的事情。例如，他可以对人是目的本身的特征视而不见，而把人分成三六九等，让他们享受不同的医疗待遇，从而去保障（生存）生活利益吗？由于核废料处理同样涉及人的生活利益问题，于是他提出了一种类比推理法，根据此法，价值的考量恰恰不是核心标准。"（永久存放问题的）道德难题是，为了当前这一代人的利益，我们将一个危险源存放到了地下，这个危险源将威胁到我们之后的子孙万代。"（Spaemann，2003 年，第 29 页）史贝尔曼对"我们允许这样做吗？"这个问题的批评回答是含蓄的。此处，他尤其反对论辩伦理学（Spaemann，2003 年，第 28 ~ 30 页；参见第 4 章第 B. 6 节）。他的核心论点是，未来的子孙后代只是我们幻想中的探讨伙伴，我们缺少"面对面的伙伴"以及直接互动的交流。这些未来的讨论伙伴只能就"我们给予或是我们从他们那里已经拿走的东西形成自己的评判"（Spaemann，2003 年，第 31 页）。我们今天能够同他们进行这个虚拟的讨论与平等公正原则相去甚远："……我们对自己所想象的那场讨论有绝对的控制权，最终我们可以随心所欲，想做什么就做什么。"（Spaemann，2003 年，第 28 ~ 30 页）

因此，史贝尔曼给未来子孙后代的普遍"责任义务"问题赋予了一种特殊的意义（比较接近史特雷福尔等人对此问题的讨论）。然而，在人的地位方面，他的做法带有一种不同寻常的区别特征。史氏将下一代区分为"遥远的下一代"和"未来的下一代"两类。在他看来，人们必须特别顾及今后数百年的下一代人，因为同我们相比，他们有可能会更好地从质量方面来利用所有的资源（包括化石资源）。他们有权利要求我们节省资源并拿出好的气候保护政策。与之相对应，我们无权给后辈人留下一个"现状减"（status quo minus）。史氏认为，核废料的特征在于它的矛盾性：它的长期影响与人的行为正常的长期影响完全不成比例，同时是对生命的物理基础结构的侵入，其后果将超出人类文明和生命形式的所有变迁（Spaemann，2003 年，第 34 页），核废料的制造是一种不可能融入任何新的文明环境的变化（Spaemann，2003 年，第 34 页）。假如永久存放地周围的地质情况不稳定的话，那么就有可能直接置人于死地。误以为能够保证不发生此类情况的那种安全感，可以从类比结论中推导出来，而这些类比结论可能会引起误导。

人们的这种安全感常常来自自己的一种观念，即迄今为止每个现实的问题终究还是找到了解决的办法。但是，这并不能当作顺理成章的规律来看。核废料今后发生的成本费用是不可能降价打折的，基因技术对生命过程的干涉也不例外。价值不会因时间而损失（Spaemann，2003年，第35页）。人们在垃圾处理问题上所遇到的问题，乃是如经院哲学里所描述的"迷茫局面"（并非悲剧状态），由于早期所做出的错误决定，"正确之道"已不再可能。但是，在面对高放射性核废料的问题时，似乎还有比较好的和比较坏的两种办法。人们所要反思的问题是，如何理解什么是良好生活（Spaemann，2003年，第36页），这样，此问题旋即变成了一个道德问题。

礼貌尊重是必要的标准吗？

综而观之，虽然史特雷福尔和史贝尔曼都对永久存放问题有明确论述，但二人之 267
间的立场却有明显的区别，从而反映了该领域中伦理学反思的现状。一方面，史特雷福尔学派在标准化的伦理观中以康德的绝对命令为论据，并且以寻求具有普遍性的标准为重点；另一方面，史贝尔曼提出了一个与之迥然不同的基本观点，即以生命的整体性和一种非时髦的但依然有魅力的"尊敬"和"人类群体"概念为价值取向。再者，史特雷福尔等学者在援引启蒙主义思想的同时，将科学的特殊作用和民众的评判能力同科学家们有分析优势的认知能力相比照，而史贝尔曼则更注重于社会道德风尚的作用。史贝尔曼认为，我们应该从这种社会道德风尚出发，并在维护人的尊严的立场下，对人的行为后果进行反思。其一，这一视角将人的行为后果归属在有限的人类影响空间和进化的大结构之间；其二，强调人类的一种能力，即这一能力可使其与所有的人和人类后代"友好"共处，并且借助对于对立方的同情心来消除利益的冲突（Spaemann，2009年）。同情心的载体是一种人道的观念，据此，每个人都具有爱人之心以及当前这一代人及未来的子孙后代过一种超越具体事务约束的幸福生活的需求——即便是面对那些已经做出的决定。作为文明的潜在力和文化性，这个观念是可以推行的。

如何激发这个文明的潜力，这个问题在本文介绍的两种立场中未做详尽的思考。史特雷福尔这派学者寄希望于找到一条正确的途径——或许是借助于一只看不见的自我控制之手，将危害和利益进行自然主义式的分配。通过对地质学上深度存放的行动选项的扩大（采用不同时期监控和反应的方案），以及通过诸如变异等技术选项（减少高辐射垃圾量）的采纳——二者皆由卡里诺夫斯基等学者提出，当前受到越来越多的关注，并可能在今后数十年中在大型技术上得到实现——这个艰巨无比的、必要的和人道的以及同时也是民事的问题解决方法未必会变得更为轻松。

我们在上述两种相关立场中所看到的这个特殊区别，更多地涉及在公开和民主条件下对于集体"行为"和集体"决定"概念的思考不足。民主在这里指的是，在几乎所有具有永久存放计划的发达工业国家中，做决定是一个（社会）政治的议题，这时，不仅仅是要做出一个牢靠的、在伦理学上也经得起考验的决定，而且还要对力量平衡和投票方式进行思考。投票要在集体做出民主决定进行，并且还要令人信服。特别是这一点，不但史贝尔曼注重人道主义的立场，而且史特雷福尔以科学为中心的、注重知识产生的认知过程的立场，都显得心有余而力不足，难以推进问题的思考和澄清（Gethmann，2008年，第10页）。

属于对集体模式和投票机制进行思考范畴的，乃是以问题为取向的对民间对话方式的诠释（参见第6章第5节）和利益汇集的模式（有关这点参阅 Spaemann，2009年，第46~59页）。此二者作为悬而未决情况下集体行动的形式出现在决策本身之前，不但要将伦理学思考纳入其中，而且要在意见分歧的子问题上力争达成折中方案（关于折中方案参阅 Sutor，1997年，第61页及下几页）。这样，一个现代化和民主的工业国家的公众社会就成了言论和知识产生的场所，同时也是集体决策准备过程的产生场所。这些过程通过特殊的机构组织（如政府部门等）被授权集体制定约束性的决策，如高放射性垃圾存放的选址和项目实施。这些决策的制定，不仅都经过公众社会的批判，而且经过了不同场合争论的过滤、多重加工和检验（Peters，2007年；Habermas，1998年，第7章）。

268　　从方法的公正性和代内的负担分配观点出发，阿明·格伦瓦尔德强调，恰恰是对高放射性核废料的填埋问题的澄清必须在论辩沟通和信息交换的条件下进行（Grunwald，2010年，第82页）。为此，我们需要一种民事的流程，将信息、主张和群体利益的交流置于核心地位，同时对这些流程进行构建和推进，并且引进高质量的解决问题的标准（Grunwald，2010 年，第 82 页）。在他看来，这里面包含着相互提供咨询和共同寻找冲突的解决方案，其意义远高于科学上对相关事实和四平八稳的言论的找寻。进而言之，这个过程应当被理解成一个社会化的过程，其中，伦理和道德方面的论据以对话的形式接受论辩的考验，同时，系统性地在各种立场和论点之间建立起相互的联系。然后，将这些观点和立场交给公众进行评判。总而言之，这种做法看起来十分虚无缥缈，而且在现有的水平之下，在自信的文明社会中恐怕还难以实现。

参考文献

BFE – Bundesamt für Energie（2012）：*Abfallkategorien*. In：http：//www. bfe. admin. ch/radioaktiveabfaelle/01274/01280/01284/index. html？lang = de（03. 08. 2012）.

Birnbacher，Dieter/Gelfort，Eike/Schwager，Jörg/Schwarz，Dietrich/Tietze，Alfons：*Ethik und Kernenergie*. Düsseldorf 2006.

Boetsch，Wilma：*Ethische Aspekte bei der Endlagerung radioaktiver Abfälle. Abschlussbericht*. Bonn 2003.

Bracke，Guido：Aspects of final disposal of radioactive waste in Germany. In：*Turkish Journal of Earth Sciences* 21（2012），145 – 152.

Gethmann，Carl Friedrich：Wer ist der Adressat der Langzeitverpflichtung？In：Ders. / Jürgen Mittelstrass（Hg.）：*Langzeitverantwortung. Ethik，Technik，Ökologie*. Darm-stadt 2008，10 – 22.

Grunwald，Armin：Ethische Anforderungen an nukleare Endlager. Der ethische Diskurs und seine Voraussetzun-gen. In：Peter Hocke/Georg Arens（Hg.）：*Die Endlagerung hochradioaktiver Abfälle*. Tagungsdokumentation zum» Internationalen Endlagersymposium Berlin 2008«. Karlsruhe 2010，73 – 84.

Habermas，Jürgen：*Faktizität und Geltung*. Frankfurt a. M. 1998.

Kalinowski，Martin/Borcherding，Katrin/Bender，Wolf-gang：Die Langfristlagerung hochradioaktiver Abfälle als Aufgabe ethischer Urteilsbildung. In：*ETHICA* 7/1（1999），7 – 28（Teil 1 + 2），und 7/2（1999），115 – 142（Teil 3）.

Peters，Bernhard：Der Sinn von Öffentlichkeit ［1994］. In：Ders. ：*Der Sinn von Öffentlichkeit*. Frankfurt a. M. 2007，55 – 102.

Spaemann，Robert：Ethische Aspekte der Endlagerung. In：Bruno Baltes（Hg.）：*Ethische Aspekte der Endlagerung*. Bonn 2003，25 – 36.

— ：*Moralische Grundbegriffe.* München [8] 2009.

— ：*Nach uns die Kern-Schmelze* Stuttgart 2011.

Streffer, Christian/Gethmann, Carl Friedrich/Kamp, Georg/Kröger, Wolfgang/Rehbinder, Eckhard/Renn, Ortwin：*Radioactive Waste. Technical and Normative Aspects of its Disposal.* Berlin 2011.

Sutor, Bernhard：*Kleine politische Ethik.* Bonn 1997.

彼得·霍克（Peter Hocke）

第5节　能源

背景和前提

269　　能量永远只能被转换，而不能被"制造"或"耗尽"（能量守恒定理）。对人类来说，不是任何形式的能量都是以可控的方式可利用的，而是必须——只要它不是"天然的"以合适的形式存在的话——经过有目的的转换才能供人使用。*能量生产*一词指的是天然存在的能量（初级能量）被人类转换成了一种可利用的形式（终极能

270　量），与之相对应，在所谓的*能量消耗*中融合了多个环节的能量形式的转换过程，如运动、热、光等（所谓的有用能量），这些能量可被使用者为了他的目的加以利用。可用于能量生产的天然能量储备被统称为*能量资源*。在人类历史上，以能量载体和具有浓缩能量含量形式存在的资源具有突出的重要性，其原因是它们能够被"分配"、运输、储存和量入为出地使用，特别是还能成为产权的物体。到了后来技术的发展阶段，具有不同可达距离的，以运动、热、光或电的形式的能量输送成了可能。借助特殊的传输设施，能量被直接输送到了消费者手里，并且在那里通过合适的设备和耗能器被转换成了有用能量。由于耗能器直接连接到能量传输线路上以及连续不断的能量供应，能量生产者和消费者之间的关系就有了今天这种在发达国家最为普及的能量供应服务形式。

　　由于各地的条件不同，很长一段时间里，根据使用的类型和当地的条件形成了多种多样的和特殊的能量使用形式。然而，自工业革命以来，技术和经济发展在很大程

度上导致了技术基础设施差别的消除。不断增多的大工业化的资源开发和能量生产，以及为保障大规模流量的输送设施的建设，不仅为消费者提供了巨大的舒适和效率收益，而且平衡了当地因自然条件所造成的优势和不足。能量的可供使用逐渐同土地和资本占有、动物劳动力和技术生产资料的占有相分离。除此之外，消费者为获得每个单位的能量所必须付出的等值劳动量也呈下降趋势。

技术的发展不仅使生产力获得了提高，而且增加了富裕程度以及人均能量消耗。与这种技术进步并非不无关系的是，在以往的数百年中，西方国家的人口也有很大幅度的增长，因而也从这个方面进一步加大了对有用能量的需求。随后，在不断增大的效率压力下，人们逐渐将目光集中到了几种初级能量载体和特殊的能量生产和输送技术上。在资源方面，自工业化开始以后，煤、油和气这些化石能源，以及自 20 世纪 60 年代以后，核能占据了重要的地位。通过来自中央电厂的电力输送或是天然气的输送（特别是用于房间取暖），以及通过石油精炼品的输送（取暖、机动车辆），人们获得了终极能量。

集中于少数几种能量载体，这几种能源的大量使用，以及人类生活规划对有保障的能量供应加大的依赖性（同时能源供应商也集中于少数几个厂家），都同经济、生态和社会的后果影响相关联，从而要求人们采取一种积极和谨慎的能量供应管理措施。从有助于能够适应未来发展的角度来说（参见第 4 章第 B.10 节），技术伦理学对能源系统评判的标准可以分为三个方面：（1）安全和公平的供应；（2）环境效应；（3）资源利用（参阅 Steger 等，2002 年）。

没有现代形式的社会结构（比如得到保障的财产关系或可有效执行的契约安全性等），导致形成现代能源供应形式的技术发展是不可想象的。与之相对应，只有在运转良好的和有制度组织的大型群体的基础上，能源供应的伦理学问题的提出才有意义（假如这些问题又具有重要性的话），同时也才能将制度化行为的设立和控制当作自己的议题和对象。这里，所涉及的问题一方面是消除冲突的行为协调策略，以及酌情实现和推进群体内部参与者之间的合作，另一方面所涉及的是重要的流程设置，这些流程处于具体的市场行为之外，不论是参与者自己可期待的未来利益也好，还是第

270

三方可期待的利益也罢，例如其他人群或未来子孙后代的成员等。后者只有在涉及可持续性（参见第 4 章第 B. 10 节）和公正的（参见第 4 章第 B. 9 节）能源供应时才有意义，而前者只有在安全和按需供应出现问题时才有意义。

在正常运行或故障情况下来自生产场所或输送设施的风险，并不是能源技术的特殊现象，所以本文不加赘述。但是，能源技术设备，特别是核技术设备的一个特殊之处在于，由于极高的能量密度，在故障情况下会导致有极大危害程度的恶性事故（参见第 5 章第 11 节）。

安全和按需的能源供应

由于能源对于个人的生活构建，参与社会生活，以及对于人群沟通型的自我组织具有根本的意义，同时根据共和体制的观念，国家乃是由个体所建立，并以服务于个体而获得存在的理由，那么，国家的任务之一就是为持久的安全和按需供应能源提供保障。鉴于能源作为"善举"的若干特点，仅通过自由的市场行为不足以实现这些目标。下文列举了几个典型的冲突现象案例，它们都要求对市场的自由权利进行限制，倘若我们要实现所追求的目标的话。

（1）越来越单一化的能源供应和巨大的效率潜力密切相关。随着因此而完成的特殊耗能器具的开发，能量生产者和消费者之间的相互依赖性也不断增加：最终能量和耗能器具形成了所谓"互补商品"。倘若其中一方进行了投资活动，其回报期可能会有较长的一段时期，其间需要另一方持久的合作，这时就可能出现单方面获利占便宜的诱惑，这种诱惑从长远来说可能破坏双方合作的前提，并导致对单个参与者的损害或是将其排除在局外。各种组织机构应当运用规定来改变对市场参与者的诱惑，使之服务于推进和保障长期的合作关系。因此，组织机构乃是形成和进一步发展服务于长久能量供应目标的消费设施的重要前提条件。除了有效地实施长期的契约关系的制度前提外，根据不同的市场情况，我们还可以采取保证市场多样化，依靠实行普遍的技术标准促进市场竞争，以及控制价格和销量的多种措施。

（2）燃气和电力要通过管线系统进行分配，系统的建立需要大量的投资。当充足的规划安全性带来有利的资金回报前景时，有待筹集的大量资金可能会导致市场上只有一个仅有少量中央分配站点的供应商能站稳脚跟，而且市场几乎被按照区域进行划分。这时，消费者对个别供应商的依赖就会增多，同时，他被用自由市场上的流行价格"占便宜"的风险也会增多。为了抵制垄断和卡特尔，这里也需要对市场的调节和管理。

（3）即使是消费者可以在多家供应商的产品之间进行选择的地方，有助于消除对商家进行选择的障碍的管理规定也是十分必要的。对消费者来说，如果更换供应商会造成新的、要他自己承担的供应设施建设费的话，那么就意味着存在这样一种更换障碍。这里，相关的规定措施是，从法律上设法将生产设施和输送设施区分开来，这样就有机会为其他潜在生产商排除进入市场的障碍，同时带来创新的动力。这种生产和输送的分离措施可能会造成对所有权的严重干涉，因此需要相应的合法化程序。人们通常列举的理由，如"消除市场畸形"及"带来创新动力"等，虽然符合公益的目的，但是，对于受到规定措施牵连的一方却是一种有碍他利益的强人所难之举。

271

（4）在人口稀少地区，连接大面积铺设的配送管线的成本要明显高于人口稠密地区。有鉴于此，如果设施所处地点的优势和劣势（部分受到市场和社会的发展状况，部分受到官方关于地点和线路的决定的限制）不会（不恰当地）转嫁到个人身上的话，那么，管理规定措施就是有必要的。

（5）环境及环境质量是公共财产，不能通过市场进行交易。与从能量载体中获取有益能量生产相关的不受欢迎的环境效应（见下文），也没有受到生产者在成本计算方面的相应关注，同时，也没有形成避免这种效应的价格上的刺激。为了对市场畸形加以纠正，可通过制度的规定来计算出成本。比如，国家可以制定相当于所产生的"外部"成本的税额来作为手段（"庇古税"）。这个税种常常也被称为"生态税"，如可以向燃油进行征收等。然而出于种种原因，德国在"生态税收改革"范围内的实行状况还只是刚刚起步阶段的庇古税。

（6）随着组织规划方面安全性的提高，能源供应商也越来越愿意投资更大型的和生产效率更高的设备，并且愿意承受逐渐变得必要的、更长时间的资金回报期。但是，这有可能会导致，在生产条件发生变化时，比如必要的资源变得紧缺，社会对于此前所忽视的生产后果（如因为排放问题）的重新评估，或是技术可能性的变化等，人们会因为损失的危险而尽可能长时间地避免战略的转换。这种所谓的锁定效应尤其在下述情况下是大有问题的，即根据对当前情况的了解，不是出于生态原因，而是出于其他原因的对能源系统的迅速改变显得十分紧迫和必要。即便是这样的改变（借此来实现新的社会目标），只有在把一个借助财政刺激手段来影响当事者行为的规划管理的机构纳入过程的情况下，才能够有成功的希望。但是，此时的规划管理的目标和为此所使用的手段需要得到全社会的批准和授权。

（7）同时，当涉及究竟是集中战略还是分散战略有利于长期的供应保障和公平问题时，锁定效应也同样有重要的作用：由于所获得的巨大效益和利润，迄今为止主要建立在（化石）能量载体之上的能源供应助长了市场向大型和集中型企业的演进。随着近年来选择可再生能源的取向占据主导地位，人们要求将供应系统分散化的呼声也越来越高。集中战略和分散战略在总体上究竟谁更有利于资源的保护，这个问题取决于方方面面的因素，比如相关能量载体的种类、能源储备利用和运输可供使用的技术可能性，有的情况下也取决于——特别是涉及水电、风电和太阳能时——不同地方的现有条件。在向分散型供应企业转换时，要相应地考虑到公平合理的条件。比如，要能够保证做到，得益于当地得天独厚条件的那些人不会将更高的费用投入或供应保障不足的风险不合理地强加在条件不够好的人身上。与此同时，还必须考虑到大型消费客户的供应保障和效率问题，他们不可能在自己的基地上轻而易举地转换到分散型供应模式上去。但是，为了对现有的（部分）分散化的潜力加以利用，也要保证做到，在从社会的角度看应该实行转换的地方，不使用市场的力量来阻止这种转换（比如为了保护已经付出的投资等）。

通过设立和不断调整机构方面的框架条件（这些条件证明自己有利于总体的市场和技术的发展），两个多世纪以来，西方国家中每个能量单位的生产力不断提高。同时，更多的能源被开发出来，因此，在那里集中形成了巨大的购买力。由于能源对于那里占统治地位的工业化生活方式具有特殊意义，人们愿意为能源买单的意识也非常高。尚未完成这个发展历程的国家在全球化能量载体市场中越来越多地处于不利地位。由于廉价的能源也是奋起直追的前提条件，而且落后的发展程度也被看作人道主义缺陷的根源，所以，能源的分配被越来越多地认为是不公平和不合理的。特别是由于世界人口中使用汽车的数量不断增加，由此而产生了各种矛盾冲突的风险，要用发展的措施来加以应对。但是，一种在资源利用和排放行为方面同西方工业国家类似的发展进程，将会带来严重的后果负担。

可持续和公正的能源分配

20 世纪 70 年代起的情况表明，与大量使用化石能源相关联的能源供应遇到了"增长的界限"（Meadows 等，1972 年）。此后，人们开始对各种在有限资源情况下能保持福利经济的尝试办法进行探讨。除了化石资源的储量是有限的之外，人们也越来越多地将环境效应和能源生产风险作为讨论的主题。这些问题中，对可能出现的气候变化产生影响的综合效应具有特别重要的意义。鉴于问题征兆的程度、可供反应的时间短暂，以及效应出现的时间滞后，气候变化的效应问题构成了一个特殊的挑战。

考虑到这些新的发展情况，自 20 世纪 90 年代起，并且在"可持续发展"这一主题词下（参见第 4 章第 B. 10 节），越来越多影响广泛的、旨在为跨国界和跨代的公正能源分配做出贡献的方案在发挥着自己的作用。方案的宗旨，是要满足人们对安全和按需的能源供应的要求，与此同时，人们提出的进一步要求是，兼顾能够使长期的资源储备、健康和生活质量成为可能的环境目标，以及兼顾（全球范围内）公正的福利分配目标。

这个过程的特殊挑战在于，不同的国家在权衡自己的目标时所提出的最佳目标值是完全不同的。原因之一，是它们有不尽相同的基本国情；原因之二，是它们各自的发展程度（积极的或消极的）也不尽相同；原因之三，是它们的工作能力和工作意愿也完全不同。由于所达到的发展程度也同样决定于化石能源的可供使用程度，所以，在各国的技术和经济发展状况和它们所占有的令人担忧的气候变化比例之间，存在一种紧密的关联关系。缘此，发达程度较低的国家期待着发达国家愿意更多地对相应的措施进行投资，并且，其中的部分国家要求自己的（"追赶"）发展权利，尽管这种发展在现有的效率压力下，必须在始终尚为廉价的化石资源基础上进行。要解决这样的冲突，需要有一个全球性的机构或组织，它能够保证所有国家都尽可能公正地参与到关于采取什么样的措施的决策中，同时，未来子孙后代的诉求也能够在这些决策中得到相应合理的表达。

环境效应

首先是能量载体变成热能和电能的化学转换，导致了除了想要得到的能量释放以外273 的非所愿望的后果影响，尤其是有害物质的排放。对能源供应来说，有害物质从根本上可以区分为环境有害物质和气候有害气体两类（Europäische Kommission 等，2005 年）。

环境有害物质是化学物质，它既可以自我产生，也可以通过自己的第二产品，亦即通过对人体和生物环境及非生物环境的化学和物理影响而产生。根据其在环境中的持久度、扩散途径和影响机制，有害物质会对不同时间段和不同的地理区域造成跨越式的影响。有些具有氧化作用的有害物质，如臭氧等，其有害的时间只有短短数小时，因为它们极具活性并且很快转化成了无害的第二产品，而其他的（"顽固的"）有害物质，如稳定的有机物质和重金属等不能分解，而且在环境中积聚，并能够在很长的时间里造成对人的健康和生态系统的损害。恰恰是对生态系统和物质的损害（比如罕见的文化遗产等），会有长期和不可修复的后果。除了地方的措施外，比如将工厂和技术设施迁出城外（如设立环境保护区），或是采取技术措施（如高大的烟囱）等，人们还召开国际会议来商讨和制定关于降低危害的协议（参阅 UNECE 等，2012 年）。

气候有害气体是化学物质，它影响到大气层的辐射量，并且中期至长期地对地球气候的改变产生影响。正因为如此，各种气候变化的效应，如水量分配的变化（冰层融化、海平面升高、陆地被淹没），以及生态系统的变迁和损害等，对人类健康所造成的各种影响都将会出现（参阅 IPCC，2007 年）。由于排放直至气候变化的出现之间有很长的时间滞后，同时由于只有统计数字的气候特点，关于二者之间的影响关系很难加以论证,而且关于影响程度的阐述也不够扎实。人们担心,在污染很严重的时候,全球生态环境会发生很大的变化,从而会导致对生态系统和人类社会无法承受的影响。因为能源供应而进入自然环境的最主要的有害气体是有机物燃烧时所产生的主要物质二氧化碳（CO_2）。假如人们使用可再生材料制造有机物质,那么,植物在生长期间就已经吸收掉了大气中的二氧化碳,理想的情况下,其数量相当于燃烧时所释放出来的二氧化碳量。因此,使用可再生资源被看作对气候的有利之举。对增加了的有害气体排放后果的评估和应对措施的采用,应当在国际的协同一致基础上进行。有195个国家参加的*联合国政府间气候变化专门委员会*（Intergovernmental Panel on Climate Change,IPCC）的分析报告,制定出了科学的研究方案并得出评估结果,作为1995年以来每年都举行的世界气候大会的基础。

资源利用

与非可再生能量资源的使用联系在一起的,不仅是大气中二氧化碳含量增高,而且可使用资源的数量也在减少。为了能量转换,除了核燃料外,石油、天然气和煤炭也作为能源载体来使用（参见第5章第11节）。根据推测和探明的储量,与其他能源相比,特别是石油的可使用时间非常短。如果产量不变,那么这些能源只够使用大约160年（DERA,2011年）。

由于转而使用可再生能源,能量载体的有限程度对于能源供应的重要性不断下降。但是,其他的紧缺现象接踵而至:始终对于能源供应具有重大意义的是土地资源（比如用于生产生物原料的耕地）和空间（比如作为地下仓库）。紧缺现象产生于若干种（相互竞争的）目的的同时利用,例如粮食生产和能源植物种植的竞争（参见第5章第1节）。为了保障能源的连续供应,要求有新的能量转换和储存技术的出现。除了储量的有限性之外,地区性的能源储量分配以及市场的价格变化,都是在大规模投入使用新技术时应该考虑的因素。由于这些能量原料不是被消耗,而只是被利用,所以,它们在产品的使用寿命结束时能够在一定程度上被重新回收利用。除了回收和资源利用效率之外,开发独特的资源和原料产地的多样化是各国及欧洲政策的重要目标。

274

参考文献

DERA：Kurzstudie Reserven, Ressourcen und Verfügbarkeit von Energierohstoffen 2011. In： *Rohstoffinformationen.* Hg. von der Deutschen Rohstoffagentur, Bundesanstalt für Geowissenschaften und Rohstoffe. Hannover 2011.

Europäische Kommission：*ExternE Externalities of Energy − Methodology 2005 Update.* Directorate-General for Research, EUR 21951. Brüssel 2005.

IPCC：*Climate Change 2007.* The IPCC Fourth Assessment Report. Intergovernmental Panel on Climate Change. Cambridge 2007.

Meadows, Donella H./Meadows, Dennis L./Randers, Jorgen/Behrens, William W.：*The Limits to Growth. A Report for the Club of Rome's Projects on the Predicament of Mankind.* New York 1972.

Nennen, Heinz-Ulrich/Hörnig, Georg（Hg.）：*Energie und Ethik. Leitbilder im philosophischen Diskurs.* Frankfurt a. M. 1999.

Steger, Ulrich et al.：*Nachhaltige Entwicklung und Innovation im Energiebereich, Wissenschaftsethik und Technikfolgenbeurteilung.* Bd. 18. Berlin 2002.

Streffer, Christian/Witt, Andreas/Gethmann, Carl Friedrich/Heinloth, Klaus/Rumpff, Klaus：*Ethische Probleme einer langfristigen globalen Energieversorgung.* Berlin 2005.

UNECE 2012, http：//www. unece. org/env/lrtap/welcome. html（12. 04. 2013）.

贝尔特·德罗斯特 – 弗兰克、格奥尔格·卡姆普

（Bert Droste-Franke und Georg Kamp）

第 6 节　地工、水工和采矿技术

论题描述

对地球表面和与之相连的水体的改造乃是技术行为的基本形式。人类在其文明历史上，很早就开始系统地在岩石上开凿洞穴和沟渠，在不安全的地面用木桩加固房屋，以及有计划地改造水道。随着向农耕文化的逐渐过渡，又产生了改造土地表层结构的关键技术（但尚不属于地工技术，参见第 5 章第 1 节）。用于安全修建各类建筑

物、灌溉、排水和洪涝防护的各种巧妙系统，属于农业和城市社会乃至所有技术及工业社会的核心技术基础。歌德（1832 年）在其《浮士德》第二部第五幕和最后一幕中，不仅生动形象地为地工和水工工程树立了一个具有矛盾特性的丰碑，而且在另一方面，也把这一进步作为成功的文明成果加以歌颂："铁锹声多么使我心旷神怡！／这是那些群众在为我服役，／他们保护陆地免遭倾圮，／对汹涌的波涛加以限制，／用紧密的长带将大海围起。"（Goethe，1948 年及以后版本，第 347 页）浮士德晚年因为修建围海大堤而发家致富，然而，建筑工程也带来了它的牺牲品。还在工程期间就已经出现了巨大的人员损失，年近百岁的浮士德老人最后双目失明。甚至希腊神话中热情好客、招待天神的两个人物——腓利门和博西斯，在歌德的《浮士德》第二部中也不得不按计划搬家迁移，最后难逃死亡的命运。他们的死是不断扩大的、（也）受制于地工和水工技术的社会进步的典型牺牲品。这个进步不仅为防止自然灾害提供了安全保证，同时也为今天人类共同生活的技术结构提供了前提条件（参阅 Horkheimer/Adorno，1988 年）。

"地工技术"乃是建筑工程学中诸专业领域的集合概念。在这些领域中，地基处理和安全的桩基及建筑物本身定位具有核心的地位（Smoltczyk，2002 年/2003 年）。 275 从这个意义上说，水工技术（＝水利工程）乃是以水为主要对象的建筑技术活动的一个特殊学科方向（Strobel/Zunic，2006 年）。然而出于种种原因，其学科范围和归属却不甚明确。首先，凡是地基水位很高的地方，或是在修建水坝和港口的时候，地工技术和水工技术显然都要联袂登场。其次，采矿技术（恰恰也在机构方面）所建立的是完全另外一个领域：虽然采矿技术在很大程度上涵盖了地工和水工技术，但是，其他技术也被囊括在内，如传送技术等（Reuther，1982 年）。下文将采矿技术的地工和水工技术层面一并论述，但并不对总体的采矿学进行阐述，因其文化和技术史的意义已远远出超出了本文论述的范围。最后，特别需要注意的是，土壤和水体不仅是建筑物的基础或环境，还涉及它们的改造。缘此，鉴于其对生态世界可见的和重大的影响，改造活动乃是人类技术行为力量的一种象征："技术已将山岳移位、河流改道……"（Lenk/Ropohl，1987 年，第 5 页）

技术伦理学的范畴归属

从铁锹到隧道掘进机，从以天然石块和树枝编织物构建的堤坝到用水泥和钢筋修建的大型水利工程的转变历程，不仅展示了地工和水工技术对时空构建能力的重大发展，而且也折射出伦理学越来越大的重要性。然而，不同于时下的生物和信息技术，地工技术本身尚未成为有系统的学术及伦理学思考的对象。同时，在关于采矿技术的争论中，单项技术本身也不是学术批判的主要对象。若是有人从审美角度提到所谓"建筑过失"或"风景创伤"的话，那也主要是对建筑和风景规划方面的批评。从哲学及伦理学的专业探讨角度来说，水工技术方面的情况也大同小异，尽管很长时间以来人们所说的"草原化"（Seifert，1936 年）或"水体侵害"等概念都是指的纯粹道德上下文中对水工技术审美和生态学方面的批评（参阅 Potthast，2001 年）。但是，缺少一个分门别类和特殊的伦理学学科并不意味着过去和现在都未曾发生围绕地工和水工技术的伦理学争论。情况正相反，只不过这些争论是以改头换面的方式出现罢了：或许由于深深植根于人类的文化史中，地工和水工技术包括采矿技术不是被作为*特定的*技术来从伦理学和政治上加以批判。很多情况下，论争是在带有环境学、社会经济学和审美学性质的基本的社会政治批判的范畴中进行的。只要地工和水工技术方面的措施是属于大型基础设施项目的一个组成部分，那么，探讨也不会从一开始就瞄准土建和水利工程师的某些特定技术，而是以对权力和统治的批判为对象。因此，这里所讨论的乃是社会项目的整体和全局，及其手段和目标。

真正从技术伦理学对问题进行考察的视角是从不同的着眼点开始的。一方面，它所关心的是（广义上）用来改善人类生存条件的地工和水工技术措施是否合法和势在必行的问题。这个问题常常发生在目的－手段－后果的考量范畴中：某项工程的目的（此处指的是建筑物以及土地和水体改造措施）是否能为所使用的技术和其他手段，以及可预见的后果和衍生后果提供正当合理的理由？对安全因素进行根本性的强调具有决定性的意义（参见第 2 章第 3 节），并且与法律的框架条件密切相关，这期间，新的德国工业标准（DIN）和更多的欧洲标准不断出台和修订（参阅 Ziegler，

2008 年）。这里需要强调的是，由于各种因素间的复杂关系，100% 的安全是不可能
做到的。同时，人们所期待的安全程度也取决于对项目必要性的评估、资金问题和实
际可行与否的问题，因而，最终还是一个经典的风险考量问题。

　　另一方面，我们也可以就某些（大规模）土地和水体改造活动在道义上是否准
许的问题做一番更为根本性的思考：这一点常常被人们同宗教上的问题（神圣的高
山和树林不容冒犯）或是世俗的风景和自然保护问题（由于露天煤矿、水库大坝等　276
的破坏，参见第 4 章第 C. 2 节）牵扯在一起讨论。最后，还涉及职业道德问题，亦即
土建和水利工程师们直接的和个人的责任（女性工程师至今仍然是凤毛麟角）。

当前争议领域：工程师伦理学

　　地工和水工技术领域的《职业道德准则》（Codes of Conduct 等；参见第 3 章第 7
节）所强调的既有一般的内容层面，也有特殊的内容范畴：从一般意义上讲，比之
局部的和私人的利益，对社会的福利、健康和安全的责任毫无疑问处于优先的地位。
这种优先地位也限制了工程师们必须遵守的对业主的忠诚义务。职业的纯洁性和良好
声誉得到了强调。此外，工程技术人员还有义务，必须向社会公众通报关于技术行为
可能造成的技术、社会、环境影响及其他后果。特别是对地工技术来说，后面这一点
在下述的要求中再次得到了体现，即必须重视项目的宏观背景（larger picture），自始
至终伴随项目的进展，包括在现场检查技术设计的实施情况。明确禁止以安全为代价
的价格优惠，此外，还要求项目范围中与其他专业领域的合作。最后，凡是存在安全
问题的地方，避免发表关于地工技术、地质学和环境方面不必要的肯定性言论，也属
于工程师伦理道德的范畴（Brandl，2004 年；ISSMGE，2004 年）。

　　当建筑物由于地基不稳而倾覆时，人们不难将这些行为准则同当前出现的问题
联系起来。但是，在这种情况下所提出的常见问题是安全考量是否从根本上被重视
得不够，或是因为顾及资金后果或是业主的声誉后果而遭到了忽略，抑或是否事关
有缺陷的、偏离原来计划的和施工期间过分疏于检查的项目执行问题。后者显然是
2009 年 3 月 3 日地铁施工造成科隆市档案馆倒塌时出现的那种情况（Schmalenberg/

Damm，2010 年）。但是，这样的案例同时也说明了道德责任，特别是法律责任归属的困难程度（关于工程师伦理学的概论，参阅 Hubig/Reidel，2003 年；参见第 3 章第 7 节）。

迄今为止，地质专家意见的责任问题的唯一案例发生在 2009 年 4 月 6 日意大利中部拉奎拉地区地震之后。六名科学家和一名政府机构人员被作为一个政治和行政专家委员会的成员受到了审判，原因是他们在一系列的轻微地震之后，忽略并低估了马上就要发生大地震的风险。此案起诉，特别是 2012 年 10 月一审宣判之后，不同的国际专家纷纷对这一判决表示不满，原因是如果从政治上和（刑事）法律上要求预测的绝对把握性，那么，在此基础上并在不确定性原则条件下，要拿出专家的评估是不可能的（The L'Aquila Trial o. J.）。归根结底，地震风险预防的问题反映了这样一个地工技术及政治上的难题——在什么样的法律基础上，花费多少资金投入，在哪些地区才能够或是必须修建什么样的能抵御几级地震的建筑："什么样的安全才是足够的安全?"——这不是一个工程师本身所能回答得了的问题（参阅 Brandl，2004 年；参见第 2 章第 3 节）。

当前争议领域：地工技术

特别是大型建筑项目往往不被人们认为是技术伦理学上有争议的事情，但人们从总体上提出了一系列基础设施影响未来的政治和道义问题。"斯图加特 21"（Stuttgart 21）建筑工程就可以作为这方面的典型案例：斯图加特中央火车站迁至地下，在施瓦本汝拉山地区的普洛欣根到乌尔姆之间修建一条轻轨线。这项工程中，仍然是地工和水工技术的可能性和界限起共同的决定作用。在地下隧道壁厚的强度安全设计方面，有一个问题牵涉到成本和效益之间的恰当比例关系。此外，人们还对采取水资源管理的水工技术措施可能会给矿泉水水源造成的危害问题展开探讨。考虑到施瓦本汝拉山地区普遍存在的岩石空洞现象，在安全性和成本费用方面存在诸多不确定性。因此，地工技术和水工技术的专家鉴定，对于地下建筑的风险确定、项目可行成本确定以及技术系统复杂性的确定都起着共同的决定作用。与之相对应，专家意见的作用在政治

277

性论战中是有争议的，因为这些意见最终在很大程度上决定着成本效益的风险分析和工业基础设施的决策问题（参阅 Schlichtung S 21）。与此同时，在伦理学上具有重要意义的问题：专家意见在政治环境中的中立性，各业主对各项评估倾向性的态度，如何对待积极或消极的预测和后果，以及特别具有争议性的一个问题，即技术专家在何种程度上可以对牵涉到政治的问题采取明确的立场，倘若这个带有政治性的问题终究不能回避的话。

当前争议领域：水工技术

自卡尔·魏特夫①（1962年）提出"水力社会"的论题之后，人们对于政治权力和水体整治之间的紧密关系一直论战不休。无可争辩的是，自古以来，特别是广泛的河道整治和大型堤坝、围堰的修建导致了重大的争议和冲突。当前最著名的实例就是中国的三峡大坝工程。技术安全和可能发生的溃坝所造成的灾难性后果问题，与可能发生的负面环境影响问题（缺水、高水位和低水位自然调节的缺失、淤泥化和库区的有毒物质；这里，人们总是用埃及阿斯旺水坝建设的教训为前车之鉴），以及尤其是人口强迫迁移所引起的社会公正性问题一同出现（Parodi，2008年）。

除了安全和健康问题外，特别是在政治及经济的讨论中，饮水供应的技术系统也具有伦理学的意义。那么，水是否应当为一种公共财产，一种国家意义上的和超越国家意义上的生存预防措施的主题，抑或应当作为私有化的财产交给市场自由买卖（Ostrom，2011年）？从这个意义上说，技术设计（局部的、地区的和全球的系统）也是政治公正性问题的对象和关于水（供应）作为人权及其实现的讨论对象（Llamas等，2009年）。

此外，我们也不应对污水处理问题掉以轻心，因为某些大型技术解决方案的决策问题，如不单是在欧洲流行而且越来越多地在全球范围流行的合流制排水系统等，不

---

① 卡尔·魏特夫（Karl Wittfogel），1896—1988，出生于德国汉诺威，1938年移民美国，犹太裔历史学家、汉学家，提出过东方专制主义理论，引起很大争论和影响。

仅有重大的（积极的）健康方面的连带作用，而且也有（不无问题的）经济、环境和水工技术上的连带影响。当前，人们正在就各种替代方案（无水厕所、堆肥处理、植物法污水处理等）进行深入的探讨（Lange/Otterpohl，2000 年）。

当前争议领域：采矿技术

　　在人类文明的发展过程中，矿山开采的重大意义是无可争辩的。采矿技术过去和现在都为进一步和（不折不扣地）更加深入的发掘可能性做出贡献。从伦理学角度讲，矿工的劳动条件和安全从古至今一直占有重要地位，而在过去和现在，技术都为此提供了关键性的帮助（支撑结构、通风、用机器代替凿岩和掘进的手工劳动）。然而，出于利润最大化的原因，实际的情况以往和现在都不符合技术所达到的水平，正像我们所看到的某些矿难，或是可以避免的慢性健康疾病一样。

　　恰恰是大面积的露天开采褐煤、油页岩或者日益增多的油砂，带来了严重的环境问题，以及油页岩/油砂开采所带来的健康问题（Nikiforuk，2010 年）。使用水压和化学溶剂来开采地下的油页岩（fracking）所提出的几乎是同样的问题（Fossati，2012 年）。当前另一个争议领域，是出于气候保护原因的二氧化碳（或其他温室气体）在地下的存放问题，而这里的土地使用问题尚未特别棘手。但是，更具争议性的论题，一方面是鉴于成本效益关系，特别是鉴于长期存放在封闭地下的碳捕获和储存的技术和安全风险的问题（CCS，Rackley，2010 年）。另一方面的问题在于，这些技术是否对无排放生产方式的必要转换、交通系统及可再生能源造成了不利影响，因而原则上是有碍生产的因素。所以，我们应该从总体上将这些技术探讨纳入能源需求和全球能源供应的问题（参见第 5 章第 2 节和第 5 节）。

　　恰好也在采矿论题上，其伦理学方面的问题在于利润的分配（资源利用者及采矿公司股东）和负担的分配（就当地居民而言）是极其不公平的（Ali，2009 年）。当地居民参与资源开采问题的讨论以及利益的分配问题，一般都归纳在"环境正义"（Environmental Justice）的标题之下（Martinez-Alier，2002 年）。

278

广义的土地和水源伦理学的关联点及其技术哲学问题

下述三要素：（1）广义的风险和危险防范，（2）*环境正义*和（3）*工程师道德*（公正、不受贿赂、风险意识、交流传播），乃是地工、水工及采矿技术作为伦理学技术评价基础关键性的伦理学内容。这里，与风险伦理学、社会伦理学、环境伦理学及政治伦理学等广义的伦理学概念的联系是显而易见的（参阅 Skorupinski/Ott，2000年）。就地工技术而言，这方面尚没有进行过系统的研究和理论尝试。因此，一个内容广泛的问题可能在于：包含采矿在内的地工技术怎样才能实现生存防范、安全责任、风险应对、成本效益问题和城市及风景美观之间技术设施的完美和统一。从这个意义上说，我们似乎应该弄清，奥尔多·利奥波德①《土地伦理》（1949年，第217页）一书中的名言的具体含义是什么："当一个事物有助于维护生物共同体的和谐、稳定和美丽的时候，它就是正确的，当它走向反面时，就是错误的。"我们人连同自己的经济和技术就是这个*生物共同体*的一部分，因而也在总体上形成了这个*土地*。

相比而言，水源伦理学的研究要深入得多（参阅 Llamas 等，2009年），技术伦理学的问题都有其固定的地位，但细节的思考尚显不足。因此，这方面进一步的探索研究应当是，我们究竟能在怎样的程度上，将贴近自然和非贴近自然（大规模水利建设）的技术行为之间的相互对立情况，作为自然伦理学*和*技术哲学的基本论题看待，并将其区分开来和加以具体化。最后，属于这个论题范畴的问题还有，我们应该在何种程度上为了自然保护或出于文化史的目的，从根本上将某些特定的地区排除在技术的侵入之外。

---

① 奥尔多·利奥波德（Aldo Leopold），1887—1948，美国生态学家和环境保护主义者，在现代环境伦理的发展和荒野保育运动中有相当大的影响。

参考文献

Ali, Saleem A.：*Mining, the Environment, and Indigenous Development Conflicts.* Tucson 2009.

Brandl, Heinz：*The Civil and Geotechnical Engineer in Society – Ethical and Philosophical Thoughts; Challenges and Recommendations.* Vancouver 2004, http：//www. issmge. org/images/Attachments/JML98 % 2804 % 29_ Heinz Brandl. pdf (28. 02. 2013).

Fossati, Jake：*The Hidden Dangers of Marcellus Shale Fracking.* University of Pittsburgh Swanson School of Engineering. Pittsburgh 2012, http：//www. pitt. edu/ ~ jmf 142/a3. pdf (28. 02. 2013).

Goethe, Johann Wolfgang von：*Faust – Der Tragödie zweiter Teil* [1832]. Hamburger Ausgabe in 14 Bänden. Bd. 3. Hamburg 1948 ff.

Horkheimer, Max/Adorno, Theodor W.：*Dialektik der Aufklärung – Philosophische Fragmente* [1969]. Frankfurt a. M. 1988 (engl. 1944/47).

Hubig, Christoph/Reidel, Johannes (Hg.)：*Ethische Ingenieurverantwortung：Handlungsspielräume und Perspektiven der Kodifizierung.* Berlin 2003.

ISSMGE – International Society for Soil Mechanics and Geotechnical Engineering：Policy Document No. 1：*Guidelines for Professional Practice.* London 2004, http：//www. issmge. org/images/Attachments/Policy_ 20Doc_ 201. pdf (28. 02. 2013).

Krüger, Timmo：Die Stabilisierung des hegemonialen Diskurses der ökologischen Modernisierung in der internationalen Klimapolitik durch Carbon Capture and Storage (CCS). In：Tamina Christ/Angelika Gellrich/Tobias Ide (Hg.)：*Zugänge zur Klimadebatte in Politikwissenschaften, Soziologie und Psychologie.* Marburg 2012, 101 – 128.

Lange, Jörg/Otterpohl, Ralf：*Abwasser – Handbuch zu einer zukunftsfähigen Wasserwirtschaft.* Donaueschingen-Pfohren[2] 2000.

Lenk, Hans/Ropohl, Günter：Einführung：Technik zwischen Sollen und Können. In：Dies. (Hg)：*Technik und Ethik.* Stuttgart 1987, 5 – 21.

Leopold, Aldo：*A Sand County Almanac.* New York 1949.

Llamas, M. Ramón/Martínez-Cortina, Luis/Mukherji, Aditi (Hg.)：*Water Ethics – Marcelino Botín Water Forum Santander 2007.* Leiden 2009.

Martinez-Alier, Juan：*The Environmentalism of the Poor. A Study of Ecological Conflicts & Valuation.* Cheltenham/Northampton 2002.

Nikiforuk, Andrew：*Tar Sands – Dirty Oil and the Future of a Continent.* Revised edition. Vancouver 2010.

Ostrom, Ellinor：Gemeingüter fordern uns heraus. In：Dies.：*Was mehr wird, wenn wir teilen – Vom gesellschaftlichen Wert der Gemeingüter.* München 2011, 21 – 46.

Parodi, Oliver：*Technik am Fluss – Philosophische und kulturwissenschaftliche Betrachtungen zum Wasserbau als kulturelle Unternehmung.* München 2008.

279

Potthast, Thomas: Gefährliche Ganzheitsbetrachtung oder geeinte Wissenschaft von Leben und Umwelt? Epistemisch-moralische Hybride in der deutschen Ökologie 1925 – 1955. In: *Verhandlungen zur Geschichte und Theorie der Biologie 7*. Berlin 2001, 91 – 114.

Rackley, Stephen A.: *Carbon Capture and Storage*. Burlington/Oxford 2010.

Reuther, Ernst-Ulrich: *Einführung in den Bergbau – Ein Leitfaden der Bergtechnik und der Bergwirtschaft*. Essen 1982.

Schlichtung S 21: *Informationsseiten der Schlichtung Stuttgart 21*, http://www. schlichtung-s21. de (28. 02. 2013).

Schmalenberg, Detlef/Damm, Andreas: *Geschlampt, gefälscht – Ursachenforschung. Schaden von mehr als 700 Millionen Euro*. Sonderbeilage des Kölner Stadtanzeigers am 3. März 2010.

Seifert, Alwin: Die Versteppung Deutschlands. In: *Deutsche Technik* 4 (1936), 423 – 427 u. 490 – 492.

Skorupinski, Barbara/Ott, Konrad: *Technikfolgenabschätzung und Ethik*. Zürich 2000.

Smoltczyk, Ulrich (Hg.): *Geotechnical Engineering Handbook*. 3 Bde. Berlin 2002/2003.

Strobel, Theodor/Zunic, Franz: *Wasserbau: aktuelle Grundlagen – neue Entwicklungen*. Berlin 2006.

The L'Aquila Trial. Documents, articles and comments from the scientific community about the trial to the participants to the National Commission for Forecasting and Predicting Great Risks meeting, http://processo aquila. wordpress. com/ (28. 02. 2013).

Wittfogel, Karl A.: *Die orientalische Despotie. Eine vergleichende Untersuchung totaler Macht*. Köln/Berlin 1962 (engl. 1957).

Ziegler, Martin: Sicherheitsnachweise im Erd- und Grund-bau. In: Karl-Josef Witt (Hg.): *Grundbau-Taschenbuch*, Teil 1: *Geotechnische Grundlagen*. Berlin[7] 2008, 1 – 42.

托马斯·波特哈斯特（Thomas Potthast）

第7节 基因技术

在关于基因技术及其应用领域的争论中，人们所持的立场和态度往往截然相反。不同的观点不仅因伦理学的基本立场而存在，同时，也因对基因技术的潜力评估以及对可能出现的生态和社会影响的评估而不尽相同。因此，基因技术的争论不仅对于技术后果判断和评估具有重大意义，而且对于科学和社会之间关系的探讨也具有深远的影响。

基因技术的基础

"基因技术"概念乃是对生物化学、分子生物学和细胞生物学以及生物技术的方

法和程序步骤的总称，借助这些方法和步骤，人们可以对生物体的遗传物质（DNA①
或 RNA② 核酸）进行分离、重新组合或改变，最后通过基因转移将其移植到活细胞
中去。缘此，基因技术的使用范围十分广泛。DNS 的顺序和用来形成基因产品（蛋
白质）或用来调控基因表达的编码信息，可以从一种类型转换成另一种类型。1973
年，首次进行了试管中（in vitro）分离后 DNS 的重新组合，并将其转化为一个细菌，
从而给这个细菌赋予了此前从未有过的对抗生素的抗药性（Cohen 等，1973 年）。这
项及后来的实验就是 1975 年 2 月召开阿西洛马会议（美国）的原因，在这次会议上，
科学家们首次就使用这种技术的安全问题和可能的自我限制进行了讨论（Krimsky，
1982 年；Radkau，1988 年）。

凡是从 DNA（及 RNA）本身入手的技术都属于狭义上的基因改变基本技术，其
中包括借助*限制性内切酶*剪断已定义的排列顺序，依靠聚合酶进行复制，以及使用连
280　*接酶*的组合。广义的基因技术则包括遗传物质的分离和将其移植到活细胞中的方法，
以及对它的改变或结构分析，比如顺序排列等。

基因技术方法可以有两种不同的目的，即*分析的*和*组合的*目的。基因分析或基因
排列的结果乃是人们对 DNA 化学成分的排列结构的认识。这些 DNA 的化学成分不仅
能够解答某些疾病的机理，而且能够解答个体和其他个体的亲缘关系，或是它同某个
特定种类的属性关系。*组合方法的产品乃是重新组合的和/或经过基因技术改变的*
DNA。若是将其植入细胞或是生物体，那么就会产生一个经过*基因技术改变的有机*
体。这个有机体用在植物和动物上时也叫作*转基因有机体*。基因转换不仅可以在同类
细胞中进行，而且也可以在不同类的细胞中进行。所以，人们很早就已将细菌或病毒
的基因移植到植物上，或是将人的基因移植到小鼠或其他动物身上。

基因技术的手术通常都是为研究目的进行的。用作实验的生物体大多是细菌或是

---

① DNA 指脱氧核糖核酸（Deoxyribonucleic acid），是一种生物大分子，可组成遗传指令，引导
　生物发育和生命机能运作。
② RNA 指核糖核酸（Ribonucleic acid），是一种重要的生物大分子，因分子由核糖核苷酸组成
　而得名。

小鼠，但也有鱼类或果蝇。在基础研究领域中，基因技术手术的目的是通过对现有基因的分析、基因作用的消除或新的遗传信息的植入，来解释种系生长、个体生长或疾病产生的基本问题。举例来说，被消除了一个或数个基因的小鼠（基因敲除小鼠）即是被用来研究这些基因或是调控因素作用的生物体。

鉴于其在有生命物质的全部领域中具有广泛的应用可能性，基因技术也被称作"横断面技术"。根据用在人身上，还是用在脊椎动物、植物或微生物身上的不同情况，人们将基因技术分为红色、绿色和白色的三种类型。在基因技术的最初发展阶段，即大约从1974年到20世纪80年代末，人们在伦理学问题上主要讨论的议题是，这样一种影响深远的对生命有机体遗传构造的手术是否有正当理由和能够负得起责任。而现在，人们争论的焦点则是在同基因技术使用相关联的那些问题上，这些问题因其应用范畴的不同而彼此各异。

转基因动物

通过基因技术手术，人类可以生产出带有新特性的有用动物或宠物（参见第4章第C.3节）。这样的手术已经远远超出了普通饲养所能达到的程度，比方说，鱼就是属于用这样的方法所生产的动物。科学家在鱼的染色体中植入了珊瑚虫或水母等的遗传信息，以获得不同的发荧光的蛋白质，这些蛋白质在日光或人造光的照射下能够发出绿色、黄色或红色的光。2004年，作为第一批经过基因技术改变的宠物，转基因的斑马鱼在美国以荧光鱼的商品名称进入销售市场。加拿大和欧盟不允许饲养和销售转基因动物。通过转基因动物生产药物被称为基因制药（Gene pharming），从这些动物的体液（血、奶、尿、精液）或卵（鸡蛋）中，能够提取出用于药品生产的物质（Kind/Schnieke，2008年）。比如说转基因的山羊，它的乳腺中可以生成大量和人类一样的重组抗凝血酶Ⅲ。这种材料可以阻止凝血块的形成，已于2006年被批准允许在人类身上使用。

另一个目的是生产为人类提供器官用的转基因动物。一般情况下，人的免疫系统将动物的器官或细胞看作异体并予以排斥。因此，科学家想在猪身上用人的细胞构造和蛋白质来代替引起排异反应的构造和蛋白质。虽然已经有猪被植入了相关的人的基因信息，但是，这种异体移植技术的开发还处在早期阶段，在可预见的未来临床应用还不可能。此外，人们还在就如何提高有用动物的生产能力继续进行研究。一种生长速度快的转基因三文鱼在美国即将推向市场。再进一步的目标是疾病抵抗能力的生产，人们已经培养出不会传染禽流感的母鸡。但是，基因技术最常见的还是研究分析的应用方式。借助它的帮助，可以对用传统杂交方法生产出的品种进行研究，并且鉴别出最适合饲养目的的品种来。

281 对动物进行基因技术转移（参见第4章第C.3节）必须遵守相关的动物保护法律法规。依照法律规定，动物实验原则上需要得到批准，禁止虐待式的动物饲养。此外，动物伦理学所提出的乃是关于影响深远的基因手术的正当理由和界限问题，同时，这些手术也把相关动物的种类归属逐渐提到了讨论的议事日程上来。批评呼声特别大的是基因动物的专利申请问题，在主要由绿色和平组织对此类专利表示强烈抗议和反对之后，"终生专利"的合法性问题已经进入社会公众和政界的意识。在经济界人士把出于伦理道德目的对专利的限制看作对创新的阻碍的同时，其他各界人士则把这种限制视作对生命体的不断商业化及降格为物体的一种必要保护。

除去这些标准化方面的争论之外，人们也针对转基因动物对环境和生态系统的后果影响提出了问题。例如，有人有理由担心转基因三文鱼可能从网箱中逃出，然后同野生三文鱼交配，并有可能引起此野生鱼种数量的减少。类似的反对意见已经导致此类动物的批准手续在美国一再往后推迟。

基因分析和基因诊断

对人类遗传物质的基因分析，首先，要通过全部染色体或是从染色体特定的部分中，对基因组的排列亦即基因成分的顺序进行调查。其次，可以对跨个体的区别以及可能情况下不同人种之间的跨个体区别进行分析。第一条人类染色体的全面分析，于1990年在美国设立的人类染色体研究计划中进行，该计划于2003年结束。2008年启动了国际千人染色体计划，旨在对2500人的遗传物质进行顺序排列，并绘制出人类基因变种的详图。2012 年 10 月，已经完成了 1092 人的排列数据调查（2012 年千人染色体计划联合会）。近几年由于技术的不断发展进步，基因分析的成本不断下降，以至于单个病人也能承受得起这样的分析费用。

借助基因和染色体分析所获得的知识，可用于在基因层面上对人进行准确无误的描述。因此，在警察的破案调查过程中，可以通过身体物质所留下的痕迹，来查明作案者究竟是谁。同时，通过这种方法还可以对亲缘关系进行可靠的证明。结合家族病史或基因流行病检查结果，基因检查可以进一步鉴定参与到疾病产生中的 DNA 排列及其变化。这些知识还运用在以临床为主的基因诊断学中，用以调查遗传病或是影响疾病发生的基因变异的先天因素，抑或是对（药品）成分过敏的基因条件进行确认。后者乃是*遗传药理学*的任务范畴。

总之，因为染色体分析和基因诊断学的出现，我们手中拥有了一种影响深远的分析和诊断能力。这种能力使我们能够依靠极少量的 DNA 就可以对单个个体进行鉴别，而且也使我们不仅能够确定人类疾病或生理过程的基因基础，同时未来也可能对外部特征或人类行为的基因基础进行定义。但是，人们越来越多地认识到，基因机制可能是非常复杂的。就基因的作用而言，不但基因的排列顺序是决定性的，而且特别是其表达的时间、地点和数量也是决定性的。人类的特征以及疾病受到诸多因素的影响和左右，基因信息只是其中的一个因素而已。尽管如此，有鉴于其构建意义、不变特性、无时间限制的作用和家族关联性，基因因素和基因数据在科学和公众的讨论中被赋予了重大的意义。对这些数据的保护也相应成了一个十分重要的课题。对人进行基因检查，以及基因样品和数据的使用，都在 2010 年 2 月 1 日生效的关于人体基因检查的法律中做了规定（《基因诊断法》– GenDG）。 282

特别是基因预测诊断法提出了重要的伦理和社会问题。早在人的健康问题出现之前，此方法就能够查出发病的先天机理因素（Kollek/Lemke，2008 年）。预测性的基因检查不仅成年人可以做，而且任何年龄段的人都可以做：借助*极体诊断法*，就能在受精之前对卵细胞的基因构成情况进行检查，并且，借助*胚胎植入前遗传学诊断法*（PID），在受精后第三天开始就可以对*试管中*早期胚胎的基因构成情况进行检查。*产*

前诊断，亦即妊娠期间的胎儿检查，通常是在第14周至第16周之间进行。近来，人们也能够从孕妇的血液中分离出胎儿的 DNA，并对之进行染色体异常的基因检查。

不断增长的在试管中就对受精之后人的基因质量进行调查的可能性，引发了影响深远的关于相互关联的伦理和社会问题的争论。大家所争论的不仅是预测和产前诊断直接的医学、心理学和家庭影响和后果，而且还有（信息方面的）自主决定、基因歧视以及残疾人士在社会中的地位等问题。虽然《基因诊断法》第4条对禁止歧视进行了规定，任何人不得因为自己的特征或是基因特征而受到歧视。但是，人们还是担心，这项法律既不能保护当事人免受社会排斥，也无法阻止被认为有缺陷的基因特征的人所遭受的潜在心理或社会影响。

因其在数个试管胚胎之间可进行基因选择的可能性，所以，胚胎植入前诊断法特别具有争议性。一部分人将其视作道义上有问题的选择做法，这种做法由于其前提和后果不能同争议情况下的妊娠终止相提并论，而另一部分人则将其视作提前终止的妊娠。对此的决定权最后还是在当事的父母双亲手里。2011年11月，胚胎植入前诊断法的法律规定（PräimpG）在德国开始生效。通过对胚胎保护法的修改（胚胎保护法 – ESchG），在有高风险遗传疾病或是在高概率的流产和死胎出现的情况下，此前被视为禁止的胚胎植入前诊断法被宣布为正当合法。

除了伦理学的讨论之外，预测诊断学技术后果分析和评估的任务在于，要将经验的检查结果上升到基因诊断技术的医学、社会心理学和全社会的意义高度，并对之进行评价，目的是要让社会公众和政治决策人物对此法应用可记录的后果影响有一个准确的了解和认识。然而，在不同的国家中，人们对此项技术应用后果记录所采取的方法和程度是不同的。因而，若想在这个领域创建可进行比较和站得住脚的数据，乃是非常困难之举。

药物生产和基因疗法

借助基因技术方法可以改变活细胞的特性，使它生长出之前没有的物质，或是生产出更多的已有物质。第一个用基因技术生产出来的药用物质是重组人胰岛素，美国食品与药品管理局已于 1982 年批准此药可对人进行使用。相关的基因此前被从人的细胞中分离出来，并被植入一个细菌菌株里面。菌株的生物技术培养，不仅使此前大部分从猪胰腺中分离出来的激素的大量生产成为可能，而且也使带有不同效果范围的修改过的变种成为可能。2012 年 9 月，基因技术在德国制造 109 种医用物质（大约占所有批准物质的 5%）的过程中发挥了作用。除了糖尿病外，重要的应用领域为多发性硬化症、先天性凝血障碍和代谢障碍、癌症和预防接种。这种重组药物的市场价值大约为 47 亿欧元（占德国药品销售额的 16%；所有资料见 VfA，2012 年）。

在起初阶段人们从伦理学和社会学角度对基因技术的原则和风险问题进行讨论之后，基因技术在药物的开发和生产方面得到了广泛的认可。许多人都期待着它的发展和产品能带来医学的进步和对自身健康的好处。同时，绝大多数有关基因技术生产的药物的副作用和滥用的潜在危险的问题，与其他药物在这方面的问题也没有根本的不同。然而值得注意的是，能够刺激红细胞生成并且自 1987 年后在欧洲能够见到的重组人红细胞生成素（re-HuEPO），因其在自行车运动中作为兴奋剂使用而为广大公众所熟知。尽管国际奥委会在 1990 年明令禁止使用，但因为这种物质是天然存在于人身体中的一种蛋白质，所以到现在为止一直很难证明这种使用兴奋剂行为（Jelkmann/Lundky，2011 年）。同样的难题也出现在作为肌肉生长因子的重组人生长激素方面（Gerlinger 等，2008 年，第 41 页及以下）。然而总体观之，这些产品的医学价值要高于它们的危害和滥用的潜在可能性。

更进一步的医学和伦理学问题来自*基因治疗法*。此名称所描述的方法是，出于治疗目的借助一个媒介物（输送分子）将重组核酸排列顺序引入患者身体的细胞。最初，开发此方法是用于治疗以基因作用障碍为原因的单基因遗传疾病。但是，如今也出现了治疗诸如癌症等复杂病情的医疗尝试。总体而言，临床效果十分有限（Fehse/Domasch，2011 年）。虽然通过基因治疗一些重病患者得到了帮助，但是，在其他许多情况下，人们对此疗法所寄予的希望并未实现。在几宗案例中，甚至出现了严重的副作用并导致了部分死亡。比如 1999 年在美国，患有代谢障碍症的 18 岁的杰西·格尔辛基死于多器官衰竭，原因在于，其免疫系统对带有病毒的、用于输送治疗基因到

283

体内的媒介物所出现的强烈反应。他离世后不久，又有五宗案例曝光，其中，患有遗传免疫功能衰退症的儿童在基因治疗后都得了白血病。由于媒介物植入基因组，其他的基因功能遭到干扰，从而引发了病症的出现（Sheridan，2011 年）。出于这个原因，世界范围内一度停滞了基因疗法的研究，但之后经过改进又重新启动。如今，尤其是在治疗方法继续发展和不断优化，以及完善的研究记录文件检查和监督机制的基础上，人们又重新对治疗方法寄予更多的希望。2012 年 1 月，首家针对某种罕见病症的基因治疗医院在欧洲获准开业。

关于基因疗法的伦理学内容的讨论很早就已经开始（Walters，1986 年）。所谓的*躯体基因疗法*，亦即将新基因植入人体细胞的疗法所遇到的保留意见相对较少，倘若只是涉及严重病症的治疗，而非对已有的特性加以改进和提高（*增强*）的话。但是，人们针对（尚未实现的）人体*生殖系手术*的保留意见则更加强烈。这项手术是将新的基因信息植入一个受精的卵细胞以及一个早期的胚胎。在个体发育之后，这个新基因信息就成了此个体所有细胞及生殖细胞的组成部分。由这个人生育的孩子以及孩子的孩子都将遗传这个信息，并且不得不携带着这个手术的后果和影响生活。

从伦理学角度对生殖系改变提出异议的不仅是这种手术不可预知的风险，而且特别是下面的观点，即未来的人不可能同意这样的生殖系改变；同时，这也是一种由其他人对一个人的命运事先予以决定的做法。这种做法伤害了这个人的尊严，并危及他的人格（Habermas，2001 年）。与之相反，另一派人则视这种基因改变或是通过生殖系手术实现的改进乃是人类自我决定和自我塑造的一个合法目标。他们认为（前提条件是这种手术有足够的安全性），阻止手术的发展或是出于预防的原因对手术加以禁止，在伦理道德上是站不住脚的（Smith 等，2012 年）。根据胚胎保护法第 5 条的规定，禁止在人身上进行生殖系基因手术。禁止的理由是在基因疗法建立的过程中，人的胚胎被以实验的方式加以改变和部分摒弃，同时，妊娠也不得不被人为地建立在实验的基础上，目的是要查证用基因改变的胎儿是否正常发育。

284

基因技术用于植物培育

转基因植物生产的目的，是对其农学特性进行改良，或者是实现其物质成分的改变或新的组合。这类植物的种植和在饲料及食品生产上的使用（参见第5章第1节），在全球范围内引发了关于生态、健康和社会经济的后果，以及关于此类实践活动的伦理学意义的争论。最早的经过基因技术改变的植物出现在20世纪80年代初，1996年在美国正式投入市场。这些转基因植物，绝大多数都是经过新基因植入后能抗虫害或抗除草剂的品种。当前种植的这类农作物有（按照其比例顺序）转基因大豆、棉花、玉米和油菜，它们在世界农业种植面积中大约占到9%。主要种植区是美国，各占那里90%的种植面积（资料截至2009年，所有数据见Transparenz Gentechnik，2012年）。广泛种植的地区还有加拿大、巴西、阿根廷和南非，但欧洲没有。其中的原因是农民和消费者缺乏对这类植物的接受态度、环保组织的反对，以及相对严格的审批条件。尽管如此，国际上转基因植物的种植对欧洲还是产生了影响：由于大部分转基因大豆用作牲畜饲料，所以，它还是间接地出现在了欧洲消费者的餐桌上。

基因技术的培育方法有别于传统的方法。大多数情况下，传统方法所利用的是自生的或技术上催生的变异，为的是通过有针对性的优胜劣汰筛选出新变种，而基因技术则是用新基因植入的方式制造出这些变种。此外，新的基因常常是从植物在自然情况下不杂交的有机体和品种当中分离出来，这样就可以生产出新的、借助常规培育无法实现的特性来。在这个过程中，基因转换本身并不是有目的而为之的。相反，新的遗传信息是偶然地植入植物细胞的核心基因组。虽然基因转换的直接效果（比方说一个新毒素的形成）可以在实验室或是暖房中进行检查，但是，移植的和植入的DNA顺序的间接效果，比如其他基因表现的影响作用和因此而可能出现的系统效应等，却经常在种植条件下才反映出来，与其他生物体和环境的交互作用也同样如此。

在第一个转基因植物引进市场16年后，特别是抗除草剂和抗虫害以及个别抗病毒的品种也相继被引进了市场，人们把它们叫作第一代转基因植物。抗虫害植物被植入从*苏云金杆菌*(Bacillus thuringiensis，简称 Bt) 中提取的基因，这个菌种为 Bt 毒素进行编码。Bt 毒素是一种防止某些害虫的胃毒，幼虫在摄取了相应的植物材料后很快死亡。通过这些品种的种植，人们希望能够减少杀虫剂的使用。对 Bt 有抗性的品种首先是从玉米和棉花中提取生产的。抗除草剂植物之所以重要，是因为它们使广谱除草剂的使用成为可能，这些除草剂在通常条件下会阻碍几乎所有植物的代谢通道并将其杀死。草甘膦（商标名称：Roundup，孟山都公司产品）就是这种除草剂的一种。通过相关的基因信息的移植，人们已能够生产出在使用草甘膦条件下存活的农作物。这样做的目的是在杂草蔓延的情况下，可以更加有的放矢和更少量地使用除草剂。现在，世界上所种植的 85% 的转基因有用植物都具有抗除草剂特性，要么是独立具有这样的特性（59%），要么是和抗杀虫剂联合使用（Clive，2011）。

285　　　如今，人们所期待的这些农作物的一些优势和所担心的缺点可以通过实际的调查来加以核实。在使用抗虫咬的转基因农作物之后，美国的杀虫剂使用的确得到了减少。但是与此同时，喷洒的农药量反而增加了。人们还观察到，通过被植入农作物中的毒素杀死或抑制的典型咬食害虫被其他此前并不重要的害虫所替代。抗除草剂作物方面的情况更加耐人寻味：在美国，从 1996 年到 2011 年，这类作物的使用不仅导致除草剂的使用量增加了 2.39 亿公斤，同时还导致了耐除草剂的杂草大量增加（Benbrook，2012 年）。

　　消费者并没有从第一代转基因作物中直接受益。这一情况似应通过第二代来加以扭转。这里，农作物培育的目标首先是提高或改善营养成分或是更好的加工质量。比方说，前一个目标就是所谓的"黄金大米"（golden rice），其颗粒中含有更多的 β - 胡萝卜素，所以具有金黄的色泽。β - 胡萝卜素是初级的维生素 A，从食物中摄入之后，它会在肠道中转化成维生素。人们期望黄金大米特别是在以稻米为主要食物的发展中国家的引种，能够减少维生素 A 缺乏的发病率，如眼科病和皮肤病，儿童的生长和发育障碍以及增多的死亡率等。此外，能够给维生素 A 缺乏症提供帮助的，还有食物中新鲜蔬菜比例的增加，改食非抛光大米（含有丰富的维生素 A），或者分发维生素片。特别是前面的几项措施能够起到帮助消除缺乏症的作用。从经济成本的角度看，黄金大米的引种要比后一项措施更节省成本和行之有效。

早在 20 世纪 90 年代初，就爆发了对于转基因农作物引种的批评，并且导致了环保组织占领农田和毁坏转基因作物种子的行为。作为对此举动的反应，人们试图在一个有科学家伴随的调解程序中，澄清那些在审批程序中无法讨论的、与此类农作物及其种植相关的道义问题。1996 年，来自工业界、环保组织和政府管理部门的代表，以及所有相关学科的科学家（一共大约 60 人），共同就与抗除草剂作物相关的伦理学和社会问题进行探讨，但最后并未取得共同的看法和认识（van den Daele 等，1996 年）。大家争论的一个要点是，预防原则（参见第 6 章第 3 节）究竟应该起多大的作用。

对"绿色"基因技术的批评集中在五个问题点上：（1）可能出现的对健康的危害；（2）对环境的有害作用；（3）对传统农业的不利影响；（4）企业和经济利益的过度影响；（5）技术的"非自然性"（Nuffield Council on Bioethics，1999 年）。在转基因食品必须进行标识的欧洲，消费者呼吁要求透明度和信息公开。当媒体报道，参与食用黄金大米研究的儿童的家长没有被告知所食用的大米是转基因品种时，参与研究的科学家和相关负责人员即被解职（Qiu，2012 年）。这一点不仅说明了老百姓对食用转基因作物的普遍敏感性，而且也说明了来自医疗伦理学和生物伦理学的知情同意原则的重要性（参见第 5 章第 14 节），这一原则在许多领域进行科技实验工作时都具有重要意义。与此同时，人们还就可能出现的对环境的影响（特别是因为杂交而在环境中可能出现的、不受控的转基因特性的扩散），以及对发展中国家农业的不利影响进行了讨论。大家担心，农业基因技术会进一步加重已经存在的农业行业的集中趋势和对农业跨国康采恩的依赖性，原因是这些大公司占据了这一领域中 75% 的相关专利权。

转基因作物培育和其间所产生的变种的自然性或非自然性（关于自然和技术的关系，参见第 4 章第 C.2 节），乃是技术伦理学探讨的又一个十分重要的主题。一方面有人认为，转基因作物同传统培育作物之间的区别并没有大到这样的程度，

286 以至于人们有理由对这种作物的生产一概予以否定，反倒是应该对每个案例进行逐个考察和分别评估。另一方面持不同意见者认为，由于基因技术的介入，在进化过程中形成物种和其多样性的那些时间、空间和生物学障碍被打破。因此，原本已经十分脆弱的生态系统在引种转基因作物时遭到干扰的概率就非常大，这点为人们否定引种转基因作物提供了充分的理由。在这场论战中，人们还讨论了所谓"植物的尊严"问题。与之相关的要求是，要对植物本身的存在（和动物一样）有所顾忌。植物的"完整性"概念也许可以作为检验尊严是否受到损害的一个恰当的标准（Odparlik，2009年）。然而，反驳植物尊严假说的学者指出，植物的尊严和人的尊严不可相提并论。人的尊严具有绝对性，而其他生命体的尊严（包括植物的尊严）是相对的，其功用是要实现为人的生命服务的目的。为了不危及此目的，人们不是需要植物伦理学的理由论证，而是需要一种技术的评估（Knoepffler，2009年）。

微生物的基因转变

人们常常将用于工业目的的微生物基因转变称作"白色"基因技术。相关手术的主要目的是将用在生物技术生产中的微生物予以优化，从而生产出洗涤剂、食品和药品生产所需要的原材料。除此之外，借此帮助工厂企业降低原料的依赖性，以及减少能源和垃圾处理成本，产生有高附加值的新产品。

如今，人们已经在运用生物技术方法及使用转基因细菌来生产大量的产品，如各种酶、抗生素、维生素或生物人造材料等。许多原材料也是由天然存在的或用常规方法培养的微生物来构成的，不过大都产量很少。其他物质则用基因技术加以改变，使其获得不同于自然存在物质的那些变异的或新的特性。除此之外，通过利用微生物的合成和代谢能力来生产复杂的原材料，方法更简单，成本更低，比之常规的化学合成，它们消耗的材料和能源都更少。由于许多生产工艺都以使用可再生原料为基础，所以，人们也寄希望于（基因增强的）生物技术能够减少环境的压力（Bundesministerium für Bildung und Forschung，2007年）。

针对有人可能使用基因技术制造生物武器的问题，人们表现出了更多的担忧。通过基因转变或对遗传物质其他人为的操作，不致病的病原体可能变成了极具病毒性的和攻击性的微生物（细菌和病毒）。由于所使用的技术成本不是特别高，这样的生物武器就有可能在不发达的国家中被制造出来。在此上下文中，人们不仅讨论了双重利用的问题（参见第4章第C.11节），而且还讨论了可能用于设计生物武器的研究成果是否以及在什么样的程度上可以公开发表的问题。这场讨论在2011年年底也进行过一次，其时，荷兰和美国的研究人员用基因技术设计了一个病毒，这个病毒不仅具有禽流感病毒H5N1的特性，而且还可以通过空气传染，这同最初的H5N1病毒是不一样的。由于这样一个病毒可能对人类的安全造成很大危险，所以，政府部门要求对重要的实验细节予以保密。尽管研究人员愿意将实验暂停几个月（Fouchier等，2012年），但由于这样的保密有碍于重要的医学研究，并且最终也不易于实行，所以，大部分的研究结果最后还是被公之于众。

更进一步的难点是控制问题。举例来说，在某些情况下，具有危险的微生物能够在小型的生物技术设施中培养，这些设施通常也用于其他的用途，因而，很难被生物武器控制巡视人员发现并识别。另外，有人从根本上怀疑微生物（也包括转基因微生物）是否适合军事用途。它的扩散几乎无法控制，并且，投入使用时也会危害到使用者自己。相关的问题一直在被和平和争端研究机构以及技术后果预测和评估机构进行探讨和研究（参见第6章第4节）。

参考文献

Benbrook, Charles M.: Impacts of genetically engineered crops on pesticide use in the U. S. the first sixteen years. In: *Environmental Sciences Europe* 24 (2012), 24 ff.

Bundesministerium für Bildung und Forschung: *Weiße Biotechnologie Chancen für neue Produkte und umweltschonende Prozesse.* Bonn/Berlin 2007. In: http://www. bmelv. de/SharedDocs/Downloads/Landwirtschaft/Pflanze/GrueneGentechnik/WeisseBiotechnologie. pdf (20. 12. 2012).

287

Clive, James: Global Status of Commercialized Biotech/GM Crops. In: *ISAAA* Brief 43 (2011) Ithaca, NY (executive summary: http://www. isaaa. org/resources/publications/briefs/43/executivesummary/default. asp, 20. 12. 2012).

Cohen, Stanley N./Chang, Annie C. Y./Boyer, Herbert W./Helling, Robert B.: Construction of biologically functional bacterial plasmids in vitro. In: *Proceedings of the Na-tional Academy of Sciences*, USA 70/11 (1973), 3240 – 3244.

Fehse, Boris/Domasch, Silke (Hg.): *Gentherapie in Deutschland. Eine interdisziplinäre Bestandsaufnahme.* Dornburg 2011.

Fouchier, Ron A. M./García-Sastre, Adolfo/Kawaoka, Yoshihiro & 36 co-authors: Pause on avian flu transmission studies. In: *Nature* 481 (2012), 443.

Gerlinger, Katrin/Petermann, Thomas/Sauter, Arnold: *Gendoping. Endbericht zum TA-Projekt.* Büro für Technikfolgen-Abschätzung beim Deutschen Bundestag. Berlin 2008. In: http://www. tab-beim-bundestag. de/de/pdf/publikationen/berichte/TAB-Arbeitsbericht-ab124. pdf (27. 02. 2013).

Habermas, Jürgen: *Die Zukunft der menschlichen Natur. Auf dem Weg zu einer liberalen Eugenik?* Frankfurt a. M. 2001.

Jelkmann, Wolfgang/Lundby, Carsten: Blood doping and its detection. In: *Blood* 118/9 (2011), 2395 – 2404.

Kind, Alexander/Schnieke, Angelika: Animal pharming, two decades on. In: *Transgenic Research* 17/6 (2008), 1025 – 1033.

Knoepffler, Nikolaus: Würde versus Gentechnologie? In: *Journal für Verbraucherschutz und Lebensmittelsicherheit* 4 (2009), 325 – 330.

Kollek, Regine/Lemke, Thomas: *Der medizinische Blick in die Zukunft. Gesellschaftliche Implikationen prädiktiver Gentests.* Frankfurt a. M. 2008.

Krimsky, Sheldon: *Genetic Alchemy. The Social History of the Recombinant DNA Controversy.* Cambridge, Mass. 1982.

Nuffield Council on Bioethics: Genetically modified crops: the ethical and social issues. London 1999. In: http:// www. nuffieldbioethics. org/sites/default/files/GM % 20crops % 20-% 20full % 20report. pdf (20. 12. 2012).

Odparlik, Sabine: Die Würde der Pflanze versus Gentechnik? In: *Journal für Verbraucherschutz und Lebensmittelsicherheit* 4 (2009), 367 – 375.

Qaim, Matin: Benefits of genetically modified crops for the poor: household income, nutrition, and health. In: *New Biotechnology* 30/27 (2010), 552 – 557.

Qiu, Jane: China sacks officials over Golden Rice controversy. Chinese families did not give consent for children to consume genetically modifed rice in the part US-funded study. In: *Nature News* 10 (December 2012), http://www. nature. com/news/china-sacks-officials-over-golden-rice-controversy-1. 11998 (20. 12. 2012).

Radkau, Jochen: Hiroshima und Asilomar. In: *Geschichte und Gesellschaft* 14 (1988), 329 –

363.

　　Sheridan, Cormac：Gene therapy finds its niche. In：*Nature Biotechnology* 29/2（2011），121 –
128.

　　Smith, Kevin R. /Chan, Sarah/Harris, John：Human germline genetic modification：
scientific and bioethical perspectives. In：*Archives of Medical Research* 43/7（2012），491 –513.

　　The 1000 Genomes Project Consortium：An integrated map of genetic variation from 1,
092 human genomes. In：*Nature* 491（2012），56 –65.

　　Transparenz Gentechnik. In：http：//www. transgen. de/an bau/eu _ international/
189. doku. html（20. 12. 2012）.

　　van den Daele, Wolfgang/Pühler, Alfred/Sukopp, Herbert：*Grüne Gentechnik im
Widerstreit. Modell einer partizipativen Technikfolgenabschätzung.* Weinheim 1996.

　　VfA – Die forschenden Pharma-Unternehmen. In：http：//www. vfa. de/de/arzneimittel-
forschung/datenbanken-zu-arzneimitteln/amzulassungen – gentec. html（12. 10. 2012）.

　　Walters, LeRoy：The ethics of human gene therapy. In：*Nature* 320（1986），225 –227.

雷吉娜·科雷克（Regine Kollek）

第 8 节　人类增强

主题与概念

　　自古以来，人类就曾试图修正或改善自己的特性和能力。在过去的数十年中，288 得益于药理学、外科学和生物技术的进步，这种可能性有了显著的增加。近十年以来，这种旨在改良人的身体和精神能力特性的新方法成了一场针锋相对的论战主题。论战进行的时髦用语就是 Enhancement（Parens，1995 年；Harris，2007 年；Sandel，2008 年；Schöne-Seifert 等，2009 年；Savulescu/Bostrom，2009 年）。Enhancement 一词从字面上大概可以翻译成"改进""提高""增加""扩大""加强""提升""强壮"等。

　　增强的实例有美容外科（Lüttenburg 等，2011 年）、体育中的兴奋剂、借助心理药理学物质的神经增强（感觉、认知、情绪增强）、磁或电刺激方法、神经假体或大脑 – 电脑接口（Schöne-Seifert 等，2009 年），以及旨在延缓人的衰老过程并极度延长其生命周期的抗衰老措施等（Knell/Weber，2009 年）。

　　当前针对增强的目的正在热议中的，以及出于增强的目的正在使用的手段和方法，诸如通常用来治疗儿童注意力不集中 - 多动症（ADHS）并可以提高健康受检志愿者认知能力的利他林（哌甲酯）等，绝大部分都来自医学领域，并用于为一个有限的和轮廓明确的目的服务，其效果和影响并不是特别突出。但是，这种情况至少从长远的角度看将发生可预见的变化："第二阶段的增强技术具有多功能的特点，其自催化功能将起到推进发展的作用，并且将会把多种类型的技术和技术平台都整合在一起。"（Khnushf，2008 年）从新方法和纳米技术、生物技术、信息技术及以认知科学为基础的技术中，赞同者们期望看到进一步的甚至是极端的技术选项的出现，它们能优化人的认知、想象和记忆能力，对人的心理素质和社会能力产生有利的影响，以及极大地改变人的交际潜力（Roco/Bainbridge，2003 年）。

增强以"改善"人的特性和能力为目的。将特性或能力的修正称作改良的前提条件，是要有一个基点状态或进化型的指标，与之相对应修正才代表着一种改进（Grunwald，2008 年，第 249 页及以下）。在专业文献中，人们就不同的基点状态的问题，正进行着各种激烈的定义方案的探讨。比如，其中一个建议方案的基础乃是对治疗手术（therapy）、增强（enhancement）和改变（alteration）从概念上加以区别（Jotterand，2008 年）。但是，这些概念之间是否界限泾渭分明，是否无须跟常规概念和自然概念扯上什么关系，则大可存疑。

尤其是在治疗和增强之间做出区别问题上存在很大争议。比如，"美国生物伦理委员会"报告的作者们将增强理解为"在直接介入的情况下，生物技术力量不是直接用于改变疾病过程，而是用于改变人的身体和精神的'正常'工作形态，以提高和改进其与生俱来的能力和表现"（President's Council，2003 年，第 13 页）。报告的作者们将增强诠释为"治疗之外"在人身上进行的介入行为。当前，许多正在讨论和使用的旨在改善和提高人的能力的手段，都首先在医学范畴中被开发和应用，然后只是附带地同提升健康人能力的目的结合在一起使用。在这样的背景下，前述定义的含义便已不言自明。那些用来在治疗和增强之间做区分之用的病症概念存在很大的模糊性，而且，医学中也有各种各样多多少少都有根有据的病症概念，它们都具有区分

289

治疗和增强的不同含义。在这样的情况下，人们当然有理由怀疑做出这种区分是有助于解决问题的还是于事无补的。

人类类强对哲学和伦理学的挑战

从哲学的角度来看，人类增强的可能性至少在三个方面是一种挑战：（1）它提出了增强手术的伦理学评价问题；（2）关于增强的争论说明了人们在政治上和社会上所进行的探讨；（3）当前所进行的关于增强的争论也是一场关于人的形象和社会构建的自我认识的论战。

（1）药理学、外科学和生物技术的手段和方法今天已经——尽管还是十分有限地——为我们提供了支持和促进个人和社会目标的可能性。当然，个人和社会认可这些可能性的前提是，（a）"改良型的"手术不能给受用者带来重大的健康风险或意外的副作用，（b）在超出健康保护之外的消费者保护意义上，应当让潜在的受用者了解有可能与增强手术相关联的其他"个人经历方面的"或社会的风险。

因此，从无损害原则的角度出发，必须提出的要求是，一方面要让潜在的受用者了解并向其解释说明增强的手术措施；另一方面，要让公众社会不仅了解和向其说明使用增强手术的直接健康风险和副作用，而且也要让其了解和向其说明其他潜在的风险和机会。尤其是在做预测的可能性非常有限，以及要进行的手术非常极端（区别于适当的手术）和不可复原（区别于可复原）的情况下，这个要求显得特别重要。

从自主决定原则的角度出发，必须提出的要求是，一个潜在的利用增强手术的权利必须要有一个放弃相关手术的权利，以及一个可以始终不参与增强的权利与之相对应。除此之外，道义上可接受的利用增强手术的前提条件是，通过有效的政治预防措施来禁止和限制雇主、教育机构和军队等滥用手术的可能性。同时，社会的和社会经济的框架条件必须要让潜在地强迫利用增强手术的风险以可接受的方式公之于众，并且要将严格的自愿原则的例外情况——假如理由的确成立的话——限制在准确定义的例外情况之中。此外，人们还探讨了针对儿童或胎儿的增强手术，目的在于要为他们创造一个尽可能良好的生活开端。显而易见，针对相关增强手术理由申辩的要求非常之高。这种很高的标准和要求不仅适用于同手术联系在一起的种种风险，而且，也适用于针对相关人士（未来的）选择自由和自主决定的种种潜在限制，而这种限制是必须加以避免的（"要求开放性的未来的权利"）。

除此之外，不少持批评意见的人士担心，增强手术会给受用者的身份和个性带来严重的问题。比如，人脑手术（参见第 5 章第 19 节）的后果是人的性格发生很大变化。那么，这里所提出的问题是，这样一个人的行为和决定在何种程度上还可以被看成是依靠他自己本身的能力所做出的。从伦理学上说，这种情况会给个人责任的归属带来影响深远。举例来说，我们是否——如果是的话，那么在何种意义上——能够使增强手术的受用者为自己的行为，或是为诸如生物电的植入器件可能出现的故障等负责呢？

从公正原则的角度看（参见第 4 章第 B.9 节），具有重要意义的切入点是，有机会公平公正地接触增强手术不仅对个人的成长和发展，而且对当事人的社会机遇也十分重要，因为借助于人类增强的方法，他的重要的社会化的关键能力，如注意力、精神集中能力和记忆力等，可能得到改善和提升。同时，广泛地利用增强技术可能会促进竞争机制并导致标准的变动，其原因在于，手术的使用在许多情况下也许可以归结于获取针对竞争对手的不同优势的动机。缘此，增强手术是否确实构成一个公正性的问题，不仅取决于它的作用和使用类型，而且尤其取决于它是否能够提供给大众使用。将人分成三六九等的使用状况潜藏着将个人从社会生活中排除出去的危险，并且将导致一种新的歧视。因此，核心的社会问题有可能在于，要为人们提供充分的公平机会去获得相应的增强手段和方法。

这一点至少适用于所谓"竞争性的"使用增强技术的情况。这种竞争性使用的目的，是获取那些同地位有关的财富，并在竞争中创造优势。反之，在非竞争性的增强技术使用情况下，那些以潜在的、从社会角度对使用增强手术表示摒弃为目的的理由和言论便无足轻重。一种主要出于避免社会经济不公平现象为宗旨的对增强技术的限制，可能会导致将实现积极和内在目标及价值的可能性也统统加以阻止的危险。

（2）然而，针对公正性所提出的理由也可能会走到另外一个方向。有些学者曾经撰文极力主张要将增强技术当作消除或是抑制不公正的一个机会。他们的理由是，增强手术给我们提供了补偿"大自然六合彩"的结果，以及使那些"先天"比别人具有更差起跑条件的人在竞争中不被淘汰的可能性（Buchanan 等，2000 年）。但是，对于认同公平和机会均等原则的自由社会来说，这样做的后果似乎是，它们在特定的前提下并且在一定的程度上负有义务，不仅要使公平地利用增强技术成为可能，而且也同样负有义务，为受到不平等待遇的社会成员优先保留利用这些技术的机会。

以此观之，增强技术不仅提出了这样一个问题，即为什么人们从道义和正义论的角度出发应当做出区分，是否要平衡甚至是直接（最终）纠正不利的先天条件所造成的消极社会后果；同时，它还提出了另一个问题，即自由国家在何种程度上有可能为"补偿式的增强技术"（Gesang，2007 年，第 70 页）承担义务。

（3）增强技术所具有的潜力不仅提出了一系列伦理和政治的疑问和问题，而且也提出了关于人的自我认识的根本问题（参见第 4 章第 A. 3 节）。这里，处在核心地位的是这样两个问题："大自然"是否给人的"改良"抑或甚至是人的"自我超验化"设置了界限，以及越来越多的"技术化"可能给人对评估性的自我认识带来哪些后果。假如人身体越来越多的部分都可以换上植入器件的话，那么它会对人的自我认识造成什么样的影响？这样一种发展趋向对人的躯体性和本体性的认识有什么样的意义？这样的发展趋向对人的自主性、人格或责任有什么样的后果？"面对人的产品特性以及技术的人类化，什么还属于内在的人的自然本性和他作为人的存在？假如我们不想去冒让典型的人性消失的风险的话，那么，什么是我们不可以改变的东西？将人同制造出来的器物相区别的究竟是什么？"（Gordijin，2004 年，第 133 页）。简而言之，这场争论大约可以分成三种立场或"阵营"。

出于对人的自然本性保护的立场，生物保守派的代表否定增强技术的使用，或者至少是对之持怀疑的态度。比如说，法兰西斯·福山①就担心，"生物技术将用某种方式使我们失去人的特性，亦即失去一种人的本质，这一本质始终是我们对如下问题的认识基础，即我们是谁，我们往何处去。虽然在历史的长河中，我们人类经历过无数的沧桑变化，这一点的意义却始终未变"（Fukuyama，2004年，第146页及以下）。

291　生物伦理学委员会主席报告《超越治疗》的作者们的观点与之不谋而合。他们认为增强技术的潜力不会给人的本质或自然本性带来整体的危险，但是担心，若是增强技术导致人们失去训练、学习或工作的挑战的话，那么，该技术就可能威胁甚至破坏我们人类评估性的自我认识的核心内容。在其他学者眼里，各种不同的增强技术乃是一种消除人的（在标准意义上被看成有价值的）偶然性、不完美或脆弱性的尝试。但是，从多种意义上说，用人的"自然本性"或"本质"来做论据理由是存在问题的。其原因就在于，一方面，"人的自然本性"概念似乎一词多义，叫人无所适从；另一方面，倘若我们想要有针对性地使用这一概念的话，那么它就取决于各种标准化的假设，而这些假设本身也是极有争议的（Bayertz，2005年）。

于尔根·哈贝马斯也认为，由于增强技术可能性的出现，"人的自然本性的未来"（Habermas，2001年）等事物面临着危险。按照他的观点，增强技术——哈贝马斯主要指的是基因和复制技术——破坏了"物种伦理学的自我认识"，这个认识决定着，"我们是否还能继续把自己当作我们自己历史的独立撰写者，并且认可我们自己是相互之间有行动自主权的人"（Habermas，第49页）。因此，从平等、尊重、道德的可能性条件的意义上说，有必要"对人的自然本性进行道义化"，并且将排斥某些类型的生物技术手术的道义"纳入物种伦理学"。

自由派代表的典型立场是，人是"他自己、他的身体和精神的唯一支配者"（John Stuart Mill）。按照自由派的观点，人的自主权利不仅包含对增强技术的否定，也同样包含对它的使用。增强技术增加了个人的选项，并且扩大了个人发展的潜力。

---

① 法兰西斯·福山（Francis Fukuyama），1952年出生于美国，日裔美籍学者，美国约翰霍普金斯大学国际政治经济学教授，著有成名作《历史之终结与最后一人》。

自由的社会必须赋予个人一种可能性，使人能够自愿地和为了所追求的目标知情地承担起能提升能力的手段和技术的重大风险或副作用，倘若这项技术在他看来是非常有助益的话。如果要对该技术的使用进行规定和限制，那么，从自由主义的角度看，这只能从保护第三方利益的伦理、法律和社会原因出发来进行。在自由主义者的观念中，那些不取决于评估式的或标准化的前期决定的、在自由化的社会中只在非常有限程度上才具有普遍约束意义的"改良"的"客观"目标，在任何意义上都不存在。

最后，后人类主义或超人类主义派的代表对增强技术的发展表示欢迎，并且把极端的增强技术视作不仅恰恰是克服人的自然本性的种种限制和人*肉机器*（Warren Robinett）的机会，而且是用后人类方式克服种类界限，以及一个新的、自我定义的进化形式的机会。后人类主义派的突出特点是极端的技术狂热主义视角，并且把人可能遇到的问题统统置之度外：借助现代化的技术，任何问题都是可以解决的。因此，超人类主义探讨问题的方式带有部分（技术官僚式的）解脱式幻想的特点。除此之外，在他们的观念学说中，现实主义的技术发展还常常同从长远来看完全是虚无缥缈的技术发展混杂在一起。这些虚无缥缈的东西甚至没有一丝一毫的根据，让人看到会有实现的那一天的希望。举例来说，有人幻想着能将自己从互联网上下载变成另外一个硬件等。总而言之，在这场讨论中，除了值得探讨的目标之外，有人还提到了这样一些目标让人质疑它们到底是乌托邦式的空中楼阁，还是诸如"集体意识"这样的反乌托邦式的思想。

当前的发展趋势和所提出的问题

目前，各种各样被作为增强技术来讨论（和部分已使用）的手段和方法尚处在很不相同的实现阶段。但是，我们可以认为，这方面的潜力在未来将会有巨大的扩展。正因为如此，一场关于该技术伦理学、法律学和社会学方面内容，以及关于规范管理要求的讨论是必不可少的。面对数量众多和形形色色的增强技术选项，我们在讨论中所需要的不是泛泛而论，而是针对单个案例的专论和评述。由于针对药理学、外科学和生物科学的增强技术方法的例外论观点是站不住脚的，所以，我们在讨论中似

292

乎更应该有的放矢地对改善人的能力的手术目标加以关注，不论它们所涉及的是常规的方法和技术也好，还是药理学的方法和技术也罢。

在人类增强技术的未来规范管理方面，科研、市场准入、竞争机制和社会平衡等课题将彰显其重要性（TA Swiss，2011 年；Sauter/Gerlinger，2012 年）。科研的需求不仅针对使用增强技术手段和方法之后可能出现的健康风险，而且也针对其他可能出现的个人经历和社会方面的风险。到现在为止，已有的评估报告和风险研究主要针对的是医学范畴中以预防、治疗或缓解病情为目的而开发的增强技术方法，而且即使在这个领域，也只是针对有疑问药物的对症下药，并非针对*不按标签说明使用*（off label use）或能力的提升，关于医学领域之外开发的增强手术研究并不存在。因此，关系到增强技术的手段和方法的批准问题，从中期来说人们必须要探讨这样一个问题，即针对在已经设立的医疗体系管理规定之外所开发的增强技术的手段和方法，怎样才能为全方位的消费者保护提供保障。增强技术更广泛的使用需要以伦理学、法律和社会的框架条件作为前提，这些条件至少可以限制受用者遭到社会摒弃的危险。那么，这个如同高速路上的"防护栏"一样的保障措施（对个人利用增强技术不应不分青红皂白地加以限制）究竟应该是怎样一种情况，这个问题乃是一场针锋相对的论争的主题。我们应该看到，增强技术不仅能够对注重能力和追名逐利的社会有推动作用，而且对实现"内在固有的"目标也有促进作用。同时，用来对付潜在地遭到社会摒弃危险（诸如做出成就的压力或社会不公等）的选择手段，最终只在于能对社会模式本身的改变，而不是在于对个别手段和方法的批判甚至是禁止之中。

参考文献

Bayertz, Kurt（Hg.）: *Die menschliche Natur. Welchen und wieviel Wert hat sie?* Paderborn 2005.

Buchanan, Alan/Brock, Daniel/Daniels, Norman/Wikler, Daniel: *From Chance to Choice. Genetics and Justice.* Cambridge 2000.

Fukuyama，Francis：*Das Ende des Menschen.* München 2004（engl. 2002）.

Gesang，Bernward：*Perfektionierung des Menschen.* Berlin/New York 2007.

Gordijn，Bert：*Medizinische Utopien. Eine ethische Betrachtung.* Göttingen 2004.

Grunwald，Armin：*Auf dem Weg in eine nanotechnologische Zukunft. Philosophisch-ethische Fragen.* Freiburg/München 2008.

Habermas，Jürgen：*Die Zukunft der menschlichen Natur.* Frankfurt a. M. 2001.

Harris，John：*Enhancing Evolution. The Ethical Case for Making Better People.* Princeton 2007.

Jotterand，Fabrice：Beyond therapy and enhancement：the alteration of human nature. In：*NanoEthics* 2（2008），15 – 23.

Knell，Sebastian/Weber，Marcel（Hg.）：*Länger leben? Philosophische und biowissenschaftliche Perspektiven.* Frankfurt a. M. 2009.

Khushf，George：Stage two enhancements. In：Fabrice Jotte-rand（Hg.）：*Emerging Conceptual，Ethical，and Policy Issues in Bionanotechnology.* Dordrecht 2008，203 – 218.

Lüttenberg，Beate/Ferrari，Arianna/Ach，Johann S.（Hg.）：*Im Dienste der Schönheit? Interdisziplinäre Perspektiven auf die Ästhetische Chirurgie.* Berlin 2011.

Parens，Erik（Hg.）：*Enhancing human traits. Ethical and social implications.* Washington 1995.

President's Council：*Beyond Therapy. Biotechnology and the Pursuit of Happiness. A Report of the President's Council on Bioethics.* New York/Washington 2003.

Roco，Mihail C. /Bainbridge，William S.（Hg.）：*Converging Technologies for improving human performance. Nanotechnology，Biotechnology，Information Technology and Cognitive Science.* Dordrecht 2003.

Sandel，Michael：*Plädoyer gegen die Perfektion. Ethik im Zeitalter der genetischen Technik.* Berlin 2008（engl. 2007）.

Sauter，Arnold/Gerlinger，Katrin：*Der pharmakologisch verbesserte Mensch. Leistungssteigernde Mittel als gesellschaftliche Herausforderung.* Berlin 2012.

Savulescu，Julian/Bostrom，Nick（Hg.）：*Human Enhancement.* Oxford 2009.

Schöne-Seifert，Bettina/Talbot，Davinia（Hg.）：*Enhancement. Die ethische Debatte.* Paderborn 2009.

Schöne-Seifert，Bettina/Talbot，Davinia/Opolka，Uwe/Ach，Johann S.（Hg.）：*Neuro-Enhancement. Ethik vor neuen Herausforderungen.* Paderborn 2009.

TA-Swiss：*Human Enhancement.* Zürich 2011.

约翰·S. 阿赫、贝娅特·吕滕贝格（Johann S. Ach und Beate Lüttenberg）

第 9 节　信息

信息不是一种专门的技术，虽然技术对于传播和处理信息来说是必要的前提。从　293

口头的信息传送，到书本、广播或数字信息技术形式的信息媒体化，直到基因排列顺序中的信息解读，中间经过了漫长的发展之路。沿着这条路，人类社会改变了自己的构成、经济方式、人际间的交流方式等，不一而足。

倘若我们说，在以数学为基础的信息论中，特别重要的是消息传播的技术层面，那么对于社会层面来说，信息服务于社会沟通（交流）和产生知识的功能就居于突出的地位。在概念的沿革上，拉丁文 informare 的含义就是"做出回答"、"形成"和"构建"。一条信息的典型特征是它具有一定的新闻价值，并能为减少不确定性提供帮助。但是，对于由新型的信息技术所带来的信息传播可能性来说，上述这些定义已经不再适用，抑或必须重新加以阐释。信息技术不是简单的信息传送者，而是自己产生信息，这些信息没有技术便无法存在或者无法获取。这里，我们可以举出数据分析（*数据挖掘*）或是社交网络中涉及个人的解答资料为例。除了这种信息技术对信息类型直接的影响之外，信息的新闻价值也获得了一个新的特点。有鉴于各种信息的竞争和不断提供新内容的可能性，许多信息的新闻价值反倒成了价值本身，而信息本身却无须具有什么价值。同理，信息对减少不确定性的作用也成了问题，大量的信息以及将这些信息归于相关上下文并对其质量进行评价的困难，有可能非但不能减少不确定性，反而适得其反。

这种对信息进行归类和评价的困难，从总体上说与信息技术和媒体的特点相关，即把人们的沟通交流从其生活环境中剥离出来。这样的一种使信息脱离其关联关系的做法，连同信息的机器化处理以及其在交流过程中的变化一道导致了一种新型的信息体系。这样，一方面所要求的对信息的诠释能力在不断提高，而另一方面，牵涉到沟通以及知识产生和传播的潜在力也在不断扩大。

技术传播信息的应用形式

信息技术可以粗略地划分为三种不同的应用领域：用于社会的互动，亦即人与人之间的信息交流；用于人机互动，比如通过计算机接口等；以及用于作为机器和机器互动的不同的信息载体之间的信息交换。然而，日常语言中人们所理解的"信息"，大多数情况下指的是一种人可以从语义上理解的、有含义的语言单位的传送。下文中也主要采用的是这种理解含义，但同时也认为，由技术所感应的信息（比如自动人脸识别或温度感应等）也是人的交流关系的表达和组成部分。

由技术传输的信息见诸报纸媒体、电视、电台和互联网中，通过各种不同的服务和应用方式可供人们使用（参见第5章第13节）。在20～21世纪之交时，又增加了一种名叫"普适计算"的新技术，这个名词所表示的是信息技术在物质环境中的微型化及其实践。我们周围环境的信息可以通过移动的终端设备（*上下文感知计算*），或者直接通过仪器作为环境的一部分被遴选出来（*环境智能*）。

在各种技术可能性的交互作用中，如数据挖掘或基因诊断，政策规定（比如数据强制保存、计量生物学数据库、人体扫描等）和诸如社交网络服务的个人利用，网上交易或位置和地理服务（*谷歌街道全景浏览*）等，一种庞大的信息交织网络应运而生。有别于所谓一人对多人交流传播方式的信息来源，如报纸、书籍或电视等，数字化的多人对多人的传播形式为每个人都提供了独立制造信息的可能性，同时还提供了直接从个人身上调查信息的可能性（如公开停留地点的数据、消费爱好等，参见第5章第10节）。 294

大量可供使用的信息使人们有理由推测，信息自由的基本原则在这里是有保障的。透明、信息公开和信息传送乃是每一个民主的社会制度的基本组成部分。信息自由的权利——"从普通公开的渠道中获取信息的自由（基本法第5条第1、2款）"——与德国基本法中所列的言论自由权利条款被归为同一等级层面，其类似的表达措辞也是联合国人权宪章的一部分。但是，信息的使用自由尚不能说明人们是否是智慧地、经济地或是伦理上无懈可击地在同信息打交道的问题。

一般来说，我们可以区分出两种不同的自由概念：一方面是不受任何限制的自由（消极自由），另一方面是自主生活的自由（积极自由）。这里所指的是维护我们生活环境中最大可能的行动自由，这种生活环境使每一个个人都处在这样的责任当中，即由自己自由选择的行为不能阉割了其他人的自由（参阅 Taylor，1992年）。与此思考对象相对应，信息自由也要求对特定的、伦理上无懈可击的框架条件承担（自己的）义务。只有这样才能保证信息自由不是一种特权，而是多元化生活环境的共同资源。

信息作为社会组织的媒介

新闻自由、信息自由和言论自由乃是民主法治国家建立和续存的绝对前提条件。从这个意义上讲，在国家层面上维护一种普遍的公众性，对于个人或团体的利益或立场的表达，以及对于公民与政治和行政之间的批评交流，都有根本性的意义（Habermas，1962年/1996年）。所以，一种将自己理解为对政治和国家机构进行批评和监督平台的公众性，就需要依靠一种共同的*取向知识*，这种知识通过个人的评价和归类过程而有别于信息。从这个意义上说，知识总是和制造知识的人结合在一起的，其方法是他们对信息进行检查并将其确认为是合情合理的和真实的。

正是在这一点上，有人对媒体信息的多元化和不断增长的所谓信息大潮保持质疑的态度。互联网互动和个人化的可能性——每个用户既可以是接收人，同时又可以是发送人——使公开发表内容的数量大幅度增加，整个交际体系越来越多地以主观的利益和需求为目标。社交网络、个人化的服务以及诸如智能手机那样的"随时随地上网的媒体"开创了私人和个体面对信息重要性的前景。这样一种信息的超级多元化要求人们对之进行架构和筛选，目的是使特定的主题能够在大大小小的公众群体中进行探讨，抑或鉴于青少年保护或隐私权保护的法律规定，将不良的内容剔除出去。

如何处理好信息问题，一方面牵涉到信息的评价和归类，另一方面涉及对涵盖全社会的信息量的保障（参阅 Dahlgren，2005年）。关于后者的讨论是在碎片化的概念下进行的。碎片化观点所揭示的现象是不断增加的各式各样的媒体服务导致了利用媒体时交叉重叠的减少（参见第5章第13节）。

295 　　在这样的背景之下，有很高声誉的、同时具有通俗易懂和容易获取特点的信息来源的重要性就增加了。比方说，属于这种情况的有所谓高质量媒体（在线和非在线），或者是那些有社会化职能约束的、符合公共法的电台和电视台。此外，实际调研还表明，虽然获取信息的手段在不断增多，但是，当前媒体的内容却往往是雷同的内容（参阅 Mende 等，2012年）。

尽管如此，碎片化观点在某些方面还是不容忽视的：数字化网络中信息传播的目的越来越多地服从于个人的需求，而不是以生产公众化的产品为宗旨。从技术的角度说，这种倾向反映在自适应系统的生产中。这种尤其被搜索引擎和社交网络所使用的自适应技术，将相关利益的信息加工成一种用户固定印象，并且为今后查找相应地提供特别合适的查找点和服务项。从这个意义上说，信息技术系统常常提供给人们的就不是普通的信息，因而也不是依照其他人的知识为参照系的行动方向，而是一种借助用户固定印象经过演算筛选处理过的信息（此处参阅"过滤气泡"，Pariser，2011年）。

信息的评价和选择

除了这些涉及信息的用户圈的大小问题外，人们所提出的问题还针对信息的价值和是否为人们所需要。这里，问题的关键是信息的真实性，以及其道德内涵和重要性。除了这些与来源的可信度密切相关的层面，还有一个难点就是给信息赋予意义。由于世界范围内所能够获取的信息都超越了国土和文化的界线，因而也超出了主观意愿的诠释范围，所以要给信息赋予意义就越发困难。由谁来承担这样的信息评价和汇集的责任呢？根据自由论的观点，责任（参见第 2 章第 6 节）首先在使用者个人身上。然而，由于缺乏可能性和资格能力，这些使用者对承担责任往往是心有余而力不足。

信息构建和供应的另一个基石是（商业的）服务以及社会的和国家的机构组织。不同于个人的使用层面，特别是在制度层面上，人们常常拥有专业化的选择和传播信息的资质能力（新闻业、图书馆业）。以新闻为取向的机构组织所关注的是信息当前的公众价值，而档案馆和图书馆所注重的则是信息和资料的持久用途。比方说，技术知识的丧失会导致社会性的风险（参阅 Kornwachs/Berndes，1999 年），文化信息的丧失会导致对文化认同的减少（参阅 UNESCO），而二者同时丧失则会导致战略性的问题解决方案和行动可能性的贫瘠化。

除此之外，用于信息利用的技术服务平台也起着十分重要的作用。如上所述，搜索引擎、语义网络或信誉服务构成了互联网理所当然的组成部分。当机器对网络内容进行评估的时候，人们将同时在个人和机构的层面上提出关于内容筛选的参照标准、合法性和责任的问题。虽然人们经常将互联网与透明和信息自由的机会联系在一起，但是，机器的选择过程对公众来说始终是不透明和几乎无法施加影响的。

与信息的民主意义相关联的另一个问题并不在于评价和存档备案方面，而在于现有信息的公正分配以及信息内容在网络中公正的体现方面（参见第 4 章第 B. 9 节）。只有当互联网被动的接受可能性以及主动的参与可能性被人们顺利和无障碍地利用时，它的民主潜力才得到了充分发挥。除了诸如食品、住房或安全等这样的基本财富之外，信息也是一个最基本的财富，在许多情况下，它是改善基本供应和改善政治形势的可能性的条件。这个问题在"数字化差别"的概念下，被人们当作关于信息的公正分配和同属于此的交际基础设施的问题来加以对待（参见第 5 章第 10 节）。为了提升大众的社会地位，通过创建相应的基础设施和资格能力来将地方层面纳入大系统，具有特别重要的意义。只有通过这种方法，互联网的多元化才能反映出人类社会的多元化。没有互联网用户地方特色的确立，即使是在技术层面被保留的情况下，数字化差别也会在内容层面上被信息精英从数码技术上殖民化。

从这个关系上以及对整体信息技术的民主潜力的充分利用来说，公共行政管理的改变也是一个前提条件。从此处我们能够充分认识到，技术并不是中性的，而是作为产生新的组织机构原则的因素出现在人们面前。从技术上说，近乎成倍增加的信息自由，以一种要求自由获取公共管理信息的方式（*开放的进入，开放的数据*），以及要求新的参与形式（*电子民主*），在大众社会的环境中落地生根。

自由的信息可以任人获取和无所不包吗？

信息自由常常与透明度的要求联系在一起。透明在这里指的是用于公开信息的手段，或者说是用于放开信息的手段。但是，究竟是一个把什么都公开和分享的人更为自由呢，还是一个对自己不想公开的事情进行把控的人更自由？换句话说，我们究竟要的是一种个人和国家都不隐瞒任何事情的自由，还是要的是一种个人权利、著作权和保密权都作为自由制度的必要前提来理解的有管控的自由？以维基解密为例，这个与要求绝对透明相关的问题便一目了然。无限制地把原本不对公众开放的文件（影像资料、情报机关宗卷等）进行公开，虽然可能是符合公众利益的，只要是涉及暴行的揭露或是涉及真正的和不单单是伪装的政治目的的澄清的话。但是，从社会角度来说，这种公开也可能会损害到人们所希望的公开和接受过程，为了实现这个过程，某种程度的保密和时间性是十分必要的。此外，无限制地公开也会让敌人乘虚而入，从而危及国家和个人行为的安全。

与透明的概念相关联，我们一般可以将信息资料区分为公共的和私人的两大类。然而，鉴于私人对互联网2.0中向公众开放的媒体的利用，以及鉴于公众环境中不断增加的对个人隐私保护的要求，要做出明确的区分并非易事。立法机构已经就如何对待信息资料的问题做出了不同的关于信息的自主决定权的规定（参阅Volkszählungsurteil，1983年）。其中的一个首要前提是，只有在当事人明确同意的情况下，才可以对涉及个人的数据资料进行调查和处理。在当事人同意进行调查时，人们对待信息资料的方式必须符合透明，合目的性，必要性，信息资料获取能避免则避免、能少则少的要求。比如说透明度的问题，这意味着信息资料的调查必须直接在当事人那里进行，当事人应当了解其过程，并且有获取已经调查好的、关于他自己的信息资料的可能性。

论及个人相关的信息资料，重要的不仅是要保护其不让不相关的人获取，而且关系到有支配权的人士遵循自己意愿对信息资料公开的控制。从这点来说，信息就是身份管理的媒介。在所谓信息社会的社会化环境中，通过信息控制的自我形象塑造也属于人的自我实现的一部分。

信息的自主决定权同个人隐私的保护密切相关（参见第5章第10节）。信息的自主决定是个人隐私的一个必要组成部分，然而，它在定义上却并非自然而然地指向这一目标。从进一步的和超越个人的定义上说，个人隐私所描述的始终是一个与其他特殊的行为管理（国家、市场、公众社会）不同的社会范畴。个人隐私的特点——至少在要求私人空间的人眼里——是自我组织的、自主的行为空间，这个空间之所以能够存在的原因是它不受外人的监视和影响。那么在此背景前提下，一个国家机构或是 297

政治组织是否也有权不受监视地（亦即不透明地），因而也不受监督者控制地进行交流活动？初看起来这似乎是不言自明的事情，却再次从根本上遭到一种强有力的参与理论观点的质疑。这是因为，国家和政治的管理本身就是民众自我组织的组成部分而非对立面，而且在法律上对社会公众负有责任义务。在此前提下，它们原则上必须使关于和来自国家机构的信息服从于透明的规定。鉴于政治和公众机构中行为人的行为自由，局部的不透明尽管为法律所允许，但是也必须要对理由进行申明。

关于透明度的利益争端也贯穿众多其他的社会领域。比方说，信息技术为消费产品的评价提供了方便，如互联网中的客户评价，或是直接贴附在产品上的快速反应矩阵码（QR 码）等。这里，对情况了如指掌的用户观点起着引导性的作用。用户不仅通过自己的消费行为维护自己的利益，而且还可能操纵市场，而商家则常常乐于对自己生产条件的细节模棱两可、含糊其辞。

其他的争端不大可能通过一个理由充分的目的而得到明确解决。举例来说，信息技术经常同时也作为安全技术来使用，比如在生物计量学的数据识别方面采用智能视频监控等（参见第5章第22节）。这种形式的数据调查和信息采集虽然有助于安全，但同时也是一种信息的非对称形式，换句话说，个人不再能知道是谁知道他的什么情况，因而失去了安全感。这里，政府安全部门手里所掌握的更多的信息，同个人行为自由的限制（由于可能出现的被监视感）形成对比。与信息利用权和信息的商业化相关的、其他形式的存在争议的信息限制，也出现在医疗领域关于不知情权的讨论中，或者见于涉及所谓*吹哨报警*(whistle-blowing) 的争论中（亦即将本企业中其他人的错误行为予以举报）。

总体来说，我们可以得出如下结论：现代信息技术的基本结构问题可以用"信息评价"和"信息公正"的概念加以总结。这里，问题涉及各种各样的挑战，这些挑战乃是由信息技术的特点所引起的（如互动性、计算机速度和几乎无限的用来进行精确复制的能力等）。但同时，这些挑战一方面可以通过一系列的行为活动加以控制，另一方面也可以使之物尽其用。比如，通过国家和民间机构来提高媒体和信息的资格能力，通过公开的批判性讨论来伴随信息技术的发展，尤其是建立针对国家机构以及部分私营经济企业信息和数据管理的透明度。这里，广义上的透明度不仅涉及信息的自由存取，同时也涉及系统的建设问题，以及有关（个人的）信息类型和如何与之打交道的问题。

参考文献

Dahlgren，Peter：The internet，public spheres，and political communication：Dispersion and deliberation．In：*Political Communication* 22（2005），147 – 162．

Habermas，Jürgen：*Strukturwandel der Öffentlichkeit. Untersuchungen zu einer Kategorie der bürgerlichen Gesellschaft*［1962］．Mit einem Vorwort zur Neuauflage 1990．Frankfurt a. M. ⁵1996．

Heesen，Jessica：Computer and information ethics．In：Ruth Chadwick（Hg.）：*Encyclopedia of Applied Ethics*．Bd. 1．San Diego ²2012，538 – 546．

Janich，Peter：*Was ist Information? Kritik einer Legende.* Frankfurt a. M. 2006．

Kornwachs，Klaus／Berndes，Stefan：*Wissen für die Zukunft. Abschlußbericht an das Zentrum für Technik und Gesellschaft*（PT-03／1999）．Cottbus 1999．

McLuhan，Marshall：*Die Magischen Kanäle*［1964］．Frankfurt a. M. 1970．

Mende， Annette／Ekkehardt Oehmichen／Christian Schröter： Medienübergreifende Informationsnutzung und Informationsrepertoires．In：*Media Perspektiven* 1（2012），2 – 17，http：／／www. ard-zdf-onlinestudie. de／fileadmin／On line11／Mende. pdf（14. 04. 2013）．

Pariser，Eli：*The Filter Bubble：What the Internet Is Hiding from You.* New York 2011．

Taylor，Charles：*Negative Freiheit? -Zur Kritik des neuzeitlichen Individualismus.* Frankfurt a. M. 1992（engl. 1988）．

Volkszählungsurteil 1983．BVerfGE 65，1-Volkszählung．BVerfGE. 65．［1］，1．

杰西卡·黑森（Jessica Heesen）

第 10 节　互联网

早在 20 世纪 60 年代和 70 年代，由于互联网的前身阿帕网（ARPANET）的开发　298 受到美国高级研究计划署（ARPA）的推动和资金支持，加之后来阿帕网隶属于美国政府国防部，所以，互联网的诞生曾经以及到现在为止一直都是各种激烈（标准化）争论的导火索。因此，我们针对互联网所提出的问题与对任何一个军事和两用技术所提出的问题相同（参见第5章第15节和第4章第 C. 11 节）：那些目的在于破坏实物财产、伤害甚至杀害人的技术开发在道义上是站得住脚的吗？

除此之外，互联网所提出的标准化的争议问题，似乎都与每一种在全球联网的和被普遍使用的信息和传播技术有千丝万缕的联系。比如说，互联网和移动通信（参见第5章16节）在许多方面都是相通的，而且事实上，这两项技术的相互融合正在不断增强，普适计算在这里仅仅是其中的一个实例而已（参见第5章第25节）。我们今天所讨论的许多标准化的问题早在互联网开发之前，或至少是在其普及之前就已经被人们提出过：阿兰·威斯汀①于1967年提出了个人隐私和自由之间有密切关系的观点；20世纪70年代，进行了一场关于计算机系统中个人隐私和安全的大讨论（参阅 Martin，1973年）；理查德·梅森②（1986年）提出"所有权、访问权、隐私和准确性"作为信息伦理学的核心问题。

个人隐私和信息保护

对于个人隐私的讨论具有代表性意义的是1890年由塞缪尔·沃伦③和路易斯·布兰迪斯④发表的研究论文《隐私权》。个人隐私在这里是一种不受侵犯和干扰的权利。当年，一种迅速普及的媒体成了人们关于标准规范进行思考的起因：照相不仅是人们普遍的爱好，而且也是记者们采访报道的工具。今天，互联网成了人们忧虑的原因。互联网的使用带来的后果是，使用者所留下的痕迹可以让人用回溯推断的方式来了解他的爱好、行为方式、思想观念和种种行为，并且使监视和控制成了可能。

---

① 阿兰·威斯汀（Alan Westin），1929—2013，曾任美国哥伦比亚大学法学教授，著有《隐私和自由》等学术作品。

② 理查德·梅森（Richard Mason），美国南卫理公会大学伦理学教授。

③ 塞缪尔·沃伦（Samuel Warren），1852—1910，美国律师，曾任美国最高法院大法官。

④ 路易斯·布兰迪斯（Louis Brandeis），1856—1941，美国律师，曾任美国最高法院大法官。

　　撇开犯罪活动不论，有三种人对尽可能多地了解获知（其他）人的情况颇感兴趣：国家机构、企业和使用者本人。由于刑事犯罪不会对互联网手下留情，所以刑侦部门不会放弃了解和掌握网络的使用情况，目的是惩治犯罪，阻止非法内容的传播和粉碎恐怖分子的计划。企业则是想大量掌握使用者的情况，以推销他们的产品和服务，抑或在个人资料的调查和利用基础上建立自己的商业模式。最后，使用者的好奇心和借助社交媒体平台建立关系的愿望，造成了对个人资料的需求。

　　这里所说的所有情况本身并没道德上的善与恶之分：国家和老百姓面对犯罪希望保护自己乃是天经地义的要求（参见第 5 章第 22 节）；企业要取得成绩合理合法；对别人好奇和建立相互关系同样合情合理。如果说收集资料损害到了别人希望受到保护的利益，以及损害了道德规范和价值，那么，这样的行为就成了违反规范标准的问题。由此可见，互联网重新提出了伦理学和政治哲学带有普遍性的问题。不过，富有新意的是，许多不同的意见和看法都直接来自针对如何实现和使用互联网技术的方式方法的探讨和争议中。

　　恰恰是社交媒体平台（目前首当其冲的是 Facebook）都因为它们的商业模式提出了诸多的标准规范问题。从使用者的角度来看，它们是一种由信息技术所支持的用于交际和维持个人关系的平台。出现在平台上的企业的目的，是想要建立和维护自己和客户之间的关系。社交媒体平台自己的兴趣所在，是从用户那里获取尽可能准确的资料信息，并在此基础上有的放矢地登载广告，因为这是它们维持运营的资金来源。正因为如此，它们助长了或是强制推行了一种可能被人们称为"数据暴露主义"的东西——因为用户界面的设计，使用者被误导尽可能多地将关于自己和自己的关系群的个人资料予以公开。而此时，信息资料的公开会有什么样的后果，使用者在大多数情况下还被蒙在鼓里。因此，这里根本没有所谓知情的同意可言。除此之外，Facebook 经常单方面地对使用条款进行修改。由于更换平台很麻烦，所以用户别无他法，常常只好忍气吞声接受这些修改条款。这里，我们看到了一种权力非对称现象，它的基础在相当的程度上是建立在社交媒体平台的技术设计之上的。

　　从技术伦理学的角度来看，人们有多种初步的方法来面对这一挑战：作为回避措施，人们可以援引现行的法律法规并据理说明，保护个人隐私和信息保护乃是立法者的职责任务（参见第 5 章第 9 节）。但是，这样的提法也许会造成对（信息和通信）技术的设计不参与，决定了对它使用方式上的误解——用劳伦斯·莱斯格①（1999年）的话说就是：“代码即法律。”所以，我们可以认为信息员和工程师的任务在于，他们所设计出来的技术应当从*设计保证隐私*（privacy by design）的意义上（参阅Cavoukian 等，2010 年）保证人们的个人隐私。更进一步的应对尝试办法是增加使用者的自主权，使他们在知情的情况下自己决定他们愿意公开哪些关于自己的信息资料（参阅 Tavani，2007 年）。这一任务可以通过对软件程序和网络广告相应的用户界面设计来加以实现，但问题又再度落到了信息员和工程师的责任范畴之中（参见第 2 章第 6 节）。

知识产权、信息自由和信息正义

尤其是随着 20 世纪 90 年代首批音乐网络共享平台的出现，大规模侵犯知识产权的问题闯入了社会公众的意识（参阅 Haug/Weber，2002 年）。此后，人们一直在激烈探讨，如何在互联网时代一方面保证精神财富的权益，另一方面保证信息获取的权利，使这二者和谐一致，从而树立信息的公正性。

面对此问题，人们可以再度提示说现行法律乃是标准规范上避开问题的一种策略。但是，现行法律本身也需要进行标准规范的论证：比方说，人们可以强调著作人的人格权和所有权。在此案例中，初看起来，诸如使用数字版权管理系统这样的技术措施在规范标准意义上是有帮助的举措，但是，仔细观察就能发现，其他的诸如个人隐私等权利就会受到危害，抑或创造的过程会遇到更多的困难。反之，如果给信息获取权赋予优先地位，以便让尽可能多的人能够无障碍地分享可以获取的大量信息的话，那么，著作人的财产权就会受到深度侵害。除此之外，还存在缺乏（经济上的）刺激作者生产新信息的危险（参阅 Dreier/Nolte，2006 年）。两种情况都涉及人们关

---

① 劳伦斯·莱斯格（Lawrence Lessig），1961 年出生，美国律师，哈佛大学法院学教授。

于维护公正性的核心直感。与约翰·罗尔斯的公正论观点如出一辙的（参见第 4 章第 B. 7 节），并把信息视为基本财富的解决方案所存在的问题是，信息永远是关于事物的信息。因此，诸如根据罗尔斯的平等原则，从现有的信息中给每个人都分配以同样份额的做法是毫无意义之举，因为这样做的后果不仅是对其他人所有权的干涉（这种侵权行为本身就必须说明理由），而且是对个人隐私的干涉（参阅 Weber，2004 年）。

在信息自由问题上，技术伦理学的挑战在于，技术参数的确定从根本上共同决定了特定的公正观念是否以及在怎样的程度上能够得到实现——这就大大增加了设计技术当事人所肩负的责任（参见第 2 章第 6 节）。

数字化差别和可持续发展

如同对互联网的访问一样，信息的访问和获取提出了一系列的涉及公正性的问题（参见第 4 章第 B. 9 节）。当同数字化的分离联系在一起的时候，这个问题就变得一目了然。这里，数字化差别指的是这样一个事实，即世界上有所谓*信息富人*和*信息穷人*之分——这种现象不仅在一个国家里面，而且在国家间的对比之中（比如 Waschauer，2003 年）。倘若我们把信息的获取看成一种社会的基本财富，那么，就像收入分配一样，这种财富在许多国家里都是分配不均的。如果我们在国家间做比较，那么在全球范围内这种财富的分配也很不相同。所以，毫不奇怪，在 2003 年日内瓦和 2005 年突尼斯的*信息社会世界高峰会议*（WSIS）期间，人们把分配不均作为公正性的问题来谈，并把采取措施消除信息获取的不公平现象当作发展中国家的道德义务来认识。

然而，数字化差别不仅是互联网的访问问题，同时也是能力的传授问题（参阅 Zillien，2006 年）和技术的无障碍设计的任务。后者所牵涉的尤其是那些开发和实践技术的有关人员。比如，（信息和通信）技术应该考虑到使用者的身体条件，尽可能进行无障碍使用设计等——这些完全可以看成标准化方面正当合理的要求。

同时，这也符合可持续发展思想的社会意义（参见第 4 章第 B. 10 节）。事实上，

300

信息员和工程师在互联网和互联网技术方面的一个主要任务就是开发出与最大限度保护资源意义相符的技术来。其中包括整个生命周期能源和材料消耗的优化（包括处理和回收利用），避免使用有害环境的生产方式，不使用有害环境和健康的材料等——所有这一切都关系到可持续发展的生态层面。即便是在经济层面，信息员和工程师也能尽自己的一份力量：（信息和通信）技术应当被设计成故障时可以修理而不必马上当作垃圾处理的产品。这将特别推动和促进发展中国家和新兴国家服务业的产生和经济的普遍健康发展，同时也为消除数字化的差别做出贡献。

网络犯罪、信息战和网络战

当前，虽然互联网技术的设计可以满足上述参与者的期望，并能平息关于标准规范的冲突和争议，但是，它仍然会被网络犯罪所利用。比如，盗取身份就是一个十分严重的问题，因为其潜在的危害非常巨大，因而对整个经济具有重大影响。

在这个问题上，信息员和工程师们也同样负有设计出使滥用可能性最小化的技术产品的道义责任——但是，他们却无法做到绝对的安全（参见第5章第22节）。因此，主动进行交流也是他们肩负的责任和义务之一。唯有如此，使用者（至少在原则上）才有可能对所产生的风险进行判断，并自己决定是否愿意承担此风险，以及能够采取哪些减少危害的应对措施（参见第2章第2节和第4章第C.7节）。但是对使用者来说，也同时存在难以避免的危险，因为信息和通信技术的复杂性和它的透明度是成反比的。信息和通信系统的开发商和运营商不能将自己对系统安全的责任，以使用者责任自负的借口一推了之。

时下，网络犯罪几乎被等同于*网络战*（Cyberwar）（比如 Schönbohm 等，2011年）和*信息战*（Information Warfare）。虽然在实际生活中这些行为之间的界线是模糊的，但是在分析问题时，我们却必须将二者区分开来。这是因为，*网络战*和*信息战*所涉及的是道义上的问题，正如同在军事技术中，我们必须从根本上提出这些道义问题一样（参见第5章第15节）。当然，此处我们也能看到，技术伦理学的思考是不能同其他标准规范的思考（比如关于正义战争的问题等）孤立开来的（比如

Walzer 等，1977 年）。缘此，我们需要始终坚持的一点是，*网络战和信息战远远超出了工程师和技术人员以及技术伦理学的范畴*，但是，这样讲并不代表着他们身上的责任有所减少。

言论自由

在世界上许多国家中，互联网的使用受到严格的限制，其原因在于，这些国家的政府害怕这种媒体的政治破坏作用：通过互联网人们可以得到政治的信息，各种民权运动、遭到禁止的党派和类似的团体可以组织起来。早在互联网出现之前，新纳粹分子就已经这么做了，他们的某些小团体早就有了自己的邮箱系统。当前，伊斯兰宗教极端主义分子利用网络视频来传播和号召人们去参加圣战。他们在一部分人眼里是自由战士，在另一部分人眼里则是恐怖分子。因此，互联网提出了关于言论自由的范围和限度问题——而且目前是在全球化的上下文中。围绕这个问题所进行的争论，不仅涉及人们所交流的内容，而且涉及人们进行交流的形式。

世界各国大都通过宪法的原则来规定言论自由的范围和限度，诸如美国宪法的第一*修正案*或是德国基本法的第 5 条等。关于言论自由的限度，两个文献显示出了非常不一样的观点：许多在美国被允许的事情——如仇恨言论、新纳粹主义言论等——在联邦德国因为从魏玛共和国的失败中汲取教训而被禁止；在对各种不同的公民权的考虑方面，人们也找到了不同的答案。托马斯·内格尔①（1995 年）对因为限制言论自由而产生的法律规范问题做过令人信服的阐述——他的所有观点都可用于今天的互联网。

时下，（技术）伦理学思考似乎可以依照的一个衡量标准乃是武器对等原则（参阅 Spinner，2002 年）。比方说，只要国家对发表言论还有压制行为，只要还有窃听措施和数据记录，以及只要存在大公司的媒体强势，那么，诸如使用密码和网络传播匿

①　托马斯·内格尔（Thomas Nagel），1937 年出生于南斯拉夫，美国哲学家，纽约大学哲学教授。

名化等手段在标准规范上来说就是正当合法的。此论据理由多年以来一直为人们所引用，然而，密码和匿名化也会造成网络围攻、纳粹言论的传播或是儿童色情的滋生；这些反过来又对武器对等原则造成威胁。

内格尔在他的力主自由主义概念的公民权，尤其是力主自由发表言论的自由主义概念的论述中，又谈到了一种由单个国家所组织的媒体系统；但是，互联网不仅超出国家的界线，而且超出了文化和法律的空间范围。因此，人们不单单是从技术伦理学的角度提出了一系列不同的和大多是相互对立的要求：所有在技术上通过以及利用互联网而行动的人，都应当遵循本国的法律和自身文化的规范；他们不应当干涉别国使用者所享有的权利和义务；他们应当在全球范围内推进人权和民主；他们应当保护信仰，加强民众社会的地位；等等。显而易见，那些开发、实施和应用技术的有关人员绝不可能完成这些种类繁多的标准规范要求。不过，这并不意味着他们就此获得了一张"护身符"，从而可以推卸（技术）伦理学的要求和对自己行为后果所应负的责任。

互联网里的政治

21 世纪开始的头几年中，出现了被人们称作 Web 2.0 或是"社群网络"的新事物，其中包括像 Facebook 这样的社交平台，像 Twitter 这样的微博系统，像 YouTube 这样的视频门户网站，以及网络博客和*赫芬顿邮报*这样只能在线阅读的报纸。所有的这些网络产品都相当程度地建立在*用户自创内容*的基础上：使用者自己生产网络上的内容——他们的双重角色被称作*制作兼用户*或*生产兼消费者*。更加简单易行的自产内容的供应唤起了人们对大众媒体权力消失的期待和希望，因为媒体不再能扮演看门人的角色，所以，越来越多的人出来发表自己的言论，并积极表达自己的政治诉求。

互联网可以简化或实现民主的程序，但是也有人假借民主之名，而行利用和破坏民主之实。那种认为出于政治的流程目的而纯粹利用网络可以自然而然地建立起民主的想法，是值得慎重考虑的。恰恰是与技术打交道的人肩负有义务，要实事求是地对

302

待这样一种恩赐般的承诺，并拿出一个关于技术的机遇和风险的理智的分析结果出来。

还有一个危险需要我们面对：民主根据非常简单的规则即可运行，且通常通过低技术就能得以实现——理想的情况是，人们只需举手并能够数数即可。与之相对的是所谓流动反馈（Liquid Feedback）或临时委员会（Adhocary）这样的以互联网为依托的软件系统，其功能是支持诸如辩论和投票这样的政治协商和决策过程——既复杂又烦琐。这套软件所引入的复杂化层面，非但没有将人们对政治决策的参与过程简单化，反而使之愈发复杂，原因就在于，复杂化程序所需要的前提条件乃是远未普及化的认知和掌握技术的能力。这里，我们再次看到，技术的设计可以决定谁以何种方式从事自己的行为。因此，我们应当呼吁从事相关技术设计的信息员和工程师，开发出尽可能无障碍的技术产品来，从而帮助在政治决策过程中消除新的权力不对称现象。

全球性网络、地区性标准和单一国家法律

前文提到的法律规范的争论领域（还有其他许多本文未涉及的争议领域）在单一国家的范围中很难得到解决。但是，互联网并不局限在一个国家法律的有效范围中，它越出国界，并且（原则上）在世界上每一个国家中都可以使用。在互联网中，个人和团体行为的影响以及行为后果不再受到任何界限设置的束缚：凡是使用互联网的人，他所接触的互动对象不仅有来自不同国家和文化的使用者，而且还有必须要遵守以自己所在国家的法律为主的企业，以及要服从有别于自己国家的其他的宪法和法律的国家机构（此处参阅 Capurro 等，2007 年）。若是有人向德国以外的企业公开自己的信息资料，那么，他就不受联邦信息保护法的保护；如果某公司的注册地在欧盟以外，那么，《欧盟信息保护条例》95/46/EG 就不能适用——法律的规范管理未实现与互联网全球化的同步。类似的情况也同样见于互联网中的（技术）伦理学和道德规范行为，例如，关于个人隐私、言论自由和法律的界线等，世界上没有这方面普遍流行的和为人们所接受的法律规范概念。

因此，人们对设计、开发和实施技术的技术人员提出了更高的要求。正如乔尔·雷登堡①于 1998 年所说的那样，我们完全可以把技术人员通过设计技术打开和关闭人们行动可能性的能力与法律法规的制定等量齐观。鉴于针对设计活动的普遍得到认可的法规原则的缺乏，以及针对技术人员和工程师的不同标准要求的缺乏，技术人员和工程师们正面临着非常难以应对的挑战。因此，在中小学教育、职业教育和大学课堂中传授关于社会、法律、文化和技术之间密切关系的知识，就显得尤为必要。

参考文献

Capurro，Rafael/Frühbauer，Johannes/Hausmanninger，Thomas（Hg.）：*Localizing the Internet. Ethical Aspects in Intercultural Perspective.* München 2007.

Cavoukian，Ann/Taylor，Scott/Abrams，Martin E.：Privacy by design：essential for organizational accountability and strong business practices. In：*Identity in the Information Society* 3/2（2010），405 – 413.

Dreier，Thomas/Nolte，Georg：Einführung in das Urheberrecht. In：Jeanette Hofmann（Hg.）：*Wissen und Eigentum. Geschichte，Recht und Ökonomie stoffloser Güter.* Bonn：Bundeszentrale für politische Bildung 2006，41 – 63.

Haug，Sonja/Weber，Karsten：*Kaufen，Tauschen，Teilen. Musik im Internet.* Frankfurt a. M. 2002.

Lessig，Lawrence：*Code and Other Laws of Cyberspace.* New York 1999.

Martin，James：*Security，Accuracy，and Privacy in Computer Systems.* Englewood Cliffs 1973.

Mason，Richard O.：Four ethical issues of the information age. In：*MIS Quarterly* 10/1（1986），4 – 12.

Nagel，Thomas：Personal rights and public space. In：*Philosophy & Public Affairs* 24/2（1995），83 – 107.

Reidenberg，Joel R.：Lex informatica：The formulation of information policy rules through technology. In：*Texas Law Review* 76/3（1998），553 – 584.

Schönbohm，Arne：*Deutschlands Sicherheit-Cybercrime und Cyberwar.* Münster 2011.

303

---

① 　乔尔·雷登堡（Joel Reidenberg），美国纽约福尔德姆大学法学院法学教授。

Spinner，Helmut F.：Informationelle Waffengleichheit als Grundprinzip der neuen Informationsethik：Über Gleichheit，Ungleichheit，Unterlegenheit im Wissen. In：Ulrich Arnswald/Jens Kertscher（Hg.）：*Herausforderungen der Angewandten Ethik.* Paderborn 2002，111 – 135.

Tavani，Herman T.：Philosophical theories of privacy：Implications for an adequate online privacy policy. In：*Metaphilosophy* 38/1（2007），1 – 22.

Walzer，Michael：*Just and Unjust Wars：a Moral Argument with Historical Illustrations.* New York 1977.

Warren，Samuel/Brandeis，Louis D.：The right to privacy. In：*Harvard Law Review* 4/5（1890），193 – 220.

Warschauer，Mark：*Technology and Social Inclusion. Rethinking the Digital Divide. Cambridge，* Mass./London 2003.

Weber，Karsten：Digitale Spaltung? Informationsgerechtigkeit！In：Rupert M. Scheule/ Rafael Capurro/Thomas Hausmanninger（Hg.）：*Vernetzt gespalten. Der Digital Divide in ethischer Perspektive.* München 2004，115 – 120.

Westin，Alan F.：*Privacy and Freedom.* New York 1967.

Zillien，Nicole：*Digitale Ungleichheit：Neue Technologien und alte Ungleichheiten in der Informations-und Wissensgesellschaft.* Wiesbaden 2006.

卡尔斯滕·韦伯（Karsten Weber）

第 11 节　核能

核能一如既往地是能源生产争论得最为激烈的技术之一（关于能源的概述，参见第5章第5节）。虽然围绕这个问题的论争含有伦理学（尤其是风险伦理学）的基本成分，但是比较而言，它很少被人们作为技术伦理学的对象来进行思考。其中的原因可能在于许多风险伦理学的根本问题尚未得到彻底的澄清，也可能在于一系列尚未解决的技术问题，诸如核能利用所产生的放射性废料的永久存放问题等（参见第5章第4节）。

日本福岛核电站事故在德国引起了一场关于核能的激烈争论，并导致了德国核能技术的最终下马。有鉴于故障和事故安全程度在这场论战中的核心地位，人们很容易忽略其他与此技术相关的伦理学层面的问题：经济性、环境可承受性和保障的稳定性。针对这些层面的问题，人们对核能的评价和认识也大相径庭。经济性问题——核能是否已经收回了它的成本（包括开发成本）——至今为止也未能得到彻底澄清。至于环境可承受性问题，就连反对人士也承认，核电也许是减少温室效应的一个重要步骤，但同时又指出，核电有可能阻碍了能源生产坚定不移地向可再生能源转换的战略。除此之外，放射性物质的排放究竟会对周围居民造成怎样的健康危害，这个问题至今也没有明确的答案。例如，在汉堡南部的克吕梅尔核电站运行期间，出现了居民白血病的发病率明显上升的现象，但是同时，人们并没有发现可能是致病原因的放射性物质排放的增加。针对核电对能源供应的保障作用，争论各方也是各执一词：赞同者提醒道，若是放弃核电，那么就会出现"能源缺口"，其中的部分原因在于，出于环境和气候保护目的，在用后续模式来替代过时的化石原料电站的过程中，将因时间迟滞而出现断层的问题。

304 　　在全球范围内，各国普遍实行的都是多元化的政治战略，其中的原因在于不同的国家和地区有各自不同的具体情况和能源选项。由于伦理学重要的评判层面没有一个能够单独起决定作用，所以，必须在它们之间进行权衡比较（trade-offs），并根据所拥有的选择方案分别做出权衡选择。于是，在多数情况下，供应保障的层面只在拥有可选能源生产技术的国家中（比如德国拥有风能、褐煤和相比燃煤火电站排放更少的天然气火电站）起到决定性的作用。与之相对，像日本这样缺乏化石能源原料的工业国家，虽然发生过福岛核电站事故，但仍然没有放弃核电的生产。即使是在同一个国家或地区，由于侧重点的不同，伦理学的评判也在发生变化：若是有人将供应保障的重要性看成是尽可能全面摆脱对进口能源原料依赖的话，那么，他就会——与实际推行的政策相适应——不顾对气候的有害影响，优先选择褐煤发电技术。若是有人高度重视减排的重要性，那么，他就会首先考虑利用核能发电，至少是将其作为一种过渡技术，直到通过蓄电能力的提高和国际电网的扩大，使可再生能源得到更好的利用为止。

　　核电风险和其他层面权衡比较中的那些差别不仅是实际存在的，而且在标准规范上是十分重要的。出发点的差异所导致的必然结果是，某项有风险的技术在此处是合理的，而在彼处则不然。结合二氧化碳问题来看就是，对于所谓的第三世界国家来说，人们非但不能寄希望于它们像工业国家的经济规划所要求的那样，在经济规划中重视继续排放温室气体所造成的危险，而且，这样要求它们的理由也是不成立的。温室气体的排放给全球和地区所造成的危险——这个安全问题的意义并不是对每个人来说都是一样的。假如有人在高福利水平上寻求更高的安全战略，那么，他就不能寄希望于处在低福利水平上的人们会接受他的这一做法。

我们不应当将各种需要遵守的安全标准绝对化。这就意味着，由汉斯·约纳斯所要求的所谓"恐惧启蒙学"（Jonas，1979年，第63页及以下；参见第4章第B.2节）充其量只能是一种适合于高福利和高安全水平的理论学说。根据他的观点，人类新的或扩展了的掌握自然的形式所带来的风险，通常要比这些形式所开创的机会要多得多。我们没有理由再给我们自己增加更多的环境危险，这句话的含义并不是说我们可以禁止日子过得不如我们的人自觉自愿地去承受风险，除非我们使他们具备了同样能够享受更多安全福利的能力。

伦理学视角

有别于政治学的视角，伦理学看问题的不同点在于，它的着眼点不是事实上存在的经济和政治协商权及推行权的分配不均问题，而是着眼于用普遍论和理想主义的视角看待各种事物。它提出的第一个内容方面的问题是，在全球化以及同时考虑未来子孙后代可预见的利益（参见第4章第B.10节）的情况下，核能的利用在什么条件下从伦理学上说是合情合理的。第二个程序方面的问题是，我们应当怎样来设计流程，从而在关于第一个问题尚存意见分歧的情况下，讨论决定核能的认可度问题。

第一个问题的回答应该以下面的事实为背景，即能源作为基本的和原则上不可替代的资源，它的供应必须作为维持和提高社会福利的决定性条件来看待，不仅从财富和服务的供应意义上应该是这样，而且从劳动负担、自由空间、教育和文化的意义上也应该如此。单单是到2050年要养活90亿地球人，没有（因为化肥的使用）大量消耗能源的农业是不可想象的（关于农业技术，参见第 5 章第 1 节）。

此外，具有重要伦理学意义的是，世界上的能源拥有和分配情况是极其不平均的。其中，一部分是由于能源资源的地理分配"靠天吃饭"，另一部分是由于严重不平均的经济、文化和自然的基础条件。有鉴于此，全球化能源策略的一个必然的要求就是在环境和社会可承受性的限度内，平衡不平均的能源占有情况，并且作为附带效应，阻止因世界大部地区能源供应不足而出现的分配争端和人口流动现象（参见第 4 章第 B.9 节）。

根据许多学者的观察研究，他们从两种分析推测中得出了两个对于核能的评价十分重要的伦理学结论：

（1）从环境和气候的角度看，用来发电的化石能源载体的消耗（德国目前大约是 80%）不仅是有问题的，而且连同新兴国家不断增长的能源需求一道，导致了世界能源价格水平的上涨，在这种情况下并加之气候变换的后果，发展中国家的形势每况愈下。

（2）大多数发展中国家的政局都动荡不稳，这就排除了它们能负责任地利用核能的可能性。在这种情况下，让这些国家利用有限的化石能源资源似乎是合情合理的。工业发达国家的任务，首先应在于继续开发可再生能源资源。但是，作为"过渡阶段技术"的核能——同样有赖于有限的原料资源——在何种程度上能够帮助国家减轻能源利用向非化石原料时代过渡的压力，则是一个相当有争议的问题（参阅 Birnbacher 等，2006 年）。

从时间的普遍论出发，我们必须根据长期的未来使用潜力标准来对各种能源生产技术进行评价，例如，将其视为短缺情况下的储备技术等。对未来负责任的态度还体现在：为了保证长期的能源供应，科研能力强的国家继续开发备选的能源技术，虽然这些技术并不一定在自己的国家投入使用，或者从今天的角度看不具备或尚不具备使用的经济性。在这个意义上，德国继续参与欧盟的核聚变发电研究是完全正确之举。长期标准视角的另一个结论在于，今后几代人可预见的尤其将影响到发展中国家的那些气候风险，并不会因为时间的长短而"打折扣"，而是会以适当的形式都算在有

305

可能转而使用替代能源的那些国家的账上。最晚自亨利·西季威克[①]以来（Sidgwick，1907 年，第 381 页；参阅 Birnbacher，2001 年），虽然人们在伦理学中普遍否定了未来利益和损失"打折扣"的观点，但是，许多经济学家和风险分析家——大多数情况下引用的都是来自消费者、经济计划师和政治家所偏爱的那些数据——仍坚持认为，从今天的角度来看，未来出现的损失在其严重程度上会得到减轻。然而，给未来利益打折扣的做法充其量只有在实用主义观点下才是合理的，其目的是不让政治家们去面对那些无法接受的极端要求。

风险伦理学视角

核电站迄今为止的事故记录表明，即使采用先进的技术防范保护措施，也不能完全消除核能技术系统上的风险。迄今为止，历史上最严重的核事故皆是因为人为过失（切尔诺贝利）以及电站设计无法考虑到的罕见自然灾害（福岛）而发生的。争论各方各执己见，相持不下的一个核心问题是为了给予核能利用以机会，人们是否可以容忍和承受这样的"残余风险"（其中还包括核扩散以及对军事用途感兴趣的国家获取核技术知识的风险等）。道义论的风险伦理学（参阅 Nida-Rümelin，1996 年；Ders./Rath/Schulenberg，2012 年；参见第 4 章第 C.7 节）在这一问题上可能会（但非必然）得出其他的结论，而非结果主义的结论，这是因为，风险伦理学在此设置了一个危害程度的上限，在此上限之上，不管发生的概率如何，所有的危害都是不能容忍的（参阅 Schrader-Frechette，1985 年）。据此论点，技术的可接受程度不是取决于整体风险（以及整体的利益和风险比例），而是取决于风险的特征：一旦某项技术——比如核能技术，转基因生物的解禁放开可能也是如此——有了灾难的风险特征，那么，这项技术便是不能被人们所接受的。

针对笼统地设置危害程度的上限，有学者首先提出了两种反驳意见：　　306

（1）尽管备选技术并非没有灾难风险，但按照此上限规则，便无可用的选项了。

---

① 亨利·西季威克（Henry Sidgwick），1883—1900，英国功利主义哲学家和经济学家。

若如此，则即使放弃核技术，也会发生灾难性的危险事故，比如温室效应导致许多发展中国家生活环境基础的系统损害等。

（2）不能完全忽略灾难发生的概率。即使是采用"常规"技术，灾难性的事件不仅是可能发生的，而且是残酷的现实，20 世纪 70 年代发生在意大利塞维索和 80 年代发生在印度博帕尔的两起灾难性化学事故便是例子。

许多结果论的风险评估同样面临着各种反驳意见。工程学的风险评估常常对决策论的原则笃信不疑，从而忽略了特殊的标准规范问题。这些问题的提出源自那些牵连到其他人的并非行为者本人的行为。一旦其他人受到牵连，那么利益和风险的考量计算就遇到了它的界限。这时，问题的关键就不再是为了哪些机遇我们可以理智地忍受哪些风险，而是其他人（他们可能有自己不同的优先考虑和安全优先权）可以承受的是哪些风险（参见第 4 章第 C. 7 节）。

在其他对风险的可容忍性具有重要意义的关系中，有一个重要的内容就是所谓的威胁影响作用，这种威胁作用不依赖于可能发生的危害，而是来自相关风险的*实际存在*。一项技术投入使用的后果，其范围不仅包括来自危害发生的后果和连带后果，而且也包括存在可能性的后果。因此，对一项保险的评估，不仅要根据保险事项发生时所能得到的赔偿情况，而且也要根据危害发生时能够获取保险赔偿的安全保障所起作用的情况。

在风险比较评价的工程学文献里，我们时常看到有人表达出一种遗憾，即在安全投资分配时，其中有相当大一部分死亡人数统计数字被人为忽略，其目的只是抚慰被误读的公众恐惧情绪。然而在核电站安全防范措施的成本计算时，一个被避免的死亡案例的价值，往往要比在其他更具风险的技术中（比如交通车祸）的死亡案例价值夸大数十倍。这里，需要针锋相对指出的是，尽管是纯粹心理的并且是难以衡量的，然而恐惧情绪、不安全感和失去信任也是实际的危害和损失。这些危害和损失应当在风险评估时，同死亡和疾病案例一样受到认真对待。

另一个对机遇和风险的成本计算有限制作用的层面，是主要存在于民众中的强烈的安全优先意识，这种意识同样不允许把期望值最大化。在对风险行为进行决策时，人们必须考虑到潜在受害者对风险的拒绝态度（此态度或许不被决策主体所认同）。在这个意义上，卡尔·弗里德里希·盖特曼提出建议，应当根据"实际程度原则"来衡量风险的可容忍情况，亦即，当风险与现实生活中人们所表达出的风险认可度相吻合的时候，这时，风险才可以被看成是可容忍的（Gethmann，1993 年）。当事者通过他的行为活动所表现出的风险承受意愿，应当作为别人可以认为他能承受什么样的风险的衡量标准。这个原则与下面的要求相吻合，即除了从风险行为中所产生的利益和危害之外，我们还应当考虑受牵连者的风险态度，例如人们对核电风险特别强烈的拒绝态度。与此同时，在如下几个方面似乎还需对此原则做些必要的补充：

（1）此原则忽略了自愿和非自愿风险的伦理学的重要区别。一个人自愿承担风险，并不意味着给他加以同样大的风险就是正当合法的。非自愿的（外部施加的）风险在道德伦理上要比自愿（承受）的风险的结果更加严重。一个遵守交规的行人因司机酒后驾车过失而死亡，其后果要比司机自己超速驾驶致死严重得多。因此，就电能使用而言，不小心使用电器所造成的自我危害，有别于核电站泄漏的放射物质所造成的对他人的危害。

（2）一个风险的可容忍情况如何，很大程度上也取决于利益的维度和可选方案。307 如果有风险较小的能源生产技术可供选择，那么，不仅人们的接受态度会发生变化，而且风险更大些的技术选项的可接受性也会发生变化。

（3）针对这样的情况，当事人认为某些风险自己是可以接受的，同时觉得别人也可以承受（比如当前摩托化的道路交通）。如果有人把这样的情况当作这些风险可以被实际承受的评判标准，是十分值得怀疑的。风险识别和风险判断会因为错误的识别而发生误差，正像在道路交通中过高估计自己对车辆的操控能力一样。

论辩是解决问题的出路吗？

在以往的 20 年中，针对能源的各种选项及其风险，人们在理性探讨（参见第 4 章第 B.6 节）和明确遵守论辩伦理学原则（关于公民参与，参见第 6 章第 5 节）的基础上，设计出了一系列问题和冲突的解决方案模式。论辩伦理学（参阅 Habermas，

1983 年）可以被看成人们在伦理学层面上坚定地执行了民主的原则。道德的标准没有因为少数精英的特权观点"自上而下"地加以制定，而是由遵守标准的人本身通过井然有序的投票过程加以获得。这一模式最契合的对象乃是一种参与式的能源政体文化，它尽可能地将受关联者纳入关于长期的能源技术选择的决策过程（参阅 Nennen/Hörning，1999 年）。仅从实用的观点出发，就有必要采用探讨争论的方法：自上而下的强行要求将导致工业界、政界和行政管理的可信度危机、信任危机和执政危机，并严重助长利益各方立场和观点的两极化。

然而，如同一般的程序解决办法一样，关于核能技术的争论也面临着若干问题，让我们觉得似乎有必要对此模式做进一步扩展（参阅 Renn 等，2007 年，第 230 页及以下）：

（1）许多模式都从原来的论辩伦理学中继承了达成完全共识的目标观念（参阅 Shrader-Frechette，1991 年；Rehmann-Sutter，1998 年）。鉴于安全和风险承受力标准问题的争议性，这样的目标是不现实的。只要共识的条件还存在，那么，针对长期的诸如核能技术这样的争议问题，论辩的模式在实践中就几无用武之地。具有更为重大实践意义的是一些更加新型的论辩模式（参阅 Skorupinski/Ott，2000 年），这些新模式放弃了达成共识的原则，但并未完全放弃论辩流程的尝试。

（2）风险评估中各种不同的认知缺陷，使当事者明确赞同态度的合法效力受到了限制。没有完善地考虑风险的发生概率，损害程度的过分渲染，以及低估已知的风险和高估未知的风险等，即属于这类情况。在核能技术的争论中，对煤矿工人高职业风险视而不见就是一个实例。正如民主德国的钍矿开采历史告诉我们的那样，尽管钍的开采（特别是由于核放射）对工人有十分严重的危害，但是比较而言，石煤每个单位效能与健康损害和死亡案例的总比例却更为糟糕。

（3）那些不能被询问或是无法表达自己选择决定的关联人士，如未成年人、有感知能力的动物和未来的子孙后代等，必须由指定人士来代表他们的利益。

（4）在没有当事人同意或是不顾当事人的明确反对的情况下，苛求当事人承受风险也可能是正当合法的。比如，为了避免当事人自己或是他人承受更大的损失或更大的风险，这种做法是必要的；或者出于技术原因（例如一座发电厂的投产），当一项总体上有充分理由的风险不得不"全范围地"或是根本不必苛求人们承受的时候。这种做法不仅适用于地理方面的情况，也适用于时间方面的情况，例如，当面对要求我们自己或是子孙后代去承受风险的问题，我们需要做道义的权衡的时候。这样的权衡完全可能得出这样的结果，即我们自己应当要求自己承受更多的风险，其目的是避免不得不要求子孙后代去承受更加严重的风险。从这个意义上讲，人们似乎可以有理由认为，我们现在有义务开发和实验许许多多和各种各样的有效能源生产技术，哪怕是在不得不忍受风险在某种程度上增加的情况下，并且，只要这样做能为我们的后代拓展更多的技术可能性（参见第4章第B.10节），倘若化石能源资源的储备即将用尽，或是他们开采的能源总量严重不足的话。 308

参考文献

Birnbacher, Dieter: Läßt sich die Diskontierung der Zukunft rechtfertigen? In: Ders. / Gerd Brudermüller (Hg.): *Zukunftsverantwortung und Generationensolidarität. Würzburg* 2001, 117 – 136.

– / Gelfort, Eike / Schwager, Jörg / Tietze, Alfons: *Ethik und Kernenergie.* Expertise für den Fachausschuss Kerntechnik der VDI-Gesellschaft Energietechnik. Düsseldorf 2006.

Gethmannn, Carl Friedrich: Zur Ethik des Handelns unter Risiko im Umweltstaat. In: Ders. / Michael Kloepfer (Hg.): *Handeln unter Risiko im Umweltstaat.* Berlin 1993, 1 – 55.

Habermas, Jürgen: Diskursethik-Notizen zu einem Begründungsprogramm. In: Ders.: *Moralbewusstsein und kommunikatives Handeln.* Frankfurt a. M. 1983.

Jonas, Hans: *Das Prinzip Verantwortung. Versuch einer Ethik für die technologische Zivilisation.* Frankfurt a. M. 1979.

Lumer, Christoph: Treibhauseffekt und Zukunftsverantwortung. In: Dieter Birnbacher / Gerd Brudermüller (Hg.): *Zukunftsverantwortung und Generationensolidarität.* Würzburg 2001, 185 – 225.

– : *The Greenhouse. A Welfare Assessment and some Morals.* Lanham 2002.

Nennen, Heinz-Ulrich / Hörning, Georg (Hg.): *Energie und Ethik. Leitbilder im politischen Diskurs.* Frankfurt a. M. 1999.

Nida-Rümelin, Julian: Ethik des Risikos. In: Ders. (Hg.): *Angewandte Ethik*. Stuttgart 1996, 806 – 832.

Nida-Rümelin, Julian/Rath, Benjamin/Schulenburg, Johann: *Risikoethik*. Berlin/Boston 2012.

Rehmann-Sutter, Christoph: Ethik. In: Ders./Adrian Vatter/Hansjörg Seiler: *Partizipative Risikopolitik*. Opladen/Wiesbaden 1998, 29 – 167.

Renn, Ortwin/Schweizer, Pia-Johanna/Dreyer, Marion/Klinke, Andreas: *Risiko. Über den gesellschaftlichen Umgang mit Unsicherheit. München* 2007.

Shrader-Frechette, Kristin S.: Risk Analysis and Scientific Method. *Dordrecht* 1985.

– : Risk and Rationality. Philosophical Foundations for Populist Reforms. *Berkeley u. a.* 1991*a*.

– (*Hg.*): Nuclear Energy and Ethics. Genf 1991*b*. *Sidgwick*, *Henry*: The Methods of Ethics. *London* [7]1907.

Skorupinski, Barbara/*Ott*, Konrad: Technikfolgenabschätzung und Ethik. Eine Verhältnisbestimmung in Theorie und Praxis. *Zürich* 2000.

Streffer, Christian/*Gethmann*, Carl Friedrich/*Heinloth*, Klaus/*Rumpff*, Klaus/*Witt*, Andreas: Ethische Probleme einer langfristigen globalen Energieversorgung. *Berlin/New York* 2005.

迪特·比恩巴赫（*Dieter Birnbacher*）

第12节 食品加工

食品加工技术领域与其他技术领域的不同之处体现在两个方面。第一，大量的农业技术（参见第5章第1节）都依赖于自然生长过程，并且使之为人类所用（虽然是在不同的程度上）。因此，技术和大自然之间有密切的关系（参见第4章第C.2节）。第二，人类对食品消费的依赖（"生活资料"）是为了满足自己生存的需要。倘若我们假设全球范围内所出现的消费模式都跟工业发达国家的消费模式一样的话，那么，随着如今食物供给方式和世界人口的不断增长，这种模式情况将超过地球的承受能力。由于食品领域的需求方对供给方有重大影响，所以，生产和消费之间也存在密切的关系。

缘此，从伦理学的角度看，我们不仅需要有可持续性的生产（参见第4章第B.10节），而且需要改变消费模式。这一情况在工业化的畜牧业方面表现得尤为触目惊心。世界范围内，消费者对高品质的食品，特别是肉类和与之相关资源的需求越来越大。在过去 50 年中，世界的人均肉类消费量已经翻了一番，绝对的需求量已经增长了五倍还多，而且，还呈现继续增长的势头，并对环境和社会有（极大的）消极影响。

社会影响和经济影响

大量的土地和水源需求：对环境的消极影响与肉类是一种精制化的产品密切相关。全球范围内，我们平均每年每人需要 1200 立方米的水用于食品生产。依据各地区和动物产品消费的比例不同，这个需求数字的变化也不尽相同。其变化的幅度在贫困国家是每人每年 600 立方米，在肉类消费量很高的国家（美国和欧盟）是每人每年 1800 立方米。在保证足够营养的情况下（80% 的植物类，20% 的动物类），每人每年的平均水需求量为 1300 立方米，如果只食用素食则只有一半的量。生产 1 公斤肉类产品需要 7 ~ 17 公斤的饲料，如谷物或大豆等。由此可见，肉类生产对土地和水源的需求量不仅非常之高，而且，对资源的压力也非常之大（Steinfeld 等，2006 年；SRU，2012 年）。 309

生态和农业多样性的消失：以往 40 年中，中美洲地区热带雨林全部面积的 40% 遭到砍伐和焚毁，目的主要是获取草场和种植饲料（绝大部分用于出口）。如今，亚马孙河流域 70% 被破坏的热带雨林成了草场。由此，除了氮气污染因素之外，畜牧业播撒有机肥也是当地生物多样性消失的很大一个影响因素。不仅如此，在过去 100 年里，人类所利用的植物和动物的种类大约减少了 75%。今天，世界人口的吃饭问题主要由 10 种农作物品种来解决，牲畜品种的情况亦然。

温室气体排放不断增加：人类温室气体排放的 18% 是由畜牧业造成的（以同等量的二氧化碳气体计算）。其中一半是二氧化碳的排放，主要原因是土地使用的改变，尤其是森林的砍伐所致。不仅如此，光是畜牧业，特别是反刍动物就占到人类造成的甲烷气体排放量的三分之一还多（37%），甲烷气体的温室气体效应要比二氧化碳高出 23 倍。同时，畜牧业还造成了全球三分之二的二氧化氮的排放量，比之二氧

化碳，二氧化氮的温室效应要高出 296 倍，化肥占到了其中一大部分。

（土地）利用竞争：许多人都无从得到他们所需要的营养食品。全世界生产的大约 40% 的谷物，甚至于 80% 的大豆都用作了牲畜的饲料。越来越多的农产品被用来生产农作物燃料、纤维和其他工业产品，或者是用来喂养牲畜。只有大约 47% 的谷物生产（小麦、稻米、玉米）是直接用来养活人类的，油料作物（大豆、油菜籽、棕榈油、葵花籽）的比例则更小。

对人类健康和动物健康的影响：一方面，大规模动物饲养的生存条件需要大量的药物（如抗生素、荷尔蒙、镇静剂），因此，增加了产生对抗生素有抵抗作用的疾病病原体（super pathogens）的风险。有人估计，人类医学中大约 4% 的耐药性问题来自给食用动物使用的抗菌素。在欧盟国家中，多耐药性的病菌每年使大约 2.5 万人过早地不治而亡（WHO，2011 年）。从营养生理学来看，植物类的食品是值得重点推荐的，而肉类和其他来自动物的产品则不然。随着世界范围内朝着西方"吃得多、吃得肥、吃得咸、吃得甜"的饮食模式靠拢的势头愈演愈烈，饮食带来的疾病和健康成本也随之越来越大。另一方面，大规模动物饲养也带来了越来越多的虐待动物问题（参见第 4章第 C.3 节），具体表现为非自然的饲养条件，如狭小拥挤的空间，不接触新鲜空气和阳光，缺乏同类之间的接触，不合适的饲料，以及以最大产量为宗旨的家禽牲畜品种饲养等。从动物伦理学的角度来看，其屠宰方式也是被诟病和值得商榷的。

责任分担

迄今为止，贸易自由的全球化政治管理推进了食品生产、加工和分配的高度工业化和全球化。其结果是，尤其在畜牧业中造成了社会和生态问题的不断加剧。有鉴于此，为可持续发展计（参见第 4 章第 B.10 节），食品加工的过程必须按照价值利用的链条进行构筑和搭建（McIntyre 等，2009 年）。"食品营养学"这个需求领域必须被理解成一个涵盖食品的整个生命周期、考虑到各类不同当事人的所有行为活动和作用的网络体系（Hofer，1999 年）。下文将重点关注生产和需求这两个方面的责任问题。

生产者责任

工业化的畜牧业生产服从于集中化和专业化的过程规律，就造成了少数高度专业 310
化的企业垄断了肉类的生产和加工。不断增多的产品供应（比如方便食品）要求具
有复杂的生产技术和更高的加工深度。农村中一家一户的小企业被排挤，当地的生产
场所越来越多地被来自他乡异国的大公司取代。结果就是，生产过程以物理和社会及
文化的方式被从当地的和贴近自然的关系中剥离了出来。

这个发展趋势由于 20 世纪 80 年代以来食品行业中不断增加的食品丑闻，引起了
民众的警觉和关注，比如受到二噁英污染的饲料，数量越来越多的疯牛病和猪瘟病案
例，篡改腐肉的过期标签冒充新鲜肉等，不一而足。由于这些现象的出现，消费者对
肉类生产行业的信任遭到了严重损害。从农户到屠宰加工直至零售的整个生产链上的
涉事人都因此而声名狼藉。

在过去几年中，受到公众关注的不再仅仅是产品质量和食品安全，同样还有生产
过程的社会因素和生态因素。除了纺织业外，特别是围绕着食品行业的企业社会责任
的讨论有增无减。全球、欧洲和各国层面上的标准化努力说明，鉴于生产过程的全球
化，人们正进行着一次规范管理上的重新思考。

在国际层面上，2010 年 11 月颁布了 ISO 26000 指南，旨在为各类不同组织提供
应该承担哪些社会责任的行动方向和建议。在欧洲，欧盟于 2011 年 10 月在其新战略
（2011~2014）中，将企业社会责任（CSR）统一定义为"企业对社会影响的责任"。
借此，欧盟就告别了迄今为止所一直强调的自愿承担 CSR 的做法，原因在于，新战
略的规划是一种自愿和强制义务的组合形式。虽然当前的目标仍在于保留企业的灵活
性，并通过原则和指南给予它们行为方向上的帮助，但同时在法律上也对社会和生态
信息的透明度要求做出了规定（可持续性报告）。在各国自己的层面上，德国可持续
发展委员会制定了《德国可持续发展准则》，其对象是来自不同规模和不同行业的企
业组织，并要求它们遵守可持续发展的规定和标准。

在此背景下，工业化的食品行业所要面对的形势是社会和生态的意义越来越重

大，但是一直还缺少相应的规范管理。同时，全球范围内各自为政和无序的生产过程导致供应链的复杂程度极度增大。因此，为了保障符合社会和生态要求的生产和产品质量，必须进一步改善价值创造链上伙伴之间的协调工作，亦即信息流必须无缝对接并且及时协调更新。举例来说，要以可持续性发展的理念为指南，继续坚定不移地改进和发展用以保障食品和产品安全的《国际食品标准》。同时，还应当在供应商那里（比如填饲和屠宰企业）设置更多的控制和影响机制，以建立和保障关于各种不同生产流程的信息透明度。这就不仅要求有高度专业化的 IT 技术和物流解决方案，而且还意味着，在全球化的价值创造链中，消费者和终端客户要更多地参与到伦理学的信息和消费的过程之中。德国动物保护联盟的倡议便是实例，从2013 年起，德国开始实行针对动物来源产品的"加大动物保护"的标签制度（DTSchB，2012 年）。

消费者责任

如果人们认为，从 2000 年到 2050 年全球的食品需求将增加大约 100% 的话（Witzke，2011 年），那么，消费者在食品加工和消费链上所要承担的责任便一目了然。通常来说，消费者通过商品的购买、消费和用后处理以及服务的享用，决定性地参与到了危及现代人和未来人的生活基础的社会问题和生态问题之中。虽然单个消费者对后续危害（例如气候变化或过度的资源消耗等）的影响微乎其微，但是，从道义上来说，他的个人行为必须要计算在总账之内，因为鉴于它对集体的后果影响，此行为通常必须要服从个人行为可以普遍化的道义原则："假如从普遍化的角度来说，一个消费行为对自然造成了破坏，而自然的原则也是生活原则的话，那么，那个执行这一行为的标准就是非道德的。"（Cortina，2006 年，第 96 页）

迄今为止，只有少数一部分主要是北美洲和欧洲的人群在施行这样一些不能被普遍化的（亦即在生态和社会上有害的）消费行为。面对这个事实，尤其是在全球范围正义性的视角下，西方工业国家的消费行为在道义上肯定是有问题的（参见第 4 章第 B.9 节）。因此，西方工业国家的消费民众就负有特殊的责任，从道义上将自己的

311

行为合法化，并且承担阻止进一步的社会和生态危害的共同责任（Heidbrink/Schmidt，2011年）。

消费者的共同责任可以分为三个方面，即社会兼容性标准、环境兼容性标准和自我关怀义务标准（Neuner，2008年）：

·消费的*社会兼容性*标准指的是，避免在周边和遥远地区以及在未来阶段对其他人的影响，如果这些影响涉及他人并损害到他们的社会生活条件的话。

·*环境兼容性*标准指的是，鉴于消费行为所造成的环境危害，应当避免不可逆转地破坏现代人和未来人（包括生物在内）的物理生存条件的行为方式。

·*消费者自我关怀义务*标准所包括的内容是，自身的健康，理性地管理自己的财务资产，或是对实现自我和成功人生的追求。归根结底，自我关怀是实现其他标准的基础，因为只有自己的健康和幸福得到了保证，才能释放出追寻公众福祉目标的能量。

这样，负责任有担当的消费者行为就可以被定义为享用的行为。在此行为中，社会环境和自然环境的诉求以及自身健康利益的诉求就处于首要地位。消费者对食品加工业所承担的特殊共同责任，其源头在于西方工业国家的消费行为决定性地引发了各种社会和生态问题的现状，诸如愈演愈烈的温室气体排放、为了种植动物饲料而砍伐森林、动物传染病、水资源的减少，以及尤其是发展中国家农业从业者的低工资问题，等等。借助于经过伦理反思的需求、消费和垃圾处理行为，并通过积极参与社会政治活动（如宣传号召和抵制运动等），消费者能够对他们日常消费所造成的全球化后果危害施加重大影响（Kneip，2009年）。

由此观之，负责任的消费是一种合乎道德的和政治性的责任和义务（Young，2008年）。但是，人们日常对这一责任的贯彻执行却常常与责任的规定和消费者伦理的自我认识背道而驰。从实际调查的数据资料来看，德国消费者普遍具有这样的认识和觉悟，即社会和生态问题需要人们给予特殊的关注。老百姓中有60%的人要求德国在气候保护方面要起带头作用；53%的人认为应该抵制对环境有害的公司的产品；67%的人愿意优先购买对环境影响较少的产品（Borgstedt等，2010年）。此外，94%的人赞同世界上发达国家和发展中国家之间应该进行公平合理的贸易（Wippermann

等，2008 年）。

尽管如此，假如我们仔细观察人们的实际消费行为就会发现，相对而言，在日常
生活当中很少有人去身体力行自己的道德观念，而且在观念和行动之间存在明显的鸿
沟。虽然 2011 年通过公平贸易渠道销售的产品增加了 16%（Forum Fairer Handel，
2011 年），生态产品的销售额增加了 9%，达到了 66 亿欧元（BÖLW，2012 年），但
是，无公害产品在整个零售业中仅占到 4%～5% 的市场份额。尤其是在食品行业，
人们所表现出的消费倾向是故意回避大规模动物养殖的具体情况，在自己和肉类的生
产条件之间构筑一道视而不见的认知障碍（Simons/Hartmann，2012 年）。造成人们这
种有限的可持续性消费行为的其他原因，还有信息的缺乏，价值创造链的不透明，对
企业的不信任，偏高的价格定位，生活节奏加快，以及购物和日常生活习惯因素等
（Teitscheid，2011 年）。虽然后物质化的生活方式和可持续性的消费模式越来越深入
人心，但是在日常生活中，觉悟和行动之间的距离依然存在，影响到了食品工业的可
持续性转变。

结论和展望

食品加工业的伦理学结论不仅在于鼓励和支持"负担过重、时间不多、易受摆
布、兴趣有限、纪律性不总是很强的消费者"（BMELV，2010 年，第 1 页）承担责
任，而且还在于促进和推动人们更多关注的在食品行业中符合可持续性发展标准的经
济和消费政策措施。在此，下列手段和工具尤为重要：

·反映实际成本的实实在在的产品价格是消费者有意识地做出消费选择的重
要前提。许多消费者都愿意为购买无公害和生态产品多付 10% 的钱（Wippermann
等，2008 年）。如果在兼顾实际成本的情况下，生态产品和普通产品的价格差别
能更进一步缩小的话，那么，这将对于相关生产模式和消费模式的进一步推广大
有助益。

·法律框架的修改和政策措施的改进（如对权益的更好保护等），以及更大的信
息量和更多的教育，也同样对激活消费者的责任大有裨益。2007 年，《消费者知会

法》（VIG）的出台为消费者获得产品信息提供了方便，这是朝着这个方向前进的一个重要步骤。对执行可持续性发展标准企业的产品予以可靠说明的无公害认证和生态认证标签，是进一步造就能担负起责任的消费者方法。最近，欧盟在它的"消费者计划——更多信任和增长"文件中所提出的目标是，通过修改法律框架和更好的市场监督来增强消费者的安全，通过更为透明的信息来扩大人们的知识面，以及通过有效的消费者能力和对市场的参与，来促进符合可持续性发展的消费模式（EU，2012年）。

·借助利益相关者论坛（比如支持符合可持续性消费和生产模式的国家对话程序等），以及社会媒体和消费者平台，可以启动食品供应、消费者和政府机构之间的交流对话，并促进各种不同可选消费方式的形成。通过关于价值创造链可持续性发展的透明信息，来消除企业和消费者之间的障碍，同时增强消费者对大型食品加工技术的信赖——在这一点上，门户网站（如 Utopia）或搜索引擎（如 WeGreen）都大有可为。

从伦理学的视角来看，我们在未来的食品工业中，不仅需要借助对价值创造和供应链的监控得以更好地实现的、更加符合可持续性发展标准的生产和分配方式，而且还需要一种支持性的消费者政策，通过在食品行业中坚定不移地对购买和消费习惯的改变，来帮助消费者实现朝向符合社会和环境要求的消费方式的转变。

参考文献

BMELV（Bundesministerium für Ernährung, Landwirtschaft und Verbraucherschutz）：*Der* 313 *vertrauende, der verletzliche oder der verantwortungsvolle Verbraucher? Plädoyer für eine differenzierte Verbraucherpolitik. Stellungnahme des Wissenschaftlichen Beirats Verbraucher und Ernährungspolitik beim BMELV.* In：http：//www. bmelv. de/SharedDocs/Downloads/Ministerium/Bei raete/ Verbraucherpolitik/2010 _ 12 _ StrategieVerbraucher politik. pdf? _ blob = publicationFile （12. 10. 2012）.

BÖLW – Bund Ökologische Lebensmittelwirtschaft：*Zahlen，Daten，Fakten：Die Bio –*

Branche 2012. In: http: // www. boelw. de/uploads/pics/ZDF/ZDF_ Endversion_ 120110. pdf (12. 10. 2012).

Borgstedt, Silke/Christ, Tamina/Reusswig, Fritz: *Umweltbewusstsein in Deutschland 2010. Ergebnisse einer repräsentativen Bevölkerungsumfrage.* Heidelberg/Potsdam 2010.

Cortina, Adela: Eine Ethik des Konsums. Die Bürgerschaft des Verbrauchers in einer globalen Welt. In: Peter Koslowski/Birger P. Priddat (Hg.): *Ethik des Konsums.* München 2006, 91 – 103.

DTSchB – Deutscher Tierschutzbund: Tierschutzlabel. In: http: //www. tierschutzbund. de/tierschutzlabel. html (05. 11. 2012).

EU: *Eine Europäische Verbraucheragenda für mehr Vertrauen und Wachstum.* In: http: // ec. europa. eu/consu mers/strategy/docs/consumer_ agenda_ 2012_ de. pdf (12. 10. 2012).

Feyder, Jean: *Mordshunger. Wer profitiert vom Elend der armen Länder?* Frankfurt a. M. / München 2010.

Forum Fairer Handel: *Zahlen und Fakten.* In: http: //www. forum – fairer – handel. de/# zahlen_ und_ fakten (12. 10. 2012).

Heidbrink, Ludger/Schmidt, Imke: Das Prinzip der Konsumentenverantwortung. Grundlagen, Bedingungen und Umsetzung verantwortlichen Konsums. In: Ludger Heidbrink/ Imke Schmidt/Björn Ahaus (Hg.): *Die Verantwortung der Konsumenten. Über das Verhältnis von Markt, Moral und* Konsum. Frankfurt a. M. /New York 2011, 25 – 56.

Hofer, Kurt: *Ernährung und Nachhaltigkeit. Entwicklungsprozesse – Probleme – Lösungsansätze.* Geographisches Institut der Universität Bern, Arbeitsbericht Nr. 135 (1999).

Kneip, Veronika: Unternehmenskritik und Discountpolitik. Konsumenten und Unternehmen in der Verantwortung. In: Michael S. Aßländer/Konstanze Senge (Hg.): *Corporate Social Responsibility im Einzelhandel.* Marburg 2009, 127 – 158.

McIntyre, Beverly D. /Herren, Hans R. /Wakhungu, Judi/Watson, Robert T. (Hg.): *Agriculture at a Crossroad. International Assessment of Agricultural Knowledge, Science and Technology for Development (IAASTD). Synthesis Report. A Synthesis of the Global and Sub – Global IAASTD Reports.* Hg. von International Assessment of Agricultural Knowledge Science and Technology for Development Secretariat. Washington/Rome u. a. 2009.

Neuner, Michael: Die Verantwortung der Verbraucher in der Marktwirtschaft. In: Ludger Heidbrink/Alfred Hirsch (Hg.): *Verantwortung als marktwirtschaftliches Prinzip. Zum Verhältnis von Moral und Ökonomie.* Frankfurt a. M. 2008, 281 – 305.

Simons, Johannes/Hartmann, Monika: CSR in the meat industry. Do good, but should you talk about it? Vortrag auf der 5. Internationalen Konferenz» The Future of CSR«. Berlin 2012.

SRU (Sachverständigenrat für Umweltfragen): *Umweltgutachten 2012. Verantwortung in einer begrenzten Welt.* Berlin 2012.

Steinfeld, Henning et al. : *Livestock's Long Shadow. Environmental Issues and Options.* Hg. von

Food and Agriculture Organization of the United Nations und Livestock, Environment and Development (LEAD) Initiative. Rome 2006.

Teitscheid, Petra: *Nachhaltigkeit in der Ernährungswirtschaft – Der lange Weg vom Acker bis zum Teller. Welche Konzepte verfolgt die Branche?* In: https://www.fh – muens ter. de/fb8/downloads/alumni/alumni_ 2011/Teitscheid. pdf (12. 10. 2012).

WHO (World Health Organization): *Tackling Antibiotic Resistance from a Food Safety Perspective in Europe.* Copenhagen: WHO, Regional Office for Europe 2011.

Wippermann, Carsten/Calmbach, Marc/Kleinhückelkotten, Silke: *Umweltbewusstsein in Deutschland 2008. Ergebnisse einer repräsentativen Bevölkerungsumfrage.* Heidelberg/Hannover 2008.

Witzke, Harald von: *Nutzungskonkurrenz um Boden: Teller, Trog und Tank.* Vortrag auf der Veranstaltung der Kommission Bodenschutz beim Umweltbundesamt am 06. 12. 2011 in Berlin, http://www. umweltbundesamt. de/ boden – und – altlasten/veranstaltungen/weltbodentag – 2011/index. htm (10. 04. 2013).

Young, Iris Marion: Responsibility and global justice: a social connection model. In: Andreas Georg Scherer/ Guido Palazzo (Hg.): *Handbook of Research on Global Corporate Citizenship.* Cheltenham/Northampton 2008, 137 – 165.

卢德格尔·海德布林克、诺拉·迈尔、约翰内斯·赖德尔
(Ludger Heidbrink, Nora Meyer und Johannes Reidel)

第 13 节 媒体

德语中的"媒介"一词自 17 世纪始已经出现在自然科学和语言学的专业术语 314 中。18 世纪中期以后,"媒介"概念普遍被用来表达"中间事物"或"调解性的事物"的含义(Schulte-Sasse,2010 年,第 1 页),同时也用来指称在此岸和彼岸之间进行协调的人格化的"媒介"。

到了 20 世纪,特别是这个词的复数形式"媒体",所指的是在这个时期已经广为流行的各种(大众)媒体,如书籍、报纸、广播、电视或电影等。其他的诸如电话或书信等传播工具也被称为媒体,正像电脑和互联网表明是一种新媒体一样(参见第 5 章第 9 节)。媒体同技术的可能性和可行性之间的关系,在大众媒体这个现象中表现得尤为突出:没有摄影机就没有电影,没有电脑就没有互联网。

在哈罗德·亚当斯·英尼斯①、马歇尔·麦克卢汉②、埃里克·哈弗洛克③等学者研究成果的基础上，媒体概念在媒体理论、媒体科学和媒体哲学中成了人文科学、社会科学和文化科学的基本概念。在这样的上下文中，一个新的强大的媒体定义形成了："……把媒体（称作）信息的载体，该载体不再是不偏不倚地传播这些信息，而是从根本上对它们产生影响，以媒体特有的方式给它们打上烙印，并借此规定了人们如何接触现实的形式。"（Schulte-Sasse，2010 年，第 1 页）

毫无疑问，这个普遍的、基本的同时也是强有力的新定义对伦理学思考来说具有特殊的意义，并且让我们对"作为媒介的技术"（参见第 4 章第 A. 8 节）进行分析成为可能。作为对这一新定义的补充和区别，本文的媒体功能定义参照日常用语的习惯，并用来作为下文论述的小标题。

媒体的功能定义

媒体的功用乃是以穿越时间和空间距离的方式，将特定的内容（比如字母数字编码或是语音视频演示等）传达给接受的人群。这一过程乃是伴随着内容制作、储存、加工、遴选、删除、传送、复制、传播和公开等一系列步骤而完成的。

这些步骤并不是在所有的媒体中都有同等的重要性。以电话为例，在以往很长的一段时间里，内容的事前制作或储存的可能性并不重要。但是，在电子书籍出现之前，书籍的主要传播渠道是商业销售网络，而如今，电子版的传播形式越来越流行。由此可见，虽然将储存媒体和传播媒体相区别对人们来说是十分有益的，但是，这些区别一方面在媒体技术的大融合过程中不应当被过分渲染，另一方面，我们也不要因为这些区别而忽略了媒体各自的实际特点。举例来说，打印媒体和印刷媒体通常所包

---

① 哈罗德·亚当斯·英尼斯（Harold Adams Innis），1894—1952，加拿大多伦多大学政治经济学教授，在媒体学、传播理论等方面的研究颇有影响和成就。

② 马歇尔·麦克卢汉（Marshall McLuhan），1911—1980，加拿大著名哲学家和教育学家，现代传播理论的奠基者，其观点对人类的媒体认知影响深远。

③ 埃里克·哈弗洛克（Eric Havelock），1903—1988，英国古典文化学者，曾任加拿大多伦多大学、美国哈佛大学和耶鲁大学教授，其传播学观点影响了英尼斯和麦克卢汉的理论研究。

含的是书籍、报纸和杂志等这些刊物，而招贴画、明信片、时刻表或电话簿等却常常不为人们所重视。

以技术伦理学视角观之，这里所阐述的对制作和传播的必要步骤的功能定义和区别乃具有十分积极的意义，其原因在于，此定义使人们能够专注于媒体的技术层面，并对伴随技术革新而来的变化进行反思。同时，该定义还避免了人们将注意力局限于某个特定媒体的危险。正是在这个意义上，维尔纳·福尔斯蒂奇[1]指出，不是图书印刷的发明，而是一般意义上的印刷术"（应当被视为）社会变革的因子。近代初期……图书作为专门通往市民阶层地位的道路还远为完成，直到18世纪才得以变为现实"（Faulstich，1998年，第231页）。

我们不应当误解针对媒体的这一初步的功能定义，亦即，只从功能的角度去看待媒体问题，而且认为它没有"自己的生命"。媒体批判的一个流行观点是，媒体非但没有告诉我们关于世界的信息，反而歪曲了我们看世界的视角。例如，学者艾伯特·波哥曼[2]就得出了下面的一种结论公式，即那种"关于现实的信息"被"信息即现实"所取代（Borgmann，1999年）。除此之外，媒体的功能定义也并不说明它的社会嵌入层面和文化含义，对此，我们将在后文中再进一步详述。 315

然而，许多被认为是有问题的现象都可以追溯到前面提到的这些因素成分。比方说，塞缪尔·D. 沃伦和路易斯·D. 布兰迪斯的《隐私权》（1890年）就可以被看作在照相技术和复制技术发展的背景下发表的重要论文（Nagenborg，2005年，第111~119页）：那时，不仅照相机越来越小型化和便于携带，而且在1880年时，报纸还首次刊载了一幅照片（Faulstich，2004年，第38~39页）。这些都是制作、复制和传播方面所出现的新变化，与此同时，个人隐私的价值和保护需求问题也被提到了议事日程上。

---

[1] 维尔纳·福尔斯蒂奇（Werner Faulstich），1946年生于德国，媒体研究学者，德国吕内堡大学教授，本文参考文献中所列书目作者。

[2] 艾伯特·波哥曼（Albert Borgmann），1937年生于德国，美国蒙大拿大学哲学教授，从事技术哲学研究，本文参考文献中所列书目作者。

反过来说，媒体应用的变化也能够走在科技创新的前面。如同 16 世纪时一样，直到 18 世纪末，图书都是靠手动印刷机来印制的。18 世纪时，西欧的图书印制数量迅猛增加，但是，实现更大规模印量的转轮印刷机直到 1790 年才被申报专利（Schulte-Sasse，2010 年，第 19 页）。因此，技术决定论在媒体技术领域里也并非放之四海而皆准的真理（参见第 4 章第 A.9 节）。

除此之外，技术创新所带来的媒体变化并不总是十分明显的。例如，有别于口头语言向书面语言的过渡，手工抄写的书籍向凸版印刷的书籍的转变很少受到人们的关注和研究。自 12 世纪以来，诸如人名地名索引这样的创新成果使人们能够有的放矢地在书籍中查找有关段落成了可能，并且创出了一种与媒体打交道的全新方式（Illich，1991 年），不过，这些创新的研究几乎还是一片尚未开垦的处女地。索引法的采用和语词索引图书的创立预示了图书的进一步标准化，直到活字印刷术的出现，大家对这种标准化的实行便是人人皆知的事情了。

最后，我们需要注意的是，一种新媒体的采用会在其他媒体中引起一系列的变化。这种情况不仅见诸相关新媒体和老媒体之间的交互作用，而且也见诸一部分媒体对另一部分媒体生产方式的影响。比如，随着电报的出现，消息第一次能以超人的速度进行传播。而此前，消息的传播速度（比如用火车和马车）同人和货物的运送速度一样快。当年，由所谓电报局而诞生了通讯社，尤其是通讯社的诞生对报业产生了巨大影响，其过程众所皆知，毋庸赘述（Faultich，2004 年，第 54～59 页）。同样的情况还有诸如电子技术的新闻报道之于电视，随着 20 世纪 80 年代电视技术朝着录像和卫星传送的转变，采用电子技术的新闻报道成为现实。

媒体伦理学和媒体转变

如前文所述，媒体的变化也可以在技术发展的上下文中加以描述。正如其他技术领域一样，媒体的转变和变革的结果也会使迄今为止的道德价值、原则和规定不足以对新的行为选项进行评价，抑或会使现有媒体的重要功能因媒体的变革而受到严重影响。除此之外，媒体一方面对社会具有建设性的意义，另一方面却因它对某些特定群体或个人的作用而面临严重的问题。

媒体对社会所起的建设性作用有三个方面。其一，媒体使社会成员之间的一种交流机制成了可能，并且还是将知识传授给子孙后代的一个举足轻重的媒介。其二，至少是在西方民主国家中，由媒体所实现的公开化形式被认为是这种社会制度的重要组成部分。其三，某些特定的媒体也可以是社会现状自我反映的一部分，因之，市民阶级时代的主导媒体"图书"和"报纸"地位的下降，数字和网络媒体形式在西欧的同时崛起，必然导致了一场关于如何重新评价媒体的大讨论。

媒体的变化乃是（从科学角度）对媒体进行研究的一个重要的认识论前提，这是因为媒体在它的使用当中始终是透明的。当我们看电视或读报纸的时候，我们观看 316 的不是"电视机"这个设备，也不是"报纸"这个人造产品，我们所关注的乃是所传达的内容，这就很容易导致人们对媒体复杂性的低估。因此，十分典型的现象是德语中的"收音机""电话""报纸""书籍"既代表着复杂媒体系统的终端设备或产品，同时也表示系统本身。此外我们还应注意到，人们针对媒体所进行的讨论，本身也同样离不开媒体，并且常常就在媒体中进行。特别是在媒体哲学中，有学者就这一课题进行过重点强调（Münkler 等，2003 年）。

人们意识到媒体是媒体的一个条件乃是故障和干扰的出现。当未开机的电视屏幕是黑洞洞一片的时候，人们才把电视机当成是一件人造技术产品。从这个意义上说，媒体转变和媒体变革可以被解释为正常工作时的干扰，在这种干扰中，媒体成了讨论的课题。此外，在科学的探讨中，从（同步或历时的）文化比较角度来运用媒体对媒体进行分析是十分有效的方法，因为这种运用媒体的方法适合于更加突出地强调各种独特的媒体特点。所以，本文选择了来自技术和媒体历史沿革的例子作为论述的起始和开篇。

媒体伦理学和媒体职业

当代媒体不能仅从其技术层面来加以描述，而是应作为社会和技术的系统来予以看待，在这些系统中，扮演不同角色的人在不同的技术灯光照射下一起粉墨登场。

人们在这些体系中所扮演的各种不同角色，其中以"作家""记者""编辑"在媒体伦理学中受到的关注最多。正如他们要捍卫自己的特殊职业自由一样，人们也要求他们保持鲜明的职业伦理道德。自20世纪70年代以来，作为学术原则而处于德语媒体伦理学（它首先是一种大众媒体的应用伦理学）核心地位的是新闻采访报道。马克斯·韦伯在他的《政治作为职业》一文中指出，新闻工作者"……仿佛（属于）一个贱民阶层，'社交界'总是根据他们之中品行最差的代表来评价他们"（Weber，1994年，第54页）。然而，媒体伦理学所选择的则是一个相反的评价角度，即它首先关注的是那些被提出最高要求和身负期望值最多的新闻工作者。因此，除了不断变化的经济（私人电视台的出现等）和技术框架条件外，诸如公开刊登乌伟·巴舍尔①的死亡照片（1987年）以及格拉德贝克人质事件②报道（1988年）等一系列丑闻，对自20世纪80年代初开始的媒体伦理学论战起到了推波助澜的作用。

有鉴于此，德语国家中媒体伦理学的学术研究开展得相对较晚，而美国在19世纪末时就已经发表了第一批相关文章（Funiok，2007年，第24页）。德语国家的学术探讨起步较晚，从曼弗列德·吕尔③和乌尔里希·萨克赛尔④（1981年）发表的开创性和奠基性的论文——《德国新闻学会25周年纪念》——中也可见一斑。直到今天，新闻学会和其他多多少少是自由（自我）控制的组织形式的工作、作用和合法化问题，仍然是媒体伦理学探讨的重要议题（例如Stapf，2006年）。同时，在这些机构当中，人们还部分地针对各种决策问题进行明确的道德论证。因此，它们是媒体伦理学探讨的一个重要源泉。

然而相对而言，人们对其他媒体职业的重视程度还远远不够。因而在20世纪70

---

① 乌伟·巴舍尔（Uwe Barschel），1944—1987，1982~1987年任联邦德国石荷州州长，1987年10月11日在瑞士日内瓦的一家旅馆里离奇死亡，此案件至今仍未侦破。
② 格拉德贝克人质事件（Die Geiselnahme von Gladbeck）：1988年8月16日，两名暴徒在联邦德国北威州小城格拉德贝克抢劫一家银行，并劫持了两名顾客作为人质。在8月16~18日，媒体对案件追踪报道，甚至直接在现场对暴徒本人进行采访。
③ 曼弗列德·吕尔（Manfred Rühl），1933年出生，德国社会学家，重点研究对象为传播学。
④ 乌尔里希·萨克赛尔（Ulrich Saxer），1931—2012，瑞士著名媒体和传播研究学者。

年代，有学者一再提醒人们注意可视传播方式的意义在不断增加。尽管如此，直到现在所发表的有关图像伦理学的研究论文还是凤毛麟角（Isermann/Kniepe，2010年）。毫无疑问，恰恰是鉴于媒体（技术）的变化，这个领域的研究工作迫在眉睫。

与之相反，信息传播职业的职业伦理学——信息伦理学为媒体伦理学提供了一个重要的前进动力。自20世纪80年代以来，图书馆、档案馆和其他信息服务单位的从业人员对内容不断数字化所带来的挑战进行了深入的探讨研究（Froehlich，2004年；参见第5章第8节等）。

媒体和社会

特别是在西方民主社会中，某些（大众）媒体由于为民众提供了（各种）公开　317
性（Heesen，2008年），因而被视为对这种社会制度具有重大的意义。因此，政治行为的质量在很大程度上取决于媒体的质量。这一点或许一方面解释说明了人们为什么要求新闻记者应当具备特别的责任意识；另一方面，如果媒体能够影响或左右国家政治的方式方法这种担忧成立的话，那么，媒体的变化就有可能显得具有某种特殊的危险性（提示词：媒体或电视民主，媒体官僚）。

也正是在这个上下文关系中，人们对媒体的商业化予以诟病和批评。从媒体伦理学角度来看，这一批评公正合理地提出了关于经济的框架条件对新闻工作的影响问题，以及媒体企业的伦理道德问题（Karmasin，2010年）。但是，我们也应当看到，诸如图书销售业对"书籍"媒体的成功曾经做出的巨大贡献："古腾堡①很早就将他的印刷厂开办成了一个商业化的行业，印制的书籍也成了和其他商品一样的商品。"（Giesecke，2007年，第201页）然而，印制的图书在东南亚国家中却没有引起同样的效应，其原因在于图书没有变成买卖的商品（Giesecke，2007年，第201页）。把消息和其他内容作为商品来进行买卖——这个事实本身不是进行批评的理由。

然而，媒体内容或是媒体技术的买卖交易也导致了社会控制的丧失。从历史上

---

① 约翰·古腾堡（Johann Gutenberg），1400—1468，德国活字印刷术发明家。

看，每当新的用户群体能够接触到这些内容和技术时，社会控制的重要性就凸显出来。比如，20世纪初关于低级趣味文学作品和电影的大讨论，是在当时年轻人和老年人都能接触到新兴媒体（垃圾小说或是垃圾电影）的背景下发生的。即使是在当前，"青少年媒体保护"对于媒体伦理学来说也是一个重要的话题，如果说法律必须确定媒体自由和（合法的）检查措施之间的界限的话。如何对待在线媒体中的各种宣传或色情内容就是例子。这里，对内容进行（部分）授权的过滤处理在技术伦理学角度上具有重要意义（Kuhlen，2004年）。举例来说，2005年成立的"搜索引擎自我控制"组织的成员（Google，MSN德国，Yahoo.de等）都负有各自的责任义务，将所谓"联邦德国防止危害青少年媒体检查机构模块"引入它们德文版的网络服务系统。这个模块的作用在于，在搜索引擎中压制那些危害青少年的内容的广告或链接。构成模块基础的是一个相应的名单，这个名单由"联邦德国防止危害青少年媒体检查机构"制定和掌握。

然而，制作、加工和散布各种不同内容的媒体技术的存在不仅隐含有解放思想的潜在能力，同时也导致了非专业化的问题。在20世纪70年代，复印技术的广泛使用成就了所谓替代性印刷媒体的出现。当前，能够联网的终端设备中内置的照相机和摄影机为非专业人员制作各种事件的图像提供了基础。与此同时，对专业的媒体和受众群体来说，这种非专业的图像形成了一种挑战，要求他们能够去对这些图像的真伪进行甄别评判。对媒体伦理学来说，这些新现象意味着，伦理学不能继续只局限于研究媒体职业的特殊责任了。

媒体、文化和（道德）主体

除了生活在同一时代人们之间的相互交流外，媒体在"传输"方面（Debray，1997年），亦即在跨代的知识传授方面起着非常重要的作用。这里，人们所提出的不仅是知识传承的问题，而且也是哪些知识可以由哪些媒体进行传播的课题。

从一个几近老生常谈的意义上说，后一个问题涉及的是媒体在课堂教学中的应用问题。自20世纪70年代以来，人们对电脑用作课堂教学的媒体一直持保留态度（比如 Dreyfus 等，2001 年），这正好说明了教师、学生和媒体三者之间关系的特殊含义。

但是，如果我们考察一下诸如图书这样的媒体的社会条件，那么，这个问题就会失去它的普通表象。因为，只有在有足够数量的人群具有读书识字能力的前提下，书籍和其他文本媒体才能具有大众媒体的意义。针对 19 世纪的社会发展情况，米夏埃尔·吉赛克①用一种极端的表达方式阐述道："一方面是作坊和工厂中手和肌肉运动的协同一致，另一方面是教学课堂和科研场所中说话和思考的协同一致，二者在欧洲是同步进行的。"（Giesecke，2002 年，第 237 页）当前，标准化的趋势（标准化随着印刷等技术的发明而正式出现）也成了语言标准化的基础，这种标准化体现在民族语言的形成过程中，而民族语言又构成了图书市场各自的界线。人们从文化角度对某种媒体类型的优先选择，比如市民阶级时代的主导媒体"书籍"和"报纸"，也是同人们对某些特定的感官认识和视野拓展形式的优先选择分不开的。

于是，这里又引出了下面一个问题，即媒体在何种程度上影响到了我们的自我认识，甚至也许还影响到了我们对外界的认知能力。马克斯·霍克海默和特奥多尔·W. 阿多诺在他们对"文化产业"的批判中这样写道："康德的认知模式所希望的人的能力，亦即将感官认知的多样性事先与根本性的观念相联系的主体能力，现在被文化产业所剥夺。"（Horkheimer/Adorno，1988 年，第 150 页）因之，倘若说媒体利用和（道德）主体的培养之间有关联关系的话，那么，我们就可以进一步提问：印刷媒体对人自身的影响（人们起先对之的评价是相互矛盾的），是否也可以从正面意义上被看作一种自由和民主的自我认识的基础（Ess，2010 年）。这个提问到现在为止还是一个尚无答案的问题。

318

---

① 米夏埃尔·吉赛克（Michael Giesecke），1949 年出生，德国传媒学研究学者。

参考文献

Borgmann, Albert: *Holding on to Reality*. Chicago 1999.

Debray, Régis: *Transmettre*. Paris 1997.

Dreyfus, Hubert L.: *On the Internet*. London 2001.

Ess, Charles: Brave new worlds? The once and future information ethics. In: *International Review of Informationethics* 12 (2010), 35 – 43.

Faulstich, Werner: *Medien zwischen Herrschaft und Revolte. Die Medienkultur der frühen Neuzeit (1400 – 1700)*. Göttingen 1998.

– : *Medienwandel im Industrie-und Massenmedienzeitalter (1830 – 1900)*. Göttingen 2004.

Froehlich, Thomas: *A Brief History of Information Ethics*. Barcelona 2004. In: http: // www. ub. edu/bid/13froel2. htm (30. 04. 2012).

Funiok, Rüdiger: *Medienethik. Verantwortung in der Mediengesellschaft*. Stuttgart 2007.

Giesecke, Michael: *Von den Mythen der Buchkultur zu den Visionen der Informationsgesellschaft*. Frankfurt a. M. 2002.

– : Nutzen und Schaden der typographischen Monokultur. In: Ders. : *Die Entdeckung der kommunikativen Welt*. Frankfurt a. M. 2007, 197 – 214.

Heesen, Jessica: *Medienethik und Netzkommunikation*. Frankfurt a. M. 2008.

Horkheimer, Max/Adorno, Theodor W. : *Dialektik der Aufklärung* [1969]. Frankfurt a. M. 1988 (engl. 1944).

Illich, Ivan: *Im Weinberg des Textes*. Frankfurt a. M. 1991 (engl. 1990).

Isermann, Holger/Knieper, Thomas: Bildethik. In: Christian Schicha/Carsten Brosda (Hg.): *Handbuch Medienethik*. Wiesbaden 2010, 304 – 317.

Karmasin, Matthias: Medienunternehmung. In: Christian Schicha/Carsten Brosda (Hg.): *Handbuch Medienethik*. Wiesbaden 2010, 217 – 231.

Kuhlen, Rainer: *Informationsethik*. Konstanz 2004.

Münkler, Stefan/Roesler, Alexander/Sandbothe, Mike (Hg.): *Medienphilosophie*. Frankfurt a. M. 2003.

Nagenborg, Michael: *Das Private unter den Rahmenbedingungen der IuK-Technologie*. Wiesbaden 2005.

Rühl, Manfred/Saxer, Ulrich: 25 Jahre Deutscher Presserat. In: *Publizistik* 26/4 (1981), 471 – 507.

Schulte-Sasse, Jochen: Medien/medial. In: Karlheinz Barck (Hg.): Ästhetische Grundbegriffe. Bd. 4: Medien – Populär. Stuttgart/Weimar 2010, 1 – 38.

Stapf, Ingrid: *Medien-Selbstkontrolle: Ethik und Institutionalisierung*. Konstanz 2006.

Warren, Samuel D. /Brandeis, Louis D. : The right to privacy. In: *Harvard Law Review* Ⅳ/ 5 (1890), 193 – 220.

Weber，Max：*Wissenschaft als Beruf 1917 – 1919. Politik als Beruf 1919. Studienausgabe.* Tübingen 1994.

米夏埃尔·纳根伯格 （Michael Nagenborg）

第 14 节 医学技术

历史沿革和概念

运用技术辅助手段来弥补或替代人的身体缺陷的可能，自古以来就属于人类文化 319 范畴和医学的固定行为范畴（Schmitt/Beeres，2004 年）。今天来看，虽然外科手术的巨大成功乃是因为麻醉术（1846 年）和消毒术（1867 年）的进步才得以实现的，但是有证据证明，早在石器时代就已经有了在活人身上的外科手术（开颅术）（Sachs，2000 年）。近年来，与"医学技术"概念捆绑在一起的主要是医疗机构中复杂的技术设备，就像常见的"器械医学"一词通常所笼统概括的含义一样。

这种情况反映了一种概念的模糊性，因为人们不能直接从中得出医学上的哪些方法和设备是属于医学技术范畴的，即便它们属于这个范畴，那么，哪些医学实践应当被看成是非技术的实践也是模糊的。这种模糊现象涵盖了"医学技术"概念的两大组成部分。倘若说医学行为指的是以保护健康或治愈疾病和减少病痛为目的的行为，那么，狭义上的"健康"指的是某个物种成员典型的生理学机能的正常工作形态；而广义上的"健康"，则指的是身体、精神和社会层面上的一种健康和幸福的状态（Schramme，2012 年）。此外，在预防和治疗范畴之外，以改进人类的正常能力为目的的典型的医学措施（关于人类增强，参见第 5 章第 8 节），似乎也可以被看作医学措施。因此，依据情况不同，可以从狭义或广义的角度来看待普通的医学行为范畴。在此上下文环境中，技术的概念也同样需要做出澄清，这是因为狭义的技术不是自然的产物，而是人工的产品。但是，从中等–广义上说，这些人工产品被纳入了人类行为以及社会和经济的关联体系，因而受到了人们的重视；而从广义上看，所有合乎规则的和能够重复的实践行为都可以被理解成人工产品（参见第 2 章第 1 节）。

下文中，我们把"医学技术"理解成各种实践、方法、器械和设备，它们是在医学范围内运用技术和工程学原则和规律的结果，并且服务于改善医学上的预防、诊断、治疗和康复的目标。因此，我们可以把不同的医学方法（如成像或信号处理等）、医疗器械（如心脏起搏器、心肺机或不同种类的假肢等）、医疗和检验技术设备以及医学信息归属于（现代）医学技术范畴。

从伦理学的角度来看，（现代的）医学技术方法、器械和设备提出了一系列的疑问和难题：除了*"传统的"医学伦理学问题*外，这里所涉及的不仅有同*医疗和保障体系的变化有关联的问题*，各种不同的医学技术发展所产生的问题，而且涉及一系列*人类学及伦理学的疑问和难题*，这些疑问和难题可以被看作价值取向和我们人类自我认识的问题。

传统的医学伦理学疑问和难题

各种类型的医学技术方法是否能够用来服务于患者，除了技术手段的开发程度是否成熟之外，也决定性地取决于伦理、社会和法律的框架条件。在医学伦理学中，人们常常把避免损害原则、有益健康原则、自主原则和公正原则作为标准化的参照点（Beauchamp/Childress，2009年）。

从医学伦理学角度看，医学技术的一个核心前提是，医学技术的使用不允许给受用者或无关的第三方造成无法接受的健康风险，或带来不愿得到的其他作用。这一点来自避免损害原则，该原则的内容不仅包括不伤害患者的身体、精神或健康的义务，而且包括不施加给病人无法承受的风险的义务。有鉴于现代医学技术的方法，该原则具有十分重大的意义，原因在于，这些方法往往是发散型的，超出常规范围的使用屡见不鲜。因此，它们要求人们不仅要对效果、成功希望和后果影响进行权衡考虑，而且还要顾及未来希望和未来评估的问题，其时，生命的长度和生活的质量都是非常重要的评价因素。

与医学技术方法和设备的使用相关联的风险，要求人们进行风险研究（参见第2章第2节和第4章第C.7节）和技术后果评估（参见第6章第4节）。方法和设备必须

320

经过安全测试并满足产品相关的安全标准。在医学的上下文关系中，常常会有伦理委员会的介入，委员会在此所引用的标准乃是所谓"经典的"、涉及病患的利弊关系，以及他们在知会情况下表示同意（informed consent）的标准（参见第 6 章第 8 节）。

哪些医学技术手段因为*有益健康原则*而有必要投入使用，这最终要取决于对当事人的健康如何定义。如果一种抑郁症用常规方法评估为无法治愈，只有通过技术上要求很高的其他方法（参阅 Merkel 等，2007 年）才能减轻患者痛苦，那么，考虑到患者的健康，这个方法从伦理上来讲就可以看成是必须为之的。但是，某些延长生命的治疗措施也可能显得并非没有问题，亦即，它们是否还能够达到某种生活质量的水平，这个水平实实在在地被认为对促进健康是有助益的。否则，一次针对患者健康问题而进行的人员方面的或者是主体间理性的（参阅 Quante，2010 年，第 1 章）生活质量评估，反倒可以说明放弃治疗措施的必要性。

*自主原则*要求人们尊重他人的自主决定，以及尊重他人的生活计划、目标、愿望和理想。从自主原则的角度看，特别有两组问题需要予以澄清。举例来说，有鉴于一系列（现代的）医学技术器械和设备，人们针对受用者的能力及行为的自控力提出了各种各样的问题。这些问题在涉及诸如神经义肢和植入体（参见第 5 章第 19 节），或者是涉及大脑 – 电脑 – 接口时讨论得异常激烈（参阅 Merkel 等，2007 年）。就一般意义来说，我们可以认为人的行为的责任归属因技术的使用（技术也代表一种错误来源）而变得更加复杂化，这一点在使用机器人做手术（Fleischer/Decker，2005 年，第 129 页）或是使用人工耳蜗和神经义肢方面正处于探讨之中。

另外，问题的提出还针对技术使用的自愿性问题。医学技术产品在道义上能够认可的使用需要有一个前提，那就是通过有效的预防措施限制滥用的可能，并且通过社会和社会经济的框架条件降低被迫"默认"使用的风险，以及把严格的自愿原则的例外情况（假如的确有理由的话）限制在准确定义的例外情况之中。

在*公正及公平原则*方面，伦理学思考的对象一方面是可能发生的、由医学技术产品带来的利益分配不平等问题，另一方面是与之相关的经济负担问题，以及可能出现的受众群体的选择问题。享受新的和昂贵的医学治疗服务的费用是如此高昂，以至于这种服务只保留给部分民众使用，原因就在于公共的医疗健康体系无法承担这些高额费用（关于公正性，参见第4章第B.9节）。

进一步的思考对象乃是医学技术领域中的专利问题。专利一方面是对发明者知识产权的保护，另一方面也从经济角度鼓励和刺激开发工作，而且还使专利所有者能够尽早地将他的工作成果用于公众社会。但是，专利也会导致对专利持有人的依赖形式，以及产生高昂的专利使用费，从而限制了对发明的进一步研究和推广。

医疗体系和医保体系的变化

除了"传统的"医学伦理学问题外，人们针对医学技术还提出了一系列更为普
321 遍的伦理学问题。这些问题来自正在发生的、至少部分是由技术引起的医疗机构的种种变化：

（1）前文提到过的、出于改进和优化人类能力特征目的而使用医学技术的方法和设备，可以被诠释为潜在的"医学无界限化"的一个信号（Viehöfer/Wehling，2011年），在这个无界限化过程中，医学技术方法的使用越来越背离预防、诊断、治疗、康复或保守疗法的宗旨。于是，这里就提出了一个关于医学行为的合法目的，以及根据职业伦理来规范医生应该担当什么样的角色问题。

（2）敏感度越来越大的诊断方法的出现（比如 DNA 芯片技术），不仅部分使人们能够在最短的时间里记录大量的数据，而且通常也使治疗的个人化成为可能，并为前所未有的精确的预防措施提供了基础。这里所说的预防措施既可能是一种医学上的预防可能性，也可能是对当事人生活方式的一种改变。这样的技术向我们提出了一系列复杂的伦理学问题，比如怎样对待产前诊断或症状前期诊断（参见第5章第7节），或者是敏感的健康数据资料的保护问题等。此外，这种新情况还隐含着很多社会性的危险，因为伴随着个人化和预防目的的取向，冷漠和歧视倾向可能会随之而来，假如健康风险不再由全社会分担，而是以个人化的方式统统归属到风险承担人身上的话（参阅 Quante，2010年，第7章）。

（3）种类繁多的医学技术方法和设备——从此前提到过的诊断工具直到互联网中

的电子健康平台——导致人们可以越来越轻易和广泛地获取和健康相关的信息。同时，这种情况也可能引起医疗体系（文化层面的）重大变化，以致患者会绕过传统的医疗体系，将他们的健康问题拿过来掌握在自己手中。这种新的情况可能会对传统的医生和患者的关系带来严重后果，假如病人自认为是自己病情的专家，并对自己的健康自负其责的话，从这种文化意义上说，病人就站到了医生的对立面，而且医生不再是医疗服务的把关人，并且在医疗措施的必要性和有益性的评价中不再起到根本性的作用。

人类学—伦理学和哲学的一般问题

鉴于其不同的形式，以及不同的介入深度或是替代程度，医学技术可能会引起我们在判断和自我认识上不同程度的错误认识。这些错误认识可以用四个不同的概念类型来归纳总结：（1）自然，（2）完善化，（3）物种伦理，（4）生物体和人造产品的对立。

（1）自然概念具有用法非常繁多的特点（参阅 Birnbacher，2006 年，第 1 章）。关于自然用法多义性，我们从日常生活中"自然的"一词的不同用法中可见一斑，而且，像"自然/自然的"这样成对的词语也轻而易举地进入了伦理学。从伦理学的角度看，我们在医学技术中一共可以发现三种成对的相关对立词组，并且可以用典型的哲学上下文范畴以及"自然"一词的用法与之相对应。

自然 vs 技术：自然物体和人工制造物体的对立乃是亚里士多德自然哲学的基础（参见第 4 章第 A.1 节）。自然是自我存在之物，并且本身包含有续存和变化的原则，而人造物体的存在、形式和作用要归功于制造者的意图，亦即要追溯到一个外部的原因上去。人们的一些恐惧和错觉即与这一界线的模糊化有关，诸如取消人和机器之间的差别等，就像科幻小说《弗兰肯斯坦》①中所描写的那样。今天，在器官移植医学的伦理学争论中，人们听到过有人把人比作零配件仓库的说法，因而大家对此表示出

---

① 《弗兰肯斯坦》（*Frankenstein*），是西方文学中的第一部科学幻想小说，出自玛丽·雪莱之手。最初出版于 1818 年，较为普及的版本是 1831 年的第三版。后世有部分学者认为这部小说可视为恐怖小说或科幻小说的始祖。弗兰肯斯坦是故事中的疯狂医生，因为以科学的方式使死尸复活，所以中文版又译作《科学怪人》，而书中那个人造人被称为"弗兰肯斯坦的怪物"。

了同样的担忧（关于自然和技术，参见第 4 章第 C.2 节）。

自然 vs 精神：自然和精神的对立在近代成了自然的核心结构标志。空间和时间

322　的广度、因果定律以及无内在目的性可以看作自然的典型特征，而精神架构的模式乃是先天的自省式的自我意识和自由。因而，在围绕着深度大脑刺激的争论中，或是一般意义上在对人脑的技术性手术问题上，人们常常因为这个界限被打破而深感忧虑。这里，人们眼前出现的是人如木偶一样的情景，并且担心受到手术后人为的控制，这种控制因为技术而显得是有可能的（参见第 5 章第 19 节）。

自然 vs 文化：自然和文化的对峙在启蒙运动的文化哲学中就是一个十分有名的话题。这里，自然的作用是一种对比衬托，在此衬托下诞生了一种广泛的文化批判和人类学。如此这般被人们所理解的大自然，其担当的是一种非假造的和纯真的，在当今的探讨中乃是未进行计划的、非可得到的和非受人操作的角色。在围绕着生殖医学和基因技术的论战中，这种作为重要判断前提的界限常常被人们所接受认可。这里需要注意的是，自然和文化的界限本身需要文化阐释框架的支撑（参阅 Vieth/Quante，2005 年）。

（2）除了弥补和/或替代人的身体或精神的缺陷，不同的医学技术产品也可以有针对性地改善人的能力特征。当前在"人类增强"概念下（参见第 5 章第 8 节），围绕通过技术来提高人类的能力在伦理学上可行与否问题的讨论，让大家看到，在治疗性的手术和改善性的手术之间划出一条界线并非易事。实践证明，相关的划界尝试不无裨益的说法遭到了人们普遍的质疑。此外，正如打预防针改善免疫系统的例子已经证明的那样，关于手术介入的道义性质，其标准是这是一种治疗，还是"治疗以外"的手术，这仍是一个含糊不清和存有争议的问题（President's Council，2003 年；参阅 Quante 等，2009 年）。

迄今已有的乌托邦式的人类增强技术（参见第 5 章第 8 节）的诞生，引发了关于超人主义的一场论战（Bostrom，2005 年）：采用技术方式来超越人的生命形式，在伦理学上是有问题的还是中性的，甚至从提高人的工作能力和个人的自我定义的角度看是不是必需的？有鉴于得到人们广泛认可的个人自主权的核心意义，这里涉及的问题

关键在于，在这些伦理学论据的基础上，自我定义的界限是否有理由成立，以及有可能在社会中得以实行。虽然当前关于这个问题的讨论没有实际的行为选项可作为依据，但是，它却在超人概念上为人类学推测的有效性提供了佐证。这样，不仅是取消人和机器的差异或是取消自然和技术差异的问题在此进入了人们的视线，而且作为整体的人的生命形式也引起了人们关注。

（3）物种伦理这个提示词的背后隐含有两个核心思想。第一个问题在人类遗传学领域，而且也在跨物种的异种移植领域，问题的关键在于人类的自然特性和（遗传）特征就其自身来看是不是一种固有的甚至是绝对的价值，人们不能因为个人的和全社会的利益而对之过分强调。第二个问题是，新技术的发展是否破坏了人的道德自我认识的前提，因为这些技术手段妨碍了个人自主生活的可能性（Habermas，2001年）。面对这种问题，于尔根·哈贝马斯提出了一种"人的自然本性道德化"和"将道德予以物种伦理学的归纳"的要求，目的是说明为什么要对某些技术行为选项的界限进行严格的规定。假如一旦我们不可逆转地对物种的遗传系统进行了手术，那么，我们在自己的遗传系统上就要依赖于我们的前辈人，而且不再能够直截了当地把我们看成自己生命故事负责任的作者，并且也不再能把自己看成相互之间"同等地位的"人。

（4）生命体和非生命体，人与机器，或是自然有机体和"纯粹的"人工产品之间的区别，在人对世界和自我的阐释中属于植根最深的区别范畴（参见第 4 章第 C.1 节）。除了同植入体、假肢以及生物电产品相关的伦理学问题外，这里还涉及更为普遍的哲学问题。如果说特别是在合成生物学（参见第 5 章第 23 节）中已初见端倪的、有机体和人造物之间的经典界线被取消的话，那么，对于我们理解现实世界的认识论以及我们大部分阐释世界的哲学观来说，其核心的观念认识便荡然无存。随之而来的后果可能是，其他的基本观念，如"生命"或"死亡"等，也将受到牵连。显而易见，这样一种对于我们的基本认识范畴的侵蚀将会引发进一步的错误认识，并将在伦理学和人类学的探讨中受到人们的重视。

323

悬而未决的问题

科学和技术巨大的解决问题能力同时也意味着巨大的"制造问题能力"。这个道理也适用于新医学技术方法的开发和应用。除了其他的问题，我们这里所指的尤其是因大量增长的知识和多样化的行为选项而产生的道德疑问和难题。生物医学技术越来越频繁地为我们开启了行动的空间，但是，如何处理好这些空间，我们既无相应的理论和观念武器（比如与脑组织移植技术有关的、备受质疑的个人概念或身份特征概念，参见第 5 章第 19 节），也没有实际的价值取向参照（比如胚胎植入前遗传学诊断，参见第 5 章第 7 节）可以利用。

这一经验促使并要求我们，在新的医学技术产品研究和投入使用之前，必须首先提出问题，自问技术制造问题的能力是否要大于它解决问题的能力。这个要求并不是今天才有的新鲜事物：新技术不允许造成大于它所能够解决的问题，长期以来一直就是技术评价理所当然的标准。要说新的话，那指的是我们今天对人的决策能力和价值取向能力的不足必须要有足够的重视。

参考文献

Ach, Johann S. / Lüttenberg, Beate（Hg.）：*Nanobiotechnology*，*Nanomedicine and Human Enhancement*. Berlin 2008.

Beauchamp, Tom L. / Childress, James F.：*Principles of Biomedical Ethics*. Oxford ²2009（erheblich überarb. Aufl.）.

Birnbacher, Dieter：*Natürlichkeit*. Berlin / New York 2006.

Bostrom, Nick：A history of transhumanist thought［2005］. In：Michael Rectenwald / Lisa Carl（Hg.）：*Academic Writing across the Disciplines*. New York 2011，http：// www. nickbostrom. com / papers / history. pdf（02. 10. 2012）.

Da Rosa, Catarina Caetano：*Operationsroboter in Aktion. Kontroverse Innovationen in der Medizintechnik*. Bielefeld 2012.

Fleischer, Torsten / Decker, Michael：Converging Technologies. Verbesserung menschlicher

Eigenschaften durch emergente Technologien? In：Alfons Bora/Michael Decker/Armin Grunwald/Ortwin Renn （Hg.）：*Technik in einer fragilen Welt. Die Rolle der Technikfolgenabschätzung.* Berlin 2005, 121 – 132.

Gordijn, Bert：*Medizinische Utopien. Eine ethische Betrachtung.* Göttingen 2004.

Habermas, Jürgen：*Die Zukunft der menschlichen Natur. Auf dem Weg zu einer liberalen Eugenik?* Frankfurt a. M. 2001.

Merkel, Reinhard/Boer, Gerard/Fegert, Jörg/Galert, Thorsten/Hartmann, Dirk： Intervening in the Brain. Changing Psyche and Society. Berlin/Heidelberg/New York 2007.

President's Council：*Beyond Therapy. Biotechnology and the Pursuit of Happiness. A Report of the President's Council on Bioethics.* New York/Washington 2003.

Quante, Michael：Therapieren oder Optimieren? Herausforderungen des ärztlichen Selbstverständnisses im 21. Jahrhundert. In：Christian Katzenmeier/Klaus Bergdolt：*Das Bild des Arztes im 21. Jahrhundert.* Dordrecht u. a. 2009, 171 – 179.

– ：*Menschenwürde und personale Autonomie. Demokratische Werte im Kontext der Lebenswissenschaften.* Hamburg 2010.

Sachs, Michael：*Geschichte der operativen Chirurgie. Bd. 1：Historische Entwicklung chirurgischer Operationen.* Heidelberg 2000.

Schmitt Joachim M. /Beeres, Manfred：*Geschichte und Trends der Medizintechnologie.* Hg. vom Bundesverband Medizintechnologie e. V. Berlin 2004.

Schramme, Thomas （Hg.）：*Krankheitstheorien.* Frankfurt a. M. 2012.

Viehöfer, Willy/Wehling, Peter （Hg）：*Entgrenzung der Medizin – Von der Heilkunst zur Verbesserung des Menschen.* Bielefeld 2011.

Vieth, Andreas/Quante, Michael：Chimäre Mensch? Die Bedeutung der menschlichen Natur in Zeiten der Xenotransplantation. In：Kurt Bayertz （Hg.）：*Die menschliche Natur. Welchen und wie viel Wert hat sie?* Paderborn 2005, 192 – 218.

约翰・S. 阿赫、多米尼克・迪贝尔、米夏埃尔・柯万特

（Johann S. Ach, Dominik Düber und Michael Quante）

第 15 节　军事技术

　　军事技术不是一项技术领域，而是由军队的任务所决定的、不同种类技术应用的　324
一个广泛的范畴。在本手册所论述的技术领域中，绝大多数有军事意义。对军队来说
特别重要的是那些同破坏和保护、信息的获取和传送有关的技术领域，例如弹道学、
炸药或密码学等。军事技术所面对的特别是伦理学方面的问题，需要人们首先对战争

与和平问题有一个深入的研究。工程师伦理守则大都不包含军事技术的问题（例如 VDI，2002 年；GI，2006 年；参见第 6 章第 7 节和第 3 章第 7 节）。

军事任务和军事技术

世界上每个国家都有自己的军队，为的是在发生战争及武装冲突时能够战胜它的对手（们）。从一般意义上说，战争指的是运用武力将自己的意志强加给另一个国家的行为。过去，出于自己的决定随时发动战争乃是每个国家的权利，而且人类历史无不如是，例如为了争夺原料产区，或者是为了扩大自己的疆域和自己的势力范围。自 1945 年联合国成立之后，其宪章规定禁止各国使用或威胁使用武力（VN，1945 年，第 2 条）。但是，由于不信任联合国的和平保障机制，假如有人违反宪章发动进攻，出于自身防御的需要各国仍然拥有自己的武装力量。根据《联合国宪章》第 51 条，出于这种目的使用军队是被允许的，"直到安理会为了维护世界和平和国际安全而采取必要措施为止"。由于宪章的相关可能性措施（比如最高军事委员会等）迄今为止从未付诸实施，所以，安全的尴尬状况依然存在。这种尴尬状况的产生是由于各国的武装力量都具有攻击的能力，以至于防御的增强通常情况下也意味着对他国威胁的上升。因此，总体而言，各国通过军队保护自身安全的努力，在国际的相互关系中对所有国家都造成了更大的不安全。新的军事技术常常加剧了这种安全的窘迫势态——冷战时期，美国和苏联之间由战略核轰炸机转变到核导弹，从核导弹进而再采用多弹头技术便是实例。

谁在使用武力时能够实现自己的意志并能够制服对手，在这个问题上，技术的优势始终起着重要的作用，比方说，火药武器之于长矛大刀，或是连发的机枪之于单发的长枪。由于一个微小的优势（比如子弹的射程或精度，或是信息的传递等）可以有决定性的作用，所以，随着工业化的进程军事技术创新的比例也不断提高。第二次世界大战之后，科学和技术系统化地和大规模地被用于为军事目的服务（比如制造原子弹，参见第 3 章第 3 节）。质量的军备竞赛通常没有上限，一切在未来能够带来优势或是能够阻止别人优势的东西，都毫不迟疑地被加以研究，并在符合要求时得到快速开发和投入使用。这一切统统都在自身的国际地位或是想要获取的国际地位，以及自身的经济势力和必要的/能够承担得起的资金范围中进行。

与工业研究开发不同，军事技术的成本不需要在短时间内从市场中收回——由于事关最为优先的项目乃至国家的存亡大计，所以，由国家承担的更加高昂的资金投入乃是名正言顺之事。引进来自国外的原材料和专门产品屡见不鲜，这种情况大概只见诸民用的航天技术当中。但是，在外层空间人们只需关注周围的条件即可，而在军事技术中，人们还需增加考虑一个睿智的对手，这个对手有完全相反的目的，意欲用武力来达到这些目的，而且通常也拥有同样的科学和技术潜力。因此，军事技术在许多情况下都是尖端技术，它的部分成果经常被应用到民用技术之中（所谓的副产品）。不过，它的许多特性对民用技术来说也毫无用武之地（比如飞机的弹射座椅和防护装甲等，参阅 Altmann，2000 年），而且，民用技术在某些方面的资金需求要远远多于军事技术（比如信息技术，由于市场的巨大，研究和开发软件和硬件需要更多的资金），而军事技术则可以越来越多地使用民用技术的零部件产品（关于双重利用技术，参见第 4 章第 C.11 节）。

325

军事技术的研究和开发

全球范围内大约 10% 的研发经费被用在军事技术上，其中以美国为最多，占世界总军费的三分之二，2009 年为 850 亿美元。最为接近的两个 OECD 国家（也是拥有核武器的国家）法国和英国为 46 亿美元和 28 亿美元（NSB，2012 年，第 4～49 页），德国大约为 15 亿美元（Pires，2012 年，第 12 页）。中国和俄罗斯的估测军费开支为 5 亿美元和 4 亿美元（Brzoska，2006 年，第 4 页）。若是有人想了解 10 年或 20 年后军事技术的发展状况，只需观察一下当前美国的情况就足以说明问题——在军事问题上，美国比所有其他国家都要透明得多。

冷战时期，军事技术研究和开发的重点是在核武器和它的运载工具以及支持性的系统之上，如侦察卫星、通信卫星和导航卫星等。除此之外，用于进行战争的常规武器技术的研发工作也无所不包。今天的重点是在不载人的（空中、陆地和水上）装备上，这些装备越来越多地搭载武器，且能自动在远距离处选择目标并进行攻击（US DoD，2009 年）。美国的军事技术研究从基础开始（如量子效应和快速学习）到应用问题（如神经和大脑的接口），直到战略和战术技术（如陶瓷装甲和一次性廉价卫星），包罗万象应有尽有（DARPA，2012 年）。

德国的军事技术研究主要在大学以外的科研机构进行，例如弗劳恩霍夫应用技术促进协会的研究所，或者是德国航空航天中心等。除此之外，联邦国防部还有一些自己的军事技术和军事科学机构（Altmann，2007 年；BAAINBw，2012 年）。与美国的军事研究范围很宽且在许多大学中开展的情况不同，德国的很多研究工作都是在联邦教育和科研部的资助下与民用项目挂钩。专门的军事技术研究只有在涉及特定的军事技术问题时才予以开展。军事技术的开发主要在工厂企业中进行，对此，国防部的相关部门列出了 16 个单独的挑选项目，其中包括地面装甲车辆、战斗机和运输机以及运输直升机、信息技术和软件技术现代化、侦察卫星系统等（BAAINBw，2012 年）。

伦理学问题

在民用领域中，技术的目的是用来服务于人的生活或是使生活更加舒适化。死亡事件、人员伤害或物体损坏乃是技术产品和装备在设计时就必须避免或最小化的课题，倘若依然发生了，那也是事故或是犯罪行为的原因（也有物体方面的例外，比如楼宇的拆除等）。军事技术则不同，毁损破坏不是要避免的附带后果，而从一开始就是主要目的，从重点和有限程度的打击直到大范围和大规模的予以消灭（如用核武器）。那么，什么才是合乎道德要求的行为呢？

传统的方式是本国利益优先的做法：凡是在武装冲突时有助于本国获取胜利的事情都是好的，并且必须毫不犹豫和齐心协力地去加以完成。但是，这种做法不可能是道德的圭臬和准绳。自己的国家可能进行的是一场犯罪性质的侵略战争，正如德国的历史告诉人们的那样；或者政府有可能欺骗公众，从而掩盖自己的动机和潜在的威胁。

这里，一种区别性的观察问题的方法乃是以正义战争的理论为基础的（比如

Orend 等，2005 年）。人们都承认，战争带来的是苦难、死亡和破坏，因此要尽可能避免战争。但是，也会有战争在道义上是允许的或者是必需的情况。对此，正义论所设置的条件是，一方面开战与否的决策至关重要，另一方面要看战争所进行的方式。 326 有鉴于此，开战理由成立的前提条件在于：这是一场正义的战争，战争是最后的手段，决定由合法的权威机构做出，获胜有较大的胜算，国家有较为充足的财力。对战争进行方式的要求则由辨别力原则（允许针对对手军队的攻击，不允许针对平民百姓和民事目标）和均衡性原则做了定义：所使用的军事手段必须同所欲达到的效果成恰当的比例关系；如果在进攻军事目标时，民事损失（即所谓的附带损失）不可避免的话，那么，这些损失同样必须同军事的成果成恰当的比例关系。从上述的正义战争理论中，人们可以得出有节制地从事军事技术的结论，也就是说，研究和开发仅仅为用于正义战争所必需的那些技术。然而，由于防御在定义上本身就是正义的，而且潜在的攻击者也可能处在同一经济和军事技术水平上，因此，人们在这里也能找到无限制地继续开发军事技术的依据和理由。

从更普遍的角度来看，我们可以发现，还有进一步的内容必须被纳入这个论题。战争的准备会使战争更有可能发生，比如向对手施加更大的压力，在危机或势态不明的情况下迅速实施打击，以免落入决定性的被动地位，假如潜在的对手先发制人进行攻击的话（破坏军事形势的稳定）。特别值得注意的是，高科技领域的军备竞赛动用了大量的资金钱财，这些钱财若是用于发展中国家或是经济的可持续性发展等可能会更有意义。因此，非常有必要通过国与国之间的契约，来限制和减少军备生产，尤其是预防性地禁止那些特别危险的新军事技术的发展。针对这种预防性的军备控制（Neuneck/Mutz，2000 年；Altmann，2008 年），我们已经有一系列的国际先例可循：《禁止核试验条约》（1963 年部分禁止，1996 年全面禁止）排除了实验新型核武器的可能性。《不扩散核武器条约》（1968 年）禁止无核国家开发和制造核武器。《禁止生物武器公约》（1972 年）和《禁止化学武器公约》（1993 年），除了禁止拥有外，还禁止生产和开发该类武器。根据 1980 年《联合国特定常规武器公约》第 4 条协议（1995 年）的规定，使人永久致盲的激光武器仅仅是不允许使用，但是过后不久，该武器的开发及后期制造活动也在相关国家被终止。

双方和多方以条约形式缔结的对军备生产的限制减少了安全问题的尴尬局面，并且为从对立的关系转向合作的关系做出了重大贡献，正如冷战期间和之后的历史所证明的那样。但是，假如爆发战争的话，条约式的军备限制同取胜的目的之间似乎存在矛盾。国家通过军队保证自身的安全，这个根本问题依然存在。解决这个问题的办法恐怕在于，人类在国际范围中采取国家内部保障人民安全的做法，这就是以民主的方式建立一种合法暴力的合法垄断，从而使个人的武装成为多余。

同军事技术打交道的后果和影响

军事技术方面的合乎道德行为有多重含义。其中的一条涉及的是国际条约的成文规定。通过这些条约，不允许开发和制造违禁的武器种类，这是人们有目共睹的情况。只有当自己的国家用刑事惩罚的手段对该类武器实行禁止的时候（比如德国在核试验和生物化学武器方面），这种情况才算是有了实际的效果。倘若没有这些条约，局面就要复杂得多。回顾历史我们可以确信，第一次世界大战中因弗里茨·哈伯①而愈演愈烈的毒气战（Stoltzenberg，1998年）是非道德的。越南战争中落叶制剂橙剂的使用导致了国际上禁止针对环境的战争（1977年）。我们从这当中可以看到，即便是在此前，这种化学制剂的研发、生产和使用在道义上同样也是遭人唾弃的行为，并且，当我们看到后来揭露出来的该化学品在人身上造成的遗传损害和畸形时，该行为就更应当遭到谴责（agentorange-vietnam，2012年）。核武器方面的情况告诉我们，至少是核技术的开发（如战术核武器或中子弹等），让人联想起更为可怕的核战争，因此，这类技术的开发从过去到现在都是有问题的行为。从更广义的角度看，核武器和运载工具的继续研发几乎始终应该是受到质疑的，而且致力于废除核武器乃是

327

---

① 弗里茨·哈伯（Fritz Haber），1868—1934，德国化学家，1918年因发明合成氨而获得诺贝尔化学奖。一战中，他担任化学兵工厂厂长时，负责研制和生产氯气、芥子气等毒气，并使其用于战争中，造成近百万人伤亡。

道义上的必然行动，正像国际上的帕格沃什科学家组织①自其创建以来所要求的那样（Pugwash，2013年）。其间，核大国在多种军备限制条约中做出了对此承担义务的承诺。反步兵地雷直到1997年才被禁止，此前的数十年中，无数的无辜老百姓因之残废或丧命。这里，我们也同样可以看见，反步兵地雷的研制违反了道德的原则。

这些事例说明，特别是有问题的军事技术不会简单地因为不符合道德原则而被禁止——通常情况下，至少是因为进退维谷的安全局面，必须要有国际层面的禁止和限制协定。同时，一般情况下我们也不能指望，因为科学家和开发工程师的拒绝，一项新的军事技术就能被终止。对此，国家的力量过于强大，且手上握有太多的鼓动可能性。假如涉及的是一项全新的技术知识，例外也许是存在的。举例来说，颇耐人寻味的一个猜测是，假如1944年年底，不只有约瑟夫·罗特布拉特一个人退出曼哈顿计划（参见第3章第3节），而是许多其他的科学家和工程师也都放弃了制造第一颗原子弹工作的话，那么，历史又会是怎样的一种走向呢？

虽然关于新军事技术的决策并不是由科学家和工程师们做出的，但是，他们在关于新的军备计划和限制协议的政治争论中却有明显的影响作用，正如持续数十年之久的关于导弹防御技术的讨论所表明的那样。专家们的批评意见促使了《反弹道导弹条约》（1972~2002年）的签订，为最终放弃美国总统罗纳德·里根的太空武器"战略防御计划"做出了贡献，并且直到今天仍在起着遏制发展的作用（比如APS，2004年）。在生物武器方面，各国本身都寄希望于自己的生命科学家们能够意识到破坏性地滥用其研究结果的危险，并且用行为守则的方式来对这种危险加以制止（Millett，2011年）。

倘若不涉及大规模杀伤性武器的话，伦理评价的难度会更大一些。一方面，各国按照《联合国宪章》（第51条）有权对敌方的进攻进行防卫，只要联合国安理会未采取维护世界和平和国际安全的措施——由于常任理事国的否决权，安理会将继续不

---

① 指的是帕格沃什科学和世界事务会议（Pugwash Conferences on Science and World Affairs），它成立于1959年，目的是减少武器冲突带来的危险，寻求解决全球安全威胁的途径。

会以所有国家都能够信任的方式行事。同时，各国通常在各自的宪法范围中都以民主的方式决定拥有军队和必要的武器装备。另一方面，评价的难度还在于新式的常规武器，这些武器可能意味着对世界和平和国际安全（以及各国的内部安全）的新威胁，比如今天所使用的可遥控操纵选择攻击目标的无乘员作战车辆，或者是未来可能被恐怖分子所利用的微型机器人，等等。特别危险的是那些能够将战略核武器及其控制系统失去作用的常规武器（Miasnikov，2012年）——这将增加在危机情况下提早使用核武器的压力，一旦错误报警，核战争就会因人为的过失而爆发。

只要军队还存在，就继续会有为之进行技术创新的需求。某种程度的创新需求从道义上来说是能够成立的，亦即，为了联合国或是在联合国安理会授权范围内的维护和争取和平而出兵的需要。问题在于，军队的目的远不止这些，而且不仅是在联合国的范围中被投入使用。防卫作为新军事技术的理由在法律上是正确的，可是通常安全的复杂情况导致了军备竞赛和更高程度的相互威胁。各国单方面的克制是有意义的，但它们无法保持永久的克制。因此，系统的解决问题的办法是国际约定的对最危险的武器开发的限制，并加以可靠的检查。

有鉴于此，对于从事技术研究和开发的人员来说，我们完全可以从中引申出一个要求，即他们应该关心和平和国际安全问题，并从广泛的层面上致力于减少军事技术在国际关系中的作用，而且尤其应该致力于预防性地阻止特别危险的新军事技术的研发和使用。凡是对军事研究和开发有影响的人都应该为让军事技术用于防御目的而努力。

328　　在通常的科研和开发过程中，人们不应当对自身专业工作与军事相关的成分视而不见，而应当有意识地加以关注和认真考虑其对和平和国际安全的后果。只有很少一部分人可以从主业的角度来关心这些问题，并为削减军备和监督检查制定出新的方法（Altmann等，2011年）。但是，自然科学和技术的从业者都应当拿出自己的一些时间来关心自己研究成果的使用问题，并且在可能的情况下将之安排到教学当中——在学术领域，尤其是对大学教师来说，这方面的可能性要比企业更大一些。

科学家和工程师能够发挥支持作用的问题领域，其一部分很长时间以来已经是现实存在的问题，比如阻止太空武器的开发，等等。由于科技的发展，其他的问题也逐渐变得重要起来，尤其是在敌对的使用生物科学方面（关于基因技术，参见第5章第7节；关于合成生物学，参见第5章第23节）。当前最新的军事技术开发成果是无人驾驶的作战装备，通过机器的自主决定而发动的攻击，在伦理学上是特别值得质疑的行为（参见第5章第21节）。另一个急迫的领域就是网络攻击的威胁，它可能会导致无法控制的交叉效果和现实中的武器使用。

以和平为目的的科学研究的长期任务是始终关心军事技术的发展，并在可能的情况下拿出预防限制的建议。进一步需要提出的问题是，怎样才能通过对军事技术的构建来减少安全的复杂情况？尤其是在（有限的）联合国的和平行动以及自卫防御中，在没有大幅度增加对他人威胁的前提下，人们是否能够达到军事的效果？怎样才能从技术上实现对一条无核武器世界之路的支持？

结论

军事技术因为其服务于暴力使用和破坏作用而有别于其他技术，在安全复杂局面条件下便产生了根本无节制的军备竞赛、不断增长的相互威胁以及局势不稳定的情况。为了遏制这种因技术而来的危险，需要国际化的限制协议，而限制协议的订立需要积极的政治运作。自然科学和技术的专业人员群体能够为这一过程提供支持。

参考文献

agentorange – vietnam：*Agent Orange. 2012.* In：http：//www. agentorange – vietnam. org/background（10. 06. 2013）.

Altmann，Jürgen：Zusammenhang zwischen zivilen und militärischen Hochtechnologien am Beispiel der Luftfahrt in Deutschland. In：Ders.（Hg.）：*Dual – use in der Hochtechnologie – Erfahrungen，Strategien und Perspektiven in Telekommunikation und Luftfahrt.* Baden – Baden 2000，159 – 162.

– ：Militärische Forschung und Entwicklung. In：Ders. /Ute Bernhardt/Kathryn Nixdorff/

Ingo Ruhmann/Dieter Wöhrle: *Naturwissenschaft – Rüstung – Frieden – Basiswissen für die Friedensforschung.* Wiesbaden 2007.

– : Präventive Rüstungskontrolle. In: *Die Friedens – Warte* 83/2 – 3（2008）, 105 – 126.

– /Kalinowski, Martin/Kronfeld – Goharani, Ulrike/Liebert, Wolfgang/Neuneck, Götz: Naturwissenschaft, Krieg und Frieden. In: Peter Schlotter/Simone Wisotzki（Hg.）: *Friedens – und Konfliktforschung – Ein Studienbuch.* Baden – Baden 2011, 410 – 445.

APS（American Physical Society）: Report of the American Physical Society study group on boost – phase intercept systems for national missile defense: Scientific and technical issues. In: *Reviews of Modern Physics 76*（2004）, S1 S424.

BAAINBw（Bundesamt für Ausrüstung, Informationstechnik und Nutzung der Bundeswehr）: Die Dienststellen im Geschäftsbereich des Bundesamtes für Ausrüstung, Informationstechnik und Nutzung der Bundeswehr, 2012. In: http://www. baain. de（Dienststellen, Projekte, 02. 01. 2013）.

Brzoska, Michael: Trends in global military and civilian research and development（R&D）and their changing interface. In: *Proceedings of the International Seminar on Defence Finance and Economics* 13 – 15（November 2006）, 289 – 302.

DARPA（Defense Advanced Research Projects Agency: *Our Work.* 2012. In: http://www. darpa. mil/Our_ Work（AEO, DSO, I2O, MTO, STO, TTO, 19. 12. 2012）.

GI（Gesellschaft für Informatik）: *Unsere Ethischen Leitlinien.* Bonn 2006. In: http://www. gi. de/fileadmin/redak tion/Download/ethische – leitlinien. pdf（03. 01. 2013）.

Miasnikov, Yevgeny: Precision – guided conventional weapons. In: Alexei Arbatov/Vladimir Dvorkin/Natalia Bubnova（Hg.）: *Nuclear Reset: Arms Reduction and Non – Proliferation.* Moscow 2012, 432 – 456.

Millett, Piers（Hg.）: *Improving Implementation of the Biological Weapons Convention: The 2007 – 2010 Intersessional Process.* New York/Geneva 2011.

Neuneck, Götz/Mutz, Reinhard（Hg.）: *Vorbeugende Rüstungskontrolle.* Baden – Baden 2000.

NSB（National Science Board）: Research and Development: National Trends and International Comparisons. In: *Science and Engineering Indicators 2012.* Arlington 2012, Ch. 4. In: http://www. nsf. gov/statistics/seind12/pdf/c04. pdf（21. 12. 2012）.

Orend, Brian: Just war theory. In: *Stanford Encyclopedia of Philosophy.* 2005. In: http://plato. stanford. edu/entries/war/#2（05. 01. 2013）.

Pires, Maria Leonor: *Defence Data: EDA participating Member States in 2010.* European Defence Agency, Brussels 2012. In: http://www. eda. europa. eu/docs/documents/National_ Defence_ Data_ 2010_ 4. pdf（21. 12. 2012）.

Pugwash: *Pugwash Conferences on Science and World Affairs. 2013.* In: http://www. pugwash. org（04. 01. 2013）.

Stoltzenberg, Dietrich: *Fritz Haber: Chemiker, Nobelpreisträger, Deutscher, Jude.* Weinheim

329

1998.

US DoD（Department of Defense）（2009）．*FY2009 – 2034 Unmanned Systems Integrated Roadmap*，Washington D. C. In：http：//www. dtic. mil/cgi – bin/GetTRDoc？Location = U2&doc = GetTRDoc. pdf&AD = ADA522247（20. 01. 2013）．

VDI（Verein Deutscher Ingenieure）：*Ethische Grundsätze des Ingenieurberufs.* Düsseldorf 2002. In：http：//www. vdi. de/fileadmin/vdi_de/redakteur/bvs/bv_ruhr_dateien/vdi/VDI_Ethische_Grundsaetze. pdf（03. 01. 2013）．

VN（Vereinte Nationen）：Charta der Vereinten Nationen. San Francisco 1945. In：http：//www. un. org/Depts/german/un_charta/charta. pdf（25. 10. 2012）．

于尔根·阿尔特曼（Jürgen Altmann）

第 16 节　移动通信技术

在移动通信技术中，频率范围在 380 MHz 至 2. 6 GHz（Megahertz/Gigahertz）的电磁场供信息传输使用，亦即用于满足所希望达到的技术要求。总体来说，高频电磁场（HF EMF）的频率范围是在 30 kHz（Kilohertz）到 300 GHz 之间。无可否认，如果磁场暴露和场强足够高的话，HF EMF 会引起对人的健康有害的效应。所以，国际非电离辐射防护委员会（International Commission for Non-Ionizing Radiation，ICNIRP）设置了对这一效应起保护作用的极限值（ICNIRP，1998 年）。

关于移动通信技术健康风险的科学争论所涉及的，不单单是在遵守由 ICNIRP 设立的极限值情况下有害健康的效应是否会出现的问题。多数专家，诸如德国射线保护委员会（SSK，2011 年）等都强调，极限值以下的健康危害效应在科学上既没有得到证实，也无法予以排除。因此，国际癌症研究机构（International Agency for Research on Cancer，IARC）（Baan 等，2011 年）提出观点认为，HF EMF 有可能致癌。在 ICRC 看来，大脑恶性肿瘤和 HF EMF 之间存在因果关系是可信的，同时其又强调，故障和系统失真可能会是这种因果关系的原因。

虽然人们对移动通信技术的实际接受程度很高（在德国大约有 9800 万部移动电话，BITCOM，2011 年），但该技术还是在老百姓当中造成了恐慌和不安。由德国移动通信研究项目进行的民调显示，自 2002 年以来，表示担忧的人在数量上几乎没有任何变化，大约有30%的被调查者仍然对 HF EMF 的健康风险表示忧虑。联邦环境署委托进行的一项调查（Borgstedt 等，2010 年）也证实，因移动电话和基站而心存恐慌的人群所占的百分比数量在近年始终未变。特别是在人口稠密的城市环境中规划和设立移动基站，例如在幼儿园和学校附近等，一直是人们担忧和辩论的话题（关于技术争议，参见第 3 章第 6 节）。不过，欧盟范围内的民调却发现了非常大的差别：南欧国家老百姓的风险意识要明显高于欧洲北部地区（Eurobarometer，2010 年）。

330

手机有可能会引起癌症，以及老百姓对此风险的恐慌和不安，导致了预防原则（参见第 6 章第 3 节）的实际应用。

预防原则

德国基本法第20a 条规定，国家有义务制定和履行预防原则。该原则的核心思想涉及危险的规避——特别是在危险的存在与否不能确定时。为了更好地理解预防原则，我们不妨将预防和危险抵御加以区别看待（关于技术法，参见第 6 章第 2 节）。通常来说，某种实际的情况隐含有一种可识别的且并不遥远的危害出现的可能性，并且，正如环境问题专家委员会所指出的那样，"在对客观即将发生的事件的过程未加阻止的情况下，有足够大的概率会导致危害的发生"（SRU，1999 年，第 39 页）——当存在这种实际情况的时候，就需要进行危险防范。反之，预防的中心思想在于，即使没有这样一种确定的情况也要采取行动。

在预防原则的应用时，需要区别两种情况。其一，用环境问题专家委员会（SRU）的陈述来说，预防的设立所涉及的是一个足够大的概率界线以下的事件，也就是说所牵扯的事件只有很小的发生概率，但是一旦发生，就会出现灾难性的后果。其二，当某个事件是否会引起风险无法有结论性的解释的时候，比如遗传技术（参见第 5 章第 7 节）和当前关于纳米微粒（第 5 章第 18 节）的争论等，就需要特别采取相关的预防措施。此时采取预防措施的前提条件是，假如事件真的发生的话，其结

572

果可能造成重大的损害，而且会波及数量足够大的人群。移动通信技术就可以归属于后面这种情况。

预防的调节机制

倘若在一个具体的情况中要对预防原则的使用与否做出决定的话，那么，我们就必须要回答下面的几个问题：（1）预防有必要吗？（2）必须采取哪些措施？（3）是否能为民众提供足够的保护？这里，问题的实质是说明行动必要性的理由，选择切实的措施和检查是否达到了所希求的保护目的。

（1）关于预防行动的必要性的问题从本质上来说是一个知识性的问题，但同时又具有标准方面的成分。具体到移动通信技术来说，就是要拿出好的，也就是说在科学上得到论证的理由来说明在所设立的极限值以下也可能存在健康风险。这里，并不要求对风险进行具体的*证明*，因为在*有科学根据的怀疑*的情况下，就必须采取预防措施。单纯的危险局面的臆想推测不足以为预防行动增加合法性。不过，关于科学上的怀疑究竟必须有多大，理由必须如何充分，以及哪些东西可以用来作为局势评判的标准，都还是争议很大的问题。至少从科学的角度来说，所列出的理由是否足以让人们去采取相关的预防措施，一直还缺少一个结论性的答案。

（2）在预防行动的必要性决定之后，人们就必须选择能够实现预防目的的切合措施。遴选出的预防措施必须符合现有怀疑对象的状况，对象状况越重要，遴选的预防措施就应当越严谨。除此之外，人们在选择预防措施的时候，还应当考虑到因风险问题而被怀疑的技术领域的好处和利益（EU，2000 年），这个问题也存在很大的不确定性。

（3）此外，必须保证所选择的预防措施能够达到保护的目的。预防真的能起到预防的作用吗？哪些措施能发挥足够的作用？什么情况下才会有足够的安全？除了这些问题外，我们还常常不能确定，预防保护措施是否能够起到应有的作用。同样无法确定的是，所采取的保护措施是否自身又产生了新的风险。这些不确定因素几乎自然而然地导致了参与各方和利益伙伴之间的冲突。

在实施预防措施时，与民众的沟通也是关键因素。具体到移动通信技术，有关方　331

面应当知会民众，如手机用户可以采取哪些个人的预防措施。关于建设和营运手机基站的预防措施情况，也同样应当向民众通报。人们现在希望这些预防沟通能够取得积极的效果，政府愿意借此打消民众的恐惧心理和增强信任感。可是，关于预防的简单介绍起不到这样的作用，它无法抚平民众的情绪，反而加重了老百姓的风险意识，并可能降低了人们对风险管理的信任（Schütz/Wiedermann，2005 年）。

预防原则的不同类型

美国式的预防原则是由格兰杰·摩根[1]提出的所谓*谨慎避免学说*（Sahl/Dolan，1996 年）。*谨慎避免*指的是谨慎而深思熟虑地避免风险，其依据的基础乃是智慧伦理学的理论观点（关于智慧伦理学，参见第 4 章第 B. 3 节）。这一预防学说在 20 世纪 80 年代针对高压架空电缆潜在的健康风险而提出，其想要达到的目的在于，采取经济成本低且没有其他重大不利之处的避免举措。在此过程中，此学说仅是有限地依赖于风险评估，并且无须以借助于所采取的措施来对降低风险进行科学评价为前提。这一类型的预防原则在美国、新西兰、澳大利亚以及北欧国家的采用尤为广泛。

卡斯·桑斯坦[2]（2007 年）提出了一个以损失的期望值为导向的预防原则建议，认为该原则应当考虑损失的概率和损失的程度这两项对于预防决策问题至关重要的因素。同时他认为，还必须考虑预防措施的利益和成本问题。但是，假如有诸多不确定的因素在起作用的话，亦即，即便是在理想的情况下只涉及单一事件的概率——更准确地说，如果只是相信风险潜在可能性存在的话，那么，他的这个建议也没有多少实用意义。

伦理学导向

只有十分有限的伦理学准则可以用来决定关于预防的必要性和范围程度的问题（Grunwald，2008 年）。既非汉斯·约纳斯的恐惧启发学（Jonas，1984 年；参见第 4

---

[1] 格兰杰·摩根（Granger Morgan），美国卡内基梅隆大学工程技术学教授。
[2] 卡斯·桑斯坦（Cass Sunstein），1951 年出生，美国哈佛大学法学教授。

章第 B.2 节），也非朱利安·尼达－吕墨林①提出的以个人权利为导向的建议（Nida-Rümelin，1996 年）能够确保有一个解决问题的方案。前者因其绝对性的要求——"遇有疑义时应遵从有利错误原则"——而无法行得通。因为*最坏情况*风险的可能性任何时候都不能予以排除，所以，预防原则永远是需要的。缘此，某种随意性的因素也随之掺杂到了这一原则中来。进而言之，假如人类社会放弃了移动通信技术，*最坏情况*的风险也照样可以被构建形成。

针对希望人们去承受风险的问题，朱利安·尼达－吕墨林要求相关人群在做决定时应当达成共识。假如这一要求也适用于不确定的风险的话，那么也同样应当就如下问题达成共识，即如何看待使用手机打电话"可能会致癌"这个结论。虽然整个社会能就希望人们承担风险问题达成共识是件值得赞赏的好事，但在实践中很难实现这一目标。这是因为，为所有当事人提供决策的公平机会以及达成共识的论证条件，在现实世界中是不可能有的（关于参与问题，参见第 6 章第 5 节）。

在此，人们充其量可以引用一下卡尔·弗里德里希·盖特曼的实用主义一致性原则（1987 年）。根据此原则，移动通信的风险情形与咖啡和 DDT 杀虫剂情形完全一样，咖啡和 DDT 同样被人们认为是有可能致癌的物质。但是，在这个问题上人们同样遇到了实际操作的瓶颈。风险比较的基础是假设对象可以更换，但其他条件不变。显而易见，依据比较对象的不同（比如咖啡和 DDT），从总体而言，风险和利益的特征是完全不同的，因而会引发不同的风险判断，并且，风险比较由于没有满足上下文可比较的条件而不能成立。

参考文献

Baan，Robert/Gross，Yann/Lauby－Secretan，Beatrice/El Ghissassi，Fatiha/Bouvard，　332

---

① 朱利安·尼达－吕墨林（Julian Nida-Rümelin），1954 年出生，德国慕尼黑大学哲学教授。

Veronique/Benbrahim – Talla, Lamia/Guha, Neela/Islami, Farhad/Galichet Laurent/Straif, Kurt on behalf of the WHO International Agency for Research on Cancer Monograph Working Group: Carcinogenicity of radiofrequency electromagnetic fields. In: *The Lancet Oncology* 12/7 (2011), 624 – 626.

BITKOM: Pressemitteilung 19. Dezember 2011. In: http://www. bitkom. org/de/presse/70864_ 70750. aspx (20. 04. 2013).

Borgstedt, Silke/Christ, Tamina/Reusswig, Fritz: *Umweltbewusstsein in Deutschland 2010. Ergebnisse einer repräsentativen Bevölkerungsumfrage.* Heidelberg/Potsdam 2010. http://www. umweltdaten. de/publikationen/fpdf – l/4045. pdf (20. 04. 2013).

EU (Kommission der Europäischen Gemeinschaften): Mitteilung der Kommission – die Anwendbarkeit des Vorsorgeprinzips. KOM (2000) 1. Brüssel, 02. 02. 2000. In: http://eurlex. europa. eu/LexUriServ/LexUriServ. do? uri = CELEX: 52000DC0001: DE: HTML (20. 04. 2013).

Eurobarometer: Special Eurobarometer 347. Elektromagnetische Felder. 2010. In: http://ec. europa. eu/public_ opinion/archives/ebs/ebs_ 347_ de. pdf (20. 04. 2013).

Gethmann, Carl Friederich: Ethische Aspekte des Handelns unter Risiko. In: VGB Kraftwerkstechnik: *Mitteilungen der VGB Technischen Vereinigung der Großkraftwerksbetreiber* 67/12 (1987), 1130 – 1135.

Grunwald, Armin: Ethical guidance for dealing with unclear risks. In: Peter Michael Wiedemann/Holger Schütz (Hg.): *The Role of Evidence in Risk Characterization.* Weinheim 2008, 185 – 202.

ICNIRP: Guidelines for limiting exposure to time – varying electric, magnetic and electromagnetic fields (up to 300 GHz). In: *Health Physics* 74/4 (1998), 494 – 522.

Jonas, Hans: *Das Prinzip Verantwortung.* Frankfurt a. M. 1984.

Nida – Rümelin, Julian: Ethik des Risikos. In: Ders. (Hg.): *Angewandte Ethik. Die Bereichsethiken und ihre theoretische Fundierung.* Stuttgart 1996, 806 – 830.

Sahl, Jack/Dolan, Michael: An evaluation of precautionbased approaches as EMF policy tools in community environments. In: *Environmental Health Perspectives* 104/9 (1996), 908 – 911.

Schütz, Holger/Wiedemann, Peter Michael: Vorsorgeprinzip und Risikowahrnehmung des Mobilfunks. In: *Umweltmedizin in Forschung und Praxis* 10/1 (2005), 29 – 34.

SRU: *Umwelt und Gesundheit – Risiken richtig einschätzen.* Stuttgart 1999.

SSK: *Vergleichende Bewertung der Evidenz von Krebsrisiken durch elektromagnetische Felder und Strahlungen. Empfehlungen der Strahlenschutzkommission.* Bonn 2007.

Sunstein, Cass: *Worst – Case Scenarios.* Cambridge 2007.

Wiedemann, Peter Michael/Schütz, Holger (Hg.): *The Role of Evidence in Risk Characterization.* Weinheim 2008.

彼得·维德曼（Peter Wiedemann）

第 17 节 机动性和交通

交通的特点

技术伦理学所有争议的出发点都基于人们的一个观察认识，即人的行为会对他人产生后果影响，交通问题也不例外。我们若是要去找寻"交通"的定义，那么就会对交通的特点有更多的了解和认识。所有常见的定义都把交通定义为"人员、物资和信息的地点变换"。"地点变换"是所有交通方式的核心内容，这就产生了一种结果：通常情况下，我们所能够见到的情形是，一方面，人员甲的特殊行为会影响到其身边的所有其他人；另一方面，人员甲周围的其他人的行为也会影响到他自己（相互影响作用）。在这种情况下，我们每个人都会很快发现，现实当中可能（和一定）存在影响和限制我们自身行为的原因。但是在交通问题上，这种对事物进行理解认识的效果受到了某种阻碍，因为根据交通的定义，交通的参与者快速离开了其行为可能造成影响的那个地点——他们"从那里经过了一下"。在这种情况下，直接的相互影响就失去了作用，而且当事人可以对自己行为所产生的影响（先）不去理会。为什么小轿车的废气（发动机大都安装在轿车的前部）不是从发动机那里直接排放出来，而是要经过一个既花钱又易生锈的设计结构到车尾来排放？这个废气排放结构的设计为车内的乘客"解决了"自己的废气问题，因为一旦废气直接排出，吃亏倒霉的就只有路边的住户和身后的司机了。一般来说，我们可以认为，交通中对人员有害或不利影响的转嫁（上述案例中指的是处在机动车后面的住户），由于技术系统和定义，更为集中地发生在*其他空间*里，而非任何地方。

第二个相关层面源自纯粹的技术范畴，即交通首先需要两种本身可以完全区分得非常清楚的条件：

· 地点变换借以发生的基础设施；

· 使用基础设施的各种交通工具。

在我们的社会中，已经形成了一种根深蒂固的观念，即基础设施是国家应该包办   333

的事情："其他人"（俗称：国家）应该想办法建设和提供个人所需要的基础设施。因而，绝大多数交通设施的使用者还有一种观念，即认为"所有其他人"必须将纳税人的钱投入这些设施。按照肇事者和使用者原则，通过道路成本费或养路费以及公里使用费来维持运营成本的做法，一概遭到了人们的否决。交通工具是属于"个人自己的事情"，因此，根据这个观点，个人所购买和持有的交通工具如何使用和采取何种的交通行为（还有哪些后果），则完全是个人决定之事。

对基础设施作为第一个层面、交通工具和交通行为作为第二个层面的区分，也同时破坏了另一个规则循环：即便人们生活在同一个区域空间里（同一个城市，同一个国家），人们也可以把道路建设成本或是废气、噪声等造成的损失，以及其他个人行为的不利后果转移给大众群体。除了转移到其他的空间之外，转移给同一空间里的*其他人*也同样是可能的。这样，就有两种机制同时造成了一种现象：虽然行为的好处统统都在实施行为者一边，可是，大部分的负担、成本、危害以及坏处都被转移到了：

A1：其他人身上；

A2：其他空间区域里的人身上。

经济学上，这种转移被叫作"外部化"，它是国民经济研究中的一个基本问题，这是因为这里出现的无效率分配是被迫造成的：假如一个驾车者必须承担由于自己的行为所产生的所有费用，并且把这些费用同他所得到的（几乎全是个人的）好处相比较的话，那么，我们就能期待人们做出国民经济学方面有效率的决定。但恰恰这一点在交通问题上是不存在的，因为上面所说的两种机制使得大部分的成本和危害没有被计算在受益人身上：这点不仅在社会层面上是不公平的（参见第4章第B.9节），而且在经济学上也是无效率的。所以，我们今天才有如此多的车辆和如此频繁的拥堵。

交通领域的技术伦理学问题

如果我们来考察一下亟待进行技术伦理学讨论和澄清的大量具体和悬而未决的问

题，我们或许会感叹人们对伦理学和交通问题之间的关系思考得如此之少。

（1）欧盟27国每年死于道路交通事故的人数大约有3.5万人（EU，2007年，第97页）。尽管德国道路交通的不安全状况已经大幅度减少，但每年还是有大约4000人成了马路冤魂，相当于平均每天死亡10人。那么从伦理学上说，人们是不是有理由甚至有责任采取更多的措施呢？是不是应该在高速公路上进行普遍的限速，从而毫无疑问地能挽救更多的生命（数据已经很清楚地说明了问题），抑或有其他的利益考量［比如开快车和节省（所希望的）旅行时间］在起着更大的作用？

（2）欧盟和欧盟国家针对空气质量制定了最低执行标准（EU，2008年）。德国和欧洲其他大城市设置在道路两旁监测站高污染的记录数据显示，所规定的最低标准没有得到遵照执行，其结果是生活在道路周边人群的健康受到了严重影响。违反现行法律的情况在这里有目共睹。但是，是否应当设立所谓环境保护区或是采取其他何种措施，对此，人们正进行着激烈的讨论。自2002年以来，在欧盟的相关规定颁布之后，人们在欧洲大城市中就许多这样那样的措施进行过讨论、规划和部分实施，尽管如此，大部分的措施最后显然都还是一纸空文：归根结底，2002年以来，针对欧洲大城市高污染道路所制定的标准规定，没有一个地方遵照执行。

（3）欧洲大城市空气污染和噪声污染的例子反映了更为根本的伦理学问题所在：在相关的交通、噪声和有害物质污染严重的马路两边，主要的住户是社会的弱势群体。他们通常没有自己的小汽车，却要在他人所造成的噪声和废气污染下生活。反之，受过良好教育、高收入和有社会地位的人群都住在空气清洁和噪声污染很小的地方。他们开车经过那些弱势社会群体居住的地方，然后才去歌剧院、商店或大学等目的地。

334

（4）根据官方统计（Verkehr in Zahlen，2011年，第305页），2008年德国交通所造成的二氧化碳排放为1.52亿吨，相当于德国二氧化碳排放总量的18%（8.62亿吨）。这些数字还不包括到达和驶离德国的远洋轮船以及从德国境外飞临德国的飞机所排放的二氧化碳，这些当然都属于德国交通的一部分。高空飞行的飞机排放的二氧化碳比地面同样的排放量对大气的危害要大2～5倍（辐射力指数，RFI）。如果把这些排放都计算在内，那么交通部分就占到德国整个二氧化碳排放量的四分之一。如果再考虑石油开采和加工，汽车制造和报废以及道路建设和拆除（前置和后置过程）的排放量的话，交通所占的比例很快就达到全部排放量的将近三分之一。有鉴于此，同农业的排放相比较，与之相关联的交通运输行业所占有的地位在道义上还有理由站得住脚吗？

（5）只有今天的驾车族和生活在今天的人们才实实在在地享受着交通所带来的好处，可是，气候变化的成本则不得不由其他国家（跨地区）和其他时代（下代人）的人们来加以承担。我们是否应该要求今天的交通受益人为全球的"气候改变基金"支付使用费，并将累积的资金交给受到更多污染国家的子孙后代呢？实际情况并非如此，将国际航空业纳入欧洲排放交易体系所带来那些并不巨大的成本费用，不仅遭到了航空公司的，还遭到了中国、印度和美国政府的强烈抵制。

对于技术伦理学的讨论来说，特别是最后提到的全球范围内的交通情况对全球气候的影响是具有警示意义的，因为这些影响尤为清楚地表明，如今全球交通的影响不仅在不同的人群之间（A1）和不同的地域之间（A2），而且在不同时代的人之间（跨时代）发生作用（关于可持续性发展，参见第4章第B.10节）。因而，上面所列举的几点内容还必须再增加一个外部化的层面，因为影响广泛的各种负担（A3）也转移到了未来子孙后代人身上。由于未来的子孙后代今天还不能和我们一起共同寻找大家必须遵守的规则，所以，与之相关联的伦理学的基本问题也"无法予以共同解决"。

目的和手段的关系

凡是想知道自己该做哪些事的人，首先必须说明他所追求的目的是什么。所以本文的任务，是想近距离探讨这样一些交通行为的目的：交通究竟为谁服务？每个人究竟想要达到什么目的？他们为什么要出行？社会所追求的目标是什么，为什么要投入如此大量的资源（资金、能源、原料、土地等）？

让人觉得理智和清醒的回答是，这个问题没有明确的官方答案。通常，政府机构的回答主要都是为了指出交通对于广大民众和经济生活的重要性。数十年来，规划者们从来都以"交通的快捷、方便和流畅"为主要目标。在联邦德国主管部门的网页上，"交通政策/基础设施规划"子目录下（BMVBS，2012 年）首先谈论的是如何保障和维持机动性的问题。随之，这个最高目标就被坚定不移地与提供良好的、安全的和价格低廉的交通工具相提并论。换言之：*在我们的社会中，机动性通常即等于交通，目的等同于手段*。这种将社会行为高于一切的目的等同于为之而使用的工具的做法，对于解决问题并无帮助，原因如下：

· "交通"和"机动性"原本就不是同义词。"机动性"指的是人们满足自己与地点变换相关的需求。机动性可以通过如下方式进行衡量，即把去看医生、购买药品、探亲访友或到公司上班都计算在内。"机动性"所达到的效果是拥有，况且人们适当程度的机动性不可剥夺。因此，机动性在这里代表的是需求层面——机动性应当帮助人们满足特定的、为此而必须发生地点变换的需求。

335

· 与之相反，交通指的是牵涉到具体实现这些需求的方方面面。因此，交通代表的是工具层面，而且是用交通工具的数量、行驶的能力、能源消耗、路网长度、占地面积、成本等作为衡量的标准。交通是实现机动性的手段（Becker/Rau，2004 年）。

但凡一个公司或一个社会想要实现某个目的，始终重要（"有效率"）的做法乃是，使用最少的资金、资源、能源、土地等成本投入来达到此目的。一个有意义的社会目标就是使用最少且必需的交通手段为所有社会群体提供某种程度（需要予以澄清）的机动性，我们可以用少量的交通来获得很多的机动性，比如说在一个办事距离都不远的、多功能和人口稠密的城市里，因为在那里人们的许多需求都可以用少量的资金、交通工具、噪声、土地和废气得到满足。反之，我们也可以用很多的交通来换取很少的机动性，这时，我们就必须建设像珀斯和洛杉矶那样的居住尽量分散、非常专门化和以个人交通为主的城市结构。在这两个城市里，任何单一的需求都必须要使用很多的交通工具、能源、土地、废气，等等。

若是有人只想把交通的事情办得廉价而有吸引力，那么，他就将生产出更多的交通服务，而不是更多的机动性。只有"使用尽可能少量的交通来保障某种切合的机动性水平"这样的行为准则，或许才能有意义地解开这一矛盾。我们是想用相对较少的交通来获取很多的机动性，还是相反——关于这个问题，已经到了需要我们展开全社会大讨论的时候了（关于此问题，参阅 SRU，2005 年；Vogt，2003 年）。

结论

前面的阐述和示例告诉我们：伦理学和技术伦理学问题将会在交通规划、交通政策和交通的实践过程中起着既大且根本的作用——而且是在和今天完全不同的前提条件和问题范畴背景之下。其时所涉及的问题，并不像在德国官方的交通规划中所追求的目标那样是所谓交通量的最大化。倘若果然如此，那么这将意味着：

（1）从根本上说，我们必须提出关于我们的行为目的的问题，即我们究竟需要什么，什么是我们行为的目标？我们需要的机动性是多还是少，是为了哪些社会群体？关于这些问题，达成共识的可能性是存在的，因为满足需求无论怎样都是处于优先地位的命题。那么政策上需要加以讨论的问题是，哪些社会群体在机动性需求上已经具有良好的条件，哪些社会群体在某些需求方面存在"机动性的缺口"？这不是教授和工程师们的问题，而是各级议会需要考虑的问题。虽然如此，很多可以设想到的机动性缺口已经迫在眉睫（在居住地附近没有公园或游乐场所的社会弱势群体家庭的孩子们，生活在寂寞村庄中没有汽车代步的老人，无法去商店和学校的人士，乡村地区的医生等）。这里，我们所要讨论的问题不是究竟谁在日常生活中应当有怎样的机动性，而是要讨论谁应当拥有作为人权的基本水准的机动性问题。

（2）如果我们要想澄清哪些社会群体在何处及何时需要怎样的机动性才算是"合适的"问题的话，那么交通就是问题的关键，究竟哪些受益群体的什么样的交通方式可以被看成机动性所必需的、合适的和有效的水准？这个问题可以根据效益原则来进行回答，应当始终用最少的总成本来实现所确定的机动性水平。毫无疑问，"最小总成本"的含义在于，调查出交通工具使用的所有成本（燃料和工具，基础设施，废气、噪声、气候和其他环境危害等），并尽可能让使用者承担这些成本。

（3）从伦理学的角度看，特别值得我们注意的是，交通的大部分成本，尤其是

336

道路成本，非由保险公司承担的事故费用，气候成本和几乎所有环境成本（噪声、废气、分离作用、垃圾、资源开采、土地等），现在都已被外部化。可是，交通的好处可以说完全为出行人所独有。这就触及伦理学的核心问题所在——个人允许将哪些成本和污染转移到其他人（社会）、其他国家和子孙后代身上？

（4）这里，个人与"其他人"（同一空间，A1）及"其他空间区域的人"（跨地域，A2）相对立；而且，还要包括沿着时间轴方向的、生活在当前的人和未来的子孙后代人之间的区别，在这个区别中，个人与"其他时代的人"（A3）相对立。在这一点上，从个人角度来看，非道义的行为在短时间内具有利益最大化的特点。

（5）从这点中，我们可以直接得出结论，人们不仅在经济上应当，而且在伦理上必须不断地减少成本的不真实情况。以尽可能良好的方式求得成本的真相——这一目标不仅来自经济的效益考虑，而且也来自道义和公正的考虑。"彻底的成本真相"虽然遥不可及（因为未来产生的成本肯定无从知晓，但今天可以把它考虑进来），但我们可以经常检查一下，看看在哪些领域里还有较大的、必须予以减少的外部化情况。这是一个在所有领域都必须遵循的原则，尤其是在交通方面，并且是在非同寻常的程度上。

（6）产生自"交通"领域的各种效应首先会影响到：

A1 ——其他人，

A2 ——其他国家和其他空间区域，

A3 ——其他时代及子孙后代。

恰恰是全球化所带来的交通情况（航运交通的事故后果，酸排放和原油污染事故，飞机造成的2~5倍的温室效应，气候影响等），在这里造成了超出第三种机制之外的影响，并且要求人们拿出跨越几代人的解决方案建议。

（7）交通行业的跨代公正性问题（参见第4章第B.9节和第B.10节）是一个被完全忽视了的话题。虽然有研究报告查明，哪些居住区/地点及收入阶层的人群以何种交通工具出行的距离是多少，因而人们得以知道，生活条件较好的阶层（多数是用自己的汽车）趋向性地有更长的出行距离，但是，谁必须以何种程度承担这些交通的成本却还是个未知数。可以得出肯定结论的仅仅是，弱势群体所必须承受的噪声要比他们自己造成的还要多（Becker，2011 年）。同样在这里需要提请人们注意的要点是，发达国家和发展中国家之间分配极度不平衡的问题。

（8）在交通行业中使用的个别交通工具（也许核能驱动的除外），不是我们急于要进行技术后果评估的原因（参见第6章第4节）。反之，要求无条件进行技术伦理学探讨的问题是，我们的星球上一共可以配置多少这样的交通工具，这些交通工具应该在哪里使用？当前人们所缺少的是针对下述问题的探讨和定论，即交通工具"出于什么目的和以什么样的数量"在何时能够有意义地被使用。这里，使用交通工具所必需的框架条件的确定和监督，乃是我们要做的首要工作。

那么，谁应当为这样的情况负责，谁来为这种不能再继续下去的局面的转变承担责任？由于当前的情况（一如既往地）复杂且带有历史性的特点，所以，我们无法从中罗列出一个一目了然的和结论性的责任清单，因为每个人都自然而然和一如既往地在他自己的层面上承担（共同）责任（参见第2章第6节）。尽管如此，一个初步的责任和职责列表还是不难制定出来（参见表1）。

表1 责任和可能的职责一览

谁？	承担哪些(共同)责任？	首先必须做什么？
每个交通参与者	个人交通行为：频度，交通工具，行驶里程，行驶速度	感受未曾体验过的事物(思考)，克服惧怕改变的思想
制造商及工程师	生产和销售的交通工具的种类、配置和数量	对短期利润最大化进行反思，研究长期前景（包括维持本公司的生存），提出切实发展的观点认识
交通规划者	基础设施的现有状况	摒弃"交通必须永远增长"的假设，致力于"实现机动性"（用尽可能少的交通量）
欧盟、联邦政府、州政府	资金支持、税法（"公务用车特权"，"路费一次补贴"），补贴标准框架条件	摒弃"交通必须永远增长"的假设，致力于"实现机动性"（用尽可能少的交通量），减少"非正常补贴项目"
行政区	区级决策，小区规划，城区发展扶持，近距离交通便利，道路美化建设的质量	摒弃"交通工具使用缺口"的固定思维（如拥堵、停车位紧张等），致力于分析/解决机动性缺口问题（"谁不能适当满足哪些机动性需求？"）

337

续表

谁?	承担哪些(共同)责任?	首先必须做什么?
媒体	提供信息和引导观念形成	介绍现有的各种选择可能,扩展重点问题(不讲"5秒钟从0~100公里提速",要讲"250g CO_2/公里")
学校、协会等	提供信息和引导观念形成	讨论上学的路途,补充教学内容,鼓励外出比赛时结伴合用车辆等

那么,这条路应该从哪里开始呢?依笔者之见,似乎应当首先在所有层面上将责任敏感化,然后广泛地加以讨论。当然,其他的法律和社会框架条件也是十分重要、必须和有益的:因为有了这些条件,交通参与者的许多其他行为方式才成为可能。但是,为了建立人们的认可态度(选民也一样),或许更为重要的一步是,首先与自己的亲友、邻居、中小学的班级和在校大学生对相关事情进行交谈,或许图书也能起到帮助作用。阿明·格伦瓦尔德和斯蒂芬·绍佩[①]在他们关于技术伦理学的一篇论文的结尾说过这样一句话,笔者很愿意将之与读者们分享。早在1999年,他们两人就写道:"技术规划参与者的伦理反思……是有决定意义的。如果他们不这样做,那么来自象牙塔的谆谆教诲都是夸夸其谈。"此话言简意赅,发人深省。

参考文献

Becker, Thilo: Social distribution of external costs of noise impact caused by transportation in Berlin. In: *Proceedings of inter. noise 2011.* The Institute of Noise Control Engineering of Japan (INCE/J). Tokio 2011.

Becker, Udo/Rau, Andreas: Neue Ziele für Verkehrsplanungen. In: *Handbuch der kommunalen Verkehrsplanung*, 38. Lieferung 2004, Kap. 3. 2. 10. 3.

Bundesministerium für Verkehr, Bau und Stadtentwicklung (BMVBS): *Mobilität.* In: http://www.bmvbs.de/DE/VerkehrUndMobilitaet/Verkehrspolitik/Infrastruktur planung/

---

① 斯蒂芬·绍佩(Stephan Saupe),德国物理学者,本文参考文献中所列书目作者。

infrastruk-turplanung_ node（30. 04. 2012）.

EU－Kommission，*Richtlinie 2008/50/EG des europäischen Parlaments und des Rates vom 21. Mai 2008 über Luftqualität und saubere Luft für Europa*, Brüssel 2008. In：http：//eur－lex. europa. eu/LexUriServ/ LexUriServ. do? uri ＝ OJ：L：2008：152：0001：0044：DE：PDF（28. 04. 2012）.

EU－Commission：*EU Transport in Figures*. Statistical pocketbook 2011. Brüssel 2011.

Grunwald，Armin/Saupe，Stephan：*Ethik in der Technikgestaltung. Praktische Relevanz und Legitimation.* Berlin 1999.

SRU－Der Rat von Sachverständigen für Umweltfragen，Sondergutachten 2005：Umwelt und Straßenverkehr，Hohe Mobilität － Umweltverträglicher Verkehr，SRU Berlin，Juni 2005. In：http：//www. umweltrat. de/Shared Docs/Downloads/DE/02_ Sondergutachten/2005_ SG_ Umwelt_ und_ Strassenverkehr. html（27. 04. 2012）.

Verkehr in Zahlen 2010/2011. Hg. BMVBS，bearb. DIW，erscheint jährlich，eurailpress. Berlin 2011.

Vogt，Markus：*Mobil für die Zukunft? Ethische Aspekte einer nachhaltigen Mobilitätsgestaltung.* Forum Nachhaltigkeit und Mobilität des SPD－Präsidiums，19. 02. 2003，Berlin，http：//www. kath. de/benediktbeuern/clear/projekte/ver kehr－forum. pdf（29. 04. 2012）.

Zeitler，Ulli：*Grundlagen der Verkehrsethik.* Berlin 1999.

乌多·贝克尔（Udo Becker）

第18节 纳米技术

338　　伦理学反思是一种重视对待事物的方式，它将自己的研究对象置于行为，以及人的关系的建立和调整的焦点之上进行考察。本文所要探讨的，是纳米技术怎样通过伦理学的提问而受到重视，尤其是要讨论纳米技术的哪些方面受到了人们的关注。

　　由于纳米技术从一开始就要求人们从伦理学上完全无条件地予以重视，而且，这种受重视的形式帮助它获得了十分可观的可信度，因此，这就增加了本文探讨这一领域的复杂程度。有鉴于此，大部分受到社会公众关心的纳米伦理学都追捧一种夸夸其谈的形象，这种形象有可能到现在还在说明自己是一种错误的结论：因为人们在讨论纳米技术的伦理学含义，所以显而易见，纳米技术一定是一种极有前途和影响广泛的研究课题。然而，但凡在纳米技术受到伦理学反思特别关照的地方，至少从历史的角

586

度看需要弄清的问题是，我们应该怎样重视纳米技术，这项技术的哪些方面应该受到重视。正因为如此，本文的第一部分所讨论的，乃是反映在伦理学思考中的、雄心勃勃和不断变换的纳米技术的结构概况。第二部分的讨论题目，是以需求为主导的纳米伦理学对哲学意义上的伦理学的各种挑战。最后第三部分介绍遴选出来的若干论题，它们对形成伦理学百家争鸣的局面非常重要，这里争论的焦点不仅是责任的问题，而且还涉及争论本身是否能够承担得起责任的问题，亦即能够对自己的做法追究自己的职责。

反映在伦理学伴随研究中的纳米技术

纳米技术究竟是什么，这个问题始终悬而未决，并且反映在各种模糊的定义尝试中。有人说，纳米技术是一门研究纳米级尺寸单位的物质所具有的特点的学科。虽然这一定义十分含混不清，但并不妨碍人们对纳米技术可能是什么及将会是什么的各种各样的具体想象。而且，虽然纳米技术还没有来到我们当前的现实生活当中，但人们已经想象出了它的后果，并对之进行讨论（Kaiser，2012 年，第 403页）。在这种情况下，纳米技术一直以来就是那个未来将多多少少彻底改变我们生活环境的事物。

在纳米技术还没有因为美国的*纳米技术研究所*（德国研究机构的成立时间都比它晚）而制度化之前的时代，纳米技术代表的首先是一种"全世界物质极大丰富"的承诺（Crandall，2000 年）。这种物质的极大丰富要归功于对单个原子的精确控制，这种控制使机器或自动设备的设计，尤其是使可以无限制地生产纳米技术产品的生产线的设计成为可能。所以，慕尼黑纳米技术研究学者沃尔夫冈·黑克尔[①]在一次电视节目里介绍了一种想象中的设备，这种设备看起来像微波炉，却能创造将普通的泥土变成一大块纳米猪排的奇迹（Friedl，2003 年；Heckl，2004 年）。这些奇妙的想象最

---

① 沃尔夫冈·黑克尔（Wolfgang Heckl），慕尼黑工业大学教授，本文参考文献所列作者。

初在幻想家艾瑞克·德莱克斯勒①并非偶然取名为"远见研究所"的地方初见端倪，该研究所编写了防止纳米机器人泛滥成灾的技术文档，并且提出过这样一个问题，即许多疾病的治疗或是衰老过程的延缓是否会有负面的后果。他们的口号似乎是，我们必须学会拥有自己良好和正确的愿望，因为愿望的实现是没有边界的（比如 Amato，1999 年）。

直到今天，物质极大丰富的说法仍出现在人们的讨论中，比如双赢局面和一种大家都可以从中获利，并且不用为之花费任何代价的技术等。借助于政府政策的支持，在美国和欧洲涌现出了一大批人文科学和社会科学的研究学者，所以才有了今天为数如此众多的专著和文集，以及《纳米伦理学》杂志和一个国际的研究会。如同在德国和美国一样，纳米伦理学在韩国和新加坡也同样成了"很正常的事情"。这就形成了一种所谓的*世界通用语*，在这个大环境当中，纳米技术的责任问题就变成了人们的一项共同事业，任何人也不用担心他的想法是自说自话、无人理会。但是，早在纳米339 技术出现之前（参见第2章第5节和第6章第4节），由于从伦理学角度预测技术后果是一件颇难下结论之事，所以有各种不同的观望和假设的态度，人们的伴随研究主要集中在为纳米技术做宣传的图片和未来远景之上。就在人们常常以观望的态度对待伦理学问题的时候（格言是："这个问题需要更多的关注，那个问题还必须进一步研究"），不仅出现了文化学方面的分析论文，而且民意调查和公民参与的手段也不断扩展，目的是首先造就一种前所未有的社会问题意识（对此的批评观点参阅Nordmann/Mcnaghten，2010 年）。

当人们终于发现了第一个实实在在的问题的时候，研究学者们纷纷摩拳擦掌、跃跃欲试，准备就这个问题大干一场。有鉴于人们所怀有的高度期待，这个问题最初看来却十分平淡无奇：纳米颗粒没有毒性的特点如何证明，非常简单的纳米材料怎样符合现有化学品的管理规定（参见第5章第24节）？然而，同这个几乎是老掉牙的问题

---

① 艾瑞克·德莱克斯勒（Eric Drexler），1955 年出生，美国工程师，世界上最早研究纳米科学的学者之一。

相关的却是极其重大的科学和政治挑战，因为小小的纳米颗粒也有巨大的名声，这个名声可能隐含着种种意外，以及有不同于仅仅作为微粒的其他特性。但凡有意外的地方，我们就必须要做好会有负面意外的准备。于是，从"伦理学和社会学的含义"中，就生产出了以"环境、健康、安全"为对象的纳米技术的研究重点。

与此同时，纳米研究雄心勃勃的目标已经进入了纳米医学、关于关键技术的综合化思想以及合成生物学（参见第5章第23节），当初似乎被人们不屑一顾地称为第一代纳米工艺和产品的那些东西，现在有可能被证明是最高等级的技术，即开发出多种用途的新材料。今天，人们探讨争论的重点是纳米技术对可持续性的贡献、绿色纳米技术方案、科研和开发过程的可信度，以及负责任的技术创新等课题。但是，新材料是否以及如何能够给我们的日常生活带来深刻的改变，却不是人们所议论的主题——就像当初塑料的开发和流行一样，这个问题显然没有受到人们从标准化角度的关注。然则，人们对待第二个实际出现问题的态度就鼓舞人心得多。这个问题来自纳米技术，又影响到纳米技术：由于"纳米银"用在冰箱和衣服上能有杀灭细菌的作用，技术批评的焦点就从难以定论的环境风险转到了此项技术非常让人期待的用途上来。此外，针对纳米颗粒在化妆品中的应用，人们也提出问题：如果说关于用途的论据还不足以让人信服的话，那么，我们真的必须要把用途和风险作为对立面来进行权衡考量吗？

非相称的关系

凡是在对伦理学伴随研究有需求的地方，就会产生两个对于哲学意义上的伦理学来说最为根本的难点问题：这个需求超出伦理学框架所能阐释的问题了吗？是否可能有这样一些传统的伦理学思考，它们所提出的那些重要问题是没有必要的？借助针对四个问题范畴的简单概述，我们来认清涉及纳米伦理学的这些非相称关系。

（1）第一个问题来源于同需求相关的、已经程式化的伦理学思考模式，这里所说的思考主要指的是交谈、各种不同观点的碰撞，以及关于哪些事物可能引起人们担心的意见交换。虽然单纯的"持保留意见者"一词带有消极的含义，但是，尽可能多的*很热心的公民*（Concerned citizens）被以民主理想的名义邀请参与讨论，为的是共同找到他们*所关心的伦理学问题*。虽然这个没有时间限制及所有参与者济济一堂的交谈过程对于形成伦理学的判断起着十分重要的抛砖引玉的作用，但不能取而代之。因此，人们在这里所提出的问题针对的是研究对象和纳米伦理学标准的确定，亦即，针对的既是人们所*牵挂*的事物和伦理学议题之间的关系，也针对伦理道德的问题、价值冲突和判断的形成。

（2）第二个挑战与非连续性假设有关，这个假设不仅被写在纳米技术的定义中，而且也被要求用于其他所谓的 NEST 伦理规范（*Ethics of New and Emerging Science and Technology*①，参阅 Swierstra／Rip，2007 年）。这里，伦理学的问题始终还是具有准备应付未知事物的特征，这点反过来又证明，经验的知识和现有的各种伦理学理论还不能够或只是有限地说明问题。于是乎，便产生了对造就新事物和不同事物的要求进行批判和质疑的需求：纳米医学或纳米电子学是学科化了的医学在理论上已经被认识和思考的发展趋势的延伸以及其微型化的延续吗？抑或，纳米医学是否为人们开启了将现有的临床实践进行转化的新的治疗方法？以及，纳米电子学是否在广泛的社交网络环境中开启了新的可能性？针对这个问题的不同回答（不赞同纳米医学，而赞同纳米电子），向人们揭示出了一个根本性的矛盾现象：一方面，我们要让伦理学理论和哲学伦理学在历史上形成的区别能力发挥出应有的作用；另一方面，我们这样做又必须以完全另外一种导向的区别能力作为前提，这个区别能力深深植根于一种在技术上、科学上和科学哲学上非常专业的技术评估范畴当中（参见第6章第4节）。

（3）究竟能不能以及如何来使哲学的传统为纳米技术伦理学发挥应有的作用，是一个同以需要为导向的纳米技术伦理学的第三个问题范畴相关联的问题。这里，我们需要研究的东西是那些涉及纳米技术的潜在应用的顾虑、担忧、提问和评论等课题。于是，纳米技术伦理学从一开始就趋向性地被定位和限制在结果论的方式方法上。此方法的第一步，是要推测或想象出社会和技术的未来场景，目的是在第二步中

---

① 中文意为：新的及新兴的科学和技术伦理规范。

至少能够描画出，这些场景如何使传统的价值观走向了自己的极限。假如一定要对纳米技术进行评价的话，那么我们现在只能以其未来将会出现的产品为依据。由于传统的哲学伦理学不愿意以这种方式被狭隘化，所以首先就造成了为数众多的哲学学者对此敬而远之的态度。此外，这种方式还引发了各种反对的声音，反对者用一种道德哲学的视角来对抗智慧伦理学的学说（参见第4章第B.3节）。道德哲学视角所关心的不是利害的权衡问题，而是未得到解决的冲突和争端。这些冲突和争端乃是一种形而上学的纳米技术研究计划的特点，即它在人造物体和天然物体、有生命体和无生命体之间陷入迷茫，失去了对之加以区别的能力（Dupuy，2007年）。与此同时，与结果论针锋相对的还有广义的道德伦理学，它所提出的问题是，纳米技术研究的构建是怎样的，它如何看待和认识自己的对象、自然和改造世界的计划，人们对它的信任度如何。在上述两种情况当中，处于中间地位的是一种所谓的远景评估，面对各种不同的纳米研究计划，它不仅对其可行性和预期的应用进行考察研究，而且还将其解读为一种入世的和当前的人生观的表现方式。缘此，远景评估或许为我们提供了一个特别有利的出发点，从而使我们能够提纲挈领地从实际内容上对纳米技术伦理学的争论进行阐述（Grin/Grunwald，2000年；Grundwald，2008年）。

（4）人们所需要的伦理学伴随研究的第四个挑战，可被看作结果论的后果之一。谁若是跃跃欲试，准备对多少带有假想特点的社会和技术场景进行一番评价，甚至雄心勃勃地想阻止某些场景的出现，或者想使其他一些场景成为可能，那么，他将会因之而失去伦理学反思的界限。纳米技术伦理学也会由此而沦为一种因纳米技术而受到批判的创造乐观主义。举例来说，以不偏不倚、公正评判著称的伍德罗·威尔逊中心①曾经就与纳米技术的关系，这样来描述社会和政府的职责：如同其他的新兴技术一样，纳米技术的令人惊叹之处也"来自一个装满好东西的百宝箱和装满恶东西的潘多拉的盒子"。社会和政府的职责在于，"在从百宝箱中取出

---

① 伍德罗·威尔逊中心（Woodrow Wilson Center），全称为"伍德罗·威尔逊国际学者中心"，成立于1968年，位于美国首都华盛顿特区，以美国第28任总统伍德罗·威尔逊（1856—1924）的名字命名，世界著名智库机构之一。

好东西的同时，要始终紧闭潘多拉盒子的盖子"（Davies，2008年，第24页）。从这个职责的描述中我们就已经能够看出，在全社会同纳米技术打交道的过程中，就像该技术的潜在可能性有时所要求的那样，类似的不可能的东西有可能变成了可能的东西。因此，这里的关键问题不仅是（缺乏）认识到自身的界限，而且还有批判性地与创造乐观主义保持距离的（非）可能性问题。这种乐观主义是纳米技术研究计划的首要鼓动者，其基础乃是对能够控制和驾驭崭新的和不同类型的事物的一种信心。

遗留的问题

341　　人们对于具有伴随研究特点的纳米技术伦理学的批判，导致元伦理学问题的提出。在部分所提出的问题最终导致了诸多限制和界线划定的同时，也带来了问题的扩展和深化，这对于关键技术的研究计划有普遍的好处和意义。

　　长久以来，人们一直在谈论"负责任的开发纳米技术"，此后又在谈论"负责任的科技创新"的话题。问题的所指，初看起来让人觉得是一种漫无边际的对责任问题的稀释，甚至也是责任问题的极端化（参见第2章第6节）。实践证明，在纳米技术有社会各界广泛参与的开发过程中，将责任和通报说明义务联系在一起是一件很难做到的事情。因此，欧盟委员会在以*可持续性*为主题的一项关于自愿遵守的行为准则的建议书中提出："纳米科技的研究活动应当安全和合乎伦理规范，并且应当为可持续性发展做出贡献……它现在和未来都不应当给人类、动物、植物或环境带来危害，或使其在生物学上、物理学上或道德伦理上受到威胁。"在通报说明义务的主题词下，建议书补充写道："研究人员和研究机构应当始终为自己的纳米科技研究对现在和未来人类子孙后代所可能造成的社会、生态和人生健康影响负责。"（European Commision，2008年）

　　一方面，在这种纯粹自愿遵守的行为准则的有效性引起人们质疑的同时，另一方面，显然根本无法兑现的通报说明义务也同样遭到了人们的怀疑。倘若根本就不存在技术作为最初的原因，或者技术充其量只是一个十分微小的起因，以及，假如科研人员同时既要为预期的后果，又要为长期无法预见的附带后果进行解释说明的话，那么，究竟应该怎样来追究相关人员的责任呢？正因为这方面的质疑削弱了行为准则的政治和管理可信度，所以，欧盟委员会的负责机构试图针对这些质疑做出解答。根据雷内·冯·舍姆贝格①的观点，解决问题的关键在于构建一种共同的责任，依据这个结构体系，解释说明的义务不是由谁是始作俑者这个问题所决定，而是决定于已经定义的关注、公开或通报义务有没有得到遵守。这样，"每个人都有责任"这句话就意味着，任何人都可以参与到纳米技术的开发工作中，因而也对社会福祉承担某些责任义务，并且不能以所谓企业秘密或纯粹的旁观者身份作为回避的借口和托词（Schomberg，2010 年）。有鉴于此，构建起这样一种相互责任的实例就是所谓的*没有数据就不准销售*的原则。根据此原则，只有将可能潜在影响到员工或消费者身体健康的所有数据信息予以公开，才能换取市场的准入。与此同时，这一点（在以交流为基础的自我承担责任的意义上）也说明了，为什么行为准则的最高原则要求有其重要性（meaning）和可理解性（comprehensibility）。

伦理学理由论证遇到更多的困难，也许是在那些初看起来似乎完全不言自明的地方，亦即涉及以提示词*实验室地面上的伦理*（Swierstra／van der Burg，2013 年）为代表的、要求对研究过程本身进行伦理化的地方。那么，人们应当提出哪些不同意见来反驳将"普通"纳米研究人员的伦理观点敏感化的做法呢？虽然对此的反对意见看似寥寥无几，但这个要求是充满假设条件和值得质疑的。人们常常错误地认为，普通的研究者所从事的是一种非同寻常和影响深远的研究工作，一种决定未来发展方向的事情正在实验室里发生，政界人士和社会公众都无法接触到它，因而尤其需要具有责任感的研究人员。与此同时人们还假设，实验室的研究工作正好在恰当的时间和恰当的地点中进行，为的是既不早也不晚地能够对技术的发展进行干涉。尽管这些假设问题重重，但是，始终还是应该对人们所提出的针对*实验室地面上的伦理*的要求进行解释

---

① 雷内·冯·舍姆贝格（René von Schomberg），欧盟委员会科技和创新总会官员，荷兰特温特大学教授，本文参考文献所列书目作者。

并说明其必要性。而且，当这一要求的自我认识已经发生相应转变的时候，人们也许更应该来为这一要求进行解释说明。因此，只有在研究工作不再局限于探索新特性或学会对现象进行控制，而且从一开始就致力于以改变世界为目的的设计过程时，这一要求才可以为人们所理解和认识。

鉴于在投入市场前纳米微粒安全性证明的困难，一个完全不同的实验概念引起了人们的注意。这里，纳米技术一下成了集体实验方案的实验和测试场地，使用者和消费者把自己变成了做实验的兔子，他们在兔子身上对纳米技术的后果影响进行实时观察研究（Van de Poel，2009 年）。有关实验室条件下的人类实验已经有了伦理上的规范，而适用于集体实验模式下全社会学习过程的道义原则还必须先被提出来进行讨论。所以，已广为人知的预防原则（参见第 6 章第 3 节）似乎在这里可以作为探讨的雏形，该原则确定了实验工作必须停止的那些条件。但是，如何找到一个明确同意（informed consent）的相应用词，还是一个有待解决的问题。

从战略意图角度出发对实验室工作进行介入，并试图以此来规划技术发展的未来——这个要求因集体实时学习过程的观念而受到了干扰。从伦理学角度对纳米技术研究的立场和态度进行评价，以及从伦理学角度对可能或将会出现的事物进行评价，这两者之间的对比和差异反映了哲学关注点的不同目标和方向。在这个问题范畴中，人们正在对技术提高人的身体和精神能力的问题（人类增强，参见第 5 章第 8 节）进行尤为深入的探讨。这里形成了各种有趣的立场和观点，它们不仅致力于找到一个明晰的概念，而且还为负责任地遴选社会管理方法的场景制定标准，以及针对受到人们指责的和实际达到的技术介入深度进行探讨（Selin，2011 年；Ferrari/Coenen/Grunwald，2012 年）。

综上所述，纳米伦理学在这里所留下的，首先是元伦理学所提出的问题，这些问题对从总体上评价新的关键技术十分有益。同时这一点也预示了：在伦理学反思能够回过头来与自身的传统和理论建立起关系的地方，它就能在那里为实实在在地同纳米技术的规划和项目打交道做出贡献。

参考文献

Amato, Ivan: *Nanotechnology: Shaping the World Atom by Atom.* Washington: National Science and Technology Council – Committee on Technology (NSTC/CT) 1999.

Crandall, B. C. : *Nanotechnology: Molecular Speculations on Global Abundance.* Cambridge 2000.

Davies, Clarence: *Nanotechnology Oversight: An Agenda for the New Administration.* Washington: Project on Emerging Nanotechnologies, Woodrow Wilson International Center for Scholars, 2008.

Dupuy, Jean – Pierre: Some pitfalls in the philosophical foundations of nanoethics. In: *Journal of Medicine and Philosophy* 32/3 (2007), 237 – 261.

European Commission: *Commission Recommendation of 07/02/2008 on a Code of Conduct for Responsible Nanosciences and Nanotechnologies Research.* Brüssel 2008.

Ferrari, Arianna/Coenen, Christopher/Grunwald, Armin: Visions and ethics in current discourse on human enhancement. In: *NanoEthics* 6/3 (2012), 215 – 229.

Friedl, Christian: *Das Nanoschnitzel: Vision und Wirklichkeit in der Nanotechnologie* Bayrischer Rundfunk, Erstausstrahlung 23. 10. 03.

Grin, John/Grunwald, Armin (Hg.): *Vision Assessment: Shaping Technology in 21st Century Society: Towards a Repertoire for Technology Assessment.* Berlin 2000.

Grunwald, Armin: *Auf dem Weg in eine nanotechnologische Zukunft: Philosophisch – ethische Fragen.* Freiburg 2008.

Heckl, Wolfgang: Molecular self – assembly and nano – manipulation: Two key technologies in nanoscience and templating. In: *Advanced Engineering Materials* 6/10 (2004), 843 – 847.

Kaiser, Mario: Neue ZukünfteGegenwarten im Verzug. In: Sabine Maasen/Mario Kaiser/Martin Reinhart/Barbara Sutter (Hg.): *Handbuch Wissenschaftssoziologie.* Wiesbaden 2012, 395 – 408.

Nordmann, Alfred/Macnaghten, Phil (Hg.): Symposium: Engaging narratives and the limits of lay ethics. In: *Nanoethics* 4/2 (2010), 133 – 189.

Schomberg, René von: Organising collective responsibility: On precaution, codes of conduct and understanding public debate. In: Ulrich Fiedeler/Christopher Coenen/Sarah Davies/Arianna Ferrari (Hg.): *Understanding Nanotechnology – Philosophy, Policy and Publics.* Heidelberg 2010, 61 – 70.

Selin, Cynthia: Negotiating plausibility: Intervening in the future of nanotechnology. In: *Science and Engineering Ethics* 17/4 (2011), 723 – 737.

Swierstra, Tsjalling/Rip, Arie: Nano – Ethics as nest – ethics: Patterns of moral argumentation about new and emerging science and technology. In：*Nanoethics* 1/1（2007），3 – 20.

Swierstra, Tsjalling/van der Burg, Simone（Hg.）：*Ethics on the laboratory floor：Towards a cooperative ethics for a responsible technological future.* Houndsmills 2013.

Van de Poel, Ibo：The introduction of nanotechnology as a societal experiment. In：Simone Arnaldi/Andrea Lorenzet/Federica Russo（Hg.）：*Technoscience in Progress：Managing the Uncertainty of Nanotechnology.* Amsterdam 2009，129 – 142.

阿尔弗雷德·诺德曼（Alfred Nordmann）

第19节　神经学技术

343　　作为初步的试论，我们可以把神经学技术这个新的和迄今尚未明确定义的概念理解成将神经生物学、信息论和工程学方法结合在一起的技术方法的总称。通常人们普遍认为，与其他的技术形式不同，神经学技术在对人的自我认识、认知、体验及生活方面具有更为广泛的影响潜力。除了具有深度介入的技术方法外，这一点也同样适用于功能性成像技术，通过这一技术，我们可以直观地了解对人的状态和行为有构建性意义的神经活动过程。

神经学技术可以分成侵入型应用和非侵入型应用两大类，除此之外，还有既包含侵入型成分又包含非侵入型成分的技术方法。侵入型神经学技术标志性的判断标准是人工植入物或测量器件与神经组织之间的直接连接。侵入性方法的核心技术是大脑—机器—接口（Brain-Machine-Interface，BMI），以及大脑—电脑—接口（Brain-Computer-Interface，BCI）。在深度大脑刺激、迷走神经刺激和脊髓刺激（Spinal Cord Stimulation，SCS）方面，以及在诸如人工耳蜗或人工视网膜（见下文）及感觉型神经假体方面，这两项技术都有应用。最初的应用案例是运动神经假体，它能使截瘫患者借助植入在皮层的微电极阵列获得对一条假臂的控制。

非侵入型神经学技术的方法是借助脑电图（EEG）来回溯诱导神经的活动。这种方法是为了与不能用常规交流方式表达自己意愿的患者建立互动的可能性。非侵入型神经技术包括经颅磁刺激和经颅直接直流电刺激，以及其他成像方法，如核磁共振成像（MRT）、功能性核磁共振成像（fMRT）、正电子发射计算机扫描（PET）、计算机断层成像（CT）、大脑皮层脑磁图（MEG）和脑电图逆算法等。

当前人们正在积极努力借由机电元件的帮助（通过微型接头与神经组织相连）来补偿和克服神经系统的机能障碍。人工耳蜗植入术现在已经是一种很成熟的手术，它能使患者基本恢复听觉能力。此外，人们对人工视网膜也寄予很大的希望，然而，它还无法使患者的视觉得到完全恢复。尽管如此，它还是使患者依靠视觉辨别方向成为可能，从而与手术前的状况相比大大地扩展了患者在社交中的行动能力。

正如截肢手术是为了补偿患者的活动限制一样，神经学技术并没有带来十分严重的伦理学问题，而充其量只是陌生化综合征，以及自我和异体认识中的错位问题。但是，与这些问题相对的，则至少是部分得到恢复的运动控制给患者所带来的有益经验。由于用来克服身体缺陷的神经假体方法是从外部作用于患者的，所以，我们必须识别和摒弃人为操纵的危险。

神经学技术是标准规范角度上存在广泛争议的课题，在这些争议中，神经决定论的观点颇有市场（见下文）。不少学者明确认为或至少是默认，人的神经元机制决定了人的精神现象。除了神经决定论立场以外，在公开探讨中还有学者持有这样的观点，即外部对神经系统实施的影响直接作用到了人的行为方式之上。

神经成像

神经成像是试图将神经元活动过程和精神现象之间的关系予以视觉化的一种神经学技术，它采用测量的方法提取大脑结构和作用方式的数据资料，并从时间分布和空间分布上对之进行换算。对病症的查证，要么通过记录不同组织类型中氢核的电磁特 344 性（MRT）、氧同血红蛋白的结合（fMRT）以及植入和标记物质的放射性衰变（PET）间接地进行，要么是通过对电信号的逆算法（EEG）以及在结构成像法的配合下直接进行。功能成像的应用范围不仅包括感觉和运动过程，而且包括情感和认知过程。

随着神经元过程和感受体验之间关系的澄清，新的医学应用的可能选项应运而生。例如，依靠 fMRT 所获得的数据，医生可以在神经反馈法的范围内同患有闭锁综合征的病人建立起交流情景。此外，运用成像法还可以衍生出其他的关于休克病人神经元状态的信息，在理想的情况下，这些信息可以为医生的治疗决策提供支持。

依靠功能成像法，人们无法将神经元过程和主观感受完全都看成某个相关病人身上特有的表现，它们顶多反映了在联想区域非条件反射的大脑活动。目前，医学界只是初探性地认为，在观念、意图和简单思维与大脑特定区域活跃或不活跃的活动之间存在普遍的对应关系。研究的难点尤其在于这样一种情况，即在特定的神经过程和感受之间存在不同的关联关系。比方说，某个特定区域活跃的活动既可能与情感状态，也可能同认知状态相关联。

成像技术法能够为认识大脑的结构、作用以及机能障碍做出重大贡献。它极大地扩展了诊断手段，并使神经外科手术受控的框架条件成为可能。与其他神经学应用技术相比，功能成像的使用没有造成根本性的伦理标准困难。需要有伦理学解释的乃是如下领域：知情同意（关于医学技术，参见第5章第14节）、偶然检查结果、不知情处理办法、用户数据保密（关于信息法，参见第5章第9节）以及病人和受检者保护。

为了取得符合要求的知情同意以及保障对患者和受检者的全面保护，必须对相关检查的不利影响进行仔细的调查研究，并对其中期和长期的后果进行记录备案，尤其是核磁共振成像的场强和放射性物质（PET）可能会造成对身体的危害。

一般来说，检查测量时所使用的磁场场强在 1.5~3 特斯拉之间。以当前的科学知识水平而言，这样的强度不会对健康有任何损害。但是，现在很多科学仪器所使用的场强明显高于这个数值。为了取得针对这种仪器的风险考量（参见第4章第 C.7节），必须要进行大量的影响研究，同时还要注意到科研和治疗措施之间的区别。在风险考量时，患者所能接受的用于识别和治疗病情的剂量，或许不能用在受检者的身上。

在神经学研究项目范围内出现了一些意想不到的检查结果，这要求我们必须弄清这些结果到底是无须进行治疗的神经解剖学变种还是其他的疾病。假如如此严重的疾病在早期阶段被发现的话，意外检查结果可能对患者和受检者具有非常大的意义。在这种情况下，与病人初始发病时相比，治疗的可能性通常将大大增加。

倘若缺少相应的预防及治疗选项，因成像法而得到明显改善的治疗可能性将导致伦理学方面有问题的局面——当前在阿尔茨海默病方面就存在这样的问题。PET 检查结果在早期就能发现病人是否会有得阿尔茨海默病的高风险。这时，在初步诊断和实际发病之间的这段或短或长的时间，同时还有伴随期间的不确定性，对于当事人今后的生活来说是一个很大的包袱。虽然这段时间可以让人从自己决定生活计划的角度对将要到来的疾病做好准备，但是，沉重的生存负担压力也一样如影随形。高度自主地安排自己的生活，在治疗上无法控制的情况下要求有一种对未来疾病的放松关系，以及要求拥有不知情的权利——这种期待和愿望在伦理学上同样都是合情合理的。在新诊断可能性的条件下，这两种视角有可能会出现相互冲突的情况。

由于知道自己身体情况而产生的心理压力，诊断结果和病情出现之间的这个较长的时间段给患者的生活质量带来了不利影响的后果。早期诊断之后人的精神面貌表现出了一种不同于通常对疾病的认识的特殊状态：一个人感觉自己既非健康的放松状态，也非机能障碍意义上的生病状态（这种情况也出现在预先告知的基因技术诊断法时，参见第 5 章第 7 节）。以神经成像为基础的早期诊断具有很高的出现概率，但是不能被解释成一种必然性的表现。在机能障碍出现之前，对此病症的出现具有预兆性的情况促使人们将来要对从常规角度看待健康和病情的态度进行重新修正。

神经成像技术的广泛使用使人们可以搜集越来越多的数据并建立数据库。对于数据保护和信息自主决定权来说，这个过程是一个长久的挑战（参见第 5 章第 9 节）。倘若有用于某项科研目的的、解禁的信息被收录进数据库并可备长期使用，那么信息自主决定权就不再能得到保障。

常有学者专家提请人们注意个人权利——特别是信息自主决定权所受到的侵害——或是神经成像技术操纵病人的情况。通常来说，神经成像技术搜集的数据会导致对普通个

345

人权利和信息自主决定权的干涉，这样的可能性无法予以排除。但是，在目前的技术条件下，不可能出现这种情况，即各种成像技术方法也许会使相关人士违背自己意愿地将自己的私人数据交予他人使用，或者这些人士的决定过程会受到别人的操纵，这是因为所有涉及病人或受检者的相关实验情况，都必须以双方的互动或至少是主动协助为前提。

深度大脑刺激

神经学技术一个十分成熟的领域乃是借助技术手段对神经元活动过程施加作用的互动系统。如同在深度大脑刺激的案例中一样，互动系统主要用于对运动机能障碍病症的治疗。现在，精神病病例也被纳入了它的应用范围。深层大脑刺激是神经技术互动系统的典型模式，如果传统的治疗措施对病人没有效果，它就可以投入使用。采用深层神经刺激来治疗运动机能障碍现在是一种非常成熟的方法。但在其他领域里，它在技术和治疗方法上还处于起步阶段，比如说在重度抑郁症或毒瘾的治疗方面。因此，人们不应当从一种统一的治疗方法来看待深度大脑刺激，而应当从不同的病情、不同目的和不同的应用手段来看待这一方法。这个基本看法也导致了我们伦理学评价的不同切入点。

深层大脑刺激是一种侵入型的方法，在数小时的手术治疗过程中，刺激系统的微电极以立体定向的方式被深度植入大脑。正如人们所期待的那样，手术过后出现了许多明显的行为变化情况，这些明显的变化情况一直涉及病人典型的行为方式范畴。深层大脑刺激也包含风险，诸如颅内出血、组织损伤、感染、刺激系统技术故障，以及非意愿的个人精神状态变化，如攻击性的行为、抑郁、较高的自杀倾向、轻度狂躁、幻觉或反应冷淡等（参阅 Müller/Christen，2010 年）。

鉴于神经技术应用可能性的多样化，标准规范方面的评价必须对相关的应用领域进行直接的探讨研究。这一要求不仅适用于治疗方法和人类增强（参见第 5 章第 8 节）之间的区分，以及医学的和非医学的手术之间的区分，而且也同样适用于对病情和手术后果之间关系的分析。在对深层大脑刺激方法用在精神病病症治疗的评价方面，人们面临着一个根本性的难题，即这些病症本身的后果对患者的个性具有改变性

346

质的作用。因此，对于手术后果的问题要采取另一种回答方式，这一点有别于对运动机能障碍的治疗。同时，人们对于神经技术手术的副作用及其长期后果还没有获得很好的了解和认识。所以，医务人员在治疗每个病例时，必须对因该病症所生产的心理和身体影响和压力进行考虑。然而，在医学研究中人们对于引用哪些规范标准还没有形成一个明确的认识（参阅 Synofzik/Schlaepfer，2008 年；Glannon，2009 年）。

个性的概念涉及一个人在其生活中所具有的、带有持续性和长久性特点的素养、思想观念和行为方式。同时，个性概念还具有能够被医学诊断所了解的客观定式，而且具有非常有限地能够被了解的主观定式。个性的主观和客观定式在实践中处于一种对立状态。在使用深度大脑刺激时必须考虑到这样的情况，即患者个性的改变从医学角度或家属角度看可能是有问题的，但患者本人很乐意接受。在这样一种矛盾的情况下，人们常常提出一种真实可靠性的论点来供讨论，而这个论点又面临着巨大的认识论障碍：在实践中我们很难确定，什么情况下意愿的表达才是真实可靠的。这种情况甚至也适用于相应的主观思想观念，这些主观思想观念受到相关的和合乎逻辑的信息的制约，并且处于特殊的社会上下文环境中。除此之外，我们还要考虑到另外一个难点问题，即很多情况下需要对患者进行或必须进行深度大脑刺激手术，而患者的自主决定能力却因病情而受到限制。

侵入型神经学技术迫使我们从标准规范的角度对治疗和个性改变进行新的评价。对此，必须建立一套伦理学的标准，参照这套标准，人们不仅可以回答以何种方式从外部对患者的个性影响是可以接受的和有科学依据的问题，而且可以把主观定式和客观定式（患者视角和治疗情况）两者相互结合起来。

伦理学挑战

借助一系列的神经学技术，人们有可能直接对人的中枢神经系统施加影响。对于这样的手术，我们不能指望它不会触及相关病人的个性结构。撇开通常的风险考量不谈，这里所涉及的一个伦理学问题是，在神经医学手术中，对病人个性的改变是否必须被看作是不被允许的。如果能够证明病情是一种比手术对病人的自主能力更大的威胁的话，那么答案就是否定的。在现代心理哲学中，人们的一个共同认识是，在这样一种要做决定的情况下，人们无法援引病人的一种"自然的自我"或一种"本性的核心"来作为评价的基础。因此从实践的角度说，关键要解决的问题是，哪种形式的改变是无论如何应当避免的。

就这个问题来说，我们可以举出一系列与之相关的典型的对病人生活造成损害的精神病学特征，如全面的被动性，活动能力的急剧降低，以及连贯的生活计划的丧失等。个性特征的改变并非必然属于损害后果的范畴。尽管进行预测和细致的风险考量，但最终人们可能还是发现，手术造成了病人自主能力的限制。在这种情况下，我们似乎可以设想一下，如果不进行手术，病人的情况是否会更糟糕。

关于伦理学评价时是否要以人的本性来作为标准，这个问题在相关的学术探讨中是有争议的。针对重大的神经外科手术，常常有人提出反对意见，认为手术会导致病人本性的重大改变。"个人本性"这个说法表示的是一种关系，它完全允许其中相关联的概念之间有较大的差异存在。虽然可能会出现与之前的思想观念和行为方式不同的差异，但是，人始终是同一个人，他在时间点 t_1 时会有这样的特点，在时间点 t_n 时又会有那样的特点。跨越时间以外的人的本性是完全可以和观念、性格和行为方式的较大改变相匹配的。

神经学技术的手术通常是对神经元活动的操纵和直接对人的特性和生活能力的改变。针对神经技术手术，尤其是针对深度大脑刺激手术，我们归根到底所要回答的是关于个性概念的标准化应用在实际生活中的严重后果问题（见上文）。可是到现在为止，我们既没有对心理学的语义体系有一个广泛的认识，也没有关于个性的标准化定义以及标准化意义上人的重要特性的、能够统一认识的方案设想和理论学说。在当前神经学技术发展的背景下，对人的性格和个性从个人特点和能力的一致性和连续性意义上进行新的定义，看来是神经科学、心理学、精神病学和伦理学的跨学科研究的当务之急。没有这个新定义，对许多神经学技术的评价在体系上和内容上都是不全面的。

神经学技术领域不仅具有很大的创新潜力，而且具有高端科研活动的特点和性质，因此也需要相应的科研伦理学实践活动的伴随。科研伦理学评价的标准不外乎是科学和医疗方面的受益和好处，科学的质量和良好的科学实践，风险考量和伦理学检查及权衡，受检者知情同意的高标准度，公正的调研报告设计和全面的受检者保护等（参阅 Emanuel 等，2000 年）。

生物科学的伦理学评价通常以所谓的四项原则为基础——自主能力，有益健康及关怀照顾，避免损害，公正性（参阅 Beauchamp/Childress，2009 年）。这个尚不成熟的方法也可以被运用到神经学技术的标准规范分析之中。当人们在使用神经学方法时，必须通过实施知情同意的手段来满足维护患者和受检者自主能力的高要求。在患者身上必须取得可以预见到的生活质量的根本改善，在受检者身上不能出现情况的恶化。必须通过全面的风险考量来保障对损害的避免（参见第 4 章第 C.7 节），亦即在患者身上，我们首先要对手术的深度和术前心理状况加以考虑。在对治疗情况进行评价时，必须将手术深度、侵入性和目标准确性，以及期待出现的治疗效果与生活质量的彻底改善结合在一起。最后，神经技术治疗方法的服务必须要予以社会化和公正合理的安排（关于公正性，参见第 4 章第 B.9 节）。

神经决定论

在当前神经学技术评价的背景下，出现了不少神经决定论的假说观点。持有这些观点的学者认为，人的行为完全是由神经元机制所决定的。在目前的研究阶段中，对于各种不同的神经学技术来说，神经决定论观点似乎是不言自明的。在人们对赞同或反对神经决定论进行评价时，我们必须把一种普遍的自然主义立场——此立场假定现实情况具有同一性，各种学科也具有同一性及兼容性——同一种不可恢复的消除方法区别开来。就神经学技术领域来说，人们似乎不可避免地要从方法上或至少是从实用性的角度去接受自然主义的立场。此外，人们也不可能舍弃方法的简约化（参阅 Singer，2012 年）。方法的简约化是在更高的抽象层次上可以被撤回的构建性步骤。只有狭义的消除主义方法才会有构建性地消除大脑中意识过程的后果。这些手段和方法在科学理论上都遭到了批判（参阅 Bennett/Hacker，2003 年；Struma，2006 年；

Falkenburg，2012 年）。

348   大脑的可视化不仅是神经技术基础研究和治疗应用的核心组成部分，而且通过媒体对神经图像的各种复制也影响到了人们关于人的生命的个人和社会角度的认识。在关于个人或文化自我认识的公开讨论中，神经成像技术作为自诩的精神可视化方法产生了很大的影响作用。通过成像技术途径，神经决定论的各种推断也蔓延到了专门领域的学科界线之外。社会上出现了一系列各式各样的出版物形式，在这些平台上，人们以神经科学研究对我们日常生活的后果为题进行探讨争论。但是，每个单独案例的可视化手段究竟有多少说服力是一个必须进行进一步探讨的问题。首先，针对神经元机制和有意识的体验之间的关系，我们只能从检查结果所发现的相互关系角度出发来对之进行研究。其次，我们充其量也只能模糊和不具体地谈论神经元层面的现象事件是否具有代表性的问题。

参考文献

Beauchamp，Tom L. / Childress，James F. ：*Principles of Biomedical Ethics*. New York / Oxford ⁶2009.

Bennett，M. R. / Hacker，P. M. S. ：*Philosophical Foundations of Neuroscience*. Malden / Oxford 2003.

Emanuel，Ezekiel J. / Wendler，David / Grady，Christine：What makes clinical research ethical? In：*The Jounal of the American Medical Association* 283/20（2000），2701 – 2711.

Falkenburg，Brigitte：*Mythos Determinismus. Wieviel erklärt uns die Hirnforschung*? Berlin / Heidelberg 2012.

Glannon，Walter：*Bioethics and the Brain*. Oxford / New York 2007.

 – ：Stimulating brains，altering minds. In：*Journal of Medical Ethics* 35/5（2009），289 – 292.

Heinrichs，Bert：A new challenge for research ethics：Incidental findings in neuroimaging. In：*Bioethical Inquiry* 8/1（2011），59 – 65.

Illes，Judy / Desmond，John E. / Huang，Lynn F. et al. ：Ethical and practical considerations in managing incidental findings in functional magnetic resonance imaging. In：*Brain and Cognition* 50/3（2002），358 – 365.

Illes, Judy/Kirschen, Matthew P./Edwards, Emmeline et al.：Incidental findings in brain imaging research. In：*Science* 311/5762（2006），783 – 784.

Müler, Sabine/Christen, Marcus：Mögliche Persönlichkeitsveränderungen durch Tiefe Hirnstimulation bei Parkinson – Patienten. In：*Nervenheilkunde* 29/11（2010），779 – 783.

Schleim, Stephan/Spranger, Tade M./Urbach, Hans/Walter, Henrik：Zufallsfunde in der bildgebenden Hirnforschung. Empirische, rechtliche und ethische Aspekte. In：*Nervenheilkunde* 26/11（2007），1041 – 1045.

Schneider, Frank/Fink, Gereon（Hg.）：*Funktionelle MRT in Psychiatrie und Neurologie.* Heidelberg ²2007.

Singer, Wolf：Neuronale und bewusste Prozesse – Eineschwierige Beziehung. In：Julian Nida – Rümelin/ElifÖzmen（Hg.）：*Welt der Gründe. Hamburg* 2012.

Sturma, Dieter（Hg.）：*Philosophie und Neurowissenschaften.* Frankfurt a. M. 2006.

Synofzik, Matthis/Schlaepfer, Thomas E.：Stimulating personality：Ethical criteria for deep brain stimulation in psychiatric patients and for enhancement purposes. In：*Biotechnology Journal* 3/12（2008），1511 – 1520.

迪特·施图尔马（Dieter Sturma）

第 20 节　宇航技术

作为具有众多雄心勃勃目标的重大技术工程，宇航技术不仅从一开始就魅力四 349 射、夺人眼球，而且成了全社会批评和争议的一个主题。宇航技术的历史最早始于 1957 年苏联"伴侣"号人造卫星炫耀式的成功发射之举，同时，它也代表了人类飞向太空的第一个里程碑。超级大国苏联和美国都意欲借助这个里程碑式的工程进行竞争和博弈，为此，它们力图实现难度越来越大的航天计划和目标（载人飞行、登月、空间站和太空长期停留等）。在最初的数十年中，宇航技术的发展完全是受"冷战"及其政治制度的角逐所左右和驱使的。更确切地说，当年体现在儒勒·凡尔纳[1]、赫

---

[1]　儒勒·凡尔纳（Jules Verne），1828—1905，19 世纪法国作家，被誉为"科幻小说之父"。

尔曼·奥伯特①和韦纳·冯·布劳恩②身上的宇航所必需的火箭技术的幻想、思考和发明，就已经或多或少地有了军事意味。尽管如此，美国和苏联起初阶段的人造卫星工程不仅完全明确是为"1957 年国际地球物理年"的民用科研目的服务的，而且，从事宇航技术的国家对宇宙和太阳系的进一步探索，也总是同时有科学的动机所推动。此外，从全球角度对我们地球的了解和认识，也是通过从卫星轨道上居高临下对地球的观察才得以实现的（"全局效应"）。

宇航技术的发展，它的双重性以及公众特别针对其载人技术的争论，对于现代技术和有思想的社会民众之间的紧张对立关系及其今后的走向来说，是具有典型意义的。这里面，除了颇有争议的大量花费国家财政经费之外，显而易见，文化上的观点立场或是对相关宇航国家的认同情结也起着一定作用，如果我们对此将德国人的观点同美国人和俄罗斯人的观点做一番比较的话。尽管如此，有关宇航技术全社会争议的高峰时期似乎已经时过境迁，一去不复返了。

与航空或航海不同，航天技术不单单是一种机动性的问题（参见第 5 章第 17 节）。虽然该项技术数十年以来已经成为主要由国家投资的技术实践活动，但是它并没有去完成经常性的人员和物资运输工作，而且在今后可预见的未来也不会这样做。这里，占主导地位的更多的是完成某个单一"使命"目标，而不是执行所谓的"飞行计划"。这样，宇航技术的现实情况就与技术的长远梦想有很大区别。这些技术梦想不仅时常伴随着技术的现实，而且过去和现在都是许多人探索太空计划和思考的主题对象。缘此，宇航技术的这种使命特点就造成了宇航行动都相当昂贵和"量身打造"的单独产品的结果。每一次的发射行动都要完成各种不同的工作任务，比如通信、定位、探测，以及在太空条件下通过专门的卫星和探测器或太空平台（空间站）进行科学研究。虽然空间站被设计为可以使用很长时间，但是日常运行成本非常高，而且人员和物资需要经常运送和替换。

---

① 赫尔曼·奥伯特（Hermann Oberth），1894—1989，德国火箭专家，现代宇航学奠基人之一。
② 韦纳·冯·布劳恩（Wernher von Braun），1912—1977，德国火箭专家，著名的 V2 火箭总设计师，20 世纪航天事业先驱之一。二战时服务于德国，二战后转而服务于美国。

载人或不载人宇航?

载人航天项目不仅在技术和资金方面成本特别昂贵,而且鉴于其敏感的人员"载荷"风险也很大。尽管高级的生命维护系统和生活物资(只能用高昂的发射燃料代价发送到太空中)可以使宇航员在对生命不利的太空环境中生存和工作,却使项目的特殊成本耗费巨大。在这样的情况下,技术后果评估研究所的《桑格尔调研报告》①(TAB,1992 年)在德国联邦议会引起了强烈反响。该报告在现实的发射和降落技术过程的基础上,对项目的可行性和经济性进行了评估,最后导致德国取消了可重复使用太空运送系统的高科技计划。不久前,美国的航天飞机时代结束以后,商业宇航公司现在进入了还十分年轻的载人运载工具市场(Stern,2012 年),尽管如此,他们还是希望能够从政府方面拿到大部分的发射订单。

由于非载人宇航系统在安全性、材料和燃料动力方面对有效载荷支持的要求不是 350 很高,所以,它的成本要低得多。机器人或远程操作系统将地面和空间连接起来,尽管飞船系统或是太空探测器系统没有搭载人员,但是借助机械执行机构和操纵系统,人的行动范围被扩展到了宇宙太空。带有光学传感器和照相机的火星机器人能够从一个人的观察角度来探索这个星球,并且在较为有限的长度上将载人探索实现了可视化。同样,远程操纵系统还使从相关地面站对卫星进行无危险修理和远程维护成为可能。

从上面的论述中,我们可以就社会公众针对宇航技术的价值和用途的讨论基础问题得到一个初步的印象。鉴于人造卫星对远程通信、天气预报、环境及空间研究和危机反应无可辩驳的商业和社会用途,以及其恰到好处的成本费用,非载人的宇航技术从社会的角度看似乎是很受欢迎的或至少是不存在顾虑的(Bauer 等,1999 年)。但是,对于载人航天技术来说,还不能下这个暂时的结论,但可以进行更深入的探讨研

---

① 指德国联邦议会科研和技术后果评估委员会于 1990 年委托技术后果评估研究所做的一份关于名为"桑格尔"的太空运送技术系统的研究报告。

究。其间，对宇航技术的目的和后果问题也要进行探讨，目的是从技术伦理学的角度对之进行批判性评估。

非载人宇航技术的社会问题

如果我们对宇航技术的后果进行仔细考察，就会发现绝不仅仅限于载人航天领域的大众接受问题。所以，尽管"联合国遥感准则"给了从事航天技术的国家广泛的（不载人）从太空考察地球的探索自由，但是，这个自由有可能因为诸如 *Google Earth* 这样的公共平台损害到第三方的信息伦理权利。不管怎样，在诸如有国际法疑问的情况下，德国的卫星数据安全法（SatDSiG）通过保留审批权的方式，对如何处理高清晰度的遥感数据做了规定。但是，由于加入欧洲全球环境和安全监测计划（GMES）国家或是类似的第三方国家相对宽松的数据保护政策，这项法律的效力被打了折扣，并且因此可能带来滥用和扩散的危险后果。类似的风险将会同样出现在与 GPS 相似的名为"伽利略"的定位系统的实现过程中。此外，对此前由国家来完成的遥测任务的私有化趋势，使得必要的社会监督变得越来越困难。虽然非载人遥感系统的不断商业化十分具有成本效益潜力，但剥夺了监督机构为了调节管理个人或团体可获得的数据透明度所必需的各种信息。于是乎，国家的监督职能越来越落后于行业的发展而"疲于奔命"。正是在这个问题上，有必要为了个人隐私权以及个人其他权利，包括在承担责任的情况下，对问题加以澄清和规定（Smith，2009 年）。

部分民用地球观察卫星所面临的其他民众接受问题，涉及所谓的双重利用能力（参见第 4 章 C. 11）和出于军事目的的非正常使用。除此之外，这里还出现了各种不同的界定问题，比如对环境信息服务和查证工作的区别。从事航天技术的国家和/或营运企业对高清晰度的卫星数据享有获取和使用的特权，引起了人们道义上和政治上的顾虑和看法。同时，公正性问题（参见第 4 章 B. 9）的产生和对卫星飞经第三国事实上的歧视有关，虽然第三国也同样有地理信息的需求和要求得到这些信息的权利。在这个问题上，《空间与重大灾害国际宪章》确立了一个框架，在这个框架中，欧洲的 GMES 计划及其对应的组织"地球观测组织"（GEO）承诺进行更多的合作及自由的信息获取（Schreier，2012年）。尽管如此，如何能使卫星数据的第三方使用者对保护受到危害的个人权利承担义务，这个问题仍然存在。

最后，随着载人和非载人航天活动的越发频繁和扩大，出现了需要新的解决方案或是对无限制地进入宇宙加以限制的课题。属于后者的有所谓太空垃圾的问题（space debris），其数量与宇航活动的次数不断增加有关，因而越来越多并且威胁到了宇航员和卫星的安全。新兴的航天国家因为必须服从一种针对并非由他们自己所造成的后果的管理制度，所以感觉自己受到了不公正的待遇。此外，人们还针对载人或不载人的行星探索计划的限制问题展开讨论（*行星保护*），目的是将长远的科学研究以及将行星作为"保护区"，以保持它们的原始状态（Williamson，2003年）。在这个意义上，避免类似地球的行星体（火星）遭到生物污染起着特殊的作用。

载人宇航技术的目的和理由问题

如上所述，载人宇航技术鉴于其高昂的成本费用面临着巨大的合法化问题。再者，自人类登上月球以后，公众对载人宇航的兴趣普遍下降，同时在花费大量公共资金的背景下，赞同者越来越难对载人宇航的合理性给出令人信服的理由。然而，该技术的拥护者们至少是从长远意义的角度，仍然一如既往地宣传载人航天的好处，以及此项技术潜在副产品的收益。在20世纪80年代，人们曾经希望从失重状态下的载人研究获得对太空新材料制造的推动，并将之商业化，但是并没有取得成功。持批评意见者认为，从事材料研究的宇航员自己就是受到干扰的微引力条件的根源，而赞同者强调的则是人的主观能动性和处理问题的灵活性。

虽然赞同者和反对者的评价和看法不一，但是他们在寻找作为载人宇航可行性标准的（长期）经济效益上的观点是一致的。这种"技术功利主义"指的是以受益为主的目标和经济的合理性（Kambartel，1982年），这两个标准乃是经济和社会学中以及受其影响的技术后果预测中的主导型范例（Weyer，1994年）。从这个角度来说，我们必须对载人宇航进行批判性的评价，因为其商业利益不仅是不可预知的，而且其成本效益比例对于科学的成果或者是特殊的解决问题方案的贡献来说（尤其是与非载人宇航方案对比）是不

351

合算的。如果我们讲求效益第一的话，太空中自动进行的实验，地球轨道上远程操作的系统维护，或者是飞往行星的机器人探测器，都可以替代人的工作。关于载人宇航争议的批评分析，见于所谓的 SAPHIR 研究报告中（DLR，1993 年）。

　　"载人宇航……项目与非载人可选方案相比，必须要提出自己合理的理由……"——弗里茨·格罗德曾这样写道（2011 年，第 382 页）。基于这个观点，他在文中提出，人们必须证明，载人宇航技术能够为社会生活目的做出什么样的贡献。一般而言，一个社会并非所有的目的都是功利主义和以获取利润为目标的。比如，体育、戏剧和艺术等都由国家扶持，但并不生产出投向市场的产品。尽管如此，国家对公共文化活动的扶持并没有遭到普遍的质疑（参阅 Korff 等，1999 年，第 346 页）。因此，一个社会文化所构建的目的、手段和财富是直接为全社会利益服务的，因而也是非功利性的（Guthmann，1994 年）。非功利性的特点尤其符合公众的利益，但不适合于市场规则。因此，对它的扶持就有可能是合理的。这种目的的双重性也适用于宇航技术中的技术行为范畴（Guthmann，1994 年）。我们应该首先对宇航技术的目的加以澄清，然后再就手段的选择下结论，换句话说，载人宇航技术作为手段是否以及在什么程度上是合目的和合理的。

　　载人宇航技术从短期到中期的角度看似乎不大适合功利主义的目的，但有可能是其他目的，也即反功利主义目的（转功利目的）的一种手段。然而，倘若这都是些非同寻常的目的，并且可能会引起冲突和争议的话，那么，它们虽然是合目的性的，但不能被合法化。举例来说，美、苏两国在 20 世纪 50 年代和 60 年代为显示其社会制度的优越性而进行的太空争夺战等。相反，在地球上谋求和平的政治文化反倒是一个应当努力实现的目标，载人宇航技术可以为此做出自己的贡献，比如通过在复杂和人力物力投入巨大的、只能由各方共同承担的宇航项目中的国际合作——国际空间站的建设和运营便是其中的一个实例。众多拥有宇航技术的国家以及它们对新技术选项的参与，可以被看成多中心的世界秩序的因素和组成部分。另一个从长远意义上可以被看成合法目标的，是通过对太阳系的载人探索和人在太空中的活动，将人类文明扩展到地球以外的地方。从人类学和历史的角度来看，未来前景中人类*生存条件*向

"宇宙文明"的发展，与人类求变的需要以及历史的重大发现之旅密切相关（Guthmann，2006 年）。尽管这些举措——倘若我们把科学知识视为能够对人类的福祉有促进作用的话——也有功利主义的成分（Knobloch，2006 年；Larson，2011 年），但人类对行星体的探索也是同样的情况（Wasserburg，1986 年）。这里所提到的二者相辅相成的关系虽然不能证明载人宇航事业是一种具有优先权的要求，但让我们看到这是一件可以去做的事情——不仅根据从社会角度对其他文化选项的考量，而且基于成本问题的观点。

其余针对载人宇航技术的道德顾虑，我们可以将其都归结在要求满足的概念之下：面对已经取得的技术成就和亟待解决的地球上的需求（如与世界范围内的饥饿做斗争等）的自我满足期待，针对太空中不利于生命的拒绝风险态度，以及太空神圣不可侵犯和地球上人类活动由大自然所确定的界限的假设，等等。在相关行为准则的有效要求问题上，我们不禁要问，它们在多大程度上可以被当作普遍化的要求？神圣不可侵犯性和大自然的界限属于宗教和一般描述的范畴，兼顾之就足以能够满足特殊主义及自然主义的观点和认识。拒绝风险和自我满足的动机根源可以追溯到汉斯·约纳斯的责任原则说，这派人士在怀疑不定的情况下对技术创新总是持反对的立场和态度（参见第 4 章第 B.2 节）。针对宇航技术的批评观点，卡尔·弗里德里希·盖特曼（1994 年/2006 年）提出了超验道义说与之相对抗。该学说的创立得益于马克斯·舍勒（1976 年）和阿诺尔德·盖伦（1986 年）的人类学著述（参见第 4 章第 A.3 节），并被应用到宇航技术之中。根据他的观点，超越自己的界限，补偿面对大自然和自己雄心勃勃目标的适应缺陷，完全符合人类求生的利益和需要。此观点在另一份文献（DLR，1993 年）中被冠以"情境超越"的概念。然而，这里始终未弄清楚的问题是，此原则是否同行为者个人求生和发展的利益和权利有关，抑或最终目的是保证人类作为（生物学的）种类的续存，诸如借助高度先进的宇航技术将人类移民到其他遥远的行星上，等等。

宇航技术作为文化任务？

根据上文的探讨，作为一种人类的文化活动，宇航技术看来首先是技术同自然打交道众多可能性中的一个选项（Gethmann，2006 年）。这个文化活动在何种程度上可被称作文化*任务*，取决于对之的理性批判。从实用的角度来看，对载人或非载人宇航技术的批判首先是与它的目的的合法性紧密相关。基于这一点，从技术伦理学的角度看，当年美、苏两个超级大国侵略性的太空争夺战是完全站不住脚的，尽管他们的登月计划在科学上带来了很高的附带成就，但是，这场太空争夺战却主要是以向竞争对手炫耀自己的优势为目的的。相反，作为对多极世界秩序的一个贡献，人们在建立国际空间站方面的和平合作具有迥然不同的意义。正如在载人宇航技术的其他许多领域里一样，为了进一步批判分析其目的，我们在这里必须对这一目的以及其他转功利主义的目的加以重新构建，其原因就在于当事方常常没有将自己的目的给予足够的明确

353 化，并且将其局限在功利主义和其他可予以反驳的理由上。借此，多方联合参与就是载人宇航技术在众多选项中可以被看作合目的手段的一个合法的目的，倘若没有这一专属目的性，那么就会削弱载人宇航技术存在的理由（Ott，1997 年）。在这种情况下，公众的批判和探讨就由合法性问题转变为对目的和手段合理性的分析，并且，在目的合法的前提下，人们可以从利益和成本的视角出发来对一个选项做出取舍的决定，从而得到有用和高效的解决方案。诚然，就某些特定的目的来说，载人宇航技术是没有地面替代方案的唯一选择（扩大人类的文明空间）。但是，在有合法性的前提下，鉴于与之竞争的地面项目以及出于成本的考虑，人们可能不会首先采用宇航技术，其结果就是宇航目标的放弃和活动的停止。

　　根据上述观点，载人宇航可以看作为某些特定目的服务的文化选项。它既不能一概予以否认，也不具有强制性，所以，它是不断重复的技术伦理学决策的命题。

参考文献

Bauer, Peter/Seboldt, Wolfgang/Klimke, Michael: Earth and climate control: can space technology contribute? In: *Space Policy* 15 (1999), 27 – 32.

DLR（Deutsche Forschungsanstalt für Luft – und Raumfahrt）（Hg.）: *Technikfolgenbeurteilung der bemannten Raumfahrt. Systemanalytische, wissenschaftstheoretische und ethische Beiträge: ihre Möglichkeiten und Grenzen.* Abschlussbericht für das BMFT, DLR – TB – 318 – 1993/01. Köln – Porz 1993.

Gehlen, Arnold: *Der Mensch. Seine Natur und seine Stellung in der Welt.* Bonn 1986.

Geiger, Gebhard: *Europas weltraumgestützte Sicherheit. Aufgaben und Probleme der Satellitensysteme Galileo und GMES.* SWP – Studie, Stiftung Wissenschaft und Politik, Berlin 2005.

Gethmann, Carl Friedrich: Die Ethik technischen Handelns im Rahmen der Technikfolgenbeurteilung. Am Beispiel der Raumfahrt. In: Armin Grunwald/Hartmut Sax（Hg.）: *Technikfolgenbeurteilung der Raumfahrt. Anforderungen, Methoden, Wirkungen.* Berlin 1994, 146 – 157.

– : Manned space travel as a cultural mission In: *Poiesis & Praxis. International Journal of Ethics of Science and Technology Assessment* 4/4（2006）, 239 – 252.

Gloede, Fritz: Die Kontroverse um den gesellschaftlichen Nutzen von Raumfahrt. In: Reinhard Coenen/Karl – Heinz Simon（Hg.）: *Systemforschung, Politikberatung und öffentliche Aufklärung.* Kassel 2011, 380 – 401.

Kambartel, Friedrich: Nutzen. In: Jürgen Mittelstraß（Hg.）: *Enzyklopädie Philosophie und Wissenschaftstheorie. Bd. 2. Stuttgart/Weimar* 1982, 1045 – 1046.

Korff, Wilhelm et al.（Hg.）: *Handbuch Wirtschaftsethik.* Bd. 4, Stichwort » Kunst « Gütersloh 1999, 334 – 347.

Knobloch, Eberhard: Erkundung und Erforschung: Alexander von Humboldts Amerikareise. In: *Poiesis & Praxis. International Journal of Ethics of Science and Technology Assessment* 4/4（2006）, 267 – 289.

Larson, Edward J. : Turning the world upside down. In: *Nature* 480（2011）, 29 – 31.

Ott, Konrad: Zur neueren deutschen Debatte um die bemannte Weltraumfahrt. In: Johannes Hoffmann: *Irrationale Technikadaption als Herausforderung an Ethik, Recht und Kultur.* Frankfurt a. M. 1997, 81 – 141.

Scheler, Max: *Die Stellung des Menschen im Kosmos.* Gesammelte Werke. Bd. 7. Bern 1976.

Schreier, Gunter: International coordination in the use of remote sensing data. In: Mildred Trögeler/Stephan Lingner（Hg.）: *Remote Sensing Regional Climate Change.* ESPI Report 41, European Space Policy Institute, Wien 2012.

Smith, Lesley J. : Rechtliche Fragen der Bereitstellung von Erdbeobachtungsdaten. In: Stephan Lingner/Wolf Rathgeber: *Globale Fernerkundungssysteme und Sicherheit. Beiträge durch neue Sicherheitsdienstleistungen?* Graue Reihe 49. Bad Neuenahr – Ahrweiler 2009, 85 – 97（http://www. ea-aw. de/fileadmin/downloads/Graue _ Reihe/GR _ 49 _ GlobaleFern erkundungssysteme. pdf, 29. 04. 2013）.

Stern, Alan: Commercial space flight is a game – changer. In: *Nature* 484（2012）, 417.

TAB：Technikfolgenabschätzung zum Raumtransportsystem SÄNGER. Büro für Technikfolgen – Abschätzung beim Deutschen Bundestag. Arbeitsbericht Nr. 14（1992）.

Wasserburg, Gerald J.：Exploring the planets. A strategic but practical proposal. In：*Issues in Science and Technology*（National Academy of Sciences）3/1（1986），78 – 86.

Weyer，Johannes：Raumfahrt als Großtechnologie. Technikkontroversen und Technikfolgenabschätzung in netzwerktheoretischer Perspektive. In：Armin Grunwald/Hartmut Sax（Hg.）*Technikfolgenbeurteilung der Raumfahrt. Anforderungen*，*Methoden*，*Wirkungen*. Berlin 1994，65 – 64.

Williamson, Mark：Space ethics and the protection of the space environment. In：*Space Policy* 19/1（2003），47 – 52.

斯特凡·林格纳（Stephan Lingner）

第21节 机器人技术

354　　最晚自罗纳德·阿金①（2007 年）提出要对能够杀人的自主机器人予以伦理规范约束的观点后，技术伦理学又有了一个新的任务范畴，即它直接与人在战争情况下根据什么道义准则可以进行杀戮这个问题相关联。这是因为，由机器人系统代替人的行为可以被看作机器人技术的核心思想。

概念沿革和定义

　　如同传送带技术一样，机器人技术可以被视为工业化过程的一个中心概念。将制造过程分解为许多单一工作步骤乃是工业化生产的核心要素。整件产品（比如一个柜子或一辆汽车）不再由工人手工完成，从而获得了生产效益的提高。随着生产过程被拆分为单个的劳动行为（例如将木材锯成门板或是加工一根曲轴），从此开启了生产的自动化之路，这是因为人们可以对每个步骤进行逐个分析，看其是否能够从技术上加以实现。

---

　　① 罗纳德·阿金（Ronald Arkin），1949 年生于美国，著名机器人技术专家和机器人伦理学家。

机器人技术的经典定义清楚地告诉我们，机器人可以被理解成一种万能的工具（VDI 指南 2860〔1990〕，该指南很大程度上为国际 ISO 标准 8373〔1994〕所沿用）："机器人是一种至少有三个运动轴的、自由和可重复编程的、多用途的操作手，用来在已编程或可变的路径上移动材料、工件、刀具或特殊装置，并完成各种不同的工作任务。"

"机器人"一词本身是文学作品的产物，它起源于捷克作家卡雷尔·恰佩克①在 1921 年发表的戏剧作品《罗素姆的万能机器人》（1923 年），该词在捷克语中写作 robota，为"劳动"之意。在这出戏剧中，发明家罗素姆想为自己家人制造一个机器做的奴隶，结果却使自己一家人变成了机器人的奴隶。此作品出版之后，描写这一矛盾题材的科幻文学和电影便层出不穷。这里，我们可以"找到"开发程度最广的机器人，如"一身铁皮"能言善辩的人形机器人（电影《星球大战》中的 C3PO），Data 指令长（电视剧《星际旅行》中的机器人，逼真到可以乱真），机器人儿童大卫（电影《人工智能》中外表很像一个儿童，他的"爱情芯片"被激活），以及天才机器人马文（英国作家道格拉斯·亚当斯幻想小说《银河系漫游指南》中"有真正人类个性特点"机器人的原型）。马文这个形象的主要个性特点是，始终唉声叹气、情绪低落。所有的这些机器人就其总体的能力而言，都是今天的技术所没有达到的，并且可能今后也无法达到。尽管如此，它们在给机器人的形象和社会特征打上了深刻的烙印。对于机器人开发者来说，这一事实既有优点也有缺点：一方面，天真幼稚的观众对当前最先进的机器人技术所达到的（相对来说还很一般的）水平非常失望；另一方面，机器人又是一种未进入社会前就已声名大噪的科学技术，从而在某种程度上减少了人们羡慕、嫉妒的心理（Christaller 等，2001 年，第 218 页）。

"自动化的活动部件"和"可以乱真的人形"之间的这种对立关系也给技术伦理学对机器人技术的探讨打上了烙印。人的可替代性可以作为我们对各种课题进行观察的出发点。通常情况下，我们是根据技术的（技术上可行吗?）、经济的（成本更低

---

① 卡雷尔·恰佩克（Karel Čapek），1890—1938，20 世纪捷克最有影响力的作家之一。

吗?）和伦理学的（此行为可被替代吗?）标准对之进行评价。人形机器人的所有动作给人们造成了一种可以乱真的印象。艾伦·图灵①在他关于人工智能的实验中，通过将无区别性作为实验的目的，来检验这种"逼真到可以乱真"的机器人是否具有智能。如今的各种实验（比如 RoboCup 锦标赛等）并不仅仅以测试人工智能为目的，人的可替代性也在踢足球、救援和处理家务方面被放到了中心地位（www：// robocup. org/）。

工业机器人

工业机器人被认为是工业化的一段成功历史。多年来，工业机器人的销售和使用

355　数量呈蔚为可观和迅猛增长之势。1998 年，全球共安装有 720400 台机器人，2009 年则有 100 多万台机器人在使用中，使用领域包括金属、人造材料和木材加工业，其中汽车制造业始终是行业的重点。

技术后果研究将工业机器人投入使用后所带来的劳动变化（参见第 4 章第 C.6 节）作为其观察的思考的重点课题（Bartenschläger，1982 年；Malsch 等，1984 年；Urban，1988 年；Fischer/Lerl，1991 年）。由于整个生产流程只在极少数情况下才能自动化，所以，手工行为和机器人动作就成了一种必然的结合。从经济成本核算的角度出发，凡是资金投入不多就可以自动化的劳动都可予以自动化，其余的劳动则仍然必须由人工来完成。简言之，这里形成了两种效应：一方面，由于只有一部分生产过程由人工来完成，那么就造成了一种*低技能效应*，也就是说，对复杂技能的需求减少了，而对简单劳动的需求则增加了；另一方面，从技术上对机器人动作的监控任务也增加了，这有可能形成了一种*高技能效应*，生产中需要更高级的劳动。通常情况下，人们随着净效益的产生而获得了经济效益，亦即从总体上说，生产中所需要的劳动岗位减少了，人员成本也随之减少。

---

① 艾伦·图灵（Alan Turing），1912—1954，英国数学家和逻辑学家，被称为计算机和人工智能之父。

从技术的角度来说，这里有两个问题必须加以澄清：（1）劳动分配公正性，（2）生产过程中工人被工具化的危险。

（1）技术创新的采用（比如这里所说的生产线机器人）带来了各种不同的后果（关于技术后果，参见第2章第5节），不同的当事人对这些后果有不同的评价。管理层、质量控制部门和工会对这些变化的看法甚至是截然不同的。根据上文的简述模式，对工人来说存在两种可能性：一是他们有能力或者是通过培训得到了获取更高级劳动技能的机会；二是他们（同样以得到雇用机会为前提）不得不委屈自己去做报酬更差的低级劳动，倘若不是如此，那么最后就可能导致失去工作机会的结果。所以，相对于此前的情况来说，技术创新不仅造就了得利者也造就了失利者，从功利主义的立场看（参见第4章第B.4节），这些姑且都是一种顺理成章的现象。其原因在于，有人认为生产线机器人的采用毕竟还造成了对劳动的需求，否则的话，倘若不进行自动化改造，那么工厂的生产线就有可能不得不搬到低工资的国家中去（Christaller等，2001年，第21页）。从基础伦理学的角度来看，人们应该在这里去进行相应的补偿。

（2）根据康德绝对命令的原理（参见第4章第B.5节），禁止工具化的要求所指的是，为了一个外在的目的把人作为手段来使用是有悖于人的尊严的行为（Kant，1968年，第429页）。但换角度观之，功利伦理学又可能允许对个人的自主权和尊严加以限制，如果鉴于更高和更广的功利考量，这种限制能够得到论据支持的话。在这种情况下，若要回答一个人在具体的行为上下文中是否被允许当作工具来使用这个问题，就给人们的解释留出了一个回旋的余地。但是，这个回旋的余地并没有推翻禁止工具化的基本思想，亦即揭示目的和手段之间相辅相成的关系。有鉴于此，若要判断生产过程中机器人的使用是否造成把人工具化的结果，就必须同时对具体的行为上下文关系进行考察。假如在生产过程中人工和机器人是如下一种配合关系，即工人只完成那些使用机器人成本过高的过渡性工作，那么，这种情况很可能就是一种不能让人所接受的工具化行为。此外，工作环境本身也是一个对行为上下文关系进行判断的重要因素。在工业化生产中，必须经常调整生产环境以适应自动化的需要，比如机器人周围的安全保护围栏也属于相应的措施之一。如果生产环境的具体布局设计存在问题，那么在极端的情况下，有可能会给工人增加造成"自己是生产线上的一个齿轮"的印象。

生活环境之外用于服务的辅助机器人

356　　　辅助机器人是所有非生产型机器人的总称。很早就有人预言，辅助机器人将和工业机器人一样有类似的创新潜力（Schraft/Schmierer，1998年）。截至2010年，全球范围内销售的大约7.7万台用于服务行业的辅助机器人中，绝大部分在防卫、救援和安全领域中使用（30%），其次是农业（25%）——农业中主要是挤奶和收割机器人（*World Robotics*，2010年；关于农业技术，参见第5章第1节）。在这些领域中，机器人和操作人员一道工作，并在操作人员的监视下在一个有保护的空间里（尽管不是车间那样的环境）运行。辅助机器人常常被称作人行动能力的延展。举例来说，借助监控机器人的帮助，人们可以对一片较大的区域进行监控；借助挤奶机器人，人们可以在同一时间段里为更多的奶牛挤奶；等等。这里可以非常明显地看出，通过降低人工成本所带来的经济效益与其说是一种*低技能*的工作，不如说是对工人劳动力的一种替代。新的工作岗位（*高级技能*）不仅涉及监控和对机器人系统的必要控制，而且也要求人们对"操纵辅助机器人"进行必要的培训。

从技术伦理学的角度看，同工业机器人一样，首先要考虑的是工作分配的公平性和禁止将工人工具化的问题。后一个问题或许在这里牵涉的面并没有那么广，因为在服务行业中不像工业生产那样会有类似的细小分工。尽管如此，做一次连带关系的分析仍然是十分必要的。

应当引起我们注意的是辅助机器人针对无关的第三方所带来的责任问题。辅助机器人的工作环境常常是完全开放式的。举例来说，一块需要监控的场地，或是一台自己开行的拖拉机（以跟随由人员操纵的拖拉机后面这种模式）的工作区域不能人为地任意变动。无关的第三方，比如田边的骑车人或是篱笆边的行人，有可能会进入辅助机器人的工作区域。这时，就可能出现这些人员被机器人撞倒受伤的情况，从而引发由谁来为事故负责的问题。作为结果论伦理学的责任伦理学（参见第 2 章第 6 节）致力于这类责任问题的探讨，并将主体（们）责任的确定作为重要的研究课题。"工作行为的分配并没有简单地将后果责任问题消解，而是在相关的行为共同关系中，根据当事者的重要性大小将后果责任分配到他们身上。"（Bayertz，1991 年，第 190 页）在辅助机器人这个具体案例中，责任的分配在机器人的运营者（或保有者）和制造商之间进行分摊。如果我们能够认为，在操作一般技术设备时，这样的分摊是遵循人们熟识的常规约定的话，那么，现代化的机器人系统就提出了新的问题，尤其是当这些机器人能够自我调整以适应具体的工作任务时。在法律界有越来越多的声音认为，人们不只应当看到操纵辅助机器人过程中民法层面的问题，同时也应当看到公众和法律两个层面的问题（Beck，2010 年；Decker 等，2011 年）。

生活中的辅助机器人

在生活领域中还会出现另外两种使用情况。其一，辅助机器人在私人环境中由不同于职业环境中的和无须经过专业培训的人员进行操作使用。也就是说，一个顾客购买了一台辅助机器人产品（比如吸尘机器人），并在自己的家里使用这台产品。其二，辅助机器人直接使用在人身上，比如说用机器人送饮料，或是在老人或病人的护理中使用机器人，不论是在私人领域，抑或在医院或养老院里。这时，与前一节所述的情况相比，当事人的关系扩大了许多：一方面，同样有一个将机器人作为为目的服务的手段的专业人员（护理人员）；另一方面，被护理人员在这个关系体中是另一个在其身上或是周围机器人被投入使用的人。

在私人环境使用时，机器人的适应能力和学习能力是它能否正常工作的一个关键 357 因素。我们很难想象，机器人一旦在家里安装好后，主人要去对它进行一次从头到尾的编程。一台吸尘机器人必须能够独立（自己）识别新的环境，然后再开始它的服务工作——吸尘。在人身上使用时，对机器人的要求在两个方面都有提升。其一，适应于不同的使用者是一个相比适应不同的房间环境更大的挑战；其二，调整适应可能性的条件明显要求更高。在家里自己初步安装调试一台吸尘机器人可能需要一个或是几个晚上的时间，这对用户来说虽然不胜其烦，但可能无须他亲自动手或亲自在场就能完成。机器人用在人身上时，初步调试就必须要和人一起进行，初始化过程（然后进入正常工作模式）不仅耗费时间，而且很难完成得好。所以，边学习边摸索的不断调整适应过程乃是必经之路。

有鉴于此，从技术伦理学的视角来看，关于机器人行为的责任分配问题在这里就变得十分尖锐突出（参见第2章第6节）。生产商交货的是一台具有学习能力的机器人系统，使用一段时间后，生产商便不再能针对机器人的动作做任何预告，并且对机器人的学习过程一无所知。以建立在人工神经元网基础上的学习软件为例，这种学习过程无法通过对机器人的分析加以还原重建。于是，生产商就想限制自己对机器人不出错运行所要承担的责任。另外，机器人的使用者通常也没有能力对诸如学习型机器人这样一种复杂的、可以自我修正的技术系统进行评价。一般技术使用范围中的使用者义务，通常指的是遵守使用指南，包括其中所描述的维护保养规定。让使用者为机器人的错误承担责任——从这个意义上对学习过程进行监督并承担责任，已经超出了这方面的一般惯例。这样，这种有学习能力的系统就可能在生产商质量保证和使用者责任之间造成了一种灰色地带（Christaller 等，2001 年，第 220 页；Matthias，2004年）。

最后，本案例中也同样提出了分配的公正性问题（参见第4章第 B. 9 节），只不过问题的所在与上文的描述有所不同。给病人和老年人带来方便，并且能够帮助人们在自己的家中和熟悉的社会环境中更长久生活的机器人系统，乃是一种价格不菲的产品。一个公共的保险制度是否以及在何种程度上能够承担起这笔费用，是一个有待澄清的问题。如若只有少数有钱人才能用得起这种机器人系统，社会将会有不公平之虞。

人的可替代性界限

至此，我们在一个明确的目的和手段关系中对人的可替代性进行了阐述，所谓可替代性指的是——多少带有复杂性的——必须完成的活动，以及必要时能够由机器人所完成的活动。即使一台在护理环境中可以完成多种工作，能够听懂人们的语言和对新环境能够自适应的机器人系统，也仅仅能替代那些与要达到的目的相关的人的活动。这里问题的关键并不是要对"人"进行抽象的替代（Christaller 等，2001 年，第119 页；Sturma，2003 年）。我们必须把人的生活形式看成一种多层次的系统，它把意识和行为以及对二者的论证都置于一个相互关联的上下文中（Rammert/Schulz-Schaeffer，2002 年）。对于技术替代物来说，要建立起这个关联体是一个巨大的挑战。具有典型意义的是，这个技术替代物——倘若这种做法是合情合理的话——以简约化了的人的形象为参照对象，在这个对象中，它选择了一种以技术的可行性为导向的描述形式。在这个问题上，我们必须用人类学的观察认识来补充和扩展技术伦理学的思考（参见第 4 章第 A.3 节）。人类学的观点认为，人具有非同寻常的特征和能力，如自我意识和时间意识，思考能力和情绪反应能力，实践理性以及确立目标的能力等，　358凡此种种都是不能被加以替代和进行模拟的。尽管如此，关于人的形象的讨论也恰恰因为具有人的外形特征甚至可以乱真的女人形或男人形的机器人而得到促进和推动。

与此相关联，我们还应提及人和机器人的组合，即所谓的电子人技术。人的可替代性在这里所涉及的是人的肢体部分，并且与假肢技术密切相关。人造肢体（手、脚、臂、腿）和感觉器官（听觉和视觉植入体）以及心脏起搏器都可以被视作人的肢体和功能的替代器具。医学假肢技术用来替代人所失去的肢体，目的是要达到身体功能的平衡，而电子人技术追求的则是对人的能力的超越（Warwick，2010 年；Beck，2010 年；参见第 5 章第 8 节）。比尔·乔伊[1]（2000 年）曾经预言，借助机器人技术、基因工程和纳米技术的共同发展，人自己有可能会被技术完全取而代之。这场所谓的乔伊论战促进了伦理学对机器人技术的探讨研究（Veruggio/Operto，2006 年；Capurro/Nagenborg，2009 年；Lin 等，2012 年；Decker/Gutmann，2012 年）。其中，以人的道德行为作为相应的参照系，人们的探讨也越来越多地针对机器人道义行为的可能性条件的课题（Wallach/Allen，2009 年；Beavers，2010 年）。人们究竟应该

---

[1]　比尔·乔伊（Bill Joy），1954 年出生，美国计算机科学家，被《财富》杂志誉为"网络时代的爱迪生"。

把哪些道德准则作为规范基础引用到机器人上去，这虽然是个伦理学的问题，但终究不是一个技术伦理学的问题。

参考文献

Arkin, Ronald C.：*Governing Lethal Behavior：Embedding Ethics in a Hybrid Deliberative/Reactive Robot Architecture.* Technical Report GIT-GVU-07-1 des Georgia Institute of Technology（2007），www. cc. gatech. edu/ai/robot – lab/online – publications/formalizationv35. pdf（30. 04. 2013）.

Bartenschläger Hans-Peter：*Industrierobotereinsatz. Stand und Entwicklungstendenzen. Düsseldorf* 1981.

Bayertz, Kurt：Wissenschaft, Technik und Verantwortung. Grundlagen der Wissenschafts – und Technikethik. In：Ders.（Hg.）：*Praktische Philosophie. Grundorientierungen angewandter Ethik.* Hamburg 1991, 173 – 209.

Beavers, Anthony：Editorial of the special issue：Robot ethics and human ethics. In：*Ethics and Information Technology* 12（2010），207 – 208.

Beck, Susanne：Roboter, Cyborgs und das Recht – von der Fiktion zur Realität. In：Tade M. Spranger（Hg.）：*Aktuelle Herausforderungen der Life Sciences.* Berlin 2010, 95 – 120.

Bölker, Michael/Gutmann, Mathias/Hesse, Wolfgang（Hg.）：*Information und Menschenbild.* Heidelberg/Berlin 2010.

Čapek, Karel：R. U. R. Übers. von Paul Selver. Garden City, NY 1923.

Capurro, Rafael/Nagenborg, Michael：*Ethics and Robotics.* Heidelberg 2009.

Christaller, Thomas/Decker, Michael/Gilsbach, Joachim Michael/Hirzinger, Gerd/Lauterbach, Karl W./Schweighofer, Erich/Schweitzer, Gerhard/Sturma, Dieter：*Robotik. Perspektiven für menschliches Handeln in der zukünftigen Gesellschaft.* Berlin/Heidelberg 2001.

Decker, Michael/Dillmann, Rüdiger/Dreier, Thomas/Fischer, Martin/Gutmann, Mathias/Ott, Ingrid/Spiecker gen. Döhmann, Indra：Service robotics：do you know your new companion? Framing an interdisciplinary technology assessment. In：*Poiesis & Praxis* 8（2011），25 – 44.

Decker, Michael/Gutmann, Mathias（Hg.）：*Robo – and Informationethics. Some Fundamentals.* Wien 2012.

Fischer；Martin/Lehrl, Walter：*Industrieroboter – Entwicklung und Anwendung im Kontext von Politik, Arbeit, Technik und Bildung. Bremen*[2]1991.

Joy, Bill：Why the future doesn't need us. In：*Wired* 8. 04（2000），www. wired. com/

wired/archive/8. 04/joy. html（15. 04. 2013）.

Kant, Immanuel: *Grundlegung zur Metaphysik der Sitten.* ［1785］. Werke, Akademieausgabe. Bd. Ⅳ. Berlin 1968.

Lin, Patrick/Abney, Keith/Bekey, George A.（Hg.）: *Robot Ethics. The Ethical and Social Implications of Robotics.* Cambridge, Mass. 2012.

Malsch, Thomas/Dohse, Knuth/Juergens, Ulrich: *Industrieroboter im Automobilbau-auf dem Sprung zum automatischen Fordismus.* WZB – Bericht Nr: IIVG – dp – 84 – 217. Berlin 1984.

Matthias, Andreas: The responsibility gap: Ascribing responsibility for actions of learning automata. In: *Ethics and Information Technology* 6（2004）, 175 – 183.

Rammert, Werner/Schulz-Schaeffer, Ingo（Hg.）: *Können Maschinen handeln? Soziologische Beiträge zum Verhältnis von Mensch und Technik.* Frankfurt a. M. 2002.

Schraft, Rolf Dieter/Schmierer, Gernot: *Serviceroboter. Produkte, Szenarien, Visionen.* Berlin/Heidelberg 1998.

Sturma, Dieter: Autonomie. Über Personen, künstliche Intelligenz und Robotik. In: Thomas Christaller/Josef Wehner（Hg.）: *Autonome Maschinen.* Wiesbaden 2003, 38 – 55.

Urban, Gerd: Arbeitsschutz und Arbeitsgestaltung beim Einsatz von Industrierobotern. In: Gerd Peter（Hg.）: *Arbeitsschutz, Gesundheit und neue Technologien.* Opladen 1988.

Veruggio, Gianmarco/Operto, Fiorella: Roboethics: a bottom-up interdisciplinary discourse in the field of applied ethics in robotics. In: *International Review of Information Ethics* 6 （12/2006）, 2 – 8.

Wallach, Wendell/Allen, Colin: *Moral Machines. Teaching Robots Right from Wrong.* New York 2009.

Warwick, Kevin: Implications and consequences of robots with biological brains. In: *Ethics and Information Technology* 12（2010）, 223 – 234.

World Robotics: IFR Statistical Department, hosted by the VDMA Robotics + Automation Association 2010, www. worldrobotics. org.

米夏埃尔 · 德克尔（Michael Decker）

第 22 节 安全和监控技术

技术 vs 自由

从*反证*（ex negativo）的角度上说，安全可以被定义为没有危险（通常意义上没   359 有战争或刑事犯罪的安全观，参见第 2 章第 3 节）。如果我们对安全进行详尽的描述就会发现，这个定义已经指出了实际影响到安全概念实施时的诸多困难。首先需要解释的一点是，必须要到何种程度的没有危险，或是应该在怎样的程度上使人免除危险，才能使人达到安全。人们在进行这样的安全评估时，起重要作用的一个因素是，安全不是一个有一定数量的安全体现者或安全技术的客观数字，而是一种主观的体验，这种体验不取决于客观的数值，并且会有很大的变化幅度。假如说出现了恐怖袭击或是飞机坠毁的情况，那么，人们就会产生不安全感和要求更多安全的愿望。其次，我们必须说清楚，危险究竟是什么。在这个问题上，不同的人和不同的文化常常会倾向于不同的定义和不同的侧重。不唯如是，危险是以风险的不同变化形式而存在的（参见第 2 章第 2 节）。通常情况下，人们并不是针对实际的危害而是针对潜在的危害进行判断和评估的，这样就又给主观的解释留下了很多空间。倘若人们要从政治上建立一种"恰当"和"切实"的安全的话，那么，主观解释和对安全必要性的主观感受一起，对于形成一个巨大的对立空间共同起着重要的作用。由于必须最大限度地排除作为对生存潜在和不良威胁的不安全状态，所以，人们都倾向把安全视为一个巨大和首要的财富。正因为如此，我们才看到了人们对于安全的高度关注，以及比比皆是的过度保护措施。与其他领域不同，人们在安全问题上更加不能承受各种危害和变故，因此，安全必须具有很高程度的有效性。

然而，人们谋求安全的巨大努力与另一种以动乱和战争为代表的、有意识的寻求不安全的努力相对立，安全的优先地位因而遭到了削弱。在对人的行动自由具体的、经济的或政治的限制中，我们经常可以观察到不安全的产生过程。这一现象说明，与安全相比，自由往往有更高的地位。这里似乎存在一个逻辑上的矛盾，因为生存本身乃是充分享受自由的必要条件，因此，自由意义上的对生存的危害似乎是不可取的。但是，在这个问题上有三种情况值得注意：第一，对生存的潜在危害常常与对自由的实际限制相对立，这种对自由的限制却是防范潜在危害必不可少的；第二，人们常常认同更高地位的社会目标（比如"国家"），在足够强烈的认同情况下，这些目标的续存被人们感受为一种更高、更大和更重要的续存（Gaycken，2012 年）；第三，现实中存在产生不安全的"真诚"动机，这些动机表现在人们为了"一个更伟大的事业"做出牺牲以及追求"荣誉和名声"的需要中。这样，从伦理学的角度看，安全就不是一种绝对的价值，它可以相对于其他的需要而被加以限制。

对于安全来说，自由的作用在其他方面也同样有十分重要的意义。安全的建立存在于对行为自由的限制之中。人们必须阻止某些人从事有害的行为，这一点容易直接做到，比如使用栏杆或是采用威慑的方式，换句话说，如果有人蔑视行为自由的社会条件，那么就会有更高程度的不自由直至威胁生存之虞。直接的安全只有在特定程度上以及在特定的环境中才能得到实现。因此，间接的（或正面的）威慑性的安全起着更为重要的作用。它通过对行动自由进行限制的威慑力得以实现，这种行动自由必须首先存在于潜在使用（相对来说）明显是更大的物理暴力之中。只有当一个潜在的歹徒（一个武装分子或一个刑事罪犯）知道，他几乎没有可能逃脱比他筹划的行动所带来的好处更为巨大的不利后果时，威慑才可能起到可靠的效果并建立起安全。通常情况下，国家物理暴力的潜在可能是由专门指派和管理的组织所完成的。这样，使用暴力的潜在可能就可以得到集中和更好的控制。然而，如果过于集中的安全机关成了一个"自己的团体"来对抗原本赋予它权力的社会的话，那么，这种集中也可能就变成了问题。因此，许多国家不仅十分重视在数量和质量上谨慎设立和严格管理自己的安全机关，而且非常重视安全的多样化，比如通过分权等办法。 360

如今，特别是由于技术，产生了相对更高的潜在暴力可能性。今天的士兵和警察根据其装备的不同，可以同时控制和分别击毙多个对手。这里，安全技术的范围涉及具体的安全行为的不同功能领域，其中要点如下：

· 安全问题的识别

· 安全问题的评估

· 确认潜在罪犯或对手

· 观察潜在罪犯或对手

· 己方力量的协调

· 行动和攻击

· 制服罪犯和对手

· 对行动和攻击的准备和后续处理

技术化过程的深入发展从技术伦理学和工程师伦理学层面丰富了许多已有的关于安全的伦理学问题（参见下文）。

监控

在安全领域中，为了能够有威慑地防范和追踪危害性的行为，人们把对（理由成立或不成立的）可疑人员和事件经过的观察称为监控。因此，监控是建立安全的一个重要组成部分，其历史与公共安全本身一样悠久——自有分工始，集市上就有巡视督察人员，等等。不过，用于安全的技术手段在现代社会中已经非常多样化了。它们一方面为催生新的动机或动机优先选择创造了新的潜在空间（Hubig，2006年），并服从于自生发展的不同规律；另一方面，人们也可以从两种走势上去理解这些现象。

凡是能够对现实世界里各种特殊人员和事物进行记录和技术处理的新设备，都被称为*监控技术*。从过去到现在，由于传感器技术、传感器的微型化和微电子技术的进步，监控技术的应用面已经非常广泛。比如说，现在已经出现了能够模仿各种器官，并且比人和动物更加有效的传感器等。

*数据监控技术*指的是能够对已经存在的数据进行识别、归纳和搜集的技术。这些技术首先被应用在以互联网为依托的监控之中，并且基于互联网中现有的大量数据而尤为富有成效。除此之外，人们还可以借助*数据监控*追踪和证明只通过数字媒体或主要通过数字媒体进行的犯罪行为。鉴于互联网的普及和所带来的数据保护问题（参见第5章第9节和第10节），*数据监控*技术成了众目睽睽之下的技术，并且在论战中比之较为传统的*监控*技术更成了众矢之的，尽管后者所带来的潜在危险并不少于前者。

除了上述两种技术分支外，我们还可以看到如何与这些技术打交道的几种重要趋势。其中之一即所谓的*智能化*趋势，它指的是*监控*和*数据监控*在监控范围内的合二为一，通过这种方法将*监控*所记录的标志性特征不再简单地以模拟技术，而是以数字化技术进行处理。这样，人们就能更好和更全面地对所记录的数据进行保存、分析和交流。这种数字化方法在有些情况下已经实现了反应的自动化。第二个趋势即所谓的会聚法，亦即把不同来源的数据统统汇总在一起。通过此法，可以形成事件和人员更广泛和更准确的特征。借助于*监控*和*数据监控*技术中诸多监控的可能性，更好的数据综合带来了更高的效率。除了技术层面外，数据综合还有组织和管理方面的意义，即人们可以将其他监控环境下所获得的数据一道融合进来。正因为如此，数据监控在商业上广泛使用，尤其是 Web 2.0 版，也就是说，它的适用范围超出了直接的安全环境，其结果往往导致了当事人的资料更加公开化，但同时，所有获取的数据也都可以被安全部门调取和处理。

最后一个趋势即所谓的内在数据的形成方法。其时，人们从外部的框架数据中能 361 够进一步得出关于人员的潜在行为方式、爱好、厌恶和习惯的结论，然后，这些结论可以作为增加的内在数据被保存下来。这些内在数据并不总是准确无误的，但对于大规模构建人员的特征有十分重要的价值。

安全和监控带来的危险

特别是 20 世纪武器技术和监控技术取得的重大成效，再加之行政和司法方面更加优秀的新文牍技术，都给安全状况带来了明显的变化。这些变化给这个领域伦理学问题带来了更为巨大的重要性，同时也导致了新的伦理学问题的出现，例如：

- 大量和多种多样的控制和毙杀技术潜在可能性的出现和流行
- 这些技术可能性流传到非国家机构的环境中（比如恐怖分子手中）
- 更加先进的技术暴力进一步集中到更小规模的组织机构中
- 正义的和合理的不安全状况受到了阻碍
- 力度更大的监控和新领域中对私人范围的限制

由于技术的潜在可能性常常给人以对安全有严重威胁的感觉，所以社会上就出现了为数甚多的探讨和辩论，比如针对军火工业的争论等（参见第5章第15节）。但是，尽管人们有这样那样的不同看法，我们首先还是应该对安全技术的价值予以肯定。原子弹就是一个很好的实例。原子弹是一种可怕的工具，但恰恰是这种可怕的威力为和平提供了前所未有的保障。它阻止了大国之间公开的和大规模的战争，这些战争由于其巨大的和潜在的破坏力不仅不再值得发动，而且没有人再想要进行这种形式的战争。虽然人们对可能发生核战争的恐惧并没有消除，但是与以往几百年中持续不断的战争所带来的实际痛苦相比，原子弹至少在其迄今为止的使用历史中，是人类一个重要的，甚至是最重要的进步之一。除此之外，安全技术的其他领域也在为保护和更好地保护生命免遭战争和刑事犯罪之害起着自己应有的作用。从公平公正评判的角度上讲，这种作用和由其所带来的安全是不容忽视的。

新型监控技术在伦理学上需要进行探讨的危险是多层次的，其中之一就是监控技术作为对常规安全能力的扩展问题。这里，它扩展了安全的作用范围，并且以前所未有的程度强化了某些安全行为。这样，在现代信息社会中，人员的发现、识别和监视就能更快、更缜密地和在更大范围中进行。因此，范围更广的控制，甚至更为深入的干预就能得到实现，从而进一步带动了新的组织机构和程序方法的建立。

在以伦理学为主导的论战中，对私人范围监视干预的可能性是人们着重讨论的课题。其中引起巨大争议的问题是由杰里米·边沁首次认识到，并由米歇尔·福柯进一步系统化的一个危险：由于所谓"圆形监狱"效应（根据边沁设计的一种监狱形状）所导致的自主行为的损失。此效应基于一个简单的观察认识，即当一个人受到他人的观察时，他的行为会有另外一种形式的表现。而且，当他担心观察者会给自己造成惩罚的后果时，他的行为表现会越发不一样。在边沁理论和福柯的分析中，这一结论因为观察的非对称性观点的引入得到了进一步强化。正常情况下的观察都是对称性的，而边沁设计的监狱中的囚犯虽然通过敞开的囚室随时可以被外人看见，他们自己却看不见守卫人员，守卫人员则躲在仅留有狭小观察孔的岗楼里。这种办法所获得的效果是，囚犯永远不会知道他们是否正在被人监视，因此为了安全起见，他们的行为就会表现出似乎自己一直在受到监视的样子。

这种情形同样也是技术*监控*和*数据监控*的初始情况，因为人们根本无法确定自己是
362　否被监视，谁在监视，监视是否被记录和分析评估。这种不确定性所造成的结果是，人们在技术监控的情况下改变自己的行为以适应面前的新情况。这种行为的改变和适应必须

被看成对人们行为自由的限制，这种限制在有些情况下（比如互联网上的政治交流）可能会对重要的自由类型（比如言论自由和独立的政治教育）造成明显的限制。在伦理学上，这种人的自我限制的研究意义首先在于，它的形成具有很大的主观性，而不是依据客观的思考和判断。这样，在对监控的认识和评价方面，历史的经历以及虚构的、科学的或新闻的叙述报道，或者是个人对于监视者的态度等，对于个人可能对自己行为的限制起着决定性的作用。从伦理学判断的角度看，必须加以考虑的问题是，我们是否应当要求建立一种客观性，这种客观性对于局外人或是由于不准确的信息是否完全有可能建立，或者，我们是否应该在主观认识的基础上来对监控技术的命运做出评判，哪怕这些监控技术都是非理性的。从政治实践层面看，我们对主观认识的重视似乎是必不可少的，但是，这就牵扯出了下面这样的问题，即如何进行自我限制以及自我限制的程度究竟是多少，是否可以有或不可以有宽容度。防止出现自我限制在德国已经从法律上作为"信息的自主权"确定了下来，根据这一法律规定，必须保障每一个公民具有随时知道在什么情况下，和有哪些关于自己的信息的权利（参见第5章第9节）。可是，这一要求如今在互联网中已不再有可能实现，其原因就在于，网络中充斥着多如牛毛的各种数据，以及这些数据有不明确和无法弄清的各种用途。

除了这些问题之外，我们还可以发现与现代监控技术可能有牵连，并引起伦理学探讨的其他个人隐私权领域（Rössler，2001年）。如果我们撇开之前提到的信息隐私权（参见第5章第9节）不谈，私闯民宅（"住所隐私权"）或干涉决策过程（"决策隐私权"）也都是出现问题的地方。此外，法律机关还发现了其他几个必须对私人范围提供保护的领域（情形隐私权），以防止个人数据从一个地方流入另一个地方，比方说，雇员的病历资料不能随便转发到雇主手中等。

从伦理学角度看，监控技术的作用在暴政国家问题尤为严重，这是因为暴政国家会无孔不入地使用这种技术，其目的是能够及早发现和逮捕潜在的反对派和持不同政见者。在这里，对内部安全的专制化已经昭然若揭，我们必须刻不容缓地把这类技术的潜在可能性也看成一种全球性的问题，并对之进行探讨研究，时下对这一问题的研究还相当薄弱。在德国开发和依照法律法规投入使用的知识和技术，有可能在其他的背景环境中起到问题重重的作用。从文化相对主义的角度来看，倘若我们必须假定，相关国家的专制暴政乃是自我选择的结果，抑或，若非如此的话，将会出现太大的风险和不安定的局面（如内战等），那么这种反对意见就会不那么强烈。尽管如此，从人权（参见第4章第B.1节）和其中承认的各种自由权利的角度看，对此类技术的猛烈批判却是恰如其分的。如今在全球范围内针对监控技术开始实行的出口检查制度，就是这种有益和重要的政治措施的体现。

除了上述的这些现实危险之外，在公众的辩论当中也出现了一些很少切中问题要害的言论。比如说，有技术人员很爱强调，监控技术自然而然地就会导致监控国家的产生。这种说法是不值得一驳的，因为监控国家是一个政治体制，而不是技术体制。监控技术的可能性并不自然而然地导致各种社会现实情况的产生，换句话说，监控的技术基础制造不出专制政权。

伦理学判断的挑战

从伦理学角度对带有普遍性的高科技安全技术的观察和思考，以及从伦理学角度对具有特殊性的高科技监控的观察和思考，二者同样面临着不少难以逾越的障碍。伦理学探讨的第一个困难是一个普遍性的难题，并且涉及对自由和安全这两个价值观之间相互关系的思考（参见上文）。由于许多主观因素在这些思考中起着一定的作用，加之对这两个价值观无法进行孰先孰后的客观选择（二者互不包含），所以，此二者之间孰先孰后的选择关系依情况的不同会有很大的变化幅度，并且处在不断的交替选择之中。在这种情况下，准确的定论就不可能成立，并且留下了发生持续不断争议和冲突的潜在可能，从而形成了伦理学上的一个十分独特的难解问题。

第二个困难是监控技术及其发展在社会管理学、社会组织和法律规范上的复杂性和迅猛的发展势头。即便是业内的专家也不具备足够的涉及所有相关领域的专业知识，以至于往往既不能建立起纵观全局的看问题视角，也不能在具体细节上做出胸有成竹的决定。除此之外，由于许多技术还都处于发展阶段，所以，人们根本无法知道这些技术如何使用，以及今后如何继续发展。其结果往往造成了工程技术人员不切实际的天真想法，以及政界人士过于实际的看问题的视角。

局面的复杂性、迅猛的势头和不确定的发展路线造成了人们对于监控的条件和可能性持续的/长久的不明确感。这种不明确感必须恰如其分地被纳入伦理学的思考，可是，什么才称得上是"恰如其分"，这又是一个十分难以回答的问题（又一个伦理学问题）。不明确感妨碍了伦理学的探讨，但为前面提到的诸多课题的主观化（也经常是戏剧化）提供了额外的空间，其结果就是，为了能胸有成竹地做出决策，有关客观化的必要性问题越发成了当务之急。此外，由于监控技术的迅猛发展，许多危险无法及时有效地予以应对解决。当许多技术及其应用方式出现带有危险的变种时，往往路径的依赖性已经产生，从而使得取消这些技术变得十分困难。同时，公众社会的讨论也纠缠在某些仅仅*看似*危险的现象中，一叶障目，不见泰山。这就造成了人们常常以错误的视角和错误的方式来对待错误问题的后果。

第三个问题是所谓安全透明度不够的问题。这个问题虽然从策略上讲是能够站得住脚的，因为只有对许多安全机制进行保密，才能保证其发挥作用（情报线人就是例子）。但是，不透明的结果是许多过程只能非常有限地受到人们的伦理学评判，而且人们不得不在很大程度上对检查机构表示信任。除此之外，安全机关往往喜欢采用等级过高（overclassification）的办法，也就是过度的保密，这就更增加了评判的难度。

伦理学观察的第四个问题是现代监控技术的全球化问题。监控往往会越出国界从一个国家到另一个国家（参见第5章第20节），其结果就是从一种价值观社会进入另一种价值观社会。这不仅会导致价值观的冲突，而且还会牵连这样一个问题，即各方的价值观在法律上都失去了自己的效力，而且，即便监控遭到全社会的反对，它也能在广泛范围内得以实行。这里，伦理学必须提出的问题是，在这样的情况下伦理学起着什么样的作用，以及可以起到什么样的作用。

于是，这就引出了该领域的最后一个问题，即技术伦理学所起的作用问题。在监控技术这个实例中，技术伦理学有重要的话语权，它应当以提供参谋咨询的方式尽早地介入该领域的技术发展趋势，并根据情况的需要从政治层面对这些趋势进行探讨。除此之外，技术伦理学还可以通过对论据的前提或一致性不够充分进行有效性检查，从而对正在进行的社会公众关于监控的探讨争论予以解释和澄清。与此同时，它还能开发出能更好地掌控该领域的复杂性和发展势头的研究方法，并且将技术后果评估（参见第 6 章第 4 节）的方法优势加以兼收并蓄，从而从容应对技术发展所带来的各种不安全感。

参考文献

Gaycken，Sandro （Hg. ）：*Jenseits von 1984 – Datenschutz und Überwachung in der fortgeschrittenen Informationsgesellschaft. Eine Versachlichung.* Bielefeld 2012.

–／Kurz，Constanze （Hg. ）：*1984. exe – Gesellschaftliche，politische und juristische Aspekte moderner Überwachungstechnologien.* Bielefeld 2007.

Hubig，Christoph：*Die Kunst des Möglichen I – Technikphilosophie als Reflexion der Medialität.* Bielefeld 2006.

Lyon，David：*Surveillance Studies – An Overview.* Cambridge，Mass. 2007.

Petersen，Julie K. ：*Handbook of Surveillance Technologies.* Boca Raton 2012.

Rössler，Beate：*Der Wert des Privaten.* Frankfurt a. M. 2001.

Zurawski，Nils （Hg. ）：*Surveillance Studies – Perspektiven eines Forschungsfeldes.* Opladen／Farmington Hills 2007.

364　　Webseiten mit Papern und Hintergrundinformationen：

Surveillance & Society：http：／／www. surveillance – and – society. org／index. htm.

The Surveillance Studies Network：http：／／www. surveillance – studies. net／.

Surveillance Studies Forschungsnetzwerk：http：／／www. surveillance – studies. org／.

桑德罗·盖肯（Sandro Gaycken）

第 23 节　合成生物学

合成生物学的研究领域可以理解成工程学方法和范例起着特殊重要作用的基因技术（参见第 5 章第 7 节）的进一步发展和延伸。基因的排列组合和 DNA 合成技术的进步使合成生物学受益良多。如今，与基因技术的情况有所不同，更长的 DNA 排列直至单细胞生物的全部染色体组型都可以重新组合和全部合成，相关的细胞内和细胞间的各种过程也可以有的放矢地进行改变。与基因技术相比较，随着技术干预深度的不断提高，以模块化和标准化来描述 DNA 排列的带有工程学烙印的合成生物学理想就得到了实现。其结果就是，作为生物组件（BioBricks）的基因排列就可以根据人们想要达到的、针对必须予以改变的生物体的使用目的进行各种自由组合，或曰自由"构建"。

除此之外，那些以借助没有生命的大分子来组建有生命力细胞（即所谓原细胞）为目的的科研方向，也被人们看作合成生物学的探索和尝试范畴。这些探索和尝试尚处在基础研究阶段，而且在学科上更接近分子生物学而非工程技术学。最后，还有第三种研究方向，它们致力于对天然 DNA 的物质基础进行扩展或替代，比如借助其他的物质基础或是可替代的糖分子等。

不同于纳米生物技术（参见第5章第18节），技术学的范畴和生命学的范畴在合成生物学中并没有通过把人造产品和生命实体相结合的方式合二为一，而是将工程技术学方法有系统地引入分子生物学的领域。所以，在合成生物学的核心研究探索中，技术学认识论和本体论的假设与分子生物学和生物技术学的课题——生命领域（参见第4章第 C. 1 节）相遇和碰撞。

历史发展过程

尽管合成生物学这个概念在 2000 年前后才被用来称谓某些具体的研究探索并被　365
人们广泛采用，但它早在与这些研究工作相关的一般研究课题中就已经见诸使用（Campos，2009 年）。随着 20 世纪 70 年代用于制造重组 DNA 的早期方法的开发，出现了关于一种可以对 DNA 结构进行全面重组的技术的设想，借助这一技术，生物学将从对分子现象进行描述和分析生物学，转变成一种对这些现象有目的地进行改变和从根本上加以控制的合成生物学。19 世纪到 20 世纪转折时期的化学就是这种预言和设想的先例，那时，化学从一种对反应进行描述和分析的化学，发展成了今天这样具有重大经济意义和影响我们日常生活的各式各样新产品的合成化学。

机遇和风险

正如与合成化学同样的特点让人们所预言的那样,合成生物学开启了一系列广阔的应用领域。当前,科研的重点研究课题是在能源领域、环境领域和医疗保健领域。用合成生物学方法制造的生物体(下文简称为"合成生物体")可以用来生产汽车燃料,并且可以将环境中的有害物质无害化(所谓生物降解)。优化之后的微生物体可以制造出药物原料;做过相应变化处理的病毒可以借助生物传感器在人的身体里发现病理细胞的变化,并准确地将治疗方法运用到相关的身体部位(DFG/Acatech/Leopoldina,2009年;Presidential Commission,2010年)。

到目前为止,人们尚无法预见,合成生物学是否以及在何种程度上会在这些领域中得到成功应用。但是,对经过全面改变的、用于生产青蒿素(用于治疗疟疾)的前期物质——酵母的研究目前已经处在了一个非常成熟的阶段。鉴于其潜在的广泛用途,社会经济学的预测认为,合成生物学有可能成为一个新的生机勃勃的经济领域的基础,就像1900年前后,分析化学从经济的角度发展变化为合成化学的情形一样(Carlson,2007年)。

与合成生物学的这种潜在功用和好处相对立的是涉及对健康和环境具有有害影响风险的各种挑战。正如其他的医学技术一样,采用合成生物学方法改变的病毒以及制造出来的药物原料可能会有不良的副作用。同样,经过全面改变的微生物体在自然界应用时,也可能导致对天然基因池的不良改变,并由此影响生态体系的平衡。正是在这点上,倘若人们能够成功地制出与大自然的微生物没有同类关系,并可以作为风险评估参照物的微生物体的话,那么,合成生物学就可能带来特殊的挑战。在围绕合成生物学的讨论中,这些潜在的危害因素将被作为生物安全问题加以归纳总结(Schmidt等,2009年)。

除此之外,从批评的角度上必须指出,合成方法制造的生物体的使用可能进一步导致全球范围内福利分配的不公平现象(参见第4章第B.9节)。受专利法保护的生物技术方法和产品可能会排挤传统的农业生产方法,虽然这样会给工业国家带来福利，但损害了贫困国家的经济。比方说，以合成生物生产出来的青蒿素就是实例，因为这种生物活性物质至今都是从植物中（黄花蒿，Artemisa annua）提取的，而这种植物在发展中国家中都是在小型的农业企业中种植的。

总而言之，鉴于上述损害和利益情况的对比，我们可以看到，围绕合成生物学的讨论在这里不仅援引了基因技术中（参见第5章第7节）的论据和主题，而且进一步延续了这些论据和主题。如同在围绕基因技术的论争中一样，许多科学家学会组织和生物技术企业都强调合成生物技术的潜在好处，而诸如加拿大的极端基因工程小组这样的非政府组织则将风险作为首要的问题来对待。值得注意的是，二者之间的这一矛 366 盾冲突迄今为止没有像基因技术的风险一样在公共社会中得到同样的关注。可以猜测，出现这一现象的原因或许在于到目前为止还没有哪一个以开发合成生物学的食品工业用途的潜力为目的的理论和实践活动得到过人们的大力宣传和推动。

滥用危险

正当人们在欧洲主要针对合成生物学潜在的利益和危害进行思考的同时，美国人主要关注的则是该学科领域滥用的危险。在经历过生物恐怖袭击的背景下（如2001年的炭疽病袭击），人们正在对合成生物学将会带来哪些特殊的潜在滥用可能性进行探讨交流。

2001年，一个科学家小组借助可以自由订购的DNA排列组以合成的方法成功地制造出了脊髓灰质炎病毒。这个实验引起了人们对非科研人员和组织有可能用这种方式生产病原体生物的担忧。如今，在有些国家和特定案例中规定，或是在其他情况下由基因合成企业自愿进行的对下单订购DNA排列组的详细筛查工作，或许对减少这种危险的存在能起到帮助作用。

2005年，另一个研究小组从埋葬在永冻层的尸体中排列出了引起西班牙流感并被认为已经灭绝了的病毒染色体组，并在此基础上制造出了一个病原体病毒。有鉴于这个被高调公开发表的实验，人们提出呼吁，要求对提交到专业科学杂志发表的原文稿件进行滥用可能性的检查，并酌情不予发表或只是部分发表（Selgelid，2007年）。

哪些基因改变可能会让禽流感病毒对人类造成危害——关于这个问题的实验在 2012 年又重新将这一要求提到议事日常上来。

最后,在美国出现了一些有不同侧重点的所谓生物黑客或"业余生物学家"的小规模和松散的组织,他们在私人场所内设置实验室,游离于公共或其他科学机构的控制体系之外并从事研究活动。这一现象也增加了人们对可能导致滥用或出现非主观意愿的危害安全事件的担忧。

针对滥用的危险,总体来说必须予以强调的是基因序列拼接和合成设备不用花费很多钱就能买到,而且研究活动在小型实验室内由个别人或小规模的团队就可以进行,因此,对这类行为很难实行国家的或国际的控制。另外,我们可以提出的问题是,在未来可预见的时间内,大自然里原有的病原体微生物与合成生物体相比,是否有可能被更简单和更有效地用于恐怖主义的目的,因此,合成生物学被滥用的可能性目前暂时还停留在有限的范围之内。

生命概念

合成生物学还进一步提出了关于生命的标准化形态以及人与自然关系的很多伦理学问题。在合成生物学的论述文献中,经常有人使用机器的概念来比喻需要构建的生物体。举例来说,在麻省理工学院举办的以年轻大学生为对象,并让他们近距离了解合成生物学领域的"iGEM"比赛,其名称即为"国际遗传工程机器设计竞赛"。这种以机器为样板的生命体概念的模式化,遵循的乃是合成生物学工程技术方面的理论和实践。这一生命观的传统可以追溯到 17 世纪,并且在 20 世纪的基因技术和生物技术中(之后又以信息处理机器为样板)得到进一步发扬光大(Keller,1995 年)。

从伦理学的角度看,首先,这种以机器作为模式的取向法有可能会限制人们对一个合成生物体可能发生的意外变化的关注和考察。假如一台机器出现了故障,这时,人们主要是在机器的内部构造以及在决定内部构造的规律中去寻找故障的原因,而生物体所遵循的是进化的演变过程,因此,适应新环境以及来自环境条件和因为内在偶然突变所形成的可变性,都属于生物体的构造特征。如果这个推断属实,那么,参照

367

机器模式所建立的关于内在变化过程的规律性知识，就必须增加进化发展能力的内容，以及从微生物生态系统研究中所获取的知识，目的是对合成生物体的行为做出恰当的预测。

其次，在以机器为样板的模式背景下，常常与生命概念（参见第 4 章第 C.1 节）共生的标准化方面的内容将会趋向性地变得无从理解。将某种物体称作有生命的并不仅仅意味着我们在这个物体上发现了某些特定的特征，而且意味着，我们要在很高的程度上赋予这个物体以内在的价值，因之也有别于机器，我们不能把针对这个物体的每一个行为都看作伦理学上可以接受的行为（Jonas，1985 年；参见第 4 章第 A.4 节）。

给有生命的自然赋予内在价值可以用不同的方式进行理由的组建和论证。其中一个具有广泛影响力的论证学派所提出的理由，乃是我们面对生命的复杂性和进化史所体会到的谦卑和敬畏。另一派学者认为，人们应当在生命的特征中看到主体性和自由已经完成了的但是未充分发育的形态，而主体性和自由为一个生命体所建立的伦理学地位，正是人类的伦理学地位同样赖以存在的基础。于是，根据各种学派的不同论证学说，便产生了赋予合成生物学的不同内涵和意义（Deplazes-Zemp，2011 年）。前者的合成生物学观点很大程度上导向了范畴和限制性内涵的结论（Preston，2008 年），而后者的观点则给有等级的保护观念，甚至是给这样一种认识评价留下了更大的活动空间，即新型生物体的制造可以算作对世界上有价值之物的一种提高，因而，它在伦理学上是必不可少的（Knoepffler/Börner，2012 年）。

人与自然的关系

作为带有工程技术特点的学科，合成生物学把结构成分有针对性的设计、模块化和标准化的工程技术方法和理念带到了生物技术之中。因此，从技术哲学的视角来看，合成生物学是"制造"这个行为类型的一个有代表性的示例。根据于尔根·哈贝马斯的学说，这个行为类型有别于"交流式的行为"，或是根据汉娜·阿伦特的观点，它有别于"劳动"和"行动"（阿伦特所指的特殊意义）。与这种行为类型相关联，随之便产生了包含制造者和他的对象之间关系的本体论和认识论的推断。在这层关系中，将其对象在绘图板上进行设计并用零部件将其组装起来的制造者，似乎就是其对象的具有技术创新能力的创造者。

在合成生物学领域中，过去关于近代科学和技术作为"普罗米修斯式的"活动的作用和评价的问题，如今因为这个观点和认识又被旧话重提，而且特别是在英、美国家里，人们对于"扮演上帝角色"（Playing God）的批评声音尤为高涨。在围绕带有专业科学、神学和哲学不同征兆的合成生物学的争论中，这方面的内容正受到人们的讨论和关注（Boldt，2012 年；Ried/Dabrock；2011 年）。

将合成生物学描述成一种创造性的活动，表明这一技术与艺术有很近的关系，在艺术家和专业科学家之间也的确有一些建立在理性设计和艺术创作相似性上的合作。

在合成生物学中，关于创造性的概念最后都集中体现在了"创造生命"这个大标题之下。但凡从事生物体内（in vivo）研究的科研活动，亦即合成生物学所有带有工程技术特点的研究都直接表明这种说法并不确切。但是，如果指的是那些用非生命的分子来构造有生命的主体的话，那么，这个大标题似乎的确十分贴切和恰如其分，正如一些科学家也这样明确认为的那样。然而，倘若我们把生命理解成一个复杂客体"自然发生的"特征，这一特征不能通过此客体的相关部分自行予以解释的话，那么，我们就可以针对这样的观点提出不同意见，即与其说合成生物学是为生命的产生制造条件，不如说它是在制造生命本身（Brenner，2007 年）。

对政治和社会的后果影响

368　　虽然合成生物学现在已经越来越频繁地成了媒体报道的对象，但是与基因遗传技术相比，公众对这一新技术的认识还非常之少。其原因可能首先在于，当前讨论得最多的合成生物学的用途问题还没有涉及农业和人们的饮食范围。

尽管如此，随着合成生物学在医学、能源和环境等其他领域的应用逐渐增多，可以期待，围绕该技术的公开讨论会越发热烈。其时，合成生物学作为制造型和创造型技术的特点一定会发挥应有的作用，直至实现"创造生命"这一伟大目标。在政治方面，合成生物学的意义在于，一方面要减少与合成生物学对 DNA 的介入深度相关的错误推断和过度担忧，另一方面也不能不分青红皂白地把外界的批评重点当成非理性的东西予以抛弃（Catenhusen，2011 年）。

只要合成生物学仍然局限于单细胞生物体，这一核心就将属于安全和风险评估的问题。倘若合成生物学能够成功地实施它的工程技术计划，那么，对于用在开放转基因生物体上的风险评估方法的再评估就将具有其必要性。

同样，在包含使用合成生物体的医学应用中，有必要对现有的减少临床研究危害风险的规定进行一次检查，因为迄今为止，法律规定所针对的是制药厂所生产的药品以及医疗技术产品，而非针对以治疗目的用在人体内的微生物。

由于合成生物学还是一个年轻的科研领域，其发展情况目前尚无法进行可靠预测，所以政治方面和社会方面的最大挑战首先在于，要使这一科技的新发展公开化和透明化，并且广泛地及在有不同利益群体的参与下对之进行讨论（Grunwald，2012年）。有鉴于此，合成生物学这个案例也给人们提供了这样一个机会，即公众、伦理学和社会学方面对一项新科技所进行的反思不仅必须持久地关注技术的发展以及回过头来对之进行评估，而且还可以伴随性地及早地认识这些技术发展，并酌情对其发展方向施加影响。

参考文献

Arendt, Hannah: *Vita activa oder Vom tätigen Leben* [1960]. München 1981.

Boldt, Joachim: »Leben« in der Synthetischen Biologie: Zwischen gesetzesförmiger Erklärung und hermeneutischem Verstehen. In: Ders./Oliver Müller/Giovanni Maio (Hg.): *Leben schaffen? Philosophische und ethische Reflexionen zur Synthetischen Biologie*. Paderborn 2012, 177–191.

Brenner, Andreas: *Leben – Eine philosophische Untersuchung*. Bern 2007.

Campos, Luis: That was the synthetic biology that was. In: Markus Schmidt/Alexander Kelle/Agomoni Ganguli/Huib de Vriend (Hg.): *Synthetic Biology. The Technoscience and its Societal Consequences*. Dordrecht 2009, 5–21.

Carlson, Rob: Laying the foundations for a bio – economy. In: *Systems and Synthetic Biology* 1/3 (2007), 109 – 117.

Catenhusen, Wolf – Michael: Synthetische Biologie – wo liegt unsere gesellschaftliche Verantwortung? Ein politisches Statement. In: Peter Dabrock/Michael Bölker/Matthias Braun/Jens Ried (Hg.): *Was ist Leben – im Zeitalter seiner technischen Machbarkeit? Beiträge zur Ethik der Synthetischen Biologie.* Freiburg 2011, 387 – 392.

Deplazes-Zemp, Anna: The moral impact of synthesising living organisms: Biocentric views on synthetic biology. In: *Environmental Values* 21 (2011), 63 – 82.

DFG/Acatech/Leopoldina (Hg): *Synthetische Biologie. Stellungnahme.* Weinheim 2009.

ETC Group: *Extreme Genetic Engineering. An Introduction to Synthetic Biology.* ETC 2007. http://www.etcgroup.org/sites/www.etcgroup.org/files/publication/602/01/synbioreportweb.pdf (30.04.2013).

Grunwald, Armin: Synthetische Biologie. Verantwortungszuschreibung und Demokratie. In: Joachim Boldt/Oliver Müller/Giovanni Maio (Hg.): *Leben schaffen? Philosophische und ethische Reflexionen zur Synthetischen Biologie.* Paderborn 2012, 81 – 102.

Habermas, Jürgen: *Technik und Wissenschaft als › Ideologie‹.* Frankfurt a. M. 1969.

Jonas, Hans: *Technik, Medizin und Ethik. Zur Praxis des Prinzips Verantwortung*, Frankfurt a. M. 1985.

Keller, Evelyn Fox: *Refiguring Life. Metaphors of Twentieth – Century Biology.* New York 1995.

Knoepffler, Nikolaus/Börner, Kathleen: Die Würde der Kreatur und die Synthetische Biologie. In: Joachim Boldt/Oliver Müller/Giovanni Maio (Hg.): *Leben schaffen? Philosophische und ethische Reflexionen zur Synthetischen Biologie.* Paderborn 2012, 137 – 153.

369 Presidential Commission for the Study of Bioethical Issues: *New Directions. The Ethics of Synthetic Biology and Emerging Technologies.* Presidential Commission 2010. http://bioethics.gov/cms/sites/default/files/PCSBI – Syn thetic – Biology – Report – 12. 16. 10. pdf (30. 04. 2013).

Preston, Christopher J.: Synthetic biology: drawing a line in Darwin's sand. In: *Environmental Values* 17/1 (2008), 23 – 39.

Ried, Jens/Dabrock, Peter: Weder Schöpfer noch Plagiator. Theologisch – ethische Überlegungen zur Synthetischen Biologie zwischen Genesis und Hybris. In: *Zeitschrift für Evangelische Ethik* 55/3 (2011), 179 – 191.

Schmidt, Markus/Kelle, Alexander/Ganguli, Agomoni/de Vriend, Huib (Hg.): *Synthetic Biology. The Technoscience and Its Societal Consequences.* Dordrecht 2009.

Selgelid, Michael J.: A tale of two studies. Ethics, bioterrorism, and the censorship of science. In: *Hastings Center Report* 37/3 (2007), 35 – 43.

约阿希姆·波尔特（Joachim Boldt）

第24节 合成化学

合成化学有一副光彩照人的面孔，现代社会的材料转化过程在合成化学的帮助下发生了彻底的变化。"化学为更好的生活创造更好的材料"——在这句20世纪30年代由杜邦化学公司提出的口号下，无数的材料被生产出来并从根本上改变了现代人的生活世界。通过化学研究结果组织工业化的生产，合成化学得以直接在经济和文化上发挥它的作用和影响。如今，一个没有合成颜料、人造化肥、药品、塑料、汽油或化学清洁剂的世界简直令人无法想象。但是，一场工业化学材料转化过程巨大的基础建设和持续改造似乎正在悄然无声地同时进行。假如人们想使用"无选择性"这个不无问题的词语的话，那么，化学是再贴切不过的对象了。没有化学，我们便无法理解社会意义上的材料转化过程组织生产的关联性、复杂性和特殊性问题，更不用说要去解决好这些问题。在这个领域中，采用简单地将工厂关停的方法不是解决问题的途径（如同能源领域的核电站那样），而是必须依靠不断的学习过程才能奏效（参阅Perrow，1986年）。

这是因为合成化学也同时意味着风险的存在（参见第2章第2节）。随着材料生产工业化的开始，其附带的后果和影响也一目了然（关于技术后果问题，参见第2章第5节）：水源问题、森林问题、对其他产品的危害问题等，合成化学工业化生产给工人带来的健康问题更是自不待言。正因为如此，化学工业很早就开始与各种各样的规定和要求打交道（Brüggermeier，1996年）。尽管个别案例曾经有过这样那样的戏剧性过程，但最终还是建立起了一种企业能够不断扩大自己的材料生产，而且社会可免受最严重附带后果危害的体制。这种体制一直稳固延续到20世纪50年代，直到大规模生产时代的到来，环境污染的问题越来越突出 370 为止。这里，不光是生产的垃圾问题，还有数量巨大的化学产品问题，二者统统被认为是对环境的严重威胁。

在这样的背景下，合成化学的工业体系陷入了新的合法性问题。这里有哪些原则性的冲突？同时出现了哪些价值体系中的变化？它对伦理学反思有什么样的意义？本文在这里的阐述和分析以菲利普·基切尔①的理论观点为出发点（2011 年）。基氏主张对"同伦理学有关的项目"进行观察研究，在人们共同解决问题的过程中，这些项目为了解科学和社会价值的共同作用提供了背景资料。本文开头所提到的化学领域的发展情况即反映了这一点。首先，化学领域中科学和社会价值的共同作用应当从历史和系统的角度进行解读。其次，对问题的评价应当考虑到化学的外部和内部发展来进行讨论。最后，学者们的各种思考表明，人们越来越多地要求将化学与相关的上下文环境结合起来进行考察研究。

冲突路线和价值变化：历史和系统的关联点

自从化学的工业化开发后，其危险性问题就已经是一个重要课题。如此这般工业化的危险之路在各个国家中能够持续不倒，这本身就是一件令人惊讶之事。这一现象该如何进行解释？对于通过科学发展所实现的技术进步的承诺来说，化学恰恰具有一种象征性意义。化学是最早以科学为基础的行业之一，并且代表性地兑现了科技进步向人们所做出的承诺（参见第 2 章第 4 节）。合成颜料是第一种以科学为基础的产品系列，除此之外，很快就出现了其他具有特出意义的化学合成产品系列，如药品等。在这些产品获得成功的同时，风险也伴随而来。化学是危险的，而且是无法替代的。从社会的层面上看，这是一个具有爆炸性的混合体，这一点在化学的工业实践的规范管理史中得到了充分反映。

自 19 世纪中期起，随着化学工业建设的不断推进，政府的调节管理也逐渐展开。其时，对行业的扶持是政府的首要任务，危险的防范工作不能影响对行业的扶持政策。其一，法律法规在内容架构上都做了规定，将健康和环境的风险予以集体化。其二，制定了解决自然环境使用权的竞争管理办法。其三，规定工厂企业有责任拿出相关的技术解决方案，比如过滤设备和高大烟囱这样的后处理技术等。其四，建立起了

---

① 菲利普·基切尔（Philip Kitcher），1947 年生于英国，科学哲学家，任教于美国普林斯顿大学。

对健康和环境问题进行观察、调查和予以解决的分工结构体系。以保证工人工作能力为要旨的劳动医学是当时社会发展的一个基本要素，它把人们的注意力从无毒的工作环境转移到了工人们所谓的"抗毒能力"（弗朗茨·科尔施①）上来。这个问题与当时社会的基本共识有关，即人们把"浓烟滚滚的烟囱"首先看成进步的象征，而不是危害的标志。这种思维模式一直延续到20世纪50年代。

此后，公众及政治的探讨和管理即发生了风向的转变。第一，化学（比如杀虫剂DDT的问题）进入了公众讨论的视野，预防原则（参见第6章第3节）在政治上获得了越来越大的影响（EEA，2001年）。第二，风险的特点发生了改变。新的物质门类和巨大的生产量不断设置了新的外围条件。"风险生产"和"材料生产"几乎有同等重要的意义。此外，一系列的事故也引起了公众评价态度的巨大转变，人们普遍认为化学生产的风险无处不在（大标题《塞维索事故无处不在》引起了公众的普遍反响）。第三，一个专门对具有环境危害的化学品进行监控和危险鉴定的研究分支应运而生——生态化学。从此，化学制品的环境风险就系统地被纳入了风险的争论（参见第2章第2节）。第四，一个专门针对化学的立法机制也建立了起来，其考察问题的方式仍然是以科学认识和实践经验为基础的。与合成化学产品的社会化使用的特点相关联，除了这样一种普通的"材料法"之外，还有一系列依照不同上下文环境 371 对化学物质的生产和使用进行区分的"分类法"：针对制药材料的药品审批法，针对植物防护剂的植物保护法，或是针对食品添加剂的食品卫生法。不同的物质受到不同的保护，并且对应用的外围条件予以重视，这就是上述诸管理办法的宗旨所在。

到了20世纪90年代，关于化学产品的政治讨论又有了进一步发展，其中，两种新出现的情况具有尤为重要的意义。第一，有证据越来越清楚地表明，建立在知识之上的尝试并不一定都会达到应有的效果：在20年时间里所生产的10万种物质当中，有大约120种被鉴定为有风险。第二，预防原则（参见第6章第3节）在欧盟的风险管理方面取得了核心的政治原则的地位。人们不仅认识到而且也承认，大家过去经常

---

① 弗朗茨·科尔施（Franz Koelsch），1876—1970，德国劳动医学家。

对重要的危险苗头视而不见，这些苗头后来都变成了具体的危害和损失（EEA，2001年）。欧盟新化学品管理法 REACH（Registration, Evaluation, Authorization and Restriction of Chemicals，《化学品的登记、评估、授权和限制》；EU1907/2006 年）就是一部为预防原则服务的法律文献，它包含了一系列的革新（参见第 6 章第 2 节），诸如对所谓的危险指标的等级提高和同级归纳（如持久度和生物积累），以及对诸如致癌性、诱变性和生殖毒性这样的危害指标的等级提高和同级归纳等（Scheringer 等，2006 年）。若是与后者具体实际的危害相比较，前者仅仅是*可能*的危害罢了。此外，这一法规所建立起的还是一个"风险知识链"，借此，生产商的知识同材料消费者的知识被联系在一起并可以进行相互交流。然而应当指出的是，在这一系列的新规定中，人们迄今为止既没有对其理论和概念基础，也没有对其工业化的交流链条进行仔细的研究——而这类管理规定的部分问题恰恰在这里有所表现（见下文"合成化学中的评价问题"）。

在对化学工业的规范管理中，我们可以看到知识价值和社会价值的相互作用情况。在人们很长一段时间着重强调对风险的忍受之后，科技进步的价值意义逐渐退居次要的地位。时至今日，各种不同的价值经常发生冲突碰撞，而且并不会因为一个跨越性的"主导价值"而自动退出舞台。虽然人们曾经希望，可持续发展的主导思想能够帮助诸如预防原则及建立在其之上的各种机制获得更重要的意义，并且能够对这一缺陷加以弥补。事实上，由于在围绕可持续发展的论战中，后果影响的全球性和未来性特点被作为重要的关联点得到了确立，因而也取得了不少成果。但是，人们必须看到，试图将各种价值诉求都加以约束的主导观念的力量是有限的，各种定义的空间过于宽泛，而且，从中推导出的各种集体的行动策略也同样是各执一词、莫衷一是。

合成化学中的评价问题

合成化学中的评价问题可以系统地分为两类。第一类问题最终牵涉到社会发展的大背景，尽管化学是其中要谈的首要问题（1），第二类是和化学本身有关的局部问题（2）。

（1）*社会背景下合成化学的价值冲突：*因社会发展的大背景而产生的价值冲突首先反映了一种特殊的宏观局势，这种局势在 20 世纪 70 年代深深印刻在人们的集体意识之中，并通过两个问题表现出来。第一个问题跟紧缺的概念相关，它不仅涉及原油这个基本原料，而且还有如今用于合成材料生产的其他原料（Henseling，2008年）。随着原料紧缺问题的出现，社会和资源使用之间的关系就成了众所周知的课题（关于自然和技术问题，参见第 4 章第 C.2 节）。这里，一条常用的基本原则是国家在行使动用资源的各种功能。但是，这种社会和资源使用的关系往往在危机发生的时刻，亦即资源不复存在时才为人们所理解，并且，资源动用在基础设施方面的依赖性越大，给社会带来的影响就越严重。在化学领域中，人们把这个问题作为可替代的基本原则来进行探讨。从资源问题的角度看，这个问题存在两种走向。其一，由于化学工业的基础原料是原油，所以，人们如今本着可持续发展的精神也在对"生物炼油"方案进行探讨。其二，随着越来越特殊的原料被投入使用（比如所谓的稀土问题），这些资源所特有的对开采和供应的依赖性问题也随之产生。迄今为止，人们对于工业原料生产基础设施和与之相关的依赖性问题鲜有明确的认识。当前，在资源问题解决方案的论战中，唯有临界点的方案问题被人们作为科学和社会的主题在进行讨论（Schmidt/Reller，2012 年）。

第二个问题的提出与全球范围的公正性问题息息相关（参见第 4 章第 B.9 节），随着化学的工业化生产的到来，特殊的公正性问题也伴随而生（Scheringer，2002年）。做决定者和受牵连者形成了两大集团——不仅是在单一国家的尺度上，同时也在全球范围的层面上。在这种情况下，经济的利益和附带后果的影响就可能形成巨大的反差。为数众多的化学品都在北半球生产，经济上的价值创造也因此在那里进行。可是，环境危害的附带后果却往往因为物质随着大气层和海洋的环流作用出现在了南半球。从全球范围公平分配发展机会的观点来看，这是一种无法令人接受的现象。化学的"材料生产"和"风险生产"是一个错综复杂的逻辑过程，这个过程只有在分工和全球化经济的视角之下才能解开其中的奥秘，而在分工和全球化经济中，不仅上

372

演着生产基地的竞争，而且上演着争夺最低环境保护和劳动保护标准的激烈竞争。因此，面对全球化的价值创造和特定（危险）生产领域的选址潮流，以及面对沿着价值创造链所设立的现行管理标准的问题，综合全局看问题的眼光具有决定性的重要意义。

（2）*合成化学中的评价问题*：合成化学的评价问题首先要归结于该学科为数巨大的内部分支结构。合成化学有各种各样的不同领域，如医学化学、农业化学，以及不同的新材料领域，如聚合物化学或纳米化学等。其次，使用合成化学产品的多重背景也带来了特殊的评价问题。无论怎样，化学领域中评价问题的紧迫性（学术和工业领域兼而有之）如今受到了人们的高度重视，一个可持续发展化学的新分支正在形成。那么，可持续发展的思想对化学来说的重要性到底如何呢？虽然这一思想正在制造某种政治性的旋涡，以至于科学家们都团结起来形成一股社会运动（Woodhouse/Breyman，2005 年）。但是，就对合成化学的众多分支和工业化生产的广泛影响而言，这一现象还不能说明什么问题。尽管如此，还是出现了许多引人注目的探索尝试，它们要么以替代性的合成方法为目标，要么对基本原料的转化进行工艺开发，抑或是提出化学材料的评价方案。在科研领域的形成过程中，分析性的和标准化的问题研究如何在科研项目中相互作用和影响，这个问题有十分重要的启发意义。

替代性的合成和材料方法：原子经济性是可持续发展化学的一个核心原则，这一原则似乎可以被诠释成一种简约主义的要求（Anastas/Warner，1998 年）。原材料的投入和产出应当具有一种最佳的比例。但是，人们也应当对所投入的原材料的使用条件进行审查。严格来说，这里所涉及的问题是优秀的合成化学家历来所关注的问题。但是，近来也出现了原则上另辟蹊径的方法。就传统而言，人们根据稳定性的模式对化学材料进行合成。近年来又有了新的合成方法，"短距离化学"就是其中之一。根据这种方法，材料被赋予一种短期的稳定性，此方法在药品生产的有效材料上得到了成功的应用。由于其稳定性，这些材料在人身上显现出了作为治疗药物想要得到的效果，但同时，作为对环境有害的物质，它们也不能被污水处理厂收集，因此带来了不良的破坏作用。随着新设计方法的采用，这些材料既可以到达人体的作用位置，之后

又可以分解成为没有危害的物质（Kümmerer/Schramm，2008 年）。

*评价方案：*化学的可持续发展问题的一个重要内容，在于对不同原材料和合成方法进行评价的可能性。评价在这里起着连接知识价值和社会价值的桥梁作用。但是，由于可持续性的指标具有十分复杂的结构，因此，评价的透明度就成了一个十分重要的观点（Böschen 等，2003 年）。我们在分析欧盟新化学品管理法 REACH 时，曾经提到过风险指标的扩展问题，即从损害的指标一直到威胁的指标。持久度和影响范围是两个由生态化学所提出的指标（Scheringer，2002 年），这两项指标所针对的实际情况十分复杂，因此需将事实的证据一同进行考察。为了进一步加强这样的评价方案，我们需要关于基本标准和规范的透明选项（参见第 6 章第 2 节），否则的话，这些指标不会引导人们做出希望得到的更好的决定，而是会在风险评价方面产生新的不透明的策略空间。

关联体系中的合成化学

从系统的角度来看，在工业合成品的生产过程中，生产所必需的体系关联化的类型在不断增加。这种情况在人们对风险社会的诊断分析中有普遍的表现，根据分析所得出的结论，体系关联化在这里指的是卓有成就的现代化过程（在我们所讨论的案例中指的是对科技所形成的材料转化过程的扩展）的附带后果，这些附带后果决定了后现代以及"反思的现代"社会的发展趋势（Beck，1986 年；Böschen 等，2006 年）。因此，与材料功能化的新选项相关联的对社会和自然环境的附带后果，不仅越来越有必要加以论证说明，而且落到了不断扩大的规范管理要求的约束范围之内。为了能够应对这些要求，在科研领域内出现了解决问题的新方案。不过，这些解决问题的过程盘根错节、十分复杂。在这种情况下，可持续发展的主导思想（参见第 4 章第 B. 10 节）虽然具有启发性意义，却并没有给合成化学领域带来进一步深化管理的局面。其原因在于，这里出现了两种形成鲜明对比的情况：一方面，人们对高端化学（High-end Chemistry）产品的呼声依然很高，其目的在于创造出最先进的合成产品，以便开发出越来越特殊的功能；另一方面，要求可持续发展的呼声同样十分强烈。这里，我们可以根据合成化学评价问题的两分法原则（见上文），更准确地探寻不断增多的体系关联化的奥秘。

第一，对于可持续发展材料的使用方式来说，具有决定性意义的首先是社会性原材料消费的数量和种类（Reller/Holdinghausen，2011 年）。虽然科技进步的主导思想不再具有普遍的意义（参见第 3 章第 5 节），可是，实现增长的经济价值观仍然左右着许多关于社会发展的探讨和争论。这一点不仅与社会化的原材料消费的扩大相关，而且同社会化的原材料消费的多样化有关。在这样的背景下，人们有理由不得不对社会化的原材料使用的持久转变持怀疑态度。这里让人担忧的问题是，虽然可持续发展通过交流沟通的方式得以成功实现，但在总体数量上，比以往多得多的非可持续的过程却也大行其道。因此，以"探讨的方式"对临界点的原材料使用行为进行"精致化"的现象，必将成为对合成化学进行伦理反思的核心课题。这里，合成化学的体系关联化选项就在于对减少原材料投入策略和另一种原材料功能化的重视，甚至是在于对非物质化策略的研究之中。那么，何不就此对"原材料租赁"方式进行一番思考呢？

第二，有必要对合成化学的体系关联化选项加以系统的改善和提高。这里，可以考虑改进合成化学后备人才的培养方法。倘若培养的方式所采用的是启发性的教育模式（也用于对重要的社会问题进行反思），那么，这种思考问题和教育的方式就会普遍推广开来（现在已经有了新的化学－有机化学的实习机会，参阅 Ranke 等，2004 年）。除此之外，关于如何实现社会价值的问题也可以在对化学原材料和工艺进行管理的"伦理学项目"中加以讨论，并且可以同时对管理思想和知识实践的一致性问题进行反思和探索。

综上所述，合成化学需要伦理学和社会实践的长期反思，以便得出体系关联化方面的要求和选项。这样，知识价值和社会价值之间在材料使用过程中的相互关系就能够透明化，同时，科学及公众和政治的探索过程也能够得到推动，而且人们能够得到关于结构化方面的各种帮助。

374

参考文献

Anastas，Paul T. / Warner，John C.：*Green Chemistry. Theory and Practice.* New York 1998.

Beck，Ulrich：*Risikogesellschaft. Auf dem Weg in eine andere Moderne.* Frankfurt a. M. 1986.

Böschen，Stefan / Kratzer，Nick / May，Stefan（Hg.）：*Nebenfolgen. Analysen zur Konstruktion und Transformation moderner Gesellschaften.* Weilerswist 2006.

Böschen，Stefan / Lenoir，Dieter / Scheringer，Martin：Sustainable chemistry：Starting points and prospects. In：*Naturwissenschaften* 90（2003），93 – 102.

Brüggemeier，Franz – Josef：*Das unendliche Meer der Lüfte. Luftverschmutzung，Industrialisierung und Risikodebatten im 19. Jahrhundert.* Essen 1996.

EEA（European Environment Agency）：Late lessons from early warnings：the precautionary principle 1896 – 2000. *Environmental Issue Report* 22. Copenhagen 2001.

Grunwald，Armin / Kopfmüller，Jürgen：*Nachhaltigkeit.* Frankfurt a. M. 2012.

Henseling，Karl Otto：*Am Ende des fossilen Zeitalters.* München 2008.

Kitcher，Philip：*Science in a Democratic Society.* Amherst，NY 2011.

Kümmerer，Klaus / Schramm，Engelbert：Arzneimittelentwicklung. Die Reduzierung von Umweltbelastungen durch gezieltes Moleküldesign. In：*Umweltwissenschaften und Schadstoffforschung* 20（2008），249 – 263.

Perrow，Charles：*Normale Katastrophen.* Frankfurt a. M. 1986.

Ranke，Johannes / König，Burkhard / Diehlmann，Achim / Kreisel，Günter / Nüchter，Matthias / Störmann，Reinhold / Hopf，Henning：NOP – Ein neues organischchemisches Grundpraktikum：Nachhaltigkeit per Internet. In：*Chemie in unserer Zeit* 38（2004），258 – 266.

Reller，Armin / Holdinghausen，Heike：*Wir konsumieren uns zu Tode.* Frankfurt a. M. 2011.

Scheringer，Martin：*Persistenz und Reichweite.* Weinheim 2002.

 – / Böschen，Stefan / Hungerbühler，Konrad：Will we know more or less about chemical risks under REACH? In：*CHIMIA* 60（2006），699 – 706.

Schmidt，Claudia / Reller，Armin：Bewerten lernen durch Stoffgeschichten und Kritikalitätsanalysen. In：*Naturwissenschaften im Unterricht – Chemie* 23 / 127（2012），44 – 47.

Woodhouse，Edward J. / Breyman，Steve：Green chemistry as social movement? In：*Science，Technology & Human Values* 30（2005），199 – 222.

斯特凡·博世恩（Stefan Böschen）

第25节　普适计算

定义和特点

　　普适计算（普适运算、普适系统）并非指一项具体的科学技术，而是代表着一种无所不在的数据处理和无所不在的信息系统利用的信息化远景，在这个远景中，既没有起码的操作要求，也没有对用户不良的硬件影响。普适系统可以说是不显山不露水、悄无声息地在我们活动环境的背后发挥着作用。我们现有技术所到达的程度，都属于局部的和有特殊应用目的的解决方案，这些解决方案被具体地变成了不同的信息和资讯技术。

　　人们日常的行为将随时随地得到普适系统的支持和帮助，所谓的虚拟智能体将为我们减轻日常工作和生活的负担，并主动协助我们完成各种意图和想法。举例来说，这些虚拟智能体将替我们制订旅行计划，为我们选择和预定想去的地方最优惠的产品报价；它们将监管我们的身体健康，在不寻常的情况下为我们的行动出谋划策；等等。这一切都将可能变成现实，其途径是将中间阶段的所有物体都安装上传感器、无线射频识别（RFID）芯片和计算单元，并通过通信技术相互连接。我们的整个行为环境将成为我们的信息员和交流伙伴。我们周围的所有事物都将在某种行为选项之下获得一种信息的加载和补充（所谓的 Augmented Reality——增强现实）。这些行为选项的产生源自我们被系统识别为一个扮演某种角色的人，亦即旅行者、购物者或病号等，同时，系统还为我们所扮演的角色提供支持和帮助。

　　人们所追求的对系统利用的个人化的可能性通常是十分有限的，而且也于事无补，因为在这种情况下，系统有可能也会给怪癖的想法和神经官能症提供协助。各种信息可以通过终端机的显示器，或是通过耳麦传达给我们，抑或投射到我们的眼镜片上或是在物体的表面加以显示。抗拒行为将被阻止或是避开，抑或使之与普通的利益要求相匹配。

普适计算的核心特点在于：硬件部件和人机接口完全消失，系统的适配性和智 375
能性，系统的自我组织性和环境识别（亦即对行为环境状况的识别能力），中间阶
段的信息加载，无处不在的可用性，以及和行为相关的当地和全球信息的相互连
接。普适计算带有不同伦理学挑战的主要应用领域在于：军事和内部安全（参见第
5章第15节和第22节），生产（Smart Factory，智能工厂），医学应用和护理及协助
服务，出行交通，居家服务（Smart Home），灾害应急管理，购物和业务生活。

概念沿革

普适计算的概念于1991年由马克·魏瑟①率先提出，并建立在*行动计算*（Mobile
Computing）或*情境感知计算*（Context-aware Computing）这些较为早期的概念基础之
上。概念提出时，魏瑟借用了中世纪形而上学中的一个概念。 "无处不在"
（Ubiquitas）本是对上帝的一个修饰词，说明上帝的干预可以无时无刻无所不在。其
他的相关词语，如*普适运算*（Pervasive Computing，主要出现在经济的语境中）、*环境
智能*（Ambient Intelligence，主要出现在欧洲的科研项目中）以及*物联网*（Internet of
Things）等，虽然词义各有侧重，但指称的都是同样的远景应用领域。尽管这些概念
的含义各有所指，但它们的具体发展历程十分接近。

对伦理学的挑战

通过普适系统来开发我们的日常生活，将会对伦理学探讨的三个条件产生巨大的
影响作用，即（人在其中进行活动的）"现实世界的可决定性"，"行为主体的同一
性"（行为主体应为自己的行为承担责任），以及使负责任行为成为可能的"遴选抉
择"。实践证明，作为现实世界基本标志的抗拒能力的丧失乃是一个根本性的问题。
如同一副佩戴得很舒适的眼镜那样，一项技术曾十分完美地被融合到日常生活当中，

---

① 马克·魏瑟（Mark Weiser），1952—1999，曾在美国马里兰大学教授过12年的计算机科学，
并担任美国施乐公司帕洛阿尔托研究中心首席科学家，被公认为是普适计算之父。

其后又几乎是自行消失得无影无踪，这样一种技术的理想如今却变成了一个问题，其原因在于，一个不让人了解和认识接口和抗拒能力的技术既无法受到检查也无法受到控制。这就预示了一个技术上的"魔术师弟子的问题"①的到来。于是，从抗拒能力和现实世界的丧失这个根本问题中就产生了一系列的后果问题：系统取代了行为的主体，它自己变成了行为的承载者。同时，抗拒经验的丧失也可能会导致对人的同一性的削弱。人的同一性形成于其他人的认可或是不认可，并且造就自己的资格能力和反抗潜力。在由普适系统所开发的环境中，我们的行为将变得像是儿童借助系统期待马上实现自己的愿望一样的幼稚，这样一种危险是切实存在的。技术的模式有可能会被应用到社会的关系之中。在这种情况下，智能的行为环境在某种意义上会把无生命的自然社会化，同时也会将社会非社会化，倘若它是在效率观点下专注于实现愿望的社会过程的话。人的愿望服从于社会和心理的变化，愿望可以协商和修改，但不受纯粹技术处理的左右。

在使用普适系统时是否能够避免家长制效应和剥夺别人行为能力的做法，这个问题具有根本性的意义。假如行为的可选性和退出系统支持的可能性被秘而不宣的话，这样的效应在病人及老人的护理和协助中甚至是人们所力求得到的效果。在说服式计算(persuasive，说服)的概念下，家长制的做法甚至取得了一种策略性的方案。在智能环境中，私人权利问题进一步尖锐化。系统的无处不在把私人的决策放到了一个无所不在的数据处理环境中，并且使之暴露在一个实际存在或是潜在的公众群体面前，从而使私人的决策权利遭到了限制。在大量充斥着与个人有关的数据信息的情况下，信息的自我决定权(参见第 5 章第 9 节)事实上已经无法再继续实行。即便能使个人身份匿名化的技术也无法避免个人数据管理的策略也变成了其他陌生人所接受信息的一部分。同意或拒绝对个人所处位置讯息的询问都会留下数据

---

① 《魔术师的弟子》(*Zauberlehrling*)，是德国大文豪歌德于 1797 年写的一首著名的叙事诗，讲述的是一个魔术师的弟子在师父离开之后，因对技巧一知半解而出了各种洋相的故事。这里比喻自己能力不够，对事物失去控制的窘境。

的痕迹。普适系统的使用几乎不可避免地造成了持续性的监控，在这种情况下，有 376 可能出现妨碍任何形式的个人意愿表达的圆形监狱效应（参见第 5 章第 22 节）。最后我们要提出的问题是，普适计算中是否会发生反向的自适应情况，亦即用户更多的是去适应系统而不是相反，同时，由此是否会造成其行为被"轻微"控制的结果。

各种各样的问题和不同的国家层面及文化层面的选择侧重，迄今为止都没有得到统一的解决办法。当前，人们的重点关注对象主要是针对表现在不同安全体系中的、数据保护和隐私权问题方面的技术和非常个人化的解决方案。有鉴于普适计算的复杂性，这些寄希望于把数据安全的工具交到用户自己手里的个人化解决方案是否能够解决问题，还是一件值得怀疑的事情。由斯图加特大学牵头进行的德国科学基金会的研究项目 Nexus（与情境相关的行动系统的环境模式）所开发的平行交流方案，乃是缓和诸如剥夺用户行为能力和技术的不可控性问题的一种尝试（参阅 Hubig，2007 年；Wiegerling，2011 年）。其方法是在出现混乱和错误的情况下，特别是通过系统中平行运行的渠道，用于形成信息（如何，何时，何处，由何人）的原信息被外人获取，同时与其他用户和设备的交流的可能性也存在，这时，应该根据合理性原则给予用户对系统控制的可能性，以及对系统设置进行干预的可能性。平行交流是为非专业人士所开发的一种办法，它并没有对科学技术可以减轻人们负担的作用提出质疑。它所要解决的问题是要让后台运行系统的作用和影响方式变得能为人所认识，并且为能力的保护和重新获取做出贡献。面对无形的庞大系统，通过提示和给予行动的选项和退出系统的可能性，从而使用户的自主权得到保护，这是人们思考的核心所在。

伦理学研究及其应用领域

迄今为止，不仅以普适计算的伦理学基本问题，而且以普适计算的潜力和对道德培养的影响为题的系统的伦理学探讨研究成果均鲜有所见。来自荷兰的彼得－保尔·维贝克①（2011 年），马克·克科尔伯格②（2011 年）和菲利普·布雷③（参阅 Philipps/Wiegerling，2007 年），以及来自德国的克里斯多夫·胡比格④（2003 年/ 2007 年）和克劳斯·维格林⑤（2011 年）的论文均属于迄今为止少数几篇学术研究成果。绝大多数的伦理学讨论都流于对问题的暴露发掘和收集整理。近来在个别应用领域内，出现了数量巨大的伴随性伦理学研究，其中大多数侧重于对隐私权丧失问题的讨论（参见第 5 章第 9 节和第 10 节）。这里，我们不妨列举一下超出此论题的若干课题领域。

　　经济学：人们担心，假如普适系统未经所请独自参与到经济活动过程中，同时还独自引发这类经济活动的话，那么，经济活动的匿名化和不可控性还将继续存在。在网络经济中业已存在的责任归属问题还会因为普适系统的使用而继续扩大，对劳动过程持续不断的监控将给工作人员的身心造成巨大影响。

　　法律：除了数据保护的主题外，关于如何归属由普适系统所产生的、对肇始者原则和损失赔偿问题有相应影响的知识问题，乃是一个十分关键的课题（参见第 5 章第 21 节）。在传统的自动信息处理技术中，知识的创造在有限的范围内是依靠供专家使用的专家系统进行的，专家可以通过目标明确的数据输入来检查和控制这一过程，并对结果进行评判。在普适计算中，数据的输入是不间断和自动进行的，这一过程并不是为了产生专家知识，而是为了给完成日常的需求提供支持。其间，系统所进行的不仅仅是气象数据的输入，同时，它还要迅速实时地把用户的行为意图的数据纳入运算处理。正因为系统的目的在于传达直接与日常生活相衔接的行为知识，所以，虚拟智能体的错误信息和错误服务会有巨大的后果影响。谁来替错误信息所造成的行为后果

---

① 彼得－保尔·维贝克（Peter-Paul Verbeek），1970 年出生，荷兰特温特大学技术哲学教授。

② 马克·克科尔伯格（Mark Coeckelbergh），1975 年生于比利时，奥地利维也纳大学哲学教授。

③ 菲利普·布雷（Philip Brey），荷兰特温特大学哲学系科技伦理中心教授。

④ 克里斯多夫·胡比格（Christoph Hubig），1952 年出生，德国达姆施塔特工业大学教授。

⑤ 克劳斯·维格林（Klaus Wiegerling），德国卡尔斯鲁尔和凯泽斯劳滕工业大学教授，本文作者。

承担责任，还是一个尚待解决的问题（参见第 2 章第 6 节）。

*保险业：*借助于普适计算的帮助并为了投保人的利益，人们试图消除投保人和保险公司之间所谓信息不对称的情况。但是事与愿违，此举有可能导致对诸如私家车保有者的使用行为全面监控的结果。尤其是存在保险价格被进一步个人化，直至保险理念被完全破坏的危险。即便是出于社会政治的原因，这种做法也是值得商榷的，因为通常只有那些对保险公司来说存在最低风险的，或者说居住在很少发生盗窃事件的好社区的、拥有自家车库的客户，才能拿到优惠的保险价格。拒绝使用普适系统可能会招致投保范围不足和保险费增加的后果。

*医学应用：*在花样繁多的应用可能性中——从急救医学，到远程医学和病员管理，直至风险病人监护，特别是新近的医学研究尝试遇到了伦理学问题的重大挑战。于是，普适系统远景的进一步扩展将上演这样一幕情景，借助智能的、与外界相联系的植入体和假肢的帮助，一方面会导致对人的身体状况不间断的监控和调整，另一方面也会导致人的身体潜在能力的提高（人类增强，参见第 5 章第 8 节）。在这一过程中，普适计算同电子人和生物制品的概念相结合，并由此开启了信息技术和生物技术携手合作的历程（参见第 4 章第 C.1 节）。智能植入体——从膝关节到脑起搏器——将被植入一个经过改良的有机环境，其不仅使失去的功能和能力得到重新回复，同时也将使身体的工作能力、生活质量和寿命得到提高和延长。在这一过程中，技术的规范标准明显地被应用到了以工作能力为明确优先的健康观念之中。人身体的活动节奏可以适应劳动的要求，以飞行员为例，这些工作需要高度集中的注意力和强壮的身体素质。在这样的情况下，人从内部和外部无时无刻不受到监控，并且在自身的物理支配方面受到操纵。借助所谓*神经生理*、*生物控制*或*情感计算*的方法，甚至人的大脑活动（Brain Reading，读取大脑）和情绪状态都能受到记录和操控。人的自我认识和对自己身体的认识都将发生极大的改变。这个"新的人"将是一个不同于我们的另一种生物，他以另一种亦即技术的方式同环境和"社会体系"相关联。皮肤不再是人身体的外部界线，人成了一个始终受到监控和由外在力量所控制的生物。

*护理：*在病人护理和老人生活辅助方面，人们寄希望于以普适计算为基础的实际

377

应用——比如所谓的老年人环境辅助生活（Ambient Assisted Living）——能够提供一种解决人口结构变化问题的可能性。借助系统的帮助，老年人不仅可以更长时间地生活在自己家里，而且可以在很大程度上生活自理。这里，系统不仅可以作为提醒助手服务于老人（如提醒吃药等），还可以安排他们的日常生活，观察他们的健康状况，以及通过机器人系统完成护理工作。不过，正如上文所提到的那样，系统减轻负担的作用可能会很快变成对病人和老人行为能力的剥夺。所以，病人和老人护理照料的辅助系统处在一种减轻负担和剥夺能力不能两全其美的尴尬状态之中。在给社会减轻负担的同时，家长制效应的代价是个人自主权的丧失。

当前现况和未来前景

从伦理学角度对普适计算进行广泛深入的研究探讨虽然在 21 世纪才刚刚起步，此后却一直随着普适系统的发展而发展。许多由普适计算的应用所产生的问题都被归属到了实用伦理学的其他领域之中，如医学伦理学、信息伦理学和传媒伦理学等。从根本上说，伦理学的伴随研究所关注的课题都是广义上涉及数据保护和个人隐私保护（参见第 5 章第 9 节）的细节问题，间或也包括系统发展的指导原则问题。文化层面的特点及其在系统发展上的伦理学影响，迄今为止却鲜有探讨。为欧盟方面所热捧的环境智能（Ambient Intelligence）概念所强调的重点不仅是保密性理念，而且从广义上要求在由欧盟资助的项目中进行伦理学的伴随研究。

迄今为止，很少有学者对普适计算对数据和隐私权保护以外、涉及改变社会和个人生活的内容进行过探讨研究。其原因在于，普适计算还处在一个发展的过程中，而且，鉴于技术、法律和经济的问题都还悬而未决，将一个尚未成熟的技术的潜在能力予以盖棺定论，难免有主观臆测和空穴来风之嫌。近年来，人们一直对普适计算的远景是否能够全部实现表示怀疑，换句话说，全球性的普适体系被认为是无法建立的。虽然科技在不断进步，但是鉴于基础设施的缺失和始终未解决的成本问题（包括系统的用电和维护成本），即便是在范围不是很大的地理空间内，我们离这个远景实现的距离还十分遥远。诚然，普适计算已经进入了政治性的讨论，不过，由于讨论都集

378

中在来自传统网络应用的现实问题上，所以往往阻碍了人们对普适计算的关注视野。针对普适计算改变社会的潜在能力及时地进行公开的伦理学讨论，或许能够起到对普适系统进一步发展的引导作用。

自 1999 年以来，一年一度最大规模的国际专业大会普适计算国际会议（UbiComp）定期将涉及普适系统伦理学问题的各种研讨会和学术报告都融合在一个专业的平台上。然而，大会的发言并非都出自提出原则性问题和引述传统伦理学问题的正牌伦理学者的专业论文，而是着眼于实际应用的研究报告，这些报告在更宽广的范围上对各种伦理学的冲突进行探讨，并使人们对所存在的问题能够有一个全面和深入的了解和认识（Hilty 等，2003 年；Heesen 等，2005 年；BMBF，2006 年；总体了解核心冲突领域可参阅 Friedewald 等，2010 年；EGE，2012 年）。

参考文献

Bundesministerium für Bildung und Forschung（BMBF）（Hg.）：*TAUCIS – Technikfolgen-abschätzung Ubiquitäres Computing und informationelle Selbstbestimmung*. Berlin 2006. In：www. bmbf. de/pubRD/ita_ taucis. pdf（23. 03. 2012）.

Coeckelbergh，Mark：What are we doing? Microblogging, the ordinary privatem and the primacy of the resent. In：*Journal of Information*，*Communication & Ethics in Society* 9/2（2011），127 – 136.

EGE European Group an Ethics in Science and New Technologies：*Ethics of Information and Communication Technologies*（Opinion No. 26）. Brüssel 2012. In：http：//ec. europa. eu/bepa/european – group – ethics/docs/publications/ict _ final _ 22 _ february – adopted. pdf（20. 06. 2013）.

Friedewald，Michael/Raabe，Oliver/Georgieff，Peter/Koch，Daniel/Neuhäusler，Peter：*Ubiquitäres Computing – Das › Internet der Dinge‹ – Grundlagen*，*Anwendungen*，*Folgen*. Berlin 2010.

Heesen，Jessica/Hubig，Christoph/Siemoneit，Oliver/ Wiegerling，Klaus：*Leben in einer vernetzten und informatisierten Welt*：*Context – Awareness im Schnittfeld von Mobile und Ubiquitous Computing*. Stuttgart 2005. In：http：//elib. uni – stuttgart. de/opus/volltexte/2007/3172/index. html（20. 06. 2013）.

Hilty，Lorenz/Behrendt，Siegfried/Binswanger，Mathias/ Bruinink，Arend/Erdmann，

Lorenz/Fröhlich，Jörg/Köhler，Andreas/Kuster，Niels/Som，Claudia/Würtenberger，Felix：
Das Vorsorgeprinzip in der Informationsgesellschaft. Auswirkungen des Pervasive Computing auf Gesundheit und Umwelt. Studie des Zentrums für Technologiefolgen – Abschätzung（TA 46/ 2003）. Zürich 2003.

Hubig，Christoph：Selbstständige Nutzer oder verselbstst – ständigte Medien. Die neue Qualität der Vernetzung. In：Friedemann Mattern（Hg.）：*Total vernetzt. Szenarien einer informatisierten Welt.* Berlin/Heidelberg/New York 2003，211 – 230.

– ：Ubiquitous Computing – Eine neue Herausforderung für die Medenethik. In：David Phillips/Klaus Wiegerling（Hg.）：*International Review of Information Ethics*（*IRIE*）8（12/2007），http：//www. i – r – i – e. net/inhalt/008/008_ 5. pdf（28. 03. 2012）.

Langheinrich，Marc：*Die Privatsphäre im Ubiquitous Computing – Datenschutzaspekte der RFID-Technologie.* In：http：//www. vs. inf. ethz. ch/publ/papers/langhein2004rfid. pdf（28. 03. 2012）.

Mattern，Friedemann（Hg.）：*Total vernetzt：Szenarien einer informatisierten Welt.* Berlin/Heidelberg/New York 2003.

Nissenbaum Helen：*Privacy in Context：Technology，Policy and the Integrity of Social Life.* Palo Alto，CA 2009. Norman，Donald：*The Invisible Computer：Why Good Products Can Fail，the Personal Computer Is So Complex，and Information Appliances Are the Solution.* Cambridge，Mass. 1998.

Phillips，David/Wiegerling，Klaus（Hg.）：*International Review for Information Ethics*（*IRIE*）8（12/2007）：Ethical Challenges of Ubiquitous Computing. In：http：//www. i – r – i – e. net/issue8. htm（20. 06. 2013）.

Roßnagel，Alexander/Jandt，Silke/Müller，Jürgen/Gutscher，Andreas/Heesen，Jessica：*Datenschutzfragen mobiler kontextbezogener Systeme.* Wiesbaden 2006.

Tavani，Herman：*Ethics & Technology：Ethical Issues in an Age of Information and Communication Technology.* Hoboken 2007.

Verbeek，Peter – Paul：*Moralizing Technology：Understanding and Designing the Morality of Things.* Chicago 2011.

Weiser，Mark：The Computer of the 21st Century. In：*Scientific American* 265/3（September 1991），94 – 104.

Wiegerling，Klaus：*Philosophie intelligenter Welten.* München 2011.

– /Heesen，Jessica/Siemoneit，Oliver/Hubig，Christoph：Ubiquitärer Computer – Singulärer Mensch. In：Dieter Klumpp/Herbert Kubicek/Alexander Rossnagel/Wolfgang Schulz（Hg.）：*Informationelles Vertrauen für die Informationsgesellschaft.* Berlin/Heidelberg 2008，71 – 84.

克劳斯·维格林（Klaus Wiegerling）

第6章 实践中的技术伦理学

第1节 技术和创新的政治意义

为了给负责任的决策过程提供帮助，从伦理学角度对技术评价和技术决策进行反思的技术伦理学方兴未艾，并致力于将其他学科的技术知识融合到自己的问题范畴和认识领域当中。其目的，一方面在于批判性地巩固自身的立场观点，并且始终勇于接受新鲜事物；另一方面在于对环境和潜在可能性进行探究，以期发挥自己的实际作用。本文将从社会科学的技术研究角度出发，特别就后者做一些论述和探讨。

概念的定位

本节的标题"技术和创新的政治意义"好比是一套俄罗斯套娃。其概念犹如一个环环相扣的多层结构，只有将每一层先进行"分解"，之后再重新进行"组装"，其内容才昭然若揭。这里，有三个层次的概念需要我们加以区分。

"技术"一词（参见第2章第1节）除了狭义上指的人造产品、技术基础设施、大型技术设备和横向辅助技术之外，广义上还指方法、工艺、程序等技术形式。技术决定论（参见第4章第A.9节）经过它的繁盛期后，取而代之的是把技术理解成一种复杂、多梯级和社会性选择过程结果的学术理论（Lutz，1986年）。

不仅如此，"创新"一词的含义也同样普遍和宽泛。从狭义上来说，它特别指的是技术上的创新活动：新产品的发明，技术工艺的优化，或旧技术重新组合成新技术等（Rammert，2010年，第2页）。在广义的理解上，但凡是有创新的社会领域，"创新"的概念皆可以加以应用。因此，除了技术创新之外，如今也出现了经济创新、文化创新、学术创新、政治创新和社会创新等各式各样的新现象。对于创新过程的概念理解，人们重点强调的是各种不同的创新类型之间相互作用和共同影响的因素。

这里，我们可以就创新的过程做出三种不同阶段的划分（Simonis，1999 年，第163 页）：

· 一项技术可能性的发明

· 新技术可行性的研究和检验

· 将新技术解决方案纳入社会化的应用和利用

在创新过程的最后阶段，社会和机构这两大要素起着决定性作用，因此，这一阶段在社会科学的技术研究中，被认为对创新的成功与否具有特别重要的意义。

然而，技术和创新不仅在概念上可加以区分，同时也可以相互关联。二者的一个重要共同点在于，技术概念和创新概念一样都可以被理解成一种社会性的机构化的东西（Rammert，2008 年，第 5 页及下页）。技术作为机构化的事物既可以使行为和对行为的考量变为可能的现实，同时又可以对它们加以限制。创新所起到的机构化的作用，不仅在于对社会秩序提出质疑并让人对此产生误解，而且（按照约瑟夫·熊彼特学说的观点）在创新过程中甚至破坏了这一社会秩序。技术创新的不断增加不可避免地造成了不确定性的增加。在当前占据决定地位的技术创新过程后期控制作用的模式中，社会生活过程范围中的新产品和新工艺的获得和嵌入都是在技术创新之后进行的。

同样，政治概念的含义也是多重性的（Bröchler，2008 年，第 183 页及下几页）。首先，从技术和创新的政治意义角度来说，作为复杂多样的现代社会社会化后的子系统，政治体制的作用是十分重要的。政治体制有贯穿全局式的作用，具体表现在为了解决公共社会的问题，它能够制定和实施对全社会都有约束力的决定。依照政府管理的学说观点（Benz/Dose，2010 年），有学者提出论证看法道，为了解决公共社会问题，社会成员应当被结合到政治意志形成和政治决策制定的过程当中去，从而改进他们的政治行为能力（Mayntz，2010 年）。

除此之外，从理解技术和创新的政治意义上下文环境中的政治概念角度来说，不同的政治层面皆有其各自重要的意义。政治学以分析的方式将政治分为三个不同的范畴：*形式*（Polity）、*过程*（Process）和*内容*（Policy）。与技术和创新的政治学意义相关联，制度的（诸如基本法第5条第3款这样的宪法规定）和组织的形式（比如相关主管部门的职能和构建，或是技术和创新的政治意义范畴中网络式的结构）乃是*形式范畴*的主题。*过程*说的是权利策略、共识策略和执行策略这三个策略层面。*内容*则专指的是技术和创新的政治意义范畴中政策性的规划，例如"纳米技术行动计划2015"，或是德国联邦教育与研究部（Bundesministerium für Bildung und Forschung, BMBF）的促进计划"信息和通信技术（IKT 2020年）"。

经过概念的"分解"和结构成分的简单阐述之后，概念就能够得到更为准确的定义。我们可以将技术和创新的政治意义定义为一种政治的行为空间（Polity），在这个空间里，国家和公众社会的行为者在处理由技术创新的挑战和社会问题所产生的公共问题时，以*国家管理及技术管理*为框架，在解决问题、权利维护和权利获取（Politics）的过程中（比如涉及国家的行动规划时），一起携手合作，共同发挥作用。

技术管理条件下技术和创新的政治意义

若干年以来，国家的管理体制正在发生跨领域的大转变。根据人们以往对政府管理的理解，处理公共事务乃是国家的重点工作任务。根据这一模式，在技术政治和创新政治领域中，通常由执法部门、法律部门和行政部门的执行措施以命令、禁令和功能的分配形式所做出的权威性的决定，就是必须遵守的准则规范。如今，*政府*（Government）越来越多地由*管理*（Governance）所取代，具体表现在，国家的行为者和有争辩能力的非国家行为者趋向性地、越来越多地被纳入对公共问题的处理过程，其目的是提高人们的政治行为能力。

针对"技术政治和创新政治"这一领域，技术管理（Technology Governance）的概念已经约定俗成，广为流行（Bröchler，2010年；Bröchler，2012年）。此概念的核心内容是针对来自社会、技术体系发展和再生产的各种挑战和问题，以及机构组织和当事人应当以何种方式方法来应对和解决这些所共同面临的挑战和问题。相对而言，技术政治和创新政治领域中的技术管理是种类繁多的管理研究中一个还十分年轻的研究领域（Benz等，2007年）。关于技术管理的研究工作，我们通过生物技术领域

（Schmidt，2010 年）、可持续发展领域（Albrecht/Schorling，2010 年）和技术后果评估领域（参见第 6 章第 4 节，Bröchler，2010 年；Bröchler 等，2012 年；Grunwald，2012 年；Simonis，2012 年）便可略见一斑。由于体现在产品和技术上的新观念和新想法的实现是在企业中而非经由国家所进行的，因此，技术管理主要发生在经济领域和科学领域当中。与之相对应，技术伦理学有不同的切入点，用以面对不同的当事人和对其行为可能性进行反思，例如在经济伦理学的框架内等（参见第 4 章第 C.8 节）。

为了更好地理解协商体制的作用方式，对政治意义上的技术管理和经济、科学和社会方面的技术管理加以区分是十分有益的（Simonis，2012 年）。倘若技术范畴中的问题演变成了公共的冲突和矛盾（关于技术争议，参见第 3 章第 6 节），那么，政治意义上的技术管理就有了登场亮相的重要动因。国家行为者和公众社会行为者都是各执己见的参与人，他们分别受到不同体系要求的约束，因此，所追求的行为理性也不尽相同。技术政治和创新政治是在一种网络式的复杂结构中完成自己使命的，在这个结构中，国家行为者和私人行为者交互发挥着作用，但是，这一切皆发生在国家这一体系的巨掌之下。

381

对于技术管理来说，我们将来是否能够以及用何种方式克服技术创新的两重性，是一个具有挑战性的课题。这是因为，如同古罗马神话中的双面神亚努斯一样，技术创新有一副双重性的面孔。一方面，技术通过行为选项的扩展向人们承诺解决问题的办法；另一方面，它又引起各种各样的问题。围绕核能（参见第 5 章第 11 节）、磁悬浮以及诸如斯图加特老火车站改造工程"Stuttgart 21"或是法兰克福机场扩建工程这样的矛盾冲突已向人们表明，新技术不仅会引起*技术的*各种问题，而且会引起经济的、生态的、公众社会的和政治的诸多问题。每一项新的技术创新都必然引发社会范围内的双重矛盾（Simonis，1990 年，第 150 页）：人们的行为可能性*同时*被扩大和缩小；不安全性同时被减少和增多；社会再生产在这一行为中同时被稳定和失去稳定。

从社会学的技术研究视角看，不可能有一个未来技术双重性的根本"解决办法"。然而，对待这个问题可遵循的一个方针策略是，一方面，对不安全和风险的程度加以限制，另一方面，通过面向未来的技术和创新政治来实现能够适应未来的技术创新。在此过程中，社会和机构这两个因素对于创新的成败具有重大的作用和意义。

我们是否能够成功地通过社会化创新过程的关联环境，打造出具有有利于民主（关于民主和技术，参见第4章第C.5节）和具有可持续发展（参见第4章第B.10节）特点的、有助于完成更加适应未来的技术创新的发展之路，是一个举足轻重的问题。

技术管理造成"责任的稀释"了吗?

在技术政治和创新政治的背景下，出现了关于技术管理范畴中的责任问题（参见第2章第6节）。反思这一问题的关键点在于，在如同网络般的、涉及方方面面的当事人的协商体系中，国家和社会公众的行为者中由谁来对决策承担责任。

在政府管理模式中，这个问题回答起来相对来说非常简单：责任由作为合法民主机构的国家承担！正是从政府管理的概念出发，马克斯·韦伯在责任伦理学意义上为政治行为做了明确的归属：责任由政治决策者承担（Weber，1958年，第524页）。 382

与之相比，人们必须以批判的审慎态度来对待技术管理方面的责任归属问题，而此问题是一个在很大程度上可以和责任问题的伦理学争论相衔接的论题（Grunwald，1999年）。假如人们把责任理解为一个"归属概念"的话（Grundwald，2011年），那么，这里有五个客观的重要构件可以加以确定："……面对一个规则的系统以及面对一个知识的现状，某人要在某个权威面前承担某事的责任。"（Grundwald，2011年，第14页）但是，在技术和创新政治的意志形成和决策过程中（在技术管理的条件下），究竟谁是"责任的主体"，这个问题却并不十分明确。非国家层面的行为者是否也要承担责任，如果是的话，那么又该在怎样的程度上承担责任呢？因此，鉴于责任归属的不明确性，如何来应对"责任的稀释"（Bechmann，1993年）的潜在危险，是一个需要弄清楚的问题。

政治过程中技术管理方面的技术伦理学切入点

想要对技术和创新政治学起到构筑性作用的技术伦理学，正处在一个充满各种前提并已经带有各种政治结构的行为空间中。因此，弄清政治体系的特点，从而发现技术伦理学反思的可能切入点，是一件非常有益的事情。

作为整个社会体系的子系统，政治的特点在于具有系统化的作用逻辑和合法民主（共同）决策者独特的行为逻辑。政治行为可以理解为一种以利益为主导的过程，其目的是在行为者的权力维护和权力获取的动机背景下，对共同的问题进行全社会的和有约束性的处理。政治必须处理各种不同种类的问题，从社会学的分析角度来看，这些问题可以总结为三种类型（Bröchler，2012 年；Bogner/Menz，2010 年）。

·分配冲突（比如集体冲突）围绕着这样的问题进行：在紧缺资源的争夺中，哪些权力要求可以获得通过，蛋糕如何分配，谁应得的是哪一块？

·知识冲突（比如围绕法律所允许的移动电话的射线极限值问题）因这样的问题而爆发：哪些真相诉求应该具有政治上的有效性，因而具有对全社会的约束效力，什么是"真实的"知识，它如何定义？

·价值冲突因如下的问题而产生：哪些道德的正确说法可以被认为是有效的，并且对政治的决策拥有行为指导意义，什么事情是我们可以做的，以及出于良好的原因，什么事情是我们应当不去做的？

鉴于其在处理社会性问题上所起到的作用，从具体的角度来说，技术伦理学是一种处理问题的特殊类型，它首先所做的是对价值冲突的反思。但是在政策运行过程中，技术伦理学可以在哪些地方发挥出自己的专长呢？

下文中，我们将采用*政策循环*（Policy Cycle）模式，目的是发现技术伦理学可能的切入点。在政治学中，政策的运行过程被看成一种不同阶段的连贯顺序（Jann/Wegrich，2009 年），其用意是尽可能区别对待和理解复杂政治过程的内在动势、特征和原因。

（1）对社会问题的认识和定义：在这个层面上需要澄清的是哪些争执的问题可

以被认定具有社会问题的性质，以便通过政治系统对之进行处理，哪些政治问题应当放到政治的议事日程当中？

（2）政策表述和约束性的政治决定：这里需要进行定义处理问题的目的应当是什么，可以考虑哪些处理问题的不同策略，以便随后做出对全社会有约束力的决定。问题在未来可以如何解决？应该以什么样的方式方法达到解决问题的目的？

（3）执行解决问题的措施决定：这个阶段的要点通常是通过公共行政部门实施经过合法化的决定。政府和行政部门如何在社会实际生活中实现政治目标？

（4）所采用的策略的作用和影响：重点是对所选择的解决问题的政治行为的检查。采用所选择的策略，政策是否达到了其目的？

在政策运行过程中，一个重要的切入点是政策的表述和决策。在这里，技术伦理学通常以制度化的政治咨询的形式出现。其中，重要的参与者为伦理委员会（参见第6章第8节）、学术机关和伦理学研究所等。具有典型意义的是面向决策者的工作方式，以及由学术专家参与的技术伦理学的咨询模式。

近年来，尤其在能源政策领域中，技术和创新政治正明显地随着局势的变化而变化（参见第5章第5节）。在技术伦理学反思的切入点方面，福岛核电站事故成了人们讨论问题的出发点。2011年福岛核泄漏事故之后，直接出现了最早的政策变化。为了澄清对联邦德国能源政策的后果影响，人们在现有的技术伦理学问题机构之外，又成立了一个新的机构委员会："能源供应安全"伦理委员会。这个当时由联邦政府环保部部长托普法尔①牵头的伦理委员会的任务，是要澄清核能利用是否能够承担起相关责任的问题（Ethikkommission Sichere Energieversorgung，2011年，第8页）。与此同时，技术伦理学研究矛盾冲突的视角一下成了未来能源政策合法化的阿基米德支点。自此以后，核电在*政治上*不再被定义为关于对风险含义下正确定义的知识冲突，而是堂而皇之地被定义为价值的冲突。伦理委员会从根本上按照政治咨询的模式办 383

---

① 克劳斯·托普法尔（Klaus Töpfer），1938年出生，德国基督教民主联盟政治家，曾任联合国环境计划执行总监。

事，以决策者和专家为核心，并且以政策表述和政策制定的阶段为最终目标。

伦理委员会的建议及以之为基础的德国未来能源供应的政治决策，给未来的伦理学反思打开了一扇机会之窗。所谓"能源转折"可以被理解成一种尝试，即在能源政策方面建立一种新的技术管理体系。这里，人们所追求的具体目标是，国家、能源企业和公众社会在"德国能源未来"的共同体内携手合作，同创未来。与此同时，人们还要从围绕核能和技术性的基础设施项目的冲突争论中，汲取民主理论方面的经验教训。这些经验和教训在于要从数量上扩大民众过程参与的权利，以便广大民众能够及时和有效地参与和影响政策的形成过程。按照这一认识，我们应当为分散决策创造新的共同参与机会（Ethikkommission Sichere Energieversorgung，2011 年，第 7 页）。

人们所努力实现的新的技术管理模式可能会成为技术伦理学反思的新切入点。倘若扩大参与可能性的要求受到重视，那么就不仅会产生针对政策表述和制定阶段的需求，同时在之前的问题认识和定义阶段，特别是在对技术决策的理由和依据的理性分析和批判的过程中，也将会出现这样的需求。

我们要在分散化技术决策过程中加强决策参与的力度（参见第 6 章第 5 节），不仅要让政治去面对种种改变，同时也要让技术伦理学反思去面对种种改变。以在政治决策过程中开发新切入点为己任的技术伦理学，正面临着在社会咨询的非自由化方法面前开放自己的挑战。

参考文献

Albrecht, Stephan/Schorling, Markus: Arbiträre Politik und Technology Governace. Das Problem der Pflanzentreibstoffe. In: Georg Aichholzer/Alfons Bora/Stephan Bröchler/Michael Decker/Michael Latzer （Hg.）: *Technology Governance. Der Beitrag der Technikfolgenabschätzung.* Berlin 2010, 279 – 290.

Bechmann, Gotthard: Ethische Grenzen der Technik oder technische Grenzen der Ethik? In: *Geschichte und Gegenwart. Vierteljahreshefte für Zeitgeschichte, Gesellschaftsanalyse und politische Bildung* 12 （1993）, 213 – 225.

Benz，Arthur/Dose，Nicolai（Hg.）：*Governance – Regieren in komplexen Regelsystemen：Eine Einführung*. Wiesbaden ²2010.

Benz，Arthur/Lütz，Susanne/Schimank，Uwe/Simonis，Georg（Hg.）：*Handbuch Governance. Theoretische Grundlagen und empirische Anwendungsfelder*. Wiesbaden 2007.

Bogner，Alexander/Menz，Wolfgang：Konfliktlösung durch Dissens? Bioethikkommissionen als Instrument der Bearbeitung von Wertkonflikten. In：Peter Feindt/Thomas Saretzki（Hg.）：*Umwelt – und Technikkonflikte*. Wiesbaden 2010，335 – 353.

Bröchler，Stephan：Technik. In：Arthur Benz/Susanne Lütz/Uwe Schimank/Georg Simonis（Hg.）：*Handbuch Governance. Theoretische Grundlagen und empirische Anwendungsfelder*. Wiesbaden 2007，413 – 423.

– ：Politikwissenschaftliche Politikberatung. In：Ders. /Schützeichel，Rainer（Hg.）：*Politikberatung*. Stuttgart 2008，180 – 193.

– ：Technikfolgenabschätzung und Technology Governance. In：Georg Aichholzer/Alfons Bora/Stephan Bröchler/Michael Decker/Michael Latzer（Hg.）：*Technology Governance. Der Beitrag der Technikfolgenabschätzung*. Berlin 2010，63 – 74.

– ：Das Lächeln der Grinsekatze：Ethische Politikberatung als Instrument politischer Konfliktbearbeitung. In：Katarina A. Weilert/Philipp W. Hildmann（Hg.）：*Ethische Politikberatung*. Baden – Baden 2012，45 – 67.

– /Aichholzer，Georg/Schaper – Rinkel，Petra：Einleitung：Von Governance zu Technology Governance. In：Stephan Bröchler/Georg Aichholzer/Petra Schaper – Rinkel（Hg.）：*Theorie und Praxis von Technology Governance*. ITA manu：script，Institut für Technikfolgen – Abschätzung. Wien 2012，5 – 9.

Ethikkommission Sichere Energieversorgung：*Deutschlands Energiewende. Ein Gemeinschaftswerk für die Zukunft*. Berlin 2011.

Fuchs，Gerhard：Zur Governance von technologischen Innovationen im Energiesektor. In：Stephan Bröchler/Georg Aichholzer/Petra Schaper – Rinkel（Hg.）：*Theorie und Praxis von Technology Governance*. ITA manu：script，Institut für Technikfolgen – Abschätzung. Wien 2012，65 – 78.

Grunwald，Armin：Verantwortungsbegriff und Verantwortungsethik. In：Ders.（Hg.）：*Rationale Technikfolgenbeurteilung*. Berlin 1999，172 – 195.

– ：Synthetische Biologie. Verantwortungszuschreibung und Demokratie. In：*Information Philosophie* 5（2011），8 – 18.

– ：Responsible Innovation：Neuer Ansatz der Gestaltung von Technik und Innovation oder nur ein Schlagwort? In：Stephan Bröchler/Georg Aichholzer/Petra Schaper – Rinkel（Hg.）：*Theorie und Praxis von Technology Governance*. ITA manu：script，Institut für Technikfolgen – Abschätzung. Wien 2012，11 – 24.

Jann，Werner/Wegrich，Kai：Phasenmodelle und Politikprozesse：Der Policy Cycle. In：Klaus Schubert/Nils C. Bandelow（Hg.）：*Lehrbuch der Politikfeldanalyse 2. 0*. München 2009，75 –

112.

384   Lutz，Burkhart：Das Ende des Technikdeterminismus und die Folgen – soziologische Technikforschung vor neuen Aufgaben und neuen Problemen. In：Ders.（Hg.）：*Technik und sozialer Wandel*. Frankfurt a. M. 1986，34 – 51.

Mayntz，Renate：Governance im modernen Staat. In：Arhut Benz/Nicolai Dose（Hg.）：*Governance – Regieren in komplexen Regelsystemen：Eine Einführung*. Wiesbaden [2]2010，37 – 48.

Rammert，Werner：*Technik und Innovation*. Technical University Technology Studies Working Papers. TUTSWP – 1 – 2008. Berlin 2008.

– ：*Die Innovationen der Gesellschaft*. Technical University Technology Studies Working Papers. TUTS – WP – 2 – 2010. Berlin 2010.

Schmidt，Yvonne：Rechtliche Rahmenbedingungen für die grüne Gentechnik und derenen Bdeutung für das Konzept von Technolgy Governance in Europa. In：Georg Aichholzer/Alfons Bora/Stephan Bröchler/Michael Decker/Michael Latzer（Hg.）：*Technology Governance. Der Beitrag der Technikfolgenabschätzung*. Berlin 2010，225 – 235.

Simonis，Georg：Die Zukunftsfähigkeit von Innovationen：das Z – Paradox. In：Dieter Sauer/Christa Lang（Hg.）：*Paradoxien der Innovation. Perspektiven der sozialwissenschaftlichen Innovationsforschung*. Frankfurt a. M. 1999，149 – 173.

– ：Technikfolgenabschätzung als Ressource von Technology Governance. In：Stephan Bröchler/Georg Aichholzer/Petra Schaper – Rinkel（Hg.）：*Theorie und Praxis von Technology Governance*. ITA manu：script, Institut für Technikfolgen – Abschätzung. Wien 2012，25 – 37.

Weber，Max：*Politik als Beruf. Gesammelte Schriften*. Tübingen 1958.

斯特凡·布吕希尔（Stephan Bröchler）

第2节　技术法

但凡技术的开发、应用和（以经济目的）使用技术者，通常所谋求的是一个表现为好处和利益的目的（效用作用）。技术作为"手段的系统"（Hubig，2002 年，第 28 页及下几页），其特点就在于它的意愿特性（参见第 2 章第 1 节）。在某人眼里，一件体现为技术的使用者所希望获得的效果的东西（比如不用身体力量的向前运动），在另一个人眼里，即便是在符合技术用途的情况下，也可能与消极的后果相关联（与火车或汽车相撞）。除此之外，各种功能失误（蒸汽锅炉爆炸）和其他非主观所愿的效果（蒸汽火车飞溅的火花引起的火灾；关于技术后果的一般问题，参见第 2

章第 5 节）同样属于同一类型的情况：技术投入使用时，不仅是意愿之中的，而且非意愿之中的后果皆有可能导致各种矛盾冲突（参见第 3 章第 6 节）。技术法就是针对这些矛盾冲突（就其被人们当作矛盾冲突而言）所做出的社会性回应。这里，法律的切入点并不是技术本身，而是与技术打交道时的人的行为。

通过多极考量来解决矛盾冲突

矛盾冲突因利益的冲突而生，而利益的冲突既可因意愿中的结果而生，又可因非意愿中的后果而生。意愿中的结果通常为技术的使用者带来好处，而非意愿中的后果则出现在受牵连的第三方身上（如左邻右舍的土地产权人等）。由于关联第三方的加入，便产生了典型的三角关系：这时，国家的作用（立法、司法、行政）就在于，针对技术的使用者和其他受牵连者，分别赋予他们不同的权利和义务。倘若矛盾超出了局部范围，那就要以全局的视角来加以解决。这里，同样要考虑到意愿后果和非意愿后果两种情况。除此之外，公共利益之间的目标冲突也会时有发生（比如机动性与保持生态多样化，或是保障没有噪声污染之间的矛盾，参见第 5 章第 17 节）。

从宪法的角度看，当事人在谋求其个人利益时，可以以基本法为依据，而公共利益的诉求则归属在国家的手里。前瞻性的冲突解决方法要求法律标准或是其他制度规定的配合。对于受到基本法保障的行为可能性来说，这一点意味着一种对权利的侵害。但是，由于其不可避免及原则上被允许，这一点也需要对这种侵害加以理由说明，在此过程中，我们必须对*过度禁止*（也叫均衡性原则）的标准特别加以注意：（1）立法者所想达到的目标必须与宪法的规定相一致；（2）所采用的手段必须至少*适合于*促进目标的实现；（3）手段必须同时是*有必要采取的*（只要有"更温和的手段"可供使用，此条件即不存在）；（4）最后，目标的实现和对基本权利的妨碍不允许处在明显不相称的关系中（狭义的*适当性*或均衡性）。换句话说，我们需要一种合理的目的和手段关系。根据这一点，理由不成立的自由损失就是违反法律的滥用禁令：由基本法保护的行为可能性范围只接受那些有理有据的限制措施；如果宪法利益的实现机会出现了互为矛盾的情况，那么，它们必须尽可能在没有滥用的情况下达成

385

协调一致（法律的不足问题，参阅 Führ，2003 年，第 254 页及下几页）；这项任务可以通过"实践中的和谐"（Hesse，1995 年，页边码第 72 页）加以解决。这里，问题的重点不是对问题的两极考量，而是必须对多方诉求加以兼顾，这就需要我们在多极优化上下功夫。

对多个当事人的后果影响进行评估，以及对不同解决问题选项的作用和影响进行描述，是一项涉及法律后果评估的任务。这个评估工具归根到底无外乎是一种"以社会学为基础保证的、对需要归纳梳理的现实生活情况所进行的实际分析研究"（Denninger，1975 年，第 546 页），没有这项研究，扎扎实实的对过度禁止标准的应用就没有可能。与此同时，不仅欧洲层面规定必须具备和使用这个评估工具，而且德国政府起草法律时也规定必须具备和使用它（联邦部委《一般业务条款》第 44 条）。该工具要求，不仅要将对公共利益诉求的后果影响进行分析和尽可能予以量化，如对环境的影响等（Bizer/Lechner/Führ，2010 年），而且也要将对"各种利益"的后果影响进行分析和尽可能予以量化，如对消费者的影响等，目的是在此基础上，对计划采取的措施的作用以及与之相关的成本（在合理决策基础的意义上）加以分析和阐述（ABC 原则：Analyse Benefits and Costs，Hensel/Bizer/Führ/Lange，2010 年，第 328 页）。在关于技术法的后果分析中，同时也在法律的制定和应用中，本着以问题为导向的跨学科原则的精神，进行多学科间的携手合作是必不可少的。

标准化取向

在人们进行考量和决策时，标准化取向除了传递人们的基本权利外，还传递着由立法和行政机关所要维护的公共利益诉求。在此期间，静止地维持现状并不是所要达到的最终目的，这一点通过可持续发展的理念即可得到印证和说明。可持续发展观不仅在欧洲法层面上，而且在国家层面上，并通过作为国家所设定目标的基本法第 20a 条的规定，对国家权力机构的行为产生指导性的意义（关于可持续发展问题，参见第 4 章第 B. 10 节）。于是，由此而产生了立法者的一项任务，那就是为遵循可持续性标准的技术发展设立一个方向性的框架（技术法作为创新法，参阅 Hoffmann-Riem，

2009年)。从标准规范的意义上来说，技术法的任务就在于为可持续的发展路线发现和开发潜在可能性。

这种充满活力的标准化取向不仅对政策制定机关，而且对社会的当事者都是一种特别的挑战。之所以这样说，并不仅仅是鉴于与之相关的种种不确定性（见下文），而且也是因为往往只有不同当事者齐心协力，才能释放出为技术创新开发可能性空间的创造性潜力。在此过程中，问题的关键并不只是要开创性地扩展技术产品的发展路线，而且是要唤起当事者勇于改变自己的积极性。因为，往往只有在技术创新和行为改变的共同作用中，才能给标准化的制定工作注入新的活力。

因此，政策制定部门的任务不仅在于，通过权利和义务的判归把个人的权利范围区分开来，与此同时，这样做的实质意义在于鼓励当事者相互之间积极主动的携手合作。这一思想显然已超出了传统的社会治安法范畴，即所谓由交警拦下当事者，使其停止"违反安全的"行为的做法。反之，我们是要鼓励当事者，为了全民的利益而积极联手协作。 386

技术法的释放和限制作用

只要主观意愿中的技术后果在社会公众看来是受欢迎的话，那么，法律就具有一种对技术的使用予以释放的功能。除此之外，法律还应寻求做到将非所愿的技术后果加以最小化（Winter，1988年）。通常情况下，法律的这两项作用是相辅相成的。举例来说，若是有人计划兴建一处工业设施，那么在满足审批条件的前提下，他一方面有要求政府机关颁发批文的权利，政府机关借此给予他用于面对左邻右舍的私法抵制权利的特权（《联邦环境保护法》第6、14条）；另一方面，他同时受到强有力的经营者义务的管控，经营者义务在内容上规定了他的法律地位，并要求他无偿地对新发现的风险做出反应，或是进行技术的改造和更新（《联邦环境保护法》第5条）。由此我们可以看出，即便是像预防性开业审查（直到国家主管部门通过批文将所要遵守的规定加以定义之前，不允许兴建和运营以及重大改造）这样的属于传统秩序法的*指挥和控制*（command and control）工具，能起到既包含释放也包含限制的双重作用。

从这一点中，我们可以看到基本权利方面的一种三角关系：立法者要对企业家的行为进行鼓励，同时，关联第三方的基本权益也要得到保障。后者在《联邦环境保护法》第 1 条所规定的法律保护目的中得到了充分体现。在由《联邦环境保护法》第 5 条所规定的企业经营者基本义务的协作关系中，国家所履行的宪法义务是，鉴于其所设立的框架条件，立法者才为技术的应用和利用创造了前提条件。所以，它要对因技术的应用所产生的作用和影响承担共同的责任。国家必须为技术的应用设置实体法和诉讼程序法方面的界限，以保证基本权利受到保护（Führ，2011 年，页边码第 29 页及以下和第 47 页及以下）。

这里所涉及的并不单单是国家"自愿赋予"其公民的担保，这些担保往往有被再度取消的可能。相反，宪法中所产生的是某种程度的"续存保证"，它既用来为实体法方面制定规定，也用来为诉讼程序法方面的规定提供保证。这些规定虽然在法律制定过程的框架内可以由立法者进行修正，但不能在实质内容上被消除。

狭义技术法的实质要求

在实体法方面，狭义的技术法规定（理解为对技术的开发、应用和利用进行明确指导的规定）在要求防止危险发生的同时（保护义务），也要求对危险预防提供保障（Rehbinder，2012 年，页边码第 19 页及以下；参见第 6 章第 3 节）。举例来说，《基因技术法》第 1 条第 2 款对目的的规定为，"保护人的生命和健康、自然及其关联部分、动物、植物和物质财产免遭基因技术的方法和产品的有害影响（保护目的），并且预防此类危险的产生（预防目的）"。此外，这里应当特别予以强调的是"在兼顾伦理价值的情况下"这一目的定义开宗明义的表述。迄今为止，这一表述的法律意义从未得到过明确澄清（关于申请生物专利禁令的相关问题见下文）。

由于受到历史发展过程因素的影响，原本意义上的技术法的形式是多种多样的：在应对所发现和认识的不同矛盾和问题过程中，各行各业的管理规定应运而生：最早是始于 19 世纪工业化时期的蒸汽锅炉管理办法（参见第 3 章第 2 节）和商业及铁路法，之后是针对水、空气和土地的新闻媒体关注，直至近年来与特定的产品种类或特殊危险特征相关的各种法律和法规，如原子能法、化学品法或基因技术法等（关于

387

合成化学，参见第 5 章第 24 节）。除此之外，我们还应当把含有信息和通信技术（电话、移动电话和计算机）使用规定的各种规范领域也算成原本意义上的技术法，而且，还应将与之相关联的数据保护规定也包括在内（参见第 5 章第 9 节和第 10 节）。基于这种认识，有人认为，*无党派性的技术的实体法规特别有利于自由和创新*，但这一论点经不起进一步的检验和推敲（Roßhagel，2009 年）：单就立法者的义务来说，亦即由立法者自己做出符合基本法的决定，而不是将之交付给经济参与者来进行定夺（决策责任），这两者之间原本就是互为矛盾的；同时，法治国家对法律规定及由之而产生的行为规范的明确性要求，以及对实际控制效果的要求（有效性），往往也同样需要有分门别类的技术规定。

尽管如此，对于各种实体的要求，如针对全部的技术现状，或是（更高要求上的）针对科学和技术现状（在原子能法和基因技术法中即是如此），立法者有时也不得不采用非确定的法律概念对之进行限定和说明。从标准论的角度看，这些都不是完善的义务规定，但是与伊曼努尔·康德的提法不同，它们都可以算成法律义务的范畴（Führ，2003 年，第 66 页及下几页）：这些规定虽然不是先验明确的法律准则，但（在兼顾制度环境的情况下）都是可加以定义的，同时还带有某种程度的发展开放性和针对不断变化的环境条件的灵活性。通常情况下，这些规定都会被加以补充和具体化，比如说以侵入和排放极限值的形式（Winter，1986 年；Führ，2011 年，第 239 页及下几页）和安全要求等。这些补充和具体化经常出现在低于法律等级的规则系统中，如准则和管理办法，以及具有特别重要的实际意义的技术标准中。其过程是先经由各国自己的标准制定机构，如德国标准化学会（Deutsches Institut für Normung，DIN），然后，随着欧洲化和全球化的进程，越来越多地出现在跨越国家界限的机构组织中，如国际标准化组织（International Organization for Standardization，ISO）和欧洲标准化委员会（Comité Européen de Normalisation，CEN）等。

广义技术法

凡是对技术的开发、应用和使用起到实现、促进或限制作用的所有其他标准规范，都属于广义技术法的范畴。同理，几乎没有什么标准规范不可以归纳到广义的技术概念之中（参见第2章第1节）。

标准规范与知识产权有更为特殊的技术关系，这点在专利法中尤为如此。与此同时，这里也是可授予专利权与否的（具有伦理依据的）界限所在，比如《欧洲专利公约》第53条中规定的那些例外情况：（a）专利权不授予"其商业用途违反公共秩序或是伤风败俗的发明"；（b）不授予"植物种类或是动物种类，以及主要用于培养植物和饲养动物的生物学工艺方法"。然而在专利实践中，已经形成了避开生物专利禁令的各种对策。专利的内容已经不是植物或动物种类本身，而是获得这些种类的工艺方法。于是乎，凡是通过这种途径所得到的发明结果都统统被囊括到了专利当中（Herdegen/Feindt，2011年）。典型的案例即植入人体癌细胞基因的所谓"哈佛癌症小鼠"，欧洲专利局最后还是给这个小鼠授予了专利权（EP 169672）。

对风险规范中不确定性的考虑

如果法律想要完成解决未来矛盾冲突的任务，那么，它就必须要处理好有关知识的问题（Bora，2009年）。技术未来的发展路线不仅无法预知，而且其使用类型及与之相关联的后果也同样是个未知数。因此，立法者处在一种不确定的决策情况之中，却又必须做出一个具有风险的决定（参见第4章第C.7节）：不确定性不仅因与技术的使用相关的事件发生而存在（一级不确定性），而且也因技术后果和与之相关联的对当事人的利益和法益，以及对公众诉求的影响和作用而存在（二级不确定性，参阅 Gottschalk-Mazouz，2011年）。

388　　大多数情况下，立法者都采用一种综合性的策略（Rehbinder，2012年，第234页及下几页）：他起草制定实体的标准规范（见上文），并经常将其与程序的内容相结合。程序的要求不仅对标准生成的过程（作为正式法律或低于法律的规则体系）具有重要意义，而且也对标准的应用（以政府单项决定的形式）具有重要意义。通过这种方式，立法者建立了一种制度框架，它给所有参与者的学习过程提供了方便。

在近年来的立法过程中，与此相关的欧盟新化学品管理法 REACH（化学品的登记、评估、授权和限制，Führ，2011 年）具有典型的代表性：根据此前的法律规定，对于大多数化学原料来说，人们弄不清哪些会对人类和环境造成后果影响，因此，由政府做出的限制很难显得有理有据（*毒性盲区*，此问题可参见第 6 章第 3 节的预防原则）。现在情况发生了变化，如今的原则是"没有数据就不让销售"。只有将化学原料在欧洲化学品管理局（Europe Chemicals Agency，ECHA）做过登记的生产商或进口商，才允许将此化学品（继续）进行销售（参见第 5 章第 24 节）。进行登记的条件是，要以电子形式将关于化学品如何使用的毒性数据和其他数据传交给管理局。数据文件要涵盖化学品安全方面的整个寿命周期，而且登记人必须证明因化学品所产生的各种风险是能够"以恰当的方式得到掌控的"。如果化学品的特殊特性（比如纳米材料特性）没有在数据要求中显示，知识形成的努力因而付诸东流的话，出现问题的将会是以责任自负为基础的管理办法 REACH（Schenten，2012 年）。

同时，在《普通原料法》之外，亦即在《特殊原料法》（药品、杀虫剂、生物农药、新型食品、化妆品）、《固定资产法》（工业设备、核电设备、基因技术设备）和基础设施规划中（道路、铁路、机场等），形成和记录尚且缺乏的新知识这项任务，在多数情况下都交给了技术的使用者（申请人/项目承担者）来完成。除此之外，职权调查原则至少在德国（《行政程序法》第 1 条第 1 款）也在发挥着自己的作用：政府部门"以官方名义"对各种与决策有重大关联的情况进行调查，其中包括取得鉴定师的鉴定报告等，而费用则由申请者承担。

透明度问题

与技术法的知识形成因素密切相关的是所得到的数据的透明度问题。数据在政府部门的审批程序中（审批、计划确认等）向社会民众予以公开。尤其是因为国际法（《奥胡斯公约》①）和欧洲法的规定，互联网越来越多地作为传送信息的媒介而被得

---

① 《奥胡斯公约》（*Aarhus Convention*），1998 年 6 月在丹麦的奥胡斯由 46 个国家（包括所有欧盟成员国）签署，于 2001 年 10 月生效的一项区域性国际公约，内容涉及公众对环保信息的获取和参与政策制定过程问题等。

到使用，从而减少了第三方和社会公众获取信息的障碍和困难。

透明度的一种典型形式见于欧洲化学品管理办法 REACH 之中。这里，可以通过一个*互联网数据库*调取和查阅在登记程序中提交给欧洲化学品管理局的各种数据。按照规定，有关化学原料的毒性特征、导出的极限值以及原料的等级和标记等数据，在任何情况下都必须公之于众。至于其他种类的数据，企业可以在登记数据库中提出相关的（收费）保密申请（Führ，2011 年，第 435 页及下几页）。截至 2013 年 2 月，人们在那里一共可以查到 8023 种化学原料的数据。

过程参与因素

鉴于未来技术后果评估和预测的各种差异，过程参与因素具有特殊的意义（参见第 6 章第 5 节）。从标准规范的角度来说，参与因素可以在植根于民主原则的*制衡力量原则和对比信息*中找到依据。借助这两种因素，以*全民福祉公正性*为宗旨的主观意愿在过程方面便产生了效力。与此同时，这两种因素也用于具有优先地位的基本权利保护目的（Denninger，1990 年）。除了单纯的透明度之外，有效的参与可能性也水涨船高般地——作为《奥胡斯公约》的"第二个支柱"——在固定资产法及越来越多地在产品法中做了特别的规定。

正如我们在 REACH 中所见到的一样，不仅在国际层面上，同时在欧洲层面上别具一格的是所谓*全社会管理*（inclusive governance）诸因素的结合方式。鉴于管理局下属委员会的共同协作，以及在 REACH 各种形式的实际应用中，REACH 都对公众社会、"有利益关系的团体"（*利益相关者*）以及普通公众的过程参与进行了规定（Führ，2013 年）。这种由几乎所有决策机关和咨询小组制度化的共同参加与各种各样（大多通过互联网的）参与可能性的结合方式，在迄今为止鲜有参与活动的原料法和产品法中尤为值得关注。

法律保护、损害赔偿和刑法

在争议情况下，没有可能在法庭上获得认可的法律诉求乃是仅有有限价值的法律

389

诉求。针对各种限制，技术的使用者可以对之进行全面的抵制，这点在第三方和公众诉求方面则不尽相同。德国的法律保护体系具有传统上的主观和法律的双重色彩：唯有在自身权益方面可能受到伤害者，才有可能将自己的诉求在行政法院对簿公堂。倘若案件涉及的是一处工业设施，那么只有直接在其周围的住户才可以提出控告，而且是在涉及危险防范的情况下，才可以这样做。只有在非常有限的范围内，第三方才可以提出预防的法律规定要求（Roller，2010年）。

过去，只有在自然保护法中才有所谓协会诉讼的权利，它给得到承认的自然保护协会以法律保护可能性。自2006年以来，在实行《奥胡斯公约》"第三个支柱"的过程中，*环境–法律救助法*为得到承认的环保组织开启了也针对其他环保法规定提出法律救助的可能性。

在*环境损害法*的基础上，人们（也包括环保组织）可以提出公共利益损害的赔偿要求。要求所涉及的不仅是遭到损害的生物小区的重建费用问题，而且也涉及损害期间的损失补偿问题（Führ/Lewin/Roller，2006年）。

鉴于刑法背景的行为要求，诸如未得到批准就对核电站设施进行改造这样的行为将有受到*刑事惩罚*的后果。界限在于对个人行为者的判定问题上，有鉴于疑罪从无的原则，个人行为者不允许犯不可避免的违法性错误。

参考文献

Bizer, Kilian/Lechner, Sebastian/Führ, Martin（Hg.）：*The European Impact Assessment and the Environment.* Heidelberg 2010.

Boldt, Hans：Geschichte der Polizei in Deutschland. In：Erhard Denninger/Frederik Rachor：*Handbuch des Polizeirechts.* München ⁵2012.

Bora, Alfons：Innovationsregulierung als Wissensregulierung. In：Wolfgang Hoffmann – Riem/Martin Eifert（Hg.）：*Innovationsfördernde Regulierung.* Berlin 2009, 23 – 43.

Denninger, Erhard：Freiheitsordnung – Wertordnung Pflichtordnung. In：*Juristenzeitung* 30（1975），545 – 550.

- : *Verfassungsrechtliche Anforderungen an die Normsetzung im Umwelt - und Technikrecht.* Baden - Baden 1990.

Ensthaler, Jürgen/Gesmann - Nuissl, Dagmar/Müller, Stefan: *Technikrecht: Rechtliche Grundlagen des Technologiemanagements.* Heidelberg 2012.

Europäische Chemikalienagentur: Internet - Datenbank mit den Informationen zu den registrierten Stoffen, zugänglich über http://echa.europa.eu.

Führ, Martin: *Eigen - Verantwortung im Rechtsstaat.* Berlin 2003.

- : *Praxishandbuch REACH.* Köln 2011 (angegeben mit Seitenzahlen).

- : Kommentierung zu § 1 BImSchG (angegeben mit Randnummern - Rn.). In: Hans J. Koch/Eckhard Pache/Dieter Scheuing: *Gemeinschaftskommentar zum Bundes - Immissions schutzgesetz.* Köln 2011.

- : REACH als lernendes System - Wissensgenerierung und Perspektivenpluralismus durch Stakeholder Involvement. In: Alfons Bora/Ann Henkel/Carsten Reinhardt (Hg.): *Wissensregulierung und Regulierungswissen.* Weilerswist 2013 (im Ersch.).

- /Lewin, Daniel/Roller, Gerhard: EG - Umwelthaftungs - Richtlinie und Biodiversität. In: *Natur und Recht* 28/2 (2006), 67 - 75.

Gottschalk - Mazouz, Niels: Risiko. In: Marcus Düwell/Christoph Hübenthal/Micha H. Werner (Hg.): *Handbuch Ethik.* Stuttgart/Weimar ³2011, 502 - 508.

Groß Thomas: Rechtsschutz im Umweltschutz. In: Klaus Hansmann/Dieter Sellner (Hg.): *Grundzüge des Umweltrechts.* Berlin 2012, 1209 - 1227.

Hensel, Stephan/Bizer, Kilian/Führ, Martin/Lange, Joachim (Hg.): *Gesetzesfolgenabschätzung in der Anwendung - Perspektiven und Entwicklungstendenzen.* Baden - Baden 2010.

Herdegen, Matthias/Feindt, Peter H.: *Wissenschaftlicher Beirat für Biodiversität und Genetische Ressourcen beim BMELV: Product - by - Process - Ansprüche auf Biopatente in der Tier - und Pflanzenzucht - Voraussetzungen, Problemlagen und Handlungsempfehlungen.* Bonn 2011.

Hesse, Konrad: *Grundzüge des Verfassungsrechts der Bundesrepublik Deutschland.* Heidelberg 1995.

390 Hoffmann - Riem, Wolfgang: Vorüberlegungen zur rechtswissenschaftlichen Innovationsforschung. In: Ders./Jens - Peter Schneider (Hg.): *Rechtswissenschaftliche Innovationsforschung - Grundlagen, Forschungsansätze, Gegenstandsbereiche.* Baden - Baden 1998, 11 ff.

- /Eifert, Martin (Hg.): *Innovationsfördernde Regulierung.* Berlin 2009, 273 - 302.

Hubig, Christoph: *Mittel. Bibliothek dialektischer Grundbegriffe.* Bd. 1. Bielefeld 2002.

Rehbinder, Eckard: Ziele, Grundsätze, Strategien und Instrumente. In: Klaus Hansmann/Dieter Sellner (Hg.): *Grundzüge des Umweltrechts.* Berlin 2012, 135 - 300.

Roller, Gerhard: Drittschutz im Atom - und Immissionsschutzrecht. In: *Neue Zeitschrift für Verwaltungsrecht* 16 (2010), 990.

Roßnagel, Alexander: » Technikneutrale « Regulierung Möglichkeiten und Grenzen. In: Wolfgang Hoffmann - Riem/Martin Eifert (Hg.): *Innovationsfördernde Regulierung.* Berlin 2009,

323 – 337.

Schenten, Julian：Recht und Innovation bei Nanomaterialien：Zwischenergebnisse einer juristisch – empirischen Untersuchung. In：*StoffR – Stoffrecht für Praktiker* 2（2012），79 – 87.

Schulte, Martin/Schröder, Rainer（Hg.）：*Handbuch des Technikrechts.* Heidelberg 2011.

Winter, Gerd（Hg.）：*Grenzwerte.* Düsseldorf 1986.

－：Perspektiven des Umweltrechts. In：*Deutsches Verwaltungsblatt（DVBI）* 103（1988），659 – 666.

马丁·菲尔（Martin Führ）

第 3 节　预防原则

背景

经济、科学和技术的飞速发展除了带来各种各样的机遇之外，同时带来了作为非主观愿望附带后果的新风险，这些新风险皆远远超出了工业化初期阶段中所出现的各种危险。与此同时，一部分科技的发展成果提出了根本性的伦理学问题，另一部分则与新型的环境和健康风险相关联，这些风险的作用和影响在起初阶段往往无法被人们所预知和预告。尤其是新技术和新工艺的使用总是伴随着风险一起存在，而风险的特性和规模常常在应用和今后的发展中才得以显现出来。

由于在科学研究中充其量只有十分有限的针对自我限制和后果责任的以及基于伦理学的理论探索，并且在市场的自由竞争中只讲求经济效益的原则，所以，国家作为权力垄断的载体就被赋予了来自基本权益和基本法第 20a 条 "环境保护" 国家目标的保护义务。在履行该项义务的过程中，国家必须给社会化的风险生产设置它们的界限（Callies，2001 年，第 97 页及下几页）。

于是，在此背景下所出现的挑战是，由于缺乏基于经验的对各种危害之源和后果的认识，国家的政府机关没有制定出准确和有效的危害防范标准和措施。除此之外，出现问题的地方还有：由于潜在危害无所不在，肇事者和因果关系无法确定，或是危害的程度十分大，以致肇事者无法承担损害所造成的经济损失，所以，但凡出现上述情况的地方，传统的国家管控手段，国家的审批义务以及私人的损失赔偿，都未能发挥其应有的作用（Grimm，1991 年，第 211 页及下页）。

从危险防范到风险预防

391　　就传统而言，只有在有了关于危害影响的某种程度明确的科学证明之后，国家才会出面对原料、制造工艺或产品的使用进行调整和规范（关于《技术法》，参见第 6 章第 2 节）。其原因就在于，从历史的角度来看，警察和治安法中的危险防范乃是自由和法治国家中自由保障的要义之所在（Di Fabio，1994 年，第 30 页及下几页）：危险概念的定义越狭窄，受国家干涉影响的公民在（经济）自由方面所受到的限制就越少，于是，法治国家也就越自由（针对引起风险的当事者而言）。但是，从另一个角度来看，与此同时不可避免所出现的情况是，潜在的第三方的自由度就受到了限制，同时人们还必须忍受公共福利的影响和损失。由此观之，在法治国家中，自由是在一个复杂和多极的宪法关系中得以获得实现的价值（关于此问题，参阅 Callies，2001 年，第 253 页及下几页）。

　　迄今为止，对法律上所指的某种危险的存在具有决定意义的乃是对下述情况的了解和认识，即人们能够通过某种预测或概率的经验规律的途径，从各种情况中得出对受保护的法律利益的危害结论。因此，建立在普遍经验规律基础之上的、关于某个潜在危害事件的具体"知识"，就是有效的安全保障的中心课题。危害事件的规模越大及后果越严重，对危险判断所需的概率的要求就越小。然而，危害发生的单纯可能性不足以使人们对一个具体的危险做出推断。凡是在没有做过危害因果关系的确认实验和没有科学证据的地方，由于缺乏必要的判断肯定性，就不可能对一个充足的概率进行论证说明。尽管如此，正如在新技术方法方面常常发生的情况一样：倘若有某些疑点能够对某个未来的危害可能性予以说明的话（关于移动通信的示例，参见第 5 章第 16 节；关于合成化学，参见第 5 章第 24 节），那么，危险和风险之间的过渡就得到了实现（Wahl／Appel，1995 年，第 86 页）。

　　正因为如此，随着现代版环境法的诞生，国家的危险防范任务（可在近期判归，以及短暂的和直线的因果过程基础上加以完成）和复杂的风险防范任务（以预防原则为中介）也一同应运而生。

预防原则

　　预防原则不仅在德国的环境法中，而且在欧洲的环境法规中被认为既是环境保护这一国家目标决定性的因素（参阅基本法第20a条、《欧盟运行条约》第191条第2款第2段），同时作为宪法原则，它也是国家作为面向个人的基本法保护义务的一种结果（Callies，2001年，第179页及下几页）。欧盟委员会和欧盟法院甚至在欧洲环境法之外，将其视为整个欧盟法的一个普遍法律原则。于是，从上述的法律标准中衍生出了一项（也为联邦宪法法院所承认的）"下限禁令"，这项禁令在人们制定有效的环保法规时必须得到遵守。所以，预防原则被明确写进了许多国家的环保法律。

　　就词义来说，预防的含义是指通过眼前的放弃为将来创造一种物质储备。当前，随着天然资源的不断减少，人们必须对之节约使用，以便为子孙后代及他们的生存能力作为储备保留下来（关于可持续发展，参见第4章第C.10节）。同时，当前的这种资源预备还有一个目的，即通过不过度使用生态环境的承受极限，而且为了将来的使用对环境资源进行保护。借助这种方式，我们应当为人类和自然以"未来生存空间"的形式，以及以使用储备和可容忍性储备的形式把"自由空间"保留下来。除此之外，预防还具有应对由不确定性和不安全性所定义的风险情况（风险预防）的含义和内容（参见第4章第C.7节）。在对以概率概念为导向的危险概念的扩展过程中，风险可定义成一种实际情况，在此情况下，如果一个事件的发生进程未受阻碍的话，那么，一种状态或一种行为就有可能导致对法律利益的损害。因此，通过损害发生的纯粹*可能性*来对具体的和充足的概率进行补充，这点具有非常重要的意义（关于风险，参见第2章第2节）。

　　正是在这个意义上，欧盟机构对预防原则进行了定义：欧盟法院在编号为C – 157/96的文告中表述如下，"倘若不能确定对人类健康的危险是否存在以及其程度，

那么有关部门就可以采取保护措施，而无须等到危险的存在和程度得到明确的陈述和

说明"。基于这一定义，欧盟委员会认为，预防原则的应用领域已经开启，其前提条件为，"……基于客观和科学的评估，人们有充分的理由担忧，对环境及人、动物或植物健康的（仅是）潜在危险有可能是难以承受的，或者可能是与国家社会高度的保护水准格格不入的"（KOM［2000］1 endg.，第24页）。由此可见，人们不仅可以凭借对危险的具体证明，而且仅凭抽象的担忧（理解为有科学论证依据的初始怀疑）就可以采取保护措施。正是通过这种方式，国家机构得以将自己的行为空间予以相应程度的扩展和增加。

鉴于缺乏对危险及其程度的了解，未来在许多情况下，人们可以根据危险防范法则并在其执行过程中，按照摸着石头过河的方法来应对威胁。然而，这种方法仅适用于*可恢复的*潜在危害。反之，倘若某些项目、技术和介入手段从一开始就有充分的依据说明会有不可恢复的后果影响的话，那么，摸着石头过河的方法恰恰在宪法层面遇到了自己的界限（此问题参阅 Callies，2001年，第298页及下几页，410页及下几页）。

倘若某种危害要么是完全不确定的，要么可以完全有把握排除它出现的可能性，这时，由民主选出的立法者便可以决定，这个所谓剩余风险是可容忍的。这一原本政治性的决定只在下述情况才具有法律意义，即人们负有责任义务，依照科学和技术所到的最新程度将剩余风险始终保持在尽可能低的水平上（Wollenteit，2013年，第323页）。

预防原则的指标规定

鉴于上文概述的内容，预防原则从结构上可以分为*事实情况*和*法律后果*两部分。事实情况以对*预防起因*(涉及是否存在的问题）的调查和评估为重点课题；法律后果则是通过所采取的不同*预防措施*(涉及怎样应对的问题)，以及辅之以对预防对象的确定来加以定义。

预防起因的含义指的是一种在其过程中可采取预防措施的实际情况。一个抽象的

潜在担忧即足以构成预防起因。所谓抽象的潜在担忧无外乎是一种有别于纯粹臆测的，但建立在科学的明确根据上的理论性初始怀疑，尽管如此，它在实际经验上尚缺乏足够的根据，或者必须在科学上依照多数意见原则加以证明。有鉴于此，首先必须要做的事就是对预防起因有重大意义的信息情况做一次全面的和尽可能彻底的调查。第一步，先从科学的角度调查并在后续的研究过程中弄清，相关的潜在风险在何处，其程度有多大（初步的自然科学风险调查）。在此基础之上再评估相关的潜在风险是否可以被容忍，以及按照安全规范的浮动标准（危险—风险—剩余风险）采取哪些措施应对之（初步的政策性风险评估）。由于在宪法规定范围内，立法者拥有评价、判断和预测的回旋余地，所以评估工作由其来承担和完成。依靠借助于自然科学所制定的消除影响和担忧的标准，人们可以设计出对初始怀疑进行定义的方法和途径。借助这些方法和途径，我们就能够制定用以预防为导向的、应对不确定性的具体规范和法则（关于此问题，参阅 SRU 在一份特别鉴定报告中的建议，2011 年，第 430 页及下几页；关于纳米技术，参见第 5 章第 18 节）。

在此基础上，鉴于所采取的预防措施并兼顾均衡性原则，对在基本权利上已深入人心的经济自由的不同强度的干预等级就能得到发现和确认。在这个意义上，问题的实质从一开始就不是去用保留审核权来预防性地做出种种禁令，而常常是通过初步的风险评估产生适合于解释和澄清不确定性的信息资源。与之相关，这里同样重要的核心问题是，针对下述可能出现的情况，必须建立一种透明度和可回溯性，即一件产品中最初被认为是无危险的原料，由于新知识的出现而被确认为有危险的原料（此问题的详细论述参考纳米技术示例，SRU，2011 年，第 438 页及下几页）。

以透明程序为基础的风险预防

倘若由于持续存在的不确定性，无法从科学结果中直接引申出恰当的保护水平的话，那么就有必要通过适当的程序规定来保障为预防所做出的决定。尤其是，倘若自然科学的风险调查没有取得明确的评价结果，这时决策的程序就具有重要的平衡意义，并且必须"在社会层面坚如磐石不可动摇"（Nowotny/Scott/Gibbons，2011 年）。

393

唯有如此，社会的认可度才能得到保证（参见 Grunwald，2005 年，第 54 页，特别是第 58 页及下几页）。因此，预防原则在专业文献中被诠释为过程要求，在此过程中，各种不同的程序要求被表述和确定（Striling/Mayer，2000 年，第 296 ~ 311 页；Wahl/Appel，1995 年，第 1 ~ 216 页；O'Riordan/Cameron，1994 年；Raffensperger/Tickner，1999 年）。

通过程序法的规定必须要保证做到，存在于对自然科学的数据和知识评价中的判断和评价幅度问题能够被公之于众。透明化的决策过程要求人们在具体化的过程中，不仅要对整个具有科学依据的风险评估（从乐观到悲观的假设和推断）进行阐述，而且要拿出替代的解决方案。对所有具有科学依据的立场认识予以通盘的考虑兼顾，也同时意味着兼顾少数派的观点和意见（KOM［2000］1 endgültig）。只有当预防措施在政治决策过程中得到足够和透明的论证，才能避免来自对新知识的适应过程中所出现的可信度的丢失。因此，本着更好地从政治层面推行预防措施的目的，人们必须将所缺乏的科学知识作为议题来进行讨论，其先决条件乃是政治上的风险文化的转变（例如 SRU，1999 年，第 865 页）。

社会团体的恰当参与

有鉴于风险评估总体的政治特点，决策过程形式不仅必须具备透明度，而且必须使多方的价值探讨成为可能（Stern/Fineberg，1996 年），因而也必须在参与公共生活的社会团体代表的参与下进行。然而，这个问题的关键点是，政治的和自然科学的层面应当以恰当的方式按照流程相互结合，以求得各方都能发挥它们各自所具备的作用（Hey，2000 年，第 85 ~ 102 页）。社会团体的参与能够提高决策的政治合法性，并且应当实现风险评估标准的多样性的目标（参见第 6 章第 5 节）。

举证尺度的降低

常常会有人提出这样的问题：假如由于研究工作的不足，对现有的不确定性（还）调查不出结果，以及由于专家们喋喋不休的争论，依靠现行的调查手段无法消除不确定性的话，将会出现什么样的情况？正如在经典的危险防范领域中一样，如果人们必须对危害发生的充足概率加以证明的话，那么，陈述和举证的责任就落到了潜在的风险受牵连者身上，同时，与基本法第 20a 条中的国家保护义务和公民的基本权利相对应，这个责任也落到了国家的身上。

因而在法律学的辩论之外，比如在探讨环境伦理学主题的哲学里，人们针对新技术的风险提出了普遍的举证责任反转（in dubio contra projectum）的要求（Jonas，1984 年，70 页及下几页；Böhler，1993 年，第 389 页）。但是，这样的风险决定却受到了法治国家宪法界限的制约。

在此背景之下，预防原则在法律上"只能"按照*可辩驳的危险推测*模式来进行工作（详见 Calliess，2001 年，第 228 页及下几页）。为了辩驳这一推测，风险引发者除了必须对事实进行陈述外，还必须依照经过论据论证的概率加以证明，他的原料、生产技术或产品没有造成危害的危险。其原因在于，由于不确定性出现在他的影响范围内，以及由于他同实际情况的近距离关系，所以他拥有知识上的优势，而这一优势必须得到有效合理的利用。这种形式的"举证责任反转"有可能起到对风险引发者的刺激作用，即刺激他在开发研究的同时，也对作用和风险进行伴随研究，目的是采用一种由立法者为此所设立的方法（通过此方法也兼顾风险牵连者的诉求），对危险的推测予以辩驳（Calliess/Stockhaus，2011 年，第 923 页；SRU，2011 年，第 452 页）。 394

参考文献

Böhler，Dietrich：Gebt der Zukunft ein Recht! Plädoyer für Technologie – und Zukunftsverantwortung im Sinne des dialogischen Prinzips. In：*Zeitschrift für Rechtspolitik* 10（1993），389 ff.

Calliess，Christian：*Rechtsstaat und Umweltstaat.* Tübingen 2001.

–/Stockhaus，Heidi：Regulierung von Nanomaterialien – reicht REACH? In：*Deutsches Verwaltungsblatt*（2011），921 – 929.

Di Fabio，Udo：*Risikoentscheidungen im Rechtsstaat.* Tübingen 1994.

Europäische Kommission：Mitteilung über die Anwendbarkeit des Vorsorgeprinzips vom 02. 02. 2000，KOM（2000）1 endgültig. Brüssel 2000.

Grimm，Dieter：*Die Zukunft der Verfassung*. Frankfurt a. M. 1991.

Grunwald，Armin：Zur Rolle von Akzeptanz und Akzeptabilität von Technik in der Bewältigung von Technikkonflikten. In：*Technikfolgenabschätzung Theorie und Praxis* 14/3（2005），54 – 60.

Hey，Christian：Zukunftsfähigkeit und Komplexität. Institutionelle Innovationen in der EU. In：Volker von Prittwitz（Hg. ）：*Institutionelle Arrangements in der Umweltpolitik. Zukunftsfähigkeit durch innovative Verfahrenskombinationen?* Opladen 2000，85 – 101.

Jonas，Hans：Das Prinzip Verantwortung. Frankfurt a. M. 1984.

Nowotny，Helga/Scott，Paul/Gibbons，Michael：*Re – Thinking Science. Knowledge and the Public in an Aage of Uncertainty.* Cambridge 2001.

O'Riordan，Timothy/Cameron，James：*Interpreting the Precautionary Principle.* London 1994.

Raffensperger，Carolyn/Tickner，Joel A. （Hg. ）：*Protecting Public Health and the Environment：Implementing the Precautionary Principle.* Washington，D. C. 1999.

Sachverständigenrat für Umweltfragen （SRU）：*Umwelt und Gesundheit. Risiken richtig einschätzen. Sondergutachten.* Stuttgart 1999.

– ：*Vorsorgestrategien für Nanomaterialien. Sondergutachten.* Berlin 2011.

Stern，Paul. C. /Fineberg，Harvey. V. ：*Understanding Risk：Informing Decisions in a Democratic Society.* Washington，D. C. 1996.

Stirling，Andy/Mayer，Sue：Precautionary Approaches to the appraisal of risk：A case study of a genetically modified crop. In：*International Journal of Occupational and Environmental Health* 6/4（2000），296 – 311.

Wahl，Rainer/Appel，Ivo：Prävention und Vorsorge：Von der Staatsaufgabe zur rechtlichen Ausgestaltung. In：Rainer Wahl（Hg. ）：*Prävention und Vorsorge：Von der Staatsaufgabe zu den verwaltungsrechtlichen Instrumenten.* Bonn 1995，1 – 216.

Wollenteit，Ulrich：Vom Ende des Restrisikos. In：*Zeitschrift für Umweltrecht*（2013），323 – 329.

克里斯蒂安·卡里斯（Christian Calliess）

第4节　技术后果评估

纲领性要求和问题背景

技术后果评估（technology assessment，TA，亦作技术评估）是最为流行的用来称呼一个具有不同内容和对象的研究领域的专门名词。该研究领域因拥有纲领性的要求而成为一个整体，即在科学和技术变革的综合关系中，要为消除社会化的问题做出自己的贡献。正因为如此，技术后果评估通常被定性为以问题为导向的和跨学科的学术研究。

技术后果评估的问题背景源自新技术开发和使用的那些形形色色的负面经验，这些经验自工业革命至今一直有增无减，其中不仅包括技术正常使用情况下的非主观意愿后果（参见第2章第5节）、大型技术设施灾难性的事故，以及不受社会大众欢迎的各种技术的发展情况，同时还包括因科技变革而引发的社会矛盾和冲突。在这种情况下，人们经常就某些特定技术的开发和使用在道义上是否被允许，如何评价技术对环境、经济和健康所造成的后果等问题，各执一词、争论不休。此外，围绕技术的争论和冲突也常常能在引发者和受害者之间社会化的不对称关系中找到根源（参见第3章第6节）。

因此，科学和技术不仅作为问题的根源，而且也在其解决（常常归结为技术的）社会问题的潜力方面变成了技术后果评估的主题和对象。技术后果评估所包含的内容有：问题的识别（如臭氧层空洞等，对此，科学方法是必不可少的条件），对问题现象的追根溯源（往往是极其复杂的原因），以及解决方案的开发。

在此背景之下，技术后果评估的目标在于，在考虑其往往不平均的空间、时间以及重点是社会分配的情况下，预测技术给不同作用领域所带来的潜在的积极和消极后果。此外，它的目标还在于，及早地发现技术的冲突并指出经过论证的解决冲突的（不限于程序方面的）途径。有别于其名称的词义，技术后果评估在其过程中并不局限于对"技术"的"后果"的"评估"。它的探讨课题不仅是人造技术产品和工艺方法，395而且是变革的全部过程（包括新技术进入社会的问题）；它不但研究技术开发和使用的后果，同时也研究技术的条件和（比如伦理学的）并发现象（非狭义上的技术后果）。最后，技术后果评估的目标还在于不做描述式的评估，而是进行不折不扣的评价。

典型特点

从其面向社会问题的纲领性方向定位中，我们可以看出技术后果评估的若干典型特点（类似观点参见 Grunwald，2007 年）。

技术伦理学手册

（1）*跨学科的研究实践*：对科技变革问题进行批判性的探讨，本身需要具有科学基础的知识储备。其一，关于技术、其作用方式和使用条件的广博知识不可或缺；其二，技术后果和作为基础的影响关联体，在很多情况下只有从科学的层面才可加以定义。进一步说，技术后果评估研究乃是一门跨学科的领域，技术后果评估项目中的问题必须从社会实践的以及从跨学科的知识角度来对其进行定义。不同的学科必须根据具体问题的大小程度，参与到综合的研究过程之中。

（2）*规划要求和后果导向中的未来关系*：技术后果评估纲领性的方向定位是一个规划层面的要求，其目标在于共同对技术的未来进行规划，使其朝着一个为大众所希望的方向发展前进。从这个意义上说，面向未来是技术后果评估的内在本质。技术后果评估的未来关系具体体现在它的知识重点首先针对的是技术使用和发展的*后果问题*。虽然技术后果问题具有十分突出的地位和意义，但是技术后果评估并没有拘泥于伦理学论证时的结果论模式。相反，技术后果评估也十分重视将道义论的论证说明纳入对新技术的评论（参见第 4 章第 B.5 节）。

（3）*问题定义和处理的标准化*：最后，从技术后果评估的要求中也形成了其研究的标准化特点，其中包括两个因素在内：一方面，在技术后果评估中必须发展一种提出问题的做法，不论是通过与公众讨论的问题相结合，并把非科学的参与团体纳入问题的定义过程也好（比如和政治咨询结合在一起），或者是通过标准和伦理的反思以及通过上述这些典型的方式方法的混合形式也罢；另一方面，十分必要的是紧密地与社会化技术规划的源头联系在一起，亦即不要脱离与对新技术的开发、生产和使用具有决定意义的参与团体的密切关联，以及与涉及技术的跨领域社会性评判过程的密切关系（参见第 6 章第 1 节）。

除了这些典型特点之外，技术后果评估研究领域还具有多样性的特点，这一特点牵涉到制度化的各种形式（议会层面的技术后果评估，大学和大学之外的学术研究，各种协会组织中的技术后果评估等），还包括这些形式在社会关系综合体中的作用，拥有主导地位的跨学科影响（尤其是从社会学、哲学、自然科学和工程学、政治学和法学的角度），研究方法以及研究课题的重点等在内。

历史沿革

通常人们都认为，1972 年在美国国会设立的*技术评估办公室*（Office of Technology Assessment）是技术后果评估的发源地。其时，办公室的设立有一系列非常复杂的背景原因，其中包括国家作为技术发展的扶持者的作用和地位有了大幅度提升，以及技术的发展越来越被人们认为是一种矛盾体的现象等。在当时，行使财政预算监督和控制职能的国会缺乏独立于政府的信息来源和渠道可用。在这种情况下，技术评估办公室的任务就是要满足由此产生的立法部门的咨询需求（Bimber，1996 年）。特别是及早识别可能出现的有益或消极的技术后果，以及制订政治的行动替代方案，也属于评估办公室所要完成的任务之列。在此过程中，评估办公室并不是要拿出个别的处理问题方法，进而将政治的决策取而代之，而是井水不犯河水，要让国会来做具体的决策工作（United States Senate，1972 年）。因此，技术评估办公室所遵循的乃是决策性的政治咨询的工作模式。

虽然上文概述的技术后果评估创建历史在专业文献中广为流传，但是也存在不少　396　不尽相同的看法。既有工程伦理学也有社会学的研究学者提出反对意见，同样内容的研究探索可以追溯到更久远的年代，技术评估办公室的设立不过是技术后果评估某种制度化形式的开端标志罢了。假如时下技术后果评估的大部分内容既非在制度上，也非在概念上可以追溯到技术评估办公室的模式上，而且在回溯到技术评估办公室的情况下，对时下技术后果评估的定义会导致误解的话，那么，这一反对意见就是正确的。然而毫无疑问，*技术评估*一词和其缩写"TA"在 1966 年技术评估办公室设立之前就被证实已开始使用，并且在其后的时间里为广大（专业）公众群体所熟知。

技术评估办公室的设立特别是在欧洲范围内引发了一场关于技术后果评估的争议。1973 年，当时的在野党——基督教民主联盟和基督教社会联盟向德国国会提交了一项关于设立"评估技术发展的议会部门"的法律提案。20 世纪 80 年代中期（1983 年先从法国开始），先后成立了一系列隶属于议会的技术后果评估机构。1990 年，作为德国方面讨论的结果，联邦议会的技术后果评估办公室（TAB）宣告成立（Petermann/Grunwald，2005年）。从此以后，技术后果评估作为一项制度不仅在各个国家的议会中，而且在地区性的议会中生根开花。在欧洲范围内，隶属于议会的技术后果评估机构自1990年以后都合并到了欧洲议会技术后果评估网络之中，目前一共有18个成员机构已加入其中。

在隶属于议会的技术后果评估的历史沿革都有案可稽的同时，非隶属于议会的技术后果评估机构的历史却没有全面的记录可查。于是乎，当前技术后果评估的自我反思主题不是评估机构的历史沿革问题，而是"评估方案概念"，以及涉及理论基础、研究过程规划和制度化形式的对全面的技术后果评估模式进行概述的纲领建议。这些方案概念和纲领建议自20世纪70年代起，在经过激烈的批判和接受的交流后都发展和成熟起来。虽然技术后果评估实践的大部分情况不能明确归属于哪一种概念方案，但由于这些概念方案能够探明自己在科学、政治和社会关系中潜在定位的范围，所以，尤其适合于人们对技术后果评估的角色作用进行反思。

借着围绕技术评估办公室设立的讨论的东风，以及与久已有之的关于工程师责任的探讨传统相关联，自20世纪70年代起，德国工程师协会（Verein Deutscher Ingenieure，VDI）的技术评估方案诞生，并自1991年后以典章制度的形式成了编号为3780的VDI指南（VDI，1991年；参见第6章第6节）。根据该评估方案的定义，工程师（大部分在私人企业中任职）乃是社会化技术规划的核心参与者。他们有义务在自己的研究和开发工作中，以得到社会承认的八种价值观（价值的八大支柱）为准绳。虽然协会的指南得到广泛的认同，可是，迄今在技术后果评估的研究报告中几乎未见任何使用。然而，它在VDI具体的准则中（如编号5015的准则《办公室交流沟通的技术评估》），以及在工程师培养方面却发挥了应有的作用（参见第6章第9节）。

虽然在涉及技术评估办公室的文献中，有关参与的课题已经被看作技术后果评估过程必须弥补的缺失，但是直到20世纪80年代，特别是在20世纪90年代，该课题才得到广泛的推行。参与性的技术后果评估应当成为带有决策论色彩的政策咨询专家中心论的一个针锋相对的观点，它——或多或少地——植根于民主论的学说中，特别是在于尔根·哈贝马斯和约翰·罗尔斯的理论学说中。有别于此前所概述的其他技术后果评估概念方案，"参与性的技术后果评估"并不代表一种独一无二且轮廓清晰的理论见解，而是表示一种方法上的多样性（如共识会议、公民论坛、基层规划组织等）。这些方法的共同特点是，皆以非专业人员、受牵连人员、利益团体或其他当事者团体（利益相关者）的政治参与为目标，并通过结合当地的有关知识扩大技术政治决策的知识基础，以及通过当事人的参与提高决策的合法性。如今，参与说在技术后果评估中已广为流行，它们不仅在填埋场及大型技术设施的选址决策及审批程序中得到应用，而且也在对特定新技术（比如农业基因技术等）评判的基本流程中起到作用（Joss/Belucci，2002 年）。

在 20 世纪 80 年代后期，荷兰学者率先提出了*建设性技术评估*的概念（Rip 等，1995 年）。"建设性"这个修饰词，一方面点明了社会构建式的技术研究中评估探索的理论基础，另一方面也点明了一种要求，即对技术的发展不应加以阻碍，而应建设性地对之加以共同塑造（参见第 4 章第 A.10 节）。这里，*建设性技术评估应尽可能早和直接地投入技术发展的过程*。在各种不同的当事者参与下（除了技术开发人员外，还有未来的使用者、政府管理机构、利益团体等），应该能够成功地开发出"*服务于更加美好社会的技术*"。在荷兰和德国（范围很小），针对初步探索实践的讨论至今仍十分热烈，但几乎没有在公开的产品文档记录中有所反映。

早在 20 世纪 90 年代初，在 SAPHIR 项目（DLR，1993 年）的背景下，有人提出了*理性技术后果评价*的基本脉络，直到 90 年代末方案才最后定型（Genthmann，1999年）。该方案的目标是用科学论的手段对传统的、特别是带有社会学色彩的技术后果评估进行批判性的修正。由于这种传统评估方法的立场和标准化问题在技术后果讨论中无法进行科学的论证探讨（缺乏描述性），因此，人们提出了一种理性的论争重建和批判尝试来作为应对之策。理性技术后果评估的重点体现在有伦理学维度的基本问题方面。不言自明，评估结果的对象无疑是政界和公众社会，但它不是一种制度化的咨询关系。

在其后的时间里，新的技术后果评估方案虽然层出不穷，但到现在为止只有相当少的一部分出现在相关的讨论活动中。早先提出的方案在经过某些基本的修改后一直延续至今。从根本上来说，它们之间的关系都是互补性的：每一种技术后果评估方案都把某个特定的参与者群体（政客、工程师、老百姓、科学家等）作为技术规划的核心人物来加以强调，并提供给他们打造自身角色的方向指南。除了不同机构和方案之外，我们还必须看到，技术后果评估在近几十年里越来越多地出现在了大学和大学之外的科研当中。大学相关教职的设立，2004 年德语国家技术后果评估社区"技术后果评估网络"的成立，以及高校中技术后果评估教学重要性的增加，这些都是很好的证明（Dusseldrop/Beecroft，2012 年）。

基本问题，争议重点，当前的研究课题

自创立初期起，技术后果评估就面临着一些根本性的问题，其中部分问题直到今天仍然被争论不休。借助前文对技术后果评估特点的介绍，我们可以将这些问题进一步系统化：

（1）首先要问的问题是，如何将不同学科的分项工作融合到*跨学科的研究过程中*去。有鉴于学科自身的基本概念、研究对象和研究方法，各学科涉猎的难易程度区别很大。从开发被普遍接受的、对所研究的问题的基本认识方法，到把学科分项工作整合到一个有内在关联的结果当中，这一切都是对融合工作的挑战。虽然不乏长年的实践经验，但是在新的人员组合情况下，这些挑战都要重新加以应对和克服。在理论层面上看，这里的种种问题都反映在一场相关的讨论中，即，一方面要坚持（跨学科的）"合理性"概念，另一方面又要对不同的"合理性"加以认识和确定，进而以富有成效的方式在跨学科研究中对之进行探讨研究。

（2）其次，技术后果评估的未来关系也提出了根本的方法论问题。人们究竟应该用什么样的方式从科学角度来谈论未来？曾经在技术后果评估初期起过核心作用的、预测式的未来评述，如今已从技术后果评估中近乎完全消失。这是因为从方法论的角度来说，这些预测式的评述不仅不适合于应用在一般的复杂系统方面，而且尤其不适合用在人的行为领域（预测可能被接受为行为的原因）。取而代之的是情境或其他模式，在其帮助之下，人们在技术后果评估中可以对"可能的未来"进行反思。

值得质疑和探究的是未来预测的认识论及标准化地位的问题：如何对某些未来可以看 398 作是可接受的，其他的则不能接受这样的问题进行论证？论证的理由能站得住脚吗？许多未来方案在政治上都能发挥出其巨大的实际效能（比如说能源场景），在此背景下，我们应该如何对从为数众多的未来选项中所选出的特定未来方向予以说明？

（3）最后，技术后果评估的*标准规范*特点提出了一系列甚至是有激烈争议的问题，其中的大部分问题可以用下面的问题进行归纳总结：在什么样的基础上由谁来对（国家和社会有重大意义的）技术规划做出决定？所有的技术后果评估方案都对科学专家的参与表示赞同和首肯，尽管它们各自的侧重点有相当大的差异。各种方案的不同之处主要在被其认为具有决策资格的参与者群体方面，以及在决策的规范标准基础方面。争议的焦点集中在代表制民主模式的追随者（他们认为立法部门应该在技术规划方面起重要作用）和直接民主模式的拥护者两大阵营上。可持续发展模式作为评价的基础，在技术后果评估中被赋予重大意义（参见第4章第B.10节）。与之相关的方案论文和应用论文最早可追溯到20世纪90年代，并且至今仍在发挥着重要的作用。近年来，*负责任研究和创新*的概念（responsible research and innovation）在技术后果评估中的意义与日俱增，它把伦理学的责任概念（参见第2章第6节）与科学技术研究关于研究和创新过程的知识结合在一起，起到了连接的桥梁作用。

科研开发的新成果给技术后果评估不断带来新的研究课题。一般而言，我们可以就此总结出若干种趋势：相对于初期阶段来说，技术后果评估与大型技术设施打交道的情况逐渐减少，反之，与各种在为数众多的场合中可以用不同方式投入使用的技术打交道的情况越来越多。此外，不同技术的融合，例如作为经典案例的纳米、生物和信息技术以及神经学（NBIC）的相互渗透，也一跃而成了技术后果评估的核心课题范畴。最后，技术后果评估还无法回避与日俱增的、与科学和技术有密切关联的（比如能源体系问题）重大社会变革主题。

技术后果评估和技术伦理学的关系

技术后果评估和技术伦理学在纲领层面上有很大的共同特性：二者皆雄心勃勃，

要在科技变革过程中为社会问题的解决尽自己的一份努力。二者的不同之处体现在纲领的实现问题上。泛而言之，相对于技术后果评估，技术伦理学在跨学科研究，以及在针对几乎所有相关技术后果的系统性分析方面略显不足。这个不足点及其（在制度上）与社会决策过程联系的缺乏，被技术后果评估诟病为"可操作性逆差"（Grunwald，1999年）。换一个角度来看，我们同样可以发现技术后果评估在标准规范反思方面总体上的缺陷和不足。

以技术伦理学观之，一个特别值得注意的与技术后果评估的不同点，或许在于相关研究过程的标准规范基础方面。在技术伦理学中（如同每个范畴伦理学一样），标准规范层面的反思是以*独白或对话（讨论）*方式进行的。独白方式的特点是出于标准法则论证的目的，人们在论述过程中所采取的是个人独白式的立场观点；而对话方式的不同点则在于，标准规范的论证在多人之间交流互动。两种方式的共同点是参与者在观点和判断形成过程中具有同样的权利和义务。技术后果评估对这两种标准规范反思的方式并不陌生，但就其标准规范的基础而言，它超出了二者的界限，换言之，技术后果评估还具有（因人的地位不同的）非对称社会关系中标准规范反思的形式，亦即所谓*咨询的*模式。对于理论探讨来说，咨询作为标准规范反思的模式是一个很有发展前途的课题，因为它能够捕捉和把握具有（至少经过充分论证的）社会非对称性特征的、社会公众观点形成的实际情况。倘若说在20世纪90年代，技术后果评估还被技术伦理学诟病为"缺乏描述性"，那么这个指责现在无论如何不（再）可能站得住脚了。

由卡门·卡明斯基①提出的关于区分范畴伦理学和应用伦理学的学术观点（Kaminsky，2005年），为我们提供了将技术后果评估和技术伦理学相结合的前景和希望。根据她的理论，范畴伦理学所代表的是跨学科的伦理学和政治学的探讨和争论。这些探讨和争论不完全属于道德哲学的范畴，而是具有"在关于特殊主题的伦理学和政治学讨论之间进行调解"的功能，这是因为，它们为伦理学的标准论证和政治的决策过程增添了"一个特殊的道德实用论探讨的中间步骤"（Kaminsky，2005年，第12

399

---

① 卡门·卡明斯基（Carmen Kaminsky），1962年生于德国，科隆应用技术大学道德哲学教授。

页及下页）。范畴伦理学的对象不是由个别科学领域或道德哲学提出的那些问题，而是在实际生活实践中出现的具有社会意义的问题。有鉴于此，卡明斯基相应地把应用伦理学理解为道德哲学的研究领域，其研究对象是范畴伦理学的方法和概念问题。根据这一定义，从事科技变革的社会问题研究的范畴伦理学不仅代表着技术后果评估的一种理想目标，而且也代表着技术伦理学（在其范畴伦理学的元素方面）的一种理想目标，换句话说，亦即这样的一种研究实践：它一方面通过哲学伦理学的基础对规范原则进行反思；另一方面，通过对技术开发和使用的社会化过程的理解，以及在尽可能彻底地对其对象领域理解的基础上，通过对各种不同的技术后果的认识而发挥自己的作用。若要达到这个理想目标，不仅技术后果评估，而且技术伦理学都尚需努力，任重道远。

参考文献

Abels，Gabriele/Bora，Alfons：*Demokratische Technikbewertung.* Bielefeld 2004.

Bimber，Bruce：*The Politics of Expertise in Congress：The Rise and Fall of the Office of Technology Assessment.* Albany1996.

Bröchler，Stefan/Simonis，Georg/Sundermann，Karsten（Hg.）：*Handbuch Technikfolgen abschätzung.* Berlin 1999.

Decker，Michael/Ladikas，Miltos（Hg.）：*Bridges between Science，Society and Policy. Technology Assessment-Methods and Impacts.* Berlin 2004.

DLR（Deutsche Forschungsanstalt für Luft – und Raumfahrt）（Hg.）：*Technikfolgenbeurteilung der bemannten Raumfahrt. Systemanalytische，wissenschaftstheoretische und ethische Beiträge：ihre Möglichkeiten und Grenzen.* Köln – Porz 1993.

Dusseldorp，Marc/Beecroft，Richard（Hg.）：*Technikfolgen abschätzen lehren. Bildungspotenziale transdisziplinärer Methoden.* Wiesbaden 2012.

Gethmann，Carl Friedrich：Rationale Technikfolgenbeurteilung. In：Armin Grunwald （Hg.）：*Rationale Technikfolgenbeurteilung. Konzeption und methodische Grundlagen.* Berlin 1999.

Grunwald，Armin：Technology assessment or ethics of technology? Reflections on technology development between social sciences and philosophy. In：*Ethical Perspectives* 6/2 （1999），170 – 182.

－： Auf dem Weg zu einer Theorie der Technikfolgenabschätzung-Der Einstieg. In： *Technikfolgenabschätzung-Theorie und Praxis 16/1（2007），4 – 7.*

－： *Technikfolgenabschätzung-Eine Einführung.* Berlin [2]2010.

Joss，Simon/Bellucci，*Sergio（Hg.）： Participatory Technology Assessment-European Perspectives.* London 2002.

Kaminsky，Carmen： *Moral für die Politik. Eine konzeptionelle Grundlegung der Angewandten Ethik.* Paderborn 2005.

Ott，Konrad： Technik und Ethik. In： Julian Nida – Rümelin（Hg.）： *Angewandte Ethik. Die Bereichsethiken und ihre theoretische Fundierung.* Stuttgart 1996.

Petermann，Thomas/Grunwald，Armin： *Technikfolgen – Abschätzung für den Deutschen Bundestag. Das TAB – Erfahrungen und Perspektiven wissenschaftlicher Politikberatung.* Berlin 2005.

Rapp，Friedrich（Hg.）： *Normative Technikbewertung. Wertprobleme der Technik und die Erfahrungen mit der VDIRichtlinie 3780.* Berlin 1999.

Rip，Arie/Misa，Thomas/Schot，Johan（Hg.）： *Managing Technology in Society. The Approach of Constructive Technology Assessment.* London 1995.

United States Senate： *Technology Assessment Act of 1972.* Washington D. C. 1972.

VDI（Verein Deutscher Ingenieure）（Hg.）： *Technikbewertung-Begriffe und Grundlagen. Erläuterungen und Hinweise zur VDI – Richtlinie 3780.* Düsseldorf 1991.

Vig，Norman/Paschen，Herbert（Hg.）： *Parliaments and Technology： The Development of Technology Assessment in Europe.* Albany 1999.

马克·杜塞尔多普（Marc Dusseldorp）

第5节　公民参与

基本情况

400　　对政治的不满，圣弗洛里安策略，愤怒的民众，抗议文化，维护物权，不吃亏的心态——这些大字标题突出地反映了当前围绕新技术、基础建设计划或公共规划的接受情况。通过民主方式来做决定——单单这个事实往往不再足以获取当事者的认可态度。是什么导致了这个合法化过程的危机？在深入回答这个问题之前，我们不妨先来考察一下下列几个尤为重要的因素（Gabriel/Völkl，2004 年；Kulinski/Oppermann，2010 年；Renn，2004 年）。

·随着居民区和网络密度的不断增加，基础设施技术和规划项目的风险和利益的分配却是不平均的。通常情况下，好处落在了一部分无名无姓的消费者或生产商头上，而当地绝大部分老百姓却要承担风险。这种情况导致的结果，就是人们所看到的对公平原则的损害。为什么一部分民众要去忍受不利的情况，而绝大多数的另一部分民众却可以从中获得好处？

·针对技术设施和基础设施项目的抗议也来自民众对自己生活环境受到威胁的实际经验。越来越多的老百姓认为，由于专家们的见解和机构的干涉，他们的日常行为受到了限制。在他们居住地所发生的事，越来越不受他们的控制和影响。于是，作为应对和反应，他们试图抵御一切外部强加的东西，以维护自己的集体特性。

·新技术引进的必要性（比如纳米技术或绿色基因技术），往往在专业人士和民意传播者那里同样存在争议。因此，在关于赞同和反对的公众辩论中，每一种立场和态度都可以通过引用某个专家的观点来加以论证说明。于是，专家观点的窘境就导致了作为具有融合力量的实际知识不再能够，或是勉强能够有助于排除各种不实之词和无稽之谈。

·在专家所计算出来的风险后果与民众所感受到的问题后果之间，常常存在巨大的差异。正如心理学调查所表明的那样，在对风险的评判方面，除了概率和风险的程度以外，所谓实质性的风险特征也起着十分重要的作用。因此，人们是否自愿承受风险，或是风险是否能够被承担者主动积极地进行控制，这当中存在重大的差别。

·最后，对风险设施的抗议常常也是对在政治角逐场上怎样做决定的方式方法的一种抗议。决策的过程和决定一样，至少具有同样的重要意义。随着人们受教育程度和经济的福利程度的提高，人们要求参与决策过程的愿望也在不断增长，尤其是当个人的生活环境受到牵连时。

对技术和技术设施的抗议有各种各样的因素作为理由和动机，因此，人们不应将其视为过眼烟云一样的暂时现象（关于技术争议，参见第 3 章第 6 节）。信任的丢失无法通过信息的供给得到补偿。因之有人提出各种建议，试图通过更好的教育、启蒙或情况通报来消除出现的争议，结果都是无功而返。反之，公民的直接参与在这里却是对症下药的好举措。积极主动的参与需要具备两个前提条件：经由程序的合法化，以及同相关民众群体公开的交流和沟通。前者的要义，在于透明、简便易行和兼顾各方利益和价值观的决策过程；后者的要义，在于受到此决策后果直接或间接关联的群众的参与活动。参与不仅是注重话语权社会的必要组成部分，同时也是对决策过程的一种功能上的扩展和丰富，以及一种建立在民主根本原则上的、面对受牵连民众的责任和义务。法学家汉斯耶尔格·赛勒尔①一针见血地将这个责任和义务总结归纳为："牵连性的民主并非一种不正常现象，而是相反，它恰恰是民主的理想目标。"(Seiler, 1991 年，第 17 页)

政治控制的两难窘境

401　　在技术争议的解决问题上，政治面临着一个十分窘迫的两难境地。一方面是由鉴定师、专家和政客组成的阵营，他们向人们推荐某种解决问题的方案；另一方面则是民众组织和常常属于环保运动的其他各类团体，他们恰恰对政府或管理部门建议的解决方案持否定态度。而民间组织和团体所提出的反对建议，又被许多专业人士和一些管理部门认为问题重重、不切实际或在技术上没有可行性。又因为不仅在专家内部存在不同意见，而且民众也没有统一阵线且自身四分五裂，所以，局面更加扑朔迷离，犹如雪上加霜。在这种情况下，又有新的政治联盟和团体帮派出现，他们往往仅为一种利益（比如阻止一项技术的使用等）所驱使。除此之外，在有意想具体解决一项迫在眉睫任务的人群和意欲通过每个行动来表达环保政策替代方案的抽象发展趋向的人群之间，各种争议也是一波未平一波又起。

　　鉴于这样一种具有各种要求、建议和反建议的纷繁复杂局面，政治决策者很难做出专业上实事求是和政治上兼顾各方的决定。即使政治家们能够冲破重重阻碍，在众多选项中做出有利于其中一个选项的决定，但是，面对众说纷纭的意见和评价，他们

---

①　汉斯耶尔格·赛勒尔（Hansjörg Seiler），瑞士卢塞恩大学法学教授，本文参考文献中书目作者。

又陷入了各种批评的交叉火力之中。在这种情况下，迫于公众社会的压力，他们不得不对已经做出的决定进行修改。进退两难如此，许多政治家们干脆不急于去做决定，而是引而不发、静观其变，直到被外界的力量所驱使再采取行动（比如由于本国或欧洲制定新法律等），或是将不得人心的决定推卸给其他部门和机构，诸如经济界、科学界或上级的政治决策机关等。于是乎，皮球就这样被踢来踢去，烫手山芋无人肯接。

公民参与能达到什么效果?

在此背景下，公民参与方法提供了一条解决问题的可能途径。这里，公民参与方法指的是交流沟通的过程。在此过程中，那些既无政府办事机构又无议会议席可依靠，因而没有参与集体决策权的人士，就有可能通过对其输入知识、优先选择、评价和建议，直接或间接地影响集体的有效决策过程。其中，人们的关注焦点不在于所做的决定本身，而是转向了做决定的方法和途径。在技术争议的情况下，有五个原因可以用来说明公民进一步参与决策过程的必要性（Newig，2007 年；Stirling，2008 年；Renn/Schweizer，2009 年）：

·其一，通过与当地关联居民人群相结合，可以扩大决策的知识基础。除了专家的系统知识和决策者的过程知识外，相关民众的经验知识对决策问题也具有特殊的意义。根据问题种类的不同，这些经验知识不仅是对专家知识的一种丰富，而且有时也是对专家知识的一种修正，尤其是当原因和后果影响的相互关系在现实中不是集中体现的时候，或是在后果影响也同样取决于相关民众的决定的情况下。

·其二，公民参与可以为有关决策者提供关于相关民众优先选择和价值观的分布的重要信息。由于决策皆以关于所希望的后果影响能否被接受的后续知识和评判为基础，所以，决策者经常必须要对人们针对后果影响的接受看法问题进行详尽的调查，并且将之作为决策本身的（共同）基础。这方面有许许多多的形式和优先选择等需要调查了解，并需要将其纳入决策的过程。方法从调查问卷和目标群体等的被动手段，到共识会议、公民论坛和基层规划小组等主动形式，五花八门、应有尽有。

·其三，公民参与可以用来作为对资源进行公平协商的手段。关于游戏规则理

402　论、斡旋、调解和协商过程的专业文献已经为公民参与的调解争议的作用提供了具有说服力的证明。这背后人们的观点和看法乃是，但凡在与他人的竞争中提出资源要求的人士，最好应当通过一个"公平的"方法（procedural equity）来找到自己公平分配的解决办法。传统的劳资双方薪资谈判就是这种作用的参考示例，有关排放证书的协商过程，或是关于遭受环境影响的补偿谈判，皆是殊途同归，莫不如此。

　　·其四，公民参与可看作一场理由和论据的竞争，其目的在于，依靠论证说明把集体的决定建立在有标准规范保障的基础之上。这样一种参与方法的目的，是在以逻辑和严谨推论（适用要求和适用证明）为基础的、对所提出的各种理由和依据进行严格审查的框架条件下，对所论证的立场观点进行探讨辩论（参见第4章第B.6节）。此举的主要目的，是要澄清标准规范的设立是否适合于所有受牵连者的问题（超出了参与讨论人士的范围）。

　　·其五，公民参与可看成对自身生活环境进行规划的一个因素。在这个作用意义上，受牵连的相关人士能够有机会，以自我义务或责任归属的形式改变自己的生活环境。

公民参与怎样在规划和争议解决中奏效?

　　在这种情况下，就要看决策过程和合理化的创新方法能起到什么样的作用。其中，两大要素——受牵连的相关人士参与决策过程和在非受牵连人士面前决策的合法化——紧密相连，不可分割。那么，这样一种一体化的探索尝试又将如何付诸实践呢？在我们探求适合的范围和方法的问题时，有四个标准最适合作为参与者的行动指南：公平公正、资格能力、实际效果和正当合法（Webler，1995年；Papadopoulos/Warin，2007年）。

　　为了满足这四个标准，人们必须在遴选出的参与方式中遵守进行讨论的基本原则（Skorrupinski/Ott，2000年）。讨论中所发表的言论可能有多种形式，比如宣称断言、理由论据、情感表达、呼吁号召、承诺保证等，不一而足。这样的言论在讨论中被抛出和论证，并且受到其他参与者的评论和批判。在这种言论交流的框架内，人们提出了适用性的要求。这些要求的内容是，有关言论是有帮助作用的、真实的、符合实际的或均衡适当的（Habermas，1981 年/1998 年）。之后在讨论过程中，人们对这些要求的有效性进行检查并予以兑现。在这里，哈贝马斯区分了四种不同的言论形式：交流性的、认知性的、表达性的和评估性的/标准性的言语行为。这些言论类型要面对四个标准对其适用要求的检验，依靠检验的帮助，相关言论的适用性在主体间得以进行评价（Webler，1995 年）。言论类型和四项标准都是辅助手段，用以将合理的与不合理的言论及反驳区分开来。下面的图表（图 1）总结归纳了这四种言论类型、适用要求的形式以及检查这些要求的各类标准。

适用标准	可理解性	显见性	真实性	标准适合性
言论类型	交流性的	认知性的	表达性的	评估性的/标准性的
示例	定义	事实陈述	承诺，情感表达	价值，目标，利益
适用要求	合目的性	真实性	诚实性	评估性的：公益性 标准性的：正确性
检查标准	减少理解难度 原文和转换之间完全等同 由作者授权	适用于系统知识：方法论的规则 同行评审 　 零散的知识：单一的可检查性	适用于情感性的言论：转换为认知性的或标准规范性的言论 授权进行转换 　 适用于行为表现预测：以往的行为表现 声誉	适用于评估性的言论：连贯性（不自相矛盾）有普遍化的能力 　 适用于标准规范性的言论：普遍化的要求 与法律相契合

图 1　言论类型和其适用标准

资料来源：Renn，1999 年。

探讨争论和共识取向常常为社会公众所误解。"尽耍嘴皮子不办事"，一部分人如是说；"这再次说明了政客们无能"，另一部分人又那样认为（Weinrich，1972 年）。从许多讨论的实际情况来看，这两种指责虽然不无道理，却没有洞悉事物的内在逻辑以及讨论式争议表达的内在作用能力。争论的意义不在于要在最低的和浅薄平庸的基础上达成一致，问题的关键在于争议的表达方式，借助这种方式各种理由和论据能够十分明确地，甚至是十分尖锐地进行交流，以及不同的价值观和利益诉求能够得到公开陈述。许多情况下，这样的争议和辩论的结果并不是达成了一种共识，而是达成了关于意见分歧的一种共识。这时，所有的参与者都已经清楚为什么一方人士赞同某项举措，而另一方人士则表示反对。各种理由和论据都在交流当中受到检验，并被判明孰优孰劣（Elster，1989年）。最后留存下来的区别和差异不再以空洞的争议或错误

403　的判断为基础，而是建立在对决策后果的评价可明确定义的差异基础之上（Schimank，1992年）。参与的各方都非常明白，他们对此方案或彼方案的优先选择，或者说与之相关联的所有不确定性所换回的将是什么样的可期待后果；讨论争议的结果更多的是对问题的澄清，而非一定要是意见的统一。

对政治实践来说，以下三种讨论类型的划分似乎很有裨益（Renn，1999年）：

·*认知性的讨论*，包含知识专家（不一定是科学家）努力澄清一个事实情况的交流过程。这种讨论的目的，是对某一现象尽可能符合实际地进行反映和解释。

·*反思性的讨论*，包含对事实情况进行诠释，澄清优先选择和价值观，以及对问题和建议进行标准化评价的交流过程。反思性的讨论不仅特别适合于作为发展走势和新情况的氛围晴雨表，而且适合于作为决策准备的辅助手段，以及作为避免冲突的未雨绸缪的工具。

·*规划性的讨论*，包含以行动选项和/或解决具体问题为目标的交流过程。调解

404　和公民参与方法可以被纳入这一范畴，旨在对自己生活环境进行规划的未来研讨会，抑或提出具体的政策选项或对之进行评估的政治及经济的咨询小组，也可以被纳入这一范畴。

所有这三种讨论形式构成了民主意义上正当合法、功能意义上十分必要的人民大众参政议政的框架构建。其中，讨论的结果没有强制的有效性，它们必须被纳入合法的政治决策者决策过程的合法形式。此外，讨论还能将一系列具有不同目的、不同前提条件和不同优势劣势的规程和方法付诸实践。

总结和展望

现代社会比以往任何时候更需要参与决策过程的规程和方法，以使社会大众能有

机会，在相互平等、认可经验知识和规范标准以及尊重不同价值体系和优先选择的正当合法性的氛围下，对各种行动选项进行探讨争论，对相关联的后果影响进行评估，并在此基础上为代表机构和组织和/或其他广大民众提出意见建议。有鉴于此，现代社会所需要的不是其代表机构和组织的替代物，而是需要体现在讨论争议中的功能扩展，而这些功能扩展又有助于代表机构和组织提高自己做决定的正当合法性的努力（参见图 2）。

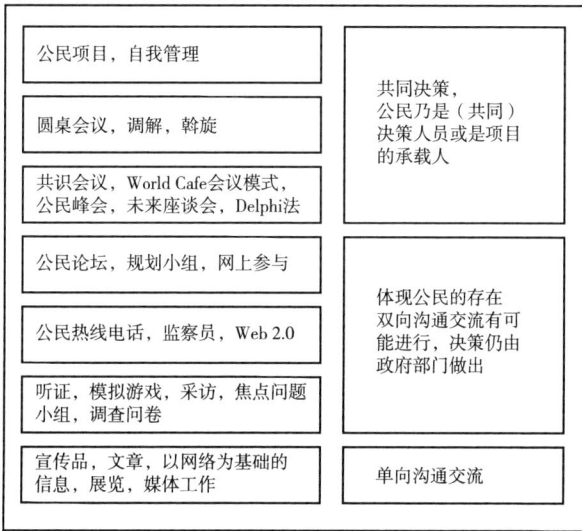

公民项目，自我管理	共同决策， 公民乃是（共同） 决策人员或是项目 的承载人
圆桌会议，调解，斡旋	
共识会议，World Cafe 会议模式， 公民峰会，未来座谈会，Delphi 法	
公民论坛，规划小组，网上参与	体现公民的存在 双向沟通交流有可 能进行，决策仍由 政府部门做出
公民热线电话，监察员，Web 2.0	
听证，模拟游戏，采访，焦点问题 小组，调查问卷	
宣传品，文章，以网络为基础的 信息，展览，媒体工作	单向沟通交流

图 2 参与的方式和范围

只有当所有的参与者都乐意在关于解决问题的可能途径的讨论过程中畅所欲言、相互沟通，这时，由专家、利益群体和相关民众参加的参与性规程才能取得实事求是、公平公正、行之有效和正当合法的解决方案。在此过程中，以交流沟通为导向的、建立在论证说明基础上的对话交流必须要有一个前提条件，即参与讨论的人士和团体一律地位平等，在没有外部胁迫的情况下公开亮明自己的利益诉求和价值观念，并通过论据和理由的交流求得共同的解决方案（Habermas，1998 年；Feindt，2011 年；参见第 4 章第 B.6 节）。因此，以交流沟通为导向的探讨争鸣的目的就在于，在对参与者所提出的关于风险的可忍受性以及机会的可行性进行权衡的情况下，开发出

405 为所有参与者皆能承受的解决方案。这里，问题的关键不是要求得到最小分母水平上的意见统一，而正好相反，针锋相对的辩论、充足的论据和逻辑清晰的论证，以及对新型的创新解决方案的努力追求才是问题的要旨所在。

公民参与成败与否的决定性条件乃是政治家们和管理部门专业人士的意愿和决心，即不把民众参与的形式看成多余的履行职责，而是看成对自身工作的助益和对代表制民主的锦上添花。在美国国家科学院 2008 年发表的一份关于环境和健康问题的民众参与规程的调查报告中（National Research Council，2008 年），人们在现有评估结果的荟萃分析基础上得出的第一个重要的认识是，参与活动成败的关键条件在于发起者对活动寄予了什么样的期望。倘若所寄予的期望是积极的和非先入为主的，那么，绝大多数情况下参与措施会取得卓有成效的结果。但是，倘若发起者心存疑虑甚至消极应付，那么这种态度就会直接影响到参与人员的动机和达成妥协的决心。这种情况在三分之二的案例中都导致了活动的中断，或是不尽如人意的结果。因此，自上而下地对参与活动进行简单的规定是毫无意义的，而应当使所有参与者坚信，在复杂和多元化的世界中，这种决策过程的辅助形式将对政治体制起到振兴和锦上添花的作用。

参考文献

Elster，Jon：*Solomonic Judgments：Studies in the Limitation of Rationality.* Cambridge 1989.

Feindt，Peter H.：*Regierung durch Diskussion? Diskurs – und Verhandlungsverfahren im Kontext von Demokratietheorie und Steuerungsdiskussion.* Frankfurt a. M. 2011.

Gabriel，Oscar W./Völkl，Kerstin：Politische und soziale Partizipation. In：Oscar W. Gabriel/Everhard Holtmann（Hg.）：*Handbuch Politisches System der Bundesrepublik Deutschland.* München/Wien 2004，523 – 573.

Habermas，Jürgen：*Theorie des kommunikativen Handelns.* 2 Bde. Frankfurt a. M. 1981.

– ：Erläuterungen zum Begriff des kommunikativen Handelns. In：Ders.：*Vorstudien und Ergänzungen zur Theorie des kommunikativen Handelns.* Frankfurt a. M. [3]1998，571 – 606.

Kuklinski，Oliver/Oppermann，Bettina：Partizipation und räumliche Planung. In：Dietmar

Scholich/Peter Müller（Hg.）：*Planungen für den Raum zwischen Integration und Fragmentierung*. Frankfurt a. M. 2010, 165 – 171.

Newig, Jens：Does public participation in environmental decisions lead to improved environmental quality? Towards an analytical framework. In：*International Journal of Sustainability Communication*（Special Vol. on Communication, Cooperation, Participation）1/1（2007）, 51 – 71.

Papadopoulos, Yannis/Warin, Philippe：Are innovative, participatory and deliberative procedures in policy making democratic and effective? In：*European Journal of Political Research* 46/4（2007）, 445 – 472.

Renn, Ortwin：Diskursive Verfahren der Technikfolgenabschätzung. In：Thomas Petermann/Reinhard Coenen（Hg.）：*Technikfolgenabschätzung in Deutschland. Bilanz und Perspektiven*. Frankfurt a. M. 1999, 115 – 130.

– ：The challenge of integrating deliberation and expertise：Participation and discourse in risk management. In：Timothy McDaniels/Mitchell J. Small（Hg.）：*Risk Analysis and Society*：*An Interdisciplinary Characterization of the Field*. Cambridge 2004, 289 – 366.

–/Schweizer, Pia – Johanna：Inclusive risk governance：Concepts and application to environmental policy making. In：*Environmental Policy and Governance* 19（2009）, 174 – 185.

Schimank, Uwe：Spezifische Interessenkonsense trotz generellem Orientierungsdissens. In：Hans – Joachim Giegel（Hg.）：*Kommunikation und Konsens in modernen Gesellschaften*. Frankfurt a. M. 1992, 236 – 275.

Seiler, Hansjörg：Rechtliche und rechtsethische Aspekte der Risikobewertung. In：Sabyachi Chakraborty/George Yardigaroglu（Hg.）：*Ganzheitliche Risikobetrachtungen*. Köln 1991, 1 – 26.

Skorupinski, Barbara/Ott, Konrad：Technikfolgenabschätzung und Ethik-Eine Verhältnisbestimmun g in Theorie und Praxis；Bericht über ein Forschungsprojekt. In：*TA – Datenbank – Nachrichten* 2（2000）, 88 – 94.

Stirling, Andy：»Opening up» and «losing down«：Power, participation, and pluralism in the social appraisal of technology. In：*Science, Technology and Human Values* 33/2（2008）, 262 – 294.

US – National Research Council of the National Academies：*Public Participation in Environmental Assessment and Decision Making*. Washington, D. C. 2008.

Webler, Thomas：»Right «discourse in citizen participation：An evaluative yardstick. In：Ortwin Renn/Thomas Webler/Peter Wiedemann（Hg.）：*Fairness and Competence in Citizen Participation. Evaluating Models for Environmental Discourse*. Dordrecht/Boston/London 1995, 35 – 86.

Weinrich, Harald：System, Diskurs, Didaktik und die Diktatur des Sitzfleisches. In：*Merkur* 8（1972）, 801 – 812.

奥特温·雷恩（Ortwin Renn）

第6节 德国工程师联合会和技术评价指南

德国工程师联合会和技术哲学

406　　　成立于1856年的德国工程师联合会（VDI）从事技术哲学和技术伦理学问题的研究工作一直可以追溯到19世纪（Ludwig/König，1981年；König，1988年）。研究工作的主体乃是召集在联合会中的工程师和自然科学家，如马克斯·艾特①和弗里德里希·德绍尔等人。战后期间，高度技术化的第二次世界大战和纳粹政权的经验教训，促使工程师们对自己的所作所为以及对技术发展与政治和社会的关联关系进行彻底的清算。为此，人们试图与其他学科方向，特别是哲学和技术哲学的代表人物进行对话交流。第二次世界大战后联合会首任执事——卡尔斯鲁厄工程学教授鲁道夫·普朗克②起到了重要的推动作用。技术哲学的倡议行动不仅发展为一系列的学术会议，而且在1956年形成了主体范围的制度化，其形式为联合会的主要研究机构"人与技术"，以及稍后隶属其管辖的"哲学和技术"委员会。

　　起初阶段中，哲学委员会的工作主要是致力于寻找工程师和哲学家之间的对话基础，并对技术的本质进行探寻。在这样的讨论中，弗里德里希·德绍尔和对技术的诠释（技术是"想法的现实存在"，而想法早已天然地存在于上帝的创世计划中）起着很大的作用。在克劳斯·图赫尔③的领导下，联合会在1960年至1968年期间加强了对技术融入社会问题的讨论。正如1960年的一份会议纪要所显示的那样，讨论研究的重点是要"澄清技术和经济的关系，目的是避免原本针对经济界的指控过多地被嫁祸于技术领域当中"。除了这些新提出的问题之外，诸如技术的概念沿革和技术的哲学人类学问题等这样的陈旧议题同样继续受到重视。1968年以后，对各类理论科学专题的讨论如雨后春笋，越来越多。

---

① 马克斯·艾特（Max Eyth），1836—1906，德国工程师和作家。
② 鲁道夫·普朗克（Rudolf Plank），1886—1973，俄裔德国工程师，制冷技术专家。
③ 克劳斯·图赫尔（Klaus Tuchel），德国工程师，1967年出版的《技术的挑战》作者。

技术评价指南的漫长之路

之后，作为对同时代关于价值观转变、技术决策的价值关联性和工程师责任问题讨论的反应，1971 年首次出现了各式各样的计划，要在今后几年中对"价值优先选择和技术进步"的综合主题范畴进行研究和探讨。在小范围的会议上，人们就学术报告进行讨论，此外，还开过两次大型的公开学术会议（Moser/Huning，1975 年/1976 年）。紧随 1975 年的"技术和社会中的价值优先选择"会议之后，京特·罗波尔提出一个想法，即制定一套技术评价的标准指南。想法的提出曾经受到当时关于技术评价和技术后果评估制度化的政治讨论的影响（参见第 6 章第 4 节）。1973 年，美国国会设立了下属的"技术评估办公室"（Office of Technology Assessment）。同年，有人在德国国会首次提出了一项议案，要求在那里也设立一个同样的机构。

1975 年，几位技术哲学研究学者向联合会有关的负责部门建议，制定"一套依照个人伦理学和社会伦理学观点的、以准则形式撰写的关于技术评价的指南"。计划中指南的第一部分用于阐述技术评价的重要概念，第二部分包含对伦理规范的绝对性和相对性的描述文字，第三部分为工程师职责目标的列表目录。此外，一个更大的研究项目将为内容上十分广泛的第二部分提供经验基础。按照最初计划，这个项目的研究目标包括价值体系的历史局限性，经验逻辑和社会决定因素之间的区别，价值设立的范围限度，人类学的先验知识，东西方以及发展中国家的道德体系等内容。此研究项目最终被具体化为三个部分：

（1）兼顾技术之外的目的和价值，对技术标准和指南进行分析；

（2）在历史和社会的上下文中对技术进行评价；

（3）技术对社会价值体系的影响。

由于有大众汽车基金会的资助，第一部分得以顺利完成（Ropohl/Schuchardt/Lauruschkat，1984 年）；在后续的相关资助申请未获得通过的情况下，其他两部分不得已被放弃。 407

联合会的职业政治顾问委员会批准项目工作正式启动，并认为必须要做的概念阐述是最为有价值和意义的部分。可是，计划好的指南形式却遇到了争议，而且一直到十年后工作结束时仍悬而未决。这里，我们不妨列举几个关于联合会指南性质的有关情况：指南属于那种在众多协会和团体组织中由志愿人员所编制的"技术准则"范畴。一般来说，技术准则具有建议遵守的性质。倘若法律和法规对之有引述的话，那么准则会获得更大的约束性。除此之外，司法机关可以对其进行引证。德国最著名的技术准则是德国工业标准（DIN）。DIN 具有代表相关技术发展水平的资格要求。与之相比，联合会的指南更多的是关注未来，可以提出面向未来的建议，并且对尚未定型的议题进行探讨和议论。人们可以将指南诠释为方向性的，但不具约束性的工作文件和决策的辅助手段。

有了这套指南，就意味着联合会的哲学家们认同了一种在技术界和经济界立足已久的，从而能够与这个目标群体进行沟通的工作和出版媒介。另一个引人注目的要点是制定指南所必需的讨论和批准流程。"草案"出来了以后，有兴趣的人士都可以有机会对之提意见和进行表态。对所提的意见必须具体地研究分析，之后，在邀请所有提意见者参加的会议上，修改后的版本被再度拿出来供大家讨论。最后，"定稿版"出版发行，具有一定年数的有效期，之后可以再进行修订。除了这个规定流程之外，联合会的技术评价委员会还经常对外公布其工作结果，由此获得一种更广泛的公众性。

从 1976 年至 1990 年，在经过总共 54 次工作会议之后，《技术评价指南》（下文简称《指南》）终于大功告成。与不过寥寥数十页的文字内容相比，这样的工作效率似乎实在太低。然而，除了《指南》几易其稿之外，《指南》制定委员会还在小范围内和通过邀请报告人的方式举办过各种报告会和讨论会，另外还召开了各种研讨会、研究会和行业大会，并公开发表了一部分的会议结论（Rophol，1979 年；Rapp，1982年；Rapp/Mai，1989 年），以及全程伴随着大众汽车基金会资助的研究项目到最后。毋庸讳言，联合会和其《指南》制定委员会在技术评价问题上，各自有一些不尽相同的兴趣目标。联合会的意图是想涉足关于技术后果评估的政治性和社会性的讨论活动，而《指南》制定委员会则是想对某种程度上以指南为最高目的的技术伦理学进行广泛深入的探讨研究。随着时间的推移，《指南》制定委员会的成员不断有所变动

（Verein Deutscher Ingenieure，VDI Hauptgruppe，1991年，第94页及下页），其积极参与的核心人物主要由 Günter Ropohl，Friedrich Rapp，Alois Huning，Hans Heinz Holz，Ernst Oldemeyer 和 Hans Sachsse 等技术哲学学者组成。此外，起到影响作用的还有联合会负责项目跟进的科学问题负责人，按照时间顺序为：Bernhard Mack，Wolfgang König，Manfred Mai 和 Volker M. Brennecke。

委员会各成员所代表的一些技术哲学和社会政治立场不仅有极大的差别，而且他们也利用《指南》的编制工作来陈述和讨论他们各自的技术哲学见解。在旷日持久的讨论过程中，大家在意见相左的理论观点中找到了彼此妥协的办法，这时，对具有理论立场代表意义的个别概念的争执便得以缓解平息。可是这样一来，理论观点的精髓和差异性就必然有所损失。哲学性质的讨论在某种程度上和寻找折中方案的政治性讨论结合在了一起。此外，《指南》的作用和其所寻求面对的目标群体可能会从编写人员的视线中消失，这样的危险始终存在。最后，在"技术评价的讨论式贡献"和"工厂企业具体的工作辅助手段"这两极之间，《指南》的作用在很长一段时间内颇有争议，并始终悬而未决。

就在编撰工作已经取得很大进展的情况下，委员会再次遇到了来自联合会相当大的阻力。从一般的角度来讲，联合会的工作可以分成两大块：一个是侧重专业管理的技术和工程学部分，另一个是侧重技术政策和社会政策的主体业务部门"职场和社会中的工程师"。1986年，隶属于专业管理领域的"工业系统化技术"联合委员会发难，反对已确定好的《指南》形式。其主要理由是，技术评价委员会写在《指南》中的措辞过于宽泛。联合委员会提出反对意见的背后用意，是想自己参与到技术评价的工作中，并准备采用在经济学中颇为流行的价值分析方法。然而，与技术评价相比，这一方法的评价视角更为狭窄和单一。有些《技术评价指南》的反对者担心，一旦《指南》可能成为政策行为和司法裁决的基础，那么这些行为和裁决将有损工厂企业的利益。

对《技术评价指南》的反对态度一直持续到1990年编制工作结束。尽管在联合会中并没有占据上风，但它反映在了1989年4月草案公布之后的一系列不同意见之

408

中。这些不同意见再度来自"工业系统化技术"联合委员会，而且还来自诸如 Daimler-Benz、BMW、Bayer、Blohm + Voss 和 Telefunken 这些大公司的高管人员，这里提到的公司有几家是联合委员会的成员或是与它的关系非常近。此外，还有技术后果评估科学协会个别代表的不同声音。有些工业界的反对意见指责《指南》缺乏具体性，并再度对它的指南性质提出了质疑。按照他们的看法，草案的基调对工业界不利，而其他持不同意见者则认为指南对技术友好得过了头。如果撇开这些基本的评价问题不谈，各种反对意见中包含了许多可用于修改润色的建设性和参考性建议。

如同《指南》编写流程所规定的那样，所有的不同意见都由技术评价委员会在两次会议上进行了详细的讨论和单独的回答。在经过为数众多的细节修改后，《指南》再易其稿，并在"前言"中对《指南》的用途和目的进行了详细和明确的说明。按照流程规定的评审会议于 1990 年 3 月 29 日举行。早在会议举行之前，委员会就收到了来自联邦科研和技术部一名代表和 BMW 公司一名高管的信函。两封信函都认可此前所做的修改，并对新文本表示赞同。会议上，各方都表示了积极的认可态度，只有一名 Bayer 公司的代表再次提出了根本性的不同看法。会议的结果是，提交审议的"定稿版"正式通过并生效。

指南的结构和内容

编制过程结束时增写的"前言"明确规定，《指南》不是行为的指导，更不是药方的汇编，而是讨论的基础，目的是"促进技术的可构建性的问题意识"（VDI – Richtlinie 3780，2000 年；Verein Deutscher Ingenieure，VDI – Hauptgruppe，1991 年）。《指南》的目标群体涉及面非常广泛，即"科学、社会和政治领域所有负责人士和关联人员"。"前言"中写道，技术评价应当始终伴随技术的发展，"本指南技术评价的创新之处在于评价范围的广度和对评价过程的社会组织工作"。在这个意义上，可以说它是一种"社会机构的网络体系"，从而有别于技术评价纯粹政治和国家主义的制度化做法。在技术评价中，虽然人们使用科学的方法，但是，"目标和决策……只能

技术伦理学手册

根据政治民主法则，在一种社会化的协商过程中做出"。

　　第一部分"概念定义"开宗明义地从标准规范的角度阐明，技术不应被认为是目的本身，而应被看成实现特定目的的手段。这里，不包括技术作为无目的的行为在内，亦即作为游戏活动等。在之后的文字叙述中，《指南》就目的、目的系统、最高目标、最低目标、优先选择、规范、价值、价值体系、需求、利益和标准等概念进行了阐述。在此上下文关系中，《指南》试图表明，在手段和目的之间不存在根本性的区别，而只存在根据其在目的和手段链条上的地位而定的相对性差别。这一观点不仅反驳了技术是无价值的手段的解释，而且反驳了技术官僚主义的说法，即针对手段决定目的的指责。在手段选择过程中必须考虑技术行为的非主观意愿后果（参见第 2 章第 5 节），这个问题在《指南》中被作为技术评价的一个主要诉求来谈。价值问题在第一部分中是核心的分析范畴。它们不是观念的实体，而是来自评价行为，充其量带有社会存在的特点。此外，通过"需求""利益""标准"这些概念，《指南》还论及了价值的产生和作用的关联关系。这里，"需求"概念的采用和解释颇具争议，因为在马克思主义的观点中，需求可以被诠释为价值的物质根源。

　　第二部分"价值体系对技术的意义"所论及的是技术和价值体系的产生，以及它们之间的相互关系。技术行为始终服从于自然和社会及文化的条件，从而决定了决策和行为的回旋余地。这里，不存在所谓无条件的"势在必行的因素"。然而，已经成为现实的事物作为社会及文化的因素会对技术行为产生影响。在接下来的文字中，《指南》不仅阐述了技术行为完成受到什么样的影响因素的左右，还阐述了价值的作用地位、价值体系和技术的历史性以及价值变化的现象问题。

　　第三部分"技术行为中的价值"论述了技术行为中哪些价值起着特殊的作用，并且在技术评价时无论如何应当予以重视（参见第 4 章第 A. 11 节）。后来《指南》中所谓的"价值的八大支柱"构成了价值体系的基本结构，亦即所谓可靠性、经济性、福利性、安全性、健康、环保性、个人发展和社会性。在循序渐进的过程中，此结构从内在的技术价值逐渐迈向了外在的技术价值。这个示范式地勾画各种价值之间已有的工具和竞争关系的价值模型，所针对的是技术的总体情况。显而易见，针对各

409

种具体的技术，还必须单独权衡和加以区别。为此，该文中一共列出了大约50种曾经提及的价值作为抛砖引玉式的建议。

第四部分"技术评价的方法"虽然简明扼要地列举和介绍了技术评价的重要方法，但是其重点是在普遍性的方法思考上。这里，《指南》谈到了一些重要的技术评价类型，例如问题和技术归纳评价法、反应评价法和创新评价法。在技术评价的各个阶段——具体细分为问题的定义和结构分析，后果评估，评价和决策——会出现不同的方法问题。最后，《指南》提出了技术评价应当加以满足的要求，如跨学科、透明、描述性陈述和标准性陈述，以及决策的可替代方案的提出等。

在第五部分"技术评价的组织机构"中，《指南》使用了一种宽泛的、涵盖整个社会的组织机构概念，也就是说不单单包括政府或国家的概念在内。以此，《指南》表达了自己反对技术评价集中化和赞同多元化组织形式的态度。同时，它就国家、公众、技术、科学和经济领域中制度化的可能性进行了详细的论述。虽然《指南》谈到了制度化的不足，但是并没有就如何消除这些不足给出任何建议。

接受情况

《技术评价指南》被人们认为是"流传最广的技术后果评估文件之一"（Grunwald，2010年，第4、5章）。在2012年2月中旬用Google进行的一次搜索实验中，人们一共得到了大约3.7万个结果。我们不妨比较一下："德国国会下属的技术后果评估办公室"所得到的大约是两倍的搜索结果。粗略地浏览这些结果就可以发现，《指南》的使用重点在学术性的教学当中。由此可见，人们有针对技术评价一目了然和系统讲述的需求，相比其他所公布的文件来说，《指南》能够更好地满足这一需求。

除此之外，《指南》里的概念和提法不仅被收进了百科全书和专业工具书，而且也走进了教科书和中小学课本（Rapp，1999年）。1994～1995年举办的、有一万多名正式注册的学员和更多临时听众参加的"技术空中教室"在很大程度上是以《指南》作为其教学基础的（Hubig等，1994～1995年）。此后由德国工程师联合会出版的其他各类指南，皆是以《技术评价指南》为编撰的根据。不唯如此，《指南》还为一系

410

列具体的技术后果评估提供了依据。尽管有如此广泛的用途，人们还是有这样一种印象，即《指南》对实际的技术评价的影响要小于对一般技术评价讨论的影响。所以无论怎样，《指南》还是达到了提升大众的问题意识的自我要求和目的。

参考文献

Grunwald，Armin：*Technikfolgenabschätzung. Eine Einführung.* Berlin [2]2010.

Hubig，Christoph et al.（Hg.）：*Funkkolleg Technik-einschätzen，beurteilen，bewerten. 6 Studienbriefe.* Tübingen 1994 – 1995.

König，Wolfgang：Zu den theoretischen Grundlagen der Technikbewertungsarbeiten im Verein Deutscher Ingenieure. In：Walter Bungard/Hans Lenk（Hg.）：*Technikbewertung. Philosophische und psychologische Perspektiven.* Frankfurt a. M. 1988，118 – 153.

Ludwig，Karl – Heinz/König，Wolfgang（Hg.）：*Technik，Ingenieure und Gesellschaft. Geschichte des Vereins Deutscher Ingenieure 1856 – 1981.* Düsseldorf 1981.

Moser，Simon/Huning，Alois（Hg.）：*Werte und Wertordnungen in Technik und Gesellschaft.* Düsseldorf 1975.

Moser，Simon/Huning，Alois（Hg.）：*Wertpräferenzen in Technik und Gesellschaft.* Düsseldorf 1976.

Privatarchiv Günter Ropohl，Ordner »VDI 3780，Ausschuss«.

Rapp，Friedrich（Hg.）：*Ideal und Wirklichkeit der Techniksteuerung.* Düsseldorf 1982.

– （Hg.）：*Normative Technikbewertung. Wertprobleme der Technik und die Erfahrungen mit der VDI – Richtlinie 3780.* Berlin 1999.

–/Mai，Manfred（Hg.）：*Institutionen der Technikbewertung. Standpunkte aus Wissenschaft，Politik und Wirtschaft.* Düsseldorf 1989.

Ropohl，Günter（Hg.）：*Maβstäbe der Technikbewertung.* Düsseldorf 1979.

– ：*Ethik und Technikbewertung.* Frankfurt a. M. 1996.

–/Schuchardt，Wilgart/Lauruschkat，Helmut：*Technische Regeln und Lebensqualität. Analyse technischer Normen und Richtlinien.* Düsseldorf 1984.

VDI – Richtlinie 3780. *Technikbewertung. Begriffe und Grundlagen*［1991］. Düsseldorf 2000.

Verein Deutscher Ingenieure，VDI – Hauptgruppe：*Technikbewertung-Begriffe und Grundlagen. Erläuterungen und Hinweise zur VDI – Richtlinie 3780*（VDI – Report 15）. Düsseldorf 1991.

沃尔夫冈·柯尼希（Wolfgang König）

第7节　伦理守则

就一般意义而论，伦理或行为守则或多或少是一种适用于某个职业群体或某个组织的准则和标准的汇编。汇编中就相关成员应当遵守哪些行为规范做了特别明确的界定。守则可以分为一般性的、普遍适用的道德规范和准则，以及特别的、与职业相关联的规范和准则（职业道德及伦理）两类。由于有许许多多用于将伦理道德与角色责任相区别的不同标准，因此，规范准则的区分是相对于标准而言的，以及始终是具有观念上典型意义的区分。因此，达格玛·芬娜①（2010 年，第 181 页）在论及科学家时这样写道，"他们的行业伦理……准则……具有普遍道德的性质"，因为"这些准则保护其他科学家……的利益"。在工程师伦理守则中也同样起作用的、诸如"真实性"和"公正性"这样特指的价值观，是普遍道德的"标准"（2010 年，第 181 页）。初始阶段，伦理学在许多伦理守则中并不起什么作用，行业和职业的行为乃是守则的核心。就伦理守则的种类而言，不仅有工程师伦理守则，还有许多其他职业群体和领域的伦理守则，其名字也常常各式各样、五花八门。比如，英语中常见的工程师伦理守则有《道德准则》（*Code of Ethics*）、《道德守则》（*Canons of Ethics*）、《职业行业准则》［*Code of（Professional）Conduct*］、《执业守则》（*Code of Practice*）等，不一而足。

伦理守则也可以理解为伦理规范和分门别类的伦理规范具体化和制度化的一种形式。从一般意义上讲，制度化的含义指的是伦理规范按照社会标准要求，以及受控制的付诸行为实践的一种过程。伦理规范和职业伦理规范的制度化的措施和形式，一方面是构建和设立形式上的组织和组织单位，另一方面是构建和设立行为守则、职业守则、伦理守则（以希波格拉底誓言为典范）、企业守则和行业守则、国际组织守则（比如联合国）、伦理理想、环境要求总则和社会要求总则等。伦理特派专员、伦理委员会、伦理网络和伦理中心等，皆属于组织形式的范畴。

---

① 达格玛·芬娜（Dagmar Fenner），瑞士巴塞尔大学哲学系教授，本文参考文献所列作者。

特别是在对象范围和特定任务、义务和责任方面，工程师的伦理和职业守则不仅有别于企业守则和经济职业守则，而且也有别于企业指导方针以及经营和领导原则等。 411

同样适用于在企业中工作的工程师的企业守则，不仅在企业内部的关系上，而且也在企业外部的关系上，首先规定了企业*和*其员工- ——特别是领导层——的目标和任务。企业守则中，常常有关于效益和利润以及其他企业目标之间的关系的阐述。其中，适当的效益常常被看作企业"生存"的必要条件，而利润与安全、环境等相比，并未被赋予优先的地位。

伦理守则的历史沿革

卡尔·米切姆①（2009 年）依据下面的内容重点，将美国的伦理守则发展沿革分成了四个阶段：

（1）"含蓄的伦理"及"道德"指的是面对委托人（"客户"或"雇主"）的"一种职业上休戚相关的义务和责任"，简言之即没有明确成文的伦理守则的"忠诚性"（约 1700 ~ 1900 年）。

（2）"作为忠诚性的伦理"有了明确的伦理守则，并且是"促进职业发展和职业声誉的手段"（约 1900 ~ 1945 年）。

（3）"效率伦理"及追求"技术完善的伦理"，"与普遍的人类福祉有轻微脱节"（同样是约 1900 ~ 1945 年及第二次世界大战以后）。

（4）作为"新原则"的"公共安全、健康和福祉"的伦理。米切姆认为（2009 年，第 46 页及下页），*工程伦理*中新一代的和当前的趋势，除了迄今为止占统治地位的、以个人为主的内容之外，导致了对制度层面内容和"宏观伦理"的重视（关于此问题，参阅 Lenk，2009 年，第 28 页及下几页；Ropohl，1996 年，第 109

---

① 卡尔·米切姆（Carl Mitcham），1941 年出生，美国著名技术哲学家，他与别人合编的《哲学与技术》以及合著的《技术哲学文献目录》被学术界公认为技术哲学的重大成就。

页及下几页）。

下面，我们列举几个守则来作为工程师伦理守则历史沿革的示例。首先，通常来说，工程师学会组织的成立要比成文的伦理守则时间上要早。比如，英国*土木工程师学会*（1818 年），美国建筑工程师学会（1852 年），美国矿山工程师学会（1871 年）和电气工程师学会（1884 年）等。前者于 1828 年通过了一个章程（Royal Charter），旨在"鼓励和促进土木工程艺术和科学"。1871 年，英国电气工程师有了自己的伦理守则。随后，英国建筑工程师联合会——*结构工程*（1908 年成立，1909 年"注册登记"，1934 年制定皇家章程）——和矿山工程师联合会相继成立并制定了章程。美国化学工程师自 1912 年起，机械工程师从 1914 年起，就有了自己的守则。守则的发展从很大程度上来说起源于美国和英国的工程师学会组织（关于这类伦理守则的示例和概览见于 Gorlin，1999 年；Harris，1996 年；Hubig/Reidel，2003 年，第 231 页及下几页；IIP；Lenk/Maring，1991 年，第 346 页及下几页；Lenk/Ropohl，1993 年，第 313 页及下几页）。

如今，美国的工程师伦理守则内容上都十分相近（此看法也见诸 Ropohl，1996 年，第 63 页）。以*国家专业工程师学会*的守则（不仅 NSPE）为例，重大的修改是取消了"工程师不应当积极参与罢工、罢工警戒或其他集体性的胁迫行动"这一段（2001 年），以及增加了"工程师应当努力遵守可持续发展的原则，从而为未来子孙后代保护好自然环境"这句话（2006 年）。

在美国和英国的伦理守则可否移植适用于德国的问题上，过去和现在一直有这样一个难点，即这两种守则皆以作为个体创业者或身居领导岗位的雇员身份的工程师形象为基础。可是，德国的绝大多数工程师——大约 80%——是非个体创业者身份的雇员，因此他们不属于这个群体。

许多在美国很大程度上通过职业守则来规范管理的事情，在德国都有成文的法律规定。除了职业的学会组织以外（VDI，VDE 等），德国的所有联邦州都有自己的*工程师同业公会*（各州的分会）和一个国家层面的联邦工程师同业公会。这些同业公会都有职业管理规定，自由职业者被强制要求入会，非自由职业者则自愿入会。举例来

412

技术伦理学手册

说，巴登 - 符腾堡州的工程师同业公会成立于 1990 年年初，其形式为一个公法团体，以自我管理的形式完成自己的任务。德国的工程师职业管理规定与英美的工程师职业守则有很大的相似性。在同业公会的行业准则里，人们对工程师职业的权利和义务、正确的职业行为皆有阐述和规定。唯有在"保护社会公众和自然环境"方面，准则只做了一般性的和笼统的说明。不过，*注册登记和特许的工程师联合会*与工程师行业公会有很大的相似性，原因就在于，它们都是具有监督任务的社团组织。因此，英国工程委员会完全可以和德国的工程师行业公会相提并论，或者说具有类似的组织结构：它是一个"工程行业的监督性团体"。这一点也同样适用于美国许多联邦州的*特许工程师*的情况。

在德国，作为广义伦理守则的例子有德国工程师联合会的《工程师声明》（VDI，1950 年），《未来任务》（1980 年）以及编号为 3780 号《指南》中的《技术评估：概念和基础》（1991 年，参阅 Lenk/Ropohl，1993 年，第 314 页及下几页；参见第 6 章第 6 节）。2002 年，德国工程师联合会理事会批准并公布了《工程师职业伦理基本原则》。

瑞士应用技术科学院于 2003 年公布了一个新版伦理守则，其中包含如下规定：

工程师/技术科学家

1. 对自己的行为负有个人的和伦理的责任。

2. 行为必须充分考虑自己的社会、生态和经济责任的情况［…］

7. 通过不断的进修深造获得所必需的技术技能。

8. 获得补充性的实际知识和方向性的知识，以及对更复杂的关联事物和跨学科的合作进行判断的能力。

这些针对个人的行为准则应当融合到机构和制度的伦理守则中去。

成立于 1848 年的奥地利工程师和建筑师协会所确定的目标是，"促进有意义的、无危险的和对人类有益的技术应用，并尽可能防止技术的滥用"（第 2.1 条），同时，"提高技术的普及教育，促进大学毕业后技术人员的进修深造"（第2.1条）。此外，协会还应"在职业、科学和伦理方面努力提升工程师和建筑师的声誉"（第2.4条）。

全球范围内（也包括德国）许许多多的技术和科学学会都有自己的伦理和行为守则。比如*世界工程组织联合会*、*欧洲国家工程协会联合会*、德国信息学会、德国物理学会、德国化学家学会、德国社会学学会等。在欧盟，欧盟委员会有一个《纳米科技领域中负责任的科研行为守则》，此外，还有德国纳米委员会和许多企业关于此课题的《行为建议》等（如 BASF）。

与此同时，也有一些源自对科学和意见技术持明确批评态度的社团组织的守则和指南，例如，科学责任联合会、*国际工程师和科学家网络*、持批评意见的科学家和工程师国际交流支持协会（Verein Unterstützung internationaler Kommunikation Kritischer WissenschaftlerInnen and IngenieurInnen，KriWi）、*全球责任科学家联合会*等。这些社团组织的宗旨及守则内容常常带有政治色彩，而且没有具体同职业相关联的性质。比如，KriWi 所确定的目标为："和平，消除社会争端，彻底削减军备，没有 ABC 武器的世界，可持续地和有责任意识地对待大自然，公正的和有利于未来的发展。"

伦理守则的内容和作用

开始阶段，伦理守则都是纯粹的行业和职业守则。它们的作用是规范指导跟专业和职业有关的问题，内容涉及行业内部的标准和有职业特点的角色义务。同时，它们也用于同其他职业群体相区别，并且保障自己行业的声誉和经济利益。

近年来，守则方面（尤其是德国的守则）发生了某种方向性的转变。在守则的前言和一般性的文字部分中，公众福祉、可持续发展和其他普遍的和人道的（伦理）价值起到了十分显著的作用。这点在德国工程师联合会编号 3780《指南》的"技术评估：概念和基础"中就能清楚地看到（VDI，1991 年；参见第6章第6节）。该文件所列的八个技术行为的相关价值支柱为：可靠性、经济性、福利性、安全性、健康、环保性、个人发展和社会性（VDI，1991 年，第7页及下几页）。《指南》的

413

"新意"体现在"评估视野的宽度和评估过程的社会组织化"方面（VDI，1991 年，第 2 页）。《指南》的"目标群体"及对象不单单是工程师们本身，而是更广义上的"在科学、社会和政治领域中，所有参与技术发展决策和同相关社会及文化框架条件的规划打交道的那些负责人员和受牵连人员"（VDI，1991 年，第 2 页）。在 VDI 的伦理基本原则里，我们可以更明显地看到伦理守则中的这种方向的转变（VDI，2002 年）。联合会发布的基本原则的"前言"写道，工程师"应当在自己的职业中遵守伦理的基本原则的标准"。基本原则的目的是为每个工程师在认识和履行自己的责任和在"评判责任争议时"提供"导向"和支持。此外，德国工程师联合会应当开展解释、咨询、调解和促进的工作，目的是"在所有技术责任问题上给参与者提供保护"。克里斯多夫·胡比格（2011 年，第 175 页）把 VDI 接受和撰写"伦理基本原则"，称作"制度化的技术伦理责任"的一个"著名典范"。

如果我们对英美的工程师伦理守则（此处参阅 Lenk，1991 年）和德国工程师联合会的伦理原则进行一番比较的话，就会发现六个典型的不同点。

（1）普遍的道德义务和要求：涉及与其他（潜在）相关联人员的个别工程师的行为，亦即外部的道义责任——"工程师应当把安全、健康和社会公众的外部福祉……看得高于一切"（英美的守则皆如此；VDI，2002 年，第 2.3 条：以"普遍道义责任的原则"为指导）。

（2）与这些准则相联系的是，优先标准和决策标准：此标准有可能对解决（道义的）冲突十分有益（VDI，2002 年，第 2.4 条），"在价值冲突的情况下，工程师应当重视人类的公义优先于自然本身的权益，人权优先于利益考量，公众福祉优先于私人利益，以及充分的安全优先于可用性和经济性"。尤其是最后一点十分重要，因为在安全和企业经营目标之间存在典型的价值冲突。

（3）完成职业工作和义务或许可以被称为更高等级的道义责任。这里的内容包括：资格能力的保持（VDI，2002 年，第 3.1 条），承认"工程师伦理的原则和指南的法律意义"，"从工程师伦理和工程科学的角度完成"，"环境法、技术法和劳动法中的一般要求规定"，"专业判断力"的重要性（VDI，2002 年，第 3.3 条），支持"合适的机构，特别是 VDI"解决冲突（VDI，2002 年，第 3.4 条）。

（4）+（5）与这些责任紧密相关，完全具有道义的重要性，但并非普遍道德标准的具体化的*行业内部标准和职业特定的角色义务*：那些面对本行业成员或是其他行业成员的行为准则，或是专业的和行业相关的行为准则，比如面对"自己的行业……雇主、委托人和技术使用者"的责任（VDI，2002 年，第 1.2 条），"技术责任"和"战略责任"等（VDI，2002 年，第 1.4 条）。

（6）最后一个必须提到的不同点，是针对全民福祉或者是安全、健康、公众或社会福利的，总体上的职业和行业的（也是道义的）集体责任，以及在代表意义上的职业社团组织的集体责任。有关这一责任问题，在伦理原则的前言中皆有提示［信息学会（GI）的伦理指导原则中明确强调了该学会的责任问题，并且称之为"共同的责任"］。

伦理守则的主要用途是导向和保护作用。正如制度化的标准一样，守则具有免除负担的功用，并且也正如同道德准则一样能够减少经济事务的成本。守则进一步的作用是让雇员、工程师、研究机构、工程师社团组织、科学和技术协会对伦理问题和典型的冲突争议敏感起来，其中还包括人们对科技发现和发明的后果及附带后果意识觉醒和反思批判。同理，在技术后果评估和技术评价中（参见第 6 章第 4 节和第 6 节），重视人文的和社会的价值也不例外。与此同时，守则的认可度、实现和推行的可能性也非常重要（关于守则的滥用也可参阅 Lenk，2009 年，第 18 页及下几页）。在阿明·格伦瓦尔德看来（1999 年，第 234 页），"职业道德"的作用"不是在于开发制定一套全面的技术管理的伦理规范，或是要取而代之，而是在于：其一，重视遵守规范管理的决定，应对可能出现的违规行为；其二，对潜在的管理规定的不足做出提示；其三，对现有的管理规定提出批评"。

在涉及雇员的问题上，伦理守则的保护作用应当予以特别的重视：倘若守则被法律采纳——比如通过诸如"良好风尚"（《民法》第 138 条）这样需要加以补充的一般条款——那么，它实现和被遵守的机会就会增加（参阅 Hubig，2011 年，第 174 页关于伦理守则、类似条款及其有效性问题的部分）。这是因为单单依靠呼吁号召和使相关人员（特别是企业的员工）敏感化，尽管必要，却是不够的。*吹哨警告*（whistle blowing）也是同样的情况。对此，某些伦理守则已经做了相关的规定，比如 VDI 的伦理原则等（VDI，2002 年，第 3.4 条）："如果发生无法同雇主和订货人共同解决的职业道德冲突问题，在不放弃道义上合理要求的情况下，工程师应当寻求制度上的支持和帮助。迫不得已时，可以考虑向公众社会报警，或是拒绝继续合作。"这样的"支持和帮助"可由工程师社团组织的伦理委员会等提供。因此，伦理守则应当通过相应的伦理委员会来加以弥补（参见第 6 章第 8 节）。二者相辅相成、互为补充：没有内容上的基准指导，伦理委员会形同瞽者，而伦理守则必须有检查和惩罚机制，因为没有这种机制，守则如同纸上谈兵。

伦理守则的伦理化

关于伦理守则的发展历程，我们可以提出这样一个论点：对于专门的伦理规范具有标志意义的普通道德准则，最早并未见于任何一部伦理守则当中。伦理守则建立起了主要属于行业内部伦理规范的规定和标准。比之一般的伦理规则，它们往往更具有可操作性。解决争端和冲突的优先或优选解决方案要么鲜有所见，要么根本不存在。在这点上，2002 年公布的德国工程师联合会《工程师职业伦理基本原则》是个例外，因为这部文献不仅提到了普通道义规范，而且也提到了一般的优先原则。因此，我们可以把它说成伦理守则的伦理化（这点不仅适用于把全民福祉和可持续发展的目标纳入伦理范畴的做法，而且也适用于德国工程师联合会 3780 号《指南》）。但是，自《工程师职业伦理基本原则》启用以来，到现在为止情况似乎过于平静了。人们希望有一场广泛的和公开的讨论活动，尤其是伦理原则也必须对联合会成员具有约束性，并且必须把法律上及社团内部的惩罚措施、伦理委员会和仲裁机构的内容补充进来。

参考文献

Fenner, Dagmar: *Einführung in die angewandte Ethik.* Tübingen 2010.

Gorlin, Rena A. (Hg.): *Codes of Professional Responsibility*. Washington, D. C. [4]1999.

Grunwald, Armin: Ethische Grenzen der Technik? Reflexionen zum Verhältnis von Ethik und Praxis. In: Ders. / Stephan Saupe (Hg.): *Ethik in der Technikgestaltung*. Berlin / Heidelberg 1999, 221 – 252.

Harris, Nigel G. E.: *Professional Codes of Conduct in the United Kingdom. A Directory*. London [2]1996.

Hubig, Christoph: Technikethik. In: Ralf Stoecker / Christian Neuhäuser / Marie – Luise Raters (Hg.): *Handbuch Angewandte Ethik*. Stuttgart / Weimar 2011, 170 – 175.

– / Reidel, Johannes (Hg.): *Ethische Ingenieurverantwortung. Handlungsspielräume und Perspektiven der Kodifizierung*. Berlin 2003.

IIT: Center for the Study of Ethics in the Professions at Illinois Institute of Technology. Chicago, IL (http: // ethics. iit. edu).

KriWi: http: // www. kriwi. org / mission – statement. phtml.

Lenk, Hans: Ethikkodizes-zwischen schönem Schein und ›harter‹ Alltagsrealität. In: Hans Lenk / Matthias Maring (Hg.): *Technikverantwortung. Güterabwägung-Risikobewertung-Verhaltens kodizes*. Frankfurt a. M. 1991, 327 – 353.

415　　　–: Zur Verantwortung des Ingenieurs. In: Matthias Maring (Hg.): *Verantwortung in Technik und Ökonomie*. Karlsruhe 2009, 9 – 36.

– / Maring, Matthias (Hg.): *Technikverantwortung. Güterabwägung-Risikobewertung-Verhaltenskodizes*. Frankfurta. M. 1991.

– / Ropohl, Günter (Hg.): *Technik und Ethik* [1987]. *Stuttgart* [2]1993.

Martin, Mike W. / Schinzinger, Roland: Ethics in Engineering [1989]. *Boston / London* [4]2005.

Mitcham, Carl: A historical – ethical perspective on engineering education: from use and convenience to policy engagement. In: Engineering Studies 1 (2009), 25 – 53.

NSPE: http: // www. nspe. org / Ethics / CodeofEthics / Code History / historyofcode. html.

Ropohl, Günter: Ethik und Technikbewertung. Frankfurt a. M. 1996.

VDI (Hg.): VDI – Richtlinie *3780*. Technikbewertung: Begriffe und Grundlagen. Düsseldorf 1991.

VDI: Ethische Grundsätze des Ingenieurberufs. Düsseldorf 2002.

马蒂亚斯·马林 (*Matthias Maring*)

第 8 节　伦理委员会

技术和科研政策问题与伦理委员会

从与技术伦理学问题相关的角度来看，伦理委员会的重要性首先体现在发挥其技

技术伦理学手册

术问题政策顾问作用的地方。因此，下文中所论及的伦理委员会，皆指的是在国家或国际层面上开展活动的咨询机构。这类咨询机构依照相应的法律法规，成了民主决策过程制度结构中的组成部分。那些主要设立在医院中的医疗伦理委员会，或是主要负责监督人体研究工作的科研伦理委员会，包括近年来数量不断增多的行业伦理委员会，则皆不属于本文的考察范围（Kettner，2005 年）。

尽管在这些不同类型的伦理委员会之间存在内在的联系，但是，对于政策管理上十分重要的技术问题具有决定意义的伦理委员会，其组织模式最早起源于医学领域的医疗伦理委员会。在德语国家中，二者之间这层密切关系也显现于这样一个事实，即国家层面的伦理委员会所面临的各种课题，起初阶段主要来自生物医学的挑战，而这些挑战皆具有政策调整管理命题的重要意义，突出的实例就是围绕干细胞研究、胚胎植入前诊断法（PID）和基因诊断法的争议和讨论（参见第 5 章第 7 节）。

伦理委员会的方兴未艾与伦理学问题讨论的兴起密切相关。伦理学（作为应用伦理学）的崛起始于 20 世纪 70 年代，其核心标志是生物伦理学的各种挑战。人们普遍认为，生物伦理学的发展源于下列诸种原因：现代社会道德观念的多样化，对潜在的和有歧视人类倾向的科研工具化越来越敏感的社会公众（特别是自在纽伦堡对纳粹医生进行公审以来），以及（尤其是）因医学领域的技术化（参见第 5 章第 14 节）所带来的越来越尖锐的问题而产生的压力，而这种压力具体表现在人们对于生命的开始和终结问题的决策困难之中（Ach/Runtenberg，2002 年；Jennings，2000 年）。器官移植、试管婴儿、脑死亡定义——这些关键词是诸多重大不确定问题中的几个典型代表，它们对 20 世纪 80 年代伦理学论争的兴起和白热化起到了推动的作用。

在德语国家中，汉斯·约纳斯发表于 1979 年的著作《责任原则》（参见第 4 章第 B. 2 节）对这场争论起到了较多的推动作用。尽管，或者说正因为约纳斯没有有意去设计一套系统的生物伦理学，所以这本书也许成了战后伦理学方面一部最有影响力的文献。书中的一个影响深远的思想是，在"自然的"界线不断发生变化的技术时代，伦理学特别具有立法的作用。这个观点可以从对不同领域的各种威胁，尤其是生物学问题的观察和认识中得到解释。

416

因此，人们有相当的理由认为，"此前，生物伦理学制度化的原因始终在于，人们想要知道，新技术是否能够承担起相应的责任"（Düwell，2008 年，第 28 页）。然而，当前生物伦理学的争论焦点早已不再是单纯具体的技术应用和医疗服务问题，而是部分具有浓厚远景色彩的技术化项目和科研选项问题（例如人类增强等课题，参见第 5 章第 8 节）。如今，在技术化科学的形成过程中（Normann，2004 年），伦理学反思不仅涉及（潜在的）有争议的技术话题，而且更多地涉及科研伦理学的各种问题。

伦理制度化概述

在有关技术和科研政策的论争中，往年在许多西方民主国家成立的并冠之以"国家伦理理事会"的跨学科专家小组起到了举足轻重的作用（Fuchs，2005 年；Galluox 等，2002 年）。2001 年，在当时德国总理格哈德·施罗德的建议下，"国家伦理理事会"正式成立。2008 年以后，这个顾问小组更名为"德国伦理理事会"，并且——有别于其前身——有了法律的基础。根据 2007 年出台的伦理理事会法，理事会的 26 个成员不再全部由联邦政府指派，其中的一半由联邦议会任命。根据伦理理事会法，该顾问小组的工作任务首先是关注生命科学及其在人身上的应用课题。同样是于 2001 年，奥地利在总理府也设立了一个生物伦理学委员会，其工作任务与德国的机构几乎如出一辙。在经过旷日持久的辩论之后，瑞士联邦委员会也于同年成立了"人文医学领域国家伦理委员会"。

如今，"伦理化进程"（Bogner，2011 年）已远远超出了生物和医学技术的范围。即便是在能源问题上，伦理委员会也成了人们请教问题的顾问机构。福岛核电站事故之后，德国的"能源供应安全"伦理委员会受总理安格拉·默克尔的委派，对核电的风险（参见第 5 章第 11 节）进行重新评估。在总结报告中，委员会一致提出了在今后十年内取消核电的建议。伦理委员对风险问题的处理——此举在过去要么非驴非马，要么就是张冠李戴（Bogner，2011 年）——使得该伦理委员会从前常常被人们冠以双引号加以应用（Braun，2013 年）。

现在让我们再回到国家的伦理理事会上来。所有这些专家小组都有许多典型的共同之处：

（1）它们的共同任务是，通过书面表态的方式在重大的生物伦理学问题上为政府部门提供咨询；此外，它们的任务还有，推动和伴随对生物伦理学课题的公开探讨和争鸣。

（2）从地位上说，它们是国家设立的专家小组；然而在实践当中，专家模式和利益相关者模式之间的界线是相互交叉的，所以在实践中，专家和利益相关者的角色并不总是泾渭分明的。

（3）小组成员的组成在学科和世界观上是百花齐放、兼容并蓄的，专家们分别来自医学、分子生物学和遗传学、法学、伦理学、社会学和神学等不同的学科领域。

然而，学科的划分并不总是一目了然的，而且往往并不说明任何问题。在所学专业和当前的职业之间存在各种不同的差异。有些成员甚至并不是以本专业代表的身份，而是仰仗其"受尊敬的"名人威望在小组中工作。但是无论怎样，伦理委员会都具有代表不同的伦理学理论和多元化观点的资格和地位。 417

除了国家伦理理事会外，截至2005年夏，还有两个德国国会的调查委员会在一起平行工作。"现代医学法律和伦理"调查委员会存在的时间是2000年3月到2002年，亦即第14个大选期。它由国会设立，目的是从伦理学和社会学的角度对生物医学的进步进行评估。委员会由13名国会成员和13名专家组成，其任务是使生物伦理学成为有当前公众参加并进行探讨的一个课题。在此背景下，委员会举办了各种对话活动和网络会议。另外，委员会还经常组织以基因诊断法、胚胎植入前诊断法和生殖医学为主题的公开听证会。

随后在第15个大选期内，冠以"现代医学伦理和法律"名称的第二个伦理委员会成立。由于国会选举提前进行，所以委员会的工作在2005年9月便告提前结束。该委员会仍然由26名成员组成，然而与前者相比，二者的明显区别体现在课题的重点方面。如果说在第14个大选期内生物医学是重点课题的话，那么，从2003年起人们探讨的重点首先是生命终结、移植医学、医学研究伦理和分配公正性等问题。

　　从今天的视角来看，"基因技术机会和风险"伦理委员会（1984～1987年）和隶属于联邦卫生部的"试管婴儿、染色体组分析和基因疗法"工作小组（即所谓的"Benda委员会"，1984～1985年），可以被认为是政治顾问性质的伦理委员会的前身。在这两个早期的专家小组中，伦理学的问题是完全存在的，特别是当涉及基因技术在人身上应用的时候（参见第5章第7节），比如产前诊断或基因疗法等，但是，这些课题在当时还未引起轰动。那时，人们对新技术风险特征的讨论并不是直截了当的，而是绕着大圈子进行的。这种情况到了20世纪90年代便发生了变化。在联邦卫生部于1995年设立的伦理理事会中，伦理学问题便在政治咨询委员会的招牌下声名鹊起。该伦理理事会不仅提出了对预测性基因检查的伦理学和法学评估的基本参照点，并且于2000年针对计划中的生殖医学法提出了自己的、还没有对外公开的立场和看法。2001年以后，随着国家伦理理事会的设立，该理事会的工作暂停，直至2002年理事会最后正式解散。

技术伦理学课题任务的当前趋势

　　上文所提到的伦理委员会的课题任务在起初阶段都与重大的生物伦理学论争密切相关：干细胞研究、基因诊断法、胚胎植入前诊断法、克隆技术——这些都是世纪交替前后的有关键性和政治决策意义的课题。在德国，与此相关的决策过程如今已通过多种法律规定的形式（暂时）告一段落。因之，近年来伦理委员会的课题任务也发生了变化。有鉴于此，我们可以发现课题范畴的诸多不同之处，其中两个重点课题尤为引人注目。一方面，在与医学有关的课题任务继续受到关注的同时，那些关于人的生命开始、价值和尊严的重大问题已不再是探讨的重点。反之，人们更感兴趣的是医学实践在社会经济和社会文化层面的上下文关系。这里，讨论的重点一是传统的获取和分配的公正性问题（参见第4章第B.9节），二是人们在部分非常深入的思考过程中对诸如医学化和歧视等问题进行探索。因此，德国伦理理事会于2012年将双性人现象置于课题计划中，并在广泛研究的基础上拿出了自己的意见和看法（Bora，2012年）。从这点我们可以看出，理事会在研究课题政治化倾向以及在生物伦理学的主流之外，致力于推动有当事者和利益代表参加的社会化的论辩和争鸣。通过这种方式，伦理委员会以民间参与者的身份出现在公众面前。

另一方面，我们还可以发现，最近一个阶段中技术伦理学问题的重要性也逐渐凸显。例如，奥地利生物伦理学委员会近年对纳米技术（参见第5章第18节）和"辅助技术"进行了探索。在为期很短的对纳米技术的探索中，与其说人们所关注的是伦理上的技术后果评估，不如说人们所关注的是技术后果评估的文献资料。真正的伦理学问题——如分配公正性（Nano Divide，纳米鸿沟）或风险伦理学因素等——虽然都有述及，但都不深入。在"辅助技术"的开发和使用方面，委员会在其研究中皆触及了信息伦理学问题（数据保护和个人隐私，参见第5章第9节）、生物伦理学的经典内容（老人自主权和照料之间的矛盾关系）以及社会伦理学问题等。其中，委员会的论述在很大范围内乃是以技术后果评估方面的一个调研报告为基础的（Tolar，2008年；参见第6章第4节）。

当前，探讨技术伦理学问题的趋势主要见于国际化的关联环境当中。欧盟委员会伦理问题相关顾问小组的名称叫作*欧洲科学和新技术伦理小组*（European Group on Ethics in Science and New Technologies，EGE）即可作为佐证。最近几年中，这个15人小组就各种不同的技术门类，如互联网技术（参见第5章第10节）、合成生物学（参见第5章第23节）以及农业技术的发展（参见第5章第1节）等，发表了自己的立场和看法。除此之外，小组还出版了许多有关纳米技术（参见第5章第18节）及*健康技术评估*（ten Have，2004年）的文章和专论。根据所完成的咨询任务，小组的工作并不是要对学科伦理学的专业讨论进行记录和评论，而是在基本伦理学原则的上下文关系中对讨论的课题进行定位。以农业技术为例，人们时常要做的主要工作是提醒政府即政界人士注意伦理原则的重要性，并要求他们对之予以考虑和关注。通常情况下，正如欧盟的各种宣言和协议所规定的那样，小组以这些广义的标准原则精神为参考，从而制定出各类技术特有的伦理学观点和立场。

关于信息技术（参见第5章第9节）的伦理学含义，人们常常以结合用户身份形成过程中新的"数字"形式问题，损害个人自由的危险问题（隐私权），以及数据收

418

集和管理的合理性要求的方式，对之进行探讨论争。在针对合成生物学的案例中，*欧洲科学和新技术伦理小组*（EGE）以当前论辩中已经成形的伦理学经典内容作为引证。首要的是安全性问题，即技术本身内在的风险和生物恐怖袭击的问题；其次是专利权问题和分配及公正性问题。在农业技术的案例中（参见第5章第1节），从学科伦理学的角度来看，欧洲科学和新技术伦理小组与环境伦理学之间存在的密切关系十分明显。但是，即便是在本案例中，重点词"伦理学"所蕴含的内容也是十分丰富多彩的，其中涉及的（并非总是伦理学的）议题有：粮食保障、转基因作物的机会和风险、生物汽油以及食品浪费等。

在美国，巴拉克·奥巴马总统于2009年秋设立了*生物伦理学问题研究总统委员会*（Presidential Commission for the Study of Bioethical Issues）。该委员会延续了有40年历史的国家伦理理事会的政策咨询工作，亦即随着1974年*人类保护和生物医学及行为研究全国委员会*（National Commission for the Protection of Human Subjects of Biomedical and Behavioral Research，1974~2009年）的成立所开始的这段历史。此全国委员会是乔治·W. 布什总统所设立的*生物伦理学总统委员会*（President's Council on Bioethics，2001~2009年）的继任者。它所领受的第一个工作任务，是对合成生物学的社会学和伦理学内涵进行调查研究（PCSBI，2009年）。委员会所提出的寄希望于监督和进行广泛对话的建议，其基础乃是委员会所认为的、对负责任地控制新出现的技术具有重要意义的五项伦理原则（*公众福祉、负责任管理、思想自由、民主协商以及公平公正*）。

在国际层面上，*世界科学知识和技术伦理委员会*（World Commission on the Ethics of Scientific Knowledge and Technology）也一直在关注科研和技术伦理学的课题任务情况。该委员会是联合国教科文组织（UNESCO）的一个下属顾问机构，18位来自自然科学和工程学、法学、哲学、宗教和政界的成员由UNESCO总干事任命。委员会在UNESCO对生物伦理学机构化过程中于1998年设立，与此同时，还通过了*国际生物伦理委员会*（International Bioethics Committee）的章程，以及设立了*政府间国际生物伦理委员会*（Intergovernmental Bioethics Committee）。这一系列举措的目的，首先是要从

419

伦理学角度跟进人类基因组的研究项目。国际生物伦理委员会的核心任务，是要制定出一个关于人类基因组保护的宣言。而世界科学知识和技术伦理委员会的首要任务，正如其总干事在 2005 年的一次国际会议上所说的那样，则是要发表一个科学伦理学的宣言，亦即某种意义上在全球有效的"科学家指导伦理守则"的最初版本。除此之外，在世界科学知识和技术伦理委员会当前的工作任务中，各种新技术的伦理学问题具有核心的地位和重要性。委员会有责任为大家建立起一种认清现代技术伦理学内涵的思想意识，并且帮助政治决策者重视纯粹经济利益考量之外的其他评价标准。

跨学科伦理学：伦理学专家意见的商榷问题

典型的由跨学科成员组成的伦理委员会面临着一个十分重大的挑战：在这些专门小组里，专家们的意见通常都是在不同的学科领域和世界观的代表之间协商而定的。换句话说，专家们的意见在这里不是以达成共识的现状报告或是单项鉴定书的形式被固定下来，而是必须通过在内部（in vivo）的方式，亦即在参与者的交流过程中被制定出来。那么，紧接着要问的问题是，伦理委员会中的专家意见将通过何种方式商议得出呢？再者，专业的学科伦理学在此语境中究竟应该起什么样的作用呢？近年来，这些问题在科学和技术研究中引起了人们的不少关注，尤其是在德语国家中。正因为如此，如今我们才有了一系列关于国家伦理理事会及调查委员会商议流程的实际调研和结果报告（参阅 Bogner，2011 年；Braun，2008 年；Jung，2011 年；van de Daele，2008 年）。

从这些现有的研究报告中，我们可以得出结论，专业伦理学的论证和说明在伦理委员会中的空间是非常小的。根据我们的核心观察和认识，伦理委员会中的伦理学讨论通常都是在常识水平上进行的。论辩的高度理论含量在政策咨询式的伦理委员会中绝大部分都是没必要的，这是因为讨论的目的乃是在于将小组内的不同意见浓缩为若干立场观点。专家们最主要的行动目标是巩固一种兼容并包的立场，而不是要去形成一个由所有参与者都基本认为在论证理由上具有优势的观点认识。倘若说人们不去刨根问底地寻找某种共识，那么，达成对行动有指导意义的意见一致反倒容易得多。为了在委员会中找到"组成联合政府的伙伴",人们不需要那些尖锐无比的论证说明,而是需要策略上的行动。恰恰是在务实的基础上,小组内部的联合政府最终能够得到实现,亦即建立起一个在基本伦理学层面上观点完全相左的小组成员的联合政府。为此,讨论伊始总是纠缠于某个观点符合何种理论传统这样的问题,对小组的探讨争论毫无助益。从这个意义上讲,专业伦理学的论证辞藻和传统含量对共同形成政策上的专家建议,既非必要也没有帮助。简言之,一个由委员会提出的能发挥作用的伦理学观点,不是源于具有压倒性优势的或四平八稳的伦理学道德论证,而是得益于伦理学商讨的务实化。它所遵循的与其说是透彻讨论的原则,不如说是谈判成交的原则。

因此,对于伦理委员会中(往往人数很少的)职业伦理学专家来说,小组的工作不免经常使他们有几分失望。价值问题的商讨争论在伦理委员会中,很少能够达到作为专门学科知识的伦理学所可能获得的重要性层次。职业伦理学者并不能包揽对伦理规范定位问题的话语权,反之,出于众所周知的原因,伦理委员会的所有成员在这里都有权提出自己拥有相关资格能力的要求。而且,商讨谈判形成立场观点的逻辑过程所历经的意见分歧要求,有可能成为小组内部需要专业伦理学专家意见的一种刺激手段。

显而易见,伦理委员会自身带有一种互为矛盾的因素。一方面,它是人们对从伦理学角度对技术进行反思表示认同这个事实在制度上的体现。倘若说技术后果评估当
420 初被人们认为是从制度上对政治无法宏观把握的技术复杂性的恰当回应的话(Grunwald,2010年;参见第6章第4节),那么今天伦理委员会就代替了它的角色。从这个意义上说,伦理委员会代表了伦理学争论的一种权威。另一方面,委员会的具体工作似乎又要求很高程度的务实和实用性,在这种情况下,伦理学专门知识的特殊价值就无法充分体现出来。于是乎,这种在伦理委员会中将伦理学专门知识边缘化和倾向,似乎是伦理学论争大众化所要付出的必要代价。

技术伦理学手册

第6章 实践中的技术伦理学

参考文献

Ach，Johann S./Runtenberg，Christa：*Bioethik：Disziplin und Diskurs-Zur Selbstaufklärung angewandter Ethik.* Frankfurt a. M./New York 2002.

Bogner，Alexander：*Die Ethisierung von Technikkonflikten. Studien zum Geltungswandel des Dissenses.* Weilerswist 2011.

Bora，Alfons：*Zur Situation intersexueller Menschen. Bericht über die Online – Umfrage des Deutschen Ethikrates.* Berlin 2012.

Braun，Kathrin：Ethics in time. Ethikberatung und Zeitlichkeit in Kommissionen zu Biomedizin und Atomtechnologie. In：Alexander Bogner（Hg.）：*Ethisierung der Technik-Technisierung der Ethik. Der Ethik – Boom im Lichte der Wissenschafts – und Technikforschung.* Baden – Baden 2013.

– /Herrmann，Svea Luise/Könninger，Sabine/Moore，Alfred：Die Sprache der Ethik und die Politik des richtigen Sprechens. Ethikregime in Deutschland，Frankreich und Großbritannien. In：Renate Mayntz/Friedhelm Neidhardt/Peter Weingart/Ulrich Wengenroth（Hg.）：*Wissensproduktion und Wissenstransfer. Wissen im Spannungsfeld von Wissenschaft，Politik und Öffentlichkeit.* Bielefeld 2008，221 – 242.

Düwell，Marcus：*Bioethik. Methoden，Theorien und Bereiche.* Stuttgart/Weimar 2008.

Fuchs，Michael：*Nationale Ethikräte. Hintergründe，Funktionen und Arbeitsweisen im Vergleich.* Berlin 2005.

Galloux，Jean-Christophe/Mortensen，Arne Thing/De Che-veigné，Suzanne/Allandsdottir，Agnes/Chatjouli，Aigli/Sakellaris，George：The institutions of bioethics. In：Martin W. Bauer/George Gaskell（Hg.）：*Biotechnology. The Making of a Global Controversy.* Cambridge，Mass. 2002，129 – 148.

Grunwald，Armin：*Technikfolgenabschätzung-eine Einführung.* Berlin [2]2010.

Jennings，Bruce：Liberale Autonomie und bürgerliche Interdependenz：Politische Kontexte angewandter Ethik. In：Matthias Kettner（Hg.）：*Angewandte Ethik als Politikum.* Frankfurt a. M. 2000，51 – 75.

Jung，Corinna：*Ethische Entscheidungen in der Politik. Die Bedeutung von Kommissionen für die politische Debatte über Patientenverfügungen.* Stuttgart 2011.

Kettner，Matthias：Ethik-Komitees. Ihre Organisationsformenund ihr moralischer Anspruch. In：*Erwägen Wissen Ethik* 16/1（2005），3 – 16.

Nordmann，Alfred：Was ist TechnoWissenschaft？Zum Wandel der Wissenschaftskultur am Beispiel von Nanoforschung und Bionik. In：Torsten Rossmann/Cameron Tropea（Hg.）：*Bionik：Aktuelle Forschungsergebnisse in Natur – ，Ingenieur – und Geisteswissenschaften.* Berlin 2004，209 – 218.

PCSBI（Presidential Commission for the Study of Bioethical Issues）：*New Directions. The*

Ethics of Synthetic Biology and Emerging Technologies. Washington，D. C. 2010.

　　ten Have，Henk：Ethical perspectives on health technology assessment. In：*International Journal of Technology Assessment in Health Care* 20/1（2004），1 – 6.

　　Tolar，Marianne：*Assistive Technologien.* Studie im Auftrag des Bundeskanzleramts. Institut für Gestaltungs – und Wirkungsforschung，TU Wien. Wien 2008，http：//www. bundeskanzleramt. at/DocView. axd？CobId = 32306.

　　van den Daele，Wolfgang：Über den Umgang mit unlösbaren moralischen Konflikten im Nationalen Ethikrat. In：Dieter Gosewinkel/Gunnar Folke Schuppert（Hg. ）：*Politische Kultur im Wandel von Staatlichkeit.* Berlin 2008，357 – 384.

亚历山大·博格纳（Alexander Bogner）

第9节　技术教育

421　　　技术教育所包含的内容是一种过程的经过和结果，其主旨是传授和获得关于技术的实用产品的知识，以及传授和获得关于它的生产和在实际生活环境中运用的知识，目的是得到一种超出人的感官可以把握的层面的对技术的理解认识（知识作为对技术的构造和过程的认识），以及形成与之打交道的相关能力（能力作为技术上重要的技能和技艺）。因此，技术教育便具有了一种"解放式的潜力"，并且成了在技术和技术化的生活世界中自主决定人生的必要条件。技术教育为人们提供方向性的知识，用以作为未来与技术有关的行为和态度的生活及决策帮助，因此，它具有反技术官僚和专家治国的意义。

　　技术因为作用巨大，所以是人类生活和人类文化十分重要的组成部分。它不仅在德国和欧洲，而且在全世界，都对社会、文化和经济的发展具有很大的作用和价值。虽然有这样突出的地位和作用，技术和工艺在普通的人类教育过程中却只起到了一个较低层次的作用，而且情况至今依然如此。我们的教育方案常常不是省略掉了"技术的东西"的范畴，就是将之降低为"自然科学的东西"。这一现象的根源和传统存在于新人文主义的教育要求之中。

　　教育是一个有语言、文化和历史条件限制的概念，其内容和范围非常之错综复杂。由于对教育的认识取决于文化和同时代的上下文关系，所以，对于教育概念没有统一的定义可言。知识、智慧、自主权、独立性和教养文明是教育的象征，然而，个性和人格也起着十分重要的作用。教育是一种结构体，它属于人的基本权利，并且在与周围环境的直接关系中才能被评价和考察。

技术教育涉及的不仅是普通技术教育意义上作为一个"整体"的技术（Günter Ropohl 所说的"技术启蒙"，1973 年），而且涉及的是特殊技术教育意义上（如职业教育或相关的大学课程等）各种特殊的技术范畴。与此相关联的技术教育形式种类繁多、各显其能，诸如随机和非系统性的形式（通过媒体以广告的形式，通过使用实际的技术产品，或通过经验的传授等），部分系统性的学习过程形式（如报告讲座、出版物或电影等），以及按照教学大纲进行的、系统性的教育、培养和深造过程（特别是在普通学校、职业学校、应用技术学院和大学中进行）。

下文中，我们将重点关注普通技术教育方面的情况，因为迄今为止，人们不仅在内容上，而且在方法上对该领域的思考最广泛，而且论证也最广泛（尽管不尽相同）。缘此，大家的共识看法是，这种形式的技术教育代表了一种广泛植根于社会中的、真正意义上对技术的前提、条件、后果以及社会文化内涵的批判性认识，从而在普遍和更为广泛的要求基础上，有别于特殊的技术教育（比如说大学中的技术科学课程等）。由于技术的产生和使用始终是在现有的（常常相互冲突的）价值和目的体系框架中（参见第 4 章第 A.11 节），以及一般的（社会）框架条件和个人取舍好恶中进行的，所以，技术教育也必须包括诸如技术评价这样的范畴在内。

技术教育的兴起

技术教育课最早起源于 19 世纪末中小学里男女生分班进行的手工课。女生在老师的指导下，在课堂上学习编织、钩花、缝补、刺绣、绣花边，以及编麦秆和木雕等女红和技巧，而男生则在学校的教学车间里学习各种手工制作的技术技能。

20 世纪初，德国有一个教学法改革的流派将改革方案冠名为"劳动学校"，但是，人们对此概念的理解和认识却不尽相同。给技术教育带来一种特别发展模式的是　422

德意志民主共和国时期的学校教育改革。20世纪60年代以后，综合技工课成了东德中小学教育体系的一个重要特点。在所有男生女生都必修的综合技工高中阶段，学习和劳动相互结合，并且重点传授生产技术的内容和知识。到了70年代，为了改革小学教育和配合开办综合型中学，西德的学校中也引入了劳动教育作为学校中的教学科目（参阅Meier，2012年）。

（普通）技术教育的方案和模式

当前，不仅在德国而且在全球范围内，技术教育在普通教育的体系结构上存在非常大的差异。普通技术教育方案所依据的背景原因千差万别，所追求的目标也各不相同。下文中，我们尝试将目前最重要和影响最大的教育方案的方向和出发点予以归纳，并就其特点进行简要说明（参阅Graube/Theuerkauf，2002年；Meier，2011年；Vries，1994年/2003年）。

重视手工劳动的取向：主要以木料为原料的手工制作，见于德国和芬兰的Sloyd（主要侧重技艺）传统之中。这个名称来源于瑞典语的Slöjd（手工技能），早先代表的是"手工的"和"能干的"意思，并且与工艺品的制作有关，主要原料是木料，但也有折纸和纺织物的缝纫。

手工活的主要重点，是学生根据已制作好的把手、支撑和运动部件等的示范样品，准确地完成整个劳动过程。教学的主要目的在于培养青年学生的潜力、创造性、劳动态度和思想意识。手工劳动被当作个性发展的宝贵财富而受到重视，其原因并不在于学生用原材料所制作的物品是否重要，而是在于原材料所给予他/她一个怎样的潜在可能。

除了发展符合实际要求的动手能力以外，同样非常重要的是美学设计，以及在学校条件下的实用物体的制造。

以技术设计为重的取向：一个面向技术行为的、比解决问题更重要的模式见于工业设计的概念之中。这里，设计不应仅限于工业产品的美学层面，而是一种"设计创造的尝试"（参阅Graube/Theuerkauf，2002年）。其核心是在最终确认的工作任务

框架内，并且在目的和手段关系的基础上，开发学生的创造性和解决问题的能力。设计行为乃是强调的重点。

在计划制订阶段，重点要做的工作是任务的选择和开发任务的表述。构思设计过程包括任务的精确化、单项任务的提炼，以及解决问题的原则及其组合的确定。设计工作的关键不仅在于一个至关重要的首件设计，还在于该设计的技术及经济评估，以及根据需要经过改进后的优化设计。定型阶段的内容包括单个部分的设计和优化，以及工艺文件的编制。实现阶段即转入实际的生产制造过程。

重视关键能力的取向：其他教学方案的重点不是具体的知识内容，而是注重技术行为范畴中的关键能力（key competencies）问题。教育工作的核心乃是行为策略和学习策略的培养。

这里所说的行为，其内容所指的是构思、开发、生产、使用、处理以及对人造技术产品的评价等层面，包括不同过程因素和技术行为在内的产品生命周期给人们提供了学习的方向（参阅 Graube 等，2009 年）。

在上述的方案范畴中，如何与技术打交道具有特殊的意义。这里所指的不单单是能看懂草图和技术图纸，而且是指绘制技术图纸。特别值得关注的焦点是普遍可以应用的素质能力，如团队协作能力和交流能力、设计创造能力、认识能力、创新能力、媒体使用能力、计划能力和终身学习能力。 423

以技术的问题和行为领域为主的取向：以受到技术影响的问题和行为领域为指导的取向，是一种以情况决定行为的尝试形式。这种模式强调主体在学习过程中的作用，而不注重专业科学的系统性。在模式范围内，人才的培养建立在对个人和社会具有重要意义的问题和行为领域之上，如劳动和生产、建筑和居住、供应和处理、运输和交通，以及后来的家务和休闲。

这里，多样化的角度形成于（参阅 Sachs 等，1979 年）：

·知识和结构视角——技术知识和实际结构认识的视角

·行为视角——与技术相关的能力和技艺视角

·问题和评价视角——技术的意义和评价视角

由于从根本上说，上述这些视角并没有远远超出对人从狭义上的知识、能力和教育方面进行全面培养，或是在思想、劳动和情感方面进行训练的观点立场，所以，贝恩德·迈尔[1]列举了下述若干视角，用于对技术和社会的关系进行考察（参阅 Meier，1999 年）。

工业和生产的取向：特别是在当年的社会主义国家中，教学方案中占主导地位的内容是工业和生产的取向。从社会化生产过程中的生产地位出发，制造技术、机械技术、电气和自动化技术乃是学校课程的重点内容。在生产制造方式方面，现代化的大规模生产是重点介绍对象。

内容的选择首先以专业的科学知识为主。核心要点是突出普通技术教学的特点，及其明确的因素、结构和规律。其目的是让学生能够具体了解物质的生产过程，引起他们对今后此领域中的职业教育的兴趣。至于所传授的知识是否能够用来解决日常生活中的问题，则另当别论。

这一模式经过改头换面后，如今还在继续使用。其中，人们把教学的重点都集中到了遴选出的若干特殊的技术科目上面，尤以自动化技术最为热门。人们常称这种情况为*工程技术*。

以未来技术和基础创新为主的取向：当前的教育方案都越来越把重点转向了各种现代化的技术（参阅 Meier，2001 年）。多媒体技术、基因技术、纳米技术、太阳能技术、环境技术、微系统技术——这些所谓的创新技术，在工程师、自然科学家、经济学家和未来学学者看来，将会对 21 世纪产生决定性的影响。这些技术不论是从单一还是集合的角度来说，由于其创造新市场和对老行业及现有行业的根本性改变，都会给我们的生活环境、工作环境和经济环境带来重大的变化。如此巨大的变革不仅包含着推进生产的巨大潜力，而且也包含着对未来的不确定性和恐慌担忧的潜在可能。它既可以使经济保持数十年的增长，又可以毁掉工作岗位并创造新的就业机会。技术课所面临的难点，在于新技术明显有在关联作用上更大的复杂性。正因为如此，学生

---

[1] 贝恩德·迈尔（Bernd Meier），德国波茨坦大学教授，本文撰稿人之一。

们可能会有力不从心或把问题随意简单化的危险。

注重自然科学、技术和社会之间关系的取向：所谓 STS（Science-Technology-Society：科学－技术－社会）方案强调的是自然科学、技术/工艺和社会之间的相互关系。缘此，方案触及了技术作为自然和社会现象的本质特征，同时跨学科的思想也得到了进一步的增强。在内容方面，此取向所强调的是在与技术发展相矛盾的情况下，经济因素、伦理因素、社会因素和政治因素的一体化课题。

STS 方案是一种出于教学目的而编制的科目结合体，它从社会问题出发，让学生既接触特殊的（自然科学的）专业知识（这里的 science 指自然科学），同时又触及技术和工艺在我们这个时代所起的作用。该模式的首要目的是通过具体的应用关联性使自然科学课程更加生动有趣。另外，更新的、以劳动为重点的普通教育的框架计划也将遵循这一观点认识，亦即，通过自然科学与技术、经济与生态、政治与社会的视角，对人类所面临的重大问题进行综合性的考察探索。只有通过劳动才能满足人的需求，这才是该方案的核心思想。因此，在劳动、技术和经济之间存在一种相互的依赖关系，这种关系还包含政治学和伦理学的内容和成分。 424

这里，问题的突出重点一方面是在于处于需求－劳动－技术－经济－社会关系中的物质文化（参阅 Ropohl，2004 年），另一方面则是技术评价（参见第6章第6节）和技术后果评估（参见第6章第4节）。

视技术为自然科学应用的取向：虽然在技术科学和技术哲学的探讨争鸣中，狭隘地把技术理解为应用型的自然科学的观点早已为人们所抛弃，但是在普通教育领域，技术的独立性却一直为人们所忽视。这种情况的具体表现就是把技术看作实用型的自然科学（applied science）。

这一认识的核心是一种更多着眼于技术产品的制造和功用关系的因果论观点。技术的典型思维和工作方式却未受到人们的重视。

专注于普通技术的取向：在为建立普通技术教学的基础而努力的过程中，尤其是在德国，人们发表了一系列关于创建一门"普通技术"的论文和著作（参阅 Bense，1997 年；Ropohl，1979 年/1999 年/2009 年；Wolffgramm，1978 年/1994 年/

1995 年），这些论文和著作也曾经影响到了学校教学大纲的制定（参阅 Fast/Meier，2008 年）。

这门"普通技术"所探讨的课题，是在不同的等级层面和结构水平上对技术的过程和组成部分进行比较。其目的在于，抓住技术现象具有普遍性和本质性的东西，以便发现认识规律，以及在应用当中为生产过程物理技术层面的规划提供原则、规范、建议和方法。这些原则、规范、建议和方法在内容上适用于所有或是数量上可以限定的技术过程（参阅 Banse/Reher，2008 年）。

普通技术视角的典型特征是系统化的考察方式，因此，它也被人们称为系统理论的学说观点。关于系统之间的区别，不仅存在于物质交换系统、能源交换系统和信息交换系统之间，而且见于转换、运送和储存的基本功能当中。从不同的工作对象和技术的基本功能的组合当中，产生了由九个范畴组成的矩阵。

霍尔斯特·沃尔夫格拉姆①除了研究技术的过程之外，也从事技术系统的理论的研究。从对技术系统的分析中，他得出了八个普遍的技术基本功能的结论：加工、传输、导向、定位、驱动、控制、优化和支撑。

技术是教育的财富

虽然技术教育如此千变万化，但是，它过去和现在都没有降低为只是对技术的实际产品，或是其（自然）科学基础以及如何与之打交道问题进行"描述"和"解释"的方法。正因为技术教育对自身与制造和使用的关系所进行的思考和探索，所以纯粹技术性的东西被"超验化"。从此，技术教育便进入了技术和社会的知识范畴，同时还包括了经济、生态、社会、政治、法律、历史、伦理等方面的内容。技术教育从具体的事物肇始，即技术的实际产品、技术的开发和发展趋势、以技术为基础的（重大）事件（不论成功与失败）、与技术有关的决策，或是所谓的技术冲突等。然则，

① 霍尔斯特·沃尔夫格拉姆（Horst Wolffgramm），1924 年出生，德国教育学家，本文参考文献书目所列作者，著有《普通技术论》一书。

技术教育打算（或者应该）把所传授的知识以及所学到的知识（至少是尝试性地）延续和合并成一种普遍化和普及性的知识和认识。这样，它就同一系列评论性的立场和观点结合起来，而这些立场和观点不仅涉及技术的实际产品的前提和使用，而且同样涉及技术的生产和使用的成功条件和失败条件。技术教育能够帮助人们"对那些使现代人的生活环境变得如此任性随意、矛盾重重和窘迫无奈的复杂乱象……不仅知其然"，而且能够帮助人们"知其所以然"（Litt，1957 年，第 95 页）。这种认识和"实践"意义上的技术教育，能够跨过存在于所谓"两种文化"之间的、常被人们厌恶却又不断在引用的那条"鸿沟"（参阅 Snow，1967 年），或者与其说是跨过，不如　425
说是阻止其产生更为贴切。

普通技术教育不仅包括直接与技术相关的"实际知识"，即主要形式为功能性和结构性的常规知识、技术原理知识和技术社会学的系统知识，而且必然包括"取向知识"和"行为知识"。这是因为，技术、技术发展及其后果的评价并非从实际知识中自己产生的，而是需要以标准规范作为前提以及经过伦理学的思考。正因为如此，人们在所有技术教育层面上所做的种种努力都以此为方向和目标。可行性研究、风险分析、成本效益权量、多元标准决策过程、生命周期观点、认可度评估、生态调查结果、技术后果评估、重视可持续发展要求等——凡此种种，皆是普通中等教育和大学工程学科中"非技术的"技术教育的组成部分（参阅 VDI 等，1990 年/1991年）。除此之外，技术教育中还包含对自身的工作与社会实践关系的自省和反思。工程师伦理学作为对技术开发者责任的一般探讨研究（技术科学家、工程师，参见第 3 章第 7 节），正是在这里通过伦理准则的途径找到了它的切入点（参阅 Hubig/Reidel，2003 年）。

技术教育的任务是要让人们了解和认识各种各样的不同要求，这些要求不仅是针对"好的"技术解决方案所提出的，而且还针对这样一个目标，即"好品质的解决方案"只是在部分意义上取决于技术标准的满足，而另一部分则取决于对技术之外的各种要求的重视和兼顾。

参考文献

Banse，Gerhard（Hg.）：*Allgemeine Technologie zwischen Aufklärung und Metatheorie. Johann Beckmann und die Folgen.* Berlin 1997.

－/Reher， Ernst － Otto：Verallgemeinertes Fachwissen und konkretisiertes Orientierungswissen zur Technologie ein Überblick zum erreichten Stand und zu weiteren Aufgaben. In：Dies.（Hg.）：*Allgemeine Technologie-verallgemeinertes Fachwissen und konkretisiertes Orientierungswissen zur Technologie.* Berlin 2008，21－39.

Fast， Ludger/Meier， Bernd：Über Technik kommunizieren. In：*Unterricht：Arbeit ＋ Technik* 39（2008），Einhefter，1－20.

Graube， Gabriele：*Kommunikation und Technik. Ein systemischer Ansatz Technischer Bildung.* Göttingen 2009.

－/Theuerkauf， Walter E.（Hg.）：*Technische Bildung-Ansätze und Perspektiven.* Frankfurt a. M. 2002.

Hubig， Christoph/Reidel， Johannes（Hg.）：*Ethische Ingenieurverantwortung. Handlungsspielraume und Perspektiven der Kodifizierung.* Berlin 2003.

Litt， Theodor：*Technisches Denken und menschliche Bildung.* Heidelberg 1957.

Meier， Bernd：Grundstrukturen der Ausbildung von Lehrkraften. In：*Dydaktyka techniki* ［Technikdidaktik］. Zielona Gora 1999，121－136.

－：Zukunft der Technik：Zukunftstechnologien. In：*Unterricht：Arbeit ＋ Technik* 9 （2001），58－59.

－：*Спецдидактика Техники. Методы и процессы учениаи обучения*（Fachdidaktik Technik. Methoden und Techniken des Lernens und Lehrens）. Berlin/Moskau 2011（russ.）.

－：Von der polytechnischen Bildung und Erziehung zur Arbeitslehre- Probleme der technischen Bildung aus historischer und nationaler Perspektive. In：Ders.（Hg.）：*Arbeit und Technik in der Bildung. Modelle arbeitsorientierter technischer Bildung im internationalen Kontext.* Frankfurt a. M. 2012，33－60.

Ropohl， Günter：Gesellschaftliche Perspektiven und theoretische Voraussetzungen einer technologischen Aufklarung. In：Hans Lenk（Hg.）：*Technokratie als Ideologie. Sozialphilosophische Beiträge zu einem politischen Dilemma.* Stuttgart 1973，223－233.

－：*Eine Systemtheorie der Technik. Zur Grundlegung der Allgemeinen Technologie.* München/Wien 1979（München/Wien [2]1999，Karlsruhe [3]2009 – *jeweils als Allgemeine Technologie. Eine Systemtheorie der Technik*）.

－：*Arbeits － und Techniklehre.* Berlin 2004.

Sachs， Burkhard：Skizzen und Anmerkungen zur Didaktik eines mehrperspektivischen Technikunterrichts. In：Deutsches Institut für Fernstudien an der Universität Tübingen（Hg.）：

Technik. Ansätze für eine Didaktik des Lernbereichs Technik. Fernstudienlehrgang Arbeitslehre. Studienbrief zum Fachgebiet Technik. Tübingen 1979，41 – 80.

Snow，Charles Percy：*Die zwei Kulturen. Literarische und naturwissenschaftliche Intelligenz.* Stuttgart 1967（engl. 1959）.

Spur，Günter：*Technologie und Management. Zum Selbstverständnis der Technikwissenschaft.* München／Wien 1998.

VDI-Verein Deutscher Ingenieure：*Empfehlung des VDI zur Integration fachübergreifender Studieninhalte in das Ingenieurstudium.* Düsseldorf 1990.

– ：*Richtlinie 3780 »Technikbewertung-Begriffe und Grundlagen«.* Dusseldorf 1991.

Vries，Marc de：Technology education in Western Europe. In：David Layton（Hg.）：*Innovations in Science and Technology Education.* Bd. V. Paris（UNESCO）1994，31 – 45.

– ：School technology in Europe in the early twenty first century：towards a closer relationship with science education. In：Edgar W. Jenkins（Hg.）：*Innovations in Science and Technology Education.* Bd. VIII. Paris（UNESCO）2003，229 – 248.

Wolffgramm，Horst：*Allgemeine Technologie. Elemente，Strukturen und Gesetzmäßigkeiten technologischer Systeme.* Leipzig 1978（Hildesheim ²1994／1995 als *Allgemeine Techniklehre. Elemente，Strukturen und Gesetzmäßigkeiten. Bd. 1 u. 2：Allgemeine Technologie.* 2 Teile）.

格哈德·班泽、贝恩德·迈尔（Gerhard Banse und Bernd Meier）

附　录

附录1　推荐书目

鉴于技术伦理学论题的涵盖面非常广，以及人们需求的多样化，重点关注有关的专著文献是十分有益和必要的。本手册每篇论文后面，都列有相关参考文献和著作。我们这里所遴选的书目，乃是作为对手册中所列文献的补充：

　　·关于应用伦理学的一般性书目（涉及技术伦理学的相邻领域）

　　·关于技术哲学的书目（对技术伦理学问题有意义和重要性）

凡是在本手册相关章节中已经列出的文献书目，原则上这里不再专门列出。本书目按照专业参考书目和入门书目分类，并力图照顾到本书主题的各个方面，但难免还是要做一番去粗取精的过滤筛选。

专业参考书目

Aßländer, Michael S.（Hg.）：*Handbuch Wirtschaftsethik.* Stuttgart/Weimar 2011.

Barber, Nigel（Hg.）：*Encyclopedia of Ethics in Science and Technology.* New York 2002.

Bröchler, Stephan/Schützeichel, Rainer（Hg.）：*Politikberatung. Stuttgart* 2008.

Bröchler, Stephan/Simonis, Georg/Sundermann, Karsten（Hg.）：*Handbuch Technikfolgenabschätzung.* 3 Bde. Berlin 1999.

Callicott, J. Baird/Frodeman, Robert（Hg.）：*Encyclopedia of Environmental Ethics and Philosophy.* Detroit et al. 2009.

Chadwick, Ruth（Hg.）：*The Concise Encyclopedia of the Ethics of New Technologies.* San Diego et al. 2001.

–/Callahan, Dan/Singer, Peter（Hg.）：*Encyclopedia of Applied Ethics.* London 1997.

Düwell, Marcus/Hübenthal, Christoph/Werner, Micha H. （Hg.）：*Handbuch Ethik.* Stuttgart/Weimar [3]2011.

Frey, Raymond G./Wellman, Christopher （Hg.）：*A Companion to Applied Ethics.* Oxford/Boston 2004.

Hubig, Christoph/Huning, Alois/Ropohl, Günter （Hg.）：*Nachdenken über Technik. Die Klassiker der Technikphilosophie.* Berlin 2000.

Illes, Judy/Sahakian, Barbara：*Oxford Handbook of Neuroethics.* Oxford 2011.

Korff, Wilhelm （Hg.）：*Lexikon der Bioethik.* Gütersloh 2000.

LaFollette, Hugh （Hg.）：*The Oxford Handbook of Practical Ethics.* Oxford/New York 2003.

Meijers, Antonie （Hg.）：*Philosophy of Technology and Engineering Sciences.* Amsterdam 2009.

Mitcham, Carl （Hg.）：*Encyclopedia of Science, Technology, and Ethics.* Detroit et al. 2005.

Nida – Rümelin, Julian （Hg.）：*Angewandte Ethik. Die Bereichsethiken und ihre theoretische Fundierung. Ein Handbuch.* Stuttgart [2]2005.

Schicha, Christian/Brosda, Carsten （Hg.）：*Handbuch Medienethik.* Wiesbaden 2010.

Singer, Peter A./Viens, Adrian M. （Hg.）：*The Cambridge Textbook of Bioethics.* Cambridge u. a. 2008.

Steinbock, Bonnie （Hg.）：*The Oxford Handbook of Bioethics.* Oxford/New York 2007.

Stoecker, Ralf/Neuhäuser, Christian/Raters, Marie – Luise （Hg.）：*Handbuch Angewandte Ethik.* Stuttgart/Weimar 2011.

入门书目

Ach, Johann S./Bayertz, Kurt/Siep, Ludwig：*Grundkurs Ethik.* Bd. 2. Paderborn 2011.

Asveld, Lotte/Roeser, Sabine (Hg.): *The Ethics of Technological Risk.* London 2008.

Brenner, Andreas: *UmweltEthik.* Fribourg 2008.

Crane, Andrew/Matten, Dirk: *Business Ethics.* Oxford u. a. 2010.

Durbin, Paul/Lenk, Hans (Hg.): *Technology and Responsibility.* Dordrecht 1987.

Düwell, Marcus: *Bioethik: Methoden, Theorien und Bereiche.* Stuttgart/Weimar 2008.

Fenner, Dagmar: *Einführung in die Angewandte Ethik.* Tübingen 2010.

Fleddermann, Charles B.: *Engineering Ethics.* Upper Saddle River, NJ [4]2011.

Grunwald, Armin: *Technikfolgenabschätzung. Eine Einführung.* Berlin [2]2010.

–/Kopfmüller, Jürgen: *Nachhaltigkeit.* Frankfurt a. M. 2012.

Harris, Charles E./Pritchard, Michael S./Rabins, Michael J.: *Engineering Ethics: Concepts and Cases.* Belmont [4]2008.

Homann, Karl/Lütge, Christoph: *Einführung in die Wirtschaftsethik.* Münster 2004.

Hubig, Christoph: *Technik – und Wissenschaftsethik. Ein Leitfaden.* Berlin u. a. [2]1995.

Knoepffler, Nikolaus: *Angewandte Ethik: Ein systematischer Leitfaden.* Köln 2009.

Lenk, Hans/Ropohl, Günter (Hg.): *Technik und Ethik.* Stuttgart 1993.

Mitcham, Carl: *Thinking Through Technology: The Path Between Engineering and Philosophy.* Chicago 1994.

Nordmann, Alfred: *Technikphilosophie zur Einführung.* Hamburg 2008.

Ott, Konrad: *Umweltethik zur Einführung.* Hamburg 2010.

Pieper, Annemarie/Thurnherr, Urs (Hg.): *Angewandte Ethik: Eine Einführung.* München 1998.

Rapp, Friedrich: *Analytische Technikphilosophie.* Freiburg 1978.

–: *Dynamik der modernen Welt. Einführung in die Technikphilosophie.* Frankfurt a. M. 1994.

Ropohl, Günter: *Ethik und Technikbewertung.* Frankfurt a. M. 1996.

Schöne – Seifert, Bettina: *Grundlagen der Medizinethik.* Stuttgart 2007.

Van de Poel, Ibo/Royakkers, Lamber：*Ethics，Technology，and Engineering：An Introduction.* New York 2011.

Vieth，Andreas：*Einführung in die Angewandte Ethik.* Darmstadt 2006.

Wiesemann，Claudia/Biller－Andorno，Nikola：*Medizinethik.* Stuttgart 2005.

Wuketits，Franz M.：*Bioethik：Eine kritische Einführung.* München 2006.

附录 2　撰稿人

约翰·S. 阿赫（Johann S. Ach）：博士，明斯特大学生物伦理学中心主任、编外讲师（第 5 章第 8 节"人类增强"、第 5 章第 14 节"医学技术"）。

斯特凡·阿尔布莱希特（Stephan Albrecht）：博士，FSP BIOGUM，汉堡大学编外讲师（第 5 章第 1 节"农业技术"）。

于尔根·阿尔特曼（Jürgen Altmann）：博士，多特蒙德大学实验物理Ⅲ编外讲师（第 5 章第 15 节"军事技术"）。

格哈德·班泽（Gerhard Banse）：卡尔斯鲁厄理工学院技术后果评估和系统分析系教授（第 2 章第 3 节"安全"、第 6 章第 9 节"技术教育"）。

库尔特·拜耳茨（Kurt Bayertz）：明斯特大学哲学教授（第 4 章第 A. 2 节"马克思主义技术哲学"）。

乌多·贝克尔（Udo Becker）：博士，工程师，德累斯顿工业大学交通技术学系"Friedrich List"交通生态学专业教授（第 5 章第 17 节"机动性和交通"）。

格雷戈尔·贝茨（Gregor Betz）：卡尔斯鲁厄理工学院哲学系教授（第 5 章第 2 节"气候技术"）。

迪特·比恩巴赫（Dieter Birnbacher）：杜塞尔多夫大学哲学教授（第 4 章第 B. 4 节"功利主义"、第 5 章第 11 节"核能"）。

亚历山大·博格纳（Alexander Bogner）：博士，奥地利科学院技术评估研究所编外讲师（第 6 章第 8 节"伦理委员会"）。

约阿希姆·波尔特（Joachim Boldt）：博士，弗莱堡大学医学伦理和历史系编外讲师（第 5 章第 23 节"合成生物学"）。

斯特凡·博世恩（Stefan Böschen）：博士，卡尔斯鲁厄理工学院技术后果评估系科研人员（第 5 章第 24 节"合成化学"）。

斯特凡·布吕希尔（Stephan Bröchler）：博士，哈根函授大学政治学系编外讲师（第 6 章第 1 节"技术和创新的政治意义"）。

克里斯蒂安·卡里斯（Christian Calliess）：柏林自由大学公共法和欧洲法教授，联邦政府环境问题专家小组成员（第 6 章第 3 节"预防原则"）。

米夏埃尔·德克尔（Michael Decker）：卡尔斯鲁厄理工学院技术后果评估和系统分析研究所教授（第 2 章第 5 节"技术后果"、第 5 章第 21 节"机器人技术"）。

尼尔珂·多恩（Neelke Doorn）：博士，代尔夫特理工大学技术、政策和管理系助理教授（第 4 章第 B.7 节"观念的平衡"）。

欧莱·德林（Ole Döring）：哲学博士，柏林夏里特医科大学编外讲师，Horst Görtz 基金会中国生命科学理论和伦理学研究所所长（第 4 章第 C.9 节"全球化和跨文化特性"）

贝尔特·德罗斯特－弗兰克（Bert Droste-Franke）：博士，Bad Neuenahr-Ahrweiler 欧洲学院有限公司科研人员（第 5 章第 5 节"能源"）。

多米尼克·迪贝尔（Dominik Düber）：明斯特大学"医学伦理学和生物伦理学标准建立基本理论问题"DFG－Kolleg 1209 研究小组成员（第 5 章第 14 节"医学技术"）。

马克·杜塞尔多普（Marc Dusseldorp）：地理生态学硕士，卡尔斯鲁厄理工学院技术后果评估和系统分析研究所科研人员（第 6 章第 4 节"技术后果评估"）。

马尔库斯·杜威尔（Marcus Düwell）：荷兰乌德勒支大学伦理学研究所教授（第 4 章第 B.5 节"道义论伦理学"）。

菲利克斯·艾卡尔德（Felix Ekardt）：罗斯托克大学公共法和法哲学教授，莱比锡可持续发展和气候政策研究所所长（第 4 章第 B.1 节"人权"、第 4 章第 B.10 节"可持续性"）。

技术伦理学手册

克劳斯·埃尔拉赫（Klaus Erlach）：哲学博士，斯图加特弗劳恩霍夫生产技术和自动化研究所工厂规划和生产优化研究小组组长（第 4 章第 A.1 节"古希腊的技术哲学"）。

瓦尔特劳德·恩斯特（Waltraud Ernst）：博士，奥地利林茨大学妇女和性别研究所助教（第 4 章第 A.7 节"女权主义技术哲学"）。

布里吉特·法尔肯堡（Brigitte Falkenburg）：多特蒙德工业大学哲学和政治学系教授（第 4 章第 A.9 节"技术决定论"）。

阿丽亚娜·法拉利（Arianna Ferrari）：博士，卡尔斯鲁厄理工学院技术后果评估和系统分析研究所科研人员（第 4 章第 C.3 节"动物和技术"）。

马丁·菲尔（Martin Führ）：达姆施塔特大学公共法、法学理论和比较法学教授（第 6 章第 2 节"技术法"）。

桑德罗·盖肯（Sandro Gaycken）：博士，斯图加特大学哲学系技术哲学和科学理论专业科研人员（第 5 章第 22 节"安全和监控技术"）。

格尔德·格吕布勒（Gerd Grübler）：博士，美因茨大学哲学系神经伦理学和神经哲学研究室科研人员（第 4 章第 C.10 节"废弃物和技术"）。

阿明·格伦瓦尔德（Armin Grunwald）：卡尔斯鲁厄理工学院技术后果评估和系统分析研究所主任，技术哲学和技术伦理学教授（第 1 章"引言和概览"、第 2 章第 1 节"技术"）。

马蒂亚斯·古特曼（Mathias Gutmann）：卡尔斯鲁厄理工学院哲学系教授（第 4 章第 A.3 节"哲学人类学"）。

杰西卡·黑森（Jessica Heesen）：博士，图宾根大学科学伦理学国际中心"跨学科医学伦理学"生殖研究小组组长（第 5 章第 9 节"信息"）。

卢德格尔·海德布林克（Ludger Heidbrink）：基尔大学哲学系实用哲学教授（第 5 章第 12 节"食品加工"）。

彼得·霍克（Peter Hocke）：卡尔斯鲁厄理工学院技术后果评估和系统分析研究所科研人员（第 5 章第 4 节"高放射性垃圾的永久存放"）。

技术伦理学手册

沃尔夫冈·E. 赫费尔（Wolfgang E. Höfer）：博士，人造材料加工和房地产业企业家（第 3 章第 4 节"石棉"）。

克里斯多夫·胡比格（Christoph Hubig）：达姆施塔特工业大学哲学教授（第 4 章第 A. 8 节"作为媒介的技术"、第 4 章第 B. 3 节"智慧伦理学/暂行的道德准则"）。

彼得·雅尼希（Peter Janich）：系统哲学教授（第 4 章第 A. 5 节"文化主义技术哲学"）。

格奥尔格·卡姆普（Georg Kamp）：博士，Bad Neuenahr-Ahrweiler 欧洲学院有限公司科研人员（第 5 章第 5 节"能源"）。

妮可·C. 卡拉菲里斯（Nicole C. Karafyllis）：布伦瑞克工业大学哲学系哲学教授（第 4 章第 A. 4 节"生命哲学"、第 4 章第 C. 1 节"生命和技术"）。

马蒂亚斯·克特纳尔（Matthias Kettner）：Witten/Herdecke 有限公司私立大学文化学系实用哲学教授（第 4 章第 C. 5 节"民主和技术"）。

雷吉娜·科雷克（Regine Kollek）：汉堡大学 BIO – GUM/FG 医学研究中心、医学中的现代生物技术技术后果评估教授（第 5 章第 7 节"基因技术"）。

沃尔夫冈·柯尼希（Wolfgang König）：柏林工业大学哲学、文学、科学和技术史系技术史教授（第 6 章第 6 节"德国工程师联合会和技术评价指南"）。

克劳斯·科恩瓦克思（Klaus Kornwachs）：技术哲学教授，文化和技术办公室（第 2 章第 4 节"进步"、第 4 章第 C. 4 节"文化和技术"）。

贝提娜 – 约翰娜·柯林格斯（Bettina-Johanna Krings）：硕士，卡尔斯鲁厄理工学院技术后果评估和系统分析研究所科研人员（第 4 章第 C. 6 节"劳动和技术"）。

罗尔夫 – 乌尔里希·库恩策（Rolf-Ulrich Kunze）：卡尔斯鲁厄理工学院哲学系近现代史教授（第 3 章第 5 节"进步乐观主义的危机"）。

西蒙·雷德尔（Simon Ledder）：硕士，社会科学学者，图宾根大学科学伦理学国际中心、生物伦理学研究生院研究员（第 5 章第 3 节"电脑游戏"）。

沃尔夫冈·利贝尔特（Wolfgang Liebert）：维也纳农业大学安全和风险科学系安全和风险学教授（第 3 章第 3 节"原子弹的研发和使用"、第 4 章第 C. 11 节"双重

技术伦理学手册

利用研究和技术")。

斯特凡·林格纳（Stephan Lingner）：博士，Bad Neuenahr-Ahrweiler 欧洲学院有限公司副总监（第 5 章第 20 节"宇航技术"）。

安德烈亚斯·卢克纳（Andreas Luckner）：斯图加特大学哲学教授（第 4 章第 B.3 节"智慧伦理学/暂行的道德准则"）。

贝亚特·吕滕贝格（Beate Lüttenberg）：博士，明斯特大学生物伦理学中心科室副主任（第 5 章第 8 节"人类增强"）。

亚历姗德拉·曼采依（Alexandra Manzei）：法伦达尔哲学和神学大学护理科学系护理和健康研究中的方法学和质量方法教授（第 4 章第 A.6 节"技术批判理论"）。

马蒂亚斯·马林（Matthias Maring）：卡尔斯鲁厄理工学院哲学系哲学教授（第 4 章第 C.8 节"经济和技术"、第 6 章第 7 节"伦理守则"）。

贝恩德·迈尔（Bernd Meier）：波茨坦大学经济－劳动－技术教学单元，技术和职业导向教授（第 6 章第 9 节"技术教育"）。

诺拉·迈尔（Nora Meyer）：硕士，鲁尔区联合大学文化学系科研人员（第 5 章第 12 节"食品加工"）。

库尔特·默泽尔（Kurt Möser）：卡尔斯鲁厄理工学院历史系近现代史教授（第 3 章第 1 节"早期的技术怀疑和技术批判"）。

米夏埃尔·纳根伯格（Michael Nagenborg）：博士，荷兰特温特大学哲学系技术哲学助理教授（第 5 章第 13 节"媒体"）。

朱利安·尼达－吕墨林（Julian Nida-Rühmelin）：慕尼黑大学哲学教授（第 2 章第 2 节"风险"、第 4 章第 C.7 节"风险评估/风险伦理学"）。

阿尔弗雷德·诺德曼（Alfred Nordmann）：达姆施塔特工业大学哲学系哲学教授（第 5 章第 18 节"纳米技术"）。

康拉德·奥特（Konrad Ott）：基尔大学哲学系哲学和环境伦理学教授（第 4 章第 B.6 节"论辩伦理学"；第 4 章第 C.2"自然和技术"）。

托马斯·波特哈斯特（Thomas Potthast）：图宾根大学科学伦理学国际中心伦理

学、理论和历史客座教授（第 5 章第 6 节"地工、水工和采矿技术"）。

米夏埃尔·柯万特（Michael Quante）：明斯特大学哲学系教授（第 4 章第 A. 2 节"马克思主义技术哲学"、第 5 章第 14 节"医学技术"）。

约翰内斯·赖德尔（Johannes Reidel）：鲁尔区联合大学文化学系科研人员（第 3 章第 7 节"伦理学的工程师责任"、第 5 章第 12 节"食品加工"）。

奥特温·雷恩（Ortwin Renn）：斯图加特大学跨学科风险和创新研究中心主任，技术社会学和环境社会学教授（第 3 章第 6 节"技术争议"、第 6 章第 5 节"公民参与"）。

扬·C. 施密特（Jan C. Schmidt）：达姆施塔特大学社会科学系教授（第 4 章第 B. 2 节"责任原则"）。

约翰·舒伦伯格（Johann Schulenburg）：博士，生物学创新和生态学领域 Jülich 项目承担者，Jülich 有限公司研究中心科研人员（第 2 章第 2 节"风险"；第 4 章第 C. 7 节"风险评估/风险伦理学"）。

霍尔默·施泰因法特（Holmer Steinfath）：哥廷根大学哲学系哲学教授（第 4 章第 B. 8 节"良好生活"）。

迪特·施图尔马（Dieter Sturma）：波恩大学哲学教授，科学和伦理学研究所所长，德国生物学中的伦理学研究中心主任，Jülich 研究中心神经科学中的伦理学研究所所长（第 5 章第 19 节"神经学技术"）。

弗兰克·于克奥特（Frank Uekötter）：博士，英国伯明翰大学历史和文化学院教授［第 3 章第 2 节"技术监督协会（TÜV）的产生"］。

伊博·范·德·普尔（Ibo van de Poel）：博士，荷兰代尔夫特理工大学技术、政策和管理系伦理学和技术教授（第 4 章第 A. 11 节"技术的价值特性"）。

迪特马尔·冯·德·普福尔登（Dietmar von der Pfordten）：哥廷根大学法哲学和社会哲学教授（第 4 章 B. 9 节"正义"）。

卡尔斯滕·韦伯（Karsten Weber）：科特布斯勃兰登堡工业大学一系——数学、自然科学和信息学，普通技术科学教授（第 5 章第 10 节"互联网"）。

雷蒙德·威尔勒（Raymund Werle）：博士，马普研究所社会研究访问学者（第4章第 A.10 节"技术作为社会的构建"）。

米夏·H. 维尔纳（Micha H. Werner）：格赖夫斯瓦尔德大学哲学系实用哲学教授（第 2 章第 6 节"责任"、第 4 章第 B.5 节"道义论伦理学"）。

彼得·维德曼（Peter Wiedemann）：卡尔斯鲁厄理工学院技术后果评估和系统分析研究所哲学教授（第 5 章 16 节"移动通信技术"）。

克劳斯·维格林（Klaus Wiegerling）：凯泽斯劳滕工业大学哲学系教授，卡尔斯鲁厄理工学院技术后果评估和系统分析研究所教授（第 5 章第 25 节"普适计算"）。

附录3　人名索引

Adorno, Theodor W. 93, 110, 111, 193, 318
Agamben, Giorgio 112
Aischylos 84
Anders, Günther 1, 15, 60, 68, 127
Antisthenes 85
Apel, Karl-Otto 40, 42, 165
Archimedes 76
Arendt, Hannah 68, 195, 221, 367
Aristoteles 14, 28, 41, 42, 83, 84, 86, 87, 88, 95, 101, 103, 144, 148, 149, 152, 160, 166, 177, 179, 181, 196, 209
Arkin, Ron 354
Augustinus 28

Bacon, Francis 29, 143, 156, 198, 217
Bacon, Roger 28
Baekeland, Leo Hendrik 129
Balsamo, Anne 117
Barad, Karen 116
Barlach, Ernst 14
Barschel, Uwe 316
Bauman, Zygmunt 244
Beck, Ulrich 7, 20, 42, 61, 70, 71
Bell, Daniel 70
Benjamin, Walter 93
Bentham, Jeremy 153, 154, 155, 156, 158, 174, 361
Bergson, Henri 99, 100
Bernard, Claude 203
Bien, Günter 83
Bijker, Wiebe 129
Birnbacher, Dieter 226
Bismarck, Otto von 51
Blackbourn, David 200
Bloch, Ernst 93, 143
Bohr, Niels 29, 56, 59
Bonß, Wolfgang 20, 24
Borgmann, Albert 314
Braidotti, Rosi 117
Brandeis, Louis D. 298, 315
Brandt, Richard 176
Braun, Wernher von 349
Brennecke, Volker M. 407
Brey, Philip 376
Broad, C. D. 160
Buber, Martin 164
Bush, George W. 418
Butler, Judith 116
Buytendijk, Frederik Jacobus 94
Byrnes, James Francis 57

Camus, Albert 149
Čapek, Karel 354
Carson, Rachel 201
Cassirer, Ernst 15, 97, 126, 209
Chadwick, James 55, 57
Chaplin, Charles 49
Chardin, Teilhard de 99
Cicero 28
Coeckelbergh, Mark 376
Compton, Arthur Holly 57
Corea, Gena 114
Cortina, Adela 167
Crutzen, Paul 198

Daniels, Norman 170
Darwin, Charles 95, 100
DeGroot, Gerard 58
Deleuze, Gilles 99
Derrida, Jacques 112
Descartes, René 144, 149, 151, 201
Dessauer, Friedrich 1, 15, 406
Dewey, John 121, 214
Dickens, Charles 46
Diedrichs, Werner 29
Dilthey, Wilhelm 99
Drexler, Eric 338
Dronke, Ernst 47

Eddington, Arthur Stanley 208
Einstein, Albert 56, 57
Engels, Friedrich 90, 109, 156, 218
Epikur 174
Eyth, Max 406

Faulstich, Werner 314
Feldman, Fred 175
Fenner, Dagmar 410
Fermi, Enrico 56, 57
Feuerbach, Ludwig 89
Firestone, Shulamith 114
Florman, Samuel 135
Flügge, Siegfried 56
Fontane, Theodor 48
Foucault, Michel 112, 165, 196, 361
Frankena, William K. 159, 160
Frayn, Michael 59
Freiligrath, Ferdinand 47
Fried, Charles 160
Friedman, Batya 136

Gamm, Gerhard 112
Gärdenfors, Peter 21

图书在版编目（CIP）数据

技术伦理学手册 /（德）阿明·格伦瓦尔德主编；
吴宁译. -- 北京：社会科学文献出版社，2017.4（2018.9 重印）
书名原文：Handbuch Technikethik
ISBN 978 - 7 - 5097 - 9866 - 9

Ⅰ. ①技… Ⅱ. ①阿… ②吴… Ⅲ. ①技术学 - 伦理
学 - 手册 Ⅳ. ①B82 - 057

中国版本图书馆 CIP 数据核字（2016）第 254824 号

技术伦理学手册

主　　编／〔德〕阿明·格伦瓦尔德
译　　者／吴　宁

出 版 人／谢寿光
项目统筹／段其刚　董风云
责任编辑／沈　艺　张　骋　朱露茜

出　　版／社会科学文献出版社·甲骨文工作室（010）59366551
　　　　　地址：北京市北三环中路甲29号院华龙大厦　邮编：100029
　　　　　网址：www. ssap. com. cn
发　　行／市场营销中心（010）59367081　59367018
印　　装／三河市东方印刷有限公司

规　　格／开本：787mm × 1092mm　1/16
　　　　　印张：47.5　字数：761千字
版　　次／2017 年 4 月第 1 版　2018 年 9 月第 2 次印刷
书　　号／ISBN 978 - 7 - 5097 - 9866 - 9
著作权合同
登 记 号／图字 01 - 2014 - 3742 号
定　　价／158.00 元

本书如有印装质量问题，请与读者服务中心（010 - 59367028）联系